AF229564

Lucien Linden

A. COGNIAUX   G. GRIGNAN

LES ORCHIDÉES

EXOTIQUES

et leur Culture en Europe

CLASSIFICATION BOTANIQUE — PHYSIOLOGIE

HABITAT NATUREL — CULTURE EN SERRE — IMPORTATIONS

HYBRIDATION — UTILISATIONS INDUSTRIELLES

Avec 141 gravures

<table>
<tr><td>BRUXELLES</td><td>PARIS</td></tr>
<tr><td>CHEZ L'AUTEUR</td><td>OCTAVE DOIN, ÉDITEUR</td></tr>
<tr><td>100, rue Belliard</td><td>8, place de l'Odéon</td></tr>
</table>

MDCCCXCIV

GAND, IMPRIMERIE EUG. VANDER HAEGHEN.

LES

ORCHIDÉES EXOTIQUES

ET LEUR CULTURE EN EUROPE

LES
ORCHIDÉES
EXOTIQUES

ET LEUR CULTURE EN EUROPE

PAR

LUCIEN LINDEN

A. COGNIAUX   G. GRIGNAN

BRUXELLES	PARIS
Chez l'Auteur	OCTAVE DOIN, Éditeur
100, rue Belliard	8, Place de l'Odéon

MDCCCXCIV

GAND, IMPRIMERIE EUG. VANDER HAEGHEN.

VAN DER
AL.
HAERLEN.
T'COMT

J. LINDEN

Dédicace

—

A mon Père,

A l'explorateur botaniste à qui la science des Orchidées doit ses plus grandes, ses plus nombreuses et ses plus fécondes découvertes,

A mon premier maître et mon premier modèle, à mon meilleur ami,

Je dédie ce livre consacré à la riche famille végétale qu'il a tant contribué à faire connaître et à introduire dans les herbiers et les cultures d'Europe.

LUCIEN LINDEN.

24 juin 1894.

PRÉFACE

Quand je fondai, il y a près de quatre ans, le *Journal des
Orchidées*, je revendiquai pour lui, comme qualité essentielle, le
titre de « *guide pratique de culture.* » Le succès si rapide et si stable
qui lui échut vint me confirmer peu après dans la pensée que le
nombreux public qui s'occupe aujourd'hui d'Orchidées désirait
avant tout des renseignements et des conseils pratiques ; c'est pour
les lui fournir sous une forme plus coordonnée et d'un maniement
plus commode, que je me décide à publier le présent ouvrage.

A côté du journal, le livre possède évidemment ses avantages
particuliers. Le journal est nécessaire pour tenir l'amateur au
courant de l'actualité ; il reflète les expériences, les études, les
découvertes faites au jour le jour dans le domaine de la culture
aussi bien que de la science. Il sème des idées plutôt qu'il ne les
expose toutes formées. Le livre offre à l'amateur l'avantage de
trouver la matière condensée, groupée en un ordre logique qui lui
permet de mettre immédiatement le doigt sur la partie qui l'inté-

resse. Il résume un ensemble de connaissances ayant acquis un degré suffisant de fixité; et si la nomenclature orchidéenne est encore soumise à quelque aléa dans son avenir, la culture du moins est arrivée de nos jours à une perfection assez grande pour qu'on puisse en traiter avec quelque certitude, et songer, en quelque sorte, à la codifier.

La vaste étendue du domaine qu'il s'agit ici d'explorer, la valeur des travaux de mes devanciers, me rendaient, je le sais, la tâche difficile. Si je l'ai cependant entreprise, c'est qu'elle m'a paru nécessaire. Je suis convaincu qu'il est détestable et ridicule d'écrire quand on n'a rien à dire ; mais je crois qu'un homme qui se trouve en possession d'une vérité féconde, d'un enseignement utile, a le devoir de parler. Il m'a semblé que les circonstances m'imposaient un devoir analogue; fils d'un homme qui a été l'un des premiers et des plus actifs introducteurs des merveilles de cette immense famille végétale, et qui, depuis plus de cinquante ans, n'a cessé de jouer un rôle prépondérant dans leur découverte, leur description et leur culture; directeur moi-même, depuis vingt années, d'établissements d'introduction et de culture qui figurent parmi les premiers; appelé ainsi à me trouver en relations chaque jour avec l'élite des amateurs et des cultivateurs du monde, et placé dans des conditions uniques pour recevoir des renseignements sur la vie des Orchidées et acquérir l'expérience de leur culture, il m'a paru que je pourrais rendre quelque service à certaines au moins des nombreuses personnes qui, à des titres divers, se passionnent pour cette étude captivante. Je souhaite de grand cœur que ce résultat soit atteint; ne fût-il utile qu'à quelques-unes, je me féliciterais encore d'avoir publié cet ouvrage.

Est-il nécessaire d'ajouter que je ne prétends pas à l'infaillibilité? En ce qui concerne la culture, il pourra certainement arriver que l'on obtienne de bons résultats en appliquant à certaines espèces un traitement différent de celui que j'ai indiqué, d'autant plus qu'il faut tenir compte des variations d'exposition et de climat. Le système de culture que j'ai exposé est celui qui est mis en pratique depuis plusieurs années à l'établissement que je dirige, et quiconque a visité cet établissement reconnaîtra qu'il est difficile de demander aux Orchidées une végétation plus vigoureuse et plus florissante que celle que nous obtenons.

Je me suis efforcé de rendre aussi méthodique et aussi clair que possible le plan de ce livre. Le lecteur en trouvera ci-après les grandes lignes; pour plus de commodité, je l'ai fait suivre d'une table idéologique, qui permettra de trouver aisément les renseignements désirés sur un point quelconque de l'ensemble.

Je ne saurais terminer ces quelques mots de préface sans exprimer ma gratitude à mes collaborateurs :

La plus grande partie du chapitre premier (*Notions générales de botanique et classement de la famille des Orchidées*), ainsi que la plupart des diagnoses génériques du *livre quatrième*, sont empruntées aux études qui ont été écrites pour le *Journal des Orchidées* par M. ALFRED COGNIAUX, le savant co-auteur de la *Flora Brasiliensis*.

Je tiens également à associer à cet ouvrage le nom de M. GEORGES GRIGNAN, qui a pris une part très utile au travail de sa préparation.

J'ai encore à remercier mon excellent confrère M. le Docteur M. T. MASTERS, l'éminent directeur du *Gardeners' Chronicle*, de Londres, qui a bien voulu mettre à ma disposition pour cette publication bon nombre de clichés tirés de son journal. J'en dois également plusieurs à l'obligeance de M. le Dr R. Hogg, directeur du *Journal of Horticulture*. Les gravures que publient nos confrères d'Angleterre sont toujours remarquables par leur exactitude et leur élégante exécution, qui seront certainement appréciées par le lecteur.

Il y a presque cinquante ans, le grand Lindley publiait ses *Orchidaceae Lindenianae*, consacrées aux riches découvertes de mon père. En livrant au public le présent ouvrage, également dédié à J. Linden, je suis particulièrement heureux de pouvoir enregistrer, en même temps que les nombreuses acquisitions faites depuis lors, les grands progrès accomplis par la culture des Orchidées, progrès dont il fut aussi l'un des principaux initiateurs, et dans l'accomplissement desquels l'*école belge* peut revendiquer une part des plus honorables.

LUCIEN LINDEN.

Bruxelles, octobre 1893 — juin 1894.

TABLE ANALYTIQUE DES MATIÈRES

LIVRE QUATRIÈME

Description des principales Orchidées cultivées dans les collections européennes . . 563

INTRODUCTION

« Mais qu'est-ce donc que ces Orchidées, dont on parle tant? »
Cette question m'a été posée non pas une fois, mais cent fois.
Les personnes qui n'ont pas dans leur famille, ou dans leurs relations intimes, un amateur possédant des serres d'Orchidées, et qui
n'ont pas vu de près ces plantes célèbres, se figurent fréquemment
qu'elles possèdent des propriétés ou des origines mystérieuses ;
les légendes les plus singulières ont eu cours à leur propos ;
je crois cependant qu'elles sont aujourd'hui en partie dissipées.

La vaste étendue de cette famille végétale déconcerte un peu.
J'ai vu des profanes qui, ayant visité une petite installation de fleuriste, en avaient emporté l'idée que les Orchidées ont des fleurs
blanches en forme d'étoile : ils avaient admiré des *Odontoglossum
crispum;* d'autres, qui avaient eu l'occasion de contempler des
Cattleya, assuraient que les Orchidées ont de grandes fleurs roses,
avec une sorte de cornet au milieu. Et une personne qui connaissait des Masdevallia.... de loin, s'arrêtant devant un Anthurium,
disait : voilà une Orchidée.

Et, au fait, pourquoi désigne-t-on sous ce nom général d'Orchidées un certain nombre de genres, totalement différents au moins comme aspect extérieur? Ce n'est pas l'usage de parler des Caryophyllées, des Composées ou des Rubiacées, quand on s'occupe d'Œillets, de Chrysanthèmes ou de Bouvardia. Quel lien rattache entre eux les Odontoglossum et les Cattleya, les Masdevallia et les Cypripedium? Quels caractères communs permettent, je ne dis pas : aux savants, mais au vulgaire qui ne voit que les formes d'ensemble et les couleurs, de donner une signification à cette appellation de compréhension si vaste?

Voilà, j'imagine, dans quels termes à peu près se pose, dans l'esprit de beaucoup de personnes non initiées, la question à laquelle je me propose de répondre pour déblayer le terrain que nous allons parcourir; et voici quelques éclaircissements qui pourront satisfaire à ce désir.

D'une façon générale, et considérées au point de vue des collectionneurs, on peut dire que les Orchidées des serres européennes sont des plantes des régions tropicales de l'Amérique, de l'Asie, de l'Océanie et de l'Afrique, qui, pour la plupart, sont épiphytes, c'est-à-dire vivent sur les arbres, mais qui n'empruntent rien à la substance de l'arbre sur lequel elles vivent, c'est-à-dire qui ne sont pas parasites; qui par suite réclament peu de matière nutritive autour de leurs racines, et vivent dans nos serres sans montrer beaucoup d'exigences.

Il existe également des Orchidées des climats tempérés, qui sont répandues dans des aires très vastes de l'Europe, de l'Amérique septentrionale, et des côtes méditerranéennes de l'Asie et de l'Afrique. Mais ces espèces, généralement de taille modeste, sont beaucoup moins recherchées et figurent rarement dans les collections à côté de leurs brillantes rivales des pays tropicaux.

Ce qui donne surtout aux Orchidées un attrait unique, c'est la beauté et la durée de leur floraison.

Il n'est aucune famille végétale qui réjouisse aussi longtemps la vue par sa floraison. Beaucoup de Cypripedium se conservent en parfaite fraîcheur pendant trois ou quatre mois; un grand nombre durent deux mois et plus. Bon nombre d'espèces d'Odontoglossum, de Masdevallia, de Vanda, fleurissent à des époques variables et portent des fleurs pendant presque toute l'année. Nous avons vu certaines plantes produire des tiges florales en succession pendant plus de six mois sans interruption.

La beauté de leurs fleurs est incomparable. Aucune famille n'offre une variété aussi grande de formes et de coloris, allant de la plus extrême délicatesse de nuances jusqu'aux tons les plus vigoureux et les plus éclatants. Ces fleurs, tantôt solitaires, tantôt groupées en longues grappes infléchies, tantôt rassemblées en bouquets de dimensions géantes, tantôt dispersées sur une tige flexible, comme un vol de ravissants petits papillons, sont d'une grâce, d'une élégance, parfois d'une majesté sans égales. Leurs parfums sont variés à l'infini, et vraiment il semble que la nature ait réservé pour cette précieuse famille tous les dons parcimonieusement distribués entre les autres.

Beaucoup de ces fleurs sont remarquables aussi par leur étrangeté, et les premières découvertes qui les firent connaître en Europe excitèrent de bien vives surprises. Lorsque le chanoine HERNANDEZ dédia son ouvrage sur la Flore du Mexique à l'Académie des *Lincei* de Rome, celle-ci, particulièrement surprise et intéressée par la fleur d'un Anguloa, prit cette fleur pour emblème de l'Académie. « Les Lincei de Rome, dit BATEMAN, avaient choisi cette fleur de préférence aux autres parce que, outre sa forme singulière, elle était tachée comme un lynx, animal dont la vue perçante devait représenter celle du naturaliste. »

Nos voisins d'Outre-Manche, qui aiment à donner à leurs plantes favorites des noms tirés de comparaisons, ont classé dans cette famille l'Orchidée-colombe, plusieurs Orchidées-papillons, l'Orchidée cou de cygne, l'Orchidée queue de renard, l'Orchidée arête de poisson, l'Orchidée grenouille, l'Orchidée mouche, la fleur du St Esprit, etc. Mais quel nom donner aux Stanhopea, semblables à de grands oiseaux aux ailes étendues, au corps allongé et de forme singulière; aux bizarres Coryanthes, dont le labelle représente un seau surmonté d'un capuchon, muni de grandes ailes à demi déployées, et dans lequel deux petits appendices recourbés laissent tomber goutte à goutte un liquide parfumé? Rien ne peut traduire l'étrangeté captivante de ces fleurs merveilleuses, qui seraient éminemment populaires, si leur rareté ne s'y opposait pas.

L'une des grandes particularités que présentent les Orchidées, en effet, c'est que leurs fleurs ne sont pas aptes à se féconder directement, par suite d'une conformation spéciale que l'on trouvera exposée au chapitre *Botanique*, et que la germination et la croissance des semis s'opèrent très lentement dans nos climats. Il en résulte que les Orchidées ne sont guère représentées dans les serres que par des plantes importées des pays d'origine, non sans grands efforts et grands frais, ce qui leur conserve une rareté, et par suite une cherté relative.

Cette rareté me semble, je l'avoue, constituer un de leurs mérites. Quelle que soit leur beauté infiniment variée, les Orchidées n'auraient pas conservé leur vogue prépondérante, si elles avaient pu devenir vulgaires. Et c'est aussi la raison pour laquelle cette vogue ne s'atténuera pas. La collection d'Orchidées, comme la galerie d'œuvres d'art, fait partie des attributs d'une grande fortune; en même temps que l'habileté, la patiente ingéniosité qui fait découvrir les merveilles, le goût du beau trouve à s'y satisfaire, et leur culture offre aux heureux de ce monde un passe-temps des plus attrayants.

Je dis : la culture. Les Orchidées, en effet, ont produit ce miracle de répandre le goût, la passion même de la culture pratiquée dans ses détails, et la main à la pâte, chez beaucoup de personnes, dames, jeunes gens, hommes du monde, voire même grands seigneurs, à qui ce mot *culture* aurait sans doute autrefois inspiré quelque dédain ou quelque répugnance.

La culture de ces plantes ravissantes est devenue le plaisir favori de beaucoup de personnes du monde. Cultiver ses plantes, les soigner chaque jour et suivre leur développement pas à pas, n'est-ce pas la meilleure manière de s'attacher à elles? C'est d'ailleurs une culture pleine d'attraits et qui n'exige pas les manipulations difficiles ou malpropres qui rebutent souvent dans les autres. Les plantations se font dans des récipients de taille généralement petite; la terre est remplacée par des matériaux dont la propreté est la qualité essentielle. Les arrosages mêmes se font aisément, à l'aide de petits arrosoirs promenés d'un pot à l'autre.

Cette culture est d'ailleurs facile; c'est une de celles dans lesquelles on obtient le plus de résultats avec peu de science. On a cru longtemps le contraire, car les légendes les plus singulières ont eu cours à propos des Orchidées; elles se sont chargées de les démentir par une bonne volonté merveilleuse. Elles supportent de longs voyages entre leurs pays d'origine et l'Europe, et restent parfois quatre et même cinq mois privées d'air, de lumière et d'eau; elles ont résisté, dans les premières années d'introduction, à des températures beaucoup trop élevées; elles ont fait preuve d'une égale faculté d'accommodation à l'égard du froid. Elles possèdent, à tous les égards, une robusticité, une vitalité tenace qu'on ne rencontre pas chez toutes les plantes de nos champs.

Le goût des Orchidées et de leur culture ne saurait donc être trop encouragé. C'est une occupation éminemment attrayante, et je dirais volontiers élégante; mais il convient de bien établir le sens de ce mot. Autrefois les Orchidées étaient des fleurs aristocratiques; aujourd'hui elles sont, on peut le dire, à la portée de presque tout le monde. Il existe des espèces ou des variétés très rares, qu'un riche collectionneur peut seul rassembler; mais il en existe aussi beaucoup, et non des moins belles, dont le prix est modeste, et les amateurs de fleurs peuvent s'en former une collection très belle à peu de frais, d'autant plus qu'il est facile, en vendant les fleurs, de couvrir largement les dépenses de cette culture.

La passion du collectionneur d'Orchidées ne fournit pas seulement une occupation attrayante, gracieuse et éminemment digne d'encouragement; elle met en œuvre, comme toute passion artistique, bien des ressorts de l'activité humaine, elle développe beaucoup de sentiments profitables au progrès moral. Bien des mobiles différents y entrent en jeu, selon le caractère de l'ama teur : chez l'un, c'est l'amour du beau uniquement, et la serre est alors, comme la galerie de tableaux, une des parties les plus soignées, les plus fréquemment visitées de la maison, où les yeux se reposent, où l'âme se retrempe au milieu de spectacles exquis ; chez l'autre, c'est le goût de l'étude, l'intérêt qu'on prend à discerner les manifestations de la vie, la conformation et la destination des divers organes, à faire des vivisections sans horreur et sans malpropreté, le plaisir de créer des plantes nouvelles par des fécondations habilement conçues ; chez un autre, c'est un instinct sentimental qui s'attache à ces organisations élémentaires, qui prend pitié de leur vie obscure et muette comme on s'intéresse à l'éveil de l'intelligence et de l'âme chez les animaux ; ou bien c'est, comme dans une sorte de jeu d'adresse, la satisfaction d'amour-propre qu'on éprouve à avoir su dénicher une perle rare et deviné l'avenir d'une plante comme celui d'un yearling ou d'une valeur méconnue ; chez un autre, c'est simplement la nécessité de tenir son rang, et de posséder tous les trésors, toutes les élégances qui sont l'attribut des grandes fortunes, et qu'un grand seigneur *doit* posséder.

De cette diversité de motifs, naît aussi la diversité dans les façons dont est comprise et dirigée la collection d'Orchidées. Tel amateur s'attache à posséder uniquement les espèces les plus belles, celles dont les fleurs sont éclatantes et magnifiques ; tel autre veut avoir les plus rares, celles qu'on ne saurait trouver ailleurs ; tel autre cherche à se former une série aussi complète que possible de modèles de tous les genres et de toutes les espèces ; d'autres éprouvent une affection particulière pour les produits qu'ils ont fait naître et élevés, et remplissent leurs serres d'hybrides.

Et je n'ai pas parlé d'une autre catégorie, des amateurs qui, tout en aimant à s'entourer de belles choses, ne dédaignent pas de retirer de leurs richesses le revenu qu'elles peuvent produire, et qui échangent ou vendent leurs plantes quand elles sont devenues très fortes, ou tirent profit de leurs fleurs ; car la vente des fleurs d'Orchidées, ainsi qu'on le verra dans un chapitre spécial,

est un commerce très important. Rien de plus légitime, en effet,
que de recueillir le produit que peut rapporter le capital engagé,
ne fût-ce que pour couvrir les frais de nouveaux achats ; c'est
un des avantages d'une collection d'Orchidées sur une collection
de tableaux, par exemple, de ne pas rester improductive. Les
plantes, en grandissant, augmentent de valeur chaque année ;
elles peuvent être divisées ; enfin elles rapportent, par leur floraison, de quoi payer en très peu d'années le prix de leur achat.
La culture des Orchidées peut donc encore être envisagée comme
une spéculation, spéculation très avantageuse, comme je le
démontrerai plus loin. C'est une considération qui a sa valeur,
ne fût-ce que pour justifier la passion de ces belles plantes aux
yeux des personnes qui ne la partagent pas.

LIVRE PREMIER

LES ORCHIDÉES AU POINT DE VUE SCIENTIFIQUE

CHAPITRE I

NOTIONS GÉNÉRALES DE BOTANIQUE. — CLASSEMENT DE LA FAMILLE DES
ORCHIDÉES. — PARTICULARITÉS, PÉLORIES ET MONSTRUOSITÉS

La structure de la fleur des Orchidées est toute spéciale et ne rappelle que de loin celle des fleurs ordinaires. Au premier abord, les organes de la fécondation (étamines, pistil), de beaucoup les plus importants pour l'étude scientifique des plantes, ne s'y reconnaissent pas. Aussi un grand nombre d'amateurs d'Orchidées, peut-être la plupart des admirateurs de ces plantes splendides, n'osent pas aborder l'étude de leurs vrais caractères distinctifs ; ils ne se sentent pas le courage de le faire, parce qu'ils se figurent que cette étude est longue, pénible et ne peut sortir du domaine des botanistes de profession.

Ceux-ci ne semblent pas toujours avoir fait de bien grands efforts pour se mettre à la portée du public horticole ; ils paraissent parfois, au contraire, avoir pris plaisir à être aussi peu que possible compris par le vulgaire, qui ne voit ainsi le savant qu'au sommet d'un piédestal, et doit nécessairement croire que la science botanique est à peu près inabordable, ou du moins seulement accessible à quelques privilégiés.

Dans les pages qui suivront, nous nous proposons de montrer que la connaissance scientifique des Orchidées n'est pas entourée d'obstacles insurmontables, n'est pas même beaucoup plus difficile que celle de la plupart des autres végétaux.

A tous ceux de nos lecteurs qui ne connaissent pas encore la structure remarquable de ces belles plantes, qui ne peuvent donc les distinguer par leurs caractères scientifiques parce qu'ils ne sont pas à même de comprendre les descriptions que les botanistes en ont données, nous voulons montrer un chemin facile pour acquérir toutes ces connaissances.

Nous devons toutefois bien faire remarquer, en insistant même sur ce point, que si l'on se bornait à nous lire, on apprendrait peu de chose ; peut-être même nous trouverait-on bien ennuyeux. Pour atteindre au but indiqué, il faut de toute nécessité suivre nos prescriptions ; il faut toujours avoir entre les mains la fleur mentionnée et nous suivre pas à pas, en la décomposant méthodiquement : c'est ce travail pratique seul qui conduira à un résultat sérieux. Il faudra de l'attention et parfois une certaine patience pour arriver à bien isoler des organes délicats ; mais à ceux qui voudront bien nous suivre, nous croyons pouvoir promettre beaucoup de satisfaction, par suite des connaissances sérieuses qu'ils parviendront à acquérir en peu de temps.

Il sera bon de commencer par se munir d'un matériel d'étude qui n'est pas très compliqué : un canif bien tranchant ; une aiguille emmanchée, pour écarter certains organes, afin de les distinguer mieux (une simple aiguille à coudre, enfoncée dans un petit manche de bois, peut suffire) ; une petite pince en fer ou en cuivre (brucelles), pour saisir les objets très délicats ; enfin, dans certains cas, il sera utile de se servir d'une loupe, comme on en trouve maintenant à fort bon compte chez tous les opticiens. Remarquons, à ce sujet, que ce ne sont pas les loupes du plus large diamètre qui conviennent le mieux, au contraire, car ce sont ordinairement celles qui produisent le plus faible grossissement des objets.

Mais notre préambule est déjà fort long ; mettons-nous de suite au travail.

I. — Structure de la fleur des Orchidées

Les Odontoglossum étalent leurs fleurs à profusion pendant presque tout le cours de l'année ; parmi les nombreuses espèces de ce genre, l'*O. grande* attire spécialement notre attention par ses très grandes fleurs en partie jaunes, avec de larges macules d'un brun rougeâtre.

Cueillons une de ses fleurs et observons la du côté inférieur, celui qui est tourné vers la queue, que les botanistes nomment le *pédoncule :* nous voyons que la grande masse de la fleur est formée de six folioles, attachées dans toutes les directions, comme les rayons d'une roue. Les six folioles sont disposées sur deux rangs : il y en a trois à l'extérieur, puis trois autres plus intérieures et placées chacune entre deux des premières.

Détachons d'abord les trois pièces extérieures en les coupant à leur base, ce sont les *sépales*. L'un d'eux, nommé *sépale supérieur*, parfois aussi *postérieur* ou *dorsal*, tourné vers le haut, est notablement plus large que les autres ; les deux autres (*sépales latéraux*) sont dirigés vers le bas, l'un à droite et l'autre à gauche.

Les trois pièces qui restent sont fort dissemblables. Deux d'entre elles, étalées à droite et à gauche, et légèrement relevées vers le haut, ont à peu près les dimensions du sépale supérieur et se nomment les *pétales* (Reichenbach les nommait *tépales*). La troisième, tournée vers le bas, est presque arrondie et à peu près à moitié plus courte que les deux premières ; elle porte le nom de *labelle* et a une grande importance pour la distinction des espèces, par suite des innombrables formes qu'elle peut revêtir. Le labelle de notre fleur est longuement rétréci à la base, où l'on observe,

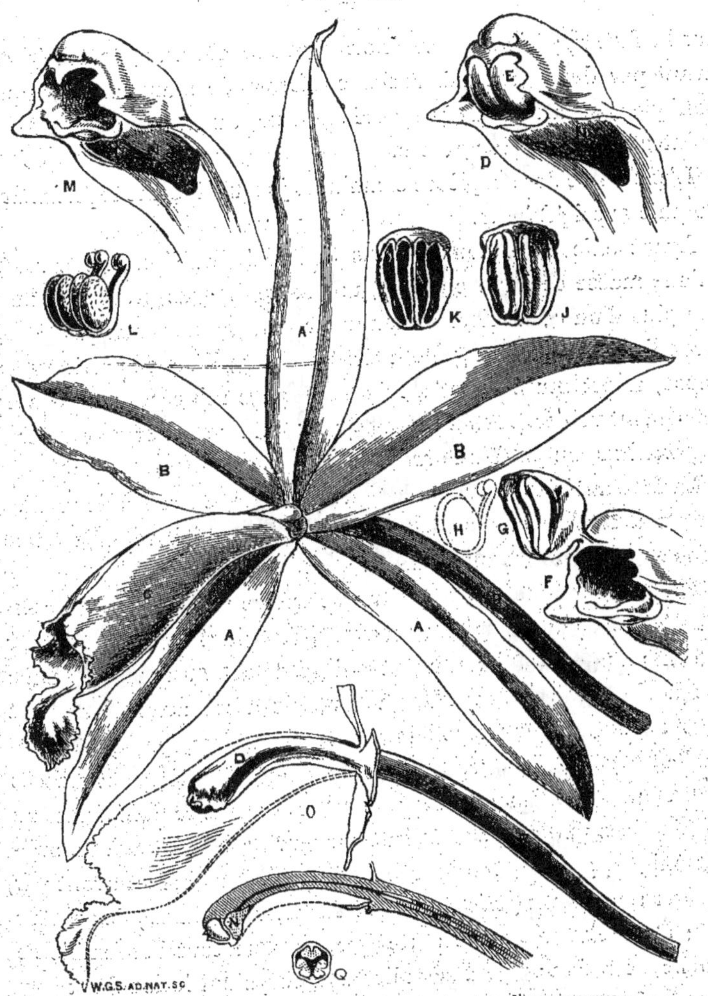

Fig. 1. — FLEUR DE LAELIA, *pour montrer ses divers organes*

Légende explicative

A. Sépales.
B. Pétales.
C. Labelle.
P. Pédicelle formant ovaire.
O. Coupe du labelle, les pétales et sépales étant sectionnés près de leur base. On voit en D le gynostème, autour duquel s'enroule le labelle. — Au-dessous, coupe du gynostème et de l'ovaire, avec l'anthère au sommet, et le stigmate en N.
Q. Coupe transversale de l'ovaire, montrant les trois lignes placentaires pariétales.

D. (Au haut de la gravure.) Sommet du gynostème grossi, montrant en E l'anthère, et en N le stigmate.
F. Le même, montrant l'anthère détachée et presque enlevée en G et la moitié des pollinies en H.
M. Le même, après l'enlèvement de l'anthère.
J. Anthère détachée, les pollinies étant encore en place.
K. Intérieur de l'anthère, les pollinies une fois enlevées.
L. Pollinies au nombre de huit en deux rangées; mais exceptionnellement, la rangée supérieure est restée rudimentaire.

sur la face supérieure, une énorme masse charnue, terminée en avant par deux gros tubercules en forme de mamelons presque coniques; en arrière de la masse charnue, ou trouve encore deux pointes beaucoup plus petites.

L'ensemble des six pièces examinées jusqu'ici forme le *périanthe*, nommé aussi *périgone*.

Ayant enlevé les deux pétales et le labelle, il ne nous reste qu'une masse centrale charnue, une sorte de gros pivot ayant un peu plus d'un centimètre de longueur, en grande partie jaunâtre, arrondi et un peu plus grêle inférieurement ; dans sa partie supérieure, il est muni en avant de deux ailes minces, arrondies et densément velues (vues à la loupe) ; on nomme cet organe central le *gynostème*, ou parfois la *colonne*.

La face antérieure du gynostème présente, entre les deux ailes et un peu en dessous du sommet, une large cavité, remplie d'une matière gluante presque liquide : c'est le *stigmate*.

Tout au sommet du gynostème se trouve une espèce de capuchon (*opercule*) un peu pointu en avant, rappelant dans son contour la forme d'une tête d'oiseau, et qui se détache au moindre choc lorsque le développement de la fleur est assez avancé; on voit alors en dessous deux petites masses jaunâtres, presque translucides, ovoïdes, longues de près de deux millimètres et placées parallèlement ; elles ont reçu le nom de *masses polliniques* ou *pollinies*. Les pollinies s'attachent par leur base pointue à un support unique, grêle et transparent (*pédicelle*), terminé en avant par un léger renflement (*rétinacle, disque visqueux* ou *glande*) de couleur fauve et assez gluant ; de sorte que, lorsque tout l'ensemble se détache, le rétinacle peut se coller aux corps qui le touchent et y fixer ainsi les pollinies. La réunion de l'opercule et des pollinies qu'il contenait forme l'*anthère;* lorsque celle-ci s'ouvre par un opercule, comme dans tous les Odontoglossum, elle se nomme *anthère operculiforme.* L'anthère, avec ses pollinies, était plongée, au sommet du gynostème, dans une petite fossette qui porte le nom de *clinandre* ou parfois *androcline.*

Remarquons encore, entre l'anthère et le stigmate, un repli

dans lequel le rétinacle venait aboutir, lorsque les pollinies se trouvaient encore en place ; ce repli constitue le *rostellum*, nommé aussi la *bursicule.*

Notons enfin que la partie supérieure du pédoncule, étant coupée en travers, nous montre une cavité centrale, dans laquelle des granules extrêmement fins sont attachées sur trois rangées ; cette portion constitue l'*ovaire*, et les granules sont les *ovules.* Si la fleur a été fécondée, l'ovaire deviendra plus tard le *fruit*, et les ovules formeront les *graines.*

Comme l'ovaire de la fleur que nous venons d'analyser est placé en dessous de tous les autres organes floraux, on dit qu'il est *infère.*

Nous avons dû, à notre grand regret, employer un grand nombre de termes scientifiques ; mais nous espérons qu'on nous les pardonnera : nous n'en donnerons plus guère d'autres, et il est indispensable de connaître tous ceux qui précèdent pour être à même de comprendre les descriptions d'Orchidées.

Avant d'aller plus loin, on fera bien de s'exercer à reconnaître les divers organes dont nous venons de parler ; on analysera d'autres Orchidées ayant à peu près la même structure, en commençant par différentes espèces du genre Odontoglossum, où l'on n'aura que des modifications peu importantes à constater et où il sera donc facile de se retrouver.

Si l'on choisit, par exemple, l'*Odontoglossum crispum* ou *O. Alexandrae*, voici les particularités que l'on observera : les sépales et les pétales sont à peu près égaux et terminés en pointe. Le labelle est presque triangulaire, un peu déchiqueté sur les bords, brusquement rétréci à la base, et muni, dans sa partie médiane, de deux crêtes longitudinales terminées en pointe en avant ; à droite et à gauche de ces crêtes, on voit deux autres appendices très petits. Le gynostème est long de près de 1 $^1/_2$ centimètres, arrondi du côté postérieur, et muni en avant de deux rebords latéraux ailés qui forment antérieurement une sorte de gouttière longitudinale ; dans la partie supérieure, les deux ailes latérales sont déchiquetées sur leurs bords. Entre ces ailes, on voit facilement la cavité du stigmate, remplie de matière visqueuse.

Les pollinies sont presque identiques à celles de la première espèce, mais le rétinacle est brun foncé. Le clinandre est profond et divisé en deux par une légère cloison médiane.

L'*Odontoglossum Pescatorei* (fig. 2) diffère assez notablement de l'*O. crispum* par la forme des pièces du périanthe, et le labelle est soudé inférieurement, sur une longueur de 4 millimètres, avec le

Fig. 2. — ODONTOGLOSSUM PESCATOREI (var. LINDENI).

gynostème ; mais celui-ci a presque identiquement les dimensions, la forme et la structure de l'espèce précédente.

Certaines fleurs, qui paraissent au premier abord s'écarter beaucoup du type précédent, en diffèrent réellement assez peu. Ainsi examinons une fleur de *Masdevallia ignea* : les trois sépales, d'un beau rouge orangé et longs de 4 à 5 centimètres, sont soudés en tube sur une longueur de 1 ¹/₂ à 2 centimètres; les sépales latéraux sont obliques, semi-ovales et aigus, tandis que le dorsal est triangulaire à la base, puis prolongé en une très longue pointe filiforme. Si nous fendons le tube et que nous enlevions les sépales, nous voyons que les deux pétales, oblongs et arrondis au sommet, n'ont qu'une longueur de 8 à 9 millimètres; le labelle, un peu plus court encore, est porté sur un petit support presque filiforme, au sommet duquel il bascule facilement. Le gynostème, long de 7 millimètres, est profondément creusé en gouttière du côté antérieur. Dans cette gouttière, il est facile de trouver le stigmate; puis, un peu au-dessus, tout au sommet mais antérieurement aussi, l'anthère, munie d'un opercule fort petit et rougeâtre, abritant les deux pollinies. Celles-ci, longues à peine d'un millimètre, sont ovoïdes, appliquées l'une contre l'autre et dépourvues du moindre appendice, ni pédicelle, ni rétinacle.

En somme, nous retrouvons, dans la fleur de toutes les Orchidées que nous avons examinées, les mêmes organes que dans celle des autres plantes; mais quelques-uns de ces organes sont profondément modifiés. Le *calice* est formé de trois sépales. La *corolle* comprend les deux pétales et le labelle. Il y a une seule *étamine* fertile, dont le filet est confondu dans la partie postérieure du gynostème, au sommet duquel l'anthère apparaît, et les grains de pollen sont soudés entre eux pour former les masses polliniques. Le *pistil* comprend un ovaire situé sous la fleur; le style forme la partie antérieure du gynostème, vers le haut duquel on voit le stigmate.

II. — Division de la famille en tribus

1º LES ÉPIDENDRÉES ET LES VANDÉES

L'immense étendue de la famille des Orchidées a nécessité son partage en un certain nombre de grands groupes ou *tribus*, nom sous lequel on désigne les divisions primaires établies dans une famille de plantes. Pour reconnaître les caractères de ces tribus, nous allons analyser quelques espèces de chacune d'elles ; ce travail nous permettra en même temps d'apprécier les principales variations que peuvent présenter les divers organes floraux reconnus précédemment. On procèdera comme nous l'avons déjà dit, en ayant toujours soin d'isoler chaque organe à mesure qu'on l'examinera.

Miltonia vexillaria. — Cette espèce était autrefois rapportée au genre Odontoglossum, et elle se rencontre encore souvent sous le nom d'*O. vexillarium*. Ses grandes fleurs sont d'un blanc rosé, lavé de jaune à la base du labelle. Son périanthe ne nous présente comme particularité que les dimensions exceptionnelles du labelle : il est presque arrondi, échancré au sommet, et il présente à sa base deux petits lobes tournés vers le haut de la fleur.

Le gynostème, de couleur rosée, est très court, privé du gros *pied* charnu que nous avons observé dans les espèces analysées antérieurement; à cause de cela, on dit qu'il est *apode* (mot qui signifie *sans pied*). On voit, à sa face antérieure, la grande cavité visqueuse du stigmate ; puis, au-dessus, une sorte de petit tubercule jaunâtre, qui est la glande ou rétinacle des pollinies; enfin, tout au sommet, l'opercule. Si nous enlevons celui-ci, nous voyons qu'il recouvrait deux pollinies jaunes, demi-transparentes, se rattachant à un pédicelle et terminées par un rétinacle : elles sont identiques à celles que nous avons observées chez les Odontoglossum. En les coupant avec le canif, nous voyons que leur substance a l'aspect de la cire; d'où le nom de *pollinies cireuses* qu'on leur donne.

Zygopetalum crinitum. — Remarquons d'abord que le pédoncule de chaque fleur est muni d'une petite feuille, longue de 1 ½ à 2 centimètres, bien différente des feuilles proprement dites, et portant le nom de *bractée*. Les sépales et les pétales, d'un fond vert avec de larges macules brunes, sont à peu près placés sur le même rang extérieur; mais, outre leur position, nous les distinguons facilement, car les sépales sont aigus et les pétales obtus. Le labelle, un peu soudé par sa base avec le pied du gynostème, forme d'abord une grosse saillie inférieure, puis se replie en haut vers le gynostème, et présente une épaisse crête transversale charnue, arquée en forme de mâchoire ; il s'étale ensuite en un large lobe arrondi, blanchâtre, parcouru de nombreuses veines longitudinales, pourpres et couvertes de poils.

Le gynostème est très gros et charnu ; le stigmate visqueux n'a pas moins de 7 millimètres de largeur ; au-dessus, le rostellum forme une large saillie. Au sommet, l'opercule de l'anthère est muni de deux *loges* ou cavités, emprisonnant chacune deux pollinies superposées : il y en a donc *quatre* en tout. Celles-ci, d'un blanc jaunâtre et luisantes, sont ovoïdes-comprimées, et leur volume considérable (2 $^1/_2$ millimètres sur 2) permet de constater facilement leur consistance *cireuse*. Elles se rattachent directement à un seul rétinacle brunâtre, semi-circulaire, très aplati, large de 2 $^1/_2$ millimètres.

Laelia anceps. — Chaque fleur est munie d'une bractée fort longue, entourant le pédoncule (*engaînante*), qui est enduit d'une matière visqueuse. Le périanthe, d'un beau pourpre violacé tendre, a ses divisions très distinctement sur deux rangs ; il est donc facile de distinguer les sépales des pétales. Le labelle, d'un pourpre intense supérieurement, est plus pâle vers la base, où il est strié de lignes obliques d'un pourpre foncé ; il est divisé en trois lobes, dont les latéraux entourent le gynostème, sans cependant se souder avec lui.

Le gynostème, d'un blanc verdâtre, a une longueur démesurée, près de 2 $^1/_2$ centimètres ; il est un peu creusé en gouttière sur la face antérieure, vers le haut de laquelle le rostellum forme une forte saillie. Soulevons l'opercule volumineux qui se trouve au sommet : nous voyons que, du côté intérieur, il est divisé, par des cloisons minces, en *huit* petites cavités contenant un même nombre de pollinies. Nous devons employer l'aiguille pour extraire celles-ci, et nous constatons alors qu'elles forment deux rangées parallèles : il y en a donc quatre supérieures et quatre inférieures. Chaque pollinie supérieure est reliée à l'inférieure correspondante par un mince cordon aplati, mais il n'y a pas de rétinacle ; elles sont jaunâtres, translucides et cireuses. Le clinandre, profond, est bordé d'une membrane un peu déchiquetée, présentant une forte dent postérieure.

Au lieu de l'espèce précédente, si c'était le *Laelia albida*, à fleurs blanches, que l'on aurait sous la main, on constaterait absolument la même organisation. Notons seulement que le gynostème est notablement plus court, ayant environ 17 millimètres de longueur, et creusé d'une gouttière antérieure plus profonde ; les cloisons intérieures de l'opercule sont aussi mieux marquées.

Sophronitis grandiflora (fig. 3). — Petite plante à fleurs écarlates.

Fig. 3. — SOPHRONITIS GRANDIFLORA.

Pétales beaucoup plus larges que les sépales. Le labelle, soudé inférieurement avec la base du gynostème, présente trois lobes : le lobe terminal est étroit, tandis que les latéraux sont fort larges et arrondis ; ils enveloppent le gynostème, de manière à le cacher. Celui-ci, long de 6 à 7 millimètres, est épais et blanchâtre, excepté les ailes entourant le stigmate et le clinandre, qui sont pourpres.

En enlevant l'opercule, on enlève en même temps les *huit* pollinies, que l'on extrait avec la pointe de l'aiguille, tout en tenant l'opercule avec les pinces, car les pollinies y adhèrent assez fortement. On reconnaît alors, pour l'opercule et les pollinies, exactement l'organisation que nous avons signalée plus haut dans le genre Laelia.

Calanthe vestita. — Fleurs blanches, dont les bractées et les sépales, sur leur face extérieure, sont couverts d'un fin duvet, lequel devient beaucoup plus long sur le pédoncule et sur l'ovaire. Les sépales et les pétales sont tous dirigés plus ou moins vers le haut; le labelle seul est tourné vers le bas. La partie inférieure et rétrécie (*onglet*) du labelle est soudée avec les ailes du gynostème, de manière à former une sorte de godet, comprimé par le côté et profond de près d'un centimètre; sa base se prolonge en une espèce de tube grêle, fortement arqué, fermé à l'extrémité et long de près de 3 centimètres, qui porte le nom d'*éperon* : on dit que le labelle est *éperonné*.

A l'aide du canif, nous devons fendre les ailes du gynostème, pour l'isoler du labelle et voir le stigmate, caché entre elles. Au sommet, nous observons l'opercule, très pâle, aplati et un peu pointu en avant. Il se détache avec les pollinies, qui sont au nombre de *huit*, quatre dans chaque cavité de l'anthère; elles sont jaunâtres, cireuses, longues de $1\ {}^1/_2$ millimètre et atténuées inférieurement en une pointe aiguë par laquelle elles tiennent quelque peu ensemble; il n'y a ni pédicelle, ni rétinacle.

Si nous comparons maintenant entre elles les fleurs que nous avons analysées jusqu'ici, nous reconnaissons qu'elles présentent différents caractères communs : *toutes ont un large stigmate visqueux placé à la face antérieure du gynostème; l'anthère operculiforme termine le gynostème, et les pollinies forment de petites masses cireuses.* Mais dans les Odontoglossum, les Miltonia et les Zygopetalum, *les pollinies, prolongées ou non en pédicelle, sont munies d'un rétinacle visqueux, par lequel elles se trouvaient d'abord attachées au rostellum;* tandis que dans les Masdevallia, les Laelia, les Sophronitis et les Calanthe, *les pollinies n'ont jamais de pédicelle ni de rétinacle et sont entièrement libres.* Les genres de la première catégorie et les autres genres qui présentent la même organisation forment la TRIBU DES VANDÉES ; ceux du second groupe et leurs analogues composent la TRIBU DES ÉPIDENDRÉES.

On comprend que les noms de ces tribus dérivent de ceux des genres Vanda et Epidendrum, qui en font partie.

2° LES OPHRYDÉES ET LES NÉOTTIÉES

Ces deux tribus, auxquelles se rapportent la plupart des Orchidées européennes, ne comptent qu'un nombre assez restreint d'espèces cultivées dans les serres.

Toutefois, nous supposons que nos lecteurs pourront se procurer les fleurs de quelques Anoectochilus ou de l'un ou l'autre des genres voisins, cultivés surtout pour leur admirable feuillage, tels que les Dossinia, Argyrorchis, Goodyera, Physurus, Haemaria, etc., qui ont tous une organisation florale à peu près identique. Nous allons analyser la fleur de l'*Haemaria Otletae* ROLFE, espèce d'introduction récente, mais on peut le remplacer, soit par l'ancien *H. discolor*, soit par une espèce quelconque de l'un des genres cités plus haut.

L'*H. Otletae* a de petites grappes de fleurs blanches munies de longues bractées rosées presque transparentes. Nous remarquons d'abord que, dans son ensemble, la fleur de cette plante est fortement tordue, de manière à porter le labelle plus ou moins vers le haut, au lieu qu'il soit tourné vers le bas comme d'habitude ; la torsion de l'ovaire est particulièrement bien visible. On voit que le labelle n'est pas toujours du côté inférieur, comme dans toutes les espèces que nous avons examinées jusqu'ici ; nous aurions des remarques curieuses à faire à ce sujet, mais ce serait trop nous écarter de notre étude actuelle et nous y reviendrons plus tard, au paragraphe III.

Examinons le périanthe : nous reconnaissons facilement les deux sépales latéraux, qui sont étalés, ovales, obtus et munis d'une seule nervure médiane. Le sépale dorsal, qui par suite de la forte torsion de la fleur se trouve tourné à peu près vers le bas, est uni aux deux pétales pour constituer une seule pièce fort concave, largement ovale, obtuse et creusée de deux profonds sillons qui marquent les lignes de soudure entres les trois organes qui la composent. Dans d'autres genres, les trois mêmes pièces sont fort rapprochées l'une de l'autre, mais ne sont pas soudées ; dans l'un comme dans l'autre cas, leur ensemble porte le nom de *casque*.

La base du labelle, un peu adhérente au gynostème, présente extérieurement une double gibbosité ; le limbe, assez étroit, se divise au sommet en deux lobes obtus très divergents.

Le gynostème, long de six millimètres, est blanchâtre, sauf, tout au sommet, l'anthère, qui est d'un jaune pâle. Toute sa partie supérieure ressemble à une tête d'oiseau dont le long bec, tourné vers le labelle, constitue le rostellum. En dessous de celui-ci, on voit le stigmate, sous la forme d'un assez gros tubercule luisant et visqueux. A partir du sommet du rostellum, introduisons la pointe d'une aiguille sous la partie jaunâtre, pour ouvrir l'anthère : le rostellum se fend alors et les deux parties s'écartent beaucoup ; on dirait que l'oiseau a le bec en l'air et l'ouvre largement. Sous la mandibule supérieure, on voit les deux pollinies, adhérentes à un même rétinacle, qui est quelque peu retenu à la partie du rostellum figurant la pointe de la mandibule inférieure ; mais le plus léger effort de l'aiguille suffit pour le détacher.

L'ensemble des pollinies a une longueur de quatre millimètres ; chacune d'elles a la forme d'une longue massue, rétrécie en queue du côté du rétinacle. En les pliant légèrement, on voit que leur masse n'est pas continue : elle est formée d'une foule de petits granules triangulaires, retenus à l'aide d'un filament très délicat à un axe central et longitudinal ; c'est le prolongement de cet axe qui forme la queue se reliant au rétinacle dont nous venons de parler. Les granules, les filaments qui les retiennent et l'axe central se distingueront beaucoup mieux en plaçant les pollinies dans une goutte d'eau entre deux lames de verre que l'on comprime légèrement, et en les observant à la loupe, à contre-jour.

Lorsque les pollinies se divisent ainsi en une foule de petits granules, elles portent le nom de *pollinies granuleuses (pollen gra-*

nuleux). Chaque granule est formé par la réunion de quelques grains de pollen, ordinairement quatre, et forme ce que l'on nomme une *tétrade*. Rarement les grains de pollen sont isolés, et ont l'apparence d'une poussière très fine (*pollen pulvérulent*). Parfois plusieurs tétrades sont réunies pour constituer des granules assez gros, en forme de coin, dont la pointe est tournée vers l'intérieur de la masse pollinique et se rattache à l'axe longitudinal (*pollen sectile*).

Le prolongement de l'axe longitudinal, nommé la *caudicule* (c'est-à-dire *petite queue*) ne doit pas être confondu avec le pédicelle que nous avons observé dans certaines Vandées : ce dernier est un prolongement ou une dépendance du rétinacle qui, comme nous le verrons plus tard, est de même nature que le stigmate et fait par conséquent partie des organes femelles ; tandis que la caudicule, n'étant qu'une partie de l'axe de la masse pollinique, se rapporte aux organes mâles.

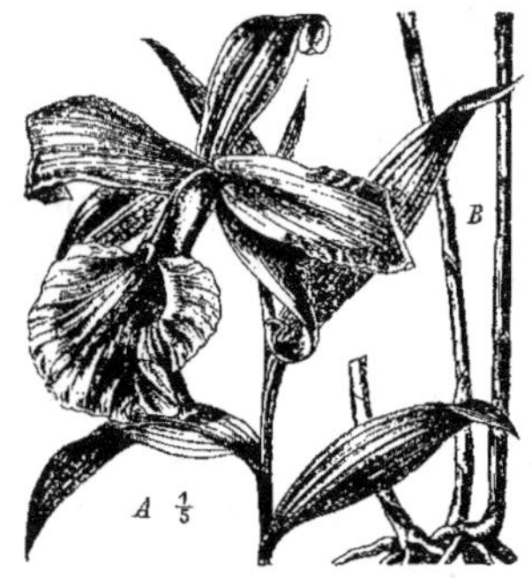

Fig. 4. — SOBRALIA MACRANTHA.

A. Sommet de la tige avec fleur.
B. Base des tiges.

Toutes les Orchidées à une seule étamine dans lesquelles le pollen est granuleux, pulvérulent ou sectile, ont été divisées en deux tribus :

1° La TRIBU DES NÉOTTIÉES, comprenant les espèces dont l'anthère, insérée à la face postérieure du gynostème, est souvent operculiforme et facilement caduque ; les pollinies, granuleuses ou pulvérulentes, sont souvent libres et dépourvues de caudicules et autres appendices, ou elles possèdent des appendices qui se développent vers la *pointe* de l'anthère et ne se rattachent que faiblement à la pointe du rostellum.

2° La TRIBU DES OPHRYDÉES, composée des espèces dont l'anthère, toujours persistante, large et courte, forme la continuation du gynostème ; les pollinies, ordinairement sectiles, se prolongent vers la *base* de l'anthère en une caudicule très distincte, qui s'attache au rostellum par un rétinacle visqueux.

On peut citer, parmi les Néottiées, les Anoectochilus et les genres voisins déjà mentionnés, les Vanilla, les Sobralia (voir fig. 4), ainsi que les genres indigènes Neottia, Epipactis, Cephalanthera et Spiranthes.

On ne cultive guère, parmi les Ophrydées, que les Disa (fig. 5), auxquels on peut ajouter les genres indigènes Orchis, Ophrys, Gymnadenia, Platanthera, etc.

Fig. 5. — Disa grandiflora.

Presque toutes les espèces de ces deux tribus sont des herbes terrestres, toujours dépourvues de pseudo-bulbes ; tandis que les Epidendrées et les Vandées, dont nous nous sommes occupés précédemment, sont presque toutes *épiphytes*, c'est-à-dire qu'elles vivent en fausses parasites sur les arbres; et la partie inférieure de leur tige est fréquemment renflée en pseudo-bulbes charnus.

3° LES CYPRIPÉDIÉES

Quoique la tribu des Cypripédiées soit bien moins nombreuse en genres et en espèces que toutes les autres, nous serons beaucoup moins embarrassés pour trouver des matériaux d'étude que nous ne l'avons été pour les deux tribus précédentes, car les Cypripedium sont connus de tout le monde et on en trouve partout des espèces cultivées.

Examinons les fleurs du *Cypripedium insigne* (fig. 6), l'une des espèces les plus répandues dans les cultures : elles sont *solitaires*,

Fig. 6. — CYPRIPEDIUM INSIGNE.

c'est-à-dire qu'il n'en naît qu'une seule au sommet du pédoncule. Celui-ci, d'un pourpre noir, est très brièvement et densément velu ; il porte à son sommet une grande bractée dite *engaînante*, parce qu'elle entoure la base de la fleur, qui se trouve comme enveloppée dans une *gaîne* ou étui ; on dit aussi qu'elle est *carénée*, parce que le dos de cette bractée, fortement plié à angle aigu, rappelle, par cette sorte de crête, la forme de la *carène* d'un vaisseau.

En entr'ouvrant la bractée, on constate que l'ovaire qu'elle entoure est très brièvement velu et distinctement trigone.

Les sépales, nettement externes par rapport aux pétales, sont très brièvement velus en dehors. Le sépale supérieur est ovale, à nervure médiane carénée et à bords un peu ondulés ; il est d'un vert blanchâtre avec des macules d'un pourpre brun, et largement bordé de blanc dans sa partie supérieure. Les sépales latéraux sont soudés en un seul sépale *inférieur*, placé directement en dessous du labelle ; il est plus petit, plus vert et moins maculé que le sépale supérieur, et sa base entoure bien les deux tiers de la fleur.

Les deux pétales sont oblongs, d'un vert très pâle, veinés et maculés de pourpre, et un peu velus intérieurement vers la base.

Le labelle, qui est d'un vert jaunâtre lavé et veiné de pourpre, se présente sous la forme d'un sac allongé et pendant ou d'une sorte de *sabot*, qui a donné son nom à ce genre remarquable, car Cypripedium, mot tiré du grec, peut se traduire par *Sabot de Vénus* ; les Anglais disent *Ladies' slipper* (pantoufle de dame), le labelle de certaines espèces figurant, en effet, une très élégante pantoufle.

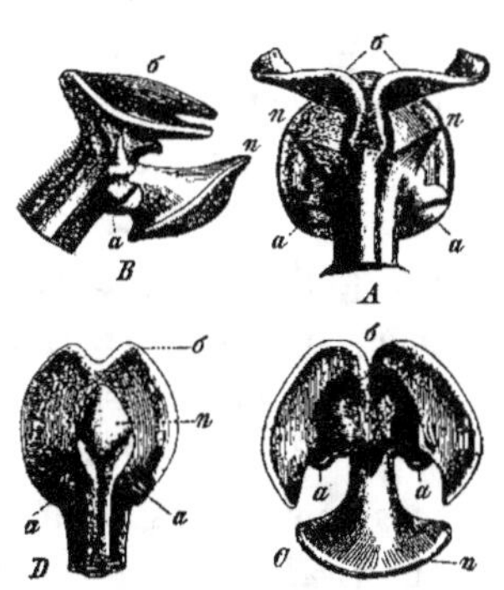

Fig. 7. — Organes sexuels des Cypripedium.

A. *Cypripedium barbatum.* Gynostème vu d'en haut. *a.* anthères. σ. staminode. *n.* stigmate.
B. Gynostème vu de côté.
C. Id. vu de face.
D. *Cypripedium insigne.* Gynostème vu d'en-dessous.

Le gynostème, long en tout de près de deux centimètres, est épais et charnu, blanchâtre, avec de petits poils épars. A son sommet et du côté supérieur, on voit une sorte de plateau ou de large écaille, presque en forme de cœur, longue de treize à quatorze millimètres sur douze millimètres de largeur, échancrée au sommet et portant vers le milieu une forte saillie obtuse. Cet organe occupe exactement la même place que l'étamine dans toutes les espèces que nous avons étudiées précédemment ; il est de même nature qu'elle, mais il a une forme spéciale et il ne porte aucune trace de pollen : c'est une étamine stérile, ou ce que l'on nomme ordinairement un *staminode*.

Également au sommet du gynostème, mais du côté inférieur, il y a une seconde écaille moins grande que la première, mais plus épaisse, glabre et arrondie au sommet, qui correspond au rostellum des plantes déjà examinées ; sa face inférieure est partagée, par de légers sillons, en trois parties, qui sont autant de stigmates. Dans les autres Orchidées, les trois stigmates existent également ; mais ils se reconnaissent plus difficilement au premier abord : l'un d'eux est modifié complètement et constitue le rostellum ; les deux autres sont les rebords à droite et à gauche de la cavité glutineuse que nous connaissons déjà, mais que nous avions désignée précédemment comme formant un stigmate unique.

Sur les deux côtés du gynostème, vers la base de ces écailles et presque entre elles, nous remarquons deux tubercules (un de chaque côté), de forme assez irrégulière : ce sont les étamines. Au sommet de chacune d'elles, l'anthère forme une espèce de tête globuleuse, rejetée vers le bas ; sa face inférieure, d'un brun pâle, montre deux loges parallèles et contiguës. Chaque loge contient une masse pollinique jaunâtre, longue d'environ deux millimètres, dépourvue de toute espèce d'appendice, formée de très nombreux granules qui n'ont presque aucune adhérence entre eux (*pollen granuleux*) et ne sont pas rattachés à un axe intérieur. Ces grains de pollen sont revêtus d'un enduit tellement visqueux, qu'on peut l'étirer en fils allongés.

Remarquons que chez les autres Orchidées, les masses polliniques ne présentent pas cette viscosité ; mais alors le stigmate contient la matière visqueuse propre à retenir le pollen. Ici, le même résultat de fixer le pollen au stigmate peut être obtenu, mais par une disposition absolument inverse.

L'organisation florale des autres Cypripedium est absolument identique, et nous retrouvons les mêmes caractères essentiels dans le genre voisin Selenipedium, qui a été distrait du premier. Ainsi, si nous analysons la fleur du *Selenipedium grande*, charmant hybride provenant du croisement des *S. Roezli* et *S. caudatum*, nous ne trouvons non plus que deux sépales, l'un supérieur et l'autre inférieur. Les deux pétales sont à leur place normale, mais ils sont démesurément allongés : ils ont au moins deux décimètres et parfois plus de trois décimètres de longueur. Le grand labelle a la forme d'un sabot, qui caractérise les deux genres qui nous occupent. Le gynostème n'a guère qu'un centimètre de longueur. A la même place que dans les Cypripedium, nous reconnaissons le staminode en forme d'écaille ou de bouclier, long de sept à huit millimètres et large d'un centimètre, verdâtre lavé de pourpre, avec les bords d'un pourpre foncé ciliés de nombreux petits poils pourpres; il est attaché par la partie tournée vers le haut de la fleur, sa pointe libre étant dirigée vers le bas. La masse stigmatique, regardant le labelle, est blanchâtre et très charnue, toute couverte sur les deux faces, mais surtout sur la face inférieure de nombreux poils extrêmement courts. A droite et à gauche, nous trouvons facilement les deux étamines pâles, dont les anthères à deux loges sont bordées d'un étroit rebord pourpre. Les pollinies ne diffèrent aucunement de celles des Cypripedium.

Fig. 8. — Selenipedium caudatum.

Dans les Cypripedium et les Selenipedium, nous constatons donc la présence de trois étamines : les deux latérales sont normalement développées et contiennent du pollen ; la supérieure, stérile, est transformée en un grand staminode en forme d'écaille ou de bouclier. Cette troisième étamine est elle-même fertile et semblable aux deux autres dans le genre Neuwiedia, comprenant trois espèces qui croissent dans l'archipel Malais et la presqu'île de Malacca, mais dont aucune n'est habituellement cultivée dans les serres d'Europe.

Les trois étamines des Cypripedium et genres voisins existent généralement aussi dans les autres Orchidées ; seulement chez celles-ci, on observe une disposition inverse : c'est l'étamine supérieure qui est seule fertile ; les deux étamines latérales sont transformées en staminodes, souvent visibles sous forme de petits appendices, de crètes, de filaments, naissant sur les côtés du gynostème un peu en dessous du rostellum, ou parfois au-dessus de lui, pour former la lame qui limite le clinandre.

Parfois aussi, ces deux staminodes paraissent manquer, parce qu'ils sont complètement fondus dans le gynostème, et il est nécessaire de faire l'étude anatomique de celui-ci pour pouvoir reconnaître leur présence. Dans les Diuris, plantes australiennes non cultivées, les deux staminodes sont au contraire fort développés et ont été pris par certains auteurs pour des pétales supplémentaires.

On voit que les Cypripedium et les quelques autres genres d'organisation analogue diffèrent notablement du reste de la famille : ils forment la TRIBU DES CYPRIPÉDIÉES, la plus tranchée de toutes, la plus facile à caractériser et la plus anciennement distinguée.

Les principaux caractères de cette tribu sont : *deux ou parfois trois étamines fertiles, toujours dépourvues d'opercule ; chaque anthère contient deux pollinies granuleuses et glutineuses, libres et manquant de caudicule ou d'appendices quelconques ; le stigmate trilobé est privé de toute viscosité.* Toutes les espèces sont terrestres, et elles n'ont jamais de pseudo-bulbes.

En comparant les caractères des cinq tribus des Orchidées, on reconnaît que les principales différences entre elles portent sur le nombre des étamines fertiles, sur la consistance du pollen et sur la structure des anthères. Si l'on ne tient pas compte des exceptions ou des genres qui établissent le passage graduel d'une tribu à l'autre, on peut les distinguer de la manière suivante :

Une seule étamine fertile.	Pollinies cireuses.	Pollinies libres ; rétinacle nul .	I. Épidendrées.
		Pollinies attachées au rostellum par un rétinacle	II. Vandées.
	Pollinies sectiles ou granuleuses.	Pollinies ord. libres, à appendices nuls ou développés vers la pointe de l'anthère. . .	III. Néottiées.
		Pollinies prolongées vers la base de l'anthère et attachées au rostellum par un rétinacle.	IV. Ophrydées.
Deux ou trois étamines fertiles. Pollen granuleux			V. Cypripédiées.

La classification que nous venons d'exposer est celle qui a été adoptée par Bentham, célèbre botaniste anglais mort il y a quelques années, pour le *Genera plantarum* qu'il a publié avec Sir Joseph Hooker. La partie de ce grand ouvrage contenant les Orchidées a paru en 1883 ; mais Bentham avait déjà exposé les détails de sa classification dans un mémoire spécial (*Notes on Orchideae*), publié en 1881.

Pour l'ensemble de la famille des Orchidées, Bentham admet 334 genres, comprenant ensemble environ 5000 espèces ; les genres et les espèces étant répartis comme suit entre les tribus :

I. Épidendrées	88 genres,	environ	2000 espèces.
II. Vandées	129 »	»	1400 »
III. Néottiées	81 »	»	770 »
IV. Ophrydées	32 »	»	760 »
V. Cypripédiées	4 »	»	60 »

La classification suivie par Bentham, comme d'ailleurs la plupart des autres classifications modernes, n'est elle-même qu'une modification de celle de Lindley, le plus illustre des Orchidologues de tout notre siècle ; dans son ouvrage *The Genera and*

Species of Orchidaceous plants, publié de 1830 à 1840, Lindley distingue sept tribus comme suit :

I. Une seule anthère.
  A. Masses polliniques cireuses.
    a. Pas de caudicule ni de rétinacle séparable   I. Malaxidées.
    b. Une caudicule distincte, mais pas de rétinacle . . . . II. Épidendrées.
    c. Une caudicule distincte, unie à un rétinacle décidu. . . . . III. Vandées.
  B. Masses polliniques pulvérulentes, granuleuses ou sectiles.
    a. Anthère terminale, dressée . . . . . IV. Ophrydées.
    b. Anthère terminale, operculaire . . . . V. Aréthusées.
    c. Anthère dorsale. . . . . VI. Néottiées.
II. Deux anthères. . . . . VII. Cypripédiées.

Bentham a cru utile de réunir les Malaxidées aux Épidendrées, et les Aréthusées aux Néottiées ; de plus parmi les Cypripédiées, il a compris les Apostasiées, que Lindley considérait comme formant une famille distincte.

La classification de Pfitzer (1882), dont nous parlerons plus loin, repose pour les divisions primaires, sur le mode de végétation des Orchidées. En 1888, Pfitzer distinguait 416 genres et il estimait que le nombre total des espèces de la famille se trouvait compris entre 6000 et 10,000, alors qu'en 1840, Lindley n'en rassemblait que 1980.

III. — Description botanique et affinités de la famille

En résumant ce que nous connaissons déjà des Orchidées, et en y ajoutant quelques caractères empruntés aux organes de végétation, dont nous nous sommes peu occupés jusqu'ici, nous pouvons décrire cette famille comme suit :

Appareil végétatif. — Les Orchidées sont des plantes vivaces, herbacées, tantôt terrestres, tantôt *épiphytes* (voyez p. 23). Celles des pays froids ou tempérés sont terrestres, et leur partie souterraine seule est vivace ; elles ont un rhizome court émettant de grosses racines fasciculées, et souvent elles forment chaque année un tubercule qui reproduit la tige l'année suivante. Celles des pays chauds sont le plus souvent épiphytes, et émettent alors de nombreuses racines aériennes, à l'aide desquelles elles se fixent sur le tronc ou les branches des arbres; dans ce cas, elles ont un rhizome souvent allongé et rameux, duquel partent des tiges dont les entre-nœuds inférieurs se renflent fréquemment en *pseudo-bulbes* de forme variée; parfois aussi, comme dans les Vanilles, ces tiges s'allongent beaucoup et deviennent grimpantes.

Les feuilles sont toujours simples, indivises, à nervures parallèles et à base presque toujours engaînante; parfois ramassées à la base de la tige, parfois même uniques au sommet de celle-ci, elles sont généralement alternes, et souvent *distiques*, c'est-à-dire disposées en deux rangées opposées le long de la tige ou des rameaux.

FLEUR. — Les fleurs, presque toujours hermaphrodites et irrégulières, sont parfois solitaires, mais plus souvent groupées en épi, en grappe ou en panicule.

Le périanthe, qui naît sur l'ovaire, est formé de six pièces *pétaloïdes* (ayant l'aspect de pétales), disposées sur deux rangs et représentant ainsi un calice et une corolle. Le calice comprend trois sépales, dont deux sont pairs et placés latéralement; le troisième, impair, placé dans le plan médian de la fleur, est généralement tourné vers le haut. Des trois pièces intérieures qui forment la corolle, il y en a deux qui sont latérales et semblables entre elles, et elles conservent le nom de pétales; la troisième, située dans le plan médian de la fleur et le plus souvent dirigée vers le bas, diffère presque toujours considérablement des autres et se nomme *labelle*. Dans le plus jeune âge de la fleur, le sépale médian ou impair était tourné vers le bas, et le labelle vers le haut; mais bientôt, par suite de la torsion, soit du pédoncule ou de l'ovaire, soit même de ces deux organes à la fois, la fleur fait un demi-tour sur elle-même et le sépale impair devient postérieur et supérieur, tandis que le labelle est porté en bas et en avant; parfois, cependant, cette torsion ne se produit pas et le labelle reste supérieur, comme dans les Goodyera, les Spiranthes, certains Epidendrum, les formes unisexuées du *Catasetum macro-carpum ;* ou bien la torsion est d'un tour complet, et le labelle revient ainsi à sa position primitive, comme dans les Microstylis, les Haemaria (voyez p. 20), l'*Angraecum eburneum.*

Au centre de la fleur et au sommet de l'ovaire, s'élève une sorte de colonne nommée *gynostème,* dont la face antérieure, tournée vers le labelle, est constituée par la substance du style, et la face postérieure contient les filets des étamines. On admet que les étamines sont théoriquement au nombre de six; mais il n'est guère possible d'en reconnaître que trois; encore deux de celles-ci, celles qui sont placées latéralement, sont-elles généralement réduites à un staminode à peine perceptible; la troisième ou supérieure seule est normalement développée et porte une anthère (nous avons constaté l'exception présentée par les Cypripédiées; voir p. 26). L'anthère, à deux loges ou cavités, est souvent plongée dans une fossette (*clinandre*) creusée au sommet du gynostème; le pollen est rassemblé en deux, quatre, six ou huit masses polliniques, dont nous avons déjà étudié en détail la structure. Le pistil comprend un ovaire infère, contenant le plus souvent une seule cavité, mais formé de trois pièces ou carpelles; dans l'ovaire, on trouve un très grand nombre d'ovules, attachés aux parois de l'ovaire le long de trois lignes nommées *placentas ;* le style, qui, comme nous l'avons déjà dit, occupe la face antérieure du gynostème, est terminé par un stigmate trilobé : les deux lobes latéraux sont généralement mucilagineux; le lobe supérieur, plus développé que les autres, est complètement modifié et transformé en *rostellum.*

Fruit et Graine. — Le fruit est une capsule souvent courte et sèche, mais allongée et charnue dans les Vanilles; il s'ouvre généralement en six pièces, alternativement plus larges et plus étroites, qui se séparent parfois depuis le haut jusqu'à la base, par où seulement elles se trouvent alors attachées, mais qui le plus souvent restent unies aussi par leur sommet.

Les graines, très nombreuses, sont extrêmement fines et d'une organisation des plus simples, car leur enveloppe ne contient qu'un petit embryon homogène, sans aucune trace d'albumen.

Affinités. — Les caractères qui précèdent montrent que les Orchidées appartiennent au grand embranchement des Phanérogames, comprenant toutes les plantes munies de vraies fleurs, celle-ci étant constituées essentiellement par des étamines et des pistils. Par l'ensemble de leur organisation, spécialement par leurs fleurs, dont toutes les parties sont au nombre de trois, leurs feuilles à nervures parallèles et leur embryon homogène, elles rentrent dans la classe des Monocotylédones.

La présence du gynostème formé par la soudure des étamines avec le style et le stigmate, de même que l'organisation du pollen réuni en masses, distingue les Orchidées non seulement des autres Monocotylédones, mais encore de toutes les autres familles du règne végétal.

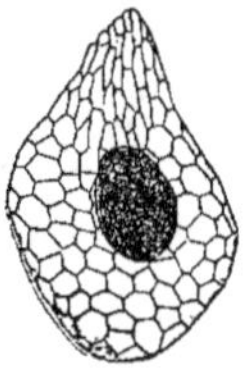

Parmi les Dicotylédones seulement, les Asclépiadées et quelques Mimosées présentent dans leurs anthères des masses polliniques, mais le reste de leur organisation n'a pas la moindre analogie avec celle des Orchidées.

Fig. 9.

GRAINE DE STANHOPEA OCULATA.

Dans son *Traité de Botanique*, M. Van Tieghem range les Orchidées au nombre des familles composant l'ordre des Iridinées, qui se distingue des autres Monocotylédones par le *périanthe* ou du moins la *corolle pétaloïde* et l'*ovaire infère*. Cet ordre comprend huit familles : les Amaryllidées, les Dioscorées, les Iridées, les Hémadoracées, les Broméliacées, les Scitaminées, les Orchidées et les Hydrocharidées.

Les cinq premières de ces familles ont la fleur régulière ou à peine irrégulière et trois à six étamines de conformation normale. La dernière se rapproche des Orchidées par l'organisation très simple de ses graines et la position des placentas; mais elle en diffère surtout par ses fleurs régulières, le plus souvent unisexuées, à étamines plus ou moins nombreuses (1 à 15) ayant l'organisation habituelle, et à calice *sépaloïde* (de couleur verte), la corolle seule étant pétaloïde; elle ne comprend d'ailleurs que des plantes aquatiques.

Presque tous les auteurs s'accordent pour ranger les Orchidées à côté des Scitaminées, avec lesquelles elles ont en effet le plus d'affinités. Cette dernière famille, dont font partie les Ravenala, Strelitzia, Musa, Heliconia, Alpinia, Hedychium, Maranta, Calathea, Canna et autres genres bien connus des horticulteurs, a des fleurs dont le périanthe est irrégulier à la manière de celui des Orchidées; souvent même l'un des pétales représente une sorte de labelle; une partie seulement des étamines, le plus souvent une seule d'entre elles, est fertile, les autres étant transformées en staminodes; les Canna et les genres voisins ont même les graines sans albumen. Mais aucune de ces plantes n'a de gynostème ni de masses polliniques.

On voit par ce qui précède que les Orchidées se distinguent facilement de toutes les autres plantes; elles forment une des familles les plus tranchées, les plus naturelles, comme on dit, de tout le règne végétal [1].

IV. — Particularités — Pélories — Monstruosités

La famille des Orchidées, la plus vaste des régions tropicales, renferme évidemment certaines anomalies, certaines singularités que nous signalerons rapidement.

Dans certaines fleurs (Paxtonia, Thelimytra, Isochilus) le labelle ne diffère en rien des autres pétales, de sorte que le périanthe se compose de trois pétales et trois sépales.

Certaines Orchidées n'ont pas de racines (*Epipogium Gmelini* et *Corallorhiza innata*). D'autres n'ont pas de feuilles, et ces organes sont alors réduits à des espèces d'écailles décolorées (Corallorhiza, Limodorum, *Neottia Nidus-avis*).

Reichenbach a décrit une espèce, l'*Arundina pentandra*, qui, en outre de trois étamines incorporées dans le gynostème, a deux

---

(1) La partie qui précède est empruntée à peu près textuellement aux *Études de botanique* de M. A. Cogniaux, publiées dans le *Journal des Orchidées*.

corps latéraux allongés qu'il croit représenter deux autres étamines. Le nom spécifique (*pentandra* = cinq étamines) rappelle cette particularité.

Fritz Müller mentionne un Epidendrum du Brésil qui aurait une seule étamine, et dont une variété en aurait trois.

Bien curieux aussi, au point de vue botanique, est le *Vanda* (Arachnanthe) *Lowii*, espèce célèbre par la beauté et la richesse de sa floraison. Les deux premières fleurs de chaque hampe ont les pétales et les sépales d'un beau jaune citron, avec une bordure de points rouge-brun, tandis que les autres ont les segments vert-jaune pâle couverts d'épaisses taches brun-rouge, très serrées surtout à la base. Cette particularité est absolument unique et inexplicable.

Il existe une Orchidée *sensitive*; c'est le *Masdevallia muscosa*, importé de la Nouvelle Grenade vers 1875, et décrit par Reichenbach.

Le labelle de cette fleur est pourvu d'une crête dans laquelle réside le siège de sa sensibilité : le moindre contact suffit pour le mettre en mouvement, et lorsque ce contact est prolongé, le labelle s'élève vivement et se projette contre la colonne. Si donc un insecte vient à se poser sur la fleur et à toucher la crête du labelle, il est aussitôt emporté et enfermé dans la prison formée par le labelle appliqué contre la fleur. Il ne peut s'échapper que par une étroite ouverture située près de l'anthère et il emporte avec lui les masses polliniques, qu'il ira déposer sur une autre fleur.

Il est à noter, d'autre part, que les ovaires et la hampe florale sont recouverts de cils abondants qui servent évidemment à empêcher les insectes rampants de pénétrer dans la fleur.

Cette curieuse particularité montre une fois de plus l'extrême variété des ressources que la nature sait mettre en œuvre pour assurer la reproduction des espèces.

La structure des Orchidées, en effet, est spécialement intéressante à ce point de vue. La disposition des organes sexuels rend à peu près impossible la fécondation spontanée des fleurs; il faut, pour transporter les pollinies sur le stigmate, l'intervention d'un agent étranger; cet office est rempli à l'état naturel par les insectes, et la conformation de beaucoup d'espèces semble combinée précisément en vue de les enfermer dans une certaine route qui les conduit aux pollinies, de telle sorte qu'ils les emportent collées sur leur corps. Cette conformation est particulièrement frappante dans les Cypripedium, les Coryanthes, et quelques autres genres; dans les Catasetum et les Mormodes, un ressort d'une extrême délicatesse, et qui se détend au moindre contact, lance les pollinies avec force sur le dos de l'insecte, auquel elles restent fixées par le rétinacle visqueux.

D'autre part, le stigmate se trouvant placé au-dessous de l'anthère, il est presque impossible que l'insecte dépose les pollinies sur l'organe femelle de la même fleur, à moins de revenir aussitôt sur ses pas. Il s'envole toujours sur une autre fleur, de sorte que la fécondation est généralement croisée. C'est ce que Darwin a montré dans son bel ouvrage sur la *fécondation des Orchidées*, ouvrage qui n'est que l'un des chaînons de la démonstration de sa théorie que la nature est favorable à la reproduction croisée.

La théorie de l'adaptation au milieu trouve là également sa confirmation; il est permis de penser, en effet, que beaucoup des différences que l'on constate dans la structure des diverses fleurs sont produites par des modifications progressives dues à la sélection, et tendant à faciliter, par exemple, la fécondation par les insectes.

C'est ainsi que le *Disa grandiflora* et beaucoup d'autres espèces terrestres du Cap ont un mode de reproduction spécial. Quoique le *Disa grandiflora* soit conformé pour être visité et fécondé par les insectes, on ne rencontre jamais, paraît-il, de plantes dépourvues de leurs pollinies, jamais d'ovaires fertiles et grossis. De ce fait on peut conclure que les insectes créés pour visiter et féconder les Disa sont aujourd'hui éteints. Il est fort probable que cette disparition est très ancienne, car la plante a développé pour sa conservation un autre mode de végétation, qui consiste en coulants partant de la base. Ces coulants se développent dans tous les sens au collet des plus gros tubercules, s'enfoncent dans le sol à 40 ou 50 centimètres de profondeur, puis leur pointe se dilate en un petit tubercule. Au bout d'un an ou deux, ce tubercule développe des feuilles et prend une vie propre, tandis que les coulants qui le réunissaient à la plante-mère disparaissent peu à peu.

Il convient de mentionner aussi, à propos de la fécondation des Orchidées, l'existence de fleurs de sexes différents dans certains genres, notamment les Catasetum et les Cycnoches (voir les chapitres spéciaux consacrés à ces deux genres). Peut-être même le genre Catasetum produit-il des fleurs hermaphrodites.

De nombreuses monstruosités ont été signalées dans la famille des Orchidées; beaucoup n'offrent pas de caractère particulier les distinguant de celles qui se produisent accidentellement dans les autres familles végétales. Elles sont causées le plus souvent par un arrêt dans la végétation, coïncidant avec la formation des organes floraux. C'est ainsi que l'on voit souvent des plantes d'importation, collectées vers l'époque de la formation des boutons, émettre peu de temps après leur arrivée des tiges florales mal développées, sur lesquelles certaines fleurs ont des organes soudés entre eux, ou d'autres manquant complètement.

D'autres monstruosités paraissent être un résultat de la fécondation artificielle répétée; on les observe surtout dans le genre Cypripedium, et plus encore dans les Selenipedium. Les *S. Sedeni*, *calurum*, *grande* et autres du même groupe, dont les fleurs se succèdent sur une même hampe, ont généralement les premières fleurs bien conformées; mais il arrive souvent que la dernière ou les deux dernières ont une conformation anormale défectueuse.

Plus intéressantes au point de vue botanique sont les anomalies qui constituent un retour au type symétrique, type qui s'est conservé dans la plus grande partie du monde végétal, et qui a dû exister aussi à l'origine dans la famille orchidéenne. Ces anomalies, que l'on nomme pélories, sont assez rares; néanmoins des cas intéressants en ont été constatés.

Les fleurs du *Cypripedium volonteanum* possèdent fréquemment trois étamines au lieu de deux, le staminode étant remplacé par une étamine médiane.

Un *Epidendrum vitellinum*, appartenant à la collection de M. RAPHAEL, a produit en 1891 cinq racèmes, dont chaque fleur était double et parfaitement régulière. Le labelle était remplacé par un pétale ordinaire, et la colonne était partagée en six petits segments analogues à des pétales, qui occupaient le centre de la fleur, et produisaient une fleur double régulière de douze segments.

M. BARBOSA RODRIGUES a signalé récemment une curieuse monstruosité qu'il considère également comme une pélorie. Il s'agit d'un *Cattleya intermedia* dont les pétales ont la forme et le coloris du labelle ; la fleur possède donc trois labelles et trois sépales. Ce cas est d'autant plus singulier qu'il est parfaitement fixé ; depuis huit ans, en effet, la plante a reproduit chaque année des fleurs semblables. Les organes reproducteurs sont prolifères.

Mon excellent confrère le Dr MAXWELL T. MASTERS, directeur du *Gardeners' Chronicle*, qui a fait une étude approfondie de la tératologie végétale, a cité dans son journal plusieurs cas intéressants de monstruosités ou de pélories.

Un *Laelia pumila* produisit sur un même pédoncule une fleur normale et une autre dans laquelle le labelle était remplacé par un pétale. Un autre Laelia portait trois pétales semblables entre eux, et semblables, comme forme et comme coloris, à un labelle *étalé*, etc.

Ces monstruosités, ou plutôt ces pélories, ont servi aux botanistes à fonder diverses hypothèses sur la forme primitive des fleurs d'Orchidées.

La forme actuelle de ces fleurs est, en effet, tout à fait différente du plan général ; mais il est logique de supposer que cette forme a été précédée et est dérivée d'un autre état plus ancien dans lequel les étamines n'étaient pas soudées à l'organe femelle, où les styles et les stigmates n'étaient pas fondus en un seul, où enfin le pétale impair ou labelle n'existait pas, les segments floraux étant symétriques et semblables entre eux.

L'anatomie des fleurs fournit d'abord certains renseignements ; elle révèle, par exemple, l'existence de trois styles fondus dans le gynostème, et par suite de trois stigmates, dont les cloisons s'aperçoivent distinctement dans un grand nombre d'espèces ; l'existence de staminodes, ou étamines avortées, non seulement dans les genres Cypripedium et Selenipedium, mais encore dans un très grand nombre d'autres, etc.

L'étude des fleurs péloriées qui se présentent accidentellement, c'est-à-dire de fleurs dans lesquelles on constate la dissociation d'organes ordinairement fondus ensemble, ou d'autres modifications au type général des Orchidées, modifications tendant vers un type plus symétrique ou plus semblable au plan ordinaire des autres familles végétales, permettait de fonder des hypothèses nouvelles sur cet état ancien dont on était en droit de chercher la trace dans ces modifications.

Jusqu'ici cependant, les auteurs ne sont pas d'accord sur ce point, et voici la brève énumération des principales hypothèses formulées [1] :

Linnée et Haller, prenant chaque loge pour une anthère, voyaient les Orchidées diandres ; d'après eux il ne manquait qu'une étamine à ces plantes pour rentrer dans le type normal des monocotylédones.

Cette idée, qui avait pris naissance de l'étude des Ophrydées, fut bientôt repoussée par Adanson, Swartz et Jussieu, qui établirent la monandrie comme caractérisant cette famille, *les Cypripédiées excepté*.

Du Petit-Thouars, en voulant faire rentrer les Cypripedium dans la règle générale, tomba dans une exagération opposée. Il considère les deux anthères de ces végétaux comme les deux loges d'une même étamine.

Robert Brown, ayant établi la présence de deux staminodes (les Cypripédiées étant mises à part), admet deux verticilles au périanthe, et trois étamines soudées avec le style : deux rudimentaires et une fertile.

---

[1] La remarquable thèse de M. R. Gérard sur *La fleur et le diagramme des Orchidées* a été principalement mise à contribution pour cette étude.

L. C. Richard reconnaît également la présence de trois étamines. Selon Achille Richard, le type normal de la fleur des Orchidées est un périanthe à six divisions régulières disposées sur deux cycles, et *six* étamines disposées sur deux rangs; sauf dans le genre Epistephium, le cycle externe du périanthe avorte constamment; les trois étamines externes deviennent pétaloïdes; enfin dans tous les genres, sauf les Cypripedium et Selenipedium, deux étamines du verticille interne avortent et se transforment en staminodes.

En 1831, Robert Brown reconnaît avoir professé successivement deux opinions différentes sur la composition de la fleur des Orchidées. Dans les deux cas, il admet six pièces au périanthe.

Il pensait primitivement que les Orchidées possèdent deux cycles de trois étamines, mais que trois de ces organes avortent d'une façon constante, l'une du cycle interne, les deux autres du cycle externe. Sur les trois autres, deux resteraient rudimentaires et une seule serait fertile, sauf dans les Cypripédiées, où cet ordre serait renversé.

Cette opinion est généralement admise de nos jours.

Dans sa seconde manière de voir, R. Brown semble ne plus reconnaître que trois étamines aux Orchidées.

Lindley revient à l'idée de A. Richard et considère le verticille interne comme formé par des étamines avortées et pétalisées. Il explique la forme trilobée qu'a le plus souvent le labelle en disant que les deux lobes latéraux représentent les loges, et la partie médiane le connectif.

Selon Payer, « la fleur des Orchidées est construite comme celle des Amaryllidées; son périanthe est double, ses étamines sont disposées sur deux verticilles, les mamelons carpellaires sont au nombre de trois superposés aux divisions du périanthe externe; mais, tandis que chez les Amaryllidées toutes ces parties se développent régulièrement, chez les Orchidées cinq étamines avortent sur six, et des trois mamelons carpellaires un seul s'allonge en style. »

Darwin, s'appuyant sur des études anatomiques pures, déclare être arrivé aux résultats suivants : « Nous voyons donc qu'une fleur d'Orchidée se compose de cinq parties simples qui sont : trois sépales, deux pétales et deux parties composées, la colonne et le labelle. La colonne est formée de trois carpelles et généralement de quatre étamines, le tout complètement soudé ; le labelle est formé d'un pétale et de deux étamines pétaloïdes du verticille externe avec soudure également parfaite. »

M. Van Tieghem trouve chez les Orchidées les six étamines des Monocotylédonées typiques, mais celle qui est opposée au labelle n'est représentée que par des faisceaux trop grêles et trop isolés pour que l'organogénie ait pu constater l'apparition du mamelon correspondant. Les faisceaux appartenant aux étamines latérales se soudent deux à deux et se rendent aux staminodes. La marche du faisceau se rendant à l'étamine fertile est seule normale.

Chez les Cypripédiées, on trouve trois étamines ; une seule chez les Listera.

Voici les conclusions auxquelles aboutit M. R. Gérard :

« On peut regarder ces fleurs comme formées de deux parties très distinctes, l'une inférieure, comprenant la presque totalité de l'ovaire ; la seconde superposée à la première et formée par le sommet de cet organe, le périanthe et le gynostème. »

Et, s'occupant de la seconde partie, la seule que nous considérions ici :

« La fleur des Orchidées présente un périanthe irrégulier à six divisions disposées sur deux rangs ; la pièce supérieure prend généralement un développement considérable et pend à la façon d'une lèvre, d'où le nom de labelle. Les étamines soudées au style forment un organe central portant le nom de *gynostème*.

Le nombre de ces étamines est variable ; elles sont groupées par cycle de trois. Tantôt on en rencontre un seul cycle, tantôt on en rencontre deux, mais dans les deux cas, sous l'influence du labelle, les étamines les plus rapprochées de cet organe disparaissent ou sont frappées de stérilité. »

Voici la théorie émise par le Dr MASTERS au sujet de la constitution des fleurs d'Orchidées :

« On peut donc dire que dans une Orchidée, il existe, au moins en puissance, quinze segments en cinq séries de trois chacune : trois sépales, trois pétales (comprenant le labelle), trois étamines extérieures, dont une seulement est fertile, trois étamines intérieures (toutes avortées, exceptée dans les Cypripedium, où deux sont fertiles), et trois styles. Quant à l'existence de ces derniers organes, on peut s'en rendre compte en faisant une section transversale de l'ovaire ; le triple placenta sur lequel sont fixés les ovules montre immédiatement l'existence de trois carpelles, soudés en un ovaire et un style. »

La théorie de M. BARBOSA RODRIGUES, le botaniste brésilien bien connu et directeur du Jardin Botanique de Rio de Janeiro, est différente ; voici dans quels termes il la formulait récemment dans le *Journal des Orchidées :*

« Au point de vue organogénique, une fleur d'Orchidée se compose de six sépales et six pétales ; trois des premiers avortent et trois des seconds se réunissent intimement, de sorte que la fleur se présente actuellement avec trois sépales et trois pétales, c'est-à-dire avec six divisions du périanthe. Quatre pétales, s'unissant deux à deux, forment les deux pétales considérés comme normaux, et les deux autres, s'unissant à un sépale, changent totalement de forme et constituent le labelle actuel, qui prend également une couleur différente.

Les étamines et les pistils, qui concourent à former le gynostème, peuvent disparaître et aller renforcer les sépales et les pétales, de façon que ceux-ci se présentent plus ou moins parfaits.

Il résulte de ces faits qu'une fleur, pouvant retourner au type primitif par l'effet d'une végétation vigoureuse, ou par une cause différente et même par faiblesse, prend une forme nouvelle, c'est-à-dire augmente le nombre de ses sépales et pétales ; par suite, le labelle actuel se décompose et se présente avec trois divisions, les pétales avec deux ; quant aux sépales, il semble qu'ils avortent ; le fait peut se produire avec plus ou moins de régularité, et c'est ainsi qu'on peut voir une fleur modifiée par dédoublement ou par une monstruosité.

Cette théorie, que j'ai amplement développée, et qui se base sur l'étude des carpelles des fruits et des fleurs elles-mêmes, a été nettement et complètement confirmée par l'apparition de diverses fleurs que l'on considère à tort comme des fleurs doubles. M. ROLFE a décrit en 1891, une fleur d'*Epidendrum vitellinum* (*flore pleno*) qui se présente exactement avec le diagramme que j'ai décrit théoriquement alors que personne absolument ne s'occupait de cette question.

En 1881, j'ai écrit une longue étude qui a mérité les éloges du savant Dr EICHLER, professeur de morphologie végétale à l'université de Berlin. Dans ce travail, j'ai démontré qu'au point de vue organogénique, une fleur normale d'Orchidée composée de six segments est une fleur *anormale*, parce qu'elle devrait se composer théoriquement de vingt-quatre organes : un calice de six sépales, une corolle de six pétales, et douze organes reproducteurs. Par suite de l'avortement et de la fusion de quelques-uns, la fleur prend la forme normale, qui cependant peut quelquefois se dédoubler et présenter les organes primitifs distincts. »

CHAPITRE II

A côté de la botanique physiologique, qui étudie les organes et leurs fonctions, la vie et la physiologie des plantes, la botanique systématique a pour objet de les classer en groupes et d'établir dans leur foule un ordre logique. Le nombre des végétaux connus est si considérable, que la mémoire la mieux organisée ne pourrait les retenir, le coup d'œil le plus sûr les reconnaître, si l'on ne créait entre eux des points de repère au moyen de caractères généraux communs à un plus ou moins grand nombre.

Ces points de repère doivent naturellement être simples, précis et faciles à retrouver, pour pouvoir rendre des services. Divers botanistes ont proposé successivement divers systèmes, en donnant la prédominance à tel ou tel caractère. Il reste encore, dans l'état actuel de la science, trop de découvertes à faire pour que l'on puisse affirmer que le point où elle est arrivée constitue un état définitif, et d'ailleurs la matière est tellement vaste qu'il est presque impossible de former un système simple satisfaisant absolument l'esprit rigoureusement méthodique. Pour que les systèmes de classification rendent des services, il faut que les divisions ne soient pas trop nombreuses; et lorsqu'on se trouve en présence de groupes rentrant difficilement dans l'une ou l'autre des divisions établies, on estime généralement qu'il vaut mieux étendre ou forcer un peu la formule de l'une de ces divisions que d'en créer une de plus pour quelques individus.

Pour établir une classification, on procède naturellement des caractères les plus généraux aux particuliers, et en éliminant ainsi successivement, on arrive aux derniers détails qui permettent de caractériser la plante étudiée.

C'est ainsi que, si l'on adopte la méthode de Lindley, par exemple, on commencera par examiner si le végétal a des fleurs ou n'en a pas, autrement dit, si c'est un Phanérogame ou un Cryptogame ; cette constatation faite, on n'aura plus à exercer ses recherches que dans un champ restreint de près de moitié. On observera ensuite si la fleur naît d'une tige, et dans ce cas, si la graine a un cotylédon ou deux cotylédons, etc. Peu à peu, en écartant un nombre de plus en plus grand de noms, on arrivera à trouver la place exacte à laquelle doit se ranger le végétal examiné.

Divers noms ont été donnés par les auteurs à ces grandes catégories : embranchements, sous-embranchements, classes, ordres, tribus, etc. Ces noms, d'ailleurs, n'intéressent, en quelque sorte, que le botaniste, et lui seul a lieu de s'occuper d'eux. Les praticiens, amateurs et horticulteurs, n'ont guère à connaître que des divisions ultimes, que l'on appelle, en allant par ordre croissant, l'*espèce*, le *genre*, et la *famille*.

Il est, on le conçoit, très difficile de donner des définitions de ces diverses catégories. Comme on vient de le voir, la personne qui a la tâche de classer une plante, d'après ses analogies et ses différences avec les autres déjà connues, établit des catégories jusqu'à un certain point, où elle se trouve en face d'un groupe peu nombreux d'individus ayant entre eux des analogies assez étroites pour qu'il ne soit plus nécessaire de faire une nouvelle subdivision. Ce groupe s'appellera genre, et chaque individu s'appelle une *espèce*.

« L'espèce, a dit Cuvier, est la réunion des individus descendus l'un de l'autre ou de parents communs, et de ceux qui leur ressemblent autant qu'ils se ressemblent entre eux. »

Il arrive cependant que l'on constate entre des individus des différences très faibles, insuffisantes pour constituer des espèces distinctes; c'est ce qu'on appelle des *variétés*. Ainsi, les graines de certaines espèces produisent souvent un mélange de plantes ayant le caractère du type pur de l'espèce, avec d'autres présentant quelques légères modifications dans le coloris des feuilles ou des fleurs, la grandeur, etc. Ces variétés ne se reproduisent pas d'ordinaire par le semis, et les graines qui en proviennent donnent à leur tour des plantes du type spécifique, d'autres de la variété mère, et d'autres appartenant encore à d'autres variétés.

Parfois aussi, ces déviations du type sont assez stables pour se transmettre régulièrement ou à peu près par graines. Ce sont des *variétés fixées*, ou des *races*.

Ces modifications tiennent souvent à la localité, à des circonstances, climatériques ou autres, extérieures. Dans la famille des Orchidées notamment, on rencontre beaucoup de ces formes qu'on appelle « variétés géographiques; » les collecteurs constatent que certaines espèces sont représentées dans telle localité par telle variété, dans un autre endroit par une autre variété ou race, uniquement, et à l'exclusion du type. C'est ainsi que dans l'*Odontoglossum crispum*, si riche en variétés et en races diverses, la race de Pacho est bien reconnaissable et particulièrement recherchée.

Au-dessus de l'espèce, se trouve le genre, et l'usage est de désigner une plante par le nom du genre et de l'espèce auxquels elle appartient.

S'il fallait, en effet, désigner chaque plante par le nom de l'espèce seul, chaque espèce devrait avoir un nom distinct, ce qui exigerait plusieurs centaines de mille noms; avec le procédé adopté, il suffit d'avoir un nom distinct pour chaque genre, ce qui en exige beaucoup moins [1]; chaque espèce doit avoir un nom

---

(1) 8500 environ pour les Phanérogames seuls, ce qui est déjà beaucoup.

spécial dans le genre auquel elle appartient, mais le même nom peut servir dans d'autres genres.

Ainsi une plante nommée *Cattleya superba* est désignée d'une façon suffisante; on sait qu'elle appartient au genre *Cattleya* et à l'espèce *superba*. Il n'existe aucun genre nommé Cattleya dans d'autres familles que les Orchidées, et cela ne peut pas être; mais il existe, *dans d'autres genres*, beaucoup d'espèces portant comme nom l'adjectif *superbus*; ainsi, dans la seule famille des Orchidées, il y a encore le *Dendrobium superbum*, l'*Eria superba*, etc.

Le même adjectif peut également être employé pour des variétés : *Cattleya Mossiae var. superba, Angraecum eburneum var. superbum*. J'aurai d'ailleurs plus loin l'occasion d'examiner le choix et la propriété de ces noms.

Classifications

Les premiers essais de classification, esquissés par GESNER, CÉSALPIN, J. RAY, TOURNEFORT, étaient assez imparfaits; celui de LINNÉE, publié en 1735, établit les grands principes qui devaient être admis dans la suite; sa classification, fondée sur les caractères des étamines et des pistils, eut un très grand succès, parce qu'elle était simple, facile à suivre et méthodiquement coordonnée.

Voici le tableau des 24 classes de LINNÉE :

1 étamine	Monandrie.
2 étamines	Diandrie.
3 étamines	Triandrie.
4 étamines	Tétrandrie.
5 étamines	Pentandrie.
6 étamines	Hexandrie.
7 étamines	Heptandrie.
8 étamines	Octandrie.
9 étamines	Ennéandrie.
10 étamines	Décandrie.
Une douzaine d'étamines	Dodécandrie.
Étamines nombreuses entourant le pistil	Icosandrie.
Étamines nombreuses situées au-dessous du pistil . . .	Polyandrie.

4 étamines dont deux plus longues que les deux autres . .	Didynamie.
6 étamines dont quatre plus longues que les deux autres .	Tétradynamie.
Étamines soudées entre elles par les filets — en un faisceau	Monadelphie.
— en deux faisceaux . . .	Diadelphie.
— en trois faisceaux ou plus.	Polyadelphie.
Étamines soudées entre elles par les anthères	Syngénésie.
Étamines soudées avec le pistil	Gynandrie.
Fleurs mâles et femelles sur chaque pied	Monœcie.
Fleurs mâles et femelles sur des pieds distincts	Diœcie.
Fleurs mâles, fleurs femelles et fleurs hermaphrodites . .	Polygamie.
Pas de fleurs	Cryptogamie.

Chacune de ces classes se subdivisait en un certain nombre d'ordres, basés sur des caractères un peu moins importants, principalement tirés du pistil. Dans la classe Gynandrie, à laquelle appartenaient les Orchidées, les ordres étaient déterminés par le nombre des étamines.

Il est à remarquer d'ailleurs qu'à cette époque un très petit nombre d'Orchidées était connu, et l'on soupçonnait d'autant moins l'importance que prendrait cette famille, que leur culture en Europe paraissait impossible.

Les méthodes antérieures à 1738, et dont la méthode Linnéenne marque l'apogée, étaient purement *artificielles* et reposaient sur des caractères quelconques choisis arbitrairement. Le principe de la *classification naturelle*, c'est-à-dire consistant à grouper ensemble les plantes qui se ressemblent le plus extérieurement, et ont entre elles comme un air de famille, ce principe fait ensuite son apparition et est désormais universellement admis.

LINNÉE lui-même, en 1738, formula le principe de la classification naturelle et publia, dans les *Classes plantarum*, une liste de genres distribués dans 65 ordres naturels. Parmi les principaux auteurs qui, après lui, ont établi des classifications reposant sur le même base, il convient de citer spécialement ANTOINE-LAURENT DE JUSSIEU, ROBERT BROWN, PYRAME DE CANDOLLE (*Prodromus systematis naturalis regni vegetabilis*, achevé sous la direction de son fils, ALPHONSE DE CANDOLLE), LINDLEY (*The vegetable Kingdom* 1845-1847), ENDLICHER (*Genera plantarum secundum ordines naturales disposita*, 1836-1840), BRONGNIART (*Enumération des genres de*

plantes cultivées au Museum d'histoire naturelle de Paris, 1843),
enfin BENTHAM et J.-D. HOOKER (*Genera Plantarum*, etc. 1862-1883)
et VAN TIEGHEM (*Traité de Botanique*).

En ce qui concerne spécialement les Orchidées, les travaux les
plus importants sont ceux de SWARTZ, d'ENDLICHER, de LINDLEY,
de BLUME, de ROBERT BROWN, de BENTHAM et HOOKER et de
M. E. PFITZER, professeur à l'Université de Heidelberg.

Les ouvrages du célèbre professeur JOHN LINDLEY, secrétaire
de la Société Royale de Londres, ont une importance capitale.
LINDLEY s'est occupé beaucoup de la famille des Orchidées, sur
laquelle les immenses découvertes faites de son temps attiraient
l'attention de tout le monde savant comme de l'horticulture, et ses
travaux ont réellement fondé la science des Orchidées. Toutefois
son principal ouvrage, *Genera et species Orchidearum* (1830-1840),
bien que complété par les *Orchidaceae Lindenianae* (1846, 2ᵉ éd.
1848, 3ᵉ éd. 1853), par les *Folia Orchidacea* (1852-1859), par le
Sertum Orchidaceum (1858), ne tarda pas à être débordé par l'afflux
constant des importations, si riches depuis cinquante ans.

REICHENBACH fils, auteur d'un grand nombre d'ouvrages et de
descriptions publiées dans divers journaux et revues d'Allemagne,
de Belgique, d'Angleterre, etc., n'a pas tracé dans tous ses
écrits le plan d'un système définitif, mais diverses ébauches
peu cohérentes et souvent en contradiction entre elles. Pendant
la période de dix à quinze ans qui a précédé sa mort (1889),
et pendant laquelle il a été en possession d'une sorte de supré-
matie exclusive, il a décrit une foule d'espèces et de variétés
parmi lesquelles il existe visiblement des doubles emplois et
des confusions ; il sera malheureusement très difficile de faire
la lumière dans ses travaux, son testament ayant légué au Jardin
botanique de Vienne tous ses herbiers et ses papiers, avec la
clause que ces documents ne pourront être dépouillés qu'après
un délai de vingt-cinq ans. Par l'effet de cette disposition regrettable et anti-scientifique, les spécimens innombrables envoyés
au professeur pendant tant d'années, et dont quelques-uns ne
l'étaient d'ailleurs qu'en communication, resteront soustraits

aux études des botanistes pendant une période très longue, à l'expiration de laquelle beaucoup seront sans doute inutilisables.

Fig. 10. — H. G. REICHENBACH fils.

BRONGNIART caractérisait les genres, dans l'embranchement des Monocotylédones, par la présence ou l'absence d'un périanthe, la présence ou l'absence d'un albumen dans les graines, et classait les Orchidées parmi les *apérispermées* (graines sans enveloppe d'albumen). BENTHAM et HOOKER adoptent également les caractères précédents, mais y ajoutent la distinction de l'ovaire *supère* (placé au-dessus du niveau du périanthe) ou *infère* (placé au-dessous).

Dans leur classification, les Orchidées sont placées parmi les *microspermées*, de sorte que pour eux, comme pour Brongniart, la véritable caractéristique des Orchidées est l'absence d'albumen dans les graines.

La classification de Bentham et J.-D. Hooker est communément adoptée aujourd'hui, et généralement avec quelques modifications proposées par M. Pfitzer dans son important ouvrage *Grundzüge einer vergleichenden Morphologie der Orchideen* (Essais de morphologie comparée des Orchidées, 1882), et c'est celle adoptée également par M. A. Cogniaux, dans l'étude citée plus haut.

La tribu des *Epidendrées* compte   88 genres.

»	*Vandées*	»	130	»
»	*Néottiées*	»	80	»
»	*Ophrydées*	»	32	»
»	*Cypripédiées*	»	4	»

Nomenclature

La nomenclature botanique exige beaucoup de méthode ; elle est particulièrement délicate à établir en ce qui concerne les Orchidées, et cela pour plusieurs raisons évidentes. D'une part, il reste encore beaucoup d'inconnu, chaque jour apporte de nombreuses découvertes ; dans ces conditions, il est difficile de déterminer les caractères assez généraux pour baser un genre et même une espèce ; tel groupe, considéré d'abord comme une simple section, apparaît peu à peu assez important, et, dans son ensemble, assez tranché pour constituer un genre ; l'inverse parfois se produit. Telle forme, assez distincte pour avoir été rangée comme espèce, se trouve reliée à une espèce antérieure, grâce à de nouvelles découvertes, par une série de formes intermédiaires si continue, qu'on doit la considérer comme une simple variété.

En second lieu, l'imperfection de beaucoup de descriptions anciennes place souvent le botaniste dans un sérieux embarras. Des espèces ont été nommées sans description suffisante, de sorte qu'il est impossible de les reconnaître si l'on ne possède pas d'échantillons séchés (il en est ainsi notamment pour beaucoup de plantes nommées par Reichenbach fils). Lorsqu'on se trouve en face d'une plante présentant quelque ressemblance avec une de ces espèces mystérieuses, on se trouve placé dans l'alternative, ou de donner un second nom à une seule et même espèce, c'est-à-dire de surcharger inutilement la nomenclature déjà fort longue, ou de rattacher sans une absolue certitude une plante à une autre qui peut être différente.

Une autre cause d'embarras provient de la rareté des documents. En effet, les maisons d'introduction d'Orchidées sont peu nombreuses, et parfois les plantes importées le sont en petit nombre ; plusieurs espèces n'ont été introduites qu'en un seul exemplaire. Par suite, le botaniste qui nomme une espèce nouvelle est quelquefois seul à en posséder des spécimens, et les autres botanistes du monde entier, qui se renseignent difficilement sur ces nouveautés, même s'ils ont à leur disposition toutes les publications techniques existantes, ont beaucoup de peine à se tenir au courant de tout ce qui se découvre.

Cet inconvénient est frappant en ce qui concerne les variétés. Il arrive souvent que des amateurs, chez qui fleurit une variété nouvelle et remarquable d'une espèce connue, lui donnent un nom distinct ; comme toutes ces variétés, beaucoup trop nombreuses, ne sont pas publiées, beaucoup font double emploi, et reçoivent des noms différents dans les différents pays, ou dans diverses collections d'un même pays.

En ce qui concerne les variétés, cet inconvénient est secondaire, car les variétés n'ont que très peu d'importance au point de vue botanique ; mais il en est autrement des espèces. Un botaniste ne peut actuellement étudier les Orchidées et les décrire qu'à la condition de pouvoir compulser les principaux herbiers existants et un grand nombre de publications.

La plupart des descriptions d'Orchidées sont faites à notre époque par un petit nombre d'auteurs, qui sont les suivants :

M. A. Cogniaux, de Verviers, auteur notamment de la partie des Orchidées dans le fameux ouvrage *Flora Brasiliensis*, de Martius ;

Les botanistes attachés au grand établissement des Jardins Royaux de Kew, le premier jardin botanique et le plus riche du monde entier, qui possède notamment les herbiers de LINDLEY ; parmi eux spécialement Sir JOSEPH HOOKER, M. R. A. ROLFE et M. N. E. BROWN ;

M. J. BARBOSA RODRIGUES, directeur du Jardin botanique de Rio de Janeiro, qui a découvert et décrit un grand nombre d'Orchidées du Brésil ;

M. F. KRANZLIN, professeur à Berlin ;

M. MOORE, directeur du Jardin botanique de Glasnevin (Irlande);

M. RIDLEY, directeur du Jardin botanique de Singapore ;

M. JAMES O'BRIEN, collaborateur du *Gardeners' Chronicle* de Londres, un connaisseur doué d'une sûreté de coup d'œil et de mémoire des plus remarquables ;

Sans parler, bien entendu, des principaux Jardins botaniques des divers pays d'Europe, d'Asie et d'Amérique, qui possèdent des herbiers et des collections plus ou moins riches, et sont souvent appelés à faire des déterminations.

Il est souvent utile, pour pouvoir se reporter aux sources, et appliquer correctement un nom, de connaître l'auteur à qui est due la dénomination d'une plante. L'usage a été adopté de joindre à ce nom celui de l'auteur, en entier ou en abrégé. C'est ainsi qu'on écrit *Coryanthes Bungerothi* ROLFE, ou *Galeandra Claesii* COGN., pour indiquer que ces espèces ont été nommées pour la première fois, l'une par M. ROLFE et l'autre par M. COGNIAUX.

Lorsqu'une plante a reçu deux noms différents, celui qui a été donné le premier a droit de priorité, et le second n'est cité à l'occasion que comme synonyme.

Lorsqu'une espèce est transférée d'un genre à un autre, il est de règle que l'on lui conserve généralement le même nom spécifique, pour rappeler l'œuvre du premier auteur et pour permettre à la mémoire de le retrouver plus aisément. Ainsi le *Palumbina candida* de LINDLEY, ayant été replacé dans le genre Oncidium, a reçu le nom d'*Oncidium candidum*.

L'importante *Société Royale d'Horticulture de Londres* ayant pris, en 1890, l'initiative de poser des règles fixes destinées à empêcher la nomenclature des Orchidées de devenir un véritable chaos, a adopté les principes suivants :

I. Pour les GENRES, ESPÈCES, VARIÉTÉS BIEN TRANCHÉES et HYBRIDES NATURELS, se conformer aux *Lois de la nomenclature botanique* telles qu'elles ont été formulées par le Congrès botanique international de Paris en 1867.

La personne qui exposera pour la première fois une plante désignée par un nom latin sera invitée à faire connaître le nom du botaniste qui en aura fait la description.

II. HYBRIDES ARTIFICIELS ENTRE GENRES. Nom générique latin, formé de la combinaison des noms des parents [1], et nom spécifique, également latin, séparé du premier par le signe d'hybridité $\times$.

III. HYBRIDES ARTIFICIELS ENTRE ESPÈCES. Nom latin avec addition du mot *hybridus* ou du signe $\times$.

IV. HYBRIDES ARTIFICIELS ENTRE VARIÉTÉS. Nom tiré de la langue indigène du pays où l'hybride s'est produit.

Le Comité exprime le vœu que les cultivateurs d'Orchidées fassent faire des dessins ou des photographies de toutes les Orchidées nouvelles et récompensées, et les déposent à la bibliothèque de la société pour servir de référence.

Il appelle également l'attention des cultivateurs sur l'intérêt qui s'attache à la conservation de spécimens de chaque plante, pour fournir ultérieurement des références et des sujets de comparaison, et il propose dans ce but que des échantillons soient envoyés, chaque fois que ce sera possible, au Directeur des Jardins Royaux de Kew.

Il pourrait en être fait autant dans tous les pays, ou tout au moins dans les principaux établissements scientifiques du monde qui possèdent des documents suffisamment étendus. Dans tous les cas, les règles ci-dessus établies par la grande Société anglaise

---

[1] C'est ainsi qu'on a formé les noms de Zygocolax (Zygopetalum et Colax), Laelio-Cattleya, Sophrocattleya (Sophronitis et Cattleya), Phaiocalanthe (Phaius et Calanthe), etc.

sont fort judicieuses ; leur application a déjà commencé à entrer dans la pratique, et il serait à souhaiter qu'elle devînt générale, notamment en ce qui concerne les deux derniers paragraphes. C'est de ce côté qu'existe la principale lacune.

Forme d'une description

Une description botanique, pour être bien faite, doit être simple, claire, et surtout topique. Il n'est pas nécessaire qu'elle entre dans des détails très étendus, mais il faut qu'elle renferme les détails des caractères qui constituent l'espèce, c'est-à-dire qui la distinguent des voisines. Aussi ne suffit-il pas de faire une description complète de la forme, de la couleur et des autres caractères de tous les organes; il faut surtout *comparer* la nouvelle plante aux espèces du même genre. Lorsqu'un caractère a été donné comme distinctif d'une espèce, on doit indiquer si ce caractère existe ou non dans les espèces du même genre que l'on décrit ultérieurement.

Les divers caractères sont généralement indiqués dans l'ordre suivant lequel ils se développent : les racines, s'il y a lieu, le rhizôme, la tige, les feuilles, l'inflorescence, la fleur, et au besoin le fruit.

Ces descriptions, rédigées ordinairement en latin pour pouvoir être lues des botanistes de tous les pays, se nomment diagnoses.

CHAPITRE III

Le lecteur trouvera plus loin un tableau général de tous les
genres avec l'indication de leur pays d'origine et du nombre
approximatif d'espèces qu'il comprend.

« Les Orchidées, écrit M. Cogniaux, sont largement, mais aussi
fort inégalement répandues sur la surface du globe; très abondantes dans toutes les contrées chaudes et surtout tropicales,
elles sont bien moins nombreuses dans les régions tempérées,
deviennent rares dans les pays froids et manquent complètement
dans les régions polaires. Le *Calypso borealis*, qui habite à la fois
les parties boréales de l'Europe, de l'Asie et de l'Amérique, pénètre
presque seul quelque peu dans la zone glaciale, où il parvient
jusque vers le 68ᵉ degré de latitude.

Des cinq tribus admises par Bentham, la plupart des Épidendrées et des Vandées sont tropicales; les Ophrydées habitent en
majorité les contrées extra-tropicales; tandis que les Néottiées et
les Cypripédiées sont réparties presque également entre les tropiques et dans les régions tempérées.

Certains genres occupent sur la surface de la terre une étendue
immense. Ainsi, pour ne citer que quelques grands genres, les

Fig. 11. -- Cypripedium × Morganiae.

Habenaria, dont M. KRAENZLIN (*Beiträge zu einer Monographie der Gattung Habenaria*, 1891) porte le nombre des espèces à environ cinq cents, paraissent manquer à l'Australie, mais se rencontrent à peu près dans toutes les autres contrées tropicales et tempérées du globe; les Microstylis (68) [1], Liparis (120), Bulbophyllum (100), Bletia (20), Calanthe (40), Eulophia (60), Polystachya (40), Cyrtopodium (20), Vanilla (20), Spiranthes (80), Physurus (20), Pogonia (40), Orchis (80), Cypripedium (50 à 60), etc., ont également une aire de dispersion très vaste, à la fois dans l'ancien et dans le nouveau monde; les Dendrobium (330), Cirrhopetalum (30), Phajus (15), Cymbidium (30), Sarcochilus (30), Vanda (20), Angraecum (15), Goodyera (25), Ophrys (30), Satyrium (60), Disperis (25), quoique limités à l'ancien continent, s'étendent aussi sur une grande surface. Mais le plus grand nombre des genres ont une aire de dispersion plus ou moins restreinte : les Eria (85), Coelogyne (60), Saccolabium (20), ne se rencontrent que dans l'Asie méridionale et les îles de la Malaisie qui en sont voisines; les Prasophyllum (35), Pterostylis (36), Caladenia (32), sortent à peine de l'Australie; les Lissochilus (32), Mystacidium (20), Cynorchis (25), Disa (60), sont des genres exclusivement africains; les Pleurothallis (400), Stelis (170), Lepanthes (100), Masdevallia (150), Elleanthus (50), Epidendrum (plus de 420); Cattleya (20), Brassavola (20), Laelia (20), Zygopetalum (50), Lycaste (25), Gongora (22), Stanhopea (20), Catasetum (40), Mormodes (15), Maxillaria (120), Ornithidium (20), Odontoglossum (plus de 80), Oncidium (plus de 250), Ornithocephalus (20), Notylia (20), Telipogon (40), Sobralia (30), Prescottia (20), sont confinés dans l'Amérique tropicale, généralement depuis le Mexique et les Antilles jusqu'au Brésil; les Chloraea (80 à 100) se rencontrent presque tous au Chili. Une foule de petits genres sont même cantonnés dans un pays unique; tels sont les Sophronitis (7), les Gomeza (7), les Phymatidium (5), les Cirrhaea (5), etc., qui ne sont connus qu'au Brésil.

---

[1] Les chiffres entre parenthèses indiquent le nombre d'espèces qui composent chaque genre cité.

Quant aux espèces, s'il en est un petit nombre qui sont largement répandues, si l'on peut même en citer une ou deux des régions boréales qui vivent à la fois dans l'ancien et dans le nouveau continent, on peut dire cependant que la plupart ont une habitation fort peu étendue; il serait possible d'en énumérer des centaines qui n'ont encore été trouvées qu'à une seule localité; et dans les contrées tropicales, on n'en connaît aucune qui croisse naturellement à la fois dans l'ancien monde et en Amérique.

Toutes les Orchidées des régions froides et tempérées, notamment toutes celles de l'Europe, sont terrestres; leur tige est herbacée et annuelle, mais elles se perpétuent par leurs tubercules souterrains ou leurs grosses racines fibreuses. Nos espèces européennes ont généralement peu d'éclat et ne peuvent guère donner une idée de la splendeur des espèces exotiques; elles sont d'autant plus rarement cultivées qu'il est difficile de les maintenir longtemps vivantes dans nos jardins. Dans ses *Plantae Europeae* (1890), M. K. RICHTER en énumère 170 espèces.

Il est à remarquer que les espèces des régions boréales de l'Asie et de l'Amérique, tout en présentant le même mode de végétation que celles de l'Europe, ont souvent un cachet ornemental plus prononcé; on y trouve, entre autres, plusieurs Cypripedium qui méritent d'être cultivés. Dans la région forestière de l'Amérique du Nord, les Orchidées viennent au douzième rang des familles pour le nombre des espèces, qui y forment de deux à trois pour cent de la végétation totale.

C'est dans les régions tropicales que les Orchidées déploient toute la vigueur de leur végétation, tout l'éclat et la variété infinie de leurs fleurs et parfois même la magnificence de leur feuillage, souvent aussi la suavité de leur parfum. Nous savons déjà qu'elles sont en grande majorité épiphytes; parfois les branches des arbres ploient pour ainsi dire sous le poids de ces brillants faux-parasites qui les encombrent, et le nombre des espèces que l'on peut rencontrer dans une contrée de faible étendue est souvent prodigieux.

Passons ces régions en revue, en commençant par la partie orientale.

Les deux grandes presqu'îles de l'Asie méridionale ont de grands rapports avec l'archipel Malais qui en est voisin, ainsi qu'avec les îles plus éloignées de Bornéo, Célèbes, la Nouvelle-Guinée et les Philippines ; GRISEBACH a donc eu raison de les réunir pour former ce qu'il a nommé le « domaine des Moussons. » Cette région est extrêmement riche en Orchidées; c'est là que les nombreux Dendrobium, les Vanda et une foule d'autres genres bien connus des horticulteurs sont dans leur vrai domaine. Déjà en 1861, dans la *Flore des Indes néerlandaises*, MIQUEL rassemblait six cent seize espèces, soit sept pour cent du total des Phanérogames, proportion atteinte seulement par les Légumineuses. Dans son importante *Flore des Indes anglaises*, Sir JOSEPH HOOKER n'a encore publié que le commencement de la famille des Orchidées; en attendant la fin de ce travail, il serait difficile de fixer, même approximativement, le nombre des espèces; on estime cependant que cette famille occupe à peu près le même rang que les Rubiacées et n'y est dépassée que par les Légumineuses [1].

Le nord de l'Australie est encore d'une certaine richesse en Orchidées; mais la sécheresse assez générale de ce continent est cause que, pris dans son ensemble, il nourrit moins d'espèces que ne le ferait supposer son climat tropical : d'après le relevé du baron F. VON MUELLER, cette famille n'y occupe que le septième rang, avec 281 espèces, sur un total général de 8800 espèces connues à la fin de 1885. Ce nombre de 218 espèces n'est guère plus du quart de celui des Légumineuses, qui se monte à 1071.

Les petites îles de l'Océanie sont généralement pauvres en Orchidées ; dans beaucoup d'entre elles, on n'en a encore signalé aucune espèce. M. HEMSLEY en énumère 19 à Tahiti, 10 à l'île Chatam, 9 à Aucklands, 5 dans l'île de Norfolk, une seule aux Sandwich, etc.

Beaucoup de parties de l'Afrique se trouvent dans les mêmes

---

[1] La famille des Orchidées est maintenant complètement publiée dans l'ouvrage cité plus haut. Elle comprend 1172 espèces bien connues, outre 85 espèces douteuses. Il en résulte que, dans la Flore de l'Inde, les Orchidées occupent le premier rang pour le nombre des espèces.

[A. C.]

conditions de sécheresse que l'Australie, et cette partie du monde est aussi bien plus pauvre en Orchidées que l'Asie et l'Amérique. La *Flore de l'Afrique tropicale*, par OLIVER, n'est pas encore parvenue aux Orchidées ; mais dans l'ancienne *Flore du Niger* (1849) par W. HOOKER, elles ne viennent qu'au onzième rang des familles, avec un à deux pour cent de la végétation totale ; pour l'Abyssinie, ACH. RICHARD les plaçait au dixième rang, avec deux pour cent du total. En 1868, HARVEY portait le nombre des espèces de l'Afrique australe à 150, tandis qu'en 1882, M. BOLUS en énumérait 265 pour la région du Cap. En 1885, M. RIDLEY comptait 140 espèces à Madagascar [1].

Nous avons mentionné plus haut de nombreux genres propres à la région tropicale de l'Amérique, et cependant nous n'avons parlé que des plus riches en espèces.

Dans les Antilles, d'après GRISEBACH, les Orchidées occupent le second rang pour le nombre, avec six à sept pour cent de la végétation totale.

La région formée par le Mexique et l'Amérique centrale est fort riche en Orchidées ; il y a quelques années, M. HEMSLEY y comptait 938 espèces, dont 800 sont spéciales à ce pays. En 1844, ACH. RICHARD déclarait déjà avoir examiné 500 espèces mexicaines, et LIEBMANN seul en a récolté 200 dans les régions élevées du Mexique.

Aucune contrée de l'Amérique méridionale n'a encore de relevé général de ses Orchidées ; on peut dire cependant que toutes sont extrêmement riches et ont déjà fourni une légion d'espèces pour orner nos serres. La région des Andes possède entre autres la majorité des Odontoglossum et des Masdevallia. Pour la Guyane anglaise, RICH. SCHOMBURGK plaçait les Orchidées au troisième rang des familles, avec six pour cent du total des espèces. Nous

---

[1] Dans le tome V de leur *Conspectus Florae Africae,* qui doit paraître sous peu, MM. DURAND et SCHINZ énumèrent 1058 Orchidées africaines, outre 9 espèces douteuses. Les genres les plus riches sont : Habenaria (160 espèces), Angraecum (86 espèces non compris 6 douteuses) (outre Listrostachys, avec 26 espèces), Disa (95 espèces), Eulophia (81 espèces), Bulbophyllum (72 espèces), Polystachia (58 espèces), Satyrium (56 espèces), Lissochilus (50 espèces).

[A. C.]

étudions en ce moment les espèces brésiliennes pour la grande *Flore du Brésil*, commencée par von Martius, mais nous ne pourrions encore dire combien nous y trouverons d'espèces ; il est probable cependant que le nombre en sera notablement supérieur à celui de n'importe quel autre pays du monde.

Bien que le Chili soit déjà hors de la région tropicale, il est encore assez riche en Orchidées : Philippi les place au septième rang des familles, avec trois à quatre pour cent du total des espèces. »

Liste générale des genres d'Orchidées

Cette liste comprend tous les genres admis par Bentham et Hooker dans leur important ouvrage de classification botanique *Genera plantarum*, III, pp. 460 à 636. Un certain nombre de ces genres ne présentent aucun intérêt au point de vue horticole ; environ un tiers seulement de ceux énumérés ci-après méritent de retenir l'attention de l'amateur d'Orchidées ; néanmoins, comme une élimination des genres les moins attrayants risquerait toujours d'être arbitraire et de se trouver démentie par de nouvelles découvertes, il me parait préférable d'insérer la liste complète ; pour la commodité du lecteur, j'ai détaché en petites capitales les genres les plus répandus dans les cultures.

J'ai mentionné également, comme références, les espèces qui ont été figurées dans la *Lindenia* :

Abola Ldl. Une espèce peu attrayante. Andes de Colombie. Serre froide.

Acacallis Ldl. Une espèce célèbre, A. cyanea, plus connu sous le nom d'Aganisia cyanea. Brésil septentrional. Serre chaude.

Acampe Ldl. Huit ou neuf espèces peu remarquables. Inde, Chine méridionale et Afrique méridionale. Serre chaude.

Acanthephippium Bl. Cinq ou six espèces. Inde et Malaisie. Serre chaude.

Aceras R. Br. Une espèce. Europe et Afrique septentrionale.

Acianthus R. Br. Sept espèces. Australie, Nouvelle-Zélande et Nouvelle-Calédonie. Serre chaude.

Acineta Ldl. Neuf espèces à inflorescences pendantes, quelques-unes remarquables. Colombie, Amérique centrale et Mexique. Serre froide ou tempérée.

Acriopsis Reinw. Trois ou quatre espèces peu attrayantes. Asie centrale et Malaisie. Serre chaude.

Acrochaene Ldl. Une espèce. Himalaya.

Acropera Ldl. Voir Gongora.

Ada Ldl. Une espèce très belle et très florifère. Andes de Colombie. Serre froide.
> A. aurantiaca. *Lindenia*, pl. 235.

Adenochilus Hook. f. Deux espèces. Nouvelle Zélande et Australie.

Aeranthus Ldl. Deux ou trois espèces. Madagascar, La Réunion. Serre chaude.
> A. grandiflora. *Lindenia*, pl. 109.
> A. Leonis. *Lindenia*, pl. 37.

Aerides Lour. Une vingtaine d'espèces presque toutes très remarquables. Inde, Chine, Japon, Malaisie, Iles Philippines. Serre chaude.
> A. Augustianum. *Lindenia*, pl. 210.
> A. Fieldingi. *Lindenia*, pl. 97.
> A. Houlletianum. *Lindenia*, pl. 103.
> A. maculosum var. formosum. *Lindenia*, pl. 11.
> A. odoratum var. Demidoffi. *Lindenia*, pl. 14.
> A. quinquevulnerum. *Lindenia*, pl. 105.
> A. Reichenbachi. *Lindenia*, pl. 1.
> A. suavissimum. *Lindenia*. pl. 307.

Aganisia Ldl. Cinq à six espèces. Amérique tropicale. Serre chaude.
> A. tricolor. *Lindenia*, pl. 45.
> A. ionoptera. *Lindenia*, pl. 287.
> A. cyanea. *Lindenia*, pl. 110 (voir Acacallis).
> A. lepida. *Lindenia*, pl. 400.

Agrostophyllum Bl. Cinq ou six espèces. Inde et Malaisie. Serre chaude.

Alamania Ll. et Lex. Une espèce. Mexique. Serre tempérée.

Altensteinia Humb. Bonpl. Kunth. Une douzaine d'espèces. Andes de l'Amérique tropicale.

Amblostoma Scheidw. Trois espèces. Brésil, Pérou, Bolivie.

Angraecum Thou. Vingt-huit espèces environ. Afrique tropicale et sud-orientale, Madagascar, Bourbon et Maurice. Une espèce, l'*A. falcatum*, se rencontre au Japon. L'*A. funale* est dépourvu de feuilles. Les feuilles de l'*A. fragrans* sont utilisées en infusion. Serre chaude.
> A. articulatum. *Lindenia*, pl. 380.
> A. citratum. *Lindenia*, pl. 238.
> A. eburneum superbum. *Lindenia*, pl. 236.
> A. Ellisi. *Lindenia*, pl. 92.
> A. sesquipedale. *Lindenia*, pl. 175.
> A. Sedeni. *Lindenia*, pl. 135.
> A. Leonis. *Lindenia*, pl. 137.

Anguloa Ruiz et Pav. Trois espèces et plusieurs importantes-variétés. Colombie et Pérou. Serre tempérée.
> A. Clowesi. *Lindenia*, pl. 191.
> A. Rückeri var. media. *Lindenia*, pl. 53
> A. uniflora. *Lindenia*, pl. 100.
> A. uniflora var. eburnea. *Lindenia*, pl. 348.
> A. uniflora var. Treyerani. *Lindenia*, pl. 310.

Anoectochilus Bl. Une vingtaine d'espèces, remarquable par la magnificence de leur feuillage bronzé et veiné d'or et d'argent, qui semble velouté au regard. On confond souvent avec ce genre plusieurs genres voisins, Dossinia, Haemaria, etc. Patrie : Bornéo, Ceylan et l'Inde. Haute serre chaude.

Ansellia Ldl. Deux ou trois espèces de l'Afrique tropicale et méridionale. Serre chaude.

A. congoensis. *Lindenia,* pl. 64.

Anthogonium Ldl. Une espèce. Himalaya et Birmanie. Serre chaude.

Aphyllorchis Bl. Quatre à cinq espèces. Inde et Malaisie.

Aplectrum Nut. Une espèce. Amérique du Nord.

Apostasia Bl. Quatre espèces. Inde, Malaisie, Australie. Serre chaude. Ce genre offre au point de vue botanique un intérêt particulier (voir p. 30).

Appendicula Bl. Environ vingt espèces. Malaisie, presqu'île de Malacca et îles du Pacifique.

Arachnanthe Bl. Six espèces. Malaisie et Himalaya. Les *A. Lowi* et *A. Cathcarti* sont plus connus sous le nom de Vanda. Serre chaude.

Arethusa L. Une espèce. Amérique du nord et Japon. Serre froide.

Argyrorchis Bl. Une espèce. Java. Serre chaude.

Arnottia A. Rich. Deux espèces. Ile Maurice. Serre chaude.

Arundina Bl. Une dizaine d'espèces. Inde, Chine méridionale et Malaisie. Serre chaude.

Aspasia Ldl. Cinq ou six espèces. Brésil et Amérique centrale. Serre tempérée.

Barkeria Kn. et West. Cinq ou six espèces, que l'on rattache aujourd'hui généralement au genre Epidendrum. Amérique centrale, Mexique. Serre tempérée.

Bartholina R. Br. Trois espèces. Afrique australe.

Baskervillea Ldl. Une espèce. Pérou.

Batemannia Ldl. Groupe un peu confus de quatre ou cinq espèces souvent rattachées à divers genres voisins. Guyane. Serre chaude ou tempérée.

B. Colleyi, *Lindenia,* pl. 365.

Bicornella Ldl. Deux espèces. Madagascar. Serre chaude.

Bifrenaria Ldl. Une dizaine d'espèces auxquelles on donne parfois le nom de Lycaste ou de Maxillaria. Guyane et Colombie. Serre tempérée.

B. Harrisoniae. *Lindenia,* pl. 239.

Bletia Ruiz et Pav. Une vingtaine d'espèces. Amérique tropicale, Chine, Japon. Serre tempérée ou chaude.

Bollea Rchb. f. Six espèces que l'on rattache généralement aujourd'hui au genre Zygopetalum. Amérique tropicale. Serre chaude.

B. pulvinaris. *Lindenia,* pl. 61.

Bonatea Willd. Deux ou trois espèces. Afrique australe. Serre chaude.

Brachionidium Ldl. Trois espèces. Colombie et Bolivie. Serre froide.

Brachtia Rchb. f. Trois espèces. Colombie.

Brachycorytis Ldl. Quatre ou cinq espèces. Afrique tropicale et australe. Serre chaude.

Brassavola R. Br. Une vingtaine d'espèces, dont deux, *B. glauca* et *B. Digbyana,* rentrent dans le genre Laelia. Amérique tropicale et Mexique. Serre tempérée.

B. cuspidata *Lindenia*, pl. 111.

BRASSIA R. Br. Une vingtaine d'espèces. Amérique tropicale, Brésil et Mexique. Serre tempérée.

    B. bicolor. *Lindenia*, pl. 377.

    B. caudata var. hieroglyphica. *Lindenia*, pl. 76.

BROMHEADIA Ldl. Deux espèces. Presqu'île de Malacca et Archipel Malais. Serre chaude.

BROUGHTONIA R. Br. Trois ou quatre espèces. Jamaïque et Antilles. Serre tempérée ou chaude.

Brownlcea Harvey. Trois ou quatre espèces. Afrique australe.

BULBOPHYLLUM Thou. Une centaine d'espèces. Inde, Malaisie, Nouvelle Zélande, Australie, Afrique tropicale et Amérique du Sud. Serre chaude.

    B. anceps. *Lindenia*, pl. 351.

    B. Dearei. *Lindenia*, pl. 345.

    B. grandiflorum. *Lindenia*, pl. 108.

    B. Lobbi. *Lindenia*, pl. 195.

BURLINGTONIA Ldl. Une dizaine d'espèces, qui sont actuellement rapportées par les botanistes au genre Rodriguezia. Amérique tropicale.

Burnettia Ldl. Une espèce. Tasmanie.

Caladenia R. Br. Trente à quarante espèces. Australie et Nouvelle-Zélande.

CALANTHE R. Br. Une quarantaine d'espèces, de dispersion très vaste. Cochinchine, Japon, Indes orientales, îles du Pacifique, Nouvelle-Calédonie, Amérique et Afrique centrales, Madagascar, Mexique. Serre chaude.

    C. Masuca. *Lindenia*, pl. 198.

    C. Regnieri. *Lindenia*, pl. 91.

    C. × Veitchi. *Lindenia*, pl. 217.

    C. veratriflora. *Lindenia*, pl. 252.

    Un certain nombre d'hybrides remarquables ont enrichi ce genre.

CALEANA R. Br. Trois espèces. Australie méridionale.

Calochilus R. Br. Trois espèces. Australie orientale.

Calopogon R. Br. Quatre ou cinq espèces. Amérique du nord.

Calostylis Bl. Une espèce. Java.

Calypso Salisb. Une espèce. Europe, Asie et Amérique septentrionales.

CAMARIDIUM Ldl. Une douzaine d'espèces. Colombie, Guyane et Amérique tropicale. Une seule espèce est assez répandue dans les cultures. Serre chaude ou tempérée.

CAMAROTIS Ldl. Deux espèces, rattachées au genre Sarcochilus.

CAMPYLOCENTRUM Benth. Quinze espèces. Brésil et Antilles.

CATASETUM L. C. Rich. Quarante à cinquante espèces. Brésil, Mexique, Colombie et Amérique centrale. Les anciens genres Myanthus et Monachanthus doivent être considérés comme formés uniquement de formes sexuelles de Catasetum. Serre chaude.

    C. barbatum var. spinosum. *Lindenia*, pl. 298.

    C. Bungerothi. *Lindenia*, pl. 56.

    C. Bungerothi var. aureum. *Lindenia*, pl. 116.

    C. Bungerothi var. Pottsianum. *Lindenia*, pl. 104.

C. decipiens. *Lindenia*, pl. 144.
C. discolor. *Lindenia*, pl. 38.
C. galeritum. *Lindenia*, pl. 67.
C. macrocarpum var. chrysanthum. *Lindenia*, pl. 197.
C. pulchrum. *Lindenia*, pl. 120.
C. Rodigasianum. *Lindenia*, pl. 259.
C. saccatum. *Lindenia*, pl. 269.
C. tigrinum. *Lindenia*, pl. 27.

CATTLEYA Ldl. Environ trente-sept espèces, comprenant un grand nombre de variétés. Brésil, Colombie, Amérique centrale et Mexique. Serre tempérée.

C. Aclandiae. *Lindenia*, pl. 346.
C. Aclandiae var. salmonea. *Lindenia*, pl. 399.
C. Alexandrae var. elegans. *Lindenia*, pl. 358.
C. Alexandrae var. tenebrosa. *Lindenia*, pl. 357.
C. amethystoglossa var. rosea. *Lindenia*, pl. 375.
C. aurea. *Lindenia*, pl. 28.
C. bicolor. *Lindenia*, pl. 292.
C. × Brymeriana. *Lindenia*, pl. 343.
C. chocoensis var. Miss Nilson. *Lindenia*, pl. 168.
C. Dowiana var. Statteriana. *Lindenia*, pl. 373.
C. Eldorado. *Lindenia*, pl. 262.
C. Eldorado var. virginalis. *Lindenia*, pl. 101.
C. Gibeziae. *Lindenia*, pl. 133.
C. gigas. *Lindenia*, pl. 63.
C. granulosa var. Buyssoniana. *Lindenia*, pl. 270.
C. guttata var. leopardina. *Lindenia*, pl. 19.
C. × Hardyana var. Gardeniana. *Lindenia*, pl. 353.
C. × Hardyana var. Laversinensis. *Lindenia*, pl. 305.
C. × Hardyana var. Statteriana. *Lindenia*, pl. 373.
C. Kimballiana. *Lindenia*, pl. 89.
C. labiata. *Lindenia*, pl. 370.
C. labiata autumnalis. *Lindenia*, pl. 112.
C. Lawrenceana. *Lindenia*, pl. 44.
C. Malouana. *Lindenia*, pl. 47.
C. maxima var. Hrubyana. *Lindenia*, pl. 12.
C. maxima var. Malouana. *Lindenia*, pl. 211.
C. Mendeli. *Lindenia*, pl. 55.
C. Mossiae var. Bousiesiana. *Lindenia*, pl. 185.
C. Mossiae var. Mendeli. *Lindenia*, pl. 376.
C. Mossiae var. Warocqueana. *Lindenia*, pl. 192.
C. nobilior var. Hugueneyi. *Lindenia*, pl. 5.
C. × Parthenia. *Lindenia*, pl. 276.
C. Percivaliana var. Reichenbachi. *Lindenia*, pl. 39.
C. Rex. *Lindenia*, pl. 265.
C. Schilleriana var. Amaliana. *Lindenia*, pl. 87.
C. Trianae var. alba. *Lindenia*, pl. 29.

C. Trianae var. Annae. *Lindenia,* pl. 31.
C. Trianae var. Mme Martin Cahuzac. *Lindenia,* pl. 230.
C. Trianae var. pallida. *Lindenia,* pl. 231.
C. Trianae var. purpurata. *Lindenia,* pl. 229.
C. Trianae var. striata. *Lindenia,* pl. 232.
C. velutina. *Lindenia,* pl. 395.
C. Warocqueana var. amethystina. *Lindenia,* pl. 268.

Centropetalum Ldl. Cinq ou six espèces. Andes de Colombie. Serre tempérée.

Fig. 12. — CATTLEYA REX.

Cephalanthera L. C. Rich. Une dizaine d'espèces. Europe, Asie, Afrique, Amérique.
Ceratandra Eckl. Sept ou huit espèces. Malaisie, Inde, Iles du Pacifique.
Ceratostylis Bl. Une quinzaine d'espèces. Malaisie, Inde, Iles du Pacifique.

Cheiradenia Ldl. Une seule espèce. Guyane.

Cheirostylis Bl. Huit espèces. Inde, Malaisie, Afrique tropicale.

Chiloglottis R. Br. Six espèces. Australie, Nouvelle-Zélande.

Chloraea Ldl. Soixante-dix espèces. Amérique du Sud, Chili surtout.

Chlorosa Bl. Une seule espèce. Java.

Chondrorhyncha Ldl. Une ou deux espèces. Colombie.

Chrysocycnis Rchb. f. Une seule espèce. Nouvelle-Grenade.

Chrysoglossum Bl. Trois ou quatre espèces. Archipel Malais et Sikkim.

Chysis Ldl. Huit espèces environ. Mexique et Colombie. Serre chaude.

    C. aurea. *Lindenia,* pl. 260.

    C. bractescens. *Lindenia,* pl. 383.

Chytroglossa Rchb. f. Deux espèces. Brésil.

Cirrhopetalum Ldl. Trente-cinq espèces environ, dont plusieurs d'introduction très récente. Inde, Malaisie, Chine, Bornéo, Madagascar. Serre chaude.

    C. Amesianum. *Lindenia,* pl. 314.

    C. Mastersianum. *Lindenia,* pl. 255.

    C. pulchrum. *Lindenia,* pl. 165.

Cirrhaea Ldl. Cinq espèces. Brésil.

Cleisostoma Bl. Une quinzaine d'espèces. Inde, Malaisie, Australie. Serre chaude.

    C. Guiberti. *Lindenia,* pl. 9.

    C. crassifolium. *Lindenia,* pl. 139.

Clowesia Ldl. Une espèce. Brésil.

Cochlioda Ldl. Six espèces. Andes de l'Amérique du Sud. Serre froide.

    C. Nötzliana. *Lindenia,* pl. 266.

    C. vulcanica (Mesospinidium vulcanicum). *Lindenia,* pl. 154.

Coelia Ldl. Quatre ou cinq espèces. Indes, Amérique centrale, Mexique. Serre chaude.

Coelogyne Ldl. Au moins soixante-dix espèces. Inde, Malaisie, Chine. Serre froide ou tempérée.

    C. cristata var. alba. *Lindenia,* pl. 173.

    C. Hookeriana. *Lindenia,* pl. 363.

    C. ocellata var. maxima. *Lindenia,* pl. 243.

    C. pandurata. *Lindenia,* pl. 86.

    C. peltastes. *Lindenia,* pl. 258.

Collabium Bl. Deux espèces, l'une de Java, l'autre de Bornéo. Serre chaude.

Comparettia Popp. et Endl. Deux espèces, des Andes de l'Amérique du Sud. Serre chaude.

    C. falcata. *Lindenia,* pl. 163.

Corallorhiza R. Br. Dix ou douze espèces. Europe, Asie tempérée, Amérique du Nord et Mexique.

Coryanthes Hook. Quatre ou cinq espèces. Amérique tropicale. Serre chaude.

    C. Bungerothi. *Lindenia,* pl. 244.

    C. leucocorys. *Lindenia,* pl. 293.

    C. macrocorys. *Lindenia,* pl. 342.

Corycium Swartz. Neuf espèces. Afrique méridionale.

Corymbis Thou. Six ou sept espèces. Régions tropicales.

Corysanthes R. Br. Quinze espèces. Australie et Malaisie.

Cottonia Wight. Deux ou trois espèces. Inde et Ceylan. Genre voisin des Vanda. Serre chaude.

Cranichis Swartz. Une vingtaine d'espèces. Amérique Méridionale et Centrale, Inde Occidentale.

Cremastra Ldl. Une espèce. Japon.

Cryptarrhena R. Br. Deux espèces, l'une de l'Amérique Centrale, l'autre de l'Inde Occidentale.

Cryptocentrum Benth. Une espèce. Équateur.

Cryptochilus Wallich. Deux espèces. Himalaya.

Cryptopus Ldl. Une espèce. Madagascar.

Cryptostylis R. Br. Sept espèces. Inde, Malaisie, Australie.

Cycnoches Ldl. Une dizaine d'espèces. Mexique et Guyane, une du Pérou. Serre chaude.

      C. peruvianum. *Lindenia,* pl. 301.

Cymbidium Swartz. Une trentaine d'espèces. Inde, Malaisie, Chine Méridionale. Serre chaude.

      C. grandiflorum var. punctatum. *Lindenia,* pl. 389.

      C. Lowianum. *Lindenia,* pl. 392.

      C. Mastersi. *Lindenia,* pl. 222 (voir Cyperorchis).

Cynorchis Thou. Vingt-sept espèces. Afrique tropicale. Madagascar.

Cyperorchis Bl. Trois espèces. Inde et Malaisie.

      C. Mastersi (Cymbidium Mastersi). *Lindenia,* pl. 222.

Cypripedium L. Une cinquantaine d'espèces. Europe, Asie et Amérique. Les espèces cultivées en serre réclament presque toutes la serre chaude. Un très grand nombre d'hybrides artificiels s'ajoutent à ce genre.

      C. Argus var. Moensi. *Lindenia,* pl. 129.

      C. × Arthurianum var. pallidum. *Lindenia,* pl. 121.

      C. × barbato-Veitchi. *Lindenia,* pl. 228.

      C. bellatulum. *Lindenia,* pl. 149.

      C. × Bragaianum. *Lindenia,* pl. 279.

      C. callosum. *Lindenia,* pl. 73.

      C. Cannarti. *Lindenia,* pl. 141.

      C. ciliolare var. Miteauanum. *Lindenia,* pl. 146.

      C. × Claudii. *Lindenia,* pl. 397.

      C. Curtisi. *Lindenia,* pl. 140.

      C. × Desboisianum. *Lindenia,* pl. 277.

      C. Druryi. *Lindenia,* pl. 6.

      C. Elliottianum. *Lindenia,* 186.

      C. × Engelhardtae. *Lindenia,* pl. 285.

      C. exul var. Imschootianum. *Lindenia,* 327.

      C. × Fraseri. *Lindenia,* pl. 253.

      C. × Harrisianum var. polychromum. *Lindenia,* pl. 166.

      C. × Harrisianum var. superbum. *Lindenia,* pl. 118.

      C. × Houtteanum. *Lindenia,* pl. 130.

C. × Lathamianum. *Lindenia*, pl. 397.

C. Lawrenceanum var. Hyeanum. *Lindenia*, pl. 42.

C. × Leeanum. *Lindenia*, pl. 125.

C. × Leonae. *Lindenia*, pl. 360.

C. × Lucianianum. *Lindenia*, pl. 362.

C. × Mastersianum. *Lindenia*, pl. 159.

C. × memoria Moensi. *Lindenia*, pl. 361.

C. × microchilum. *Lindenia*, pl. 50.

C. × nitens. *Lindenia*, pl. 223.

C. × oenanthum var. superbum. *Lindenia*, pl. 33.

C. × orphanum. *Lindenia*, pl. 206.

C. praestans. *Lindenia*, pl. 102.

C. praestans var. Kimballianum. *Lindenia*, pl. 249.

C. × Sallieri. *Lindenia*, pl. 84.

C. × Schröderae var. splendens. *Lindenia*, pl. 66.

C. × Sedeni var. candidulum. *Lindenia*, pl. 245.

C. × selligerum var. majus. *Lindenia*, pl. 22.

C. Stonei. *Lindenia*, pl. 281.

C. superbiens. *Lindenia*, pl. 261.

C. × tesselatum var. porphyreum. *Lindenia*, pl. 18.

C. tonkinense. *Lindenia*, pl. 77.

C. × vexillarium. *Lindenia*, pl. 309.

C. villosum. *Lindenia*, pl. 132.

C. Wallisi. *Lindenia*, pl. 131.

C. × Weathersianum. *Lindenia*, pl. 397.

Cyrtopera (voir Cyrtopodium).

CYRTOPODIUM R. Br. Une vingtaine d'espèces. Asie, Afrique et Amérique tropicale. Serre chaude.

C. Aliciae. *Lindenia*, pl. 371.

C. punctatum. *Lindenia*, pl. 344.

Cyrtostylis R. Br. Trois ou quatre espèces. Australie et Nouvelle-Zélande.

Cystorchis Bl. Deux espèces. Archipel Malais.

DENDROBIUM Swartz. Trois cents espèces. Inde, Malaisie, Ceylan, Japon, Chine, Australie. Serre chaude.

D. × Ainsworthi. *Lindenia*, pl. 297.

D. Bensoniae. *Lindenia*, pl. 148.

D. bigibbum var. albo-marginatum. *Lindenia*, pl. 317.

D. bracteosum. *Lindenia*, pl. 74.

D. Brymerianum. *Lindenia*, pl. 183.

D. crumenatum. *Lindenia*, pl. 207.

D. Dalhousieanum. *Lindenia*, pl. 251.

D. densiflorum. *Lindenia*, pl. 187.

D. Devonianum. *Lindenia*, pl. 247.

D. Falconeri. *Lindenia*, pl. 4.

D. Galliceanum. *Lindenia*, pl. 241.

D. inauditum. *Lindenia*, pl. 66.

D. Phalaenopsis. *Lindenia*, pl. 280.

D. infundibulum. *Lindenia*, pl. 199.

D. leucolophotum. *Lindenia*, pl. 291.

D. Mirbelianum. *Lindenia*, pl. 215.

D. nobile var. Cooksonianum. *Lindenia*, pl. 340.

D. Maccarthiae. *Lindenia*, pl. 349.

D. Paxtoni. *Lindenia*, pl. 194.

D. purpureum var. candidulum. *Lindenia*, pl. 98.

D. rutriferum. *Lindenia*, pl. 119.

D. stratiotes. *Lindenia*, pl. 43.

D. strebloceras var. Rossianum. *Lindenia*, pl. 124.

D. superbiens. *Lindenia*, pl. 294.

D. superbum var. anosmum. *Lindenia*, pl. 264.

D. thyrsiflorum. *Lindenia*, pl. 46.

D. Wardianum var. Lowi. *Lindenia*, pl. 225.

DENDROCHILUM Bl. Neuf ou dix espèces. Malaisie, Iles Philippines. Serre chaude.

Dendrophylax Rchb. f. Trois espèces. Inde Occidentale.

DIACRIUM Benth. Quatre espèces. Guyane, Mexique et Amérique centrale. Serre tempérée.

D. bicornutum. *Lindenia*, pl. 296.

Diadenium Pöpp. et Endl. Deux espèces. Pérou et Para.

DICHAEA Ldl. Douze espèces. Mexique, Amérique centrale. Serre tempérée.

Dignathe Ldl. Une espèce. Mexique.

Diothonea Ldl. Quatre espèces. Andes du Pérou et de Colombie.

Diplocentrum Ldl. Deux ou trois espèces. Inde.

Diplomeris Don. Deux espèces. Himalaya.

Dipodium R. Br. Six espèces. Malaisie, Australie, Iles du Pacifique.

DISA Berg. Quatre-vingt-quinze espèces, dont une seule est réellement recherchée dans les cultures. Afrique Méridionale et Madagascar.

D. grandiflora. *Lindenia*, pl. 308.

Disperis Swartz. Trente espèces. Inde, Afrique tropicale, Madagascar.

Diuris Swartz. Une quinzaine d'espèces. Australie.

Doritis Ldl. Cinq ou six espèces. Inde et Malaisie. Certains Phalaenopsis, Aerides et Dendrobium sont parfois rattachés à ce genre.

DOSSINIA Morren. Une espèce, voisine des Anoectochilus. Bornéo. Serre chaude.

Drakaea Ldl. Trois espèces. Australie.

Drymoda Ldl. Une espèce. Malaisie.

Earina. Ldl. Six à huit espèces. Nouvelle-Zélande et îles du Pacifique.

Elleanthus Presl. Une cinquantaine d'espèces.

Epiblema R. Br. Une espèce. Australie et Nouvelle-Zélande.

EPIDENDRUM L. Environ quatre cents espèces. Amérique du Nord, du Sud et Amérique centrale. Serre tempérée en majorité.

L'*E. bicornutum* est rattaché au genre Diacrium, l'*E. Endresi* au genre Miltonia ; d'autre part le genre Barkeria doit rentrer dans les Epidendrum.

E. Capartianum. *Lindenia*, pl. 333.

E. (Nanodes) Medusae. *Lindenia*, pl. 147.

E. nemorale. *Lindenia,* pl. 155.

E. paniculatum. *Lindenia,* pl. 7.

E. prismatocarpum. *Lindenia,* pl. 200.

E. Randi. *Lindenia,* pl. 49.

E. vitellinum. *Lindenia,* pl. 196.

E. Wallisi. *Lindenia,* pl. 341.

Epipactis R. Br. Dix espèces. Europe, Asie et Amérique.

Epipogium Gmelin. Deux espèces. Europe tempérée et Asie.

Epistephium Kunth. Six espèces. Amérique du Sud.

ERIA Ldl. Plus de cent espèces à petites fleurs peu remarquables pour la plupart. Inde, Chine méridionale, Malaisie. Serre chaude.

Eriochilus R. Br. Six espèces. Australie. Serre chaude.

Eriopsis Ldl. Trois ou quatre espèces. Colombie, Guyane et Brésil.

Erycina Ldl. Une espèce. Mexique.

Eucosia Bl. Une espèce. Java.

EULOPHIA R. Br. Environ cent dix espèces. Afrique, Asie tropicale, Australie et une du Brésil. Serre chaude.

EULOPHIELLA L. Lind. et Rolfe. Une seule espèce d'une très grande beauté. Madagascar. Serre chaude.

E. Elisabethae. *Lindenia,* pl. 325.

Forficaria Ldl. Une espèce. Afrique méridionale.

GALEANDRA Ldl. Quinze à vingt espèces. Brésil, Amérique tropicale et Mexique. Serre chaude.

G. Claesii. *Lindenia,* pl. 391.

G. Devoniana var. Delphina. *Lindenia,* pl. 80.

G. flaveola. *Lindenia,* pl. 90.

Galeola Lour. Douze espèces. Inde, Japon, Malaisie, Australie.

Galeottia (se rattache au genre Zygopetalum).

Gastrodia R. Br. Sept espèces. Indes, Asie occidentale, Malaisie, Australie et Nouvelle-Zélande. Serre chaude.

Geodorum Jackson. Neuf ou dix espèces. Inde, Malaisie, Australie.

Glomera Bl. Deux espèces. Malaisie.

Glossodia R. Br. Quatre espèces. Australie.

Glossula Ldl. Une espèce. Chine et Cochinchine.

GOMEZA R. Br. Six espèces. Brésil. Serre chaude ou tempérée.

Gomphichis Ldl. Quatre ou cinq espèces. Andes de l'Amérique du Sud.

GONGORA Ruiz et Pav. Vingt espèces. Mexique et Brésil. Serre chaude ou tempérée. Le genre Acropera rentre dans ce genre.

G. maculata. *Lindenia.*

Goodyera R. Br. Environ 25 espèces. Europe, Asie, Amérique du Nord, Madagascar. Haute serre chaude. Ce genre est très voisin du genre Anoecto-chilus, et comme lui très décoratif.

Govenia Ldl. Dix espèces. Brésil, Mexique et Antilles.

GRAMMANGIS Rchb. f. Trois espèces. Madagascar et Afrique Orientale. (Peut-être le Cymbidium Huttoni, de Java, doit-il y être également rattaché.) Serre chaude.

G. Ellisii. *Lindenia,* pl. 338.

GRAMMATOPHYLLUM Bl. Trois ou quatre espèces. Malaisie et Madagascar. Serre chaude.

Grobya Ldl. Deux espèces. Brésil.

Gymnochilus Bl. Deux espèces. Madagascar. Haute serre chaude.

HABENARIA Wilden. Environ quatre cents espèces, répandues dans toutes les régions tempérées.

H. militaris. *Lindenia*, pl. 318.

Haemaria. Cinq espèces. Chine, Cochinchine, Malaisie. Haute serre chaude.

Harpophyllum Llave et Lex. (non *Arpophyllum*). Six espèces environ. Serre tempérée ou chaude.

Hartwegia Ldl. Une espèce. Mexique et Amérique Centrale.

Hemipilia Ldl. Deux espèces. Inde.

Herminium L. Six espèces environ. Europe, Asie tempérée.

Herpysma Ldl. Une espèce. Himalaya.

Herschelia Ldl. Deux espèces. Afrique méridionale.

Hetaeria Bl. Environ treize espèces. Malaisie, Inde, Australie, Afrique tropicale.

Hexadesmia Brongn. Quatre ou cinq espèces. Mexique, Amérique Centrale, Brésil.

Hexalectris Rafin. Une espèce. Mexique.

Hexisia Ldl. Trois ou quatre espèces. Mexique, Amérique Centrale, Brésil.

Hofmeisterella Rchb. f. Une espèce. Équateur.

Holothrix L. C. Rich. Trente-trois espèces. Abyssinie, Afrique du Sud.

Hormidium Ldl. Sept espèces. Brésil, Antilles et Mexique.

HOULLETIA Brongn. Cinq espèces. Brésil et Colombie. Serre tempérée.

H. Brocklehurstiana. *Lindenia,* pl. 214.

H. odoratissima. *Lindenia,* pl. 324.

HUNTLEYA (rattaché au genre Zygopetalum).

Huttonaea Harv. Deux espèces. Afrique Australe.

Hylophila Ldl. Deux espèces. Malaisie et presqu'île de Malacca.

IONOPSIS Humb. Bonpl. et Kunth. Dix espèces. Brésil, Mexique et Antilles. Serre tempérée ou chaude.

I. paniculata. *Lindenia*, pl. 114.

ISOCHILUS R. Br. Quatre ou cinq espèces. Amérique du Sud, Brésil, Antilles, Mexique. Serre tempérée.

Josepha Wight. Deux espèces. Inde et Ceylan.

Lacaena Ldl. Deux espèces. Amérique Centrale.

LAELIA Ldl. Vingt-cinq espèces environ. Brésil et Mexique. Ne se distinguent des Cattleya que par la présence de huit pollinies au lieu de quatre. Serre tempérée.

L. anceps var. Hyeana. *Lindenia,* pl. 226.

L. elegans. *Lindenia,* pl. 193.

L. elegans var. Houtteana. *Lindenia,* pl. 71.

L. grandis var. tenebrosa. *Lindenia,* pl. 290.

L. majalis. *Lindenia,* pl. 190.

L. purpurata. *Lindenia,* pl. 282.
L. purpurata var. alba. *Lindenia,* pl. 283.
L. purpurata var. fastuosa. *Lindenia,* pl. 385.
L. purpurata var. rosea. *Lindenia,* pl. 302.

Laeliopsis Ldl. Trois ou quatre espèces. Antilles. Serre chaude.

Fig. 13. — Laelia purpurata var. fastuosa.

Lanium Benth (non Lindl.). Les deux espèces indiquées du Brésil et de Surinam doivent être considérées comme rentrant dans le genre Epidendrum.

Latourea Bl. Une espèce. Nouvelle-Guinée.

Lecanorchis Bl. Deux espèces. Java et Japon.

Leiochilus Kn. et Westc. Quatre ou cinq espèces. Amérique Centrale, Mexique, Antilles.

Lepanthes Sw. Quarante espèces. Amérique tropicale, Mexique, Antilles.

Lepidogyne Bl. Une espèce. Java.

Leptotes (genre rattaché au genre Tetramicra).
       L. bicolor. *Lindenia,* pl. 157.
Leucorchis Bl. Deux ou trois espèces. Inde, Malaisie et îles du Pacifique.
Limatodes (genre rattaché au genre Calanthe).
Limodorum L. C. Rich. Une espèce. Sud de l'Europe et Caucase.
Liparis L. C. Rich. Cent vingt à cent trente espèces réparties dans toutes les
    régions tropicales.
Lissochilus R. Br. Cinquante espèces. Afrique tropicale et Méridionale.
Listera R. Br. Dix espèces. Europe, Asie tempérée et Amérique du Nord.
Lockhartia Hook. Dix espèces. Brésil, Amérique Centrale et Mexique.
Luisia Gandich. Dix espèces. Indes, Malaisie, Japon.
Lüddemannia Lind. et Rchb. f. Deux espèces. Vénézuela. Serre tempérée.
Lycaste Ldl. Vingt-cinq espèces environ. Pérou, Amérique tropicale, Mexique,
    Antilles. Serre tempérée.
       L. cinnabarina. *Lindenia,* pl. 394.
       L. costata. *Lindenia,* pl. 220.
       L. lasioglossa. *Lindenia,* pl. 316.
       L. macrobulbon. *Lindenia,* pl. 368.
       L. Skinneri var. alba. *Lindenia,* pl. 153.
       L. Skinneri var. purpurea. *Lindenia,* 379.
Lycomormium Rchb. f. Deux ou trois espèces. Colombie, Pérou et Amérique
    centrale.
Lyperanthus R. Br. Cinq ou six espèces. Nouvelle-Calédonie et Nouvelle-
    Zélande.
Macodes Bl. Une espèce. Java. Serre chaude.
Macradenia R. Br. Une ou deux espèces. Antilles.
Malaxis Sw. Une espèce de petite taille vivant sur les Sphaignes en Grande-
    Bretagne et dans le nord de l'Europe.
Manniella Rchb. f. Une espèce. Afrique occidentale.
Masdevallia Ruiz. et Pav. Une centaine d'espèces au moins. Amérique du
    Sud, Pérou, Guyane, Mexique, Antilles. Serre froide.
       M. bella. *Lindenia,* pl. 257.
       M. coriacea. *Lindenia,* pl. 295.
       M. Harryana var. *Lindenia,* pl. 382.
       M. ignea. *Lindenia,* pl. 219.
       M. Lindeni var. grandiflora. *Lindenia,* pl. 34.
       M. macrura. *Lindenia,* pl. 113.
       M. × Pourbaixi. *Lindenia,* pl. 387.
       M. Reichenbachiana. *Lindenia,* pl. 258.
       M. Roezli. *Lindenia,* pl. 15.
       M. Shuttleworthi. *Lindenia,* pl. 182.
       M. spectrum. *Lindenia,* pl. 143.
       M. tovarensis. *Lindenia,* pl. 171.
       M. Veitchiana. *Lindenia,* pl. 95.
Maxillaria Ruiz. et Pav. Une centaine d'espèces répandues dans les cultures.
    Amérique tropicale jusqu'aux Antilles et au Mexique. Serre tempérée.

Les botanistes modernes paraissent d'accord pour réunir aux *Maxillaria* les deux genres suivantes :

1° Le *Psittacoglossum*, établi en 1825 par les botanistes mexicains LA LLAVE et LEXARZA (*Nov. Vegetabilium descrip.* II, *Orchid.*, p. 29) et comprenant une seule espèce croissant au Mexique;

2° Le *Dicrypta*, créé en 1830 par LINDLEY, dans son *Genera and Species*, p. 44, et décrit de nouveau plus complètement en 1832, dans le même ouvrage, p. 154. L'auteur reconnaît lui-même que l'unique espèce qu'il y rapporte est identique à celle pour laquelle, en 1826 (*Botanical Register*, XII, tab. 1026), il avait fondé le genre *Heterotaxis*, caractérisé alors d'une manière fort inexacte.

       M. callichroma. *Lindenia*, pl. 378.

       M. longisepala. *Lindenia*, pl. 248.

       M. striata. *Lindenia*, pl. 398.

Megaclinium Ldl. Quinze espèces. Afrique tropicale. Serre chaude.

Meiracyllium Rchb. f. Trois espèces. Mexique et Amérique centrale.

MESOSPINIDIUM. Genre rattaché au genre Cochlioda.

Microsaccus Bl. Trois ou quatre espèces. Malaisie et presqu'île de Malacca.

Microstylis Nuttall. Quarante espèces. Europe, Asie et Amérique.

Microtis R. Br. Six espèces. Australie et Nouvelle-Zélande.

MILTONIA Ldl. Dix espèces. Pérou et Brésil.

       M. anceps. *Lindenia*, pl. 203.

       M. × Bleuana. *Lindenia*, pl. 176.

       M. Blunti var. Lubbersiana. *Lindenia*, pl. 203.

       M. Phalaenopsis. *Lindenia*, pl. 334.

       M. Roezli. *Lindenia*, pl. 78.

       M. spectabilis var. lineata. *Lindenia*, pl. 62.

       M. spectabilis var. Moreliana. *Lindenia*, pl. 105.

       M. vexillaria var. purpurea. *Lindenia*, pl. 13.

       M. vexillaria var. superba. *Lindenia*, pl. 201.

       M. vexillaria var. virginalis. *Lindenia*, pl. 354.

       M. Warscewiczi. *Lindenia*, pl. 384.

Moerenhoutia Bl. Une espèce. Iles de l'Océan Pacifique.

Monademia Ldl. Douze espèces. Afrique du Sud.

Monomeria Ldl. Deux espèces. Une du Népaul, une de Birmanie.

Moorea Rolfe. Une espèce.

MORMODES Ldl. Quarante-deux ou quarante-trois espèces. Colombie, Amérique centrale, Mexique. Serre chaude.

       M. igneum var. maculatum. *Lindenia*, pl. 364.

       M. Lawrenceanum. *Lindenia*, pl. 273.

       M. Rolfeanum. *Lindenia*, pl. 289.

Mormolyce Fenzl. Une espèce. Mexique.

Myrmechis Bl. Deux espèces. Java et Japon.

Mystacidium Ldl. Trente-cinq espèces. Afrique tropicale et méridionale.

NANODES Ldl. Rattaché au genre Epidendrum.

       N. Medusae. *Lindenia*, pl. 147.

Neodryas Rchb. f. Trois espèces. Bolivie, Pérou.
Neottia L. Trois espèces. Europe, Asie Septentrionale.
Nephelaphyllum Bl. Quatre espèces. Inde, Chine et Malaisie.
Neuwiedia Bl. Trois espèces. Malaisie et Malacca.
Notylia Ldl. Dix-huit espèces. Amérique tropicale.
Oberonia Ldl. Cinquante espèces. Asie, Iles du Pacifique, Australie, Madagascar.
Octadesmia Benth. Trois espèces. Jamaïque et St Domingue.
Octomeria R. Br. Dix espèces. Amérique tropicale et Antilles.
Odontochilus Bl. Dix espèces. Inde, Malaisie, Iles du Pacifique.
ODONTOGLOSSUM Humb. Bonpl. Kunth. Environ quatre-vingts espèces. Andes de l'Amérique tropicale, Bolivie et Mexique. Serre froide, un petit nombre en serre tempérée.

    O. × Bergmani. *Lindenia*, pl. 286.
    O. Bleichröderianum. *Lindenia*, pl. 177.
    O. Boddaertianum. *Lindenia*, pl. 224.
    O. Cervantesi var. lilacinum. *Lindenia*, pl. 172.
    O. citrosmum var. Devansayeanum. *Lindenia*, pl. 137.
    O. Claesianum. *Lindenia*, pl. 271.
    O. Coradinei var. grandiflorum. *Lindenia*, pl. 93.
    O. crispum. *Lindenia*, pl. 48.
    O. crispum var. Cutsemianum. *Lindenia*, pl. 70.
    O. crispum var. fastuosum. *Lindenia*, pl. 115.
    O. crispum var. Ferrierense. *Lindenia*, pl. 381.
    O. crispum var. latimaculatum. *Lindenia*, pl. 145.
    O. crispum var. Trianae. *Lindenia*, pl. 107.
    O. crispum var. xanthotes. *Lindenia*, pl. 312.
    O. cuspidatum. *Lindenia*, pl. 99.
    O. Duvivierianum. *Lindenia*, pl. 218.
    O. × excellens var. dellense. *Lindenia*, pl. 335.
    O. Glonerianum. *Lindenia*, pl. 151.
    O. grande. *Lindenia*, pl. 75.
    O. Halli. *Lindenia*, pl. 158.
    O. Halli var. Lindeni. *Lindenia*, pl. 184.
    O. Harryanum. *Lindenia*, pl. 142.
    O. hastilabium. *Lindenia*, pl. 213.
    O. Insleayi var. Imschootianum. *Lindenia*, pl. 359.
    O. Lucianianum. *Lindenia*, pl. 65.
    O. luteo-purpureum. *Lindenia*, pl. 58.
    O. maxillare. *Lindenia*, pl. 209.
    O. nevadense. *Lindenia*, pl. 3.
    O. nebulosum. *Lindenia*, pl. 350.
    O. odoratum var. baphicanthum. *Lindenia*, pl. 128.
    O. odoratum var. striatum. *Lindenia*, pl. 233.
    O. Pescatorei var. Lindeni. *Lindenia*, pl. 178.
    O. Pescatorei var. Lindeniae. *Lindenia*, pl. 329.
    O. praestans. *Lindenia*, pl. 322.

Fig. 14. — Dendrobium stratiotes.

O. purum. *Lindenia*, pl. 162.
O. radiatum. *Lindenia*, pl. 162.
O. ramosissimum. *Lindenia*, pl. 17.
O. Rossi var. mommianum. *Lindenia*, pl. 179.
O. Rossi var. rubescens. *Lindenia*, pl. 26.
O. Rückeri. *Lindenia*, pl. 41.
O. Schillerianum. *Lindenia*, pl. 82.
O. Schlesingerianum. *Lindenia*, pl. 240.
O. × Thompsonianum. *Lindenia*, pl. 388.
O. Triomphe de Rambouillet. *Lindenia*, pl. 390.
O. triumphans. *Lindenia*, pl. 134.
O. Uro-Skinneri. *Lindenia*, pl. 122.
O. Warocqueanum. *Lindenia*, pl. 180.
O. × Wilckeanum var. albens. *Lindenia*, pl. 35.

Oeonia Ldl. Six espèces. Madagascar.

Oncidium Sw. Plus de 250 espèces. Amérique tropicale, Brésil, Bolivie, Antilles et Mexique. Serre froide et serre tempérée, quelques espèces en serre chaude.

O. aurosum. *Lindenia*, pl. 221.
O. cheirophorum. *Lindenia*, pl. 126.
O. concolor. *Lindenia*, pl. 205.
O. cucullatum. *Lindenia*, pl. 81.
O. Forbesi var. maximum. *Lindenia*, pl. 164.
O. iridifolium. *Lindenia*, pl. 169.
O. Jonesianum. *Lindenia*, pl. 72.
O. Kramerianum. *Lindenia*, pl. 246.
O. lamelligerum. *Lindenia*, pl. 278.
O. Lanceanum var. superbum. *Lindenia*, pl. 16.
O. Leopoldianum. *Lindenia*, pl. 274.
O. Limminghei. *Lindenia*, pl. 20.
O. macranthum. *Lindenia*, pl. 152.
O. Marshallianum. *Lindenia*, pl. 202.
O. Papilio var. majus. *Lindenia*, pl. 138.
O. Phalaenopsis. *Lindenia*, pl. 123.
O. sarcodes. *Lindenia*, pl. 234.
O. Warscewiczi. *Lindenia*, pl. 88.

Ophrys L. Une trentaine d'espèces. Europe, Asie et Afrique tempérées.

Orchis L. Quatre-vingts espèces, répandues dans toutes les régions tempérées, jusque dans l'Afrique du Nord, les Canaries et Madère.

Oreorchis Ldl. Quatre espèces. Inde, Sibérie et Japon.

Ornithidium Salisb. Vingt espèces. Amérique tropicale, Brésil, Antilles et Mexique.

Ornithocephalus Hook. Vingt espèces. Amérique tropicale, Brésil et Mexique.

Ornithochilus Wallich. Deux espèces. Himalaya, Birmanie et Chine.

Orthoceras R. Br. Une espèce. Australie et Nouvelle-Zélande.

Osyricera Bl. Une espèce. Java.

Otochilus Ldl. Trois ou quatre espèces. Himalaya et Birmanie.

Pachites Ldl. Une espèce. Afrique australe.

Pachyphyllum Humb. Bonpl. Kunth. Six ou sept espèces. Andes de l'Amérique tropicale.

PACHYSTOMA Bl. Dix espèces. Inde, Malaisie et Afrique tropicale. Le genre Ipsea y est actuellement rattaché.

PALUMBINA. Genre rattaché au genre Oncidium.

Panisea Ldl. Une ou deux espèces. Himalaya.

PAPHINIA. Trois ou quatre espèces. Brésil, Colombie, Guyane et Venezuela. Serre chaude.

    P. cristata var. Randi. *Lindenia,* pl. 20.

    P. cristata var. Chevalier Modigliani. *Lindenia,* pl. 117.

    P. Lindeni. *Lindenia,* pl. 106.

Paxtonia. Genre rattaché au genre Spathoglottis.

Pelexia Ldl. Huit à dix espèces. Brésil, Antilles, Amérique tropicale et centrale.

Peristeria Hook. Quatre ou cinq espèces. Andes de Colombie et de Panama. Serre chaude.

    P. aspersa. *Lindenia,* pl. 267.

    P. Lindeni. *Lindenia,* pl. 328.

Pescatorea. Genre rattaché au genre Zygopetalum.

PHAIUS Lour. Une quinzaine d'espèces. Asie tropicale, Japon, Malaisie, Iles du Pacifique, Australie, Madagascar et Afrique tropicale. Peut-être les Thunia doivent-ils aussi rentrer dans ce genre. Serre tempérée.

    P. grandifolius. *Lindenia,* pl. 188.

    P. Humbloti. *Lindenia,* pl. 254.

    P. tuberculosus. *Lindenia,* pl. 326.

PHALAENOPSIS Bl. Vingt-cinq à trente espèces. Inde, Iles Philippines, Archipel malais. Haute serre chaude.

    P. amabilis. *Lindenia,* pl. 79.

    P. Esmeralda var. candidula. *Lindenia,* pl. 263.

    P. Lowi. *Lindenia,* pl. 272.

    P. Lüddemanniana. *Lindenia,* pl. 366.

    P. Sanderiana. *Lindenia,* pl. 23.

    P. Schilleriana. *Lindenia,* pl. 227.

    P. speciosa. *Lindenia,* pl. 288.

    P. Stuartiana var. punctulata. *Lindenia,* pl. 8.

    P. Sumatrana. *Lindenia,* pl. 52.

    P. violacea. *Lindenia,* pl. 303.

PHOLIDOTA Ldl. Une vingtaine d'espèces. Inde, Malaisie et Chine méridionale. Serre tempérée.

Phreatia Ldl. Dix espèces. Inde, Malaisie, Australie et Iles du Pacifique.

Phymatidium Ldl. Deux espèces. Brésil.

Physosiphon Ldl. Quatre espèces. Brésil, Mexique.

Physurus L. C. Rich. Vingt espèces. Asie et Amérique tropicales.

PILUMNA Ldl. Genre rattaché au genre Trichopilia.

    P. nobilis. *Lindenia,* pl. 59.

Pinelia Ldl. Une espèce. Brésil.

Platanthera. Voir HABENARIA.

PLATYCLINIS Benth. Huit espèces. Inde et Malaisie. Serre chaude.
> L'une de ces espèces est très connue sous le nom de *Dendrochilum glu-
> maceum.*

Platycoryne Rchb. f. Une espèce. Madagascar.

Platylepis A. Rich. Cinq espèces. Afrique tropicale et Australe. Madagascar.

PLEIONE. Genre rattaché au genre Coelogyne.

Pleuranthium Ldl. Cinq ou six espèces. Amérique tropicale.

PLEUROTHALLIS R. Br. Environ 350 espèces. Amérique tropicale, Brésil, Bolivie.
Serre froide ou tempérée.

Plocoglottis Bl. Huit espèces. Malaisie.

Podochilus Bl. Douze espèces. Inde et Malaisie.

Pogonia Jussieu. Trente espèces. Afrique, Asie, Amérique tropicales et tempérées.

Pogoniopsis Rchb. f. Deux espèces. Brésil.

POLYCYCNIS Rchb. f. Trois ou quatre espèces. Amérique tropicale.

POLYSTACHYA Hook. Environ soixante espèces. Afrique tropicale et méridionale.
Quelques espèces originaires d'Asie et d'Amérique. Serre tempérée-froide.
> P. pubescens. *Lindenia,* pl. 170.

Ponera Ldl. Quatre ou cinq espèces. Mexique et Amérique centrale.

Ponthieva R. Br. Dix à douze espèces. Amérique tropicale. Terrestres.

Prasophyllum R. Br. Vingt-six espèces. Australie, Nouvelle-Zélande, Nouvelle-
Calédonie. Terrestres.

Prescottia Ldl. Vingt espèces. Amérique tropicale, Brésil, Antilles, Mexique.

PROMENAEA. Genre rattaché actuellement au genre Zygopetalum.

Pseudocentrum Ldl. Quatre ou cinq espèces. Andes de l'Amérique centrale et
de l'Amérique du Sud, et Jamaïque.

Pterichis Ldl. Six espèces terrestres. Amérique tropicale et méridionale.

Pterogossapis R. Br. Une espèce. Abyssinie.

Pterostylis R. Br. Trente-six espèces. Australie, Nouvelle-Zélande, Nouvelle-
Calédonie.

Pterygodium Sw. Treize espèces. Afrique australe.

Quekettia Ldl. Une espèce. Brésil.

RENANTHERA Lour. Cinq espèces. Inde, Malaisie et Chine. La plus célèbre est
le *R. Lowi,* connu davantage sous le nom de *Vanda Lowi.* Serre chaude.

RESTREPIA Humb. Bonpl. Kunth. Une vingtaine d'espèces. Amérique tropicale,
Brésil, Mexique. Serre froide.
> R. antennifera, *Lindenia,* pl. 36.

RHYNCHOSTYLIS Bl. Deux ou trois espèces. Inde et Malaisie. La plus célèbre est
le *R. coelestis,* souvent cité sous le nom de *Saccolabium coeleste.* Serre chaude.
> R. coelestis, *Lindenia,* pl. 300.

RODRIGUEZIA Ruiz et Pav. Vingt espèces environ, y compris l'ancien genre
Burlingtonia. Amérique tropicale, Brésil et Amérique centrale. Serre chaude.
> R. Bungerothi. *Lindenia,* pl. 127.
> R. pubescens. *Lindenia,* pl. 306.

R. refracta. *Lindenia,* pl. 212.

Saccolabium Bl. Une vingtaine d'espèces. Indes et Archipel Malais. Serre chaude.

    S. bellinum. *Lindenia,* pl. 330.

    S. illustre. *Lindenia,* pl. 83.

    S. Hendersonianum. *Lindenia,* pl. 313.

Sarcopodium. Genre réparti entre les genres Dendrobium et Bulbophyllum.

Sarcanthus Ldl. Quinze à vingt espèces. Indes, Chine et Malaisie. Serre chaude.

Sarcochilus R. Br. Une trentaine d'espèces. Inde, Malaisie, Iles du Pacifique et Australie. Serre chaude.

Satyrium Sw. Cinquante-sept espèces. Inde, Madagascar, Afrique tropicale et méridionale. Terrestres.

Saundersia Rchb. f. Une espèce. Brésil.

Scaphyglottis Pöpp. et Endl. Huit à dix espèces. Amérique tropicale.

Scelochilus Klotzsch. Trois ou quatre espèces. Andes de l'Amérique tropicale.

Schizochilus Sond. Trois espèces. Afrique australe.

Schizodium Ldl. Dix espèces. Afrique méridionale.

Schlimia Planch. Trois espèces. Colombie.

Schoenorchis Bl. Une espèce. Java.

Schomburgkia. Douze espèces. Amérique tropicale et centrale. Serre tempérée.

Scuticaria Ldl. Deux ou trois espèces. Brésil et Guyane. Serre chaude.

Selenipedium Rchb. f. Une dizaine d'espèces, connues dans les cultures sous le nom de Cypripedium. Amérique tropicale et méridionale. Serre chaude.

    S. calurum. *Lindenia,* pl. 304.

    S. caudatum var. Albertianum. *Lindenia,* pl. 174.

    S. caudatum var. giganteum. *Lindenia,* pl. 96.

    S. caudatum var. Uropedium. *Lindenia,* pl. 321.

    S. × grande. *Lindenia,* pl. 242.

    S. reticulatum. *Lindenia,* pl. 10.

    S. × Schröderae var. splendens. *Lindenia,* pl. 69.

    S. × Sedeni var. caudidulum. *Lindenia,* pl. 245.

Seraphyta Fischer et Meyer. Une espèce. Antilles.

Serapias L. Quatre ou cinq espèces. Région de la Méditerranée et Iles Açores.

Serlifera Ldl. Une espèce. Équateur.

Stigmatostalix Rchb. f. Sept espèces. Amérique tropicale.

Sobralia Ruiz et Pav. Trente espèces. Andes de l'Amérique tropicale, Pérou, Guyane et Mexique. Serre tempérée.

    S. violacea. *Lindenia,* pl. 320.

Solenidium Ldl. Une espèce. Andes de Colombie. Reichenbach le rattache au genre Oncidium.

Sophronitis Ldl. Quatre ou cinq espèces. Brésil. Serre froide.

    S. grandiflora. *Lindenia,* pl. 161.

Spathoglottis Bl. Dix à douze espèces. Inde, Chine Méridionale, Malaisie, Iles du Pacifique, Australie. Serre chaude.

    S. Augustorum. *Lindenia,* pl. 25.

S. plicata. *Lindenia,* pl. 54.

Spiranthes L. C. Rich. Une centaine d'espèces, répandues sur tout le globe.

STANHOPEA Frost. Une vingtaine d'espèces. Amérique tropicale, Brésil, Mexique. Serre chaude.

S. eburnea. *Lindenia,* pl. 326.

S. insignis. *Lindenia,* pl. 352.

S. Moliana. *Lindenia,* pl. 331.

S. oculata. *Lindenia,* pl. 256.

S. tigrina. *Lindenia,* pl. 51.

S. Wardi var. venusta. *Lindenia,* pl. 315.

STAUROPSIS Rchb. f. Huit à dix espèces. Archipel Malais et Inde. Généralement classés dans les cultures sous le nom de Vanda ; le *S. lissochiloides* est connu sous le nom de *Vanda Batemanni.* Serre chaude.

S. Warocqueana. *Lindenia,* pl. 319.

STELIS Sw. Environ cent cinquante espèces, dont très peu sont représentées dans les cultures. Amérique tropicale. Brésil, Pérou, Mexique et Antilles. Serre froide, serre tempérée ou serre chaude.

STENIA Ldl. Deux espèces. Guyane et Colombie.

Stenoglossum Humb. Bonpl. et Kunth. Une espèce. Andes de l'Amérique tropicale.

Stenoglottis Ldl. Une espèce. Afrique méridionale.

Stenorhynchus. Rattaché au genre Spiranthes.

Stenoptera Presl. Trois espèces. Amérique tropicale et Antilles.

Stereosandra Bl. Une espèce. Java.

Sunipia Ldl. Une espèce. Himalaya et Birmanie.

Sutrina Ldl. Une espèce. Pérou.

Taeniophyllum Bl. Six espèces. Inde, Malaisie, Iles du Pacifique et Australie.

Tainia Bl. Six ou sept espèces. Inde, Chine méridionale et Malaisie.

TELIPOGON Humb. Bonpl. et Kunth. Quarante espèces ou plus. Andes de l'Amérique du Sud.

Tetramicra Ldl. Six espèces. Amérique tropicale, Brésil et Antilles.

Thecostele Rchb. f. Trois espèces. Malaisie et presqu'île de Malacca.

Thelasis Bl. Huit espèces. Inde, Chine et Malaisie.

Thelymitra Forst. Vingt espèces. Australie, Nouvelle-Zélande, Nouvelle-Calédonie et Malaisie.

THUNIA. Genre rattaché au genre Phajus.

T. Marshalliana. *Lindenia,* pl. 189.

Tipularia Nuttall. Deux espèces. Amérique du Nord et Himalaya.

Trias Ldl. Quatre espèces. Inde et Moulmein.

TRICHOCENTRUM Pöpp. et Endl. Neuf espèces. Amérique tropicale et centrale, Brésil. Serre chaude.

T. albo-purpureum var. striatum. *Lindenia,* pl. 85.

T. tigrinum var. splendens. *Lindenia,* pl. 24.

T. triquetrum. *Lindenia,* pl. 311.

Trichoceros Humb. Bonpl. et Kunth. Six à huit espèces. Pérou et Colombie. Serre chaude.

TRICHOGLOTTIS Bl. Quatre ou cinq espèces. Malaisie.

TRICHOPILIA Ldl. Seize à dix-huit espèces. Colombie, Amérique centrale et Mexique. Serre tempérée ou froide.

    T. brevis. *Lindenia*, pl. 332.

    T. suavis. *Lindenia,* pl. 2.

TRICHOSMA Ldl. Une espèce. Asie centrale, Assam. Serre chaude ou tempérée.

Trigonidium Ldl. Sept ou huit espèces. Amérique tropicale et centrale.

Trizeuxis Ldl. Une espèce. Andes de Colombie.

Tropidia Ldl. Cinq espèces ou plus. Indes, Malaisie, Iles du Pacifique.

Uncifera Ldl. Deux espèces. Asie centrale.

VANDA R. Br. Vingt espèces environ. Inde, Malaisie et Australie. Serre chaude.

    V. Boxalli. *Lindenia*, pl. 32.

    V. coerulea. *Lindenia*, pl. 169.

    V. Denisoniana. *Lindenia*, pl. 21.

    V. insignis. *Lindenia*, pl. 355.

    V. Kimballiana. *Lindenia,* pl. 204.

    V. Lindeni. *Lindenia*, pl. 56.

    V. Sanderiana var. labello viridi. *Lindenia,* pl. 40.

    V. suavis var. Lindeni. *Lindenia,* pl. 60.

    V. superba. *Lindenia,* pl. 136.

    V. tricolor. *Lindenia,* pl. 167.

    V. tricolor var. Hoveae. *Lindenia*. pl. 396.

    V. tricolor var. planilabris. *Lindenia,* pl. 369.

VANILLA Sw. Vingt espèces ou plus, répandues dans tous les pays tropicaux, et particulièrement connues pour leur utilisation dans l'économie domestique. Serre chaude.

Vrydagzyana Bl. Huit espèces. Malaisie et Iles du Pacifique.

WARREA Ldl. Deux espèces. Colombie et Pérou. Serre tempérée.

    W. Lindeni. *Lindenia*, pl. 156.

WARSCEWICZELLA. Genre rattaché actuellement au genre Zygopetalum. Serre tempérée ou chaude.

    W. Lindeni. *Lindenia,* pl. 337.

Wullschlaegelia Rchb. f. Deux espèces. Antilles et Brésil.

XYLOBIUM Ldl. Seize espèces. Amérique tropicale. Serre chaude ou tempérée.

Yoania Maximowicx. Une espèce. Japon.

Zeuxine Ldl. Seize espèces. Inde, Malaisie et Afrique tropicale.

ZYGOPETALUM Hook. Plus de quarante espèces. Amérique du Sud et centrale, Brésil, Antilles. Les anciens genres Bollea, Huntleya, Pescatorea, Warscewiczella, Promenaea, rentrent actuellement dans celui-ci. Culture en serre tempérée ou chaude.

    Z. cerinum. *Lindenia*, pl. 323.

    Z. Gautieri. *Lindenia*, pl. 284.

    Z. Gibeziae. *Lindenia,* pl. 181.

    Z. graminifolium. *Lindenia*, pl. 339.

    Z. grandiflorum. *Lindenia*, pl. 393.

Z. intermedium. *Lindenia,* pl. 216.
Z. Jorisianum. *Lindenia,* pl. 237.
Z. (Warscewiczella) Lindeni. *Lindenia,* pl. 337.
Z. Lindeniae. *Lindenia,* pl. 275.
Z. rostratum. *Lindenia,* pl. 68.
Zygostates Ldl. Quatre ou cinq espèces. Brésil.

CLEF ANALYTIQUE

POUR LA DÉTERMINATION DES TRIBUS ET DES GENRES

1 anthère fertile (celle du milieu).

Pollinies formées d'une substance continue de consistance cireuse.
- Pas de rétinacle, rarement une caudicule . . *Epidendrées.*
- Un rétinacle et une caudicule . *Vandées.*

Pollinies pulvérulentes, granuleuses ou formées de petites masses rattachées entre elles par des filaments élastiques.
- Anthère terminale distincte du gynostème. . . *Néottiées.*
- Anthère située à l'extrémité du gynostème et faisant corps avec cet organe. *Ophrydées.*

2 anthères fertiles (les latérales), la centrale étant transformée en staminode. . . . . *Cypripédiées.*

CLASSIFICATION DES GENRES GÉNÉRALEMENT CULTIVÉS

1. Une anthère fertile. 3
   Deux anthères fertiles. 2
2. Ovaire à une seule loge, à placentation pariétale. . . . *Cypripedium.*
   Ovaire à trois loges, à placentation axile . . . . . . *Selenipedium.*
3. Pollinies formées d'une substance continue, de consistance cireuse. 4
   Pollinies pulvérulentes, granuleuses ou formées de petites masses rattachées entre elles par des filaments élastiques 67
4. Pas de rétinacle, rarement une caudicule 5
   Un rétinacle et une caudicule 25
5. Tige filiforme, jamais dilatée en pseudobulbes 6
   Tige dilatée ou non en pseudobulbes, quelquefois grêle, mais jamais filiforme 7

6. 2 pollinies . . . . *Masdevallia.*
4 pollinies . . . . *Restrepia.*
8 pollinies . . . . *Harpophyllum.*

7. Inflorescences latérales ou rarement terminales (terminales dans les *Phajus albus, Bensoniae* et *Marshallianus*) ... 8
Inflorescences terminales ou latérales dans deux cas (*Bletia hyacinthina* et *Epidendrum Stamfordianum* . . 13

8. Pollinies sans caudicule ou à caudicule rudimentaire . . 9
Pollinies munies d'une caudicule 11

9. 4 pollinies . . . . *Dendrobium.*
8 pollinies 10

10. Gynostème court . . . . *Cœlia.*
Gynostème allongé . . . . *Pachystoma.*

11. Sépales tous libres 12
Sépales latéraux soudés à la base avec le pied du gynostème . . . . *Chysis.*

12. Labelle bossu ou éperonné à la base . . . . . . *Phajus.*
Labelle sans bosse ni éperon . . . . *Bletia.*

13. Pollinies (4 ou 8) fasciculées 14
Pollinies (4 ou 8) en une ou deux séries de 4, celles du rang inférieur, quand il existe, ascendantes 17

14. 4 pollinies . . . . *Coelogyne.*
8 pollinies 15

15. Sépales latéraux à base soudée avec le pied de la colonne *Trichosma.*
Sépales tous libres 16

16. Labelle éperonné (sauf de très rares exceptions). Tige presque toujours munie de pseudo-bulbes . . . . *Calanthe.*
Labelle jamais éperonné. Tige sans pseudo-bulbes . . *Arundina.*

17. 4 pollinies 18
8 pollinies (sur deux rangs) 20

18. Labelle à onglet plus ou moins soudé avec le gynostème. { Labelle à face supérieure munie de deux cornes placées entre les lobes latéraux . . . . *Diacrium.*
Labelle sans cornes . . . . *Epidendrum.*
Labelle embrassant la base du gynostème, mais non soudé avec cet organe 19

19. Gynostème beaucoup plus court que les sépales, dressé et largement ailé . . . . *Broughtonia.*
Gynostème assez allongé, souvent courbé, non ailé . . *Cattleya.*

20. Pollinies du rang supérieur presque toujours beaucoup plus petites que celles du rang inférieur 21
Pollinies ayant à peu près les mêmes dimensions . . . 23

21. Pétales plus amples que les sépales . . . . . . *Laeliopsis.*
Pétales et sépales semblables 22

22. Labelle étalé dès la base . . . . *Tetramicra.*
Labelle à onglet enveloppant ou embrassant la colonne . *Brassavola.*

23. Sépales et pétales plus ou moins ondulés. Labelle à
    lobes latéraux étalés ou le devenant à la fin . . . . *Schomburgkia.*
    Sépales et pétales plans. Labelle à lobes latéraux jamais
    étalés 24
24. Labelle à lobes latéraux larges, enveloppant la colonne *Laelia.*
    Labelle à lobes latéraux connivents, masquant la colonne *Sophronitis.*
25. Feuilles plissées 26
    Feuilles non plissées, coriaces ou charnues 46
26. Gynostème sans pied 27
    Gynostème plus ou moins dilaté en pied à la base, sauf
    dans le genre Aganisia 39
27. Labelle charnu 28
    Labelle non charnu 34
28. Sépales soudés entre eux à la base 29
    Sépales libres 31
29. Gynostème muni de chaque côté, à la base ou au
    sommet, d'un long appendice en forme de soie ou
    de cirre . . . . *Catasetum.*
    Gynostème ailé ou non, mais dépourvu d'appendice en
    forme de soie ou de cirre 30
30. Labelle non articulé avec le gynostème, divisé en trois
    lanières . . . . *Acineta.*
    Labelle articulé avec le gynostème, sagitté à la base,
    entier et incombant dans sa moitié supérieure . . . *Peristeria.*
31. Gynostème sans ailes 32
    Gynostème muni d'une aile de chaque côté, dans sa
    partie supérieure 33
32. Labelle trilobé à lobes latéraux réfléchis, non prolongés
    en cornes . . . . *Mormodes.*
    Labelle à lobes latéraux prolongés en deux cornes re-
    courbées . . . . *Houlletia.*
33. Gynostème à sommet renflé en massue, légèrement bi-ailé *Coryanthes.*
    Gynostème à sommet dilaté en deux ailes qui lui donnent
    la forme d'une rame . . . . *Stanhopea.*
34. Labelle sans éperon 35
    Labelle bossu ou éperonné à la base 37

35. Gynostème sans pied :
    Pollinies à rétinacle en forme d'écaille . *Cymbidium.*
    Pollinies à rétinacle arqué en fer à cheval;
    colonne non ailée . . . . *Grammatophyllum.*
    Pollinies à rétinacle entier; colonne bi-
    ailée; sépales latéraux brièvement sou-
    dés de manière à former une gibbosité
    didyme . . . . *Grammangis.*
    Gynostème à pied court 36
36. Sépales tous libres . . . . *Ansellia.*
    Sépales latéraux soudés avec le pied du gynostème . . *Polystachya.*

37. Fleurs portées sur des hampes non feuillées.   38
    Hampes feuillées .   .   .   .   *Galeandra.*

38. Sépales et pétales ayant à peu près les mêmes dimensions *Eulophia.*
    Pétales beaucoup plus grands que les sépales .   .   .   .   *Lissochilus.*

39. Plantes terrestres à pseudo-bulbes tubériformes ou à tige
       peu renflée   40
    Plantes épiphytes à tiges courtes, feuillées, munies de
       pseudo-bulbes   41

40. Sépales étalés. Labelle un peu soudé avec le pied du
       gynostème .   .   .   .   *Cyrtopodium.*
    Sépales connivents. Labelle articulé avec le pied du
       gynostème .   .   .   .   *Govenia.*

41. Sépale postérieur libre   42
    Sépale postérieur soudé avec le pied du gynostème .   .   *Gongora.*

42. Pollinies sessiles ou à caudicule très courte.   43
    Pollinies à caudicule très longue, étroite.   45

43. Gynostème courbé, à base dilatée en pied court .   .   .   44
    Gynostème droit sans pied .   .   .   .   *Aganisia.*

44. Labelle entièrement étalé .   .   .   .   *Zygopetalum.*
    Labelle à lobes latéraux dressés, le médian étalé .   .   .   *Eriopsis.*

45. Sépales dressés, plans .   .   .   .   *Lycaste.*
    Sépales convexes, se recouvrant de manière à former
       une fleur globuleuse, jamais bien ouverture.   .   .   .   *Anguloa.*

46. Tige généralement munie de pseudo-bulbes.   47
    Tige sans pseudo-bulbes.   59

47. Gynostème dilaté en pied à la base   48
    Gynostème sans pied   49

48. Feuilles très longues, charnues, cylindriques .   .   .   .   *Scuticaria.*
    Feuilles minces ou légèrement charnues, planes .   .   .   *Maxillaria.*

49. Fleur éperonnée   50
    Fleur non éperonnée.   52

50. Labelle muni à la base de deux éperons cachées dans
       l'éperon des sépales. Sépales latéraux soudés, prolongés
       à la base en un long éperon grêle .   .   .   .   .   .   *Comparettia.*
    Labelle à éperon simple. Sépales sans éperon   51

51. Éperon long. Gynostème épais .   .   .   .   *Trichocentrum.*
    Éperon court souvent réduit à une simple gibbosité;
       gynostème grêle .   .   .   .   *Rodriguezia.*

52. Labelle soudé par la base avec le gynostème   53
    Labelle libre (non soudé avec le gynostème)   54

53. Sépales tous libres { Gynostème demi-cylindrique, sans ailes .   *Cochlioda.*
                         { Gynostème muni au sommet, sur les
                         { côtés, de deux oreilles ou de deux
                         { dents .   .   .   .   *Trichopilia.*
    Sépale postérieur soudé à la base avec les pétales et le
       gynostème .   .   .   .   *Aspasia.*

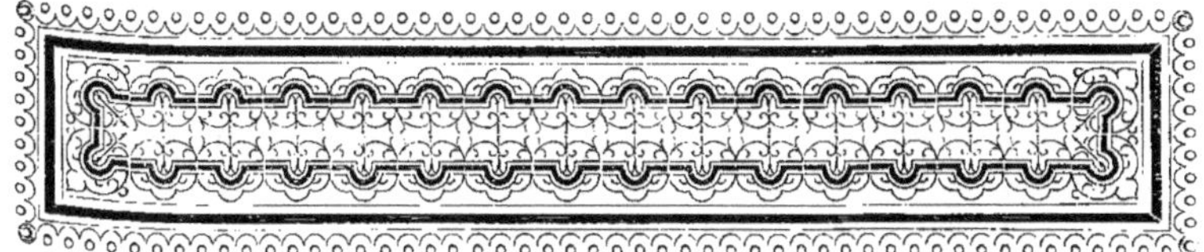

CHAPITRE IV

Le lecteur trouvera ci-après l'explication des principaux termes spéciaux employés dans ce livre, où je me suis efforcé d'employer le moins possible de mots techniques. Plusieurs noms qui rentrent dans la même catégorie ont été déjà expliqués dans les chapitres qui précèdent :

Acaule, sans tige. Se dit par extension des plantes dont la tige est très courte ou en partie cachée sous le sol.

Accrescent, se dit des parties de la fleur qui persistent et grossissent après la fécondation.

Acuminé, rétréci plus ou moins brusquement au-dessous du sommet.

Adné, soudé dans toute sa longueur.

Amplexicaule, embrassant la tige.

Ancipité, comprimé et formant deux angles opposés.

Aphylle, sans feuille.

Apiculé, terminé brusquement en pointe aiguë.

Arrondi, à peu près circulaire.

Articulé, à nœuds cassants.

Atténué, se rétrécissant vers le sommet.

Auriculé, muni de petites oreillettes.

Axillaire, partant de l'axe.

Basilaire, qui naît de la base.

Bidenté, à deux dents.

Bifide, à deux fentes.

Biflore, à deux fleurs.

Bilobé, à deux lobes.

Bractées, feuilles modifiées accompagnant les fleurs.

Caduc, se dit des organes qui tombent de bonne heure en comparaison des autres, p. ex. des feuilles qui tombent à la fin de l'année.

Calleux, présentant des parties épaissies.

Callus, épaississement qui se produit vers la base du labelle.

Canaliculé, plié en gouttière ou creusé de petits sillons.

Cannelé, possédant des côtes longitudinales séparées par des sillons.

Capitulé, en forme de capitule, inflorescence composée de fleurs serrées en tête globuleuse sur un réceptacle commun.

Caréné, formant un sillon creux en forme de carène de navire.

Caroncule, se dit des épaississements de certains téguments.

Caudiforme, en forme de queue.

Caulescent, qui a une ou plusieurs tiges.

Caulinaire, partant de la tige, porté par une tige.

Cilié, portant sur les bords des poils ou cils.

Circiné, roulé sur la côte, en crosse d'évêque.

Cirre, appendice filiforme tordu en vrille.

Claviforme, en forme de massue.

Clinandre, voir p. 12.

Condupliqué, plié en deux longitudinalement.

Conné, soudé à la base.

Connivents, se rapprochant par le sommet.

Continu, sans articulation ni division.

Convoluté, roulé une moitié autour de l'autre.

Cordiforme, en forme de cœur des cartes à jouer.

Coriace, ayant la consistance du cuir.

Crénelé, à dents arrondies.

CuculLé, enroulé en forme de cornet ou de capuchon.

Cunéiforme, en forme de coin.

Cuspidé, surmonté d'une pointe raide et aiguë.

Décombant, d'abord droit, puis retombant.

Décurrent, prolongé à la base.

Denticulé, au contour divisé par de petites dents.

Dichotome, formant une série de bifurcations.

Disque, partie centrale du labelle.

Distiques (feuilles), disposées symétriquement en séries des deux côtés de l'axe.

Émarginé, entamé au sommet par une échancrure.

Embrassant, qui enveloppe la tige.

Engaînant, ayant une gaîne qui embrasse la tige.

Ensiforme, en forme de glaive.

Entier, à contour continu, sans entailles.

Éperon, appendice en forme de cornet recourbé.

Épi, inflorescence formée de fleurs sessiles sur leur axe.

Épiphyte, vivant sur les arbres, mais non parasite.

Équitant, embrassant un organe vis à vis, comme à cheval sur lui.

Fig. 15. — Phalaenopsis Schilleriana.

Érosé, légèrement creusé, sub-denticulé.

Falciforme, en forme de faulx.

Fimbrié, très finement frangé.

Fusiforme, en forme de fuseau.

Gaine, base en forme de fourreau, enveloppant une tige.

Géminés, disposés par deux.

Gibbosité, protubérance analogue à une bosse.

Glabre, dépourvu de poils quelconques.

Glauque, vert blanchâtre.

Globuleux, ayant à peu près la forme d'une sphère.

Gorge, entrée du tube du labelle.

Grappe, inflorescence composée de fleurs, pédicellées, disposées sur un axe.

Gynostème, masse en forme de colonne formé par la soudure des étamines et du pistil des Orchidées.

Hampe, axe florifère dépourvu de feuilles.

Hasté, en forme de fer de hallebarde.

Herbacé, analogue à l'herbe, mou et peu consistant.

Hispide, à poils raides et droits comme ceux d'une brosse.

Imbriqué, se recouvrant par les côtés.

Incisé, divisé par des fentes ou incisions irrégulières.

Incurvé, recourbé en dedans.

Indivis, non divisé, entier.

Infléchi, recourbé en dedans.

Involuté, ayant les moitiés roulées en dedans.

Labelle, troisième pétale des Orchidées transformé et ayant une forme particulière.

Lacinié, divisé par des fentes très profondes.

Lamellé, divisé en lames minces.

Lancéolé, en forme de fer de lance.

Libre, sans adhérence.

Ligneux, analogue au bois, plus ou moins dur.

Ligulé, en forme de languette.

Limbe, partie étalée d'un organe au-delà du pétiole.

Linéaire, en forme de ruban.

Lobe, division.

Marcescent (fleur), qui se fane sans tomber.

Marginé, bordé.

Membraneux, de consistance analogue à une membrane.

Mentum, prolongement inférieur des sépales en forme de menton, et parfois appelé à tort éperon.

Moniliforme, en forme de chapelet.

Monophylle, à une seule feuille.

Moucheté, orné de petites taches parsemées.

Mucroné, terminé brusquement en petite pointe aiguë.

Napiforme, en forme de toupie.

Nutant, ayant le sommet penché.

Nu, privé de poils ou d'organes qui se rencontrent ordinairement.

Oblong, beaucoup plus long que large.

Obovale, en forme d'œuf renversé.

Obtus, à sommet émoussé.

Ombelle, inflorescence dans laquelle tous les pédicelles des fleurs partent ensemble du sommet du pédoncule.

Onglet, base d'un organe, rétrécie de façon à former une espèce de pédicelle.

Onguiculé, muni d'un onglet.

Opercule, voir p. 12.

Orbiculaire, formant un cercle.

Oreillette, appendice mince en forme de petite oreille.

Panduriforme, en forme de violon.

Panicule, grappe de fleurs à axe ramifié.

Pectiné, à lobes étroits et serrés comme les dents d'un peigne.

Pédicelle, queue de la fleur quand le pédoncule est ramifié.

Pédoncule, queue de la fleur s'il n'y en a qu'une, ou axe florale portant les pédicelles.

Pelté, se dit d'une feuille dont le limbe est attaché au pétiole par le milieu de sa face inférieure.

Penicillé, formant un touffe de fines ramifications.

Perfolié, se dit d'une feuille quand le limbe semble traversé par la tige.

Persistant, l'opposé de caduc.

Pétiole, partie étroite qui supporte le limbe de la feuille.

Pétiolé, muni d'un pétiole.

Plissé, plié plusieurs fois.

Pluriflore, à plusieurs fleurs.

Plurifolié, à plusieurs feuilles.

Poilu, à poils longs et épars.

Pubescent, recouvert de poils courts et mous.

Pyriforme, en forme de poire.

Racème, synonyme de grappe.

Radical, partant des racines.

Radié, disposé en rayons divergents.

Récliné, dont l'extrémité penche vers la terre.

Réfléchi, courbé vers le bas.

Réniforme, en forme de rein.

Réticulé, portant un réseau de veines.

Rétinacle, voir p. 12.

Rétus, entamé au sommet par un sinus peu profond.

Révoluté, ayant les deux moitiés roulées en dehors.

Rhizome, tige horizontale, traçante ou grimpante donnant naissance à des tiges et aux pseudobulbes.

Rostellum, voir p. 13.

Sagitté, en forme de fer de flèche.

Scabre, rude au toucher.

Scape, hampe, tige florale.

Scarieux, mince, sec et semi-écailleux.
Sinué, ayant les bords en lobes arrondis séparés par des sinus arrondis.
Sessile, sans pétiole ou sans pédicelle.
Sétacé, analogue à des soies.
Spathe, bractée située à la base de la tige florale qu'elle enveloppe.
Spatulé, en forme de spatule, élargi au sommet.
Stigmate, voir p. 12.
Subulé, en forme d'alène de cordonnier, c'est-à-dire très étroit et pointu.
Succulent, rempli de sucs.
Tomenteux, à poils blancs, longs et mous.
Traçant, couché et émettant des racines de place en place (rhizome).
Trichotome, formant une série de trifurcations.
Trifide, à trois fentes.
Trilobé, qui à trois lobes.
Tronqué, coupé transversalement vers l'extrémité.
Uniflore, à une seule fleur.
Urcéolé, renflé au milieu et rétréci à l'entrée.
Velu, couvert de poils mous plus ou moins longs.

VOCABULAIRE DES PRINCIPAUX MOTS OU RADICAUX TIRÉS DU GREC OU DU LATIN
ET USITÉS EN BOTANIQUE

Il me paraît utile d'indiquer ci-après la signification des radicaux les plus usités parmi ceux qui ont été empruntés au latin ou au grec pour former les noms génériques ou spécifiques des Orchidées. On conçoit aisément l'utilité de ces langues mortes très répandues pour former des noms qui puissent être lus et compris dans tous les pays du globe. D'autre part, s'il n'est nullement nécessaire que les jardiniers puissent lire couramment les diagnoses latines, il est bon qu'ils se rendent compte, à l'occasion, du sens de certains noms pour ne pas mettre par exemple, sur une variété foncée, une étiquette portant l'épiphète *candida.*

Abbreviatus, raccourci.
Abnormis, anormal.
Acer, aigu.
Acinaceus, en forme de poignard.
Aculeatus, épineux.
Acutus, aigu.
Adnatus, adné.

Adpressus, appliqué contre.
Aemulus, rival.
Aequus, égal.
Aestivalis, de l'été.
Affinis, allié, analogue à.
Aggregatus, serré en touffe compacte.
Alatus, muni d'ailes.

Albens, blanchâtre.

Albo- (en composition) blanc, ainsi albo-purpureus, blanc-pourpré.

Albo-marginatus, bordé de blanc.

Albo-striatus, strié de blanc.

Albus, blanc.

Alcicornis, qui a des cornes comme un élan.

Algidus, froid.

Alpestris, des Alpes.

Alternus, alterne.

Altissimus, très élevé.

Ambiguus, douteux.

Amethystinus, violet améthyste.

Amoenus, agréable.

Amplus, ample.

Amplexicaulis, embrassant la tige.

Anceps, comprimé et à deux bords aigus.

Andicola, qui habite les Andes.

Andro- (du grec aner), radical désignant en composition les étamines.

Angularis, anguleux.

Angustissimus, très étroit.

Angustus, étroit.

Anthos, fleur.

Apiculatus, apiculé.

Appressus, appliqué contre.

Arachnoideus, en forme de toile d'araignée.

Argenteus, argenté.

Argutus, aigu.

Argyro, radical signifiant argent.

Aromaticus, parfumé, aromatique.

Articulatus, articulé.

Ascendens, qui s'élève.

Asper, rude.

Asperrimus, très rude.

Aspersus, aspergé, parsemé de taches comme des gouttes.

Ater, noir ou foncé.

Atro- (en composition) noir. Ainsi atro-purpureus, pourpre noirâtre.

Attenuatus, atténué.

Aurantiacus, orangé.

Auritus, pourvu d'oreillettes.

Aureus, doré.

Auriferus, doré.

Autumnalis, de l'automne.

Axillaris, axillaire.

Barbatus, orné de barbe, velu.

Bi (en composition), deux.

Brachiatus, muni de bras.

Bracteatus, muni de bractées.

Brevis, court.

Brunneus, brun.

Bulbosus, à bulbes.

Calcar, éperon.

Calcaratus, muni d'éperon.

Calos, Calli (en comp.) beau.

Canaliculatus, canaliculé.

Candidus, blanc.

Canescens, blanchâtre.

Capitatus, formant capitule.

Cardinalis, rouge cardinal.

Carneus, couleur de chair.

Carnosus, charnu.

Caulis, tige.

Cerinus, couleur de cire.

Cernuus, penché.

Cheilos, labelle (en composition Chilus).

Chloros (en comp.) vert.

Choete, soie, poil dur.

Chroma (en comp.) couleur.

Chrysos (en comp.) or.

Ciliaris, qui tient des cils.

Ciliatus, cilié.

Cinnabarinus, écarlate.

Cinnamomeus, brun.

Cirrosus, muni de cils enroulés.

Citreus, de citron.

Citrinus, couleur de citron.

Citrosmus, ayant l'odeur du citron.

Clavatus, en forme de massue.

Coccineus, écarlate.

Cochlearis, enroulé en coquille de limaçon.

Coerulescens, bleuâtre (légèrement).

Coeruleus, bleuâtre.

Compactus, compact.

Concinnus, joli.

Concolor, tout entier d'une seule couleur.
Conduplicatus, doublé.
Confertus, touffu.
Constrictus, contracté.
Cor, Cordi (en comp.) cœur.
Cordatus, en forme de cœur.
Coriaceus, analogue au cuir.
Corniculatus, ayant de petites cornes.
Cornu, corne.
Corrugatus, sillonné, ridé.
Corymbosus, à fleurs en corymbe.
Coryne (en comp.) massue.
Corys (en comp.) heaume.
Costatus, qui a des côtes.
Crassus, épais.
Crenatus, crénelé.
Crenulatus, finement crénelé.
Cretaceus, couleur de craie.
Crinitus, chevelu.
Cristatus, muni d'une crête.
Cucullatus, capuchonné.
Cucumerinus, analogue à un cornichon.
Cultriformis, en forme de couteau.
Cuneatus, en forme de coin.
Curtus, court.
Curvus, courbe.
Cuspidatus, cuspidé.
Cyaneus, bleu de Prusse.
Cyclos, cercle.
Cycnus, cygne.
Cylindricus, cylindrique.
Cymbarius, en forme de bateau.
Cymbosus, portant une cyme.
Dasy- (en comp.) chevelu, cilié.
Dealbatus, blanchi.
Debilis, faible, grêle.
Deca, dix.
Decipiens, trompeur.
Decorus, beau, décoratif.
Decumbens, décombant.
Decurrens, décurrent.
Defoliatus, privé de feuilles.
Dendron, arbre.
Dens, denti- (en composition) dent.

Densus, densi- (en composit.) touffu.
Dentatus, denté.
Denticulatus, denticulé.
Di, dis- (en composition) deux fois, deux.
Dichotomus, dichotome.
Didymus, double.
Difformis, diforme.
Diffusus, épars.
Digitatus, en forme de doigts.
Dilatatus, dilaté.
Dimorphus, dimorphe.
Dioicus, dioïque.
Dipterus, à deux ailes.
Distichus, distique.
Divaricatus, divariqué.
Diversus, différent.
Don, dontus (en composition) dent.
Dubius, douteux.
Durus, dur.
E, ex (en composition), hors de, en dehors.
Eburneus, blanc d'ivoire.
Elatus, elatior, élevé, plus élevé.
Elegans, elegantissimus, élégant, très élégant.
Elongatus, allongé.
Emarginatus, émarginé.
Ensatus, en forme de glaive.
Ensi- (en composition) glaive.
Epi- (en composition) sur.
Erectus, érigé, dressé.
Erinaceus, hérissé de piquants comme un hérisson.
Erosus, à bords découpés irrégulièrement, comme rongés.
Erythros, rouge.
Eu- (en composition) bien.
Excelsus, élevé.
Exiguus, petit.
Exilis, grêle, mince.
Eximius, supérieur.
Expansus, étalé, ouvert.
Exul, exilé.
Falcatus, en forme de faulx.
Falx, falci, faulx.

Fascicularis,
Fasciculatus, } en faisceau.
Fasciculosus,

Fastigiatus, en pointe au sommet.

Fero, je porte (en composition *ferus,* ainsi *setiferus,* qui porte des soies).

Ferox, féroce.

Fertilis, fécond, fertile.

Filiformis, filiforme.

Fimbriatus, frangé, frisé.

Flabellatus, en forme d'éventail.

Flabellulatus, en forme de petit éventail.

Flabellum, flabelli, éventail.

Flaccidus, mou, faible.

Flammeus, couleur de flamme, rouge vif.

Flavescens,
Flavidus, } jaunâtre.

Flavus, blond.

Flexilis, flexible.

Flexus, courbé.

Floribundus, produisant beaucoup de fleurs.

Florulentus, id.

Flos, fleur (en comp., *florus*).

Folium, feuille (en composition, *folius*).

Forma, forme (en comp., *formis*).

Formosus, beau.

Fragrans, fragrantissimus, parfumé, très parfumé.

Frigidus, froid.

Fructicosus,
Frutescens, } en forme d'arbrisseau.

Fulgens, éclatant.

Fulvus, jaune foncé.

Furcatus, fourchu.

Fuscus, brun.

Gelidus, glacé.

Geminatus,
Geminus, } double, doublé.

Gemmiferus, qui porte des bijoux.

Geniculatus, formant un coude comme un petit genou.

Gero, je porte (en comp. *gerus, ger.*)

Gibbosus, ayant une gibbosité.

Giganteus, gigantesque.

Gigas, géant.

Glabellus, légèrement glabre.

Glaber, glabra, glabre.

Glaberrimus, très glabre.

Gladius, glaive.

Glandula, glanduli (en comp.) glande.

Glanduliferus, glanduligerus, glandulosus, ayant des glandes.

Glaucescens, un peu glauque.

Glaucus, glauque, vert bleuâtre.

Glomeratus, formé en petites boules.

Glossa, langue et labelle.

Gluma, paille.

Glumaceus, analogue à la paille.

Gonia, angle (en comp. *gonus*).

Gracilis, grêle.

Gracillimus, très grêle.

Gramineus, analogue à du gazon.

Grandis, grand.

Granulosus, formant des granulations.

Granulatus, id.

Graveolens, à odeur forte.

Gravis, lourd.

Gymnos, nu.

Gyne, gyno-, désigne les organes femelles.

Haema, haemo-, haemato-, (en comp.) sang.

Haematodes, sanguin.

Hastatus, hasté.

Hemi-, à moitié.

Herbaceus, herbacé.

Heteros, hetero-, différent.

Hex, hexa-, six.

Hirsutus, hirsute, hérissé.

Hispidus, hispide, très hérissé.

Humilis, bas.

Hypo-, sous.

Hystrix, hérissé de piquants comme un porc-épic.

Ides, ideus, analogue à.

Igneus, couleur de feu.

Imbricatus, imbriqué.

Implexus, entortillé, entrelacé.

In-, préfixe indiquant négation ou privation.
Incanus, blanchâtre.
Incarnatus, coloré comme la chair.
Incisus, ayant des incisions.
Incrassatus, épaissi.
Incurvatus,
Incurvus, } courbé en dedans.
Indutus, revêtu.
Inermis, sans armes, sans pointes.
Integer, integra, entier.
Intermedius, intermédiaire.
Inversus, retourné.
Ion-, iono-, violet.
Jugus, joug.
Jugosus, à joug, formant joug.
Labrum, labelle.
Laciniatus, lacinié.
Lacteus, laiteux.
Laetus, gai, agréable.
Laevigatus, émoussé, poli.
Laevis, lisse.
Laminatus, en forme de lame.
Lanatus, couvert de laine.
Lanceolatus, lancéolé.
Lancifolius, à feuilles lancéolées.
Lanosus,
Lanuginosus, } laineux.
Lasios, velu.
Lateralis, latéral.
Latus, large.
Laxus, lâche.
Leios, lisse.
Lenticularis, en forme de lentille.
Lepidus, écailleux.
Leptos, grêle.
Leucophoeus, gris.
Leucos, blanc.
Lilacinus, lilas.
Limbatus, bordé.
Linearis, linéaire.
Lineatus, marqué de lignes.
Linguiformis, en forme de langue.
Lobatus, lobé.
Lobulatus, ayant de petits lobes.

Lobus, lobe.
Locularis, à cellules ou compartiments.
Longus, long (en composition *longi*).
Lucidus, brillant.
Lunatus, en forme de lune.
Luridus, sombre, blafard.
Luteus, jaune (en composition *luteo*).
Luteolus, un peu jaunâtre.
Lyratus, en forme de lyre.
Macros, grand.
Maculatus, maculé.
Maculosus, ayant des macules.
Magnificus, magnifique.
Magnus, grand.
Major, plus grand.
Mare, mer (en composition *mari*).
Marginatus, bordé.
Marmoreus, couleur de marbre.
Maximus, très grand.
Medius, intermédiaire.
Medullaris, à moelle.
Megas, grand (en composition *mega, megalo*).
Melas, noir (en composition *mélano*).
Membranaceus, membraneux.
Meros, partie (en comp. *merus*).
Micans, brillant.
Micros, petit.
Miniatus, couleur de minium, rouge.
Minimus, très petit.
Minor, plus petit, assez petit.
Minusculus, extrêmement petit.
Minute, d'une façon très petite.
Mixtus, mélangé.
Mollis, mou.
Monile, collier.
Monos, unique.
Montanus, des montagnes.
Morphe, forme (en comp. *morpho, — morphus*).
Moschatus, musqué.
Mucronatus, se terminant en pointe brusque.
Multus, nombreux (en comp. *multi*).

7

Muralis, qui se trouve près des murs.
Muricatus, terminé en pointe mousse.
Muticus, émoussé.
Nanus, nain.
Nema, fil (en composition *nemato*).
Nervatus,
— *nervis,* } marqué de veines.
Neuron, nerf, veines (en comp. *neuro*).
Nidus, nid.
Niger, nigra, noir.
Nigrescens, noirâtre.
Nigricans, noirâtre.
Nitens, brillant.
Nitidus, brillant, éclatant.
Nivalis, blanc de neige.
Niveus,   id.
Nobilis, noble, remarquable.
Nodosus, noueux.
Nudus, nu.
Nutans, penché.
Ob, préfixe exprimant l'inverse du sens ordinaire du mot.
Oblongus, oblong.
Obscurus, obscur.
Obtusatus, obtus, émoussé.
Obtusus, obtus.
Ochraceus, tirant sur la couleur ocre.
Ochreatus, pourvu d'une bractée membraneuse.
Ochros, jaune pâle.
Octo, huit (en composition).
Oculatus, orné de taches en forme d'yeux.
Odoratus, parfumé.
Oenanthus, à fleur couleur de vin.
Officinalis, employé comme remède.
Oides, analogue à.
Odons, dent (en composition *odonto, dontus*).
Oleosus, huileux.
Oleraceus, employé comme plante potagère.
Oligos, quelques-uns.
Olivaceus, couleur olive.
Oncinos, petit crochet.
Opacus, opaque.

Operculatus, muni d'un opercule.
-- *opsis,* apparence.
Orbicularis, orbiculaire.
Orientalis, oriental.
Ornans, qui orne.
Ornatus, orné.
Ous, oreille (en composit. *otus, oto*).
Ovalis, ovale.
Ovatus, ovale.
Oxys, pointu (en composition *oxy*).
Pachys, épais.
Paleaceus, analogue à la paille.
Pallens, pâlissant.
Pallidus, pâle.
Palmatus, en forme de main.
Paludosus,
Palustris, } des marais.
Paniculatus, en panicule.
Pannosus, inégal, raboteux.
Papillosus, ayant des papilles.
Partitus, partagé.
Parvulus,
Parvus, } petit, très petit.
Patens, ouvert.
Patulus, étalé.
Pauci, peu nombreux.
Pectinatus, en forme de peigne.
Pedatus, muni d'un pied.
Pedi, pied.
Pedicellatus, muni d'un pédicelle.
Pedunculatus, muni d'un pédoncule.
Pellucidus, transparent.
Peltatus, en forme de bouclier.
Pendulus, pendant.
Penicillatus, en forme de pinceau.
Penna, plume.
Penta, cinq.
Perennis, perpétuel, vivace.
Pertusus, troué.
Pes, pedi-, pied.
Petiolatus, pétiolé.
Petraeus, de pierre.
Phaeos (en composition) brun.
Philus (en composition) qui aime.
Phleps, veine (en composition *phlebo*).
Phloeos, écorce (en comp. *phloeus*).

Pholidotus, écailleux.
Phorus (en composition) qui porte.
Photinos (en composition) brillant.
Phyllon, feuille (en comp. *phyllus*).
Pictus, peint.
Pilosus, poilu.
Pinnatus, pinné ou penné.
Plagio- (en composition) oblique.
Planus, plan.
Platys, large.
Pleios, nombreux (en comp. *pleio*).
Pleuron, côte (en comp. *pleuro*).
Plicatus, plissé ou replié.
Plumosus, garni de plumes, ayant l'aspect des plumes.
Plus, pluri (en comp.) plus, plusieurs.
Poly (en composition) nombreux.
Porosus, poreux.
Porphyreus, pourpre.
Pous, pied (en composition *podus*).
Prae (en comp.), d'une façon remarquable et supérieure à l'ordinaire.
Praecox, précoce.
Pratensis, des champs.
Procerus, grand.
Procumbens, qui tombe en avant.
Procurrens, qui se projette en avant.
Proles, rejetons.
Prominens, proéminent.
Pruinosus, glacé.
Pseudo, faux.
— *pteron*, aile.
Puberulus, légèrement couvert de duvet.
Pubescens, pubescent.
Pugio, pugioni (en comp.) poignard.
Pulchellus, gentil, mignon.
Pulverulentus, pulvérulent, poussiéreux.
Pulvinaris, analogue à un coussin.
Pumilio, nain.
Pumilus, nain.
Punctatus, pointillé.
Pungens, piquant.
Puniceus, rouge.
Purpurescens, tirant sur le pourpre.

Purpureus, pourpré.
Pusillus, très petit.
Pustulatus, couvert de boursouflements en pustules.
Putidus, puant.
Pycnos, touffu.
Pygmaeus, pygmée, nain.
Pyrum, poire.
Quadri, quadr-, (en comp.) quatre.
Quatuor, quatre.
— *quetrus*, à angles.
Quinque, cinq.
Racemosus, à grappe.
Radiatus, portant des stries rayonnantes.
Radicans, émettant des racines.
Ramosissimus, très ramifié.
Ramosus, ramifié.
Ramus, branche.
Rarus, rare.
Reclinatus, incliné en arrière.
Recurvatus, recourbé en arrière.
Redolens, parfumé.
Reflexus, fléchi en arrière.
Refractus, brisé.
Reniformis, réniforme.
Repens, rampant, traçant.
Reticulatus, réticulé.
Retusus, rétus.
Reversus, retourné.
Revolutus, révoluté.
Rhiza, racine.
Rhodon, rose.
Rhynchus, bec.
Rhytis, ride.
Rigens, } raide.
Rigidus, }
Ringens, bien ouvert.
Robustus, robuste.
Roseus, rosé.
Rostratus, en forme de bec ou de rostre.
Rotundus, rond.
Ruber, rubra, rouge.
Rubicundus, rouge éclatant.
Rubidus, rouge sombre.

Rubiginosus, rouge brun.
Rudis, rude.
Rufus, rougeâtre.
Rupestris, habitant les roches.
Rutis, rutido (en composition), ride.
Sagittatus, en forme de flèche.
Salmoneus, couleur saumon.
Sanguineus, couleur de sang.
Sapidus, qui a de la saveur.
Sativus, cultivé.
Saxosus, des rochers.
Saxum, saxi, rocher.
Scaber, scabri, rude.
Scandens, grimpant.
Scapus, tige florale.
Scariosus, scarieux.
Sciado, ombrelle.
Scleros, dur.
Seco, je coupe (en composition *sec, secat, sectus*).
Secundus, second.
Semi, à moitié.
Septum, septi-, une partie.
Sericeus, soyeux.
Serratus, denticulé, en forme de scie.
Serrulatus, à petites dents.
Sessilis, sessile.
Seta, seti-, soie de porc.
Setaceus, analogue à des soies.
Setosus, muni de soies.
Sicula, petit poignard.
Sideros, fer.
Silvestris, des forêts.
Similis, semblable.
Simplex, simplici, simple.
Simulans, imitant.
Sinuatus, sinué.
Siphon, tube.
Skirro, protubérance.
Sororius, comme une sœur.
Sparsus, parsemé.
Speciosissimus, très beau.
Speciosus, beau.
Spectabilis, remarquable.
Sperma, semence.
Sphacelatus, gâté, pourri.

Sphaera, sphère.
Spicatus, à fleurs en épi.
Spinosus, épineux.
Spiralis, en spirale.
Splendens, brillant.
Squamatus,
Squameus, } écailleux.
Squamosus,
Squarrosus, sec et rude au toucher.
Stachys, épi.
Stauros, croix.
Steiros, stérile.
Stellatus, étoilé.
Stelligerus, portant une étoile.
Stenos, étroit.
Stipitatus, muni d'un support comme une tige.
Stipularis, } ayant des stipules.
Stipulatus,
Stoma, bouche.
Stramineus, analogue à la paille.
Striatus, strié.
Strictus, tendu, rigide.
Striolatus, à petites stries.
Strongylos, globuleux.
Suaveolens, agréablement parfumé.
Suavis, parfumé, doux.
Suavissimus, très parfumé.
Sub, légèrement (en composition).
Suberosus, analogue au liège.
Subulatus, subulé.
Suffruticosus, suffrutiqueux.
Sulcatus, sillonné.
Sulphureus, couleur soufre.
Tenellus, delicat.
Tenuis, mince, frêle.
Tener, tendre.
Teres, cylindrique.
Tesselaris, } marqué de lignes en
Tesselatus, damier.
Testaceus, couleur de terre.
Tetra, quatre.
Theke (en comp. *ihecus*), petite boîte.
Tomentosus, couvert de poils entremêlés.
Trachys, rude.

Tri, trois.
Tricho, velu.
Trichus, velu.
Trix, velu.
Tropis, carène de navire.
Truncatus, tronqué.
Tuberosus, tubéreux, muni de tuber-
  cules.
Tubulosus, tubulé.
Uliginosus, marécageux.
Umbellatus, à ombelles.
Umbrosus, qui recherche l'ombre.
Uncinatus, recourbé en crochet.
Undulatus, ondulé.
Unguiculatus, onguiculé.
Uniceps, à une tête.
Unus, *uni*, un seul.
Urens, brûlant.
Vaginatus, muni d'une gaîne ou
  d'une bractée.
Variabilis, variable.
Variegatus, panaché.
Velleus, laineux.
Velutinus, velouté.
Venosus, veiné.

Ventricosus, ventru, gonflé.
Venustus, beau.
Vernix, vernis.
Vernus, du printemps.
Verrucosus, portant des verrues.
Versicolor, de diverses couleurs.
Verticillatus, verticillé.
Vesicarius, } portant des vésicules.
Vesiculosus, }
Vestitus, revêtu.
Vexillarius, analogue à un éten-
  dard.
Vexillatus, muni d'un étendard.
Villosus, velu.
Viminalis, analogue à des brindilles.
Violaceus, violet.
Virens, } vert.
Viridis, }
Viscidus, } visqueux.
Viscosus, }
Vulgaris, commun.
Xanthos, jaune.
Xylon, bois.
Zonatus, orné de bandes.
Zygos, joug.

CHAPITRE V

Dans le tableau ci-dessous, j'ai voulu indiquer les principaux ouvrages, journaux et documents qui peuvent être utiles à consulter pour les personnes qui désirent étudier les Orchidées. Afin que ce tableau fût plus facile à utiliser, j'ai fait le classement par nom d'auteur; le lecteur peut ainsi trouver immédiatement les noms des ouvrages dans lesquels chaque botaniste a publié ses notices ou ses descriptions. Il m'a paru en effet qu'en botanique les noms des auteurs étaient plus aisément connus que ceux de leurs ouvrages.

ANDRÉ, ÉD. — Descriptions publiées dans *L'Illustration Horticole* et la *Revue Horticole*.

BARLA, J. B. — *Iconographie des Orchidées de la Flore de Nice et des Alpes Maritimes*; Nice, 1868, 1 vol. in 4° avec 63 pl. col.

BALDWIN. — *The Orchids of New-England*; New-York, 1884, 1 vol. in 8° avec 40 fig. (Monographie populaire).

BAUER. — *Illustrations of Orchidaceous Plants* (avec des notes par LINDLEY); 1 vol. in-folio, avec 35 pl. col., 1830-1838 (Ouvrage très important, mais très rare.)

BATEMAN, J. — *The Orchideae of Mexico and Guatemala;* 1 vol. immense in-folio avec 40 pl. col., 1837-1843. (Ouvrage tiré seulement à 100 exemplaires et publié en 10 livraisons à 2 guinées chacune; aujourd'hui introuvable.)

ID. *Monograph of Odontoglossum;* 1 vol. très grand in-folio avec 30 pl. col., 1864-1870 (125 Mark).

BATEMAN, J. — *Second Century of Orchidaceous plants;* 1 vol. in-4° avec 100 pl. col., 1867. (Les planches sont extraites du *Botanical Magazine.*)

ID. Nombreuses descriptions dans le *Botanical Magazine,* le *Gardeners' Chronicle,* etc.

BEER, J. G. — *Praktische Studien an der Familie der Orchideen;* avec 1 pl., 1854.

ID. *Beiträge zur Morphologie und Biologie der Familie der Orchideen;* 1 vol. in-folio avec 12 pl. col., Vienne, 1863 (étude spéciale des fruits et des graines).

BENTHAM, G. — *Note on Orchideae,* in Journ. Linn. Soc. Lond., vol. 18, 1881. (Mémoire très important; exposé de la classification suivie dans le *Genera plantarum,* et notes justificatives sur les changements opérés.)

ID. Chapitre *Orchideae* dans le *Genera Plantarum* de BENTHAM et HOOKER, vol. 3, part 3, p. 460 à 636, 1883. (Ouvrage le plus généralement suivi aujourd'hui pour la classification. Celle-ci est une modification de celle de LINDLEY.)

ID. *Flora Australiensis;* 7 vol. in-8°, 1863-1878. (Les Orchidées sont dans le vol. 6.)

BERGMAN, ERNEST. — *Les Orchidées de semis,* broch., 1893.

BLUME. — *Bijdragen tot de Flora van Nederlandsch Indie;* 1 vol. in-8°, 1825.

ID. *Tabellen en platen voor de Javaansche Orchideen;* 1 vol. in-folio avec 14 pl., 1825.

ID. *Orchideae Archipelagi Indici;* 1 vol. in-folio avec 72 pl. col., 1858.

ID. *Rumphia;* 4 vol. in-folio avec 210 pl. col., 1835-1848. (Beaucoup d'Orchidées dans les vol. 1 et 4.)

ID. *Museum Botanicum Lugduno-Batavae;* 2 vol. in-8° avec 92 pl., 1849-1851. (Beaucoup d'Orchidées.)

Tous ces ouvrages sont fort importants pour l'étude des Orchidées des Indes Néerlandaises.

BOIS, D. — *Les Orchidées,* 1 vol. in-18 jésus, 323 p., Paris, 1893.

BOLUS, H. — *The Orchids of the Cape Peninsula;* 1 vol. in-8° avec 36 pl. col., 1888.

ID. *Icones Orchidearum Austro-Africanarum extra-tropicarum;* vol. I, 1re partie avec 50 pl. en partie coloriées, 1893.

ID. Plusieurs mémoires dans le *Journal de la Société Linnéenne de Londres,* sur les Orchidées du Cap.

BREDA. — *Genera et species Orchidearum quas in Java collegerunt Kuhl et Van Hasselt;* fasc. 1 et 2, in-folio avec 10 pl. col., Gand, 1827-1828.

BROWN, N. E. — Descriptions publiées dans le *Gardeners' Chronicle,* la *Lindenia, L'Illustration Horticole.*

BROWN, ROBERT. — *Prodromus Florae Novae Hollandiae;* 1810, 1 vol. in-8°. (Ouvrage inachevé; mais les Orchidées sont dans ce volume.)

ID. *Observations of the organs and mode of fecundation of Orchidaceae;* broch. in-4° avec 3 pl., 1833.

ID. Chapitre des Orchidées in Aiton, *Hortus Kewensis;* 2e édit., vol. 5, 1813.

Brown, Robert. — Nombreuses descriptions dans les recueils botaniques de son temps.

Castle, L. — *Orchids* etc., London, 1886.

Catalogue des Orchidées cultivées dans les collections européennes, publié par le Club Orchidophile Néerlandais, 1888, et suppl. pour 1889, 1890, 1891, 1892.

Cogniaux. — *Flora Brasiliensis; Orchidaceae;* grand in-folio avec nombreuses planches; en publication.

Id. Descriptions publiées dans le *Journal des Orchidées* et la *Lindenia.*

Correvon, H. — *Les Orchidées rustiques;* in-12 avec 30 grav., Genève et Paris, 1893.

Curtis' *Botanical Magazine;* in-8°, 1783 et suiv. (continue à paraître). Nombre immense de planches d'Orchidées.

Darwin, Ch. — *Fertilisation of Orchids;* 1862, traduit en français par Rérolle, Paris, 1870.

Desbois, F. — *Monographie des genres Cypripedium, Selenipedium et Uropedium;* 1 vol. in-18, 1888.

Delchevalerie. — *Les Orchidées,* culture, propagation, nomenclature; 1 vol. in-18, 1878.

Du Buysson. — *L'Orchidophile;* 1 vol. in-8°, 1878.

Duchartre. — Articles dans le Journal de la Société d'horticulture de France, dans le Bulletin de la Société Botanique de France et les Annales des Sciences naturelles.

Du Petit Thouars, Aubert. — Histoire particulière des Orchidées recueillies sur les îles australes d'Afrique; 1 vol. in-8° avec 110 pl., 1822.

Estacio da Veiga. — *Orchideas do Portugal;* 1 vol. in-4° avec 36 pl., 1886.

Fairfield. — *An Introduction to the History, Structure and Cultivation of Orchidaceous Plants;* vol. in-8°, 1872.

Fitzgerald, R. D. — *Australian Orchids,* drawn from nature; parties 1-9, in-folio avec 76 pl. col., 1875-1884 (203 Mark).

Gartenflora, Zeitschrift für Garten- und Blumenkunde; 1852-1893.

Gérard. — *La fleur et le diagramme des Orchidées;* br. in-4°, 1879.

Godefroy-Lebeuf. — *L'Orchidophile;* 1881 et suiv.

Id. et N. E. Brown. — *Les Cypripédiées;* 1er fasc., in-folio avec 8 pl. col., 1889.

Grisebach. — Flora of the British West Indian Islands (Orchidées des Antilles anglaises); 1 vol. in-8°, 1864.

Hemsley, W. B. — *Biologia centrali-americana;* 5 vol. in-4° avec 111 pl. (Les Orchidées sont dans le vol. 3, pp. 197-308, 1883-1884.)

Id. Beaucoup de notes dans le *Journal de la Société Linnéenne de Londres,* le *Gardeners' Chronicle,* etc.

Hooker, W. J. — *Exotic Flora;* 3 vol. in-8° avec 232 pl. col., 1823-1827.

Id. *A century of orchidaceous Plants;* 1 vol. in-4° avec 100 pl. col., 1846. (Les planches sont tirées du *Botanical Magazine.*)

Id. Beaucoup de descriptions publiées dans le *Botanical Magazine,* qu'il a dirigé longtemps.

HOOKER, J. D. — *The Flora of British India;* in-8°. (Les Orchidées sont dans le vol. 5, pp. 667 à 858, et dans le vol. 6, pp. 1-198, 1890. Très important.)

ID. Beaucoup de descriptions dans le *Botanical Magazine* et les *Icones Plantarum,* deux recueils qu'il dirige. Les vol. 21 et 22 des *Icones Plantarum,* chacun avec 100 planches, sont réservés à l'illustration des Orchidées de l'Inde anglaise.

IRMISCH, TH. — *Beiträge zur Biologie und Morphologie der Orchideen;* 1 vol. in-4° avec 6 pl. 1853.

JENNINGS, S. — *Orchids and how to grow them in India and other tropical climates;* 1 vol. in-4° avec 48 pl. col., 1875.

JOSST. — *Beschr. und Kultur trop. Orchideen;* vol. in-8° avec pl. Prag, 1851.

KRANZLIN, F. — Termine le vol. 3 de la *Xenia Orchidacea* de REICHENBACH.

ID. Descriptions d'Orchidées dans le *Gardeners' Chronicle,* le *Botanisches Jahrbuch* de ENGLER.

KUNTH. — In HUMBOLDT et BONPLAND *Nova Genera et Species plantarum ni peregr. ad plagam aequinoct. orbis novi coll.,* in ord. dig. KUNTH; 7 vol. in-folio avec 765 pl., 1815-1825. (Les Orchidées sont dans les vol. 1 et 7. Très important pour toute l'Amérique tropicale.)

LEMAIRE, CHARLES. — Beaucoup de descriptions dans la *Flore des Serres,* le *Jardin fleuriste* (in-8°, Gand, 1851-1854, 4 vol.) et *L'Illustration Horticole,* 1854.

L'Illustration Horticole. — Descriptions d'Orchidées par LEMAIRE, ANDRÉ, REICHENBACH, LINDEN, RODIGAS, etc., 1854 et suivants.

LINDEN J. et PLANCHON. Troisième voyage de J. LINDEN dans les parties intertropicales de l'Amérique, Bruxelles, 1863.

LINDEN et REICHENBACH. — Descriptions publiées dans *L'Illustration Horticole,* la *Lindenia, Xenia Orchidacea, Gardeners' Chronicle,* etc.

LINDEN, J. — *Pescatorea,* iconographie des Orchidées; un vol. grand in-folio avec 48 pl. col.

LINDEN LUCIEN et ÉM. RODIGAS. — Descriptions publiées dans la *Lindenia* et *L'Illustration Horticole.*

LINDEN J. et LUCIEN. — *Lindenia,* iconographie des Orchidées, 48 pl. col. par an, 1885 et suivants.

ID. *L'Illustration Horticole;* beaucoup de descriptions et de figures d'Orchidées.

LINDEN, LUCIEN. — *Le Journal des Orchidées,* guide pratique de culture; journal bi-mensuel, 1890 et suivants.

LINDLEY, JOHN. — *Orchidearum sceletos;* in-8° avec 3 pl., 1826, très rare.

ID. *Genera and species of Orchidaceous Plants;* 1 vol. in-8°, 1830-1840. (Ouvrage fondamental, mais très rare complet.)

ID. *Sertum Orchidaceum;* 1 vol. gr. in-folio avec 49 pl. col., 1838.

ID. *Folia Orchidacea;* 9 parties in-8°, 1852-1859. (Complément du *Genera,* mais est resté inachevé. Rare.)

ID. *Orchidaceae Lindenianae;* Broch. in-8°, 1846.

ID. *Collectanea Botanica;* 1 vol. in-folio avec 41 pl. col., 1821-1825. (La plupart des planches représentent des Orchidées.)

LINDLEY, JOHN. — Nombreuses descriptions d'Orchidées dans le *Botanical Register*, qu'il a dirigé longtemps, dans le *Gardeners' Chronicle*, qu'il a fondé en 1842, dans le *Journal de la Société Linnéenne de Londres*, les *Annales of Natural History*, le *Flower Garden* de PAXTON, le *Journal of Botany* de HOOKER, etc.

LA LLAVE et LEXARZA. — *Novorum vegetabilium descriptio;* 2 fasc. in-8°, Mexico, 1824-1825. (Espèces nouvelles du Mexique. Le 2e fasc. est consacré aux Orchidées.)

LODDIGES. — *The Botanical Cabinet;* 20 vol. in-4° avec 2000 pl. col., 1818-1838. (Beaucoup de planches représentent des Orchidées.)

LYON, J. C. — *Practical Treatise on the Management of Orchidaceous Plants;* vol. in-8°, 1845.

LE MARCHAND MOORE. — A écrit le chapitre *Orchidées* dans la *Flora of Mauritius and the Seychelles*, par BAKER; 1 vol. in-8°, 1877.

MINER, H. S. — *Orchids, the royal family of plants;* 1 vol. in-4° avec 24 pl. col. (100 fr.).

MIQUEL. F. A. G. — *Choix de plantes rares ou nouvelles cultivées au Jardin de Buitenzorg* (Java); 1 vol. gr. in-folio avec 26 pl. col., 1867 (85 mark). (La plupart des planches représentent des Orchidées.)

MOORE, TH. — *Illustrations of Orchidaceous Plants*, represent. the princip. groups of orchids, 1837; 1 vol. gr. in-8° avec 100 pl. col. (110 mark).

ID. Descriptions dans l'*Orchid Album*, de WILLIAMS, etc.

MORREN, CHARLES. — Descriptions dans les annales de la Société Royale d'Agriculture et de Botanique de Gand, 1845-1849, et dans les premières années de la *Belgique Horticole*, 1851 et suiv.

MORREN, ÉDOUARD. — Descriptions dans la *Belgique horticole*.

MUTEL, A. — *Mémoire sur plusieurs Orchidées nouvelles ou peu connues;* 1 vol. in-4° avec 5 pl., 1842.

O'BRIEN, JAMES. — Descriptions dans le *Gardeners' Chronicle*, etc.

ID. *Orchids, being the Report on the Orchid Conference held at south Kensington on May 12th and 13th 1885;* vol. in-8° avec 5 pl., 1886.

PAXTON. — *Flower Garden;*

ID. *Magazine of Botany and Register of flowering plants;* 16 vol. in-8° avec 770 pl. col., 1834-1853. (Beaucoup d'Orchidées.)

PFITZER, E. — *Grundzüge zu einer vergleichenden Morphologie der Orchideen;* 1882, 1 vol. in 4° avec 4 pl. (Important pour l'organographie.)

ID. *Morphologische Studien über die Orchideenblüthe;* 1 vol. in-8° avec fig.; 1886. (Important pour l'organographie.)

ID. *Entwurf einer natürlichen Anordnung der Orchideen;* 1 vol. in-8°, 1887. (Important pour la classification.)

ID. *Untersuchungen über Bau und Entwickelung der Orchideenblüthe;* 1re partie in-8° avec 2 pl., 1888.

ID. *Die Orchideen*, dans Engler und Prantl, *Die Natürlichen Pflanzenfamilien;* 1 vol. in-8° avec 237 fig., 1888. (Contient un résumé de l'organisation, la classification et la description de tous les genres.)

PLANCHON, J. E. — *Hortus Donatensis;* Catalogue des plantes cultivées dans les serres de S. E. le prince A. DE DEMIDOFF à San Donato près Florence. *Orchidées;* 1 vol. in-4° avec 5 pl., 1858.

ID. Descriptions dans la *Flore des Serres.*

POEPPIG et ENDLICHER. *Nova Genera ac species Plantarum* quas in regno Chilensi, Peruviano et in terra Amazonica annis 1827 ad 1832 legit ED. POEPPIG; 3 vol in-folio avec 300 pl. col. (Les Orchidées se trouvent vol. I, pp. 28 à 60, vol. II, pp. 1 à 18 et planches 46 à 124, 1835-1836.)

PRILLIEUX, ED. — A publié de nombreuses notices sur l'organisation et la germination des Orchidées, dans les *Annales des Sciences naturelles de Paris* et le *Bulletin de la Société botanique de France.*

PUCCI, A. — *Les Cypripedium et genres affines;* 1 vol. in-18, 1891.

DE PUYDT, P. E. — *Les Orchidées;* 1 vol. in-8° avec fig. et 50 pl. col., 1880.

REGEL, E. — Descriptions dans le *Gartenflora* et dans les *Acta horti Petropolani.*

REICHENBACH, H. G., fils. — A publié les Orchidées dans l'ouvrage suivant de son père H. G. L. REICHENBACH : *Icones Florae Germanicae et Helveticae.* Les Orchidées forment les volumes 13 et 14; in-4° avec 170 pl. col., 1851. (Orchidées de toute l'Europe et l'Algérie.) L'ouvrage entier a 22 volumes.

ID. *De pollinis Orchidearum genesi ac structura et de Orchideis in artem ac systema redigendis;* br. in-4° avec 1 pl., 1852.

ID. *Xenia Orchidacca,* Beiträge zur Kentniss der Orchideen; 2 vol. in-4° et commencement du 3ᵉ vol. (livr. 1-3) avec 230 pl. en partie coloriées, 1858-1883. (Le 3ᵉ vol. avec les planches 231-300 sera terminé par KRANZLIN. Ont paru : livr. 4-6.)

ID. *Beiträge zur Orchideenkunde Central Amerikas;* br. in-4° avec 10 pl., 1866.

ID. *Beiträge zur Orchideenkunde;* br. in-4° avec 6 pl., 1869.

ID. *Beiträge zur systematischen Pflanzenkunde;* br. in-4°, 1871. (Consacré aux Orchidées d'Australie.)

ID. *Otia Botanica Hamburgensia;* 2 part. in-4°, 1871 et 1881. (Descriptions d'Orchidées nouvelles de divers pays.)

ID. *Refugium Botanicum,* edited by W. SAUNDERS; in-8°. (Le vol. 2, par REICHENBACH, contenant 72 pl. (73 à 144), est consacré aux Orchidées, 1869-1882; 72 pl. en parties coloriées.)

ID. *Enumeration of the Orchids collected by Parish in the neighbourhood of Moulmein,* with description of the new species; br. in-4° avec 6 pl., 1874.

ID. Orchideae per annos 1846-1855 descriptae, in WALPERS' *Annales Botanices systematicae;* vol. I, pp. 773 à 810 (1849); vol. III, pp. 516 à 603 et 929-930 (1852), et vol. VI, pp. 167 à 933 (1861-64). (Comme le titre l'indique, ce travail est pour la plus grande partie une simple compilation, très indigeste.)

ID. Nombreuses notices sur les Orchidées nouvelles dans le *Linnaea*, de Berlin, le *Flora*, de Ratisbonne, la *Botanische Zeitung*, de Leipzig, le *Nederlandsche Kruidkundig Archief*, le *Gardeners' Chronicle*, *L'Illustration Horticole*, la *Pescatorea*, la *Lindenia*, la *Reichenbachia*, la *Bonplandia*, la *Hamburger Gartenzeitung*, etc.

RICHARD, LOUIS CLAUDE. — *De Orchideis europaeis adnotationes;* br. in-4° avec 1 pl., 1817. (Important pour la classification.)

RICHARD, ACHILLE (fils du précédent). — *Monographie des Orchidées des îles de France et Bourbon;* 1 vol. in-4° avec 11 pl., 1828.

ID. *Monographie des Orchidées recueillies dans la chaîne des Neilgherries (Inde);* br. in-4° avec 12 pl., 1841.

ID. et GALEOTTI. — *Orchidographie mexicaine;* br. in-8°, 1845.

RIDLEY, H. N. — Nombreuses notes publiées dans le *Journal de la Société Linnéenne de Londres;* spécialement les monographies des genres Liparis, Microstylis et Malaxis, et les *Orchidées de Madagascar.*

RODIGAS, ÉM. — Descriptions d'espèces dans *L'Illustration Horticole* et la *Lindenia.*

RODRIGUES, BARBOSA. — *Genera et species Orchidearum novarum* (du Brésil); 2 vol. in-8° avec 1 pl., 1877-1882.

ID. *Structure des Orchidées*, notes d'une étude; 1 vol. in-8° avec 14 pl., 1883.

ID. *Genera et species Orchidearum novarum*, dans le *Vellosia*, vol. I, pp. 115-133; in-4°, Rio-de-Janeiro, 1891.

ROLFE, R. A. — Descriptions dans le *Gardeners' Chronicle*, la *Lindenia*, l'*Orchid Review* et la *Reichenbachia.*

RUIZ et PAVON. — *Florae peruvianae et chilensis prodromus;* 1 vol. in-4° avec 37 pl., 1794.

SANDER, F. — *Reichenbachia;* vol. 1885 et suiv., immense in-folio.

SPRENGEL. — *Systema vegetabilium*, 5 vol. in-8°, 1825-1828. (Les Orchidées sont dans le vol. 3, 1826.)

STEIN, B. — *Orchideenbuch;* 1 vol. in-8° avec 184 fig., Berlin, 1892.

SWARTZ, O. — *Dianone Epidendri generis;* dans les Actes de l'Académie d'Upsal pour 1799 et le *Journal f. d. Botanik* de SCHRÆDER; vol. 2 (1799).

ID. *Afhandling om Orchideernes slägter och dern systematiska indelning;* dans les mémoires de l'Académie de Stockholm de 1800; mémoire reproduit dans *Schræder, Neues Journal f. d. Botanik;* vol. I, 1805. (C'est dans ce mémoire que se trouve établie la première classification vraiment scientifique des Orchidées. Dans le *Journal* de SCHRÆDER, le titre est : *Genera et species Orchidearum systematice coordinatarum.*)

SCHULZE, M. — *Die Orchidaceen Deutschlands, Oesterreichs und der Schweiz;* in-8°, 1892 et suiv. (Il a paru 7 livraisons avec 58 pl. col.)

THUNBERG, C. P. — *Icones Plantarum Japonicarum;* décades 1-5, in-folio, avec 50 pl., 1794-1805. (La 1re décade, avec 10 pl. in-folio, est consacrée aux Orchidées.)

TODARO, AG. — *Orchideae Siculae;* br. in-8° avec 2 pl., Palerme, 1842.

VAN HOUTTE, L. — *Flore des serres;* 23 vol. in 8° avec 2490 pl., 1845-1880.

Veitch and Sons. — *Manual of Orchidaceous Plants.*

de Vriese, W. H. — Illustrations d'Orchidées nouvelles des Indes orientales néerlandaises; tr. gr. in-folio avec 18 pl. col., 1855 (90 mark).

Warming, Eug. — *Symbolae ad Floram Brasiliae australis cognoscendam;* particula XXIX, *Orchideae,* 2 parties in-8º avec 8 pl. in-4º en partie coloriées, Copenhague, 1883-1884.

Warner, R. — *Select Orchidaceous Plants;* vol. I, II et III parties, 1 à 6, in-folio, 1875-1881, avec 97 pl. col. (375 mark).

Warner et Williams. — *The Orchid Album;* in-4º, vol. 1 à 10, avec pl. col., 1882 et suiv..

Watson, W.. — *Orchids, their culture and management;* 1 vol. in-8º avec 8 pl. col., pl. noires et gravures, 1890.

Webster, A. D. — *British Orchids;* 1 vol. in-8º avec 8 pl., 1887.

Willdenow. — *Species Plantarum;* 6 tomes en 12 vol., 1797-1830. (Les Orchidées sont dans le vol. 4, 1805.)

Williams, Benj. Sam. — *The Orchid grower's manual;* 1 vol. in-8º, 6me édit., 1885.

Id. Éditeur et l'un des auteurs de *The Orchid album.*

Williams, Henri. — Continue l'ouvrage ci-dessus.

Wolf, Th. — *Beiträge zur Entwicklungsgeschichte der Orchideenblüthe;* br. in-8º avec 4 pl., 1886.

Woolward, Miss Florence H. — *The genus Masdevallia;* in-folio avec pl. col., parties 1-5, 1890-1893.

LIVRE DEUX

LES ORCHIDÉES A L'ÉTAT NATUREL

--

CHAPITRE VI

HISTOIRE DES ORCHIDÉES

Il y a moins d'un siècle que les Orchidées ont commencé à être cultivées ; il n'y a guère plus longtemps qu'elles ont commencé à être étudiées. En 1774, Linnée, le premier botaniste qui s'est occupé d'elles, en connaissait 109 espèces, réparties en huit genres ; en 1789, Jussieu en caractérisait 13 genres, comprenant environ 200 espèces ; elles sont aujourd'hui au nombre de 6000 environ.

Les premiers voyageurs qui rapportèrent des Orchidées en Europe et qui racontèrent dans quelles conditions elles croissaient dans leur pays d'origine rencontrèrent d'abord quelque incrédulité. L'existence de végétaux épiphytes, croissant sur les arbres, sans terre, avec leurs racines pendant librement, paraissait invraisemblable ou tout au moins causait la plus vive surprise. Linnée, au début, avait rangé toutes les espèces dans un même genre, qu'il avait nommé Epidendrum pour caractériser cette particularité (epidendrum signifie : *sur les arbres*) ; il était

loin de soupçonner l'immense étendue de la famille qui commençait à faire parler d'elle. Un peu plus tard, en 1790, LOUREIRO,
fondant un nouveau
genre, lui donnait le
nom d'*Aerides*, qui
signifie « aérien, »
pour rappeler « *la*
« *propriété extraordi-*
« *naire que possédait*
« *l'Aerides odoratum,*
« *de vivre, fleurir,*
« *croître et fructifier*
« *pendant des années,*
« *étant suspendu dans*
« *l'air sans aucun élé-*
« *ment végétal nu-*
« *tritif.* »

On lit dans les
*Records of the Royal
Botanic Gardens Kew*
(1880) : « Nous
« avons à peine vu
« une espèce de ce
« genre (Epiden-
« drum), sauf à
« l'état sec, jusqu'en
« 1787, époque à
« laquelle l'*E. coch-*
« *leatum* fleurit à
« Kew; et en 1788

Fig. 16. — PHAJUS GRANDIFOLIUS.

« l'*E. fragrans* de SWARTZ épanouit ses fleurs parfumées et élé-
« gantes dans la même riche collection. »

A partir de ce moment, l'éveil est donné, et les introductions deviennent plus fréquentes; on cite notamment les dates suivantes :

Le *Phajus grandifolius* est introduit en 1778; le *Satyrium cucul-*

latum et l'*Epidendrum cochleare* en 1787 ; le *Cymbidium aloifolium* en 1789 ; les *Neottia alata* et *speciosa* et l'*Epidendrum cochleatum* en 1790 ; l'*Oncidium carthaginense* en 1791 ; le *Cymbidium sinense* et le *Broughtonia sanguinea* en 1793 ; l'*Epidendrum paniculatum* en 1794 ; l'*Epidendrum elongatum* en 1798 ; le *Vanilla planifolia* en 1800 ; le *Neottia picta* en 1805 ; l'*Epidendrum cuspidatum* en 1808 etc.

L'impulsion une fois donnée, beaucoup d'amateurs avaient conçu le désir de cultiver ces merveilleuses plantes, dont les voyageurs faisaient des récits enthousiastes, et les collections d'Orchidées n'auraient pas tardé à devenir nombreuses si l'on avait su les acclimater dans les serres ; malheureusement on ne se rendait nullement compte de leurs besoins et des conditions particulières de leur existence, et les efforts des amateurs qui se faisaient envoyer des Orchidées restaient infructueux par suite du traitement défectueux auquel ils les soumettaient. On lit dans le *Botanical Magazine* de 1793 que le *Cymbidium aloifolium* était placé dans un pot de terre plongé dans un lit de tannée chauffée par un poêle ; la plante poussait cependant, mais elle ne fleurissait pas ; ailleurs le pot fut placé directement au-dessus du poêle, et la plante fleurit dans ces conditions ! Le compost employé était un mélange de terre argileuse et de tourbe.

En 1820, MM. LODDIGES, chefs de l'une des premières maisons qui firent rechercher et importer en grand des Orchidées, se servaient d'un compost de bois décomposé et de mousse, mélangés d'un peu de sable. Les serres étaient chauffées au moyen de conduits en brique où passait la fumée d'un poêle, et que l'on soumettait à une température aussi élevée que possible ; sur ces conduits on plaçait une couche de tannée que l'on arrosait constamment, et d'où se dégageait une épaisse buée de vapeur malsaine.

Les personnes qui voulaient entretenir des Orchidées vivantes dans leurs serres partaient de ce principe, généralement admis pendant de longues années, que ces plantes, originaires des régions tropicales, exigeaient une température torride. En 1830, LINDLEY,

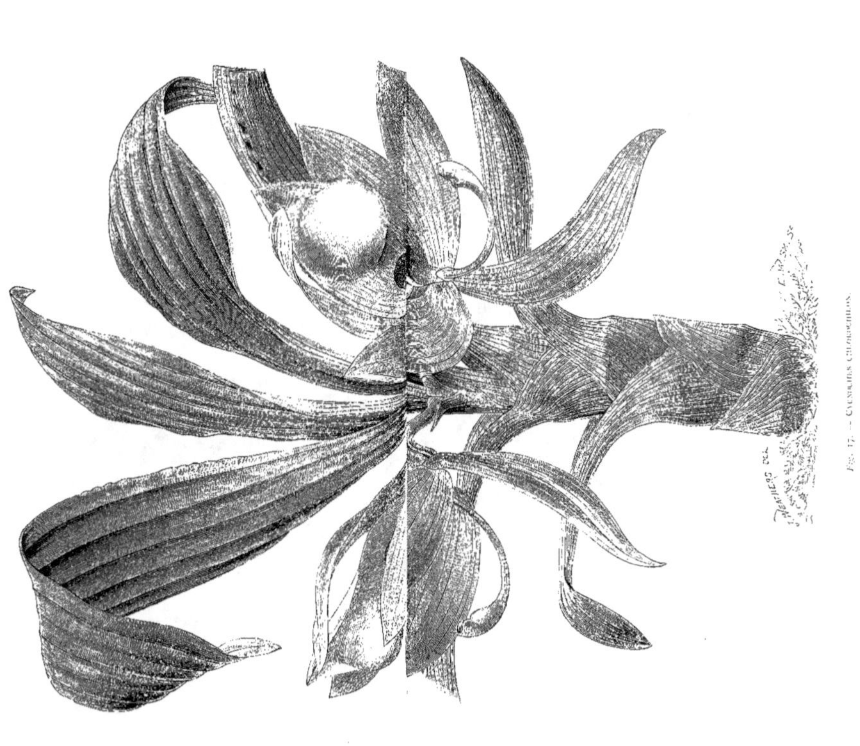

Fig. 17. — CYCNOCHES CHLOROCHILON.

alors secrétaire de la Société royale d'Horticulture de Londres, et dont l'autorité était très grande, recommandait une *haute température*, un *ombrage sévère*, et une humidité excessive. Il va sans dire que les plantes ainsi traitées mouraient au bout de peu de temps; on leur donnait une chaleur trop forte, une atmosphère qui n'était jamais renouvelée, et que viciaient déplorablement les gaz produits par le système de chauffage décrit plus haut, une humidité stagnante dangereuse; enfin on les privait de la lumière, si nécessaire à leur croissance. On comprend ainsi que l'Angleterre, comme le dit Hooker, ait été pendant un demi siècle le tombeau des Orchidées.

Le progrès se fit peu à peu; en 1838, Lindley écrivait dans le *Botanical Register* : « *Le succès avec lequel les Orchidées épiphytes sont cultivées par M. Paxton est merveilleux : la température à laquelle elles sont soumises, au lieu d'être aussi chaude, aussi humide et aussi dangereuse que celle d'une jungle indienne, est aussi douce et aussi agréable que le climat de Madère.* » La différence essentielle consistait en ce que M. Paxton donnait de l'air à ses plantes. Le drainage fut appliqué vers la même époque, et quelques années plus tard, en 1841, un jardinier anglais qui a laissé le souvenir de beaucoup d'intelligence et d'initiative, Beaton, écrivait au *Gardeners' Magazine* une série d'observations intéressantes parmi lesquelles on lit ce qui suit : « *les Orchidées doivent avoir une saison de repos si l'on désire qu'elles fleurissent.* » Ainsi l'utilité du repos était dès lors constatée.

L'année 1841 fait époque dans l'histoire des Orchidées, et marque le début d'une ère nouvelle, qu'on peut appeler l'ère moderne. C'est en 1841 que M. J. Linden revient de son voyage à Cuba et au Mexique, et se prépare à repartir pour entreprendre la série d'explorations en Colombie et au Vénézuela qui devaient enrichir la science de tant de précieuses découvertes, et fournir en même temps à l'horticulture les données qui lui manquaient sur la vie des Orchidées à l'état naturel. A partir de ce moment, M. Linden ne cesse de publier des renseignements d'une importance considérable sur le climat des régions qu'il parcourt, les températures observées, l'altitude à laquelle croissent les plantes qu'il introduit constamment; à son retour de son second voyage, en 1845, il fonde à Luxembourg la première serre froide, où il cultive avec un succès complet les Masdevallia, Odontoglossum et autres trésors de la flore des Andes, inconnus jusqu'alors dans les collections. Dès lors la culture rationnelle des Orchidées est créée; tous les amateurs, d'abord bien incrédules, s'empressent de suivre l'exemple dès qu'ils peuvent constater les brillants résultats obtenus; et quand LINDLEY a publié dans ses *Orchidaceae Lindenianae* une série d'observations, comme celle relative au cas de l'*Epidendrum frigidum*, trouvé par M. LINDEN à 13,000 pieds d'altitude, peu au-dessous des neiges éternelles, l'évidence s'impose aux plus obstinés partisans de l'ancien système de culture à l'étuve.

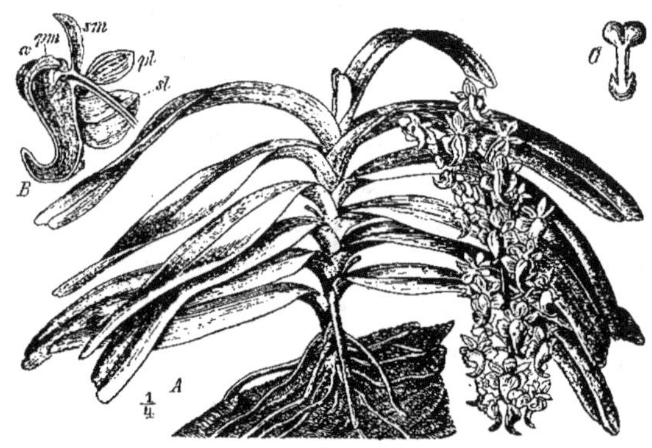

Fig. 18. — AERIDES ODORATUM.

A. Port. B. Une fleur. C. Pollinies.

A partir de ce moment, le nombre des amateurs d'Orchidées s'accroît rapidement, et les épiphytes, que l'on croyait autrefois impossibles à acclimater, remplissent les serres des riches collectionneurs.

Il est à remarquer que dès le début, les Orchidées avaient obtenu un succès considérable, malgré les échecs répétés auxquels donnaient lieu de maladroits essais. D'après JOHN SMITH, en 1826, environ 60 espèces d'Orchidées étaient cultivées à Kew; de nouvelles furent ajoutées successivement; en 1836 une petite serre fut construite et adaptée à la culture des espèces tropicales. En Belgique, les collections du Roi, à Laeken, de M. PARMENTIER et du duc d'ARENBERG, à Enghien, du chevalier PARTHON DE VON, à Anvers, du chevalier HEYNDERICKX, à Gand, de M. VAN DER

MAELEN, à Bruxelles, de M. BRYS, à Bornhem, de M. CANNART D'HAMALE, à Malines, existaient dès avant 1845. Mais elles comprenaient un petit nombre d'espèces de serre chaude, et encore ces plantes ne résistaient-elles pas longtemps.

A partir de 1845, au contraire, le goût des Orchidées et leur culture font des progrès très rapides. Voici une énumération curieuse des plantes composant en 1848 une grande collection, celle de Sir WILLIAM MIDDLETON, près d'Ipswich :

Aerides odoratum.
Angraecum eburneum.
Bifrenaria Harrisoniae.
Bletia hyacinthina.
Brassavola cucullata.
Broughtonia sanguinea.
Brassia caudata, Lanceana et maculata.
Calanthe veratrifolia.
Catasetum Hookeri.
Cattleya labiata, Mossiae et Loddigesi.
Cypripedium insigne et venustum.
Dendrobium calceolaria (moschatum), densiflorum, fimbriatum, nobile, Pierardi et speciosum.
Epidendrum cochleatum, aurantiacum et verrucosum.
Gongora atropurpurea, Loddigesi (Acropera) et maculata.
Goodyera discolor.
Laelia anceps et albida.
Maxillaria picta.
Miltonia candida.
Odontoglossum cordatum et grande.
Oncidium Papilio, altissimum, flexuosum et pubes.
Peristeria elata.
Phajus grandifolius.
Phalaenopsis amabilis.
Saccolabium guttatum.
Sarcanthus rostratus.
Stanhopea grandiflora, insignis, oculata et tigrina.
Vanda teres et Roxburghi.
Zygopetalum Mackayi et maxillare.

En 1850, les collections de Kew renferment 830 espèces d'Orchidées.

Les riches moissons rapportées par M. LINDEN de ses voyages dans l'Amérique du Sud, et bientôt celles des autres collecteurs engagés sur sa trace, de FUNCK et SCHLIM, ses compagnons de recherches, de WEIR, envoyé par la Société d'horticulture de Londres, de BLUNT, de WARSCEWICZ, de TRIANA, de HARTWEG, de WALLIS, de ROEZL, de KLABOCH, etc., ne tardèrent pas à grossir considérablement la liste des Orchidées connues, et cultivées en Europe.

Malgré les voyages d'explorations constamment dirigés depuis cette époque par M. LINDEN et par plusieurs grands horticulteurs et amateurs, parmi lesquels il faut citer principalement MM. LODDIGES, VEITCH et fils, auteurs de nombreuses découvertes, mais aujourd'hui consacrés surtout à l'hybridation, BACKHOUSE, LOW, ROLLISSON, SANDER, CHARLESWORTH, en Angleterre, MM. VERSCHAFFELT, JACOB MAKOY et VAN HOUTTE en Belgique, M. MOREL en France, il s'en faut de beaucoup encore que la flore des régions tropicales ait dit son dernier mot. Bien des localités difficiles sont encore à peine explorées, et l'on peut prévoir que pendant de longues années encore les établissements d'introduction continueront à enrichir l'horticulture de nombreuses et riches découvertes.

Les principaux explorateurs

Les premiers voyageurs dont les découvertes et les récits ont apporté une riche moisson et des renseignements assez précis sur la Flore et le climat des régions tropicales, sont les célèbres explorateurs ALEXANDRE DE HUMBOLDT et AIMÉ BONPLAND, dont les découvertes, effectuées entre les années 1799 et 1802, furent décrites par KUNTH dans son important ouvrage *Nova Genera et Species plantarum;* mais les plantes qui y sont décrites, et qui appartiennent surtout à la Colombie, renferment peu d'Orchidées. Dans la suite, et jusqu'à l'époque actuelle, on peut dire que le nom qui domine l'histoire de ces plantes, c'est celui de

JEAN LINDEN

M. JEAN-JULES LINDEN est né à Luxembourg le 3 février 1817. Après avoir terminé ses études classiques, il suivit les cours des

Facultés des sciences et de médecine à l'Université de Bruxelles, dont il est aujourd'hui le dernier élève survivant de la première année de sa fondation. Poussé dans cette voie par le célèbre botaniste et homme d'État belge, M. BARTHÉLEMI DU MORTIER, le Gouvernement belge résolut de faire exécuter un voyage scientifique dans l'Amérique du sud, et il confia cette mission à M. J. LINDEN, comme étant l'élève qui s'était le plus occupé de sciences naturelles et spécialement de botanique, et dont toutes les aspirations se trouvèrent comblées par ce choix.

A sa demande, MM. N. FUNCK et AUG. GHIESBREGHT lui furent adjoints, le premier comme dessinateur et le second comme zoologiste; et le 2 octobre 1835, les trois voyageurs s'embarquèrent à Anvers, pour arriver à Rio de Janeiro le 24 décembre suivant. Il est à remarquer qu'à cette époque et pendant les trois voyages de J. LINDEN, aucun navire à vapeur n'avait encore traversé l'Océan Atlantique.

Après 18 mois de recherches dans les provinces de Rio, de Espiritu Santo, de Minas Geraes et de Saint Paul, la mission rentra en Belgique chargée de riches collections botaniques et zoologiques qui obtinrent l'honneur d'une exposition publique à Bruxelles par ordre du Gouvernement.

Après un court repos, les mêmes explorateurs reçurent ordre d'étendre leurs investigations sur les Grandes Antilles et le Mexique, encore peu connus à cette époque. Ils s'embarquèrent au Hâvre en 1837, explorèrent la partie occidentale de l'île de Cuba, puis se rendirent au Mexique, alors en pleine guerre civile, visitèrent le plateau d'Anahuac, le Popocatepelt, le pic d'Orizaba et tout le versant oriental de la Cordillère mexicaine; après deux années de recherches très fructueuses, ils s'embarquèrent à Vera-Cruz pour Campêche et étendirent de là leurs investigations sur le Yucatan. Frappé d'une attaque foudroyante de fièvre jaune, J. LINDEN guérit après une pénible convalescence de trois mois; à peine rétabli, il se rendit avec ses compagnons dans l'État de Tabasco, explora celui-ci et l'État de Chiapas, le nord du Guatemala, puis passa aux États-Unis par Campêche et la Havane tandis que ses amis s'embarquaient directement pour l'Europe.

De retour en Belgique en 1841, J. Linden est mis en rapport avec l'illustre savant Alexandre de Humboldt, qui le premier avait signalé les richesses végétales de la Colombie et du Vénézuela. Après quelques semaines de repos, il s'embarque à Bordeaux en octobre 1841 pour Cadix et La Guayra, où il débarque en décembre suivant; il explore les flancs de la Cordillère du littoral Venezuelien, le Cerro de Avila, la Silla de Caracas, consacre trois mois à parcourir en tous sens la province de Caracas, puis se dirige vers l'ouest par la vallée d'Aragua, jusqu'à Valencia, descend à Puerto Cabello, traverse la grande forêt de San Felipe, la province de Barquisimeto, la steppe de Quibor, franchit le redoutable paramo de Mucuchies, situé à 4012 mètres au-dessus du niveau de la mer, et arrive à Merida; il consacre plusieurs mois à l'exploration fructueuse de cette province et de celle de Trujillo, dont il visite minutieusement les principales sommités, entre autres la Sierra Nevada de Merida; il passe le Rio Tachira et pénètre par la province de Santander dans la Nouvelle-Grenade, parcourt les provinces de Soto, Socorro et Velez, et arrive à Bogota en octobre 1842. Il visite le haut plateau et les montagnes environnantes. En décembre, il descend des régions froides vers le bassin du Rio Magdalena, qui, en face de Melgar, a déjà 100 mètres de large; il passe ce fleuve à la nage avec sa caravane, traverse les grandes plaines de l'Espinal et s'arrête à Ibagué; il fait l'ascension du Tolima, où il campe le 5 janvier 1843, à une altitude de 4930 mètres, à la limite des neiges. Puis il pénètre dans les immenses forêts du Quindiú, et de là dans les basses régions de la vallée du Cauca, poussant jusqu'aux rives de la Mer du Sud. Le 17 août, il rentre à Caracas, puis part par mer à Puerto Cabello d'où il se rend à Rio-Hacha, dans le but d'explorer la Sierra Nevada de Santa Marta, qu'il parcourt dans tous les sens. Après des dangers sans nombre, il atteint le sommet du Nevado, il fait ensuite une excursion non moins périlleuse à l'intérieur de la Goajira habitée par des Indiens féroces et anthropophages. Il s'embarque à Rio-Hacha pour la

Jamaïque, dont il visite les Montagnes Bleues, et de là se rend à l'île de Cuba, dont la partie orientale, couverte de hautes montagnes, n'avait pas encore été explorée scientifiquement; pendant six mois il parcourt ces parages, qu'il quitte après le terrible ouragan qui dévasta cette île en octobre 1844; il retourne aux États-Unis, et rentre définitivement en Europe en février 1845.

« De ses lointaines et longues pérégrinations, » ainsi que l'écrivait le savant directeur de l'École d'horticulture de l'État à Gand, M. ÉMILE RODIGAS, « la botanique et l'horticulture ont « retiré d'immenses bénéfices. Des milliers d'espèces nouvelles « appartenant à tous les genres du règne végétal, voilà ce que « la science doit aux infatigables et persévérants labeurs de « M. J. LINDEN. »

De retour à Bruxelles, J. LINDEN continua à servir la même cause en dirigeant de nombreux collecteurs qu'il faisait profiter de son expérience et de la connaissance des régions qu'il avait explorées, et dont sa mémoire prodigieuse conserva fidèlement le souvenir. Après avoir fondé à Bruxelles l'établissement d'introduction qui acquit bientôt une réputation européenne, et qui fut plus tard transféré à Gand, arrivé à un âge où il aurait pu, comblé d'honneurs et de gloire, jouir légitimement d'un repos bien mérité, il n'a jamais cessé de mettre au service de la science horticole ses puissantes facultés, aussi jeunes que jamais. La liste des collecteurs à qui il a ainsi tracé la voie, et dont un grand nombre ont laissé eux-mêmes un nom réputé, est féconde en grands souvenirs, et je crois qu'elle mérite d'être citée :

FUNCK et SCHLIM	(Venezuela et Colombie)	1845-1847
L. SCHLIM seul	(Colombie)	1848-1853
H. WAGENER	(Colombie)	1854
L. A. PICARD	(Brésil méridional)	1855-1858
MARIUS PORTE	(Brésil et Philippines)	1856-1861
A. GHIESBREGHT	(Mexique)	1857-1858
J. LIBON	(Brésil méridional)	1859-1862
G. WALLIS	(Amazonie, Pérou, Équateur et Colombie)	1864-1871
C. A. BRAAM	(Colombie)	1864-1865
B. ROEZL	(Colombie)	1872
J. ROTH	(Pérou et Amazonie)	1873

C. Patin (Antioquia) 1873
Nötzli et E. André (Colombie et Équateur) 1875
Pancher et de Maerschalk (Nouvelle Calédonie) 1876-1877
Manrique (Mexique) 1879-1881
Richard Payer (Orénoque) 1881
Nötzli (Pérou) 1890
Auguste Linden (Moluques et Nouvelle-Guinée) 1885-1886
» (Congo) 1886-1887
E. Bungeroth (Venezuela, Colombie et Pérou) 1886-1893

et plus récemment : Berggren, Clément, F. Claes, Sallerin, Simon, Bileck, Astecker, Klaboch, etc.

Le nombre des espèces ou genres nouveaux d'Orchidées dont la découverte est due à J. Linden, soit personnellement, soit par les collecteurs envoyés par lui, peut être évalué à environ douze cents.

Parmi ces découvertes, on peut citer, comme quelques-unes des plus remarquables, les suivantes, sans parler d'une foule de variétés :

Ada aurantiaca.
Aeranthus Lindeni.
Aerides Reichenbachi, japonicum, Augustianum.
Aganisia ionoptera.
Anguloa Clowesi, eburnea, Ruckeri, uniflora.
Barkeria elegans.
Brassia cinnabarina, cinnamomea, Ocanensis, etc.
Bulbophyllum anceps.
Rodriguezia granatensis et refracta.
Catasetum Bungerothi, Gnomus, Naso, sanguineum, Rodigasianum, tenebrosum, etc.
Cattleya aurea, chocoensis, amethystoglossa, Eldorado, gigas, Trianae, Rex, Alexandrae, Buyssoniana.
Cirrhopetalum Brienianum, Amesianum, Mastersianum.
Coryanthes Bungerothi, leucocorys, macrocorys.
Cycnoches barbatum, peruvianum.
Chysis Limminghei.
Cleisostoma Guiberti.
Epidendrum (environ 70 espèces, parmi lesquelles E. Randianum, E. Friderici Guilielmi, E. nemorale, E. sceptrum, E. stenopetalum, E. Capartianum).
Eriopsis biloba.
Eulophiella Elisabethae.
Cochlioda sanguinea, Nötzliana, rosea.
Galeandra Claesii, Funckiana, d'Escragnolleana.
Galeottia (Zygopetalum) grandiflora.

Gongora atro-purpurea, odoratissima.
Houlletia odoratissima, picta, tigrina.
Helcia sanguinolenta.
Laelia superbiens.
Luddemannia Pescatorei.
Lycaste barbifrons, costata, fulvescens, gigantea, lanipes, macrobulbon, Skinneri.
Masdevallia amabilis, caudata, Chimaera, civilis, coccinea, Lindeni, ephippium, fenestrata (Cryptophoranthus), ochtodes, racemosa, Roezli, Schlimi, tovarensis, trochilus.
Maxillaria albata, grandiflora, longisepala, striata, Lindeniae, luteo-alba, nigrescens, venusta.
Miltonia vexillaria, Phalaenopsis.
Mormodes Cartoni, histrio, leucochilum, Ocanae, Rolfeanum, Lawrenceanum.
Nanodes Medusae.
Odontoglossum crispum, angustatum, cirrhosum, constrictum, cordatum, coronarium, crinitum, cristatum, gloriosum, Halli, hastilabium, Lindleyanum, luteo-purpureum, naevium, nebulosum, nevadense, odoratum, Pescatorei, praestans, ramosissimum, Reichenheimi, triumphans, Schlieperianum, Wallisi.
Oncidium acinaceum, aurosum, brevifolium, cucullatum, flabellulatum, hastatum, Kramerianum, macranthum, microchilum, obryzatum, Phalaenopsis, serratum, sphacelatum, tigrinum, zebrinum, cristatum.
Peristeria aspersa et Lindeni.
Pescatorea fimbriata.
Phalaenopsis Schilleriana.
Pilumna fragrans, laxa, nobilis.
Pleurothallis (plus de trente espèces).
Restrepia antennifera.
Schomburgkia rosea et undulata.
Selenipedium caudatum, longifolium, Schlimi, vittatum, Wallisi.
Sobralia candida, fragrans, violacea.
Stanhopea ornatissima, platyceras, Moliana.
Stauropsis Warocqueana.
Stenia fimbriata.
Trichocentrum albo-purpureum, cornu-copiae, tigrinum.
Trichoceros muralis.
Trichopilia albida, Galeottiana, picta, brevis.
Uropedium Lindeni.
Warrea cyanea, Lindeni.
Warscewiczella marginata et Lindeni.
Zygopetalum Gautieri, Lindeniae, gramineum, Jorisianum, rostratum.

Le rôle de J. LINDEN ne s'est pas borné d'ailleurs à ces découvertes; l'horticulture, aussi bien que la science, lui est redevable de progrès immenses, et c'est grâce à lui que, depuis près de trente ans, les amateurs ont pu acclimater un grand nombre des espèces les plus précieuses et jouir définitivement de leur possession dans leurs serres, où ces plantes ne faisaient que passer auparavant.

On sait en effet que, jusque vers 1846, le public se basant sur une connaissance incomplète des conditions d'existence des Orchidées, considérait comme indispensables pour leur existence une haute température et un ombrage sévère. Toutes les merveilles de la serre froide, Odontoglossum, Masdevallia, beaucoup d'Epidendrum, d'Oncidium et de Cattleya mouraient rapidement dans les étuves où on les tenait confinés.

Le premier enfin, J. LINDEN publia des observations exactes sur l'altitude et les conditions climatériques où croissaient les Orchidées, et, renversant tous les préjugés, fonda résolument la culture froide, qui donna des résultats merveilleux et se répandit en peu de temps dans toute l'Europe. Grâce à cette heureuse initiative, la culture des Orchidées était désormais entrée dans la voie de la perfection, et l'on put vérifier bientôt qu'elle n'était pas plus difficile que celle de beaucoup de plantes cultivées de tout temps pour la décoration. C'est donc à partir de cette époque et grâce à J. LINDEN que fut instituée la culture réellement conforme à la vérité qui est encore aujourd'hui considérée comme la méthode définitive, et que l'on a souvent nommée « la culture belge. »

*
* *

Il convient de citer encore, parmi les explorateurs et collecteurs qui ont laissé un nom, grâce à leurs découvertes, dans l'histoire de l'introduction des Orchidées :

ALEX. DE HUMBOLDT (mort en 1859) et BONPLAND. Le résultat de leur voyage se trouve particulièrement dans l'ouvrage du premier « *Essai sur la géographie des plantes* » (1805) et le *Nova Genera et species plantarum* de KUNTH; MORITZ, mort à Tovar en 1866 (Venezuela), Baron KARWINSKI (Mexique), PABLO LA LLAVE et LEXARZA (*Novarum vegetabilium descriptiones*, 1824-1825); K. TH. HARTWEG, pour le compte de la Société Royale d'horticulture de Londres, 1839-1857 (*Plantae Hartwegianae*, de BENTHAM); GALEOTTI (Mexique), URE SKINNER (Amérique centrale), RUIZ et PAVON

(Pérou), Lehmann (Amérique centrale, Nouvelle-Grenade, Équateur), Lalinde, Patin, Gardner (Brésil), Edward Walker (avec le précédent), Hadwen, von Martius (Brésil), baron F. von Mueller (Australie), Crosse, Yates, Forbes, Spruce (Amazone, Pérou, Équateur), Welwitsch (Angola), Loureiro (Cochinchine), Warming (Brésil), Wailes, Colley, Thwaites (Ceylon), Warner (Venezuela et Colombie), Otto (Venezuela), Maximowicz (Japon et Mandchourie), Curtis (Bornéo), Shepherd, M. Pinel, M. Morel, J. M. Hildebrandt (Madagascar), Coradine, Ross (Mexique), Henry Blunt major Benson (Indes orientales), colonel Hall (Amérique tropicale), Chesterton, Carter (Colombie), Focke (Surinam), Jamieson (Pérou), White, Kalbreyer (Afrique tropicale et Amérique), Maries (Formose), Pfau, Will. Wallace, D'Albertis (Bornéo, Nouvelle-Guinée), Arthur Corner, Fréd. Horsman, Shuttleworth, Carder, Burbidge (Asie tropicale), Goldie (Australie et Nouvelle-Guinée), D' H. Rogers, Georges Barker, Stanger, J. H. Lance, Jurgensen, Ed. Beccari (Bornéo, Nouvelle-Guinée, Sumatra), Gibson (Assam), Lietze (Brésil), Arnold, Bruckmuller, Godefroy-Lebeuf, Gustave Mann (Afrique occidentale), le Rév. Macfarlane (Nouvelle-Guinée), Davis, le capitaine Vipan (Birmanie), le colonel Emeric Berkeley, Wittig (Brésil), Cooper, Will, Harrison, Boxall (Iles Philippines), Cumming (Iles Philippines, Sumatra, etc.), De Vos, De Vriese (Java, Bornéo), Ellis (Révérend) (Madagascar), Griffith (Indes orientales), Humblot (Madagascar), Henshall, Hasskarl (Java), Klaboch (les frères), Karsten (Colombie), Lobb (les frères), l'un au Pérou et dans l'Équateur, l'autre aux Indes), Low (Bornéo), Parish (Révérend) (Birmanie et Inde), Purdie, attaché à l'établissement des Jardins Royaux de Kew, Pearce, Régnier (Indes), Schiede et Deppe (Mexique), Schomburgk (Guyane), Teysman (Nouvelle Guinée), Triana, José (1851-1857) (Nouvelle Grenade), von Warscewicz (Amérique centrale), Veitch, John (Japon et îles Philippines), Wendland, Wallich (Indes orientales).

On peut citer encore, à l'époque actuelle, le révérend Baron de Madagascar, M. Barbosa Rodrigues, l'éminent directeur du Jardin Botanique de Rio de Janeiro, dont les riches découvertes sont décrites, et presque toutes figurées, dans les volumes de la *Flora Brasiliensis* consacrés aux Orchidées et actuellement en publication, M. Édouard S. Rand, de Parà, etc., etc.

CHAPITRE VII

Les Orchidées ne se reproduisent pas naturellement par graines dans les serres. Leur structure, ainsi qu'on l'a vu plus haut, nécessite une intervention étrangère, celle d'un insecte à l'état naturel, celle de l'homme dans les cultures, pour opérer la fécondation; et celle-ci effectuée, il faut de huit à douze mois pour que les graines mûrissent, il faut plusieurs années pour que le semeur arrive à voir fleurir les rejetons, en admettant que les graines aient levé, ce qui reste assez aléatoire.

Les croisements artificiels, néanmoins, sont fort à la mode depuis quelques années et ont déjà produit des semis remarquables. Toutefois, pour diverses raisons qu'on trouvera exposées au chapitre spécial de l'hybridation, nous sommes loin encore de l'époque où ils suffiront à produire en assez grande quantité pour satisfaire aux demandes des amateurs — si cette époque doit jamais arriver.

D'autre part, la *division* des plantes, c'est-à-dire le dédoublement de celles qui ont atteint d'assez grandes dimensions, ne fournit que bien peu de chose en regard de l'augmentation constante du nombre des amateurs et de l'importance des collections.

Jusqu'ici donc, et pour bien longtemps encore, la seule source où l'horticulture peut s'approvisionner d'Orchidées pour fournir au commerce considérable auquel elles donnent lieu, c'est l'importation directe des pays d'origine. C'est ainsi que les quelques grands établissements qui ont centralisé ce commerce en Europe entretiennent constamment des collecteurs chargés d'aller explorer les régions tropicales de l'Amérique, de l'Asie, de l'Afrique et quelques parties de l'Océanie, pour y découvrir les espèces nouvelles qui restent encore cachées dans ces pays et y recueillir en grandes quantités les espèces déjà connues.

Ces explorations, on le concevra aisément, sont très difficiles et très coûteuses. Le collecteur qui part à la recherche des Orchidées doit s'enfoncer dans des pays peu praticables et le plus souvent privés de tout moyen de communication, gravir de hautes montagnes, pénétrer dans les forêts vierges, et, s'il veut découvrir des plantes nouvelles, s'avancer dans les passages les plus difficiles où personne n'a pénétré avant lui. Il doit emmener avec lui des porteurs munis de mules ou de cheveaux, pour lui frayer le chemin, recueillir les plantes (parfois en abattant les arbres sur lesquels elles croissent) et enfin les rapporter à un port d'embarquement d'où elles seront expédiées en Europe ; heureux encore si un accident au passage d'une rivière, une chûte dans un défilé dangereux, un faux pas d'un cheval ou d'une mule, ne lui fait pas perdre tout ou partie des caisses contenant son précieux butin. Des malheurs de ce genre ont fait perdre à la science, pour ne citer que peu d'exemples, les collections faites par M. J. LINDEN, en 1842, dans les montagnes d'Aroa, à Urachiche, Yaritagua, Barquisimeto, Quibor et jusqu'auprès de Tocuyo; celles de Schlim et Triana, dans la province d'Ocaña, dispersées à la suite de l'attaque d'un courrier lors des premiers troubles politiques de 1861, etc., etc.

On se fait aisément idée des difficultés, des fatigues et des privations de toutes sortes imposées aux collecteurs pendant ces voyages. Dans les régions peu explorées où doivent naturellement se porter leurs recherches, s'ils ont l'ambition de découvrir des plantes nouvelles, les animaux féroces sont souvent à craindre, fauves, serpents venimeux, scorpions, araignées géantes dont la morsure est parfois redoutable. Pour éviter pendant la nuit la visite de ces dangereux hôtes, le voyageur est obligé d'aménager des huttes élevées au-dessus du sol sur de forts poteaux, ou de dormir dans un hamac, et d'entretenir des feux tant que dure l'obscurité. Pour réparer ses forces, il doit se nourrir de biscuits, de conserves, de bouillon séché en tablettes, et du gibier plus ou moins appétissant que la chance lui fait rencontrer.

Heureux encore quand il ne rencontre pas des adversaires plus redoutables que ceux que je viens de mentionner dans la personne des voyageurs envoyés par quelque maison concurrente. Le temps n'est plus, hélas, où les explorateurs, poussés par l'amour de la science et par l'ambition légitime de se faire un nom, pleins d'une ardeur chevaleresque et respectant d'ailleurs en autrui les mêmes sentiments dont ils étaient animés, donnaient en cas de besoin un concours dévoué aux autres voyageurs qu'ils rencontraient sur la route, et se considéraient entre eux comme des camarades, soldats au service de la même grande cause. J'ai vu, dans ces dernières années, des voyageurs, guidés par un esprit mercantile plus pratique, bornant leur initiative à suivre attentivement la trace de concurrents qui faisaient des découvertes, s'efforçant ensuite de leur en enlever le mérite, employant tous les moyens pour les devancer, allant jusqu'à essayer de corrompre les porteurs pour s'emparer des plantes recueillies par un autre, jusqu'à dénoncer leurs concurrents comme agitateurs politiques pour se débarrasser d'eux.... Mais je ne veux pas assombrir cet ouvrage par le récit de faits honteux qui, heureusement, ne constituent qu'une exception.

Le collectage et l'expédition des plantes donne lieu à quelques remarques pratiques que je passerai rapidement en revue, car elles intéressent non seulement les importateurs, mais aussi les acheteurs de plantes importées, et se rapportent parfois à des particularités de la vie des Orchidées utiles à connaître pour les cultivateurs.

L'époque à laquelle sont recueillies les plantes a une grande importance.

Il n'est nullement indifférent de les arracher, c'est-à-dire d'interrompre leur végétation, et de leur faire subir un long voyage, à une époque quelconque de l'année.

Pendant qu'elles sont dans les caisses et sur le bateau, les Orchidées sont soumises à une température relativement basse, privées d'humidité, d'air et de lumière. Il est clair qu'elles ne peuvent pas, dans ces conditions, continuer de végéter.

Supposons que les plantes soient expédiées au moment où leurs pousses sont en plein développement; ces pousses s'allongeront encore partiellement, grâce à la force acquise, mais elles s'étioleront, resteront pâles et chétives; lorsque les plantes arriveront en Europe et seront replacées au jour et dans une atmosphère appropriée, il sera trop tard pour qu'elles reprennent leur végétation normale. Les pousses inachevées ne pourront pas mûrir, et pourriront.

Si les plantes sont envoyées au commencement de la saison d'activité, au moment où elles sont sur le point de rentrer en végétation, il en sera à peu près de même. L'afflux de la sève fera développer dans les caisses, malgré les conditions défavorables, des commencements de pousses d'une longueur de quelques centimètres; on les apercevra, à l'arrivée en Europe, blanches, molles et sans force; et il sera extrêmement difficile, sinon impossible, l'impulsion de la sève étant épuisée, de ramener le courant vital dans ces jeunes organes, qui seront destinés à périr.

Ces accidents ont des conséquences très graves pour l'existence des plantes, et surtout en ce qui concerne les Orchidées à pseudobulbes.

En effet, chaque pousse, une fois achevée et mûrie, produit à sa base, à la fin de la saison de végétation, un bourgeon d'où doit sortir la pousse suivante. Lorsque les pousses d'une plante sont arrêtées dans leur développement et perdues, il n'existe donc pas de bourgeons pour assurer la continuation de la végétation. Il ne lui reste que la ressource précaire et incertaine des arrière-bourgeons des années précédentes, et son existence est en péril.

On conçoit aisément, d'après ce qui précède, que l'époque de beaucoup la plus favorable pour le collectage et l'expédition des Orchidées est celle où les pousses sont mûries, et où le repos commence dans le pays d'origine.

Dans ces conditions, il va de soi que l'ordre naturel des choses n'est pas sensiblement troublé. Le repos que les plantes allaient prendre dans leur patrie, elles le trouvent dans les caisses d'expédition. Remises en végétation après leur arrivée en Europe, c'est-à-dire au bout d'un laps de temps normal, elles possèdent toute la vigueur qu'elles auraient eue dans les circonstances ordinaires.

La saison des grandes pluies, c'est-à-dire de la végétation la plus active, s'étend en général, dans les régions tropicales où croissent les Orchidées, du mois de mai, juin ou juillet jusqu'en novembre ou décembre. C'est donc pendant l'hiver que se présenteront les conditions les plus favorables pour l'envoi des plantes; celles-ci arriveront en Europe au printemps, et commenceront leur saison de végétation en même temps que les plantes établies dans nos cultures.

Il est donc prudent de vérifier l'état des plantes d'importation que l'on désire acheter; lorsqu'elles possèdent de jeunes pousses formées pendant le voyage, il est à peu près certain que ces pousses ne continueront pas à se développer, mais deviendront noires et pourriront au bout de peu de temps.

Il existe cependant des exceptions à la règle que je viens de formuler.

Les Odontoglossum, par exemple, ainsi que les Masdevallia et autres Orchidées des régions froides, poussent presque toute l'année sans interruption, et les courts repos qu'ils reçoivent à l'état naturel ne sont pas fixés à des époques régulières. Par suite, ils peuvent être collectés et envoyés en Europe pendant toute l'année; il va sans dire que, pour eux aussi, on doit choisir le moment où une pousse vient de se terminer et est convenablement mûrie.

Fig. 19. — Entrée d'une grande serre à Cattleya à L'HORTICULTURE INTERNATIONALE (d'après une photographie).

De même les Cypripedium, Orchidées terrestres sans pseudo-bulbes, qui croissent dans un sol constamment plus ou moins humide, peuvent être collectés toute l'année.

Les Vanda, Angraecum, Aerides et autres plantes caulescentes sont à peu près dans le même cas; elles n'ont pas de saison sèche dans leur patrie, et par suite l'époque du collectage est à peu près indifférente.

Enfin, il convient d'ajouter que les plantes collectées à contre-saison ne sont pas nécessairement destinées à périr en Europe. Il peut se présenter des cas particuliers où certaines espèces supportent le voyage plus tôt ou plus tard que de coutume; et les plantes qui arrivent dans des conditions un peu défectueuses peuvent souvent être rétablies grâce à des soins habilement dirigés.

En tous cas, les amateurs, surtout ceux qui n'ont pas encore une longue expérience de la culture, agiront sagement en observant une grande prudence à l'égard des importations. Les plantes importées demandent un traitement spécial, qui exige beaucoup de tact. On trouvera d'ailleurs, dans un chapitre suivant, des indications à ce sujet. — Pour le même motif, les importations ne doivent être achetées que de confiance, et dans des maisons sérieuses ayant elles-mêmes des collecteurs et recevant les plantes de première main. En effet, on trouve parfois dans le commerce, surtout dans les ventes publiques, des plantes importées que leur importateur n'a pas su remettre en végétation, véritables rebuts inutilisables, ou des plantes qui ont traîné longtemps dans les salles de ventes, et qui sont épuisées à ce point qu'il serait impossible de les rétablir.

*
* *

Revenons au rôle du collecteur. Parti en expédition à la saison propice, et ayant choisi l'endroit où il veut opérer, il installe son campement au centre du champ de ses opérations, et se met à l'œuvre avec ses hommes.

L'expédition s'étend généralement sur un certain rayon; une Orchidée croît rarement seule, et chaque espèce se rencontre d'ordinaire sur une aire assez vaste. On séjourne donc quelque temps à cet endroit, d'autant plus qu'il faut parfois une journée pour abattre ou dépouiller un arbre et ne récolter qu'un petit nombre de plantes. Lorsqu'on a réuni une charge assez importante, on retourne au quartier général, où l'on dépose les plantes, puis on se remet en quête, et ainsi jusqu'à ce que tous les environs soient fouillés.

Les plantes recueillies doivent être préparées au voyage. Avant de les emballer, on doit les faire sécher pour les mettre progressivement en repos. Il importe que les Orchidées ne conservent aucune humidité ; autrement elles pourriraient pendant le voyage et arriveraient complètement gâtées.

Le mode d'emballage a, pour la même raison, une très grande importance.

Les caisses dont on se sert doivent être faites de planches épaisses et très solides, ne risquant pas d'être brisées par les chocs du transport. Il ne faut pas non plus que les rats, toujours abondants sur les navires, puissent les entamer et s'introduire à l'intérieur.

On se servait autrefois de caisses vitrées, portant sur une de leurs faces une vitre épaisse protégée par un treillage de fil de fer ; ce procédé n'est plus employé, et je crois qu'il ne présentait pas grande utilité. Les plantes n'ont pas besoin de lumière pendant le voyage, puisqu'elles doivent être en repos.

Il n'est pas non plus bien nécessaire de percer des trous dans le bois des planches ; les fentes sont toujours suffisantes pour que l'intérieur des caisses soit aéré autant qu'il en est besoin ; les trous laisseraient passer des insectes et même de petites souris.

Les insectes peuvent causer beaucoup de dégâts aux plantes pendant un trajet qui dure plusieurs semaines ; aussi le collecteur doit-il avoir soin de les enlever aussi complètement que possible avant de renfermer les plantes.

Il est également indispensable de fixer celles-ci dans les caisses, afin que les pseudobulbes, les feuilles ou les tiges tendres ne soient pas blessés quand les caisses sont déplacées et retournées. Quand une plante a les feuilles ou les bulbes brisés, son aspect est beaucoup moins gracieux, et la pourriture gagne très vite ces organes mous et remplis de sucs.

Pour immobiliser les plantes dans les caisses, on les serre parfois entre des lattes clouées en long ou en travers dans les parois; mais le meilleur procédé est certainement celui qui consiste à remplir complètement les intervalles entre les plantes au moyen de copeaux, de paille, de vieilles feuilles mortes ou de débris d'écorce. Toutes ces matières, en tous cas, doivent être parfaitement sèches.

La sciure de bois ne convient pas pour cet usage, car elle est trop hygrométrique, et lorsqu'un seul point est attaqué, la sciure s'humidifie et propage la pourriture dans toute la masse en très peu de temps.

Une fois les plantes emballées, il ne reste plus qu'à transporter les caisses, à dos de mulet ou de cheval, au point d'embarquement le plus rapproché, où l'on pourra les mettre au chemin de fer ou sur un bateau pour se rendre au port d'embarquement pour l'Europe.

Sur le navire qui doit les rapporter, on doit avoir soin de placer les caisses dans un endroit où la température ne soit pas trop élevée, assez loin des chaudières et à l'abri du soleil. Arrivées dans les ports d'Europe, à Liverpool, Londres, Anvers, etc., elles sont généralement reçues par un représentant de l'importateur qui veille à ce qu'elles soient débarquées et expédiées à destination le plus tôt possible, et elles ne tardent pas à être entre les mains du jardinier; je m'occuperai de son rôle un peu plus loin.

Herbiers — Échantillons secs

Un très grand intérêt, scientifique d'abord, et aussi bien commercial, s'attache à la conservation par les collecteurs d'échantillons secs et de renseignements détaillés concernant les plantes qu'ils rencontrent dans leurs voyages.

Au point de vue scientifique, cet intérêt est évident; en effet, il arrive parfois qu'une espèce disparaît après avoir été introduite dans les cultures, soit qu'elle ne reçoive pas des soins appropriés chez un amateur, soit que la mort de son possesseur, ou quelque autre accident, laisse sa collection abandonnée pendant quelque temps, soit enfin que cette espèce s'acclimate difficilement dans les serres. Lorsque des échantillons n'en ont pas été conservés, il est impossible aux botanistes d'identifier cette espèce avec les introductions ultérieures, de sorte que le nom une fois donné reste dans

Fig. 20. — CATTLEYA LABIATA (WAROCQUEANA).

les classifications comme un point d'interrogation mystérieux. Il existe bien des cas de ce genre dans le passé; lorsque la culture des Orchidées était moins bien connue qu'aujourd'hui, beaucoup d'espèces ont disparu, dont l'état-civil reste incomplet et incertain.

Il importe également qu'un note exacte soit tenue de l'habitat de chaque espèce, ce qui permet de la retrouver. Ce sera toujours un des étonnements de nos descendants d'apprendre, par exemple, que le *Cattleya labiata*, découvert en 1845 et si hautement estimé, si ardemment convoité dès l'origine, n'a été retrouvé par nous qu'en 1889, en pleine Amérique tropicale. Je cite un seul cas, le plus fameux; on pourrait en indiquer un grand nombre. De tels faits auraient été impossibles si chaque collecteur avait eu soin de garder une note précise de l'endroit où il avait découvert chaque espèce.

On ne saurait évidemment exiger que les importateurs rendent immédiatement public le lieu d'origine de chacune de leurs introductions; un intérêt commercial légitime s'y oppose : il est juste que chacun garde le mérite de ses découvertes, et en profite pour se rémunérer des frais énormes des explorations. Mais que ces renseignements soient perdus, que le monde soit privé pendant de longues années de belles espèces déjà découvertes, c'est ce qu'on ne saurait trop déplorer. Les recherches de ce genre coûtent trop d'efforts et de sacrifices de tout genre pour que l'on puisse de gaîté de cœur s'exposer à en laisser perdre le fruit. Ainsi que l'a écrit M. Godefroy-Lebeuf, « quand on songe que « depuis trente ans la plupart des collecteurs vivent sur l'acquis de « M. Linden, le roi des voyageurs botanistes, on se demande « comment il se fait que les personnes qui aujourd'hui expédient « des voyageurs ne leur donnent pas pour première consigne la « formation d'un herbier. »

*
* *

L'utilité des renseignements recueillis par les collecteurs apparaît encore à un autre point de vue; c'est au point de vue de la culture.

Les cultivateurs qui reçoivent une plante nouvelle seraient quelquefois très embarrassés de leur donner un traitement convenable si le voyageur qui l'a découverte ne leur indiquait pas les conditions dans lesquelles elle croît à l'état naturel, soit au soleil, soit à l'ombre, à une altitude élevée ou basse, c'est-à-dire à une température chaude, tempérée ou froide, abritée ou exposée au vent, etc., etc.

Enfin, pour entrer dans de petits détails qui intéressent cependant beaucoup toutes les personnes pouvant être appelées à recevoir des Orchidées d'importation, les collecteurs devraient toujours munir les plantes qu'ils envoient d'étiquettes indiquant les particularités intéressantes qu'elles peuvent présenter, les variétés distinctes, celles qui semblent nouvelles, etc. A défaut de ces renseignements, la personne qui reçoit les plantes est obligée d'attendre, parfois un an ou davantage, jusqu'à ce que la floraison lui permette de juger de leur valeur.

Pour conserver des fleurs destinées à un herbier, on les fait sécher dans une presse entre des feuilles d'un papier spécial, ou simplement de papier buvard, destiné à absorber les sucs contenus dans les segments floraux. A mesure que le papier est humecté, on le renouvelle. La presse doit être faiblement serrée au début, car en comprimant trop les fleurs on les écraserait, et elles perdraient leur forme; à mesure qu'elles sèchent on peut serrer de plus en plus.

Pour éviter que les organes se collent les uns sur les autres et que certaines parties charnues, comme le gynostème, s'écrasent sur le reste de la fleur et forment de la moisissure, il est bon de glisser un petit fragment de papier buvard entre les organes aux endroits où ils se touchent.

On peut aussi conserver aux fleurs leur forme et une partie de leur coloris de la façon suivante : On prend une caisse de bois dans laquelle on dépose une couche de sable très fin et très sec; on tient d'une main la fleur suspendue dans la boîte, et de l'autre main on verse doucement le sable, de façon à remplir peu à peu toute la boîte et à recouvrir la fleur sans la froisser et sans changer sa forme. On place ensuite la boîte dans un endroit chauffé à 30 ou 40° environ; la fleur se dessèche graduellement en une ou deux semaines.

Certaines fleurs très charnues et de forme compliquée, telles que celles de Coryanthes et de Peristeria par exemple, ne pourraient guère être séchées à plat et mises dans un herbier; on peut les sécher par le procédé ci-dessus, ou encore les conserver dans l'alcool.

La conservation des fleurs, et spécialement des fleurs d'Orchidées, est un problème qui a, de tout temps, préoccupé les amateurs et les botanistes qui s'intéressent à ces plantes. Toutefois la difficulté de conserver la couleur et la forme de ces fleurs si pittoresques et quelquefois si frêles n'a jamais été pleinement surmontée.

M. le conseiller Pfitzer, de Heidelberg, m'a adressé des fleurs conservées par un procédé très simple dont il est l'inventeur, et qui, sans résoudre complètement la question, promet néanmoins de rendre d'utiles services. La forme est parfaitement conservée, mais le coloris est détruit ou complètement modifié. Le rouge, notamment, paraît subsister en grande partie, mais il est transformé en un carmin vif. Le jaune et le brun disparaissent totalement.

M. Pfitzer exprime l'avis que les fleurs ainsi traitées peuvent être coloriées après l'opération; la couleur prend bien, en effet; mais il est permis de se demander si l'artiste chargé de ce soin parviendra toujours à reproduire exactement les délicates nuances effacées.

Quoi qu'il en soit, c'est déjà un point important que de conserver exactement la forme des fleurs, et à ce point de vue le procédé de M. Pfitzer sera apprécié de beaucoup d'intéressés.

Il est utile, pour avoir un herbier complet et contenant tous les éléments nécessaires aux déterminations, d'y conserver également des échantillons des organes végétatifs. Toutefois ces organes charnus, succulents, parfois très volumineux, se conservent difficilement. En les plongeant quelques instants dans l'eau bouillante, on les préserve de la pourriture, et on parvient ensuite à les sécher convenablement.

CHAPITRE VIII

HABITAT DES ORCHIDÉES

Ainsi que je l'écrivais plus haut, un très grand intérêt s'attache à la connaissance de l'habitat exact des Orchidées et des conditions, climatériques et autres, dans lesquelles elles vivent à l'état naturel. Ces renseignements sont indispensables au cultivateur pour pouvoir donner aux plantes un traitement approprié, en reproduisant autant que possible les mêmes conditions dans nos pays et dans les serres.

Le collecteur doit être, non seulement un chercheur intrépide, connaissant bien les Orchidées, et doué de la force de résistance physique et morale nécessaire pour aller les recueillir dans leur habitat, mais encore un observateur attentif et sagace, et lorsqu'il s'acquitte habilement de sa mission si délicate et si complexe, il rend à la science et à l'horticulture des services considérables.

On divise les Orchidées, d'après leur mode de végétation, en deux grandes catégories, les *terrestres* et les *épiphytes*.

Les premières sont celles qui croissent sur le sol et y enfoncent leurs racines, comme les Cypripedium; les secondes sont celles qui vivent sur les arbres, fixées sur le tronc ou sur les branches élevées à l'aide de leurs racines.

Il est à remarquer que les racines des épiphytes ne trouvent sur les arbres qu'un support, et n'empruntent aucun aliment à la substance même de l'arbre, bien différentes en cela des plantes dites parasites, qui se nourrissent aux dépens des végétaux auxquels ils s'accrochent.

Fig. 21. — Une Orchidée épiphyte : THUNIA MARSHALLIANA.

A. Port de la plante, avec inflorescence.
B. Une fleur séparée.
C. Gynostème.
D. Sommet du même, l'anthère étant soulevée.
E. Pollinies, vues en dessus (fortement grossies).
F. Les mêmes, vues en dessous.

A ces situations très différentes correspondent naturellement de grandes différences dans le mode de végétation des Orchidées de ces deux catégories.

Les espèces terrestres puisent dans le sol, à l'aide de leurs racines, une nourriture abondante et substantielle. Elles restent, pendant de longs mois, baignées dans un sol détrempé, parfois presque noyées par les pluies, et comme la terre, couverte généralement de hautes herbes touffues, ne sèche presque jamais complètement, ces espèces elles-mêmes n'ont jamais de saison de repos. Enfin elles sont d'ordinaire peu abritées et croissent à peu près en plein soleil.

Quant aux Orchidées épiphytes, elles se rencontrent à des altitudes généralement assez élevées, sur les branches et troncs d'arbres ou sur les pentes rocheuses des montagnes, parfois abritées, parfois végétant en plein soleil, généralement exposées, dans les régions montagneuses de l'Amérique tropicale, à une brise fraîche et humide venant de la mer; elles n'ont d'humidité que celle qu'elles reçoivent directement à la saison des pluies, et celle que leurs racines vont pomper dans les creux de l'écorce ou les touffes moussues qui la recouvrent; mais l'évaporation de l'eau recueillie par le sol et par les masses d'herbes qui le tapissent baigne, pendant longtemps après la cessation de la pluie, les plantes abritées sous le couvert des arbres.

Les pluies sont d'ailleurs d'une extrême abondance dans les régions tropicales, soit d'Amérique, soit d'Asie.

En Amérique, nous savons que la saison des pluies dure environ six mois; mais l'époque à laquelle elles se produisent varie beaucoup d'une région à l'autre, et cela à peu de distance. C'est ainsi que la période de l'année où les pluies règnent à Pernambuco est la saison sèche dans les districts voisins de Minas Geraes et de Santos.

En général, cependant, la saison humide va d'avril ou mai à la fin de septembre. Pendant toute cette période, l'eau tombe par torrents, souvent pendant plusieurs jours sans interruption, tandis que, la saison sèche une fois arrivée, il se passe souvent deux ou trois mois sans qu'il tombe une seule goutte d'eau.

Dans les régions asiatiques, les épiphytes sont moins nombreuses, et l'on rencontre beaucoup d'Orchidées terrestres de grande beauté, principalement les Cypripedium, Cymbidium et Calanthe. Là, l'air est beaucoup moins frais et moins vif que dans les régions élevées des Cordillères américaines, et la chaleur, que ne vient pas tempérer la brise de ces hautes altitudes, est parfois très forte. Les pluies ne sont pas aussi durables, mais elles sont plus fréquentes que dans l'Amérique tropicale, en sorte que les espèces épiphytes, baignées dans une atmosphère de vapeur tiède, aussi bien que les terrestres, dont les racines plongent dans le sol humide, végètent pendant toute la saison chaude sans interruption et n'ont de repos que quand elles se trouvent végéter à une altitude où le voisinage des neiges de l'Himalaya ou des autres montagnes de cette région refroidit la température pendant l'hiver.

On verra dans un autre chapitre comment le cultivateur peut et doit tenir compte de ces conditions natives dans la culture des Orchidées.

Pour donner une idée exacte de la façon dont ces curieuses plantes végètent à l'état naturel, des habitudes particulières et de l'habitat des divers genres ou espèces, je ne puis mieux faire que de citer ici des extraits de notes de trois collecteurs de L'HORTICULTURE INTERNATIONALE, MM. BUNGEROTH, CLAES et M. NÖTZLI, qui a découvert le beau Cochlioda qui porte son nom.

Voici ce qu'écrivait M. BUNGEROTH au sujet de ses explorations dans l'Amérique du Sud :

« Les Cattleya, les plus belles de toutes les Orchidées d'Amérique, se rencontrent dans des positions très variées, tantôt sur les branches d'arbres géants, dans les forêts vierges des régions basses, tantôt sur les rochers et les pentes raides des districts montagneux, jusqu'à une hauteur de 1000 à 1300 mètres au-dessus du niveau de la mer. Lorsqu'ils croissent sur des arbres, presque toujours dans les basses régions boisées, c'est de préférence sur certaines espèces d'arbres, dont l'écorce semble être particulièrement favorable à leur végétation, et généralement sur la lisière des forêts ou dans les clairières, où le jour et le soleil peuvent librement pénétrer.

De tous les arbres que j'ai vus dans mes voyages, l'arbre-calebasse (*Crescentia*) paraît avoir l'écorce la plus propice à la végétation des Cattleya et des autres Orchidées épiphytes, et c'est pourquoi cette espèce est très précieuse pour leur culture dans les contrées où les Orchidées peuvent être cultivées en plein air. Il existe, dans les Républiques Sud-Américaines, des centaines de villes ou de villages où la population s'est mise à garnir les arbres-calebasses de quantités d'Orchidées. Dans les parties les plus chaudes de l'Amérique du Sud, presque chaque habitation est entourée d'une petite plantation de cannes à sucre, de caféiers, etc.; presque partout j'ai trouvé quelques arbres-calebasses, étendant au milieu de ces plantes leur beau feuillage vert clair; très souvent leurs branches sont littéralement couvertes d'Orchidées de genres et d'espèces divers. Plus d'une fois j'ai vu de vigoureux Schomburgkia mélangeant leurs longues tiges florales avec celles de quelques beaux Cattleya, en grands exemplaires, en partie abrités par les branches supérieures de cet arbre étrange, splendidement ornées elles-mêmes de Rodriguezia, d'Ionopsis, de petits Oncidium, et d'autres genres de plantes peu volumineuses.

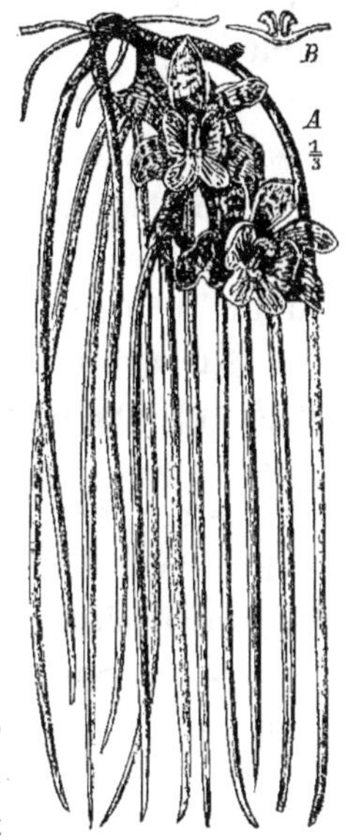

Fig. 22.
SCUTICARIA STEELEI.

L'arbre-calebasse n'atteint pas une très grande hauteur (le plus élevé que j'aie vu avait à peine sept mètres); par suite, il est admirablement adapté à la culture des Orchidées en plein air. La vigueur et la santé des plantes qui croissent sur cet arbre sont merveilleuses. Son écorce renferme assurément quelque substance qui favorise grandement la nutrition des racines et des plantes qui s'y posent, car sur aucun autre arbre on n'observe la même force de racines et de pousses.

Dans les Cattleya surtout, j'ai toujours remarqué la vigueur et la dimension des racines que la plante émettait de toutes parts en grande abondance, et qui s'enroulaient solidement autour des branches et du tronc.

J'ai vu, il y a quelques années, au Jardin Botanique de Demerara (Guyane anglaise), une collection très considérable d'Orchidées, cultivées sur un grand nombre d'arbres-calebasses. Plusieurs longues allées de ces arbres élégants y sont consacrées à la culture des Orchidées épiphytes, et les plantes paraissent trouver grand profit à ce traitement si simple et si peu coûteux. Le grand secret du succès dans tous les genres de culture consiste à suivre l'exemple de la nature elle-même; je recommanderais donc un traitement analogue, même dans nos serres chaudes d'Europe. Quelle jouissance extraordinaire ce serait, pour les amateurs qui n'ont jamais eu l'occasion de voir les Orchidées à l'état de nature, d'entrer dans une serre de dimensions suffisantes, construite à peu près sur le modèle des jardins d'hiver, dans laquelle des arbres de ce genre formeraient une petite forêt analogue aux forêts des tropiques, et d'admirer, sur les branches de ces arbres déjà très intéressants par eux-mêmes, toutes les plus belles Orchidées épiphytes des tropiques, mélangées au feuillage pittoresque des fougères et d'autres belles plantes décoratives!

Le port naturel des branches de cet arbre permet à la lumière de se répandre partout, et l'on peut les choisir de la grosseur que l'on désire. Sur les côtés de ce « jardin d'hiver d'Orchidées, » on placerait des rochers gracieusement disposés, sur lesquels on pourrait cultiver admirablement les espèces qui croissent, sous les tropiques, dans les rochers et les endroits pierreux. Les Cattleya pourraient être employés pour les deux usages, et garniraient les rochers aussi bien que les arbres. Combien de fois j'ai rencontré de superbes plantes de Cattleya, dans les districts montagneux de l'Amérique, croissant sur d'énormes rochers à pic garnis d'arbres, et que seuls les plus intrépides des indigènes peuvent aller y chercher, soutenus simplement par une corde solide fixée au sommet du précipice.

Les Cattleya qui végètent dans les forêts se trouvent généralement dans une situation plus ombrée que ceux qui poussent sur les rocs, et, par suite, leurs feuilles et leurs bulbes sont presque toujours d'une teinte plus foncée et d'une substance plus molle;

Fig. 23. — La Grotte de L'Horticulture Internationale.

d'autre part l'exposition au soleil colore les feuilles et les bulbes des autres d'une nuance plus claire, et rend la texture de leur feuillage beaucoup plus ferme et plus dure. D'après ce que j'ai observé, un excès d'ombre nuit beaucoup plus aux Cattleya qu'un excès de soleil. Dans un village de l'Amérique du Sud, j'ai vu des centaines de Cattleya placés sur le faîte de murs en terre, et exposés en plein au soleil, qui prospéraient admirablement. Comme dimension, je ne crois pas qu'il existe une autre Orchidée qui atteigne un volume aussi énorme que les Cattleya quand ils sont placés dans une position favorable, et reçoivent en même temps beaucoup de lumière et d'humidité. J'ai vu des plantes pesant plus de 150 livres et portant plus de 300 bulbes.

Il faut cependant un grand nombre d'années, même dans leur pays natal, pour que les plantes atteignent de si fortes dimensions, et cela ne se produit que dans les endroits les mieux appropriés à leur végétation.

Il sera peut-être intéressant de faire ici l'énumération de quelques groupes du genre Cattleya, de façon à donner une idée générale des conditions dans lesquelles les collecteurs les rencontrent à l'état de nature.

Le *Cattleya Eldorado* ne pousse que sur des arbres de moyenne grandeur et d'écorce très inégale et très sillonnée, sur les lisières des épaisses forêts vierges près des rivières, et principalement dans les régions qui sont inondées pendant plusieurs mois de l'année.

Dans les mêmes forêts, et soumis aux mêmes conditions, on rencontre le *C. superba* et ses variétés, et le *C. Holfordi* ou *luteola*, ce dernier généralement placé très bas, sur des arbres de moyenne ou de petite taille.

Le *C. Gaskelliana* croît dans des endroits élevés et montagneux, généralement sur de très grands arbres d'énorme diamètre, dans les épaisses forêts des versants des montagnes.

Les différentes variétés de la section *Mossiae* se trouvent dans des districts élevés, sur de grands arbres à la lisière des forêts. Le *C. Mendeli* et ses variétés, sur de petits arbres, le plus souvent

sur des rochers et les flancs ensoleillés des précipices. Le *C. Per-*
civaliana apparaît toujours sur des blocs de rochers effrayants, ou
sur le versant des montagnes, et parfois sur des roches à pic dans
les régions très élevées voisines des districts d'Odontoglossum.
Le *C. Warocqueana* ne se rencontre que sur des arbres de taille
gigantesque, dans des parties assez élevées.

Les Odontoglossum, ces autres merveilleuses Orchidées d'Amérique, se trouvent dans les mêmes conditions naturelles que les
Cattleya, sauf qu'ils habitent des régions plus élevées, et ne
croissent absolument que sur les arbres. On les rencontre surtout
dans les forêts basses qui couvrent le sommet et les pentes des
plus hautes chaînes de la Cordillère. Les arbres qu'ils préfèrent
sont presque toujours de petite taille, et ont les branches et la
tige couvertes de différentes mousses qui s'accrochent à leur
écorce. Une humidité abondante règne dans ces forêts. Ce n'est
qu'au milieu du jour, au moment où le soleil acquiert toute sa
force, que la feuille et les branches de ces arbres commencent à
se sécher un peu. Vers le soir, elles sont mouillées de nouveau
par les épais nuages qui s'élèvent des vallées et séjournent pendant toute la nuit, baignant de leur humidité le refuge favori de
ces précieuses Orchidées.

J'ai presque toujours observé qu'il régnait dans ces forêts une
atmosphère très fraîche, même pendant le jour, et elle descend
parfois, la nuit, à une température inférieure à zéro. Il y a
quelques années, j'ai rencontré, sur un sentier qui traversait une
de ces forêts à Odontoglossum, de la glace formée à la surface
de quelques petites mares d'eau qui bordaient le chemin. Dans la
même forêt, je notai deux espèces de palmiers majestueux mélangés aux autres arbres, ce qui montre quelles basses températures
peuvent supporter, dans leur pays natal, bien des plantes que
nous considérons en Europe comme délicates. Des milliers de
Broméliacées sont généralement associées, sur le même arbre, à
ces Odontoglossum, et l'évaporation de l'eau qu'elles contiennent
toujours dans leur partie centrale, jointe à celle que renferme
l'immense quantité de mousse suspendue de la façon la plus

pittoresque entre les branches et entre les arbres, couvrant des milliers de racines aériennes et de plantes grimpantes de ses festons splendides, ajoute encore à la puissante humidité qui règne dans ces régions.

Les forêts basses qui couvrent les chaînes froides des Andes sont composées de telle façon que la lumière et le soleil pénètrent partout, car il ne s'y trouve nulle part d'arbres élancés et de grande taille. Néanmoins, c'est une lumière atténuée presque toujours, car le ciel est généralement couvert de nuages, et les brouillards perpétuels ne laissent jamais les rayons du soleil darder avec toute leur énergie sur les plantes et les fleurs. On les rencontre le plus souvent dans les lisières des forêts, et, comme la plupart des Orchidées, ils sont plus rares dans les parties épaisses.

Si nous nous en rapportons aux indications que nous fournit la nature sur la culture des Odontoglossum, ils doivent réclamer en tout temps une atmosphère fraîche extrêmement humide, et une lumière abondante, sans cependant être exposés aux rayons directs du soleil.

Voici encore quelques renseignements pouvant présenter quelque intérêt en ce qui concerne un grand nombre d'autres genres populaires, quoique moins beaux que les précédents.

Le genre Oncidium, par exemple, l'un des plus nombreux qui existent, offre autant de variations comme forme et comme coloris, et autant d'attrait, que les plus recherchés.

Les Oncidium se rencontrent dans les positions, les circonstances de croissance et sous les climats les plus divers; toutefois, d'une façon générale, on peut les placer, comme élévation au-dessus du niveau de la mer, entre la région des Cattleya et celle des Odontoglossum. J'ai trouvé d'ordinaire, en partant des régions boisées basses pour m'élever aux sommets de la Cordillère, que là où les Cattleya disparaissaient, les Oncidium commençaient à paraître, et là où les Oncidium cessaient de croître, les Odontoglossum commençaient à se montrer. Il existe, bien entendu, des exceptions à cette règle; mais la température moyenne des Oncidium est inférieure à celle des Cattleya, et supérieure à celle des Odontoglossum.

Les Oncidium se rencontrent sur des arbres, bas ou élevés, sur les bords des cours d'eau, ainsi que sur les déclivités des montagnes et entre les rochers. J'ai trouvé quelques représentants du genre sur d'énormes arbres, et il m'est arrivé de collecter les mêmes espèces, à peu de distance, sur de petits rochers et des pentes rocheuses, entourées de buissons en fleurs et de Lycopodes variés. Beaucoup d'espèces n'apparaissent que sur le sol; de sorte que l'on peut considérer le genre Oncidium comme en partie épiphyte, et en partie terrestre.

J'ai toujours vu l'*Oncidium Papilio* sur des arbres de petite ou de moyenne taille dans les vallées desséchées des lisières des Andes. L'*Oncidium Lanceanum* est extrêmement difficile à collecter, car il croît presque toujours sur les branches supérieures d'arbres énormes près des bords des rivières; on ne le trouve presque jamais sur des arbres bas. L'*Oncidium macranthum* vit également sur des arbres élevés, mais dans les districts montagneux, à une grande hauteur; il m'est arrivé de le collecter dans une petite vallée dont les pentes étaient couvertes d'une épaisse forêt de grands arbres; le jour même où je m'y trouvais, la température était descendue si bas à cet endroit qu'il tomba de la grêle dans tous les environs, ce qui montre bien à quelle élévation énorme peuvent croître certains Oncidium. Cette petite vallée se trouve entre 3000 et 3,300 mètres au-dessus du niveau de la mer. J'ai rencontré beaucoup d'autres belles espèces sur des pentes argileuses et rocheuses, entourées de Lycopodes, de buissons fleuris, de Fougères, etc.

J'ai constamment observé que les Oncidium avaient beaucoup moins d'humidité atmosphérique, et vivaient beaucoup moins dans le sol, dans la matière végétale, que la plupart des autres Orchidées de l'Amérique du Sud. Les branches des arbres sur lesquels ils croissent sont très rarement couvertes de mousses; leurs racines s'attachent d'ordinaire à l'écorce nue. Les forêts des montagnes offrent un coup d'œil enchanteur, quand elles sont parées d'Oncidium, à l'époque de la floraison. Je n'oublierai jamais certaines de ces expositions féeriques organisées par la nature elle-même pour charmer le voyageur dans ces contrées.

Intimement associé avec le genre dont je viens de parler, et croissant dans des conditions tout à fait analogues, on rencontre un autre genre très étendu, et qui renferme des espèces extrêmement belles et attrayantes, le genre Epidendrum. Parmi ses représentants aussi, les uns sont épiphytes, les autres terrestres; au point de vue de l'humidité, ils ont les mêmes besoins que les Oncidium. Je les ai rencontrés en général dans des endroits secs, aérés, pleinement exposés aux rayons du soleil; les épiphytes sur des arbres à écorce sèche, et souvent sur des troncs desséchés complètement dépourvus de feuillage, les terrestres presque toujours sur le penchant des montagnes, sur de grands rochers, dans des situations où la lumière et le soleil parviennent facilement à eux. A part quelques exceptions, on peut les considérer comme étant, de toutes les Orchidées américaines, celles qui supportent le plus aisément de beaucoup la chaleur du soleil et la violence du vent.

Je me rappelle avoir collecté, il y a quelques années, accompagné par des Indiens, une grande quantité d'Epidendrum d'un coloris particulièrement vif et éclatant, sur une roche énorme, plantée au bord d'un des fleuves les plus larges de l'Amérique du Sud. Ce roc était un bloc solide de granit d'une taille gigantesque, ayant environ 85 mètres de hauteur; ses flancs étaient presque dépourvus de végétation, et surplombaient presque verticalement la rive du fleuve. Ce n'est qu'avec l'aide des Indiens qui m'accompagnaient, et qui grimpaient adroitement jusque près du sommet, non sans courir de grands dangers, que je pus m'emparer d'un nombre suffisant de plantes de cette splendide espèce; son superbe coloris avait attiré mon attention d'une distance énorme, alorsque je passais en canot au milieu du fleuve. Un peu de terre s'était déposée dans quelques fentes de cette roche immense, et apportées là, soit par le vent, soit par des insectes ou des oiseaux, des graines de ce splendide Epidendrum y avaient germé, à l'abri, pour ainsi dire, des recherches de tout être humain.

Je ne pus, à ce moment, m'empêcher d'admirer l'œuvre de la nature dans ce rocher géant, si extraordinaire avec ses faces polies et lisses, et dans la façon curieuse dont elle orne et revêt jusqu'à des roches solitaires de ses trésors les plus précieux et les plus exquis.

Je puis ajouter que ce rocher remarquable excitait encore l'intérêt à d'autres points de vue. D'après la tradition, les conquérants espagnols avaient érigé sur son sommet un petit château-fort bien fortifié, d'où ils repoussaient les attaques des tribus indiennes sauvages des environs; on voit encore des restes de ce fort, souvenir des temps anciens.

L'une des plus magnifiques espèces de tout le genre Epidendrum est l'*E. bicornutum* (Diacrium), que j'ai toujours rencontré sur des arbres de moyenne grandeur, en plantes parfois très grandes, ayant 1 mètre ou 1^m35 de diamètre; cette espèce, ainsi que plusieurs autres Epidendrum, ne fleurit pas très facilement en Europe, et la seule explication que je puisse trouver de ce fait, c'est que ces plantes y reçoivent en général trop d'humidité et pas assez de lumière; l'atmosphère humide à l'excès des serres d'Orchidées en Europe ne leur permet pas de bien développer leurs grappes de ravissantes fleurs.

Les Epidendrum ne sont pas confinés à une certaine altitude; on les rencontre depuis les régions les plus chaudes jusqu'aux abords de la zône des neiges et des glaces. Ils sont généralement en moins grand nombre que plusieurs autres genres qui vivent à peu près dans les mêmes situations naturelles, tels que les Sobralia par exemple. Ceux-ci, que l'on trouve très fréquemment associés aux Cypripedium, se présentent généralement en très grande abondance.

Quoique moins appréciés en Europe que les genres dont je viens de parler, les Sobralia comptent plusieurs espèces de grande taille qui appellent l'attention et méritent assurément l'admiration des Orchidophiles. Leurs fleurs ressemblent beaucoup aux beaux Cattleya, et j'ai eu l'occasion de contempler parmi elles des coloris qui surpassent certainement ceux de beaucoup de Cattleya.

Fig. 24. — MASDEVALLIA HARRYANA (quelques variétés).

1/6 de la grandeur naturelle.

Il n'en est qu'un petit nombre qui croissent sur les arbres, et ceux-là se trouvent généralement à côté de Cattleya. La grande majorité végètent dans une argile très compacte sur les sommets des Andes, où ils couvrent littéralement les déclivités des montagnes sur des espaces immenses, exposés au plein soleil, et mélangés à des Pteris, des Gleichenia et d'autres Fougères de haute taille, des Mélastomacées, et des centaines d'autres plantes en buissons fleuris, telles que Ericacées, Andromeda, Lauracées, etc. Si l'on veut s'attacher à reproduire autant que possible les indications fournies pour leur culture par la nature elle-même, on devra leur donner un compost compact, glaiseux et nutritif, mélangé de petites pierres, une exposition très claire et ensoleillée, et une quantité d'humidité assez modérée.

Les tiges de certaines espèces atteignent une hauteur remarquable. Dans un district montagneux, j'ai trouvé un Sobralia dont les fleurs très amples prenaient naissance sur des branches ayant de 3 à 4 mètres de hauteur. Il faudrait une serre à Orchidées très élevée pour pouvoir cultiver cette espèce ; elle donnerait certainement beaucoup d'attrait à un « Jardin d'hiver d'Orchidées, » en contribuant à former un aspect très naturel et très pittoresque, et présenterait un grand intérêt au milieu du grand nombre des espèces de petite taille dont se compose la famille orchidéenne.

A la base des montagnes aux flancs couverts de Sobralia de diverses nuances, dans de frais endroits ombragés, souvent arrosés par le cristal d'un petit cours d'eau, on trouve au milieu des Fougères, des Adiantum, etc., de larges touffes de Masdevallia. Les indigènes les appellent *banderitas* (petites bannières) parce qu'ils apparaissent à distance comme autant de petits pavillons se dressant au milieu des frais et beaux feuillages qui les entourent. Les nombreuses espèces qui composent ce genre ne se plaisent pas en plein soleil ni en pleine lumière. La plus grande partie d'entre elles sont terrestres, et vivent parmi les mousses fraîches et les petites Fougères, généralement sur les bords de petits ruisseaux rapides et froids, dans des bois ombreux. Un petit nombre d'espèces à belles fleurs de moyenne taille se rencontrent dans des endroits plus élevés, dans un sol argileux et mélangé de petites pierres, exposées à une lumière abondante; enfin un faible nombre croissent sur les branches des chênes à feuillage persistant, *Quercus Humboldti.*

Les Masdevallia sont, comme on sait, des Orchidées des régions élevées; il ne descendent jamais à une altitude très basse; par suite ils réclament une température identique à celle de la plupart des Odontoglossum, dont ils se rapprochent d'ailleurs étroitement au point de vue des districts dans lesquels on les collecte. Leurs nuances extrêmement foncées et éclatantes, que le pinceau des artistes n'est guère jamais parvenu à rendre fidèlement, donnent à la plupart d'entre eux un intérêt spécial, et il est rare de rencontrer dans les parties élevées de la Cordillère Sud-Américaine une fleur dont le coloris pénétrant arrête l'attention et excite l'admiration autant que les Masdevallia.

A côté de ceux-ci, il existe beaucoup d'espèces miniatures qui, sans être aussi bien douées au point de vue de la beauté du coloris, sont encore d'un très grand intérêt par leurs formes curieuses et bizarres, rappelant des insectes et d'autres petits animaux. Les Masdevallia, en somme, méritent certainement de figurer dans toutes les collections choisies d'Orchidées, et contribuent à en augmenter notablement la beauté et l'importance par les variations infinies qu'ils présentent au point de vue de la forme et du coloris.

Deux autres genres de grande valeur se rencontrent généralement ensemble dans les mêmes localités. Les Aganisia et les Galeandra se plaisent tout particulièrement dans les régions les plus chaudes de l'Amérique méridionale, au bord des rivières; la seule différence entre eux consiste en ce que les Aganisia recherchent davantage l'ombre et l'humidité, et reposent le plus souvent sur les tiges moussues des arbres et des arbrisseaux, suspendus au-dessus de l'eau dans les endroits les plus touffus des forêts vierges, dont la végétation extrêmement vigoureuse s'étend souvent à une grande distance au-dessus du lit des torrents. Je recueillais généralement les longues tiges traçantes d'Aganisia en dessous des branches et des troncs d'arbres qui surplombaient ainsi la surface de l'eau et n'en étaient distants que de quelques pieds, de telle sorte que la mousse et les matières fibreuses qui entourent les racines des Aganisia sont complètement saturées d'humidité par l'évaporation continuelle de l'eau qui se trouve au-dessous d'elles.

Les minces troncs des petits palmiers, tels que le *Leopoldina pulchra*, qui croissent dans l'eau ou tout près d'elle, et sont abondamment recouvert d'espèces de fibres, sont l'habitat préféré des Aganisia, auxquels leur coloris particulier, et généralement bleuâtre, donne un charme tout spécial.

Les Galeandra croissent également le long des rives des cours d'eau, mais ils recherchent beaucoup plus le soleil et la lumière ; aussi peut-on être certain d'en trouver auprès des immenses bancs de sable, entourés généralement d'un cordon de petits arbres et de palmiers qui laissent circuler de toutes parts la clarté et les rayons du soleil. On les rencontre aussi fréquemment enroulés à la base des tiges de ces palmiers minces recouverts de matières fibreuses.

Exactement dans les mêmes endroits, mais sur les branches les plus hautes des arbres, d'autres Orchidées très curieuses allongent leurs minces bulbes vert foncé, qui pendent comme des faisceaux de cordes au-dessous des branches supérieures des arbres, surtout des arbres isolés ; ce sont les Scuticaria et les Bifrenaria, qui se distinguent entièrement de tous les autres genres d'Orchidées épiphytes par leur manière de pousser et leur port.

Les Scuticaria (voir fig. 22), tout en n'étant pas rangés parmi ce qu'on peut appeler les plus belles Orchidées, produisent des fleurs d'une bonne grandeur, et l'aspect original des plantes elles-mêmes donne un certain attrait particulier à une collection complète et bien choisie.

J'ai remarqué assez souvent sur les mêmes arbres, près des lisières des épaisses forêts, le long des bancs de sable des fleuves

Sud-Américains, et toujours dans une exposition très ensoleillée, de belles espèces de Brassavola ; ce genre compte assurément très peu de représentants qui soient dignes de figurer dans les cultures ; mais quelques-uns d'entre eux attirent l'attention par l'abondance de leurs gracieuses fleurs, même sur de petites plantes ; ils apporteront une note intéressante dans les serres, à côté des formes plus précieuses et plus célèbres de la famille.

Le genre Catasetum, qui compte parmi ses nombreuses espèces quelques formes de grand mérite, habite généralement les clairières des forêts peu touffues qui entourent les lacs et les fleuves des régions basses de l'Amérique du Sud. Les Catasetum recherchent beaucoup moins l'humidité que la plupart des autres Orchidées ; je les rencontrais d'ordinaire en grand nombre sur les arbres isolés, sur les branches nues et sèches ; j'ai vu plus d'une fois des arbres en décomposition, dépouillés de tout feuillage, complètement couverts de plantes grandes et petites de Catasetum, exposées en plein aux rayons du soleil. Pendant six mois de l'année, ils ne reçoivent pas d'autre humidité que celle provenant des rosées nocturnes, car on les rencontre principalement dans les régions où la saison des pluies dure six mois, et la saison sèche, l'autre moitié de l'année. Pendant la saison sèche, les Catasetum perdent leurs feuilles, et ils restent dans cet état jusqu'à ce que recommencent les pluies. Ainsi la nature elle-même, une fois de plus, nous indique de quelle façon nous devons les traiter. Ils réclament évidemment un repos de six mois par an, et, quoique l'hiver d'Europe ne corresponde pas exactement à la saison sèche de l'Amérique du Sud, il convient de les accoutumer à végéter dans nos serres pendant l'été, et à se reposer pendant l'hiver.

Quelques espèces du genre Catasetum s'élèvent à une altitude supérieure, mais elles sont en petit nombre.

Presque toujours associées aux Catasetum, on trouve d'autres Orchidées extrêmement bizarres et intéressantes, les Coryanthes, qui affectionnent surtout les arbres de grandeur moyenne et les endroits modérément humides des forêts où le jour pénètre suffisamment. C'est là qu'ils étendent leur ample feuillage et développent leurs fleurs pendantes, d'une forme si étrange; ils occupent généralement l'angle formé par deux ou trois branches, et abritent régulièrement des nids de fourmis dans le réseau compliqué de leurs racines. Je n'ai pas pu enlever une seule fois un Coryanthes de l'arbre où il croissait sans être attaqué par des centaines de ces insectes, qui semblent vraiment protéger les plantes contre les approches des autres animaux et même contre la main de l'homme.

Un autre genre très attrayant, quoique de petite taille, le genre Paphinia, forme un contraste complet avec le précédent; il habite les parties les plus profondes, les plus ombragées et les plus humides des forêts vierges. Les Paphinia occupent invariablement la base ou même le pied des arbres aux troncs couverts de mousse, au bord des cours d'eau. Ces plantes minuscules produisent de très belles fleurs, qui méritent d'exciter l'admiration par leur extrême élégance de formes et de coloris. Ce sont, en quelque sorte, les Odontoglossum des régions chaudes; ils rappellent ces trésors de la zone froide par leur aspect et leur mode de végétation, se présentent dans des conditions semblables, et recherchent une humidité abondante, une lumière atténuée et une abondance de mousse et de matière fibreuse à leurs racines.

Les Trichocentrum, autres épiphytes, méritent également l'attention; ils demandent la même température que les Paphinia, et je les ai presque toujours collectés dans les mêmes régions que ceux-ci. Ils recouvrent d'ordinaire les branches des arbres tels que l'arbre-calebasse (Crescentia), et habitent celui-ci de préférence à tout autre, de même que les Burlingtonia, Comparettia et Rodriguezia. Les Ionopsis également semblent rechercher le Crescentia. J'ai vu souvent des arbres-calebasses aux branches littéralement recouvertes par diverses espèces des genres que je viens de nommer, mélangées de centaines de plantes du minuscule *Oncidium iridifolium*, dont les élégantes fleurs jaune-soufre complétaient admirablement un superbe bouquet d'Orchidées, entouré du frais et gracieux feuillage de ce bel arbre.

Parmi les Orchidées terrestres, il est un genre, de port imposant et de croissance robuste, que le collecteur trouve rarement dans les forêts vierges, mais plutôt sur les pentes sèches des montagnes, dans les terrains argileux mélangés de petites pierres; je veux parler des Anguloa. Leur superbe feuillage, qui ne laisse pas que de rappeler celui de certains palmiers, se dresse généralement au-dessous des branches des Mélastomacées et d'autres arbustes analogues, mélangé aux feuilles gracieuses de milliers de Fougères et de Lycopodes.

Les Peristeria se rapprochent beaucoup des précédents. Quoique leurs fleurs massives n'offrent pas les même charmes que beaucoup d'autres Orchidées de premier ordre, elles présentent encore de l'intérêt par leurs formes charnues vraiment étranges et très distinctes, et les meilleurs représentants de ce genre devraient trouver place dans toutes les collections.

Les Lycaste, qui, vus à distance dans les forêts, ressemblent absolument aux Anguloa, se rencontrent presque toujours dans les mêmes endroits que les Stanhopea, sur de grands arbres très élevés, dans des positions chaudes et bien abritées, où la lumière n'est pas très vive et où les rayons du soleil ne pénètrent jamais. J'ai toujours observé là une humidité abondante, dans l'air aussi bien que sur le sol, la mousse et les matières fibreuses qui tapissent le pied des arbres sur lesquels croissent les Stanhopea et les Lycaste.

La plupart des plus belles espèces de Zygopetalum et de Warscewiczella se rencontrent exactement dans les mêmes conditions que les genres dont je viens de parler. La grande élégance de leurs fleurs permet de les compter parmi les Orchidées les plus précieuses, et leur culture n'est assurément pas aussi difficile qu'on le croit quelquefois; il suffit de leur donner une humidité abondante et une lumière modérée, de leur éviter tout courant d'air, et d'observer enfin les indications que la nature elle-même nous fournit. »

Voici ce qu'a écrit M. Nötzli, dans le *Journal des Orchidées*, relativement à la découverte de la superbe espèce de Cochlioda (voir fig. 25) qui porte son nom :

« Le *Cochlioda Nötzliana* croît dans une partie de l'Amérique du

Sud à peu près inexplorée encore, et dans laquelle il existe très peu d'autres Orchidées. Cette région se trouve à une altitude de neuf mille pieds environ au-dessus du niveau de la mer.

Il se rencontre d'ordinaire dans des forêts assez touffues, de telle sorte que l'air ne circule pas beaucoup entre les arbres et que le soleil ne pénètre guère jusqu'aux plantes. Toutefois le sol n'y est généralement pas humide, et l'air ne renferme que peu de vapeur d'eau.

Le *Cochlioda Nötzliana* ne se rencontre jamais en grandes masses. Lorsque je l'ai rencontré pour la première fois, c'était pendant une excursion que je faisais pour aller voir des ruines d'anciennes forteresses des siècles passés; je ne pensais pas mettre cette promenade à profit pour collecter, et les indigènes ne m'avaient pas signalé cette superbe Orchidée, qui n'aurait pas manqué d'attirer leur attention si elle s'était trouvée en abondance. Lorsque je la découvris, je fus frappé d'admiration par la beauté de ses grappes de fleurs, aussi serrées que dans l'inflorescence des Jacinthes, et d'un éclatant coloris vermillon. Chaque plante portait de quatre à sept grandes hampes, atteignant de trente à trente-cinq centimètres de longueur. Je m'empressai de recueillir ces trésors; mais la récolte ne fut pas très fructueuse; en cherchant toute une journée, je parvenais à peine à collecter de deux cents à trois cents plantes. Plus tard, dans une autre région, je les ai rencontrées en plus grande abondance; c'était un peu plus loin, en redescendant dans une vallée très peu boisée.

Dans ces différents endroits, il existe très peu d'autres Orchidées; çà et là, seulement, quelques Odontoglossum, *Oncidium macranthum* et quelques autres, mais en général de peu de valeur commerciale; ce sont surtout, comme on dit un peu dédaigneusement, des Orchidées botaniques. Il faut faire seulement une exception pour un Masdevallia à fleurs sombres, qui couvre littéralement de ses fleurs toutes les clairières et toutes les parties non boisées.

Le Cochlioda, en général, se trouve sur les arbres à une hauteur moyenne, mais non pas à la partie supérieure. Il croît presque toujours, de même que les Cattleya et la plupart des Orchidées épiphytes non traçantes, aux embranchements formés par les ramifications, et où se trouve amassé un peu de mousse, de terre et de débris végétaux; on le voit rarement sur les parties unies des branches, et cela s'explique facilement, selon moi, par le fait

Fig. 25. — Cochlioda Nötzliana.

que les graines, quand le vent les emporte, ne restent naturellement fixées qu'aux endroits où quelque aspérité les arrête, et ne germent que là où elles trouvent l'abri, l'ombre, l'humidité et la nourriture nécessaires. Ce qui indique bien que les racines ont besoin de cette humidité et de cette nourriture, c'est qu'elles ne pendent pas au-dessous des plantes en longue chevelure, comme on voit dans les serres, mais forment une motte touffue dans la mousse, ou parfois s'enroulent aux branches, sans cependant s'étendre beaucoup.

De même on comprendra aisément que les Orchidées ne croissent guère sur les arbres à écorce lisse, mais seulement sur les surfaces rugueuses. Je n'ai pas remarqué que les Cattleya, les Cochlioda ou d'autres genres paraissent rechercher spécialement une certaine essence; mais, au moins pour le motif dont je parlais plus haut, j'ai constaté que certains arbres ne portent jamais d'Orchidées sur leurs branches, et je citerai entre autres certains Aralia.

Il existe, même dans la région un peu sauvage dont je parle, des personnes qui possèdent des jardins assez bien entretenus, et qui y cultivent des Orchidées, particulièrement des Cattleya et des *Cochlioda Nötzliana*. Ces personnes fixent les Orchidées aux branches des arbres, à peu de hauteur au-dessus du sol et elles n'ont plus guère à s'en occuper, sauf pour les arroser de temps en temps pendant l'été. Pour cette culture, elles ne choisissent pas une certaine espèce d'arbres, elles prennent ceux qui se trouvent dans leur jardin; et comme l'arbre-calebasse est très répandu dans ce pays, où les indigènes utilisent son fruit, c'est le plus souvent sur lui que l'on peut voir végéter les Orchidées. C'est une relation toute occasionnelle et je n'ai jamais constaté aucun fait permettant de penser que cet arbre soit plus propice qu'un autre à la culture des épiphytes.

Les Indiens qui habitent cette localité ne sont nullement sauvages. Les Incas, qui y régnaient autrefois, se sont enfuis devant la civilisation conquérante; la race actuelle est très mélangée, et de mœurs très douces. Ce sont, en général, des agriculteurs qui sèment leurs maïs, plantent leur canne à sucre, dont ils font la *chicha*, élèvent des vaches dont ils utilisent le laitage, et des moutons dont ils emploient la laine.

Ils connaissent bien l'habitat des diverses Orchidées de leur pays, qu'ils rencontrent fréquemment en allant à la chasse; mais il est difficile d'obtenir d'eux des renseignements, à moins de les connaître personnellement, car ils sont d'une extrême défiance à l'égard des étrangers. En outre, ils n'ont aucune notion de nos désignations latines, et comme les noms indigènes varient d'un village à l'autre, le seul moyen de se faire comprendre d'eux est de leur montrer le dessin des plantes que l'on désire. Mais ils ne cherchent pas à les accaparer ni à en tirer profit, car ils n'y attachent aucune valeur. Ils emploient seulement les bulbes, à l'occasion, pour faire de la colle; ils se servent également quelquefois des bulbes de Cattleya, de Mormodes, de Catasetum et d'autres Orchidées de grande taille, qu'ils écrasent, en mélange avec de la chaux, pour blanchir la façade et l'intérieur des maisons.

La végétation, dans cette partie du Pérou, est d'une magnificence dont on ne peut se faire aucune idée dans nos climats. Les pluies y sont abondantes pendant deux saisons de l'année, de janvier à la fin de mars et de la fin de septembre au commencement de novembre; elles atteignent alors une violence extraordinaire; le reste de l'année est à peu près sec. Toutefois, un peu plus loin, dans la vallée dont je parlais plus haut, le régime est différent. La saison des pluies s'étend de février jusqu'en mai ou juin. Dans les régions des forêts vierges, il tombe de l'eau presque tous les jours de 2 heures du soir jusqu'à 3 ou 4 heures, même en été; les orages sont très fréquents et d'une violence extraordinaire.

Quant aux hivers, ils sont extrêmement humides; quand il m'arrivait de laisser mes chaussures, le soir, dans un coin de ma chambre, je les trouvais le lendemain matin couvertes de moisissure; il en est de même des vêtements qu'on laisse renfermés dans des malles. Malgré cette humidité excessive, le climat n'est pas très mauvais. Il y règne un peu de fièvres, comme dans toutes ces régions; mais en prenant quelques précautions, les Européens s'y acclimatent sans peine.

La végétation suit les variations du temps. Elle est très active pendant la saison des pluies, et s'interrompt plus ou moins complètement dans la saison sèche. Les Orchidées, et notamment le *Cochlioda Nötzliana*, fleurissent ordinairement deux fois par an. »

Voici un autre passage intéressant extrait des souvenirs de voyage de M. Auguste Linden, et relatif aux régions asiatiques :

« Les nombreux groupes d'îles qui composent la Malaisie présentent un vaste champ aux explorateurs botaniques. Malheureusement un grand nombre de ces îles sont entourées de bancs de corail blanc qui en rendent l'accès très difficile.

Lorsque je fis l'exploration de cet archipel, je m'efforçais en général de passer le plus près possible des bancs de corail et je cherchais à découvrir ce que contenait chaque île à l'aide de mes jumelles de voyage, surtout lorsqu'elle était trop petite pour y entreprendre une descente, ce qui, comme je le disais plus haut, est toujours fort difficile.

Ce fut de cette manière que je fis la rencontre du *Vanda Batemani*. Il croissait, presqu'à fleur d'eau à la marée haute, sur les rochers qui affleurent fréquemment à une certaine distance dans la mer. Dans la petite île où je le vis pour la première fois, il se trouvait en grande quantité et en beaux spécimens très droits. Les plus belles plantes étaient celles qui croissaient contre les arbrisseaux et sur les rochers isolés ; j'en vis plusieurs qui atteignaient plus de deux mètres, et portaient, de chaque côté, de quatre à huit hampes florales desséchées. Parmi les Vanda, j'aperçus un certain nombre d'autres Orchidées ; aucune de celles-ci n'était en fleurs, de telle sorte que je ne pus en déterminer le genre ; toutefois, une d'entre elles me laissa un vif souvenir, ce fut le *Bulbophyllum grandiflorum*. Il recouvrait entièrement de ses fleurs un petit arbrisseau, et faisait, à quelque distance, le plus remarquable effet.

Le *Vanda Lindeni*, que je découvris dans une des îles de cette région, croît d'une tout autre façon. Il se rencontre presque toujours sur les branches mortes des grands arbres, à la lisière des petites forêts ou sur les arbres abattus au bord des rivières ou des ruisseaux, mais toujours à une certaine distance du sol. Cette remarquable espèce apparaît par touffes de 50 à 200 tiges, et même davantage. La récolte en est très difficile, car les fourmis rouges, un des fléaux de ces beaux pays, recherchent toujours ces touffes pour y établir leur nid. Les indigènes ont une grande frayeur de leur morsure, qui produit de fortes ampoules persistant souvent plusieurs jours ; aussi se décident-ils difficilement à grimper sur les arbres pour arracher les plantes. Pour les recueillir, je fus obligé d'employer un autre moyen ; j'attachai plusieurs bambous bout à bout, et je fixai un crochet à l'extrémité de la longue perche ainsi obtenue ; par ce procédé je parvins à détacher quelques lambeaux de touffes. Une fois les plantes amenées à terre, nous les traînions en toute hâte jusqu'à l'eau, où nous les baignions pour les débarrasser des terribles hôtes dont elles étaient souvent recouvertes.

La floraison du *Vanda Lindeni* est extrêmement abondante. Je vis des touffes où il y avait certes plus de mille hampes florales, la plupart d'entre elles ayant de vingt à vingt-cinq fleurs chacune. Malheureusement les spécimens de cette merveilleuse Orchidée que je parvins à ramener vivants en Europe ne donnent qu'une idée très incomplète de ce que la plante est à l'état naturel, tant au point de vue du développement des sujets qu'au point de vue de la floraison. »

Un autre collecteur, qui a voyagé à Bornéo pour notre compte, nous envoyait des notes d'où ont été tirés les récits suivants :

« Ce qui caractérise l'habitat des Orchidées dans les régions tropicales, et notamment dans les Indes néerlandaises, ce n'est pas, comme on pourrait le croire, un soleil ardent et une certaine sécheresse du sol ; la plupart des espèces croissent au contraire à l'étouffée, abritées des rayons du soleil, et plongées dans un bain de vapeur humide qu'entretient constamment l'évaporation, longuement prolongée, des quantités d'eau amassées dans les bas-fonds par les pluies, ou provenant des sources. La température est très élevée dans ces endroits ; mais le soleil n'y pénètre guère, l'air ne s'y meut que très peu, grâce à l'amoncellement de masses considérables de feuillages touffus, le sol ne se dessèche que très lentement, et la vapeur qui s'en élève reste stationnaire pendant longtemps dans cette étuve.

On comprendra aisément la différence considérable qui existe entre la situation de ces épiphytes, comme on les appelle en Europe, et celle où elles se trouveraient, suspendues à un fil, selon l'expression théorique, dans une serre de notre climat. Leurs racines ne sont pas plongées dans l'air, mais dans une atmosphère spéciale, extrêmement humide, et chargée d'émanations gazeuses des plus complexes.

C'est aux environs des rivières que se rencontrent le plus fréquemment les Orchidées; là, dans un espace de trente à quarante mètres à partir du bord, l'air est suffisamment frais et chargé d'humidité pour entretenir leur végétation; plus le lit du cours d'eau est étroit et resserré, plus les lianes encombrent ses abords, et plus les Orchidées y sont nombreuses; c'est le plus souvent en remontant le cours de petits ruisseaux, dans des chaloupes de très faible dimension, que j'ai réussi à les trouver en abondance; je pouvais alors m'avancer jusqu'aux bords, en me courbant sous les lianes, et recueillir les précieuses plantes fixées aux troncs ou aux branches des arbres, dans une ombre épaisse.

C'est dans ces conditions que croît généralement le *Vanda Lowi*; cette belle espèce présente une curieuse particularité; elle ne se rencontre jamais que par groupes. Il est excessivement rare d'en trouver une plante isolée, et c'est d'ordinaire par massifs de cinquante à cent, parfois même deux cents plantes, qu'elle croît au bord des rivières. Les racines, qui atteignent souvent un développement considérable, s'entrelacent entre elles et s'enchevêtrent si bien qu'il faut une hachette pour les dégager afin d'enlever quelques plantes. Presque toujours, elles abritent des serpents, et parmi eux certaines espèces des plus dangereuses.

On trouve également à Bornéo diverses espèces de Phalaenopsis, Renanthera, Vanda, Aerides, Coelogyne, Cymbidium, Cypripedium, etc. La plupart de ces Orchidées, à part le dernier genre, sont épiphytes, mais elles ne se rencontrent jamais à la partie la plus élevée des arbres; ce n'est que sur les branches moyennes ou inférieures, où le soleil ne peut les atteindre, et où l'humidité est plus abondante.

Parmi les plus curieuses de ces orchidées, il faut citer les Anoectochilus, ces ravissantes petites plantes à feuillage orné de dessins argentés ou dorés sur fond de velours; ils se rencontrent à des altitudes extrêmement variées, tantôt à 1400 mètres de hauteur, tantôt au niveau de la mer, dans toutes les situations, et même dans les creux et fentes des rochers, mais presque toujours recouverts de feuilles mortes et d'autres débris végétaux; ce n'est même qu'après avoir acquis quelque expérience qu'on arrive à les découvrir, car ils sont si bien dissimulés qu'on passerait auprès d'eux sans se douter de leur existence. Les plantes qui se trouvent dans les parties basses de l'île et dans les forêts se cachent sous la mousse.

Les Orchidées terrestres vivent dans le sol, à peu près dans les mêmes conditions; mais elles affectionnent les terrains élevés; celles qui prennent naissance dans les endroits bas sont probablement détruites par les inondations, qui sont fréquentes.

Ces inondations ont une influence des plus importantes sur la constitution de l'île. Toutes les parties du sol qui ne bénéficient pas des chaleurs desséchantes de l'été sont perpétuellement à l'état de marécage; aussi l'intérieur des forêts vierges est-il extrêmement malsain.

Cette circonstance cause généralement des déceptions curieuses à ceux qui débutent dans le collectage des Orchidées. Les voyageurs novices supposent presque toujours pouvoir faire de riches découvertes dans les profondeurs des forêts vierges; après des voyages de plusieurs jours, accomplis dans les conditions les plus pénibles, car il faut toujours avoir le couteau ou la hache à la main pour se frayer un passage, ils sont obligés de renoncer à leurs recherches et de revenir sans avoir rien trouvé.

Certaines parties de ces forêts sont des îles flottantes; il n'est pas rare d'y rencontrer des espaces de plusieurs milliers de mètres carrés où le sol est mouvant et complètement vaseux. Les Dayaks mettent à profit cette circonstance pour capturer des sangliers, des cerfs et autres animaux qu'ils prennent là comme dans un piège; pour cela ils se réunissent en assez grand nombre et forment un vaste cercle de rabatteurs, acculant ainsi leur proie dans les parties bourbeuses où elle ne peut s'échapper, et où elle est tuée à coups de lance.

Pour traverser ces espaces dangereux, les indigènes coupent d'ordinaire des branches d'arbres ou des arbres entiers, en nombre suffisant pour former une sorte de pont que l'on passe, soit à pied, soit en l'air, suspendu à la force des poignets.

Pour comble de souffrances, ces forêts sont d'ordinaire remplies de moustiques et de sangsues, qui font cruellement souffrir les voyageurs. Il est indispensable, pour échapper à leurs atteintes, de faire construire les cabanes de branchage à plus de deux mètres au-dessus du sol; les indigènes entretiennent au-dessous du plancher un feu produisant une fumée abondante, afin d'écarter les serpents et les moustiques. Enfin les hommes s'enveloppent pendant la nuit d'un moustiquaire fait de tulle ou de toile légère, heureux s'ils ne se trouvent pas, à leur réveil, couverts de sangsues.

Enfin, il est à remarquer que l'on voit très rarement dans l'île des Orchidées en fleurs. Dès qu'une tige florale apparaît, elle est dévorée par une foule d'insectes, et très peu de boutons parviennent à s'épanouir. Ce fait enlève beaucoup de charmes au collectage dans ces régions. »

Les voyageurs qui, par goût ou par profession, entreprennent la rude tâche d'aller collecter des Orchidées dans leurs pays d'origine, ont parfois l'occasion d'assister à des scènes de mœurs curieuses. Le récit d'un des incidents si fréquents dans ces explorations peut présenter quelque intérêt, et donner une idée des périls continuels auxquels sont exposés les voyageurs, en même temps que de l'étrange poésie que présente parfois l'observation de peuplades encore à demi sauvages.

« A l'époque de la floraison du *Coelogyne asperata* (nommé souvent aussi *C. Lowi*), je m'étais rendu, écrit un voyageur, sur les bords de la rivière Amboan, où cette Orchidée croît en abondance. Je fis halte, vers le soir, devant une maison indigène, où je me proposais de passer la nuit, et j'ordonnai à mes hommes de veiller sur les armes et de faire les préparatifs du souper.

Les Dayaks étaient occupés à ce moment à trier le riz pour les semailles; hommes, femmes, enfants, étaient réunis dans le Kampong et travaillaient avec ardeur, car les graines devaient être semées le lendemain. Ils m'accueillirent bien, néanmoins, et je m'installai pour prendre le repos dont j'avais grand besoin. Vers dix heures du soir, un vacarme affreux me réveilla; il semblait qu'une foule fût assemblée devant la maison et s'efforçât de faire le plus de bruit possible; au bout de quelques instants je vis apparaître une dizaine de vieilles femmes qui frappaient sur d'énormes gongs en forme de casseroles; elles étaient suivies de quinze ou vingt jeunes filles, portant dans leurs mains de gros bouquets de *Coelogyne asperata* et ayant dans les cheveux des guirlandes de ces fleurs. Cette singulière procession entra dans l'habitation, sans cesser un instant son assourdissant tapage; on plaça devant les femmes des caisses remplies de riz, et les jeunes filles déposèrent leurs bouquets à gauche, et à droite les grappes qui ornaient leur tête. Deux fillettes de cinq à six ans s'avancèrent alors, et ramassèrent ces fleurs, puis elles les répandirent, celles de gauche dans les caisses qui contenaient les graines, celles de droite devant ces caisses.

La musique se tut; la cérémonie paraissait terminée. Je pus alors me renseigner auprès des Dayaks sur cette pompe qui m'intriguait fort, et voici ce que j'appris. Dans ces populations naïves, qui font toujours volontiers des dieux des objets naturels qui leur sont utiles, les semailles, comme la moisson, sont une des grandes fêtes de l'année, car la subsistance de la famille en dépend. Or, la joie était d'autant plus grande ce jour là que les *Coelogyne asperata* avaient produit des fleurs en abondance, ce qui, selon la croyance des Dayaks, est le présage d'une bonne récolte.

Cependant les femmes avaient laissé là leur moisson; le parfum qui s'en exhalait était si puissant, que je fus obligé de quitter la maison et d'aller passer la nuit dans ma chaloupe.

Quelques jours plus tard, en revenant de mon expédition, je repassai dans cet endroit vers le soir, et je m'arrêtai devant le même Kampong pour y dîner. J'avais fait une récolte fructueuse, et ma chaloupe était chargée d'Orchidées, notamment de *Coelo-*

logyne asperata ; dès que les habitants aperçurent ces plantes, leur attitude vis-à-vis de moi se modifia brusquement. Les femmes et les jeunes filles surtout donnèrent les signes de la plus vive agitation ; beaucoup d'entre elles se mirent à pleurer et à crier ; d'autres manifestaient une violente fureur, et je ne sais ce qui serait advenu si je ne m'étais pas hâté de partir, en distribuant autour de moi des pièces de monnaie et une bonne provision de tabac. Je regagnai mon bateau et m'éloignai sans retard, heureux de sauver à peu de frais mes plantes et peut-être même ma vie ; car les Dayaks, qui paraissent avoir un culte spécial pour ce Coelogyne, et considérer leur existence comme liée à la sienne, ne m'auraient pas laissé emporter ma cargaison, la première surprise passée, et peut-être m'auraient-ils fait payer chèrement ce sacrilège. »

Les superstitions de ce genre sont d'ailleurs peu nombreuses, et si, dans une ou deux régions, les autorités locales paraissent depuis quelques années disposées à s'opposer au collectage et à l'exportation des Orchidées (notamment, paraît-il, dans une partie de Bornéo) c'est surtout en vue de prélever un impôt sur des plantes dont on connaît de plus en plus la valeur marchande, et dont les indigènes songent à tirer, eux aussi, des ressources. En général, les populations plus ou moins sauvages qui habitent les localités où croissent les Orchidées n'y attachent pas plus de prix qu'à tous les objets naturels qui les entourent et dont ils ont la libre disposition ; mais ils ne laissent pas que d'en apprécier la beauté.

Un premier fait qui le prouve, c'est la fréquence de noms locaux donnés aux Orchidées, et qui témoignent de l'impression admirative que ressentent devant elles ces peuplades grossières. Le *Sobralia dichotoma* est surnommé *flor del paradiso* (fleur du paradis) ; le *Laelia rubescens, flor de Jésu* (fleur de Jésus) ; le *Peristeria elata, el Espiritú santo* (l'esprit saint) ; le *Laelia superbiens, la vara del Sr. San José* (le bâton de Saint Joseph). On remarquera que toutes ces comparaisons contiennent une idée religieuse, et ce rapprochement tiré des mystères divins implique évidemment, de la part des auteurs de ces surnoms bien primitifs, une haute admiration.

D'autres noms sont moins significatifs, mais ce fait seul qu'ils existent et se sont répandus partout, prouve que les plantes qui les ont reçus attiraient vivement l'attention. Les Romains, peuple cependant très civilisé et qui n'ignoraient ni la science, ni le luxe, avaient bien peu de noms pour désigner les plantes de leur pays; ils n'avaient éprouvé le besoin de nommer que celles dont ils faisaient un usage comestible ou médicinal.

Il n'en est point ainsi des Orchidées; je pourrais citer encore nombre d'appellations qui leur sont consacrées dans leur pays d'origine, telles que *Flor de Mayo* au *Laelia majalis* [1] (fleur de mai), *Orelha do burro* à l'*Oncidium Lanceanum* (oreille d'âne, à cause de la grandeur et de la forme de ses feuilles), etc.

« Lorsque HERNANDEZ nous fit connaître les plantes nouvelles du Nouveau Monde [2], écrit MORREN, il trouva chez les Mexicains un véritable langage de fleurs. Ces traditions s'y sont conservées. BATEMAN assure que les Orchidées seules font au Mexique tout un dictionnaire. Pas un enfant n'est baptisé, pas un mariage célébré, pas un mort enterré, sans que des Orchidées ne soient appelées à exprimer, selon leurs espèces, les sentiments de la famille... Notre Myosotis, *ne m'oubliez pas*, est remplacé au Mexique par l'Orchidée *no me olvides*. Dans les Indes orientales, RUMPH a vu que les Orchidées étaient réservées seulement aux princesses et aux dames de la cour, et servaient, comme les plumes de paon en Chine, à remplacer les décorations de l'Europe. »

Dans les régions voisines de celles où croissent les Orchidées, il existe également des amateurs qui recueillent ces belles plantes et les cultivent à l'état à peu près naturel, dans leur jardin ou leur habitation. M. RAND, de Pará, possède ainsi une fort belle collection, dans laquelle figurent nombre de raretés presque uniques.

---

(1) Au Venezuela, c'est le *Cattleya Mossiae* qui est ainsi désigné.

(2) *Histoire naturelle de la Nouvelle Espagne.* Dans cet ouvrage, qui date du XVIIe siècle, le *Laelia majalis* se trouve mentionné.

En Asie, où les espèces terrestres sont nombreuses, il est particulièrement facile de cultiver ainsi une foule d'Orchidées dans les jardins, sans changer en aucune façon les conditions où elles croissent naturellement. Il en est de même d'espèces qui croissent sur des arbustes bas. Le *Vanda Hookeriana*, par exemple, d'après ce qu'écrivait un correspondant du journal anglais le *Garden*, est abondamment utilisé pour l'ornement des jardins dans un district du Perak, celui de Kinta :

« Le *V. Hookeriana* est si commun dans ce district, qu'on l'appelle *l'herbe du Kinta*. Ses tiges atteignent jusqu'à la grosseur d'un crayon; ses fleurs se conservent plusieurs jours quand on les place dans l'eau ; elles ne commencent à changer de couleur qu'au bout de dix jours environ.

« Les marais où croissent ces plantes ne se dessèchent jamais.

« Nous avons dans notre jardin beaucoup de *V. Hookeriana*, les uns dans un endroit élevé et sec, les autres dans un terrain marécageux; ils sont soutenus au moyen de tuteurs ordinaires. Ils croissent tous admirablement, mais ceux qui se trouvent dans la partie la plus élevée sont beaucoup plus beaux que les autres. Ils sont constamment ornés de fleurs, de très grande dimension; leurs racines sont plantées dans le sol. Il semble donc qu'il ne soit pas nécessaire de cultiver ces plantes dans des marais, comme on les trouve toujours à l'état sauvage.

« Il n'est pas rare, chez les habitants du district de Kinta, de voir pour les repas la table couverte de fleurs de cette Orchidée, et jusqu'à mille fleurs placées dans des vases tout autour de la salle; on en renouvelle une partie tous les matins, sans que les marais semblent dégarnis le moins du monde. »

Les conditions climatériques des régions dans lesquelles croissent à l'état naturel les diverses espèces d'Orchidées constituent un élément très important à étudier pour quiconque veut cultiver ces plantes d'une façon rationnelle et appropriée à leurs besoins. Aussi aurons-nous l'occasion de nous en occuper dans un chapitre ultérieur à propos de la culture en serre, ainsi que dans les études consacrées spécialement à chaque genre.

LIVRE TROISIÈME

LES ORCHIDÉES EN EUROPE — LEUR CULTURE

—

CHAPITRE IX

NOTIONS GÉNÉRALES DE PHYSIOLOGIE

Pour pouvoir entreprendre utilement la culture des Orchidées, et être à même de la modifier à l'occasion et de l'approprier aux circonstances, il est nécessaire de posséder des notions parfaitement exactes de la vie de ces plantes et des phases dans lesquelles elle évolue.

La végétation des Orchidées comporte les trois périodes suivantes : croissance de la pousse, maturation de celle-ci, et floraison. Ces trois actes se renouvellent indéfiniment et la plante parcourt toujours ce cycle régulier, complété par le repos, plus ou moins prononcé, qui interrompt l'étape, tantôt avant, tantôt après la floraison, par une immobilité apparente et toute extérieure.

Il convient d'ajouter que la floraison peut parfois ne pas se produire ; chez certaines espèces, elle est très irrégulière et n'a pas lieu tous les ans, au moins dans nos climats; chez d'autres au contraire, elle se répète plusieurs fois dans l'année. Mais on peut considérer en principe comme une règle, que chaque plante produit une pousse tous les ans, et que cette pousse donne des fleurs.

Certaines espèces fleurissent immédiatement après avoir fait leur pousse, d'autres en même temps qu'elles la développent; d'autres enfin ont leur repos après la croissance, et fleurissent seulement à la saison suivante, c'est-à-dire immédiatement avant la pousse.

Il y a un grand intérêt, au point de vue de la culture, à distinguer entre ces diverses espèces, pour savoir exactement à quelle époque les arrosages doivent être réduits ou augmentés. Le lecteur trouvera d'ailleurs plus loin, dans un chapitre spécial, des listes indiquant l'époque de floraison de la plupart des espèces cultivées, et qui l'aideront à se guider dans cette tâche.

Tiges — Pseudo-bulbes

Toutes les Orchidées sont vivaces, mais toutes ne le sont pas de la même façon. Les genres cultivés peuvent se diviser, au point de vue de la forme et de l'accroissement des organes végétatifs, en deux grandes catégories. Les unes ont un axe végétatif unique, s'allongeant par le sommet; parfois surviennent des pousses latérales, mais celles-ci sont secondaires. Aucune séparation ne permet de distinguer la pousse d'une année de celle de l'année suivante, quoique ces Orchidées aient, elles aussi, un repos. Dans cette catégorie rentrent les Vanda, Aerides, Angraecum, Saccolabium, etc.

Les autres, et ce sont de beaucoup les plus nombreuses, produisent chaque année une pousse distincte nouvelle, qui se développe et s'achève dans l'espace de quelques mois. La tige se renfle ensuite en mûrissant et forme un corps plus ou moins volumineux, généralement charnu, qu'on appelle *pseudobulbe*.

La plupart des pseudobulbes sont pleins et gonflés de sucs; le *Schomburgkia tibicinis* a des pseudobulbes creux, qui sont peut-être employés par les sauvages comme cors ou trompettes (d'où le nom spécifique); les pseudobulbes de Cyrtopodium, ceux du *Diacrium* (Epidendrum) *bicornutum* sont creux également. Ils ne se creusent qu'au bout d'un certain temps; alors la portion médullaire centrale se vide et est en quelque sorte résorbée.

Les pousses se produisent à la base ou à des hauteurs variables des pseudobulbes, d'abord sous la forme de bourgeons qu'on appelle des yeux, et qui apparaissent au nombre d'un ou deux, parfois même davantage, sur chaque bulbe.

La plante donne, selon sa force, un, deux ou plusieurs nouveaux jets; mais elle n'a jamais la vigueur nécessaire pour ouvrir tous les bourgeons que portent les pseudobulbes. Peut-être aussi est-ce l'effet d'une sage prévoyance de la nature. En effet les yeux qui restent inutilisés constituent une véritable réserve.

Il peut arriver que par suite d'un accident, d'un coup de soleil, par exemple, ou par le fait des insectes, la pousse ou les pousses commencées se trouvent détruites. La plante serait perdue, dans ce cas, si elle n'avait pas conservé des yeux disponibles. Le plus rapproché, c'est-à-dire le moins ancien, entre alors en activité, car il profite de toute la sève devenue sans emploi; une ou plusieurs nouvelles pousses se forment et assurent l'avenir de la plante.

En dehors de ce cas exceptionnel, les yeux qui n'ont pas produit dans la saison suivant leur formation restent définitivement stériles; chaque année écoulée en forme de nouveaux qui deviennent les premiers à s'ouvrir, et diminue par suite les chances des précédents d'entrer en activité. Au bout d'un délai assez long, les yeux inutilisés s'atrophient et disparaissent.

Revenons à la pousse normale. Celle-ci grandit pendant un temps plus ou moins long, quatre ou cinq mois en moyenne; puis sa croissance se ralentit, et en même temps elle se gonfle, durcit et passe à l'état de pseudobulbe. Il ne reste alors que deux ou trois feuilles à la base et une ou deux à la partie supérieure.

Pendant la formation du pseudobulbe, la plante demande des soins plus attentifs; il faut veiller à ce que son développement s'accomplisse dans les meilleures conditions et à l'époque convenable, car la vigueur du sujet en dépend.

Le pseudobulbe a une très grande importance dans l'économie de la plante. S'il venait à manquer, ou s'il avortait, il faudrait que l'accroissement s'effectuât par un des yeux anciens. Il y aurait une perte de temps, d'autant plus grande que le nouveau rejeton serait beaucoup plus lent à se développer.

Il faut donc donner de grands soins à sa formation; le bulbe doit être mûri dans le cours d'une saison, car une fois que cette période est écoulée, et qu'une nouvelle pousse a commencé de croître, il ne grossit plus, et reste sensiblement stationnaire. — Pour achever sa maturation, on devra stimuler la plante en lui donnant en abondance de l'air et du soleil.

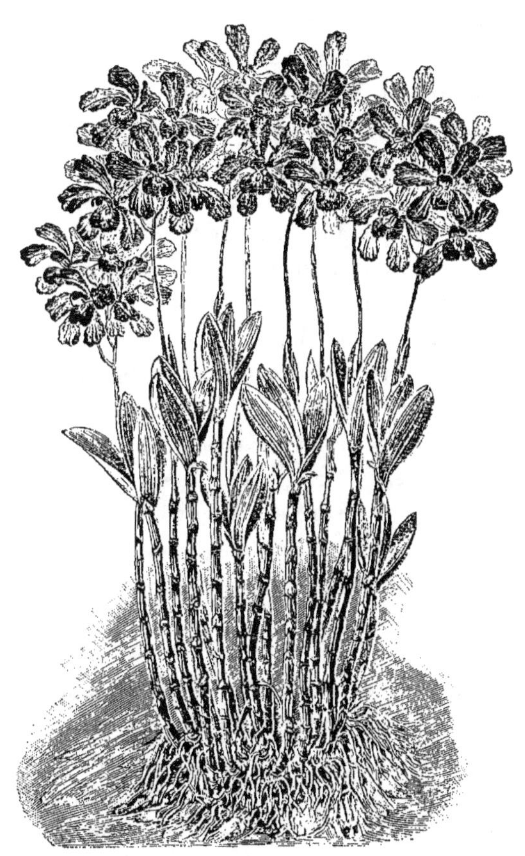

Fig. 26. — CATTLEYA ALEXANDRAE.

Au bout d'un temps plus ou moins long après l'achèvement du bulbe, la tige florale apparaît, soit à sa base, soit à son sommet, selon les espèces. Les Odontoglossum produisent leurs hampes ordinairement à la base et parfois exceptionnellement à l'extrémité des bulbes. Les Cattleya en général les produisent au sommet des pseudobulbes.

Une fois que les boutons sont formés, la croissance des feuilles se ralentit ou même fréquemment s'interrompt, l'activité de la plante étant absorbée d'autre part. Il est donc nécessaire de diminuer notablement les arrosages. Cependant, chez les espèces de serre froide, les Odontoglossum surtout, la végétation persiste en même temps que la floraison; mais la plupart des autres espèces fleuriraient mal ou ne fleuriraient pas si elles recevaient à cette époque autant d'humidité que d'ordinaire.

La floraison terminée, la croissance recommence de nouveau; le bulbe dont nous avons suivi la croissance a produit à sa base un ou plusieurs yeux; ceux-ci deviennent actifs à leur tour l'année suivante, et produisent presque tous des pousses qui accomplissent la même évolution.

Il reste à parler du repos, qui, chez presque toutes les Orchidées, vient interrompre la série de manifestations que je viens d'exposer. Ce n'est, à vrai dire, qu'une période complémentaire de cette série; elle se place soit avant, soit après la floraison. Pendant cette période, l'organisme semble se recueillir, et la vie paraît suspendue; mais elle ne l'est qu'à l'extérieur, tandis qu'à l'intérieur s'accomplit le travail d'assimilation définitive des acquisitions de la saison antérieure; c'est à ce moment que se mûrissent les bulbes et que toutes les forces de la plante se préparent et s'organisent pour la production à venir.

Quant aux pseudobulbes anciens, ils restent inactifs, et ne donnent, dans la plupart des espèces, ni feuilles ni fleurs. Ils conservent en général une ou deux feuilles; elles se dessèchent et disparaissent au bout de quelques années.

Quelle est, à cette période d'inactivité, l'utilité des bulbes? C'est un point que la science n'a pas encore éclairci.

Ils servent probablement à constituer des réserves de sucs qu'ils cèdent peu à peu aux pousses et aux bulbes suivants; et comme ils n'acquièrent plus, que la sève n'a plus en eux qu'une circulation très ralentie, ils se vident et s'épuisent par le secours qu'ils fournissent à la plante.

C'est pourquoi je ne conseillerai jamais de sectionner les anciens pseudobulbes avant qu'ils soient complètement desséchés. J'en ai vu faire l'expérience par un cultivateur d'Orchidées très compétent. Il avait retranché les arrière-bulbes de beaucoup de ses Odontoglossum pour les reproduire ; l'année suivante toutes les plantes amputées avaient les bulbes maigres, flasques et ridés ; l'opération qu'elles avaient subie les avait, sans aucun doute, affaiblies considérablement.

En dehors des deux grandes catégories que nous venons d'examiner, d'autres Orchidées, comme les Cypripedium, Sobralia, etc., produisent chaque année une ou plusieurs pousses feuillées distinctes, ne s'épaississant pas en pseudobulbes et persistant un certain nombre d'années sans activité apparente. Les pousses prennent alors naissance sur un rhizôme mince ou charnu, parfois à peine visible, comme dans le cas des Sobralia (voir fig. 4, page 22), où l'on n'aperçoit qu'un faisceau compact de grosses racines cylindriques.

Inflorescence

L'inflorescence des Orchidées prend naissance, parfois à la base, parfois au sommet des pseudobulbes, ou latéralement à diverses hauteurs sur l'axe unique des Vandées et genres analogues, ou au centre des pousses des Cypripedium et Sobralia. Dans l'*Epidendrum Stamfordianum*, la tige florale sort d'un bourgeon, situé à la base du pseudobulbe comme une pousse ; puis, la floraison terminée, la pousse sort de cette tige, de sorte que l'inflorescence joue le rôle d'une pousse qui se développerait en fleurs, puis disparaîtrait après avoir assuré sa succession.

Dans le *Coelogyne cristata*, la même tige produit les fleurs, puis, un peu en arrière, la pousse. Il arrive même parfois aux cultivateurs novices de couper le bourgeon en retranchant la tige florale fanée, car ce bourgeon est caché sous une enveloppe squameuse.

Les modes d'inflorescence des Orchidées sont variés à l'infini; je ne reviendrai pas ici sur l'étude qui en a été faite au point de vue botanique dans un chapitre précédent; au point de vue de la culture, je parlerai un peu plus loin de la floraison.

Les racines

La constitution intime des racines des végétaux en général a été étudiée d'une façon approfondie par Van Tieghem, et je renverrai à ses ouvrages le lecteur désireux de se renseigner sur ce point d'une façon complète.

Les racines des épiphytes sont aériennes, c'est-à-dire qu'elles sont destinées à s'étendre et à vivre dans l'air, où elles puisent leur nourriture. Ceci ne signifie pas qu'elles ne puissent pas supporter d'être plongées dans un milieu encore assez compact; tous les amateurs d'Orchidées savent au contraire qu'elles vivent fort bien dans le compost perméable aux gaz et à l'eau que constituent le sphagnum, la terre fibreuse, etc. Seulement elles présentent des différences notables quant à la direction et à la constitution.

Les racines des Dicotylédones constituent le prolongement inférieur de l'axe; les racines des Orchidées n'offrent rien d'analogue; elles prennent naissance par faisceaux en divers points où se concentre l'activité, comme au-dessous d'un bourgeon qui se gonfle et commence à vivre; parfois au bas des pseudobulbes, près de ce qu'on appellerait ailleurs le collet, parfois à des hauteurs variables; au lieu de faisceaux, c'est parfois une racine isolée. Enfin certaines espèces, la plupart des Vanda, Angraecum et Aerides, par exemple, produisent de loin en loin une racine isolée, robuste, horizontale ou légèrement inclinée.

La direction aussi est à noter. Les racines des Dicotylédones ont une tendance constante à s'enfoncer dans le sol, et se dirigent toujours vers le bas; celles des Orchidées sont souvent inclinées,

mais, fréquemment aussi, horizontales comme dans la plupart des Vanda, Angraecum, etc., ou obliques vers le haut, parfois même verticales, comme dans le *Saccolabium Hendersoni*, par exemple, dans certains Catasetum, Grammatophyllum, Rodriguezia, etc. Les premières portent sur une certaine étendue de leur surface, près de l'extrémité, des poils fins absorbants qui ont pour utilité de puiser dans le sol les gaz et les liquides ; les secondes sont totalement dépourvues de ces poils.

Les racines des Orchidées renferment de la chlorophylle (matière colorante verte du parenchyme) alors que celles des Dicotylédones n'en contiennent pas. Cette chlorophylle est visible, soit lorsqu'on brise une racine à un point quelconque de sa longueur, soit à l'état normal à l'extrémité de chaque racine. On remarque en effet à la pointe une certaine étendue de matière translucide, légèrement grisâtre, sous laquelle on voit une couleur verte (quelquefois rouge à certaines périodes ou dans certaines espèces). Dans cette partie, à laquelle on a donné le nom de *voile*, les couches de cellules superficielles, étant encore pleines de liquide, laissent voir par transparence le parenchyme cortical. Sur tout le reste de la longueur des racines, ces cellules ont une consistance subéreuse (analogue au liège) et une couleur gris clair opaque ; au bout d'un temps assez court elles se remplissent d'air, ce qui leur donne une couleur blanc pur et un aspect brillant, souvent argenté.

Les racines ne s'allongeant que par une partie très voisine de la pointe, c'est la partie transparente qui se déplace, et elle s'accroît plus loin tandis que la subérification gagne peu à peu. Il se produit donc là une sorte de lutte de vitesse. Lorsque les racines ont une croissance très active, la région des cellules transparentes, c'est-à-dire la pointe verte, est relativement très longue ; lorsque l'allongement des racines se ralentit, elle se raccourcit ; à l'époque du repos, où les racines ne croissent plus guère, les cellules transparentes deviennent successivement opaques, et la pointe verte finit par n'être qu'un point, puis par disparaître entièrement.

Les racines des Orchidées sont généralement rondes, lisses, et relativement assez grosses; certaines, comme celles des Vanda, Aerides, Angraecum, Phalaenopsis, sont très fortes en proportion des dimensions de la plante qui les porte. Elles ne sont pas toujours lisses, ni rondes. Les racines du *Vanilla aromatica*, par exemple, sont recouvertes de poils laineux serrés, assez courts, qui parfois adhèrent aux tablettes et aux charpentes des serres comme les crampons du Lierre, et adhèrent même si énergiquement que la couche de cellules qui les porte s'arrache et reste fixée avec eux quand on tente de les détacher. Les racines du *Phalaenopsis violacea* sont légèrement veloutées aussi quand elles ne sont plus toutes jeunes. Celles du *Phalaenopsis Schilleriana*, recouvertes d'une sorte d'écaille coriace d'un gris de fer, couverte de petites granulations, ressemblent à je ne sais quel organe de crustacé. Elles sont plates, minces sur les bords et un peu bombées au milieu, et présentent la section d'une lentille faiblement bi-convexe. Leur extrémité cependant est aussi transparente (rouge), et elle est presque ronde; elle se déforme promptement comme le reste en vieillissant.

Quant au rôle physiologique des racines des Orchidées, il est encore assez mal connu. Il résulte des expériences de MM. Corenwinder, Cailletet, Moll, qu'elles n'absorbent pas l'acide carbonique, ou du moins que la plante ne saurait décomposer et utiliser l'acide carbonique que les racines peuvent absorber. D'autre part, les expériences de M. Duchartre paraissent établir que les racines aériennes n'absorbent pas la vapeur d'eau contenue dans l'air, mais seulement l'eau liquide qui vient les mouiller.

En tous cas, elles doivent assurément servir à soutenir et à fixer les plantes, et l'on ne saurait douter des services qu'elles rendent à ce point de vue quand on considère, d'une part l'abondance du chevelu que présentent ordinairement les plantes à l'état d'importation, notamment dans certains genres (Cattleya, Sobralia, Epidendrum, etc.), et d'autre part l'enroulement compliqué de ces réseaux, qui souvent dessinent par leur lacis la carcasse de l'arbre sur lequel ils étaient fixés.

Cet enroulement s'explique de la façon suivante. La moindre

compression, un contact même suffit à contrarier et à ralentir la croissance des racines. Quant une racine vient à toucher un corps solide, tel qu'une branche d'arbre à l'état naturel, une tablette, une baguette de panier, ou la paroi d'un pot dans nos serres, la partie en contact avec ce corps ne s'accroît plus, ou seulement beaucoup moins vite que le reste. On se rend compte aisément de l'effet mécanique produit par cette différence : un bord s'allongeant tandis que l'autre reste immobile, la racine se courbe en formant un creux au point de contact. Le résultat de ce mouvement est de faire appliquer la racine contre le corps solide; elle suit ses aspérités, s'enroule autour, indique divers dessins, mais toujours en restant adhérente. C'est ainsi que s'expliquent certains faits curieux d'adhérence des racines aux parois intérieures ou extérieures des pots, ou aux tablettes, d'enroulement autour des baguettes des paniers, etc. C'est par la même raison que l'on voit quelquefois une racine, dont la pointe est arrivée en contact avec un corps dur, s'arrêter de croître; dans ce cas elle peut produire des racines adventives. Il suffit même de toucher la racine de certaines espèces particulièrement délicates, pour qu'on la voie cesser de grandir directement, et produire près de cet endroit une ou plusieurs autres racines latérales. Toutefois toutes les Orchidées n'ont pas cette faculté. Il est plusieurs espèces dont les racines ne se ramifient jamais.

Il arrive parfois que certaines Orchidées produisent sur leurs racines des bourgeons végétatifs qui se développent et forment des pousses normales. Le *Phalaenopsis Lüddemanniana*, notamment, présente assez souvent ce phénomène. On en a cherché l'explication de diverses façons.

Lindley classait les racines des Orchidées de la façon suivante au point de vue de l'organisation anatomique :

1° Des fibres grêles annuelles, simples ou ramifiées, de nature succulente, incapables d'extension et vivant sous le sol, comme dans le genre Orchis;

2° Des tubercules charnus annuels, ronds ou allongés, simples ou divisés, comme dans les diverses espèces du même genre; les tubercules de cette sorte ont toujours un bourgeon à leur extrémité, et peuvent être considérés comme la principale prolongation inférieure de l'axe;

3° Des corps charnus vivaces, simples ou ramifiés;

4° Des pousses rondes vivaces, simples ou peu ramifiées, susceptibles d'extension, issues de la tige, adaptées ou adhérentes à d'autres corps, et constituées par un axe ligneux et vasculaire, couvert de tissu cellulaire, dont la couche sous-cutanée est souvent verte, et composée de grandes cellules réticulées. Les pointes de ces racines sont ordinairement vertes, mais quelquefois rouges ou jaunes.

Voici, d'autre part, quelques extraits d'observations de LINDLEY sur la formation de la pousse des Orchidées, qui nous mettent sur la voie de l'explication cherchée :

« La tige se forme de la façon la plus simple dans les Ophrydées terrestres, où il existe seulement un point végétatif entouré d'écailles, constituant un bourgeon à feuilles quand il est au repos, et qui, à l'occasion, se développe en une tige ou branche secondaire sur laquelle se développent des feuilles et des fleurs. Cette sorte de tige forme ordinairement tous les ans un bourgeon latéral avec une racine tuberculeuse à son extrémité inférieure, et périt après avoir développé ses feuilles et mûri ses fruits; il lui succède une tige qui sort du bourgeon latéral préparé à l'avance.

« Les pseudobulbes sont tout à fait analogues au bourgeon écailleux formé à l'extrémité d'une racine tuberculeuse d'une Ophrydée, et de même, le rhizôme est de la même nature que le coulant qui réunit le vieux tubercule au nouveau dans une plante de cette sorte....

« La formation de tubercules et de bourgeons terminaux, ou de rhizômes traçants et de pseudobulbes, est la tendance la plus commune de l'ordre. Quand des plantes comme les *Dendrobium Pierardi* ou *nobile* poussent très rapidement dans une atmosphère qui leur convient, leur tiges se ramifieront fréquemment, et les nouvelles pousses formeront de la base de nouvelles racines en abondance. Dans les cas de ce genre, les ramifications originelles équivalent au rhizôme des espèces à pseudobulbes, et les ramifications secondaires aux pseudobulbes eux-mêmes. »

Cette théorie, dont nombre de faits constatés dans la pratique sont venus fournir la justification complète, montre combien on se tromperait en se faisant du mode de végétation des Orchidées un type absolu. L'activité végétative, qui est aussi grande chez ces plantes des tropiques transportées dans un milieu artificiel que chez la plupart de nos plantes indigènes, se manifeste par des issues très variées, et parfois de façons qui paraitraient bien inattendues : c'est ainsi que beaucoup d'Oncidium forment souvent des bourgeons à feuilles à la place des boutons à fleurs ; que beaucoup d'espèces à pseudobulbes produisent à l'occasion des pousses au sommet des anciens pseudobulbes (*Odontoglossum coronarium, crispum*, etc., Catasetum, Mormodes) ; c'est ainsi que le *Cattleya Alexandrae* a émis des pousses adventives à diverses hauteurs sur les pseudobulbes, que le *Calanthe × Veitchi*, de même que plusieurs autres, peut être traité comme les pommes de terre, et que ses pseudobulbes, coupés en morceaux, émettent des pousses et forment de nouvelles plantes ; enfin, que l'on peut multiplier beaucoup de Dendrobium en coupant des morceaux de leurs pseudobulbes et en les soumettant au même traitement que les tiges de Dracaena.

Fig. 28. — ODONTOGLOSSUM LUTEO-PURPUREUM (MULUS).

*
* *

On comprend aisément qu'au point de vue de la végétation l'état des racines a une importance considérable. Lorsqu'elles souffrent, la vie de la plante elle même est compromise; si elles meurent, la plante éprouve une diminution de forces notable, et peut succomber aussi. Et comme il est difficile d'inspecter les racines, il arrive parfois que les Orchidées sont atteintes d'un dépérissement dont on ne soupçonne pas la cause, et auquel on ne peut pas remédier.

Le malaise des racines provient d'ordinaire de trois causes principales : excès d'eau, dégats des insectes, ou manque d'espace. Il sera bon de vérifier leur état, à ce triple point de vue, au moment des rempotages.

Il est facile d'éviter l'excès dans les arrosements, en laissant le compost se dessécher de temps en temps pendant quelques jours, ainsi que nous l'avons conseillé déjà. En outre, il faut entretenir un bon drainage, et faciliter par tous les moyens l'aération du compost, qui active l'évaporation de l'eau; pour cela, n'employer que des pots de terre bien poreuse et non vernie, les espacer suffisamment, les placer sur des tablettes composées de lattes à claire-voie entre lesquelles l'air puisse circuler, et éviter l'usage des cendres dont quelques cultivateurs recouvrent à tort ces tablettes.

Nous verrons plus loin, dans des chapitres spéciaux, comment il convient de combattre les insectes, et quand il est nécessaire de donner aux Orchidées des récipients plus grands.

CHAPITRE X

Les Orchidées, comme on l'a vu plus haut, se rencontrent à l'état naturel dans des situations très variables et sur une aire géographique très étendue.

Les conditions d'aération, d'humidité, d'exposition au soleil, etc., varient beaucoup dans les divers genres, parfois même d'une espèce à l'autre ; ces détails feront l'objet de mentions particulières dans l'étude des individus. Mais les variations d'altitude ou de latitude permettent d'établir tout d'abord de grandes divisions basées sur la température du lieu d'habitat.

Il est très important, on le conçoit, de déterminer les exigences des différentes espèces à ce point de vue.

Les plantes, comme les êtres humains et plus qu'eux encore, souffrent d'une élévation ou d'un abaissement de température. Un excès de chaleur accélère l'absorption de nourriture, sans que l'assimilation ait le temps de s'opérer ; par suite les organes s'allongent sans se mûrir, et restent faibles. Une température trop basse ralentit au contraire l'absorption et arrête la vie. Ces effets sont parfois peu visibles au début, mais avec le temps ils apparaissent d'une façon très nette.

Sans doute les plantes possèdent une certaine élasticité de

constitution qui leur permet de supporter des variations modérées, telles qu'il s'en produit inévitablement dans leur patrie, et dans tous les climats. Mais c'est à la condition que ces variations ne soient pas trop prolongées.

Il est facile de se rendre compte de ces circonstances en examinant ce qui se passe dans nos régions européennes. Ne voyons-nous pas la Flore se modifier à des intervalles de quelques degrés de latitude? La vigne, qui prospère dans une zône comprise entre Limoux et Paris, soit environ 6°, ne donne plus, à partir de Paris, que des produits ordinaires, au point de vue vinicole tout au moins; en avançant vers le nord, elle dégénère de plus en plus; et sous le climat de la Belgique elle mûrit difficilement ses fruits en plein air, quoique la différence de température entre Paris et Bruxelles n'excède pas une moyenne de 1°,5 centigrade.

Quant aux variations qui se produisent dans le climat d'une même localité, l'année 1893 a montré qu'elles peuvent même, dans certains cas, dépasser les forces des plantes indigènes. La chaleur et la sécheresse de cette année exceptionnelle les ont fortement éprouvées; le fourrage a manqué presque partout; certaines céréales ont produit très peu ; des arbres à fruits ont donné deux et même trois floraisons dans un espace de cinq à six mois et beaucoup de fruits ont présenté des qualités de conservation très défectueuses.

Ces considérations, sur lesquelles je ne m'étendrai pas davantage ici, expliquent suffisamment que les Orchidées se rencontrent en général sur une aire très limitée, et d'autant plus restreinte que la plupart croissent dans des régions montagneuses.

La température, on le sait, s'abaisse à mesure que l'altitude augmente; c'est ainsi que le sommet des hautes montagnes est couvert de neiges éternelles, même dans les pays chauds où la chaleur, dans la plaine, est accablante. Cet abaissement de température est évalué à environ 1° centigrade pour 180 mètres; c'est-à-dire que quand le thermomètre marque 20° au pied du Mont-Blanc, il ne marque que 10° à 1800 mètres, 0° à 3600 mètres, et environ —6°,6 au sommet de la montagne, si l'on suppose que la température de 20° ait été relevée au niveau de la mer.

On voit donc qu'une Orchidée qui croît sur le flanc d'une montagne rencontre à une distance assez faible des conditions climatériques différentes; à 180 mètres de hauteur, la température est déjà abaissée de 1°; encore convient-il d'ajouter que les vents sont modifiés, et qu'indépendamment du changement que l'Orchidée ressentirait elle-même, elle ne rencontrerait plus, à une autre altitude, les mêmes arbres pour la supporter et l'abriter.

Le cultivateur se trouve donc en face de la nécessité de classer les divers genres ou espèces en catégories, établies d'après la zône dans laquelle ils croissent, et la température dont ils ont besoin.

On peut, à ce point de vue, établir trois grandes zônes :

1° La zône équatoriale, c'est-à-dire celle placée sous l'Équateur, et dans un éloignement de 12 à 15° de latitude nord ou sud. Cette zône est la plus chaude de toutes. Elle comprend la moitié à peu près de l'Amérique du Sud, presque toutes les Antilles, la plus grande partie de l'Amérique centrale, la moitié environ de l'Afrique, toute la région de l'Asie située au midi de la chaîne de l'Himalaya, les îles qui avoisinent la pointe méridionale de l'Asie, Ceylan, Bornéo, Java, Sumatra, les îles Philippines, les îles de la Sonde, les Moluques, la Nouvelle-Guinée et l'extrême pointe de l'Australie. Dans toute cette région, les nuits sont presque aussi claires que le jour, et il n'existe même pas de nuits pendant une grande partie de l'année; les variations de saisons chaudes et froides y sont inconnues; il ne se produit pas d'autres alternatives que des périodes de pluies, pluies très abondantes et de longue durée, et des périodes de sécheresse. La température est en moyenne de 24 à 25°; elle atteint assez fréquemment 35 et 40°, le minimum est de 18° environ.

2° La zône tempérée, qui s'étend du 15me au 28me degré de latitude.

Dans cette zône, la température atteint encore des chiffres élevés, mais elle est plus alternée; les saisons y sont nettement marquées, et les nuits amènent beaucoup de fraîcheur.

3° Enfin la zône froide, qui va du 28me degré de latitude au 40me, ou dans certains pays au 43me, et même jusqu'au 47me (Nouvelle-Zélande).

Ce classement s'applique, bien entendu, aux plantes de serre; celles de la première catégorie seront donc cultivées, en Belgique, en France et dans toute l'Europe centrale, en serre chaude; celles de la seconde, en serre tempérée; celles de la troisième, en serre froide.

Une classification analogue peut être établie d'après l'altitude. Du niveau de la mer à 800 ou 1000 mètres, s'étendra la zône chaude (1). Au-dessus jusqu'à 2000, 2,200 ou 2,400 mètres, selon les régions, la végétation appartient à la catégorie tempérée, dans laquelle on peut tracer encore quelques subdivisions : tempérée chaude, puis tempérée proprement dite, et tempérée froide; enfin, au-dessus de 2400 mètres au maximum, c'est la zône froide.

La zône froide à son tour comprend plusieurs catégories.

Dans la première, on rencontre des plantes qui dans nos climats réclament un abri contre les rigueurs de l'hiver, mais trouvent en été une chaleur très suffisante, parfois même excessive; les Orchidées qui appartiennent à ce groupe, et dont les Odontoglossum et Masdevallia constituent les principaux représentants dans nos cultures, ont besoin d'être cultivées en serre, en hiver à cause du froid, en été à cause de la sécheresse de l'air, parfois de la chaleur, et aussi des poussières que le vent soulève, enfin à cause de l'ardeur brûlante du soleil contre lequel elles doivent être protégées à certaines heures du jour.

A une température plus basse on ne rencontre plus d'Orchidées, sauf, dans l'Amérique du Nord, l'Afrique méridionale et les côtes méditerranéennes de l'Asie, certaines espèces dites rustiques, comme il en existe également en Europe.

Dans les altitudes supérieures, on ne rencontre plus que des

---

(1) Pour se rendre compte de ce que représentent ces chiffres, il est bon d'en rapprocher l'altitude de quelques centres principaux. Le plateau colombien se trouve à une altitude de 1600 à 3600 mètres; le plateau brésilien, de 320 à 400; le grand plateau central de l'Amérique du Sud, de 200 à 400; le plateau de la Guyane, de 400 à 800.

arbustes et des plantes de moins en moins nombreuses, qui sont recouvertes de neige pendant une partie de l'année. Enfin l'on atteint la limite de la végétation, et la région des neiges éternelles.

*
* *

On a partagé dans les cultures les Orchidées en trois grandes divisions correspondant à ces diverses catégories géographiques : plantes de serre chaude, de serre tempérée et de serre froide.

Les cultures d'une certaine étendue comportent en outre un, ou même deux autres compartiments. La serre tempérée-froide, ou serre mexicaine, qui tient le milieu, comme son nom l'indique, entre la serre des Odontoglossum et celle des Cattleya, est celle qui convient le mieux à un certain nombre d'espèces, dont beaucoup proviennent du Mexique et de l'Amérique centrale : Oncidium divers, *Laelia albida, cinnabarina, autumnalis* et *anceps, Miltonia vexillaria, Maxillaria*, etc.

En second lieu, la haute serre chaude, un peu plus chaude que le premier compartiment, mais surtout plus renfermée, plus basse, peu aérée, est nécessaire aux amateurs désireux de cultiver certaines plantes de l'Asie et de l'Océanie, Anœctochilus notamment, qui demandent une atmosphère chaude et humide comparable à celle des fourrés et des jungles des tropiques.

Voici les températures qui correspondent à la classification qu'on vient de lire :

Serre froide.	6 à 10° cent.	
» tempérée-froide.	8 à 12° »	Pendant la nuit
» tempérée.	10 à 14° »	un peu moins.
» chaude	15 à 18° »	
Haute serre chaude	19 à 22° »	

Il va sans dire que ces chiffres sont assez souvent dépassés en été. Pendant la pleine saison de croissance, une certaine élévation de température n'est pas dangereuse ; il faut seulement veiller à ce qu'elle n'ait pas pour conséquence la sécheresse de l'air.

Il peut arriver aussi que la température, pendant l'hiver, tombe accidentellement au-dessous des chiffres indiqués, et pourvu que l'écart ne soit pas très considérable et ne dure pas longtemps, un accident de ce genre n'aura pas non plus de fâcheuses conséquences.

En ce qui concerne les espèces de serre froide, notamment, on a signalé plus d'une fois des faits qui prouvent une remarquable faculté de résistance au froid, et qui démontrent bien l'inanité des légendes anciennes d'après lesquelles toute Orchidée devait être de complexion délicate à l'excès et réclamer beaucoup de chaleur. Je citerai notamment le passage suivant d'un article paru sous la signature J. LINDEN, et qui a été souvent rappelé :

« A la descente du Paramo de San Urban, vers les anciennes mines d'or de Las Vetas (aujourd'hui abandonnées), à une altitude supramarine de 12500 pieds, l'auteur de cet article traversa un petit bois de chênes sur lesquels se montraient par ci par là quelques exemplaires du brillant *Oncidium cucullatum*. Or, le sol était couvert d'un demi pied de neige et à Las Vetas même, petit hameau situé à 800 pieds plus bas, le thermomètre marquait 3° au-dessous de zéro. On conçoit aisément, d'après cela, que les plantes de ces régions ne supportent pas plus la haute température de nos serres à Orchidées que celles de la zône torride ne supporteraient la rigueur de nos frimas. »

Je crois utile d'indiquer ci-après les principaux genres ou les principales espèces qui doivent être cultivées dans chaque compartiment. Toutefois, il est bon de faire remarquer que ces divisions absolues ne sont jamais complètement conformes à la nature; plusieurs espèces réussissent bien dans des conditions variables, en serre tempérée et en serre froide, ou en serre chaude et en serre tempérée. D'autre part, un amateur qui n'a qu'une ou deux serres, de dimensions restreintes, peut se passer d'établir tant de subdivisions. Une serre présente toujours quelque partie plus chaude que le reste, un coin moins aéré, un côté mieux exposé au soleil. On peut aisément tenir compte de ces petites différences pour donner à chaque espèce la place qui lui convient, et cultiver les Oncidium mexicains, par exemple, dans la serre froide ou dans

la serre tempérée, selon le cas. On peut aussi faire des compartiments dans une serre sans y placer des cloisons, en y variant le
nombre et la disposition des tuyaux de chauffage. Ainsi, dans une
moitié de la longueur, on fait passer le long du mur un seul tuyau ;
puis au milieu de la serre, on installe sur le tuyau un embranchement, et l'on établit deux tuyaux jusqu'à l'autre extrémité de la
serre. Celle-ci se trouve, de cette façon, partagée en deux moitiés
dont l'une est plus chaude que l'autre, de sorte qu'on pourra y
cultiver, d'un côté des Odontoglossum froids, de l'autre des
Orchidées mexicaines ou même des Cattleya et Laelia.

Il est bien évident que le mélange des deux parties de l'atmosphère de la serre rétablira peu à peu l'équilibre, mais ce ne sera
que dans la partie supérieure que ce mélange se produira. L'air
chaud s'élève d'abord directement des tuyaux au sommet, et en
s'élevant il baigne les plantes, qui ressentent ainsi puissamment
l'effet de l'augmentation du nombre des tuyaux ; le mélange de
l'air chaud avec l'air moins chaud du compartiment voisin ne
s'opèrera qu'à une hauteur où il ne pourra plus intéresser les
plantes.

SERRE FROIDE

Ada aurantiaca.
Acrides japonicum.
Barkeria elegans.
    »   *Lindleyana.*
    »   *Skinneri.*
Bonatea speciosa.
Calanthe discolor.
    »   *pleiochroma.*
Cochlioda. Toutes les espèces.
Coelogyne barbata.
    »   *corrugata.*
Cymbidium ensifolium.
Cypripedium debile.
Dendrobium japonicum.
    »   *Kingianum.*
Disa. Toutes les espèces.
Hartwegia purpurea.
Laelia flava.

Laelia majalis.
Masdevallia. Toutes les espèces.
Odontoglossum. Toutes les espèces,
    sauf exceptions mentionnées à leur
    place.
Oncidium. Beaucoup d'espèces, et
    notamment :
Oncidium acinaceum.
    »   *cheirophorum.*
    »   *chrysopyramis.*
    »   *concolor.*
    »   *incurvum.*
    »   *cucullatum.*
    »   *holochrysum.*
    »   *macranthum.*
    »   *ornithorhynchum.*
    »   *pubes.*
    »   *lamelligerum.*

Oncidium hastatum.
» tigrinum.
» trichodes.
» zebrinum.
Pleurothallis. La plupart des espèces.

Restrepia antennifera et ses congénères.
Sophronitis cernua.
» grandiflora, etc.
Vanda Amesiana.
» Kimballiana.

SERRE TEMPÉRÉE-FROIDE

Acineta Barkeri.
» chrysantha.
» densa.
Acropera armeniaca.
» aurantiaca.
» Loddigesi.
» luteola.
Angraecum falcatum.
Anguloa Clowesi.
» eburnea.
» Ruckeri.
» uniflora.
Barkeria cyclotella.
» elegans.
» Lindleyana.
» Skinneri.
» spectabilis.
Bifrenaria. Toutes les espèces.
Brassavola cucullata.
» fragrans.
» nodosa.
» lineata.
Brassia cinnamomea.
» Keiliana.
» bicolor.
Cattleya citrina.
Coelogyne cristata Chatsworth var.
» elata.
Epidendrum Catillus.
» paniculatum.
» Friderici-Guilielmi.
» vitellinum.
Gongora maculata.
Harpophyllum cardinale.

Harpophyllum spicatum.
Houlletia en général.
Laelia albida.
» anceps.
» autumnalis.
Lycaste en général.
Maxillaria en général.
Miltonia en général.
Odontoglossum citrosmum.
» Harryanum.
» hastilabium.
» Londesboroughianum.
» Krameri.
» pulchellum.
Oncidium Batemannianum.
» altissimum.
» inops.
» cristatum.
» hastatum.
Physosiphon Loddigesi.
Sobralia leucoxantha.
» macrantha.
» xantholeuca.
Stenia fimbriata.
Xylobium Colleyi.
» scabrilingue.
» squalens.
Zygopetalum Clayi.
» crinitum.
» gramineum.
» graminifolium.
» Mackayi.
» maxillare.

SERRE TEMPÉRÉE

Acineta en général.
Barkeria barkeriola.
 » *melanocaulon.*
Batemannia en général.
Bletia en général.
Bollea en général.
Brassavola cucullata.
Cattleya en général.
Cirrhoea en général.
Coelia en général.
Coelogyne asperata.
 » *conferta.*
 » *corymbosa.*
 » *elegans.*
 » *flaccida.*
 » *fulginosa.*
Colax jugosus.
 » *de Puydti.*
 » *viridis.*
Comparettia en général.
Cymbidium ensifolium.
 » *eburneum.*
 » *Lowianum.*
 » *Parishi.*
 » *tigrinum.*
 » *giganteum.*
Cypripedium insigne.
 » *callosum.*
 » *villosum.*
Cyrtopodium en général.
Cyrtopera en général.
Dichaea picta.
 » *vaginata.*
Disa grandiflora.
Epidendrum en général, sauf les exceptions portées aux autres listes.
Eriopsis en général.
Gongora en général.
Govenia en général.
Hormidium pygmaeum.
Houlletia en général.
Ionopsis en général.
Isochilus en général.

Laelia en général.
Leptotes bicolor.
Nanodes en général.
Odontoglossum citrosmum.
 » *grande.*
 » *Insleayi.*
 » *Krameri.*
 » *Cervantesi.*
 » *Londesboroughianum.*
Oncidium ampliatum.
 » *cornigerum.*
 » *crispum.*
 » *concolor.*
 » *Forbesi.*
 » *divaricatum.*
 » *Jonesianum.*
 » *Leopoldianum.*
 » *Limminghei.*
 » *pubes.*
 » *sphacelatum.*
 » *splendidum.*
 » *varicosum.*
Pescatorea cerina.
 » *Dayana.*
 » *Klabochorum.*
Phajus grandifolius.
 » *maculatus.*
 » *Wallichi.*
Pleione en général.
Pleurothallis ornata.
 » *picta.*
Pilumna en général.
Promenaea en général.
Schlimia en général.
Schomburgkia en général.
Sobralia en général.
Stanhopea eburnea.
 » *insignis.*
 » *Wardi.*
 » *graveolens.*
 » *oculata.*
 » *ornatissima.*
 » *tigrina.*

Stenia fimbriata.
Stenorhynchus en général.
Trichocentrum en général.
Vanda Amesiana.
　»　Kimballiana.
　»　coerulea.
Warrea en général.

Warscewiczella en général.
Xylobium Colleyi.
　»　elongatum.
　»　scabrilingue.
　»　squalens.
Zygopetalum en général.
Trichopilia en général.

SERRE CHAUDE

Acacallis (Aganisia) cyanea.
Acampe en général.
Acanthephippium en général.
Acriopsis en général.
Aeranthus Leonis.
Aerides en général.
Aganisia en général.
Angraecum en général.
Ansellia en général.
Appendicula en général.
Arachnanthe en général.
Argyrorchis en général.
Arundina en général.
Aspasia en général.
Bulbophyllum en général.
Brassia Lawrenceana.
　»　maculata.
Broughtonia sanguinea.
Calanthe en général.
Camaridium ochroleucum.
Camarotis purpurea.
Catasetum en général.
Cephalanthera en général.
Chysis en général.
Cirrhaea en général.
Cirrhopetalum en général.
Cleisostoma en général.
Coelogyne Cumingi.
　»　Massangeana.
　»　odoratissima.
　»　pandurata.
　»　Sanderiana.
Collabium nebulosum.
Coryanthes en général.
Cycnoches en général.
Cypripedium en général.

Dendrobium en général.
Dendrochilum (Platyclinis) en gén.
Epidendrum cinnabarinum.
　»　Schomburgkianum.
Eria en général.
Eulophia en général.
Eulophiella Elisabethae.
Galeandra en général.
Geodorum en général.
Grammangis Ellisi.
Grammatophyllum en général.
Habenaria en général.
Laeliopsis Domingensis.
Liparis en général.
Lissochilus en général.
Lockhartia en général.
Luisia en général.
Macodes Petola.
Maxillaria atrosanguinea.
　»　odorata.
　»　rubella.
　»　uncata.
Megaclinium en général.
Microstylis en général.
Mormodes en général.
Nanodes en général.
Nephelaphyllum en général.
Notylia en général.
Oncidium anthocrene.
　»　bicallosum.
　»　bifolium.
　»　Lanceanum.
　»　sessile.
　»　Sprucei.
Ornithocephalus en général.
Pachystoma en général.

Paphinia en général.
Peristeria en général.
Phajus bicolor.
   »   *Blumei.*
   »   *callosus.*
   »   *Humbloti.*
   »   *sanguineus.*
   »   *tuberculosus.*
Phalaenopsis en général.
Pholidota en général.
Physurus en général.
Pilumna en général.
Polycycnis en général.
Polystachya en général.
Renanthera en général.
Rodriguezia en général.
Saccolabium en général.
Sarcochilus en général.
Schomburgkia crispa.

Schomburgkia Lyonsi.
   »   *marginata.*
   »   *rosea.*
Scuticaria en général.
Selenipedium en général.
Spathoglottis en général.
Spiranthes bicolor.
   »   *elata.*
   »   *picta.*
Stelis zonata.
Stenia pallida.
Thrixspermum en général.
Thunia en général.
Uropedium Lindeni.
Vanda en général.
Warscewiczella cochlearis.
   »   *discolor.*
Zygopetalum Burkei.
   »   *rostratum.*

HAUTE SERRE CHAUDE

Anoectochilus en général.
Govenia en général.
Haemaria en général.

Phalaenopsis en général.
Vanilla en général.

Thermomètre

Il est utile de placer un thermomètre dans chaque serre, et le jardinier doit y jeter les yeux de temps en temps pour relever les variations qui pourraient se produire soit dans la température extérieure, quand les ventilateurs sont ouverts, soit dans le chauffage artificiel; rien n'est plus funeste aux plantes que les variations de ce genre; elles supporteront beaucoup mieux une température trop haute ou trop basse, mais régulière.

Les indications contenues dans le corps de ce livre se rapportent toutes au thermomètre centigrade. Comme on se sert encore dans certaines régions du thermomètre Réaumur, et dans certains pays du thermomètre Fahrenheit, nous croyons utile d'indiquer ici le moyen de convertir les indications du thermomètre centigrade en Réaumur ou Fahrenheit, ou inversement.

Nous désignerons par C les indications du centigrade, par R celles du Réaumur et par F celles du Fahrenheit.

Voici donc six formules permettant de passer : les deux premières, du Fahrenheit au Réaumur et au centigrade ; les deux suivantes, du Réaumur au centigrade et au Fahrenheit ; les deux dernières, du centigrade au Fahrenheit et au Réaumur.

$$R = \frac{F - 32}{9} \times 4 \qquad\qquad C = \frac{F - 32}{9} \times 5$$

$$C = \frac{R \times 5}{4} \qquad\qquad F = \frac{R \times 9}{4} + 32$$

$$F = \frac{C \times 9}{5} + 32 \qquad\qquad R = \frac{4}{5} C$$

Un exemple : Supposons que le thermomètre Fahrenheit marque 60°. Pour avoir l'équivalent en centigrades et en Réaumur, nous remplaçons F par 60 dans les deux premières formules et nous avons

$$R = \frac{28}{9} \times 4 = 12°,444\ldots \qquad C = \frac{28}{9} \times 5 = 15°,555\ldots$$

Donc le thermomètre centigrade, à la même place, marquerait 15°,55 et le Réaumur 12°,44.

COMPARAISON DES TROIS ÉCHELLES

Thermomètre centigrade.	Réaumur.	Fahrenheit.	Thermomètre centigrade.	Réaumur.	Fahrenheit.
100	80	212	30	24	86
95	76	203	25	20	77
90	72	194	20	16	68
85	68	185	15	12	59
80	64	176	10	8	50
75	60	167	5	4	41
70	56	158	0	0	32
65	52	149	— 2	— 1,6	28,4
60	48	140	— 4	— 3,2	24,8
55	44	131	— 6	— 4,8	21,2
50	40	122	— 8	— 6,4	17,6
45	36	113	— 10	— 8	14
40	32	104	— 17,7	— 14,16	0
35	28	95			

CHAPITRE XI

Au point de vue de la composition du compost, une distinction essentielle s'impose d'abord entre les Orchidées épiphytes et les terrestres.

Les Orchidées épiphytes, ainsi qu'on l'a vu plus haut, croissent sur les branches des arbres, sur des rochers, et dans des situations analogues, étendant librement leurs racines dans l'air, ou parfois les enfonçant dans les creux de l'écorce ou dans les petites touffes de mousses qui y adhèrent. Ces racines, dans le milieu où elles se trouvent, ne puisent donc pas d'autre nourriture que de l'eau, à l'état liquide ou à l'état de vapeur, et divers gaz contenus dans l'air.

On ne saurait songer à reproduire exactement dans les serres européennes les mêmes conditions de croissance, à cause de la différence de notre atmosphère et surtout de sa sécheresse. Malgré tous les soins, il est difficile d'entretenir dans les serres une humidité suffisante pour fournir à la nutrition des plantes qui n'ont en quelque sorte pas d'autre aliment ; aussi a-t-on reconnu la nécessité de placer leurs racines dans un milieu approprié, capable de conserver autour d'elles l'humidité nécessaire. Ce milieu doit satisfaire à diverses conditions : il doit laisser circuler

Fig. 29. — LISSOCHILUS GIGANTEUS.

l'air, dont les racines ont essentiellement besoin, et s'humecter facilement.

Après des tâtonnements assez longs qui coutèrent la vie à un grand nombre de ces plantes pendant les premières années de leur introduction en Europe, on est arrivé à adopter d'une façon générale un mélange de sphagnum et de ce qu'on appelle terre fibreuse, formée de racines fibreuses de certaines Fougères du genre Polypode.

Le *sphagnum* est actuellement assez connu de tous les jardiniers pour qu'il nous semble inutile de le décrire ici. On le nomme généralement *mousse blanche*; on le rencontre presque partout dans les fossés des bois. Le meilleur sphagnum se récolte au commencement du printemps et de l'hiver. Il en existe plusieurs variétés, parmi lesquelles je donne la préférence à la variété épaisse.

Avant d'être employé, le sphagnum sera nettoyé de toutes les herbes et matières étrangères qui pourraient s'y trouver mélangées. On le lavera ensuite plusieurs fois. Cette opération se fait en le trempant dans de l'eau claire et en le pressant ensuite entre les mains pour écouler l'eau, qui entraînera avec elle les insectes qui pourraient y avoir élu domicile. Le sphagnum devra toujours être vivant. On aura donc soin d'étaler la provision à l'air libre pour qu'il ne pourrisse ni ne s'échauffe. Il est bon de hacher le sphagnum à la longueur de un à deux pouces suivant le genre d'Orchidées à rempoter. Il vaut mieux ne pas employer le sphagnum échauffé — il a perdu toute sa valeur.

La *terre fibreuse* est formée par les racines d'une Fougère très répandue dans nos contrées, le *Polypodium vulgare*. Elle se présente sous la forme d'un réseau de fines racines fibreuses formant une sorte de tissu lâche de deux à cinq centimètres d'épaisseur, constitué par l'accumulation, pendant de longues années, des racines de ces Fougères dans les forêts. Le nom de *terre fibreuse* est donc, on le voit, fort peu approprié, et nous ne pouvons que regretter qu'il soit passé dans l'usage.

La terre fibreuse se rencontre généralement sur les rochers longés par des cours d'eau; celle récoltée sur des roches schisteuses est très supérieure à celle que l'on trouve sur les roches calcaires. On n'en récolte jamais sur des arbres, à moins que ce ne soit sur de vieilles souches mortes ; mais dans ce dernier cas, le Polypode est presque toujours envahi par l'humidité et à peu près décomposé.

Une remarque curieuse au sujet du sphagnum, c'est que les touffes qui renferment des fourmilières — ce qui se produit assez fréquemment — sont toujours beaucoup plus vigoureuses que les autres, et donnent des tiges plus longues. Peut-être l'acide formique exercerait-il dans ce cas une action favorable à la végétation.

La *terre fibreuse* de bonne qualité est plus difficile à se procurer que le sphagnum. Heureusement, aujourd'hui, il y a des marchands qui en fournissent de très bonne à un prix qui s'est beaucoup réduit dans ces dernières années.

On remporte la plupart des Orchidées dans un compost où le *sphagnum* et la terre fibreuse entrent à peu près exclusivement, en proportions variables selon les genres, le plus souvent par parties égales. Certaines Orchidées cependant se cultivent dans du sphagnum pur.

Sans doute la composition des matériaux de rempotage n'est pas mathématiquement fixe, ni nécessairement invariable ; on peut ajouter aux matières que nous employons d'ordinaire telle ou telle autre en petite quantité, on peut faire varier les proportions de sphagnum et de terre fibreuse ; même on pourrait concevoir que ces deux substances fûssent remplacées par d'autres, et elles n'ont pas toujours été employées. Après bien des essais, on a reconnu que ce sont celles qui donnent les résultats les plus favorables ; peut-être découvrira-t-on dans l'avenir un autre mélange, naturel ou artificiel, capable de les suppléer avec avantage, et dans ce cas la terre fibreuse et le sphagnum seront abandonnés.

Il faut bien, d'ailleurs, qu'on prévoie cette éventualité et qu'on s'y prépare. Si le sphagnum repousse après la cueillette, et fournit une nouvelle moisson à la saison suivante, il n'en est pas de même de la terre fibreuse, formée de résidus végétaux accumulés par les années, dont les dépôts commencent à s'épuiser dans certaines régions et ne pourront être reformés qu'au bout d'un temps très long. Le sphagnum lui-même diminue en quelques endroits par suite de la négligence des collecteurs, qui ne prennent pas les précautions nécessaires pour assurer les récoltes de l'avenir.

Le sphagnum possède admirablement les qualités qui conviennent à la végétation des Orchidées; il est suffisamment serré pour retenir l'humidité le temps voulu, et suffisamment élastique pour la laisser s'évaporer, et admettre la circulation d'air indispensable. Il se conserve aisément vivant, et fournit par suite aux racines un milieu bien sain, qui seconde parfaitement la végétation.

J'ai admiré souvent les excellents effets qu'on obtient en déposant sur une couche de sphagnum vivant les plantes nouvellement importées ou celles qui ont perdu leurs racines et sont arrêtées dans leur végétation: au bout de très peu de temps, des racines nouvelles apparaissent, grandissent, se multiplient et s'enfoncent dans la mousse, avec une apparence de vigueur et de santé merveilleuse.

Le sphagnum convient particulièrement à certains genres, dans le compost desquels il doit dominer : ce sont surtout les Vanda, Aerides, Saccolabium, Angraecum, Phalaenopsis, pour lesquels il est employé pur, les Pescatorea, Warscewiczella, Bollea, etc. Pour la plupart des Orchidées, on le mélange par parties égales avec la terre fibreuse ; enfin celle-ci doit être utilisée en excès pour la culture des Cypripedium, Lycaste, etc.

Enfin quelques genres terrestres, comme les Calanthe, Sobralia, etc., réclament une nourriture plus substantielle, et il convient d'ajouter, dans leur compost, aux matières précédentes des substances plus fortes, terre de bruyère, terre franche, même une proportion de terre argileuse. Les plantes de cette catégorie n'ont pas besoin d'un drainage aussi parfait que les épiphytes, et pour assurer une perméabilité suffisante de leur compost, on y mélange un peu de sable fin.

Le choix du compost, son entretien en bon état, son renouvellement au moment opportun, ont une grande importance dans la culture des Orchidées, car la plante est en contact intime avec lui par ses organes les plus délicats, ses racines. Tout ce qui contribue à vicier le compost porte atteinte à la santé de la plante, exactement comme une substance étrangère introduite dans l'air que nous respirons, et capable de le gâter, met en danger notre existence.

Des soins spéciaux doivent être pris pour la conservation des matières du compost. La terre fibreuse se garde facilement en bon état, pourvu qu'on la fasse parfaitement sécher et qu'on la tienne à l'air. Renfermée, elle ne tarderait pas à fermenter; bien aérée, elle se conserve indéfiniment. Le sphagnum doit être également tenu bien sec; à l'air, il se conserve un ou deux ans; renfermé, il ne dure guère que de quatre à six mois; à l'air, d'ailleurs, le froid de l'hiver détruit les insectes qui peuvent se cacher dans la mousse.

Avant d'employer ces deux matières, il est indispensable de les laver attentivement pour les débarrasser des poussières, des débris décomposés et des insectes qu'elles contiennent. Le nettoyage de la terre fibreuse est particulièrement long et minutieux, car elle renferme toujours en abondance des rhizômes de fougères diverses qui donneraient plus tard naissance à des plantes et qu'il faut enlever complètement. Les fibres doivent être bien nettoyées et débarrassées de la terre qui s'y attache; il est bon de les battre avec des baguettes qu'on tient des deux mains, comme on le fait pour la laine dans les campagnes, afin de faire mieux tomber la terre. On retire aussi avec soin tous les fragments de rhizôme qui peuvent y rester. Il faut que le corps fibreux que l'on emploie soit assez fin, parfaitement élastique au toucher, et d'une couleur brun clair analogue à celle du tabac.

Il vaut mieux couper les fibres en petits morceaux avec des ciseaux que de les hacher sur une planche comme cela se pratique souvent. Le bois est toujours entamé et forme de la sciure qui se mélange au compost, où elle produit ensuite de la moisissure. Les champignons qui apparaissent quelquefois sur les pots, et dont les cultivateurs se plaignent tant, n'ont généralement pas d'autre origine. Non seulement ils déparent une collection, mais ils causent fréquemment la pourriture des racines.

Le sphagnum doit être lavé également : on peut même le laisser séjourner dans l'eau de 24 à 48 heures pour tuer les insectes plus sûrement. Cependant, s'il a été à l'air pendant l'hiver, étalé en couche mince comme il doit l'être, la gelée n'aura pas manqué de tuer déjà les insectes qui peuvent s'y trouver. Ensuite le sphagnum sera coupé au ciseaux comme les fibres, et les deux matières devront être bien mélangées, soit en parties égales, soit dans les proportions voulues.

Le sphagnum et la terre fibreuse s'emploient hachés en morceaux menus, de deux centimètres de longueur environ. On mélange le tout avant de s'en servir, pour rempoter les Odontoglossum, Masdevallia, et la plupart des Orchidées. Pour les Aerides, Vanda et Saccolabium, le sphagnum sera haché légèrement.

Le compost, dans des conditions normales, dure longtemps sans qu'on ait besoin de le renouveler; il peut durer trois ou quatre ans et plus pour certaines Orchidées ; d'autres, notamment les Cypripedium, semblent exiger des changements plus fréquents. En tous cas, il est bon de renouveler tous les ans la surface du compost dans tous les pots où ce compost n'est pas en pleine croissance. C'est un moyen de donner aux plantes un meilleur aspect, et aussi d'activer la production des racines sans déranger et risquer de blesser celles du fond. Presque toujours le surfaçage est suivi d'une abondante production de racines à la base des pseudobulbes, et d'un renforcement d'activité dans la croissance de la plante.

Il ne suffit pas, d'ailleurs, de prendre un peu de nouveau compost et de le mettre au-dessus de l'ancien; il faut encore profiter de ce changement pour nettoyer autant que possible les racines et ce qui les entoure ; voici comment on doit opérer :

On enlève, à l'aide d'un morceau de bois ou d'une matière analogue, ne risquant pas de blesser les racines, toute la partie supérieure du compost décomposée, jusqu'à une profondeur de deux centimètres environ; on lave ensuite les bords et l'intérieur du pot, et autant que possible les racines elles-mêmes, de façon à débarrasser ces parties de la mousse et des dépôts verdâtres qui les encrassent et qui nuisent beaucoup à la végétation.

Il faut ensuite détacher les racines qui se trouvent collées contre les parois du pot ou les lattes du panier, et les ramener à l'intérieur du compost; de même de celles qui s'étendent au dehors. C'est là un point très important, et qui n'est pas assez l'objet de l'attention des cultivateurs d'Orchidées. Les plantes qui ont leurs racines à l'intérieur du compost donnent généralement des pousses plus vigoureuses; en outre, elles profitent plus complètement de la période de repos, et par suite, produisent une floraison plus abondante que celles qui ont une chevelure de racines à l'extérieur du pot ou du panier.

Le compost pour les Cattleya, Oncidium, etc., devra être formé de moitié de sphagnum et moitié de terre fibreuse. Ces matières devront être soigneusement lavées au préalable. Il faut aussi débarrasser complètement les fibres des rhizômes qui s'y trouvent mélangés, car ils donnent naissance à des pousses de Fougères qui gênent la végétation de l'Orchidée, absorbent une partie de l'humidité au détriment de celle-ci et lui nuisent notablement; de plus, leur décomposition forme des champignons qui envahissent tout le compost et font pourrir les racines et même les pousses de certaines espèces très délicates.

On tasse soigneusement le compost sur les bords du pot, de façon à former une sorte de petite rigole le long de ceux-ci, puis on examine les endroits où se trouvent des yeux ou des pousses en voie de formation, et on dispose contre ces organes une petite masse de sphagnum pur, qui en facilite le développement. Ce procédé a toujours donné les meilleurs résultats dans les exemples que j'ai eus sous les yeux.

Ces touffes de sphagnum placées au voisinage des pousses devront être renouvelées au moins deux fois par an.

Avant de surfacer les Orchidées, il est bon de les priver d'eau pendant six à sept jours, et même jusqu'à dix jours, pour celles qui sont cultivées dans de très grands pots. Cette sécheresse momentanée assainit le vieux compost et arrête la moisissure qui pourrait commencer à se former autour des racines; on arrose ensuite assez abondamment, et le nouveau compost se trouve ainsi mis en parfait contact avec l'ancien, de façon à faire corps avec lui.

Le « Peat » anglais

On se sert en Angleterre, au lieu de la *terre fibreuse* décrite plus haut, d'une matière analogue nommée « peat. » Le « peat, » comme la terre fibreuse, est formé de racines et de rhizômes de Fougères, mais généralement d'espèces plus grossières (Bracken), mélangés avec d'autres débris végétatifs selon l'endroit où ils ont été recueillis; comme ils viennent du sol même, ils sont toujours mélangés d'une quantité plus ou moins grande de fine terre brune, très pauvre, et qui ne peut être employée dans le compost des Orchidées.

Ma conviction est que le Polypode est préférable au Peat, et voici pourquoi : d'abord ses racines fibreuses contiennent une proportion de nourriture beaucoup plus forte que celle qu'on trouverait dans le peat le meilleur possible; en second lieu, le Polypode conserve sa fraîcheur et sa santé bien plus longtemps que le peat, ce qui est d'une extrême importance pour établir des importations ou pour rétablir d'autres plantes.

La principale cause de cette supériorité marquée semble résider dans ce fait, que les fibres du Polypode sont d'une structure beaucoup plus poreuse que le « peat. » L'excès d'eau, qui cause souvent des échecs avec les plantes cultivées dans le « peat » fera rarement du tort à celles qui sont empotées dans le Polypode. Celles-ci réclament de l'eau en plus grande quantité pendant l'été, et même un petit peu plus pendant la période de repos; mais cette exigence me paraît constituer un avantage, parce qu'elle permet aux cultivateurs peu expérimentés d'en entreprendre la culture. Un autre avantage, qui n'est pas sans importance, c'est que les plantes produisent une masse plus grande de racines, et que le compost se conserve plus longtemps en état de fraîcheur et de santé; par suite il n'est point nécessaire de rempoter la même plante aussi fréquemment.

Le « peat » des anglais semble conserver l'humidité plus longtemps; il se gonfle comme une éponge; l'humidité reste stagnante autour des racines, et celles-ci sont exposées à pourrir, ce qui ruine la santé de la plante.

Drainage

Pour la culture en pot ou en panier des Orchidées épiphytes, il est nécessaire d'établir au fond du récipient un drainage destiné à assurer l'écoulement et l'évaporation de l'eau introduite dans le compost par les arrosages. On emploie dans ce but des débris de tessons de pots, matière poreuse par excellence. Il y a avantage à employer des débris, non pas à cause de l'économie, qui a peu d'importance, mais parce que la surface d'évaporation est ainsi beaucoup plus grande que si l'on employait seulement un ou deux morceaux plats. Tous ces débris ont d'ailleurs beaucoup de points de contact entre eux et avec le compost, et l'eau s'écoule rapidement de l'un à l'autre jusqu'en bas.

Quand on rempote des plantes de très grande taille, pour ne pas amasser au fond du récipient une quantité considérable de tessons, d'un poids très lourd, on les remplace par un petit pot, retourné sur le fond du grand, et dont le sommet atteint à peu près la moitié de la profondeur de l'autre.

Utilité du drainage

Le drainage sert à aérer le compost, et l'on comprendra aisément comment s'opère cette aération. Si les matériaux de rempotage occupaient tout le pot, l'eau s'amasserait toujours à la partie inférieure et y séjournerait; les racines seraient baignées d'humidité et presque privées d'air. Quand le fond du récipient est garni de corps très poreux, comme sont les tessons généralement adoptés pour cet usage, l'eau y descend et les imbibe; or on sait que l'eau s'évapore très rapidement à la surface des corps poreux (l'usage des alcarazas est fondé sur cette propriété); par suite, l'eau introduite dans le compost par les arrosages ne tarde pas à descendre toute dans le drainage et à s'y évaporer. A mesure qu'elle descend et s'échappe, elle est remplacée par de l'air; il s'établit donc dans le compost une circulation d'air constante.

On a fait des essais de culture sans drainage; un excellent cultivateur français, M. Bleu, m'a dit qu'il avait, depuis longtemps, supprimé tout drainage pour toutes les Orchidées cultivées en paniers; il est aisé de concevoir, en effet, que pour ces dernières les tessons soient beaucoup moins indispensables.

Même pour des Orchidées en pots, de nombreux essais ont été effectués dans le même sens; j'ai lu quelque part, vers 1890, le compte rendu d'essais de ce genre faits par deux amateurs sur des *Odontoglossum Alexandrae*, et qui, nous dit-on, ont produit d'excellents résultats. Les plantes étaient empotées dans du sphagnum, de la terre fibreuse et des feuilles de Rhododendron (celles de chêne ou de hêtre conviennent également, paraît-il), et la seule différence observée était qu'elles réclamaient des arrosages plus prudemment ménagés pendant l'hiver.

Il ne reste plus qu'à attendre à une échéance plus éloignée les effets de ce procédé; toutefois j'ai observé dans plusieurs de ces tentatives une particularité utile à signaler, c'est que toutes les plantes ainsi traitées donnaient de belles pousses, mais peu de fleurs, sans doute parce qu'elles ne pouvaient pas, dans ces conditions, avoir assez de repos.

La différence entre les deux systèmes, au fond, n'est pas aussi grande qu'elle peut le paraître à première vue. Lorsque le compost n'est pas trop comprimé, le sphagnum et la terre fibreuse, qui se gonflent quand ils sont mouillés, font eux-mêmes l'office de drainage. Ils offrent à l'air une surface très poreuse, très ample, sur laquelle l'évaporation s'effectue très activement. Mais si les matières sont très serrées et compactes, il n'en est plus de même, et le drainage est nécessaire pour attirer l'eau du compost, grâce à la capillarité, et pour la faire rapidement évaporer.

Il est un autre cas où l'on peut cultiver les Orchidées sans drainage, c'est lorsqu'il s'agit de mettre en végétation de petites plantes d'importation, des Odontoglossum par exemple. On économise beaucoup d'espace en les déposant les unes près des autres sur une couche de sphagnum étalée sur des tablettes. Il suffit que la couche ait 3 ou 4 centimètres d'épaisseur. On peut laisser former la première pousse dans ces conditions; les plantes sont d'ailleurs plus faciles à fixer en pot, quand elles ont quelques fortes racines.

La couche de sphagnum doit être maintenue bien humide, et étant donné sa faible épaisseur, il n'est pas à craindre que l'air manque aux racines. Les plantes poussent parfaitement dans ces conditions.

Enfin les Orchidées terrestres, comme je l'ai déjà dit, demandent beaucoup moins de drainage que les épiphytes; leurs racines sont habituées à être fréquemment noyées à l'état sauvage.

Le charbon de bois

C'était, il y a une vingtaine d'années, une coutume très répandue, de mélanger au compost des Orchidées des morceaux de charbon de bois. Un certain nombre de cultivateurs anglais suivent encore cette méthode; elle est à peu près généralement abandonnée sur le continent.

J'estime qu'il n'y a pas lieu de revenir sur cette condamnation. Si le charbon de bois a été peu à peu supprimé dans les cultures, c'est qu'on a reconnu dans la pratique qu'il était au moins inutile, sinon nuisible. C'est l'avis qui a été exprimé dans le *Journal des Orchidées*, où j'avais ouvert une consultation spéciale, par MM. DE LANSBERGE, A. BLEU, G. MITEAU, et autres cultivateurs très compétents.

Le charbon n'est pas bon comme drainage ; il est trop compact, trop dense, se laisse difficilement pénétrer par l'eau, et ensuite la laisse difficilement évaporer. Les tessons de terre cuite sont bien préférables à ce point de vue.

D'autre part, il est acquis que la présence du charbon produit dans certains cas une sorte de décomposition du compost.

C'est ainsi que M. DE LANSBERGE écrivait au *Journal des Orchidées* :

« ....Il m'est arrivé plusieurs fois de m'apercevoir que la présence de morceaux de charbon faisait pourrir le matériel, et nuisait par conséquent aux racines. Dernièrement même j'ai été obligé de rempoter une plante venue d'Angleterre, et dont le matériel émettait une forte odeur de conduite de gaz, tandis que les racines, devenues toutes noires, étaient en train de pourrir. Eh bien en la sortant du panier où elle se trouvait, j'ai vu que matériel et drainage se composaient principalement de morceaux de charbon surfacés d'un peu de sphagnum. »

M. OTTO BALLIF, un publiciste qui étudie avec beaucoup de compétence les Orchidées et leur culture, écrivait également à ce propos :

« Maintes fois j'ai observé que les plantes reposant sur un bon drainage de tessons et rempotées simplement dans des fibres de Polypode et du sphagnum, étaient plus saines que celles pour lesquelles j'avais employé du charbon, soit dans le compost, soit comme drainage.

En outre, j'ai remarqué que le sphagnum vivant, que l'on emploie pour le surfaçage des Orchidées indiennes, telles que les Vanda, Aerides, Saccolabium, Phalaenopsis, etc., perdait beaucoup plus vite sa vitalité lorsqu'il reposait sur un drainage composé de tessons et de charbon de bois, que si ce dernier ne consistait qu'en débris de briques ou de tessons de pots. »

Enfin un amateur autrichien, M. O. DE KIRCHSBERG, ajoutait l'observation suivante :

« Rien ne prouve, selon moi, que les Orchidées se trouvent, au point de vue physiologique, soumises à d'autres lois que les autres végétaux de notre planète. Or à l'état naturel, nous ne voyons ni champignons, ni mousses, ni phanérogames d'aucune sorte, ni même aucune bactérie élire domicile sur du charbon, là même où les conditions de chaleur et d'humidité sont le plus favorables. Tout le monde a vu dans les forêts les vieux morceaux de charbon abandonnés rester libres de toute végétation, même au bout de plusieurs années; tout le monde a constaté qu'il faut très longtemps pour que la propriété que possède le charbon de détruire les germes cède et s'épuise, et pour que les places où se trouve le charbon puissent être envahies par la végétation. Les endroits où s'exploite la fabrication industrielle du charbon de bois restent de longues années désolés, une fois que le sol est suffisamment couvert de sa poussière.

C'est pourquoi j'aurais peine à croire que le charbon puisse être utile ou seulement indifférent pour la culture des Orchidées, alors qu'il est manifestement nuisible à tout autre élément végétatif. »

C'est précisément comme antiseptique que le charbon de bois, proscrit du compost, peut rendre des services au cultivateur d'Orchidées, et sur le continent il n'est plus employé qu'à l'état de poussière, dont on recouvre les plaies, les parties endommagées ou sectionnées des organes, pour les faire rapidement cicatriser.

CHAPITRE XII

Les deux principaux modes de culture employés sont la culture en pot et la culture en panier.

Les pots employés pour les Orchidées sont semblables à ceux qui servent dans toutes les cultures. Il convient cependant de donner la préférence à des récipients minces et bien poreux, parce que toutes les Orchidées, qui paraissent se nourrir essentiellement d'eau et de gaz puisés dans l'atmosphère, ont besoin d'avoir leurs racines bien aérées.

La majorité des Orchidées se cultivent en pot. Quant aux paniers, on y place les espèces dont les racines ont particulièrement besoin d'air, et ne pourraient être enfermées dans un pot.

Plusieurs Orchidées, telles que les Acineta, les Gongora, les Stanhopea (voir fig. 30), les Coryanthes, le *Maxillaria Sanderiana*, etc., produisent des grappes de fleurs pendantes qui s'enfoncent verticalement entre les racines. La culture en panier est nécessaire pour ces espèces.

On cultive aussi en panier beaucoup d'Orchidées de petite taille, que l'on suspend au sommet de la serre près du vitrage. Ce procédé permet de les faire mieux profiter de la lumière et en même temps de donner aux serres un coup-d'œil plus pittoresque et plus gai.

Toutefois, il ne faut pas les accrocher trop haut, ni les serrer trop les unes contre les autres ; le jardinier doit toujours pouvoir les prendre en main et les regarder de près ; sans cela il ne pour-

Fig. 30. — Stanhopea oculata.

rait se rendre compte de l'état de chacune, devrait arroser à l'aveugle, et ferait, par suite, de mauvaise besogne.

D'une façon générale, la culture en paniers réclame plus de soins, du moins des arrosages plus fréquents. En cultivant en pots, l'humidité s'évapore moins vite ; mais il faut peut-être plus de tact, pour éviter que les racines pourrissent dans un excès d'humidité.

Culture sur bloc

Certaines Orchidées à rhizome traçant seraient difficiles à aménager dans un pot ou un panier, à cause de leur forme. D'autres, qui ont les racines délicates, craignent l'humidité constante; toutes ces espèces s'accommodent parfaitement d'être cultivées sur un bloc de bois. On les y fixe à l'aide de fils de cuivre; elles ne tardent pas, d'ailleurs, à s'attacher à leur support par leurs racines.

On se sert le plus souvent à cet effet de petites planchettes de bois dur bien lisse; parfois aussi on cultive des Cattleya (voir fig. 32), des Oncidium, etc., sur un morceau de tronc d'arbre. Les collecteurs envoient souvent des morceaux de grosses branches portant des Orchidées qui y sont fixées par des réseaux compliqués de racines, de telle façon qu'il serait difficile de les en arracher.

Il semble que certains bois soient plus favorables que d'autres à la végétation des Orchidées; c'est ainsi que beaucoup d'espèces se rencontrent constamment sur un arbre nommé arbre-calebasse (*Crescentia Cujetc*). Les Orchidées n'étant pas parasites, il est difficile de se rendre compte des causes de cette préférence. Peut-être réussissent-elles mieux sur cet arbre uniquement à cause de sa hauteur, ou à cause de la disposition de son feuillage qui leur procure la quantité voulue d'ombre et de lumière.

Certains Zygopetalum et Oncidium croissent bien aussi sur des troncs de Fougères; les *Zygopetalum Gautieri*, *graminifolium*, etc., sont fréquemment cultivés ainsi dans les collections.

Pots

J'ai eu souvent l'occasion d'observer, en visitant des serres de cultivateurs d'Orchidées, qu'un très grand nombre d'entre eux employaient des pots trop grands pour leurs plantes; c'est un système dangereux.

Lorsque j'en faisais la remarque, c'était presque toujours le même argument qui m'était opposé, à savoir que les Orchidées, dans leur pays natal, ont de l'espace autant que leurs racines peuvent s'étendre; rien ne les arrête ni ne restreint leur développement; pourquoi n'en serait-il pas de même dans nos serres?

La réponse est bien simple : c'est que l'air ne circule pas dans l'intérieur d'un pot comme dans les débris végétaux accumulés sur les arbres ou le sol des forêts tropicales. Le compost que nous y enfermons est forcément comprimé, et l'humidité y séjourne davantage; par suite le repos annuel est rarement complet, ce qui influe considérablement sur la végétation de toute l'année suivante.

Sans doute, un cultivateur très expérimenté pourra néanmoins cultiver certaines Orchidées dans des pots trop grands sans qu'elles en ressentent aucun dommage, en prenant les précautions nécessaires pour l'arrosage et en leur assurant un bon repos, qu'il saura mesurer de la façon la plus convenable. Mais les amateurs débutants qui en feraient l'expérience trouveront, au bout d'un temps plus ou moins long, leurs élèves totalement privées de racines, par suite de ce manque d'air et d'une humidité trop persistante.

Il faut que la grandeur du pot soit exactement proportionnée à celle de la plante; il ne faut pas non plus qu'il soit trop petit. C'est l'excès dans lequel tombent parfois les cultivateurs anglais; ses inconvénients ne sont pas moindres que ceux dont je parlais précédemment.

Lorsque le pot est trop petit, les racines se trouvent resserrées et n'ont plus d'espace pour se développer; par suite, la plante est moins vigoureuse; en outre, il en résulte que les racines, ne pouvant s'allonger à l'intérieur, repoussent la plante au dehors; les pseudobulbes nouveaux se forment à une hauteur supérieure à celle des précédents; la plante forme des étages, et se trouve alors avoir une végétation en partie aérienne, avec un abondant chevelu de racines qui divergent dans tous les sens au lieu de pénétrer dans le compost; dans ces conditions, je l'ai remarqué très fréquemment, la plupart des espèces réussissent moins bien. Enfin, quand on emploie un pot trop petit, les racines se fixent considérablement sur les parois, et lors du rempotage on est obligé de les détacher en les brisant ou en les endommageant beaucoup, ce qui fait souffrir la plante.

Il va sans dire que certaines genres ou certaines espèces font exception. Les Orchidées à végétation robuste peuvent sans inconvénient être empotées dans de grand pots, mais il est nécessaire alors de leur donner un drainage important et d'aérer le compost en mélangeant à la terre fibreuse et au sphagnum du sable à gros grains et des tessons de pots neufs.

Il convient donc de n'employer des pots ni trop grands, ni trop petits; un peu d'habitude suffira pour discerner immédiatement la dimension nécessaire. Par exemple, un *Odontoglossum crispum* de quatre à cinq pseudobulbes devra avoir un pot de dix centimètres environ de diamètre. Voici un criterium assez commode en pratique : il faut que la projection horizontale des sommets des bulbes tombe sensiblement sur la circonférence du pot, de telle façon qu'en regardant le vase d'en haut, on voie presque toutes les pointes arriver contre le bord, sans qu'aucune le dépasse.

Lorsqu'il est devenu nécessaire de rempoter une Orchidée, il convient d'augmenter la largeur du pot de deux centimètres environ, c'est-à-dire juste l'espace suffisant pour interposer une mince couche de compost entre les racines, qui forment le contour de la motte, et les parois du pot nouveau.

Les plantes ne doivent pas non plus être trop enfoncées dans les pots; dans ce cas elles sont un peu noyées et exposées à pourrir facilement.

Si au contraire la plante est trop élevée au-dessus des bords de son pot, l'eau s'écoule immédiatement au fond, et la partie supérieure du compost est presque toujours sèche. Il y a plus : le compost forme forcément un petit cône ayant pour sommet le collet de la plante et pour base un cercle limité par les bords mêmes du pot. Dans ces conditions, l'eau des arrosages ne pénètre presque pas dans le compost; elle glisse le long de ce cône, s'arrête un peu sur les bords (si l'on a eu soin d'y tracer une légère rainure), mais n'imbibe que peu ou pas le centre, c'est-à-dire la partie où se trouve la plante. Ce procédé peut être bon pour certaines Orchidées un peu délicates, qui craignent beaucoup l'excès d'humidité stagnante et pourrissent facilement; mais en tous cas, il astreint à des arrosages très fréquents. Il faudrait donner de l'eau deux ou même trois fois par jour à des plantes ainsi rempotées; encore faudrait-il, pour être bien certain de les humecter, plonger le pot entier dans l'eau, et ne pas se contenter d'un arrosage superficiel.

La fabrication des pots a une très grande importance pour la culture des Orchidées, puisque c'est d'elle que dépend en grande partie la respiration des plantes par leurs racines.

Quiconque a eu l'occasion d'enlever une Orchidée du pot dans lequel elle était placée, pour la rempoter par exemple, a pu voir ses racines roulées en réseau serré sur toute la périphérie du compost et collées contre la paroi interne du pot. Cette tendance des racines s'explique à coup sûr par ce fait qu'elles recherchent l'air et l'aspirent avidement par les pores de la terre cuite. C'est donc un principe essentiel que les pots doivent être très poreux, minces et facilement perméables à l'air. Les pots vernissés ou émaillés extérieurement ne peuvent jamais être employés.

Certains fabricants font subir aux pots une fois achevés une manipulation qui lisse la terre extérieurement; cette préparation, dont l'utilité n'apparaît pas bien clairement, a en revanche l'inconvénient de boucher presque tous les pores de la terre; les pots de ce genre doivent être aussi écartés. Il faut que la surface soit bien rugueuse et que l'évaporation s'y opère activement.

Certains amateurs recouvrent les tablettes de leurs serres de sable, de cendres, ou de diverses matières sur lesquelles reposent les pots. Il faut absolument déconseiller cette pratique.

La cendre est un corps particulièrement mauvais; mouillée, elle forme une sorte de boue d'un aspect fort désagréable, et qui obstrue complètement l'orifice inférieur ainsi que tous les pores de la base des pots. Beaucoup d'Orchidées émettent des racines à l'extérieur du compost, et ces racines courent sur les tablettes ; elles ont besoin d'air avant tout, et ne peuvent en aucun cas se trouver bien d'être plongées dans cette masse compacte humide et non aérée. Et je ne parle même pas des dangers qui peuvent résulter de la composition chimique des cendres employées ; il peut s'y trouver des substances nuisibles à la santé des Orchidées.

L'Orchidée — au moins, en général, l'Orchidée aérienne, c'est-à-dire la grande majorité — ne se nourrit guère que d'air et d'humidité ; il est fort probable que l'air de nos climats ne lui fournit pas tous les éléments qu'elle retire de l'atmosphère dans son pays natal, mais en tous cas il est reconnu qu'il faut aux racines beaucoup d'air et beaucoup d'eau ; c'est une question de vie ou de mort pour elles ; elles ont donc besoin d'un compost qui retienne l'humidité, mais qui soit en même temps assez léger pour laisser circuler l'air en abondance.

C'est sur ces principes qu'est fondée la culture actuelle, qui, l'on doit le reconnaître, est arrivée à des résultats très satisfaisants : emploi de mousse et de fibres élastiques comme compost, de pots très poreux comme récipients, ou même de paniers laissant passer l'air de tous côtés, enfin de tablettes à claire-voie.

Or, à quoi serviraient les pots minces et poreux si leurs parois étaient en partie obstruées, fermées à l'air extérieur ? A quoi servirait le compost parfaitement perméable, si les racines qui s'en échappent allaient s'étouffer dans une masse où l'air ne peut pénétrer ?

Le sable fin présente à peu près les mêmes inconvénients, sauf celui résultant de la composition chimique. Quant au gravier, il est sans doute plus aérable, et il obstrue un peu moins la respiration du compost ; mais, j'en reviens à ce point, à quoi sert-il ? Il produit un effet très peu attrayant, et risque de blesser les racines, ne fût-ce que quand on les déplace en remuant les pots.

Enfin, il est bien certain que l'on ne peut disposer du sable ou de la cendre sur les tablettes qu'en faisant celles-ci pleines ; or c'est là un mauvais procédé. Les tablettes doivent être à claire-voie, pour que l'air circule abondamment entre les pots et baigne au moins une partie de leur base, et aussi pour que l'air chaud, qui s'élève des tuyaux placés près du sol, se répande directement entre les plantes, et entre toutes également; tandis que si les tablettes sont pleines, cet air chaud les contourne pour s'élever au sommet de la serre, de sorte qu'une grande partie de la chaleur dépensée est perdue pour la culture.

J'ai dit que les pots devaient être parfaitement poreux. Il faut, d'autre part, les nettoyer de temps en temps pour éviter que les pores en soient obstrués par les poussières, les conferves ou les dépôts de l'eau d'arrosage qui s'accumulent à la longue.

Le lavage des pots s'effectue d'une façon très simple, à l'aide d'une brosse assez dure et frottée sur toute la surface extérieure. Pour éviter le gâchis et pour avoir de l'eau en abondance, le jardinier installera dans sa serre un seau d'eau sur un support de la hauteur convenable; il fera reposer son pot sur le bord du seau, et, le tenant du main, il le brossera de l'autre en lui donnant un mouvement de rotation et en replongeant fréquemment sa brosse dans l'eau. Le nettoyage devra être répété au moins deux fois par an, au début du printemps et vers la fin de l'été.

Paniers

Les paniers à Orchidées sont formés ordinairement de baguettes de bois superposées en étages, de façon à laisser entre elles un certain intervalle, égal à peu près à l'épaisseur d'une baguette.

La forme adoptée généralement est la forme carrée; mais on fait aussi des paniers en tronc de cône renversé, des paniers hexagonaux, octogonaux, etc., des paniers en forme de losange ou de rectangle allongé, ou même des paniers concaves semi-cylindriques, selon les cas. Les amateurs varient souvent ainsi les formes pour obtenir plus d'élégance ou de pittoresque.

La fantaisie peut se donner à ce point de vue libre carrière pour créer des dispositions agréables à l'œil; il n'est qu'un point important au point de vue de la culture : la nature du bois employé.

Il faut que ce bois soit dur, pour qu'il résiste à l'humidité continuelle qui l'entoure. S'il se décomposait, la moisissure gagnerait le compost et nuirait aux plantes.

Il est bon de couper le bois en hiver; on choisit des rameaux d'orme, de noisetier, ou d'érable. On les scie en rejetant ce qui n'est pas droit ou ce qui serait trop mince, car même pour les petits paniers il faut des baguettes assez fortes, afin qu'elles résistent plus longtemps à l'humidité. Le bois trop jeune, étant moins mûr, est plus accessible aux champignons et à la pourriture.

On emploie aussi beaucoup de pitch-pine, qu'on fait tremper préalablement dans l'huile de lin. Les paniers ainsi formés sont de longue durée.

C'est surtout avec de vieux ceps de vigne qu'on peut faire de très jolies corbeilles rustiques, assez durables. On aura soin de bien les débarrasser au préalable des insectes qu'ils peuvent abriter.

Les paniers s'emploient généralement suspendus près du vitrage, comme ils sont plus légers que les pots, et forment un coup d'œil pittoresque et souvent très gracieux. Ils sont particulièrement commodes pour placer des plantes à fleurs tombantes ou disposées en longues grappes infléchies, Oncidium, Aganisia, Trichocentrum, Stanhopea, certains Odontoglossum, etc. Rien n'est plus élégant, par exemple, qu'un de ces paniers supportant un Rodriguezia Lindeni, et disparaissant presque entièrement sous

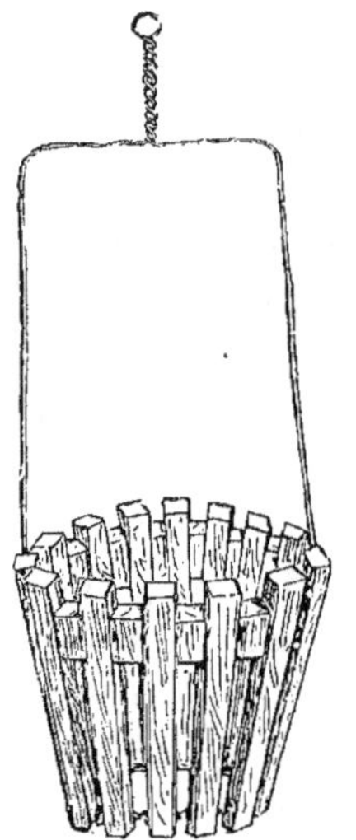

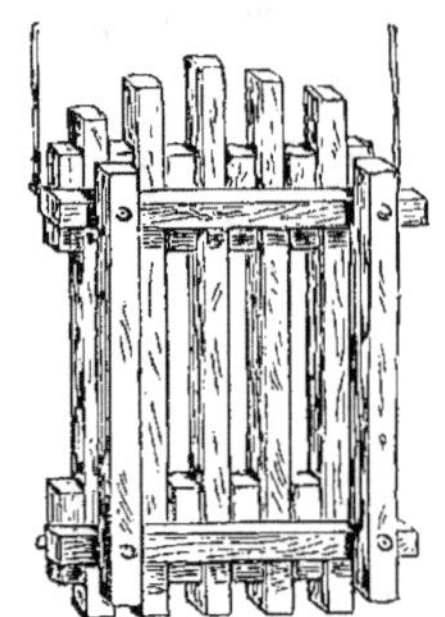

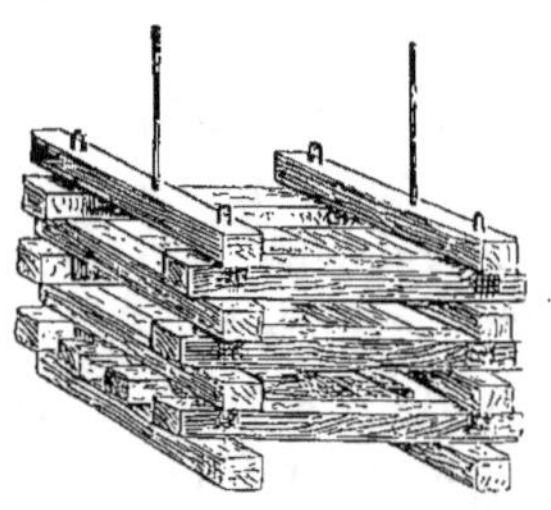

Fig. 31. — Modèles de paniers.

les grappes de fleurs d'un blanc de neige qui l'enveloppent de toutes parts.

Lorsqu'on veut rempoter une Orchidée cultivée en panier, on rencontre parfois quelque difficulté à la retirer, car les racines, sortant librement par toutes les ouvertures, s'enlacent autour des baguettes et y forment souvent des réseaux inextricables. Dans ce cas, le plus simple est de couper les fils de fer qui retiennent les baguettes aux angles où elles s'articulent entre elles; puis on dégage facilement chacune à son tour. Il est facile de remonter le panier ensuite.

Pour les Orchidées à tige simple, comme les Vanda par exemple, on peut aussi allonger le panier à volonté. Les Vanda, qui s'accroissent toujours par le sommet, perdent peu à peu les feuilles du bas; à mesure que le bas se dénude, afin de cacher la tige séchée, on ajoute deux ou trois baguettes au-dessus du panier, et on remplit cet espace de sphagnum. Pour éviter que le panier ainsi accru prenne des dimensions exagérées, on peut en même temps supprimer quelques baguettes dans le bas; de cette façon le panier se déplace en quelque sorte, et s'élève avec la plante.

Ajoutons qu'il n'est pas difficile de suspendre au vitrage les Orchidées qui se cultivent en pot; pour cela, on forme un support à crochet, en fil de fer, ayant à sa base un cercle de la grandeur nécessaire pour que le pot s'y enfonce à peu près jusqu'à la moitié de sa hauteur. On peut encore placer le pot, s'il est petit, dans un des paniers ordinaires en usage pour la culture.

Etiquettes

Pour marquer les noms des plantes, on se sert généralement d'étiquettes que l'on attache à la plante même ou que l'on enfonce dans le compost au bord du pot ou du panier.

On employait beaucoup autrefois des étiquettes d'ivoire ou d'os attachées par un mince fil de laiton ou de cuivre à une tige ou un pseudobulbe. Ce procédé est aujourd'hui abandonné. Il ne permet pas de lire facilement le nom de la plante, et le visiteur est obligé souvent de passer la main entre les pseudobulbes pour aller chercher l'étiquette et la redresser, au risque de blesser ou de briser les organes. D'autre part, l'eau des arrosages délaie l'encre peu à peu, et entraîne en solution des sels nuisibles. Enfin, il est difficile de nouer un fil métallique autour des tiges molles; on s'expose à les couper.

Les étiquettes de bois sont aujourd'hui employées presque partout. Elles sont peu coûteuses et durent longtemps. On les vend d'ordinaire recouvertes, sur une face, d'une couche de couleur jaune sur laquelle le nom se marque facilement et très nettement au moyen d'un crayon ordinaire.

Ces étiquettes ont un bout pointu que l'on enfonce dans le compost, contre le bord du pot ou du panier, à une profondeur de deux ou trois centimètres environ.

On les remplace au bout d'un an ou un an et demi, lorsque l'humidité du compost commence à les faire pourrir.

Conservation des étiquettes de bois. — Un des moyens les plus propres à conserver les étiquettes employées pour inscrire les noms des plantes consiste à les injecter d'une solution de sulfate de cuivre. C'est un corps très répandu dans le commerce, et qui se vend à un prix très modéré. On en mettra environ 20 grammes dans un litre d'eau, de façon que le liquide ait une couleur bleue assez foncée.

Il ne suffit pas que le bois en soit mouillé à la surface, il faut que la solution le pénètre également à l'intérieur; pour cela, il est bon de le laisser plonger assez longtemps, et il est préférable encore de le mettre dans un récipient où l'on comprime le liquide, au moyen d'une presse hydraulique par exemple. Toutefois ce n'est pas toujours très facile; on peut du moins choisir un bois mou et poreux, comme le sapin, qui sera aisément injecté; les bois durs, comme le chêne, ne se pénètreraient que très difficilement.

Je dois ajouter que le sulfate de cuivre, substance corrosive, me paraît présenter quelque danger pour la santé des racines, et que je préfère de beaucoup me servir d'étiquettes en bois non préparé, quitte à les renouveler quand elles commencent à pourrir, ce qui n'entraîne qu'une dépense extrêmement minime.

Les étiquettes de zinc sont préférées par beaucoup de jardiniers aux étiquettes de bois, qui ont l'inconvénient de pourrir assez vite. Mais il arrive généralement que les inscriptions qui y sont faites ne tardent pas à s'effacer et à disparaître dans la couleur grisâtre qui envahit l'étiquette entière. On peut obtenir une marque indélébile en écrivant avec un acide très dilué, par exemple en mélangeant à de l'encre ordinaire une petite quantité de sulfate de cuivre.

Fig. 32. — CATTLEYA CITRINA.

Un crayon un peu mou ferait d'ailleurs presque aussi bien l'affaire ; mais il est nécessaire, avant de s'en servir, de décaper soigneusement le métal, c'est-à-dire de le nettoyer de la couche d'oxyde dont il est recouvert au bout de peu de temps de service, ainsi que des corps gras ou des saletés qui empêchent d'écrire sur sa surface ; pour cela on le tempera dans de l'acide azotique étendu d'eau (eau forte) ou, au besoin, dans du vinaigre fort. Moyennant cette préparation, le crayon laissera sur le zinc des traits durables et très visibles.

Indiquons sommairement les principales Orchidées qui se cultivent suivant chacun des procédés qui viennent d'être passés en revue. Beaucoup, à vrai dire, réussissent bien en pot et aussi en panier; d'autres, que l'on cultive souvent sur bloc, peuvent prospérer en panier également. Plusieurs des indications ci-après n'ont donc rien d'absolu, et ne doivent être interprétées que comme une méthode à adopter de préférence, mais non obligatoire.

ORCHIDÉES QUI SE CULTIVENT EN POT

Acampe en général.
Acanthephippium en général.
Acriopsis en général.
Ada aurantiaca.
Aerides en général, sauf quelques exceptions.
Aganisia ionoptera.
Anoectochilus en général.
Angraecum en général, sauf quelques exceptions.
Anguloa en général.
Ansellia en général.
Appendicula en général.
Arundina en général.
Aspasia en général.
Barkeria en général.
Bifrenaria en général.
Bletia en général.
Bulbophyllum en général, sauf quelques exceptions.
Brassia en général.
Calanthe en général.
Camaridium ochroleucum.
Camarotis purpurea.
Cattleya en général (en panier aussi), sauf quelques exceptions.
Chysis en général.
Cirrhaea en général.
Cleisostoma en général.
Coelia en général.
Coelogyne en général.
Colax en général.
Cymbidium en général.

Cypripedium en général.
Cyrtopodium en général.
Dendrobium en général, sauf quelques exceptions.
Dendrochilum en général.
Dichaea en général.
Disa en général.
Epidendrum en général.
Eria en général.
Eulophia en général.
Galeandra en général.
Galeottia en général.
Goodyera en général.
Govenia en général.
Grammatophyllum en général (aussi en panier).
Habenaria en général.
Harpophyllum en général.
Hartwegia en général.
Houlletia en général.
Isochilus en général.
Laelia en général, sauf quelques exceptions.
Lissochilus en général.
Lockhartia en général.
Luisia en général.
Lycaste en général.
Masdevallia en général, sauf quelques exceptions.
Maxillaria en général, sauf quelques exceptions.
Megaclinium en général.
Microstylis en général.

Miltonia en général (aussi en panier).
Mormodes en général (aussi en panier).
Odontoglossum en général, sauf quelques exceptions.
Oncidium en général, sauf quelques exceptions.
Ornithidium en général.
Ornithocephalus en général.
Pachystoma en général.
Peristeria en général.
Pescatorea en général (aussi en panier).
Phajus en général.
Pholidota en général.
Physurus en général.
Pleione en général.
Pleurothallis en général.
Promenaea en général.
Renanthera en général.
Restrepia en général (aussi en panier).
Saccolabium en général.

Sarcanthus en général.
Sarcochilus en général.
Schomburgkia en général.
Sobralia en général.
Spathoglottis en général.
Stelis en général.
Stenia en général.
Telipogon en général.
Thunia en général.
Trichocentrum en général (aussi en panier).
Trichopilia en général (aussi en panier).
Trichosma suavis.
Vanda (pot ou panier).
Warrea en général.
Warscewiczella en général (aussi en panier).
Xylobium en général.
Zygopetalum en général.

ORCHIDÉES QUI SE CULTIVENT EN PANIER

Acineta en général.
Acropera en général.
Aeranthus Leonis.
Aganisia cœrulea.
   » *cyanea.*
   » *tricolor.*
Aerides Sanderianum.
   » *virens.*
Angraecum articulatum.
   » *Chailluanum.*
   » *citratum.*
   » *Ellisi.*
   » *Leonis.*
   » *Sanderianum.*
   » *Sedeni.*
Batemannia en général.
Bulbophyllum anceps.
   » *Beccarii.*
   » *Dearei.*
   » *grandiflorum.*
   » *Lobbi.*
Bollea en général.

Brassavola fragrans.
   » *lineata.*
Burlingtonia en général.
Catasetum en général (pot ou panier).
Cattleya Aclandiae.
   » *Holfordi.*
   » *maxima.*
   » *superba.*
   » *Walkeriana.*
Cirrhopetalum en général.
Cochlioda en général (pot ou panier).
Coelogyne asperata.
Comparettia en général.
Coryanthes en général.
Cycnoches en général.
Epidendrum en gén. (pot ou panier).
Eriopsis en général.
Gongora en général.
Grammatophyllum en général.
Ionopsis en général.
Laelia en général et surtout :
   » *albida.*

Laelia anceps.
» autumnalis.
» pumila.
Leptotes bicolor.
Liparis en général.
Masdevallia Backhouseana.
» bella.
» caloptera.
» Chimaera.
» Estradae.
» Houtteana.
» lata.
» nycterina.
» Shuttleworthi.
» spectrum.
» vespertilio.
» Wageneriana.
Maxillaria Sanderiana.
» venusta.
Miltonia en général.
Mormodes en général (pot ou panier).
Nanodes en général.
Nephelaphyllum en général.
Notylia en général.
Odontoglossum Cervantesi.
» citrosmum.
» coronarium.
» Krameri.
» Londesboroughianum.
» Oerstedi.
» Rossi.
Oncidium ampliatum.
» aurosum.
» Cavendishianum.
» concolor.
» crispum.
» divaricatum.
» flexuosum.

Oncidium haematochilum.
» iridifolium.
» janeirense.
» Jonesianum.
» juncifolium.
» Kramerianum.
» Lanceanum.
» Leopoldianum.
» Marshallianum.
» Papilio.
» Phalaenopsis.
» phymatochilum.
» pubes.
» pumilum.
» sarcodes.
» splendidum.
» varicosum.
Palumbina candida.
Paphinia en général.
Pescatorea en général (pot ou panier).
Phalaenopsis en général.
Polycycnis en général.
Polystachya en général.
Prescottia en général.
Rodriguezia en général.
Saccolabium (pot ou panier).
Sarcanthus (pot ou panier).
Sarcochilus (pot ou panier).
Scuticaria en général.
Sophronitis en général.
Stanhopea en général.
Stenorhynchus en général.
Thrixspermum en général.
Trichocentrum en gén. (pot ou panier).
Trichopilia (beaucoup d'espèces).
Vanda en général (pot ou panier).
Warscewiczella en général (pot ou panier).

ORCHIDÉES QUI SE CULTIVENT SUR BLOC OU SUR TRONC

Aerides mitratum.
Aganisia coerulea.
» cyanea.
» tricolor.

Broughtonia sanguinea.
Bulbophyllum divers.
Cattleya citrina.
Cirrhopetalum divers.

Cyrtopera en général.
Dendrobium aemulum.
    »   *aggregatum.*
    »   *Devonianum.*
    »   *Falconeri.*
    »   *Jenkinsi.*
    »   *Kingianum.*
    »   *suavissimum.*
Ionopsis en général.
Leptotes bicolor.
Liparis en général.
Odontoglossum coronarium.
Odontoglossum Londesboroughianum
Oncidium Kramerianum.
    »   *Leopoldianum.*

Oncidium ampliatum.
    »   *flexuosum.*
    »   *iridifolium.*
    »   *janeirense.*
    »   *Papilio.*
    »   *Marshallianum.*
Rodriguezia decora et plusieurs autres espèces de petite taille.
Scuticaria en général.
Vanilla en général.
Zygopetalum en général et surtout
    »   *Gautieri.*
    »   *graminifolium.*
    »   *maxillare.*
    »   *rostratum.*

Il va sans dire que plusieurs de ces espèces, qui peuvent atteindre un développement assez considérable, doivent être mises en panier quand elles deviennent trop grandes pour rester sur bloc.

CHAPITRE XIII

Les Orchidées en général n'ont pas besoin d'être rempotées tous les ans. Le rempotage doit être opéré dans trois cas :

1° Lorsque le compost a perdu sa fraîcheur et devient noir, ou se couvre de conferves, ou forme des masses compactes imperméables à l'air. Un compost bien entretenu peut se conserver deux ans, et même trois ans, sans avoir besoin d'être changé ;

2° Lorsque la plante, ayant grandi beaucoup, a rempli complètement son récipient, et que les pseudobulbes dépassent les bords de celui-ci ;

3° Lorsque les racines n'ont plus assez de place. En effet, il y a des espèces qui produisent beaucoup de racines et d'autres peu. Il n'est donc pas toujours possible de laisser une plante dans le même pot jusqu'à ce que ses bulbes débordent, comme on le fait par exemple pour les *Coelogyne cristata* et pour certains Cattleya. Il y a des espèces qui, tout en n'occupant en apparence dans leur pot qu'une partie de la place disponible, tout en ayant encore beaucoup d'espace libre autour des pseudobulbes, ont en-dessous un épais faisceau de racines enchevêtrées dans le compost et qui s'y trouvent comprimées à l'excès. Elles ont donc besoin d'être mises dans des pots plus grands, et cette opération se fait à la

15

fin du repos, quand la plante commence à entrer en végétation.

En règle générale, quand un cultivateur voit une plante qui ne pousse pas comme les autres, et qui reste stationnaire alors qu'elle devrait croître, qu'elle grandissait fort bien auparavant, et que ses voisines continuent à grandir activement, alors ce cultivateur peut se dire que les racines de la plante en question n'ont plus assez d'espace. Dès lors, le remède est bien simple. On retire la plante de son pot, et cela fait, on voit aussitôt la source du mal; les racines pressées les unes contre les autres, emmêlées en un réseau épais, forment une couche ininterrompue qui tapisse les parois du récipient; les tessons du drainage y sont enlacés. On les détache doucement, avec les précautions nécessaires pour ne pas briser de racines.

En effet ces organes sont très fragiles, et leur perte causerait à la plante un affaiblissement assez sensible; aussi doit-on prendre beaucoup de précautions pour ne pas les endommager.

Les racines des Orchidées, qui recherchent beaucoup l'air, sont souvent collées aux parois intérieures de leur pot, et y adhèrent tellement qu'il est impossible de retirer la plante sans les endommager. Dans ce cas, le plus simple est de briser le vase, dont on dégage ensuite les morceaux un par un, en décollant les racines avec précaution de façon à les blesser le moins possible. Cependant cette opération n'est pas non plus exempte de tout danger, car en cassant le pot on risque également d'endommager les racines, soit par le choc, soit par le poids des fragments de pot qui y restent attachés et qu'on est souvent obligé d'enlever.

Voici un procédé qui évite tous ces inconvénients : on plonge le pot pendant un certain temps, une, deux heures, ou moins si le compost est humide, dans de l'eau de pluie, après quoi, en le retirant, on s'apercevra que les racines se détachent sans beaucoup de difficulté de la paroi. Pour les racines adhérant extérieurement, on les détache en les séparant prudemment du pot au moyen de la lame d'un canif. Quant aux racines de l'intérieur, elles lâchent prise d'elles mêmes si l'on renverse le pot et lui fait subir quelques chocs sur un corps dur. Il faut procéder avec une certaine prudence, car quelquefois les racines ne sont pas encore tout à fait ramollies et si on voulait les détacher violemment on risquerait encore de les briser. Il vaut mieux dans ce cas donner plusieurs petits chocs. Dans tous les cas, cette opération prend beaucoup moins de temps que l'ancienne manière, et on a en outre l'avantage que la vermine a disparu par suite du plongeon auquel on l'a soumise, et que le vieux compost saturé d'eau s'enlève avec beaucoup plus de facilité, laissant la plante complètement lavée et nettoyée sans péril aucun pour les racines.

La plante une fois dégagée, on la saisit d'une main par le collet ou par les anciens bulbes, et on fait tomber de l'ancien compost tout ce qu'on peut atteindre, en grattant entre les racines sans endommager celles-ci. Tout ce qui n'est pas absolument sain doit être enlevé. Les racines elles-mêmes doivent aussi être examinées de près. Si elles sont recouvertes de dépôts verdâtres de mousse, dépôts qui sont causés le plus souvent par des arrosages avec une eau défectueuse, on peut d'ordinaire les nettoyer suffisamment en les lavant à l'eau pure ; en tous cas, il faut couper toutes les parties pourries. C'est ce qu'on appelle faire la toilette des racines.

On prépare ensuite le pot : si l'on veut conserver l'ancien, dans le cas où la plante n'est pas devenue trop volumineuse, il faut le laver extérieurement et intérieurement avec le plus grand soin. Nous avons vu trop souvent chez des amateurs ou des horticulteurs, même des plus renommés, des pots recouverts au dehors d'une couche grise ou verte de moisissures, de poussières ou de dépôts de toutes sortes. Ces malpropretés empêchent l'air de pénétrer dans le compost ou le vicient au passage. Nous l'avons déjà dit, on devrait laver les pots régulièrement, à peu près tous les deux ou trois mois ; mais si le temps manque ou si le personnel n'est pas assez nombreux pour cet entretien, du moins est-il indispensable de les nettoyer une fois par an, au début de la végétation ; et les rempotages offrent une excellente occasion de laver les pots ou de les remplacer par des neufs.

Avant de mettre le compost en place, il convient de s'occuper du drainage. On sait que c'est l'usage de mettre au fond des pots des matières poreuses, de préférence des débris de tessons, qui empêchent le compost d'être entraîné au dehors par l'eau d'arrosage, et qui, tout à la fois, emmagasinent l'humidité et la font évaporer : grâce à ces matières, le compost ne se sèche pas trop vite, mais en même temps il ne conserve pas d'humidité stagnante et il est bien aéré. Le drainage est absolument indispensable pour la culture des Orchidées, comme pour celle de la plupart des plantes de serre.

Les débris de tessons employés doivent être très propres. Le mieux est de les choisir neufs, ou si l'on veut utiliser les anciens, il faut les laver à fond au préalable ; on ne doit pas oublier que les racines vont presque toujours se mettre en contact avec les tessons et se glisser au milieu d'eux.

L'utilité du drainage dans le pot consiste à y assurer la circulation de l'air, et en même temps à faire écouler l'eau, recueillie par ces fragments qui lui offrent des pentes diverses et qui, grâce à leurs formes irrégulières, laissent des espaces suffisants pour l'écoulement rapide de l'eau. On conçoit donc qu'il ne suffirait pas de placer au fond du pot un ou deux gros morceaux de matière poreuse ; un assez grand nombre de fragments sont nécessaires. On les choisira plus ou moins volumineux selon la grandeur du pot lui-même.

Quant à la quantité qu'il faut employer, la plupart des Orchidées épiphytes réclament un bon drainage, s'élevant à peu près à la moitié de la hauteur du pot. Toutefois, quand il s'agit de plantes volumineuses, occupant de très grands pots, on ne peut pas employer le procédé ordinaire, car cette masse de tessons formerait un poids énorme ; on peut alors les remplacer par un pot plus petit retourné au-dessus de l'orifice inférieur, et s'élevant peu à près à la moitié de la hauteur du pot destiné à recevoir la plante.

Lorsque l'on se sert de tessons, il est bon de les recouvrir d'une petite couche de sphagnum en brins longs, destinée à arrêter un peu les débris fins du compost ; ceux-ci, emportés par l'eau des arrosages, iraient peu à peu obstruer le drainage et pourraient même être entraînés au dehors.

Le drainage étant disposé au fond des pots, le jardinier n'a plus qu'à installer au-dessus la plante elle-même ; le compost doit être préparé à l'avance et amassé devant lui.

Pour mettre la plante en place, on la saisit de la main gauche avec précaution, et on la tient dans le pot à la hauteur où elle doit être, le collet dépassant légèrement le niveau des bords ; celui-ci doit toujours rester découvert ; puis, de la main droite, on verse le compost bien mélangé tout autour de la motte des racines ; on tourne le pot en même temps pour le remplir bien également. Pour faire descendre le compost, on le tasse en passant un doigt entre la plante et le pot ; on continue jusqu'à ce que le pot soit rempli de compost bien pressé ; arrivé à la surface, on emploie du sphagnum bien vivant, afin que la plante offre un aspect plus gracieux, et on le dispose de façon à former un dôme peu élevé ; enfin on comprime le compost avec les doigts tout autour, le long des bords, en formant une sorte de petite rigole pour arrêter l'eau des arrosages. La plante est alors prête pour la nouvelle saison de végétation, et il ne reste plus qu'à l'arroser copieusement.

J'insiste beaucoup sur les divers détails de cette manipulation parce que, comme je l'ai dit, son importance pour la culture est considérable. Les cultivateurs ont souvent le tort, quand ils ont un grand nombre de plantes à rempoter, de ne pas donner assez de soins à cette opération ; on se trompe grandement en croyant que cette minutie est inutile.

Les plantes ne doivent pas être enfoncées trop profondément dans les pots. Lorsqu'il en est ainsi, le jardinier a presque toujours une tendance à verser l'eau jusqu'aux bords du récipient, et la plante est un peu noyée. Il ne faut pas non plus les élever trop au-dessus du bord, parce que dans ce cas le compost forme une sorte de dôme qui sèche très vite, et lorsqu'on arrose, l'eau glisse sur cette partie sèche sans la tremper, de sorte que les racines les plus hautes ne reçoivent pas assez d'humidité. D'autre part, les racines trouvant la voie libre, quand elles commencent à se développer, poussent au dehors au lieu de s'enfoncer dans le compost.

En règle générale, le collet d'une plante doit être légèrement plus élevé que les bords du pot, d'un centimètre environ. On tasse le compost tout autour, de façon à former une espèce de petit dôme, et on le creuse légèrement avec un doigt tout le long des bords, comme je l'ai dit plus haut.

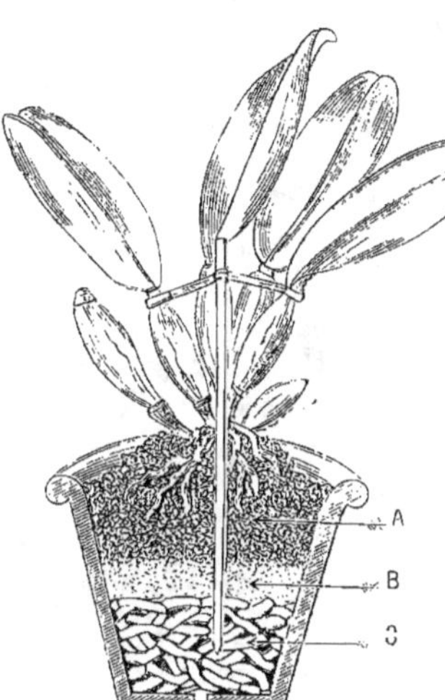

Fig. 33. — Coupe d'un pot contenant une Orchidée (CATTLEYA).

A. Compost.
B. Couche de sphagnum pur.
C. Drainage.

Les deux dessins ci-contre permettront de se rendre compte exactement de la disposition du compost et du drainage dans le pot, et de la façon dont se présente la plante.

La première gravure (fig. 33) représente la coupe d'un pot. On voit en A le drainage, occupant à peu près la moitié du pot; au-dessus, en B, se trouve une mince couche de sphagnum, destinée à arrêter le reste du compost, dont les menus morceaux pourraient être entraînes par l'eau d'arrosage et obstrueraient les pores et les interstices des tessons. Enfin, en C est la masse du compost, formée d'un mélange de sphagnum et de terre fibreuse hachés finement.

Un tuteur traverse le compost et va s'enfoncer dans les tessons de drainage, afin de donner plus de solidité à la plante.

La seconde gravure (fig. 34) montre la position de la plante au centre du pot, au sommet d'un léger dôme, et légèrement élevée au-dessus du niveau des bords.

Tuteurage. — Il est bon d'attacher les jeunes tiges ou pousses des Orchidées à un tuteur pour les fixer. Cette précaution est

surtout utile pour les pousses longues des Cattleya, Laelia, etc.,
lorsqu'elles pendent de côté et peuvent se briser ; pour les
bulbes ou les pousses des espèces à rhizome traçant, telles que
Oncidium insculptum, *zebrinum*, etc., divers Zygopetalum, Catasetum, Cycnoches, etc. ; enfin pour les plantes récemment importées et non encore enracinées.

Pour relier les pousses ou bulbes au tuteur, le raphia est préférable à toute autre matière ; on
doit éviter avec soin tout ce qui
pourrait couper les parties tendres de la plante. On fait d'abord
un tour avec le raphia autour du
tuteur, puis on enlace la pousse
et on attache les deux bouts. De
cette façon le lien est solide et
fixe, et ne peut pas glisser le
long du bois.

Parfois, les pousses se gonflant
à mesure qu'elles se changent
en pseudobulbes, l'espace laissé
par le raphia n'est plus assez
grand, et elles se trouvent com-

Fig. 34. — Orchidée dans son pot.

primées. Il faut visiter de temps en temps les ligatures, et s'assurer qu'elles n'étranglent pas les parties vivantes.

Lorsqu'on empote des Orchidées à pseudobulbes, spécialement
des importations, on rencontre de petites plantes n'ayant pas de
racines, et qui sont quelquefois difficiles à fixer dans le compost.
Il est assez commode d'enrouler un petit fil de cuivre entre deux
bulbes, en faisant pendre les bouts en dessous, et d'étaler ceux-ci
horizontalement ; on les recouvre ensuite de compost, et la plante
se trouve ainsi retenue.

Tous ces travaux doivent s'effectuer dans un local fermé constituant une annexe indispensable des serres ; on ne saurait transporter les Orchidées, surtout celles de serre chaude, dans une cour

ou un espace ouvert pour leur faire subir des manipulations un peu prolongées. Le froid et surtout la sécheresse de l'air leur seraient très préjudiciables.

Époque des rempotages

Le choix de la saison à laquelle s'effectuent les rempotages n'est nullement indifférent. Comme ces manipulations dérangent les racines et souvent les blessent plus ou moins, il peut en résulter un arrêt momentané dans la végétation. Le rempotage avant la floraison est mauvais, parce qu'il dérange les plantes et nuit à la formation des fleurs. Le moindre accident, retard ou arrêt de végétation, même un changement insignifiant en apparence, fait souvent venir des fleurs malformées, ou à moitié avortées. C'est ce qu'on observe précisément sur les plantes d'introduction, qui donnent presque toujours des fleurs monstrueuses ou très petites, quand elles fleurissent dans un court délai après leur arrivée. Nous avons vu des Dendrobium importés se couvrir, un mois après leur importation, de fleurs qui, pour la plupart, n'avaient qu'un pétale et un sépale, ou trois segments, ou plusieurs segments soudés entre eux.

Il est bien préférable de ne rempoter les Orchidées que vers la fin du repos. A ce moment les racines n'adhèrent plus aux parois des pots, et on peut les décoller assez facilement. D'autre part, si l'on en blesse quelques-unes au cours des manipulations nécessaires, cela n'a guère d'importance, la plante les a vite remplacées une fois qu'elle entre en végétation.

Les plantes peuvent et doivent attendre jusqu'à la fin du repos, si le rempotage n'a pour but que de leur fournir un récipient plus grand, un compost plus frais ou mieux choisi. Mais si leur existence paraît menacée, si le compost renferme des moisissures ou des insectes qui puissent causer de graves dégâts, il ne faut pas attendre, et le plus tôt est évidemment le mieux.

On peut encore rempoter les Orchidées après leur floraison, en leur donnant d'abord un repos de quatre semaines environ. C'est ce qui se fera notamment pour les espèces qui fleurissent pendant l'hiver, telles que les *Lycaste Skinneri*, *Cattleya labiata*, etc.; celles-ci sont rempotées six semaines environ après la floraison. Elles donnent alors de nouvelles racines, qui se développent à merveille dans les matériaux frais, et fournissent aux nouvelles pousses une abondance de sucs nourriciers.

J'ai parlé, au chapitre précédent, de la grandeur que doit avoir le nouveau récipient; ce que j'ai dit des pots s'applique également aux paniers.

Il va de soi que quand on a divisé une plante ou quand on a retranché de vieux bulbes morts, la plante devenue plus petite peut recevoir un pot plus petit que le précédent.

**
* **

Ce qui rend le plus souvent nécessaires les surfaçages et les rempotages, c'est la formation sur le compost de masses noirâtres agglomérées constituant des espèces de gâteaux d'une matière graisseuse qui ne laisse passer ni l'air ni l'eau, et nuit par conséquent à la végétation. C'est ordinairement vers la fin de l'automne que ces graisses font leur apparition; il est très rare d'en voir en été, sauf sur les plantes qui se trouvent très éloignées du jour, et l'on peut conclure de cette remarque que l'éclairage des serres joue un grand rôle dans leur production.

Cette décomposition provient quelquefois de la qualité de l'eau d'arrosage, mais elle est le plus souvent causée par le manque d'air et de lumière, qui empêche l'évaporation de l'eau. Pour l'éviter, il faut ventiler toutes les fois que cela peut se faire sans inconvénients, et veiller aux abris. Il arrive souvent que les cultivateurs d'Orchidées laissent ceux-ci en place à une heure trop tardive; c'est évidemment un travail assez fastidieux, surtout en mars et en octobre, d'enlever les abris et de les remettre en place plusieurs fois par jour; mais il ne faut pas mesurer sa peine si l'on veut obtenir de bons résultats. Il est indispensable de couvrir les serres quand le soleil est brûlant, et il est également indispensable de rendre aux plantes le plus possible de lumière dès qu'on n'a plus d'inconvénients à craindre.

Dès qu'on aperçoit les graisses dont je parlais plus haut, il faut enlever les parties décomposées et surfacer à nouveau les plantes, ou les rempoter si le mal est très étendu. En outre, il faut laver soigneusement les bords et l'intérieur du pot, qui ne peut manquer d'être souillé et obstrué par la matière grasse.

CHAPITRE XIV

Les arrosements ont une importance capitale dans la culture des Orchidées. La plupart des amateurs n'arrosent pas assez leurs plantes, et j'ai vu souvent des serres remplies d'Orchidées qui présentaient un coup-d'œil triste et languissant, uniquement parce qu'elles n'avaient pas assez d'eau.

Les Orchidées, à peu près sans exception, ont besoin d'une humidité abondante; en outre de la vapeur d'eau qu'elles doivent toujours trouver en grande quantité dans l'atmosphère, elles doivent pouvoir puiser dans leur compost, pendant la période de végétation, non seulement la fraîcheur, mais le liquide qui leur fournit à la fois des sucs et des gaz nourriciers. Il est donc nécessaire de les arroser, pendant cette période, fréquemment et beaucoup.

La partie la plus directement intéressée dans cette matière, c'est la racine. Les racines se dessèchent quand l'eau manque, et elles peuvent être asphyxiées ou pourrir quand elle est en excès et ne trouve pas à s'écouler. C'est donc sur l'état et la force des racines qu'on doit se régler.

Lorsqu'elles sont peu nombreuses ou qu'elles font défaut, comme dans les plantes importées, par exemple, il ne faut donner

de l'eau à la plante qu'avec prudence. Lorsqu'elles sont vigoureuses, elles absorbent beaucoup d'eau, et par suite il faut leur en
fournir beaucoup. La constitution des Orchidées leur permet
parfaitement de vivre pendant quelque temps avec les racines
baignées d'eau pendant la période de végétation. Néanmoins, il
est une limite qu'on ne saurait franchir sans danger. Lorsque le
compost n'est pas suffisamment aéré, ou que l'eau s'élimine mal
pour une autre cause quelconque, les racines pourrissent, et la
plante est en grave danger. On reconnaîtra ce moment critique,
d'ordinaire, à la couleur des racines, dont la partie subéreuse
devient verte ; mais il n'est pas toujours facile d'examiner ces
organes. En tous cas, le plus sûr est d'opérer de la façon suivante :
on donne aux plantes des arrosages abondants ; puis de temps en
temps, on s'arrête et on laisse sécher le compost pendant trois ou
quatre jours. De cette façon les racines mûrissent et prennent
une consistance plus ferme, et celles qui avaient subi quelque
dommage par suite d'un excès d'eau, et qui commençaient à être
compromises, recouvrent la santé.

Cette manière d'opérer est d'ailleurs conforme à la nature. Les
racines des Orchidées sont noyées aussi dans leurs pays d'origine,
où les pluies durent souvent des semaines entières.

On ne peut se faire idée de ce qu'est la saison des pluies dans
les régions tropicales ; pendant de longues journées et de longues
nuits sans interruption tout est baigné, inondé par ce torrent de
larges gouttes, tombant pressées ; il semble que le ciel se fonde en
eau. Et cette eau n'est pas, comme dans nos climats, promptement évaporée par l'air ou séchée par le soleil. Pendant des
semaines entières, les Orchidées sont trempées par la pluie, et
quand celle-ci a cessé, les mousses, les hautes herbes, les
feuillages touffus conservent encore l'humidité fort longtemps ;
puis arrivent des semaines de sécheresse. Les racines, cependant, s'accommodent fort bien de ce régime, et pendant la période
d'abondance, les bulbes puisent des réserves dont ils se gonflent,
et qu'ils rendront peu à peu quand la sécheresse arrivera.

Les conditions climatériques ne sont pas les mêmes ici ; l'air est moins pur et moins puissant. C'est pourquoi nous ne pouvons pas copier complètement la nature. Au bout d'un certain temps d'arrosages assidus, il est prudent de vérifier l'état des racines, afin d'éviter la moisissure ; et on fera bien, de temps en temps, de laisser le compost sécher pendant trois ou quatre jours.

C'est se tromper, cependant, que de croire que l'on écarterait ce danger et qu'on traiterait mieux les plantes en donnant une quantité d'eau modérée. Trop souvent les jardiniers tombent dans cette erreur. Le système qui consiste à arroser faiblement a des inconvénients, et point d'avantages ; il ne satisfait pas les plantes, qui n'ont jamais une végétation aussi vigoureuse qu'ailleurs sous un autre traitement. Puis il arrive que le compost n'est pas humecté jusqu'au fond du pot ; alors les racines du fond restent trop sèches et dépérissent. Il faut, ou bien arroser abondamment, ou bien avec grande modération et se contenter de l'humidité de l'air de la serre ; mais il n'y a pas de milieu.

Il va de soi néanmoins que cette règle comporte des exceptions. Ainsi à la fin de la végétation, lorsque le repos se prépare, il faut diminuer peu à peu la quantité d'eau donnée aux plantes, car on ne pourrait pas sans inconvénients les mettre brusquement dans un état de sécheresse complète.

D'autre part, certains genres, tels que les Ansellia, Vanda et les Orchidées de serre froide, ne peuvent pas supporter, pendant l'hiver même, un repos aussi absolu que celui qui est donné aux Catasetum, par exemple ; dès que le compost paraît se sécher, il faut l'humecter à nouveau.

Il est à remarquer d'ailleurs que l'on ne saurait fixer exactement la périodicité des arrosages ; des amateurs novices m'ont demandé assez souvent, en présence d'une formule comme celle qui précède : enfin, est-ce tous les huit jours, ou tous les six, ou tous les dix jours ? — Cela dépend du temps qu'il fait, de la chaleur et de l'installation du chauffage, de la serre et notamment de sa hauteur. L'air se dessèche beaucoup plus dans une serre assez élevée que dans une serre basse, étouffée ; on doit donc arroser plus souvent dans la première que dans la seconde, même en hiver. Il faut un coup d'œil exercé pour discerner le moment le plus favorable. Le talent du jardinier consiste précisément à saisir exactement ce moment.

Pour arroser les Orchidées, il faut employer l'arrosoir à bec, et jamais la pomme, et l'on doit arroser les plantes une à une. On emploie généralement des arrosoirs à long bec (voir fig. 35), permettant de verser l'eau sur les plantes du troisième ou du quatrième rang sans être obligé de les déplacer.

Le bec de l'arrosoir doit être tenu près du compost, afin que l'eau tombe directement sur celui-ci, et non pas sur les feuilles.

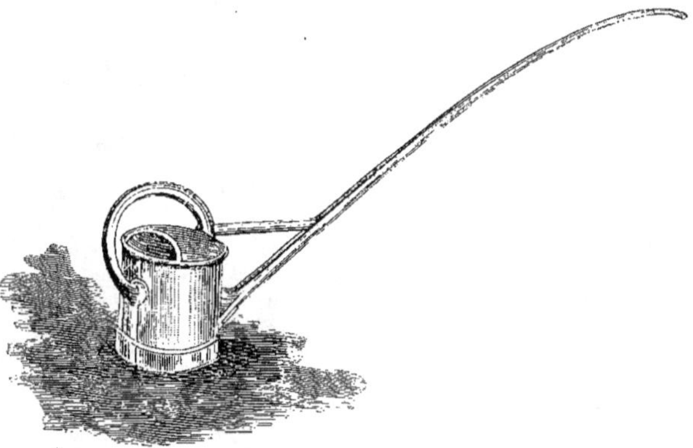

Fig. 35. — Arrosoir à bec.

Comme on le verra plus loin, il peut être dangereux que l'eau s'introduise dans le cœur des plantes.

Un bon procédé d'arrosage est celui qui consiste à plonger le récipient dans un seau ou un baquet plein d'eau, ce qui permet d'humecter le compost plus complètement; pour les plantes en paniers, suspendues près du vitrage, et qu'on ne peut atteindre avec l'arrosoir, c'est le système le plus commode. On enfonce le récipient jusqu'à ce que l'eau recouvre le compost, mais en ayant soin de ne pas y faire plonger les pousses. L'eau, pénétrant par le fond, chasse l'air emprisonné dans le compost, et cet air se dégage en nombreuses bulles; une fois qu'il ne s'échappe plus aucune bulle d'air, il est certain que tout est bien humecté, et l'on peut enlever la plante de l'eau.

Il est bien entendu que ce procédé ne convient que pour la période active de végétation, où l'humidité doit être très abondante.

Moyen d'arroser les plantes en pots suspendues au vitrage. — C'est un arrangement fort commode que de suspendre près du vitrage, à la partie supérieure des serres, de petits pots dans lequels on cultive toutes les Orchidées de taille modeste. Rien n'est plus facile à installer : un fil de fer tendu horizontalement, et autour de chaque pot un autre fil de fer relevé et tordu en crochet comme support, tels sont tous les préparatifs nécessaires. Toutefois les amateurs qui voudraient cultiver quelques Orchidées de cette façon sont quelquefois arrêtés par la difficulté d'arroser ces plantes à la hauteur où elles se trouvent.

Voici un procédé extrêmement simple qui est employé à L'Horticulture Internationale et qui permet aux jardiniers d'arroser toutes les plantes de la façon la plus complète.

Fig. 36. — Moyen d'arroser les plantes en pots suspendues au vitrage.

On se sert pour cela d'un instrument formé d'un bâton surmonté d'un cylindre ; le cylindre sera en fer ou en zinc, creux, d'un diamètre assez grand pour que les pots puissent s'y enfoncer aisément ; on le remplit d'eau, et le jardinier, tenant le bâton comme un allumeur de réverbères tient sa lance (c'est une comparaison peu élégante, mais topique) va d'un pot à l'autre en élevant son cylindre pour que le pot et la plante baignent dans l'eau. En quelques minutes, une rangée de vingt mètres de longueur est arrosée, et cela de la manière la plus rationnelle; le compost est entièrement imbibé, et pas un coin ne reste sec.

Le cylindre doit avoir une certaine profondeur, pour qu'on ne soit pas obligé de le remplir d'eau à chaque instant; mais il va sans dire qu'il ne doit pas non plus être trop lourd; les dimensions employées à L'Horticulture Internationale, pour des pots de 9 centimètres, en moyenne, sont : 13 centimètres de diamètre et 26 de profondeur; l'appareil ainsi formé est de maniement extrêmement facile.

Plantes volumineuses. — On ne peut naturellement pas plonger dans l'eau les plantes très volumineuses; mais on peut arroser celles-ci d'une façon convenable et régulière avec l'arrosoir à bec, en s'y prenant à plusieurs fois. La première fois, si le compost est très sec, l'eau s'écoulera pour la plus grande partie au dehors; néanmoins il en restera toujours un peu. On laissera à cette petite quantité le temps d'imbiber la mousse, puis au bout de quelques instants on versera de l'eau de nouveau. Cette eau pénètrera facilement les parties déjà humectées, et par conséquent descendra un peu plus bas, et elle imbibera à son tour une nouvelle quantité de compost. En recommençant une troisième fois, ou plus s'il est nécessaire, on arrivera à bien mouiller les matériaux. Cette manière d'opérer est un peu longue sans doute, mais il convient de remarquer que nous nous occupons ici d'un cas exceptionnel, celui où le compost est absolument desséché. Quand il est encore un peu humide, il suffit d'arroser une seule fois abondamment pour que tout le compost soit rafraîchi.

La nature du compost a naturellement aussi une grande importance au point de vue de la détermination de la quantité d'eau nécessaire. Lorsque les matériaux sont, comme ils doivent être, de substance assez perméable et assez élastique pour que l'eau puisse s'écouler facilement au travers, on peut arroser largement, sans crainte d'excès. Si au contraire les matériaux sont fins et

Fig. 57. — Oncidium polyxanthum.

serrés, il faut veiller attentivement à ce que l'eau n'y séjourne pas trop, ce qui pourrait amener la pourriture des racines ; si d'autre part on arrose peu pour éviter ce danger, la plante manque de nourriture. Le mieux, en pareil cas, est de rempoter la plante en lui donnant un compost moins fin et en évitant de trop le comprimer.

Humectation des sentiers. — Seringages

En dehors de l'eau versée sur le compost et absorbée par les racines, la plante doit trouver constamment de l'humidité dans l'atmosphère. Lorsque celle-ci est trop sèche, les liquides contenus dans les feuilles et les parties vertes s'évaporent avec une grande rapidité, et par suite la plante se dessèche.

L'humidité de l'atmosphère doit être réglée d'après les fluctuations de la température. On sait que la tension de la vapeur d'eau augmente à mesure que la température s'élève ; l'air qui était saturé à 8° ne l'est plus à 10°, et peut se trouver relativement sec si le thermomètre monte encore ; inversement, la quantité de vapeur d'eau qui n'était qu'en proportion moyenne avec le volume d'air de la serre à 10° peut suffire à le saturer totalement lorsque la température descend à 8° et au-dessous. Ainsi lorsque la température s'abaisse dans les serres, il faut donner moins d'humidité atmosphérique.

En dehors de la température, d'autres circonstances font également varier l'état hygrométrique de l'air. Le vent qui vient de la mer, par exemple, est beaucoup plus humide que celui qui vient de l'intérieur des terres. Le vent nord-est, d'après les expériences de Rob. Thompson, est tout particulièrement desséchant.

Pour entretenir dans la serre une abondante humidité atmosphérique, il convient de projeter beaucoup d'eau sur les tablettes qui supportent les plantes, et dans les sentiers des serres. On a l'habitude de placer sur le sol, au-dessous des tablettes, des matières poreuses, telles que les scories de charbon provenant des hauts fourneaux et des locomotives ; ces matières absorbent beaucoup d'eau et l'évaporent facilement. Elles doivent être arrosées au moins une fois par jour.

Dans certains cas, et notamment dans la *haute serre chaude*, où se cultivent les Orchidées de l'Asie tropicale, il est bon de projeter de l'eau sur les tuyaux de chauffage. Cette eau s'évapore très vite en formant dans l'atmosphère un nuage de vapeur chaude, très favorable à la culture des plantes en question.

Dans les serres très sèches, comme le sont le plus souvent les serres d'amateur annexées aux appartements, on est d'ordinaire empêché de jeter beaucoup d'eau sur le sol. On peut alors disposer sur les tablettes, autour des pots, de petits bassins en zinc ayant peu de profondeur, et que l'on remplit d'eau. Il se produit alors autour des plantes une évaporation assez abondante qui suffit à leurs besoins.

Il va sans dire que pour ces divers usages on peut se servir d'eau de source ou de rivière quelconque, en économisant l'eau de pluie, qui n'est nécessaire que pour les arrosages directs.

On a parfois recours aussi, pour humidifier l'atmosphère et restituer aux plantes l'eau perdue par évaporation, à ce qu'on appelle les *seringages*. Cette opération consiste à lancer de l'eau au moyen de seringues à pomme sur les feuilles et les bulbes; on se sert généralement, dans ce but, de seringues spéciales en cuivre, de fabrication anglaise, qui sont assez longues pour contenir une certaine quantité d'eau, et qui possèdent plusieurs pommes de rechange de grosseurs différentes. On peut ainsi verser l'eau en pluie extrêmement fine, par exemple pour arroser des graines ou de jeunes semis.

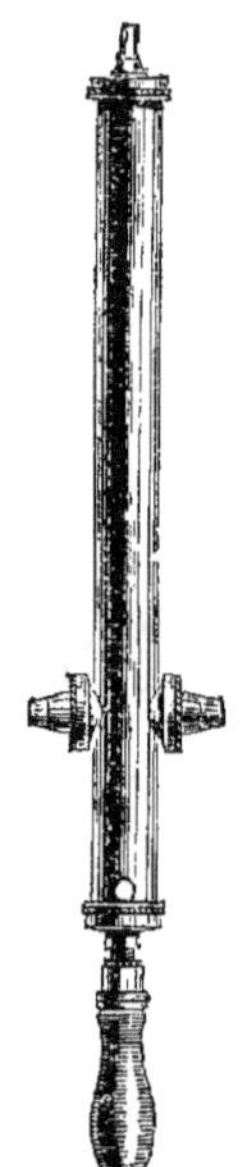

Fig. 38.
Seringue à
Orchidées de
M. WARNER.

On ne peut pratiquer les seringages sur les plantes qu'avec prudence, car si l'eau séjournait longtemps au cœur des jeunes pousses, elle les ferait pourrir.

Le seringage ne peut guère présenter de danger quand on

l'effectue par un temps chaud et bien clair et dans la première moitié de la journée, de telle sorte que l'eau soit promptement évaporée. Néanmoins, si quelque plante semble particulièrement délicate et susceptible de se pourrir au cœur, il est bon de l'examiner en détail après le seringage, et d'enlever l'eau qui se trouve à l'aisselle des feuilles au moyen d'un petit pinceau, d'une petite éponge, ou de morceaux de papier buvard placés en tampon au bout d'une fine baguette.

Au premier rang des Orchidées un peu délicates à ce point de vue, on peut citer les Cypripedium du groupe *Rothschildianum*, *laevigatum*, *Sanderianum*, etc. Les feuilles de ces espèces sont très charnues; quand un peu d'eau séjourne entre elles, elles prennent rapidement une apparence huileuse ; la tache s'étend peu à peu, et bientôt la plante est perdue. Mais je ferai remarquer qu'on peut se dispenser de seringuer ces espèces, et cela d'autant plus aisément que tous les Cypripedium aiment beaucoup l'eau et peuvent être arrosés très abondamment sans danger pour leurs racines.

Il ne serait pas bon de seringuer en plein soleil, au moment de la journée où il est le plus ardent. Soit que les gouttes d'eau, dans ces conditions, puissent former, comme on l'a quelquefois supposé, de véritables lentilles à travers lesquelles les rayons brûlent les feuilles, soit simplement que l'évaporation trop rapide produise un refroidissement de l'épiderme de la feuille qui la détériore, surtout en contraste avec la température excessive des parties voisines, il est certain que les feuilles se tacheraient. Il me paraît que le meilleur moment pour seringuer est vers 9 heures du matin; on ne met les abris en place que vers 10 heures, et grâce à la haute température de l'air, à sa sécheresse, et à l'effet des minces rayons de soleil que les lattes laissent filtrer, l'évaporation de l'eau s'opère très activement.

Les seringages sont utiles pour les Orchidées cultivées sur bloc, et qui n'ont pas d'autre humidité que celle qu'elles puisent dans l'atmosphère de la serre. Les *Oncidium Papilio* et *Kramerianum*, par exemple, doivent être seringués souvent, surtout en été. Leurs feuilles dures n'ont rien à craindre.

On peut aussi se servir de la seringue pour humecter le compost des plantes cultivées en paniers. Comme le compost sèche plus

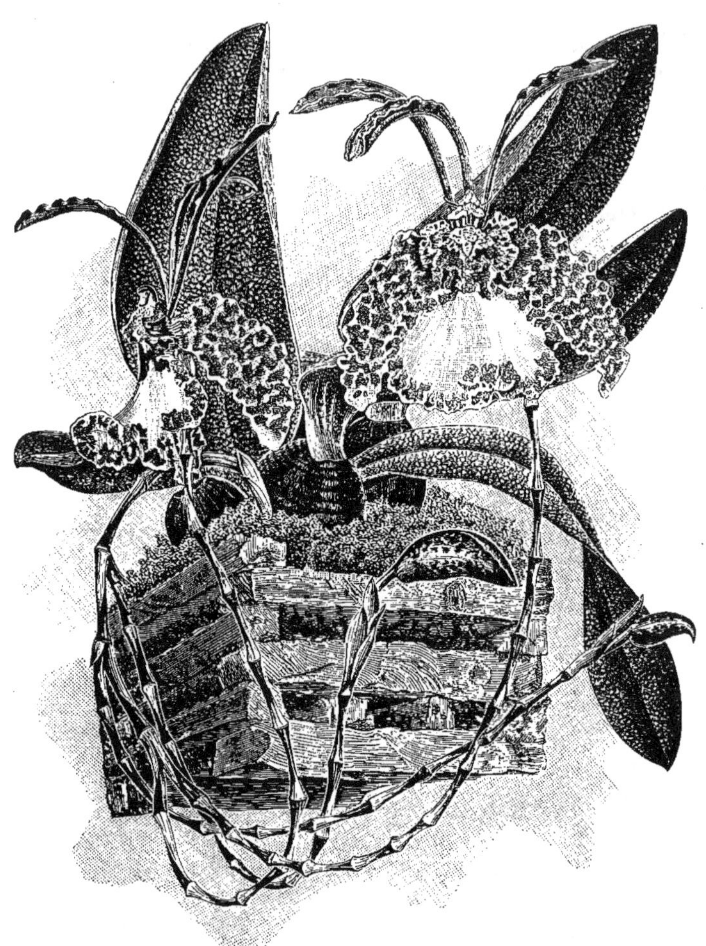

Fig. 39. — Oncidium Kramerianum.

vite dans les paniers, il arrive à être complètement desséché en peu de jours; en versant de l'eau à la surface, il faudrait beaucoup de temps pour le pénétrer. En lançant de l'eau avec la seringue sur les divers côtés, on l'humecte facilement. Ce procédé est surtout commode pour les Stanhopea, Acineta et autres Orchidées qui produisent leurs fleurs sur une tige pendante, et que l'on ne pourrait pas tremper dans les bassins une fois que leurs boutons sont formés. Toutefois, il est utile de tenir alors la seringue très près de la surface du compost, afin que l'eau n'éclabousse pas les organes végétatifs. Dans ces conditions, on voit que la seringue joue exactement le rôle d'un arrosoir, mais d'un arrosoir plus léger et plus maniable.

En dehors de ces deux cas, je considère le seringage comme un procédé assez dangereux et dont il vaut mieux s'abstenir.

Les seringages ne doivent jamais être appliqués aux Orchidées en fleurs, car l'eau tacherait les fleurs et les gâterait immédiatement. Certaines espèces, telles que la plupart des Cattleya et l'*Odontoglossum citrosmum*, sont même si délicates à ce point de vue qu'on doit diminuer beaucoup les arrosages des sentiers et laisser l'atmosphère un peu sèche pendant leur floraison.

Les Disa, qui demandent beaucoup d'humidité et de fraîcheur, et les plantes cultivées sur bloc, comme l'*Oncidium Papilio* et le superbe *Aganisia* (Acacallis) *cyanea*, doivent être seringués même pendant la floraison, car ils ne pourraient supporter une si longue sécheresse. Mais il faut avoir soin de projeter l'eau sur les feuilles et les bulbes de très près et avec précaution, afin de ne pas mouiller les fleurs.

Lavage des feuilles

Il est bon de laver les feuilles des Orchidées, et surtout des Cymbidium, Lycaste, etc., à intervalles espacés, lorsque ces feuilles sont attaquées par des insectes, ou ont de la poussière déposée à leur surface. La solution diluée de nicotine est bonne, et spécialement indiquée lorsque les plantes sont attaquées par des insectes. Il est difficile d'indiquer une proportion fixe pour le mélange d'eau et de nicotine, car cette dernière substance varie beaucoup d'une localité à l'autre, ou d'un marchand à l'autre. On en mettra une quantité suffisante pour que l'eau prenne la couleur du tabac ordinaire.

On peut aussi laver les feuilles de temps en temps avec du savon, surtout à la face inférieure où se logent le plus souvent les insectes; mais il faut les rincer soigneusement après ce lavage et prendre des précautions pour que l'eau de savon ne tombe pas sur les racines ou sur le compost.

Il sera utile, en lavant les feuilles, d'observer les mêmes précautions que pour les seringages, c'est-à-dire de veiller à ce que l'eau ne s'introduise pas au cœur des pousses. Une éponge est ce qu'il y a de plus commode, car une substance moins souple pourrait produire des cassures sur les feuilles. Le jardinier, tenant d'une main la feuille bien étalée, promène doucement l'éponge sur ses deux faces, en ayant soin de bien laver aussi les creux des nervures. Quant aux plis profonds de la base des feuilles, dans lesquels les petits insectes s'abritent souvent, on les nettoie à l'aide d'un petit fragment d'éponge emmanché ou un morceau de bois taillé en pointe, avec lequel on gratte doucement toutes les parties suspectes.

On devra visiter, par la même occasion, les étiquettes enfoncées dans le compost au bord du récipient; les insectes minuscules s'y logent quelquefois et y forment des colonies, qui envahissent peu à peu le compost et la plante.

Hygromètre

Pour pouvoir déterminer si l'atmosphère d'une serre est suffisamment humide, le cultivateur dispose de divers moyens d'appréciation, au premier rang desquels il convient de citer les moyens scientifiques.

L'appareil scientifique qui permet d'apprécier la proportion de vapeur d'eau contenue dans l'atmosphère d'un local donné est ce qu'on appelle l'hygromètre.

Ce n'est pas ici le lieu d'entrer dans des explications détaillées au sujet de la théorie physique de l'hygrométrie. Néanmoins il est bon de rappeler le principe fondamental de cette théorie, parce que le jardinier a besoin de le bien connaître pour gouverner convenablement sa serre.

L'air contient toujours une certaine quantité de vapeur d'eau ; cette vapeur s'y trouve dissoute, et mélangée intimement.

La quantité de vapeur d'eau que l'air peut dissoudre est limitée ; au-delà d'une certaine proportion, l'eau ne se dissout plus en vapeur, mais se dépose (sur le sol, les murs, etc.) ; on dit alors que l'air est *saturé* de vapeur d'eau.

Supposons par exemple un vase plein d'eau placé dans une pièce d'un appartement. Si l'air est très sec, l'eau émettra des vapeurs qui se dissoudront dans l'air, tant que celui-ci ne sera pas saturé. L'eau fournira alors une abondante évaporation. Si au contraire l'air contenu dans la pièce est déjà humide, l'évaporation sera très faible, et si l'air est saturé d'humidité, l'eau du vase ne produira pas de vapeurs.

On appelle ce phénomène la *tension* de la vapeur d'eau. Dans une atmosphère sèche, la tension est très forte, l'eau *tend* à s'évaporer activement. Dans une atmosphère très humide, la tension de la vapeur d'eau est très faible ou nulle.

La tension de la vapeur d'eau varie beaucoup avec la température. Lorsque celle-ci est très basse, il faut très peu de vapeur d'eau pour saturer l'air. Quand la température s'élève, il en faut de plus en plus.

C'est ainsi que s'explique, par exemple, la formation de la buée par la respiration pendant l'hiver. L'air qui sort de nos poumons contient naturellement une certaine quantité de vapeur d'eau ; cet air n'est cependant pas saturé à la température de l'intérieur du corps ; mais lorsqu'il arrive au dehors, et se trouve considérablement refroidi, il n'en est plus de même. La quantité de vapeur d'eau qui ne suffisait pas à le saturer à 30° est bien supérieure à celle qu'il peut dissoudre à 0° ou au-dessous, et par suite une portion très forte de cette vapeur se dépose en fines goutelettes qui constituent ce qu'on appelle la buée.

On estime qu'à 0°, un mètre cube d'air peut dissoudre environ

5 ¹/₂ grammes de vapeur d'eau ; à 15°, il en dissout 14 grammes, et à 30°, près de 32 grammes.

On voit donc que pour saturer l'air d'une serre cubant 10,000 mètres cubes il faut 55 kilogrammes de vapeur d'eau quand la serre est à la température de 0° ; il en faut 140 kilogrammes à 15°, et 320 kilogrammes à 30°.

Les conséquences de cette constatation au point de vue de la culture sont très importantes.

En effet, supposons que l'air atmosphérique soit à la température de 0°, et que l'intérieur de la serre soit à la température de 15°. L'air extérieur, en supposant qu'il soit saturé, ne contient que 5 ¹/₂ grammes d'eau par mètre cube ; si l'on laisse entrer cet air très humide dans la serre, où il s'échauffera jusqu'à 15°, il deviendra du coup extrêmement sec, puisqu'il faudrait pour le saturer 14 grammes d'eau par mètre cube, alors qu'il n'en contient que 5 ¹/₂.

*
* *

Les appareils que l'on a inventés pour déterminer l'état hygrométrique de l'air, ou autrement dit la proportion de vapeur d'eau qu'il contient, s'appellent hygromètres. Le plus exact et le plus simple est l'hygromètre de DANIELL, dont le fonctionnement repose sur le principe suivant : on refroidit l'air contenu dans un petit récipient jusqu'à ce qu'il se forme une buée sur un dé de métal adapté à ce récipient ; lorsque la buée apparaît, on note exactement la température au moyen d'un thermomètre placé dans le récipient ; supposons que cette température soit 0°.

Que signifie l'apparition de la buée sur le récipient ? Elle signifie qu'à la température de 0°, l'air du local laisse déposer de la vapeur d'eau, autrement dit est saturé. Nous savons que pour saturer l'air à 0° il faut 5 ¹/₂ gr. de vapeur d'eau par mètre cube.

Donc l'air contenu dans le local en question contient 5 ¹/₂ gr. de vapeur d'eau par mètre cube.

Tel est cet appareil, très répandu et très simple.

Toutefois, un jardinier n'a pas besoin en général de déterminer avec une précision aussi rigoureuse l'état hygrométrique de l'air de sa serre. Il n'a même pas besoin de savoir si l'air est saturé de vapeur d'eau, ou presque saturé; car son art est fait de tact, de coup-d'œil, et les chiffres, souvent, ne lui diraient que peu de chose. Ce qu'il lui faut, c'est d'être prévenu quand un changement marqué se produit, quand l'air devient sec, par exemple. Alors il peut éviter le danger en arrosant, tandis que s'il n'avait pas d'hygromètre il ne s'en apercevrait qu'en voyant les plantes souffrir, alors qu'il serait déjà un peu tard et que le mal serait fait.

Un appareil ancien et un peu primitif, aujourd'hui assez oublié, l'hygromètre à cheveu de Saussure, suffit parfaitement pour l'usage dont je viens de parler. Cet hygromètre est fondé sur la propriété que possèdent les cheveux humains de s'allonger quand ils sont dans l'air humide, et de se raccourcir quand l'air est sec. Le cheveu est attaché par une de ses extrémités à un point fixe, et par l'autre à la gorge d'une poulie autour de laquelle il s'enroule. Cette poulie est munie d'une aiguille dont l'extrémité opposée à la pointe forme contre-poids. Lorsque le cheveu s'allonge ou se raccourcit, il fait tourner dans un sens ou dans l'autre la poulie, et par suite l'aiguille, qui se déplace sur un cadran gradué.

Pour graduer l'hygromètre de Saussure, on le place sous une cloche contenant de la chaux vive, de l'acide sulfurique concentré, ou du chlorure de calcium, matières destinées à absorber complètement l'humidité. Le point où l'aiguille s'arrête au bout d'un certain temps est marqué O, c'est l'extrême sécheresse. On place ensuite l'appareil sous une cloche saturée de vapeur d'eau (par exemple, près d'un récipient rempli d'eau bouillante) et on marque 100 au point où s'arrête l'aiguille : c'est le point de saturation. L'espace compris entre O et 100 peut être gradué de façon arbitraire, ou divisé en parties égales. La lecture d'un chiffre quelconque ne renseignerait d'ailleurs pas beaucoup le jardinier. Voici, à mon avis, comment il peut se servir de cet appareil. Il sait qu'en temps ordinaire, lorsque ses plantes sont convenablement arrosées et poussent bien, l'aiguille de l'hygromètre marque un certain chiffre; elle ne varie guère, si le jardinier est régulier dans les soins donnés à ses plantes. Si donc un jour il s'aperçoit que l'aiguille est montée ou descendue d'une façon sensible, son attention doit être aussitôt attirée par ce changement, et il doit examiner si la serre est trop sèche ou trop humide, soit que la température ait varié, soit par l'effet de toute autre cause, et agir en conséquence. C'est là, je le répète, un moyen de constater les variations dans l'état hygrométrique de l'air de la serre, avant que ces variations aient eu leur contre-coup dans l'état des plantes.

Un autre avantage que présente cet hygromètre, c'est qu'il est facile à réparer. Lorsque le cheveu se brise, on peut aisément le remplacer; il suffit de prendre un cheveu humain assez long, préalablement dégraissé par un séjour de quelques heures dans la cendre, et de l'attacher à la place du précédent. Sans doute la graduation ne sera plus exacte, mais ceci est assez indifférent pour notre usage. Il suffit que le jardinier note le point où l'aiguille s'arrête d'ordinaire; lorsqu'il la voit plus haut ou plus bas, il est prévenu que l'état hygrométrique de l'air de sa serre a varié.

CHAPITRE XV

La qualité de l'eau employée pour les arrosages a une grande importance dans la culture des Orchidées. La meilleure eau pour cette culture est celle qui provient des pluies. L'eau que l'on appelle communément « eau de ville, » qui contient beaucoup de calcaire, n'est pas bonne. Elle forme d'ordinaire en peu de temps des dépôts blanchâtres sur les racines; ces dépôts revêtent les organes d'absorption d'une couche imperméable à l'eau, qui les empêche de se nourrir et de nourrir la plante.

L'eau de source est de qualité très variable; il y a des sources très calcaires, d'autres qui le sont moins; mais la meilleure est encore beaucoup moins propice à la culture que l'eau de pluie.

Il faut donc s'attacher à recueillir l'eau de pluie et à la conserver en provision pour les arrosages. Mais cela demande certaines précautions. L'eau conservée dans des citernes n'est pas très bonne; elle n'est pas assez aérée, et croupit rapidement. Il vaut mieux l'emmagasiner dans de grands bassins à ciel ouvert ou aménagés à l'intérieur des serres, sous les tablettes, où la vapeur qui se dégage constamment ira baigner les plantes et aidera grandement à leur bien-être.

Afin de conserver en bon état cette eau, si précieuse pour la culture des Orchidées, il faut la soigner et l'entretenir ; pour éviter qu'elle croupisse, il faut s'efforcer de l'aérer, en y mettant des poissons, cyprins et autres, qui l'agitent et l'empêchent de se corrompre. La meilleure espèce de poisson pour cet objet est la dorade ou poisson rouge qui vit très bien dans l'eau de pluie et dans un bassin de quelque grandeur. Cela donne en même temps de l'animation à la serre. Les dorades trouvent dans l'eau du bassin assez de nourriture pour qu'il soit inutile de leur donner quoi que ce soit d'autre. Éviter notamment de leur jeter du pain, pour ne pas rendre l'eau aigre et aller ainsi à l'encontre du but qu'on se propose.

Enfin, chaque fois que le bassin est vide, on doit en profiter pour le nettoyer entièrement, et enlever la vase et la boue du fond, ainsi que les mousses et tous les dépôts qui tapissent les parois.

Disons quelques mots de la façon dont il convient de construire ces bassins. On trouvera, dans le chapitre qui traite de l'installation des serres, des indications complètes à ce sujet.

Dans les petites serres, des bassins de un mètre de profondeur environ doivent être creusés sous les tablettes, dans toute la longueur sur l'un des côtés. Ces bassins ayant à peu près un mètre de largeur, on pourra ainsi s'assurer une provision de vingt-cinq mètres cubes d'eau de pluie, soit 25,000 litres, si la serre a vingt-cinq mètres de longueur.

Dans chacune des grandes serres, le bac en maçonnerie qui se trouve au milieu et supporte des gradins doit former un grand réservoir d'eau qui distribue l'eau dans tous les bassins des petites serres placées à la suite des grandes ; chacun d'eux aura son robinet particulier, de façon que l'on puisse y prendre de l'eau selon les besoins.

Il est indispensable d'assurer des réserves considérables d'eau de pluie, et c'est un des points qui me paraissent les plus importants pour la bonne culture. Rien ne doit se perdre, par conséquent, de la quantité d'eau qui tombe pendant les pluies sur toute la surface des serres ; voici comment ce résultat est obtenu :

On laisse entre les serres un étroit espace libre pour pouvoir ouvrir et fermer certains ventilateurs, placer et enlever les abris, etc. Ce chemin est cimenté et forme une rigole pouvant contenir environ 25 centimètres de profondeur d'eau, avec des plaques de fonte formant pont de pas en pas. Cet aménagement a un double, et même un triple avantage. L'air qui s'introduit dans les serres pendant l'été, par les ventilateurs du bas, y arrive saturé de vapeur d'eau, ce qui est très précieux pour la culture; on sait combien les plantes souffrent le plus souvent de l'air sec et desséchant de l'été. D'autre part, les murailles en briques poreuses sont ainsi imbibées d'eau et communiquent à la serre une humidité bienfaisante; enfin cela empêche les mulots, les chats, les insectes et autres animaux de circuler entre les serres et de s'y introduire par les prises d'air. Cet avantage mérite également d'être pris en considération.

L'eau qui s'amasse dans les bassins après avoir lavé le vitrage et parcouru les gouttières y recueille souvent des matières étrangères. La poussière n'a pas d'importance appréciable; elle se déposera au fond des bassins. Parfois il s'y trouve de la suie provenant des cheminées environnantes; la suie n'a pas d'inconvénients, et peut même être considérée comme un très bon engrais, car elle contient, grâce à sa grande porosité, une certaine quantité (environ deux et demi pour cent) d'ammoniaque et de sulfates et sulfites d'ammoniaque, corps doués de propriétés fertilisantes. C'est donc un engrais, mais un engrais extrêmement modéré; c'est le seul que les Orchidées reçoivent à L'Horticulture Internationale, car cet établissement étant placé près d'une gare, il y a souvent sur les vitres une légère couche de suie provenant des fumées, et cette suie est entraînée par les pluies dans les bassins. On constatera aisément que l'addition de ce corps à l'eau d'arrosage n'a pas d'inconvénients pour la culture, au contraire.

Je n'engagerais cependant pas les cultivateurs d'Orchidées à mélanger de la suie à l'eau quand elle n'en contient pas naturellement; mais il n'y a pas lieu de s'en inquiéter ni de chercher à en détruire les effets, quand elle s'y trouve mélangée.

D'autres corps peuvent au contraire vicier l'eau. Dans les

endroits où l'air est chargé, par exemple, de poussière de chaux, il convient de prendre des précautions spéciales pour éviter que l'eau d'arrosage en soit souillée, car elle pourrait alors nuire à la santé des plantes. Lorsque l'eau est mélangée de chaux, on peut employer, pour l'en débarrasser, l'un des moyens suivants : l'additionner d'une solution de savon, de préférence de savon vert à base de potasse, ou y verser de l'ammoniaque, en quantité modérée, environ dix-huit à vingt grammes par hectolitre d'eau.

Je ferai remarquer, à ce propos, que l'emploi de la chaux pour badigeonner les vitres des serres me paraît absolument funeste; en outre de l'inconvénient de former un abri permanent et de priver les plantes d'une partie du jour, la chaux a celui d'être facilement délayée par l'eau des pluies et emportée dans les réservoirs d'arrosage.

Il est de beaucoup préférable d'ombrer au moyen de toiles lâches, ou mieux encore, avec des lattis, comme on le fait généralement en Belgique. Je reviendrai sur cette question de l'ombrage dans un chapitre spécial.

L'eau dont on se sert pour les arrosages doit être amenée à la température de la serre, surtout pendant l'hiver; si elle était froide, elle serait nuisible. Il est très bon de faire passer dans les bassins un petit tuyau de chauffage de faible épaisseur; ce tuyau sera muni d'une clef spéciale afin qu'on puisse le fermer à volonté, quand l'eau est à la température convenable; il ne faut pas qu'elle soit trop chaude; elle doit être à la même température que l'air de la serre ou, au maximum, à 4° ou 5° de plus.

Lorsque les pluies amènent de l'eau nouvelle dans les bassins, il est nécessaire de la laisser s'échauffer avant de l'employer pour arroser; il en est de même, et à plus forte raison, de l'eau provenant de pluies d'hiver ou de la fonte des neiges. Si l'on a la précaution de faire passer un tuyau de chauffage dans les bassins, l'eau atteindra rapidement la température de l'atmosphère; dans le cas contraire, il pourra être utile d'attendre une demi-journée avant d'utiliser l'eau.

Lorsque les bassins ne sont pas suffisamment étendus, ou que par une raison quelconque il ne s'en trouve pas dans une serre, l'air ne serait pas assez humide pour les Orchidées si l'on n'avait soin de disposer des bacs de zinc remplis d'eau, soit autour des plantes, soit sur les tuyaux de chauffage. Cela ne dispense pas, d'ailleurs, de jeter de l'eau dans les sentiers et sur les tablettes, surtout pendant l'été et quand la température de la serre est assez élevée.

J'ai dit que l'eau de pluie est nécessaire pour l'arrosement des Orchidées; les eaux de ville, de puits, de rivières ou de sources ne doivent être employées que pour rafraîchir la serre et rendre l'atmosphère humide; toutefois il arrive assez souvent que l'eau de pluie fait défaut; or, l'eau des puits ou fontaines, et même aussi des cours d'eau, occasionne sur les plantes des plaques ou des taches blanches qui ressemblent à des incrustations. Voici un moyen qui permet de corriger les défauts de ces eaux.

Lorsqu'on est forcé d'employer l'eau d'un puits ou d'une fontaine, on doit préalablement faire tomber le calcaire. Ce carbonate de chaux n'est dissous qu'à la faveur de l'acide carbonique en excès; en enlevant cet acide carbonique, le calcaire se précipite. L'eau ne fait plus alors de dépôts.

PREMIER PROCÉDÉ. — Ajouter à l'eau pour chaque hectolitre cinq à six grammes de chaux éteinte; elle se combine avec l'acide carbonique et tombe en entraînant le calcaire. Un excès de chaux serait nuisible; on ne peut cependant indiquer la quantité exacte nécessaire, car cela varie selon la qualité de l'eau, c'est-à-dire selon les localités.

DEUXIÈME PROCÉDÉ. — On peut se servir aussi d'une solution de savon, de préférence de savon vert à base de potasse. On ajoute une quantité de savon dont on tient compte, jusqu'à ce que, l'eau étant agitée dans une fiole, il se forme une mousse persistante; alors on ajoute un peu d'eau et le tout ne tarde pas à s'éclaircir.

Il reste dans l'eau un excès de potasse, corps fertilisant.

TROISIÈME PROCÉDÉ. — Mais le moyen le plus facile consiste à verser dans le réservoir dix-huit à vingt grammes d'ammoniaque du commerce (non empyreumatique) par hectolitre d'eau. En agitant, l'eau devient laiteuse, puis s'éclaircit peu après. Il reste dans l'eau ainsi traitée un peu de carbonate d'ammoniaque et accidentellement un peu d'ammoniaque. Ni l'un ni l'autre ne sont nuisibles.

Le calcaire précipité tombe au fond du réservoir. Quand il y en a une petite quantité, on peut remplacer l'ammoniaque une fois sur deux par de l'acide azotique (ou nitrique) ou de l'eau forte pour faire disparaître ce calcaire; en mettre très peu, dix grammes environ par hectolitre. Il en résulte un nitrate, qui favorise la végétation.

Mais on sait que les eaux de puits ou de fontaine, en repos dans nos bassins, deviennent vertes. Cette vilaine couleur est due à la naissance de cellules microscopiques, isolées d'abord, qui se forment ensuite en chapelet, et produisent ces filaments verts nommés conferves. Cette eau, en contact avec un corps exposé à l'air, finit par l'enduire de moisissure. En lieu propre cette moisissure grandit, non pas sur les feuilles, mais sur les pots, le compost et les racines. Elle devient mousse, et mousse fort vivace, puisqu'elle recouvre parfois et étouffe le sphagnum lui-même.

Le traitement indiqué ne corrige pas ce défaut. La présence de poissons y remédiera au moins partiellement.

CHAPITRE XVI

L'une des conditions essentielles de la vie des Orchidées est l'observation d'un repos périodique annuel, et c'est un des points sur lesquels les amateurs pèchent le plus fréquemment, faute d'être bien éclairés sur les besoins et l'existence de ces plantes.

Le repos est nécessaire aux Orchidées, comme à la plupart des autres végétaux, comme à tout ce qui vit, pour réparer les forces dépensées et échapper au surmenage. Il faut, après une certaine période de production et de développement, que l'activité se ralentisse et qu'elle s'applique à un autre objet. On pourrait sans doute la prolonger et forcer les Orchidées à se maintenir toute l'année en pleine croissance; mais elles seraient fatiguées et n'auraient plus la même vigueur; elles fleuriraient moins bien et donneraient des pousses moins fortes la seconde année; et si l'on recommençait cette épreuve, on s'exposerait à tuer la patiente. L'homme aussi peut se priver une ou deux nuits de sommeil; mais s'il essayait de s'en passer longtemps, il atteindrait bientôt la limite de ses forces.

Un guide infaillible en cette matière, comme dans beaucoup d'autres parties de la culture des Orchidées, c'est l'observation de leur existence dans leurs pays d'origine. Il est évident qu'il faut avant tout s'efforcer de reproduire le même milieu et de leur fournir les mêmes éléments que ceux dont elles sont entourées naturellement. Or, un grand nombre de ces plantes croissent dans des régions où les saisons ne comprennent que deux alternatives : l'une sèche, l'autre humide. Après la saison des pluies régulières, quotidiennes, et plus abondantes qu'on ne peut se le figurer sous nos climats, arrive la saison de sécheresse, où l'eau manque presque totalement, et n'existe plus dans l'atmosphère qu'à l'état de vapeur provenant des rosées du matin ou apportée de l'Océan par les vents alizés.

Pendant la première période, les plantes soumises à ce régime avaient produit une végétation luxuriante, émis force pousses et fleurs ; quand la seconde arrive, elles s'arrêtent, la vie semble se suspendre en elles, comme chez les animaux hibernants ; elle ne reparaîtra qu'au retour de l'humidité, et éclatera alors avec une force nouvelle.

Toutes les espèces qui se trouvent dans les régions brûlantes de l'Asie, de l'Océanie, et dans certaines contrées de l'Amérique réclament impérieusement un repos annuel ; ce sont la plupart des Orchidées : Cattleya, Laelia, Vanda, Dendrobium, Anguloa, Angraecum, Catasetum, Lycaste, Grammatophyllum, etc. ; celles qui vivent dans les parties montagneuses de l'Amérique centrale ou méridionale, où la chaleur est moins intense et où elles sont baignées d'une humidité continuelle, ont un repos beaucoup moins marqué, et leur croissance reste à peu près ininterrompue ; je citerai particulièrement parmi ces dernières les Masdevallia et les Odontoglossum.

J'ai comparé le repos au sommeil de l'homme ; mais la vie n'est pas supprimée chez l'homme pendant qu'il dort ; la circulation continue d'alimenter tous ses organes, et plusieurs de ses fonctions ne cessent pas de s'exercer ; le cerveau fonctionne encore, quoique dans des conditions particulières. Il en est de même des Orchidées. Elles ne cessent pas de vivre, mais elles cessent presque complètement d'acquérir, et la vitalité se concentre en elles à l'intérieur. C'est alors qu'elles élaborent et s'assimilent définitivement la nourriture absorbée pendant la saison précédente, et que les bulbes déjà formés, mais encore tendres, se mûrissent et prennent une consistance plus ferme. La plante, à cette époque, ne reçoit sensiblement pas d'éléments nutritifs. Il suffit qu'elle soit placée dans une atmosphère assez humide pour pouvoir résister à l'évaporation et ne pas se dessécher. L'évaporation ne peut cependant pas être complètement arrêtée ; aussi la plante perd-elle un peu de l'eau qu'elle contient, et l'on voit les bulbes se dégonfler et se rider quelque peu pendant le repos.

Quelques amateurs, à leurs débuts, croient voir dans ces symptômes l'indice d'un dépérissement ; ils craignent de priver leurs Orchidées et se hâtent de leur rendre l'humidité. Cette compassion, qui part d'un bon naturel, peut produire des résultats funestes, en faisant renaître la végétation et en privant les plantes du repos dont elles ont besoin. Sans doute il ne faut pas les laisser trop se dessécher en supprimant complètement les arrosages ; mais il faut réduire ceux-ci au minimum indispensable, et ne pas s'inquiéter d'une diminution de substance qui provient en partie d'une sorte de tassement, et qui d'ailleurs disparaîtra aisément au printemps, quand on rendra l'eau aux racines, sans laisser aucune trace fâcheuse.

Le repos, je l'ai dit, coïncide naturellement avec la sécheresse qui se produit pendant la saison des grandes chaleurs. Pour nous, qui cultivons les Orchidées dans des serres où elles jouissent d'une température constante, nous pouvons choisir l'époque la plus commode, et c'est évidemment l'hiver, où la chaleur naturelle fait le plus défaut, où les journées sont le plus courtes, et où par suite la lumière manque également. On a donc adopté l'usage de mettre les Orchidées en repos à l'époque où les plantes de notre climat prennent aussi leur repos, c'est-à-dire de la fin d'octobre ou un peu plus tard jusque vers la fin de février. Les arrosages sont alors réduits au minimum indispensable pour que les feuilles ou les pseudobulbes ne se fanent pas, et la température est réglée en même temps de quelques degrés au-dessous de celle qui convenait pendant la saison de végétation.

Toutes les Orchidées, on le conçoit aisément, ne réclament pas un traitement identique. Les unes demandent un repos plus prolongé, les autres moins. L'expérience seule permet de discerner ces petites différences; mais disons au jardinier qui ne possède pas encore l'expérience nécessaire qu'il peut donner à presque toutes un repos de trois mois, qui sera suffisant pour la plupart. Un bon repos prépare une bonne floraison, même chez les Orchidées qui n'ont pas de pseudobulbes, comme les Cypripedium. Certains genres robustes, comme les Catasetum, Mormodes et Cycnoches, exigent une sécheresse absolue pendant un certain temps; le mieux est de suspendre les plantes dans une galerie et de ne plus s'en occuper jusqu'à la fin de l'hiver.

Il serait trop long d'entrer ici dans le détail des procédés à appliquer à chaque genre. On trouvera ces indications au chapitre spécial consacré à la culture de chacun d'eux, à la fin de ce volume.

Quand une plante d'importation est très petite, ou quand elle a subi des mutilations entraînant une faiblesse marquée, il n'y a pas d'inconvénient à lui faire faire deux ou trois pousses de suite, sans lui donner de repos. Une telle plante serait trop faible, en effet, pour supporter une longue privation d'humidité et de nourriture. Ce qui permet aux Orchidées à bulbes de se reposer pendant plusieurs mois dans une immobilité à peu près absolue, c'est que leurs pseudobulbes contiennent des réserves importantes de nourriture et de sucs liquides suffisant à l'évaporation; mais quand ces réserves font défaut, le repos serait dangereux. Le premier pseudobulbe est très petit; les suivants iront en augmentant, et au bout de deux ou trois saisons, la plante pourra subir le traitement normal; elle sera alors parfaitement saine et vigoureuse et donnera une belle floraison.

*
* *

Il existe encore dans le cycle annuel de la végétation des Orchidées une autre période de repos; c'est celle qui suit la floraison. Il est bon de laisser à ce moment un léger intervalle entre la production des fleurs et la formation de la pousse qui suit généralement. Ce repos est beaucoup moins prononcé que celui de l'hiver. Il durera environ deux à trois semaines. Il va sans dire qu'il doit être réglé d'après l'autre ; en effet une plante qui fleurit en février ou mars, après le repos hivernal, n'a pas besoin de se reposer de nouveau après sa floraison. D'autres Orchidées supporteraient mal deux repos, c'est-à-dire deux privations, au cours d'une année.

Les Cypripedium, par exemple, n'ayant pas de pseudo-bulbes, ne supporteraient pas une privation d'eau aussi prolongée que les Catasetum. Il est bon de ralentir un peu leur végétation en diminuant les arrosements une fois par an pendant dix semaines environ ; et l'époque à laquelle on leur donnera ce petit repos n'importe pas beaucoup. Il est plus commode de choisir pour cela l'hiver, parce que l'on doit faire coïncider avec cette privation d'eau un petit abaissement dans la température ; et comme la chaleur artificielle est toujours moins bonne pour les plantes que celle du soleil, c'est elle qu'il vaut le mieux supprimer, et c'est aussi plus facile. Ajoutons qu'il y a avantage également à attendre pour ce repos l'achèvement d'une pousse. On reconnaît aisément le moment où une pousse ne s'allonge plus et reste stationnaire ; il y a là un moment d'arrêt avant que la suivante prenne son développement, et il semble indiqué de profiter de cet arrêt naturel.

Pour les Lycaste, plantes à bulbes forts et charnus, un repos assez prolongé est nécessaire, et ici c'est l'état de la croissance des pousses qui devra servir au cultivateur de criterium pour l'établissement du repos. Les espèces qui fleurissent au début du printemps, comme les *L. Skinneri*, *L. lanipes*, *L. gigantea*, ne doivent pas être mises au sec après leur floraison, parce qu'elles sortent déjà d'un repos assez long, qui ne saurait être prolongé sans inconvénients ; les pousses qui se développent souffriraient de ce retard. Pour les espèces qui fleurissent plus tard dans l'année, on peut ralentir un peu les arrosements après leur floraison. Mais je serais plutôt d'avis de ne donner à tous les Lycaste qu'un seul et énergique repos pendant l'hiver, en profitant de la faculté de résistance que leur assurent les riches réserves de leurs pseudobulbes compacts.

Les Cymbidium peuvent être tenus au sec pendant une certaine période après leur floraison, excepté les *C. Lowianum, C. eburneum*, etc., qui fleurissent au commencement du printemps.

En ce qui concerne les Odontoglossum, ce repos devra durer environ cinq semaines ; mais il ne faut pas l'exagérer, car les Orchidées alpines ne résistent pas à la sécheresse comme les Catasetum, par exemple. Un arrosage par semaine est à peu près suffisant, et l'atmosphère de la serre doit toujours rester humide.

En ce qui concerne les Oncidium, il y a deux sections entre lesquelles il est bien nécessaire de bien distinguer. Les espèces de serre froide doivent être traitées comme les Odontoglossum ; ce sont, par exemple, les *O. cucullatum, O. Cavendishianum, O. zebrinum, O. incurvum*. Les espèces de serre tempérée, qui sont surtout celles originaires du Mexique, *O. ampliatum, O. crispum, O. Jonesianum, O. splendidum*, recevront un léger repos après la floraison ; mais comme ces espèces ont été déjà mises en repos d'une façon bien marquée pendant l'hiver, elles ne doivent pas être trop privées une seconde fois au cours de l'année. L'*O. cucullatum*, par exemple, qui fleurit au début du printemps, ne saurait être mis de nouveau en repos à la fin de sa floraison. On risquerait de l'épuiser.

On voit, d'après ce qui précède, quelle est la théorie générale du repos ; il sera facile d'en faire l'application dans les cas particuliers.

L'un de ceux qui causent les plus fréquents embarras aux amateurs, et qui m'ont valu le plus grand nombre de questions, est celui-ci :

Une Orchidée, Cattleya, Laelia, Oncidium ou autre, a été arrosée trop abondamment vers l'automne, après l'achèvement du pseudobulbe, et une nouvelle pousse se forme au moment où devrait commencer le repos. Que doit faire l'amateur ?

La réponse est bien simple. Si la pousse n'est pas encore bien développée, si l'œil est seulement assez gonflé et proéminent, diminuez beaucoup les arrosages et transportez la plante dans une serre un peu plus froide, afin d'arrêter la végétation intempestive. Il est nécessaire que l'organisme prenne après sa saison normale de croissance le repos auquel il a droit dans la nature, et le bourgeon repartira au printemps avec plus de force après cette interruption.

Si au contraire vous avez laissé la pousse atteindre une certaine longueur, prenez-en votre parti, et continuez les arrosages jusqu'à ce qu'elle soit achevée. Il serait imprudent, en effet, de vouloir arrêter la croissance au moment où tout l'afflux de la sève s'est porté de ce côté; la pousse interrompue au milieu de son développement ne retrouverait pas au printemps la vigueur de son début; elle ne s'achèverait pas, ne se mûrirait pas, et par conséquent elle ne tarderait pas à pourrir, sans laisser après elles des yeux capables de la continuer; de sorte que la plante risquerait de mourir, ou tout au moins perdrait un an ou deux à regagner ce terrain. — Il est vrai que la pousse formée pendant l'hiver sera plus faible qu'une pousse normale, et cela pour deux raisons : d'abord parce que la plante, ayant déjà fourni dans l'année une saison normale de végétation et de floraison, n'aura plus la même vigueur qu'au printemps; ensuite parce qu'elle n'aura pas les stimulants du soleil et de l'air pur dont elle jouissait pendant la belle saison. — Néanmoins, le mal n'est pas bien grave. Une fois cette seconde pousse terminée, la plante recevra un repos assez prolongé, pour compenser le retard; au bout d'un an, elle aura effacé toute trace de ce petit accident.

La situation peut se compliquer encore, lorsqu'il s'agit de plantes qui fleurissent pendant l'hiver, comme les *Coelogyne cristata*, *Zygopetalum Mackayi*, etc. Beaucoup de débutants supposent qu'il est nécessaire d'arroser les Orchidées qui commencent à former des boutons; c'est une erreur. Les plantes fleuriront parfaitement sans recevoir plus d'eau que ne l'indique la saison. Bien plus, les cultivateurs ont parfois recours à la privation d'eau pour amener à fleurir une plante rebelle; mais ceci nous conduit au chapitre suivant.

CHAPITRE XVII

Dans aucune autre famille végétale, on ne rencontre des floraisons aussi splendides, aussi éclatantes, aussi pittoresques ni aussi variées que dans celle des Orchidées. On ne peut espérer de traduire par le langage une beauté aussi multiple et aussi délicate que celle des fleurs d'Orchidées, et je n'entreprendrai pas de le faire ; la plupart de mes lecteurs connaissent d'ailleurs au moins un certain nombre des types les plus célèbres, et le témoignage de leur vue sera plus probant que mes descriptions.

Je citerai cependant quelques exemples destinés à montrer quelle splendeur et quelle abondance atteint cette floraison lorsque les plantes sont bien cultivées. Ce seront en quelque sorte des modèles que tout amateur devrait s'efforcer d'imiter ; rien n'égale la beauté de plantes massives, couvertes de fleurs, comme en montrent les gravures ci-après.

Le fameux *Vanda* (Renanthera) *Lowi* de Ferrières, appartenant à la collection de M. le baron A. DE ROTHSCHILD, et cultivé sous la direction habile de M. BERGMAN, produisit en 1887 vingt-six tiges florales, ayant chacune une longueur de deux mètres en moyenne, et portant un total de 650 fleurs. Cette plante, unique peut-être au monde pour sa grandeur et sa vigoureuse santé, n'a fait que progresser encore depuis cette époque, et si je cite les chiffres ci-dessus, c'est uniquement parce que la plante fut photographiée cette année là et citée dans tous les journaux.

Le *Phalaenopsis Schilleriana* atteint quelquefois des dimensions considérables ; parmi les spécimens les plus remarquables, M. Rolfe (*Lindenia*, 1889, p. 74) cite celui que M. Warner envoya en 1869 à l'exposition de St Pétersbourg, et qui, avec ses 120 fleurs épanouies, produisit une grande impression ; puis celui qui fleurit dans les serres de Lady Ashburton, et qui fut figuré dans le *Gardeners' Chronicle* en 1875. Cet exemplaire portait trois panicules, ayant respectivement 96, 108 et 174 fleurs, soit ensemble 378 fleurs. Cette plante fut vendue à la salle Stevens, le 28 juillet 1875 ; l'acquéreur, Sir Trevor Lawrence, la paya 32 guinées (840 francs).

Une gravure que le lecteur aura vue plus haut (fig. 15) représente un exemplaire bien fleuri de cette magnifique espèce. La forme exquise de ses fleurs, leur coloris rose tendre pointillé de rose vif, l'allure gracieuse de ses tiges florales ramifiées, la beauté même de son large feuillage panaché de vert sombre et de blanc argenté, en font l'un des plus riches ornements des serres.

Un *Coelogyne Lowiana* appartenant à la célèbre collection de M. le baron Schröder, et qui mesure environ 1^m50 de diamètre, a produit, en 1891, vingt-neuf tiges florales, ayant chacune une trentaine de fleurs.

Le *Dendrobium densiflorum*, quand il est bien fleuri, comme sur la gravure ci-dessous (fig. 40), offre un coup-d'œil ravissant. Ses fleurs forment de longs thyrses pendants, très touffus, d'une très grande beauté ; leur coloris jaune clair, avec le centre jaune abricot, forme un contraste remarquable avec le vert foncé du feuillage ; ces grappes sont souvent assez nombreuses pour cacher presque complètement les organes végétatifs.

La floraison de l'*Oncidium macranthum*, si remarquable au point de vue de la grandeur et de l'éclatant coloris des fleurs, peut en outre atteindre à une abondance remarquable. Un journal anglais mentionne une plante de cette espèce, appartenant à la collection de Mme Arbuthnot, de Bexley, dont l'inflorescence s'est développée pendant un espace de plus de six mois et, près de s'ouvrir, atteignait une longueur de plusieurs mètres, avec vingt-cinq ramifications. C'est un des plus beaux exemples que j'aie vu citer

Fig. 40. — Dendrobium densiflorum.

dans le genre Oncidium, l'un des plus favorisés cependant à ce point de vue.

Un certain nombre d'espèces du genre Oncidium produisent des fleurs assez petites, mais très nombreuses, et portées sur des tiges ramifiées d'une très grande longueur. Ces espèces ne sont pas, ce me semble, appréciées autant qu'elles devraient l'être. Elles égayent beaucoup une serre, et font un effet ravissant dans les bouquets, où leurs grappes légères rompent un peu la masse des fleurs de grande taille et d'un coloris uniforme comme les Cattleya.

L'*Oncidium ornithorhynchum* est une des espèces du genre qui sont le plus florifères. Il n'est pas rare de compter, sur de petites plantes, près d'un millier de fleurs; chaque grappe en porte de 150 à 200 et plus. Un exemplaire exposé à un meeting de L'Orchidéenne en 1891 portait 1328 fleurs, quoique la plante fût contenue dans un pot de quinze centimètres de diamètre, qu'elle ne remplissait pas entièrement.

Un *Oncidium concolor*, exposé en septembre 1889, également à L'Orchidéenne, portait quarante-trois tiges florales.

Plusieurs autres espèces d'Oncidium montrent une floribondité presque égale à celle de l'*O. ornithorhynchum*, notamment l'*O. incurvum*, qui forme souvent des grappes de deux mètres de longueur, et l'*O. trichodes*, dont les fleurs sont un peu moins fournies, mais attrayantes cependant par leur coloris jaune d'or et vert mousse ou vieil or.

Un *Laelia anceps*, exposé à Bruxelles par M. G. Warocqué à un meeting de L'Orchidéenne, en 1891, exemplaire qui atteignait 1ᵐ50 de diamètre, portait 205 fleurs en grappes de quatre à cinq chacune; c'était un spectacle merveilleux que celui de cet énorme massif chargé de fleurs roses, au centre desquelles se détachait seulement le labelle, finement strié de jaune d'or et de pourpre, avec le lobe antérieur d'une teinte plus sombre. Cette plante n'a cessé d'exciter l'admiration des visiteurs qui, pendant toute la durée de l'exposition, se pressaient autour d'elle.

Ajoutons qu'elle n'était pas seulement remarquable comme spécimen de belle culture, mais aussi comme choix; c'était, en effet, une belle variété.

La gravure ci-dessous (fig. 41) représente une plante de *Cycnoches pentadactylon* exposée récemment par M. W. W. Mann à un meeting de la Société Royale d'Horticulture de Londres; cette plante portait environ 250 fleurs, réparties sur dix tiges. Chose remarquable, un seul pseudobulbe portait cinq tiges florales, un autre trois, et un autre deux.

Les Cattleya du groupe *guttata* fournissent parfois aussi des exemples de floribondité remarquable. Une belle variété de *C. gut-*

tata, qui a fleuri en août 1892 à L'Horticulture Internationale, portait 191 fleurs sur onze tiges florales; l'une des tiges en portait à elle seule vingt-six.

Le *Rodriguezia Lindeni* (fig. 42) est d'une floribondité vraiment

Fig. 41. — Cycnoches pentadactylon.

merveilleuse; il n'est pas possible d'imaginer rien de plus gracieux, de plus gai, de plus frais que ces touffes suspendues en légers paniers et tout entourées de grappes de fleurs. J'ai compté, sur une plante prise au hasard dans nos serres, quinze grappes, dont chacune portait un grand nombre de fleurs. La plante avait neuf bulbes, dont trois anciens ; les six autres avaient au moins deux tiges florales chacun ; la moitié en portaient trois.

Un superbe spécimen de *Miltonia vexillaria*, qui figurait également dans nos serres en 1890, portait 37 tiges florales, chargées

Fig. 42. — RODRIGUEZIA LINDENI (d'après une photographie).

de 187 fleurs épanouies. L'*Epidendrum Capartianum*, cultivé chez M. BOUTEMY-BARROIS, en France, a produit récemment 72 fleurs sur une seule tige.

L'influence de la bonne culture apparaît non seulement dans

l'abondance de la floraison, mais aussi dans la grandeur et la beauté des fleurs. Les chiffres ci-après donneront une idée de ce qu'on peut obtenir ainsi dans certains genres.

M. le comte DE BOUSIES m'a communiqué plus d'une fois des fleurs très remarquables provenant de sa collection, qui est extrêmement choisie et très bien cultivée. Je me rappelle notamment avoir noté les dimensions suivantes sur un *Cattleya gigas*: largeur des pétales, $8^{cm},25$; largeur du labelle, $7^{cm},50$.

Le *Cattleya gigas Imschootiana*, exposé récemment par M. A. VAN IMSCHOOT à un meeting de L'ORCHIDÉENNE, présentait les dimensions ci-après : longueur des pétales, $11^{cm},50$; largeur des pétales, $7^{cm},75$; longueur du sépale dorsal, $11^{cm},50$.

J'ai noté, sur un *Cattleya Trianae* en fleurs dans nos serres, des pétales d'une largeur de 68 millimètres.

Un *Cypripedium Rothschildianum*, exposé par nous à un meeting de L'ORCHIDÉENNE en 1893, avait les dimensions suivantes : largeur du pavillon, 59 millimètres; longueur des pétales, 149 millimètres.

Je pourrais citer un grand nombre d'autres exemples, comme en fournissent fréquemment les plantes de choix exposées aux meetings de Bruxelles. Mais ce qui précède suffit pour montrer quelles merveilleuses floraisons fournissent les Orchidées, quand celui qui les soigne sait adapter la culture à leurs besoins.

La durée de ces fleurs est encore un mérite exceptionnel à ajouter à ceux que possèdent les Orchidées.

La *Lindenia* cite un *Dendrobium stratiotes* (voir fig. 14) qui est resté épanoui pendant cinq mois. Certaines espèces, comme le *Dearei*, ont une floraison très longue; ce sont surtout celles provenant de la Nouvelle-Guinée et de la Papouasie; plus on revient vers l'occident, plus elle est courte; les Dendrobium de Java sont presque éphémères. M. DE LANSBERGE, qui a habité cette île plusieurs années, disait que de très beaux Dendrobium de ces parages ne fleurissaient que pendant quelques heures.

On peut citer encore dans la même catégorie un Bulbophyllum analogue au *B. Dearei*, qui reste ouvert jusqu'à 1 heure après midi environ, et se referme jusqu'au point du jour.

D'autre part, on pourrait citer un grand nombre de Cypripedium qui conservent leur fraîcheur pendant deux, trois et même quatre mois, et une foule d'espèces qui durent de six semaines à deux mois.

D'autres Orchidées produisent des fleurs de moindre durée, mais qui se succèdent pendant un temps très long.

Le *Lycaste lasioglossa*, espèce rare, d'un coloris très attrayant, très gai, et d'une superbe allure, peut, en outre, être cité comme un type de floribondité extraordinaire. Une plante de cette espèce, qui appartenait à M. le comte DE BOUSIES, resta en fleurs depuis les premiers jours de septembre jusqu'au milieu de mars sans interruption; elle n'a jamais cessé de porter un nombre de fleurs variant entre quatre et six. Chaque fleur se conserve pendant très longtemps, et le nombre total des fleurs qui se sont succédé pendant cette longue saison était de quatorze.

Les *Dendrobium bigibbum*, *Phalaenopsis* et *superbiens* sont généralement en fleurs dans nos serres pendant cinq à six mois de l'année sans interruption.

Le *Bulletin* de Kew a publié les chiffres suivants, relevés dans les serres de ce célèbre établissement, au sujet de la durée de floraison de quelques Orchidées :

Angraecum eburneum, 3 mois.
    »   *Hildebrandti,* 3 mois.
    »   *odoratissimum,* 3 mois.
    »   *Scottianum,* 3 mois.
Ansellia africana, 3 mois.
Bletia hyacinthina, 3 mois.
    »   *verecunda,* 4 mois.
Brassavola fragrans, 3 mois.
Broughtonia sanguinea, 5 mois.
Calanthe Dominyi, 3 mois.
    »   *Veitchi,* 4 mois.
    »   *veratrifolia,* 4 mois.
    »   *vestita,* 4 mois.
Bulbophyllum hirtum, 3 mois.
    »   *imbricatum,* 3 mois.
Catasetum Darwinianum, 3 mois.
    »   *discolor,* 4 mois.
    »   *Garnettianum,* 4 mois (mars-avril et novembre-décembre).

Catasetum macrocarpum, 4 mois.
Cattleya Gaskelliana, 3 mois.
» *Mendeli,* 3 mois.
Cirrhopetalum Wallichi, 3 mois.
Coelogyne cristata, 3 mois.
» *speciosa,* 4 mois.
Cottonia macrostachya, 6 mois.
Cymbidium pendulum, 3 mois.
Cyperorchis elegans, 3 mois.
Cypripedium bellatulum, 5 mois.
» *calurum,* 6 mois.
» *cardinale,* 7 mois.
» *conchiferum,* tous les mois de l'année.
» *longifolium,* tous les mois de l'année.
» *Roezli,* tous les mois de l'année.
» *Sedeni,* tous les mois de l'année.
Dendrobium aureum, 3 mois.
» *bigibbum,* 3 mois.
» *bracteosum,* 3 mois.
» *chrysanthum,* 3 mois.
» *nobile,* 3 mois.
Epidendrum Wallisi, 3 mois.
Laelia autumnalis, 3 mois.
Masdevallia acrochordonia, 3 mois.
» *ochthodes,* tous les mois de l'année.
» *pulvinaris,* tous les mois de l'année.
Maxillaria cucullata, 4 mois.
» *grandiflora,* 4 mois.
» *Meleagris,* 4 mois.
» *venusta,* 3 mois.
Miltonia Clowesi, 3 mois.
» *spectabilis Moreliana,* 3 mois.
» *vexillaria,* 3 mois.
Nephelaphyllum pulchrum, 3 mois.
Odontoglossum crispum, tous les mois de l'année.
» *grande,* 3 mois.
Oncidium Papilio, 9 mois.
Ornithidium Sophronitis, 6 mois.
Ornithochilus fuscus, 3 mois.
Phajus Bensoniae, 6 mois.
Phalaenopsis amabilis, 5 mois.
» *Buyssoniana,* 5 mois.
» *Cornu-cervi,* 3 mois.
» *Schilleriana,* 3 mois.
Pleurothallis Barberiana, 4 mois.
Saccolabium Peechei, 4 mois.

Sobralia sessilis, 7 mois.
Spathoglottis Vieillardi, 8 mois.
Stenoglottis fimbriata, 5 mois.
Vanda cœrulea, 3 mois.
   » *insignis,* 4 mois.

* *

A quelles conditions se produit la floraison? Telle est la question qui intéresse tous les cultivateurs débutants. Et encore : comment se fait-il que parfois une plante ne fleurit pas?

La réponse à une telle question exige quelques explications préalables; les causes de la non-floraison d'une plante, d'une Orchidée en particulier, peuvent être très complexes.

Examinons donc dans quelles circonstances se produit la floraison.

Dans des conditions normales, chaque plante fleurit tous les ans au moins une fois. Chaque saison de végétation comporte, pour la plante, un certain accroissement (formation d'un pseudo-bulbe ou allongement de la tige), puis la production des fleurs, et la saison étant achevée, arrive le repos, après lequel le même cycle recommence.

La floraison peut se produire au commencement de la pousse, ou pendant la période de sa formation, ou après son achèvement. Dans les Odontoglossum et Cattleya, la floraison se développe après le développement complet du bulbe; chaque pseudobulbe, s'il est formé dans des conditions normales et assez vigoureux, doit produire une tige florale.

Mais on conçoit que cette coordination est parfois troublée. Lorsque les différentes fonctions s'effectuent dans un équilibre régulier, les choses se passent comme on vient de le voir; si l'équilibre est rompu, l'une des fonctions souffre de l'empiètement de l'autre.

Il peut arriver, par exemple, qu'une Orchidée produise des organes végétatifs très développés, et qu'elle ne fleurisse pas; toute la force de la plante s'étant épuisée à la formation de pousses nombreuses et fortes, il n'en reste plus assez pour produire les organes floraux.

Le contraire peut se présenter aussi. Parfois une plante donne une abondance extraordinaire de fleurs, puis elle languit, la pousse qui devrait apparaître reste inerte, et l'on doit attendre sa formation jusqu'à la saison suivante, après le repos; il arrive même que la plante meurt, tuée en quelque sorte par sa floraison. Les jardiniers connaissent tous ce phénomène; lorsqu'une plante chétive, à bout de forces ou peut-être mal soignée, se couvre d'une de ces floraisons brillantes qui sont vraiment le chant du cygne, ils ont coutume de dire qu'elle « fleurit de misère. » Une telle floraison coûte cher généralement.

La conclusion de ces remarques, c'est évidemment qu'il faut s'efforcer de donner aux Orchidées le traitement qui leur convient et ne négliger ni le repos annuel, ni aucun des soins qu'elles réclament; et dans ces conditions, on est en droit d'espérer qu'elles formeront chaque année une pousse régulière et robuste, et une bonne floraison. Si cependant une plante s'accroît d'une façon anormale dans ses organes végétatifs et passe une année sans fleurir, il faut en prendre son parti, lui donner un bon repos, veiller à ce qu'elle mûrisse bien ses tiges, et attendre l'année suivante, qui verra sans doute apparaître, en conséquence, une floraison plus belle qu'à l'ordinaire. Si au contraire l'activité de l'organisme parait se diriger presque exclusivement vers la floraison, et que l'on voie une plante donner un grand nombre de tiges florales ou fleurir pendant trop longtemps de suite, le cas est différent. En effet, la floraison est un luxe, les pseudo-bulbes et les organes végétatifs sont le nécessaire. Il est facile de supprimer la floraison, tàndis qu'il ne serait pas facile plus tard de stimuler les pousses paresseuses et de réconforter la plante épuisée. En pareil cas donc, il ne faut pas hésiter. Lorsqu'on voit une floraison exagérée par rapport à la force de la plante, le mieux est de couper les tiges florales au bout de quelques jours après leur formation complète, ou même au début si c'est nécessaire.

Il n'est pas bon de couper les tiges trop tôt, ni avant que les fleurs soient complètement ouvertes, car si l'on opère ainsi, elles se fanent vite une fois coupées et placées dans l'appartement;

tandis que si on les laisse sur la plante à peu près une ou deux semaines, elles durent plus longtemps après avoir été coupées.

On constate aisément dans les cultures combien est étroite la relation entre les divers actes de la vie des plantes.

Lorsqu'une plante n'a formé que de petits pseudobulbes (soit qu'elle en ait produit plusieurs dans la même saison, soit qu'elle ait subi un accident quelconque), ou elle ne fleurit pas, ou elle donne des fleurs peu nombreuses et de petite taille. On observe parfois ce fait sur des plantes d'importation, lorsqu'elles fleurissent peu de temps après leur voyage. C'est ce qui s'est produit notamment lorsque nous avons eu l'heureuse chance de réintroduire le *Cattleya labiata* [1], depuis si longtemps perdu et inutilement recherché. Cette espèce fleurit toujours deux mois environ après l'achèvement de ses pseudobulbes; les plantes qui arrivèrent en Europe portaient un assez grand nombre de spathes, et plusieurs fleurirent quelques jours après le déballage; mais les fleurs étaient plus petites et moins richement colorées qu'à l'ordinaire, et il ne fut pas possible, avant le mois de novembre suivant, d'être exactement fixé sur leur valeur et leur identité.

D'autre part, il arrive assez fréquemment que des plantes qui ont été interrompues dans l'achèvement de leur pousse, soit par le collectage, soit par toute autre cause, produisent des fleurs monstrueuses, auxquelles il manque quelques organes, ou des grappes sur lesquelles plusieurs fleurs se sont soudées ou fondues entre elles.

*
* *

On voit que pour obtenir une bonne floraison, l'essentiel est d'avoir des organes végétatifs bien développés, vigoureux et bien mûris.

Ce qu'on entend par « bien mûris, » ou encore « aoûtés » ce n'est pas autre chose d'ailleurs que « bien développés. » En effet, une fois que l'organe végétatif, pseudobulbe ou tige, est formé,

______

[1] Nommé d'abord *Warocqueana* à cette époque.

il n'a pas complètement terminé son évolution. Il doit encore se produire dans cet organe une élaboration qui le rend généralement plus compact, plus solide, et qui, dans tous les cas, constitue son achèvement. C'est ainsi que les rameaux des arbres de nos climats, par exemple, restent tendres et mous quelque temps après leur formation; puis, à l'automne et pendant l'hiver, ils se durcissent peu à peu, changent de couleur, et deviennent *bois.* Toute tige qui n'est pas bien mûrie au temps voulu est impropre à subsister; elle n'a pas les qualités nécessaires pour fournir à son tour des rejetons; elle languit, puis pourrit et meurt.

Il en serait de même des organes végétatifs des Orchidées. Pour qu'ils puissent donner naissance à une bonne floraison (et aussi, ultérieurement, à d'autres pousses qui les continueront), il faut qu'ils soient parfaitement mûris. C'est pourquoi on obtient une belle et abondante floraison, en règle générale, en favorisant la maturation des pousses, et pour cela, en plaçant les plantes près du vitrage des serres, en leur procurant beaucoup de lumière et de soleil, et en leur donnant un bon repos.

La lumière du jour et le soleil sont nécessaires pour produire cette élaboration des tissus, cette assimilation définitive dont je parlais plus haut. C'est ainsi qu'on a remarqué bien souvent que les plantes de nos jardins, exposées en plein soleil, étaient beaucoup plus courtes, plus trapues, que celles qui se trouvaient plus abritées, et fleurissaient aussi beaucoup mieux que les secondes.

Le repos n'est pas moins nécessaire, parce que l'absorption doit cesser pendant que l'assimilation s'opère; on pourrait en quelque sorte comparer (quoique les opérations soient certainement différentes) la plante en repos à l'animal qui digère. Il ne peut pas en même temps absorber une nouvelle nourriture.

Je me propose d'examiner à ce propos quelques cas particuliers qui se présentent souvent chez le cultivateur, et qui causent beaucoup de perplexités, ainsi que j'ai pu le constater par une foule de demandes de renseignements.

Il arrive parfois qu'une Orchidée qui a achevé sa pousse, et dont on attend la floraison, commence à développer une pousse nouvelle. C'est un cas qui se produit assez fréquemment dans la culture des espèces fleurissant à l'automne, comme le *Cattleya labiata*. Il est évident qu'il faut arrêter cette pousse dès le début; en effet, cette pousse venant à la fin d'une période d'activité non

Fig. 43. — ONCIDIUM MACRANTHUM.

suivie de repos, et produite par un pseudobulbe qui n'est pas encore mûri, serait certainement faible; elle produirait à son tour l'année suivante une pousse faible, et ne donnerait pas de fleurs. On doit donc laisser la plante absolument sèche pendant une semaine ou même davantage, et ne lui donner ensuite que très peu d'eau de loin en loin, afin d'arrêter la pousse et de laisser mûrir les pseudobulbes de l'année. Cependant les boutons floraux se développeront et s'épanouiront normalement.

Bien des amateurs novices croient devoir arroser leurs plantes pour favoriser la formation des tiges florales, et aboutissent ainsi au fâcheux inconvénient dont je viens de parler. Mais il n'est pas nécessaire d'arroser pour que les fleurs se forment. Au contraire, c'est une pratique assez répandue chez les cultivateurs de tenir une plante sèche quand ils veulent la pousser à fleurir. Et cela se comprend aisément, par suite des remarques faites précédemment au sujet du balancement des fonctions vitales : en ne donnant pas d'eau aux racines, c'est-à-dire pas de nourriture à la plante, on ralentit, on interrompt même le développement des organes végétatifs; par suite, toute la force de l'organisme se porte vers la floraison.

Il arrive parfois, chose plus curieuse encore, qu'un organe floral se transforme, au début de son développement, en un organe végétatif, et qu'un bouton devient une pousse. Il n'est pas très rare de constater des faits de ce genre sur l'*Oncidium macranthum* (fig. 43) et quelques autres espèces d'Oncidium; une tige florale se forme, grandit, atteint sa longueur normale; puis, alors qu'on s'attend à voir paraître les boutons, de petites pousses s'allongent à leur place, émettent des racines, et constituent autant de plantes nouvelles. On a cité le cas d'un *Oncidium Papilio*, qui, après avoir déjà fleuri, a produit également une pousse au sommet de sa tige florale. Le *Phalaenopsis Lüddemaniana* et quelques autres Phalaenopsis présentent souvent le même phénomène.

J'ai eu l'occasion de constater des faits surprenants du même genre sur des Mormodes d'importation récemment arrivés en Europe.

Plusieurs de ces Mormodes commençaient à former leurs tiges florales au moment où ils ont été expédiés en Europe. Ces tiges ont été arrêtées dans leur développement pendant le voyage, et lorsque les plantes sont rentrées en végétation dans les serres de L'Horticulture Internationale, elles ont recommencé à croître;

mais plusieurs se sont transformées en pousses feuillées. C'est ainsi que nous avons vu plusieurs tiges florales ayant déjà une longueur de cinq à sept centimètres se continuer par une pousse, de sorte que les plantes qui sont dans ce cas auront des pseudobulbes séparés par un long rhizôme.

Ailleurs, une tige qui commençait à peine à sortir du pseudobulbe s'est développée en donnant une touffe de feuilles entourant une petite grappe de boutons floraux, à peu près comme dans les Jacinthes ; plusieurs de ces boutons ont avorté, mais un d'entre eux a grandi normalement et s'est ouvert ; la fleur était mal formée, comme on pouvait s'y attendre, et à peu près décolorée.

D'autres pseudobulbes ont donné naissance à des pousses à toutes les hauteurs jusqu'au sommet.

Des faits de ce genre, rapprochés de ceux que j'ai cités dans un chapitre précédent à propos de la formation de pousses sur les racines de certaines Orchidées (p. 180), prouvent que l'organisme de ces curieuses plantes, bien faites pour émerveiller, possède une élasticité et une facilité de transformation singulières.

*
* *

Je ne reviendrai plus ici sur l'étude de la fleur au point de vue botanique, étude qui a été faite plus haut. Il me reste toutefois à mentionner quelques observations intéressantes, au point de vue pratique, au sujet de cette prestigieuse parure de nos plantes favorites.

Certaines fleurs, notamment celles des Cattleya et celles de l'*Odontoglossum citrosmum*, se tachent rapidement quand elles se trouvent dans une atmosphère trop humide. Il faut avoir soin de ne pas projeter de gouttes d'eau sur les plantes en fleurs, et même de diminuer les aspersions d'eau dans les sentiers et sur les tablettes pendant la floraison. Le mieux serait de les transporter pendant cette période dans une serre spéciale, moins humide et plus fraîche ; en abaissant la température un peu au-dessous du chiffre ordinaire à la plante, on prolonge la durée de sa floraison.

Un fait curieux, mais qui est bien établi, c'est que la plupart des Orchidées, en dehors bien entendu des Odontoglossum froids et de diverses espèces qui poussent et fleurissent à peu près toute l'année, ont une date de floraison absolument fixe. Que les plantes soient cultivées plus ou moins bien, à une température plus ou moins élevée, qu'elles soient plus ou moins vigoureuses, c'est là une époque qui ne change pas ; elles peuvént ne pas fleurir, mais si elles produisent des fleurs, c'est toujours à la même saison. Un amateur belge qui est un chercheur, M. A. WINCQZ, en a cité récemment dans le *Journal des Orchidées* un exemple bien frappant :

« En août 1892, écrivait-il, je reçois une demi-douzaine de plantes de *Cattleya Trianae*. Ces plantes venaient d'être importées en Europe, et parmi elles, se trouvait un pied très fort. Je les mis en pot ; elles commencèrent à pousser dans le cours de l'hiver, et achevèrent leurs pousses au commencement de l'été. Les pousses du plus fort pied étaient toutes munies de leur spathe, mais il était trop tard, et elles ne fleurirent pas. Je tins mes plantes un peu plus sèches ; elles se mirent à repousser malgré cela presque immédiatement et me donnèrent des pousses plus fortes et encore munies de spathes. La plus forte plante a non seulement achevé, en temps normal cette fois, ses secondes pousses, mais elle me donne une troisième série de pousses dans lesquelles on voit encore des spathes. Voici maintenant le fait curieux qui se produit : les premières spathes ne fleurirent pas, la saison étant trop avancée ; actuellement nous sommes à l'époque à laquelle on voit les boutons des *Cattleya Trianae* apparaître dans les spathes, et l'on peut voir chez moi les premiers bulbes, ainsi que les seconds, prêts à fleurir et à la même époque. Les troisièmes ne fleuriront probablement pas, car la saison sera trop avancée quand le bulbe sera tout à fait mûr. »

Je ne veux pas dire cependant que l'on ne puisse pas avancer ou retarder la floraison de *quelques jours*. Les cultivateurs qui prennent part aux expositions ont souvent besoin de procéder ainsi, et ils y parviennent en abaissant ou en élevant la température; à partir du moment où les boutons commencent à paraître, on peut évidemment hâter ou ralentir leur développement de cette façon. Mais la différence ainsi produite est faible.

Auto-fécondation. — Comme on l'a vu dans l'étude botanique de la fleur des Orchidées, la fécondation ne peut, dans presque toutes les espèces, s'opérer que grâce à une intervention étrangère. Il y a cependant un petit nombre d'exceptions, notamment, parmi les Orchidées cultivées, celle du *Chysis aurea*. Dans cette curieuse espèce, les fleurs se fécondent presque toujours elles-mêmes, et même parfois avant leur épanouissement. Comme, d'autre part, ces fleurs se fanent presque immédiatement après la fécondation, il est nécessaire, pour pouvoir en jouir, de les priver de leurs pollinies dès qu'elles sont ouvertes. Grâce à cette précaution, les fleurs se conservent dans toute leur fraîcheur pendant trois semaines à un mois.

Fleurs mâles et fleurs femelles. — Certains genres, dont les plus connus sont les Catasetum et les Cycnoches, produisent des fleurs de sexes séparés sur une même plante; tantôt les fleurs sont mélangées dans une même grappe, tantôt, ce qui est plus rare, il se produit une grappe de fleurs mâles et une grappe de fleurs femelles distinctes.

Les fleurs femelles, dans ces genres monoïques, sont toujours beaucoup plus rares que les fleurs mâles. Dans la plupart des collections, les Cycnoches, et surtout les Catasetum, ne produisent que des fleurs mâles. Il est peu probable que la température joue ici un rôle, comme cela se produit pour certaines plantes communes de serre froide, qui, d'après LINDLEY, portent beaucoup plus de fleurs mâles quand elles sont soumises à une température plus élevée qu'à l'ordinaire. Il est probable cependant que ces variations sont provoquées par quelque différence de traitement, car un amateur belge distingué, M. HOUZEAU DE LEHAIE, membre de la Chambre des Représentants, obtient d'une façon constante beaucoup plus de fleurs femelles que de fleurs mâles.

Les fleurs d'Orchidées sont de consistance variable, les unes très minces et frêles, les autres épaisses. Mais à peu près toutes sont très sensibles à l'influence de l'air vicié, et si toutes les Orchidées sont assez exigeantes au point de vue de la composition de l'air, il en est de même, à plus forte raison, de ces organes fragiles.

M. le professeur OLIVER, de Londres, a émis l'opinion suivante relativement aux effets du brouillard de la grande ville sur les fleurs d'Orchidées.

Les organes délicats des fleurs sont particulièrement sujets, on le comprend aisément, à souffrir de la viciation de l'air; leur surface, à peine recouverte d'une mince cuticule, laisse pénétrer facilement les substances vénéneuses dont l'air est chargé.

Néanmoins, on constate des différences appréciables entre les divers segments floraux, au point de vue de la façon dont ils se comportent dans l'air vicié et résistent à son action. C'est ainsi que dans le *Cattleya Trianae*, par exemple, les sépales souffrent les premiers, les pétales ensuite, et en dernier lieu le labelle. Il en est à peu près de même dans le cas du *Phalaenopsis Schilleriana*.

Chose remarquable, l'étude microscopique permet de constater que ces différences correspondent sensiblement à la présence d'un nombre plus ou moins grand de stomates; les sépales en présentent quelques-uns, répartis régulièrement sur la surface de ces organes; les pétales en ont à peu près deux fois moins dans le *Cattleya Trianae*; enfin le labelle en est absolument dépourvu. Dans le *Phalaenopsis Schilleriana*, les proportions sont différentes, mais le processus est le même.

On voit donc que les stomates, ces ouvertures extrêmement petites et invisibles à l'œil nu, laissent cependant passer les matières solides en suspension dans l'air ou les matières gazeuses qui y sont dissoutes, et facilitent ainsi l'intoxication.

Il est à remarquer que dans ce cas l'action est absolument localisée, et que les segments de la fleur souffrent d'une affection particulière à eux, indépendamment de l'organisme de la plante qui peut rester sain. M. OLIVER attribue l'effet constaté, quand il est peu marqué, à une décomposition du plasma des cellules.

J'ai eu moi-même l'occasion de constater d'une façon frappante la sensibilité des fleurs à la viciation de l'air; dans une serre que traversait un tuyau de gaz, les fleurs se fanaient quelques heures après leur épanouissement. Cependant le gaz n'était jamais allumé dans la serre, et il n'y avait pas de fuite sur le parcours du tuyau; mais des infiltrations, tellement faibles qu'elles n'étaient nullement

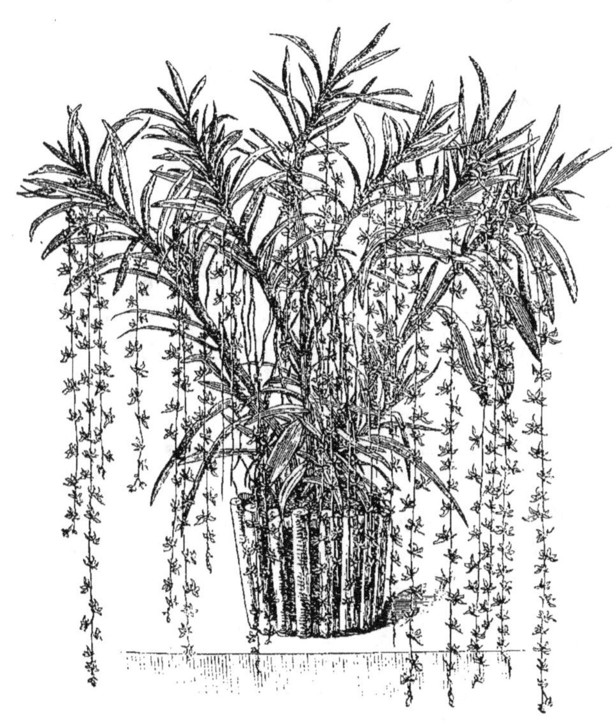

Fig. 44. — VANDA (RENANTHERA) LOWI.

perceptibles à l'odorat, suffisaient pour empoisonner les fleurs.

Dimorphisme des fleurs d'Orchidées. — Il existe dans la famille un cas singulier, et sans doute unique, de dimorphisme, qui a souvent excité l'étonnement des savants et mérite d'être cité; c'est celui que présente le *Vanda* ou *Renanthera Lowi* (fig. 44). Cette espèce produit de très longues tiges florales souples comme des cordons, et chargées d'un grand nombre de fleurs. Les deux premières fleurs de chaque tige, à partir de l'axe, sont d'un beau jaune vif légèrement orangé, portant quelques macules pourpre brunâtre, tandis que toutes les suivantes sont pourpre brunâtre, avec quelques petits dessins jaunes. Le contraste est saisissant; cette particularité, presque sans analogue dans le reste du monde végétal, est d'ailleurs parfaitement constante.

D'une façon générale, les fleurs d'Orchidées présentent assez souvent des variations secondaires, au point de vue de la coloration et au point de vue du parfum.

En ce qui concerne le coloris, on sait qu'il peut varier d'intensité d'une année à l'autre; mais ces différences se relient toujours à une variation dans la vigueur de la plante. Une plante faible, ou dont les organes végétatifs n'ont pas été bien mûris à la saison précédente, produit assez fréquemment des fleurs un peu chétives et de couleurs ternes. Dans un bon état de santé, une plante donnée produit tous les ans des fleurs semblables.

Le parfum des Orchidées

Les Orchidées passaient autrefois pour ne pas posséder de parfum, et ce grief était un véritable lieu commun, parmi les personnes qui ne les connaissaient que de loin. Ce préjugé est évidemment dissipé en grande partie, aujourd'hui que les fleurs d'Orchidées sont répandues partout. On sait que la plupart d'entre elles sont parfumées, et que les parfums les plus variés se rencontrent dans les différentes espèces, depuis les plus exquis jusqu'aux mauvais; mais ceux qui choquent l'odorat au lieu de le flatter, ne forment que de très rares exceptions.

Il serait intéressant, à divers points de vue, d'étudier ces parfums, et d'en dresser une liste comprenant les espèces les plus répandues; mais un travail de ce genre présente de grandes difficultés. D'abord, parce qu'il est difficile, à moins d'avoir une grande expérience technique, de classer un parfum et de le définir par comparaison. En second lieu, parce que celui qu'exhalent les

Orchidées est souvent très variable. Certaines espèces sont odorantes le soir et non le matin, ou inversement; d'autres le sont au soleil, ou dans l'ombre; d'autres enfin, en assez grand nombre, sont parfumées d'une façon le matin, et d'une autre le soir.

Ces variations sont tellement considérables, qu'elles rendent presque inutile toute tentative de définition. L'*Oncidium ornithorhynchum*, par exemple, exhale une odeur que j'ai vu apprécier par dix personnes de dix façons différentes; l'*Odontoglossum hebraicum* est dans le même cas, et j'ai entendu raconter par un amateur que la même plante, ayant fleuri une première fois, sentait la cannelle; l'année suivante, l'aubépine, et la troisième année, de nouveau la cannelle.

J'ai constaté de même que, sur trois plantes de *Bifrenaria Harrisoniae*, l'une sentait le fruit mûr, une autre la rose, et la troisième répandait une odeur forte, analogue à celle de l'amande amère.

Il y a également les variations d'intensité; celles-ci sont extrêmement marquées. L'*Angraecum sesquipedale*, les *Epidendrum nocturnum, ciliare, nutans*, embaument surtout pendant la nuit; d'autres, au contraire, au milieu de la journée. Un certain nombre, comme les *Maxillaria nigrescens*, *M. luteo-alba*, Phalaenopsis, Oncidium, Dendrobium, sont très odorants le matin, et très peu dans l'après-midi.

Le lecteur étant prévenu du caractère très relatif des indications de ce genre, j'essaierai de ranger les principales espèces en grandes catégories rappelant des parfums connus.

Beaucoup d'Orchidées exhalent le parfum de la rose; entre autres l'*Odontoglossum (Miltonia) Roezli*, le *Trichopilia suavis*, le *Laelia elegans* (au moins quelques variétés), le *Phalaenopsis Schillerianna*, le *Cattleya Warocqueana*, ainsi que quelques autres Cattleya, mais seulement lorsqu'ils se trouvent en grandes masses.

D'autres ont une odeur analogue, mais plus relevée, acidulée en quelque sorte, comme on l'observe dans certaines Roses-Thé; ce sont par exemple le *Maxillaria luteo-alba*, les *Houllelia picta* et *odoratissima*, l'*Oncidium Lanceanum*, les *Odontoglossum Reichenheimi* et *citrosmum*, etc.

L'odeur de fruit mûr est également très répandue ; on la rencontre dans le *Coelogyne pandurata*, le *Bifrenaria Harrisoniae* (d'une façon variable, je l'ai dit), le *Scuticaria Steelei*, etc.

Plusieurs espèces ont un parfum voisin du précédent, mais plus accentué et assez âcre ; ainsi les *Brassia Keiliana* et *verrucosa*, les *Coryanthes maculata*, *leucocorys* et *Bungerothi*, plusieurs *Peristeria*, etc.

L'odeur d'aubépine se rencontre fréquemment dans les Orchidées, notamment dans les *Cattleya aurea*, *gigas*, *Mossiae*, *speciosissima*, *Gaskelliana* et *Eldorado* (rappelant également le chèvrefeuille), les *Odontoglossum odoratum*, *Sanderianum*, *praestans*, *madrense*, ces deux derniers surtout, *Trichosma suavis*, *Maxillaria picta*, *M. Turneri*, plusieurs *Dendrochilum*.

L'odeur de jasmin et de muguet apparaît dans beaucoup d'espèces, entre autres les *Coelogyne cristata alba*, *Maxillaria punctata*, *Oncidium maculatum*, *Angraecum arcuatum*, *A. fastuosum*, *Dendrobium primulinum*. *D. palpebrae* ainsi que plusieurs autres Dendrobium, *Odontoglossum Boddaertianum*, *Epidendrum criniferum*, *E. fragrans*, *E. macrochilum*, *E. paniculatum*, *E. Stamfordianum*, etc.

Le *Satyrium candidum*, ainsi que beaucoup d'autres Orchidées, Catasetum, Mormodes, Pilumna, etc., ont une forte odeur d'amandes amères.

Les *Vanda tricolor* et *V. suavis*, le *Phalaenopsis Luddemanniana*, plusieurs Aerides, entre autres les *A. odoratum* et *suavissimum*, *Oncidium ornithorhynchum*, *Epidendrum phoeniceum*, etc., sentent la vanille ; l'*Oncidium Lanceanum*, l'oeillet ; l'*Oncidium tigrinum*, *Brassavola (Laelia) Digbyana*, le *Cymbidium Sinense*, les *Dendrobium heterocarpum*, *Ainsworthi*, *splendidissimum*, *Leechianum*, *Endocharis*, les *Epidendrum varicosum* et *E. ionosmum*, etc. ont le parfum de la violette ; le *Vanda Batemani* a l'odeur du cuir de Russie. Le nouveau *Mormodes Rolfeanum*, ainsi que plusieurs Zygopetalum, etc., sentent l'anis ; l'*Aerides Rohanianum*, plusieurs Odontoglossum, etc., la cannelle ; le *Sobralia dichotoma*, la giroflée ; l'*Odontoglossum blandum*, le miel ; le *Sarcopodium Lobbi*, le concombre fraîchement coupé; l'*Angraecum sesquipedale*, le miel (la nuit seulement); l'*Epidendrum alatum*, l'angélique; le *Maxillaria venusta*, le Coriandre; le *Cattleya citrina* a une fine odeur analogue à celle du citron; le *Catasetum atratum* possède une forte et agréable odeur de géranium; l'*Acineta Humboldti* exhale une odeur très caractérisée de bois de santal; le *Cycnoches ventricosum* possède les odeurs de la vanille et de la giroflée mélangées; le *Cycnoches Pescatorei*, celle de l'héliotrope.

Voici encore quelques parfums définis par un journal anglais (*British bee Journal*) :

Cattleya Mossiae, odeur de miel.
Coelogyne cristata, odeur de muguet.
» *flaccida*, odeur ammoniacale rappelant celle de l'urine des chevaux.
Dendrobium crystallinum, odeur de miel de bruyère.
» *fimbriatum*, odeur de créosote.
» *heterocarpum*, odeur du savon de Windsor.
» *primulinum*, odeur de lilas et de miel.
» *Wardianum*, odeur d'églantine.
Galeandra Devoniana, odeur de bruyère.
Epidendrum fragrans, odeur de noyau.
» *virens*, odeur de foin et de bergamotte.
Laelia albida, odeur de miel de fleur de tilleul (très prononcée).
» *anceps*, odeur de miel.
Mormodes pardinum, odeur de santal.
Odontoglossum blandum, odeur analogue à celle du jasmin, mais peu agréable.
» *Halli*, odeur semblable à celle d'un champ de fèves.
» *maculatum*, odeur de Daphne.
» *pulchellum (majus)*, odeur de muguet.
Phalaenopsis Schilleriana, odeur de Daphne mélangée à l'odeur de la violette.
Pilumna fragrans, odeur de vanille.
Zygopetalum Mackayi, odeur de lilas.

Je citerai également en bloc un certain nombre d'Orchidées ayant un parfum agréable, mais qu'il serait difficile de définir. Mentionnons surtout beaucoup de Lycaste, notamment les *L. aromatica* et *cruenta*, le *Sobralia macrantha* et plusieurs autres, le *Dendrobium nobile*, l'*Epidendrum fragrans*, l'*E. macrochilum*, l'*E. paniculatum*, les Stanhopea en général et surtout *S. oculata*, *Rodriguezia fragrans*, *Phalaenopsis speciosa*, tous les Aerides et Saccolabium, l'*Angraecum Ellisi*, tous les Anguloa, qui ont une odeur pénétrante, l'*Arundina densa*, les *Laelia albida* et *autumnalis*, les *Odontoglossum Edwardi*, *O. Oerstedi*, *O. pardinum*, *O. pulchellum*, et surtout *O. pulchellum majus*, *Miltonia Warscewiczi*, *Oncidium cheirophorum*, etc.

Cette liste est loin d'être complète; on pourrait l'augmenter considérablement.

D'autres Orchidées, enfin, présentent un parfum moins agréable : le *Dendrobium superbum* (*macrophyllum*) sent la rhubarbe; l'*Epidendrum incurvum* sent le glechome; le *Brassia verrucosa* exhale une odeur âcre; quelques Stanhopea ont un parfum fort violent, et celui du *S. graveolens* notamment est si pénétrant qu'il ne peut être enlevé des doigts, quand ceux-ci ont touché les fleurs, qu'à l'aide d'un lavage au savon. Le *Catasetum Hookeri* exhale une odeur forte assez désagréable.

Enfin parmi les Orchidées vraiment répulsives à l'odorat, et qui sont d'ailleurs peu nombreuses, se trouvent le *Cirrhopetalum ornatissimum*, le *Masdevallia Gargantua*, le *Bulbophyllum Beccarii*, etc. Ce dernier notamment mérite une mention spéciale. Il a une odeur vraiment affreuse.

Il est à remarquer que les plantes qui impressionnent si désagréablement l'odorat semblent avertir et repousser le visiteur par leur couleur terne, d'un brun livide, qui est aisément reconnaissable.

D'après Ch. Morren, les épis frais de fleur de l'*Orchis mascula*, nouvellement écloses, n'ont aucune odeur appréciable; mais quand les fleurs se fanent et surtout quand elles ont séché sur pied, elles dégagent une effroyable odeur d'urine de chat.... Un jeune enfant, revenu de la prairie avec un bouquet de fleurs de cette espèce, les laissa sécher dans une chambre. Aussi longtemps que les fleurs y restèrent, la chambre était inhabitable.

On a remarqué que l'*Angraecum sesquipedale*, dont le parfum ne s'exhale que le soir et la nuit, est visité par un insecte nocturne.

Il peut parfaitement être admis que les différences constatées entre l'odeur qu'exhale une fleur le matin et celle qu'elle répand à un autre moment de la journée, s'expliquent par une sorte de destination physiologique de cette odeur. Il se peut que les exhalaisons de ce genre soient destinées à attirer certains insectes, lesquels opèrent la fécondation des fleurs, impossible sans leur intervention. Il se peut encore qu'elles jouent un rôle différent et plus complexe. MORREN, dans la note mentionnée plus haut, dit encore : « Les physiologistes ajoutent que, puisque le camphre, jeté sur une plaque de verre mouillé, sèche incontinent l'endroit où il est tombé, le parfum émané des corolles sèche l'air, le dépouille de vapeurs aqueuses, mortelles pour le pollen. Nous voulons bien admettre ces faits et ces raisonnements comme représentant fidèlement la vérité et l'expliquant. »

Pourquoi non? on a remarqué que la fécondation réussit beaucoup mieux vers midi, par un clair soleil. N'y a-t-il pas là une coïncidence avec le dégagement du parfum et la siccité de l'atmosphère?

Le fait physiologique de la formation du parfum dans les fleurs a été étudié récemment par M. EUGÈNE MESNARD, attaché au laboratoire de botanique de la Faculté des sciences de Paris. M. MESNARD a adressé en 1893 à l'Académie des sciences une note résumant le résultat de ses travaux sur ce sujet. Nous empruntons à cette note les intéressantes conclusions suivantes :

« L'essence des Orchidées dérive de la chlorophylle comme chez les autres fleurs, mais les transformations sont quelquefois difficiles à saisir. Les pigments qui colorent les fleurs sont fréquemment localisés dans les cellules à essence, mais ils sont indépendants et peuvent se rencontrer dans d'autres cellules.

« Comme on le voit, les Orchidées n'offrent pas, à proprement parler, de particularités spéciales qui puissent les distinguer des autres plantes odoriférantes. La production du parfum est due très probablement à une oxydation de l'huile essentielle, favorisée, comme on le sait, par la présence de la lumière du jour. En réalité, le phénomène de l'oxydation agit en même temps sur les produits encore incomplètement élaborés et de composition variable que renferme la fleur, d'où il suit que l'odeur qui se dégage dans chaque cas n'est jamais qu'une résultante susceptible de varier beaucoup.

« Mais la lumière du jour tend en même temps à détruire les produits odorants et à les transformer en baume ou en résine. De plus, elle nuit à la turgescence des tissus et empêche l'arrivée de nouveaux matériaux. Il en résulte que les conditions les plus favorables au dégagement du parfum doivent se rencontrer le matin et le soir, parce qu'on trouve à ces moments de la journée, des produits élaborés en assez grande abondance et une lumière suffisamment faible pour n'être pas destructive. De plus, on remarquera que le matin l'odeur doit être plus forte, quoique généralement moins agréable, parce que les matières tannoïdes ont été formées en plus grande quantité pendant la nuit. »

*
* *

Voici une liste indiquant, mois par mois, l'époque approximative de floraison d'un certain nombre d'Orchidées :

JANVIER

Ada aurantiaca.	Cattleya Warocqueana.
Aganisia ionoptera.	Coelogyne barbata.
Ansellia africana.	» cristata.
Angraecum eburneum.	» graminifolia
» fragrans.	» lentiginosa.
» hyaloides.	» Massangeana.
» sesquipedale.	» speciosa.
Brassia caudata.	Cymbidium affine.
» ocanensis.	» Mastersi.
Bulbophyllum auricomum.	Cochlioda rosea.
Calanthe Masuca.	» vulcanica.
» rosea.	Cypripedium Arthurianum.
» Turneri.	» Ashburtoniae.
» Veitchi.	» barbatum.
» vestita.	» Boxalli.
Catasetum macrocarpum.	» callosum.
Cattleya Alexandrae.	» calophyllum.
» Lindleyana.	» Canhami.
» luteola.	» chloroneurum.
» Percivaliana.	» conchiferum.
» Trianae.	» concolor.

Cypripedium Crossianum.
»   Dauthieri.
»   Dominyanum.
»   Harrisianum.
»   Hartwegi.
»   Haynaldianum.
»   insigne.
»   Io.
»   javanicum.
»   Leeanum.
»   longifolium.
»   marmorophyllum.
»   Mastersianum.
»   nitens.
»   oenanthum.
»   Peteri.
»   politum.
»   Schlimi.
»   Schröderae.
»   Sedeni.
»   Spicerianum.
»   stenophyllum.
»   tonsum.
»   venustum.
»   vernixium.
»   villosum, etc., etc.
Dendrobium Ainsworthi.
»   atroviolaceum.
»   bigibbum.
»   crassinode.
»   eburneum.
»   nobile.
»   superbiens.
»   Wardianum.
Eria flava.
Epidendrum ciliare.
»   difforme.
»   elegans.
»   fragrans.
»   polybulbon.
»   verrucosum.
Gongora maculata.
Goodyera divers.
Laelia albida.
» anceps.
» autumnalis.

Laelia Dormanniana.
» Gouldiana.
Lycaste costata.
» lasioglossa.
» Poelmani.
» Skinneri.
Masdevallia ignea.
» macrura.
» polysticta.
» Schröderiana.
» Shuttleworthi.
» tovarensis.
Maxillaria picta.
» variabilis.
Miltonia Clowesi.
» Regnelli.
» Roezli.
Odontoglossum Andersoni.
»   Coradinei.
»   crispum.
»   grande.
»   hastilabium.
»   heteranthum.
»   Lindleyanum.
»   mirandum.
»   Pescatorei.
»   polyxanthum.
»   pulchellum.
»   ramosissimum.
»   tripudians.
»   triumphans, etc.
Oncidium Batemanianum.
» cheirophorum.
» cristatum.
» cucullatum.
» Krameri.
» macranthum.
» ornithorhynchum.
» Papilio.
» Phalaenopsis.
» pulvinatum.
» splendidum.
» tigrinum.
Phajus pauciflorus.
Phalaenopsis amabilis.
» Aphrodite.

Phalaenopsis Schilleriana.
    »   Stuartiana.
Polystachya laxiflora.
    »   pubescens.
Restrepia antennifera.
Saccolabium Cambodgeanum.
Spathoglottis Kimballiana.
Stenia fimbriata.
Trichocentrum albo-purpureum.
    »   Pfavi.

Trichopilia nobilis.
Vanda Amesiana.
    »   suavis.
    »   tricolor.
Warcewiczella Wailesiana.
Xylobium leontoglossum.
Zygopetalum intermedium.
    »   Mackayi.
    »   rostratum.

FÉVRIER

Aerides Vandarum.
Ada aurantiaca.
Aganisia ionoptera.
Angraecum caudatum.
    »   citratum.
    »   eburneum.
    »   fragrans.
    »   hyaloides.
    »   Sedeni.
    »   sesquipedale.
Arachnanthe (Vanda) Cathcarti.
Calanthe Regnieri.
    »   Turneri.
    »   Veitchi.
Cattleya amethystoglossa.
    »   Percivaliana.
    »   Trianae.
    »   Walkeriana.
Chondrorhyncha Chestertoni.
Cirrhopetalum Brienianum.
    »   fimbriatum.
    »   picturatum.
    »   pulchrum.
    »   Wighti.
Cochlioda Nötzliana.
    »   rosea.
Coelogyne barbata.
    »   cristata.
    »   conferta.
    »   elata.
    »   flaccida.
    »   humilis.
    »   ocellata.

Cryptophoranthus Dayanus.
Cymbidium tigrinum.
    »   eburneum.
Cypripedium Argus.
    »   bellatulum.
    »   Boxalli.
    »   cardinale.
    »   conchiferum.
    »   concolor.
    »   Dayanum.
    »   Dominyanum.
    »   Druryi.
    »   Io.
    »   Leeanum.
    »   longifolium.
    »   Mastersianum.
    »   nitens.
    »   purpuratum.
    »   Schröderi.
    »   Sedeni.
    »   selligerum.
    »   venustum.
    »   vernixium.
    »   villosum.
Dendrobium aemulum.
    »   Ainsworthi.
    »   chrysotoxum.
    »   cretaceum.
    »   crassinode.
    »   fimbriatum.
    »   Findlayanum.
    »   Fytchianum.
    »   infundibulum.

Dendrobium Kingianum.
  »   Leechianum.
  »   Linawianum.
  »   luteolum.
  »   nobile.
  »   parcum.
  »   Pierardi.
  »   Ruckeri.
  »   speciosum.
  »   Wardianum.
Dendrochilum glumaceum.
Epidendrum aurantiacum.
  »   Capartianum.
  »   lacerum.
  »   odoratissimum.
  »   Wallisi.
Eria flava.
  » Lindleyana.
  » vittata.
Galeandra barbata.
Laelia albida.
  » anceps.
  » cinnabarina.
  » harpophylla.
Lycaste Barringtoniae.
  » costata.
  » gigantea.
  » lanipes.
  » plana.
  » Skinneri.
Lockhartia elegans.
Masdevallia bella.
  » coriacea.
  » Ephippium.
  » Harryana.
  » Houtteana.
  » ignea.
  » Lindeni.
  » macrura.
  » melanopus.
  » octhodes.
  » Schröderiana.
  » Shuttleworthi.
  » tovarensis.
  » triangularis.
Maxillaria densa.

Maxillaria mirabilis.
  »   porphyrostele.
  »   triloris.
Miltonia Warscewiczi.
Odontoglossum Cervantesi.
  »   cirrhosum.
  »   crispum.
  »   Edwardi.
  »   excellens.
  »   Oerstedi.
  »   pardinum.
  »   Pescatorei.
  »   ramosissimum.
  »   Rossi.
  »   Rückeri.
  »   triumphans.
Oncidium anthrocrene.
  »   Brunleesianum.
  »   Cavendishianum.
  »   cheirophorum.
  »   cucullatum.
  »   luridum.
  »   macranthum.
  »   obryzatum.
  »   Papilio.
  »   pubes.
  »   tectum.
  »   zebrinum.
Ornithidium densum.
Phajus maculatus.
  » tuberculosus.
  » Wallichi.
Phalaenopsis casta.
  »   Sanderiana.
  »   Schilleriana.
  »   Stuartiana.
Pleurothallis ornata.
  »   Roezli.
Restrepia antennifera.
  » ophiocephala.
  » pandurata.
  » striata.
Rodriguezia Bahiae.
Saccolabium bellinum.
Schomburgkia undulata.
Sophronitis grandiflora.

Stauropsis gigantea.
Stenia fimbriata.
Trichopilia fragrans.
Vanda suavis.

Vanda tricolor.
Warscewiczella Wailesiana.
Xylobium corrugatum.
Zygopetalum intermedium.

MARS

Angraecum Sanderianum.
   »   Sedeni.
   »   sesquipedale.
Ansellia Africana.
Arachnanthe (Vanda) Cathcarti.
Batemania Colleyi.
Bletia catenulata.
   » hyacinthina.
Bulbophyllum fuscum.
   »   odoratissimum.
Calanthe striata.
   » vestita.
Camarotis purpurea.
Catasetum Garnettianum.
   »   Gnomus.
   »   Rodigasianum.
   »   saccatum.
Cattleya amethystoglossa.
   »   citrina.
   »   Eldorado.
   »   Lawrenceana.
   »   Walkeriana.
Chysis aurea.
   » bractescens.
   » Limminghei.
Cirrhopetalum Amesianum.
   »   pulchrum.
Coelogyne cristata.
   » elata.
   » elegans.
   » humilis.
   » tomentosa.
Cymbidium Dayanum.
   »   Devonianum.
   »   eburneum.
   »   grandiflorum.
Cypripedium Argus
   »   bellatulum.

Cypripedium Bragaianum.
   »   Bungerothi.
   »   callosum.
   »   caudatum.
   »   ciliolare.
   »   Druryi.
   »   Haynaldianum.
   »   hirsutissimum.
   »   Hookerae.
   »   laevigatum.
   »   Lawrenceanum.
   »   Mastersianum.
   »   meirax.
   »   niveum.
   »   Sedeni.
   »   selligerum.
   »   Spicerianum.
   »   venustum.
   »   vernixium.
   »   vexillarium.
Dendrobium aggregatum.
   »   bigibbum.
   »   capillipes.
   »   crassinode.
   »   crepidatum.
   »   crumenatum.
   »   crystallinum.
   »   Dalhousieanum.
   »   Devonianum.
   »   Falconeri.
   »   Jenkinsi.
   »   Kingianum.
   »   lituiflorum.
   »   nobile.
   »   Pierardi.
   »   primulinum.
   »   signatum.
   »   speciosum.

Dendrobium superbiens.
» superbum.
» transparens.
» undulatum.
» Wardianum.
» Williamsoni.
Epidendrum elongatum.
» Wallisi.
Eria excavata.
Galeandra Claesii.
» nivalis.
Gomeza crispa.
Gongora bufonia.
Laelia glauca.
» harpophylla.
Lycaste fulvescens.
» lasioglossa.
» Schilleriana.
» Skinneri.
Masdevallia bella.
» coriacea.
» Harryana.
» Houtteana.
» ignea.
» Lindeni.
» octhodes.
» Schröderiana.
» Shuttleworthi.
» triangularis.
Maxillaria grandiflora.
» luteo-alba.
» nigrescens.
» rufescens.
» Sanderiana.
Miltonia cuneata.
» Warscewiczi.
Mormodes Colossus.
Octomeria Baueri.
» supraglauca.
Odontoglossum blandum.
» Cervantesi.
» cirrhosum.
» cordatum.
» crispum.

Odontoglossum Edwardi.
» Halli.
» Lindleyanum.
» Lucianianum.
» luteo-purpureum.
» odoratum.
» pardinum.
» Pescatorei.
» Rückeri.
» triumphans.
Oncidium ampliatum.
» Cavendishianum.
» chrysodipterum.
» cristatum.
» cucullatum.
» Larkinianum.
» Lietzei.
» luridum.
» macranthum.
» Phalaenopsis.
» sarcodes.
» tigrinum.
Paphinia cristata.
» grandis.
» Lindeni.
Phajus maculatus.
Phalaenopsis Lüddemaniana.
» Schilleriana.
» Stuartiana.
» tetraspis.
Pholidota imbricata.
» ventricosa.
Saccolabium giganteum.
» violaceum.
Schomburgkia undulata.
Sobralia sessilis.
Stauropsis gigantea.
Trichocentrum triquetrum.
Vanda suavis.
» tricolor.
Vanilla planifolia.
Zygopetalum crinitum.
» gramineum.
» Whitei.

AVRIL

Ada aurantiaca.
Aerides virens.
Batemania Colleyi.
    »   grandiflora.
Ansellia africana.
Bifrenaria Harrisoniae.
Bletia catenulata.
Brassavola fragrans.
    »   glauca.
Brassia caudata.
    »   cinnamomea.
    »   cochleata.
    »   Lawrenceana.
Calanthe Regnieri.
    »   veratriflora.
Catasetum Rodigasianum.
Cattleya citrina.
    »   Eldorado.
    »   guttata.
    »   intermedia.
    »   Lüddemaniana.
    »   Lawrenceana.
    »   maxima.
    »   Mendeli.
    »   Mossiae.
    »   Skinneri.
    »   Warneri.
Chysis bractescens.
Cirrhopetalum picturatum.
Coelia Baueri.
Coelogyne cristata.
    »   flaccida.
    »   Goweri.
    »   ocellata.
Coryanthes eximia.
    »   Fieldingi.
Cymbidium aloefolium.
    »   Devonianum.
    »   eburneum.
    »   grandiflorum.
    »   Lowianum.
Cypripedium Argus.
    »   Ashburtoniae.

Cypripedium barbato-Veitchi.
    »   barbatum.
    »   bellatulum.
    »   Boxalli.
    »   callosum.
    »   caudatum.
    »   Chamberlainianum.
    »   Curtisi.
    »   Druryi.
    »   Germinyanum.
    »   grande.
    »   hirsutissimum.
    »   Hookerae.
    »   Lindleyanum.
    »   Lowi.
    »   regale.
    »   tonsum.
    »   vernixium.
    »   vexillarium.
    »   villosum.
Dendrobium albosanguineum.
    »   Bensoniae.
    »   Brymerianum.
    »   chrysodiscus.
    »   chrysotoxum.
    »   crassinode.
    »   crepidatum.
    »   d'Albertisi.
    »   densiflorum.
    »   discolor.
    »   eburneum.
    »   Falconeri.
    »   Farmeri.
    »   fimbriatum.
    »   Freemanni.
    »   lituiflorum.
    »   nobile.
    »   Paxtoni.
    »   Pierardi.
    »   primulinum.
    »   purpureum.
    »   stratiotes.
    »   suavissimum.

Dendrobium superbum.
 »   transparens.
Diacrium bicornutum.
Epidendrum evectum.
 »   pseudepidendrum.
 »   rhizophorum.
 »   Wallisi.
Eulophiella Elisabethae.
Galeandra flaveola.
Gongora bufonia.
Harpophyllum cardinale.
 »   spicatum.
Ionopsis paniculata.
Laelia amanda.
 »   Boothiana.
 »   cinnabarina.
 »   elegans.
 »   flava.
 »   harpophylla.
 »   majalis.
Leptotes bicolor.
Lycaste aromatica.
 »   cruenta.
 »   Deppei.
 »   gigantea.
 »   plana.
Masdevallia Harryana.
 »   Houtteana.
 »   Lindeni.
 »   Shuttleworthi.
 »   triangularis.
 »   Veitchiana.
Maxillaria longisepala.
 »   luteo-alba.
 »   nigrescens.
 »   Sanderiana.
 »   tenuiflora.
Miltonia Clowesi.
 »   cuneata.

Miltonia Phalaenopsis.
 »   vexillaria.
Odontoglossum crispum.
 »   Coradinei.
 »   Edwardi.
 »   Lucianianium.
 »   luteo-purpureum.
 »   Oerstedi.
 »   Pescatorei.
 »   pulchellum, etc.
Oncidium abortivum.
 »   ampliatum.
 »   Batemanianum.
 »   Carthaginense.
 »   Cavendishianum.
 »   concolor.
 »   crispum.
 »   Lietzei.
 »   loxense.
 »   sarcodes.
 »   sphacelatum.
 »   superbiens.
 »   Warscewiczi.
 »   zonatum.
Phalaenopsis intermedia.
 »   leucorhoda.
 »   Sanderiana.
 »   Stuartiana.
Rodriguezia fragrans.
Sobralia Galeottiana.
Thunia alba.
Trichopilia tortilis.
Vanda cristata.
 »   Denisoniana.
 »   insignis.
Warscewiczella discolor.
Zygopetalum Mackayi.
 »   maxillare.
 »   rostratum.

MAI

Acineta Humboldti.
Aerides virens.
Angraecum Leonis.
Ansellia congoensis.

Bifrenaria aureo-fulva.
 »   Harrisoniae.
Bletia catenulata.
Brassavola cucullata.

Brassavola cuspidata.
» glauca.
Brassia cinnamomea.
» cochleata.
» Lawrenceana.
» maculata.
» verrucosa.
Catasetum cristatum.
» Rodigasianum.
» tenebrosum.
Cattleya Harrisoniae.
» Lawrenceana.
» Lüddemaniana.
» Mendeli.
» Mossiae.
» Schilleriana.
» Skinneri.
Chysis bractescens.
Cochlioda Nötzliana.
» rosea.
Coelogyne flaccida.
» ocellata.
» peltastes.
» tomentosa.
Comparettia falcata.
Coryanthes eximia.
» Fieldingi.
» speciosa.
Cycnoches peruvianum.
Cymbidium Lowianum.
Cypripedium Argus.
» barbatum.
» Barteti.
» bellatulum.
» callosum.
» calurum.
» caudatum.
» Curtisi.
» Elliottianum.
» Germinyanum.
» grande.
» Harrisianum.
» hirsutissimum.
» Hookerae.
» Leeanum.
» Mastersianum.

Cypripedium oenanthum.
» Parishi.
» Pearcei.
» praestans.
» Schröderae.
» Sedeni.
» selligerum.
» Spicerianum.
» Stonei.
» superbiens.
» Swanianum.
» villosum.
» Volonteanum.
Cyrtopodium punctatum.
Dendrobium aggregatum.
» crassinode.
» Dalhousieanam.
» densiflorum.
» discolor.
» fimbriatum.
» infundibulum.
» Parishi.
» purpureum.
» secundum.
» speciosum.
» suavissimum.
» superbum.
» thyrsiflorum.
» transparens.
» Wardianum.
Diacrium bicornutum.
Disa racemosa.
Epidendrum arachnoglossum.
» (Nanodes) Meedusae.
» pseudepidendrum.
» Randianum.
Houlletia odoratissima.
Laelia elegans.
» majalis.
» purpurata.
» Stelzneriana.
Lycaste cruenta.
Masdevallia Chestertoni.
» Harryana.
» Houtteana.
» Lindeni.

Maxillaria candida.
» striata.
» venusta.
Miltonia candida.
» Clowesi.
» cuneata.
» Roezli.
» vexillaria.
» Warscewiczi.
Notylia Bungerothi.
Odontoglossum cirrhosum.
» Coradinei.
» crispum.
» Edwardi.
» Harryanum.
» hastilabium.
» luteo-purpureum.
» odoratum.
» Pescatorei.
» retusum.
» Rossi.
» Ruckeri.
» Schillerianum.
» Wilckeanum.
Oncidium ampliatum.
» auriferum.
» aurosum.

Oncidium Carthaginense.
» Cavendishianum.
» concolor.
» Harrisoni.
» Hrubyanum.
» intermedium.
» Marshallianum.
» monachicum.
» sarcodes.
» sphacelatum.
Phajus grandifolius.
» Wallichi.
Rodriguezia fragrans.
Saccolabium ampullaceum.
» curvifolium.
Thrixspermum Berkeleyi.
Trichopilia suavis.
Uropedium Lindeni.
Vanda Batemani.
» cristata.
» gigantea.
» grandiflora.
Warscewiczella discolor.
Zygopetalum grandifolium.
» Lindeniae.
» maxillare.
» rostratum.

JUIN

Acineta Humboldti.
Aerides affine.
» crispum.
» expansum.
» Fieldingi.
» Houlletianum.
» Leeanum.
» Lobbi.
» odoratum.
Angraecum chailluanum.
» citratum.
Anguloa Clowesi.
» eburnea.
» Ruckeri.
» uniflora.
» virginalis.

Brassavola lineata.
Brassia antherotes.
» guttata.
» Keiliana.
» maculata.
» verrucosa.
Bulbophyllum psittacoglossum.
Calanthe furcata.
» veratrifolia.
Catasetum Hookeri.
Cattleya Lawrenceana.
» Mendeli.
» Mossiae.
» Rex.
» Schröderi.
» Skinneri.

Chysis laevis.
Coelogyne asperata (Lowi).
» flaccida.
» graminifolia.
» ochracea.
» plantaginea.
Colax jugosus.
Comparettia coccinea.
» falcata.
Cycnoches barbatum.
Cypripedium Arthurianum.
» barbatum.
» bellatulum.
» caudatum.
» ciliolare.
» Curtisi.
» Dominyanum.
» Elliottianum.
» hirsutissimum.
» Lawrenceanum.
» Leeanum.
» Lowi.
» Parishi.
» praestans.
» Rothschildianum.
» selligerum.
» Spicerianum.
» Stonei.
» superbiens.
» superciliare.
» Swanianum.
Dendrobium Bensoniae.
» Brymerianum.
» Dalhousieanum.
» densiflorum.
» Devonianum.
» Falconeri.
» Farmeri.
» Maccarthiae.
» polyphlebium.
» suavissimum.
» thyrsiflorum.

Epidendrum melanocaulon.
» spectabile.
Houlletia Brocklehurstiana.
» odoratissima.
Laelia elegans.
» harpophylla.
» majalis.
» purpurata.
Miltonia Bleui.
» Roezli.
Odontoglossum crispum.
» Halli.
» hastilabium.
» Hunnewellianum.
» luteo-purpureum.
» odoratum.
» Pescatorei.
» Schillerianum.
Oncidium ampliatum.
» candidum.
» Carderi.
» chrysopyramis.
» Gardneri.
» intermedium.
» lamelligerum.
» macranthum.
» Marshallianum.
» monachicum.
» pulchellum.
» Roraimense.
Phalaenopsis amabilis.
» grandiflora.
» Luddemanniana.
» Sanderiana.
» speciosa.
Saccolabium curvifolium.
Sobralia macrantha.
Trichopilia tortilis.
Vanda coerulescens.
» (Arachnanthe) Lowi.
Zygopetalum citrinum.

JUILLET

Acineta Barkeri.
» Humboldti.
Aerides expansum.
» odoratum et ses variétés.
» suavissimum.
Aganisia cyanea.
Angraecum caudatum.
Anguloa Clowesi.
» eburnea.
» Rückeri.
» uniflora.
Batemania Meleagris.
Brassia verrucosa.
Bulbophyllum psittacoglossum.
Calanthe Masuca.
Cattleya aurea.
» Gaskelliana.
» gigas.
» granulosa.
» guttata.
» leopardina.
» Rex.
» Warneri.
Chysis aurea.
» laevis.
Coelogyne corymbosa.
» Dayana.
» Massangeana.
» pandurata.
» viscosa.
Colax jugosus.
» Puydti.
» viridis.
Comparettia macroplectron.
» speciosa.
Coryanthes Bungerothi.
» leucocorys.
» macrantha.
Cycnoches aureum.
» chlorochilon.
» Loddigesi.
» pentadactylon.
» peruvianum.

Cycnoches ventricosum.
Cymbidium aloefolium.
» Parishi.
» pendulum.
Cypripedium barbatum.
» calurum.
» ciliolare.
» Curtisi.
» Euryale.
» hirsutissimum.
» Lawrenceanum.
» leucorhodon.
» niveum.
» Parishi.
» Rothschildianum.
» Sedeni.
» selligerum.
» Stonei.
» superbiens.
» venustum.
Dendrobium Bensoniae.
» crumenatum.
» Dearei.
» latifolium.
» macrophyllum.
» moschatum.
» revolutum.
» secundum.
» suavissimum.
» superbiens.
Dendrochilum filiforme.
Disa grandiflora.
Epidendrum cochleatum.
» melanocaulon.
» scriptum.
» spectabile.
» vitellinum.
Galeandra Devoniana.
» d'Escragnolleana.
Gongora atropurpurea.
Grammatophyllum Ellisi.
» multiflorum.
Houlletia Brocklehurstiana.

Houlletia odoratissima.
Laelia crispa.
» elegans.
Lycaste Deppei.
Masdevallia amabilis.
» Backhouseana.
» Chimaera.
» coriacea.
» Davisi.
» Estradae.
» Harryana.
» Houtteana.
» ignea.
» Lindeni.
» nycterina.
» ochthodes.
» spectrum.
» Trochilus.
» Veitchiana.
» Wagneriana.
Miltonia Moreliana.
» Regnelli.
» Roezli.
» spectabilis.
» vexillaria.
Mormodes luxatum.
» pardinum.
Nanodes Medusae.
Odontoglossum Alexandrae.
» citrosmum.
» cordatum.
» Ehrenbergi.
» Harryanum.

Odontoglossum hastilabium.
» luteo-purpureum.
» Lucianianum.
» Pescatorei.
» pulchellum.
Oncidium crispum.
» curtum.
» incurvum.
» Lanceanum.
» macranthum.
» Marshallianum.
» serratum.
Phalaenopsis amabilis.
» Esmeralda.
» Lüddemaniana.
» speciosa.
Pholidota imbricata.
Rodriguezia candida.
» sanguinea.
» secunda.
Saccolabium coeleste.
Sobralia leucoxantha.
» macrantha.
» sessilis.
» xantholeuca.
Trichocentrum albo-purpureum.
Vanda coerulescens.
» Lowi.
» Roxburghi.
» suavis.
» tricolor.
Xylobium squalens.

AOUT

Acineta Barkeri.
» densa.
» Humboldti.
Acropera Loddigesi.
Aerides Dayanum.
» Houlleti.
» Lobbi.
» odoratum.
» Picotianum.

Aerides quinquevulnerum.
» Regnieri.
» Sanderianum.
Aganisia cyanea.
» discolor.
Angraecum caudatum.
» distichum.
» Ellisi.
» pellucidum.

Anguloa Clowesi.
 » Ruckeri.
 » uniflora.
Batemania Wallisi.
Bifrenaria aurantiaca.
Brassavola nodosa.
Brassia Keiliana.
Bulbophyllum grandiflorum.
 » Lobbi.
 » variegatum.
Calanthe gigantea.
 » Masuca.
 » veratrifolia.
Catasetum Bungerothi.
Cattleya aurea.
 » bicolor.
 » Bowringiana.
 » Dowiana.
 » Gaskelliana.
 » gigas.
 » Leopoldi.
 » Lüddemaniana.
 » Mendeli.
 » superba.
Chysis aurea.
Cochlioda vulcanica.
Coelogyne Massangeana.
Comparettia falcata.
Coryanthes Bungerothi.
 » leucocorys.
 » macrantha.
 » macrocorys.
Cymbidium pendulum.
Cypripedium caudatum.
 » concolor.
 » Dominyi.
 » grande.
 » praestans, etc., etc.
Dendrobium chrysanthum.
 » infundibulum.
 » javanicum.
 » macrophyllum.
 » moschatum.
 » Parishi.
 » porphyrophlebium.
 » revolutum.

Dendrobium rhodostoma.
 » secundum.
 » superbum.
Dendrochilum latifolium.
Disa cornuta.
Epidendrum Catillus.
 » ciliare.
 » cochleatum.
 » fragrans.
 » nemorale.
 » prismatocarpum.
 » vitellinum.
Eulophia guineensis.
Galeandra d'Escragnolleana.
 » flaveola.
Gongora atropurpurea.
 » maculata.
 » quinquenervis.
Grammangis Ellisi.
Houlletia Brocklehurstiana.
Isochilus linearis.
Laelia amanda.
 » crispa.
 » Dayana.
 » Dormaniana.
 » elegans.
Lycaste aromatica.
 » Cobbiana.
 » tetragona.
Masdevallia amabilis.
 » Chestertoni.
 » Estradae.
 » Harryana.
 » ignea.
 » Lindeni.
 » octhodes.
 » Reichenbachi.
 » Shuttleworthi.
 » spectabilis.
 » Trochilus.
 » Veitchi.
 » Wageneri.
 » Wallisi.
Miltonia candida.
 » Regnelli.
 » spectabilis.

Mormodes luxatum.
Nanodes Medusae.
Odontoglossum Alexandrae.
»   Andersoni.
»   bictonense.
»   Boddaertianum.
»   Cervantesi.
»   citrosmum.
»   cordatum.
»   Dowianum.
»   epidendroides.
»   grande.
»   Harryanum.
»   hastilabium.
»   Lucianianum.
»   maculatum.
»   madrense.
»   Pescatorei.
»   polyxanthum.
»   ramosissimum.
»   Reichenheimi.
»   sceptrum.
»   Schlieperianum.
»   Uro-Skinneri.
»   Wallisi.
Oncidium auriferum.
»   aurosum.
»   cucullatum.
»   divaricatum.
»   flabellulatum.
»   Forbesi.
»   incurvum.
»   iridifolium.
»   Krameri.
»   Lanceanum.
»   Limminghei.
»   macranthum.
»   ornithorhynchum.
»   Papilio.
»   pubes.
»   Reichenheimi.
»   superbiens.
»   trichodes.
»   triquetrum.
Paphinia cristata.
»   grandis.

Paphinia Lindeni.
Peristeria elata.
Pescatorea cerina.
Phajus tuberculosus.
Phalaenopsis amabilis.
»   Aphrodite.
»   grandiflora.
»   Lüddemaniana.
»   Mariae.
»   sumatrana.
»   Wighti.
Pleurothallis Andreana.
»   macroblepharis.
Promenaea stapelioides.
Renanthera matutina.
Restrepia antennifera.
Rodriguezia Bungerothi.
»   fragrans.
»   Lindeni.
»   pubescens.
»   secunda.
Saccolabium Blumei.
»   Hendersoni.
»   miniatum.
Sobralia macrantha.
»   violacea.
Stanhopea eburnea.
»   insignis.
»   Moliana.
»   oculata.
Thunia alba.
»   Marshalliana.
Trichocentrum albo-purpureum.
»   cornu-copiae.
Trichopilia Galeottiana.
»   rostrata.
Trichosma suavis.
Vanda Batemani.
»   cristata.
»   Hookeriana.
»   lamellata.
»   Lowi.
»   multiflora.
»   suavis.
»   teres.
»   tricolor.

Warscewiczella discolor.
   »   Wailesiana.
Zygopetalum Gautieri.

Zygopetalum graminifolium.
   »   rostratum.
   »   Wendlandi.

SEPTEMBRE

Acanthephippium leontoglossum.
Acineta Humboldti.
Aerides Augustianum.
   »   Fieldingi.
   »   Lawrenceae.
   »   suavissimum.
Bifrenaria aurantiaca.
Brassavola acaulis.
Brassia Keiliana.
Catasetum Bungerothi.
   »   Christyanum.
   »   fimbriatum.
Cattleya amethystoglossa.
   »   aurea.
   »   bicolor.
   »   Gaskelliana.
   »   gigas.
   »   guttata.
   »   intermedia.
   »   Loddigesi.
   »   Lüddemaniana.
   »   maxima.
   »   Schilleriana.
   »   Warneri.
Cochlioda Nötzliana.
   »   rosea.
   »   vulcanica.
Coelogyne ciliata.
Cymbidium elegans.
Cypripedium Arthurianum.
   »   Ashburtoniae.
   »   barbato-Veitchi.
   »   barbatum.
   »   callosum.
   »   calurum.
   »   Harrisianum.
   »   Io.
   »   longifolium.
   »   Lowi.
   »   Morganiae.

Cypripedium oenanthum.
   »   Pearcei.
   »   Rothschildianum.
   »   Sallieri.
   »   Schlimi.
   »   Schröderae.
   »   Swanianum.
   »   tonsum.
Dendrobium chrysotis.
   »   formosum.
   »   Maccarthiae.
Epidendrum Lindleyanum.
Gongora atropurpurea.
   »   quinquenervis.
   »   tricolor.
Habenaria militaris.
Laelia crispa.
   »   elegans.
   »   monophylla.
   »   pumila.
   »   purpurata.
Lycaste Cobbiana.
Masdevallia bella.
   »   Chimaera.
   »   Harryana.
   »   muscosa.
   »   polysticta.
Miltonia Regnelli.
Nanodes Medusae.
Odontoglossum crispum.
   »   Insleayi.
   »   luteo-purpureum.
   »   Pescatorei.
   »   tripudians.
   »   triumphans.
   »   Uro-Skinneri.
Oncidium Gardneri.
   »   Harrisoni.
   »   Kramerianum.
   »   lamelligerum.

Oncidium Lanceanum.
» leucochilum.
» micropogon.
» Papilio.
» tigrinum.
» trulliferum.
Peristeria elata.
Phajus grandifolius.
Phalaenopsis Esmeralda.
» Wighti.
Rodriguezia granatensis.
» refracta.

Saccolabium giganteum.
» Hendersonianum.
Scuticaria Steelei.
Trichopilia albida.
» rostrata.
Trichosma suavis.
Vanda coerulea.
» gigantea.
» Hookeriana.
» Kimballiana.
» Sanderiana.

OCTOBRE

Acacallis cyanea.
Aerides Fieldingi.
» Godefroyae.
» ornithorhynchum.
Aganisia ionoptera.
Angraecum articulatum.
» falcatum.
Ansellia africana.
Brassavola cuspidata.
Brassia Keiliana.
Burlingtonia granadensis.
Calanthe colorans.
» curculigoides.
» rosea.
Catasetum fimbriatum.
» Gnomus.
» Hookeri.
Cattleya Alexandrae.
» bicolor.
» Bowringiana.
» Gaskelliana.
» guttata.
» lobata.
» Loddigesi.
» maxima.
» Schilleriana.
» velutina.
» Warocqueana (fin du mois).
Cirrhopetalum Amesianum.
» Brienianum.
» Mastersianum.

Cirrhopetalum ornatissimum.
» pulchrum.
Cochlioda vulcanica.
Comparettia macroplectron.
Coryanthes leucocorys.
Cycnoches peruvianum.
» ventricosum.
Cymbidium giganteum.
Cypripedium Argus.
» Arthurianum.
» auroreum.
» barbatum.
» Barteti.
» calophyllum.
» Crossi.
» Curtisi.
» Dayanum.
» Harrisianum.
» Haynaldianum.
» Leeanum.
» oenanthum.
» orphanum.
» praestans.
» regale.
» Rothschildianum.
» Sallieri.
» Spicerianum.
» Stonei.
» superbiens.
» superciliare.
» Swanianum.

Fig. 45. — Sophronitis grandiflora.

Cypripedium vexillarium.
   » villosum.
Dendrobium inauditum.
   » Maccarthiae.
Disa graminifolia.
Epidendrum cochleatum.
   » criniferum.
   » fragrans.
   » Lindleyanum.
   » prismatocarpum.
Eriopsis rutidobulbon.
Eulophia pulchra.
Galeandra d'Escragnolleana.
   » Devoniana.
   » minax.
Habenaria militaris.
Harpophyllum giganteum.
Houlletia Brocklehurstiana.
Isochilus graminifolius.
   » linearis.
Laelia grandis.
   » Jongheana.
   » monophylla.
   » Perrini.
   » pumila.
Lockhartia lunifera.
Lycaste costata.
   » grandiflora.
   » lanipes.
Maxillaria grandiflora.
   » picta.
   » venusta.
Miltonia candida.
   » Schröderi.
   » spectabilis.
Mormodes buccinator.
   » maculatum.
Odontoglossum Andersoni.
   » bictoniense.
   » Boddaertianum.
   » cariniferum.
   » crocidipterum.
   » grande.
   » Harryanum.
   » Insleayi.
   » luteo-purpureum.
   » nebulosum.

Odontoglossum Rossi.
   » Schlieperianum.
   » Wallisi.
Oncidium carthaginense.
   » caesium.
   » divaricatum.
   » Forbesi.
   » incurvum.
   » Jonesianum.
   » Lanceanum.
   » ornithorhynchum.
   » Papilio.
   » phymatochilum.
   » ramosum.
   » varicosum.
Phalaenopsis antennifera.
   » Cornu-cervi.
   » Esmeralda.
   » Lowi.
   » rosea.
   » Schilleriana.
   » violacea.
Pilumna fragrans.
   » nobilis.
Pleione Hookeriana.
Renanthera coccinea.
Rodriguezia Lindeni.
   » pubescens.
   » secunda.
Saccolabium giganteum.
Sophronitis cernua.
Stanhopea Amesiana.
   » eburnea.
   » insignis.
   » Wardi.
Trichocentrum albo-purpureum.
   » orthoplectron.
   » triquetrum.
Trichopilia Galeottiana.
Vanda coerulea.
   » lamellata.
   » Lowi.
   » Sanderiana.
Zygopetalum Blunti.
   » Gautieri.
   » intermedium.
   » Lindeniae.

NOVEMBRE

Acacallis cyanea.
Aerides Augustianum.
Angraecum Sedeni.
Bulbophyllum anceps.
   » crassipes.
   » cupreum.
   » Dearei.
Calanthe Mylesi.
   » Veitchi.
   » vestita.
Camaridium ochroleucum.
Cattleya Alexandrae.
   » Bowringiana.
   » granulosa.
   » Loddigesi.
   » Warocqueana.
Cirrhopetalum Amesianum.
   » Macraei.
   » Medusae.
Coelogyne lentiginosa.
   » Massangeana.
Coryanthes Bungerothi.
Cycnoches ventricosum.
Cymbidium affine.
   » eburneum.
   » Lowi.
   » Mastersianum.
Cypripedium albo-purpureum.
   » Ashburtoniae.
   » bellatulum.
   » calurum.
   » cardinale.
   » Dauthieri.
   » euryandrum.
   » Godefroyae.
   » grande.
   » Harrisianum.
   » Leechi.
   » nitens.
   » philippinense.
   » politum.
   » praestans.
   » regale.

Cypripedium Sallieri.
   » Schlimi.
   » Schröderae.
   » Sedeni.
   » selligerum.
   » Spicerianum.
Dendrobium aggregatum.
   » heterocarpum.
   » Treacherianum.
Epidendrum ciliare.
   » cyclotella.
   » Skinneri.
   » stenopetalum.
Gongora truncata.
Laelia albida.
   » anceps.
   » autumnalis.
   » exoniensis.
   » Eyermanniana.
   » Perrini.
   » pumila.
   » superbiens.
Lycaste Deppei.
Maxillaria grandiflora.
Miltonia Blunti.
Odontoglossum cariniferum.
   » constrictum.
   » gloriosum.
   » hebraicum.
   » Insleayi.
   » luteo-purpureum.
   » mirandum.
   » nebulosum.
   » Pescatorei.
   » polyxanthum.
   » radiatum.
   » tripudians.
   » Wilckeanum.
Oncidium auriferum.
   » cheirophorum.
   » cucullatum.
   » Jonesianum.
   » orthotes.

Oncidium serratum.
» splendidum.
» tigrinum.
Phajus tuberculosus.
Phalaenopsis amabilis.
» Cornu-cervi.
» Schilleriana.

Rodriguezia secunda.
Sophronitis cernua.
Vanda coerulea.
Warscewiczella Lindeni.
» marginata.
Xylobium Colleyi.
Zygopetalum Lindeniae.

DÉCEMBRE

Acacallis cyanea.
Acampe dentata.
Aganisia ionoptera.
» lepida.
Angraecum eburneum.
» odoratissimum.
» Sedeni.
Bifrenaria aurantiaca.
Bletia hyacinthina.
Bulbophyllum crassipes.
» cupreum.
Calanthe Sandhurstiana.
» Mylesi.
» Veitchi.
» vestita.
Catasetum barbatum.
» macrocarpum.
» saccatum.
Cattleya Holfordi.
» Warocqueana.
Cirrhopetalum Medusae.
Coelogyne Borneensis.
» Gardneri.
» Massangeana.
Cymbidium eburneum.
» giganteum.
» Lowi.
» Mastersi.
Cypripedium albo-purpureum.
» Arthurianum.
» bellatum.
» calurum.
» caudatum.
» concolor.
» Desboisianum.

Cypripedium Godefroyae.
» grande.
» Harrisianum.
» Io.
» Leeanum.
» Measuresianum.
» microchilum.
» Morganiae.
» nitens.
» Petri.
» politum.
» purpuratum.
» regale.
» Schlimi.
» Sedeni.
» Spicerianum.
» venustum.
» villosum.
Dendrobium Ainsworthi.
» bigibbum.
» fimbriatum.
» lamellatum.
» superbiens.
» Treacherianum.
Dendrochilum glumaceum.
Epidendrum ciliare.
» floribundum.
» lacerum.
» stenopetalum.
» vesicatum.
Galeandra d'Escragnolleana.
» Devoniana.
Grammatophyllum speciosum.
Laelia albida.
» anceps.

Laelia autumnalis.
   » Dormanniana.
   » Eyermanniana.
   » Gouldiana.
   » Perrini.
   » rubescens.
   » superbiens.
   » virens.
Masdevallia Davisi.
   » floribunda.
   » ignea.
   » Roezli.
   » Veitchi.
Miltonia Blunti.
Mormodes buccinator.
   » punctatum.
   » Rolfeanum.
Odontoglossum Cervantesi.
   » Coradinei.
   » crispum.
   » crocidipterum.
   » polyxanthum.
   » praestans.
   » ramosissimum.
   » Rossi.
   » tripudians.
   » triumphans.

Odontoglossum Uro-Skinneri.
Oncidium cebolleta.
   » chrysomorphum.
   » cucullatum.
   » Forbesi.
   » incurvum.
   » rutriferum.
   » unguiculatum.
Peristeria Lindeni.
Rodriguezia decora.
Saccolabium coeleste.
Scuticaria Hadweni.
Spathoglottis Augustorum.
   » Kimballiana.
Trichocentrum cornu-copiae.
   » triquetrum.
Trichopilia laxa.
Trichosma suavis.
Trichotosia ferox.
Vanda Amesiana.
   » Cathcarti.
   » Sanderiana.
   » suavis.
   » tricolor.
Zygopetalum crinitum.
   » intermedium.
   » Mackayi.

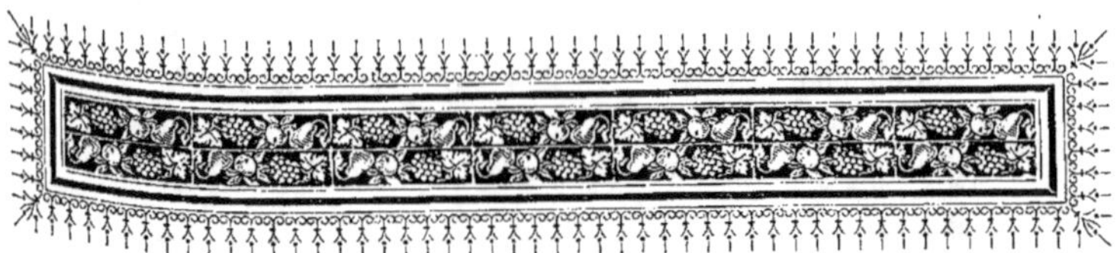

CHAPITRE XVIII

LES SERRES A ORCHIDÉES

Le mode de construction et l'aménagement intérieur des serres ont une grande importance quand il s'agit de cultiver des Orchidées, en raison de leurs exigences particulières en ce qui concerne les points suivants : excellente aération et exposition très ensoleillée. On ne saurait trop appeler l'attention des cultivateurs sur les conséquences funestes de la moindre négligence à ces deux points de vue. Les Orchidées ne sont pas difficiles à cultiver, et ne demandent guère plus d'ingéniosité et de *science* que les autres familles; mais si les soins qu'elles réclament ne sont pas plus compliqués, ils doivent, peut-être, être donnés avec une plus grande régularité que pour toute autre. Le jardinier ne doit jamais se relâcher de sa surveillance, ni négliger aucune des prescriptions à observer; la moindre négligence peut tout compromettre.

Deux choses, je l'ai dit, sont surtout nécessaires aux Orchidées : beaucoup d'air, une atmosphère fréquemment renouvelée, et en second lieu beaucoup de lumière et de soleil. Ce sont les deux nécessités qui doivent présider à la construction des serres et que l'on devra avoir constamment en vue en procédant à leur aménagement.

Tout d'abord il faut choisir l'endroit où elles seront édifiées;

il est préférable que ce ne soit pas dans un grand centre, car l'air y est généralement plus ou moins corrompu et chargé de vapeurs, de fumées et d'impuretés de toutes sortes dont l'influence est très pernicieuse pour la culture. Dans les grandes villes d'Angleterre, et surtout à Londres, où l'atmosphère est presque constamment chargée de brouillards, on a remarqué que plusieurs genres avaient peine à fleurir et qu'un certain nombre, les Odontoglossum notamment, se fanaient en très peu de temps; les Cypripedium étaient à peu près les seuls qui n'en fussent pas incommodés.

Il sera donc prudent d'installer ses serres, sinon à la campagne, ce qui n'est pas toujours facile, du moins aux environs des villes, dans un endroit abrité contre les grands vents et de préférence entouré d'arbres, où l'air sera suffisamment pur pour convenir à la végétation.

Quant à l'exposition des serres, elle variera selon les espèces qui devront y être cultivées. Les Orchidées de serre froide réclament plus de lumière que de chaleur, et les rayons les plus chauds du soleil, au milieu de la journée, risqueraient de les incommoder; leur serre devra donc être orientée au nord, de façon à être éclairée par les premiers rayons et par les derniers, et à éviter les vents trop brûlants du midi. La serre chaude, au contraire, sera plutôt exposée au midi, afin de bénéficier de toutes les brises chaudes et des moindres rayons du soleil pendant l'hiver.

Le choix des matériaux a une importance assez grande.

Le bois est de beaucoup préférable au fer, et voici pourquoi : le fer est très bon conducteur de la chaleur, tandis que le bois ne l'est sensiblement pas. Il en résulte que le fer refroidit notablement l'atmosphère en hiver et l'échauffe trop en été, inconvénients que ne possède pas le bois.

En second lieu, par le même motif, la vapeur d'eau contenue dans l'atmosphère des serres se condense abondamment, en hiver, sur les membrures de fer froides, et elle retombe sur les plantes en gouttes glacées qui causent beaucoup de dégâts. De plus, dans les serres de fer, il est à peu près impossible d'éviter la rouille. Les gouttes d'eau déposées aux endroits rouillés seront chargées d'oxyde, et produiront des taches affreuses sur les feuilles. Cette rouille ne tardera pas à compromettre aussi la solidité des charpentes, qui s'écarteront et se disjoindront rapidement. Pour éviter cet inconvénient, il faudra les faire peindre au moins une fois l'an ; et cette opération est désagréable à cause des dérangements, de la malpropreté et de la mauvaise odeur qu'elle entraîne. Elle ne suffit pas, d'ailleurs, à empêcher absolument toute oxydation.

La serre en bois n'a qu'un défaut, c'est d'être un peu plus coûteuse que la serre en fer. Mais cette différence, répartie sur un aussi grand nombre d'années, n'est guère importante. Et peut-être, bien entretenue, dure-t-elle aussi longtemps que l'autre.

Les bois de chêne et surtout de pitchpin sont les plus recommandables pour la construction des serres.

En dehors des espèces alpines, il n'est pas bon d'employer pour les Orchidées des serres adossées et closes d'un côté, car ce côté est privé de soleil et presque de jour pendant certaines heures ; en outre la serre entière reste dans l'ombre tout le temps que le soleil se trouve caché par la muraille. Nous ne saurions trop recommander l'usage de serres entièrement vitrées, où la lumière peut pénétrer largement, sans obstacles et baigner les plantes de tous côtés ; il faut même écarter les serres du modèle employé fréquemment pour les forceries et qui ont une face verticale et l'autre arquée ; la forme rectiligne se prête mieux aux besoins de la culture des Orchidées, parce que ces plantes doivent être placées aussi près que possible du vitrage. Or on ne peut arriver à ce résultat si la charpente est en forme de voûte, et si elle était verticale, on n'aurait d'autre ressource que de mettre les plantes dans des paniers et de les suspendre le long des vitres, ce qui présenterait beaucoup d'inconvénients, notamment celui d'un aspect très disgracieux.

Le système le plus répandu, le plus simple, consiste à faire la serre à deux versants rectilignes reposant sur deux murs de même hauteur ; de cette façon la toiture vitrée se rapproche sensiblement de la forme des gradins qui supportent les plantes.

C'est une singularité à peu près inexplicable de la culture des Orchidées, que cette nécessité de les rapprocher autant que possible du vitrage; il semblerait que le soleil dût exercer sur les plantes la même action à travers les vitres qu'à l'air libre. Cependant l'expérience établit de la façon la plus certaine qu'il est en quelque sorte arrêté par cette clôture. Peut-être s'agit-il là d'une action chimique particulière; les rayons caloriques ne sont pas absorbés, en tout cas, comme les rayons lumineux. Il est très probable que la composition du verre employé doit influer pour beaucoup sur ces résultats.

Ce que je viens de dire explique également l'utilité des serres basses. Sans doute il n'est pas toujours possible de les employer pour les genres qui prennent un très grand développement, comme les Cattleya et les Vanda par exemple; dans ce cas, le meilleur système est de disposer les plantes sur des gradins, et en établissant la toiture sur deux versants à peu près parallèles à ceux de l'échafaudage, on pourra donner à toutes également la quantité de lumière nécessaire.

La lumière devant circuler abondamment dans toute la serre, il est évident qu'il y a avantage à donner le moins de place possible à la maçonnerie. Les murs qui supporteront le vitrage seront donc très bas, et ne devront en aucune façon arrêter le jour. Le mieux est de leur donner une hauteur de quatre-vingts centimètres environ, et de placer les tablettes immédiatement au-dessus, de façon que l'on puisse atteindre les plantes et les manier commodément, et qu'elles ne soient pas abritées.

Au-dessus du mur s'élèvera des deux côtés une cloison vitrée verticale, de faible hauteur, seulement le nécessaire pour permettre aux Orchidées de développer librement leurs feuilles et leurs tiges florales. C'est sur cette cloison que reposera la toiture en forme de plan incliné double, formant au sommet un angle variable selon la largeur de la serre et selon qu'elle contient ou non des gradins dans sa partie centrale.

La charpente proprement dite devra être aussi restreinte que possible, afin de ne pas empêcher la lumière de pénétrer dans les

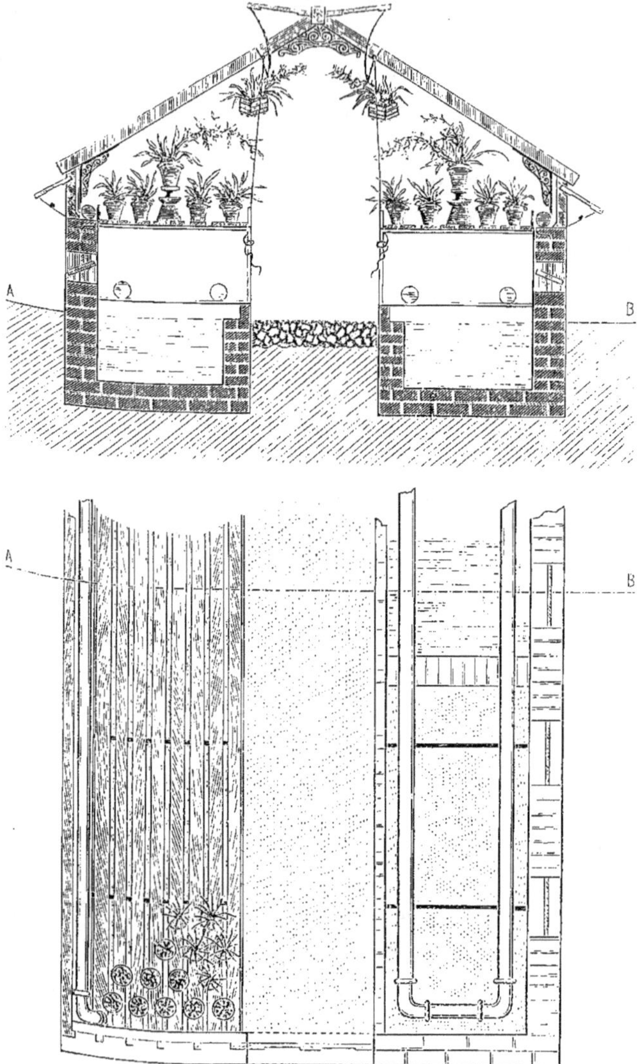

Fig. 46. — Petite serre froide.

serres; mais d'autre part on ne peut donner aux vitres de très grandes dimensions sans compromettre la solidité de la construction, et sans augmenter considérablement les frais, car en cas d'accident il serait beaucoup plus coûteux de les remplacer. Il faut prendre une moyenne entre ces diverses exigences, et faire les membrures en bois aussi mince, et en même temps aussi résistant que possible; elles seront d'ailleurs soutenues par les raccordements et les clefs de voûte en fer forgé; et dans une serre assez étroite et peu élevée, le poids de la toiture sera assez faible; quant au vitrage, on le choisira d'une grandeur un peu au-dessus de la moyenne, d'une verre double assez épais pour ne pas se briser aisément, mais on aura soin que cette épaisseur ne nuise pas à la clarté.

On s'est souvent préoccupé de l'action des verres colorés sur la végétation; plusieurs couleurs ont été reconnues très nuisibles comme absorbant une partie de la lumière; d'autres, le jaune notamment, augmentent peut-être le pouvoir desséchant du soleil, ce qui n'est pas désirable. Le verre vert est employé parfois pour ombrer légèrement les serres, mais ce qui est bon au milieu de la journée ne l'est souvent pas le matin, ou le soir, ou pendant l'hiver, et l'on ne saurait recommander un ombrage inamovible. En somme, le meilleur verre à employer est le verre incolore même sous une certaine épaisseur.

J'ajoute que le verre employé pour le vitrage des serres doit être uni, aussi clair que possible, ni trop mince ni trop épais, afin de n'être ni trop fragile, ni trop obscur. Le verre à sillons, ou ayant subi toute autre modification qui peut arrêter une partie de la lumière ou la répartir inégalement, doit être écarté.

Les vitres doivent être mastiquées avec beaucoup de soin, pour que l'eau des lavages ou des pluies, et l'air froid de l'hiver, ne puissent pénétrer nulle part. Comme on ne saurait songer à les réunir par des lattes, qui enlèveraient trop de lumière et nuiraient à l'écoulement des eaux, on se contentera de les superposer à leur extrémité, ce qui n'a d'autre inconvénient que d'interposer de place en place une épaisseur double de verre; il suffit qu'elles chevauchent l'une sur l'autre de 1 centimètre à 1 ¹/₂ centimètre, mais il va sans dire que ces raccords devront être opérés avec la plus grande exactitude.

Il arrive fréquemment que la poussière s'amasse à ces jointures ou sur le bord des vitres et y forme des lignes noirâtres, qui obscurcissent beaucoup les serres; il faut avoir soin de les laver dès que cet inconvénient apparaît.

A propos du vitrage, disons un mot des abris. Il est souvent nécessaire, en été, d'ombrer les serres au milieu du jour, pour protéger les plantes contre les rayons les plus brûlants du soleil; mais d'autre part, elles doivent profiter de sa chaleur et de sa clarté le matin et le soir, et pendant les journées d'hiver toutes les fois qu'il se montre. Il serait plus nuisible qu'utile de les abriter d'une façon permanente, et c'est pourquoi je ne saurais approuver l'emploi des badigeons dont on recouvre parfois les vitres.

J'ai vu fréquemment peindre le vitrage en blanc au moyen de chaux délayée dans de l'eau ou du lait; c'est un procédé qui absorbe moins de lumière que les autres, mais il vaut toujours mieux se servir d'abris mobiles. Dans certaines saisons, notamment aux mois de mars et d'avril, il y a grand avantage à pouvoir découvrir les serres pendant une heure où le soleil est voilé, les ombrer au moment où il recommence à darder ses rayons brûlants, et lui donner de nouveau libre accès deux heures plus tard en cas de besoin.

Le badigeon des serres à l'intérieur (bois, ferrures, etc.) est formé de céruse à laquelle on mélange du *vert de Paris* en poudre, en quantité suffisante pour obtenir un vert d'eau très clair.

Deux systèmes d'abris mobiles sont fréquemment employés : le premier se compose d'un treillage formé de lattes articulées ensemble, qui est fixé au sommet de la toiture de la serre et se relève en s'enroulant au moyen d'un jeu de poulies et de ficelles. Le second consiste dans des claies, de grandeur variable, qui sont appliquées sur le vitrage et peuvent être facilement enlevées et replacées en quelques minutes selon les changements de temps.

L'arrangement des sentiers exige certaines précautions, afin d'éviter qu'ils soient constamment à l'état de boue. On peut daller le sol ou le cimenter, et pratiquer à sa surface un grand nombre de rainures qui serviront comme rigoles pour l'écoulement des eaux d'arrosage; on peut encore le faire presser et damer solidement et recouvrir d'une couche de fin gravier.

Les tablettes doivent être formées d'un lattis à claire-voie, laissant circuler autour des plantes l'air et la chaleur. On les recouvrait assez souvent, autrefois, de scories et d'autres matières poreuses; ce système doit être absolument condamné. On peut néanmoins provoquer une production abondante de vapeur d'eau en arrosant le sol au-dessous des tablettes, les tablettes elles-mêmes, et en plaçant les pots, ou quelques-uns de loin en loin, sur des supports à soucoupe comme celui représenté par la fig. 48; la soucoupe est remplie d'eau qui s'évapore activement.

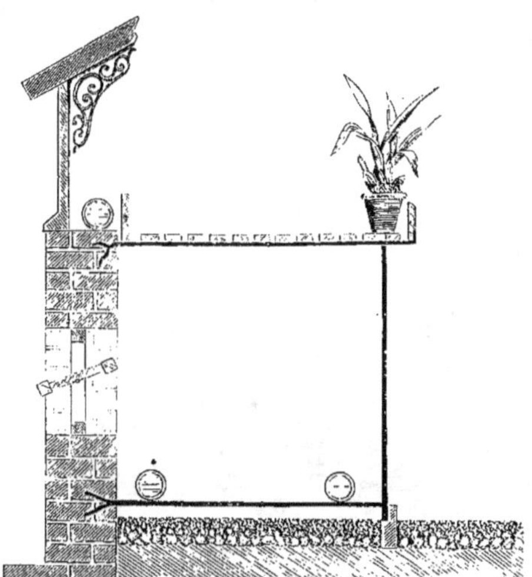

Fig. 47. — Tablettes de serre à Orchidées.

Les liteaux de claire-voie sont espacés entre eux de deux centimètres et ont une largeur de sept centimètres. Ces dimensions permettent de disposer les pots de diverses grandeurs, de telle façon qu'ils reposent très solidement et que l'aération s'effectue de la façon la plus complète.

Les tablettes ne doivent pas avoir une trop grande largeur; il faut que le jardinier puisse toujours aisément voir chaque plante, et au besoin la prendre en mains, pour vérifier son état. Faute d'exercer cette surveillance constante, il pourra arriver qu'il trouve parfois des Orchidées ayant le cœur totalement pourri, notamment lorsqu'elles se trouvent sous des gouttes d'eau tombant du vitrage.

Quant aux parties du sol qui se trouvent en dessous des tablettes, et qui par conséquent ne sont pas foulées aux pieds, on les recouvre de débris poreux qui devront être arrosés une ou plusieurs fois par jour, selon la saison et les besoins des plantes, pour entretenir dans l'atmosphère une abondante humidité. Les scories minérales, très boursouflées et très poreuses, qui pro-

Fig. 48. — Support à soucoupe.

viennent des cornues à gaz ou des hauts-fourneaux, conviennent surtout à cet usage.

Sous les tablettes également prennent place les côtes de tabac destinées à chasser les insectes ; j'en expliquerai l'emploi au chapitre des *Ennemis des Orchidées*. Elles doivent être étalées sur un léger grillage disposé sur les tuyaux de chauffage, et arrosées une ou deux fois par jour.

Dans toutes les serres à Orchidées, il est bon de suspendre près du vitrage, dans des paniers ou des pots soutenus par un fil de fer, les espèces épiphytes qui réclament le plus de lumière et de soleil. Ce procédé ne permet pas seulement de profiter de tout l'espace disponible ; il est essentiellement conforme aux besoins des Orchidées, et l'on devrait plutôt les cultiver toutes de cette façon, si cette manière de faire était applicable aux plantes volumineuses, et ne présentait pas des inconvénients au point de vue de l'économie d'espace, de la commodité, de l'aspect des serres et peut-être de la température.

Pour suspendre les paniers, on dispose sur chaque versant de la serre un fil de fer retenu par des crampons fixés dans les montants, et courant ainsi d'un bout à l'autre. Si la serre n'a qu'un versant, il suffit d'un seul fil de fer, placé à une hauteur quelconque ; si elle en a deux, on en profitera pour mettre deux fils de fer, et on aura soin de ne pas les placer trop près du faîte, pour que les plantes accrochées des deux côtés ne se touchent pas et aient l'espace nécessaire à leur développement.

Sur ce fil de fer, on suspend les corbeilles au moyen d'un crochet formé par leur suspenseur replié.

Les crampons, vis, et autres parties métalliques doivent être fixés dans le bois des charpentes. Lorsque les serres sont recouvertes de zinc ou de fer, il faut avoir soin de ne pas y pratiquer de trous, soit pour y passer des fils de fer, comme je l'ai vu quelquefois, soit pour tout autre usage ; en effet les parties métalliques sont promptement rouillées à l'air, et les pluies projettent alors dans la serre des gouttes d'eau chargées de rouille qui font le plus grand tort aux plantes.

Le même inconvénient se produit souvent par suite de la condensation de la vapeur d'eau sur les vitres froides. Les gouttes d'eau qui tombent des charpentes des serres, surtout pendant les temps froids, importunent souvent les visiteurs, et peuvent être dangereuses pour la santé des plantes lorsque ces charpentes sont construites en fer. Lorsque les ferrures sont bien recouvertes de peinture, et que par suite la rouille n'est pas à craindre, le danger est beaucoup moindre ; néanmoins, ces gouttes d'eau qui se trouvent parfois à une température inférieure à celle de la serre, pourraient gâter l'aspect des feuilles. Un amateur distingué,

M. A. Van Imschoot, a employé avec beaucoup de succès, pour éviter cet inconvénient, un procédé des plus simples : il consiste à tendre du haut de chaque charpente jusqu'en bas une simple ficelle; l'humidité en se condensant vient se déverser sur la corde; celle-ci l'absorbe et, faisant l'office de siphon, la dépose à son extrémité.

La théorie générale de la tension de la vapeur d'eau, que j'ai brièvement exposée (p. 247), fournit aisément l'explication de ces condensations. Elles résultent de la différence de température qui existe entre l'intérieur et l'extérieur de la serre. L'air de la serre, qui n'est pas saturé à la température à laquelle il se trouve, devient plus que saturé lorsqu'il se refroidit au contact des vitres; par suite, la vapeur d'eau se condense et se dépose sur celles-ci, exactement de même qu'elle se condense en buée à l'orifice de la bouche lorsque la respiration se refroidit brusquement.

On voit qu'il est impossible d'éviter cette condensation, puisqu'il est impossible d'éviter la différence de température entre l'intérieur de la serre et l'extérieur.

Il existe cependant un remède, c'est le double vitrage, qui est employé par certains cultivateurs. Il est évident, en effet, que dans ce cas le vitrage intérieur n'est pas sensiblement plus froid que l'air qu'il recouvre; la transition est amortie, de telle façon que la vapeur d'eau ne se condensera dans la serre qu'en cas de sursaturation. Le chauffage artificiel est beaucoup moins nécessaire quand on emploie un double vitrage, la perte de chaleur par rayonnement étant beaucoup atténuée ; c'est là encore un avantage certain, parce que le chauffage même au thermosiphon est toujours desséchant. Néanmoins, je ne suis pas partisan du double vitrage, qui a le grand inconvénient de diminuer la quantité de lumière que reçoivent les plantes; les Orchidées sont plus que toutes les autres sensibles aux effets de la lumière, et le cultivateur doit s'attacher à leur en donner le plus possible.

Toute serre à Orchidées doit renfermer un bassin spécial destiné à recevoir la provision d'eau de pluie pour les arrosages. Il est très pratique de creuser ce bassin sous les tablettes, et d'y faire déboucher les gouttières situées sur les côtés à l'extérieur de la serre. On y puisera aisément au moyen d'arrosoirs à long bec, dont je ne saurais trop recommander l'usage.

Dans les grandes serres, on peut placer le bassin au milieu, et le faire servir de base au gradin central.

Dans les deux cas, il est bon de faire passer un tuyau de chauffage à travers l'eau en réserve, ou au moins près de sa surface, pour maintenir toujours cette eau à la température de la serre et en activer l'évaporation, si favorable à la culture.

Les tuyaux qui traversent les bassins, qu'ils soient en fer ou en fonte, doivent être recouverts d'une couche de peinture; ils seraient promptement rouillés s'ils n'étaient pas ainsi préservés du contact de l'eau à l'extérieur.

Voici comment on procède généralement : on recouvre d'abord les tuyaux d'une ou deux couches de minium, pour bien empâter, et ensuite on met la couleur définitive (généralement noire), que l'on laisse sécher complètement avant de remplir le bassin. La peinture bien sèche ne produit dans l'eau aucune odeur nuisible.

Je n'ai pas parlé jusqu'ici de la ventilation. C'est une des nécessités importantes de la culture ; elle a deux utilités considérables.

D'une part, il est nécessaire de renouveler l'air que respirent les plantes, aussi bien que celui que respirent les êtres humains. Les végétaux absorbent dans l'atmosphère beaucoup de vapeur d'eau et des gaz qui forment une partie importante de leur nourriture; il faut remplacer ces éléments nutritifs à mesure qu'ils sont utilisés.

D'autre part, il est bon d'établir dans l'air de la serre une circulation constante, au moins en temps chaud. L'atmosphère, quand elle est surchauffée par les rayons du soleil, atteint une température très élevée, et les feuilles des plantes seraient brûlées en peu de temps si elles n'étaient rafraichies par le mouvement des couches d'air qui, successivement, viennent les baigner.

Voilà l'utilité des ventilateurs, et l'on comprendra aisément, par conséquent, qu'ils doivent être placés de côtés différents et combinés de façon à faire parcourir à l'air le plus d'espace possible dans la serre.

Comme l'air chaud s'élève toujours vers les couches supérieures, la température d'un local fermé et chauffé serait, si l'on n'y remédiait pas, très irrégulière. Les racines et la base des plantes se trouveraient soumis à une température inférieure de plusieurs degrés à celle des feuilles supérieures et du haut de la tige. On évite cet inconvénient en plaçant des ventilateurs au sommet de la serre ; l'air chaud s'échappe alors à l'extérieur, et l'air du dehors, descendant vers les parties basses, se mélange peu à peu à celui de la serre.

Toutefois, on ne peut pas toujours ventiler par le haut. Quand la température extérieure est basse, le refroidissement de l'atmosphère serait trop brusque et trop complet ; il faut avoir aussi des ouvertures au bas de la serre ; en les combinant d'ailleurs avec celles du haut, on obtiendra une circulation d'air plus complète.

Les ventilateurs du bas servent surtout au printemps et à l'automne, lorsque le temps est froid, et qu'il serait dangereux de laisser arriver sur les plantes l'air du dehors en douche glacée ; cet air, en entrant par le bas, ne se mélange pas directement à celui de la serre ; il forme une couche inférieure, qui ne s'élève pas plus haut que les ouvertures, comme une couche d'eau sous une couche d'huile. Et ce n'est que peu à peu, par le contact de la région chaude, et surtout des tuyaux de chauffage, qui doivent passer près des ventilateurs, ce n'est que peu à peu, dis-je, que cet air s'échauffe et se mélange au reste, en abaissant modérément la température de la serre et en y apportant des éléments vivifiants nouveaux et une nouvelle provision de vapeur d'eau.

Il reste à examiner le nombre des ventilateurs et l'étendue à leur donner.

Il est bon d'en faire établir de chaque côté de la serre, ainsi que je le disais plus haut, et de distance en distance, afin que tout l'air puisse être renouvelé. Comme dimensions, on ne peut sans doute donner des chiffres absolument rigoureux ; mais l'observation a fait adopter les règles suivantes : à peu près $1/20$ de la surface de la serre dans les serres chaudes, où la culture se fait à l'étouffée, et où la chaleur solaire n'est guère à craindre ; $1/10$ de la surface dans les serres où on laisse entrer le plus possible de lumière, et où la température est moins élevée.

Il est à peine besoin d'ajouter que l'expérience seule fera discerner au cultivateur les moments où il faut ventiler, et la plus ou moins grande ouverture à donner aux ventilateurs. On s'en servira peu dans la serre des Vanda; dans celle des Odontoglossum on les laissera presque constamment ouverts pendant l'été.

La question du chauffage des serres, très complexe et très délicate, sera traitée à part; je n'insisterai donc pas ici sur ces matières. Les principes fondamentaux à appliquer sont les suivants : obtenir une température parfaitement régulière, et de plus, uniforme, car il convient que l'entrée de la serre soit aussi chauffée que le fond, le haut comme le bas, etc.; en outre, éviter absolument toute diffusion de gaz délétères ou de fumée dans l'air.

Pour satisfaire à ces conditions, on devra se servir d'un thermosiphon, c'est-à-dire du système de chauffage à l'eau chaude. On peut le mettre en pratique par divers procédés, et je n'examinerai pas ici la question de savoir lequel est préférable.

L'air chaud s'élevant toujours, les tuyaux doivent naturellement être disposés près du sol; il est bon d'en placer tout autour de la serre, afin que toutes les parties de celle-ci soient chauffées également; s'il s'agit d'une serre adossée étroite, il suffit d'un rang de tuyaux placés en avant, de telle sorte que l'air échauffé ait à parcourir, pour arriver au sommet, le plus grand espace possible.

Si la serre est vaste, on pourra la chauffer au moyen de plusieurs rangs de tuyaux superposés; des clefs permettront les ouvrir tous ou d'en fermer quelques-uns, selon que le temps sera plus ou moins froid.

Enfin, il est un moyen très simple de créer des compartiments dans une serre sans cloisons de séparation. Ce moyen consiste à placer au-dessous des tablettes, près du sol, un ou deux tuyaux de plus dans une certaine partie que dans le reste de la serre;

comme la chaleur monte directement des tuyaux sur les plantes à travers les lattis des tablettes, les plantes placées à cet endroit jouissent d'une température plus élevée.

**

Pour compléter et rendre plus claires ces indications sommaires, je crois ne pas pouvoir mieux faire que de citer quelques exemples, que je choisirai à L'HORTICULTURE INTERNATIONALE, où la construction des serres a été dirigée avec un soin extrême et où tous les progrès récents ont pu être appliqués puisque cette construction remonte à très peu d'années.

Il y a à L'HORTICULTURE INTERNATIONALE un très grand nombre de serres construites spécialement pour les Orchidées; j'examinerai seulement les principaux types; un certain nombre sont bâtis sur le même modèle.

Grande serre froide

Les grandes serres réservées aux Orchidées froides ont 30 mètres de longueur, 3^m65 de hauteur et 7^m45 de largeur. Chaque serre est séparée de la voisine par un espace de 80 centimètres, distance qui suffit parfaitement, étant donné l'angle formé par le vitrage, à empêcher que l'ombre de l'une soit projetée sur l'autre. (On calculera aisément cet angle à l'aide des mesures que j'indique, soit par un simple calcul trigonométrique, soit en dessinant une figure semblable, avec des longueurs proportionnelles à celles mesurées sur place; il est un peu inférieur à 30°.)

L'espace qui se trouve entre les serres est occupé par de larges gouttières dans lesquelles l'eau de pluie, tombant des vitres, est recueillie, pour s'écouler dans les bassins situés à l'intérieur; à cet effet, des ouvertures sont pratiquées de distance en distance; dans ces ouvertures s'embouchent des tuyaux qui déversent l'eau dans les bassins; ces tuyaux y descendent jusque près du fond, afin que l'air du dehors ne pénètre pas dans la serre, pendant l'hiver, par leur orifice.

La partie maçonnée, qui sert de base aux charpentes de la serre, n'a qu'une hauteur de 85 centimètres; à partir de cette hauteur, toute la surface de la serre est vitrée.

Deux des côtés du vaste quadrilatère sont des plans verticaux, ce sont les deux plus petits. Ils sont percés de deux portes à deux battants, une à chaque bout de la serre, qui ont 2^{m}25 de hauteur et 2^{m}00 de largeur. Ces deux portes, ainsi que le reste de la serre, sont pleines jusqu'à 85 centimètres de hauteur, et vitrées au-dessus. Toute cette face de la serre qui donne dans la galerie centrale, de même que la face opposée qui prend jour sur la galerie du travail, est vitrée au-dessus de la maçonnerie dont j'ai parlé; mais les vitres sont recouvertes d'une légère couche de peinture blanche. Le coup d'œil qui s'offre au visiteur est ainsi beaucoup plus gracieux; on ne voit, d'un bout à l'autre de la vaste galerie, qu'une muraille pleine, en quelque sorte, et de place en place, une porte ouvrant à l'œil une éclaircie, à l'entrée de chaque serre, sur les longues tablettes couvertes de belles Orchidées et les superbes groupes de fleurs qui ornent toujours l'entrée.

Sur les deux côtés longs de la serre, la partie vitrée verticale n'a qu'une hauteur très faible, 67 centimètres. Immédiatement au-dessus commence la toiture vitrée. Celle-ci comprend, en longueur, 85 vitres séparées par des lattes de 3 centimètres d'épaisseur; de cinq en cinq, une travée plus forte, ayant 55 millimètres d'épaisseur, forme clef de voute et est reliée à celle de l'autre plan incliné par un arceau métallique.

On voit avec quelle abondance le jour pénètre dans cette construction; chaque vitre ayant 28 centimètres de largeur, l'espace éclairé est de 24 mètres environ pour 1 mètre seulement de charpente faisant ombre; mais d'autre part la solidité de l'ensemble est parfaite, grâce au choix des matériaux et à leur habile combinaison.

La partie maçonnée, ainsi que je l'ai dit plus haut, s'élève à 85 centimètres. Au-dessus sont placées les tablettes, qui règnent dans toute la serre contre les parois, et ne sont interrompues qu'à l'encadrement des portes. Ces tablettes ont 97 centimètres de

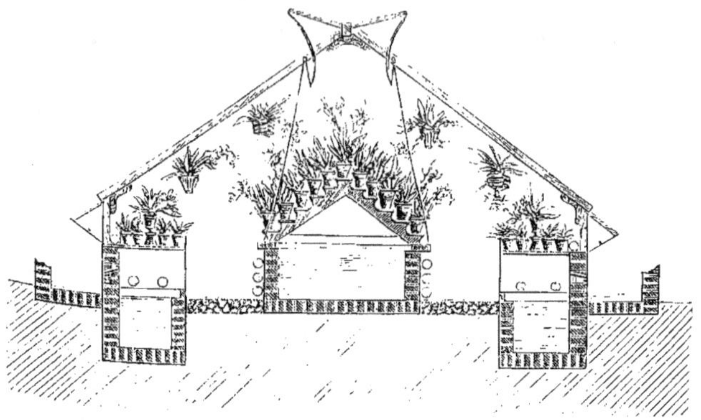

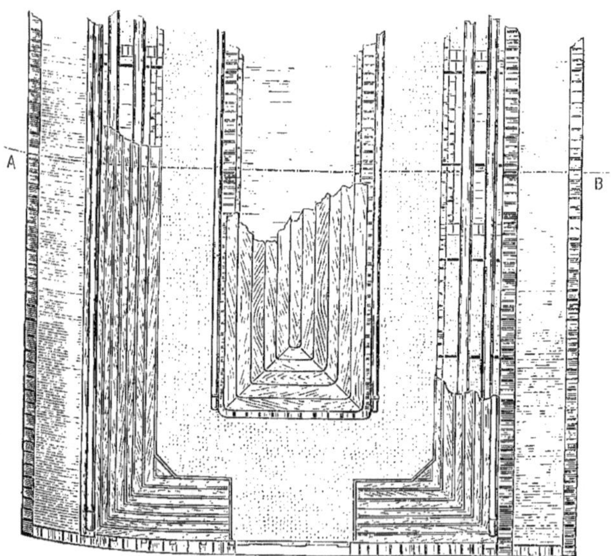

Fig. 49. — Plan d'une grande serre froide.

largeur. Elles sont formées de lattes de bois de 7 centimètres de largeur, disposées parallèlement entre elles et à la paroi de la serre, et espacées de 2 centimètres. De cette façon l'air peut circuler abondamment autour des plantes, et l'air chaud qui monte des tuyaux peut aussi les baigner toutes. Enfin les tablettes portent en avant une bordure verticale de 8 centimètres de hauteur, qui retient les pots.

Dans une autre des grandes serres froides, il existe une disposition un peu différente. Les tablettes horizontales sont remplacées par des gradins formés de lattes de la même largeur, espacées en hauteur de 3 $\frac{1}{2}$ centimètres et en largeur de 3 centimètres, et s'élevant jusqu'au vitrage.

Le centre de la serre, dans les deux cas, est occupé par un large bassin dont les parois maçonnées ont la même hauteur que le mur extérieur de la serre. Ce bassin a 22ᵐ55 de longueur sur 2ᵐ25 de largeur. Il reste donc, entre les tablettes et lui, un chemin de 1ᵐ35 de largeur, qui suffit largement à la circulation des visiteurs et même des visiteuses. Il renferme une provision d'eau de pluie destinée aux arrosages, et dont l'évaporation entretient une humidité abondante dans l'atmosphère.

Sur les murs du bassin repose un gradin élevé qui supporte des milliers de plantes. Ce gradin est formé de lattes larges de 11 centimètres, espacées en hauteur de 5 centimètres et en largeur de 2 $\frac{1}{2}$ centimètres.

On voit qu'il n'y a pas la moindre place perdue dans cet arrangement, qui n'offre à l'œil rien de choquant, ne gêne nullement les mouvements des visiteurs ou des jardiniers, et en même temps s'accommode admirablement aux nécessités de la culture. J'ai dit que la partie vitrée verticale, entre les murailles et la toiture, était très basse. De cette façon les Orchidées disposées sur les tablettes sont aussi près que possible du vitrage. Elles ont précisément l'espace nécessaire pour se développer; les plantes de grande taille peuvent être mises sur le gradin central.

De même, l'aménagement de ces dernières sur des tablettes qui vont s'élevant de plus en plus comme la toiture elle-même, permet d'éviter qu'elles soient jamais éloignées du vitrage.

Les pots sont disposés tout le long des tablettes avec un intervalle entre eux de 7 à 10 centimètres environ, pour que les plantes puissent se développer sans se gêner mutuellement. Sur chaque tablette, les pots se placent dans l'intervalle entre ceux de la tablette inférieure, de façon à former une sorte de quinconce, et à utiliser le plus d'espace possible.

Le chauffage s'effectue au moyen de deux rangs de tuyaux fixés parallèlement, à 35 centimètres du sol, au-dessous des tablettes, tout autour de la serre. Ces tuyaux ont 0^m284 de diamètre extérieur; le premier est à 15 centimètres du mur, le second à 55 centimètres environ du premier, tout près du bord de la tablette. De cette façon, l'air chaud baigne également toutes les plantes placées sur la tablette.

Deux tuyaux semblables sont disposés également autour du bassin central, le premier à 25 centimètres du sol, le second à 5 centimètres environ au-dessus du premier; enfin un seul, de diamètre un peu supérieur à celui des précédents, traverse le bassin et contribue à maintenir l'eau des arrosages à la même température que l'air de la serre.

Des clefs, placées à une extrémité, permettent de fermer à volonté chacun des tuyaux, et par suite de réduire progressivement ou de supprimer le chauffage.

L'aération s'effectue, par le sommet, au moyen de douze ouvertures réparties au nombre de six sur chaque versant de la serre; ces ventilateurs ont une longueur de 1^m65, et une largeur de 0^m60 environ; ils se manœuvrent très aisément au moyen d'une corde qui passe sur une poulie fixée à la charpente de la serre, et va s'attacher à l'extrémité d'une tige de fer perpendiculaire au plan du ventilateur et vissée à son cadre. Quand on tire la corde à l'intérieur de la serre, on élève l'extrémité de cette tige et en même temps le ventilateur qui s'ouvre alors vers l'extérieur; cette disposition est la meilleure de toutes. On comprendra d'ailleurs que si les ventilateurs s'ouvraient à l'intérieur, la pluie et les poussières pénétreraient trop facilement dans la serre, tandis qu'elles sont à peu près totalement arrêtées autrement.

La surface d'aération au sommet est donc 1/18 de celle du vitrage ; et il faut encore tenir compte des ventilateurs du bas.

J'ajoute que les ouvertures situées sur les deux versants ne se trouvent pas les unes en face des autres ; elles sont croisées, de façon à établir des courants d'air moins vifs et plus étendus.

Les ventilateurs placés à la partie inférieure de la serre sont au nombre de huit de chaque côté. Ce sont des ouvertures pratiquées dans la maçonnerie, à 0^{m}25 au-dessus du sol, et ayant 0^{m}58 sur 0^{m}40. Elles sont fermées par une simple planche de bois pivotant autour d'un axe parallèle au plus grand côté, qui passe au milieu de sa largeur, et qui a les deux extrémités engagées dans la muraille. Il suffit, pour manœuvrer ces ventilateurs, de pousser le haut ou le bas avec un bâton ou avec le pied.

Les abris consistent en claies formées de lattes ayant 0^{m}024 d'épaisseur, articulées entre elles, et espacées de 0^{m}005 ; chacune des claies a une largeur de 1^{m}10. Elles sont placées à poste fixe au sommet de la serre, et se manœuvrent au moyen d'une corde qui passe dessous et s'enroule sur une poulie ; il suffit de tirer la corde ou de la laisser aller pour enrouler ou dérouler les lattis, ainsi que cela se pratique parfois pour les jalousies. Il va sans dire que cette installation peut et même doit être enlevée pendant l'hiver, où elle n'est plus nécessaire.

On emploie également des claies mobiles, formées de la même façon, mais rigides et non plus articulées. Ces claies peuvent être placées en quelques instants sur les serres quand on en a besoin ; elles sont retenues par des crochets fixés à la charpente.

Je crois avoir expliqué à peu près complètement l'aménagement des grandes serres froides ; un certain nombre de petites serres sont également consacrées à la culture des Odontoglossum et Masdevallia.

Ces serres sont à peu près conçues dans le même esprit général que les grandes dont j'ai donné la description, en ce sens que tout est aménagé pour y laisser circuler l'air en abondance, pour

Fig. 50. — Une petite serre à ODONTOGLOSSUM à L'HORTICULTURE INTERNATIONALE
(d'après une photographie).

laisser parvenir aux plantes le plus possible de lumière et pour permettre d'abaisser la température en été en cas de besoin.

Les petites serres froides ont en général de 27 à 28 mètres de longueur; elles sont partagées en trois compartiments à peu près égaux. Elles ont une largeur de 4 mètres, partagée en trois parties égales : 1^m33 de tablettes à gauche et à droite, et 1^m33 de sentier. Le faîte du vitrage se trouve à une hauteur de 2^m40; le plan incliné du vitrage s'appuie sur une partie verticale élevée de 1^m25 au-dessus du sol.

Les tablettes sont formées de lattis à claire-voie disposés de la même façon que dans la grande serre décrite précédemment; elles sont établies horizontalement à 0^m80 au-dessus du sol; la paroi extérieure de la serre, au-dessous de la tablette, est maçonnée; au-dessus, elle est vitrée comme la toiture; j'ai déjà expliqué cette disposition, qui permet de laisser aux plantes toute la lumière du jour. Entre les tablettes et la toiture, les plantes ont, pour se développer et étendre leurs tiges florales, un espace qui varie entre 0^m45, contre la paroi, et 1^m20 au bord intérieur des tablettes. Cela suffit pour qu'elles puissent grandir à l'aise, sans qu'elles soient trop éloignées du vitrage.

Les ventilateurs du haut sont au nombre de 5 de chaque côté, ou 10 pour l'ensemble de la serre; ils ont 1^m55 de longueur, sur 0^m60 de largeur. Ils s'ouvrent tous au sommet du vitrage, comme je l'ai indiqué précédemment, et de chaque côté alternativement, de telle sorte que le courant d'air établi entre eux parcourt toujours une partie de la serre. Ceux du bas ont 0^m58 sur 0^m40; ils sont au nombre de trois de chaque côté; leur disposition est la même que dans les grandes serres.

Il n'existe pas, naturellement, de bassin central; les réservoirs à eau de pluie sont creusés dans le sol au-dessous des tablettes, sur un des côtés, et occupent à peu près la moitié de la longueur de ce côté. La disposition des tuyaux de chauffage et du grillage destiné à recevoir des côtes de tabac est analogue à celle décrite précédemment; pour les abris, on peut facilement les poser à bras sur le vitrage, quand on en a besoin. On se sert donc de lattes fixées entre elles, de façon à former des quadrilatères ayant la longueur nécessaire pour couvrir jusqu'au faîte, et de largeur variable. On dispose ces claies les unes contre les autres ; elles sont retenues par une latte clouée au bas du vitrage et formant rebord.

Pour passer à la serre chaude, il ne sera pas nécessaire d'entrer dans autant de détails, car il en résulterait de nombreuses répétitions.

L'orientation et les dimensions des serres chaudes, soit grandes, soit petites, l'aménagement des tablettes latérales, et, dans le premier cas, du gradin central, la composition de ces tablettes, ne diffèrent en rien de ce que j'ai décrit dans les serres froides. Bien des modifications dans la culture n'entraînent pas forcément des changements dans la construction des serres ; ainsi dans la serre chaude on aura beaucoup moins souvent besoin d'aérer que dans la serre froide ; néanmoins, rien n'empêche de ménager dans la première le même nombre de ventilateurs que dans la seconde, quitte à n'en ouvrir qu'une partie et seulement à des moments déterminés.

De même encore, le chauffage est naturellement bien moins nécessaire dans la serre froide que dans la serre chaude ; cependant il ne peut y avoir d'inconvénients à placer partout le même nombre de tuyaux, pourvu qu'on en laisse plusieurs fermés dans la serre froide.

En construisant ainsi toutes les serres à peu près sur le même modèle, on a le grand avantage de se réserver toute facilité pour les changements ultérieurs qui paraîtraient nécessaires. Si quelque accident oblige à évacuer une des serres chaudes, ou simplement si l'on veut la repeindre au printemps, rien n'est moins malaisé que de transporter les plantes qui la garnissaient dans une serre quelconque, consacrée auparavant aux Orchidées tempérées ou froides ; on ouvre quelques tuyaux, et tout est dit.

Il y a cependant deux observations importantes à relever en ce qui concerne l'aménagement des serres chaudes.

Tout d'abord, les Orchidées indiennes réclament une atmosphère plus humide que la majorité des espèces de serre tempérée ou froide, et par ce fait même qu'elles vivent à une température plus haute, elles doivent trouver dans l'atmosphère une quantité d'eau plus grande pour ne pas se dessécher. Les bassins d'eau doivent donc être plus nombreux dans la serre chaude; dans les grandes serres, le gradin central sera supporté par une maçonnerie formant un bassin; dans les petites serres, des bassins seront creusés au-dessous des tablettes dans une grande partie de la longueur.

On peut faire mieux encore, et faire reposer les plantes directement au-dessus de l'eau, en élevant de chaque côté du sentier un mur qui forme bassin, et qui est recouvert par le lattis des tablettes; de cette façon, la surface d'évaporation se trouve à dix ou quinze centimètres des pots, aussi près que l'on veut, au lieu d'être au-dessous du niveau du sol, à quatre-vingt-dix centimètres des pots.

La seconde distinction que nous avons à faire porte sur les espèces qui se cultivent à l'étouffée, comme les Phalaenopsis, Cirrhopetalum, Aganisia, ou plus encore les Anoectochilus, Goodyera, etc. A celles-là il faut une petite serre basse aménagée d'une façon spéciale, et dont il convient de dire quelques mots; elle représente ce qu'on peut appeler la haute serre chaude.

Il y a, à L'Horticulture Internationale, plusieurs serres de ce modèle; les unes sont garnies de chassis d'un côté, et constituent plus spécialement des serres de multiplication; les autres sont construites à peu près selon les mêmes principes que les petites serres dont j'ai déjà parlé, mais elles sont plus basses de toiture et plus étroites. Le vitrage s'élève à 2^{m}20 environ du sol, et s'abaisse presque jusqu'au niveau des tablettes. Celles-ci ont peu de profondeur, de sorte que toutes les plantes qu'elles supportent reçoivent en abondance le jour et la lumière; en outre les fils de fer fixés des deux côtés près du sommet sont entièrement garnis de paniers suspendus.

Les ventilateurs sont au nombre de deux, un de chaque côté, dans toute la longueur; ils doivent rarement être entr'ouverts; un troisième est pratiqué dans le bas, à l'extrémité de la serre. Celui-ci n'amène pas l'air directement sur les plantes, et peut être utilisé fréquemment.

Il y a deux tuyaux de chauffage de chaque côté, l'un en avant, au-dessous du bord des tablettes, l'autre au fond, contre le mur; l'un des deux va plonger dans le bassin qui se trouve à l'extrémité opposée à l'entrée de la serre; on recouvre l'un de ces tuyaux de côtes de tabac. Enfin le sol est couvert, au-dessous des tablettes, de scories et de débris poreux qui sont fréquemment aspergés d'eau.

En outre des espèces dont j'ai parlé plus haut, et qui réclament pour prospérer dans nos climats la culture de la haute serre chaude, il est commode de placer momentanément dans ces serres des plantes qui exigent en temps ordinaire une température moins élevée, pour activer la végétation et surtout la floraison, lorsqu'on se propose, soit en vue d'une exposition, soit pour tout autre but, de hâter l'épanouissement des fleurs pour une certaine date. L'élévation de la température, la plus grande abondance de lumière. produisent une accélération remarquable dans la végétation; avec un peu d'habitude, les jardiniers parviennent à prévoir d'une façon certaine la date à laquelle ils pourront obtenir les fleurs qu'ils désirent.

D'autre part, on peut utiliser la haute serre chaude pour rendre une nouvelle vigueur à des plantes affaiblies ou fatiguées, pour « *faire partir* » certaines espèces difficiles à mettre en végétation, ou pour hâter la production des racines sur des morceaux provenant de divisions. Ceci constitue, à proprement parler, l'objet de la *serre de multiplication*, et ces travaux s'effectuent spécialement dans les chassis dont j'ai parlé précédemment. Les plantes y sont cultivées sur couche dans le sable ou le sphagnum, selon les espèces, avec un chauffage de fond, sous verre près du vitrage, et dans une atmosphère chargée d'humidité. Mais la serre de multiplication forme une catégorie à part; elle n'intéresse pas seulement les Orchidées, et elle est très anciennement connue. Je n'y insisterai pas ici.

J'ai parlé des serres de culture proprement dite, et après avoir expliqué la théorie de leur construction, j'ai décrit, pour plus de clarté, quelques modèles choisis avec soin. Je me propose maintenant de montrer ce que pourraient être les serres d'agrément, et le parti qu'on pourrait tirer des qualités décoratives des Orchidées, soit pour les cultiver dans une annexe de l'appartement, soit pour faire de leur séjour un véritable palais où les amateurs puissent ne contempler que des objets riants et capables de charmer la vue. Il y aurait dans ce sens une importante réforme à accomplir.

La serre d'amateur

Les amateurs peuvent se partager en trois catégories : ceux qui sont très riches, et remettent le soin de leurs cultures à des jardiniers, sans s'en occuper eux-mêmes autrement que pour en apprécier le charme et le faire goûter à leurs invités. Ceux qui possèdent une collection également importante, mais qui désirent en diminuer les frais en vendant tout ou partie de leurs fleurs. Enfin ceux qui disposent de ressources plus restreintes, et qui, par suite, s'occupent eux-mêmes en grande partie de leurs Orchidées et doivent viser à supprimer tous frais inutiles.

Je traiterai dans un chapitre spécial de la grande culture pour la fleur coupée; pour le moment je ne m'occuperai que de la première et de la dernière catégorie.

Les amateurs à qui leur fortune permet de faire grand doivent naturellement s'efforcer de faire valoir tout le parti qu'on peut tirer, au point de vue artistique, de la beauté des Orchidées. Chez eux, la serre à Orchidées doit être une des parties les plus élégantes et les plus pittoresques du château, offrant au point de vue du décor des ressources infiniment variées qu'aucun tapissier ne pourrait égaler. D'abord, les serres proprement dites peuvent affecter une forme gracieuse; les boiseries élégamment découpées, faites de bois de choix ou ornées de peintures agréables à l'œil, n'offriront plus l'aspect régulier et un peu monotone du type marchand. A l'intérieur, les serres seront bien tenues, d'une propreté parfaite, le sol couvert de fin gravier ou dallé, pour éviter la boue; tout enfin sera combiné pour que les visiteurs amis que l'on conduira auprès des Orchidées n'y trouvent qu'un objet d'admiration, sans avoir à subir de contact désagréable.

Les gravures ci-dessous représentent une installation de ce

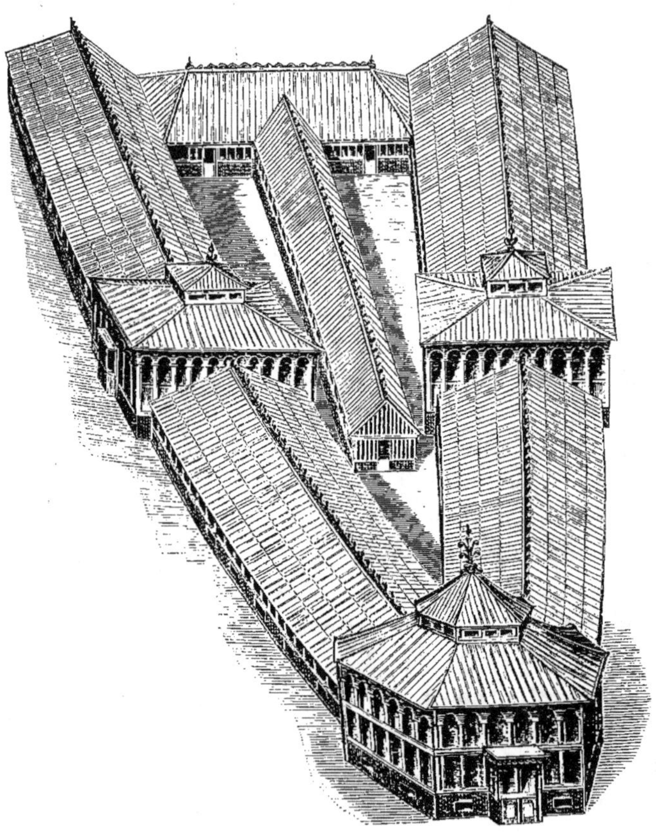

Fig. 51. — Vue d'ensemble de serres chez un amateur.

genre, que j'ai fait exécuter en 1893 chez un amateur distingué des environs de Bruxelles, M. Madoux; elles donneront une idée de ce que je viens de décrire. Ainsi qu'on le voit sur le plan, les serres proprement dites, où sont cultivées les Orchidées, y alternent avec des pavillons plus élevés où des *rockeries*, des Palmiers, des Fougères, des plantes ornementales, des plantes en fleurs, produisent un coup-d'œil éminemment pittoresque et décoratif. Le pavillon qui forme le milieu de cette série renferme également un rocher avec bassin. Ces jardins d'hiver se prêtent à de ravissantes combinaisons de Palmiers et de plantes à feuillage avec les Orchidées en fleurs.

Tous les compartiments communiquent entre eux ; en outre trois entrées différentes donnent sur le parc. Enfin l'enfilade des serres aboutit par ses deux extrémités dans une annexe du château. Rien n'a dû être modifié dans le

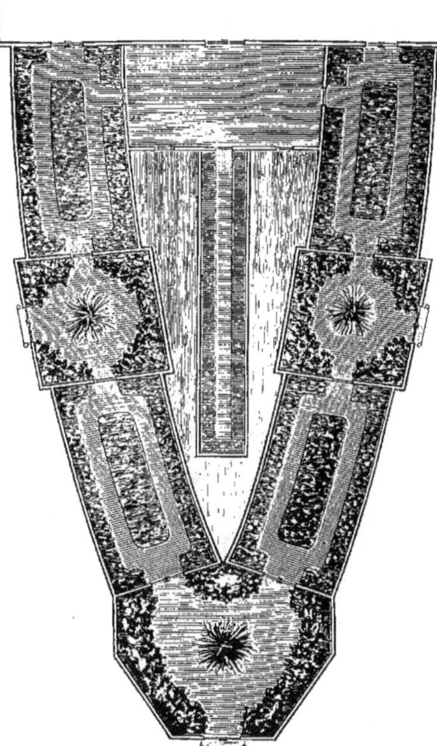

Fig. 52. — Plan d'un ensemble de serres d'amateur.

tracé du parc ; on a supprimé une grande pelouse et quelques corbeilles de fleurs, et c'est tout.

Un vaste local, situé entre les deux rangées de serres et communiquant avec elles, sert aux travaux de rempotage, etc. Enfin une serre de multiplication se trouve au centre, et s'ouvre également dans la salle de rempotages. Les visiteurs, si le maître de la maison le désire, ignorent donc l'existence de ces coulisses de la culture : la serre de multiplication et la salle de rempotages.

Il est à remarquer également que le chauffage est très économique; en effet il n'y aura presque pas de déperdition de chaleur, toutes les serres étant en communication l'une avec l'autre.

En outre, l'amateur peut annexer à ses serres un jardin d'hiver plus ou moins vaste, d'une certaine hauteur, renfermant des Palmiers et Fougères de grande taille, parmi lesquels seront disposées les plus belles Orchidées en fleurs, suspendues à des hauteurs diverses, émergeant des feuillages ou des touffes de plantes décoratives qui tapissent le sol, Broméliacées, Aroïdées, etc., etc.

Une gravure insérée plus haut (p. 143) représente un coin de la galerie centrale de L'Horticulture Internationale, où j'ai fait exécuter un arrangement de ce genre. Dans les creux des rocailles ou parmi les Sélaginelles qui tapissent le sol, se dressent des Croton, Maranta, Sanchezia, Leea, Pandanus, Dracaena, Smilax, etc. Diverses Orchidées en fleurs se détachent dans ces groupes, ou sont suspendues au tronc des Fougères et des Palmiers. On peut se faire ainsi une idée de l'attrait de ces *jardins d'hiver d'Orchidées*, que recommandait avec raison M. Bungeroth (voir p. 143), et que j'ai toujours préconisés comme réalisant la véritable serre d'exposition et d'agrément de l'orchidophile.

* *
*

Quant à l'amateur qui dispose de moins de ressources, et désire se livrer sans frais excessifs à sa passion pour les Orchidées, il y parviendra aisément.

S'il veut se limiter aux espèces de serre froide, sa collection n'exigera que peu de dépenses et de soins. On peut approprier à peu de frais une serre déjà construite. Il suffit qu'elle soit claire, propre, bien close mais munie d'un certain nombre de ventilateurs, et qu'elle renferme un bassin (maçonné ou creusé dans le sol) pour la provision d'eau de pluie. Le chauffage coûte peu, puisqu'il ne doit guère fonctionner que 5 ou 6 mois de l'année, souvent la nuit seulement, et être très modéré.

L'achat des plantes n'entraîne pas non plus de grands frais, car les espèces de serre froide sont en général peu coûteuses, et l'amateur qui ne recherche que de belles fleurs, non des raretés, peut se les procurer à des prix très modérés. L'*Odontoglossum crispum*, le roi de la serre froide, formera le fond de la collection; on peut en acheter des plantes très saines et en état de fleurir de 5 à 15 francs la pièce; si l'amateur veut prendre des importations, elles coûteront moins encore, et lui offriront la chance de rencontrer des variétés de premier ordre.

En outre de l'*Odontoglossum crispum*, il pourra enrichir ses serres à peu de frais d'un grand nombre de très belles espèces : *Odontoglossum triumphans*, *luteo-purpureum*, *Halli*, etc., Masdevallia divers, *Epidendrum vitellinum*, *Cochlioda Nötzliana*, *vulcanica*, *Sophronitis grandiflora*, Oncidium divers, *Laelia autumnalis* et *anceps*, *Cattleya citrina*, *Cypripedium insigne* et *villosum*, etc.

Un des amateurs les plus éminents de Belgique, M. le Comte DE BOUSIES, qui a écrit à ce propos un article dans le *Journal des Orchidées*, ajoutait les réflexions suivantes, qu'il est bon de citer :

« Les soins à donner à la petite serre froide ne sont ni nombreux ni difficiles. Supposons un amateur employé en ville et obligé de s'absenter une partie de la journée : le matin, avant son départ, il entre dans sa serre; quelques instants lui suffisent pour jeter l'eau nécessaire sur les sentiers, arroser ses plantes et vérifier la température; il donne ensuite ses ordres à quelqu'un de la maison, pour ombrer et ouvrir les chassis à propos, si c'est en hiver, ou pour jeter quelques pelletées de charbon sur le feu, s'il gèle. Il peut alors rester dehors une partie de la journée.

Les dépotements, nettoiements, etc., se feront dans les moments perdus, peu à peu, et seront une distraction à laquelle on s'attachera de plus en plus, car l'amateur aime d'autant plus ses plantes à mesure qu'il s'en occupe davantage. Celui qui ne cultive pas lui-même ignore le plaisir de l'horticulture. »

Je n'ai parlé que de la serre froide; mais l'amateur pourra aisément étendre sa collection sans avoir beaucoup de frais, hors ceux du chauffage, qui ne sont pas très élevés.

Une seule serre, d'une certaine étendue, peut facilement être divisée en trois compartiments au moyen de cloisons vitrées; ces séparations ne sont même pas indispensables pour cultiver côte à côte des espèces de climats différents. Il suffit pour cela d'augmenter le chauffage; or, rien n'est plus facile que d'embrancher les tuyaux de façon à en faire passer un seul dans une certaine étendue de la serre, deux, trois ou quatre dans une autre partie.

Quant à l'achat des plantes, il n'est pas aussi coûteux que certaines personnes se le figurent. Sans doute, il y a des Orchidées qui atteignent des prix très élevés, mais ce sont des espèces ou variétés très rares. L'amateur qui ne recherche que le plaisir des yeux peut se procurer à des prix très modérés la plupart des plus belles espèces connues.

Et j'ajoute qu'un assez grand nombre d'amateurs diminuent notablement les frais de leur collection, ou même font des spéculations très fructueuses, soit en achetant des importations, parmi lesquelles une seule variété d'élite paie quelquefois le prix de plusieurs centaines de plantes, soit en vendant leurs fleurs, comme on le verra un peu plus loin.

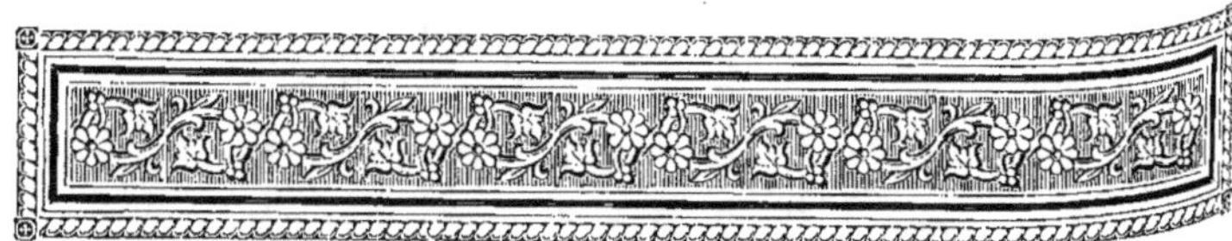

CHAPITRE XIX

OMBRAGE DES SERRES

Le badigeonnage des vitres des serres est encore employé comme ombrage par beaucoup de jardiniers. C'est un système à déconseiller énergiquement. Il ne permet pas d'ombrer ou de désombrer les serres suivant l'intensité des rayons du soleil, et la pleine lumière est de premier principe dans la culture des Orchidées. Il empêche aussi de capter les eaux de pluie qui tombent sur les serres et qui sont si nécessaires pour l'arrosage. Le meilleur moyen pour ombrer est d'employer des stores en grosse toile de jute dont les mailles laissent suffisamment passer le jour, ou des claies faites avec des lattes de bois distantes les unes des autres d'environ un demi-centimètre, que l'on peut rouler ou dérouler à volonté.

Un bon ombrage, pratiquement établi, a une grande importance. Les plantes cultivées, et les Orchidées notamment, doivent être protégées contre la rigueur du soleil, qui, au milieu du jour, et surtout pendant l'été, brûlerait les feuilles et pourrait faire le plus grand tort à l'aspect élégant, sinon même à l'existence des plantes. Mais d'autre part, elles doivent recevoir autant de lumière que possible.

Le soleil est nécessaire à la vie des plantes. La chaleur est éminemment bienfaisante, et c'est elle qui produit le travail mécanique de la croissance; mais la végétation sans lumière ne serait pas possible; en outre de la chaleur, il faut la clarté qui donne aux organes leur belle couleur verte, active l'élaboration à la surface des feuilles, et mûrit les organes achevés.

Les plantes qui n'ont pas assez de lumière pendant la végétation produisent des organes très développés, allongés, mais mous et sans force; celles qui sont bien exposées au soleil sont beaucoup plus trapues, plus courtes, et aussi plus vigoureuses. Elles donnent une floraison plus abondante et plus richement colorée.

Il convient donc de laisser les plantes profiter autant que possible du soleil, et de ne les ombrer que lorsque c'est indispensable, c'est-à-dire lorsque les rayons trop ardents brûleraient les feuilles.

Les claies en lattis conviennent admirablement pour ce double but, car elles laissent passer assez de rayons pour établir dans les serres une lumière diffuse suffisante, mais elles empêchent les rayons de se poser longtemps à la même place. Comme l'ombre de chaque baguette se déplace assez rapidement par l'effet de la rotation de la terre sur elle-même, une place donnée d'une feuille est alternativement placée dans l'ombre, puis exposée au soleil, puis de nouveau abritée; de sorte que les rayons les plus chauds n'ont pas le temps de faire du tort aux organes.

Il n'existe évidemment pas de dimensions obligatoires pour ces sortes d'abris; mais voici un modèle qui donne de bons résultats : les lattes de bois ont une largeur de 3 centimètres, et sont espacées de 1 ½ centimètres.

Ces lattes sont reliées entre elles par des chaînettes de fil de fer, et articulées de façon à pouvoir se rouler facilement, à peu près comme les jalousies des fenêtres, au moyen d'une corde passant sur une poulie fixée au sommet de chaque serre.

On peut encore les disposer en claies rigides, clouées entre elles au moyen d'une ou deux lattes transversales; on les pose alors sur la serre en les accrochant à des crochets fixés dans la charpente de la serre; toutefois les jardiniers ont alors plus de peine à déplacer ces claies, et le premier procédé est plus commode.

Il est utile de pouvoir ombrer et désombrer rapidement, surtout à certaines époques du printemps et de l'automne, où le temps change quelquefois d'une façon très brusque. Un « coup de

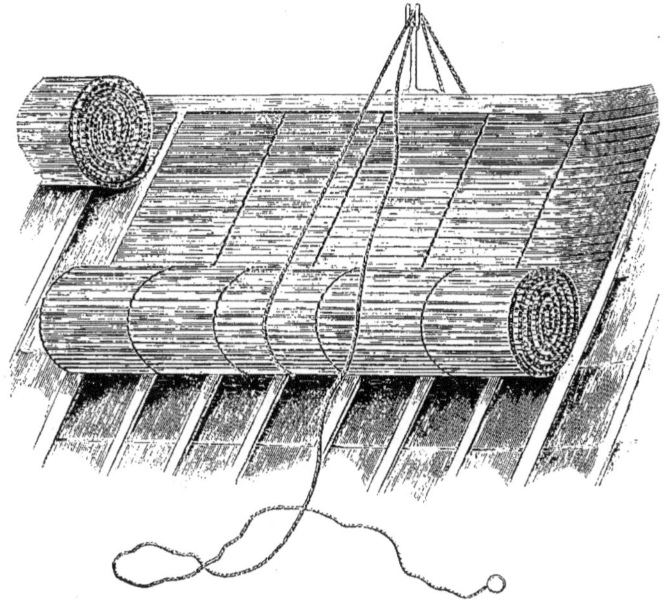

Fig. 53. — Modèle de lattis à ombrer.

soleil » peut suffire pour brûler des feuilles et donner aux plantes un aspect maladif.

Pour certaines plantes de serre chaude qui demandent une culture à l'étouffée, il est plus commode d'employer comme ombrage une grosse toile lâche que l'on a rarement à déplacer, et qui laisse encore passer suffisamment de lumière.

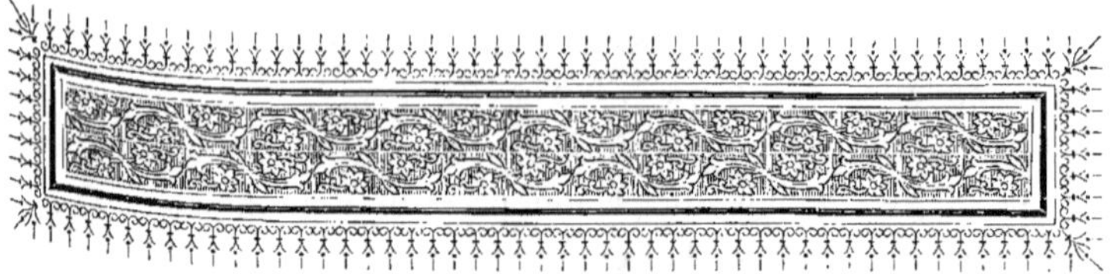

CHAPITRE XX

La pureté de l'air est d'une importance capitale pour la culture des Orchidées, aussi doit-on éviter avec soin tout ce qui peut vicier l'atmosphère des serres. La présence d'un tuyau de gaz passant à travers un compartiment suffit pour faire faner les boutons floraux avant leur épanouissement, quelque soin que l'on prenne de vérifier ce tuyau sur toute son étendue et de s'assurer qu'il ne se produit pas de fuite; le plomb laisse transpirer une quantité minime de gaz, et cela suffit pour compromettre la santé des plantes.

L'acide sulfureux, l'acide sulfurique et divers autres produits gazeux qui se trouvent parfois contenus dans l'atmosphère des grandes villes (fumées d'usines, etc.), et particulièrement dans les brouillards, font également beaucoup de tort à la végétation et provoquent la chûte des feuilles et l'avortement des fleurs. Ces effets peuvent être constatés dans leur maximum à Londres, où règne fréquemment, comme on sait, un brouillard très dense. Voici notamment des chiffres cités dans une étude de M. le professeur OLIVER, à la suite d'analyses opérées à des époques peu espacées entre elles, mais par des temps différents :

	Temps.	Milligr. d'acide sulfurique par 100 pieds cubes d'air.
5 novembre.	Gris	5,40
6 »	»	4,73
10 »	»	6,80
13 »	»	5,66
17 »	Léger brouillard	8,16
20 »	Gris	6,80
24 »	Léger brouillard	10,24
30 »	Sombre, fort brouillard	17,10
21 décembre.	Brouillard jaune	20,52
22 »	Brouillard noir épais	39,06
23 »	Brouillard jaune	12,96
24 »	Brouillard jaune épais	20,40

Il est à noter qu'un pied cube équivaut à environ $0^{mc}028$, soit 28 litres.

La quantité d'acide sulfureux ou sulfurique en présence dans l'air varie, comme on le voit, beaucoup d'un jour à l'autre.

Cet acide n'est pas d'ailleurs la seule impureté contenue dans l'atmosphère de Londres; en effet, voici, d'après le professeur OLIVER, le résultat d'analyses effectuées sur les dépôts formés par le brouillard sur les vitrages des serres à Chelsea et à Kew en février 1891 :

	Chelsea.		Kew.	
Carbone	39	pour 100	42,5	pour 100
Hydrogène carboné.	12,3	»	} 4,78	»
Bases organiques	2,0	»		»
Acide sulfurique.	4,33	»	4,0	»
Acide chlorhydrique	1,43	»	0,83	»
Ammoniaque	1,37	»	1,14	»
Fer métallique et oxyde de fer . .	2,63	»	} 41,15	»
Autres substances minérales, principalement silice et protoxyde de fer	31,34	»		
Eau	non déterminée.			

On lit dans une lettre de M. J. THISELTON DYER, directeur des Jardins Royaux de Kew, lettre reproduite dans l'étude de M. OLIVER :

« Quand nous avons un fort brouillard à Kew, il reste sur le

« verre un dépôt graisseux qui n'est nullement facile à enlever
« sans un frottement énergique. Heureusement, l'année dernière
« une chûte de neige fondue a fait le nettoyage pour nous. La
« pluie seule n'enlèverait pas ce dépôt; il est formé en grande
« partie de carbone cimenté par certains des hydrogènes carbonés
« les moins volatils. »

Ces brouillards doivent évidemment nuire beaucoup à la végétation. D'abord, ils interceptent la lumière; puis la poussière de charbon forme une couche sur les feuilles et entrave ainsi la respiration et la transpiration des plantes. Enfin plusieurs des substances mentionnées ci-dessus, et surtout des acides, attaquent les feuilles et les font périr; M. WATSON, l'assistant chef des cultures de Kew, a écrit dans le *Gardeners' Chronicle* qu'à une certaine époque où les brouillards étaient intenses, on ramassait tous les matins des feuilles par boisseaux dans la serre des Palmiers.

Ces inconvénients du climat de Londres n'empêchent pas cependant les cultivateurs d'y obtenir des résultats excellents et qui pendant longtemps ont pu servir de modèle au continent; plusieurs des premiers amateurs de l'Angleterre ont leurs collections installées dans un rayon peu étendu autour de la capitale, et leurs collections sont dans un état de prospérité superbe. Les Jardins Royaux de Kew sont à la tête des établissements scientifiques du monde, aussi bien pour leur culture que pour la richesse de leurs collections.

On peut conclure de ces faits, une fois de plus, que les Orchidées sont d'une constitution beaucoup plus accommodante qu'on ne le croyait autrefois, et résistent à des accidents qui feraient périr beaucoup des plantes habituées de nos appartements.

Mais d'autre part, en passant du grand au petit, on peut tirer, de ce qui se passe à Londres par les temps de brouillard épais, des conclusions relativement aux effets que produit dans nos climats beaucoup plus sains la viciation de l'atmosphère. Il est indispensable d'entretenir dans les serres un air aussi pur que possible; pour cela, il faut recourir à la ventilation, mais la pratiquer avec beaucoup de discernement.

Ventilation des serres

La ventilation des serres tend à un double but : rafraîchir l'atmosphère, et lui rendre sa pureté.

La respiration des plantes, comme on le sait, absorbe l'oxygène de l'air pendant la nuit, et exhale dans l'atmosphère de l'acide carbonique, tandis que la fonction chlorophyllienne, pendant le jour, absorbe beaucoup d'acide carbonique et rejette l'oxygène de l'air; il est donc nécessaire, au bout d'un certain temps de culture dans un local donné, de restituer à l'atmosphère sa composition primitive.

La ventilation a cette utilité, de fournir aux plantes de l'air pur en remplacement de celui qui est vicié par les fonctions vitales elles-mêmes. Elle est également nécessaire pour chasser l'air sec et introduire une nouvelle provision de vapeur d'eau.

On sait que l'air échauffé au contact des tuyaux de chauffage s'élève vers le sommet de la serre, tandis que l'air froid, qui est plus lourd séjourne dans le bas. Par l'effet de cette loi physique, la température est toujours, au sommet de la serre, plus élevée de quelques degrés que dans le bas. Cette inégalité, très sensible lorsque la serre a une assez grande hauteur, n'est pas sans inconvénients. Les plantes situées sur les gradins inférieurs se trouvent soumises à une température plus basse que celle des gradins élevés; et lorsque les plantes ont une certaine hauteur, comme cela se produit pour les Vanda, les Sobralia, etc., le pied d'une même plante peut se trouver à une température inférieure de 2 degrés à celle du sommet.

En outre, l'air, à mesure qu'il s'échauffe, devient de plus en plus avide de vapeur d'eau. Pour saturer d'humidité 1 mètre cube d'air à 10°, il faut 9^{gr}4 de vapeur d'eau; pour le saturer à 15°, il en faut 13 grammes; pour le saturer à 20°, il en faut 17 grammes. On voit donc que l'atmosphère au sommet de la serre doit être très desséchante.

La ventilation a encore pour utilité d'évacuer l'air trop chaud du sommet, et de rétablir l'équilibre.

Il va de soi que le but ne serait pas atteint si, au lieu de rétablir l'équilibre, on le détruisait dans le sens opposé, c'est-à-dire si l'on remplaçait l'air trop chaud par de l'air trop froid. Les plantes, soumises à un refroidissement brusque, souffriraient beaucoup de ces variations.

On ne doit ouvrir les ventilateurs que quand la température du dehors est égale au minimum indiqué pour chaque catégorie de serres, c'est-à-dire quand elle atteint 5° C. pour la serre froide, 10° pour la serre tempérée, 14 ou 15° pour la serre chaude. Mais dès que le thermomètre extérieur arrive au chiffre voulu, on doit en profiter pour renouveler l'air des serres.

La ventilation est également utile pour sécher les serres humides et malsaines, en été, par les temps de sécheresse, ce qui se comprend aisément, et même en hiver par les temps froids. En effet, comme je l'ai expliqué plus haut, l'air froid contient peu de vapeur d'eau; l'air saturé à 0° ne contient que 5 grammes d'eau par mètre cube. Lorsque cet air est introduit dans une serre chauffée à 15°, il exerce une action très desséchante, puisqu'il lui faut absorber encore 8 grammes de vapeur d'eau environ pour être saturé.

Fonctionnement des ventilateurs

Par ventilateurs, en matière de culture en serre, on désigne de simples ouvertures munies d'obturateurs, de façon à pouvoir facilement s'ouvrir ou se fermer.

On a lu au chapitre de la construction des serres les indications nécessaires sur l'aménagement et le nombre des ventilateurs. Il convient cependant de remarquer ici que l'on doit se servir de ces ouvertures de façon à établir dans la serre, soit de bas en haut, soit de haut en bas, un courant d'air modéré, qui emporte l'air trop chaud, ou trop sec, ou plus ou moins vicié, et le remplace par une atmosphère fraîche et pure. Sous prétexte que les couches d'air froides sont près du sol, ce serait commettre une lourde erreur que de n'ouvrir les ventilateurs qu'à la partie inférieure. L'air froid restant toujours dans les couches basses de l'atmosphère, celles-ci seules se renouvellent régulièrement, et l'air chaud qui se trouve au sommet de la serre n'est jamais déplacé. Il en résulte qu'au moment des ventilations le bas de la serre se trouve parfois à une température de 3° ou 4°, alors que le haut est à 10° et plus. Cette différence de situation peut faire souffrir beaucoup certaines plantes.

Il faut donc pouvoir ventiler en même temps près du sol et au sommet du vitrage.

Notre fig. 47 montre la disposition des ventilateurs au-dessous des tablettes et la façon dont ils s'ouvrent en tournant sur un axe longitudinal.

Quand on désire ventiler avec plus de prudence, lorsque l'air du dehors est assez frais, par exemple, c'est par le haut qu'il faut ouvrir. L'air le plus chaud accumulé au sommet s'échappe alors rapidement, et comme la différence de densité est grande, l'air frais du dehors, profitant de la moindre ouverture, s'introduit à sa place. On peut n'ouvrir dans ce cas qu'une partie des ventilateurs, ou les entr'ouvrir seulement.

Si la différence de température entre l'air du dehors et celui du dedans est assez grande, il faut avoir soin d'ouvrir de préférence les ventilateurs qui ne se trouvent pas immédiatement au-dessus de plantes; le brusque changement de température serait dangereux pour celles-ci.

En été, lorsque l'air est très chaud et très sec, il vaut mieux ne pas ventiler, surtout en ce qui concerne les serres froides et tempérées; et si l'on doit ouvrir les ventilateurs de la serre chaude, il faut en même temps arroser beaucoup et asperger les tablettes et les sentiers, afin de combattre cette sécheresse.

Lorsque le vent soulève beaucoup de poussière, il est encore prudent de s'abstenir d'aérer. La poussière se déposerait en couche sur les feuilles, en obstruerait les pores et nuirait à la respiration.

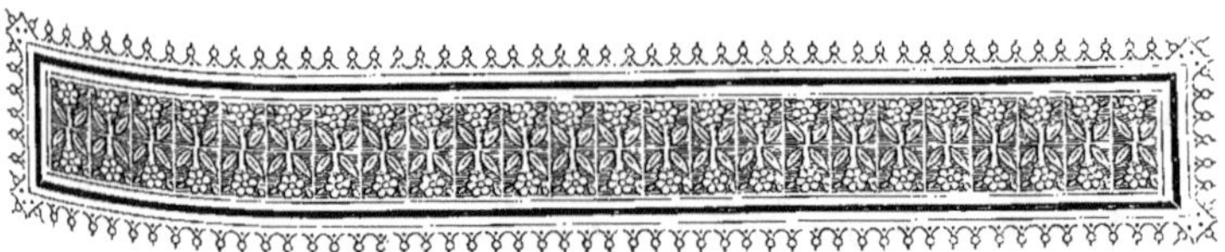

CHAPITRE XXI

LA PROPRETÉ DES SERRES

La propreté n'est pas seulement un attrait dont on ne devrait pas se priver, une sorte d'égard que l'on doit aux belles plantes dont on forme avec tant de soin des collections précieuses, et qu'il est tout naturel de présenter de la façon la plus agréable aux yeux et la plus propre à les faire valoir ; c'est aussi une partie indispensable du traitement de ces plantes, et sans laquelle leur santé ne serait jamais tout à fait prospère.

La propreté des pots est absolument indispensable, car les poussières ou les conferves qui recouvrent leur surface au bout d'un certain temps de culture bouchent les pores, empêchent l'air de circuler dans le compost et peuvent même produire à la longue une espèce d'empoisonnement des racines et de la plante elle-même.

La propreté de la serre est non moins indispensable pour maintenir l'atmosphère pure et saine, chasser la moisissure et tout ce qui pourrait vicier l'air, empêcher la formation de nids d'insectes, etc.

Les pots doivent être lavés au moins deux fois par an, au début et vers le milieu de la saison de végétation. On se sert pour cela d'une brosse dure, et l'on fait le lavage à grande eau, jusqu'à ce que les récipients aient repris leur couleur parfaitement nette.

On doit aussi renouveler les tessons de drainage toutes les fois que l'on rempote une plante. Le drainage, qui est en contact direct avec les racines, les contaminerait immédiatement s'il était souillé.

Malheureusement, bien des amateurs, tout en reconnaissant bien l'utilité de l'entretien des serres et des pots en bon état de propreté, négligent cet entretien parce qu'ils se figurent qu'il doit être très coûteux. « Vous en parlez à votre aise, me disait-on, « vous directeur d'un établissement immense dans lequel vous « disposez d'un personnel nombreux pour laver les pots et les « plantes, nettoyer, peindre, etc. Mais pour un amateur, ces soins « représentent une charge considérable. »

Il me sera facile de montrer qu'il y a là une erreur absolue.

En quoi consistent donc les soins de propreté? Passons en revue ces diverses opérations, et voyons le temps qu'elles demandent.

Le lavage des pots est la plus importante, celle qui a le plus d'influence sur l'aspect et le bien-être des plantes. Or, est-elle bien longue et bien difficile? Il n'est pas besoin de laver les pots toutes les semaines, ni même tous les mois. En principe, deux à trois fois par an suffisent; une fois au début de la végétation, une fois vers le milieu, et une à l'époque du repos; encore la seconde n'est-elle pas toujours indispensable. Si l'eau d'arrosage est bonne, elle ne fait de dépôts qu'au bout de plusieurs mois. Ajoutez que tous les ans un certain nombre de plantes sont rempotées, et cela en fait autant dont les pots n'ont pas besoin d'être lavés. Bref, un jardinier, en profitant pour ce petit travail des moments de loisir qui se produisent toujours de temps en temps, peut aisément s'en acquitter; au besoin on lui adjoindra pour un jour ou deux un gamin, un apprenti qui n'aura pas de peine à apprendre cette besogne extrêmement simple.

* *

Je ne sais s'il est encore nécessaire de parler du lavage des plantes, depuis que l'usage de mettre des côtes de tabac dans les serres s'est répandu partout; ce n'est plus qu'un accident dans les travaux des serres. Si les ventilateurs ne sont pas trop nom-

Fig. 54. — Dendrobium Bensoniæ.

breux, s'il ne sont pas ouverts quand il y a beaucoup de vent (ce qu'il vaut mieux ne pas faire, à tous les points de vue), la poussière ne pourra guère se déposer sur les plantes; quant aux toiles d'araignées, il n'en coûte pas beaucoup de faire disparaître le premier fil dès qu'il se montre, et d'ailleurs les araignées ne se risqueraient pas dans une serre où les côtes de tabac créent une atmosphère des plus désagréables pour elles. Restent les thrips et autres petits insectes qui envahissent quelquefois, malgré tout, les plis des feuilles; restent aussi les taches noires qui apparaissent à la suite des seringages imprudents. Il faut donc laver de temps en temps une plante à l'eau de nicotine, et nettoyer les plis des feuilles. Mais cela ne représente que quelques heures par semaine ou par mois, et le jardinier suffira bien à le faire en dehors de ses travaux quotidiens, arrosages, ventilation, ombrage, etc.

La propreté du sol est aussi très facile à obtenir. Il faut que le sol soit bien préparé, bien aménagé, c'est-à-dire que l'eau n'y séjourne pas ou du moins qu'elle ne puisse pas produire de boue — car il est bien entendu que dans une serre à Orchidées on ne peut pas entreprendre de maintenir le sol sec, rien ne serait plus mauvais pour la santé des plantes. — Les sentiers une fois bien propres, il faut qu'on n'y voie pas traîner de débris de feuilles, de fleurs fanées, etc. Mais est-il besoin de mentionner ces détails, et est-ce là une peine bien absorbante? Il faut et il suffit, pour que tout soit propre et bien en ordre, que le jardinier soit habitué à ne rien laisser traîner, à mettre les fleurs ou les feuilles qu'il coupe, soit dans une poche de son tablier, soit dans une boîte réservée à cet effet dans un coin; l'habitude est facile à prendre, et une fois prise, elle s'observe machinalement, sans qu'il en coûte la moindre perte de temps.

*
* *

Il est nécessaire aussi de laver de temps en temps le vitrage, et l'on reconnaîtra que cette opération n'est pas bien longue. Le jardinier doit souvent mettre en place et enlever les abris; en procédant à ces manœuvres, il pourra aisément passer un linge

23

sur les vitres, une fois toutes les deux ou trois semaines environ, et les lendemains de pluies s'il y a de la poussière.

Enfin les serres doivent être repeintes tous les deux ans; ceci semble plus coûteux, mais il n'en est rien. Comme ce travail n'exige pas beaucoup de délicatesse, que la peinture des tablettes et des charpentes de serres n'a rien de minutieux, il n'est pas nécessaire d'employer des ouvriers de talent, les jardiniers peuvent facilement pratiquer ces travaux eux-mêmes. On peut, au besoin, se contenter de faire laver à grande eau toutes les parties de la serre, et n'en renouveler la peinture qu'à des intervalles plus éloignés que ceux que j'ai indiqués; mais à mon avis, ce serait une économie mal placée.

En résumé, on voit que les soins de propreté demandent très peu de temps, mais seulement beaucoup d'ordre et n'entraînent aucune dépense spéciale. Un jardinier bien stylé s'acquitte de ces soins chaque jour, tout en vaquant à ses occupations ordinaires, et ils ne lui prennent pas un temps appréciable; mais s'il les néglige pendant plusieurs semaines ou plusieurs mois, c'est alors, évidemment, une besogne assez longue que de remettre tout en bon état.

Un jardinier actif, aidé d'un petit apprenti, suffit parfaitement à soigner deux serres de 25 mètres de longueur, renfermant environ 2500 Odontoglossum et 1200 Cattleya (je choisis ces noms pour indiquer la taille des plantes. Les jardiniers de L'Horticulture Internationale en ont davantage à soigner). La propreté rentre, comme le reste de la culture, dans ses attributions, et l'on peut dire qu'il ne lui en coûte pas plus de l'observer que de la négliger; c'est une affaire de goût et de discipline.

Tout le monde, d'ailleurs, reconnaît l'utilité de la propreté des serres, tant au point de vue de l'agrément qu'y trouvent les visiteurs qu'au point de vue de la santé des plantes qui y sont cultivées; les amateurs à qui j'ai eu parfois l'occasion d'exposer les arguments qui précèdent, n'y trouvaient généralement rien à répondre, n'avaient rien à opposer... que la force d'inertie; et l'objection qui m'a été faite le plus fréquemment est celle-ci : « Pourtant nous avons toujours agi de même, et nous n'avons pas eu d'accidents; nos plantes poussent bien, malgré la mousse qui couvre les pots, et les dépôts que l'eau a formés sur les tablettes, et les taches qui rongent la peinture. »

Ce raisonnement, quoi que pense celui qui le tient, n'est nullement probant. Il est vrai que toutes les plantes mal tenues ne meurent pas; il est vrai que j'ai vu moi-même des Orchidées vivre longtemps dans des conditions déplorables; mais si elles y ont résisté six mois, un an, rien ne prouve qu'elles continueront à supporter ces inconvénients.

N'en est-il pas de même des hommes? Certaines personnes bravent toutes les règles de la prudence et de l'hygiène, et restent cependant indemnes de longues années. Il existe dans toutes les grandes villes des quartiers malsains, des rues trop étroites, non aérées, des taudis affreux où des êtres humains vivent entassés dans des conditions qui constituent un véritable défi aux règles de l'hygiène, et ils y atteignent même quelquefois un âge avancé. Comment se fait-il qu'il ne se produit pas dans ces quartiers des épidémies continuelles? C'est ce qu'on ne saurait expliquer. On ne pourrait cependant pas conclure de ces exemples qu'il n'y a pas d'inconvénients à vivre dans les mêmes conditions que les habitants de ces *cours des miracles*.

Dans ces milieux malsains, la maladie peut toujours éclater, et lorsqu'elle apparaît, elle trouve un terrain préparé pour y exercer ses ravages. Il est plus sage et plus prudent d'observer toutes les prescriptions de la propreté et de l'hygiène, et de mettre ainsi de son côté toutes les chances de réussite.

CHAPITRE XXII

Le chauffage a évidemment dans la culture des plantes de serre une importance considérable. Parmi les Orchidées, un grand nombre d'espèces n'exigent pas une température élevée, et s'accommoderaient fort bien de notre climat d'Europe, au moins pendant les trois quarts de l'année ; mais ce qui leur est nécessaire, c'est la régularité de la température, et c'est pourquoi le cultivateur a besoin de recourir fréquemment au chauffage artificiel pour corriger les variations des saisons.

Disons d'abord quelques mots de la théorie générale du chauffage des serres.

L'air chaud, dans un local fermé, s'élève toujours vers la partie supérieure, et l'air froid descend vers le bas, étant plus lourd. Les tuyaux doivent donc être placés à la partie inférieure de la serre.

La température à l'intérieur d'une serre, même non chauffée, est toujours notablement plus élevée que celle de l'air extérieur, par suite de l'échauffement produit par la réverbération des rayons solaires sur toutes les surfaces, et de l'accumulation des couches chaudes au sommet de la serre, où elles ne trouvent pas d'issue.

Par suite de cette accumulation de l'air chaud au sommet, les plantes situées sur les gradins supérieurs se trouvent toujours dans une atmosphère plus chaude, et aussi plus desséchante, que celles situées dans le bas. Cette circonstance a une importance particulière pour le choix de la place à donner à chaque plante. Il en résulte aussi que l'on doit renouveler l'air de temps en temps, toutes les fois que la température extérieure est assez élevée.

Il est vrai que l'air chaud qui s'élève des tuyaux de chauffage parcourt toute la hauteur de la serre avant d'atteindre le sommet, et que par suite on pourrait espérer une certaine uniformité de température. Néanmoins, l'expérience indique que la température devient plus haute à mesure qu'on s'élève, et la différence peut être estimée à 1° pour 1 mètre de hauteur. De là cette conséquence importante qu'il n'est pas bon de faire des serres très hautes.

Il ne suffit pas d'ouvrir des ventilateurs au sommet de la serre ; pour renouveler l'air complètement, il faut aussi introduire de l'air frais par le bas de la serre. Cet air s'échauffe au contact des tuyaux, s'élève et sort ; on établit ainsi un courant modéré, mais constant.

Les corps perdent de la chaleur par rayonnement ; c'est ce qui se produit notamment dans les serres. Afin de remédier à ce rayonnement, et de conserver la chaleur des serres, on a proposé plusieurs moyens. Certains amateurs recouvrent leurs serres de toiles ou de paille pendant l'hiver. Ainsi que je l'ai expliqué à propos des *abris*, je ne suis nullement partisan de ce procédé. D'autres emploient pour le vitrage un verre double très épais ; ce système a également ses inconvénients. Le verre épais arrête un peu le rayonnement de la chaleur ; mais il intercepte aussi un peu de la chaleur et peut-être de la lumière solaire. Toutes les Orchidées réclament beaucoup de chaleur *solaire* et de lumière ; et c'est un fait bien connu que certaines espèces ne réussissent bien que quand elles sont suspendues près du vitrage ; écartez-les de 15 centimètres seulement, la différence sera déjà sensible.

J'estime donc que le seul procédé pratique consiste à laisser le rayonnement s'opérer, et à remplacer la chaleur qui se perd par un chauffage artificiel.

En outre du rayonnement, les corps perdent aussi de la chaleur par contact, c'est-à-dire que quand ils sont en contact avec un corps plus froid qu'eux, ils lui communiquent une partie de leur chaleur, l'équilibre tendant à s'établir entre eux.

C'est ainsi que l'air extérieur, quand il est moins chaud que celui contenu dans la serre, lui emprunte un peu de chaleur; cet effet est à peine sensible lorsque l'air est stagnant; il s'arrête dès que la couche d'air en contact avec la serre est échauffée. Mais il est sensible quand il y a un vent assez fort, et le chauffage doit être alors renforcé si les serres sont très exposées au vent.

Appareils de chauffage

Plusieurs genres d'appareils ont été jadis mis en pratique pour chauffer les serres; un seul est réellement efficace et sain, et c'est le thermosiphon, ou appareil de chauffage par l'eau chaude. Les poêles installés dans les serres répartissent la chaleur d'une façon extrêmement inégale; ils brûlent les plantes placées près d'eux, et ne chauffent pas sensiblement l'air à une certaine distance; d'autre part, ils ont le grave inconvénient de laisser toujours échapper dans la serre des gaz produits par la combustion du charbon, et qui sont très nuisibles à la santé des plantes.

Le système qui consiste à installer le feu au-dehors de la serre, et à faire passer les gaz de la combustion dans un conduit en briques à travers la serre, a les mêmes défauts que le précédent. La terre cuite est très mauvaise conductrice de la chaleur; à trois mètres du foyer, le conduit n'est plus chaud; ou si l'on veut échauffer le tuyau sur une assez grande longueur, il faut faire un feu si violent que la partie la plus voisine du foyer est surchauffée; l'air se dessèche alors d'une façon excessive et prend une mauvaise odeur, et les plantes situées près de l'entrée du tuyau sont absolument grillées. Enfin il est presque impossible d'éviter que la maçonnerie laisse échapper des gaz nuisibles, quelque soin que l'on donne à l'établissement des joints.

Le chauffage à l'eau chaude, au contraire, est parfaitement uniforme et ne peut donner lieu à la production d'aucun gaz. Il permet d'obtenir une température modérée ou élevée, mais constante, et dans des conditions telles que si même la combustion du foyer est irrégulière, si le chauffeur laisse tomber le feu pendant quelque temps ou le pousse au contraire trop activement, le contre-coup de ces variations ne se fait pas ou à peu près pas sentir dans le chauffage des serres.

Le principe de l'appareil appelé thermosiphon est le suivant. Étant donné un récipient rempli d'eau et chauffé par un foyer, l'on fixe dans la paroi de ce récipient des tuyaux aboutissant, l'un en haut, l'autre en bas, et formant un circuit fermé — c'est-à-dire que c'est le même tuyau qui part du récipient ou chaudière, s'éloigne dans une direction quelconque, puis se recourbe et revient déboucher dans le récipient; l'appareil étant ainsi construit, l'eau remplit entièrement la chaudière et le circuit de tuyaux. Or, on sait comment la chaleur se propage dans l'eau : la couche inférieure, exposée au feu, s'échauffe d'abord, et comme elle devient plus légère en s'échauffant, elle s'élève à travers la masse jusqu'à la partie supérieure du liquide; là elle se refroidit bientôt au contact de l'air, et comme elle devient plus lourde en se refroidissant, elle redescend au fond. Chaque couche successivement subit ces alternatives, qui établissent dans le liquide un courant continuel.

Ce mouvement se produit dans toute la masse, et aussi bien dans les tuyaux dont j'ai parlé que dans la chaudière elle-même. L'eau qui se trouve à la partie supérieure de la masse, c'est-à-dire la plus chaude, se rend dans le tuyau qui s'ouvre vers le haut du récipient; elle le parcourt, en communiquant sa chaleur au métal du tuyau et de là à l'air, et ainsi elle se refroidit; quand elle est moins chaude, elle descend et, par suite, elle arrive à la partie la plus basse du tuyau, celle qui débouche à la partie inférieure de la chaudière; là cette eau s'échauffe de nouveau, et recommence à suivre le même trajet.

On voit qu'il se produit dans l'ensemble de l'appareil, et notam-

Fig. 55. — Coupe d'une chaudière thermosiphon (système « MARLOIENNE »).

ment dans les tuyaux, un courant continuel amenant toujours de l'eau chaude et remportant de l'eau refroidie; il va sans dire que l'écart de température entre ces deux parties est faible. Par suite, les tuyaux restent constamment à une température qui est sensiblement la même; étant donné en effet que l'ensemble d'une installation de ce genre dans une serre, et à plus forte raison dans plusieurs, représente un volume considérable d'eau et de métal, il faut un temps assez long pour produire dans cette masse une élévation ou un abaissement de température. Si le feu baisse un peu d'intensité, l'eau et les tuyaux ne se refroidissent que lentement, et la différence passe à peu près inaperçue; et dans la pratique, les écarts de ce genre (qui sont d'ailleurs extrêmement rares) sont faciles à corriger, on verra plus loin comment.

Le circuit formé par la chaudière et les tuyaux qui en partent pour y revenir ne peut pas être complètement fermé; il se produirait forcément des explosions lorsqu'on remplirait l'appareil et que l'eau chauffée commencerait à se dilater et à dégager des vapeurs; il faut donc une issue par laquelle elle puisse se détendre au besoin. Pour cela, on embranche sur la chaudière et sur un ou deux conduits, selon l'étendue du circuit, des tubes verticaux d'une certaine hauteur. Il n'est pas nécessaire que ces tubes aient un fort diamètre; cela aurait l'inconvénient de refroidir l'eau au contact de l'air; un ou deux centimètres suffisent. Cet échappement suffit parfaitement pour que la pression à l'intérieur des conduits ne puisse jamais être supérieure à la pression atmosphérique; la vapeur qui se produit se dégage par les tubes; d'autre part, en supposant que la chaudière soit trop remplie et que la dilatation produite par la chaleur lui fasse prendre un volume plus grand que celui des tuyaux et de la chaudière réunis, elle montera dans les tubes librement, et il n'y aura jamais d'explosion à craindre.

Dans la pratique, on se sert également de ces tubes pour remplir la chaudière quand il y a lieu. On interpose un récipient à une certaine hauteur sur un de ces tubes, que l'on munit d'une portion en verre; lorsqu'on veut ajouter de l'eau dans l'appareil, on la verse dans ce récipient, et l'on contrôle aisément sur le tube de verre le moment où le thermosiphon est rempli.

J'ai exposé dans ses grandes lignes le principe du thermosiphon; il reste à examiner un peu plus en détail son application.

Il existe bien des systèmes, dans lesquels l'ingéniosité des constructeurs a cherché à satisfaire le mieux possible aux conditions essentielles du chauffage des serres. Le meilleur sera naturellement celui qui, tout en étant d'un fonctionnement certain et régulier, pas trop encombrant, ni trop difficile à surveiller, tirera le meilleur parti du combustible, et par conséquent, économisera le plus le charbon.

Ces divers points ne nécessitent pas grand commentaire.

Une chaudière, pour fonctionner régulièrement, doit être facile à nettoyer. En effet, dans toute chaudière (et dans les locomotives, par exemple) on force la flamme à passer dans ou sur des tuyaux, afin d'augmenter autant que possible la surface de chauffe : ou bien c'est la flamme qui monte elle-même dans les tuyaux, lesquels sont entourés d'eau; ou bien au contraire c'est l'eau qui est contenue dans les tuyaux, que vient lécher la flamme.

Dans les deux cas, il est clair que la flamme produite par la combustion du charbon déposera en peu de temps sur les surfaces chauffées une couche de suie, laquelle encrasse beaucoup l'appareil et a le grand inconvénient d'arrêter une grande partie de la chaleur. Il faut donc nettoyer assez souvent les chaudières, et l'on doit s'attacher à choisir un système dans lequel ce nettoyage s'effectue facilement et sans demander trop de travail. Ce point a d'autant plus d'importance qu'il faut naturellement interrompre le chauffage pour pouvoir nettoyer la chaudière.

En second lieu, un bon thermosiphon ne doit pas avoir un tirage trop fort, d'abord parce qu'il brûlerait beaucoup de charbon, en second lieu parce qu'il aurait besoin d'être chargé souvent, ce qui nécessiterait la présence d'un chauffeur pendant la nuit. Il ne doit pas non plus avoir un tirage trop faible, parce qu'il risquerait de s'éteindre fréquemment, et demanderait encore une surveillance continuelle.

Il est surtout important, pour pouvoir apprécier la valeur pratique d'une chaudière, de se rendre compte exactement du nombre de calories qu'elle développe avec une quantité donnée de charbon, c'est-à-dire de l'utilisation qu'elle tire du combustible.

Voici comment on peut opérer ce calcul.

Il faut mesurer l'élévation de température de l'eau pendant le temps qu'a mis le charbon à se consumer et l'élévation de température de la masse de métal que représentent les tuyaux; ces deux éléments représentent la chaleur communiquée à toute la canalisation.

D'autre part, une certaine quantité de chaleur se perd dans l'air; c'est ce qui fait qu'arrivée à un certain degré, la température des tuyaux ne s'élève plus, et qu'elle reste la même pendant des journées entières. Il faut donc calculer la déperdition de chaleur produite par le rayonnement des surfaces. On compte que pour des tuyaux de fonte, cette déperdition est de 350 calories en moyenne par mètre carré et par heure.

Prenons des chiffres comme exemple :

Supposons que les tuyaux de chauffage aient un développement de 500 mètres, et un diamètre extérieur de 0^m09. La surface totale des tuyaux est de $500 \times 0,09 \times 3,1416$ ou $141^{mq}37$.

Supposons que la contenance des tuyaux et de la chaudière soit ensemble de 3,310 litres (on peut la calculer facilement, ou simplement remplir l'appareil au moyen de seaux mesurés à l'avance, et compter combien on verse de ces seaux).

Le poids des tuyaux est généralement indiqué lors de la pose; en tous cas il est facile à calculer; supposons qu'il est de 6000 kilogrammes.

On mesure la température de l'eau au moment de l'allumage; soit 7° C. On mesure aussi la température à la fin de l'expérience; mais alors il faut prendre la température à la sortie de la chaudière et à la rentrée, et faire la moyenne entre ces deux chiffres, car la température de l'eau n'est pas la même d'un bout à l'autre des tuyaux. Supposons que le premier chiffre soit 80° et le second 50°, la moyenne est de 65° C.

L'eau a donc été élevée de 7° à 65°, c'est-à-dire de 58°.

Étant donné qu'il faut 1 calorie pour élever la température de 1 litre d'eau de 1°, pour 58° et pour 3310 litres, il en a fallu 58 × 3310 ou . . . . 191,980 calories.

Pour produire la même élévation de température sur des tuyaux de fonte, il a fallu une chaleur que l'on calcule en multipliant non plus par 1 calorie, mais par 0,114, chaleur spécifique de la fonte. C'est donc 5000 × 58 × 0,114, ou . . . . 39,672 »

Il convient d'ajouter à la chaleur produite ainsi par la chaudière celle qui s'est échappée par déperdition; on l'estime égale à 350 calories en moyenne par mètre carré et par heure. Si l'expérience dure 2 heures, nous aurons donc de ce chef 141,37 × 350 × 2 ou . . . 98,959 »

Total. . . 330,611 calories.

On calcule alors l'utilisation de combustible obtenue avec l'appareil en question au moyen de la quantité de charbon brûlée pendant ces deux heures. 1 kilogramme de houille dégage en moyenne 8000 calories en se consumant; tout ne peut évidemment pas être utilisé, mais la chaudière qui en utilise le plus réalise naturellement une économie qui a une grande importance.

Si nous prenons comme exemple le concours pour appareils de chauffage organisé en 1893 à l'Exposition quinquennale de Gand, et à l'occasion duquel des notes assez exactes ont été relevées sur le fonctionnement des appareils, nous trouvons que la chaudière qui a donné la meilleure utilisation du combustible, la *Marloienne,* avait utilisé 84,28 % de la chaleur produite; celle classée au dernier rang à ce point de vue n'en avait utilisé que 51,77 %. En nous basant sur ces chiffres, nous voyons que pour chauffer les 500 mètres de tuyaux pendant 2 heures, la meilleure chaudière consumerait 49,03 kilogrammes de charbon, alors que l'autre brûlerait 79,81 kilogrammes. La différence s'élève, pour 24 heures,

Fig. 56. — Chaudière « LA MARLOIENNE. »

à 369 kilogrammes, et pour un an à **134,816 kilogrammes!** On voit que cette économie représente une somme importante; en supposant que la première chaudière coûte plus cher que l'autre — supposition qui n'est fondée d'ailleurs sur aucune probabilité — l'écart de prix serait promptement regagné.

Installation et mise en marche du thermosiphon

La chaudière est généralement placée dans une petite cave, ou dans une cour creusée à un niveau inférieur au sol, et l'on comprendra aisément pourquoi. Le fonctionnement de l'appareil étant basé sur le courant ascensionnel de l'eau chaude, et sur le courant descendant de l'eau froide, il faut que les tuyaux qui vont chauffer les serres se trouvent au moins au niveau du sommet de la chaudière pour que toute la chaleur soit utilisée.

Un ou plusieurs tuyaux partent du sommet de la chaudière, et se rendent dans les serres; un ou plusieurs tuyaux ramènent l'eau moins chaude à la partie inférieure de la chaudière; les premiers sont désignés sous le nom de tuyaux de départ; les seconds sont les tuyaux de retour.

Les tuyaux de chauffage sont disposés à la partie inférieure de la serre, près du sol; en effet, l'air chaud monte toujours vers les couches supérieures, et chauffe ainsi toute la serre en s'élevant; le tuyau de départ fait le tour de la serre, ou la longe si elle est à un seul versant, puis il se recourbe et devient le tuyau de retour, revenant en sens inverse au-dessous du tuyau de départ.

Cette combinaison peut naturellement être variée de bien des manières; on peut, par exemple, mettre à un tuyau un embranchement de façon à le dédoubler à une certaine partie de sa longueur. Cela permet de chauffer davantage une certaine étendue de la serre, et de créer dans le même local un compartiment chaud et l'autre tempéré, ou l'un tempéré et l'autre froid.

Les tuyaux employés sont généralement en fonte plus ou moins mince, assemblés à collet avec des rondelles de caoutchouc interposées pour rendre les joints étanches. Les dimensions les plus fréquemment employées dans l'horticulture sont : 9 centimètres de diamètre extérieur, et 8,6 pour le diamètre intérieur.

On se sert aussi de fer étiré. Cette substance, comme la fonte, n'est pas coûteuse et a une durée illimitée.

Le cuivre est excellent, car il est moins cassant, plus maniable et plus facile à échauffer, mais il coûte deux ou trois fois plus cher que les métaux dont je viens de parler, et ses avantages ne me semblent pas compenser cet inconvénient.

Le nombre des tuyaux, pour chaque serre, doit être calculé d'après le cube d'air qu'il s'agit de chauffer, et aussi d'après la force de la chaudière, car lorsque la longueur des tuyaux atteint un certain chiffre, la déperdition de chaleur qui se produit peut excéder la quantité que fournit le foyer, et dans ce cas on n'obtiendra qu'un chauffage insuffisant. Si, au contraire, le volume de la chaudière est considérable par rapport à la longueur des tuyaux, ceux-ci seront portés à une température élevée, et la serre, par conséquent, sera chauffée avec un seul rang de tuyaux.

Le mieux est donc d'acheter un thermosiphon en indiquant au constructeur la longueur des serres et le cube d'air qu'il s'agit de chauffer, et de prendre une chaudière ayant seulement un peu plus de la puissance correspondante.

Lorsqu'un amateur possède plusieurs serres, il peut les faire aménager à son gré en serre froide, tempérée et chaude, chacune ayant exactement le nombre et la longueur de tuyaux qu'il faut. Lorsqu'il s'agit au contraire d'un amateur modeste ou débutant, qui n'a qu'une serre, je lui conseillerais de la diviser au moins en deux compartiments, et de faire placer, au moins dans une partie, un rang de tuyaux de plus qu'il ne compte en utiliser. Cette précaution lui permettra, le cas échéant, de transformer le compartiment froid en compartiment tempéré, ou le tempéré en chaud; il suffit pour cela d'ouvrir une clef. Quand on n'a pas besoin de chauffage, il est toujours facile de l'intercepter en fermant un ou plusieurs tuyaux, de façon que l'eau chaude n'y circule plus; mais si l'on n'a pas un tuyau de réserve, il devient difficile de changer des plantes de place, ou parfois de combattre des froids rigoureux.

Remarquons d'ailleurs qu'il est toujours bien préférable d'employer deux rangs de tuyaux au lieu d'un, plutôt que de chauffer l'eau à une température élevée. Il y a pour cela plusieurs raisons. Si l'on doit avoir un feu très vif, le foyer demandera une surveillance beaucoup plus constante; la température sera moins régulière, quelque soin que l'on prenne, parce que les variations inévitables qui se produiront (par exemple quand le chauffeur jettera du charbon sur le feu) auront un contre-coup immédiat et bien plus sensible sur une faible longueur de tuyaux. Enfin si les tuyaux se trouvent à une haute température, ils brûleront plus ou moins l'air à leur contact, et lui communiqueront ainsi une odeur désagréable.

On doit toujours éviter de pousser à l'excès la chaleur artificielle, car l'air échauffé par les tuyaux est toujours desséchant. Il vaut mieux, pendant l'hiver, laisser les plantes à une température peut-être un peu trop basse, que de les épuiser par cette chaleur desséchante.

On remédie partiellement à l'inconvénient dont je viens de parler, en faisant passer un ou plusieurs des tuyaux, sur une certaine étendue, à travers un bassin rempli d'eau, par exemple le réservoir destiné à l'eau d'arrosage. On enduit ces tuyaux d'une bonne couche de goudron ou de peinture qu'on laisse bien sécher, puis on remplit le bassin à nouveau. Au besoin, on peut vider encore une fois le bassin au bout de quelques jours, pour être bien certain que la couche d'enduit ne pourra communiquer à l'eau aucune odeur désagréable.

*
* *

Disons quelques mots de la chaudière elle-même, de son entretien et de sa mise en marche.

Il ne suffit pas de bien choisir son appareil de chauffage et de le faire bien installer; il faut encore demander au fabricant des instructions précises sur son fonctionnement; par exemple on ne peut pas employer indifféremment tous les charbons. Selon que le tirage est plus ou moins fort, selon que l'on dispose ou non d'un chauffeur, enfin selon que l'on désire développer plus ou moins de chaleur, on doit employer diverses espèces de combustibles.

D'autre part, l'appareil lui-même doit être réglé d'après le charbon que l'on compte employer, car les barreaux des grilles du foyer ne peuvent pas avoir le même espacement pour toutes les sortes de charbon.

Il importe de régler soigneusement le tirage, de façon à pouvoir modérer le feu à volonté; car, s'il est certain que l'on peut fermer les clefs des tuyaux et arrêter la circulation de l'eau quand la température s'élève trop haut, la chaleur produite à ce moment par le foyer n'en est pas moins dépensée mal à propos, et le combustible consumé est perdu.

Le tirage doit être réglé non seulement par une clef placée dans la hauteur de la cheminée, mais aussi par une porte fermant l'espace qui se trouve au-dessous du foyer; en cas de besoin on ferme cette porte partiellement ou tout à fait; l'air n'arrive plus alors au foyer qu'en faible quantité, ou est intercepté complètement.

Un feu noir, c'est-à-dire sur lequel on verse trop de charbon à la fois, ne chauffe pas, et les gaz qui s'en dégagent non enflammés passent presque froids dans la cheminée, tandis que quand le feu est rouge, la combustion de ces gaz produit un échauffement considérable. Il faut donc entretenir le feu toujours rouge. Pour cela, il faut mettre souvent du charbon, et peu à la fois. La couche en combustion sur les grilles doit avoir à peu près quinze centimètres d'épaisseur, pas davantage.

L'entretien du thermosiphon consiste surtout à nettoyer les cheminées et les tubes léchés intérieurement ou extérieurement par la flamme. La suie qui s'y accumule au bout d'un temps plus ou moins long peut les engorger et entraver le tirage. Elle a aussi un inconvénient, c'est d'absorber beaucoup de chaleur qu'elle ne communique qu'en partie aux organes qu'elle recouvre.

Ajoutons qu'il est toujours prudent de prendre des précautions contre les chûtes inopinées de la température ou les accidents qui pourraient survenir dans l'appareil de chauffage, et d'avoir toujours un ou plusieurs poêles disponibles qu'on installera en cas de besoin. Une perte de temps de quelques heures, en pareil cas, peut avoir de graves conséquences.

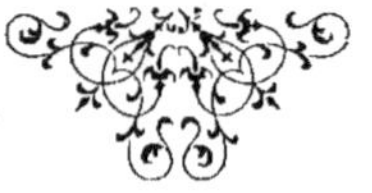

CHAPITRE XXIII

Un certain nombre d'insectes envahissent fréquemment les serres à Orchidées; je citerai notamment les fourmis, les cloportes, ces ennemis de toutes les serres, les thrips, à peine visibles à l'œil nu, les blattes et cancrelas, les araignées rouges, les limaces, ces ogres qui, dans l'espace d'une nuit, dévorent une quantité considérable de verdure et s'attaquent toujours de préférence aux tiges florales — et à celles auxquelles l'amateur tient le plus. M. Roman a appelé dernièrement l'attention sur un petit limaçon de l'espèce des limnées ou planorbes, presque microscopique, qui se perd dans le sphagnum dont il a la couleur, et fait probablement des ravages assez étendus.

Les limaces sont prudentes et se cachent bien; elles ne sortent guère de leur repaire que la nuit, et leur couleur sombre les protège encore. A peine peut-on en détruire quelques-unes en leur faisant la chasse à ce moment, avec une lanterne sourde. Elles cachent soigneusement leurs œufs dans les tessons de drainage, dans le sphagnum, ou même dans les bractées des plantes. Aussi les soins minutieux des jardiniers sont-ils presque toujours impuissants à les supprimer.

Un procédé très répandu pour les chasser consiste à leur

tendre un piège au moyen de feuilles de laitue, de fleurs ou de feuilles de robinier, sous lesquelles elles se réfugient en croyant se soustraire au danger. Les orchidophiles préservent les hampes florales de leurs attaques en enveloppant d'ouate la base du rachis. Un autre moyen très efficace, de protéger les Orchidées contre les ravages des limaces consiste à placer le pot qui les contient dans une soucoupe en terre munie à son centre d'une petite colonnette, qui lui sert de support et en quelque sorte de piédestal. La soucoupe est ensuite remplie d'eau. Cette disposition a l'avantage d'opposer un obstacle infranchissable aux approches de l'ennemi; et si quelque limace ou quelque cloporte se trouvait déjà dans un pot, du moins il ne pourrait pas endommager les plantes voisines, et l'on parviendrait bientôt à le découvrir.

En outre, l'évaporation de l'eau entretient autour de la plante l'humidité nécessaire à une bonne végétation. Il est à remarquer, en effet, que la quantité de vapeur d'eau en suspens dans l'atmosphère dépend bien de l'agitation de l'eau ou du renouvellement de l'air en contact avec elle, mais aussi, et en grande partie, de l'état de la surface mouillée. Or, la surface poreuse et rugueuse des godets est très favorable à l'évaporation, comme on s'en apercevra bientôt par la nécessité d'y ajouter de l'eau fréquemment.

Voici un autre procédé très efficace pour se débarrasser des limaces et des limaçons qui rendent visite à nos serres. On broie de l'iode dans l'eau, de façon à les mélanger aussi intimement que possible, et l'on répand le liquide sur de la terre, de la sciure de bois ou un corps de ce genre, que l'on dépose dans la serre, de préférence dans un pot que l'on enfouit au niveau du sol. Les limaces, par l'odeur alléchées, courent au piège qu'on leur a préparé, et on peut les y recueillir au bout d'un jour ou deux par dizaines.

Un autre moyen consiste à placer, le soir, entre les plantes des laitues fraîches. Les limaces en sont très friandes. C'est un moyen à double action : pendant qu'elles s'en régalent, elles ne font pas de tort aux Orchidées et ce sont aussi des pièges où les jardiniers les *pinceront* facilement en les visitant soigneusement à la lumière une ou deux heures après la tombée de la nuit.

Le sulfate de cuivre, mélangé à la peinture ou au badigeon qui recouvre le mur des serres, est très bon pour détruire les limaces; on peut aussi leur barrer le passage en plaçant devant les entrées ou autour des pots une barrière de sciure de bois ou de sel ordinaire. Enfin, on a souvent recours, au dernier lieu, à un autre procédé quand on tient à protéger une tige florale précieuse; on enveloppe sa base avec de l'ouate. On peut alors être certain que les limaces ne l'attaqueront pas.

Contre les cloportes, on a souvent recours à un moyen déjà anciennement pratiqué. Il consiste à couper en deux dans le sens de leur longueur de grosses pommes de terre, à creuser les morceaux et à les placer sur le compost des plantes. Les cloportes viennent s'abriter dans les cavités pratiquées dans ces tubercules, où on peut facilement les recueillir en visitant les pièges une ou deux fois par jour. Les cloportes se tiennent aussi, et même de préférence, dans les coins obscurs de la serre; il suffit d'y placer des pots vides retournés pour qu'ils viennent y chercher un refuge où ils peuvent être détruits facilement.

Il suffit d'ailleurs de plonger les pots dans l'eau pendant quelques secondes pour en voir sortir aussitôt les cloportes qui pourraient s'y trouver.

Les thrips, aphis, araignées rouges, etc., sont chassés surtout par des lavages répétés de temps en temps, avec de l'eau contenant un peu de nicotine; mais ces insectes se logent parfois sur les étiquettes de bois. Il ne suffit donc pas de laver les feuilles et les pots et de rempoter les plantes malades, il faut encore examiner avec soin les étiquettes et les nettoyer ou les remplacer, car si l'on ne prenait pas cette précaution, les insectes ne tarderaient pas à envahir de nouveau les feuilles après le nettoyage, et comme ils se multiplient très rapidement, tout serait bientôt à recommencer.

Les fourmis se prennent facilement à des pièges formés de pots ou vases un peu profonds contenant un sirop sucré ; le jus de pruneaux également les détruit.

D'après les études de M. PAUL NOEL, directeur du laboratoire régional d'entomologie agricole de Rouen, les Acariens, et spécialement l'*Acarus telarius*, causent beaucoup de dégâts dans les serres.

L'*Acarus telarius* est un petit insecte qui se trouve sous les feuilles de beaucoup de plantes ; il est ovalaire, jaunâtre, avec une tache d'un jaune orangé de chaque côté du dos ; la tête est petite, terminée par un petit bec ; il a huit pattes munies de petites soies roides, ayant chacune un petit crochet ; on voit aussi sur les côtés du corps d'autres petites soies semblables, mais plus courtes. Ce petit Acarus paraît quelquefois verdâtre lorsqu'il est gorgé du suc de la plante.

Dans leur jeune âge, les Acariens n'ont quelquefois que six pattes. Leurs appendices buccaux ou organes de la manducation varient selon les fonctions qu'ils ont à remplir. Ils courent assez vite et paraissent agiles. Ils se tiennent cramponnés aux feuilles à l'aide de leurs petites griffes, qui s'engagent dans le tissu de soie tapissant la face inférieure.

Les métamorphoses des Acariens sont fort simples ; les femelles sont ovipares ou vivipares, les petits naissent en tout semblables à leurs parents, sauf une paire de pattes qui leur manque quelquefois. Ils croissent rapidement et au bout de quelques jours ils sont aptes à se reproduire. Les femelles sont d'une excessive fécondité. C'est ce qui explique la multiplication rapide et innombrable de ces petits êtres.

Les feuilles atteintes de la maladie occasionnée par l'*Acarus telarius* ont un aspect languissant, sont jaunâtres ou grisâtres en dessus avec quelques espaces d'un vert plus clair formant des espèces de marbrure, leur rebords sont légèrement repliés, leur face inférieure est blanchâtre et un peu luisante.

Ces petits animaux ne se développent que dans les serres trop chauffées. Un procédé de destruction qui a toujours fort bien réussi consiste à ventiler la serre avec soin, un abaissement de température brusque suffit pour les faire disparaître, mais il faut faire cette opération quatre fois sur quinze jours de façon à détruire les jeunes Acariens nouvellement nés des œufs restants.

Dans le cas où les plantes placées dans les serres ne pourraient pas supporter ce traitement, il faudrait en arroser les feuilles avec du jus de tabac à 1/2° Baumé; mais il faut faire cette opération avec un pulvérisateur à jet recourbé de bas en haut, de façon à bien mouiller le dessous des feuilles, où se réfugient de préférence les *Acarus telarius*; il faut avoir soin également d'en arroser la terre au pied des plantes; il est bon de recommencer plusieurs fois ce traitement.

Parmi les moyens propres à amener la destruction des thrips, araignées rouges, et autres insectes qui causent parfois tant de préjudice à certaines espèces d'Orchidées, on a recommandé l'emploi du liquide suivant :

Eau.	2 litres.
Tabac à fumer	25 grammes.
Savon noir	60 »
Fleur de soufre	110 »

On mélange et on fait bouillir le tout quelques minutes, puis on ajoute six litres d'eau, et on emploie en seringages ou en bassinages, qui ne causent aucun dommage aux feuilles.

On peut aussi employer, pour détruire beaucoup de petits insectes, la grenouille et la tortue, deux auxiliaires précieux. Toutefois, les amateurs n'aiment pas tous à voir ces animaux dans leur serre, et il n'est pas toujours facile de les y retenir.

Les feuilles de tomate, dispersées dans une serre, font, paraît-il, fuir absolument les insectes.

Il existe également certaines pâtes insecticides qui donnent de bons résultats. La poudre de pyrèthre, qui est suffisamment efficace dans les maisons, ne peut être employée dans les serres, parce que l'humidité lui enlève toute efficacité.

Mais le meilleur moyen et le plus pratique que l'on ait découvert jusqu'ici pour faire partir les insectes des serres est celui qui consiste à déposer sur les tuyaux de chauffage une légère couche de côtes de feuilles de tabac séchées, que l'on arrose de temps en temps. Il s'en dégage une vapeur de nicotine assez faible pour ne pas incommoder les visiteurs, et même à peine perceptible au bout de deux jours, mais dont la persistance chasse absolument les insectes en produisant une réelle intoxication de l'atmosphère. Les côtes de tabac sont très peu coûteuses en Belgique et dans la plupart des pays d'Europe. En France, elles reviennent, paraît-il, à 1 franc le kilogramme.

Avec 1 kilogr. de côtes de tabac, disposées en couche peu épaisse, on peut aisément recouvrir de trois à quatre mètres de longueur de tuyaux. Cette provision doit être renouvelée au bout d'un certain délai, variable selon la catégorie de serres dont il s'agit. Dans les serres froides, où l'évaporation n'est pas aussi active que dans les serres chaudes, les côtes s'épuisent moins vite et peuvent par conséquent être conservées plus longtemps en service. D'après notre expérience, il suffit de les remplacer au bout de deux mois et demi ou trois mois pour la serre froide, et de six semaines à deux mois pour la serre chaude. Il ne serait pas bon de s'en servir plus longtemps, parce que les côtes de tabac, une fois épuisées, ne produisent plus aucun effet utile et ne répandent qu'une odeur de moisissure qui peut être mauvaise et qui, en tous cas, est désagréable aux visiteurs.

D'autre part, il n'est pas indispensable de maintenir des côtes de tabac en permanence dans les serres; on peut les supprimer pendant quelque temps, surtout à la saison où les insectes sont le moins nombreux.

On peut d'ailleurs employer d'autres procédés analogues. C'est ainsi que plusieurs amateurs disposent sur leurs tuyaux de chauffage des boîtes minces en zinc remplies de nicotine étendue d'eau, comme l'a indiqué l'habile directeur des cultures du château de Ferrières, M. Bergman père. On ajoute de temps en temps un peu d'eau, pour remplacer celle qui s'est évaporée, et de loin en loin du jus de nicotine.

Il arrive parfois aussi que des plantes importées apportent avec elles des insectes redoutables de leur pays d'origine, lesquels sont cachés à l'état de larve dans les pseudobulbes et les tiges, de sorte que le mal risque de se propager dans les serres. Le redoutable *Isosoma Cattleyae* a été souvent introduit ainsi avec des Cattleya. Les importateurs d'Orchidées doivent toujours examiner avec grand soin toutes les plantes qu'ils reçoivent pour ne pas mettre en circulation des pieds attaqués qui risquent d'aller infecter toute une collection.

En pareil cas, dès qu'on voit un pseudobulbe se ronger et noircir de proche en proche, il n'y a qu'un parti à prendre : le plus radical. Il faut sacrifier la partie malade pour sauver le reste, et jeter au feu le bulbe atteint pour être certain qu'il ne portera pas ailleurs la contamination.

En dehors des insectes qui nuisent aux plantes et les attaquent, il en est d'autres dont l'intervention est bien moins néfaste, mais n'est cependant pas désirable, tels les guêpes, abeilles, papillons, etc., qui s'introduisent quelquefois dans les serres par les ventilateurs ouverts pendant l'été. La présence de ces insectes peut être gênante, et il peut arriver quelquefois qu'ils fécondent des fleurs mal à propos. Il est donc préférable de les arrêter, ce qui est facile à réaliser en plaçant pendant l'été un fin grillage métallique à l'ouverture des ventilateurs.

Maladies

Les maladies qui attaquent les Orchidées sont peu nombreuses, et ne présentent guère de caractère spécial.

On a signalé divers cryptogame qui attaquent parfois les plantes faibles, ou qui envahissent les racines; M. WAHRLICH a décrit plusieurs de ces champignons parasites ; mais je ne crois pas que leurs ravages aient été constatés en Belgique ni en France.

Il arrive fréquemment qu'une plante languit parce que la place qui lui est assignée dans la serre ne lui convient pas, au point de vue, soit de la température, soit de la ventilation, soit de l'éclairage. Dans ce cas, elle reste à peu près stationnaire, sa croissance semble suspendue ou très ralentie, sans cependant qu'aucun indice fâcheux trahisse des lésions localisées. On peut alors essayer de la ranimer en la changeant de place, et en la transportant dans une serre plus fraîche ou plus chaude, dans un endroit plus ou moins éloigné du ventilateur, plus ou moins exposé aux rayons du soleil, etc. Après quelques tâtonnements, on arrive en général à déterminer la place convenable.

Parfois la mauvaise qualité de l'air peut produire des effets analogues; ainsi le voisinage des usines ou des fours est funeste aux plantes; dans certaines grandes villes, l'air est chargé de fumées, de suies, parfois même de produits acides nuisibles; il est peu propice également à la culture.

La mort se produit plus rapidement lorsque les feuilles ou les racines sont attaquées; ce sont les organes essentiels, car elles sont indispensables, les premières pour la respiration et probablement un peu aussi pour la nutrition, les secondes uniquement pour la nutrition. Lorsqu'un accident quelconque les supprime, l'existence de la plante est très gravement compromise, et si, en raison de l'époque de l'année où cet accident se produit, ou de sa faible constitution, elle ne parvient pas à réparer ces pertes à bref délai, elle meurt fatalement.

Lorsque la suppression n'est que partielle, les chances de réparation, et par suite de guérison, sont plus grandes; le reste de l'organisme peut alors continuer de vivre sans se ressentir de cette diminution. Cette indépendance des cellules entre elles est beaucoup plus marquée dans les végétaux que dans les animaux; elle l'est surtout dans les familles inférieures, et elle s'accroît à mesure que l'on descend dans l'échelle des êtres jusqu'à devenir absolue dans certains organismes curieux, dont chaque division fait autant d'êtres nouveaux et complets.

La perte des racines, cependant, a beaucoup plus d'importance que celle des feuilles; la plante languit et reste dans un état précaire tant que ces organes ne sont pas reconstitués.

Les racines sont quelquefois endommagées, soit par les manipulations des rempotages, soit par les déprédations des insectes, soit par la pourriture produite par un excès d'eau. Il convient, dans tous les cas, de placer la plante blessée à l'abri du soleil, dans un endroit sombre, et un peu à l'étouffée.

Lorsque l'état de la végétation le permet, il est bon de mettre la plante en repos pendant quelque temps ; la plante rentre ensuite en croissance avec une activité plus grande, et remplace plus facilement ses racines.

Lorsque des pseudobulbes sont atteints de pourriture, à la suite de rupture ou par l'effet d'une cause quelconque (dans les plantes importées, notamment), il faut avoir bien soin de les couper sans perdre de temps. La pourriture se propage comme la gangrène avec une rapidité étonnante. Dès qu'elle se manifeste sur un bulbe, il est prudent d'enlever le bulbe entier pour prévenir des désastres plus étendus. C'est surtout chez les Odontoglossum et les Cattleya que ces ablations sont nécessaires. On enlèvera les bulbes, on tranchera jusque dans le vif et on recouvrira la plaie de charbon de bois réduit en poudre. Un jardinier soigneux passe en revue toutes ses plantes presque journellement, le canif ouvert en main, et enlève immédiatement toutes les parties malades des feuilles et des bulbes. Une plante contaminée par la pourriture est fatalement destinée à périr complètement, si l'opération chirurgicale n'est pas pratiquée en temps utile.

CHAPITRE XXIV

La plupart des Orchidées, comme on l'a vu plus haut, sont épiphytes. Elles croissent à l'état naturel sur les branches des arbres, ou sur les rochers, sans que leurs racines, pendantes ou enroulées autour de l'écorce, ou accrochées aux aspérités du roc, aient à leur portée aucune substance capable de leur fournir de la nourriture, en dehors des mousses humectées par l'eau des pluies, et des gaz contenus dans l'atmosphère.

Dans les cultures, des conditions de végétation très analogues sont reproduites artificiellement. Les Orchidées cultivées en pot ou en panier trouvent dans le compost que j'ai décrit l'humidité entretenue par les arrosages et une abondante circulation d'air ; les espèces cultivées sur bloc sont moins exigeantes encore.

Il y a plus : on a fréquemment conservé dans les cultures des Cattleya, Laelia et autres Orchidées épiphytes suspendues simplement par un fil, et nourries par conséquent exclusivement aux dépens de l'atmosphère. Elles prospéraient parfaitement dans ces conditions.

La culture, on le voit, n'a donc fait que reproduire autant que possible le milieu dans lequel les Orchidées vivent à l'état naturel ; et je ne crois pas qu'il y ait lieu, en effet, de chercher à faire mieux, d'abord parce que les Orchidées réussissent admirablement dans nos serres européennes, et y forment des pseudobulbes aussi vigoureux que dans leur pays natal; en second lieu, parce que la nature nous offre évidemment le meilleur modèle à suivre.

On a objecté que les Orchidées sont épiphytes parce qu'elles ne peuvent pas faire autrement, et, comparant leur situation à celle de plantes de nos climats que l'on voit parfois naître et subsister sur un vieux mur ou entre des pierres (tels les arbres formant la forêt des ruines de la Cour des Comptes, à Paris), on a soutenu qu'elles préféreraient vivre dans un milieu plus favorable à leur milieu.

Cette opinion me paraît en contradiction formelle avec la grande loi de la lutte pour l'existence, et de la survivance de l'organisme le mieux approprié au milieu. En effet, il est hors de doute que les graines des Orchidées épiphytes sont emportées, par les oiseaux et par le vent, assez loin de la capsule qui les renfermait, et jetées en foule sur tous les objets environnants, sur le sol aussi bien que sur les rochers et les arbres, et à diverses hauteurs de ceux-ci. Cependant on ne les rencontre jamais que dans certaines situations bien déterminées, certaines espèces sur les branches basses, d'autres sur le sommet des arbres, les unes au soleil, les autres à l'ombre, mais chacune invariablement dans la même situation, et jamais aucune sur le sol. Il est donc évident que les graines qui tombent dans un milieu moins favorable ne germent pas, ou que les plantes qui en naissent meurent presque aussitôt; et si les espèces dont nous parlons sont épiphytes, c'est bien parce que le sol ne convient pas à leur végétation.

Les considérations qui précèdent me paraissent de nature à prouver l'inutilité des engrais dans la culture de ces espèces. En fait, j'estime que leur emploi est contraire à la nature des Orchidées épiphytes, et j'ai pu constater bien souvent qu'ils produisaient de mauvais résultats. Combien d'amateurs, s'étant laissé tenter par l'espoir d'une végétation plus rapide et plus riche, ont vu périr misérablement leurs plantes, épuisées, après une année ou deux de prospérité remarquable, mais artificielle et chèrement payée?

Ces résultats, que j'ai observés fréquemment, m'ont fait condamner absolument l'emploi des engrais. Je suis persuadé qu'ils agissent uniquement comme excitants, et non pas comme agents nutritifs, et à ce point de vue ils sont extrêmement dangereux. Ils ne donnent pas à la plante des forces nouvelles, mais ils lui font dépenser en un an les forces de trois années, et pendant les deux années qui restent, la plante, épuisée, se soutient à peine. D'autre part, l'emploi des engrais conduit nécessairement à l'abus; lorsqu'un cultivateur inexpérimenté a constaté qu'il suffit de verser dans l'eau d'arrosage quelques gouttes du contenu d'un flacon pour obtenir des pousses plus fortes et une floraison plus abondante qu'à l'ordinaire, il est inévitablement tenté de doubler la dose, afin d'avoir des résultats plus brillants encore. Lorsque la plante, traitée à l'engrais pendant un an, commence à donner des signes de détresse, celui qui la traite est naturellement conduit à augmenter la quantité d'engrais pour remédier à cette faiblesse; peu à peu l'organisme se ruine, pour aboutir finalement à la mort. C'est la mort du fumeur d'opium ou du buveur d'absinthe.

Donner de l'engrais aux Orchidées épiphytes, c'est les tuer, et les tuer de gaîté de cœur, puisque la culture, telle qu'elle est instituée depuis quelques dizaines d'années, obtient dans nos climats des résultats aussi satisfaisants que possible, et bien souvent égaux à ce que produit la nature. L'éminent président de la Société Royale d'horticulture de Londres, Sir TREVOR LAWRENCE, dans son récit d'une visite chez les principaux cultivateurs d'Orchidées de Belgique, en 1891, constatait les superbes résultats obtenus, et citait notamment un pseudobulbe d'*Odontoglossum crispum* qu'il avait mesuré, et qui avait 128 millimètres de hauteur sur 96 de largeur; il est très rare, même à l'état naturel, de rencontrer des plantes ayant de telles dimensions. Est-il possible de demander plus aux Orchidées?

Je suis, pour ma part, convaincu que non.

*
* *

Je ne puis cependant passer sous silence une série d'études remarquables adressées au *Journal des Orchidées* par M. ROMAN,

Fig. 57. — ODONTOGLOSSUM CRISPUM (var. FERRIERENSE).

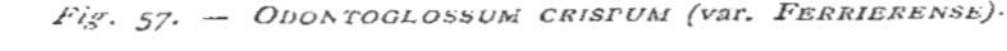

inspecteur-général des Ponts et Chaussées de France, et auxquelles la haute compétence de leur auteur donne un intérêt particulier. En voici brièvement le résumé :

D'après M. Roman, les Orchidées trouvent à l'état naturel dans l'atmosphère : du phosphore, produit par la décomposition de matières animales sous la forme d'acide hypophosphoreux et d'hypophosphite d'ammoniaque, et peut-être de la potasse et du fer; en outre, et c'est là un point important, elles absorbent beaucoup d'azote.

« Ici, dit M. Roman, la question devient très complexe, car si l'atmosphère terrestre contient près de 80 % d'azote libre, on sait qu'à cet état il n'est pas directement assimilable, et que les plantes ne peuvent l'absorber qu'à l'état d'ammoniaque ou d'acide azotique.

Or, après un orage, les eaux de pluie renferment, sous nos climats, une quantité très appréciable d'azotite d'ammoniaque. De là vient leur action bienfaisante sur la végétation.

Dans les pays où croissent nos Orchidées, il est probable que, sous l'influence de la décomposition spontanée des matières animales et végétales, les eaux d'orage contiennent une proportion d'azote encore plus considérable, et contribuent pour une large part à approvisionner les Orchidées de ce corps si nécessaire à leur existence.

Elles n'ont pas cette ressource dans nos serres, où on les tient à l'abri de la pluie, qui pourrait déterminer la pourriture de leurs tissus, un peu étiolés par la culture artificielle qui leur est imposée.

Mais les nouvelles découvertes de MM. Berthelot, Schloesing et récemment de M. Winogradsky, permettent de penser que l'eau de pluie n'est pas l'unique source où les plantes épiphytes vont s'approvisionner de produits azotés.

On sait maintenant que, grâce à l'intervention de certains microbes (dits *nitromonades*) qui vivent sur les racines de diverses plantes, celles-ci arrivent à fixer dans leurs tissus l'azote de l'air, que l'action des microbes a préalablement transformé en produits nitreux.

Fig. 58. — MORMODES LUXATUM EBURNEUM.

A défaut d'expériences probantes, il est permis de conjecturer que c'est par un moyen analogue que les Orchidées, dans leur état naturel, reçoivent leur provision d'azote.

Mais ces microbes, s'ils existent et s'ils se multiplient dans le voisinage des racines des Orchidées, peuvent-ils les suivre en Europe et se reproduire dans nos serres, où ils ne rencontrent pas les conditions d'humidité, de température, de composition chimique qui sont nécessaires à leur développement?

Cela devient plus que douteux, si on songe à la manière dont les Orchidées sont transportées en Europe. Grâce à leur robuste tempérament, elles peuvent revivre après un long engourdissement, une sécheresse prolongée; mais il paraît impossible d'admettre que le microbe nitrificateur, en l'absence de ses aliments ordinaires (*eau, azote et carbonates terreux*), puisse subsister des mois entiers et nous parvenir encore vivant sur les racines desséchées. Le microbe nitrificateur ne peut opérer la transformation des matières animales qu'en présence des carbonates alcalins. Or, presque toutes les Orchidées ont horreur de la chaux, et nous les cultivons dans des composts qui ne contiennent ni chaux, ni potasse, ni soude, ni magnésie.

Ni les composts, ni la terre de bruyère pure, ne peuvent renfermer aucun microbe nitrificateur, et ceux qui s'y rencontreraient fortuitement ne sauraient y vivre.

Il résulte évidemment de là que la transformation des engrais organiques en azotates ne peut avoir lieu dans le compost des Orchidées; que, par suite, ces engrais continuent à se décomposer lentement sous l'influence des microbes septiques, sans pouvoir être absorbés par les racines, et qu'ils doivent corrompre par leur influence le sphagnum et les fibres de polypode, ou la terre de bruyère. Les plantes n'empruntent donc au guano, à la bouse de vache, etc., que le peu de sels qui existe dans ces engrais au moment de leur emploi.

En nourrissant les Orchidées de ces substances, on accumule inutilement dans le compost un stock de matières en décomposition qui ne deviennent jamais assimilables. Le meilleur engrais, envisagé à ce point de vue, contient certainement plus de 95 % de matières inutiles ou nuisibles, et les Orchidées, soumises à ce régime, doivent fatalement périr.

Mais aucune des considérations précédentes ne s'applique aux sels minéraux, dont je conseille l'emploi continu sous forme de dissolution très étendue; car ils sont directement assimilables et ne peuvent produire la pourriture, ne contenant pas de microbes septiques. L'expérience prouve que, sous leur influence, le sphagnum se conserve très longtemps frais et ne pourrit pas.

C'est donc dans cette voie qu'il faut chercher la solution du problème délicat de l'alimentation des Orchidées et des plantes de terre de bruyère. Je dis à dessein alimentation, et non fumure, car nous voulons les nourrir et non les engraisser [1].

....Je me suis inspiré de ces idées, et depuis plusieurs années j'ai commencé avec beaucoup de prudence des essais qui m'ont donné de très bons résultats.

Je me suis proposé de fournir directement aux Orchidées et à mes autres plantes de serre de l'azote, du phosphore, de la potasse et de la silice, en évitant avec soin l'emploi des matières animales dont la décomposition peut engendrer la pourriture qui détruit si souvent les pseudobulbes et les rhizômes.

D'ailleurs, si l'air et l'eau des pays où les Orchidées se reproduisent naturellement contiennent ces divers éléments, ce doit être à l'état de décomposition ultime. C'est donc imiter l'action de la nature que d'employer comme engrais des sels solubles dans l'eau.

J'essaie, depuis trois ans, des arrosages avec un liquide que j'appellerai *eau nutritive* et qui contient en faible proportion :

> Du phosphate neutre d'ammoniaque.
> Du carbonate d'ammoniaque.
> De l'azotate d'ammoniaque.
> Du silicate de potasse.

---

[1] Les mots engrais, engraisser, sont malheureux. Ils répondent à de vieilles conceptions de la vie végétale et font naître l'idée d'un embonpoint artificiel et maladif. On devrait les bannir du dictionnaire de l'agriculture moderne. — E. R.

On remarquera que l'azote est donné en grande proportion et sous plusieurs formes, pour en favoriser l'absorption par les différentes plantes, car, pour des raisons que je ferai connaître plus loin, je donne le *même engrais* à toutes les Orchidées, et même aux autres plantes de serre qui vivent avec elles et qui s'en trouvent aussi bien.

La potasse, au contraire, n'y entre que pour une faible dose, d'abord parce qu'à l'état de nature les Orchidées en reçoivent fort peu, ensuite parce que son emploi en quantité exagérée présente de graves inconvénients, qui sont quelquefois sensibles quand on emploie l'engrais Jeannel ou un floral quelconque.

Les bons résultats que j'obtiens sont dûs, non seulement à la composition de mon engrais minéral, mais encore au mode d'emploi.

Habituellement, on prépare des dissolutions assez concentrées qu'on distribue aux plantes une fois par semaine, par doses variables suivant la force de la plante.

Ce n'est pas ainsi que je procède. Dans chacune de mes serres, j'ai un bassin contenant une certaine quantité d'eau de pluie [1], 20 litres par exemple. D'un autre côté, j'ai un flacon contenant une dissolution concentrée des sels d'ammoniaque détaillés ci-dessus; toutes les fois que l'eau du bassin est renouvelée, j'y verse, au moyen d'une mesure appropriée, une certaine quantité de ma dissolution. L'opération est facile et peut être faite par tout le monde. C'est dans ce bassin que je plonge, pour les arroser, mes plantes en panier. Jamais je ne leur donne d'eau pure.

J'ai commencé par employer des dissolutions contenant un trente-millième, en poids, du mélange de sels (trente-trois milligrammes par litre d'eau). Enhardi par le succès, j'ai porté depuis deux ans la dose à un sept-millième, environ quinze centigrammes

---

[1] L'eau de pluie est la seule qui puisse être employée avec succès pour la culture des Orchidées, l'eau des puits et des sources contient de la chaux qui décomposerait une partie des sels employés.

Si on n'avait que de pareilles eaux à sa disposition, il faudrait renoncer à l'emploi du biphosphate d'ammoniaque et mélanger au compost du noir animal, qui renferme beaucoup de phosphate de chaux. Je ne l'ai pas essayé.　　　　　　　　　　　　　　　　E. R.

par litre d'eau. Je ne pense pas qu'il y ait intérêt à aller plus loin.

Je me sers d'eau nutritive l'hiver comme l'été.

Il paraîtrait plus rationnel de ne donner que de l'eau pure aux plantes en repos, et de l'engrais aux plantes en végétation; mais ce serait une grande complication. D'ailleurs, je considère les Orchidées comme des plantes *emmagasinantes;* elles doivent l'être, parce que, dans leur état naturel, elles ne reçoivent que très irrégulièrement leur nourriture, et sont obligées de vivre sur leur propre fonds pendant un temps considérable.

*
* *

Les effets du traitement à l'*eau nutritive* sont frappants. Les pousses des Orchidées sont plus fortes et plus nombreuses, les pseudobulbes plus volumineux; j'ai même rétabli des plantes qui, depuis deux ans et plus, n'avaient poussé ni une feuille, ni une racine. La floraison est certaine et magnifique....

Voici la composition de l'eau nutritive telle que je la prépare actuellement :

FLACON *A.*	FLACON *B.*
Phosphate neutre d'ammoniaque 100 gr.	Dissolution de silicate de potasse 40 gr.
Azotate d'ammoniaque . . . 50 »	marquant 30°. . . . .
Carbonate d'ammoniaque. . . 10 »	Étendez d'eau de pluie de manière
Étendez d'eau de pluie de manière	à avoir 2 litres de dissolution.
à obtenir 2 litres de dissolution.	

Prenez 16 centimètres cubes de chaque dissolution par 10 litres d'eau de pluie. Agitez fortement.

Voici comment je procède, ou plutôt comment procède mon jardinier :

Je lui ai remis deux flacons contenant des liquides différents, que tout le monde peut préparer ou faire préparer par un pharmacien ou un simple droguiste. Je lui ai également remis une petite mesure.

Chaque fois qu'il remplit le réservoir destiné aux arrosages, il y verse une pleine mesure du liquide contenu dans chaque flacon, et il agite. Voilà certainement une opération purement mécanique et que le premier manœuvre venu peut exécuter. Je ne la contrôle jamais, et je m'absente sans aucune inquiétude.

Avec l'eau du réservoir ainsi préparée, et qui constitue l'eau nutritive, on arrose comme avec de l'eau ordinaire, et sans autre précaution, non seulement les Orchidées, mais encore les Anthurium, *Pelargonium grandiflorum*, Fuchsia, Azalées, Kalmias, etc. Toutes ces plantes, sans exception, s'en trouvent parfaitement.

Aucun excès n'est donc à redouter, à moins que ce ne soit un excès d'arrosage, donnant lieu à une surabondance d'humidité

Fig. 59. — Odontoglossum grande.

aux racines, mais cet inconvénient n'est pas plus à craindre qu'avec l'eau pure; il l'est moins, au contraire, parce que mes plantes sont plus vigoureuses et plus aérées. »

*
* *

J'ai cru devoir signaler la théorie de M. Roman, à cause de la compétence scientifique de son auteur. Mais j'ajoute que je n'ai pas eu jusqu'ici l'occasion d'observer les résultats obtenus par ce procédé, et que, comme je le disais plus haut, la plus grande prudence me paraît nécessaire en semblable matière. Je ne vois pas que la nécessité s'impose de chercher un procédé quelconque de fumure ou de nutrition des Orchidées, qui prospèrent à merveille sous l'influence du traitement adopté partout aujourd'hui. Cette considération, à mon avis, domine tout le débat.

D'autre part, un jeune écrivain horticole qui a déjà marqué sa place, M. GEORGES TRUFFAUT, a fait pour le *Journal des Orchidées* une étude intéressante basée sur l'analyse chimique des pseudo-bulbes de *Cattleya labiata* tels qu'ils arrivent des pays d'origine, et des pseudobulbes formés par la même espèce après quelques années de culture. Je crois utile de citer ici une partie assez étendue de cette étude :

« On trouve dans les vieux et dans les jeunes organes des Cattleya une quantité normale d'azote : dans les vieux pseudo-bulbes, 12,08 pour 1000 de matière sèche, dans les jeunes 11,40. Il existe, on le voit, une différence en moins en faveur du jeune pseudobulbe ; nous aurons plus loin l'occasion de donner une explication de ce fait.

Sous quelle forme l'azote est-il introduit dans la plante ? Jusqu'à preuve du contraire, je ne pense pas qu'on puisse ici soupçonner la présence d'une bactérie susceptible de fixer l'azote de l'air comme le fait celle qui se trouve sur les racines des légumineuses. Il est peu admissible, pour ces plantes tout au moins, que l'azote soit pris à l'état tout combiné dans les liquides humiques. Il résulte aussi des récentes expériences de M. MAYER, d'Heidelberg, que l'ammoniaque n'est directement absorbée par les végétaux que si elle existe en proportion sensible dans le milieu ambiant. Tel n'est pas le cas ici, nous ne dosons dans l'air que quelques milligrammes d'ammoniaque par mètre cube.

L'azote n'entre donc dans ces plantes que sous forme nitrique, et peut ainsi provenir de deux sources, de la formation d'acide nitrique dans l'air sous l'influence de décharges électriques, ou bien de la nitrification.

Dans la nature, la nitrification de l'humus des cavités de l'écorce des arbres doit donner lieu à une très faible production d'azote nitrique; il est probable que nos composts en fournissent aux racines une quantité un peu supérieure. Mais les Cattleya reçoivent au Brésil une quantité beaucoup plus considérable d'azote nitrique ayant une origine atmosphérique que celles qu'ils ont dans nos serres.

Les eaux de pluie des contrées tropicales sont beaucoup plus riches en azote nitrique que nos eaux d'Europe....

Il semble qu'il y a là une différence dans les moyens d'alimentation de la plante, et en effet l'analyse nous indique que les jeunes pseudobulbes sont moins riches en azote que les vieux, le contraire de ce qui arrive généralement. Il est curieux, à ce sujet, de constater que les praticiens ont depuis longtemps l'idée qu'il manque quelque chose aux plantes épiphytes; dans le but d'y remédier, j'ai souvent vu en Angleterre placer sous les bâches de serres à Orchidées des feuilles en décomposition. On espérait ainsi créer une atmosphère favorable à la végétation, avec l'idée probable de dégagement d'ammoniaque?

On peut donc penser qu'un faible apport d'azote nitrique serait avantageux au moment où les bourgeons de la plante commencent à évoluer. Sous quelle forme donner de l'azote? L'idée d'emploi de sels à base minérale doit être abandonnée; encore moins faudrait-il penser aux engrais organiques, liquides ou solides, pour ces épiphytes au mode de nutrition si délicat. Pour absorber l'azote sous une forme quelconque, il faudrait que les Cattleya prennent également un ou plusieurs éléments minéraux. Nous verrons plus loin combien peu utile serait cette absorption. Les conditions normales d'alimentation seraient modifiées, et les plantes pourraient à la longue souffrir d'une pléthore soit de potasse, de chaux ou de magnésie.

En résumé, il ne faudrait fournir de l'azote qu'à l'état soluble, immédiatement assimilable et sans danger d'introduction d'éléments minéraux dans les tissus de la plante. Le nitrate d'ammoniaque seul peut donc être conseillé, c'est sous cette forme que l'azote est pris dans la nature; mais il faut se rappeler que c'est un produit qui, sous un faible volume, renferme une forte proportion d'azote. Aussi devra-t-on être des plus prudent dans son emploi. Des solutions au $\frac{1}{10000}$ pourront être considérées comme un maximum à ne pas dépasser prudemment.

Je pense que l'affaiblissement des plantes après quelques années de culture, et leur couleur peu accentuée, doit être souvent dû à un léger manque d'azote dans leur alimentation. Il semble donc rationnel, pour assurer aux Cattleya le fonctionnement de leur mécanisme d'absorption, la formation de la chlorophylle, et pour éviter ainsi leur appauvrissement physiologique, de leur donner au moment de leur période de croissance un peu de nitrate d'ammoniaque en proportion infime. L'azotate donné sous une forme non convenable amènerait, après une période de végétation exubérante, un trouble dans la nutrition, qui, dans un délai plus ou moins rapproché, entraînerait la mort de la plante.

L'assimilation du carbone par les Cattleya est normale. L'examen microscopique de ces plantes révèle peu de grains d'amidon. Par contre, l'analyse y décèle des quantités relativement fortes de substances solubles et réductrices, probablement des glycoses. On trouve aussi dans les pseudobulbes des sucres non directement réducteurs de la liqueur de FEHLING, des gommes et des composés tanniques s'oxydant très rapidement à l'air en changeant de couleur.

Nous avons maintenant passé en revue l'assimilation de l'oxygène et de l'hydrogène, de l'azote et du carbone. Il convient de voir quels sont les éléments minéraux qui entrent dans la constitution des Cattleya. D'une manière générale, nous pouvons d'abord remarquer que les matières minérales sont plus abondantes dans les jeunes pseudobulbes (6,29) que dans les vieux (4,10). Il est assez facile d'expliquer ce fait quand on pense que, dans les conditions naturelles de végétation, les Cattleya vivent fixés à l'écorce des arbres et non sur un compost devenant de plus en plus terreux. D'autre part, il y a une migration des organes les plus âgés vers les plus jeunes, migration qui enrichit ces derniers surtout en magnésie et en acide phosphorique.

En résumé, les Cattleya contiennent très peu de matières minérales.

La silice est plus abondante (103,6) dans les jeunes pseudobulbes que dans les anciens (30,0). Au premier abord, ceci semble anormal ; on constate le plus souvent que la quantité de silice et de chaux croît avec l'âge des organes. On peut, il me semble, expliquer le fait ainsi : Les Cattleya sont des épiphytes ; leur racines ne puisent naturellement pas d'éléments nutritifs comme elles le font dans les fibres de Polypodium ; puis, dans la nature, ces plantes ne sont mouillées que par de l'eau de pluie qui ne renferme pas de silicates.

Au contraire, l'eau que nous mettons en abondance à la disposition des plantes contient des proportions notables de silice.

On trouve partout à peu près la même quantité de fer, cet élément existe en mélange organique extrêmement complexe ; son assimilation s'explique par sa présence dans l'humus, qui peu à peu devient soluble et dialysable, et aussi dans les eaux d'arrosage. L'eau de Seine en contient environ 0^g0025 par litre.

Chose curieuse, nous constatons exactement la même quantité de potasse dans les jeunes et dans les vieux pseudobulbes. Elle forme dans ses combinaisons presque un tiers du total des substances minérales.

Au Brésil, cette absorption de potasse paraît provenir de la décomposition des matières organiques et de leur dissolution entraînée par les eaux pluviales le long de l'écorce des arbres.

Cette source de potasse explique l'heureux choix que l'on a fait des fibres de Polypodium comme soutien pour ces plantes. Les Polypodium sont par eux mêmes extrêmement riches en potasse ; en se décomposant, ils produisent de l'humus léger et alcalin riche en potasse combinée aux matières organiques. Il semble bien que les quantités d'alcali mises ainsi à la disposition des Cattleya soient plus que suffisantes pour satisfaire à tous leurs besoins.

La chaux est l'élément dominant des cendres du *Cattleya labiata*.

On en trouve une plus forte proportion dans les vieux pseudo-bulbes que dans les jeunes, il est généralement connu d'ailleurs que la chaux s'accumule de préférence dans les organes les plus âgés des végétaux.

J'ai eu l'occasion, à plusieurs reprises, de constater, surtout dans le centre des vieux pseudobulbes, des raphides d'oxalate de chaux entrecroisés et formant des étoiles irrégulières. Les eaux d'arrosage, à elles seules, assurent largement tous les besoins des Cattleya en chaux.

Les eaux trop riches en chaux, surtout en sulfate de chaux — et ceci arrive fréquemment dans les environs de Paris — sont préjudiciables aux Cattleya. Les plantes ainsi traitées ont un aspect maladif qui indique nettement une modification désavantageuse de l'alimentation.

Il est intéressant de constater que la magnésie est plus abondante dans les cendres de Cattleya que dans celles de beaucoup d'autres végétaux. Les vieux pseudobulbes en contiennent 7,04 pour cent et les jeunes 8,05. Cette plus-value en faveur des organes jeunes est assez naturelle quand on compare leur teneur en acide phosphorique à celle des anciens. On sait que les composés complexes de magnésie, d'acide phosphorique et de matières organiques sont abondants dans les organes appelés dans un court délai à porter des fleurs, puis des fruits.

Tout comme pour la chaux, non seulement le soutien, mais les eaux que nous distribuons libéralement aux Cattleya, contiennent des quantités très appréciables de magnésie. L'eau de Seine contient par litre 0ᵍ0034 de carbonate de magnésie; l'eau de l'Ourcq, 0ᵍ0750, l'eau de la Dhuys 0ᵍ0082. Si la quantité de carbonate de magnésie devenait plus considérable, les eaux seraient d'un emploi désavantageux.

Nous arrivons à un des éléments les plus importants de l'économie végétale : je veux parler de l'acide phosphorique. Il est intéressant de voir ici se confirmer la règle de l'émigration des principes phosphorés dans les organes jeunes. Le vieux pseudobulbes en contiennent 1,92 pour cent de matière sèche et les jeunes 5,82. Les plantes puisent cet élément dans leurs matériaux de soutien. Dans la nature, l'humus le leur fournit peu à peu en combinaison organique. Nos fibres de Polypodium leur en livrent également. Il y a au sujet de cet élément indispensable une remarque à faire pour certains cas. Il semble parfois que l'acide phosphorique soit fourni en trop petite quantité, non pas dans les premières années de culture, mais quand arrive cette période de dépression physiologique dont nous avons déjà parlé à propos de l'azote. Il ne serait peut-être pas inutile, à ce moment, de donner aux plantes une proportion minime de phosphate d'ammoniaque en solution très diluée.

L'analyse nous a révélé un caractère curieux de la composition des cendres de *Cattleya labiata*. Elles contiennent des traces sensibles de manganèse, qui communiquent aux cendres fondues la teinte vert bouteille si caractéristique du manganate de potasse. Les quantités minimes de chlore et d'acide sulfurique, et aussi la rareté et la difficulté d'obtention de cendres de plantes coûteuses comme les Cattleya, ne nous ont pas permis de doser ces éléments d'une manière précise.

Il résulte de ces études que, tout comme les autres végétaux, les Orchidées, les Cattleya en particulier, contiennent tous les éléments minéraux reconnus indispensable à la vie des plantes; mais il faut bien remarquer que ces éléments sont en très petite proportion. Les chiffres suivants donneront une idée exacte de la composition d'un pseudobulbe de Cattleya surmonté de sa feuille et âgé de deux années.

Ce pseudobulbe pesait 32^g800, il renfermait 3^g596 de matière sèche et 29^g204 d'eau. Les 3^g596 de matière sèche contenaient 0^g04315 d'azote et 0^g16182 de matières minérales ainsi réparties :

Silice	0^g00485	Acide phosphorique	0^g00310
Fer	0^g00032	Chaux	0^g06149
Potasse	0^g04045	Magnésie. . . .	0^g01132

On voit combien est grande la différence d'alimentation de ces plantes avec les autres végétaux : les éléments minéraux sont en très petite proportion relativement au poids total de l'organe considéré.

En résumé, on peut voir au premier abord que l'idée de l'amélioration de la culture des Cattleya par l'emploi des engrais perd beaucoup de son importance dans tous les cas où on n'emploie pas d'eau de pluie pour les arrosages. Si l'eau de pluie est utilisée, on pourra, aux Cattleya comme à toutes les autres plantes, fournir des engrais complémentaires, qui en somme ne serviront qu'à fournir à ces plantes exactement la même quantité d'éléments utiles mis à leur disposition par la nature.

D'une manière générale, dans tous les cas, il faudra s'abstenir d'employer aucun engrais organique. Si les cultures entreprises avec toutes les précautions qu'a indiquées une longue pratique, ne donnent pas de résultats encourageants, il faudra porter toute son attention sur l'eau qu'on emploie, la faire analyser, pour voir si sa composition est normale ou si elle manque d'un ou plusieurs des éléments solubles dont la présence est nécessaire à la vie des Cattleya. Dans nombre de cas, on aura l'occasion de constater que ces eaux sont nuisibles parce qu'elles contiennent des proportions trop considérables de chaux ou d'acide sulfurique. Il faudra alors s'occuper de les améliorer et de les purifier.

Dans le cas où, après quelques années de culture soignée, on constaterait un dépérissement de la plante, non dû à des circonstances extérieures, il serait avantageux, avant la période de végétation, de faire quelques applications de nitrate, puis de phosphate d'ammoniaque en solutions au $\frac{1}{10000}$. Mais, et nous insistons particulièrement sur ce point, si vos plantes sont saines et vigoureuses, préoccupez-vous seulement de l'amélioration de vos procédés culturaux en ce qui concerne la ventilation, la température, les ombrages et l'humidité, et ne vous occupez pas des engrais. »

Cette conclusion, on le voit, concorde avec celle que j'ai exprimée plus haut.

* *
*

Je dois ajouter toutefois que certains genres d'Orchidées terrestres, qui sont cultivés dans un compost substantiel, ont besoin de recevoir de temps en temps des matières fertilisantes qui, mélangées à l'eau d'arrosage, restituent au compost certains éléments nutritifs dont il se dépouille à la longue. Il en est ainsi, notamment, des Calanthe, Anguloa, Lycaste, etc.

Fig. 60. — CALANTHE ✕ VEITCHI.

Les engrais employés en pareil cas sont le plus souvent le guano et la bouse de vache, dilués en faibles quantités; on s'en sert pour arroser les plantes deux ou trois fois pendant la période de végétation active, et spécialement pendant le printemps.

Parmi les substances fréquemment recommandées comme engrais, et qui peuvent être employées, dans certains cas, pour la culture des Orchidées semi-terrestres, il convient de citer la suie. On sait que cette matière est composée surtout de carbone excessivement divisé, qui est entraîné par la fumée dans les combustions incomplètes. Elle contient en outre une certaine quantité d'ammoniaque, de sulfites et de sulfates d'ammoniaque, gaz qui proviennent de la combinaison de l'azote mis en liberté avec l'hydrogène (AzH^3), puis de cet ammoniaque avec l'acide sulfureux et les autres composés oxygénés du soufre (on sait que beaucoup de charbons de terre renferment des produits sulfureux). La suie qui, comme tous les charbons, absorbe dans ses pores une quantité notable de gaz, contient jusqu'à deux et deux et demi pour cent d'ammoniaque; c'est de ce corps surtout que viennent ses propriétés fertilisantes; car il est mis en liberté lorsqu'on répand la suie en poudre sur le compost, et les eaux d'arrosage le dissolvent et le portent jusqu'aux racines.

En dehors de ces espèces, qui ne forment qu'une très faible minorité dans la famille orchidéenne, je considère l'emploi des engrais comme très dangereux, et j'ajoute qu'une prudence toute particulière me paraît s'imposer à ce point de vue aux horticulteurs, par cette raison que s'ils dépassaient le but ou forçaient la dose, il pourrait leur arriver — même de très bonne foi — de vendre des plantes vigoureuses, richement fleuries, et en apparence très florissantes, qui, au bout de quelques semaines ou de quelques mois, dépériraient et finiraient par mourir chez l'acheteur. Aussi me suis-je toujours refusé à laisser expérimenter, dans les serres de L'Horticulture Internationale, la culture à l'engrais des Orchidées non terrestres.

CHAPITRE XXV

La plupart des Orchidées peuvent être multipliées par sectionnement.

Pour la grande majorité des Orchidées à pseudobulbes, Cattleya, Laelia, Odontoglossum, Zygopetalum, Catasetum, etc., on opère de la façon suivante : On détache d'une plante un morceau muni d'un ou de plusieurs bourgeons, et par conséquent susceptible de produire une ou plusieurs pousses et de constituer une plante nouvelle. On rempote ce morceau séparément, et on le traite comme les autres plantes de la même espèce.

Le sectionnement doit s'opérer à la fin de la période du repos. Chaque morceau, stimulé par des arrosages abondants et par une légère élévation de température, émet bientôt des racines et ne tarde pas à entrer en végétation.

On doit opérer la division au moyen d'un canif bien tranchant, afin de faire des plaies aussi petites et aussi nettes que possible; en outre, il est bon de les recouvrir de charbon pulvérisé fin, ce qui empêche la pourriture.

On doit avoir soin de couper le rhizôme entre les pseudobulbes de façon à ne pas endommager ceux-ci.

Les Cypripedium se divisent d'une façon analogue; lorsqu'une plante possède plusieurs pousses, on glisse le canif entre deux pousses avec précaution, et on sectionne le faisceau des racines de façon à en laisser un certain nombre avec chaque morceau de la plante.

Les Dendrobium et autres genres qui produisent des pousses à diverses hauteurs des pseudobulbes sont plus faciles encore à diviser. On peut couper un pseudobulbe en deux ou plusieurs morceaux dans sa hauteur, de façon à laisser à chaque morceau une pousse munie de racines ; on obtient ainsi autant de plantes nouvelles.

On peut même provoquer la formation de pousses sur un pseudobulbe qui n'en a pas d'apparentes, en le déposant sur une couche de sphagnum entretenue bien humide, de préférence avec un peu de chaleur de fond. Un peu d'obscurité est favorable au développement des racines et des bourgeons, et l'on obtiendra des résultats excellents en plaçant les morceaux à traiter en couche chaude.

Les Vanda, Angraecum et autres Orchidées caulescentes peuvent être multipliées par sectionnement de la tige ; comme ces Orchidées émettent généralement des racines à diverses hauteurs de l'axe végétatif, il suffit de couper celui-ci un peu au-dessous du point d'origine d'une racine ; le morceau ainsi obtenu sera donc à même de se suffire, et la plante mère ne tardera pas à émettre de nouveaux jets, soit à la base, soit à un point quelconque de la tige.

Les Calanthe à pseudobulbes, du groupe *C. vestita*, *C.* × *Veitchi*, etc., se multiplient très aisément de la même façon que les pommes de terre de nos champs. Après que les pseudobulbes ont passé la saison du repos dans un compost absolument sec, ou même dans un sac de papier, on peut les couper en morceaux et les rempoter séparément. Chaque morceau d'une certaine grosseur produit une plante nouvelle.

J'ai dit que l'époque qui précède immédiatement le retour de la végétation, à la fin du repos, était particulièrement favorable à la reprise des plantes divisées ; on conçoit en effet que l'activité plus grande de la sève à cette époque facilite singulièrement cette reprise. Néanmoins, on peut parfaitement diviser la plupart des Orchidées à une autre période de leur croissance. Les pousses n'en souffrent pas plus que d'un rempotage ordinaire, et elles sont vite remises moyennant quelques précautions. Il n'y a d'exception que dans un cas particulier; c'est lorsque l'on veut diviser une plante, Odontoglossum, Cattleya, qui n'a qu'une seule pousse. L'autre morceau, muni d'arrière-bourgeons non développés aux saisons précédentes, peut parfaitement entrer en activité; mais c'est là une opération assez délicate, qui exige des soins particuliers, analogues à ceux à donner aux plantes d'importation, et pour laquelle le début du printemps est naturellement plus favorable.

Si le succès, dans ce cas, est plus difficile, on conçoit aussi que les avantages de cette opération sont particulièrement grands. En effet, toute l'activité végétative se portant vers la nouvelle pousse, les anciens yeux sont certains de ne pas se développer si la plante reste intacte, et par conséquent la plante, tout en possédant un certain nombre de pseudobulbes, ne se compose effectivement que d'une seule pousse. Au contraire, en la divisant, on a beaucoup de chances de faire rentrer en activité un ou plusieurs des arrière-bourgeons, et par conséquent d'obtenir deux ou plusieurs pousses au lieu d'une.

Un autre moyen de multiplier les Orchidées dans nos serres, et d'obtenir en même temps des nouveautés d'une infinie diversité, c'est celui que fournit

L'Hybridation

L'hybridation offre à l'amateur un intérêt particulier dans la famille orchidéenne, où la fécondation naturelle fait défaut sous nos climats, et où la reproduction par division est elle-même très limitée. C'est une façon charmante de s'intéresser à ses plantes que de les inventer soi-même, de les créer, de les voir naître, grandir et enfin fleurir, ce qui représente plusieurs années d'espérance, c'est-à-dire de bonheur ; et parfois on obtient ainsi des acquisitions merveilleuses. Toutefois l'éducation de ces élèves demande des soins si longs et si délicats que bien des personnes reculent devant un tel effort ou y échouent.

Je me propose de donner à ceux que l'hybridation pourrait tenter quelques indications sur la façon dont elle s'opère ; après avoir traité de la fécondation même et de l'éducation des semis, je consacrerai quelques notes aux cas particuliers formant exception, ainsi qu'à l'examen de la structure des organes de la reproduction dans divers genres.

Le choix même des sujets à employer réclame quelques observations spéciales, que je développerai ultérieurement ; il en est une cependant, dont l'importance est telle que je dois la mentionner avant d'aller plus loin, c'est qu'on ne peut opérer qu'avec des espèces ou variétés (ou des hybrides) du même genre, ou de genres extrêmement rapprochés. Ainsi l'on peut faire un croisement entre Cattleya et Laelia, ces deux genres n'étant séparés que par une différence presque invisible ; les Phajus et les Calanthe, ceux-ci et les Limatodes, les Sophronitis et les Epidendrum, les Cypripedium et les Selenipedium pourront être fécondés respectivement les uns par les autres ; mais il serait impossible d'opérer l'hybridation d'un Cattleya avec un Cypripedium, ou d'un Dendrobium avec un Vanda. Les mêmes motifs produisent dans le règne animal les mêmes impossibilités.

On a même constaté de cette façon des rapprochements et des différences assez inattendues. C'est ainsi que les croisements entre Cypripedium et Selenipedium ont produit des plantes qui se sont constamment refusées à fleurir.

Ceci dit, passons à l'opération mécanique de la fécondation. Les organes de la reproduction, dans les Orchidées, sont faciles à trouver et bien reconnaissables. Je ne m'étendrai pas ici sur les particularités qu'ils présentent dans telle ou telle espèce. Il suffit de savoir qu'au lieu d'être séparés comme dans les autres familles, où les étamines, portant le pollen ou poussière fécondante, sont distinctes des pistils où se trouvent les stigmates qui doivent le recevoir, les organes mâles et femelles se trouvent réunis sur le corps allongé et charnu placé au centre de la fleur et nommé *colonne* ou *gynostème*. Le pollen, au lieu d'être à l'état de poussière, est aggloméré en petites masses solides, de couleur jaune, de nombre variable, qu'on appelle les polli-nies. Elles se trouvent à l'extrémité de la colonne, un peu en dessus, et sont recou-vertes d'une sorte de capuchon qui tombe au moindre frottement. Quant à l'organe femelle, c'est-à-dire au stigmate, il se trouve placé à peu de distance au-dessous des pollinies; c'est une surface légère-ment concave, qui sécrète une matière transparente et visqueuse (voir p. 12).

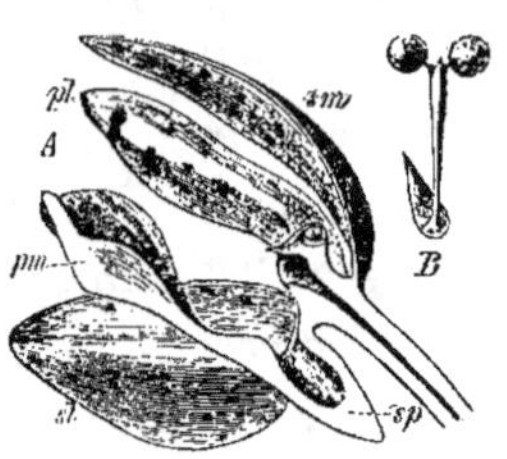

Fig. 61. — SACCOLABIUM
GIGANTEUM.

A, coupe longitudinale de la fleur.
sl, *sm*, sépales.
pl, un des pétales.
pm, labelle.
sp, éperon.
B, appareil pollinique.

Notons que les Catasetum, et peut-être quelques autres genres, font exception à ces règles de structure et produisent des fleurs mâles et des fleurs femelles. Cette matière est d'ailleurs très obscure encore aujourd'hui; on y trouverait assurément la cause de bien des faits de dimorphisme et de bien des cas de stérilité inexpliqués jusqu'ici.

Quoi qu'il en soit, on comprend aisément que la fécondation naturelle est impossible dans les Orchidées. La nature semble n'avoir rapproché les deux organes que pour mieux les séparer. Les pollinies sont cachées par un capuchon, et placées à la même hauteur ou plus bas que le stigmate; si même un choc accidentel les fait tomber, elles ne peuvent tomber sur lui.

L'opération de la fécondation artificielle est très simple. On re-cueille, avec un pinceau ou un morceau de bois effilé, le pollen de la fleur qu'on a choisie comme mâle, et on le dépose sur le stig-mate de l'autre. Le pollen de plusieurs espèces, notamment de la plupart des Cypripedium, est de consistance visqueuse et s'enlève très aisément; le stigmate étant d'ailleurs constamment lubrifié d'une substance gluante, les pollinies y resteront fixées sans peine. En même temps qu'on les dépose sur le stigmate de la fleur choisie, on peut enlever les pollinies de celle-ci, afin d'être certain qu'elles ne viendront pas en contact à leur tour avec l'organe femelle ; mais ce soin est à peu près superflu, puisque l'auto-fécondation ne peut se produire sans le concours des insectes ou de l'homme ; il est vrai qu'au bout de quelques jours la fleur se fane et s'affaisse, et qu'alors le contact peut avoir lieu ; mais à ce moment il est trop tard pour qu'il y ait des inconvénients, car la superfétation n'est plus possible. Je crois donc inutile de déplacer les pollinies, d'autant plus qu'en les enlevant on s'exposerait à les secouer et à amener soi-même le résultat qu'on se propose d'éviter.

On n'est pas exactement renseigné sur la structure du pollen et du stigmate, et cette ignorance entrave évidemment pour beaucoup les travaux des novateurs, qui se voient forcés d'opérer un peu à l'aventure. Ainsi, il est certain que les organes mâle et femelle doivent être arrivés à leur complet développement pour que la fécondation réussisse bien, et le moment propice est difficile à discerner. On peut cependant poser en principe que le pollen devra être pris deux ou trois jours après l'épanouissement de la fleur, ou même au bout d'une semaine pour les espèces dont la fleur a une très longue durée. De plus, on a remarqué fréquemment qu'il est préférable d'opérer par un temps clair et chaud, et vers le milieu de la journée ; voici, je crois, comment on peut expliquer cette particularité.

On sait comment s'opère la fécondation des végétaux. Le pollen, déposé sur le stigmate, produit des prolongements grêles qui pénètrent par les pores de celui-ci, parcourent le style (la colonne, pour les Orchidées ; c'est d'ailleurs le même mot) et s'introduisent enfin dans l'ovaire où ils viennent féconder les ovules, ou petites graines en puissance, qui n'attendent que ce contact pour se développer. Or, quelle est la cause qui donne lieu à la production des prolongements du pollen ? C'est uniquement l'humidité. Le stigmate est, comme on sait, recouvert d'une couche de liquide plus ou moins visqueux. Cette sécrétion n'existe pas toujours au début de l'épanouissement de la fleur ; mais elle apparaît au moment propice, et constitue un indice de l'instant physiologique où l'activité de l'organisme afflue vers la reproduction.

Le pollen étant donc déposé sur le stigmate, l'humidité de celui-ci le pénètre peu à peu. Cette humidité a pour effet de faire gonfler la masse intérieure, tandis que l'épiderme ne se modifie pas; par suite, l'enveloppe ne tarde pas à devenir trop étroite pour son contenu, elle crève sous l'effort du pollen gonflé, et celui-ci projette alors ses tubes effilés qui cherchent leur chemin en avant et s'introduisent dans les pores, comme je l'ai indiqué.

On peut tirer de ce qui précède une conclusion pratique intéressante. C'est que le pollen doit être sec avant d'être porté sur le stigmate. S'il était humidifié auparavant, il crèverait son enveloppe et formerait des protubérances, rudiments de tubes polliniques; mais ces tubes ne pourraient pas se développer, faute de trouver le milieu convenable, et l'effort s'arrêterait là. Et, une fois ce phénomène produit, le pollen n'est plus utilisable, il est épuisé. L'humidité du stigmate ne peut exercer sur lui aucune action, puisqu'il est déjà gonflé et saturé d'humidité. Il est inerte, comme un ressort détendu.

On peut admirer la disposition adoptée par la nature qui, dans les Orchidées, recouvre les pollinies d'une sorte de capuchon grâce auquel elles sont complètement à l'abri de l'humidité. Dans certains genres, le genre Catasetum par exemple, il y a non seulement un capuchon, mais encore une seconde enveloppe qui s'emboîte exactement sur les pollinies. Mais tandis que celles-ci restent collées au dos d'un insecte, au doigt d'un visiteur, par le rétinacle visqueux, l'enveloppe pend vers le bas, et doit tomber en vertu de sa seule pesanteur.

J'ai parlé de la prévoyance de la nature. C'est qu'en effet elle semble avoir réservé ces précautions pour le cas où elles étaient nécessaires. Dans nos plantes de pleine terre européennes, où les étamines, chargées de pollen pulvérulent, sont à côté des pistils, soit sur la même fleur, soit sur une fleur voisine, soit même sur une plante différente croissant près d'elle, le vent seul suffit à assurer la fécondation, et celle-ci se fait le plus facilement du monde. Il n'est donc pas nécessaire que le pollen soit préservé. De très fortes pluies peuvent bien, quelquefois, le mettre en péril; mais il faudrait qu'elles se produisissent juste au moment propice, au moment où les anthères s'entr'ouvrent, et avant que le pollen soit entré en contact avec l'organe femelle; cela ne peut arriver que rarement. Et d'ailleurs ce serait miracle que, ça et là, quelque anthère ne fût pas abritée contre la pluie et conservée pour perpétuer la plante.

Dans les Orchidées, au contraire, un long temps peut s'écouler entre le moment où l'anthère est mûre et celui où la fécondation s'opère, puisqu'il faut pour celle-ci l'intervention d'une action étrangère. Le pollen doit donc être bien abrité contre l'humidité, et c'est à quoi la nature a pourvu.

Les amateurs qui veulent se livrer aux attrayantes études de la fécondation artificielle doivent donc avoir soin de ne pas laisser le pollen exposé à l'humidité avant de l'employer. Le mieux est de le recueillir sur place, et de s'en servir immédiatement. Et pour ne courir aucun risque d'accident, je conseillerais volontiers de transporter les deux sujets dans une serre sèche pour les opérer, ou d'attendre une heure de la journée où le soleil est bien chaud. On a déjà remarqué souvent que les fécondations réussissent mieux dans les jours de beau soleil, et vers le milieu de la journée. Pour moi, la seule cause de ces différences est celle que je viens de signaler.

Lorsque le pollen est déposé sur le stigmate, il se produit diverses actions encore mal expliquées; il est très probable que le liquide dont l'organe femelle est enduit exerce sur le pollen une stimulation particulière qui lui fait atteindre son complet développement et un état d'activité parfaite; d'autre part, la présence du pollen produit une excitation mécanique des tissus du stigmate et de l'ovaire, indépendante de ses propriétés fécondantes par rapport à ce dernier. Il arrive quelquefois, en effet, que l'ovaire se gonfle et forme une cosse qui atteint toute sa croissance et mûrit, sans que la fécondation ait eu lieu; lorsqu'on ouvre l'enveloppe on la trouve complètement vide de graines.

Dans les conditions normales, la fécondation réussit généralement; elle se manifeste au bout de quelques jours par un léger affaissement de la colonne, puis des segments; le rostellum se gonfle peu à peu; enfin la fleur se flétrit et tombe; toutefois elle persiste fort longtemps dans quelques espèces (Cypripedium, Zygopetalum, Colax, etc.). Elle s'épaissit alors, se raccornit et se dessèche en prenant une couleur brunâtre. Il reste à attendre que la graine se forme et mûrisse; cette attente peut être de très longue durée, parfois dix, douze, et jusqu'à quinze mois.

Voici le relevé de quelques observations concernant la durée de la maturation des graines :

Cattleya du groupe *labiata,* onze à treize mois.
Cypripedium Spicerianum, onze à douze mois.
Cypripedium insigne, dix mois.
Laelia purpurata, neuf mois.
Phalaenopsis Schilleriana, six mois.
Masdevallia, quatre mois.
Calanthe, trois à quatre mois.
Zygopetalum Mackayi × *Z. maxillare,* six mois.
Odontoglossum maculatum, douze mois.
Dendrobium aureum, douze mois.
Anguloa Clowesi, douze mois.
Chysis bractescens, douze mois.
Bifrenaria Harrisoniae, douze mois.

On trouvera également des renseignements du même genre dans les travaux d'un semeur des plus experts, M. A. BLEU, ancien Secrétaire général de la Société Nationale d'Horticulture de France, qui a pratiqué avec des succès très brillants un grand nombre d'hybridations.

Voici notamment quelques chiffres relevés dans une note que M. BLEU communiqua en 1884 à la Société Nationale d'Horticulture de France. Ils se rapportent au délai nécessaire pour la complète maturation :

Angraecum sesquipedale, sept mois.
Cattleya amethystina, douze mois.
» *labiata,* treize mois.
» *Loddigesi,* dix mois.

Cattleya bicolor, dix mois.
» *gigas,* seize mois.
» *labiata Pescatorei,* dix-sept mois.

Cattleya Mossiae, onze mois.
   »   *Percivaliana,* dix mois.
   »   *Warneri,* dix mois.
Cypripedium Bullenianum, huit mois.
   »   *Chantini,* treize mois.
Laelia purpurata, de neuf à dix mois.
   »   *crispa,* onze mois.
   »   *Perrini,* dix-huit mois.
   »   *Pineli,* vingt mois.
Leptotes bicolor, douze mois.

Lycaste tetragona, cinq mois.
Odontoglossum vexillarium, huit mois.
   »   *grande,* six mois.
Oncidium Papilio, dix mois.
Peristeria elata, huit mois.
Phalaenopsis amabilis, six mois.
   »   *grandiflora aurea,* six mois.
   »   *Schilleriana,* cinq mois.
Stanhopea oculata, cinq mois.

On ne doit pas perdre de vue, cependant, que ces données sont approximatives, et que la graine se formera et mûrira plus ou moins rapidement selon que la plante sera plus ou moins vigoureuse, et surtout selon la quantité de chaleur et de lumière qu'elle aura reçue pendant cette période. Il est indispensable, en effet, qu'elle soit bien exposée au soleil depuis la fécondation jusqu'à la maturité complète ; c'est le soleil qui fait les graines.

Dans beaucoup d'espèces, le simple enlèvement des pollinies produit sur la fleur dans laquelle on l'a opéré un effet analogue à celui de la fécondation elle-même, mais toutefois plus lent à se manifester. Quelques jours après qu'on a enlevé les masses polliniques, la fleur referme ses sépales et ses pétales, et elle ne tarde pas à se faner.

Enfin M. BLEU a observé que le temps nécessaire pour le complet développement de l'ovaire et la formation de la capsule est équivalent au tiers du temps exigé pour son arrivée à maturité; il est donc intéressant de noter la date de la fécondation pour pouvoir prévoir à peu près l'époque où la graine sera mûre; il arrive parfois, en effet, qu'une capsule déhiscente, à ce moment, s'entr'ouvre et laisse échapper une grande partie de la semence, et on doit redoubler de surveillance dès que la coque est à peu près sèche, afin d'éviter un accident de ce genre; le mieux est de l'entourer d'un cornet de papier à sa base pour recueillir les graines. Lorsqu'enfin la capsule est tout à fait sèche et s'entr'ouvre sous la pression de la main, on la détache de la tige, on recueille la graine et on la sème immédiatement; il ne sera pas inutile, cependant, d'examiner au préalable si elle est en état de produire.

La fructification semble être souvent un effort un peu excessif pour les forces des Orchidées de nos serres; c'est ainsi que s'explique, notamment, le temps très long qu'exigent les graines pour se former. Aussi n'est-il pas surprenant qu'un grand nombre d'entre elles avortent; DARWIN écrivait qu'il en avait trouvé à peine une bonne sur les milliers que contenait une capsule.

Il est vrai que les Orchidées produisent des graines en nombre énorme. On en a observé près de deux millions dans une seule capsule de Maxillaria; et si l'on considère que beaucoup d'Orchidées portent chaque année de nombreuses grappes couvertes de fleurs, on peut évaluer à plusieurs centaines de millions la quantité de graines que chaque plante de ces espèces répand autour d'elle.

On pourra s'assurer de la qualité des graines en les plongeant dans du vinaigre et en les examinant au microscope; chacune doit contenir un germe se présentant sous la forme d'une petite tache noire; s'il fait défaut, les graines sont stériles et peuvent être jetées.

A quelle époque convient-il de les semer? J'ai dit plus haut : immédiatement après les avoir recueillies; à ce sujet un amateur très compétent m'écrivait qu'il avait obtenu de bons résultats en semant des graines de Cypripedium un an après les avoir récoltées. Je soumets le fait à l'appréciation et aux expériences des chercheurs, mais jusqu'à ce que des observations assez concluantes et assez nombreuses aient mis en lumière des motifs sérieux d'adopter un nouveau système, je ne crois pas qu'il y ait lieu de modifier le procédé employé partout jusqu'ici avec les meilleurs résultats, et probablement le plus conforme au vœu de la nature.

Pour semer les graines reconnues fécondes, il convient de prendre de grandes précautions; les graines d'Orchidées sont excessivement ténues et légères, et comparables à une fine poussière. Elles ne germent qu'à la condition de ne pas être recouvertes; il faut donc les déposer à la surface du compost et veiller à ce qu'elles ne se perdent pas dans les touffes du sphagnum. Pour les Cypripedium, les Lycaste, les Calanthe et autres espèces semi-terrestres, et même pour les Cattleya, il serait peut-être possible d'user d'un mélange plus compact et plus homogène; la terre fibreuse, suffisamment comprimée, remplirait peut-être les conditions nécessaires; mais elle a l'inconvénient de se recouvrir très rapidement de conferves; en somme, il paraît préférable de semer dans tous les cas les graines sur le compost d'une plante du même genre que les parents, qui doit leur fournir évidemment un milieu mieux approprié à leurs besoins que les divers mélanges que l'homme pourrait imaginer.

Lorsqu'on a soigneusement choisi le récipient sur lequel devront être déposées les graines, on secoue la capsule qui les contient auprès de la surface du compost, afin d'éviter qu'elles soient lancées au dehors; puis on met la capsule de côté, dans un endroit sec, et au bout de quelques jours on recommence la même opération pour recueillir un certain nombre de nouvelles graines qui ont pu mûrir dans l'intervalle. On les arrose ensuite avec précaution, pour ne pas les chasser hors du vase; au bout d'un temps assez court, elles se gonflent, puis forment une protubérance qui, peu à peu, devient une petite feuille; les racines viennent un peu plus tard.

Les pots ensemencés doivent être placés dans un endroit assez obscur. En effet, les graines contiennent beaucoup de carbone, et il faut, pour qu'elles germent, que ce carbone se transforme en acide carbonique par combinaison avec l'oxygène de l'eau. Cette combinaison ne se produit bien que dans l'obscurité; à la lumière l'oxygène se dégage, et le carbone se fixe.

Il faut également avoir soin d'entretenir le compost constamment humide; un moment de sécheresse suffirait pour tuer la jeune semis.

Au bout de huit à dix mois, en général, la jeune plante devient visible; mais ce délai est assez variable, et s'étend parfois à un an et demi; pendant toute cette période, il faut éviter de repiquer les semis; en procédant trop tôt à cette opération, on risquerait d'en perdre un grand nombre. Une fois qu'ils ont poussé quelques petits pseudobulbes, ou pour les Cypripedium deux ou trois feuilles, et qu'on peut les manier sans danger, on les déplante et on les repique sur les bords d'un pot ou d'un panier qu'on place aussi près que possible du vitrage ; il faut avoir soin de ne pas les laisser se dessécher. Une fois qu'ils ont été replantés et qu'ils ont poussé des racines dans leur nouveau compost, leur existence est à peu près assurée ; les pousses deviennent de plus en plus fermes, et les bulbes plus vigoureux et plus forts. Au bout de deux ou trois ans certains hybrides donnent déjà des fleurs ; mais un grand nombre d'autres exigent six ans, et même davantage ; les plus lents sont les Cattleya et quelques autres Orchidées à bulbes durs, qui ne fleurissent parfois qu'au bout de dix à quinze années.

Quoique ces conditions varient beaucoup d'une espèce à une autre, et même pour une seule espèce, en raison des soins donnés aux semis, de la vigueur des parents, de la plus ou moins bonne maturation des graines, etc., il est intéressant de citer des observations faites par un cultivateur qui s'est spécialement occupé d'hybridations ; voici quelques indications au sujet du temps que demande la croissance des semis :

Le *Dendrobium aureum* × *D. nobile* fleurit après trois à quatre ans ; les hybrides de Phaius et de Calanthe, de même ; de Chysis et de Masdevallia, après quatre à cinq ans ; de *Zygopetalum*, après cinq à neuf ans ; de *Zygopetalum Mackayi* × *Z. maxillare* et inversement, après neuf ans ; de Lycaste, après sept à huit ans ; de Laelia et Cattleya, après dix à douze ans environ (cependant le *Laelia* × *triophthalma* fleurit huit ans après avoir été semé ; en revanche le *L.* × *caloglossa* prit dix-neuf ans) ; enfin le *Seleni-pedium* × *Sedeni* n'a pris que quatre ans.

Dans le genre Phalaenopsis, la graine présente au bout de quatre mois un renflement considérable, et une protubérance centrale en forme de pointe ; au bout de neuf mois elle porte un rudiment de feuille et de racine ; après quinze mois, une feuille développée et une racine naissante ; le vingt-deuxième mois, deux feuilles et une longue racine ; le vingt-septième, trois feuilles et deux racines ; elle augmente ensuite régulièrement et rapidement.

Les Cypripedium présentent une feuille et un commencement

de racine au bout de six mois; au bout de neuf mois la feuille et la racine sont bien formées, et une seconde feuille apparaît; le douzième mois, c'est la troisième, et des racines nouvelles se produisent; à seize mois, quatre feuilles sont complètement développées.

Les Dendrobium ont une feuille à sept mois, deux feuilles et une racine à un an; puis une pousse latérale apparaît; à dix-huit mois elle est développée; à deux ans, la plante a déjà un petit pseudobulbe et une pousse assez longue.

Les Cattleya forment une feuille entière en neuf mois; en un an, quatre petites feuilles et deux ou trois pointes de racines; en dix-huit mois, cinq grandes feuilles et plusieurs fortes racines, sur une seule pousse; la seconde pousse apparait à la fin de la seconde année.

Choix des plantes utilisées pour la fécondation

Le choix des plantes destinées à être utilisées pour l'hybridation est assez délicat, à un double point de vue : d'abord il faut prendre des exemplaires assez vigoureux pour avoir des chances de fournir une progéniture; en second lieu, il faut choisir les espèces avec grand soin en vue d'obtenir un produit remarquable, soit par sa grandeur, soit par sa floribondité, soit par l'éclat ou la rareté de son coloris, etc.

La fructification étant pour les Orchidées qui vivent sous nos climats, un effort assez grand, et qu'elles ne parviennent guère à accomplir en moins d'une année, il est indispensable de choisir pour les y soumettre des plantes bien vigoureuses; mais qu'on ne s'en rapporte pas uniquement, pour juger de cette vigueur, aux indices fournis par la floraison ou le nombre des pousses. Il arrive fréquemment qu'une plante qui a produit pendant une saison une croissance luxuriante ne fleurit pas à la saison suivante; ses forces ont été dépensées pour les pousses; à plus forte raison, si elle fleurit, ne saurait-elle former des graines.

Il faut donc choisir des plantes dont la croissance et la floraison n'ont pas été trop abondantes, pourvu qu'il n'y ait pas là un signe de faiblesse. Il serait peut-être utile, à ce point de vue, de retrancher les fleurs non fécondées pour réserver toute l'activité de la sève au profit de la fructification.

J'ai indiqué plus haut une des règles à observer en ce qui concerne le choix des sujets dans un même genre, ou dans deux genres très rapprochés. En ce qui concerne les hybrides, c'est une opinion assez répandue qu'ils sont stériles, et il arrive assez fréquemment qu'ils le sont dans d'autres familles végétales ; mais il n'en est pas de même dans la famille des Orchidées. Des résultats excellents ont été obtenus par le croisement d'hybrides avec des espèces ou d'hybrides entre eux ; on est parvenu déjà à la troisième ou quatrième génération d'hybrides, et par conséquent il y a tout lieu de supposer que rien n'empêchera de pousser plus loin.

Il est même à remarquer que les hybrides sont très fréquemment plus robustes, plus vigoureux et plus florifères que les espèces dont ils sont issus ; c'est d'ailleurs un fait que l'on constate dans tout le règne végétal, et qui vient à l'appui de la grande théorie de Darwin, que la nature semble avoir horreur de la fécondation directe et favoriser la fécondation croisée. Pour en citer un exemple bien connu, le groupe des Selenipedium issus du *longifolium* et du *S.* × *Sedeni* est remarquable par une floribondité exceptionnelle. Ces hybrides sont en fleurs pendant presque toute l'année.

Il convient cependant de remarquer que parmi les fleurs qui se succèdent sur une même tige dans les *S.* × *Sedeni*, *S.* × *cardinale*, *S.* × *calurum*, etc., les dernières sont souvent malformées, et certains de leurs segments floraux manquent ou sont soudés entre eux. Il convient aussi de rappeler que, si les hybrides entre Cypripedium ou entre Selenipedium réussissent parfaitement, le croisement de Cypripedium avec Selenipedium a produit des plantes qui ont grandi normalement, mais n'ont jamais fleuri.

Les Orchidées rustiques, d'autre part, présentent une confirmation intéressante de la règle dont je parlais plus haut. En effet, on est parvenu à obtenir des hybrides entre Cypripedium exotiques et Cypripedium indigènes ; or, on a remarqué que le délai de maturation des graines de ces hybrides était sensiblement plus court que le délai de maturation des graines d'espèces exotiques, et représentait à peu près la moyenne entre ceux qu'exigent les plantes des deux catégories.

D'une façon générale, on obtient le même résultat en opérant deux croisements inverses, c'est-à-dire en prenant chaque espèce, tour à tour, comme porte-semence et comme porte-pollen.

Il se produit néanmoins de légères variations ; mais il en est de même, presque toujours, entre les plantes issues de graines de la même capsule. Tous les semis ne sont pas absolument identiques ; les uns sont plus ou moins colorés, les autres plus ou moins grands ; certains se rapprochent davantage d'un parent ou de l'autre.

Une autre matière qu'il serait intéressant d'approfondir, c'est la fixité des

Fig. 62. — Calanthe × Veitchi (fleur).

hybrides. Les produits ainsi obtenus seront-ils susceptibles de se perpétuer par semence ? Quelques faits permettraient d'en douter. J'ai entendu rapporter, par exemple, que des graines de *Calanthe × Veitchi* (voir fig. 60 et 62) avaient donné naissance à des plantes qui, en fleurissant, reproduisirent le *C. vestita*, l'un des parents auxquels la plante mère devait son origine.

Aux amateurs qui désirent obtenir des hybrides remarquables et d'un caractère nouveau, je conseillerai d'utiliser, de préférence, les Orchidées encore rares, et que peu d'amateurs possèdent, et aussi les espèces qui fleurissent à contre-saison, soit par suite de récente importation, soit pour tout autre motif. Une espèce qui fleurit d'ordinaire en juillet et une qui fleurit en janvier ont peu de chances de se trouver fécondées l'une par l'autre. Celui qui peut opérer ce croisement obtient à coup sûr une rareté.

Quand il s'agit d'une importation, c'est-à-dire d'une plante qui fleurit pour la première fois, il est de beaucoup préférable de la choisir comme père et non pas comme porte-graine. Ce serait une grande fatigue, pour une plante qui vient déjà de supporter de grandes privations, que de produire des fruits ; il vaut mieux diriger toutes ses forces vers la formation des pseudobulbes qui assurent l'avenir.

Il convient de consacrer ici une mention spéciale aux genres, peu nombreux d'ailleurs, dans lesquels les sexes sont séparés sur des fleurs

Fig. 63. — CYCNOCHES PENTADACTYLON
(fleur mâle).

différentes ; tels sont les Catasetum et les Cycnoches. L'apprenti semeur perdrait son temps à vouloir féconder une de ces fleurs par elle-même. Il faut avoir sous la main des fleurs des deux sexes, ce qui ne se rencontre pas très fréquemment.

Les Catasetum sont remarquables, en outre, par une conformation des plus curieuses, destinée visiblement par la nature à assurer la fécondation des fleurs.

Le rétinacle visqueux est inséré dans le repli du rostellum; le pédicelle des pollinies recouvre celui-ci, et les pollinies sont maintenues en place dans le clinandre par le capuchon de l'anthère; par suite, le pédicelle est fortement courbé et tendu comme un arc.

D'autre part, la colonne porte à sa partie inférieure deux longues antennes, parallèles sur presque toute leur longueur, mais divergentes à leur sommet, qui se prolongent jusqu'à la base du labelle, parfois jusqu'au fond du sac formé par cet organe.

Fig. 64. — CYCNOCHES PENTADACTYLON
(fleur femelle).

L'une de ces antennes est inerte (celle de gauche en regardant la face inférieure de la colonne); mais l'autre agit comme un ressort à détente d'une délicatesse extrême. Dès qu'elle reçoit le plus léger contact, elle soulève l'opercule de l'anthère; par suite, le pédicelle des pollinies, n'étant plus maintenu, se détend avec une extrême violence, de sorte que tout l'appareil pollinique est projeté à une certaine distance, généralement sur le doigt de l'observateur, ou sur le dos de l'insecte qui visitait la fleur; le rétinacle visqueux y reste alors adhérent; il est même difficile à détacher.

Les Mormodes présentent une conformation assez analogue. Toutefois, les antennes n'existent pas dans ce genre. C'est l'opercule de l'anthère qui remplit lui-même l'office de ressort, et se détache au moindre contact, en même temps que l'appareil pollinique qui est vivement projeté.

à

le
nt
n-
ju

es
s-
lu
e,
st
e-
je
rit
te
ès
er
r-
le
nt
ec
te
je
s-
le
ir
il
ix

s,
r-
je
ir

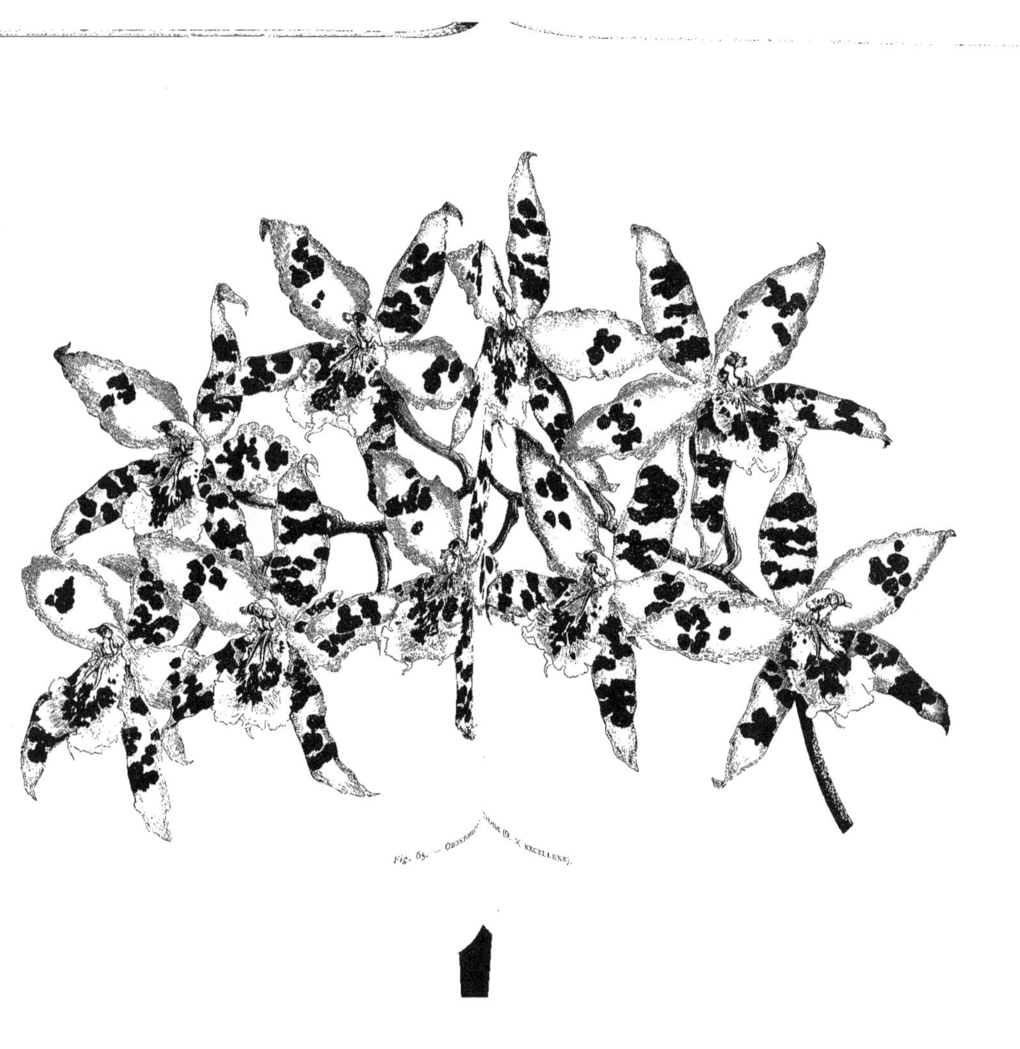

Fig. 65. — Odontoglossum (O. × excellens).

Remarquons toutefois que les Mormodes sont hermaphrodites, à la différence des Catasetum.

Le genre Coryanthes est remarquable par la conformation extraordinaire de son labelle. Cet organe, qui atteint un développement considérable, est formé de trois parties distinctes : l'*épichile*, ou partie basale, forme une vaste expansion charnue, soit étalée en plateau, comme dans le *C. speciosissima*, soit repliée en capuchon, comme dans le *C. maculata* (fig. 66) et le splendide *C. Bungerothi*; le *mésochile*, simple tige plus ou moins irrégulière et dentée reliant les deux autres parties; et l'*hypochile*, présentant la forme d'un seau aux bords légèrement évasés.

Ce seau est ouvert d'un côté seulement et se termine de ce côté par deux proéminences ayant l'aspect et la consistance de cornes transparentes, au-dessus desquelles vient se placer l'extrémité du gynostème, qui masque et ferme presque

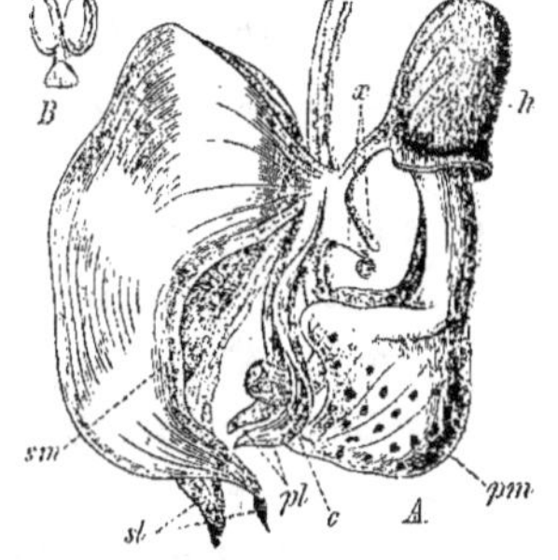

Fig. 66. — CORYANTHES MACULATA.

h, épichile, avec ses deux appendices en x.
pm, hypochile.
c, sommet du gynostème.
B, appareil pollinique.

l'issue du seau. Enfin la colonne porte à sa base, contre la naissance de l'épichile, deux petits appendices recourbés qui surplombent l'intérieur du seau et y laissent tomber continuellement des gouttes d'un liquide légèrement visqueux.

Il est à noter que le fond du seau forme, près de l'ouverture servant de sortie, un repli charnu qui constitue une sorte de barrage et retient le liquide. Toute cette conformation est très intéressante à observer, et semble véritablement conçue en vue de la fécondation de la fleur par les insectes.

La fécondation des Coryanthes est effectuée d'ordinaire par des insectes ailés, assez volumineux, remuants et très bruyants, qui se pressent en foule autour des fleurs, surtout aux premières heures de la journée, et se battent entre eux pour parvenir à s'y poser. L'objet de leur empressement paraît être de se nourrir d'une certaine partie du tissu de la fleur, qu'ils dévorent avec voracité (partie qui semble être le capuchon de l'épichile). En se heurtant les uns contre les autres, ils tombent fréquemment dans le fond du seau; ils ne peuvent s'en échapper en volant, leurs ailes étant mouillées; ils rampent donc vers l'ouverture inférieure du seau, par laquelle ils ne peuvent sortir qu'avec effort, et en se pressant contre l'extrémité de la colonne, ils détachent les pollinies, qui restent fixées à leur dos.

Une fois séchés, il retournent voler auprès des fleurs, sont de nouveau précipités dans le seau, et en sortent de la même façon; mais en s'échappant ils laissent les pollinies collées à la surface du stigmate, qui se trouve ainsi fécondé.

Le genre Calaena présente un labelle articulé et tellement mobile, que quand un insecte se pose sur cet organe, celui-ci bascule et enferme l'insecte. Il y a là assurément une disposition favorable à la fécondation par l'intermédiaire des visiteurs ailés.

Je ne puis d'ailleurs que renvoyer les personnes qui désireraient étudier de près ces organes au fameux ouvrage de CHARLES DARWIN sur *la Fécondation des Orchidées*.

Ce livre n'était, dans la pensée de son auteur, qu'un des chaînons de la démonstration de sa fameuse théorie de la sélection et de l'origine des espèces. Pour démontrer les moyens merveilleux qu'emploie la nature en vue de favoriser la fécondation croisée, DARWIN est arrivé à étudier, dans leurs détails infiniment variés et ingénieux, la structure et le fonctionnement des organes sexuels des Orchidées. Il ne reste rien à dire sur cette importante question après les travaux du grand physiologiste anglais, dont l'étude magistrale offre un puissant intérêt au simple curieux aussi bien qu'au philosophe et au botaniste. Ainsi que l'écrit DARWIN dans son introduction, « les procédés qui servent à la fécondation des Orchidées sont aussi variés et presque aussi parfaits que les plus beaux mécanismes du règne animal. »

Le *Chysis aurea*, certains Liparis, et quelques autres Orchidées, présentent la curieuse particularité de se féconder elles-mêmes. Dans le *Chysis aurea*, notamment, la fécondation s'effectue souvent avant l'épanouissement des fleurs, de sorte qu'en examinant celles-ci, même au début, on trouve la colonne plus ou moins gonflée, et les pollinies déformées et comme fondues entre elles. De là vient le nom donné par LINDLEY à ce genre (*Chysis* vient du grec et signifie *fusion*). LINDLEY, lorsqu'il le fonda sur cette espèce, n'avait évidemment pas discerné la cause de cette apparence extraordinaire du gynostème.

Histoire de l'hybridation des Orchidées

Les premières tentatives de fécondation artificielle des Orchidées remontent à plus de quarante ans, et cependant il n'y a que quelques années que les hybrides artificiels sont devenus assez nombreux et ont commencé à jouer un rôle important dans les cultures. Cela tient surtout à ce que la plupart des expérimentateurs ne savaient pas, dans les premiers temps, donner aux graines ou aux jeunes semis des soins appropriés, et que beaucoup aussi se rebutaient et renonçaient à leurs efforts en constatant le temps relativement très long que les hybrides mettaient à se développer et à fleurir.

Dès 1847, cependant, DEAN HERBERT écrivait : « J'ai produit de semis des Bletia, des Cattleya, des *Herminium monorchis* et *Ophrys aranifera*; et je crois qu'on pourrait réussir à avoir des croisements de ce genre. J'avais au printemps dernier des cosses bien formées d'Orchis fécondés par le pollen d'Ophrys, et d'autres,... » etc. C'est la première information authentique que l'on possède sur la fécondation artificielle des Orchidées. Toutefois, il est probable que DEAN HERBERT ne parvint pas à élever ses semis, car on n'en trouve nulle part la trace en dehors de la note ci-dessus.

C'est vers 1852 que DOMINY, sur les conseils de M. JOHN HARRIS, médecin à Exeter, entreprit la fécondation croisée des Orchidées. C'est en souvenir de cette collaboration que l'un des premiers Cypripedium hybrides fut dédié, quelques années plus tard, à M. HARRIS, sous le nom de *C. × Harrisianum*.

Le premier hybride qui fleurit fut le *Calanthe × Dominyi*, dédié à juste titre à son obtenteur. Sa floraison se produisit en octobre 1856, deux ans seulement après que la graine avait été semée. Le Dr Lindley annonça cet évènement dans le *Gardeners' Chronicle* en janvier 1858.

C'est dans l'établissement de MM. Veitch que s'était produite cette première tentative, qui devait avoir des conséquences si considérables ; et depuis cette époque, le même établissement s'est signalé par un très grand nombre d'autres brillantes acquisitions et est resté à la tête de la production des hybrides d'Orchidées, dont il s'est fait en quelque sorte une spécialité.

En 1859, MM. Veitch exposaient à Londres cinq semis de Cattleya, dont l'origine n'avait pas été conservée. Il n'est arrivé que trop fréquemment que les hybrideurs ont omis de noter exactement le nom de la plante qui avait servi à en féconder une autre, ou l'origine des graines qu'ils semaient. La même année parut le *Cattleya × Dominyana*, issu du *C. maxima* fécondé par le *C. intermedia*, et enfin, au mois de décembre, le célèbre *Calanthe × Veitchi* (voir fig. 62), obtenu avec le *C. vestita* et le *C. rosea*, connu jusqu'alors sous le nom de *Limatodes rosea*. On sait quel brillant avenir était réservé à cet hybride.

En juillet 1863, fleurit le *Cattleya × Aclandiae-Loddigesi*, nommé ultérieurement *C. × Brabantiae;* puis vinrent le *Laelia × exoniensis*, dont l'origine exacte n'est pas connue ; le *Cattleya × devoniensis* (*Laelia crispa × Cattleya guttata*), le *Laelia × Pilcheri* (*L. Perrini × L. crispa*), le *Cattleya × quinquecolor,* le *C. × Manglesi,* etc., tous dûs aux ingénieux essais de M. Dominy.

En 1869, parut le premier Cypripedium hybride, qui reçut de Reichenbach le nom de *C. × Harrisianum*, et qui était issu du *C. villosum* fécondé par le *C. barbatum*. Il est devenu aujourd'hui l'un des Cypripedium les plus répandus et les plus populaires, grâce à sa vigoureuse croissance et à sa floribondité. Il fut suivi du *C. vexillarium* (*C. barbatum × C. Fairieanum*), puis quelques années se passèrent encore sans qu'aucun gain bien important se produisît. Le *Laelia × caloglossa* fleurit en 1877, le *Dendro-*

bium × *Dominyanum* en 1878, le *Laelia* × *Dominyana* (*Cattleya aurea* × *Laelia elegans ?*) la même année ; enfin M. DOMINY prit en 1880 une retraite bien méritée, et d'autres semeurs entrèrent en scène, en même temps que les acquisitions dues à leurs efforts devenaient de plus en plus nombreuses. M. SEDEN, qui succéda à M. DOMINY dans l'établissement de MM. VEITCH, obtint des succès très brillants ; on doit citer aussi les noms de M. CROSS, jardinier chez LADY ASHBURTON, du Dr AINSWORTH, de MM. BOWRING, LEECH, etc.

Voici une brève énumération des principaux hybrides obtenus depuis cette époque :

Cypripedium × Crossianum (C. insigne × C. venustum) 1873.
Selenipedium × Sedeni (S. longifolium × S. Schlimi) 1873.
Dendrobium × Ainsworthi (D. aureum × D. nobile) 1874.
Chysis × Chelsoni (C. bractescens × C. laevis) 1874.
Zygopetalum × Sedeni (Z. Mackayi × Z. maxillare) 1874).
Cypripedium × Arthurianum (C. insigne × C. Fairieanum) 1874.
Cypripedium × tessellatum (C. concolor × C. barbatum) 1875.
Cypripedium × euryandrum (C. barbatum × C. Stonei) 1875.
Cypripedium × Marshallianum (C. pardinum × C. concolor) 1875.
Dendrobium × œnanthum [1] (C. × Harrisianum × C. insigne) 1876.
Cypripedium × endocharis (D. moniliforme × C. aureum) 1876.
Dendrobium × superciliare (C. barbatum × C. superbiens) 1876.
Cypripedium × rhodostoma (D. Huttoni × D. sanguinolentum) 1876.
Cypripedium × Swanianum (C. Dayanum × C. barbatum) 1876).
Cattleya × marmorophyllum (C. Hookerae × C. barbatum) 1876.
Cattleya × Mitchelli (C. Leopoldi × C. Trianae) 1876. Fleurit treize ans après la germination des graines.

Les hybrides deviennent ensuite de plus en plus nombreux, et je ne saurais en faire ici l'énumération. Une liste avec description des Orchidées de semis, publiée par M. ERNEST BERGMAN en 1892, en comprenait trois cent trente environ ; elle pourrait déjà être considérablement enrichie.

En présence de cette abondance de semis, il est clair que l'amateur peut se montrer difficile. Lorsque les premiers hybrides

---

[1] Le premier des hybrides secondaires.

artificiels firent leur apparition, on était un peu porté à les admirer tous, comme des curiosités, qui représentaient d'ailleurs
une certaine habileté peu commune. Aujourd'hui, on peut écarter
tous les produits médiocres, pour ne conserver que ceux qui
constituent un véritable progrès et méritent de rester. Même dans
ces limites, un grand nombre d'hybrides sont devenus populaires
et figurent aujourd'hui dans les principales collections. Je les
énumèrerai dans la description des divers genres, à la fin de ce
volume.

Hybrides naturels

Un certain nombre d'Orchidées, découvertes à l'état sauvage,
présentent des caractères si visiblement intermédiaires entre deux
espèces déjà connues que l'on peut, presque à coup sûr, les considérer comme issues du croisement de ces espèces. Il en est ainsi,
notamment, de beaucoup d'Odontoglossum qui tiennent le milieu
entre l'*O. crispum* et l'*O. odoratum*, ou l'*O. luteo-purpureum*, ou
entre diverses espèces habitant les mêmes localités.

D'autres indices, parfois, trahissent la même origine. C'est
ainsi que certaines Orchidées, voisines des Cattleya et des Laelia,
possèdent huit pollinies partagées en deux séries inégales, quatre
bien formées et volumineuses, et quatre presque rudimentaires.
On peut évidemment considérer ces plantes comme intermédiaires
entre les Cattleya et les Laelia (voir p. 12). Les hybrides obtenus
dans les serres entre Cattleya et Laelia présentent d'ailleurs le
même caractère.

A côté des hybrides naturels proprement dits, la fécondation
croisée rendra peut-être compte de la valeur des variétés et
formes dites *géographiques*.

Il n'est pas rare qu'une Orchidée présente des variations d'un
district à un autre, de telle sorte que toutes les plantes collectées
dans un endroit appartiennent au type, et que toutes celles
recueillies dans une localité voisine (souvent peu éloignée) appartiennent à une variété distincte. Ce sont, selon toute probabilité,

des formes accidentelles produites par une ou plusieurs graines, formes qui se sont fixées.

Il serait intéressant, à ce propos, d'étudier la reproduction des Orchidées par semis.

Il est certain que les espèces naturelles se reproduisent, actuellement tout au moins, sans dévier du type, sauf dans certaines espèces peu nombreuses; dans la plupart, les exceptions sont

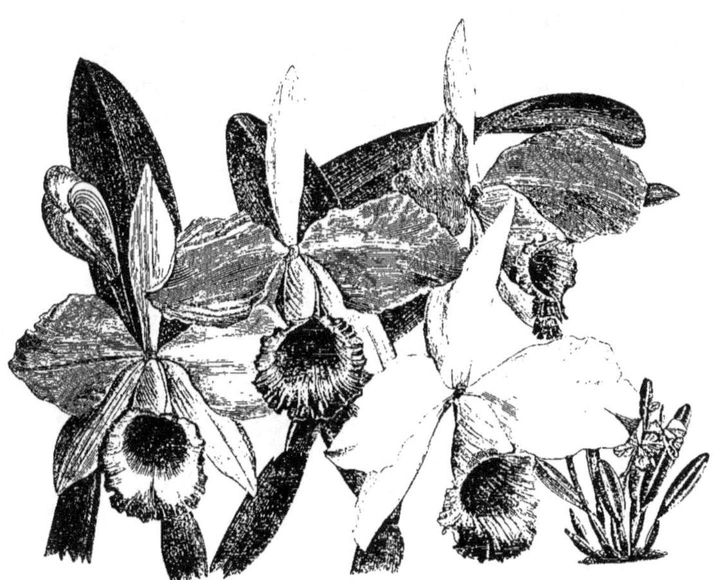

Fig. 67. - Quelques variétés de CATTLEYA ELDORADO.

extrêmement rares. Si, par exemple, le *Cattleya Trianae*, le *C. Warocqueana*, le *C. Eldorado* présentent des différences de coloris très étendues d'une plante à l'autre, et ne constituent même que des variétés d'une seule espèce, le *C. labiata*, extrêmement variable d'une région à une autre, par contre un grand nombre d'Orchidées n'ont pas de variétés connues. Citer des noms est inutile, les exemples abondent dans les serres. Et d'autre part, les hybrides obtenus dans les cultures produisent presque toujours des variétés très distinctes dans les plantes sorties d'une même capsule !

Je suis persuadé qu'à côté de l'hybridation, la fécondation artificielle des espèces par elles-mêmes ne mériterait nullement d'être dédaignée. Elle fournirait matière à des études intéressantes, et il n'est nullement certain que les résultats ne payeraient pas, pécuniairement parlant, la peine du chercheur. Malheureusement il faut plusieurs années, parfois dix, douze et même quinze ans, pour obtenir la floraison des semis; il est difficile, dans ces conditions, d'entreprendre des études à longue échéance, portant sur deux ou trois générations.... de semis, lesquelles représenteraient presque autant de générations humaines. Se vouer à des recherches dont le fruit sera recueilli par un successeur, cela exige un véritable et rare dévouement scientifique.

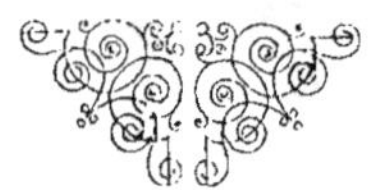

CHAPITRE XXVI

On a très longtemps pensé que les Orchidées importées devaient être tenues sèches à leur arrivée, qu'il fallait, avant de les rempoter, leur faire subir de nombreuses manipulations; on les suspendait près du vitrage, dans une serre, et elles devaient pendant longtemps encore se contenter de l'humidité de l'atmosphère; ou bien on les couchait sur un lattis, ou sur un lit de sphagnum *sec*, et on attendait pour les mettre en panier ou en pot qu'elles eussent émis une pousse assez forte et des racines. Ces racines n'étaient-elles pas alors exposées à être blessées dans le rempotage? et puis comment pouvaient faire les pauvres plantes pour entrer en végétation sans humidité? Quel effort épuisant après tant de privations!

Ce système, cependant, prévaut encore chez certains importateurs; à mon avis, il doit être absolument condamné. Il est évident, en effet, que c'est à lui que doivent être attribués tant d'échecs éprouvés autrefois dans les importations. On demandait trop aux Orchidées, et il aurait fallu vraiment qu'elles eussent une patience à toute épreuve, et des forces de résistance presque sans limite, pour supporter ces tortures. Aussi les importateurs et les amateurs perdaient-ils cinquante pour cent des plantes nouvellement introduites.

Nous partons, nous, d'un principe tout différent, et basé uniquement sur l'observation des besoins et de l'existence des plantes. Nous savons qu'une plante collectée dans le pays d'origine est d'abord séchée par les collecteurs pour l'empêcher de pourrir dans les caisses pendant le voyage, qui dure parfois plusieurs mois. Avant donc d'être emballées, et pendant que le collecteur cherche à rassembler un nombre d'exemplaires suffisant, les plantes restent sous un hangar pendant un temps plus ou moins long, quelquefois plusieurs semaines, sans nourriture et sans eau; on ne peut, en effet, expédier les plantes à la côte à mesure qu'elles sont collectées : comme elles doivent être escortées, ce mode de procéder entraînerait des frais énormes, augmentant considérablement le prix de revient déjà élevé. Elles sont ensuite enfermées dans des caisses pendant deux à trois mois, ou même plus, avant d'arriver en Europe. Ce repos forcé nous semble déjà suffisamment long pour qu'il soit inutile et dangereux de le prolonger encore lorsque les plantes sont parvenues au terme du voyage.

Voici comment nous opérons à L'Horticulture Internationale: Dès que les plantes sont déballées, nous les nettoyons; on enlève toutes les parties pourries, feuilles, pseudobulbes, parties de rhizômes, en tranchant jusque dans le vif pour ne laisser aucun point suspect. On recouvre les plaies de charbon de bois en poudre, afin de les faire promptement cicatriser et d'empêcher la gangrène.

Nous classons ensuite les plantes par ordre de force, et nous les rempotons le plus promptement possible; puis nous les plaçons dans la serre qui leur est destinée. Elles sont arrosées immédiatement; les abris sont placés sur la serre pour tenir celle-ci sombre pendant quelques jours, afin que les plantes puissent s'habituer peu à peu et progressivement à la lumière. Celle-ci n'est nécessaire que pour l'assimilation de la nourriture absorbée; les plantes, qui n'absorbent pas encore, peuvent donc et doivent s'en passer; c'est seulement quand elles ont poussé des racines qu'il convient de leur donner du jour.

Nous plaçons spécialement sous les bourgeons ou yeux de chaque plante une petite motte de sphagnum bien vivant, destiné à appeler les racines et à faire gonfler le bourgeon. Nos plantes sont tenues assez humides pour que l'eau sorte du compost quand on le comprime entre les doigts. Dans ces conditions, il n'est pas rare que nous voyions, pour les Cattleya, par exemple, les pseudobulbes ridés se regonfler et les racines pointer au bout de dix à quinze jours.

C'est une erreur de croire que l'eau pourrait faire pourrir la plante; alors qu'elle n'en a pas eu depuis longtemps, elle l'absorbe et l'élimine avec une activité incroyable, qui écarte absolument tout danger. La pourriture est causée par la décomposition des tissus; et ici, l'humidité, c'est-à-dire la vie ramenée dans la plante, empêche bien plutôt la décomposition de se produire et appelle la végétation. Sous prétexte d'éviter cette pourriture imaginaire, il me semble que les partisans des anciens errements agissent un peu comme les médecins du temps de Molière, qui saignaient, saignaient... et faisaient mourir le malade d'anémie. Il n'y a pas bien longtemps encore, on faisait périr de faim les typhiques; aujourd'hui on les nourrit, et on en sauve ainsi beaucoup. Du moins, ont-ils ainsi la force de lutter contre leur affection.

On remarquera qu'en agissant comme je viens de l'indiquer, on arrivera quelquefois à faire entrer certaines espèces en végétation à contre-saison. C'est un petit inconvénient, mais qui ne peut guère être évité. On ne peut introduire certaines Orchidées qu'à une époque qui n'est pas la meilleure pour les établir. Tous les importateurs savent bien à quelle époque on doit importer les Orchidées connues, et choisissent toujours pour cela le moment où elles sont en repos, parce que l'importation est alors plus facile; d'abord les plantes voyagent beaucoup mieux dans cet état, puis, comme elles sont en végétation à l'époque des grandes pluies, il serait plus difficile, sinon impossible, pendant cette période, d'aller les chercher là où elles croissent, et on est bien obligé d'aller les prendre dans la saison où elles reposent. Il est bien évident qu'un importateur qui lance un collecteur lui indique cela, et l'envoie à la meilleure époque; il ne voudrait pas risquer de voir les frais énormes de ces voyages compromis en pure perte.

Tout cela s'applique fort bien aux espèces connues, qu'on peut importer en grandes quantités, et qui sont demandées en masse pour la grande culture; seulement il arrive que des Orchidées qui proviennent de localités encore inexplorées, à peu près inconnues, où l'on ne peut pas régler les opérations d'avance, et où les collecteurs doivent parfois séjourner longtemps avant de trouver quelques plantes, il arrive, dis-je, que ces Orchidées, comme le *Cattleya Rex*, par exemple, ne parviennent pas en Europe à l'époque la plus favorable.

Dans la localité où se rencontre le *Cattleya Rex*, il pleut continuellement; puis les recherches sont longues et extrêmement pénibles; on recueille les plantes et on les envoie quand on peut, et non quand on veut. Que fera-t-on de ces plantes très rares, qui ont occasionné des sacrifices très considérables et qui sont attendues avec impatience par les amateurs, si elles arrivent à une saison qui n'est pas la meilleure pour les mettre en culture? On ne peut pas les garder quelques semaines ou quelques mois encore au sec; il faut bien les faire entrer immédiatement en végétation, c'est-à-dire mettre fin à leur diète, surtout si elles sont restées longtemps en voyage; et quant au fait de les établir à une époque de l'année quelconque, je ne crois pas qu'il ait de si grands inconvénients. La plus grave conséquence de ce changement dans le roulement ordinaire est d'exiger du jardinier un peu plus de soin; et encore?

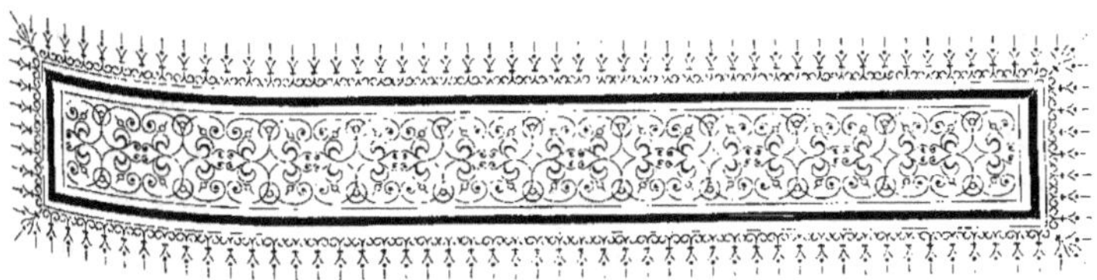

CHAPITRE XXVII

I. — Travaux du printemps

Mois de février. — A la fin des grands froids, à l'époque où l'on peut entrevoir l'approche du printemps, les serres d'Orchidées présentent à l'amateur un spectacle et une occupation d'un grand attrait. Les serres soigneusement fermées s'entrebaillent, les ventilateurs parfois aussi, avec beaucoup de précaution cependant ; enfin les travaux recommencent avec une activité plus grande.

La faible élévation de la température extérieure permet déjà, dans quelques serres, de diminuer le chauffage à certains jours ou à certains moments de la journée, car la chaleur artificielle est moins profitable aux Orchidées que celle du soleil. Toutefois il faut se méfier des changements brusques, très fréquents au début du printemps et surtout au mois de mars, et être toujours prémuni contre les chutes du thermomètre.

Il faut profiter du premier jour de soleil pour exécuter les grands nettoyages, toute une série de petits travaux d'aménagement des serres, qui rapporteront dix fois plus qu'ils n'auront coûté, et qui constituent, au fond, une bonne partie de ces grands secrets de culture dont on parlait jadis.

L'amateur qui possède plusieurs serres peut aisément faire exécuter ces travaux; celui qui n'en a qu'une seule, mais divisée en compartiments, peut aussi débarrasser chacun d'eux tour à tour et l'aménager sans incommoder les plantes qui sont dans les compartiments voisins; mais celui qui n'a qu'une serre sans compartiments rencontrera quelques difficultés, car il est nécessaire de transporter les plantes ailleurs pendant les travaux de nettoyage et de peinture qu'on ne peut négliger de faire au moins une fois par an.

Une fois la serre ou le compartiment évacué, on bouchera hermétiquement toutes les ouvertures, portes, lucarnes et ventilateurs; puis on prendra une certaine quantité de côtes de tabac mouillées qu'on déposera sur des briques ou sur un petit fourneau, et qu'on fera brûler doucement pour produire une fumigation énergique. Comme quantité, à peu près un seau ordinaire pour 150 mètres cubes. On laissera la fumée de la combustion se dégager dans la serre et y séjourner durant plusieurs heures, afin qu'elle puisse bien pénétrer partout où des insectes pourraient être réfugiés.

Les cendres, escarbilles ou gros graviers dont on recouvre d'ordinaire le dessous des tablettes, et parfois les tablettes elles-mêmes, auront été enlevés auparavant, car les insectes s'y cachent et souvent y font des nids.

On profitera également de cette occasion pour nettoyer les bassins d'évaporation. Après avoir enlevé une certaine quantité d'eau qu'on mettra de côté (car la provision d'eau de pluie ne peut pas être renouvelée à volonté), on videra le fond et on enlèvera soigneusement la vase et la mousse qui pourront s'y être amassées.

La fumigation terminée, on ouvrira les portes et les fenêtres, et l'on ventilera abondamment pendant une couple de jours. On peut alors repeindre, ou, si c'est nécessaire, remplacer les tablettes. Le meilleur système est de les former de lattes en bois de huit à dix centimètres de largeur, espacées de deux centimètres environ entre elles. Les tablettes à claire-voie, je le rappelle, sont de beaucoup préférables aux autres, car elles permettent à l'air de circuler autour des pots.

Examiner en même temps les tuyaux de chauffage, ou les conduites d'air chaud, si l'on n'a pas de thermosiphon, et s'assurer qu'aucune pièce, aucun point n'est endommagé. Si ces conduites sont mal disposées, il est bon de profiter de cette occasion pour exécuter les travaux nécessaires. Les tuyaux ou conduites de chauffage ne doivent se trouver ni trop près, ni trop loin des plantes; la bonne distance est de 60 centimètres environ.

On doit s'assurer aussi que le vitrage n'a pas été endommagé par la glace, et remplacer toutes les vitres qui seraient brisées. On les fera laver à grande eau à l'extérieur, puis à l'intérieur des serres.

Vient ensuite la peinture des lattes et des chevrons. La couleur vert d'eau est fréquemment employée. Elle a le double avantage d'être solide, de bien empâter et de plaire à la vue, car elle fait bien ressortir le feuillage vigoureux des plantes. On devra veiller avec soin à l'enlèvement de toutes les taches de rouille; lorsqu'une partie métallique n'est pas recouverte par la peinture, la condensation de l'humidité constamment répandue dans la serre y produit une oxydation rapide, et les gouttes d'eau qui tombent de cet endroit sur les feuilles leur font des blessures dangereuses et d'aspect très désagréable. Il faut éviter de laisser s'étendre cette oxydation, et je recommande de passer deux couches de peinture, au besoin, sur toutes les parties métalliques pour éviter qu'elle ne se renouvelle.

Puis on badigeonnera légèrement les murs et les cloisons de sulfate de cuivre afin d'écarter les limaces, et on remettra en place les scories fraîches et le gravier sous les tablettes.

Après ces travaux, il est bon de laisser la serre pendant deux ou trois jours ouverte à tous les vents, pour que la peinture puisse sécher de la façon la plus complète. La serre sera alors dans les conditions les plus favorables pour une bonne culture.

Tous ces conseils paraissent bien minutieux; aucun d'eux n'est cependant inutile, et j'ai vu beaucoup de cultivateurs obtenir les meilleurs résultats en s'y conformant à la lettre. Au fond, ils se résument à peu près tous en un mot : *propreté*. La propreté est le point le plus important de cette culture, qui passait autrefois pour être si difficile. Elle exige des soins réguliers, mais elle accomplit des miracles. C'est la qualité-maîtresse du cultivateur d'Orchidées.

Rempotages. — Avant de rentrer les plantes déménagées, on fera bien de procéder aux rempotages et aux surfaçages. Ces opérations ne peuvent guère s'exécuter dans la serre, et c'est pourquoi j'engage tous les cultivateurs d'Orchidées à avoir, autant que possible en communication avec celle-ci, un local spécial réservé aux travaux de ce genre, pour que les plantes ne soient pas manipulées en plein air ni dans l'appartement, où l'air n'est pas suffisamment humide et pur.

J'ai déjà parlé longuement des rempotages, et je n'y reviendrai pas.

La provision de sphagnum a dû être préparée en vue de ces opérations; on ne l'emploiera qu'après l'avoir bien aéré, lavé et dépouillé des insectes et des débris végétaux qu'il pouvait renfermer.

Le sphagnum se conserve beaucoup plus longtemps en plein air, étalé en couche mince, que quand on le renferme en grandes masses. Certains amateurs craignent de le laisser au dehors pendant l'hiver, exposé aux intempéries; il n'y a cependant aucun inconvénient à le faire; le froid tue plus sûrement les insectes ou les œufs que peut renfermer la mousse, et il ne la détériore pas; la surface peut noircir et se flétrir un peu, mais la couche inférieure reste parfaitement saine comme à l'état naturel en pleine croissance, et quand arrive la saison où il doit être employé, le sphagnum, même après avoir été recouvert quelque temps par la neige, est parfaitement en état de servir.

Le sphagnum et la terre fibreuse s'emploient généralement hachés en fragments assez petits; il n'est pas indifférent d'exécuter ce travail sur du bois quelconque; si la table sur laquelle on hache le sphagnum est en bois mou, celui-ci sera entamé par les instruments, et, par suite, formera une petite quantité de sciure qui se mélangera au compost. La présence de ce corps étranger est nuisible, et je ne doute pas qu'elle ne contribue à la formation des champignons qui empoisonnent les racines.

Il est bon, en même temps que l'on rempote, de laver les feuilles des plantes, et de s'assurer, en examinant le compost, qu'il ne renferme pas de limaces ni d'autres insectes. Puis on les disposera à la place convenable, le plus près possible de la lumière. Toutefois, il ne faut pas les accrocher trop haut, ni les serrer trop les unes contre les autres; le jardinier doit toujours pouvoir les prendre en main et les regarder de près; sans cela, il ne pourrait se rendre compte de l'état de chacune, devrait arroser à l'aveugle, et ferait, par suite, de mauvaise besogne.

Les rempotages doivent commencer dès cette époque, notamment pour les Odontoglossum qui n'ont pas été rempotés au mois d'août ou de septembre, les Cattleya qui viennent de fleurir pendant la dernière saison, les Vandées, les Cypripedium, les Masdevallia, les Coelogyne, la plupart des Oncidium, les Phalaenopsis, etc.

Rappelons qu'il faut prendre de grandes précautions, en retirant les plantes du pot, pour ne pas blesser les racines. Avoir soin de laver abondamment les tessons et les pots, avant de les employer, et n'en prendre que de neufs, autant que possible. Ecarter absolument les pots en terre vernie, qui se prêtent mal à l'évaporation de l'eau et à la circulation de l'air dans le compost. Hacher et mélanger ensemble le sphagnum et la terre fibreuse, après les avoir bien lavés et examinés pour les débarrasser des insectes.

Après le rempotage, augmenter graduellement la quantité d'eau donnée aux plantes pour les remettre en activité.

J'ai parlé des aménagements de la serre; une fois les Orchidées replacées, ou même en procédant à leur replacement, il faudra les passer attentivement en revue et bien examiner l'état dans lequel elles se trouvent, et les progrès accomplis; c'est à ce moment, en effet, que l'on peut observer les résultats de l'année, comparer les plantes soumises à divers traitements ou placées à divers endroits des serres, en un mot juger de la valeur du traitement suivi, pour le modifier et l'améliorer si c'est nécessaire.

J'indiquerai, notamment, un certain nombre de points sur lesquels doit porter l'attention du cultivateur au moment de cet examen :

1° Composition du compost. S'assurer qu'il est en bon état, qu'il n'a pas besoin d'être surfacé. Vérifier, dans le cas où le même compost n'a pas été employé pour toutes les plantes d'une espèce, quelles sont celles qui ont donné les meilleurs résultats;

2° Dimension des pots. Il ne faut pas que ceux-ci soient trop petits, ni qu'ils soient trop grands; j'ai déjà indiqué les inconvénients de ces deux excès, et les moyen d'y remédier;

3° Examiner si la plante n'est pas placée trop haut ou trop bas dans le pot;

4° Si les racines sont en bon état, ou, dans le cas contraire, quelle est la cause du mal;

5° Si les tessons sont bien propres, ou si au contraire les arrosages y ont formé des dépôts ou entraîné des poussières et des corps nuisibles, soit à la circulation de l'eau, soit à la santé des racines;

6° Si les arrosages ont été suffisants pendant la végétation, et si la pousse a été convenablement mûrie;

7° Si le repos a été long et assez complet;

8° Si la floraison a été abondante ou médiocre, et quelles sont les causes de ces divers résultats;

9° Si le nombre de pousses produites au cours de l'année n'a pas été trop considérable, ce qui pourrait causer à la plante un peu de fatigue;

10° Si la qualité d'eau employée pour les arrosages convient bien aux plantes;

11° Si celles-ci ne sont pas trop éloignées du vitrage, et reçoivent assez de lumière;

12° Si le compost ne renferme pas de fragments agglomérés et envahis par un dépôt imperméable à l'eau, qui amène la pourriture des racines en contact avec ces parties;

13° Si la buée des serres ne se condense pas spécialement à certaines parties de la toiture, et ne tombe pas en gouttes sur les plantes situées en dessous;

14° Si la ventilation est suffisante et convenablement pratiquée ;

15° Si les plantes cultivées en paniers ou sur blocs n'ont pas besoin de voir changer leur support.

Mars. — L'attention se porte tout spécialement en ce moment sur la serre froide, où la vie renaît de toutes parts, et où l'on peut dès maintenant ventiler abondamment toutes les fois que le temps n'est pas trop mauvais. Le rempotage des Odontoglossum doit être déjà à peu près terminé. Rappelons que les matériaux employés devront avoir environ un à deux centimètres de longueur, et se composer de deux tiers de fibre pour un tiers de sphagnum.

Fig. 68.   Odontoglossum Halli.

Dans le compost, c'est la terre fibreuse surtout qui fournit la nouriture à la plante. Toutefois, elle serait trop comprimée dans l'intérieur d'un pot ; le sphagnum sert à l'aérer, à la rendre plus perméable, et c'est pourquoi les racines se dirigent toujours de préférence vers lui. On pourra profiter de cette particularité en disposant une couche de sphagnum à la surface et une autre au fond des pots, au-dessus du drainage ; grâce à cette précaution, les racines se dirigeront vers l'intérieur au lieu de s'étendre au dehors.

Les Vanda et genres analogues, à grosses racines axillaires, qui dans leur pays natal croissent au-dessus de bas-fonds baignés d'une vapeur chaude et humide, réussissent parfaitement dans du sphagnum pur; d'ailleurs la plus grande partie de leurs racines sont émises à diverses hauteurs le long de la tige et pénètrent moins dans l'intérieur du pot.

D'autre part, il n'est pas bon de cultiver une Orchidée dans de la terre fibreuse pure, sans mélange de sphagnum, ainsi que je le disais plus haut.

Il est cependant à remarquer que c'est ce système qui se rapproche le plus des conditions où végètent les Orchidées à l'état de nature. Il est rare en effet que les fibres de Fougères où plongent les racines soient mélangées d'une mousse analogue au sphagnum. Mais il ne faut pas oublier que ces fibres sont presque toujours des radicelles ou d'autres parties *vivantes;* elles sont donc très peu serrées les unes contre les autres, et par suite très aérées. Si quelque accident les comprime, leur élasticité naturelle les ramène bientôt à leur place.

Les racines mortes que l'on emploie dans les cultures européennes n'ont pas cette élasticité, ni la fraîcheur des matières vivantes, et c'est pourquoi il est utile d'y mélanger du sphagnum.

L'air est indispensable aux racines, et les premiers cultivateurs d'Orchidées l'avaient si bien compris qu'ils employaient d'abord des pots percés de trous très nombreux. C'est pourquoi je recommande d'employer une poterie très poreuse, et non pas glacée, comme le font certains fabricants en lissant la surface, mais raboteuse et bien perméable à l'air.

Arrosages. — A partir du commencement de mars, on a dû remettre en végétation la plus grande partie des Orchidées, en observant quelques précautions indispensables; les plantes ont été tenues presque sèches tout l'hiver, et l'on ne peut pas arriver d'emblée à les arroser abondamment; il faut ménager peu à peu la transition, de façon à atteindre au bout d'un mois environ la quantité que l'on donne à la plante en pleine activité.

Rappelons qu'il faut employer de l'eau de pluie, et que cette eau doit être à la même température que l'atmosphère de la serre, ce qu'on obtient facilement en l'y laissant séjourner pendant vingt-quatre heures avant d'en faire usage. Un jardinier scrupuleux doit avoir constamment un thermomètre dans le réservoir. Il va sans dire qu'une différence de deux ou trois degrés n'a pas beaucoup d'importance.

Le jardinier expérimenté n'aura pas de peine à discerner le moment où ses plantes auront besoin d'être arrosées. La vigueur de la plante, l'aspect du compost, lui indiquent aisément si elles doivent recevoir de l'eau immédiatement, ou seulement au bout d'un ou plusieurs jours. Pour un débutant, l'opération est plus délicate. Règle générale : une Orchidée en pleine croissance demande beaucoup d'eau, et peut être arrosée tous les deux ou trois jours, assez abondamment pour que le pot devienne humide et bien rouge. En effet, quand la partie inférieure du compost se dessèche, on voit la base du pot se couvrir d'une sorte de nuée blanche.

Les cultivateurs conscrits qui n'ont qu'un petit nombre d'Orchidées pourront également prendre les pots en main, et les soupeser; leur poids indique facilement si le compost est sec ou détrempé.

Les racines souffrent toujours promptement des excès d'arrosage. Lorsqu'elles se trouvent continuellement en contact avec un compost humide, elles finissent par prendre une couleur verte spéciale, semblable à celle de la mousse, et ne tardent pas à pourrir. Ces accidents se remarquent surtout fréquemment dans les Cattleya, qui sont particulièrement sensibles à l'humidité stagnante.

Dès qu'on aperçoit ces symptômes, on ne doit pas hésiter à suspendre les arrosages pendant quelques jours pour enrayer le mal, et si l'on n'a pas trop attendu, ce remède suffira parfaitement. Les racines se sècheront, et recouvreront la santé.

C'est pourquoi il est toujours prudent, lorsqu'on a arrosé pendant une quinzaine de jours une plante en végétation, de la laisser trois ou quatre jours complètement sèche, de façon que l'épiderme des racines puisse redevenir ferme et blanc, ce qui est l'indice d'une bonne santé.

Les soins de propreté, je l'ai dit, ont une très grande importance dans la culture des Orchidées. Dans cet ordre d'idées, je citerai les lavages à l'eau de nicotine, qui doivent être effectués plusieurs fois par an, et particulièrement au début du printemps, pour enlever et détruire les insectes, thrips ou mouches microscopiques, dont les œufs restent souvent déposés dans les plis ou à la base des feuilles.

Aération. — On peut, au mois de mars, aérer dans la plupart des serres toutes les fois que le temps est clair et que la température n'est pas trop basse. Mais il est prudent, jusqu'à ce que le printemps se soit bien affirmé, de n'ouvrir que les ventilateurs de la partie supérieure; de cette façon, l'air ne se mélange que peu à peu, par l'effet de la différence de température; si l'on ouvrait au contraire les ventilateurs du bas, les couches d'air les plus froides envahiraient la partie inférieure de la serre, alors que toute la chaleur se porterait au sommet du vitrage, et les plantes ne pourraient manquer de souffrir beaucoup de cette situation. Quant à ouvrir à la fois le haut et le bas, ce serait très imprudent; on créerait ainsi un courant d'air trop froid qui nuirait beaucoup aux plantes en cette saison.

Ombrages. — Dans le courant du mois de mars, on aura peut-être à ombrer certaines serres; si l'air est encore frais, le soleil prend déjà beaucoup de force. Pour reconnaître le moment où il devient dangereux, voici un moyen mécanique infaillible. Il suffit de prendre en main les feuilles des plantes placées près du vitrage. Si ces feuilles sont chaudes au toucher, il est temps de disposer les ombrages. En particulier, il ne faudra pas laisser le soleil trop longtemps sur les Odontoglossum et Masdevallia.

Chauffage. — La seconde quinzaine de mars, avec ses changements brusques de température tourmentée par des giboulées de neige et des vents glacés, est une des époques qui réclament le plus l'attention des jardiniers. Il importe que l'on prenne toutes les dispositions nécessaires pour ne pas se laisser surprendre, soit la nuit par la gelée qui est bien souvent intense, soit le jour, par le soleil dont les rayons déjà ardents obligent à ombrer. Il conviendra donc de réduire les feux en maintes circonstances ou de les activer, comme en plein hiver, suivant le temps.

Serre chaude

Pour les Orchidées de serre chaude, il faut veiller, surtout pendant la fin de l'hiver, à ce qu'elles ne soient pas exposées à des variations dangereuses de température; certains jours clairs font monter le thermomètre de façon à inspirer au jardinier une confiance prématurée; ils sont suivis trop souvent de retours brusques du froid. Jusqu'au mois de mars, et même jusqu'en mai, les gelées sont toujours à craindre, et le cultivateur fera sagement de ne jamais laisser tomber le chauffage, de se tenir en garde contre la fraîcheur des nuits, et de n'aérer, s'il est indispensable de le faire, qu'avec la plus grande prudence, pendant quelques instants seulement et en chauffant davantage.

On peut procéder actuellement au rempotage des Aerides et Saccolabium qui auraient besoin de compost frais, ou de plus d'espace à leurs racines. Les pots sont au préalable remplis de tessons, jusqu'aux trois quarts de leur hauteur, et recouverts d'une mince couche de sphagnum qui entoure les racines. Les plantes qui n'ont pas beaucoup de racines à la base sont consolidées dans leur pot au moyen d'un tuteur de bois qu'on enfonce avec un léger marteau à travers les tessons.

Le drainage est surtout nécessaire aux plantes de serre chaude, parce que la chaleur de l'atmosphère, toujours un peu desséchante malgré les aspersions des sentiers, exige des arrosages très fréquents; par suite, les racines pourriraient dans le compost si celui-ci n'était pas en même temps très aéré.

Comme les Aerides, Saccolabium, Vanda, Agraecum, etc., ont besoin de très peu de compost, il est ainsi plus facile de renouveler ce compost qui n'est qu'à la surface, sans dépoter la plante et sans déranger les racines. Il est particulièrement important de ne pas blesser les racines dans ces genres où elles sont grosses et fragiles; il faut donc se contenter de surfacer, sauf, bien entendu, dans le cas où une plante a perdu des feuilles à sa base; elle offre alors un coup d'œil assez disgracieux avec cette tige dénudée, d'aspect rugueux et comme desséché. Sans doute il n'y a là, le plus souvent, rien de bien grave; mais dans une collection bien tenue, surtout chez un amateur, tout doit concourir à flatter la vue, et elle ne doit se poser que sur des objets agréables et gracieux. Il convient donc, en pareil cas, de dépoter la plante, de couper le bas de la tige à la longueur nécessaire pour permettre de la descendre suffisamment dans son pot, et de la rempoter en recouvrant toute la partie non munie de feuilles.

Après cette opération, on donnera un peu moins d'air et d'eau aux plantes traitées, et on les placera dans une atmosphère étouffée et très humide.

Parmi les Angraecum qui attirent le plus l'attention en ce moment, on peut citer l'*A. sesquipedale* et l'*A. eburneum*, qui viennent de fleurir tous deux le mois dernier; le premier constitue assurément l'un des ornements les plus précieux de la serre chaude. Peu de plantes connues et cultivées offrent un coup d'œil aussi décoratif que cette magnifique Orchidée, de port très élégant comme la plupart des espèces de ce groupe, et qui produit des fleurs d'une taille gigantesque, d'une forme curieuse et attrayante entre toutes, et d'un très beau coloris. L'*A. eburneum* est beaucoup moins majestueux, mais ses fleurs, disposées en longues grappes serrées et d'une taille déjà très suffisante, sont également très gracieuses, surtout dans la variété *superbum*, qui est une notable amélioration du type. L'*A. virens*, qui fleurit également vers cette saison, est moins attrayant à cause de son coloris vert.

Le genre Angraecum offre d'ailleurs plus de variations que tout autre au point de vue de la grandeur; à côté de l'espèce géante qui le représente dans tout son éclat, on peut citer des espèces à fleurs petites, comme l'*A. pellucidum* et l'*A. citratum*, si gracieux encore, d'autres très petites, comme l'*A. pertusum*, dont les fleurs n'ont pas plus de six millimètres de diamètre, ou enfin les

A. odoratissimum, *A. vesicatum*, etc. qui sont tout à fait minuscules, et dans lesquels l'éperon attire l'attention beaucoup plus que le reste de la fleur.

Parmi les Saccolabium, le plus répandu peut-être et l'un des plus charmants du genre est le *S. illustre*, qui, avec ses larges grappes retombant en courbes harmonieuses, offre le spectacle le plus exquis; il est difficile de donner une idée de la beauté de ces fleurs, d'une forme et d'un coloris splendides. Si le *S. coeleste* est plus recherché, à juste titre d'ailleurs, à cause de la nuance bleue si rare dans les Orchidées et qui le place un peu hors de pair, le blanc taché de rose vif de l'espèce précédente ne me paraît pas inférieur en beauté à tout ce que la famille orchidéenne offre de plus délicat. On peut citer encore les *S. giganteum*, *S. Hendersoni*, *S. bellinum*, etc.

Les Aerides, si voisins des Saccolabium, ne sont guère moins séduisants, quoique leurs fleurs, un peu plus grandes en général, soient moins serrées sur les tiges. Ce genre renferme quelques espèces qui ne sont pas encore très abondantes dans les cultures, mais qui ne sauraient être trop vantées, *A. Houlletianum*, *A. Lawrenceae*, à fleurs très grandes, *A. Augustianum*, dont les grappes sont entièrement nuancées d'un rose vif ravissant, *A. Fieldingi*, *A. quinquevulnerum*, *A. suavissimum*, *A. Vandarum*, très parfumé, etc.

Les Vanda, d'une perfection de formes admirable pour la plupart et de coloris très beaux, sont au nombre des plantes les plus merveilleuses de la famille des Orchidées. Plusieurs espèces de premier ordre ont fleuri à l'automne, mais les *V. tricolor* et *suavis*, qui fleurissent à toutes les époques de l'année, garnissent encore les serres de leurs superbes grappes et les embaument de leur parfum.

Les *Vanda tricolor* et *suavis* sont tous deux très variables et comprennent un grand nombre de formes de coloris différents, que l'on a renoncé à distinguer toutes par des noms spéciaux; le second est même considéré par certains auteurs comme une variété du premier.

Les insectes envahissent souvent les Vanda; on doit nettoyer les plantes soigneusement, feuille par feuille, avec de l'eau de savon ou mieux de l'eau de nicotine très diluée. En outre, mettre sur les tuyaux de chauffage une couche mince de côtes de tabac, mais ne jamais faire de fumigations. Si les fumigations sont mauvaises pour toutes les Orchidées, elles sont particulièrement funestes aux Vanda et leur font perdre beaucoup de feuilles.

Les Phalaenopsis, les Orchidées-papillons, comme les appellent

Fig. 69. — PHALAENOPSIS SCHILLERIANA.

les Anglais, rivalisent de magnificence avec les genres que je viens de citer; tandis que ceux-ci, d'un port élevé et noble, forment sur les gradins de grandes masses de beaux feuillages étalés, les Phalaenopsis, placés çà et là dans les intervalles, ou mieux encore suspendus au vitrage, et ne tenant guère de place dans des paniers de petit volume, déploient la grâce de leurs tiges souples, infléchies d'une façon pittoresque et chargées de larges fleurs de la forme la plus ravissante. Si la longueur de ces tiges délicates les fait paraître suspendues dans les airs et comme envolées au-dessus des autres plantes, le nom de papillons traduirait mal cependant leur extrême beauté. Rien n'égale la finesse et l'élégance de leurs labelles si finement découpés, prolongés en filaments ténus et relevés de stries délicates à la gorge et au centre. Les *P. Aphrodite*, *P. grandiflora*, *P. amabilis*, d'un splendide coloris blanc pur, le *P. Schilleriana*, rose vif, les *P. Stuartiana*, *P. Lüddemaniana*, *P. Lowi*, sont les plus répandus et les plus célèbres; le *P. violacea* offre un superbe contraste de blanc crême et de violet pourpré; d'autres espèces plus petites sont également d'une très grande beauté.

Les Phalaenopsis réussissent surtout dans des serres basses, étroites et étouffées; mais quand ils sont en fleurs, on peut les transporter dans la grande serre des Orchidées de l'Inde, où ils produisent au milieu des autres genres un effet des plus pittoresques. Leurs fleurs se conservent très longtemps, et on pourra les garder pendant deux mois et plus en pleine fraîcheur, avant de les replacer dans leur serre.

Le genre Dendrobium est également au premier rang des Orchidées de serre chaude; parmi les espèces qui le composent, un grand nombre ont le précieux avantage de fleurir pendant la mauvaise saison. C'est à la fin de l'hiver, au mois de février, qu'apparaissent la plupart des merveilles de ce genre : *D. nobile*, avec ses magnifiques variétés, *D. nobile nobilius*, *D. nobile Cooksoni*, etc.; *D. Wardianum*, *D. crassinode*, *D. Findlayanum*, qui réussit bien suspendu au vitrage, *D. Devonianum*, *D. Brymerianum*, d'un coloris jaune d'or exquis, et d'une forme très élégante avec son labelle prolongé en longs filaments formant une sorte de dentelle; *D. Mac Carthiae*, espèce d'une forme curieuse, d'un coloris ravissant, qui fleurit à des époques de l'année très variables, parfois en été, parfois en novembre, et fréquemment en janvier; *D. Dalhousieanum*, le géant du genre, à segments très larges, étalés, d'un jaune clair transparent, avec deux larges macules d'un rouge pourpré sombre des deux côtés de la gorge du labelle; *D. heterocarpum*, aux fleurs très parfumées.

Plusieurs de ces espèces peuvent être placées dans la serre tempérée, ou tempérée-chaude, et y prospèrent parfaitement, surtout à l'époque de la floraison. Beaucoup se cultivent à peu près indifféremment en pots ou en paniers, sauf l'inconvénient de suspendre des plantes à grands bulbes qui s'élèvent beaucoup en hauteur. La plupart sont aujourd'hui très nombreuses dans les cultures, grâce à des introductions abondantes faites dans ces dernières années, et qui les ont mises à la portée de tous les amateurs même les plus modestes. Il faut citer notamment le *D. bigibbum*, l'une des espèces que les collecteurs établis en Australie ont répandues en plus grand nombre, et qui est certainement appelé à rendre de très grands services, grâce à une floribondité remarquable.

Les *D. nobile*, *D. Wardianum*, *D. crassinode*, etc., pourront être rempotés dès que leur floraison sera finie, c'est-à-dire au mois d'avril. Jusque là ils doivent recevoir très peu d'eau.

Plusieurs Oncidium réussissent bien dans la serre chaude, notamment l'*O. Lanceanum*, surnommé dans son pays d'origine *oreilles d'âne* à cause de la forme de ses larges feuilles, et les curieux *O. Papilio* et *O. Kramerianum*. Ces espèces se cultivent en paniers suspendus au vitrage, ou même, pour les deux dernières, sur bloc. Les *O. Papilio* et *O. Kramerianum* ont été introduits en Belgique l'année dernière en assez grandes quantités, pour la joie de beaucoup d'amateurs qui aiment avec raison les fleurs d'un coloris éclatant et joyeux.

Beaucoup de Cypripedium ont une végétation très active pendant l'hiver, et à certains aussi il faudra donner des pots plus grands. Je citerai entre autres le *C. × Leeanum*, qui vient de fleurir, le *C. Spicerianum*, très vigoureux ainsi que le précédent, les *C. × Sedeni*, *C. × grande*, et plusieurs autres hybrides du même groupe qui s'accroissent avec une grande rapidité.

Beaucoup de ces plantes pourront être en même temps divisées, ce qui permettra de leur donner un meilleur aspect, car leur feuillage trop touffu prend souvent une apparence assez désordonnée.

Les insectes s'attaquent beaucoup aux Cypripedium, surtout pendant l'hiver, où ils recherchent dans les serres la chaleur artificielle. On doit leur faire une chasse acharnée ; pour certaines espèces plus délicates, il est indispensable de laver de temps en temps les feuilles une par une, afin de les débarrasser de ces ennemis. Quelques cultivateurs ont aussi recours aux seringages, où plongent les plantes entières dans l'eau ; mais ce sont des moyens quelque peu violents qu'on ne peut appliquer qu'avec beaucoup de précautions. Les Cypripedium à feuilles charnues, spécialement ceux du groupe *philippinense, praestans, Rothschildianum*, et les *C. niveum, C. concolor, C. Godefroyae*, sont très sujets à perdre leurs feuilles quand l'eau séjourne sur elles, et si une goutte reste au cœur de la plante, celle-ci pourrit presque toujours.

La plupart des Cypripedium ont beaucoup de racines à l'extérieur des pots, et ces racines se collent aux parois avec une ténacité extraordinaire. Comme il n'est pas possible de chercher à les détacher, à moins d'en briser un assez grand nombre, quand on veut rempoter ces plantes il faut se résoudre à casser les pots à coups de marteau ; puis on dégage facilement chaque morceau attaché aux racines.

Les Calanthe à pseudobulbes sont également en pleine floraison actuellement, et si leurs bulbes durcis, de forme bizarre, et privés du feuillage qui les ornait pendant la période de végétation, offrent un coup d'œil peu attrayant en comparaison de tout ce que nous venons de passer en revue, en revanche leurs fleurs abondantes, de formes et de coloris très agréables, méritent de figurer dans toutes les collections.

Les Calanthe sont au nombre des Orchidées de serre les plus rustiques, ou du moins les plus terrestres, que l'on connaisse. Ils prospèrent parfaitement dans un mélange de terre végétale et de terre de bruyère, voire même, ainsi que l'a expliqué M. J. DE LANSBERGE, dans de l'argile ordinaire ; ils réclament de temps en temps, pendant la végétation, de l'engrais qui peut être appliqué sous diverses formes, mais de préférence mélangé à l'eau d'arrosage.

Deux des espèces les plus amples et les plus décoratives, le *Calanthe Masuca* et le *C. veratrifolia*, fleurissent pendant l'été; mais les *C. vestita* (comprenant de nombreuses variétés supérieures au type), *C. Turneri*, *C. Regnieri* et le bel hybride *C.* × *Veitchi*, sont actuellement en pleine floraison.

Les Cymbidium, que certains amateurs cultivent en serre tempérée, prospèrent, pour la plupart, mieux en serre chaude; ces plantes, d'une végétation très vigoureuse, ont un feuillage assez élégant et forment des masses touffues très décoratives. Il n'est pas rare d'en voir des spécimens ayant de 10 à 30 tiges florales, et quoique les fleurs de la plupart des espèces ne possèdent pas un coloris très brillant, elles sont d'un bel effet; elles sont disposées généralement en longues grappes, qui se posent au-dessus du feuillage et forment avec lui un agréable contraste.

Les Cymbidium sont également ce qu'on appelle des Orchidées terrestres; ils réclament un compost substantiel, et reçoivent avec profit une petite dose d'engrais de loin en loin. Les espèces les plus connues sont le *C. Lowianum*, qui forme actuellement ses tiges florales et dont le labelle rouge vif relève gracieusement le coloris jaune brunâtre des segments; il pourra être rempoté après la floraison; le *C. Mastersi* et le *C. affine*, plus beau encore que le précédent et plus florifère; le *C. eburneum*, espèce très remarquable à fleurs blanches, etc.

Serre froide

Les Odontoglossum et les Masdevallia, actuellement en pleine végétation, demandent une humidité constante, de fréquents bassinages sur les tablettes, entre les pots, le long des murs et dans les sentiers, sans trop mouiller les plantes cependant. Aérer la serre lorsque la température extérieure atteindra huit à dix degrés centigrades au-dessus de zéro, et lorsque celle de l'intérieur dépassera dix degrés. S'occuper également du rempotage qui reste à faire des plantes qui se mettent en végétation, et renouveler la

Fig. 70. — CYMBIDIUM LOWIANUM.

surface du compost de celles qui en ont besoin, par des matériaux frais. Les *Coelogyne cristata* en floraison demandent peu d'eau en ce moment. Tenir, du reste, toutes les plantes en fleurs plus sèches que les autres et, si possible, dans une serre moins humide pour prolonger la durée de la floraison.

Examiner si les *Oncidium macranthum, aurosum, Odontoglossum Edwardi, triumphans, Halli*, etc., *Ada aurantiaca*, dont la floraison est terminée, demandent à être rempotés; dans ce cas, il conviendra de le faire dès ce moment; dans le cas contraire, il sera toujours bon de surfacer les plantes au moyen de compost frais. Il en sera de même de toutes les Orchidées qui en auront besoin.

Serre tempérée

La serre des Cattleya vient de reprendre son plus vif éclat, et les magnifiques variétés du *C. Trianae* y sont épanouies en foule. Éviter soigneusement à ces Orchidées en fleurs les rayons les plus chauds du soleil, dont l'ardeur est déjà à craindre dans certaines belles journées de mars; les abris doivent être toujours prêts, et l'on aura parfois besoin de les mettre en place à partir de 11 heures jusqu'à 3 ou 4 heures de l'après-midi.

Arroser abondamment les plantes qui commencent à former leurs tiges florales, notamment le bel *Odontoglossum citrosmum*, dont les fleurs vont bientôt parfumer les serres. On peut le cultiver en pot ou en panier; la première méthode est peut-être préférable, car cette espèce ne réclame pas beaucoup de soleil. Le *Miltonia vexillaria*, qui va fleurir bientôt également, a besoin au contraire d'y être exposé; la culture en panier ne lui conviendrait pas; mais on peut suspendre près du vitrage, au moyen d'un cercle de fil de fer, les plantes qui sont dans des pots de petite taille.

Les *Miltonia vexillaria, Roezli* et quelques autres souffriraient d'être tenus trop renfermés et à une température trop élevée. On pourra les mettre en serre plus froide dès que la bonne saison sera suffisamment prononcée.

Il en sera de même des *Oncidium crispum, Marshallianum, conco-lor, dasystyle, Forbesi, varicosum, bifolium, tigrinum, unguiculatum* et autres, qui ont dû être tenus en serre tempérée pendant l'hiver.

On procèdera également au nettoyage et, si c'est nécessaire, au rempotage des Cymbidium, Maxillaria, Lycaste et autres Orchidées dont la floraison est terminée. Il sera bon de renouveler la surface du compost des Anguloa dont les jeunes pousses commencent à se montrer. Ces plantes pourront recevoir un peu plus d'humidité et d'engrais, qui activeront la végétation.

Rempoter et nettoyer les *Cattleya Trianae, Eldorado, superba, Percivaliana* et autres, et surfacer les plantes auxquelles cela pourrait être utile. Les *Laelia anceps, L. albida, L. autumnalis*, qui, à cette date, n'auraient pas encore été rempotés, devront l'être le plus tôt possible, sur un bon drainage et dans un compost de terre fibreuse et de sphagnum, bien mélangés par parties égales. Ces plantes seront placées à la lumière, mais toutefois à l'abri des chauds rayons du soleil.

Les Cattleya qui n'ont pas encore fleuri, tels que les *C. Mossiae, Skinneri, Mendeli*, etc., seront tenus un peu secs. Ceux de floraison automnale, *C. Alexandrae* et *C. Warocqueana* ou *labiata*, seront déjà en végétation et on leur donnera assez d'humidité.

II. — Travaux de l'été

Les soins du jardinier pendant l'été consistent principalement à arroser. Toutefois il faut éviter la grande humidité continuelle et laisser parfois le compost se dessécher, ainsi que je l'ai déjà dit plusieurs fois. On arrosera donc la plupart des espèces plusieurs fois par semaine ou journellement, si c'est nécessaire; mais tous les quinze jours on laissera les plantes sans eau pendant quatre à cinq jours. On pourra également seringuer légèrement, quand le temps sera très chaud, les plantes qui ne sont pas en fleurs; il est préférable de faire les seringages dans la matinée, vers dix ou onze heures, afin que le soleil ait le temps de sécher l'eau dans la journée ; si les gouttes séjournaient trop longtemps, surtout au cœur des feuilles, celles-ci risqueraient de pourrir. Aussi ne faut-il seringuer qu'avec beaucoup de prudence, même les espèces cultivées sur bloc.

Quant aux plantes qui sont en fleurs, il faut éviter de les seringuer, parce que l'eau souillerait les fleurs et les ferait périr en quelques heures, ce qui enlèverait aux serres leur principal charme.

En même temps que l'on fournit directement aux plantes l'eau dont elles ont besoin, il faut entretenir dans l'air une humidité abondante, et ceci n'est pas moins important que les arrosages ; car si l'air se dessèche, l'évaporation des tissus végétaux augmente proportionnellement, les feuilles jaunissent et perdent de leur substance. Il faut donc verser de l'eau en abondance sur les sentiers et les tablettes, et la renouveler plusieurs fois par jour s'il est nécessaire, à mesure qu'elle s'évapore. Les scories et les matières poreuses dont les sentiers doivent être recouverts ont pour utilité de rendre très facile et très abondante cette évaporation.

Elle sera d'autant plus rapide que l'on devra aérer, dans cette saison, assez fréquemment.

L'air renfermé, quelque soin que l'on prenne d'écarter tout ce qui pourrait le vicier, n'est jamais aussi favorable à la bonne culture que l'air renouvelé de temps en temps. Pendant les mois de juillet, août et septembre, il faut ouvrir les ventilateurs presque continuellement dans les serres froides et tempérées, et dans les serres chaudes lorsque le besoin s'en fait sentir. En principe, il est bon d'ouvrir les ventilateurs du haut et du bas en même temps, pendant l'été, pour renouveler l'air, et dans les serres froides pour établir un courant d'air plus rapide.

Dans la serre froide, en ouvrant les ventilateurs, non seulement on renouvelle l'air, mais encore on active l'évaporation de l'eau dans les sentiers et sur les tablettes ; les Odontoglossum, Masdevallia, etc., se trouvent ainsi baignés d'une brise humide analogue à celle à laquelle ils sont exposés dans les montagnes de l'Amérique, et très favorable pour leur végétation.

Enfin un autre point qui doit attirer toute l'attention du cultivateur, c'est l'ombrage des serres. Les espèces qui supportent bien les rayons directs du soleil sont peu nombreuses, tandis que la plupart risqueraient de perdre leurs feuilles et de succomber si elles y restaient exposées. D'autre part, il ne faut pas placer les Orchidées dans l'ombre complète, car toutes exigent autant de lumière et de jour possible. Il faut donc adopter un abri facile à enlever dès que le soleil se voile ou baisse, et qui, même en place, n'intercepte pas totalement les rayons.

Si l'on est surpris à l'improviste par un brusque changement de temps et que l'on voie ses Orchidées, exposées au soleil, risquer de brûler, le premier soin doit être d'ouvrir tout, ventilateurs et portes, avant même de commencer à mettre les abris en place. Les plantes sont alors rafraîchies par l'air qui circule abondamment autour d'elles, et on arrive à éviter de cette façon de très graves dégâts qui se produisent parfois en quelques minutes.

Renouveler les côtes de tabac lorsqu'elles commenceront à être trop lavées et à ne plus répandre d'odeur; elles doivent être changées plus souvent en cette saison que quand les arrosages étaient moins fréquents; en outre, c'est surtout à cette époque de l'année que les attaques des insectes seraient à craindre.

Il est bon de laver de temps en temps le vitrage extérieur, qui serait rapidement terni et obscurci par les poussières; il ne faut jamais que les Orchidées soient privées de lumière, et c'est un danger auquel elles sont trop fréquemment exposées quand l'ardeur du soleil oblige à laisser les abris pendant presque toute la journée.

Les mois de mai et de juin sont les plus beaux de l'année pour les serres à Orchidées, où les fleurs sont plus nombreuses et plus variées qu'à toute autre époque.

Afin de jouir plus pleinement de cette fête de la vue, quelques cultivateurs prolongent la floraison des plantes en les transportant dans une serre un peu plus froide pendant cette période. Ce traitement peut être appliqué sans inconvénient à celles qui émettent leurs fleurs des pousses de l'année dernière; quant à celles qui ont leurs pousses actuellement en voie de développement, il sera plus prudent de leur conserver leur milieu habituel, car en prolongeant la floraison, on entraverait la croissance des bulbes, qui deviendraient moins vigoureux et moins gros.

Il faut avoir soin de renouveler la provision d'eau de pluie toutes les fois que l'occasion s'en présente, et la réserver avec soin pour les arrosages, en se servant d'eau de source ou de rivière pour les aspersions sur les sentiers.

Il est nécessaire de se rappeler qu'un certain nombre d'Orchidées pourraient souffrir d'une ventilation excessive; ce sont notamment les Phalaenopsis, Paphinia, Coryanthes, et tout le groupe des Huntleya, comprenant les Bollea, Pescatorea, etc. Il faut les placer dans un endroit où ils ne puissent pas se trouver sous l'influence directe des courants d'air.

Enfin il faut veiller constamment à entretenir la propreté des plantes, laver les feuilles, les pots et les tablettes. C'est un point qui ne doit être négligé à aucune époque de l'année.

Serre froide

On a dû cesser tout chauffage, même pendant la nuit. Il convient, en outre, d'ombrer soigneusement dès le matin et jusqu'au coucher du soleil, dont les rayons sont fort traîtres en cette saison, et auraient vite causé un dommage irréparable. Les *Odontoglossum crispum, grande, odoratum, Halli*, etc., les *Ada aurantiaca*, les *Oncidium macranthum, serratum, superbiens*, etc., les Restrepia, Masdevallia, etc., sont en pleine et active végétation.

Il est nécessaire d'arroser copieusement les sentiers, les tablettes ainsi que les plantes mêmes.

Les serres doivent être ouvertes et abondamment ventilées pendant le jour. On pourra laisser aussi quelques ventilateurs ouverts pendant la nuit. Toutefois il est bon de placer devant toutes les ouvertures, fenêtres, etc., un cadre de treillis léger ou de grosse toile. On évitera ainsi de laisser passage aux abeilles, qui, en visitant les fleurs, pourraient souvent les féconder. On sait qu'après la fécondation, les fleurs passent très rapidement, du moins dans la plupart des Orchidées; il y a des exceptions, les Cypripedium notamment.

Les Disa, qui fleurissent pendant le cours de l'été, et sont cultivés dans l'endroit le plus frais de la serre froide, doivent être arrosés à grande dose le soir, mais il faut avoir soin de ne pas seringuer tant que les fleurs sont épanouies.

Les *Cypripedium insigne*, *Ada aurantiaca*, les Sophronitis et autres Orchidées de serre froide suivront le même traitement que les Odontoglossum.

Rien n'est plus funeste aux Orchidées, surtout à celles de serre froide, que le vent et les courants d'air chaud et sec qui pénètrent dans les serres, pompent instantanément l'humidité qu'elles renferment et font évaporer en quelques heures celle que contient le compost. Aussi, dans les pays qui sont fréquemment balayés par les vents brûlants, il vaut beaucoup mieux avoir ses serres dans un jardin protégé par des murs, des haies épaisses ou de grands arbres, que dans la pleine campagne.

Voici, entre autres, un procédé qui donne des résultats ex- cellents.

On place au-dessus de la serre une toile à ombrer, en tissu assez lâche, on la tend des deux côtés, de façon qu'elle atteigne le sol à une distance de 1 mètre à 1^m50 de la base du mur; en un mot, on forme autour de la serre une sorte de tente, ayant son sommet sur le faîte ou un peu au-dessus. La serre est ainsi abritée contre les rayons ardents du soleil, et entretenue dans une douce fraîcheur, et elle conserve son humidité; enfin on peut ouvrir les ventilateurs derrière cet abri sans avoir à craindre les vents chauds et la poussière.

On peut même diminuer encore les inconvénients de la séche- resse, en aménageant le long de la serre, et spécialement au- dessous de l'ouverture des ventilateurs, de petits réservoirs remplis d'eau; de cette façon, l'air du dehors ne pénètre à l'intérieur de la serre qu'après s'être chargé d'humidité.

Malgré tous ces soins, cependant, il n'est pas possible de transformer complètement l'atmosphère dans les serres, ni d'empêcher que le compost ne se sèche rapidement pendant la saison chaude; mais on peut y remédier en arrosant le soir, de telle façon que les plantes profitent de l'humidité pendant toute la nuit.

Serre tempérée

Les Lycaste, les *Oncidium splendidum*, *tigrinum* etc., les *Odontoglossum grande*, *Schlieperianum*, *Reichenheimi*, *Insleayi*, Phajus, les Harpophyllum, les Maxillaria et Brassia sont en pleine végétation et réclament beaucoup d'humidité. Beaucoup de Cattleya et de Laelia, les Calanthe, Zygopetalum, Acineta, Miltonia, Cymbidium, etc. finissent de fleurir et entrent également dans la période active. Les Anguloa, en végétation depuis un mois déjà, vont fleurir et demandent par conséquent moins d'arrosages que les précédents.

Les Anguloa et Lycaste peuvent recevoir une fois toutes les deux semaines un léger arrosage d'engrais d'étable dilué dans l'eau.

Les *Laelia pumila*, *praestans*, *marginata* et autres formes naines, qui produisent de très gracieuses fleurs et sont à ce point de vue des plus dignes d'être cultivées, réclament une attention constante pour l'arrosage. Les Laelia mexicains, tels que les *L. anceps*, *autumnalis*, *albida*, etc., se trouveront bien d'être tenus dans un endroit très éclairé, et devront recevoir également des seringages abondants pendant leur végétation, qui a commencé en mai.

Les *Cattleya gigas* et *aurea* recevront, en ce moment, moins d'eau que les autres Cattleya. Un léger arrosage leur sera donné de façon à maintenir la partie supérieure du compost humide. Les *Cattleya Lawrenceana*, *Skinneri* et *Mossiae*, les *Laelia purpurata* et *cinnabarina*, qui viennent de fleurir, seront laissés secs pendant environ deux semaines, puis seront rempotés ou surfacés suivant que l'exigera l'état de ces plantes. Celles-ci devront recevoir des arrosements plus abondants. Quant aux espèces à floraison hivernale, il est nécessaire de leur donner aussi de l'eau en assez grande quantité.

Les *Miltonia vexillaria*, dont la floraison est terminée, pourront être rempotés ou surfacés, mais avec soin pour ne pas abimer les jeunes pousses.

Les abris devront être disposés sur la serre à partir de 9 heures du matin et jusqu'à 5 heures ou 5 heures et demie.

Les *Oncidium Jonesianum* étaient primitivement cultivés sur bloc; il est reconnu aujourd'hui que ce traitement ne leur convient pas. Ils réussiront bien, cultivés en paniers avec un drainage abondant.

Après la floraison des *Coelogyne* du printemps, *C. flaccida* et *C. cristata*, ce dernier le plus populaire du genre, celle du *C. tomentosa* commence, et bientôt aussi celle du *C. Massangeana*, dont le coloris et le parfum méritent l'attention des amateurs.

Les *Brassia* parfument également la serre, notamment le *B. cinnamomea*, qui a la couleur et l'odeur du chocolat, les *B. verrucosa* et *B. major;* de même du *Maxillaria luteo-alba*, dont la floraison odorante est attendue avec impatience par tous ceux qui possèdent cette charmante Orchidée.

Le *Miltonia vexillaria*, les *Pleione Wallichi* et *P. maculata*, les *Odontoglossum hastilabium*, les *Anguloa Clowesi*, *A. Rückeri* et leurs variétés produisent également leurs tiges florales; il convient de mentionner aussi le *Laelia majalis*, qui est une espèce facile à cultiver et extrêmement décorative.

Serre chaude

Il n'est plus nécessaire de chauffer beaucoup les serres, mais il faudra, là encore, veiller à la ventilation, et n'ouvrir que juste assez pour renouveler l'air. Les Dendrobium qui fleurissent de bonne heure, comme les *D. nobile*, *Wardianum*, etc., devront recevoir beaucoup d'eau aux racines, car s'ils se desséchaient, il

pourrait se produire à la base de jeunes pousses, qui dérange-
raient la plante de l'époque régulière de floraison, et nuiraient
aussi aux pousses de l'année précédente.

Il faut avoir soin de détruire les insectes, qui se montrent surtout en été et par les temps sombres, et causent souvent beaucoup de dégâts aux jeunes racines des Aerides, Phalaenopsis,
Vanda, etc. Il est nécessaire de leur donner la chasse tous les
jours.

Il ne faut pas arroser le feuillage des plantes, à moins que le
soleil soit assez chaud pour assurer une évaporation rapide.

Les Calanthe devront être placés dans la partie la plus chaude
de la serre, pour terminer leur végétation ; éviter les seringages,
qui pourraient détériorer les feuilles.

A partir de juin, les *Dendrobium thyrsiflorum, devonianum,* etc.,
ont terminé leur floraison, ainsi que la plupart des Cypripedium,
des Vanda, des Aerides, etc. Toutes ces plantes réclament beaucoup d'humidité. Chauffer très peu pendant la nuit. Pendant le
jour, on pourra donner un peu d'air aux serres.

Les Dendrobium qui fleurissent à l'automne devront être rempotés à cette époque de l'année.

Quelques Saccolabium, notamment les *guttatum, retusum, curvifolium, Blumei,* les *Aerides virens, Larpentae, Fieldingi,* pourront
être rempotés également, si leurs racines réclament plus d'espace ;
toutefois, il ne faut recourir à cette opération qu'avec une extrême
réserve, car on ne pourra l'exécuter sans briser quelques racines,
et la plante se ressent toujours plus ou moins de ces blessures.

On pourra rapprocher du vitrage les petits Vanda, ainsi que les
Aerides et les Saccolabium.

Les *Acacallis cyanea* fleurissent souvent en août et septembre ;
ils doivent être cultivés en paniers, avec un faible compost de
sphagnum et de terre fibreuse, et suspendus près du vitrage, de
façon à avoir assez de lumière, mais sans être exposés aux rayons
les plus chauds du soleil. Les fleurs sont très grandes relativement
aux dimensions de la plante, et elles sont de longue durée.

Les Dendrobium à feuillage annuel, qui auront bientôt terminé leur croissance, devront être placés dans un endroit plus frais et plus sec; les autres, comme les *D. densiflorum* et *thyrsiflorum*, se trouveront bien également de ce traitement quand leur végétation sera achevée; mais ces derniers réclament plus d'eau que les précédents.

Il est bon de remarquer que l'on ne doit pas laisser le compost se dessécher entièrement. Il faut donner un peu d'eau aux plantes de temps en temps pour maintenir les pseudobulbes pleins et gonflés, car s'ils se ridaient, la croissance des pousses s'en ressentirait l'année suivante.

III. — Travaux de l'automne

Pendant cette saison, les occupations du jardinier doivent se modifier en vue de la préparation du repos.

Toute la période de végétation, s'étendant du printemps à l'automne, a dû être employée à produire des pousses aussi vigoureuses que possible; il reste maintenant à bien les mûrir, puis les plantes prendront le repos nécessaire, pour recommencer au printemps à donner une bonne végétation et une floraison abondante.

Pendant le mois qui précède la mise en repos, c'est-à-dire de la fin d'août à la fin de septembre, la principale préoccupation du cultivateur doit être de faire bien mûrir les pousses de l'année; pour cela, il faut faire profiter les Orchidées des rayons du soleil toutes les fois qu'ils ne sont pas trop ardents, et entretenir dans les serres un air frais et pur.

Certains amateurs installent parfois sur leurs serres des ombrages fixes, toile lâche ou lattis; j'ai déjà dit que je ne suis pas très partisan, en principe, des abris fixes; néanmoins je conçois que ce système peut être commode, soit pour des serres où l'on cultive à l'étouffée certaines Orchidées qui craignent le soleil, soit encore dans de petites installations où l'on ne dispose pas d'un personnel suffisant pour pouvoir déplacer souvent les abris.

D'ailleurs il existe des toiles spéciales d'un tissu assez lâche pour laisser passer beaucoup de clarté.

Partout où il y a des abris fixes, on peut les enlever maintenant, car on n'aura plus désormais besoin de protéger souvent les plantes contre le soleil.

En enlevant les claies ou la toile, on constatera généralement que le vitrage est recouvert d'une couche de poussière ou de boue formée par les pluies. Il faut avoir soin de le laver immédiatement. Rien ne doit intercepter le passage de la lumière.

En mettant les toiles d'ombrage dans le hangar où elles resteront jusqu'à la prochaine saison, s'assurer qu'elles ne contiennent pas pas trace d'humidité; si elles sont humides, les faire sécher soigneusement avant de les rouler, autrement elles pourriraient et seraient perdues.

Certains cultivateurs croient parfois pouvoir conserver la chaleur des serres et faire une économie de chauffage artificiel en laissant les abris en place pendant les temps froids. C'est un procédé dont les avantages ne compensent nullement les inconvénients, car la privation de lumière est funeste aux Orchidées, même pendant la saison où la végétation est très ralentie, et qui d'ailleurs ne produit aucune économie, car les abris, de quelque matière qu'ils soient, pourrissent rapidement sous l'influence des intempéries. On ne doit, à mon avis, y recourir que dans les cas d'absolue nécessité, c'est-à-dire lorsque le chauffage ne fonctionne pas, soit qu'un tuyau ait besoin de réparations, soit pour toute autre raison.

Lorsque ce cas se présente, je conseillerais d'employer une couverture de paille; cette matière conserve parfaitement la chaleur, et si l'on a soin de l'enfermer entre deux toiles, on évitera l'inconvénient des brisures qui font voler partout de petits débris de paille.

En ce qui concerne la ventilation, on doit observer une certaine prudence pendant cette saison, qui est toujours assez variable. Quand le vent est très fort, ou quand il est froid, il serait dangereux de le laisser pénétrer dans les serres; les nuits sont généralement fraîches, et tout doit être fermé à partir de sept ou huit heures au plus tard. Mais au milieu de la journée, quand la température est douce, il est bon d'aérer autant que possible dans toutes les serres.

Les appareils de chauffage doivent être maintenant en service continuel ; le jardinier ne doit jamais se laisser surprendre par les brusques variations de la température. Les serres chaudes et les serres tempérées doivent être chauffées pendant la nuit, et les premières au moins pendant le jour.

Le jardinier doit profiter des loisirs que lui donne la diminution des arrosages pour passer en revue toutes ses plantes et examiner comment chacune s'est comportée. Il est bon de faire une ou deux fois par an cette espèce de récapitulation. Si une espèce ne réussit pas dans une partie voisine d'un ventilateur, on la transporte dans un coin où l'air est moins vif. Une Orchidée semble-t-elle souffrir de la température, on la place dans un compartiment plus chaud ou plus froid ; on met du côté nord celles qui paraissent sensibles aux rayons du soleil, et inversement.

C'est dans des observations de ce genre que se révèle le tact et l'intelligence du jardinier, et ce sont elles qui permettent d'obtenir des succès rares avec des espèces considérées quelquefois comme difficiles.

Parmi les changements que le cultivateur peut être appelé à faire dans l'arrangement de ses plantes à la fin de la saison de végétation, il est notamment des espèces qui doivent tous les ans changer de serre à cette époque. Les Sobralia, les *Odontoglossum grande, Insleayi, Cervantesi, nebulosum* (fig. 71), etc., plusieurs Oncidium mexicains, tels que les *O. incurvum, hastatum, tigrinum*, etc. peuvent parfaitement passer l'été dans la serre froide, où la température est assez élevée pour eux; mais pour l'hiver il faut les replacer dans un compartiment un peu plus chaud, tempéré pour les Sobralia, tempéré-froid pour les Odontoglossum et Oncidium.

Pour quelques autres Orchidées, dont la végétation est totalement suspendue pendant l'hiver, c'est le contraire qui se produit. Les Catasetum et Mormodes surtout, et encore les Cycnoches,

Coryanthes, etc. doivent passer la saison froide dans un endroit sec et à une température très modérée; tandis que pendant le reste de l'année ils prospéraient dans la serre chaude, ils seront relégués à partir du milieu de novembre environ dans une galerie ou une serre peu chauffée.

Les plantes doivent évidemment être préparées d'une façon graduée à ce changement, et dès le milieu d'octobre il faut diminuer peu à peu les arrosages.

Le jardinier passera encore la revue de ses serres pour vérifier toutes les parties du vitrage, et fera remplacer toutes les vitres

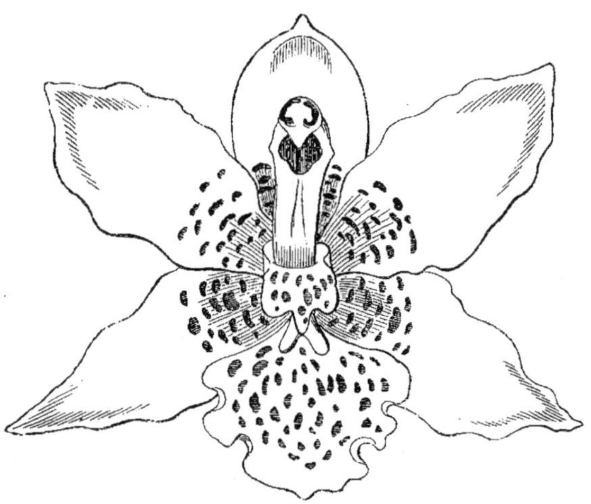

Fig. 71. — Odontoglossum nebulosum.

brisées et boucher toutes les fentes. Les courants d'air froid ou les gouttes d'eau qui tombent sur les feuilles pendant la mauvaise saison pourraient faire mourir des plantes.

Les espèces qui fleurissent pendant l'hiver, et notamment les *Cattleya Warocqueana* (*labiata*) et *Coelogyne cristata*, ne doivent pas être privées d'eau autant que les autres. Le repos ne commencera vraiment pour elles qu'à la fin de la floraison.

Parmi les plus charmantes Orchidées de la serre tempérée-froide qui vont également fleurir à la nouvelle saison, il faut citer les Pleione, rangés par les botanistes dans le genre Coelogyne, mais qui forment un groupe à part bien caractérisé. Les *Pleione lagenaria*, *P. Wallichi*, *P. Hookeriana*, *P. maculata*, ont des fleurs d'une belle taille et d'un coloris ravissant.

Ces plantes perdent leurs feuilles avant que les tiges florales n'apparaissent, et l'aspect des bulbes ainsi dénudés est très bizarre, mais peu gracieux. On remédie facilement à ce petit inconvénient en plaçant entre les pots des Adiantum et d'autres petites fougères à feuillage léger. L'ensemble est du plus bel effet.

Dès que les fleurs commencent à passer, les Pleione émettent des racines; aussi doit-on rempoter ces plantes, s'il y a lieu, immédiatement après la floraison. En général, le compost n'a besoin d'être renouvelé que tous les deux ans.

En examinant les plantes une à une, il convient aussi de mettre à part celles qui ont le compost vicié.

Je ne suis pas partisan des rempotages opérés à la fin de la végétation. Il est préférable de ne les effectuer qu'à la fin du repos, au moment où les plantes vont rentrer en activité; tandis qu'actuellement la présence d'un compost frais, sain et bien aéré risquerait de stimuler les plantes à contre-saison.

On doit éviter avec soin que les plantes ne forment une nouvelle pousse dans cette saison, et c'est pourquoi l'on doit modérer les arrosements après l'achèvement du bulbe de l'année.

Lorsqu'une seconde pousse se développe à l'automne, celle-ci est forcément faible, à cause de la saison peu favorable, et parce que la plante a déjà dépensé beaucoup de ses forces pour former le pseudobulbe et la floraison de l'année; puis, une fois que cette seconde pousse est terminée, il est déjà un peu tard pour le repos, et la plante, qui en aurait particulièrement besoin, en est partiellement privée. Enfin l'accident a son contre-coup l'année suivante, car un pseudobulbe faible ne peut naturellement produire qu'une pousse chétive. La végétation est donc languissante pendant un an, et la floraison presque à coup sûr manquée.

Il n'est donc pas bon de rempoter actuellement les Orchidées; celles-ci, d'ailleurs, ne peuvent pas souffrir sensiblement de passer l'hiver dans un compost un peu vieilli; si la surface est envahie par les conferves et par ces espèces de croûtes qui se forment quelquefois au bout d'un certain temps, il vaut mieux enlever ces matières, qui empêchent l'air de circuler et pourraient faire pourrir la base des pseudobulbes; mais dans ce cas, comme le mal ne s'étend jamais à une grande profondeur, il suffit de faire un surfaçage. On enlève alors la couche supérieure du compost, en grattant bien les parties qui entourent les racines et le collet des plantes, puis on la remplace par du compost nouveau.

Avant de procéder à cette opération, il est bon de laisser les plantes sans arrosages pendant huit à dix jours. Le compost ainsi séché se détache plus facilement, et en même temps on arrête dans sa propagation la moisissure, si celle-ci a déjà commencé à attaquer certains organes.

Serre froide

Les Odontoglossum et Oncidium qui ont besoin d'être rempotés doivent l'être à la fin du mois d'août et au commencement de septembre. Les autres pourront être surfacés.

Un grand nombre de Masdevallia qui viennent de fleurir, notamment les *M. Lindeni, ignea, amabilis, Trochilus, Veitchi, Harryana,* doivent également être rempotés. Beaucoup de ces plantes, qui paraissent faibles et produisent au centre des feuilles chétives, sont trop comprimées dans les pots; on les divisera, en laissant à chaque groupe au moins six ou sept feuilles.

Serre tempérée

Ici encore on peut procéder, s'il est nécessaire, au rempotage de quelques plantes, notamment du *Cattleya gigas,* qui vient de fleurir et commence à produire des racines à la base des bulbes nouveaux, du *Miltonia Roezli,* etc. Toutes les plantes qui mûrissent actuellement leurs pousses réclament beaucoup d'air et de lumière, mais la fraîcheur des nuits est déjà à craindre, notamment pour les *Phaius tuberculosus* et *Humbloti*.

Les arrosages dans les sentiers et aux racines doivent être un peu diminués, et même suspendus parfois si le temps n'est pas assez chaud, notamment les jours de pluie, qui deviennent assez fréquents. On ne peut en aucun cas arroser abondamment lorsqu'une ventilation parfaite ou un temps chaud et sec ne permet pas une évaporation suffisante. Il faudra donc, si le temps est mauvais, chauffer parfois la serre pour pouvoir ouvrir les ventilateurs. Ces observations s'appliquent également à la serre chaude.

Les *Dendrobium formosum*, *giganteum*, etc., qui viennent de fleurir, seront placés près du vitrage et mis en repos peu à peu; ils passeront l'hiver presque sans eau; les *D. nobile*, *D. heterocarpum*, etc., qui vont former leurs boutons, doivent être lavés et épongés avec une solution de nicotine avant leur apparition, car il serait difficile de le faire un peu plus tard. Les *Thunia*, *Galeandra Baueri*, etc. qui auront perdu leurs feuilles devront avoir le même traitement. Les *Calanthe* × *Veitchi*, *C. vestita*, qui ouvrent leurs fleurs, seront placés près du vitrage, ainsi que les Cymbidium, et recevront peu d'arrosements; les *Cattleya gigas*, *C. Dowiana*, *C. bicolor*, *C. Leopoldi*, qui viennent de fleurir, les *Laelia elegans*, *L. purpurata*, etc., ont tous à peu près mûri leurs nouvelles pousses, et les spongioles des racines commencent à blanchir; le repos s'établira progressivement. Les ombrages peuvent être à peu près complètement supprimés, et la ventilation devra être ménagée prudemment.

Les *Cattleya Mendeli*, *Mossiae*, *Trianae* terminent leur croissance; on reconnaît qu'elle est tout à fait achevée lorsque l'enveloppe des bulbes se sèche et devient mince et papyriforme; toutefois les racines sont encore actives à ce moment et, jusqu'à ce que cette enveloppe se fende, la végétation n'est pas complètement suspendue.

D'autres espèces, comme les *C. gigas*, *C. Gaskelliana*, etc., fleurissent avant que le pseudobulbe ait complètement fini sa croissance. Toutes, d'ailleurs, réclament le même traitement, à part quelques différences dans les arrosages.

Beaucoup de Dendrobium, *D. Wardianum*, *D. nobile* et autres, sont encore actifs aux racines, et continuent à développer leurs pseudobulbes jusqu'au moment de la formation des boutons; ceux-là ne devront pas avoir un repos complet.

Serre chaude

Ici, il est nécessaire de chauffer désormais tout le jour, et surtout la nuit. La plupart des Vanda, Aerides, Saccolabium, etc., sont à peu près en repos et ne recevront que des arrosements très modérés. Les *Phalaenopsis Esmeralda*, avec leurs gracieuses variétés, *P. antennifera*, etc., commencent à fleurir et doivent être traités à peu près comme par le passé.

Beaucoup de Cypripedium sont encore en fleurs actuellement, notamment les gracieux hybrides de la section *Sedeni*, qui décorent agréablement les serres. Les Aerides, notamment les *A. odoratum* et leurs variétés si remarquables, parfument délicieusement l'air en même temps qu'ils charment la vue. Quelques Saccolabium, *S. Blumei* (voir fig. 72), *S. miniatum*, etc., sont en fleurs ainsi que les derniers Calanthe.

Il faut veiller avec soin aux variations de la température. Pendant le mois d'octobre surtout la chaleur et le froid se livrent de continuelles batailles ; il sera parfois bon d'ouvrir tous les ventilateurs dans la journée, et parfois il sera nécessaire de chauffer.

Pendant la nuit cette précaution est toujours indispensable.

Donner beaucoup d'humidité quand le temps sera beau, mais la modérer soigneusement par les temps sombres.

L'époque actuelle est la plus favorable pour le nettoyage intérieur et extérieur des serres; il se forme fréquemment des amas de mousses et de conferves à la jointure des vitres et à toutes les parties saillantes ; on devra les enlever complètement. Laver aussi

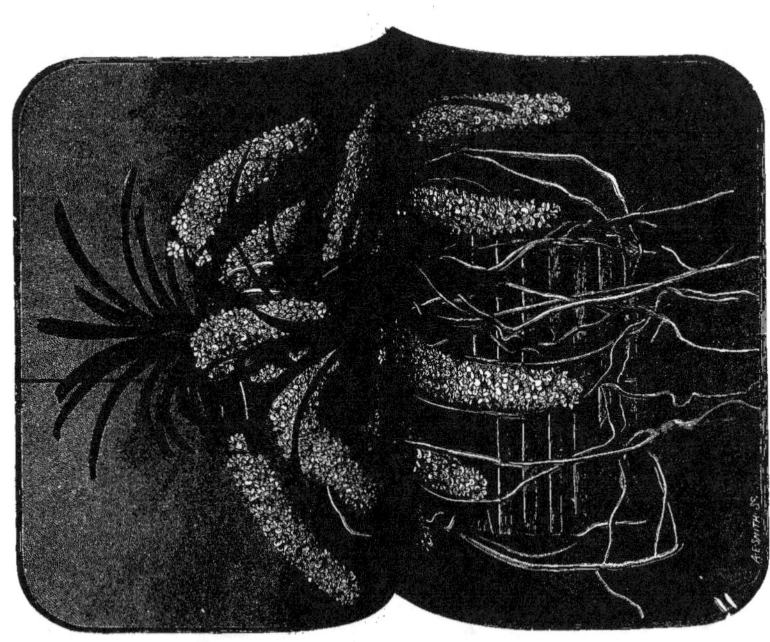

Fig. 72. — SACCOLABIUM BLUMEI.

les feuilles, ainsi que les pots et les tablettes sur lesquelles ceux-ci sont disposés.

Les Vanda, surtout ceux qui ont formé des pousses latérales, peuvent avoir perdu quelques feuilles à la base. Il conviendra de les descendre un peu plus bas dans leur pot ou dans leur panier, pourvu toutefois qu'ils aient suffisamment de racines le long de la tige. Avoir soin de leur donner un drainage abondant en procédant au rempotage. On les mettra ensuite à l'abri, car les rayons directs du soleil leur seraient préjudiciables pendant quelque temps après cette opération.

Le reste de la serre demandera très peu d'ombre. Arroser très modérément, et ventiler seulement au milieu de la journée. Surveiller le chauffage avec le plus grand soin, surtout pendant la nuit, où les chûtes brusques du thermomètre peuvent causer de grands dommages.

IV. — Travaux de l'hiver

Avant d'aborder les soins particuliers que réclame chacune des grandes catégories de serres à Orchidées, serre aux Odontoglossum, serre aux Cattleya, serre aux Vanda et Cypripedium, disons quelques mots des questions générales qui doivent attirer l'attention du cultivateur dans toutes les sections. La plus importante de toutes est le chauffage.

Il faut prémunir les jardiniers contre la funeste tendance qu'ils ont à chauffer trop; une température trop élevée est nuisible à la santé des plantes; avec un chauffage réduit au minimum, les pousses sont plus vigoureuses, les bulbes plus trapus et plus durs, et la floraison plus abondante et plus belle.

Pendant l'hiver, d'ailleurs, la température doit être abaissée dans toutes les serres où les plantes sont en repos; elles n'ont pas besoin, en effet, d'autant de chaleur que pendant la pleine et active végétation.

D'autre part, il ne faut pas non plus que la température soit trop basse; certains cultivateurs exagèrent parfois dans ce sens; il est rare que les inconvénients qui en résultent apparaissent immédiatement, mais le retard de la végétation et de la floraison, et la maigreur de celle-ci, les démontrent bientôt.

De plus, il faut s'attacher à faire profiter les Orchidées de tous les rayons du soleil lorsqu'il se montre, car la chaleur solaire est beaucoup plus avantageuse pour elles que le chauffage artificiel. Aussi les abris doivent-ils être supprimés à peu près totalement, sauf exception, dès le milieu de novembre.

Dans le cas où des accidents se produiraient aux chaudières ou dans les tuyaux, quelques heures suffiraient à produire des dégâts considérables, si l'on n'avait pas eu la précaution de tenir en réserve quelques poêles pour parer à ces accidents. Veiller à ce que les tuyaux soient parfaitement installés pour qu'il n'y ait aucune déperdition de fumée ou de gaz provenant de la combustion, et à ce que la chaleur soit répartie aussi également que possible, car il arrive trop souvent, dans des cas de ce genre, que les plantes situées près du poêle sont surchauffées, et que celles qui en sont très éloignées gèlent. Il vaut mieux, si la serre est grande, employer deux poêles chauffant doucement, qu'un seul produisant une température trop élevée.

Il est bon d'envelopper avec soin, pour les garantir contre la gelée, les tubes d'échappement insérés sur les tuyaux de chauffage, et qui s'élèvent au-dessus du vitrage des serres.

Les tubes en question sont destinés à laisser monter l'eau des tuyaux de chauffage, et remplissent l'office de soupape. En effet, si les tuyaux étaient complètement fermés, ils risqueraient d'éclater lorsque la chaudière serait trop remplie, ou par l'effet de la dilatation produite par la chaleur; tandis que, quand le cas se présente, l'eau monte simplement dans ces tubes, et peut même s'échapper au besoin par leur sommet.

C'est pourquoi il est utile d'envelopper ces tubes de paille ou de feutre pendant l'hiver, pour empêcher l'eau de s'y congeler, ce qui les obstruerait.

Arrosages. — Pendant l'hiver, l'eau de pluie ou celle qui

provient de la fonte des neiges est généralement trop froide pour être employée immédiatement ; il est bon de la laisser se réchauffer pendant quelque temps avant de s'en servir ; si les tuyaux de chauffage passent dans les bassins, une heure suffira ; sinon, il faudra environ trois heures pour que l'eau soit amenée à la température de la serre.

Vitrage. — Avoir soin d'examiner toutes les parties du vitrage pour remplacer les vitres qui seraient brisées, boucher toutes les fentes, etc. Les courants d'air glacés qui passent par ces ouvertures, les gouttes d'eau qui tombent par là sur les feuilles, font souvent beaucoup de dégâts.

Double vitrage. — Le système consistant à installer au-dessus du vitrage des serres, à une distance de dix centimètres environ, une seconde toiture vitrée parallèle à la première, est employé avec beaucoup de succès dans les pays du Nord ; il évite en très grande partie la déperdition de la chaleur des serres et ne fait perdre que peu de clarté ; voici un aménagement qui a donné des résultats excellents : On fait passer un tuyau de chauffage, de dimension moyenne, sept à huit centimètres de diamètre, entre les deux vitrages, tout à fait à la partie inférieure. De cette façon, l'air chaud montant toujours vers le haut, il se trouve entre les deux toitures vitrées une couche d'air chauffée, qui empêche totalement le refroidissement de la serre.

Cette disposition a le très grand avantage de réduire au minimum le chauffage à l'intérieur des serres, chauffage qui, ainsi que je l'ai dit, est toujours un peu défavorable à la santé des plantes.

En outre, il y a avantage à installer également un petit tuyau de retour (quatre à cinq centimètres de diamètre) dans la gouttière qui se trouve au-dessous du vitrage supérieur. La chaleur de ce tuyau fait fondre la neige et empêche l'eau qui tombe des vitres de se congeler.

Serre aux Odontoglossum

Les Odontoglossum ne doivent plus être ombrés à partir du mois de novembre; on leur donnera le plus possible de lumière pour assurer la maturation des pseudobulbes. En même temps, il convient de renouveler l'air toutes les fois que le temps le permet, c'est-à-dire que la température extérieure est supérieure à 6 ou 8° centigrades; on doit profiter de toutes les belles journées pour ouvrir tous les ventilateurs. Les Orchidées alpines, et surtout les Odontoglossum et Masdevallia, réclament un air aussi frais et aussi pur que possible; au besoin même, on chauffera en même temps, si le thermomètre extérieur est peu bas, pour que les plantes ne risquent pas de souffrir.

Je conseille beaucoup de mettre les Odontoglossum en pleine activité à cette époque de l'année. Les arrosages ne devront donc pas être diminués, afin de donner aux pousses le plus vigoureux développement. Cependant, il est prudent de veiller à l'arrosage des tablettes et des sentiers, et de suspendre les seringages à peu près complètement, pour éviter que les feuilles ne soient tachées, car l'évaporation de l'eau sera naturellement bien moins rapide en cette saison que par les temps clairs et lumineux.

Fig. 73. — ODONTOGLOSSUM CERVANTESI.

Ce qui précède se rapporte surtout aux *Od. crispum* et aux autres espèces dites alpines. Les *Odontoglossum Harryanum*, *O. hastilabium*, et surtout l'*O. grande*, demandent plus de chaleur en toute saison, et l'hiver un repos un peu plus marqué.

Les Oncidium, surtout ceux du Mexique, qui sont cultivés dans la partie la plus chaude de la serre froide, feront l'objet de la même observation. On devra diminuer notablement leurs arrosages.

L'*Oncidium tigrinum*, qui réussit parfaitement dans la serre froide, sera tenu sec à partir de la fin de la floraison jusqu'à l'apparition des nouvelles pousses, c'est-à-dire jusqu'au mois de mars.

Veiller à la ventilation, qu'il est quelquefois malaisé de pratiquer pendant la saison froide ; les courants d'air froid qui frappent directement les plantes sont particulièrement dangereux, et c'est en grande partie à leur influence qu'est due l'apparition des taches noires qui envahissent souvent le dessous des feuilles des Masdevallia.

Serre aux Cattleya et Laelia

Ici le repos doit être bien marqué. Après avoir donné aux Cattleya et Laelia beaucoup de lumière et de chaleur (solaire, autant que possible) pour bien mûrir leurs bulbes, il faut les laisser reposer pendant environ quatre mois, de novembre à février ; on obtiendra alors des pousses vigoureuses et, dans la suite, des floraisons superbes.

Les *Cattleya Warocqueana* ou *labiata autumnalis*, comme les autres plantes qui fleurissent l'hiver, ne doivent pas être autant privés d'eau ; le repos commencera tout à fait pour eux à la fin de la floraison. Il ne faut pas non plus leur donner trop d'eau, parce que dans ce cas des pousses se formeraient en même temps que les fleurs ; ces pousses n'auraient pas le délai nécessaire pour se développer complètement ; elles resteraient forcément chétives, et celles qui viendraient au printemps suivant seraient affaiblies également en proportion.

Les *Coelogyne cristata*, qui sont en boutons actuellement et vont fleurir, doivent recevoir en tout temps des arrosages modérés ; le repos n'est pas aussi complet pour ces plantes que pour les autres.

D'une façon générale, en dehors de ces exceptions, l'humidité de l'atmosphère, pendant l'hiver, doit suffire à peu près aux besoins des Orchidées de la serre tempérée. Il suffit que le compost ne devienne pas absolument sec et cassant ; s'il en était ainsi, on devrait arroser modérément.

Les Calanthe à pseudobulbes vont bientôt fleurir, et seront soumis ensuite à un repos vigoureux. On peut même arracher les bulbes des pots et les faire sécher jusqu'au mois de mars.

Les *Laelia albida*, *L. anceps*, *L. autumnalis*, *L. purpurata* qui sont cultivés sur blocs doivent être plongés dans les bassins dès que le bloc devient à peu près sec. L'excès d'humidité n'est pas à craindre pour ce genre de culture, qui ne réclame que peu ou pas de compost, les racines de ces plantes s'étendant le plus fréquemment dans l'air ; ces espèces forment actuellement leurs longues tiges florales, et ne vont pas tarder à fleurir. Il est bon d'empêcher leurs tiges de se coller contre le vitrage, car il s'y trouve toujours une couche de vapeur condensée, qui ferait pourrir les boutons.

Les *Pleione lagenaria* finissent leur floraison vers le milieu de décembre ; aussitôt après, il sera bon de les rempoter sans perdre de temps, et on pourra les placer ensuite dans la serre tempérée-froide, et leur donner très peu d'arrosages jusqu'au commencement de mars.

Les Barkeria finissent de fleurir ; ces gracieuses espèces réclament beaucoup d'air, de lumière et d'humidité. L'*Odontoglossum Londesboroughianum* devra être mis en repos absolu pendant trois mois dans un endroit très sec.

Les *Miltonia spectabilis*, *M. Moreliana*, *M. virginalis*, *M. rosea*, entrent actuellement en croissance ; on pourra les surfacer en enlevant le vieux sphagnum, mais un rempotage les incommoderait et risquerait de les retarder ; les *M. Clowesi*, *M. Regnelli* prospèrent bien également dans la serre des Cattleya ; le *M. candida* doit être placé dans un endroit un peu plus chaud que les précédents.

Parmi les plantes en fleurs, il faut citer encore le *Maxillaria grandiflora*, dont les fleurs exquises peuvent presque lutter avec celles du *Lycaste Skinneri alba*, et l'élégant *Pilumna fragrans* ou *Pilumna nobilis*, car les deux formes, qui ne diffèrent que par l'ampleur des fleurs, n'ont guère de titres réels à porter des noms spécifiques distincts.

Serre chaude

Les Vanda, Aerides, Saccolabium et autres espèces de la serre chaude fleurissent un peu à toutes les époques de l'année et n'ont pas un repos aussi marqué que les Cattleya. Il suffit de suspendre leur activité pendant deux mois environ, du courant de décembre à février; arroser peu, et éviter avec soin de laisser tomber des gouttes d'eau dans le cœur des pousses, qui ris- queraient de pourrir; il est bon de les surveiller attentivement au moment des arrosages, et d'enlever, au moyen d'une petite éponge placée au bout d'un pinceau, l'eau qui pourrait y être tombée.

Les Dendrobium réclament un repos très complet; on le retar- dera un peu pour les espèces qui fleurissent actuellement; les autres seront tenues très sèches jusqu'au mois de février.

Les Cypripedium ont un repos beaucoup moins marqué que les précédents. Ils ne devront jamais être laissés complètement secs, car ils poussent à peu près toute l'année sans interruption.

Certains Cypripedium, particulièrement ceux de la section des C. *barbatum*, C. *superbiens*, C. *ciliolare*, etc., avec leurs beaux hybrides, demandent beaucoup d'humidité. Le chauffage doit être soigneusement surveillé pour éviter les brusques chûtes de tempé- rature de la nuit; on peut également couvrir les serres de nattes pendant la nuit dans le même but.

Les *Calanthe* × *Veitchi*, C. *vestita*, Vanda, Phalaenopsis, *Sac- colabium giganteum*, etc., embellissent encore les serres de leur floraison.

Parmi les plantes qui sont en fleurs à cette époque, il convient aussi de citer le *Cymbidium Lowi*, qui produit de longues grappes de fleurs d'une belle allure, d'un coloris un peu sombre; si les plantes semblaient souffrir des racines, il serait bon de les examiner, et de les rempoter si le compost est en mauvais état; arroser peu pendant les cinq ou six jours suivants, pourvu que les matériaux aient été employés suffisamment humides. Les *Cymbidium eburneum* et *C. Mastersi* sont également en fleurs; il convient de donner encore à ces espèces assez d'eau aux racines.

Nous avons dit précédemment quelques mots des Dendrobium; ceux surtout qui perdent leurs feuilles devront passer l'hiver dans un état de repos complet; ce sont, entre autres, les *D. Wardianum*, *D. crassinode*, *D. nobile*, *D. Falconeri*, etc. Quant à ceux qui n'ont pas encore fini complètement leur pousse, ils seront placés dans la partie la plus chaude de la serre et devront avoir beaucoup d'humidité jusqu'à ce que leurs bulbes soient bien mûris. Les *D. thyrsiflorum*, *D. densiflorum*, *D. Farmeri*, etc., pourront être placés dans une serre tempérée, où ils fleuriront mieux et plus longtemps.

Le beau *D. infundibulum* ou *D. Jamesianum* réussit bien dans la serre froide, ou plutôt dans la serre tempérée-froide. Cette espèce est originaire du Moulmein; elle réclame beaucoup de lumière et doit être suspendue près du vitrage. Le *D. formosum* provient de la même région, mais il lui faut une température plus élevée, ainsi qu'à sa magnifique variété *giganteum*. Le *D. japonicum* est encore une espèce de serre froide, comme la pluplart des Orchidées du Japon; enfin le *D. Johannis*, cependant originaire d'Australie, et le *D. speciosum* se contentent également d'une chaleur très modérée.

Les *Vanda teres*, *V. Hookeri*, etc., qui ont terminé leurs pousses, pourront être tenus plus frais, et peu à peu mis en repos.

Les *Phalaenopsis amabilis* et *Schilleriana* entrent actuellement en floraison, et leurs grappes de fleurs, d'une forme et d'un coloris admirables, offrent le plus merveilleux spectacle. Le rare et beau *Vanda Cathcarti*, dont les boutons sont en voie de formation depuis le mois d'août ou de septembre, s'épanouit actuellement; ce dernier doit recevoir un peu moins de chaleur que les autres espèces, car une haute température aiderait au développement des insectes, qui lui font le plus grand tort.

Parmi les plantes en fleurs, il convient de citer encore le *Phaius tuberculosus*, qui réclame une humidité modérée pendant tout l'hiver, plusieurs Angraecum, et des Cypripedium, parmi lesquels l'un des plus beaux est le *C. Spicerianum*, aux formes si parfaites et si curieuses, avec le sépale dorsal blanc taché de vert à la base, et gracieusement replié de part et d'autre de la nervure médiane.

Les Angraecum réclament beaucoup de chaleur humide; on devra veiller aussi à les préserver des attaques des insectes.

L'*Angraecum sesquipedale* forme actuellement ses boutons, et va épanouir bientôt ses magnifiques fleurs. C'est un des plus précieux ornements de la serre chaude en cette saison.

Beaucoup de Dendrobium devront passer l'hiver dans un état de sécheresse presque complet; ce sont la plupart de ceux qui perdent leurs feuilles, et notamment les *D. Wardianum*, *D. crassinode*, *D. nobile*, *D. Falconeri*, etc. Les *D. densiflorum*, *D. thyrsiflorum*, *D. Farmeri* et autres espèces vivaces peuvent être actuellement transportés, après la fin de leur pousse, dans la serre tempérée. Ils fleuriront mieux dans ces conditions, pourvu que leur compost soit tenu presque sec. Toutefois ce n'est qu'après la fin de leur pousse; ceux qui ne l'auraient pas encore complètement mûrie devront recevoir beaucoup de chaleur et d'humidité, particulièrement les *D. Bensoniae*, *D. devonianum*, ainsi que le beau *D. Dalhousieanum*.

Il en est de même de l'*Epidendrum* (*Diacrium*) *bicornutum*, belle espèce qui a été longtemps un peu méconnue et qui doit figurer dans toutes les collections de choix.

Dans la seconde partie de janvier, les fleurs commencent à devenir plus abondantes; les *Laelia autumnalis*, *L. acuminata*, *L. albida*, *L. anceps*, *Zygopetalum crinitum*, *Z. rostratum*, *Z. Lindeniae*, *Rodriguezia Bungerothi*, *R. crispa*, *R. granadensis*, *Coelogyne barbata*, *C. fuliginosa*, *Calanthe* × *Veitchi* et autres, *Miltonia Roezli* (fig. 74), etc., etc., sont en boutons ou en fleurs, et les *Coelogyne*, les *Cattleya Trianae*, beaucoup de Dendrobium et d'autres Orchidées fleurissant en hiver se préparent à former leurs grappes ou leurs tiges florales. Il est bon de remarquer que les fleurs se conservent beaucoup moins longtemps dans les serres chauffées et humides; il arrive assez souvent chez les cultivateurs inexpérimentés que les boutons avortent par suite d'un excès de chauffage artificiel. C'est surtout l'hiver qu'il est bon d'avoir une serre, ou au moins un coin spécial pour les plantes en fleurs. On en profite ainsi plus longtemps.

Le temps commence à devenir plus doux; on pourra en profiter pour nettoyer l'extérieur des serres, laver les vitres et ventiler dans les moments les plus favorables.

La végétation ne va pas tarder à reparaître dans toutes les serres, et déjà dans beaucoup d'endroits on peut commencer à

Fig. 74. — Miltonia Roezli.

augmenter légèrement la quantité d'eau donnée aux plantes, pour les ramener graduellement en activité. Préparer également tous les matériaux pour les grands rempotages qui commenceront dans la première moitié de février.

Un certain nombre de Saccolabium et d'Aerides pourront alors être rempotés. Celles de ces plantes qui ont perdu quelques feuilles du bas peuvent être descendues plus profondément dans leur pot, de façon que l'on puisse cacher ces plaies; au besoin, on raccourcira la partie de la tige qui se trouve dans le vase, en coupant l'extrémité qui est morte.

Entretenir soigneusement l'humidité atmosphérique, mais ventiler très peu jusqu'à ce que les plantes soient de nouveau établies. Arroser peu également.

La chaleur artificielle fait souvent développer beaucoup d'insectes sur les Cypripedium; on les chassera en lavant le dessous des feuilles, soit avec de la nicotine très diluée, soit avec de l'eau ordinaire; on pourra également seringuer de temps en temps le matin; mais les espèces à feuillage épais, comme les *C. philippinense*, *C. Parishi*, *C. concolor*, succombent fréquemment à la suite des seringages, et il est prudent de ne pas y procéder pour ces espèces.

Le *Coelogyne pandurata* ne va pas tarder à entrer en végétation. Lorsque la pousse est assez avancée, la tige florale apparaît au centre, et ses curieuses fleurs vertes et noires produisent un effet attrayant.

Les serres doivent être nettoyées, lavées, remises à neuf pour l'époque où la végétation reprendra toute son activité; les jardiniers ont d'ailleurs plus de loisir actuellement pour ces travaux. Si la peinture est détériorée et présente de ces taches noires qui reparaissent souvent au bout d'un certain temps, si certaines parties des ferrures commencent à montrer de la rouille, il faut repeindre la serre entièrement. On transportera les plantes dans un endroit convenable, de préférence dans une autre serre où elles puissent trouver à peu près la même température, et on fera les travaux le plus rapidement possible, en ayant soin d'aérer abondamment pendant, et surtout après leur achèvement.

On peut en même temps nettoyer les bassins. On évacue l'eau de pluie, qui sera aisément renouvelée dans cette saison. On débarrasse ensuite le fond et les parois de la vase et des conferves qui y sont déposées.

La fonte des neiges amène souvent dans les bassins une grande quantité d'eau; mais on ne peut employer cette eau pour les arrosages avant de l'avoir laissée se réchauffer pendant plusieurs heures. L'eau d'arrosage doit être à la température de la serre.

CHAPITRE XXVIII

ACCOMMODATION AU CLIMAT

Les procédés de culture exposés dans les chapitres précédents sont ceux que l'expérience a fait reconnaître les meilleurs pour le climat de la Belgique, de l'Angleterre, de la moitié au moins de la France, de l'Allemagne, de l'Autriche; mais il convient d'examiner quelles modifications devraient être apportées à ces procédés si les conditions climatériques venaient à changer. Je me propose donc d'examiner :

1° Quelle influence exerce sur la culture des Orchidées une variation de température de durée plus ou moins longue;

2° Quels résultats donnera la culture des Orchidées dans d'autres climats, par exemple en Italie ou en Espagne, ou au contraire dans des régions plus froides, le nord de l'Angleterre, par exemple.

Résistance des Orchidées aux variations de température

Les Orchidées possèdent en général une constitution beaucoup plus souple et résistante que beaucoup de personnes ne le croient, et que bien des plantes plus répandues et plus familières.

On a cité souvent des exemples curieux d'Orchidées de serre froide, ou même de serre tempérée, exposées à la gelée pendant un certain nombre d'heures sans subir aucun dommage. J'ai cité déjà le cas d'un Odontoglossum découvert par mon père dans un chemin couvert de glace, dans les Andes de la Colombie. M. ARCHER dit avoir vu souvent le *Cattleya labiata* et le *Sophronitis grandiflora* couverts de gelée blanche, et le *Laelia majalis* exposé sans dommage à plusieurs degrés de froid. Il a observé également l'*Epidendrum vitellinum* se conservant en parfait état sur une rocaille couverte de glaçons. Non seulement cet Epidendrum ne périt pas, mais il prit un très beau développement dans l'été qui suivit.

La plupart des Orchidées résistent fort bien, tous les étés, sous nos climats, à des chaleurs excessives. La température des serres froides et tempérées, pendant l'été de 1893, a dépassé partout, de 10 à 15 degrés, les chiffres indiqués comme favorables à la culture; nos plantes n'en ont nullement souffert.

M. ROMAN, dont j'ai eu déjà l'occasion de citer les intéressantes études, a fait à ce sujet les observations suivantes :

« Ma serre, qui est construite depuis cinq ans, renferme diverses Orchidées de serre froide. Je citerai principalement :

Cymbidium Lowi.	Odontoglossum odoratum.
» eburneum.	» Pescatorei.
Masdevallia Harryana.	» puchellum.
» Lindeni grandiflora.	» Roezli.
Mesospinidium vulcanicum.	» Rossi majus.
Odontoglossum Alexandrae.	» Schlieperianum.
» Harryanum.	» triumphans.
» hastilabium.	Oncidium crispum.
» grande.	» ornithorhynchum.
» Insleayi.	» trichodes.
» luteo-purpureum.	» Rogersi.
» nebulosum.	Sophronitis grandiflora.
» Cervantesi.	Etc. etc.

De 1887 à 1891, j'ai réussi, non sans peine quelquefois, à maintenir dans les parties moyennes de la serre froide une température maxima de 28°, qui régnait souvent un mois entier, sans que mes plantes parussent en souffrir le moins du monde.

Elles en ont vu bien d'autres en 1892 ! Depuis le mois de mai jusqu'aux derniers jours de juillet, j'ai observé très souvent dans l'intérieur de la serre — malgré tous mes efforts pour rafraîchir l'atmosphère, — des températures de 30°, et même de 31°, pendant les heures les plus chaudes du jour (de 11 heures à 4 heures).

J'ai été obligé de m'absenter pendant tout le mois d'août, et par conséquent au moment des plus fortes chaleurs, qui ont atteint à Périgueux 39° et même 40° à l'ombre, au nord, le thermomètre étant suspendu près d'un arbre, à 1ᵐ50 de hauteur.

Mes observations présentent donc une lacune ; mais, étant données la chaleur exceptionnelle des nuits et l'intensité de la radiation solaire, je considère comme certain que la température intérieure a dû différer bien peu de celle que marquait le thermomètre extérieur. Admettons une différence de 3°, et nous trouverons que les Orchidées de serre froide ont dû être soumises, pendant mon absence, à des températures de 35° et même de 37°.

Or, à mon retour de voyage, j'ai trouvé mes plantes en parfait état, très saines, et aussi vertes qu'à l'ordinaire. La croissance de celles qui poussaient ne s'était pas arrêtée ; leurs bulbes n'étaient pas ridés.

Il faut donc considérer comme démontré que les Orchidées de serre froide peuvent supporter sans inconvénient, pendant une assez longue période, des températures dépassant 30°, et s'élevant momentanément à 35° et 37°.

Ainsi, tout en s'efforçant de rafraîchir autant que possible leurs serres pendant l'été, les débutants ne devront pas trop s'effrayer de voir la température s'élever au-dessus du maximum théorique de 25°...

....J'ai arrosé copieusement les tablettes et les sentiers, mais j'ai maintenu une ventilation énergique et continue, tout le temps que cela m'a été possible, renonçant ainsi à tenir mes plantes dans une atmosphère d'humidité concentrée, ainsi que le recommandent la plupart des auteurs.

Je ne leur ai donné *aucun seringage sur les feuilles*. Cette opération, à mon avis, est plus nuisible qu'utile. Elle entretient les tissus dans un état d'étiolement qui les dispose mal à supporter la chaleur et la sécheresse de l'air.

Le mois d'août a donc trouvé mes plantes endurcies et capables de supporter les températures élevées : c'est pour cela qu'il ne leur a causé aucun préjudice.

Il va sans dire que j'ai ombré ma serre, et que je l'ai même recouverte d'épais paillassons pendant les heures les plus chaudes. J'ai aussi fermé toutes les ouvertures inférieures, aussitôt que la température extérieure a dépassé celle qui régnait à l'intérieur de la serre.

Tel est, suivant moi, le meilleur traitement à suivre pendant les grandes chaleurs. »

La plus grande partie des Orchidées américaines, originaires de régions montagneuses et boisées où elles sont protégées par les arbres contre l'ardeur du soleil et baignées constamment d'un air frais et vif, ne demandent pas une température très élevée. Les Odontoglossum et autres Orchidées dites de serre froide n'exigent pas de chauffage artificiel pendant tout l'été et une partie du printemps et de l'automne; les soins du jardinier doivent consister surtout à leur procurer la fraîcheur nécessaire. Les Cattleya, Laelia et autres Orchidées de serre tempérée ne réclament pas, pendant plusieurs mois de l'année, une tempé- rature supérieure à celle de l'atmosphère sous le climat belge, et le chauffage est inutile pour cette serre, sauf la nuit, pendant presque tout l'été.

On conçoit donc que les pays situés à une latitude beaucoup plus basse, le midi de la France, l'Italie, l'Espagne, l'Algérie, puissent être trop chauds pour certaines espèces.

En Italie, par exemple l'*Odontoglossum crispum* et la plupart de ses congénères, les Masdevallia, Sophronitis, etc., souffrent un peu du climat et causent des soucis au cultivateur.

Néanmoins plusieurs amateurs ont introduit dans leurs cultures une amélioration sensible en plaçant les pots d'Orchidées sur d'autres pots renversés ou sur des soucoupes à pied contenant de l'eau, et en creusant de long des serres de petits canaux ou des gouttières dans lesquelles l'eau coule ; on peut encore user de bassins contenant de l'eau et qui seraient disposés en abondance autour et au-dessous des plantes, arroser fréquemment et établir des courants d'air. Enfin, il conviendrait de faire les serres un peu enterrées au-dessous du sol, c'est-à-dire plus basses d'une marche, sans excès bien entendu, et de laisser à certaines espèces, Odontoglossum et Masdevallia, une température de 4° à 7° seulement pendant l'hiver, cette température dût-elle même être pénible pour les visiteurs et les jardiniers, qui n'y sont pas habitués sous ce merveilleux climat.

Si les cultivateurs des pays chauds d'Europe ont à surmonter quelques difficultés pour la culture des Orchidées dites de serre froide ou tempérée, ils ont, en revanche, l'avantage de pouvoir mettre ces plantes à l'air libre pendant plusieurs mois de l'année ; il suffit de les abriter contre les rayons directs du soleil pendant la partie la plus chaude de la journée. On obtient d'excellents résultats en suspendant les Orchidées dans leurs pots ou leurs paniers au-dessous de grands arbres ; s'il se trouve près de là un ruisseau ou une petite pièce d'eau qui puisse entretenir dans l'air un peu de fraîcheur et d'humidité, l'emplacement est aussi favorable que possible à leur bien-être. Le coup-d'œil ainsi obtenu est extrêmement gracieux, et il serait difficile d'imaginer une culture qui demande moins de peine.

J'ai vu prospérer admirablement dans ces conditions, dans l'extrême midi de la France, un grand nombre d'Orchidées de divers genres, parmi lesquelles je citerai les suivantes : *Lycaste Skinneri, Odontoglossum crispum, O. triumphans, O. Pescatorei, O. nebulosum, O. tripudians, O. Cervantesi, O. Rossi majus, Oncidium incurvum, O. crispum, O. flabellulatum,* etc., *Cochlioda Nötzliana, Masdevallia Lindeni, M. Harryana, M. Veitchi, M. ignea,* etc., *Cattleya citrina, Cypripedium insigne, C. barbatum, C. venustum, Dendrobium nobile,* divers *Stanhopea,* etc.

Ailleurs, on dispose les Orchidées sous une sorte de hangar, couvert en bambou, mais qui n'est fermé d'aucun côté, de sorte que l'air y circule de toutes parts. La toiture est nécessaire pour abriter les plantes, non seulement contre l'ardeur du soleil, mais aussi contre la grêle.

La toiture est élevée de 2^{m}50 environ au-dessus du sol, de sorte qu'on peut facilement prendre et décrocher les paniers qui y sont suspendus. Les plantes sont espacées entre elles de 50 centimètres environ.

On ne ménage pas de bassins remplis d'eau sous ces hangars; à vrai dire, ils ne seraient pas de beaucoup d'utilité en plein air, car la vapeur qui s'en dégagerait serait dispersée de tous côtés et n'atteindrait pas les plantes; on se contente de seringuer assez fréquemment, et l'on asperge aussi de temps en temps les bambous de la toiture, de même que les parties métalliques de la toiture des serres, car celles-ci deviennent littéralement brûlantes pendant les journées d'été.

Beaucoup d'espèces réussissent parfaitement dans ces conditions; j'ai vu en Italie des *Odontoglossum hastilabium*, cultivés ainsi en plein air, former des pousses aussi vigoureuses, et végéter avec la même activité, que dans les serres de nos climats; les *O. grande*, *O. Insleayi*, *O. Rossi majus*, *Oncidium incurvum*, *O. ornithorhynchum*, etc., sont également très prospères.

Voici d'ailleurs une énumération des principales Orchidées qui s'accommodaient bien de ce traitement : *Laelia anceps*, *L. autumnalis*, *L. purpurata*, etc., *Dendrobium nobile*, *D. Wardianum*, *D. thyrsiflorum* et autres du même groupe, *Cypripedium insigne*, *Coelogyne cristata*, *Ada aurantiaca*, la plupart des Oncidium, Calanthe, Epidendrum, Rodriguezia, Anguloa, Lycaste, *Odontoglossum citrosmum* et à peu près tous les Odontoglossum, sauf l'*O. crispum*, Cymbidium, *Miltonia vexillaria*, etc., et d'une façon générale toutes les Orchidées de l'Amérique centrale et de la Colombie.

En somme, je crois que moyennant quelques précautions, on peut arriver à cultiver presque toutes les Orchidées dans tous les pays de l'Europe.

Parmi les procédés auxquels on peut avoir recours pour abaisser la température, je citerai notamment celui qui consiste à installer une conduite d'eau passant sur le faîte de la serre, à l'extérieur, et

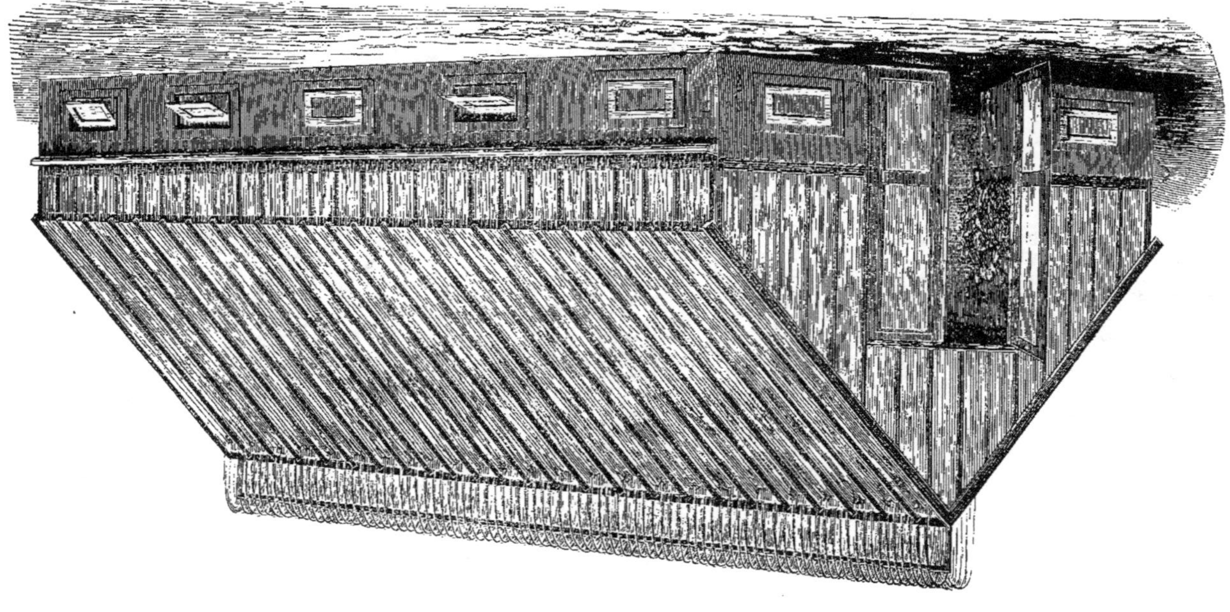

Fig. 75. — Serre froide à Orchidées dans les pays chauds.

permettant de laisser couler l'eau en pluie fine sur le vitrage (voir fig. 75). La température est ainsi abaissée considérablement. En outre, on peut placer la gouttière au ras du sol, de sorte que la faible nappe d'eau qui tombe devant les ventilateurs charge l'air d'humidité à son entrée dans la serre.

Il va sans dire que l'on n'a pas besoin de faire couler l'eau de cette façon continuellement. Ce n'est que pendant la partie la plus chaude de la journée, et quand le besoin s'en fera sentir, que l'on ouvrira le robinet. Les résultats que donne cet aménagement sont excellents, et les frais en sont minimes.

Voici encore un procédé qui est d'application très simple : on place au-dessus de la serre une toile à ombrer, en tissu assez lâche, pour qu'elle n'intercepte pas trop de lumière. Cette toile peut être fixée au faîte même de la serre, ou encore à une légère charpente installée à 50 centimètres au-dessus, de façon à laisser circuler l'air entre le vitrage et la toile. En tous cas, on n'applique pas la toile contre la serre, mais on la tend des deux côtés, de façon qu'elle atteigne le sol à une distance de 1 mètre à 1^m50 de la base du mur; en un mot, on forme autour de la serre une sorte de tente, ayant son sommet sur le faîte ou un peu au-dessus. La serre est ainsi abritée contre les rayons ardents du soleil, et entretenue dans une douce fraîcheur; elle conserve, par suite, son humidité; enfin on peut ouvrir les ventilateurs derrière cet abri sans avoir à craindre les vents chauds et la poussière qu'ils portent toujours pendant l'été, et qui fait beaucoup de tort aux plantes. L'air ne se renouvelle que peu à peu, ce qui dispense le jardinier de la nécessité d'arroser à chaque instant.

On peut encore aménager le long de la serre, et spécialement au-dessous de l'ouverture des ventilateurs, de petits réservoirs remplis d'eau.

Ces diverses petites installations n'entraîneront que des frais très modérés, et elles constituent déjà une notable amélioration. Chacun peut d'ailleurs les modifier à son gré et selon l'emplacement qu'il possède, en partant des principes que je viens d'indiquer.

Malgré toutes les précautions possibles, il est évident que certaines Orchidées ne réussiront pas dans les pays dont le climat est très différent du leur. Je crois intéressant, à ce point de vue, de citer une série d'observations faites dans une région d'été perpétuel, à Parà (Brésil), par M. Edouard S. Rand, dont la haute compétence comme collecteur, connaisseur et cultivateur d'Orchidées est indiscutable.

Voici quelques extraits de notes que M. Rand a bien voulu m'adresser :

« Si l'on m'avait demandé s'il est possible de cultiver des Odontoglossum ou des Masdevallia sous l'Équateur, me fondant sur ce que je connais de leurs exigences et sur mes essais antérieurs aux États-Unis, où les trois mois d'été leur font beaucoup de tort, j'aurais répondu que c'est impossible. Néanmoins, je résolus d'en faire l'essai, et j'ai eu, à différentes époques, à peu près quatre-vingts espèces d'Odontoglossum et trente de Masdevallia ; le résultat peut être exprimé en peu de mots : les seuls Odontoglossum que je réussis à cultiver sont les suivants : *O. citrosmum*, *O. Londesboroughianum*, *O. grande* et *O. Insleayi* ; le seul Masdevallia, le *M. infracta*, espèce à petites fleurs, des environs de Rio de Janeiro. Il est possible également que l'*O. Harryanum* réussisse, mais les plantes n'ont pas trop bonne mine. Le groupe d'Odontoglossum rentrant dans le genre Miltonia, comme les *Roezli* et *vexillarium*, résistent quelque temps, mais finissent par succomber.

Je ne voudrais pas que l'on crût que les espèces que je dis cultiver réussissent aussi bien que dans un climat plus froid ; mais elles sont en bonne santé et elles fleurissent, ce qui est le principal.

Les Oncidium de serre froide, dont un certain nombre viennent de la Montagne des Orgues, au-dessus de Rio de Janeiro, comme les *O. concolor*, *O. dasystyle*, ne réussissent pas, et une quarantaine d'espèces ne peuvent pas être cultivées, ou si mal qu'il vaut mieux y renoncer. Les *O. Forbesi*, *O. crispum*, *O. Gardnerianum*, et autres du même groupe croissent et fleurissent bien pendant quelques années, puis meurent graduellement ; toutefois comme j'en trouve des provisions près de moi, je puis en être toujours fourni. L'*O. sarcodes* est très singulier; il fait de bonnes pousses, montre une santé parfaite, et produit des grappes immenses qui porteraient un nombre infini de fleurs si les boutons s'ouvraient; mais pas un bouton ne termine sa croissance; les grappes restent vertes pendant des années, mais je n'ai jamais eu de fleurs jusqu'ici. Si du moins je pouvais cultiver les Oncidium à larges feuilles, sans pseudobulbes, les *O. Lanceanum, haematochilum, luridum, roseum, carthaginense, Cavendishianum, bicallosum*, je renoncerais volontiers aux autres. Ces espèces poussent à merveille, et donnent une superbe moisson de fleurs. Au moment où j'écris (novembre) la saison de floraison de l'*O. Lanceanum* commence, et j'ai déjà environ soixante-quinze plantes en fleurs; beaucoup d'autres suivront, et j'aurai des fleurs jusqu'en juillet prochain; certaines plantes en portent une centaine.

L'année dernière, j'avais une grappe de quatre-vingt-treize fleurs, et d'après le volume de la tige florale de cette année, ce nombre va peut-être être dépassé. Les feuilles sont très grandes, quelques-unes mesurent près de cinquante centimètres de long et vingt de large. Les fleurs sont très amples et varient beaucoup dans le labelle, dont le coloris va du blanc pur au pourpre foncé. Un petit nombre de plantes ont des fleurs à labelle blanc et d'autres à labelle pourpre sur le même pied. La plupart de mes plantes sont de la variété du Rio Negro, mais j'ai aussi le type de Surinam; il se distingue par les moindres dimensions de toutes ses parties; sa tige florale est relativement peu fournie, et il fleurit difficilement.

L'*O. Cavendishi*, qui fleurit à la même époque que le précédent, forme un gracieux contraste avec lui; il pousse bien, et produit des fleurs en grand nombre.

Un autre groupe d'Oncidium qui réussit bien est celui des *O. altissimum* et *sphacelatum*. Je les cultive généralement sur les branches de gros arbres, car ils poussent rapidement leurs racines hors des pots. Ils sont en fleurs en ce moment, et j'ai des grappes de plus de trois mètres et demi de longueur; les plantes sont couvertes de fleurs par milliers. Lorsqu'on se promène sous les troncs d'arbres et qu'on lève les yeux, il semble voir l'intérieur d'un nuage doré.

L'*O. papilio* et l'*O. Kramerianum* sont en fleurs toute l'année, et le groupe des *O. cebolleta*, dont le meilleur est l'*O. Spruceî*, prospère parfaitement.

Les Phalaenopsis réussissent en général; ils sont cultivés dans de petites corbeilles suspendues aux branches inférieures des arbres, mais toujours avec une abondance d'air et de façon à profiter amplement du soleil le matin. Le *P. grandiflora* et ses nombreuses variétés, les *P. amabilis*, *P. Sanderiana* et *P. Stuarti*, fleurissent abondamment, mais les grappes ont rarement plus de sept fleurs chacune et ne se ramifient pas. Le *P. rosea* ou *equestris* et le *P. violacea* fleuriraient jusqu'à leur dernier souffle. Le *P. Lüddemanniana* pousse assez chétivement et ne fleurira pas, et le *P. sumatrana* ne va pas bien. Mais le plus décevant de tous est le splendide *P. Schilleriana;* il croît très bien, donne de grandes feuilles richement colorées, et supporte le plein soleil; ses tiges florales, produites à profusion, atteignent souvent un mètre de longueur et se ramifient; les bractées où doivent se former les fleurs apparaissent, mais aucun bouton ne se produit, et après un certain temps, au bout de chaque tige ou ramification, une feuille se développe et donne naissance à une nouvelle plante; je n'obtiens même pas une fleur de la profusion que la grappe semblait promettre; j'ai eu, ainsi, jusqu'à trente plantes sur une tige. C'est en vain que j'ai essayé d'y remédier et que j'ai fait diverses tentatives pour arrêter cet excès de propagation. Le feuillage est d'ailleurs spendide, et l'on ne saurait posséder trop de plantes du *P. Schilleriana.*

Les Angraecum réussissent généralement et fleurissent bien, sauf l'*A. citratum* et l'*A. Sanderianum* qui forment de longues tiges florales, mais n'ouvrent jamais un bouton. Les gracieux petits *A. hyaloides* et *A. distichum* sont toujours en fleurs. L'*A. Scottianum* fleurit très abondamment. L'*A. falcatum*, de serre froide, va merveilleusement bien. L'un des plus beaux et des plus curieux est l'*A. funale*, de la Jamaïque, qui n'a pas de feuillage, et n'est qu'une masse de racines charnues en vrille, d'où s'élancent les grappes chargées de fleurs d'un élégant coloris blanc, avec de longs éperons et deux longues cornes recourbées. Mes grandes plantes sont rarement dépourvues de fleurs, et celles-ci conservent tout leur éclat pendant trois semaines.

Des Aerides j'ai environ trente espèces, parmi lesquelles des plantes immenses, et je *n'ai encore jamais eu une fleur*. Les plantes croissent vigoureusement, mais ne fleurissent jamais. Les Vanda et les Saccolabium, au contraire, croissent et fleurissent bien, et j'en ai un grand nombre d'espèces. Les Dendrobium, dont je possède à peu près toutes celles qu'on peut se procurer, poussent et fleurissent généralement bien. Ceux qui font exception sont quelques espèces australiennes, et le *D. nobile*, que je ne puis pas mettre suffisamment en repos dans ce climat humide pour qu'il forme des boutons.

Les Cattleya, que j'ai par milliers, réussissent bien, excepté le *C. citrina*, pour lequel le climat est trop chaud. Quant au *C. Mossiae*, on pourrait croire que tout débutant dans la culture des Orchidées réussira à le faire fleurir; cependant je n'y réussis pas, quoiqu'il végète assez bien. Je ne sais à quoi attribuer ce défaut, car si c'était le manque de repos qui empêche les spathes de se remplir, les espèces voisines ne fleuriraient pas non plus par le même motif.

Les Laelia, excepté le *L. monophylla* et le *L. majalis*, vont très bien, et, à ma grande surprise, le nouveau *L. Gouldiana* promet une forte pousse et est en belle floraison.

Les *Cypripedium* en général ne réussissent pas. Le groupe *barbatum* pousse et fleurit, mais pas de façon à me satisfaire complètement; la section *niveum*, *concolor*, *bellatulum*, etc., croît et fleurit bien; ceux du type *C. philippinense* végètent admirablement, mais fleurissent très parcimonieusement. Le *C. Curtisi* réussit bien, ainsi que le *C. Dayanum*, mais le *C. Stonei* ne me donne pas satisfaction. Le *C. Lowianum* fleurit très abondamment, et le *C. Lawrenceanum* va dans la perfection. Le *C. insigne*, dans ses nombreuses variétés, ne veut pas fleurir, quoique poussant bien.

Mais c'est des Selenipedium que j'obtiens les meilleurs résultats. Tous vont bien, et j'ai des plantes immenses, des espèces anciennes, qui ne sont jamais sans fleurs. Les nouveaux hybrides promettent de surpasser leurs parents comme taille, lorsqu'ils en auront eu le temps, de même qu'ils les surpassent en beauté.

*
* *

Il me reste à dire quelques mots de la culture des Orchidées dans les pays froids, c'est-à-dire dans le nord de l'Angleterre, la Suède et la Norwège, et la Russie.

Il n'existe que deux moyens de fournir aux plantes le supplément de chaleur dont elles ont besoin. Le premier consiste à chauffer les serres plus que dans nos climats; le second consiste à empêcher autant que possible le rayonnement. Pour cela, on ne saurait évidemment songer à recouvrir les serres de paillassons ou d'autres abris d'une façon permanente; il ne reste donc qu'un procédé, c'est l'installation d'un double vitrage.

J'ai déjà dit que je ne suis pas partisan, en principe, du double vitrage, qui a l'inconvénient d'intercepter beaucoup de lumière. Mais dans les pays froids, je crois que c'est la seule ressource du cultivateur, car il permet de maintenir dans la serre une température suffisante sans trop recourir au chauffage artificiel, qui dessèche et épuise les plantes.

J'estime que l'on pourrait même obtenir de très bons résultats en faisant passer un tuyau de chauffage entre les deux vitrages, au bas du versant. L'air chaud s'élèverait ainsi jusqu'au faîte, de sorte que la serre serait baignée d'une atmosphère tiède.

CHAPITRE XXIX

Je crois intéressant de citer, en une brève énumération, quelques-uns des prix les plus élevés qui ont été payés, ces dernières années, pour des plantes rares ou des variétés hors ligne d'Orchidées connues. Cette énumération servira à montrer en quelle haute estime sont toujours tenues ces fleurs d'élite, et aussi quels importants bénéfices peuvent être souvent réalisés sur des plantes achetées à l'état d'importation, sous le nom et au prix d'espèces ordinaires, et qui sont revendues pour une somme cent fois ou mille fois plus élevée.

L'histoire du *Cypripedium Stonei platytaenium* est célèbre ; après avoir fleuri pour la première fois chez M. DAY, qui l'avait acheté dans une importation à un prix minime, il fut mis en vente, avec une partie de la collection de cet amateur, en 1881. Deux petites plantes furent achetées, l'une par le Baron SCHRÖDER, 2,650 fr., l'autre par Sir TREVOR LAWRENCE, 3,675 francs. Une autre fut vendue 3,976 francs après la mort de M. DAY. Enfin, une plante, faisant partie de la collection de M. LEE, de Leatherhead, fut vendue en 1887, au prix de 8,137 francs et est estimée 25,000 fr. aujourd'hui.

Un *Saccolabium giganteum* blanc fut vendu, à la même vente de M. Lee, pour 4,070 francs.

Un *Cypripedium × Morganiae* atteignit le prix de 4,750 francs.

Un *Cattleya Mendeli* blanc, acheté par M. Day, fut divisé par lui en deux morceaux, dont l'un fut vendu 2,625 francs; l'autre fut divisé à son tour en deux, et ces deux fragments furent vendus ensemble 7,350 francs.

Un *Cattleya Trianae* var., qui figurait dans la fameuse collection de M. Lee, avait été divisé en sept morceaux, dont l'ensemble atteignit à la vente de 1887 le prix de 18,375 fr.

Un *Laelia purpurata var. bella* réalisait à la même vente le prix de 4,725 francs.

Le superbe *Laelia purpurata Treyerani* avait été vendu, avant d'avoir fleuri, 250 francs; 5,000 francs en ont été refusés à l'exposition de 1893 à Bordeaux où, admirablement fleuri, il était le clou de ces floralies.

En 1885, un *Cattleya Skinneri alba* fut vendu 7,350 francs.

Un *Odontoglossum crispum* en boutons qui était déjà dans la salle d'emballage de L'Horticulture Internationale, mais qui avait été remplacé au dernier moment parce que le directeur le trouvait trop faible pour 15 francs, est devenu l'*O. crispum Leopoldi*, vendu 3,500 francs.

En 1885, M. le Baron Schröder a acheté en vente publique une variété maculée d'*Odontoglossum crispum* et une variété jaune d'*O. Pescatorei*, chacune plus de 4,000 francs.

Un *Laelia anceps* à pétales et sépales blancs a été vendu 2,362 fr. le 23 janvier 1885, chez Protheroe.

Un *Coelogyne cristata alba* a été vendu la même année 3,275 fr.

Lors de la vente de Mme Morgan, de New-York, en 1885, un *Vanda Sanderiana* atteignit le prix de 9,500 francs; un *Cypripedium Stonei platytaenium* fut vendu 2250 francs, et un *Cypripedium × Morganiae*, 3,750 francs.

M. Ashworth a acheté l'année dernière un *Dendrobium Findlayanum* au prix de 1,512 francs.

Un journal anglais raconte qu'un petit lot de *Dendrobium*

Phalaenopsis Schröderianum, acheté par un modeste horticulteur au prix de fr. 32,50 et qui avait révélé une variété blanche, fut acheté par un amateur américain pour fr. 3,018,75.

Le *Laelia elegans leucotata*, trouvé dans une importation, reçue à L'Horticulture Internationale au printemps de 1893, fut vendu il y a quelques mois 3,750 francs.

Le premier *Cypripedium Saundersianum* a été acheté 7,500 fr. et ses divisions ont produit plus de 10,000 francs.

L'*Odontoglossum crispum apiatum*, qui avait fleuri en France pour la première fois parmi des plantes importées, fut vendu en Angleterre à un horticulteur, qui le revendit lui-même 3,750 francs.

Le premier *Miltonia vexillaria superba* qui parut en Angleterre, fleurit chez M. Bath, de Footscray, qui avait acheté un lot d'importations à 1 franc pièce. Cette variété fut cédée à sir Trevor Lawrence au prix de 1,890 francs.

L'*Odontoglossum crispum leopardinum* a été acheté à la vente Pollett pour 105 guinées (2,756 francs).

Le *Miltonia vexillaria* « Impératrice Frédéric » a été vendu en 1893 2,500 francs.

L'*Odontoglossum crispum Luciani*, cette admirable variété qui fit sensation à un meeting de L'Orchidéenne, fut vendu en Angleterre 1800 francs et revendu en Amérique 3250 francs.

On cite également une plante qui fleurit parmi des *Odontoglossum Pescatorei* importés, achetés environ 3 francs pièce, et qui se révéla comme un hybride naturel entre *O. Pescatorei* et *O. triumphans;* la plante fut revendue au prix de 1,575 francs.

Le fameux *Odontoglossum Pescatorei Lindeni,* vendu à 5 francs comme importation, fut racheté à un prix plus de cent fois supérieur, et revendu 1,800 francs.

Un *Cattleya gigas excellens*, trouvé dans une importation, vendu 25 francs, fut racheté 2,000 francs et revendu 2,500 francs.

Les divisions du *Cypripedium insigne Sanderae* ont rapporté jusqu'ici plus de 15,000 francs.

Faut-il rappeler les *Cattleya Warocqueana* en variétés supérieures, vendues, rachetées, et revendues à des 1,000, 1,500 et jusqu'à 3,000 francs;

Le *Cypripedium Lawrenceanum Hyeanum*, cette variété unique qui fleurit dans les serres de M. Linden en 1885 pour la première fois, et dont les divisions ont produit depuis lors plus de 10,000 francs;

Enfin le fameux *Cattleya gigas Lindeniae* (alba), vendu il y a quelques mois 4,750 francs; l'*Odontoglossum crispum Waltonense*, variété à fleurs roses très amples et richement maculées, vendue récemment 65 guinées (1720 francs), et l'*O. crispum amplissimum*, cette magnifique forme qui a paru à un Meeting de L'Orchidéenne en 1893, vendu 60 guinées (1670 francs).

Je passe beaucoup d'exemples qui ne me viennent pas à la mémoire; ceux qui précèdent suffisent pour montrer que les bonnes Orchidées se payeront toujours à des prix élevés.

A combien faudrait-il évaluer les transactions faites, depuis leur découverte par J. Linden, des *Odontoglossum crispum (Alexandrae)* et *Cattleya Trianae*, soit comme plantes, soit comme fleurs coupées?

Jamais à aucune époque le commerce des Orchidées n'a été plus productif qu'actuellement; les dernières années ont été particulièrement brillantes. L'Orchidée, et sa fleur, sont donc plus triomphantes que jamais.

Mais d'autre part, il est utile de rappeler que, si des variétés exceptionnelles ou très rares atteignent des prix très élevés, une foule d'espèces anciennes et abondantes, d'une beauté supérieure, se vendent à des prix très modérés; il en est ainsi de beaucoup d'Odontoglossum (l'*O. crispum* notamment), de Cattleya, de Laelia, de Cypripedium, d'Oncidium, etc. Je me réserve de montrer plus loin, dans un chapitre spécial, qu'une collection d'Orchidées n'est pas très coûteuse, et que l'on peut, en n'y consacrant qu'un budget assez restreint, y faire figurer la plupart des espèces les plus belles et les plus célèbres.

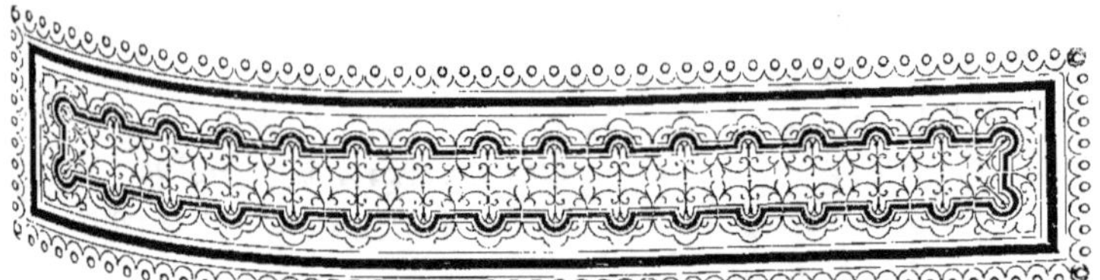

CHAPITRE XXX

Produit important de la vente des fleurs — Les meilleures espèces

Beaucoup de grands propriétaires se composent des collections d'Orchidées, parce que c'est une des façons les plus agréables et les plus élégantes d'employer une grande fortune; les serres à Orchidées forment en quelque sorte le pendant des galeries de tableaux, et constituent une annexe charmante au château, annexe qui a parfois une très haute valeur artistique; mais il est très naturel que les propriétaires de collections se préoccupent d'en retirer un produit, et de diminuer d'autant leurs charges, ne fût-ce que pour augmenter d'autant le budget de leurs acquisitions. Ce produit servira d'ailleurs à légitimer leur passion auprès des personnes (souvent des membres de leur propre famille) qui ne la partagent pas. Les amateurs d'Orchidées se voyaient parfois reprocher le goût de ces plantes comme une fantaisie coûteuse et n'apportant avec elle aucun profit. Eh bien, ce profit existe, et je n'hésite pas à affirmer qu'une entreprise de culture spéciale d'Orchidées pour la fleur coupée, bien et pratiquement conçue, donnerait des bénéfices bien supérieurs à ceux de n'importe quelle production horticole, que ce soient des primeurs, des fleurs, des fruits ou des plantes.

C'est ce que je vais m'efforcer d'établir; toutefois je commencerai par quelques indications générales sur la façon d'organiser une entreprise de grande culture.

Les fleurs d'Orchidées sont aujourd'hui, et depuis bien des années, les reines de la mode, et forment l'ornement le plus apprécié des bouquets; pas une grande fête; pas une réception princière, pas un banquet où elles ne figurent à la place d'honneur. Quelles que soient les quantités envoyées sur les marchés de Londres et de Paris, l'offre ne suffit jamais à la demande; tout producteur bien installé, bien monté et qui pourrait fournir *régulièrement* aux fleuristes des grandes villes une certaine quantité de fleurs des meilleures espèces, serait assuré de les placer sans peine : tout ce qu'il pourrait envoyer serait accepté. Mais il faut que l'acheteur puisse compter sur une production régulière, et il faut, par suite, que le producteur ait des serres installées d'une façon rationnelle, renfermant des quantités assez importantes de plantes choisies parmi les espèces qui conviennent le mieux à cette destination.

Choix et aménagement des locaux

Lorsqu'on se propose de cultiver les Orchidées pour la vente des fleurs, tout, dans la culture aussi bien que dans la construction des serres, doit concourir à ce but. *Autre chose est de cultiver pour l'agrément, autre chose de cultiver pour le rapport.* Il faudra modifier certaines serres ou en construire de nouvelles adaptées spécialement à la grande culture.

Les serres doivent être pratiquement aménagées, construites d'une façon économique, disposées de façon à loger le plus grand nombre possible de plantes dans un espace minimum, et chauffées également avec économie.

Quant à la culture, elle doit être installée d'une façon toute spéciale en vue de la floraison, ce qui exige certaines connaissances qui ne relèvent que de l'expérience de celui qui l'installera et la conduira.

Presque toutes les serres conviennent aux Orchidées, toutes ne leur conviennent pas. Il faut étudier l'aménagement des locaux, faire un choix éclairé des espèces qui s'accommodent le mieux des conditions dans lesquelles on peut les installer, et de celles qui peuvent produire le plus ; bref, il faut conduire son entreprise de la façon la plus rationnelle et ne rien laisser au hasard, qui peut bien faire des miracles, mais qui n'a jamais produit une bonne culture.

Ainsi que je l'ai déjà indiqué, les cultures d'Orchidées pour la grande production devraient être installées uniquement en vue de ce résultat, et dans le même esprit que les cultivateurs de raisin de Hoeylaert, près de Bruxelles, ont si bien compris à leur très grand avantage. Ce n'est pas, en effet, du raisin pour l'agrément qu'ils font, mais pour la vente ; et l'immense réputation qu'ont aujourd'hui leurs produits, prouve amplement qu'ils ont bien su s'y prendre pour en tirer profit.

Le modèle de serres qui convient le mieux est celui des petites serres dont le lecteur a trouvé la description type dans le chapitre spécial consacré à cette matière. Les grandes serres avec gradin au milieu ne se prêtent pas bien à la culture en grand pour la fleur coupée ; il faut pouvoir placer les plantes aussi près du jour que possible, et les prendre en mains sans peine et sans dérangement. On sait d'ailleurs qu'une bonne exposition influe beaucoup sur la qualité de la floraison : plus les plantes auront eu de lumière et de soleil, plus les fleurs seront richement colorées.

On construira donc des serres de 4 mètres de largeur environ, de longueur variable, à double versant, ayant des deux côtés des tablettes de 1m50 de profondeur, et au milieu un sentier de 1 mètre au moins de largeur. Les tablettes devront être formées d'un lattis à claire-voie, et les tuyaux de chauffage placés près du sol, parallèlement aux murailles, seront recouverts d'une couche de côtes de tabac pour chasser les insectes ; enfin, des ventilateurs assez nombreux seront ménagés au bas et au sommet. Une serre de ce genre ayant à peu près 50 mètres de longueur peut contenir de 5 à 6000 *Odontoglossum crispum* ou 3000 Cattleya de taille moyenne.

*
* *

Voici comment pourrait s'établir le budget d'une entreprise ainsi conçue :

Construction des serres, environ . . . . . fr.	8,000
Achat de 2500 *Odontoglossum crispum* d'importation, à 5 fr. pièce . . . . »	12,500
Achat de 2500 *Cattleya Warocqueana* et *Trianae* d'importation, à 10 francs l'un dans l'autre. . »	25,000
Total des dépenses à faire . . . fr.	45,500

Un certain nombre de ces plantes fleuriront dès la première année, davantage la seconde, mais on ne peut pas compter sur un produit très considérable les deux premières années. Néanmoins, ce produit suffira à payer l'intérêt des sommes engagées et à laisser encore un certain bénéfice. A partir de la troisième année, toutes les plantes sont en plein rapport, et voici les chiffres sur lesquels on peut compter :

2500 Odontoglossum donneront, l'un dans l'autre, un minimum de 14 fleurs, soit 35,000 fleurs chaque année. En vendant ces fleurs au prix très modéré de 0,20 pièce, on en retirera une somme de 7,000 francs.

2500 Cattleya, produisant un minimum de quatre fleurs chacun (chiffre qui serait certainement bientôt dépassé) donneront ensemble 10,000 fleurs par an ; en comptant ces fleurs 0,60 pièce, ce qui n'est qu'une estimation très modeste, on aura une somme de 6,000 francs, soit au total 13,000 francs environ de recette ce qui représente un intérêt d'environ 30 % ; et ces évaluations seraient certainement bien au-dessous de la réalité, car en pleine saison, au moment des étrennes notamment, les fleurs se vendent deux ou trois fois plus cher que je ne l'ai indiqué.

Les fleurs d'*Od. crispum* se vendent ordinairement de 30 à 60 centimes pièce, et celles de Cattleya, 1 franc et plus ; mais je ne suis pas partisan des prix trop élevés, qui empêchent la clientèle de s'accroître ; tout le monde ne peut pas payer un bouquet plusieurs louis. En adoptant des prix plus raisonnables, on donnerait au goût des fleurs d'Orchidées une impulsion bien plus grande.

Je n'ai pas parlé des frais d'entretien ; ils sont peu élevés ; avec une bonne chaudière, on peut estimer les dépenses de chauffage à un millier de francs pour l'année. Comme personnel, un jardinier et un gamin suffiraient, ce qui représente une somme de

Fig. 76. — Cattleya Mossiae.

2,500 francs environ ; enfin il faut prévoir à peu près 500 francs de frais divers de culture ; le tout fait un total de 4,000 francs par an à ajouter au chiffre calculé plus haut. Mais d'autre part il convient de tenir compte de deux éléments qui grossissent considérablement le chiffre des recettes.

La valeur des plantes augmente chaque année d'une façon notable ; elles s'établissent, grandissent, et ce ne serait certes pas exagérer que de dire qu'au bout de cinq ans de culture, elles représenteront à peu près le triple du capital engagé; quoi de plus facile alors pour le cultivateur que de vendre tout ou partie de ses plantes, et de racheter de nouvelles importations, en encaissant un fort bénéfice? Ainsi, par ce fait seul, la somme consacrée à l'entreprise serait entièrement récupérée au bout de cinq à six ans.

Ce n'est pas tout. Il est certain que dans les quantités dont j'ai parlé on trouvera des variétés supérieures qui pourront être vendues de grands prix; parfois quelques-unes de ces bonnes fortunes suffiront à payer entièrement le prix d'achat de tout le reste. Certaines variétés d'*Odontoglossum crispum* ont atteint des prix de 2,000 francs et plus; dans les Cattleya, les formes distinctes et de grande beauté ont aussi une valeur énorme.

Ces deux éléments viennent grossir le chiffre des recettes d'une façon si considérable qu'ils rendent tout calcul rigoureux presque illusoire. Néanmoins, pour tenir compte seulement de l'accroissement des plantes, produit certain, et en l'évaluant seulement, de la façon la plus modeste, à $^1/_{10}$ de leur valeur par année, on peut porter aux recettes un chiffre nouveau de 4,000 francs, qui compense les frais d'entretien mentionnés précédemment. Le budget de l'entreprise, tous comptes faits, se balancera donc par 13,000 francs de recette pour 45,500 francs de dépenses, soit un produit de près de 30 p. c. : et rappelons que ce chiffre n'est qu'un minimum qui sera, en fait, constamment dépassé, car beaucoup d'Odontoglossum produisent deux grappes de dix à douze fleurs et même davantage dans l'année. Toutes les personnes compétentes dans la culture des Orchidées reconnaîtront que mes appréciations sont bien inférieures à ce qu'il est permis d'espérer.

Notez d'ailleurs que ces proportions peuvent être doublées ou triplées. On peut augmenter le capital, engager 100,000 francs au lieu de 45,500. Les bénéfices s'accroîtront de la même façon. Il n'est pas une culture forcée, de fleurs, de fruits ou de légumes, qui donne des résultats comparables à ceux-là.

Une recommandation importante : ne pas acheter des importations dans les salles des ventes publiques, à moins de cas exceptionnels; ce serait s'exposer à de graves déceptions. On aurait de grandes chances d'acquérir des plantes sans yeux, des rebuts de collections, à moitié morts ou rongés de vermine, ou au mieux, des plantes ayant traîné trop longtemps, desséchées aux trois quarts et qui demanderaient plusieurs années pour se remettre et donner des floraisons convenables. Il faut acheter ses plantes de confiance, chez un importateur connu, sérieux, capable de présenter des garanties.

D'autre part, il y a avantage à s'adresser, pour une entreprise de ce genre, à une seule et même maison, tant pour la construction des serres que pour leur garniture. Choisissez votre guide avec grand soin, assurez-vous qu'il est compétent, et votre choix une fois fait, remettez-vous entièrement à son expérience. Rien n'est plus nuisible au succès que la diversité de direction; rien n'est plus funeste à la bonne organisation et à la bonne tenue des serres que les caprices d'un amateur qui veut y réaliser ses fantaisies et modifier ce que des années d'expérience ont fait reconnaître comme le meilleur. En s'adressant à un seul établissement, on obtient des conditions plus avantageuses, et on a la certitude que tous les arrangements adoptés concourent au même but. Parfois un seul changement, qui paraît de peu d'importance, détruit en grande partie le bénéfice de toutes les combinaisons.

Ce n'est pas seulement à Londres, à Paris et dans les principales capitales d'Europe que la vente des fleurs coupées d'Orchidées a pris une grande extension; aux États-Unis, et spécialement à New-York, elle donne lieu à un chiffre d'affaires important. Il n'est pas rare actuellement qu'un seul fleuriste vende de 500 à 1000 fleurs pour une seule fête, quelquefois même davantage, et l'on peut évaluer à 125,000 francs la somme payée pendant le dernier hiver par le public élégant aux marchands de fleurs coupées d'Orchidées.

Les espèces les plus recherchées à New-York sont les *Cattleya Trianae*, *C. labiata*, *C. Mossiae*, *C. Gaskelliana*, *Cypripedium insigne*, *C. villosum*, *C. Lawrenceanum*, *Odontoglossum crispum*,

Oncidium varicosum et *O. tigrinum*, *Cymbidium eburneum*, *Phalænopsis amabilis* et *P. Schilleriana*, *Dendrobium nobile*, *D. Wardianum*, *D. formosum*. Les fleurs de Cattleya se vendent au détail de fr. 3·75 à 5 fr. pièce, d'après le journal de New-York *Garden and Forest*, et celles du *Cypripedium insigne*, de 10 à 25 francs la douzaine.

*
* *

Je crois avoir suffisamment démontré que la culture des Orchidées en grand pour la fleur coupée est une spéculation des plus avantageuses, et donne un produit que l'on obtiendrait difficilement de toute autre entreprise industrielle; ce qu'il faut ajouter, c'est que cette culture présente un très grand charme, qu'aucune autre n'offre à un degré comparable. N'est-ce pas pour l'amateur une jouissance extrême de guetter l'épanouissement de ses fleurs, de les voir s'ouvrir les unes après les autres, de surveiller les progrès de celles qui promettent, et d'espérer parmi elles les trouvailles, réalisées de temps en temps, de variétés supérieures ou nouvelles? Et combien sera grand ce plaisir lorsqu'il s'agira de quantités aussi considérables que celles indiquées plus haut de 2500 Odontoglossum et 2500 Cattleya!

Il est clair que les amateurs possédant de grandes fortunes ne se priveront pas de placer dans leur collection certaines espèces très belles, mais qui ne se prêtent pas bien à la culture pour la fleur coupée; ils ne s'astreindront pas à remplir leurs serres uniquement de milliers de plantes d'une dizaine d'espèces, mises en exploitation régulière; le produit ne sera, chez eux, que l'accessoire, qu'une partie de la culture légitimant et facilitant le reste. C'est pourquoi les spécialistes, les professionnels, peuvent se rassurer; la concurrence ne leur sera pas bien redoutable, et si le goût des fleurs d'Orchidées se répand davantage, ils seront les premiers à en bénéficier.

Il est impossible que les horticulteurs ne saisissent pas la portée de ce nouveau service que les amateurs peuvent leur rendre, et qu'ils sont seuls à même de leur rendre; ils peuvent faire connaître les fleurs d'Orchidées dans les milieux élégants et riches où se recrutera la clientèle des horticulteurs.

Il est certain qu'il y a deux façons de comprendre la culture des Orchidées, qui ont toutes deux leurs avantages et leur charme très grand. Si le grand amateur, pouvant s'offrir le luxe d'une collection très complète de tous les genres, a le plaisir de réaliser ainsi une œuvre artistique vraiment complète et en quelque sorte parfaite, d'autre part celui qui se borne à un choix des meilleures espèces et des plus splendides, qui en cultive de grandes masses, a constamment sous les yeux un spectacle admirable et sans défaut, sans infériorité, sans rien qui détonne. C'est une tâche évidemment moins difficile et moins haute, mais qui procure encore à celui qui l'entreprend de très vives satisfactions.

Choix des espèces

Quand il s'agit uniquement de l'agrément, beaucoup d'amateurs s'en rapportent à leur goût artistique pour choisir les plantes de leur collection, et donnent la préférence aux espèces produisant les fleurs les plus élégantes et du plus beau coloris ; d'autres s'attachent à posséder des raretés exceptionnelles, et qu'on ne trouvera presque nulle part ailleurs que dans leurs serres. Au point de vue où nous sommes placés, il est quelques autres considérations qui ont aussi une valeur évidente. Il faut certainement tenir grand compte, par exemple, de la facilité avec laquelle les diverses espèces peuvent être cultivées, et avec laquelle elles fleurissent, de l'abondance de leur floraison, même de la durée pendant laquelle leurs fleurs se conservent, et enfin de la modicité du prix.

La question se pose donc de la façon suivante : Quelles sont les espèces les plus avantageuses pour la grande culture, c'est-à-dire celles qui produisent le plus de fleurs, dont les fleurs se vendent le mieux, qui sont les plus faciles à cultiver, et qui coûtent le moins cher ?

Et j'ajouterai, pour expliquer ce membre de phrase : *dont les fleurs se vendent le mieux*, qu'il faut tenir compte des éléments suivants : il faut 1° que les fleurs soient recherchées du public ; 2° qu'elles se produisent à une époque favorable, car il y a des saisons où l'on achète peu de fleurs, et d'autres (l'hiver notamment) où elles sont très demandées ; 3° que les fleurs soient assez résistantes pour bien supporter le voyage et arriver fraîches chez le détaillant.

Ces explications données, voici la liste des espèces qui me paraissent les meilleures :

> Odontoglossum crispum et O. Pescatorei.
> Cattleya Warocqueana (labiata).
> » Trianae.
> » Mossiae et Mendeli.
> Calanthe × Veitchi.
> Cypripedium insigne et ses variétés.
> » Lawrenceanum et callosum.
> Dendrobium nobile et Wardianum
> Oncidium incurvum.
> Lycaste Skinneri.
> Cymbidium eburneum.
> Oncidium varicosum Rogersi.

L'*Odontoglossum crispum* est de droit le roi de la fleur coupée; c'est la plante de serre froide par excellence, d'une floribondité exceptionnelle, fleurissant à toutes les époques de l'année et donnant des fleurs d'une forme et d'un coloris exquis. Les *Cattleya Warocqueana, Mossiae, Trianae* rivalisent avec lui pour la beauté des formes et la splendeur du coloris, et méritent également une place à part, bien au-dessus des suivants. Parmi ceux-ci, j'ai surtout cherché à grouper des plantes de formes et de nuances variées, fleurissant à diverses époques de l'année, et présentant toujours ces qualités essentielles : culture facile, fleurs de longue durée, abondantes et supportant bien le voyage, et prix modéré. Le *Calanthe × Veitchi* fleurit en hiver et donne des fleurs très résistantes; celles des Cypripedium se conservent plus longtemps que la plupart de celles des autres genres, et contrastent avec les précédentes par la forme pittoresque et les teintes sombres. L'*Oncidium incurvum* orne élégamment les corbeilles de ses longues grappes flexibles, et l'*O. varicosum Rogersi*, avec son coloris éclatant, forme une tache claire du plus bel effet; le *Lycaste Skinneri* a des lignes superbes et donne beaucoup de fleurs, qui durent très longtemps; enfin les *Dendrobium nobile* et *Wardianum* possèdent les avantages de la floribondité et de la gaîté du coloris.

Ces douze espèces me paraissent donc devoir être considérées comme les plus recommandables pour la grande culture de la fleur coupée. Après elles viendront un certain nombre d'autres également très bonnes, quoiqu'à un degré moindre : *Coelogyne cristata*, *Dendrobium Phalaenopsis* et *bigibbum*, *Cypripedium barbatum*, *Ada aurantiaca*, *Calanthe Regnieri*, *Phalaenopsis amabilis* et *grandiflora*, *Laelia purpurata*, *Cochlioda Nötzliana*, *Odontoglossum grande*,

Fig. 77. — Lycaste Skinneri.

Zygopetalum Mackayi et *crinitum*, *Catasetum Bungerothi*, *Masdevallia Veitchi* et *tovarensis*, etc., etc.

Expédition et vente des fleurs

Sans vouloir entrer dans des explications techniques très détaillées qui forment l'objet d'une compétence professionnelle spéciale, il est bon de donner quelques indications utiles aux personnes qui auraient à envoyer des fleurs d'Orchidées.

Il va sans dire qu'il est prudent de ne couper les fleurs qu'au dernier moment, toutes en même temps, et juste avant l'emballage. S'il s'agit d'expédier de petites quantités, ou si ce sont des fleurs délicates, on pourra envelopper l'extrémité des tiges d'un petit tampon de sphagnum bien mouillé, et lié avec du fil. Cette précaution est généralement employée pour les Cattleya, Laelia, etc.

Les fleurs doivent être disposées dans les boîtes les unes près des autres, sans être trop comprimées ; entre les rangées horizontales, on place une petite latte de bois ou de carton bien fixée, formant séparation, afin d'empêcher que les fleurs ne soient mélangées dans la boîte pendant le voyage et ne se froissent les unes contre les autres. On applique les tiges contre la paroi du fond, de façon que les fleurs s'ouvrent vers le haut ; elles s'aplatissent moins ainsi. Enfin, on ne doit mettre qu'une seule épaisseur de fleurs ; autrement elles se détérioreraient.

La boîte doit avoir juste la profondeur nécessaire pour y déposer les fleurs ; si elle était trop profonde, celles-ci auraient trop de jeu et s'abimeraient.

Les fleurs doivent être entourées d'un fin papier de soie, que l'on étale dans la boîte avant de la remplir, et que l'on replie au-dessus. Ce papier remplit en partie les intervalles et empêche les mouvements des fleurs. Il est aussi très utile pour les préserver du froid.

La boîte une fois fermée, on l'enveloppe de papier assez solide, de préférence de papier gris goudronné, afin d'éviter le froid et l'humidité. Les fleurs voyagent ainsi très commodément, et arrivent dans un état parfait de fraîcheur.

Le choix de l'emplacement d'une installation de grande culture a une grande importance au point de vue de la vente.

J'ai dit que la grande culture des Orchidées peut être très profitable dans l'Europe entière, et je persiste dans cette opinion ; mais si les cultures sont installées à des distances très considérables des centres principaux de consommation, la réussite est un peu compromise. Il en est de cette industrie comme de toutes les autres; il faut qu'elle soit établie d'une façon intelligente, dans les endroits où les communications avec les consommateurs sont rapides et faciles. Bruxelles, par exemple, est plus près de Paris, avec ses cinq heures de chemin de fer, que bien des endroits plus rapprochés à vol d'oiseau, mais de communication difficile, et d'où les fleurs, cahotées et déplacées maintes fois pendant un long voyage, arrivent dans un état déplorable.

Les deux grands centres pour la vente des fleurs d'Orchidées sont Paris et Londres, Paris spécialement d'octobre à juillet, et Londres pendant la *season*, c'est-à-dire en mai et juin.

Les principales espèces convenant pour la grande culture

Passons maintenant en revue les Orchidées qui sont les plus recherchées, comme *fleurs coupées*, par les fleuristes pour la confection des bouquets et des corbeilles et pour la décoration des appartements.

I. — Odontoglossum crispum

Syn. *Odontoglossum Alexandrae* et *O. Blunti*

De toutes les Orchidées, c'est celle qui est la plus recherchée, celle qui produit comparativement le plus. On peut en placer un grand nombre d'exemplaires dans une serre de dimension restreinte; elle ne réclame qu'une température peu élevée, nécessite des frais de chauffage limités, des soins presque nuls. En effet, je connais une *culture spéciale* de cette Orchidée où un seul homme suffit à soigner dix grandes serres d'une contenance de deux mille plantes chacune.

Pourvu qu'elles soient bien ventilées, presque toutes les serres conviennent pour la culture des *Odontoglossum crispum;* elles doivent être aérées par le sommet de la toiture et par le bas, car il est très utile qu'un courant d'air puisse se produire. La serre peut être en bois ou en fer, quoique je donne la préférence aux serres en bois. Elle peut être à double ou à simple versant.

Pour la bonne réussite de la culture, l'emplacement de la serre est de grande importance. Il ne faut pas qu'elle soit située sur les hauteurs dans un endroit déboisé, sec, exposé aux vents brûlants de l'été. J'ai toujours remarqué qu'une serre à Odontoglossum des régions froides, isolée en plein champ, était mauvaise. Mieux vaut l'avoir à proximité des habitations ou dans le voisinage immédiat d'autres serres, pour qu'elle ne soit pas trop exposée aux aridités des temps chauds.

Pour la *culture de rapport*, le plus profitable sera d'établir soi-même des plantes importées. Elles devront être achetées directement chez l'importateur qui reste responsable de la variété fournie, car il y a, parmi les *Odontoglossum crispum* vendus aux enchères publiques, un grand nombre, sinon la totalité, de variétés étoilées, dites *moulins à vent*, qui sont rejetées par les acheteurs de fleurs et davantage encore par les amateurs. Le cultivateur s'évitera donc beaucoup de déceptions en s'adressant, pour ses achats, à des maisons honorables, là où il aura pu constater que le type vendu est celui à fleurs rondes, connu actuellement dans les cultures sous le nom de *Pacho type*.

Les plantes importées d'*Odontoglossum crispum*, comme toutes les Orchidées, du reste, arrivées récemment de leur pays d'origine, devront être saines, pas desséchées, et avoir conservé assez de sève pour ne pas être trop retardées dans leur végétation. Il faut surtout que les plantes aient été soignées dès leur arrivée, et qu'elles n'aient pas traîné dans les salles des « auction rooms » ou salles de ventes, où elles perdent presque inévitablement toute leur vigueur.

Les bons types d'*Odontoglossum crispum* d'importation valent, suivant leur force, de trois à dix francs pièce. De belles touffes composées de plusieurs forts bulbes peuvent valoir jusqu'à vingt-cinq francs. Je ne conseillerais pas de faire l'acquisition de plantes offertes au-dessous de trois francs, à moins que ce ne soit par faveur spéciale et avec garantie. Il en est des plantes comme de toutes les autres marchandises : souvent rien n'est plus cher que le bon marché.

L'*Odontoglossum crispum* importé, bien cultivé, met généralement deux ans pour produire. Le prix actuel pour les petites grappes, à moins de dix fleurs, se calcule à raison de trente centimes la fleur. Les grandes et belles grappes se vendent, de première main, jusqu'à cinquante et même soixante centimes la fleur. Je connais plusieurs grandes cultures de rapport où il n'y a jamais de déchets ; les fleurs sont achetées au fur et à mesure de leur épanouissement.

Un avantage important qu'offrent aussi les *Odontoglossum crispum*, c'est le grand nombre de belles variétés, et même de nouveautés, qui peuvent être trouvées, à la floraison, parmi les plantes importées.

Les fleurs d'*Odontoglossum crispum* voyagent facilement et peuvent être conservées fraîches pendant plusieurs jours.

La plante se maintient en fleurs pendant quelques semaines dans les appartements qui ne sont pas surchauffés.

Culture en grand. — Quand on cultive un certain nombre de plantes, il est nécessaire de distinguer avec soin celles qui sont en boutons de celles qui ont fini de fleurir, ou celles qui commencent leur pousse de celles qui l'achèvent. Un jardinier peu attentif ne s'attache pas à ces particularités, court avec son arrosoir d'un pot à l'autre, et donne à toutes les plantes le même traitement.

Le même traitement à toutes les plantes d'un même genre, voire d'une même espèce, cela paraît logique. Rien de plus naturel, en effet, quand il s'agira de Cattleya, de Cypripedium ou de Dendrobium. Mais quand on soigne des plantes qui ne suivent pas toutes exactement la même marche, et n'ont pas leur activité végétative renfermée entre deux époques fixes, deux dates connues d'avance, il faut bien faire des distinctions. Le jardinier ne s'en tirera convenablement que s'il traite ses plantes par catégories.

Ce qui précède va peut-être sembler une complication ; mais si le lecteur veut bien me suivre, il ne tardera pas à reconnaître que c'est une simplification considérable. En effet, de deux choses l'une : ou bien le jardinier, comme je l'ai dit plus haut, arrosera toutes ses plantes en même temps et de la même façon, et dans ce cas il n'obtiendra que des résultats médiocres — ou bien, s'il est consciencieux, il lui faudra s'arrêter devant chacune, examiner où elle en est, et la traiter selon son degré de développement. Ce procédé entraînera des pertes de temps considérables. Il est beaucoup plus simple de diviser les plantes en catégories d'après leurs besoins, de façon à pouvoir donner les mêmes soins à tout un groupe. D'ailleurs il y aura fort peu de ces groupes. A mon avis, il serait utile et suffisant d'en faire quatre : on disposerait ainsi sur les tablettes, d'abord les plantes qui ont de jeunes pousses à peine commencées; ensuite celles qui ont des pousses très avancées; celles qui achèvent de former leur bulbe; enfin celles qui sont en fleurs ou en boutons.

La répartition de 200 plantes en ces quatre groupes sera l'affaire d'une heure de travail environ. Une fois faite, elle n'aura plus guère besoin d'être modifiée que de loin en loin, pour déplacer une plante qui se trouvera changer de catégorie, ce dont on s'apercevra bien vite. Et à partir de ce moment la besogne du jardinier sera devenue facile et presque machinale, à ce point que le propriétaire de la serre ou le jardinier principal, obligé de s'absenter, pourrait s'en rapporter à un apprenti. Il suffirait de lui indiquer, pour plusieurs jours à l'avance, le nombre et l'abondance des arrosages à donner à chaque catégorie; dans chacune il n'y a plus, avec ce système, aucune distinction à faire.

En agissant ainsi, non seulement on aura des cultures prospères, mais on pourra se rendre compte, en tout temps, de l'état des plantes, prévoir à peu de chose près l'époque des floraisons, ce qui permet de les avancer ou de les retarder à son gré — et l'on saura aussi sur combien de floraisons, presque sur quelle quantité de fleurs on pourra compter.

Voilà donc les quatre groupes formés et installés sur les tablettes. Il n'y a pas lieu de faire des distinctions importantes entre les diverses places. Toutes les plantes doivent recevoir beaucoup de lumière; néanmoins l'endroit le plus clair pourra être réservé à celles qui ont terminé leurs pousses et mûrissent leurs pseudobulbes.

I. — Considérons en premier lieu le groupe des plantes qui entrent en végétation, c'est-à-dire, d'une façon générale, celles qui forment de jeunes pousses. Elles doivent recevoir des arrosages abondants, tous les jours même s'il est nécessaire.

Fig. 78. — LAELIA PURPURATA.

Cependant il faut veiller à éviter l'excès, qui les ferait pourrir, surtout en hiver.

Pour s'assurer qu'une plante ne reçoit pas trop d'eau, il suffit d'examiner de temps en temps ses racines, en soulevant un fragment du compost. Si les racines commencent à prendre une couleur verte, on peut en conclure qu'elles ont été trop arrosées. A l'état de santé, elles doivent toujours rester blanches.

On peut d'ailleurs éviter ces accidents en laissant de temps en temps les plantes sèches pendant quelques jours.

On voit encore une fois ici l'important avantage qu'il y a à grouper ensemble les plantes qui sont au même degré d'avancement. On peut les traiter toutes de même sans examen minutieux, les arroser toutes autant, les laisser sécher à la même époque; si les racines d'une seule verdissent, on peut en conclure qu'il faut donner à toutes quelques jours de sécheresse.

II. — Les plantes qui ont des pousses déjà avancées recevront à peu près le même traitement que les précédentes; mais il faudra surveiller attentivement le développement de la végétation, voir notamment si les pousses conservent bien leur raideur; quand elles n'ont pas une apparence bien vigoureuse, cela tient généralement à ce qu'elles ont trop de chaleur, ou qu'elles sont trop éloignées du jour, ou (ce qui revient au même) que les lattis ou les toiles à ombrer sont laissés trop longtemps sur la serre. Le jardinier ne doit pas épargner sa peine pour déplacer les abris selon les variations du soleil; c'est un point d'une importance considérable pour le succès de la culture des Orchidées.

III. — Le troisième groupe comprend les Odontoglossum qui forment leurs bulbes, plus ou moins avancés. Dès que le bulbe commence à se dessiner, il faut diminuer l'arrosage, et pour savoir jusqu'à quel point, on n'a qu'à se régler toujours sur l'état et la couleur des racines. Il y aurait un autre inconvénient à donner trop d'eau; c'est que les plantes partiraient de nouveau en végétation et donneraient de jeunes pousses qui affaibliraient beaucoup la floraison. Lorsque ce contre-temps se produit, on n'a plus, au lieu de belles grappes bien fournies, qu'un petit nombre de fleurs de taille médiocre.

Un des points importants pour cette catégorie, c'est de donner beaucoup de jour et d'air. On devra donc placer ces plantes près du vitrage, et dans la partie de la serre où se trouve un ventilateur. L'expérience montre que, dans ces conditions, les bulbes se gonflent particulièrement bien, et émettent de belles tiges florales.

IV. — Restent les plantes en boutons ou en fleurs. A celles-là il faut ménager les arrosements avec grand soin. Un excès d'eau fait jaunir les boutons, le manque d'eau les fait tomber; puis il n'est pas bon de priver les plantes et de les mettre, en quelques sorte, en repos avant l'époque normale.

Pour concilier ces difficultés et procurer aux Odontoglossum, à ce moment de la végétation, la quantité d'eau juste nécessaire, on emploiera avec succès la méthode qui consiste à placer les pots sur des soucoupes (1) de terre cuite, servant de supports et contenant en même temps à leur partie inférieure une provision d'eau. La plante, placée à peu de distance au-dessus, pompe la quantité de vapeur d'eau dont elle a besoin, et cette sustentation, jointe à ce que contient déjà l'atmosphère de la serre, est parfaitement suffisante.

Quant aux plantes que l'on transporte momentanément dans l'appartement, c'est-à-dire dans une atmosphère très desséchante, elles ne sauraient se contenter de la vapeur qui s'élève des soucoupes et elles doivent être arrosées de temps en temps pour conserver leur fraîcheur.

Lorsque la grappe est épanouie, il est bon de ne pas la couper trop court; la tige coupée noircit toujours un peu, et si elle est retranchée trop près du bulbe, celui-ci peut être gagné par la moisissure.

Après la floraison, on donne aux plantes cinq ou six semaines de repos. Pendant cette période, on ne les arrose plus que de loin en loin, si l'on craint que les bulbes se rident à l'excès.

On constate aisément quand les plantes ont assez de repos et sont prêtes à rentrer en activité. A ce moment les pointes des racines, qui pendant le repos étaient blanches comme le reste, deviennent jaune clair ou vert transparent. Dès lors on peut recommencer à arroser, légèrement d'abord, puis de plus en

______

(1) Voir fig. 48, p. 319.

plus jusqu'à ce qu'on ait atteint la quantité normale, lorsque la pousse sort d'entre les pseudobulbes et commence à se développer.

Il est bon, au retour de la végétation, de surfacer les plantes avec une couche d'un centimètre environ d'épaisseur. Les jeunes racines se plaisent à merveille dans ce milieu frais et particulièrement sain. Les rempotages, pour les plantes qui en ont besoin, peuvent aussi s'effectuer avec avantage à cette période.

Voici, à ce propos, deux observations d'une certaine importance qui ont leur place marquée ici :

Les Odontoglossum ne doivent pas être enfoncés trop profondément dans le compost, ainsi qu'on le fait trop fréquemment; les plantes auraient trop d'humidité, elles risqueraient de pourrir au collet, et elles n'auraient pas un repos suffisant.

En second lieu, les débutants ne donnent souvent pas assez d'attention à la façon de placer la plante dans le compost. Ils croient avoir tout fait quand ils l'ont disposée bien au milieu, de façon à avoir un espace libre tout autour, bien régulier, et, en un mot, tout à fait gracieux d'aspect. Mais la symétrie n'a rien à voir dans l'affaire. Le fait est qu'il s'agit uniquement de concilier les deux principes suivant :

1° Ne pas donner au plantes des pots trop grands, parce que les racines y sont en quelque sorte étouffées, noyées dans le compost humide.

2° Laisser néanmoins à la plante un certain espace pour se développer latéralement, car si l'on ne prenait pas ce soin, les nouveaux pseudobulbes formés viendraient se serrer contre les bords, ou sortiraient du pot, et dans ce cas ne seraient pas suffisamment nourris.

Il est facile de concilier ces deux principes. La partie de la plante qui s'accroît, celle où vient la pousse, devra être placée de façon à avoir un espace libre entre elle et les bords du pot; quant à l'autre extrémité, composée d'anciens bulbes, qui n'augmentent pas, il y a tout avantage à la placer tout près des bords; l'espace qu'on laisserait là serait complètement inutile.

Fig. 79. — CLERODENDRON BUNGEROTHI.

Tout l'espace qu'on veut donner en plus de la grosseur de la plante doit être, en un mot, destiné à l'accroissement.

Lorsque les plantes de la quatrième catégorie, dont je viens de parler, recommencent à végéter, elles passent à la catégorie I. De même celles de la première passent à la seconde, etc. Dans toute saison, le cultivateur a ses quatre groupes, faciles à reconnaître ; il épargne beaucoup de la peine qu'il aurait à prendre sans ce classement, et peut même s'en remettre, la plupart du temps, à un apprenti en lui faisant un tableau des soins qu'il doit donner à chaque section. A chaque changement de saison, il suffit de changer les écriteaux et de remplacer I par II, II par III, etc., mécaniquement, par permutation circulaire.

Maintenant, il peut arriver que des plantes en fleurs recommencent à faire en même temps une nouvelle pousse. Dans ce cas, on ne peut que sacrifier la floraison, qui est en somme une circonstance secondaire dans la vie d'une plante, à la formation du pseudobulbe suivant, qui est un acte essentiel, assurant l'avenir de la plante, et on remet la plante dans la catégorie I, en lui donnant les soins nécessaires à la pousse nouvelle. Il se peut que les arrosages abondants nuisent à la floraison, mais il n'y a pas lieu de s'en préoccuper. Peut-être même vaudrait-il mieux couper la tige florale, pour laisser toute la vigueur se porter de l'autre côté.

Les deux pousses consécutives ininterrompues peuvent sans doute affaiblir un peu la plante, et il est fort probable que le bulbe ainsi formé ne sera pas aussi vigoureux que le précédent. Néanmoins, en soignant bien la plante, elle aura regagné ce désavantage au bout d'un an ou deux, et sera à peu près au même point que les autres.

Les Odontoglossum pour la grande culture peuvent très bien être cultivés en pleine terre sur les tablettes.

Nous traitons ainsi un certain nombre de plantes à L'Horti-culture Internationale ; elles prospèrent admirablement. Nous employons surtout ce procédé pour remettre en végétation les importations qui n'arrivent pas en très bon état. Déposées sur une bonne couche de fibre et de sphagnum frais, elles ne tardent pas à produire une abondance de racines, et forment des pousses plus vigoureuses qu'avec tout autre traitement.

J'ai conseillé à un amateur, il y a quelques mois, de commencer sa culture de cette façon ; il en a été pleinement satisfait.

Ce genre de traitement offre en outre l'avantage d'être très économique, de demander beaucoup moins de place et de manipulations, car les rempotages sont supprimés.

II. — Les Cypripedium

Parmi les Orchidées qui fleurissent pendant l'hiver, il en est peu qui présentent plus d'avantages que les Cypripedium, si répandus aujourd'hui, si peu coûteux relativement, et si faciles à cultiver. Les espèces et les hybrides spécialement propres à embellir les appartements entre novembre et mars n'exigent du cultivateur ni grandes dépenses, ni soins bien considérables. Dans l'état actuel du marché des Cypripedium, il serait facile de dépenser une grande fortune à acheter des nouveautés, mais il faut mettre à part ceux qui ne coûtent cher qu'à cause de leur rareté ; je ne m'occuperai ici que des plantes vraiment belles, et de celles qui n'exigent pas une trop forte dépense, qui sont de culture aisée, et qui peuvent produire beaucoup comme fleur coupée.

Les Cypripedium sont particulièrement avantageux à cultiver dans les grandes villes, parce que leurs fleurs se conservent bien, même après avoir été coupées. Les brouillards de Londres, qui détruisent à la fois les boutons et les fleurs des Cattleya, des Phalaenopsis, etc., n'ont jamais endommagé les fleurs des Cypripedium.

Pour cultiver ces plantes au point de vue de la floraison, il n'est pas besoin de grandes connaissances, tant cette culture est peu compliquée dans tous ses détails. La préparation du compost qu'elles réclament est le point le plus important. La terre fibreuse devra être débarrassée de la presque totalité des fins débris qu'elle contient avant d'être employée. Elle sera mélangée avec le sphagnum en proportions égales.

Les Cypripedium demandent beaucoup d'humidité pendant la saison de croissance, et modérément aux autres époques ; comme il arrive pour la plupart des Orchidées, une humidité stagnante aux racines leur est funeste, et l'on doit prendre des dispositions pour faire écouler rapidement l'excès d'eau. En général, les pots, petits ou grands, doivent être remplis de tessons à la moitié environ de leur hauteur.

Beaucoup réussissent bien dans la serre tempérée. Le *C. insigne* (voir fig. 6) prospère parfaitement dans la serre froide, mais sa croissance est alors un peu plus lente et sa floraison un peu plus tardive, et mieux vaudrait sans doute le cultiver dans la serre mexicaine. Cette espèce, l'une des plus précieuses pour la fleur coupée, est riche en superbes variétés très estimées des amateurs, *C. i. Chantini*, *C. i. montanum*, *C. i. Maulei*, etc.

Le *Cypripedium insigne* fleurit pendant tout l'hiver, de décembre au commencement ou au milieu de mars.

On a vu plus haut (page 24) une gravure représentant une touffe de *Cypripedium insigne*, et montrant la remarquable floribondité et le port gracieux de cette espèce.

Parmi les autres Cypripedium convenant parfaitement pour la vente des fleurs coupées, on peut citer les *C. × Dauthieri*, *C. callosum*, *C. Argus*, curieusement maculé, *C. barbatum*, et spécialement, parmi ceux qui fleurissent en hiver : le *C. × Harrisianum*, hybride très vigoureux et très florifère ; le *C. Lawrenceanum* ; le *C. Spicerianum*, qui a produit tant d'hybrides populaires ; le *C. villosum*, toujours très demandé par les fleuristes ; le *C. × Leeanum*, superbe hybride issu du *C. Spicerianum* et du *C. insigne* ; enfin les Selenipedium hybrides du groupe *S. Sedeni*, qui sont en fleurs à peu près toute l'année.

Les fleurs de Cypripedium se vendent généralement de cinquante centimes à trois francs pièce, et même davantage, suivant leur beauté.

III. — Les Calanthe

La section des Calanthe à pseudobulbes se compose d'un certain nombre de très belles formes, parmi lesquelles les *C. × Veitchi*, *C. vestita rubro-oculata*, *C. vestita luteo-oculata*, *C. Regnieri*, *C. Turneri* et *C. Turneri nivalis*, sont les plus répandues et les mieux appropriées pour la grande culture ; aussi m'occuperai-je ici exclusivement de celles-ci. Quand elles sont bien soignées, elles rapportent beaucoup, car elles fleurissent pendant les tristes mois de l'hiver, alors que les fleurs sont le plus chères, et l'on peut, au moyen de quelques précautions, les conserver en fleur de la fin d'octobre à la fin de mars. Pendant toute cette époque, on a besoin de quantités de fleurs pour décorer les appartements et la table ; elles rendent donc de très grands services. Elles ont un éclat ravissant au milieu des Fougères et des élégants feuillages. Les Calanthe ont aussi le grand avantage de n'occuper que peu de place. Quiconque possède une serre chaude peut aisément y cultiver le *Calanthe × Veitchi* et les autres espèces du même groupe, à la seule condition d'arroser les plantes assez fréquemment pendant la végétation ; j'en ai vu prospérer parfaitement dans des paniers suspendus au vitrage d'une serre à melons.

Pour la grande culture de la fleur coupée, le procédé le plus économique et le plus productif consiste à les cultiver en pleine terre sur une tablette. Voici comment on s'y prend. Sur un bon drainage, on étend une couche de bouse de vache séchée, épaisse d'un pouce, puis du terreau de feuilles, de la terre de gazon et du sable siliceux, et l'on plante les bulbes à dix centimètres de distance les uns des autres. Une fois les plantes en fleurs, on peut les transporter dans l'appartement, et elles se conservent au moins trois semaines ou un mois en parfaite fraîcheur.

Après la floraison, les plantes entrent en repos. Les pseudo-bulbes sont alors retirés des pots ou du compost et mis au sec dans des caisses de sable à une température modérée, jusqu'à l'époque de la reprise de la végétation.

Lorsque la saison de végétation arrive, c'est-à-dire vers le mois de mars-avril, on retire les pseudobulbes des caisses ou des pots, et l'on enlève bien le sable qui peut y rester attaché; puis on sépare les nouveaux bulbes de l'ancien, on les débarrasse de tout résidu de feuilles et on coupe les racines à un pouce et demi environ du tour de la base. On les éponge soigneusement pour chasser les insectes nuisibles; ceci est très important, car les Calanthe sont souvent envahis par les cloportes. Lorsque les plantes sont toutes prêtes et bien propres, on prend des boîtes d'un demi-mètre carré, ayant six pouces de profondeur environ pour celles qui ont les pseudobulbes longs, et l'on place au fond à peu près trois pouces de terreau de feuilles, tamisé dans un tamis à mailles de trois centimètres, et que l'on presse modérément. Je préfère le terreau qui a pourri dans les bois à celui qui a été trituré et soumis à la fermentation.

On dispose ensuite une rangée de pseudobulbes, en les appuyant contre un côté de la boîte, et on les fixe en pressant le terreau sur les vieilles racines. On place alors une latte mince en travers de la boîte pour y appuyer la rangée suivante, en laissant un intervalle variable selon la grosseur des bulbes, et on continue jusqu'à ce que la boîte soit pleine. Pour le *C. vestita* et ses variétés, on peut se dispenser de donner autant de profondeur et d'appuyer les plantes, parce qu'elles ne sont pas aussi longues ni aussi lourdes du haut que les *C. × Veitchi*. Les vieilles suffiront à les tenir en place.

On dépose les boîtes dans un endroit où la température s'élève à 14° C. la nuit et à 20° environ le jour au soleil, et l'on maintient le terreau humide par des arrosages espacés. Il faut surveiller très attentivement l'intrusion des limaces, qui exercent souvent de grands ravages sur les jeunes pousses.

Quand les pousses ont atteint deux à trois centimètres et les racines à peu près la même longueur (c'est-à-dire au bout de six semaines environ, quand le temps est propice), les plantes sont prêtes à être replantées dans les pots où elles fleuriront. Certains cultivateurs les laissent dans les pots de floraison jusqu'au rempotage, mais je ne crois pas devoir adopter ce procédé, parce que si l'on attend jusqu'au moment où elles poussent de jeunes racines, on s'expose à endommager celles-ci quand il faut les retirer du vieux compost; et d'autre part, si on les empote avant qu'elles aient commencé à produire des racines, il peut arriver que le compost se gâte avant que les jeunes racines en aient pris possession, ce qui cause des accidents irréparables.

Le compost que je crois le plus convenable se forme d'un tiers de bonne terre fibreuse, séparée en morceaux de la grosseur d'un œuf de poule, et les petits débris tamisés; un tiers de terreau de feuilles, et un tiers de bouse de vache en petits morceaux, bien desséchée pour détruire toutes les matières animales, avec addition de débris de pots, de la grosseur d'une noisette, et d'un peu de sable. Le pot et le drainage doivent être parfaitement propres. On place un bon morceau de scorie poreuse sur l'ouverture, et l'on remplit le pot à moitié de sa hauteur avec des tessons de pot bien raboteux. On étend une couche de la partie la plus rocailleuse du compost sur le drainage, et l'on remplit ensuite jusqu'à deux pouces des bords, en comprimant modérément.

Quand il s'agit des espèces qui ont de longs pseudobulbes, il faut avoir un certain nombre de tuteurs, longs de vingt-cinq centimètres, et en planter un dans chaque pot, un peu de côté, à l'endroit où se trouvera le bulbe. On met alors celui-ci en place avec précaution, et on l'attache au tuteur, qui sert à le soutenir jusqu'à ce que les racines soient fixées dans le compost. Quand on a lié ainsi un nombre suffisant de pseudobulbes, on remplit le pot tout autour, en couvrant à peine les jeunes racines, et on comprime modérément. Les variétés qui ont des bulbes plus courts n'ont pas besoin de tuteurs. On place quatre pseudobulbes dans un pot de quinze centimètres de diamètre, six dans un de vingt centimètres, et jusqu'à dix-huit ou vingt dans un grand pot. C'est gaspiller les pots et l'espace que d'empoter les plantes une par une dans des pots de douze centimètres, comme le font certains cultivateurs. Je ne vois à ce système aucun avantage; j'ai vu cultiver fort bien des *C. × Veitchi*, ayant des pseudobulbes de trente centimètres de long, et des tiges florales de un mètre de long, dans des pots de quinze à vingt centimètres de diamètre.

Il faut veiller à ce que le compost soit suffisamment humide pour qu'il ne soit pas nécessaire d'arroser peu de temps après le rempotage; mettre les pots à une température de seize degrés centigrades la nuit, de vingt à vingt-cinq au soleil, ventiler soigneusement en leur fournissant beaucoup de chaleur et d'humidité. Les plantes seront placées sur une tablette près du vitrage, et l'on n'aura plus qu'à leur donner de l'espace à mesure qu'elles grandiront. Il faudra les abriter quand le soleil sera trop chaud.

Les Calanthe à bulbes sont de *grands mangeurs*, si l'on peut s'exprimer ainsi, et le compost substantiel dont je viens de parler devra être encore enrichi de temps en temps par une addition d'engrais. Le meilleur système est de l'arroser, une fois par mois environ, avec de l'engrais de vache dilué. Les plantes doivent être placées dans les pots un peu au-dessous des bords, afin de bien profiter de l'eau des arrosages et de la nouriture du compost.

Enfin la ventilation devra être aussi abondante que le permettra la température extérieure.

A l'époque où la tige florale apparaît et commence à s'élever au-dessus des pseudobulbes, il convient de veiller davantage à l'arrosage, et de le réduire graduellement, de façon que le compost se trouve absolument sec au moment où les fleurs sont à moitié ouvertes. On peut alors transporter les plantes dans une serre froide sèche, ayant une température de huit à douze degrés centigrades.

Certains cultivateurs tiennent les feuilles fraîches jusqu'à la floraison, mais je n'approuve pas ce système, parce qu'il retarde la maturité des pseudobulbes, et s'ils ne mûrissent pas complètement, ils ne pousseront pas aussi bien à la saison suivante; je crois même que la bonne maturation est le principal élément de succès.

On peut aisément faire grandir la tige en abattant les vieux pseudobulbes, ou, dans certaines espèces comme le *C.* × *Veitchi*, en les brisant à la place du collet et en supprimant la portion supérieure. Un morceau de ce genre jeté dans une boîte de terreau très peu profonde, et sans autre élément de nature à faciliter la végétation, a produit un bulbe de vingt centimètres de longueur, lequel donna une tige de quarante centimètres. Ajoutons que la plante ne souffre pas, ou insensiblement, de cette amputation. Les Calanthe se multiplient de cette façon et par division des bulbes.

Calanthe × *Veitchi*. — Culture en serre chaude. Espèce à feuillage caduc qui fleurit pendant l'hiver, de janvier à mars, et produit des tiges longues de 60 à 90 centimètres, chargées de nombreuses fleurs d'un beau rose vif.

Les fleurs se conservent longtemps et voyagent bien.

IV. — Espèces diverses

Cattleya Warocqueana ou *labiata* (voir fig. 20). — Culture en serre tempérée, ou tempérée-chaude. Très robuste et très florifère. Fleurit d'octobre à janvier, et donne des grappes de trois à cinq ou six fleurs de grande taille, à pétales très larges gracieusement infléchis, d'un beau rose lilacé plus ou moins vif, à labelle ample et étalé, rouge pourpre avec une large macule jaune à la gorge et parfois deux macules blanches des deux côtés. Ces fleurs se conservent trois semaines à un mois; elles supportent parfaitement les voyages.

Il importe, pour tous les Cattleya, que le repos soit bien marqué; à la fin de la végétation, quand la pousse est finie, les plantes doivent recevoir beaucoup de soleil et de jour pour que les pseudobulbes mûrissent bien; plus elles auront profité du soleil, plus elles produiront de fleurs, et plus ces fleurs seront brillamment colorées.

Coelogyne cristata (fig. 80). — Espèce remarquable par sa grande floribondité, et dont les fleurs, d'assez grande taille, sont disposées en grappes tombantes d'un très gracieux effet. Coloris blanc de lait, avec une macule jaune d'or au milieu du labelle. Floraison en février-mars.

On cultive le *Coelogyne cristata* en serre chaude, en serre tempérée, et même en serre froide ; le mieux est sans doute de prendre la moyenne. Il n'est pas bon de l'exposer en plein aux rayons du soleil, mais il ne peut y avoir que des avantages à lui

Fig. 80. — Coelogyne cristata.

donner beaucoup de lumière. Il forme de fortes touffes, et ses bulbes ont une tendance à chevaucher les uns sur les autres, si l'on n'a pas soin de leur laisser beaucoup d'espace pour s'étaler latéralement ; aussi faudra-t-il le rempoter tous les deux ans ou plus même, si c'est nécessaire, car sa croissance est très rapide.

Les fleurs se conservent assez longtemps, mais ne voyagent pas très bien. Il est à noter que l'on devra, en les emballant, prendre des précautions pour ne pas les superposer les unes aux autres. Les fleurs de coloris blanc sont plus sujettes que les autres à se froisser et à se tacher quand elles sont en contact entre elles.

Cattleya Trianae et *C. Mendeli*. — Deux superbes espèces, qui se cultivent en serre tempérée et réclament les mêmes soins que les autres Cattleya (voir *C. Warocqueana*). Le *C. Trianae* fleurit en février-mars ; le *C. Mendeli*, en avril-juin. Le second se distingue surtout par un coloris très pâle, presque blanc, et par la riche macule jaune d'or clair de la gorge du labelle. Tous deux se conservent longtemps et voyagent bien.

Cochlioda Nötzliana. — Culture en serre froide, en pot ou en panier. Produit des grappes ramifiées de belles fleurs larges et bien étoffées, d'un superbe coloris vermillon écarlate. Très résistant, se conserve longtemps et voyage très bien. Il fleurit à diverses époques de l'année, souvent deux fois par an, et n'exige que peu de repos.

Cattleya Mossiae. — Voir ce que j'ai dit des autres Cattleya. Fleurit en avril-juin, en même temps que le *C. Mendeli*. Il est d'une croissance vigoureuse.

Lycaste Skinneri. — Espèce très vigoureuse, très florifère et très ornementale. Culture en serre tempérée-froide, dans un compost assez substantiel, car c'est une des Orchidées qu'on appelle semi-terrestres. Repos de trois mois, de novembre à février. Les fleurs se produisent à la fin de janvier jusqu'en avril. Elles sont d'une substance remarquable, d'une forme décorative, et d'un coloris rose plus ou moins vif, très variable. Elles se conservent longtemps et voyagent bien.

Dendrobium nobile. — Espèce très florifère et très élégante [1],

---

[1] Voici un passage d'une lettre que m'écrivait un amateur à propos de cette superbe espèce :

« Ayant un *Dendrobium nobile* précisément en fleur chez moi, j'ai compté ses fleurs, et voici le résultat : 175 fleurs pour 18 bulbes.

Pensant que cela pourra vous intéresser, surtout au point de vue de la culture de la fleur coupée, je me permets de vous communiquer ce résultat.

La plante m'a coûté, je crois, 22 francs il y a trois ans, et je puis vendre les fleurs actuelles au prix de fr. 0,15 pièce, soit fr. 26,25. La première et la deuxième année, je n'ai pas vendu les fleurs. »

Culture en serre chaude ou tempérée-chaude, avec beaucoup de soleil à la fin de la végétation et un bon repos. Les fleurs se conservent bien et voyagent aisément; elles sont de bonne taille, mais assez plates et peu encombrantes. Elles se produisent en avril-mai aux nœuds des pseudobulbes, à différentes hauteurs, par petits bouquets de deux à quatre. Cette disposition embarrasse parfois un peu les cultivateurs, qui se demandent s'il faut couper les bulbes entiers pour expédier les fleurs, ou se borner à détacher les pédicelles un par un.

La question est assez délicate. Si l'on coupe seulement les fleurs, celles-ci se conservent peu, le pédicelle court étant rapidement séché; puis elles ont besoin d'être montées, ce qui entraîne des frais et une perte de temps. D'autre part, on hésite souvent à couper les pseudobulbes, et c'est, comme on sait, une question très controversée de savoir si leur conservation est nécessaire à la vigueur de la plante. En somme, je ne serais pas d'avis de couper les bulbes; je sais bien que cette culture est très préconisée ailleurs, mais je ne vois pas bien son utilité, et comme avec l'ancien système on produit des spécimens magnifiques qui se couvrent de fleurs, mieux vaut continuer les anciens errements.

Dendrobium bigibbum. — L'une des Orchidées les plus florifères qui existent dans les cultures. Fleurit de septembre à fin mars. Les fleurs se produisent sur des tiges assez longues pour pouvoir être aisément séparées, et se succèdent pendant cette longue période sans interruption. Elles ont une forme très gracieuse, et sont d'un coloris rose vif plus ou moins violacé, avec une étroite bande blanche au centre du labelle. Elles voyagent parfaitement.

Le *D. bigibbum* se cultive en serre chaude très humide.

Odontoglossum grande (voir fig. 59). — Le géant du genre Odontoglossum; produit en octobre-novembre ses fleurs d'une ampleur extraordinaire, d'un coloris jaune-brun clair très attrayant et très gai. Culture en serre froide, ou tempérée froide.

Ses fleurs, très robustes, voyagent bien.

Cypripedium Lawrenceanum. — L'une des espèces les plus florifères du genre, avec toutes les qualités de durée et de robusticité que j'ai déjà mentionnées. Fleurit un peu toute l'année et principalement au printemps. Ses fleurs, d'un coloris brun pourpré, avec le labelle blanc veiné longitudinalement de rouge-brun, sont très attrayantes.

Se cultive en serre tempérée-chaude, dans un compost assez compact, comme tous les Cypripedium (voir plus haut).

Cypripedium callosum. — Cette espèce possède les mêmes précieuses qualités que celles dont je me suis occupé précédemment et se cultive en serre tempérée-chaude comme le *C. Lawrenceanum* et la plupart de ses congénères. Elle se distingue par un coloris général pourpre vineux sombre, et par l'ampleur remarquable du sépale dorsal, blanc strié de veines longitudinales vertes et rouge pourpre sombre.

Oncidium incurvum. — L'un des types les plus appréciés, les plus répandus, les moins coûteux et les plus faciles à cultiver de ce genre si riche en espèces florifères et élégamment décoratives. Ses longues grappes ramifiées flexibles pourraient paraître un peu maigres seules; en revanche elles égayent considérablement le groupe formé par les fleurs énumérées précédemment et distrayent l'œil des grandes masses. Les fleurs, très nombreuses, sont d'un charmant coloris mélangé de blanc et de rouge lilacé; elles se conservent fort longtemps. Culture en serre froide. La floraison a lieu pendant le printemps.

L'emballage des grappes de l'*Oncidium incurvum* exige naturellement des caisses assez grandes, mais ces grappes se plient facilement; l'intervalle peut être rempli ensuite par d'autres fleurs qui ne risqueront pas d'endommager les premières, très résistantes.

Oncidium varicosum Rogersi. — Magnifique espèce, de culture robuste et très florifère qui n'a qu'un défaut, celui de ne pas exister jusqu'ici en très grand nombre dans les cultures. Elle fleurit au cours de l'hiver, et se conserve très bien. Ses fleurs sont de grande taille, et ont le labelle très largement étalé, réniforme, d'un superbe coloris jaune d'or; elles se produisent en extrême abondance sur de longues tiges ramifiées.

Culture en serre tempérée.

Oncidium cucullatum. — Espèce appartenant à un groupe différent des précédents, et qui produit ses fleurs non plus en longue panicule, mais en racème plus ou moins haut. Ses fleurs apparaissent dans les premiers mois de l'année, et se conservent longtemps. Elles sont d'une forme et d'un coloris très beaux; les segments sont d'un rose légèrement teinté de brun, et le labelle très allongé, dilaté et bilobé à sa partie antérieure, est d'un beau rose pourpré tacheté de pourpre sombre.

Culture en serre froide.

Oncidium flabellulatum. — Espèce des plus décoratives, produisant de longues tiges gracieusement ondulées, très ramifiées, et chargées de fleurs de grande taille. Ces fleurs ont les segments d'un brun vif très élégant, ondulés et nuancés de jaune sur les bords. Le labelle large, circulaire-cordé, a le même coloris, avec la base jaune tachetée ou rayée de brun-rouge; les lobes latéraux très petits sont jaune vif.

L'*O. flabellulatum* fleurit à diverses époques de l'année, principalement vers le mois de mai, et reste en pleine fraîcheur pendant un mois environ. Culture en serre tempérée; il réussit bien sur tronc d'arbre.

Cypripedium × Harrisianum. — Hybride possédant les mêmes qualités que les espèces dont j'ai déjà parlé; ses fleurs sont de grande taille et se conservent fort longtemps; elles apparaissent à diverses époques de l'année. Elles sont d'un coloris général pourpre-vineux sombre, nuancé de vert à certaines parties.

Culture en serre chaude ou tempérée-chaude.

Cypripedium villosum. — Superbe espèce qui est l'un des parents de l'hybride précédent, et rentre dans la même catégorie. Les fleurs apparaissent surtout aux mois d'avril et mai; elles se conservent deux mois environ. Elles se distinguent par une sorte de vernis brillant qui les recouvre et leur donne beaucoup d'éclat. Le coloris général est un jaune vif relevé de rouge sur la moitié supérieure des pétales, avec le pavillon vert, lavé de brun-noir dans sa moitié inférieure.

Culture en serre tempérée.

Calanthe Regnieri. — Belle espèce produisant de longues grappes de fleurs blanches avec le labelle rose vif. Ces fleurs se produisent à la fin de l'hiver, et sont assez résistantes.

Culture en serre chaude.

Epidendrum vitellinum. — Plante remarquable par le brillant coloris de ses fleurs, d'un vermillon éclatant. Ces fleurs se produisent en racème serré d'un très bel effet ; elles font leur apparition en automne, et restent six semaines et plus en parfaite condition ; toutefois elles ne voyagent pas aussi bien que la plupart des autres espèces mentionnées plus haut. Mais elles sont faciles à emballer et tiennent peu de place.

Culture en serre tempérée-froide.

Ada aurantiaca. — L'*Ada aurantiaca* peut rivaliser avec le précédent pour l'éclat de son coloris, qui est à peu près le même que celui de l'*Epidendrum vitellinum*. Ses fleurs à segments linéaires-lancéolés, pressées les unes contre les autres en racèmes gracieusement retombants, sont d'un ravissant effet. Elles se produisent à la fin de l'hiver et au début du printemps, et restent plusieurs semaines en parfaite fraîcheur.

Culture dans la serre des Odontoglossum des régions froides.

Phalaenopsis amabilis (*Aphrodite*) et *P. grandiflora.* Les Phalaenopsis sont peut-être, avec les Cattleya, les plus splendides Orchidées qui existent. L'élégance de leurs formes et de leurs couleurs est incomparable. Grandes et bien étoffées, les fleurs se distinguent surtout par l'extrême délicatesse du labelle, orné, à l'extrémité du lobe antérieur, de deux cirrhes ondulées et recourbées vers le centre. Le *P. amabilis* a les segments d'un blanc pur, et le labelle relevé au centre de fines stries et de points roses et jaunes d'un attrait exquis ; tandis que le *P. grandiflora*, très analogue dans toutes ses parties au premier, est marqué uniquement de jaune et non de rose. Tous deux se cultivent dans la haute serre chaude et fleurissent pendant l'hiver.

Les longues grappes flexibles des Phalaenopsis sont faciles à emballer ; mais les fleurs ne voyagent pas assez bien pour pouvoir être recommandées au même titre que les précédentes.

Zygopetalum crinitum. — Très belle espèce, produisant de longues grappes de fleurs de grande taille, très résistantes et qui

Fig. 81. — Zygopetalum crinitum.

apparaissent pendant l'hiver. Ces fleurs voyagent bien, et, comme je l'ai dit, le *Zygopetalum crinitum*, ainsi que ses congénères, n'a guère que le défaut de tenir beaucoup de place dans la serre.

Ses fleurs sont d'un coloris agréable, quoiqu'un peu sombre. Les sépales et les pétales sont d'un vert jaunâtre barré et maculé de brun pourpré sombre; le labelle très étalé est blanc, avec une série de lignes parallèles bleu pourpré.

Culture en serre tempérée-froide.

Masdevallia Veitchi. — Les Masdevallia sont particulièrement recommandables pour la grande culture, en raison de leur culture facile, de la bizarrerie attrayante et légère de leurs formes, et de l'éclat de leurs chauds coloris, qui rehaussent puissamment les nuances délicates des autres genres. Au premier rang des Masdevallia doit figurer le *M. Veitchi*, dont les fleurs sont très grandes et d'une beauté remarquable. Les segments sont d'un beau rouge écarlate orangé, avec un superbe reflet pourpre bleuâtre sur la moitié extérieure de leur largeur; la gorge du tube est jaune vif. La variété *grandiflora* est particulièrement splendide.

Culture en serre froide. Floraison en automne ou au printemps, de très longue durée.

Masdevallia tovarensis. — Cette autre espèce est très gracieuse et très intéressante à cause de son coloris blanc, qui est unique dans le genre. Elle est d'ailleurs d'une très grande floribondité, et ses fleurs se produisent en hiver; enfin elles exhalent un parfum agréable. Ce sont de précieuses qualités; malheureusement il faut ajouter que ces fleurs sont d'une substance un peu délicate et ne voyagent pas facilement.

Même culture que le précédent.

Cattleya Percivaliana. — Espèce à fleurs plus petites que celles nommées prédécemment, mais d'un coloris particulièrement riche et remarquable. Elle fleurit de janvier à mars.

Culture en serre tempérée.

Les fleurs se conservent assez bien; mais l'espèce n'est pas des plus florifères, et elle n'est pas non plus répandue dans les cultures en aussi grandes quantités que les *C. Mossiae*, *Mendeli* et *Warocqueana*.

Odontoglossum triumphans. — Superbe Odontoglossum de croissance très robuste, produisant de longues tiges florales chargées de fleurs d'un éclatant coloris, jaune et rouge-brun vif. Ces fleurs sont d'une substance très forte, se conservent longtemps et résistent bien au voyage; elles apparaissent surtout à la fin de l'hiver et jusqu'au milieu de mai.

Culture en serre froide.

Odontoglossum pulchellum. — Charmante petite espèce à fleurs blanches, avec la crête pointillée de cramoisi. Fleurit en hiver et jusqu'au mois de mai, et dure très longtemps.

Malheureusement, les fleurs se produisent sur des tiges très courtes, et sont par ce motif difficiles à utiliser. Voyagent assez bien, quoiqu'un peu sujettes à se tacher, comme toutes les fleurs blanches.

Culture en serre froide.

Odontoglossum luteo-purpureum. — Espèce des plus remarquables et des plus riches en variétés de grande valeur. Ses fleurs ont beaucoup de substance et se conservent longtemps; elles résistent très bien au voyage.

Culture de serre froide. Fleurit à diverses époques de l'année, surtout à la fin de l'hiver.

Odontoglossum Halli (voir fig. 68). — Espèce alliée à la précédente, mais encore supérieure au point de vue de la beauté. Les observations faites ci-dessus s'appliquent également bien ici.

Fig. 82. — ODONTOGLOSSUM LUTEO-PURPUREUM (RADIATUM).

Laelia purpurata (voir fig. 13, 27 et 78). — L'une des reines des Orchidées. Cette admirable plante, d'un port superbe, produit des bouquets de trois à cinq fleurs de très grande taille, de forme extrêmement élégante et d'un coloris très attrayant; les segments sont blancs ou rosés, et le labelle a le lobe antérieur rose ou rouge pourpre vif, strié de lignes carmin vif.

Le *L. purpurata* fleurit en mai, juin et juillet; ses fleurs se conservent longtemps et voyagent bien; il n'a qu'un seul défaut, c'est que la hauteur des bulbes le rend un peu encombrant. Il est vrai que la splendeur de sa floraison compense largement ce défaut.

Laelia anceps. — Très belle espèce à petits bulbes, ayant les fleurs moins grandes que le précédent, mais très attrayantes encore. Ces fleurs apparaissent aux mois de décembre, janvier et février; elles se produisent à l'extrémité de longues tiges flexibles d'un gracieux effet, et leur coloris rose vif, avec le labelle pourpre foncé, a beaucoup de charme. Elles se conservent un mois environ.

Culture en serre tempérée-froide.

Laelia autumnalis. — Ce qui précède s'applique également bien à cette espèce, qui fleurit à la même époque que le *L. anceps.* Ses fleurs ont un coloris assez analogue à celui de cette espèce, sauf des différences assez tranchées dans le labelle. Elles se conservent également bien. Toutefois cette espèce est moins répandue que la précédente.

Laelia Perrini. — Très attrayant également et très précieux à cause de sa floraison autumno-hivernale. Ses fleurs, d'un coloris très vif, se conservent pendant deux semaines, mais voyagent assez mal; elles se produisent généralement par deux sur chaque tige.

Catasetum Bungerothi. — Magnifique espèce, tout à fait distincte du reste du genre, et l'une des Orchidées blanches les plus imposantes. Il produit des grappes horizontales de 4 à 7 fleurs.

Ce qui le caractérise surtout, c'est l'ampleur de ses fleurs bien étalées, et le superbe développement du labelle, légèrement concave et formant une sorte de large cuiller, surmontée des pétales et des sépales repliés et figurant des espèces d'ailes. Le coloris de ces fleurs est également très remarquable. Il ne contient pas trace du brun qui constitue d'ordinaire le fond des fleurs de tous les Catasetum. Les segments sont tout entiers d'un blanc de lait; le labelle seul porte à son centre, à l'entrée de l'éperon conique, une petite macule orangée; encore cette macule n'existe-t-elle pas dans toutes les fleurs.

Cymbidium eburneum. — Cette superbe Orchidée est l'une des espèces les plus recommandables pour la grande culture. La grandeur de ses fleurs et l'élégance de leur coloris la placent au premier rang du genre auquel elle appartient. Les fleurs blanches sont toujours recherchées; en outre, l'époque à laquelle celles-ci se produisent les rend plus précieuses encore.

Le *Cymbidium eburneum* est une plante semi-terrestre.

Il prospère parfaitement dans une serre tempérée ou même dans la serre tempérée-froide, à la même température que les Oncidium mexicains. Le compost doit être formé de sphagnum et de terre fibreuse, avec une légère prédominance de cette dernière matière, et être enrichi par une addition modérée d'engrais une ou deux fois dans le cours de la saison de végétation.

Vanda suavis. — Les Vanda sont au nombre des Orchidées les plus décoratives par la beauté de leur port et l'élégance exquise de leur floraison. Le *Vanda suavis* est l'un des plus splendides du genre et fleurit abondamment pendant tout le cours de l'année; mais il n'est pas certain que ses fleurs voyageraient bien; d'autre part, son port le rend un peu encombrant, et enfin il est difficile de recommander pour la grande culture de rapport des espèces de serre chaude, à cause des frais élevés de chauffage qui sont nécessaires.

Pour compléter ces quelques notes, il conviendrait d'ajouter que la culture des Orchidées en grand pour la fleur coupée ne doit pas être absolument la même que la culture ordinaire de l'amateur. Tous les soins du cultivateur doivent ici tendre à obtenir beaucoup de fleurs; deux conditions principales s'imposent pour arriver à ce résultat : il faut aux plantes un bon repos et beaucoup de soleil, surtout à la fin du développement de la pousse. Le soleil mûrit les bulbes, fait les plantes plus trapues, d'une substance moins charnue et plus ferme; le repos concourt aux mêmes effets, qui sont éminemment favorables à la floraison et la rendent, non seulement plus abondante, mais aussi plus belle, mieux colorée et mieux développée.

Certains cultivateurs suppriment une ou plusieurs pousses sur les plantes qui en ont beaucoup (notamment les Cattleya) afin d'en augmenter la floraison. Je ne sais si ce procédé doit être recommandé. Peut-être est-il possible d'obtenir ainsi des fleurs plus grandes ; mais dans la culture industrielle, je ne serais pas d'avis de sacrifier la quantité à la qualité, d'autant moins que cette différence de qualité n'est pas certaine en somme. Or, à supposer que la suppression d'un bulbe fasse produire une fleur de plus au bulbe voisin — ce qui n'est nullement démontré — il reste encore une perte de plusieurs fleurs qu'aurait données le bulbe arrêté à sa formation. Ce n'est pas tout ; ce bulbe en aurait produit un ou deux l'année suivante, lesquels se seraient multipliés à leur tour, de sorte qu'au bout de quelques années la perte, augmentant d'après une progression géométrique, représente un chiffre important.

Ces considérations avaient beaucoup moins de poids quand il s'agissait des plantes de pleine terre, Azalea, Rhododendron, etc., auxquels on faisait subir régulièrement des amputations de ce genre. Et cependant ce procédé a perdu sa faveur, et la nouvelle école tend à laisser opérer la nature.

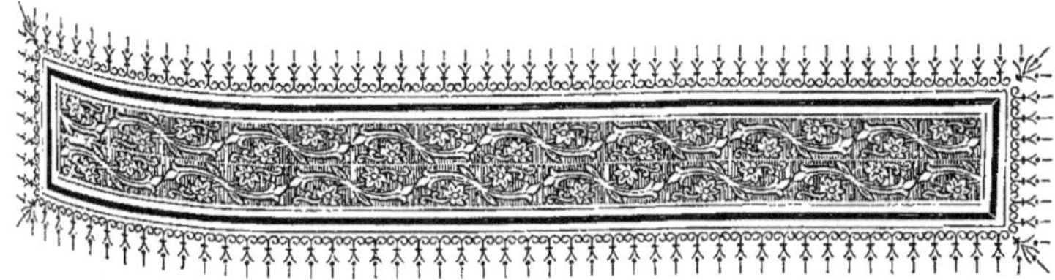

CHAPITRE XXXI

C'est surtout, me semble-t-il, pour les amateurs d'Orchidées que les expositions offrent un attrait et un intérêt particulier, et il y a plusieurs motifs pour qu'ils y soient assidus. Comme exposants, ils savent qu'ils contribueront à intéresser beaucoup le public, toujours très curieux à l'égard de ces rares et merveilleuses plantes, et ils sont assurés de recueillir, en récompense de leurs efforts, un juste tribut d'éloges et d'admiration. Le but d'un collectionneur de belles choses doit toujours être, par définition, de faire goûter à autrui le plaisir que procure leur vue, et ses joies sont formées essentiellement de la constatation des trouvailles qu'il a faites, de l'habileté qu'il a déployée en réunissant tant de belles plantes et en sachant les faire prospérer. Il est donc nécessaire, à ce point de vue, de montrer ce qu'on possède, au moins ce qu'on possède de mieux, pour en jouir pleinement.

Comme simples visiteurs, les amateurs d'Orchidées ont encore beaucoup d'intérêt à fréquenter les expositions, pour se tenir au courant des nouveautés, connaître les espèces qu'ils n'ont pas dans leur collection, apprécier les beaux modèles de culture. En effet, quoique le nombre des amateurs d'Orchidées ait beaucoup augmenté dans ces dernières années, un grand nombre d'entre eux se trouvent isolés, et n'ont presque jamais l'occasion de voir d'autres collections que la leur. Beaucoup d'amateurs ont leurs serres annexées à leur château, à la campagne; s'ils n'allaient pas aux expositions, ils n'auraient pas le très grand avantage de pouvoir comparer leurs plantes à celles d'autrui, ce qui procure, soit le plaisir de constater sa propre supériorité, soit le profit de s'instruire en prenant modèle sur de plus habiles.

Les expositions d'Orchidées ne sont malheureusement pas nombreuses, et cela tient à diverses causes.

La première, c'est assurément le manque de locaux convenables. Il est évident, en effet, qu'on ne peut exposer des Orchidées dans une salle ordinaire, ouverte à tous les vents et à la poussière, et où l'air est toujours sec et plus ou moins vicié. Il faudrait une sorte de jardin d'hiver, un endroit frais et approprié au séjour des plantes, approprié aussi au point de vue esthétique.

La dernière exposition quinquennale (1893) de la Société Royale d'Agriculture et de Botanique de Gand a réalisé à ce point de vue un progrès sur les traditions anciennes. On s'y est efforcé, en effet, de créer aux Orchidées un cadre digne d'elles, dans de petits salons tendus de velours et de peluche, et garnis d'objets d'art destinés à les rehausser. Mais malheureusement, ces salons étaient sombres, insuffisamment chauffés, et les inconvénients de l'air vicié et chargé de poussière, des courants d'air, etc. se sont fait bientôt sentir, de sorte que les fleurs étaient pour la plupart fanées au bout de trois jours, alors que l'exposition en durait huit.

Pour arriver à la perfection, il faut réformer complètement les errements anciens, et s'inspirer davantage de la nature et des besoins de plantes. C'est ce qu'ont parfaitement compris les organisateurs de l'exposition tenue à Bordeaux en 1893, par la *Société horticole et viticole de la Gironde*. La gravure ci-dessous donnera une idée de l'arrangement adopté à cette occasion. Un hall en bois, très élégant, avait été construit pour abriter l'exposition des Orchidées, et formait un véritable salon. A l'entrée de ce pavillon se trouvait une grande rocaille vallonnée d'un effet pittoresque très réussi, et richement garnie, au fond d'un groupe de plantes ornementales, et, plus en avant, de grands spécimens d'Orchidées en fleurs et spécialement de *Laelia purpurata* superbes, exposés

par M. D. TREYERAN; en pénétrant dans la salle, l'attention était immédiatement attirée par un groupe magnifique de 250 Orchidées en fleurs, exposé par les deux grands amateurs bordelais,

MM. Cahuzac et D. Treyeran, et très bien disposé sur une élégante étagère en gradins.

Cette exposition était la première organisée par la *Société horticole et viticole de la Gironde*, fondée en 1892. Je ne doute pas que le grand succès qu'elle a obtenu n'inspire à la jeune société le désir de persévérer dans la voie qu'elle a si brillamment ouverte, ni qu'elle n'y soit bientôt suivie par la plupart des Sociétés analogues, car c'est là un progrès qui s'impose.

Pour faire bien valoir les Orchidées dans leur merveilleuse beauté, il faut les placer dans un milieu approprié, au milieu de riches frondaisons de Palmiers, de Fougères et d'autres plantes ornementales leur formant un cadre pittoresque et rappelant la nature. C'est ce que la Société d'amateurs L'Orchidéenne s'est efforcée de faire à ses meetings mensuels, tenus dans les galeries de L'Horticulture Internationale, et les appréciations que nous avons fréquemment recueillies de la bouche des connaisseurs, des artistes ou des personnes du monde qui visitent ces expositions prouvent bien que c'est là qu'est la vérité.

En dehors de ces meetings mensuels, les principales expositions régulières d'Orchidées sont celles tenues à Londres (Drill Hall) par la *Société Royale d'Horticulture*, deux fois par mois pendant la bonne saison, et moins fréquemment le reste de l'année. En outre, beaucoup de sociétés horticoles, en Angleterre, en Belgique, en France, en Allemagne, etc., organisent périodiquement, une ou plusieurs fois par an, des expositions où les Orchidées sont admises et forment la principale attraction.

****

Un amateur qui désire participer à une exposition doit y envoyer naturellement ses Orchidées les plus remarquables, soit au point de vue de la rareté (espèces ou variétés nouvelles, ou variétés remarquablement belles), soit au point de vue de la belle culture.

A ce point de vue aussi, il serait peut-être désirable de voir modifier les errements suivis jusqu'à ces derniers temps. La quantité ne peut évidemment suppléer à la qualité; un lot de 50 ou

100 plantes ordinaires, telles que l'on en voit partout, offre beaucoup moins d'intérêt et a beaucoup moins de prix à mes yeux qu'un
lot de dix Orchidées choisies parmi des variétés supérieures ou des
plantes très fortes, richement fleuries, et pouvant être citées comme
modèles de culture. Malheureusement les bons connaisseurs ne
sont pas très nombreux ; puis les organisateurs d'expositions ont
naturellement quelque reconnaissance pour les exposants qui leur
envoient une masse considérable de plantes, non sans frais
d'ailleurs — et c'est ainsi que, bien souvent, les Jurys se laissent
aller à donner les primes à la quantité.

Il ne faut pas non plus confondre les *potées* avec les *spécimens*.
On désigne sous le premier nom plusieurs petites plantes réunies
dans un même récipient, de façon à produire l'aspect d'une forte
touffe. On appelle spécimen une seule plante de taille considérable,
représentant un modèle de bonne culture, supérieur à ce qu'on
voit ordinairement. Une potée offre souvent un coup-d'œil très
gracieux, notamment lorsque les plantes dont elle se compose
sont chargées de tiges florales ; mais elle n'a jamais le même
mérite qu'un spécimen, qui atteste un traitement habile et prolongé
pendant un certain nombre d'années.

Il est clair que les amateurs doivent tendre à produire surtout
des *spécimens*. D'ailleurs une forte plante, chargée d'une vigoureuse floraison, donne à une collection une beauté exceptionnelle,
approchant de la nature elle-même. On pourra juger, par la
reproduction d'une plante ainsi cultivée (voir fig. 40, p. 266), de
la splendeur de ces spécimens.

Une des principales difficultés que rencontrent les amateurs qui
désirent participer à une exposition consiste à avoir leurs plantes
en fleurs à l'époque précise nécessaire. A vrai dire, les Orchidées
fleurissent à des dates régulières, toujours les mêmes, et les expositions sont fixées en conséquence ; d'autre part ces plantes ne
peuvent pas être forcées et amenées à fleurir à une autre époque
que la leur. Néanmoins il peut se produire de faibles différences
de quelques jours, qui suffisent parfois pour faire manquer une
exposition, soit que les boutons ne s'épanouissent pas assez

tôt, soit au contraire que les fleurs commencent à passer à la date de l'exposition.

On peut éviter cet inconvénient en faisant varier la température. Lorsqu'on veut hâter la floraison d'une plante, on la transporte dans une serre plus chaude; si l'on veut retarder sa floraison, on la transporte dans une serre plus froide. Mais ce moyen ne peut être employé que quand les boutons sont déjà formés, c'est-à-dire dans un délai de huit à quinze jours avant la date voulue. En effet, comme je le disais plus haut, les Orchidées ne se forcent pas. L'effet produit par l'élévation ou l'abaissement de la température sur l'activité végétative est momentané. Si l'on laissait d'une façon définitive une Orchidée à une température trop haute ou trop basse, elle dépérirait peu à peu, et finirait probablement par mourir; mais la date de sa floraison — tant qu'elle fleurirait — ne serait pas modifiée d'une façon sensible [1].

C'est au tact du jardinier qu'il appartient de déterminer si une fleur sera ouverte à temps; en observant les divers genres, on parvient vite à juger, d'après la grosseur et la coloration des boutons, combien de jours ils mettront à s'épanouir. Les fleurs qui durent le plus longtemps sont aussi celles dont les boutons grandissent le moins vite, ce qui se comprend facilement. Au contraire, dans le genre Coryanthes, par exemple, dont les fleurs ont peu de durée, les boutons atteignent très rapidement le volume énorme qu'ils ont au moment de l'éclosion.

En tous cas, il est à remarquer que l'on ne doit pas demander à la nature un trop grand effort. Il est possible d'avancer ou de retarder de deux ou trois jours l'épanouissement des boutons; mais si l'on voulait trop brusquer les choses, on n'obtiendrait que de mauvais résultats. Si l'on soumet à une température trop froide un Cattleya dont les boutons sont près de s'ouvrir, les boutons risqueront de se flétrir, et la plante pourra être atteinte dans sa vitalité. Si l'on soumet la plante à une température très chaude

---

[1] A part quelques exceptions très peu nombreuses, constituées par des espèces très résistantes et qui s'accommodent de températures assez variables.

pour faire épanouir les boutons en un ou deux jours, on n'arrivera qu'à l'incommoder, et les fleurs, en admettant même qu'elles s'ouvrent à temps, n'auront pas toute leur coloration normale; enfin si l'on commence à pousser ou à ralentir la plante trop tôt, alors que les boutons sont à peine visibles, on gênera leur développement, et l'on n'aura que des fleurs mal formées et insignifiantes, si même on en obtient.

*
* *

Il reste encore, pour être tout à fait complet, à parler de l'emballage des plantes destinées à être envoyées aux expositions; il exige certaines précautions spéciales.

C'est surtout l'inflorescence qu'il faut protéger, comme la partie la plus délicate. Le mieux est d'enfoncer des tuteurs dans le compost, d'entourer ceux-ci de papier de soie pour éviter le contact de leur surface rugueuse, et de fixer les tiges florales le long de ces tuteurs au moyen de ligatures de raphia.

Pour les tiges infléchies qui sont trop robustes pour être redressées, comme celles des Cymbidium par exemple, on se contentera d'en fixer deux ou trois points après deux ou trois tuteurs placés de loin en loin.

Les fleurs elles-mêmes sont encore enveloppées de papier de soie attaché par les deux bouts à chaque tuteur. On peut aussi envelopper chaque fleur d'ouate, quand elle est très délicate.

Quand il y a plusieurs plantes, on entoure chacune de papier assez fort, et on les dispose ensemble dans un large panier, en plaçant, dans les intervalles des pots, des copeaux ou d'autres matières destinées à les maintenir en place. Puis on enfonce dans les bords du panier, de distance en distance, quelques lattes de bois un peu flexibles que l'on attache ensemble à leur sommet; on forme ainsi autour des plantes une sorte de cage protectrice. Enfin le tout est emballé dans une natte cousue solidement.

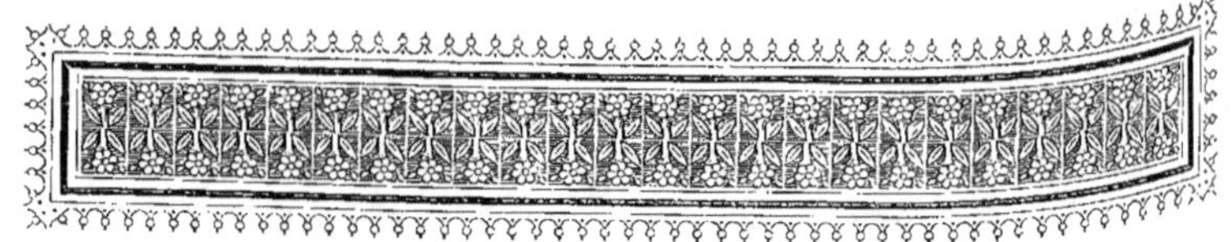

CHAPITRE XXXII

Les Orchidées ont reçu, soit en Europe, soit dans leurs pays d'origine, quelques utilisations dans la vie courante; toutefois les cas de ce genre paraissent peu nombreux.

Le Salep, fabriqué en Perse et dans l'Asie mineure, est préparé au moyen de racines tubéreuses de diverses Orchidées terrestres, parmi lesquelles notamment l'*Orchis Morio* et plusieurs autres Orchis, des Ophrys tels que l'*O. apifera* et l'*O. arachnites*, l'*Aceras anthropophora*, etc.; ces racines sont desséchées après avoir été plongées dans l'eau bouillante. Le Salep possède des qualités nutritives dues principalement à la présence d'une grande quantité d'amidon.

La Vanille employée dans les assaisonnements est le fruit d'une Orchidée de serre chaude assez répandue dans les cultures, le *Vanilla planifolia*; d'autres Vanilla, le *V. phoenantha*, le *V. aromatica*, etc., sont également utilisés dans le même but; il serait curieux de noter les différences qui peuvent exister au point de vue du goût entre ces diverses espèces. Ces observations, toutefois, devraient être faites sur une certaine quantité, et je ne crois pas qu'on ait eu jusqu'ici des éléments suffisants dans nos serres pour procéder à des recherches de ce genre. Il existe en tous cas une qualité supérieure distinguée par le nom de *lee*.

Les Vanilla sont des plantes grimpantes, s'accrochant à l'aide de leurs racines densément velues, à tige lisse et à feuillage lancéolé élégant. Ils croissent dans la Guyane, au Mexique, en Colombie, ainsi que dans l'île de la Réunion et les autres îles voisines de la côte d'Afrique. Leurs fruits bien connus ont la forme de siliques uniloculaires assez longues; les graines noires sont entourées d'un suc brun épais. Ces fruits sont cueillis avant leur parfaite maturité, c'est-à-dire avant qu'ils ne s'ouvrent, et séchés. Ch. Morren, qui s'est fort occupé des usages comestibles des Orchidées, dit avoir constaté que les fruits obtenus dans les cultures européennes ne le cèdent en rien, comme finesse et comme puissance d'arôme, à ceux récoltés dans les pays tropicaux.

La chimie moderne a su imiter artificiellement les saveurs comme les parfums; la Vanilline, substance qui forme la base de l'arôme de la Vanille, a trouvé un succédané possédant les mêmes qualités organoleptiques et même, paraît-il, une composition chimique semblable; elle provient de la *coniférine*, matière extraite de la sève des pins ainsi que le rappelle son nom.

Il existe enfin une autre espèce de Vanille, de qualité inférieure, de saveur plus âcre et plus forte que celle dont je viens de parler; c'est le *vanillon* (grosse vanille), à gousses plus grandes, et que Schiede dit provenir du *Vanilla grandiflora* ou *V. pompona*, nom tiré de la langue espagnole.

Voici quelques renseignements concernant la culture et la préparation de la Vanille dans l'île de la Réunion, que j'extrais d'un rapport consulaire publié récemment par le ministère des affaires étrangères de la Grande-Bretagne.

La Réunion est le pays qui produit le plus de Vanille, en ayant exporté en 1892 près de 96 tonnes, estimées à 2,880,000 francs. Sa qualité est très appréciée en Europe, celle du Mexique seule atteint un prix plus élevé. La Vanille des Seychelles est reconnue comme bien inférieure.

La Vanille est exportée principalement par les bateaux des Messageries maritimes vers Marseille et Le Hâvre, et le frêt est de près de 250 francs par tonne. La plus grande partie est dirigée sur le marché français, à Paris, Bordeaux et Nantes; mais une quantité notable va à Hambourg pour la consommation de l'Allemagne, de l'Autriche, du Danemark et de la Norvège. Le marché de Londres est fourni principalement par les Seychelles et Maurice, et reçoit très peu de Vanille de la Réunion, même par l'intermédiaire de la France.

Cette gracieuse plante grimpante, entourant de sa tige enroulée, analogue à un serpent, le tronc de l'arbre qui la supporte, croît dans des endroits ombragés au-dessous des arbres dans tous les terrains, entretenus bien humides par les pluies, et elle a l'avantage de pousser dans des endroits qui ne sauraient être employés à autre chose, par exemple dans une forêt de Filaos (*Casuarina equisetifolia*).

Il existe probablement peu d'autres substances qui aient subi des variations aussi surprenantes comme valeur marchande; son prix va de 300 francs à 30 francs le kilo.

La gousse de Vanille perd à peu près les trois quarts de son poids pendant la préparation. On la plonge dans l'eau bouillante ou on la chauffe dans des fours; on l'expose ensuite au soleil, en la couvrant avec soin, pour éviter qu'elle soit trop chauffée, puis on la fait sécher à couvert, en veillant à éviter la moindre trace d'humidité. Au bout de trois mois de traitement, on trie la Vanille d'après la longueur et la qualité, et enfin on l'emballe pour l'exportation dans de petites boîtes de fer blanc.

Une Orchidée africaine, l'*Angraecum fragrans* Thou., est également utilisée au point de vue comestible; ses feuilles séchées sont apportées en Europe, et surtout en Angleterre, sous le nom de Thé de Bourbon, Faham ou Faam, et fournissent une boisson agréable au goût et que l'on recommande, paraît-il, pour combattre la phtisie. Ces feuilles ont une odeur agréable, analogue à celle de la fève de Tonka; elles renferment d'ailleurs un principe que l'on retrouve dans cette fève, dans le Mélilot et dans l'Aspérule odorante, et qui s'appelle la coumarine.

D'autres Orchidées sont employées à titre de médicaments

dans les pays d'où elles proviennent. C'est ainsi que l'*Epipactis latifolia* est préconisé contre la goutte, le *Spiranthes diuretica* est utilisé comme diurétique, le *Gymnadenia conopsea* comme astringent, le *Cypripedium pubescens* en remplacement de la Valériane, l'*Arethusa bulbosa* pour calmer les maux de dents, et un certain nombre d'espèces, telles que le *Spiranthes autumnalis*, l'*Himantoglossum hircinum*, etc., comme aphrodisiaques. Dans la plupart de ces cas, sans doute, et certainement dans le dernier, il ne faut voir dans la foi à ces simples que la trace d'anciennes superstitions basées sur des légendes, des coïncidences plus ou moins futiles, ou sur certaines formes.

Divers essais faits en Europe par des savants ou des curieux n'ont pas donné des résultats bien marquants. Ceux que Ch. Morren avait effectués avec le *Leptotes bicolor* ont peut-être été les plus intéressants. Les fruits mûrs de cette Orchidée ont, paraît-il, une senteur qui rappelle celle de la fève de Tonka ou de la Flouve odorante, seulement plus pénétrante que dans cette graminée. Ch. Morren les a fait bouillir dans de la crême, puis les a glacés ; le parfum en était plus doux et moins fort que celui de la Vanille.

CHAPITRE XXXIII

LES ORCHIDÉES RUSTIQUES

On désigne sous le nom d'Orchidées rustiques un certain nombre de genres qui croissent dans les régions tempérées de l'Europe, de l'Asie, de l'Afrique et de l'Amérique, et dont plusieurs se rencontrent même dans nos prairies et nos bois ; ce sont notamment des Cypripedium, Orchis, Goodyera, Ophrys, Serapias, Spiranthes, Pogonia, Liparis, Platanthera, etc. Il existe, parmi ces plantes moins connues qu'elles ne devraient l'être, de petits bijoux de coloris très attrayants, de formes très gracieuses.

Je ne crois pouvoir mieux faire que de renvoyer le lecteur désireux d'en connaître les principales espèces à l'intéressant petit ouvrage *Les Orchidées rustiques*, publié récemment par M. Henry Correvon, directeur du jardin alpin d'acclimatation de Genève, qui, mieux que personne, connaît ce groupe secondaire de la grande famille. Je citerai seulement quelques fragments empruntés à cet ouvrage et à un article de M. de Lansberge publié dans le *Journal des Orchidées*, afin de donner une idée sommaire des principes de la culture des espèces rustiques.

« Si l'on veut transporter des Orchidées de la nature chez soi, écrit M. Correvon, il faut agir avec précaution et d'une manière raisonnée. Il n'est que trop certain que l'arrachage immodéré auquel on s'est livré, presque toujours inutilement, depuis quelques années, a eu pour conséquence l'appauvrissement de la flore orchidéenne dans notre Europe. A l'époque de leur floraison, on s'abat sur les champs d'Orchis, on fouille les taillis pour y trouver l'*Orchis fusca* ou le Sabot de Vénus, on les arrache pour les transplanter dans son jardin, bien content si, sur dix pieds qu'on a réussi à obtenir entiers après en avoir sacrifié plus du double, on réussit avec un seul, car il faut pour cela avoir saisi le nouveau tubercule, celui de l'année, qui contient les éléments devant former la plante future. Admettez qu'une cinquantaine d'amateurs se ruent ainsi sur une station connue, vous comprendrez comment il se fait que nos plus brillantes Orchidées soient en voie de disparition. Nous prêchons l'arrachage modéré, pratiqué seulement sur les espèces les moins rares ou dans les endroits où la plante est assez abondante pour que l'enlèvement de quelques pieds ne porte aucun préjudice à la conservation de l'espèce. Et puis surtout, c'est l'arrachage en temps opportun, permettant de n'emporter que peu de pieds tout en étant sûr de leur reprise. C'est ce dont on peut être certain si l'on a soin de ne s'attaquer à la plante qu'à l'époque de son repos et lorsqu'elle a mûri ses tubercules ou ses rhizômes. Sans doute, il est alors difficile de la reconnaître si l'on n'a pas eu soin d'en marquer la place à l'époque de la floraison ou si l'on n'a pas l'œil assez exercé pour diagnostiquer une espèce d'après ses feuilles mortes. Mais c'est, je le répète, le seul moyen d'arriver à transplanter les Orchidées de la nature chez soi, avec la certitude d'obtenir un succès.

Toute personne qui veut se livrer à la culture des Orchidées rustiques devra se souvenir qu'elles ont horreur des sols trop gras et fumés, qu'elles recherchent un terrain plutôt lourd que léger, et qu'en troisième lieu l'humidité de l'atmosphère, c'est-à-dire la proximité des arbres, des cours d'eau ou des rochers (qui sont d'excellents réservoirs de l'humidité), leur est très avantageuse. La culture en pleine terre est celle qui convient le mieux à toutes les espèces; on peut cependant les avoir en pots et les y faire fleurir. C'est ainsi que nous les cultivons au jardin alpin. M. MANTIN, par ses expériences sur l'acclimatation des Orchidées de plein air, a largement contribué à augmenter nos connaissances en la matière. Il a mené de front et parallèlement trois systèmes de culture adaptés aux mêmes espèces, afin de connaître les exigences de chacune d'elles. Une première série a été plantée en pleine terre, dans une pelouse légèrement ombragée et inclinée, à une distance d'un mètre les unes des autres et dans le sol même de la pelouse. Une seconde série, comprenant les mêmes plantes, a été également mise en pleine terre, mais dans un sol amendé et composé de : 1 partie de terreau de feuilles pur, de deux ans, 1 partie de sable fin, ½ partie de terre ordinaire tamisée. Elles ont été placées à 20 centimètres les unes des autres. Une troisième série comprend les pieds qui ont été plantés en pots et placés sous châssis ou en serre froide. La série des plantes cultivées en pleine terre est celle qui a le mieux réussi. « Je n'ai essuyé d'insuccès » dit M. MANTIN « que lorsque j'ai eu affaire à des espèces à racines charnues, c'est-à-dire à celles qu'on tient pour parasites et qui sont en réalité épiphytes, et encore ces insuccès sont-ils dus, très probablement, à une négligence dans la culture. »

Un fait curieux à constater, c'est que les espèces placées dans la serre froide ont émis des fleurs en février, c'est-à-dire près de trois mois plus tôt que dans la nature. Ce sont donc des plantes « bonnes à forcer, » selon le langage du jour.

Le plus grand nombre des Orchidées rustiques, du moins de celles appartenant à la section des Sérapiadées, réussira dans les conditions suivantes :

I. — En pleine terre ; sol plutôt compact, vierge d'engrais, si possible dans le gazon, qui tient leurs racines fasciculées au frais. On peut les planter également dans les niches d'une rocaille ou dans une plate bande, mais il est alors bon de recouvrir le sol d'une couche de mousse ou de petits cailloux, afin de lui conserver sa fraîcheur. Un compost de ⅓ de terreau de feuilles et de ⅔ de bonne terre franche est ce qui leur convient le mieux. Comme la plupart recherchent le calcaire, on pourra ajouter à cette composition un peu de chaux sous forme de détritus de vieilles murailles. Pour l'hiver, on n'a rien à faire qu'à les laisser dormir sous la neige.

II. — Une seconde série des Sérapiadées, qui comprend surtout les espèces du midi et des sols légers, exige un tout autre traitement. Il leur faut un sol plus léger, composé de $^1/_3$ terreau de feuilles, $^1/_3$ sable, $^1/_3$ terre franche. Ces espèces exigent généralement le plein soleil et souvent une couverture pour l'hiver. Comme les plantes de la catégorie précédente, celles-ci préfèrent, quand elles sont placées en pleine terre, un sol gazonné ou légèrement recouvert de mousse ou de cailloux brisés. Dans les climats froids, on peut les recouvrir légèrement pour l'hiver.

III. — Cette division comprend les espèces des bois ou celles qui vivent habituellement à l'ombre. Ici l'humus est plus nécessaire, et la proportion de terreau de feuilles devra être de 2 contre 1 de terre franche. Leur place est dans les bosquets, sur les bords des taillis ou des massifs d'arbres, dans les pentes ombragées et herbeuses, ou bien encore sur la face nord d'une rocaille. Il faut, ici encore, éviter le fumier ou les sols trop gras et, autant que possible, planter les tubercules dans un sol recouvert de gazon ou de mousse.

IV. — Les espèces des marécages rentrent dans cette catégorie-ci. Il leur faut un sol profond, poreux, une situation humide et le plein soleil. On peut les planter aux bords d'un étang ou d'une mare d'eau, ou bien encore d'un ruisseau, et dans le sol qui s'y trouve; mais si l'on peut donner de la tourbe, elles prospèreront mieux.

V. — Nous avons sous cette rubrique les espèces alpines et délicates, croissant sur les hauteurs, dans les pâturages élevés des montagnes, parmi l'herbe fine et serrée qui en protège les racines et bulbes contre les rayons brûlants du soleil. Ici la terre dite « de bruyère » a un rôle à jouer. En principe je suis peu partisan de son emploi, mais je ne trouve rien, sauf la tourbe ou la terre de châtaigniers, additionnée de sable, qui puisse mieux convenir à ces petites espèces.

Cette terre de bruyère est un composé de sable siliceux et de détritus végétaux combinés dans des proportions diverses ; pour être bonne, il faut que le sable soit au terreau végétal comme 57 est à 16, et qu'elle ne contienne pas plus de 20 parties de racines ou détritus non consommés. Elle renferme généralement très peu de chaux, à peine 8 parties sur 100, et une partie de matières solubles dans l'eau. Cette terre a surtout l'avantage d'être légère, très perméable, et très favorable à l'émission des petites racines. Elle est fort peu nutritive et ne convient qu'aux végétaux qui prennent un faible développement ou à ceux dont la croissance est lente. Pour la culture des Orchis, il importe d'y ajouter de la chaux et un peu de terre franche. Les Orchidées de cette section se cultiveront plus aisément dans une rocaille dont les niches soient bien drainées et à une exposition plutôt ensoleillée, quoique pas en plein midi. Il est bon, après la maturité des tubercules, de recouvrir la niche d'une lame de verre ou d'un pot retourné, jusqu'aux pluies d'automne (septembre-octobre), époque où la vie reprend de plus belle et où le tubercule émet ses feuilles pour l'année suivante.

Toutes les espèces du groupe des Sérapiadées peuvent se cultiver en pots. On leur donnera la même composition que pour la pleine terre, en y ajoutant du sable, et l'on aura grand soin d'établir un bon drainage. Il faut enterrer les pots dans la couche froide ou dans une planche sablée et les tenir à mi-ombre. Une fois la floraison passée et les feuilles jaunies, il est bon de les mettre à l'abri des pluies et de cesser tout arrosement jusqu'à la fin de septembre. On les dépote tous les deux ou trois ans, à l'époque où ils vont reprendre leur activité automnale, c'est-à-dire dans le courant de septembre. Les Orchis demandent à être plantés profond, au lieu que les Ophrys et les Serapias veulent avoir leurs tubercules peu enfoncés dans le sol.

M. Van Tubergen, qui a bien voulu me communiquer toutes ses observations sur la culture des Orchidées rustiques, élève la plupart des siennes, même les Sérapiadées, dans un sol qui est un pur terreau de feuilles bien décomposé, et sans aucun engrais. Il les plante dans une planche qu'il ombrage légèrement au moyen d'une paroi de lattes étroites, mesurant $2^m\ ^1/_2$ de hauteur. Mais je remarque que, de cette manière, il réussit surtout avec les espèces des marécages et des lieux couverts, et plus particulièrement les Orchidées de l'Amérique septentrionale.

VI. — Le groupe des Cypripèdes, auquel on peut ajouter un assez grand nombre d'autres Orchidées terrestres, et particulièrement les Platanthera de l'Amérique du Nord [1], exige un mode de culture spécial. Ici nous avons affaire à des plantes dépourvues de tubercules stolonifères, munies de grosses racines fasciculées et charnues. Elles se cultivent en pots ou en pleine terre et exigent un sol poreux, profond et perméable. Pendant plusieurs années nous les cultivions, au Jardin alpin, dans la terre de bruyère pure, mais sans avoir jamais pu réussir. Mais après avoir eu lieu d'admirer les belles touffes si riches de vie et de santé que M. Clément cultivait à Fleurier (canton de Neufchâtel), et dont j'ai parlé plus haut, je recommençai mes essais, en plaçant comme lui ces plantes dans un sol composé de terre des bois, d'aiguilles de sapin et de vieux bois décomposé ; cependant je n'eus que des résultats bien maigres.

M. E. Boissier, dans son richissime Jardin botanique de Valleyres-sous-Rances, dans le canton de Vaud, m'avait autrefois montré des Cypripèdes américains d'une grande beauté, venant tout simplement dans les niches de ses rocailles, et auxquels il donnait un bon terreau de feuilles additionné de terre franche et de terre de bruyère. J'essayai encore de cette manière, sans réussir beaucoup mieux, car nous sommes, à Genève, dans des conditions moins favorables qu'à Valleyres. Enfin depuis quelques années, nous cultivons nos Cypripèdes dans un compost fait de $^1/_3$ de sphagnum tamisé, $^1/_3$ de terreau de feuilles bien décom-

---

[1] C'est certainement par un lapsus que le livre de M. Correvon indique ici : Amérique du Sud. Aucun Platanthera ne se rencontre dans cette région.

L. L.

posé, et ¹/₃ de bonne terre franche. Les résultats sont excellents pour la culture en pots ; en pleine terre nous supprimons le sphagnum et le remplaçons par de la tourbe.

Les Cypripèdes aiment l'ombre diffuse, les positions fraîches et plutôt humides ; j'en ai vu de superbes collections cultivées dans des marais artificiels et comme plantes paludéennes.

Dans les rochers artificiels, les pelouses, à l'ombre des arbres à feuilles caduques, sous les bosquets, sur les pentes tournées au nord, ces plantes réussissent à merveille.

VII. — Certaines espèces délicates (Cypripedium ou autres genres de même nature) exigent un traitement un peu différent. Il leur faut un sol très bien drainé, composé de terre de bruyère concassée en morceaux, de sphagnum, d'un peu de terre franche avec addition de sable de rivière ou de petits débris de cailloux. La culture en pots, sous châssis froid ou en serre froide, ou bien en plein air à mi-ombre, leur convient particulièrement.

VIII. — Les Cephalanthera, Epipactis, *Listera ovata* et d'autres espèces de même nature, propres à la flore des bois ou des lieux humides, réussissent généralement mal dans la culture en pots. L'*Epipactis palustris* seul fleurit bien par ce moyen là. Par contre, ils vont merveilleusement en pleine terre. Il leur faut un sol plutôt lourd et le mi-soleil. Nous les réussissons ici dans un composé de ²/₃ de terre franche argileuse et de ¹/₃ de terreau de feuilles.

IX. — Les Goodyera demandent un sol poreux, composé de ¹/₃ de sphagnum haché, ¹/₃ terreau de feuilles, ¹/₃ terre franche, le tout additionné d'aiguilles de sapin. Mi-ombre ; réussissent bien en pots.

X. — Un certain nombre de genres, tels que Calopogon, Tipularia, Aplectrum, Arethusa, Liparis, Calypso, munis de pseudobulbes à la base des tiges aériennes, se cultivent surtout en pots, à moins qu'on ne les plante dans les niches d'une rocaille. Il leur faut un sol léger, composé de sphagnum et de tourbe concassée (ou de terre de bruyère) par égales portions, et un arrosage abondant pendant l'époque de leur activité ; pendant le repos, il faut les tenir au sec. Presque toutes les espèces vont bien dans la tourbe ou le marais artificiel. Si vous avez un emplacement humide, mais bien drainé, et d'où l'eau s'échappe facilement, ces plantes y prospèreront d'une manière admirable. En général les Orchidées aiment à vivre tranquille et à n'être pas tracassées. »

D'autre part, voici ce qu'écrivait dans le *Journal des Orchidées* M. DE LANSBERGE, ancien gouverneur général des Indes néerlandaises, et le principal amateur d'Orchidées des Pays-Bas :

Culture des Ophrys

« Parmi les Orchidées de la zone tempérée, il y en a peu qui soient aussi jolies, en même temps que curieuses, que les Ophrys. Malheureusement, ils sont d'une culture fort difficile, ce qui fait qu'on ne les voit que rarement dans les collections. Les amateurs d'Orchidées terrestres s'intéresseront donc peut-être aux résultats de l'expérience suivante à laquelle je me suis livré dans le courant de l'année qui vient de s'écouler :

Ayant passé l'hiver de 1890 à 1891 à Alger, j'eus l'occasion d'y récolter un assez grand nombre de plantes d'Ophrys appartenant à quelques-unes des plus jolies espèces. Je les expédiai chez moi avec ordre de les planter immédiatement dans le compost dont on se sert ordinairement pour les Orchidées de pleine terre. En revenant au Duno vers le mois d'avril, je trouvai que mes plantes n'avaient pas repris, qu'elles avaient presque toutes perdu leurs feuilles, et que les étiquettes sur les pots dans lesquels elles se trouvaient étaient le seul signe de leur existence éventuelle. Ne voulant pas les déranger plus qu'elles ne l'avaient déjà été, je les fis mettre dans un coin de la serre froide, où elles sont restées oubliées jusqu'au mois de septembre, sans recevoir une goutte d'eau pendant tout ce temps.

Vers cette époque, le hasard me fit examiner un jour un des pots dans lesquels devaient se trouver mes Ophrys, et je ne fus pas peu étonné de voir apparaître un petit point blanchâtre annonçant une pousse. Cela m'engagea à faire retirer tous les bulbes de la terre, et à ma grande surprise je constatai qu'ils étaient presque tous parfaitement sains et en train de pousser. Le hasard m'avait donc révélé une des conditions à observer pour bien cultiver les Ophrys dans nos contrées, à savoir un repos complet pendant les mois d'été. Du reste, en Algérie et dans le midi de l'Europe, les Orchidées terrestres forment et mûrissent leurs bulbes encore quelque temps après leur floraison, mais vers la fin de juin une sécheresse presque complète s'établit et continue jusqu'au mois d'octobre, leur procurant un repos aussi absolu que celui dont elles ont joui chez moi.

Ce résultat acquis, restait à savoir quel serait le traitement qui leur conviendrait le mieux pendant l'époque de leur croissance. Ici encore je tâchai de m'orienter d'après ce que je savais des conditions dans lesquelles elles croissent dans leur patrie. Or, j'avais observé que le plus souvent on trouve les Ophrys en compagnie des Cyclamen, genre dont la culture est fort bien comprise en Hollande où l'on fait beaucoup de cas de cette plante. Je me dis par conséquent que le compost dans lequel viennent si bien les Cyclamen devait également convenir aux Ophrys. Je les fis donc planter dans un mélange composé d'un tiers de terreau de feuilles, d'un tiers d'argile entremêlé de bouse de vache desséchée, et d'un tiers de brique pulvérisée. Les pots placés dans la serre froide n'ont été arrosés au commencement que de temps en temps, mais à mesure que les pousses se montraient, les arrosages sont devenus plus copieux, pour devenir quotidiens à partir du mois de novembre.

Je ne sais pas si à la longue cette méthode serait la vraie, mais pour la première année, elle a donné des résultats surprenants. Non seulement les plantes ont bien poussé, mais en ce moment elles sont bien plus vigoureuses qu'elles n'étaient à l'état sauvage et donnent une quantité beaucoup plus considérable de fleurs, ce qui est d'autant plus étonnant qu'en les cueillant en février-mars, au moment de la floraison, j'entravais la croissance des nouveaux bulbes devant remplacer les anciens qui, comme on le sait, disparaissent après la formation de ceux-là. »

M. de Lansberge a fait connaître ultérieurement que les bons résultats constatés s'étaient maintenus dans la suite.

*
* *

Enfin, M. Otto Ballif, de Paris, écrivait les notes suivantes au sujet du *Cypripedium spectabile* :

« Cette remarquable Orchidée croît à l'état naturel dans les lieux marécageux de l'Amérique septentrionale, d'où on importe chaque année en Europe de grandes quantités de rhizômes. Cette espèce pouvant être acquise à des prix très modiques, on l'utilise avantageusement dans nos jardins pour l'ornementation des rocailles qui se trouvent près d'une pièce d'eau, où ce Cypripède à feuillage caduc et annuel fleurit à profusion pendant les mois de mai et juin. Ses ravissantes fleurs sont blanches, sauf le sabot qui est délicatement teinté de rose violacé.

Peu de nos Cypripèdes de serre peuvent lutter avec cette espèce de pleine terre, pour l'élégance de son port, la fraîcheur et l'éclat de ses fleurs; aussi ses brillantes qualités nous ont-elles engagé à en faire l'hôte de nos serres, en le soumettant à un léger forçage, qui nous a réussi parfaitement depuis plusieurs années. Nous rem-potons, en automne, les rhizômes dans un mélange de sphagnum haché, de terre tourbeuse et de terre franche, puis nous abri-tons les pots jusqu'à la fin de janvier sous châssis. A partir du mois de février, nous les rentrons en serre, en les soumettant à une température variant entre + 12° et + 20° C. Les plantes ne tardent pas à se développer avec vigueur et sont généralement en pleine floraison dans le courant de la cinquième semaine de leur mise en végétation. »

Un amateur français de beaucoup d'initiative, dont le nom a été cité plus haut, et qui obtient d'excellents résultats dans la culture des Orchidées rustiques à côté de celle des Orchidées tropicales, M. Georges Mantin, a entrepris avec succès le croisement des deux races par la fécondation artificielle. Les résultats de ces tentatives présentent évidemment un grand intérêt; je n'y insisterai cepen-dant pas ici, mais voici un fait curieux : c'est que la durée de maturation des graines paraît plus courte dans le cas de ces hybrides que quand les Orchidées exotiques sont croisées entre elles. L'exemple suivant a été constaté : Le *Cypripedium spectabile* fécondé par le *C. villosum* a mis cinq à six mois à mûrir ses graines, alors qu'il faut ordinairement trois mois au premier, et huit ou neuf mois au second dans les cas de fécondation directe. Voilà donc un caractère absolument intermédiaire, et si, comme il y a lieu de le penser, les plantes issues de ces croisements tiennent également des deux parents, on peut espérer d'obtenir par là une nouvelle race d'Orchidées très belles et de culture facile sous le climat tempéré.

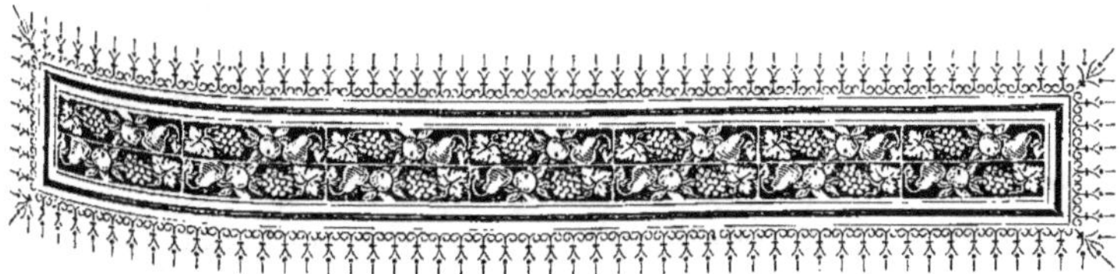

CHAPITRE XXXIV

J'ai indiqué, dans les chapitres précédents, ce que l'expérience m'a amené à reconnaître comme les meilleurs principes pour la culture des Orchidées, l'aménagement des serres, etc. Je me suis efforcé d'être aussi complet et aussi clair que possible, et j'espère que ces indications suffiront pour permettre à mes lecteurs de résoudre victorieusement les difficultés qu'ils pourraient rencontrer. Il ne me reste plus qu'à formuler, en guise de conclusion, quelques conseils généraux sur la façon d'aménager et de diriger une collection d'amateur.

L'emplacement de la serre ou des serres une fois choisi, l'amateur devra s'adresser, pour la construction, à un architecte spécialiste, connaissant non seulement les principes de l'esthétique et de la technique spéciale, mais aussi les nécessités de la culture des plantes au point de vue du chauffage, de l'aération, de l'humidité de l'atmosphère, etc., etc. Au besoin, il devra faire lui-même l'examen attentif des plans, pour s'assurer qu'ils concordent bien avec les données que j'ai indiquées, et que les plantes auront non seulement une habitation élégante, mais aussi et surtout une habitation commode et saine.

Quant à l'achat des plantes, j'aurai peu de chose à dire. Il appartient à chaque amateur de bien examiner les Orchidées qu'il désire acheter, en considérant leur force, leur état de santé, leur prix, la beauté du type; je conseillerais seulement beaucoup de prudence dans l'achat des importations qui sont quelquefois déballées dans des ventes publiques. Les importations qui ont traîné long-temps dans les salles sont souvent desséchées, ou envahies par la vermine, et incapables de reprendre vie. C'est surtout pour les plantes non encore établies qu'il faut acheter de confiance. Il est inutile, d'ailleurs, d'insister sur ce point.

Le choix du jardinier a beaucoup d'importance. Faut-il dire qu'il doit être actif, intelligent, observateur, ordonné, etc.? Chacun conçoit aisément quelles doivent être les qualités du jardinier modèle. J'insisterai seulement sur ce point qu'il doit être très propre, tenir les plantes, les pots et même le dessous des tablettes en bon état, ne pas laisser les feuilles coupées ou les fleurs fanées séjourner sur les tablettes ni dans le chemin, et qu'il doit soigner ses plantes avec goût, je dirais volontiers avec passion. J'ai vu plus d'une fois des amateurs éclairés, aimant les Orchidées et désireux d'en avoir, y renoncer, rebutés par des jardiniers igno-rants, qui ne connaissaient pas ces plantes, et qui, au lieu de chercher à s'instruire, jugeaient plus simple d'en dégoûter leur patron en représentant les Orchidées comme très délicates et impossibles à cultiver. Combien de temps a duré cette légende des Orchidées difficiles à cultiver!

Quelques horticulteurs routiniers, subissant l'entraînement général, et contraints positivement par les demandes de leur clientèle, ont cru faire beaucoup en prenant la résolution de cul-tiver, eux aussi, des Orchidées; ils ont acheté quelques plantes, ou, dans certains cas, quelques centaines de plantes; ils les ont déposées dans un coin ou les ont suspendues au vitrage dans n'importe quelle serre, sans discernement, sans préoccupation de leurs besoins spéciaux, en leur appliquant les soins un peu gros-siers qu'ils ont coutume de donner à leurs autres élèves. Les pauvres Orchidées ont traîné là quelque temps, en proie aux insectes, à la poussière, aux dépôts des mauvaises eaux d'arrosage, brûlées par le soleil, ou privées de jour, etc.; elles ont cependant donné quelques fleurs, en dépensant le peu de forces qui leur restait; là dessus on s'est exclamé : eh! quoi! c'est cela, les Orchidées! Et on s'est hâté d'abandonner la tentative si mal engagée, trop heureux de céder les pauvres plantes en bloc à un amateur. Et voilà les Orchidées condamnées par quelqu'un qui vous dit : je sais ce que c'est, j'en ai essayé!

Certes, cela ne peut pas s'appeler un essai. Placées dans des conditions analogues, traitées avec une telle indifférence, les plantes vulgaires des autres familles n'auraient même pas tant de patience et de bonne volonté à y résister; et la comparaison à laquelle les Orchidées se trouvent ainsi soumises est encore à leur avantage.

Mais ce n'est pas ainsi qu'il faut s'y prendre pour expérimenter les résultats dont j'ai déjà parlé. Ils sont à la portée de tous, et les Orchidées, on le sait, sont de culture facile et très accommodante.

Il arrive même parfois qu'un jardinier novice, après avoir pratiqué leur culture pendant quelques mois et avoir obtenu de bons résultats, s'imagine être passé maître, et, enhardi à l'excès par ces succès rapides, prétend réformer les procédés de culture en cours. Nous nous trouvons ici en présence d'une autre variété, le donneur de conseils, qui existe aussi chez les amateurs. Cette promptitude à se croire expert et à enseigner autrui n'est le plus souvent qu'une conséquence de la passion qu'on a pour ses plantes, et de la joie qu'on éprouve à les voir prospérer, mais c'est une tendance dangereuse.

L'ignorance vaut mieux qu'une demi-science. Le jardinier qui n'a que sa routine a une grande supériorité, parce qu'il n'innove pas et observe scrupuleusement les règles qu'il a toujours appliquées et vu appliquer. Cette rigoureuse discipline est nécessaire tant qu'on n'a pas des années d'expérience, car ce qui échappe au commençant, ce que l'amateur a souvent de la peine à bien comprendre, c'est la grande importance d'une foule de petits détails en apparence insignifiants, et qui constituent pourtant toute la culture des Orchidées. — Un peu plus ou moins de lumière, ou de soleil, ou de repos, ou d'eau aux racines ou dans l'air, qu'est-ce que cela? une personne ne s'en apercevrait pas, mais une plante s'en ressent énormément. L'amateur s'astreint difficilement à cette extrême régularité; parfois quelque préoccupation sociale, une promenade, une lecture le détourne de ses plantes, quoique les soins qu'elles réclament ne prennent guère de temps chaque jour. Mais le jardinier doit être attentif à accomplir sa besogne et appliquer scrupuleusement les principes qu'il a toujours vus réussir, bien plutôt que de chercher à inventer de nouveaux procédés, toujours hasardeux.

Serres-fenêtres

L'une des dispositions les plus charmantes, les plus simples et les moins coûteuses qui permettent aux personnes du monde d'avoir quelques Orchidées chez elles, ne fût-ce que pour faire un premier essai avant d'entreprendre l'installation d'une serre spéciale, c'est ce que j'appellerai la serre-fenêtre.

Les Orchidées s'adaptent tout particulièrement à l'ornementation des appartements. Elles ont pour cela des qualités tout à fait précieuses : leur taille généralement modeste, la propreté du compost, leur peu d'exigence, la durée de leurs fleurs; elles n'ont qu'un seul défaut, c'est de réclamer une atmosphère humide.

Or, il est facile de leur procurer cette humidité en les cultivant dans de petites serres de la grandeur des fenêtres, et où on peut leur donner tous les soins voulus. Ces serres sont placées, par exemple, sur un pied à roulettes, permettant de les ranger devant la fenêtre tout en conservant la possibilité d'ouvrir ou de fermer celle-ci à volonté; ou mieux encore, on peut installer ces petites serres à la place de fenêtres, en saillie sur la façade de la maison, en dehors de l'appartement. On les chauffe soit au gaz, soit à l'huile ou à l'esprit de vin.

Rien n'est plus gracieux que ces petites installations, peu coûteuses et très faciles à réaliser. Rien n'est plus attrayant pour les jeunes filles ou les jeunes garçons, ou même pour les parents, que de donner aux Orchidées les petits soins qu'elles demandent, de les voir grandir et produire leur floraison, dont la durée et l'éclat compensent amplement ces peines. Un grand nombre d'espèces se prêtent admirablement à cette utilisation, qui n'est pas connue, semble-t-il, en Belgique ni en France.

Les gravures ci-dessous (fig. 84 et 85) représentent une de ces petites serres-fenêtres. Un certain nombre de plantes y sont dis-

Fig. 84. — Serre-fenêtre à Orchidées (vue de l'intérieur).

posées, sur deux ou trois rangs, sur la tablette; d'autres sont accrochées près du vitrage. Au-dessous de la tablette se trouve une boîte en zinc contenant de l'eau; pour chauffer celle-ci, on peut entretenir au-dessous soit un petit réchaud à gaz, dont la flamme sera maintenue très faible, soit une petite lampe à huile ou à esprit de vin; on peut encore ménager dans la boîte de zinc un conduit la traversant de part en part, et dans lequel on introduira un tiroir contenant une petite briquette de charbon, comme on en emploie pour le chauffage de certaines voitures. En versant de l'eau chaude dans la caisse de zinc une fois ou deux par jour, on sera certain que la briquette de charbon suffira à la maintenir à la température nécessaire. Tout ceci, d'ailleurs, ne s'applique guère qu'à la culture pendant l'hiver, car pendant les autres saisons, si l'amateur ne place dans sa petite serre que des espèces de serre froide ou tempérée-froide, le chauffage ne sera guère nécessaire.

Un tuyau débouchant au dehors emportera les gaz de la combustion, qui ne doivent en aucun cas pénétrer dans la serre.

Un très grand nombre d'Orchidées de taille modeste et de prix peu élevé peuvent être cultivées avec un plein succès dans ces petites serres. Presque toutes celles de serre froide sont dans ce cas ; je citerai notamment :

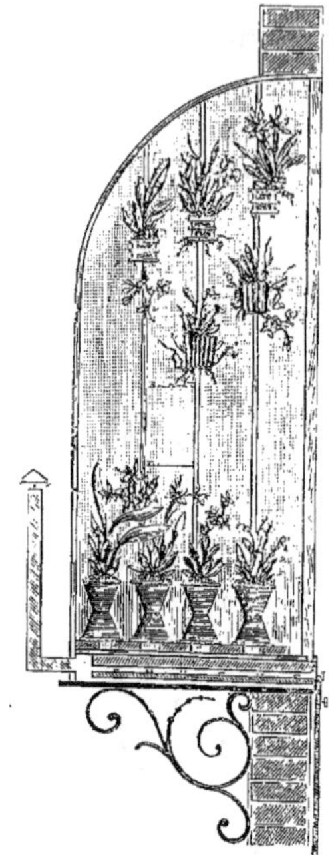

Fig. 85. — Serre-fenêtre à Orchidées (vue de profil).

Les *Odontoglossum crispum, Pescatorei, Cervantesi, Rossi, gloriosum, luteo-purpureum, Halli, triumphans*, etc., etc. ;

Les *Masdevallia* en général ;

Les *Cochlioda Nötzliana, vulcanica, rosea ;*

L'*Ada aurantiaca ;*

Les *Sophronitis grandiflora* et *cernua ;*

Les *Cypripedium insigne, villosum,* etc.;

Les *Laelia pumila, majalis, albida, rubescens ;*

Les *Cattleya citrina, Loddigesi, Aclandiae, Walkeriana ;*

Les *Coelogyne cristata* en petits exemplaires, *C. (Pleione) Wallichi, C. Hookeriana, C. ocellata,* etc. ;

Beaucoup d'Epidendrum, de Miltonia, d'Oncidium, de Maxillaria, de Dendrobium, les Paphinia, les Ionopsis, les Restrepia, etc., etc.

L'amateur qui possède une serre peut également utiliser une installation de ce genre pour y faire une exposition permanente de plusieurs de ses plantes en fleurs, parmi les moins volumineuses, et donner ainsi à son salon un cachet ravissant. Beaucoup d'Orchidées de serre chaude peuvent passer quelque temps, dans ces conditions, à une température un peu moins élevée qu'à l'ordinaire, notamment des Cypripedium, Saccolabium, Phalaenopsis, Dendrochilum, Dendrobium, etc.

Lorsque les plantes cultivées dans la serre-fenêtre deviennent un peu volumineuses, rien n'est plus facile pour l'amateur que de les diviser et d'en faire plusieurs morceaux, dont il pourrait au besoin faire des échanges, ce qui permet d'enrichir et de varier la petite collection.

L'installation d'une serre-fenêtre de ce genre reviendrait à un prix des plus modérés. En voici un devis comme exemple, comprenant un nombre de plantes supérieur à celui que l'on aura à employer dans les conditions ordinaires ; les espèces qui y figurent sont toutes de premier ordre au point de vue de la beauté :

Mise en place du châssis	fr. 150
Odontoglossum crispum	» 5
Cochlioda Nötzliana	» 5
Sophronitis grandiflora	» 4
Cattleya citrina.	» 4
Masdevallia Lindeni	» 3
» tovarensis	» 3
Cypripedium insigne	» 3
Oncidium cucullatum.	» 5
» ornithorhynchum.	» 4
Laelia pumila	» 4
» albida	» 4
» majalis	» 4
Epidendrum vitellinum	» 3
Ada aurantiaca.	» 5
Dendrobium nobile	» 5

A reporter . . . fr. 211

	Report	fr. 211
Dendrobium Wardianum.		» 5
Colax jugosus		» 5
Miltonia vexillaria.		» 5
Maxillaria luteo-alba		» 5
Leptotes (Tetramicra) bicolor		» 5
Zygopetalum Gautieri.		» 5
Restrepia antennifera.		» 5
Odontoglossum triumphans		» 4
	Total.	fr. 250

Ces premiers frais d'installation et d'achats une fois faits, l'amateur n'en aura plus à faire; au contraire, la multiplication de ses plantes lui permettra peu à peu d'en acquérir de nouvelles.

Les gravures ci-dessus représentent la serre en saillie sur la façade; mais dans les maisons qui sont à l'alignement d'une rue, et notamment dans les grandes villes, il sera tout aussi facile d'établir la serre-fenêtre en retrait dans l'appartement.

Tous les soins nécessaires, une fois la petite serre installée, consisteront à arroser abondamment tous les deux ou trois jours, ou moins fréquemment, selon la saison, à ouvrir de temps en temps les ventilateurs lorsque l'air sera à la température convenable, à baisser ou à lever un store selon que le soleil donnera directement sur la serre ou disparaîtra. Enfin, il faudra rempoter quelques plantes tous les ans au printemps, et laver les feuilles tous les trois ou quatre mois.

LIVRE QUATRIÈME

DESCRIPTION DES PRINCIPALES ORCHIDÉES CULTIVÉES DANS LES
COLLECTIONS EUROPÉENNES

ACACALLIS

Le genre Acacallis fut créé par LINDLEY en 1853 pour une
espèce qu'il nomma *A. cyanea* (c'est-à-dire A. à fleurs bleues),
récoltée par le botaniste-voyageur anglais SPRUCE le long du
Rio-Negro, affluent de l'Amazone.

Dans un mémoire publié en 1869, REICHENBACH supprima le
genre et fit de l'espèce qui le composait son *Aganisia cyanea*,
qu'il a encore nommé ensuite *Aganisia coerulea*.

Plus tard (1881), BENTHAM rétablit le genre Acacallis; mais
comme il réunit aux Aganisia le *Warrea cyanea* de LINDLEY, ce
dernier devint un autre *Aganisia cyanea* distinct de celui de
REICHENBACH.

DIAGNOSE :

Sépales libres entre eux, presque égaux, étalés, les latéraux
soudés à leur base avec le pied du gynostème, pour former

un menton court. Pétales semblables au sépale postérieur. Labelle attaché à l'extrémité du pied du gynostème et très brièvement soudé avec lui pour former le menton, ensuite étalé;

Fig. 86. — ACACALLIS CYANEA.

onglet assez allongé, creusé supérieurement en sac et terminé au sommet par une crête transversale denticulée; limbe large, presque bilobé, à bords ondulés-denticulés; disque muni d'une large crête à la base. Gynostème dressé, demi-cylindrique, prolongé à la base en pied court, muni des deux côtés du stigmate de larges ailes membraneuses; clinandre court, muni d'une petite dent postérieure. Anthère terminale, en forme d'opercule, convexe, uniloculaire; quatre pollinies cireuses, largement obovoïdes, très comprimées, superposées par paires, reliées à un petit rétinacle par un pédicelle oblong, aplati et très mince. — Herbe épiphyte, à tiges feuillées courtes, à la fin renflées en pseudobulbes. Feuille unique, ample, plissée-veinée, rétrécie en pétiole à la base. Scape florifère latéral, allongé, dépourvu de feuilles. Grappe simple, formée de peu de fleurs; celles-ci grandes, bleues, brièvement pédicellées.

En comparant cette description avec celle des *Zygopetalum*, on peut constater que les deux genres ont de grands rapports entre eux. L'Acacallis se reconnaît surtout à l'onglet de son labelle d'une autre forme et muni d'appendices spéciaux, à son gynostème droit et non arqué, muni d'ailes très larges, et à sa tige portant une seule feuille.

Le genre Acacallis, comme on l'a vu plus haut, ne comprend qu'une seule espèce, l'*A. cyanea*, connu aussi dans les cultures sous les noms d'*A. tricolor*, *A. coerulea* et *A. discolor*, noms qui traduisent des variations de coloris.

C'est une Orchidée extrêmement attrayante, d'une forme et d'un coloris exquis, et tenant dans les serres qu'elle orne si gracieusement une place très restreinte. Il peut rivaliser avec les plus beaux Phalaenopsis, quoiqu'à vrai dire il ne produise qu'un petit nombre de fleurs sur chaque grappe. Il a les bulbes de petite taille, ovoïdes, assez espacés sur un rhizôme traçant semi-ligneux; aussi est-il particulièrement commode de le cultiver sur bloc; on peut également le mettre en panier. Dans ce dernier cas, l'allongement du rhizôme obligera à changer les plantes de récipient au bout de deux ou trois ans; ce changement sera d'ailleurs très facile, car l'*A. cyanea* ne produit pas, comme certains Cattleya, de fortes touffes de racines s'enroulant autour des baguettes. La culture en pots doit être écartée, non seulement parce qu'elle est moins commode pour la forme des organes végétatifs de cette espèce, mais aussi parce qu'elle ne permettrait pas aux racines de puiser librement dans l'atmosphère l'humidité dont elles ont besoin.

L'*Acacallis cyanea* est originaire du Haut-Brésil, où il fut découvert il y a 45 ans dans la région du Rio-Negro. Son introduction à l'état vivant présenta d'abord des difficultés, l'espèce supportant mal une sécheresse un peu prolongée, et étant prompte à succomber à cause du petit volume de ses bulbes ; ces conditions spéciales réclamaient des soins particuliers. Quand on eut judicieusement choisi le moment favorable pour les expéditions, les plantes arrivèrent en Europe en bonne santé, et depuis la première floraison, obtenue en 1887 à L'Horticulture Internationale, cette superbe Orchidée est devenue, sinon très répandue, du moins assez fréquente dans les collections choisies.

La serre qui lui convient est celle des Orchidées indiennes : une serre chaude, mais de préférence une serre basse, renfermée, avec une atmosphère très humide. L'air doit y être rarement renouvelé, seulement en été dans les journées très chaudes, et le mieux est d'ouvrir les ventilateurs du bas, car l'air entrant par en haut serait trop desséchant, étant donné surtout que les plantes, cultivées sur bloc ou dans des paniers, sont suspendues au vitrage et recevraient directement l'air du dehors.

Il faut aussi abriter les *A. cyanea* toutes les fois que le soleil brille (sauf peut-être entre les mois de novembre et de mars), et les placer à l'endroit le plus sombre de la serre.

Les arrosages doivent être fréquents pendant la saison de végétation ; pour les plantes cultivées en paniers, le meilleur procédé sera de prendre en main le fil de fer qui sert à les suspendre, et de les plonger jusqu'à la moitié des bulbes dans un seau d'eau de pluie ; on laisse le panier enfoncé ainsi tant qu'on voit des bulles d'air s'échapper et remonter la surface.

Pour le repos, il existe deux théories assez justifiables et qui, je crois, donnent toutes deux des résultats satisfaisants. L'une, se basant sur la petitesse des bulbes de l'Acacallis, qui est en quelque sorte dénué de réserves humides, recommande de ne pas priver les plantes à l'excès, de diminuer seulement les arrosages, de façon à ralentir l'activité de la végétation et à reposer la plante; dans ces conditions, le repos ou semi-repos peut être prolongé pendant deux mois et demi à trois mois.

L'autre théorie conteste l'efficacité d'un repos si peu marqué, et soutient la nécessité d'une privation d'eau presque absolue pour suspendre la végétation; seulement, tenant compte de la constitution particulière de la plante, elle accorde que ce repos ne doit pas durer longtemps, et peut être limité à trois ou quatre semaines.

Je suis, quant à moi, partisan de ce second système; je crois qu'il vaut mieux laisser le compost se dessécher à peu près complètement pendant une période qui ne soit pas trop longue. Mais il est bien entendu que l'atmosphère de la serre conservera toujours une humidité assez abondante qui suffira aux besoins de la plante. Si l'on voit les bulbes se rider d'une façon assez sensible, il est temps de donner de l'eau aux racines.

La floraison de l'*Acacallis cyanea* se produit généralement en hiver, aux environs de décembre ou janvier. Toutefois elle est parfois irrégulière, et il n'est pas très rare de voir des plantes de cette espèce en fleurs en été. En principe, le repos doit commencer quand la pousse est achevée, et les tiges florales ne tardent pas alors à paraître. La floraison terminée, le repos est maintenu pendant quelque temps d'une façon assez rigoureuse, ainsi que je l'ai dit plus haut.

LES ACANTHEPHIPPIUM

Orchidées terrestres à pseudobulbes, dont le feuillage ample et d'un coloris sombre ne manque pas d'élégance. Toutefois ces espèces sont peu répandues dans les cultures; leurs fleurs, produites sur des grappes pauciflores et très courtes, ne se présentent pas bien et ne s'ouvrent pas complètement. On peut cependant mentionner les espèces suivantes :

A. bicolor. — Fleurs assez grandes, ayant les segments d'un

beau jaune d'or à l'extérieur, les sépales rouge vineux intérieurement, les pétales plus petits, jaunes, pointillés de rouge-sang.

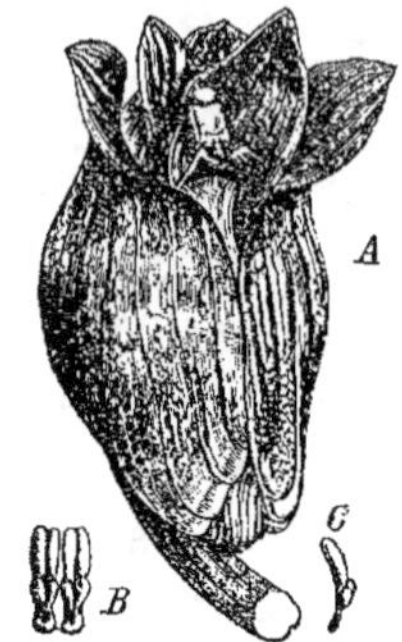

Fig. 87. — ACANTHEPHIP-
PIUM JAVANICUM.

A, fleur.
B, pollinies.
C, pollinie vue de profil.

A. javanicum. — Tige florale très forte, pluriflore, assez courte. Fleurs grandes et très belles. L'extérieur est d'un beau jaune d'or, lavé de rouge sang à la base, et strié longitudinalement de rouge. Pétales et sépales jaune d'or intérieurement, avec l'extérieur rouge sang. Labelle très petit et denticulé, jaune vif.

A. leontoglossum. — Fleurs assez grandes, d'un jaune crême foncé, avec la gorge du labelle jaune citron.

A. striatum. — Fleurs blanc de lait, striées longitudinalement de brun grisâtre.

Ces plantes, originaires de l'Asie tropicale et des Indes néerlandaises, se cultivent en serre chaude dans un compost assez compact, formé de terre fibreuse avec peu de sphagnum.

LES ACINETA

Diagnose :

Sépales à peu près égaux, larges, charnus, étalés au sommet, les latéraux plus larges que le postérieur et brièvement connés à la base. Pétales semblables aux sépales ou plus petits qu'eux. Labelle charnu, continu avec la base de la colonne, à onglet étroitement marginé, à lobe médian continu ou articulé, infléchi, concave, indivis ou trilobé, à disque souvent calleux. Colonne dressée, allongée, un peu courbée, sans pied, dépourvue d'ailes ou épaissie et faiblement ailée à sa partie supérieure. Deux pollinies, à caudicule oblongue. Herbes épiphytes à pseudobulbes munis d'un petit nombre de feuilles amples, plissées, atténuées en pétiole à la base. Hampes dressées ou pendantes. Fleurs remarquables en grappes.

Les Acineta sont voisins des Peristeria, dont ils se distinguent par le périanthe plus ouvert, par le labelle trilobé, et non articulé avec la colonne, et par des détails de la colonne, de l'anthère et de l'appareil pollinique.

Les espèces les plus répandues dans les cultures sont les suivantes:

A. Barkeri. — Belle espèce à grappes pendantes de 30 centimètres de longueur environ. Les fleurs charnues, presque globuleuses, sont d'un jaune d'or, ponctué de rouge au milieu du labelle. Elles se produisent aux mois de juin et juillet.

A. densa. — Très belle espèce, analogue à la précédente, mais ayant les fleurs plus grandes et plus ouvertes; le labelle a les lobes latéraux pointillés de rouge et porte un appendice quadrangulaire rouge foncé. Les pétales sont également pointillés de rouge vif.

Fleurit au printemps.

A. Humboldti. — Fleurs disposées en grappes pendantes, assez volumineuses et presque globuleuses, d'un coloris brun sombre pointillé de nuance plus foncée, avec les pétales plus rougeâtres.

Floraison en mai.

La variété *fulva* a les fleurs d'un jaune brunâtre pointillé de brun foncé, et le labelle jaune vif également pointillé de brun.

Synonyme : *A. superba.*

Les Acineta se cultivent dans la serre des Cattleya; on cultive les espèces ci-dessus en paniers, afin que les tiges florales pendantes puissent se frayer un passage au dehors. Le compost sera formé de deux tiers de terre fibreuse et d'un tiers de sphagnum.

On doit avoir soin de suspendre les arrosages lorsque les tiges florales commencent à se montrer, car l'eau les détériorerait.

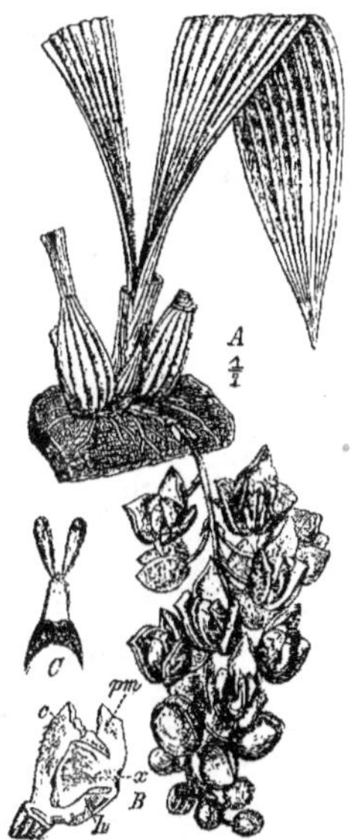

Fig. 88. — Acineta
superba.

A, port de la plante.
B, gynostème et labelle.
C, appareil pollinique.

ACLINIA

Le genre Aclinia, de Griffith, est aujourd'hui considéré comme une simple monstruosité du genre Dendrobium, dans laquelle le labelle est semblable aux pétales.

LES ACRIOPSIS

Les Acriopsis sont des Orchidées à pseudobulbes, portant des fleurs peu remarquables et de petite taille. On rencontre cependant dans les collections l'espèce suivante :

Acriopsis javanica. — Les fleurs sont blanches et vertes, avec les segments nuancés de pourpre violacé aux pointes; le centre du labelle est pourpre violacé, avec une bordure blanche.

Culture en serre chaude, en pots.

LES ACROCHAENE

Diagnose :

Sépales étalés, membraneux, les latéraux plus grands, triangulaires, connés au pied allongé de la colonne. Pétales plus petits. Labelle articulé avec le pied de la colonne, membraneux, compliqué, inappendiculé, appliqué sur la colonne. Colonne naine, mutique, très allongée à la base. 2 pollinies globuleuses, portant au sommet un sillon vertical, fixées à deux caudicules cylindriques contiguës par le sommet.

Herbes épiphytes originaires de l'Inde septentrionale, formant des pseudobulbes. Feuilles coriaces. Racèmes radicaux dressés, à gaînes lâches.

Genre fondé en 1853 par Lindley. Une seule espèce en est bien connue, et elle mérite d'être citée.

A. punctata. — Fleurs couleur jaune paille ponctuées de rouge sang. Sépale dorsal dressé, ovale obtus; sépales latéraux triangulaires. Pétales fimbriés. Labelle trilobé à lobes latéraux dressés, lobe antérieur récurvé obtus.

REICHENBACH a décrit ultérieurement une autre espèce qui ne paraît pas s'être répandue dans les cultures :

A. Rimanni. — Fleurs lilas pourpré, presque aussi grandes que celles du *Dendrobium Kingianum*, labelle pourpre très foncé, avec les lobes latéraux semi-circulaires denticulés, lobe antérieur triangulaire charnu ; pétales blancs.

ADA

DIAGNOSE :

Sépales presque égaux, libres, dressés ou seulement étalés dans leur partie supérieure. Pétales semblables aux sépales mais plus courts. Labelle sessile à la base du gynostème, étalé, étroit, non lobé, plus court que les sépales, muni de deux lames membraneuses qui se réunissent supérieurement. Gynostème court, épais, sans pied, à base dilatée antérieurement en deux ailes arrondies qui embrassent la base du labelle ; clinandre à bords entiers. Anthère terminale, en forme d'opercule, très convexe, uniloculaire ; deux pollinies cireuses, ovoïdes, sans appendices, reliées au rétinacle ovale par un pédicelle large et plat. — Herbe épiphyte, à pseudobulbes terminés par une ou deux feuilles longues, étroites et coriaces. Pédoncules simples, naissant sous les pseudobulbes. Fleurs brièvement pédicellées, en grappes penchées, insérées presque toutes du même côté du pédoncule.

Ce genre est formé d'une seule espèce, très attrayante et très populaire, dont j'ai eu déjà l'occasion de parler à propos de la culture pour la fleur coupée.

A. aurantiaca. — Fleurit aux mois de janvier et février ; ses fleurs, serrées sur une grappe à pédicelle court, retombent gracieusement au milieu du feuillage, et leur coloris orangé-vermillon vif forme avec lui un riche contraste. Les segments linéaires lancéolés sont à demi fermés, et ne s'étalent qu'à leur sommet. Les fleurs se conservent pendant plusieurs semaines.

L'*A. aurantiaca* est originaire des Andes de la Colombie.

La plante décrite en 1891 comme une espèce nouvelle sous le nom de *A. Lehmanni* paraît être uniquement une variété de la précédente. Elle s'en distingue par un port plus raide, les feuilles plus courtes et plus larges, et le labelle blanc; en outre, il paraît qu'elle fleurirait l'été.

L'*Ada aurantiaca* se cultive dans les mêmes conditions que les *Odontoglossum crispum* et autres espèces de la serre froide. On trouvera des indications relatives à cette culture, tant au chapitre de la fleur coupée que plus loin, à l'article Odontoglossum.

LES AERIDES

Diagnose :

Sépales et pétales étalés ou connivents, à peu près égaux, les sépales latéraux généralement obliques à la base, connés avec le pied allongé du gynostème. Labelle articulé avec le pied du gynostème, en forme de sac ou d'éperon, trilobé, les lobes latéraux nains, le limbe cucullé ou subulé, parfois abrégé ou subforniqué. Gynostème prolongé en pied, court, dépourvu d'ailes. Anthère biloculaire. Deux pollinies, sillonnées postérieurement, à caudicule large ou filiforme; glande peltée subarrondie. — Herbes originaires de l'Inde, caulescentes; feuilles distiques, coriaces ou semi-charnues; fleurs en racèmes ou en panicules.

Les espèces dont se compose le genre Aerides sont au nombre de 45 environ, la plupart très répandues dans les cultures. Les principales et les plus belles sont les suivantes :

A. Augustianum. — Fleurs roses munies d'un long éperon déprimé, de la même couleur; la base et la pointe seulement des segments un peu plus vives.

Cette espèce a été découverte par M. Auguste Linden dans les îles Philippines, et a fleuri pour la première fois en décembre 1889; elle est extrêmement gracieuse.

A. crassifolium. — Fleurs de grande taille, disposées en longues grappes, d'un beau coloris améthyste pourpré, et d'un parfum très agréable; le lobe médian du labelle est d'une couleur plus éclatante que le reste des segments.

A. crispum. — Segments blancs, avec la pointe d'un rouge cramoisi; labelle rouge pourpre, avec les lobes latéraux blancs. Très parfumé.

A. expansum. — Magnifique espèce, à fleurs blanc crême marquées de pourpre, avec des macules pourpres sur le labelle. Fleurit en juin et juillet.

A. falcatum ou **A. Larpentae.** — Espèce voisine de la précédente, à fleurs blanc crême tachées de rouge au sommet des segments, tandis que le labelle est blanc barré de rose, avec le lobe antérieur rose vif.

A. Fieldingi. — L'un des plus beaux Aerides, également connu en Angleterre sous le nom de *Fox brush* (queue de renard). Les segments sont d'un beau rouge pourpre lavé de blanc, et le labelle pourpre maculé de blanc.

A. Houlletianum. — Fleurs de forme très analogue à celles de l'*A. falcatum*, mais ayant les segments jaunes, avec des taches rouges au sommet, et le labelle blanc crême avec une macule rouge à la partie antérieure, et des lignes de la même nuance sur les lobes latéraux.

A. japonicum. — Espèce très distincte du reste du genre par sa petite taille, et qui réussit parfaitement en serre froide. Les fleurs, d'assez grande dimension, sont d'un blanc verdâtre; les sépales latéraux portent des barres rouges à leur base; le labelle porte également des taches pourpres.

A. Lawrenceae. — Magnifique espèce analogue à l'*A. odoratum*, mais beaucoup plus grande et à macules plus vives. Les fleurs sont très parfumées. Les pétales et les sépales sont blancs, avec une macule pourpre au sommet; le labelle, prolongé à la base en un éperon recourbé en forme de corne, est blanc, avec le lobe antérieur denticulé, d'un riche coloris améthyste pourpré.

A. Lobbi. — Fleurs blanches légèrement lavées et tachetées de rose vif vers le sommet des segments; labelle rouge violacé avec une ligne médiane blanche.

A. maculosum. — Fleurs rose pâle tachetées de pourpre avec le labelle d'un beau rose pourpré, et délicieusement parfumées.

A. Mendeli. — Fleurs de forme analogue à celles de l'*A. falcatum*, mais d'un coloris différent, blanc pur avec les pointes des segments teintées de rose.

A. mitratum. — Espèce à feuilles cylindriques, à fleurs blanches teintées de violet à leurs pointes, et à labelle violet.

A. multiflorum. — Belle espèce de petite taille, à fleurs blanches tachetées de pourpre sur les segments et teintées de violet pourpré aux pointes, avec le labelle violet clair, nuancé au milieu de violet plus foncé.

A. nobile. — Très belle espèce, très parfumée, aux segments blancs teintés de rose lilacé clair, avec une tache de la même nuance à la pointe, et le labelle trilobé, les deux lobes latéraux jaune clair tacheté de rose, le lobe antérieur plus clair et plus rosé.

A. odoratum (voir fig. 18, p. 114). — L'une des espèces les plus anciennes, et les plus répandues. Les fleurs ont les segments blancs avec une macule violette à leur sommet, le labelle blanc avec quelques taches peu nombreuses de rouge pourpre et une bande médiane pourpre; elles répandent un parfum très agréable.

A. quinquevulnerum. — Segments blancs avec une macule pourpre violacé à leur sommet, et quelques faibles taches de la même couleur; labelle violet sombre, avec les lobes latéraux blancs tachetés de pourpre.

A. suavissimum. — Espèce très agréablement parfumée, ainsi que l'indique son nom. Les segments sont blancs teintés de rose violacé à leurs pointes, le labelle jaune pâle pointillé de carmin.

A. Reichenbachi. — Espèce alliée à la précédente.

A. Vandarum (fig. 89). — Espèce à feuillage cylindrique, de

Fig. 89. — Aërides Vandarum.

sl, sm, sépales.
pl, pétales.
pm, labelle.
sp, éperon.
s, pied du gynostème.

port analogue à celui du *Vanda teres*, et dont les fleurs ont une forme très différente de celle des autres espèces. Elles sont entièrement blanches, avec une légère teinte lilacée à la face inférieure de la colonne.

A. virens. — Très belle espèce parfumée, à fleurs abondantes, ayant les segments blancs avec une macule pourpre au sommet, le labelle blanc pointillé de rouge autour de l'éperon. Plusieurs belles variétés.

Toutes ces espèces ont à peu près le même coloris, un blanc nuancé de rose pourpré, et produisent leurs fleurs en longues grappes serrées d'une courbe harmonieuse et de la plus exquise élégance. Les Aerides sont également remarquables par la beauté de leur port; sauf quelques espèces, qui sont térétifoliées, ils ont en général les feuilles longues et étroites, épaisses comme du cuir, distiques et disposées d'une façon très décorative. Sur leur vert sombre, le coloris clair des fleurs se détache admirablement, et c'est un spectacle d'une beauté incomparable que celui d'une serre remplie de ces Orchidées en fleurs, groupées avec des Saccolabium, des Vanda, et quelques autres plantes à beaux feuillages, Dipladenia, Croton et Fougères.

Les Aerides croissent à Bornéo, ainsi que dans l'Inde et les îles de la Sonde, à la partie basse des arbres qui bordent les cours d'eau. Aussi la culture qu'ils réclament est celle des Orchidées de serre chaude, avec une humidité atmosphérique abondante, mais non pas renfermée comme pour les Phalaenopsis, qui se cultivent à l'étouffée. Ils produisent une abondance de racines à l'air libre, et c'est cette particularité qui leur a valu leur nom générique, tiré du grec et signifiant : « aérien. » Il fut créé en 1790 par LOUREIRO, qui avait été fort surpris de « la propriété extraordinaire que possédait l'*Aerides odoratum*, de vivre, fleurir, croître et fructifier pendant des années, étant suspendu dans l'air, sans aucun élément végétal nutritif. »

Les Aerides, à ce point de vue, ne diffèrent pas des Vanda, Saccolabium, Angraecum, et autres Orchidées de croissance analogue, ni même des Phalaenopsis, Cattleya et de beaucoup d'autres qui émettent toute une chevelure de racines hors de leur récipient. Ils peuvent être cultivés en pots, mais plutôt en paniers, suspendus près du vitrage, de façon à profiter autant que possible de la vapeur d'eau qui s'élève à la partie supérieure de la serre, et des rayons du soleil, dont la chaleur est toujours beaucoup plus profitable à la culture que celle des tuyaux de chauffage; il ne faudrait pas conclure de ce que j'ai dit plus haut de leur croissance à l'état naturel qu'ils végètent dans l'ombre; c'est d'ordinaire sur les branches les plus avancées des arbres qu'on les rencontre, et dans une position où ils sont exposés au soleil pendant une grande partie de la journée. Toutefois il convient de les abriter contre les rayons directs aux heures où ils sont le plus brûlants; mais il ne faut employer pour cela que des abris très légers.

LES AGANISIA

Diagnose :

Sépales égaux, libres, étalés. Pétales presque semblables aux sépales. Labelle fixé par un onglet très court à la base du gynostème, avec lequel il est articulé et mobile ; lobes latéraux courts ou presque nuls ; le médian étalé, large, arrondi ou presque quadrangulaire, entier ou largement 2-3-lobé ; disque muni à la base d'une crête transversale glandulaire. Gynostème dressé, demi-cylindrique, non prolongé en pied à la base, muni de chaque côté au sommet d'un lobe court ou d'une longue dent. Anthère terminale, en forme d'opercule, uniloculaire ; quatre pollinies cireuses, obovoïdes ou oblongues, comprimées, superposées par paires, reliées à un petit rétinacle par un pédicelle aplati, oblong ou linéaire. — Herbes terrestres ou épiphytes, à tiges feuillées courtes, à la fin ordinairement renflées en pseudobulbes. Feuilles peu nombreuses ou solitaires, plissées-veinées, rétrécies en pétiole à la base. Scapes florifères naissant de la base des pseudobulbes, dressés, dépourvus de feuilles, souvent grêles. Grappe simple, lâche, à fleurs médiocres brièvement pédicellées.

Le genre Aganisia fut décrit par Lindley dans le volume de 1839 du *Botanical Register*. En y réunissant le genre *Koellensteinia* décrit par Reichenbach en 1854, il comprend maintenant six ou sept espèces, disséminées dans les régions tropicales de l'Amérique.

Trois espèces seulement du genre Aganisia sont répandues dans les cultures; ce sont les suivantes :

A. ionoptera. — Gracieuse petite espèce à fleurs à peu près circulaires, maculées de bleu-violet foncé sur fond blanc, les pétales entièrement violets. Le labelle porte des stries concentriques indigo. Les fleurs sont produites sur des hampes érigées et produisent un coup d'œil très attrayant.

A. lepida. — Charmante espèce à fleurs assez grandes, d'un coloris blanc crême, avec la colonne et la base du labelle d'un violet foncé tirant sur l'indigo, et le disque jaune serin. Ces fleurs se produisent au nombre de huit à dix sur une grappe érigée assez longue, et se conservent longtemps. L'espèce pourrait sans aucun doute rendre de grands services pour la fleur coupée.

A. pulchella. — Fleurs nombreuses sur une tige érigée, assez grandes et très belles, d'un blanc pur; le labelle obcordé porte au centre une tache jaune d'or. La colonne porte une macule rouge sang.

LES ANGRAECUM

Diagnose :

Sépales presque égaux, libres, étalés. Pétales à peu près semblables aux sépales. Labelle fixé à la base du gynostème, continu avec lui, et se prolongeant à la base en un éperon parfois très long; limbe étalé ou dressé-étalé, entier ou trilobé. Gynostème très court, large, à sommet concave, non ailé et dépourvu de pied. Deux pollinies à caudicule courte, plane, quelquefois divisée en deux pédicelles distincts. — Plantes épiphytes sans pseudobulbes, à tige allongée, munie de feuilles distiques, coriaces ou charnues, à gaînes persistantes. Hampes latérales simples, portant des fleurs parfois très grandes, en grappes, rarement solitaires.

Le genre Angraecum est l'un des plus curieux de la famille des Orchidées; à défaut de coloris éclatants, il possède à un degré élevé cet aspect « noble » dont parlent souvent les auteurs anglais. Les feuilles coriaces, distiques, bien étalées, généralement d'un vert sombre, sont superbes. En outre, beaucoup de ces espèces ont un avantage très appréciable, c'est de produire leurs fleurs en hiver. Cependant ce genre, qui est connu depuis très longtemps, fut à peu près négligé jusqu'en 1857; il fallut pour le tirer de l'ombre l'apparition d'une espèce d'un mérite exceptionnel; cette espèce était l'*Angraecum sesquipedale*, découvert vers la fin du 18e siècle et dénommé par Du Petit-Thouars, puis oublié jusqu'au jour où le Révérend Ellis l'importa de nouveau de Madagascar; c'est encore aujourd'hui la plus belle du genre entier.

L'*A. sesquipedale* est une plante d'un port remarquablement beau; il a les feuilles très longues, très épaisses, d'un vert foncé, engaînantes deux à deux et très rapprochées les unes des autres; de longues racines, très fortes, se produisent entre elles à différentes hauteurs, et atteignent parfois une longueur considérable.

Les fleurs, qu'il n'est pas rare de voir au nombre de trois sur chaque grappe, sont de très grande dimension; elles ont plus de vingt centimètres de diamètre. Elles sont à peu près étoilées; les pétales et les sépales ont la forme d'un triangle très allongé et se terminent en pointe aiguë; le labelle a une forme analogue, très large à la base, et légèrement replié sur les bords; il produit à sa naissance un éperon très allongé qui atteint jusqu'à trente-cinq centimètres. Cette longue queue, qui se recourbe gracieusement au-dessous de la fleur, lui donne un aspect des plus étranges, et c'est elle qui a valu à l'espèce son nom (*sesquipedale* signifie : long d'un pied et demi).

La fleur a, en s'épanouissant, une couleur jaune de cire; elle devient entièrement blanche au bout d'un ou deux jours; elle répand un parfum assez pénétrant analogue à celui du Lis blanc, mais qui ne se dégage que pendant la nuit.

Parmi les autres espèces du genre, les plus remarquables sont :

A. caudatum. — Espèce rare, d'un port assez compact, convenant bien pour la culture en panier. La hampe retombante porte un assez grand nombre de fleurs ayant les segments étroits, étalés, d'un jaune verdâtre, et le labelle blanc. L'éperon est très long, et a valu à cette espèce son nom spécifique. Fleurit en été et en automne.

A. Chailluanum. — Racèmes retombants, portant des fleurs d'un blanc pur, ayant la forme tubulaire sur la moitié de leur longueur, puis s'épanouissant, avec les segments un peu réfléchis; éperon verdâtre. Se cultive bien en panier.

A. citratum. — Charmante espèce de taille beaucoup plus petite que les précédentes; elle produit des racèmes longs retombants, couverts de fleurs de taille modeste, mais bien étalées et ayant le labelle assez large, qui sont entièrement d'un coloris jaune pâle très gracieux. Réussit bien en panier.

A. eburneum. — Fleurs analogues en plus petit à celles de l'*A. sesquipedale*, mais plus nombreuses sur chaque tige. Les pétales et sépales sont assez étroits, d'un blanc verdâtre; le labelle large, à peu près cordiforme et allongé en pointe, est d'un blanc d'ivoire. Ces fleurs mesurent environ 12 centimètres de largeur. Le port de la plante est très majestueux.

La variété *superbum* est particulièrement grande et belle.

A. pellucidum. — Espèce très ornementale et très florifère, ayant les fleurs serrées sur leur tige, et d'un blanc de neige translucide. Réussit bien en panier.

A. Scottianum. — Fleur à segments assez étroits, mais ayant le labelle grand et d'un blanc pur; l'éperon est d'un vert brunâtre.

L'*A. articulatum*, à fleurs d'un blanc pur, très gracieuses, présentant une forme un peu anguleuse que rappelle le nom spécifique; l'*A. Kotzschyi*, très florifère, à fleurs blanc d'ivoire munies d'un éperon rouge-brun très long et tortillé; l'*A. Sedeni*, très voisin de l'*A. Chailluanum* et très élégant également; l'*A. Ellisi*, à fleurs groupées au nombre de 15 à 24 sur chaque tige, très parfumées, d'un blanc pur, avec un long éperon vert foncé, méritent également d'être cultivés.

Plusieurs autres espèces, à fleurs très petites, méritent cependant de figurer dans les collections, à cause de l'attrait que présentent ces fleurs disposées en grappes touffues, et généralement d'un coloris blanc ou crême très gracieux. Tels sont par exemple l'*A. pertusum*, l'*A. distichum*, l'*A. subulatum*, l'*A. odoratissimum*, etc., etc. Parmi ces petites espèces, dont quelques-unes sont charmantes ou très singulières, Reichenbach en cite une, l'*A. clandestinum*, comme possédant la curieuse particularité d'exhaler l'odeur de la térébenthine.

Les Angraecum réclament à peu près le même traitement que les Vanda, Aerides et autres Orchidées caulescentes de la serre chaude; beaucoup d'humidité, et jamais de sécheresse prolongée, même en hiver; un bon drainage est nécessaire.

LES ANGULOA

Diagnose :

Fleurs subglobuleuses, jamais ouvertes. Sépales latéraux imbriqués l'un dans l'autre, à base bien convexe et non en forme de corne ; sépale dorsal tantôt antérieur, tantôt postérieur, semblable aux deux autres, mais plan à la base. Pétales égaux et semblables au sépale dorsal. Labelle coriace, onguiculé, légèrement roulé, trilobé, présentant au milieu un renflement plan charnu large, de sorte qu'on croirait voir deux labelles. Colonne cylindrique, libre, clavée; clinandre tantôt mutique, tantôt muni de deux lacinies aiguës s'étendant des deux côtés. Anthère en forme de casque, à valves membraneuses, parfois prolongées en petites lacinies aiguës. Quatre pollinies planes, inégales, à caudicule longue linéaire, glande aiguë.

Les Anguloa sont de belles Orchidées à fleurs très grandes, d'un beau coloris et d'un feuillage très ample qui ne manque pas d'élégance, mais qui malheureusement tombe en hiver. Le genre, assez confus au point de vue botanique, comprend trois espèces principales, autour desquelles se rangent plusieurs formes voisines. Ces trois espèces sont les suivantes :

A. Clowesi. — Fleurs à peu près globuleuses, entièrement jaune citron. Odeur pénétrante, mais non désagréable.

A. Rückeri (fig. 90). — Fleurs brunes extérieurement, d'un jaune vif tacheté de rouge sang intérieurement. La variété *sanguinea* est entièrement rouge sang.

A. uniflora. — Fleurs plus ouvertes que dans les espèces précédentes, blanc de cire plus ou moins lavé de rose pâle sur les pétales; labelle en forme de tube, richement cerclé de rose vif à l'intérieur dans la belle variété *Treyerani*.

L'*A. eburnea*, à fleurs également entièrement blanches, est considéré aujourd'hui comme une variété de l'*A. uniflora*.

L'*A. media* ou *A. intermedia*, à peu près intermédiaire entre l'*A. Rückeri* et l'*A. Clowesi*, est un hybride naturel entre ces deux espèces, et a été reproduit dans les cultures par un croisement artificiel opéré entre elles.

Par une coïncidence curieuse, les trois espèces du genre Anguloa ont été découvertes et introduites par M. J. Linden, à peu près en même temps, au cours de sa mission au Venezuela et en Colombie (1841-1843), et depuis lors aucune espèce nouvelle n'a jamais plus été rencontrée. Toutes trois fleurissent en été, du commencement de juillet au mois de septembre.

Les Anguloa sont ce qu'on appelle des espèces semi-terrestres; ils sont de croissance robuste et facile, demandent un compost assez substantiel, et causent peu de soucis au cultivateur. La serre dans laquelle ils réussissent le mieux est la serre tempérée-froide ou tempérée; pendant la formation des jeunes pousses, ils doivent être protégés contre les rayons directs du soleil et recevoir autant d'air que possible. Les arrosages doivent être abondants; on les réduit progressivement après l'achèvement du bulbe, et on met les plantes en repos vers le mois d'octobre-novembre. Une fois que les feuilles sont tombées, la température peut être abaissée de deux ou trois degrés, et les arrosages sont réduits au strict minimum nécessaire pour que les bulbes ne se rident pas trop.

Les rempotages doivent être effectués un peu avant la rentrée des plantes en végétation; on forme le compost de terre fibreuse mélangée d'un peu de sphagnum et d'un peu de terre de bruyère.

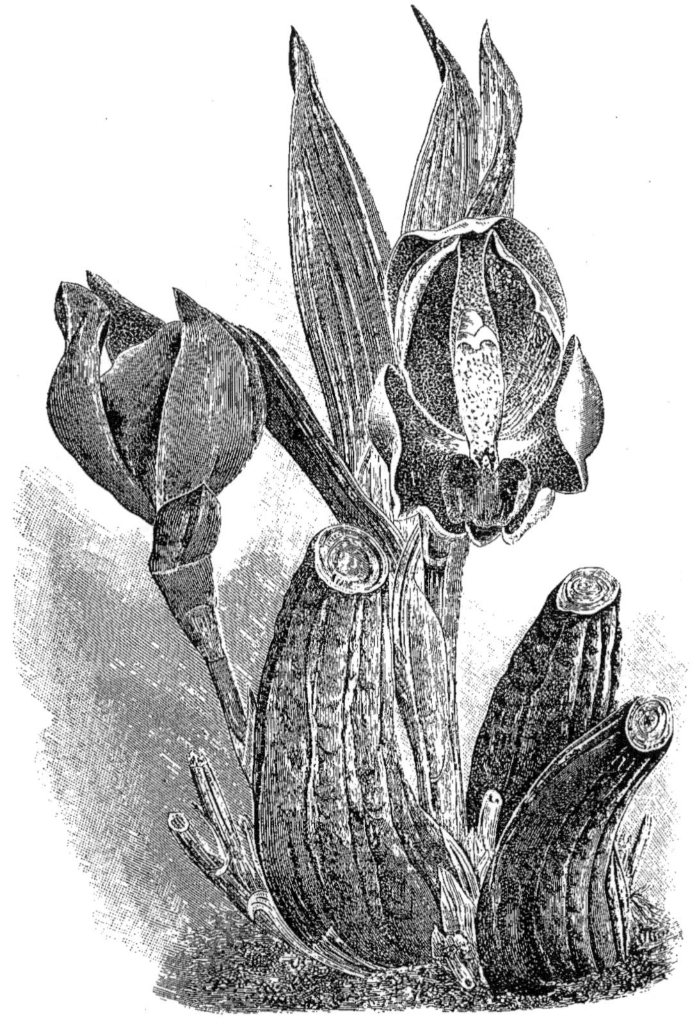

Fig. 90. — ANGULOA RÜCKERI VAR. SANGUINEA.

On peut renforcer ce compost nutritif, au bout d'un mois et demi environ, en arrosant les plantes avec un peu d'engrais animal dilué (*bouse de vache*), et recommencer ainsi tous les huit ou dix jours jusqu'à la fin de la croissance.

LES ANOECTOCHILUS

Ces ravissantes Orchidées ne sont pas cultivées pour leur floraison, comme la plupart des espèces de nos collections, mais uniquement pour leur feuillage, d'une délicatesse de coloris merveilleuse. Très peu d'espèces sont répandues dans les cultures, et je ne crois pas utile d'en citer les descriptions; mais voici quelques notes relatives au traitement qui leur convient. Je les emprunte à un article envoyé au *Journal des Orchidées* par un excellent cultivateur, M. J. Hatos, jardinier-chef au château de S. A. I. et R. l'archiduc Joseph d'Autriche, à Alcsuth :

« Les Anoectochilus, ces mignonnes Orchidées, sont des merveilles d'élégance, tant leur feuillage est gracieusement nuancé et réticulé d'or et d'argent; leur nom vient de *anoectos*, ouvert, et *chilos*, labelle, et se rapporte à la forme étalée de cet organe.

Ce sont des plantes tropicales, à feuilles épaisses, qui proviennent des forêts de Ceylan, des Indes néerlandaises, de la Cochinchine et des îles Philippines.

Pour les cultiver avec succès, il faut leur choisir dans une serre un endroit bas, du côté de l'ombre, car ils craignent le soleil, mais cependant près du jour. On les place dans un compartiment vitré bas, et on leur donne l'hiver une température de 19° à 23° centigrades la nuit, et de 23° à 28° le jour; l'été, elle peut s'élever jusqu'à 30° à 33° centigrades.

Le point le plus important est de leur donner toujours un air chaud et humide. Ils doivent être mis à l'abri des rayons du soleil, sauf pendant les mois de décembre et janvier.

Le rempotage des Anoectochilus doit se faire deux fois par an, chaque fois après la floraison, et à peu près de la fin de février au commencement de mars, et du milieu de septembre au commencement d'octobre.

Les pots dans lesquels on place les plantes doivent être lavés de la façon la plus minutieuse, puis remplis jusqu'à moitié de débris de tessons également propres, au-dessus desquels on dispose un peu de sphagnum, afin d'empêcher les poussières et la terre d'y être entraînées. Elles végèteront parfaitement dans un mélange de 1 partie de sphagnum, $^1/_2$ de grosse terre de bruyère, un peu de tessons en morceaux très fins, et le reste, de charbon de bois. Il est nécessaire d'élever beaucoup la plante dans le récipient. On recouvre ensuite la surface de sphagnum. Je n'admets dans les cultures que le sphagnum bien vivant.

L'arrosage doit être très modéré lorsque les plantes viennent d'être rempotées, et surtout on doit veiller avec grand soin à ce que l'eau ne pénètre pas dans le cœur des feuilles. De cette façon, lorsqu'elles seront plus tard en pleine végétation, elle ne présenteront pas la moindre tache.

Lorsque les Anoectochilus seront en activité, il conviendra de les tenir très humides, et de leur donner la température très élevée que j'ai indiquée plus haut.

Le repos se produit après la floraison, et ne dure que trois semaines environ, pendant lesquelles on peut ne leur donner qu'une quantité modérée d'humidité.

Sous l'influence de ce traitement, les Anoectochilus prospèrent admirablement, et je puis dire que j'ai obtenu ainsi les résultats les plus satisfaisants. Il n'est pas rare que j'aie des vases contenant ensemble cinquante à soixante plantes, élevées dans le compost, et qui produisent un effet vraiment splendide. »

LES ARACHNANTHE

Diagnose :

Sépales libres, presque égaux, étalés, un peu épais, étroits, souvent ondulés et arqués, ou bien assez larges et étalés. Pétales semblables aux sépales. Labelle articulé à la base du gynostème, court, dressé ou étalé, à base jamais prolongée en sac ou en éperon, à lobes latéraux dressés, le médian charnu, polymorphe, prolongé à la base en un éperon court, crochu. Gynostème court, épais, à partie antérieure concave. Deux pollinies à caudicule triangulaire.

Plantes épiphytes, sans pseudobulbes, à tiges portant des feuilles distiques, coriaces, souvent bilobées au sommet. Hampes latérales, simples ou rameuses.

Les Arachnanthe sont des Orchidées très remarquables de serre chaude dont le classement est généralement mal connu du public amateur, et qui sont principalement connues sous le nom de Vanda. Ils se distinguent des Vanda notamment par la forme du labelle, qui n'est pas éperonné ni en forme de sac, mais articulé à la base du gynostème et mobile.

Le genre fut fondé par BLUME sur la plante nommée par LINNÉ *Epidendrum Flos aeris* (Epidendrum fleur de l'air), et qui reçut alors le nom de *A. moschifera;* cette espèce ne paraît pas être actuellement cultivée; mais les deux suivantes sont bien connues et souvent admirées dans les grandes collections :

Arachnanthe Cathcarti. — Les fleurs de cette superbe espèce mesurent environ 7 $^{1}/_{2}$ centimètres de diamètre; elles sont au nombre de trois, quatre ou cinq sur chaque hampe. Elles apparaissent aux mois de février-mars.

Les pétales et les sépales sont à peu près semblables, oblongs-elliptiques, les premiers un peu moins obtus que les seconds. Le coloris de ces organes est très élégant : ils portent une abondance de barres brun rougeâtre foncé sur un fond jaune pâle, à peine apparent. Le labelle trilobé a les lobes latéraux petits, arrondis, étalés de côté, blancs avec quelques stries rouges; le lobe antérieur est jaune, avec une large bordure en forme de fer à cheval de consistance subéreuse et de couleur gris jaunâtre. Le disque porte deux côtes charnues, jaune pâle, tacheté de rouge. La colonne, très grosse, est jaune brunâtre tacheté de brun au sommet.

Les organes végétatifs sont assez élégants, comme dans toutes les plantes de ce groupe. La tige est mince comme un crayon, et atteint une assez grande longueur, mais elle s'incline assez fréquemment à son sommet. Les feuilles linéaires-oblongues sont très coriaces et mesurent de 15 à 20 centimètres de longueur.

A. Lowi (voir fig. 44). — Cette remarquable espèce, très connue sous le nom de *Vanda* ou de *Renanthera Lowi*, est célèbre, tant par sa beauté et la richesse de sa floraison, que par la curieuse particularité qu'elle possède de produire des fleurs dimorphes.

Ses tiges florales, longues de 15 à 25 centimètres, souples et pendantes comme des cordons, portent sur toute leur longueur des fleurs nombreuses mesurant environ 6 ½ centimètres de diamètre. Les deux premières fleurs à la base de chaque tige sont d'un jaune gomme-gutte vif, avec quelques petites taches brunes répandues sur leur surface ; elles ont les pétales et sépales oblongs-elliptiques, charnus. Les autres fleurs sont un peu plus grandes ; elles ont les segments un peu plus étroits, ondulés et accuminés, d'un rouge-brun foncé, avec quelques dessins jaune clair. Le labelle, beaucoup plus court que les autres segments, est pourpre clair au centre, puis tacheté de pourpre sur fond jaune, et entièrement jaune au sommet. Le gynostème, très court et charnu, est verdâtre tacheté de rouge. Les pétales sont un peu refermés.

L'axe végétatif est vigoureux, et atteint ordinairement une hauteur de 1 à 2 mètres. Les feuilles coriaces mesurent de 50 à 70 centimètres de longueur, et sont d'un vert sombre.

Il existe deux ou trois variétés supérieures de cette belle espèce ; ce sont l'*A. Lowi Warocqueana*, l'*A. Lowi Lindeni* et l'*A. Lowi Rohdeniana*.

La plante d'*A. Lowi* qui figure dans la collection de M. le baron ALPHONSE DE ROTHSCHILD, à Ferrières, sous l'habile direction de M. BERGMAN, est célèbre et a été fréquemment citée. Elle a été photographiée en 1885, et portait alors 650 fleurs.

L'*A. Lowi* fleurit ordinairement en été, vers le mois de juin ou juillet.

Il est originaire de Bornéo, district de Sarawak, où il se rencontre ordinairement dans les forêts basses près des cours d'eau, de sorte que ses racines sont presque constamment baignées d'une vapeur humide.

L'*A. Cathcarti* croît à peu près dans les mêmes conditions, quoique provenant d'une région fort éloignée. Voici un extrait de la description publiée par sir JOSEPH HOOKER, dans le *Botanical Magazine* :

« Il est originaire des vallées ombragées, chaudes et humides de l'Himalaya oriental, et recherche le voisinage des chûtes d'eau où il est baigné d'une humidité constante. Je l'ai découvert moi-même en 1848, et envoyé au Jardin Botanique de Calcutta, d'où il fut expédié en Angleterre après sa floraison, mais il ne survécut pas au voyage. »

D'autre part, un correspondant du *Gardeners' Chronicle* écrivait à ce journal, en 1890 :

« L'habitat qui convient et qui est nécessaire à son existence, ce sont les gorges couvertes de bois touffus, dans le proche voisinage de torrents, où la lumière pénètre très peu, où les rayons chauds du soleil ne peuvent arriver, et où existe pendant toute l'année un état continuel d'abondante humidité. De mai à octobre, les forêts sont maintenues à l'état de saturation constante par une pluie presque continue; pendant l'autre moitié de l'année, l'humidité est entretenue par les chûtes des torrents, dont l'évaporation est arrêtée par l'épais dôme de feuillage qui les recouvre. »

Une autre espèce, d'introduction récente, mérite également d'être signalée; c'est l'*A. Clarkei*, découvert en 1875 dans l'Himalaya par M. C. B. CLARKE, à qui il est dédié. Il fleurit pour la première fois à l'automne de 1886 dans la collection de M. JOHN DAY.

L'*A. Clarkei* est très voisin de l'*A. Cathcarti;* ses fleurs sont de la même grandeur; les sépales et pétales sont d'un brun vif barré de jaune clair, les premiers plus larges que les seconds. Le labelle est jaune clair, presque blanc, strié de rouge, avec le lobe antérieur charnu, brun clair, sillonné de 7 ou 8 côtes disposées en éventail; ses fleurs durent environ six semaines.

LES ANSELLIA

Diagnose :

Sépales presque égaux, libres, étalés. Pétales semblables aux sépales. Labelle sessile au sommet de la colonne, dressé; lobes latéraux larges, dressés, parallèles; le médian étalé, ovale arrondi; disque à deux crètes. Colonne dressée, de la même longueur que les lobes latéraux du labelle, un peu courbée, demi-cylindrique, sans ailes, à base dilatée en pied bilobé et concave. Deux pollinies.

Herbes épiphytes à tige élevée, charnue, feuillée. Feuilles distiques, longues, plissées. Hampes terminales, rameuses.

Le genre, d'après la classification faite par M. N. E. Brown dans la *Lindenia*, comprend cinq espèces; il est à remarquer cependant que toutes ces espèces ont entre elles beaucoup d'analogie, au point qu'on pourrait se demander si elles doivent occuper des rangs spécifiques distincts. Néanmoins, M. Brown adopte ce dernier parti, en raison des divers caractères particuliers que je vais énumérer, et de la différence d'habitat.

Voici l'énumération de ces espèces :

Ansellia africana. — Sépales et pétales jaune verdâtre avec de nombreuses taches brun foncé; pétales elliptiques beaucoup plus larges que les sépales, presque le double. Labelle à lobes latéraux rougeâtres, à lobe médian jaune; le disque porte deux carènes jaunes. Originaire de Fernando-Po. Fleurit en avril.

Il est à remarquer que Lindley, après avoir décrit cette espèce en 1844, en figura une autre sous le même nom en 1846. La figure en question se rapporte à l'espèce suivante.

A. confusa. — Fleurs paniculées à pédicelles déployés. Labelle à lobes latéraux verdâtres, marqués de pourpre. Lobe médian jaune, elliptique-obové. Originaire de l'Afrique tropicale occidentale.

A. congoensis. — Fleurs en racèmes, à pédicelles érigés. Pétales et sépales oblongs, à peu près égaux. Labelle à lobes latéraux blanchâtres, marqués intérieurement de veines pourpres ; disque muni de deux carènes courtes et peu saillantes. Lobe médian jaune, obovale allongé.

L'*A. congoensis* est une des rares Orchidées connues originaires du Congo, où il fut découvert par M. Auguste Linden en 1885. C'est une espèce excessivement florifère.

A. gigantea. — Fleurs moitié plus petites que celles de l'*A. africana*. Sépales et pétales oblongs, d'un jaune verdâtre pâle, ou jaune citron avec quelques petites taches ou bandes brun pâle. Labelle jaune plus foncé, strié au milieu de jaune citron ; disque à trois carènes saillantes. Synonyme : *A. africana var. natalensis.* Originaire de Natal.

A. gigantea var. citrina. — Fleurs dépourvues de taches ; labelle d'un coloris orange-citron.

A. nilotica. — Sépales et pétales étroits oblongs, vert jaunâtre avec quelques grandes taches brun foncé. Labelle à peu près semblable à celui de l'*A. congoensis*, mais portant trois carènes saillantes. Originaire de l'Afrique tropicale orientale.

Les Ansellia sont des Orchidées épiphytes à pseudobulbes, originaires de l'Afrique tropicale et australe. Sans être de premier ordre au point de vue de la beauté, ils sont précieux pour leur floraison abondante ; leurs fleurs sont assez touffues sur des grappes ramifiées dressées, d'un aspect très agréable.

Ils se cultivent en serre chaude, à côté de la plupart des Cypripedium, et réussissent avec un traitement très analogue à celui que demandent ceux-ci.

Le compost qui leur convient est un mélange de sphagnum et de terre fibreuse par parties égales, ces substances hachées fin et bien mêlées. Les arrosages doivent être très abondants pendant la saison de végétation ; pendant l'hiver, les plantes seront mises en repos modéré. On peut alors les arroser à peu près une fois par semaine, c'est-à-dire juste quand il est nécessaire pour empêcher le compost de devenir cassant.

L'*Ansellia congoensis* se différencie cependant de ses congénères en ce qu'il demande un repos plus prononcé, et l'on devra l'arroser pendant la mauvaise saison moins souvent que les autres espèces.

ARUNDINA

Dɪᴀɢɴᴏsᴇ :

Sépales à peu près égaux, libres, étalés. Pétales semblables aux sépales ou plus larges. Labelle dressé contre la base de la colonne, de la même longueur ou plus court que les sépales, les lobes latéraux embrassant la colonne, le lobe antérieur plus large, étalé. Colonne assez longue, dressée, semi-cylindrique ou étroitement bi-ailée, sans pied ; clinandre élevé, creux, arrondi postérieurement, muni d'une dent au milieu, et de deux courtes dents en avant. Anthère terminale ou placée au-dessous du sommet du lobe postérieur, en forme d'opercule, incombante, à deux loges peu prononcées ; 8 pollinies, 4 dans chaque loge, ovoïdes, comprimées parallèlement, superposées légèrement par paires, faiblement réunis à leur sommet par un appendice granuleux le plus souvent petit. — Herbes terrestres, dressées, feuillées. Tiges issues d'un rhizôme traçant et couvertes par les gaînes des feuilles, sans pseudobulbes. Feuilles planes, étroites ou de faible largeur, sessiles, articulées avec la gaîne. Fleurs assez grandes, disposées en racème terminal lâche, simple ou rarement ramifié. Bractées tantôt petites, tantôt plus longues que le pédicelle, imbriquées et distiques avant l'anthèse.

Le nom d'Arundina indique la ressemblance du port de ces Orchidées avec celui de certains roseaux.

A. bambusaefolia. — Tiges érigées, cylindriques, grosses comme un crayon, vert pâle, feuillées au sommet. Feuilles linéaires lancéolées, acuminées. Fleurs terminales, mesurant de 5 à 6 ¹/₂ centimètres de diamètre ; sépales étroits lancéolés, rose lilacé ; pétales ovales-oblongs, aigus, de la même nuance ; labelle largement oyale-oblong, à lobes latéraux rose lilacé, repliés autour de la colonne, avec les pointes relevées et d'un coloris plus foncé ; lobe antérieur pourpre foncé ; disque blanc charnu, avec deux lamelles ondulées prolongées jusqu'à la base et une plus courte entre les deux autres.

L'*A. densa*, autre belle espèce introduite en 1842, n'est plus cultivé. L'*A. speciosa*, sur lequel a été fondé le genre, n'a jamais été introduit.

L'*Arundina bambusaefolia* se cultive à peu près comme les Sobralia et dans le même compost, mais en serre plus chaude. Il réclame beaucoup de jour et d'humidité ; les pots employés peuvent être assez grands par conséquent, et le drainage doit être établi jusqu'à la moitié de leur hauteur.

LES ASPASIA

DIAGNOSE :

Sépales égaux, étalés, les latéraux libres, le postérieur soudé inférieurement avec la base du gynostème, de même que les pétales, qui sont à peu près semblables à lui. Labelle à onglet soudé par ses bords avec le gynostème, à limbe libre et étalé, entier ou peu distinctement trilobé. Gynostème dressé, demi-cylindrique, muni d'un sillon antérieur, sans pied ni ailes ; clinandre finement denticulé postérieurement. Anthère terminale, en forme d'opercule, très convexe, biloculaire ; deux pollinies ovoïdes, cireuses, sans appendices, reliées au petit rétinacle par un pédicelle plan, étroit ou en forme de coin. — Herbes épiphytes, à tiges feuillées courtes, terminées par un pseudobulbe surmonté d'une feuille. Feuilles inférieures au pseudobulbe peu nombreuses, coriaces, à gaîne imbriquée. Pédoncules courts, simples, naissant latéralement à la base des tiges. Fleurs grandes, en grappe courte.

Genre fondé en 1833 par LINDLEY dans son *Genera and Species*, et auquel est rattaché le genre *Trophianthus* de SCHEIDWEILER, fondé pour une plante que ce botaniste croyait nouvelle, mais qui n'était autre que l'*Aspasia lunata* décrite antérieurement par LINDLEY.

REICHENBACH avait rattaché les Aspasia aux Odontoglossum,

mais cette classification n'est pas admise par les autres auteurs.

Les espèces de ce genre ont presque l'organisation florale des Miltonia, dont elles ont en outre le port et le feuillage; elles en diffèrent surtout par le *sépale dorsal, les pétales et le labelle soudés inférieurement avec la base du gynostème* au lieu d'être *entièrement libres.*

On range le genre Aspasia à côté du *Cochlioda,* qui a aussi l'onglet du labelle soudé avec le gynostème; mais dans ce dernier genre, *le labelle seul est ainsi soudé,* le sépale dorsal et les pétales étant entièrement libres.

Les espèces suivantes sont les plus connues, mais la seconde est à peu près la seule qui soit un peu répandue dans les cultures.

Aspasia epidendroides. — Fleurs d'un vert olive clair, orné de larges bandes rouge vineux; le labelle est blanc inférieurement, largement lavé de rouge vineux en dessus. Plante d'un port vigoureux, à tige florale érigée.

A. lunata. — Plante de petite taille, à fleurs vert grisâtre tachetées de brun; labelle large, finement denticulé, blanc, avec le centre violet.

La variété *superba* est particulièrement remarquable au point de vue du coloris.

A. principalis. — Fleurs plus grandes que dans les autres espèces, d'un brun clair avec le labelle jaune strié de brun.

Les Aspasia se cultivent dans la serre tempérée-froide, comme les Miltonia et les Oncidium mexicains. Culture en pots, avec un compost de moitié de terre fibreuse et moitié de sphagnum, et un bon drainage. Repos modéré après la floraison et pendant l'hiver, après l'achèvement de la pousse.

LES BARKERIA

Classification :

Les Barkeria sont ramenés par Reichenbach et Bentham au rang de simple section du genre Epidendrum.

Les deux espèces les plus célèbres et les plus remarquables du groupe Barkeria sont le *B. Lindleyana* et le *B. elegans*.

Le *B. Lindleyana* est d'une très grande beauté. Ses fleurs, groupées en grappes très fournies, sont d'un rose pourpré vif, sur lequel se détache seul le disque blanc. Le labelle oblong, affectant une forme à peu près carrée, est brièvement apiculé au sommet. Les fleurs mesurent 5 centimètres de diamètre.

La variété *Centerae* a les fleurs un peu plus grandes et d'un coloris plus foncé que le type.

Le *B. Lindleyana* fut découvert par URE-SKINNER en 1839. Il fleurit en octobre, novembre et décembre, et est très précieux par cette raison.

Le *B. elegans* a les fleurs plus petites que le précédent, mais ses fleurs ont les pétales et les sépales plus larges, et elles font aussi beaucoup d'effet. Ses segments sont d'un lilas pourpré, lavé de blanc. La labelle est blanc et porte vers son extrémité une macule lilas pourpré assez grande. La colonne, large et spatulée, est pointillée de pourpre.

Cette espèce, introduite en 1837, fut le type qui servit à fonder le genre Barkeria. Elle disparut ensuite jusqu'en 1853, époque à laquelle M. LINDEN la réintroduisit; elle est encore assez rare aujourd'hui.

Les autres espèces du genre, moins remarquables, sont cependant encore très attrayantes.

Le *B. cyclotella*, considéré quelquefois comme une variété du *B. Lindleyana*, ressemble un peu à celui-ci. Il a les fleurs magenta pourpré, le labelle de la même nuance avec le centre blanc, mais non apiculé. Il fleurit en février et mars.

Le *B. melanocaulon* a les pétales et sépales rose lilacé, le labelle pourpre avec une macule verte au centre. Il est très florifère, et fleurit pendant l'été et jusqu'au commencement de l'automne. Cette espèce est assez rare.

Le *B. Skinneri* est une charmante petite espèce qui fleurit pendant l'hiver et rend ainsi de grands services; malheureusement il est aussi assez rare. Ses fleurs, à segments oblongs acuminés,

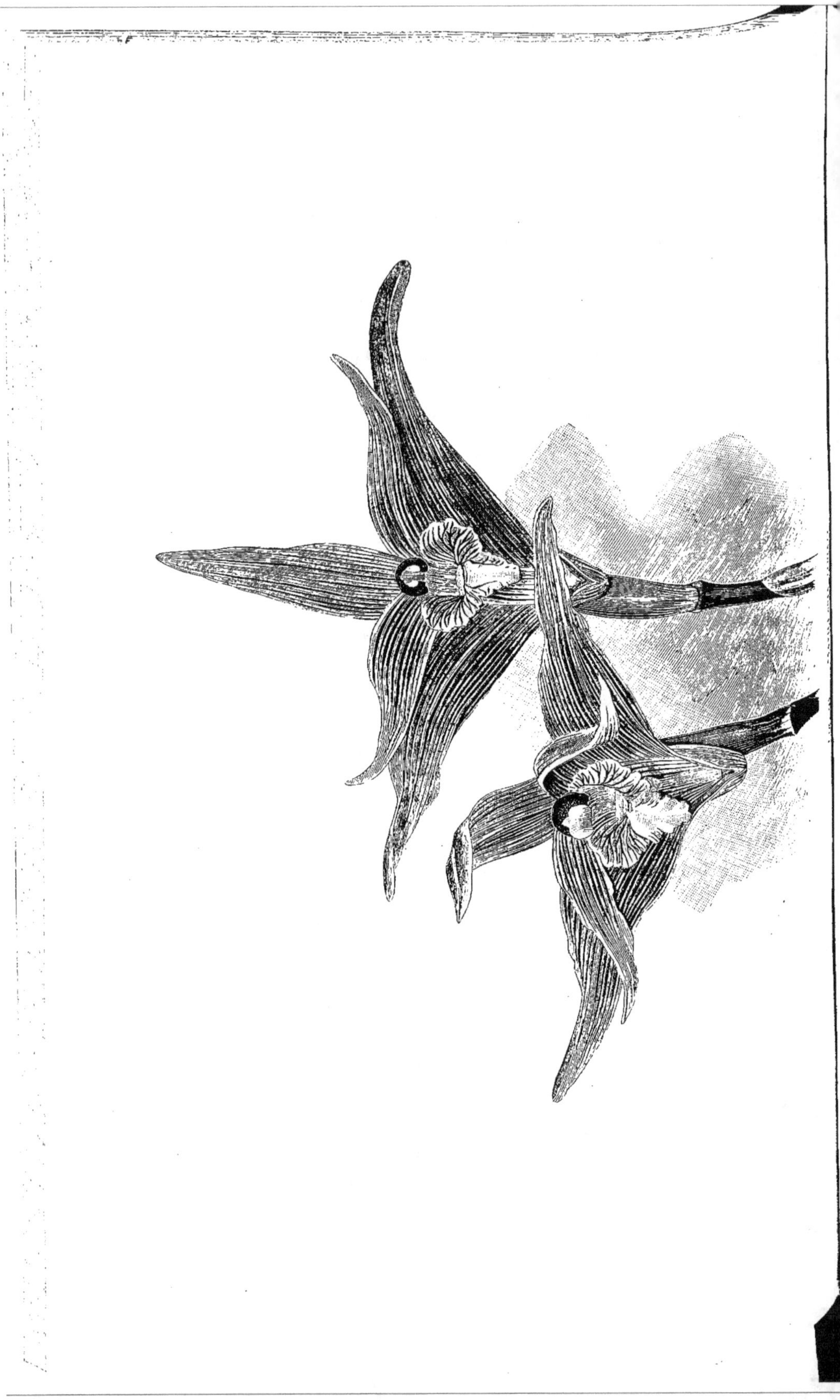

sont d'un rose foncé sur lequel se détachent uniquement le disque jaune et les lamelles orangées du disque. Sa découverte remonte à 1835 et est due à URE-SKINNER, dont les explorations au Guatemala produisirent de grandes richesses.

Le *B. spectabilis* est très beau, mais très rare dans les cultures. Ses fleurs, qui mesurent de 6 à 7 centimètres de diamètre, se produisent en juin et juillet. Elles ont les sépales et les pétales rose lilacé, le labelle blanc lavé de rose à la pointe et sur les bords, et tacheté de pourpre.

La culture qui convient aux Barkeria est à peu près la même que celle des Laelia mexicains, *L. cinnabarina*, *L. albida*, etc. La serre dans laquelle ils doivent être placés est la serre tempérée-froide, dans laquelle la température doit être de 8 à 10 centigrades, et un peu plus pendant l'été.

Les Barkeria se cultivent généralement en paniers, car ce sont des plantes de petite taille et qui demandent beaucoup de lumière; il suffit de les abriter très peu, et seulement quand le soleil est le plus brûlant.

Le compost sera formé de sphagnum et d'une faible proportion de terre fibreuse. Les arrosages devront être abondants pendant toute la saison de végétation, et il est bon de seringuer un peu d'eau sur les plantes pendant les journées claires et chaudes de la belle saison. Enfin la serre devra être ventilée régulièrement pendant tout l'été, et au printemps toutes les fois que le temps le permettra.

BATEMANIA

Genre dû à LINDLEY, qui le décrivit dans le volume de 1835 du *Botanical Register*. Il est dédié à JAMES BATEMAN, célèbre orchidophile anglais, explorateur du Mexique et du Guatemala, dont il a décrit les Orchidées.

La seule espèce admise actuellement dans ce genre est celle qui fut décrite par LINDLEY sous le nom de *B. Colleyi* et qui est originaire de la Guyane anglaise. Toutes les autres qui y ont été rapportées depuis par divers auteurs, en ont été retranchées par BENTHAM et réunies aux *Zygopetalum*.

Le Batemania se distingue des *Zygopetalum* en ce qu'au lieu d'avoir les sépales égaux et étalés, le sépale dorsal est dressé et notablement plus large que les latéraux; ceux-ci sont insérés tout au sommet du pied du gynostème, à une distance notable du sépale dorsal; le disque du labelle ne porte qu'une crête très faible; enfin les pollinies sont aux nombre de deux et non de quatre.

Batemania Colleyi. — Fleurs assez grandes, à pétales et sépales d'un brun rougeâtre plus ou moins vif et brillant, avec les pointes vertes, à labelle trilobé blanc jaunâtre, tacheté de rouge clair sur les lobes latéraux. La floraison se produit généralement aux mois de janvier et février; les fleurs sont au nombre de quatre ou cinq sur chaque grappe, et produisent un bel effet.

L'espèce fut introduite en 1834 par J. BATEMAN, à qui elle est dédiée.

Le *Batemania Colleyi* se cultive à peu près comme les Paphinia, qui proviennent de la même région. On le place en serre chaude, soit en pot, soit en panier, suspendu près du vitrage, ce qui permet de faire mieux valoir ses fleurs en grappes pendantes. Compost de deux tiers de terre fibreuse avec un tiers de sphagnum.

LES BIFRENARIA

DIAGNOSE :

Sépales à peu près égaux, érigés-étalés, les latéraux à base large connée avec le pied de la colonne, formant un menton en forme d'éperon généralement long. Pétales semblables au sépale dorsal ou plus petits et plus larges. Labelle généralement articulé au sommet du pied de la colonne, à onglet incombant court ou allongé; lobes latéraux voisins du sommet de l'onglet, assez larges, érigés; lobe médian étalé, entier ou bifide. Colonne érigée, assez grosse, semi-cylindrique, sans ailes, prolongée à la base en un long pied; clinandre tronqué. Anthère terminale, en forme d'opercule, incombante, fortement convexe, parfois munie d'une crête dorsale, uniloculaire ou imparfaitement biloculaire ; quatre pollinies, ovoïdes ou un peu élargies, cireuses, disposées par paires appliquées en courbe, ou connées en deux bifides, inappendiculées, rattachées à deux pédicelles très courts ou allongés, le plus souvent connés à la base en une petite glande transversale. — Herbes épiphytes, à tiges très courtes, à gaînes peu nombreuses, puis renflées en pseudobulbes charnus portant 1 ou 2 feuilles à leur sommet. Feuilles oblongues, quelquefois amples, plissées-veinées. Scapes simples, naissant entre les pseudobulbes, érigés, tantôt courts, à fleurs peu nombreuses ou même réduites à une et de grande taille, tantôt assez grêles, à fleurs plus petites assez nombreuses disposées en racème et brièvement pédicellées. Bractées petites ou, dans les espèces à grandes fleurs, en forme de spathes.

Le genre Bifrenaria, quoique très ancien et bien représenté dans les cultures, n'est pas très connu des amateurs, qui classent souvent comme Maxillaria ou comme Lycaste les espèces dont il se compose. Il y a cependant plus d'un demi-siècle que LINDLEY sépara ce genre du genre Maxillaria, dont il se distingue principalement par les masses polliniques rattachées à la glande par une paire de pédicelles et non par un seul, caractère qui est rappelé par le nom générique.

Les espèces les plus connues sont les suivantes :

B. atropurpurea. — Espèce introduite en 1828. Ses fleurs mesurent 5 centimètres de diamètre ; elles ont les sépales et les pétales rouge cuivré foncé avec une trace jaune au centre, le labelle rose vif lavé de blanc. Elles répandent un parfum très agréable.

B. aurantiaca. — Fleurs de taille inférieure à celles du précédent, jaune foncé tacheté d'orange.

B. Harrisoniae. — Cette espèce est la plus ancienne du genre, et son introduction remonte à 1821. C'est la plus remarquable de toutes. Ses fleurs mesurent plus de 7 centimètres de diamètre ; elles ont les segments blancs ou blanc crème, bien étalés, excepté le sépale dorsal légèrement concave, et d'une forme très harmonieuse, oblongue obtuse. Le labelle trilobé, d'un rouge pourpre vineux, a les lobes latéraux dressés, et le lobe antérieur à peu près carré, incurvé en avant; il est légèrement velu à l'intérieur.

L'espèce varie quelque peu au point de vue du coloris, ainsi que par son parfum, qui est assez faible, mais agréable.

Les Bifrenaria sont originaires des vallées humides de la Guyane et du Brésil, spécialement des environs de Rio de Janeiro. Ils réclament à peu près les mêmes soins que les Maxillaria et Lycaste, avec lesquels ils se cultivent dans la serre tempérée-froide ou tempérée. Ils demandent une atmosphère très aérée.

LES BLETIA

DIAGNOSE :

Sépales libres, connivents ou presque étalés, égaux, ou les latéraux un peu plus larges à la base. Pétales semblables au sépale dorsal ou plus larges. Labelle libre, dressé, resserré à la base ou légèrement gonflé en sac; lobes latéraux assez larges, dressés, parallèles ou étalés au sommet, n'enveloppant pas la colonne; lobe médian étalé, large, souvent émarginé ou bilobé; disque muni souvent de lamelles en nombre variable, entières ou denticulées-crispées. Colonne allongée, semi-cylindrique, à 2 angles, souvent incurvée, parfois bi-auriculée à la base ou bi-ailée au sommet, sans pied; lobes latéraux du clinandre souvent assez larges arrondis, le postérieur en forme de dent, parfois allongé. Anthère fixée à la dent postérieure du clinandre, en forme d'opercule, incombante ou presque pendante, convexe ou conique, distinctement bi-loculaire, à loges imparfaitement subdivisées en 2; 8 pollinies, 4 dans chaque loge, superposées par paires, obovales ou oblongues, comprimées parallèlement sur les côtés, la paire inférieure de chaque loge souvent plus grande que la supérieure, toutes parfaites, cireuses, reliées au sommet dans chaque loge par un appendice granuleux en forme de lame assez épaisse. — Herbes dressées, terrestres ou épiphytes, à pseudobulbes globuleux ou comprimés épais, presque tubéreux. Feuilles amples ou allongées, plissées, atténuées à la base en pétiole, ou rarement manquant complètement. Racème terminal issu de la tige feuillée, lâche, longuement pédonculé, simple ou lâchement ramifié. Fleurs pédicellées ou presque sessiles, médiocres ou assez grandes; sépales latéraux formant parfois un menton court avec la base de la colonne.

B. catenulata. — Espèce sur laquelle fut fondé le genre, en 1794, par Ruiz et Pavon. Elle était extrêmement rare dans les cultures jusqu'en 1892, époque à laquelle elle fut réintroduite par L'Horticulture Internationale. Elle produit des tiges florales assez élevées, portant une grappe assez fournie de fleurs d'un riche coloris rouge tirant sur l'améthyste. Fleurit en juin.

B. hyacinthina. — Fleurs incomplètement épanouies, à pétales et sépales améthyste pourpré; labelle trilobé de la même couleur, les lobes latéraux enveloppant la colonne.

La variété *albo-striata* a les feuilles striées de blanc. La variété *Gebina*, décrite par Lindley comme une espèce distincte, a les fleurs presque blanches, avec une légère teinte violacée.

B. Shepherdi. — Espèce assez rare à fleurs pourpre foncé, mesurant environ 4 centimètres de diamètre; pétales ondulés.

B. verecunda. — D'après Hemsley, cette espèce était cultivée en Angleterre dès l'année 1731; ce serait probablement la plus ancienne Orchidée exotique signalée dans les cultures.

Ses fleurs ont les pétales et sépales rose clair, le labelle rose pourpré avec la base jaune striée de pourpre. Elles sont produites en grappes ramifiées.

Ces plantes se cultivent en serre tempérée, en pots placés près du vitrage. Le *B. hyacinthina*, qui est l'espèce la plus répandue, peut même être tenu en serre tempérée-froide.

On ne peut pas les mettre en paniers, à cause de la longueur de leurs tiges florales.

Les Bletia sont des Orchidées à feuillage caduc, comme certains Calanthe, les Pleione, etc. Par suite, ils doivent recevoir très peu d'eau pendant l'hiver. Dès qu'ils donnent des signes de retour à l'activité, à la fin de l'hiver, on les rempote dans un compost formé de terre fibreuse et de sphagnum additionnés d'un peu de terre de bruyère et de sable, c'est-à-dire un peu plus léger que celui des Calanthe.

LES BRASSAVOLA

Diagnose :

Sépales libres, égaux, étalés, longs et très étroits, ou linéaires-lancéolés, quelquefois longuement acuminés-setacés. Pétales semblables aux sépales. Labelle sessile à la base de la colonne, dressé, à onglet étroit, embrassant ou enveloppant le gynostème, à limbe le plus souvent brusquement dilaté, plan, rarement concave à la base. Colonne dressée, souvent plus courte que l'onglet du labelle, plus ou moins bi-ailée. Clinandre à trois lobes. 8 pollinies, 4 dans chaque loge, les inférieures ascendantes, les supérieures descendantes, souvent plus petites. — Herbes à tiges peu épaissies, rameuses, ascendantes ou dressées, à gaînes peu nombreuses, portant une ou deux feuilles charnues, semi-cylindriques, ou linéaires et épaisses. Fleurs terminales, en petit nombre.

Le genre Brassavola a été créé par Robert Brown.

Deux espèces décrites par Lindley sous les noms de *B. Digbyana* et *B. glauca* ont été rattachées par Bentham et Hooker au genre Laelia.

Parmi une vingtaine d'espèces connues, les plus répandues dans les cultures sont les suivantes :

Brassavola acaulis. — Plante d'un port particulier, à feuillage cylindrique touffu, acaule, ainsi que l'indique son nom spécifique. Les fleurs sont grandes, à pétales et sépales étroits et longs, d'un blanc crême ou jaunâtre; le labelle très large, en forme de cœur, est blanc pur, avec la base tachetée de rouge. Fleurit en septembre.

B. cucullata. — Fleur solitaire, d'un vert jaunâtre, sauf le labelle, qui est blanc pur. Cet organe a la forme d'un cornet à trois lobes, dont le médian est très longuement acuminé, tandis que les deux latéraux sont arrondis, dentés et frangés sur les bords. Les pétales et sépales sont lancéolés et aigus et ont environ 10 centimètres de longueur. Feuillage cylindrique.

La variété *cuspidata* a les fleurs entièrement blanches et est supérieurement belle.

B. Gibbsiana. — Belle espèce à feuillage cylindrique, très florifère. Les fleurs sont de grande taille, blanches, tachetées de brun.

B. lineata. — Fleurs grandes; sépales et pétales blanc crême, labelle blanc pur. Espèce voisine du *B. acaulis*.

B. nodosa. — Feuilles lancéolées. Fleurs très abondantes, à sépales et pétales étroits, allongés, jaune verdâtre pâle, à labelle largement cordé, blanc pur avec la pointe verdâtre. Fleurit en février.

B. venosa. — Feuilles charnues, lancéolées et semi-cylindriques. Fleurs à segments d'un blanc verdâtre, pétales et labelle blancs.

Les Brassavola réussissent parfaitement dans la serre des Miltonia, ou serre tempérée-froide; on les cultive aussi dans la serre tempérée. Ils réclament les mêmes soins que les Maxillaria, et le même compost.

Cultivés en pots, ils forment rapidement des touffes assez volumineuses, qui se couvrent de fleurs le long des bords des pots et présentent alors un aspect très gracieux. Lorsque les plantes sont petites, on peut aussi les mettre sur bloc.

LES BRASSIA

DIAGNOSE :

Sépales libres, étalés, étroits, acuminés ou caudés, égaux entre eux ou les latéraux plus longs. Pétales semblables au sépale postérieur ou plus petits. Labelle libre, sessile à la base du gynostème, étalé, plan, indivis, muni de deux lamelles à la base, plus court que les sépales. Gynostème court, dressé, sans ailes ni pied; clinandre à bords tronqués. Anthère terminale, en forme d'opercule, très convexe, uniloculaire; deux pollinies cireuses, ovoïdes, inappendiculées, reliées au rétinacle par un pédicelle plan, oblong ou linéaire. — Herbes épiphytes, munies de pseudobulbes aplatis et cannelés, terminés par une ou deux feuilles coriaces, très longues et étroites. Pédoncules simples, sortant des gaînes foliacées qui se trouvent à la base des jeunes pseudobulbes. Fleurs grandes, à sépales souvent très longs, disposées en grappes lâches.

Le genre Brassia fut créé par ROBERT BROWN en 1813, dans le 5ᵉ volume de l'*Hortus Kewensis* d'AITON. Il se rapproche beaucoup des Miltonia et des Oncidium, dont il se distingue cependant au premier coup-d'œil par ses sépales étroits et fort allongés, surtout les latéraux. Ses bulbes oblongs-aplatis ont également un aspect très facile à reconnaître.

Les principales espèces sont les suivantes :

B. antherotes. — Espèce belle, mais assez rare. Fleurs jaune foncé, à pétales et sépales maculés de pourpre noirâtre ; labelle tacheté de la même nuance autour de la crête légèrement pubescente.

B. bicolor. — Fleurs de grande taille, à sépales et pétales pointus très allongés ; les pétales et le sépale dorsal sont d'un brun violacé sur les deux tiers de leur longueur, et ont les pointes jaunes. Les sépales latéraux sont jaune vif avec deux ou trois larges barres brunes à la base. Le labelle ample, d'un jaune vif, porte autour du disque un certain nombre de grosses macules brunes.

B. brachiata (fig. 92). — Fleurs très grandes ; sépales jaune verdâtre clair tacheté de brun pourpré près de la base, mesurant environ 15 centimètres de longueur. Pétales un peu plus courts, également chargés de macules à la base. Labelle jaune clair, tacheté de macules vert foncé près de la base. Crête blanche maculée d'orangé, formant de petits tubercules.

B. caudata. — Sépales et pétales jaune verdâtre clair, avec de grandes macules brun foncé près de la base ; sépale dorsal mesu-

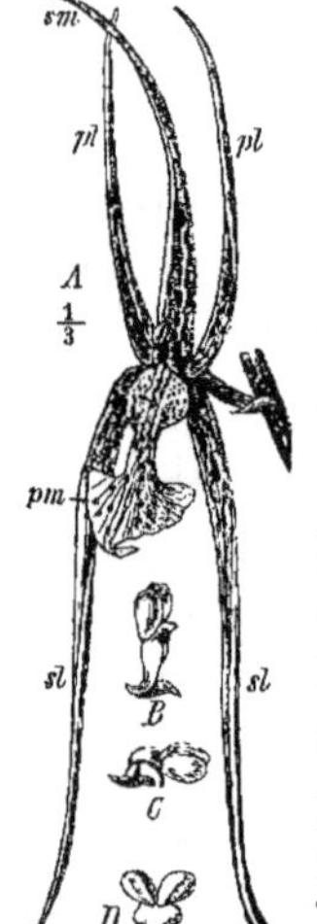

Fig. 92. BRASSIA BRACHIATA.

A, une fleur.
B, C, appareil pollinique vu de profil.
D, le même, vu de face.

rant 7 ¹/₂ centimètres, les deux autres beaucoup plus longs, formant de longues queues. Pétales ayant environ un tiers de la longueur du sépale dorsal; labelle jaune clair maculé de brun rougeâtre vers la base, et ayant le disque blanc maculé d'orangé.

B. Gireoudiana. — Sépale dorsal mesurant environ 10 centimètres de longueur, les deux autres 12 centimètres, les pétales 5 à 6 centimètres. Ces segments sont jaune verdâtre et maculés de brun à la base. Le labelle est jaune clair maculé de brun au centre, avec la crête orangée.

B. Keiliana. — Sépales mesurant 6 ¹/₂ à 8 centimètres de longueur, jaune verdâtre clair, maculés de brun à la base ; pétales moitié moins longs, de la même nuance. Labelle blanc jaunâtre maculé de brun vers la base.

La variété *tristis* a les pétales et sépales brun foncé, d'un aspect sombre que traduit son nom.

Le *B. Keiliana* est une des espèces les plus répandues dans les cultures ; il fleurit en été.

B. Lanceana. — Sépales et pétales jaune clair, maculés de brun à la base, les sépales doubles des pétales et mesurant 7 à 8 centimètres de longueur. Labelle blanc crème, avec la gorge blanche maculée d'orangé et précédée de quelques macules brunes.

La variété *macrostachya* a les fleurs notablement plus grandes, et le labelle plus pâle.

B. Lawrenceana. — Cette espèce, décrite par LINDLEY en 1841, ne paraît pas se distinguer de la précédente. Mais une plante décrite par REICHENBACH en 1868 sous le nom de *B. Lawrenceana var. longissima* semble mériter d'être érigée au rang d'espèce distincte. Elle a les fleurs beaucoup plus grandes, les sépales longs de 17 centimètres, d'un jaune orangé, ainsi que les pétales, avec de larges macules rouge pourpré à la base, et le labelle jaune clair avec une zône de macules pourpres devant la crête ; celle-ci est légèrement pubescente et forme des tubercules.

B. maculata. — Sépales et pétales jaune verdâtre maculé de brun à la base ; les sépales mesurent environ 7 ¹/₂ centimètres de longueur, et les pétales les deux tiers. Labelle blanc crème tacheté de brun pourpré ; crête orangée, légèrement pubescente.

La variété *guttata*, décrite par L~INDLEY~, aurait « les fleurs beaucoup plus petites et verdâtres, avec les macules réparties à peu près également sur la surface. »

B. verrucosa. — Très voisin du *B. brachiata*, mais à fleurs plus petites, presque de moitié.

Les Brassia se cultivent en serre tempérée ou même tempérée-froide, avec la plupart des Maxillaria et Zygopetalum. Leur compost est le même que celui qui convient à ces genres ; ils croissent généralement sur les arbres à une hauteur moyenne et dans l'ombre, et par suite on devra éviter de les laisser exposés aux rayons directs du soleil. Ils doivent être mis en pots avec un bon drainage, et recevoir beaucoup d'humidité pendant la saison de végétation.

Ils n'aiment pas une sécheresse trop forte pendant l'hiver, et comme ils sont à feuillage persistant, on doit leur donner juste assez d'eau pour préserver leurs feuilles. Dans ces conditions, ils croissent et fleurissent très bien, et attirent toujours l'attention par la forme de leurs fleurs.

Les *B. brachiata* et *B. verrucosa* réclament peut-être une température un peu plus élevée que leur congénères ; il suffira que le jardinier leur réserve la partie la plus chaude et la moins aérée de la serre.

LES BROUGHTONIA

D~IAGNOSE~ :

Sépales égaux, libres, à peu près étalés. Pétales plus amples que les sépales. Labelle sessile à la base de la colonne, libre ou soudé avec elle sur une très faible étendue, large ; lobes latéraux larges, embrassant la colonne à leur base, lobe antérieur large, étalé, souvent denticulé. Colonne plusieurs fois plus courte que les sépales, dressée, largement bi-ailée ; dents du clinandre courtes. Anthère terminale en forme d'opercule, incombante, convexe, distinctement biloculaire, à loges parfaitement divisées en deux par une cloison longitudinale. 4 pollinies cireuses, réparties par paires dans les loges, ovales, égales, comprimées parallèlement sur les côtés, reliées par un appendice granuleux-visqueux.

Herbes épiphytes, à pseudobulbes ovoïdes ou globuleux revêtus de gaînes peu nombreuses, portant 1 ou 2 feuilles au sommet. Feuilles coriaces ou charnues, oblongues ou allongées. Pédoncules terminaux, à gaînes appliquées espacées. Racème lâche, simple ou peu ramifié. Fleurs médiocres ou assez grandes, à pédicelle court. Bractées peu nombreuses en forme d'écailles.

Le genre Broughtonia se compose de deux espèces, dont une seule est répandue dans les cultures.

B. sanguinea. — Fleurs mesurant près de 4 centimètres de diamètre, d'un rouge cramoisi vif, comme l'indique le nom spécifique, avec une macule jaune orangé à la base du labelle. Sépales lancéolés, aigus ; pétales oblongs-ovales, beaucoup plus larges que les sépales. Labelle sub-orbiculaire, avec les bords finement denticulés.

L'introduction du *B. sanguinea* remonte à 1793. Cette espèce se rencontre à la Jamaïque, où elle croît sur les vieux troncs d'arbres, souvent en compagnie du *Brassavola nodosa*. Elle se cultive en panier ou sur bloc suspendu près du vitrage, en serre tempérée-chaude.

Le *Laeliopsis Domingensis* est rapporté par M. Rolfe, de Kew, au genre Broughtonia. Reichenbach rattachait les Broughtonia au genre Epidendrum.

LES BULBOPHYLLUM

Diagnose :

Sépale postérieur libre, érigé ou étalé, à peu près égal aux sépales latéraux ou rarement sensiblement plus court ; sépales latéraux dilatés obliquement à la base et soudés au pied de la colonne, formant un menton court gibbeux ou peu proéminent, étalés au sommet et libres, ou plus rarement soudés sur une plus grande étendue. Pétales plus courts que les sépales ou plus rarement presque égaux, souvent petits ou étroits. Labelle rétréci à la base, articulé avec le pied de la colonne ou mobile, incliné en arrière sur le pied ; lobes latéraux petits, dressés, souvent en forme d'oreillettes ou de dents ; lobe antérieur entier ou cilié, récurvé, étroit ou assez large, souvent plus ou moins épaissi ou bilamellé. Colonne dressée, souvent courte, formant à sa base un pied assez long, bi-ailée au sommet; clinandre court, souvent allongé postérieurement en dent, formant antérieurement deux bras, deux dents ou deux angles, les ailes de la colonne formant parfois des deux côtés deux dents plus courtes au-dessous de ces bras. Anthère terminale en forme d'opercule, incombante, formant un hémisphère aplati ou un cône obtus, à deux loges ou plus rarement à une loge; pollinies cireuses, ordinairement au nombre de quatre, réparties par paires dans les loges; toutefois les deux d'une paire sont souvent plus ou moins soudées, ou l'une des deux est petite, de sorte qu'il semble qu'il n'y en ait que deux dans l'anthère, et même ces deux sont parfois soudées, sans appendice. — Herbes traçantes, à rhizôme plus ou moins revêtu de gaînes scarieuses. Pseudobulbes sessiles à l'axe des gaînes, portant 1 ou 2 feuilles à leur sommet, ou rarement tige sans pseudobulbes, munie de 2 ou 3 feuilles à son sommet; scapes florifères lâches, issus des côtés des pseudobulbes ou plus rarement du rhizôme, aphylles, simples. Fleurs tantôt petites ou très petites groupées en racème terminal touffu, tantôt assez grandes ou grandes, solitaires ou peu nombreuses, à pédicelles rapprochés dans quelques espèces au sommet de la tige et formant presque ombelle.

Le genre Bulbophyllum a été fondé par Du Petit-Thouars en 1822, et on y rattache l'ancien genre Sarcopodium. On l'écrit assez fréquemment Bolbophyllum, comme l'a proposé Sprengel en 1826, et ce serait plus correct; toutefois il y a lieu de conserver le nom tel qu'il a été donné à l'origine.

Sur le très grand nombre d'espèces dont se compose le genre, il y en a peu que l'on rencontre dans les collections; la plupart ont des fleurs de très petite taille, et qui ne présentent d'intérêt que pour le botaniste. Néanmoins, quelques-unes méritent d'être cultivées, et trois ou quatre d'entre elles ont les fleurs d'assez grande taille et de coloris éclatant.

B. anceps. — Pseudobulbes volumineux, très minces et plats. Fleurs de taille assez petite, groupées par 4 ou 5 sur chaque tige florale, et ressemblant à des papillons. Les pétales et le sépale dorsal sont jaunes, pointillés abondamment de rouge brun; les sépales latéraux sont blancs striés longitudinalement de rouge grenat; le labelle, petit et mobile, est violet pourpré.

B. barbigerum. — Espèce très étrange, à fleurs groupées en racèmes au nombre de 7 à 12; les sépales sont linéaires, d'un brun foncé, les pétales à peine visibles; le labelle long, étroit et pointu, porte une pubescence jaune et est terminé par un pinceau de longs poils pourpres, se mouvant au moindre souffle.

B. Beccarii. — Espèce remarquable, d'une grandeur exceptionnelle, à fleurs très nombreuses et belles, mais possédant malheureusement une odeur désagréable. Ces fleurs sont groupées en racèmes pendants touffus, et précédées de bractées énormes d'un rose lilacé strié de rouge; elles sont de petite taille, mais font beaucoup d'effet par leur masse. Les sépales sont jaunes, réticulés de rouge, les pétales jaune sombre avec une bande centrale rouge, et le labelle récurvé, jaune avec des lignes rouges sur le disque.

B. Brienianum. — Très belle espèce dont il n'a été introduit jusqu'ici qu'un seul exemplaire, provenant de la région de l'Himalaya. La fleur a près de cinq centimètres de diamètre, et est abondamment recouverte de rouge pourpre foncé sur fond pâle.

B. Dearei. — Fleurs grandes et d'un beau coloris. Le sépale dorsal est jaune gomme-gutte, avec des veines brun rougeâtre reliées entre elles par des veines transversales; les sépales latéraux sont jaune lavé de pourpre foncé. Les pétales sont d'un jaune clair veiné de brun. Le labelle est blanc crème tacheté de pourpre foncé à la base.

B. grandiflorum. — « Espèce extraordinaire par ses fleurs grandes et fantastiques, » écrivait le professeur Reichenbach en la décrivant, après sa première floraison dans les serres de L'Horticulture Internationale. Les sépales sont très grands, allongés en pointe, le dorsal très large vers la base; ces organes sont d'un blanc crème grisâtre, abondamment réticulés et tigrés de rouge brunâtre. Les pétales sont triangulaires, de très petite taille; le labelle charnu, également très petit, est brun sombre.

Provient de la Nouvelle Guinée; fleurit en juillet-août.

B. lemniscatoides. — Espèce très curieuse introduite en 1890 par par M. de Lansberge. Elle présente trois longs appendices cylindriques et papilleux, partant de l'arrière de chaque sépale, près du sommet, et pendant au-dessous de la fleur.

B. Lobbi. — Découvert à Java en 1846. Les fleurs solitaires sont produites sur des hampes dressées un peu plus courtes que les feuilles. Elles mesurent 13 centimètres de diamètre. Sépales lancéolés, jaune d'or, avec des lignes de ponctuation pourpre à l'extérieur du sépale dorsal; sépales latéraux marqués de rose pourpre au centre. Pétales plus petits que le sépale dorsal et plus réfléchis. Labelle court en forme de cœur, jaune taché de pourpre.

La variété *siamense*, d'abord décrite par Reichenbach comme espèce distincte sous le nom de *B. siamense*, a les fleurs colorées de jaune veiné et pointillé de rouge vif.

B. reticulatum. — Espèce à feuillage très gracieux, large, ovale, d'un vert pâle réticulé de vert foncé. Fleurs blanchâtres striées de rouge pourpre ou maculées; sépale dorsal et pétales ovales acuminés; sépales latéraux beaucoup plus larges, recourbés.

Les Bulbophyllum se cultivent en serre chaude à peu près de la même façon que les Dendrobium. Toutefois plusieurs espèces, comme le *B. anceps*, réussissent mieux sur bloc, suspendues près du vitrage, et pourvu qu'elles aient une chaleur suffisante et une atmosphère très humide, elles ne demanderont pas beaucoup de soins au jardinier.

Les plantes de taille modeste de toutes les espèces de ce genre réussissent bien en panier; leur forme et leur coloris curieux attirent toujours l'attention des visiteurs.

LES CALANTHE

Diagnose :

Sépales à peu près égaux aux pétales, libres ou les latéraux faiblement soudés avec le labelle. Labelle conné à la colonne, entier ou lobé, muni d'un éperon ou mutique, avec des lamelles ou des tubercules sur le disque. Gynostème court ; rostellum généralement en forme de bec. Huit pollinies, fortement atténuées à la base, disposées par quatre ; glande bipartite. — Herbes terrestres ; hampes dressées multiflores ; feuilles larges, plissées ; fleurs blanches, lilacées ou plus rarement jaunes.

Les Calanthe sont au nombre des plus belles Orchidées de serre. Leur culture est facile, leur floraison est abondante et de longue durée ; beaucoup des plus belles espèces fleurissent en hiver, ce qui a contribué à augmenter encore leur popularité.

Le nombre des espèces connues est d'une quarantaine environ ; elles sont dispersées sur une aire très vaste, dans l'Assam, la Cochinchine, les Indes néerlandaises, le Japon, les îles du Pacifique et jusqu'à la partie septentrionale de l'Australie, et enfin dans l'Amérique et l'Afrique centrales, à Madagascar, aux Antilles et au Mexique.

On peut diviser les Calanthe, d'après leur aspect extérieur et leur mode de végétation, en deux grandes sections très naturelles. L'une comprend un certain nombre d'espèces à pseudobulbes, de croissance épiphyte, telles que les *C. vestita*, *C. Turneri*, et le célèbre hybride *C. × Veitchi ;* l'autre se compose d'espèces terrestres, dépourvues de pseudobulbes, à feuillage très ample et largement étalé. Les deux représentants les plus connus de ce groupe sont les *C. Masuca* et *C. veratrifolia*.

Le *Calanthe veratrifolia*, sur lequel fut fondé le genre en 1823, est une belle espèce très répandue dans les cultures. Il a été introduit d'Australie, de Java, de Cochinchine, de l'île de Ceylan, du Japon, etc. Quoiqu'il ne semble pas avoir jamais disparu des serres européennes, il a reçu à plusieurs reprises, à cause de sa vaste dispersion, différents noms qui ne doivent être considérés que comme des synonymes; c'est ainsi que les *C. colorans* et *C. Petri*, de Reichenbach, et le *C. Textori*, doivent être rattachés à cette espèce.

La plante est d'un port robuste et assez élégant; les feuilles, d'un vert clair, ont une longueur de 45 à 60 centimètres, et sont larges en proportion. La tige florale érigée, élevée au-dessus du feuillage, se termine par une grappe très touffue de fleurs blanches, mesurant chacune environ 5 centimètres de diamètre. Les sépales et pétales sont ovales-oblongs, acuminés; le labelle est partagé en quatre lobes divergents, et a le callus jaune.

Le *C. Masuca* provient surtout de la région de l'Himalaya et de l'île de Ceylan; il fut décrit pour la première fois par Lindley en 1833. Il a les feuilles plus petites que le précédent. Sa tige florale atteint une hauteur de 60 à 80 centimètres, et porte une grappe serrée de fleurs d'un bleu mauve vif; le labelle, d'un coloris un peu plus foncé que les autres segments, est trilobé et a le lobe antérieur oblong arrondi, émarginé; la crête est d'un brun rougeâtre.

Ces deux espèces ne perdent pas leur feuillage tous les ans; les feuilles ne tombent que dans le courant de la seconde année, de sorte que la plante conserve toujours un aspect décoratif.

Passons à l'autre section; l'espèce la plus remarquable qu'elle renferme est le

Calanthe vestita. — Cette superbe espèce fut découverte en 1826 dans le Tenasserim par le Dr Wallich, mais elle ne fut guère introduite qu'en 1848. Elle est d'une croissance robuste et fleurit régulièrement tous les ans. Sa floraison se produit ordinairement en décembre, janvier et février.

Ses fleurs mesurent de 5 à 7 ½ centimètres de diamètre, et ont une forme très élégante. Les pétales et les sépales, d'un blanc de lait, sont oblongs, assez larges, surtout les premiers, bien étalés, brièvement apiculés. Le labelle plat, trilobé, a les lobes latéraux obliques largement arrondis, et le lobe antérieur obcordé, bifide au sommet.

La variété *rubro-oculata* porte à la base du labelle une large macule rouge pourpre.

La variété *igneo-oculata*, importée assez récemment de Bornéo, a la macule rouge orangé, plutôt que rouge feu, comme l'indique son nom.

Enfin la variété *gigantea* a les fleurs plus grandes que dans le type ordinaire, et la macule du labelle rouge orangé.

Le *Calanthe Turneri* et le *C. Regnieri* peuvent être considérés comme des variétés de cette espèce, dont ils ne diffèrent que par quelques détails peu importants. Le premier a les pseudobulbes un peu plus allongés, les fleurs à peu près semblables à celles de la variété *rubro-oculata*; mais ces fleurs se produisent un peu plus tard que celles du type. Le *C. Regnieri* a les fleurs un peu plus petites, le lobe moins profondément lobé et d'un coloris rose, avec une macule rouge vif à la base.

C. rosea. — Cette espèce, découverte dans le Moulmein en 1850, fut connue pendant longtemps sous le nom de *Limatodes rosea*, que lui avait assigné LINDLEY; elle est célèbre pour avoir donné naissance au *C.* × *Veitchi*, considéré tout d'abord comme un hybride bi-générique.

Les pseudobulbes allongés, anguleux, sont marqués vers la moitié de leur hauteur d'une dépression qui se retrouve aussi dans le *C.* × *Veitchi*. Les tiges florales mesurent environ 30 centimètres et portent de 7 à 12 fleurs. Les fleurs ont 5 centimètres de diamètre; elles ont les pétales et les sépales lancéolés aigus, rose clair; le labelle a les lobes latéraux enroulés en tube autour de la colonne, et le lobe antérieur oblong, étalé; cet organe est rose clair, avec les lobes latéraux d'un coloris un peu plus foncé.

Parmi les hybrides produits dans cette section, on peut mentionner les suivants :

C. × **Aurora** (*C. Regnieri* × *C. rosea*). — Fleurs rose vif, avec les sépales et les pétales plus pâles à la base, et le tube du labelle carmin foncé.

C. × **bella** (*C. Turneri* × *C. Veitchi*). — Fleurs remarquables, très grandes, d'un rose très clair nuancé de blanc, avec une macule rose carminé à la base du labelle.

C. × **Barberiana** (*C. Turneri nivalis* × *C. vestita*). — Fleurs blanc pur avec une petite trace jaune à la base du lobe antérieur du labelle.

C. × **Halli** (*C. vestita* × *C. Veitchi*). — Fleurs blanches, avec les pointes des sépales latéraux nuancées de vert pâle, et une trace jaune crême à la base du lobe antérieur du labelle.

C. × **lentiginosa** (*C. labrosa* × *C. Veitchi*). — Fleurs plus petites et plus ramassées que celles du *C. × Veitchi*, d'un coloris blanc lavé de rose pâle à la base des segments. Labelle suborbiculaire, ondulé sur les bords et presque divisé en quatre lobes par des lacinies assez profondes, maculé de rose vif à la base.

C. × **porphyrea** (*C. labrosa* × *C. vestita rubro-oculata*). — Fleurs d'une forme assez analogue à celle du précédent, à labelle suborbiculaire trilobé; sépales et pétales carmin pourpré; labelle blanc à la base, maculé de carmin pourpré.

C. × **Sandhurstiana** (*C. rosea* × *C. vestita rubro-oculata*). — Fleurs ayant à peu près la forme de celles du *C. × Veitchi*, d'un coloris rose carminé, les sépales un peu plus pâles que les pétales, le labelle relevé d'une macule plus foncée à la base.

C. × **Sedeni** (*C. Veitchi* × *C. vestita rubro-oculata*). — Fleurs analogues à celles du *C. × Veitchi*, mais plus foncées. Le labelle porte à sa base une macule rose foncé entouré de blanc.

Le *Calanthe × Veitchi*, dont les gravures publiées plus haut (fig. 40 et 42) représentent le port et des fleurs séparées fut l'un des premiers hybrides obtenus artificiellement dans la famille des Orchidées, et l'intérêt qu'il excita par ce motif s'accrut encore en raison de ce fait qu'il était considéré comme provenant d'un croisement de deux genres distincts. Ses parents étaient le *Limatodes* (ou Limatodis) *rosea* et le *Calanthe vestita*. Toutefois le premier a été depuis lors réintégré par BENTHAM dans le genre Calanthe, dont il ne se distingue pas sensiblement par ses caractères botaniques [1].

Le *Calanthe × Veitchi* présente un exemple remarquable d'hybride possédant une constitution plus robuste que les espèces dont il est issu ; par la beauté des formes, il n'est pas inférieur à ses parents ; par sa vigueur de croissance et sa floribondité, il leur est supérieur, surtout au premier, qui est un peu délicat. Il est devenu promptement populaire, et s'est répandu dans toutes les collections. C'est aujourd'hui l'une des Orchidées qui rendent le plus de services aux cultivateurs, spécialement pour la fleur coupée, et c'est à bon droit que le plébiscite ouvert dans le *Journal des Orchidées* sur cette importante question de la grande culture l'a placé dans les premiers rangs.

Le *Calanthe × Veitchi* fut produit en 1856 chez MM. VEITCH, par DOMINY, récemment décédé, l'un des premiers semeurs et l'un de ceux qui ont obtenu les plus grands succès. Il a été depuis lors fréquemment reproduit, soit par hybridation artificielle, soit au moyen de la division, qui, comme on sait, s'opère très facilement dans le groupe des Calanthe à bulbes. Il fleurit au cœur de l'hiver, du mois de janvier au mois de mars. Ses tiges florales, longues de 60 centimètres à un mètre, portent un grand nombre de fleurs qui sont d'un coloris rose vif exquis.

Le seul hybride de la section des Vératrifoliées est le *C. × Dominyi*, obtenu par le semeur dont il porte le nom, entre le *C. Masuca* et le *C. furcata*, espèce qui n'existe plus dans les cultures. Il a les fleurs violet-mauve clair lavé de blanc, et le labelle plus foncé avec le callus jaune. C'est le premier hybride d'Orchidées qui ait fleuri, en 1856.

CULTURE. — J'ai déjà exposé, à propos de la grande culture pour la fleur coupée (p. 516), le traitement qui convient aux Calanthe à pseudobulbes. Je n'y reviendrai ici que pour signaler un procédé appliqué avec beaucoup de succès par M. DE LANS-

---

[1] Les Limatodes ont été également rapportés aux Phajus par BLUME, l'auteur même du genre.

BERGE. Voici dans quels termes l'honorable amateur néerlandais en rendait compte dans le *Journal des Orchidées* :

« Il y a deux ou trois ans, mon jardinier, ayant observé que des bulbes de Calanthe venant de Java portaient les traces d'avoir été extraits d'un terrain argileux, imagina d'essayer de planter un *Calanthe × Veitchi* dans de l'argile pure, par-dessus le drainage de rigueur.

Or cette plante, loin de se trouver mal du milieu dans lequel elle était placée, poussa tout aussi vigoureusement que celles qui étaient plantées dans le compost ordinaire. Sa floraison fut même tellement belle que, désirant faire quelques essais d'hybridation, c'est elle que je choisis comme sujet. Je fécondai donc quelques-unes de ses fleurs avec le pollen du *Phajus Blumei*, et trois mois après, elle me donnait autant de gousses remplies de graines arrivées à maturité. Cependant cette opération fut cause que la plante ne fut ni soumise au repos habituel ni rempotée à son temps. Elle resta donc dans le pot dans lequel elle se trouvait et fut oubliée parmi les autres plantes rempotées au printemps. Aussi, quel ne fut pas mon étonnement de voir vers la fin de l'été les vieux bulbes en émettre de jeunes qui poussèrent très vigoureusement et donnèrent une très belle floraison.

L'été passé, tous mes Calanthe avaient commencé à dépérir. Je pris alors la résolution de les rempoter de nouveau et je profitai de cette occasion pour faire quelques expériences relativement au compost qui leur convient le mieux.

J'en plantai donc deux dans du sphagnum pur, quelques-unes dans du terreau de feuilles mêlé de bouse de vache desséchée et d'un peu de sphagnum, d'autres dans le compost ordinaire, et enfin un petit nombre dans de l'argile pure.

Voici le résultat de l'expérience. Les bulbes plantés dans le sphagnum n'ont donné que des sujets chétifs et peu florifères; ceux qui étaient plantés dans du terreau se sont un peu mieux comportés; ceux qui avaient reçu le compost ordinaire ont donné une floraison normale; enfin ceux qui étaient plantés dans de l'argile ont produit des plantes très vigoureuses, qui ont fleuri les premières et ont donné des fleurs plus nombreuses et plus colorées que le reste.

Il semble donc avéré que, pour les Calanthe à feuilles caduques, une terre argileuse est un excellent compost, sinon le meilleur. Il est à noter que la terre que j'ai employée est une argile d'alluvion, dure comme de la pierre lorsqu'elle est sèche, mais absorbant l'eau assez facilement. Peut-être vaudrait-il mieux attendre, pour placer les bulbes dans l'argile, qu'ils aient déjà émis des racines dans une terre plus légère.

Outre les Calanthe, il y a encore plusieurs Orchidées terrestres ou semi-terrestres qui, à en juger par la terre qui y adhère lorsqu'elles viennent de leur pays d'origine, doivent pousser dans des terrains argileux, par exemple les Pleione, quelques Catasetum, etc. Les expériences auxquelles je les ai soumises ne m'ont cependant pas donné le même résultat satisfaisant. »

Les autres espèces du genre se cultivent dans le même compost que j'ai indiqué pour les *C. vestita* et *C.* × *Veitchi*. Il convient de leur donner des pots assez grands, parce qu'elles forment une grande quantité de racines et que celles-ci demandent beaucoup de nourriture. On rempote généralement les plantes tous les ans, pour leur donner plus d'espace. Arrosages abondants pendant la saison de végétation, et en hiver assez fréquents pour que le compost ne devienne jamais complètement sec. Lavages à l'eau de savon ou de nicotine de temps en temps, pour chasser les insectes, qui attaquent beaucoup le feuillage de ces plantes, surtout si la température est trop haute, excès qu'il faut éviter.

On doit avoir soin d'ombrer les serres en été toutes les fois que le soleil darde ses rayons; les Calanthe de la section des Vératrifoliées réussissent bien à mi-ombre.

LES CATASETUM

Diagnose :

Sépales et pétales libres, presque égaux, parfois tous larges, épais, plus ou moins connivents, ou tous étroits, le sépale supérieur connivent avec les pétales, ou bien les sépales latéraux (ou parfois tous) étalés ou réfléchis. Labelle charnu, sessile à la base du gynostème. Fleurs polygames trimorphes. *Fleur mâle* (Catasetum type) : Labelle épais, charnu, large, fortement concave ou en forme de casque, souvent crénelé ou fimbrié aux bords ou à l'orifice. Colonne dressée, assez longue, épaisse, munie d'une antenne ou cirre de chaque côté du stigmate non visqueux, sans pied ; clinandre allongé en arrière en longue pointe. Anthère terminale, en forme d'opercule, incombante, convexe, longuement acuminée en arrière, uniloculaire ou imparfaitement biloculaire ; quatre pollinies, superposées par paires, ou à deux sillons, ou à deux lobes, cireuses, oblongues, munies d'un stipe long en forme de ruban ; glande volumineuse et épaisse. *Fleur femelle* (Monachanthus) : Colonne beaucoup plus courte ou très courte, sans cirres ; stigmate parfait. Anthère plus petite que dans le précédent ; pollinies imparfaites. *Fleur hermaphrodite* (Myanthus) : Labelle étroit, oblong ou ovale, plan ou fortement concave à la base, à lobe médian parfois allongé, longuement fimbrié sur toute la face supérieure, ou seulement en partie, ou sur les bords, parfois cornu à la base. Colonne presque comme dans la fleur mâle, mais avec le stigmate parfait. — Herbes terrestres ou épiphytes, à tiges courtes munies de gaînes à la base, épaissies en pseudobulbes ovoïdes ou fusiformes. Scapes issus de la base des pseudobulbes, simples, dressés ou pendants.

Catasetum barbatum. — Sépales et pétales verts maculés de pourpre sombre. Labelle étroit, allongé, portant au centre une forte touffe de longs filaments blancs formant brosse. Fleurit en été.

C. Buugerothi (voir fig. 79). — La plus belle espèce du genre, et de beaucoup supérieure à toutes les autres. Je l'ai décrite au chapitre de la fleur coupée (p. 530) ; le labelle très ample, orbiculaire, concave, a la forme d'une sorte de vaste cuiller. Il est finement denticulé sur les bords, et d'un blanc pur, de même que les pétales et les sépales. Les fleurs sont assez densément groupées sur deux rangs en grappe horizontale, et produisent un effet superbe.

Trois variétés d'une grande beauté ont fait leur apparition, les deux premières dès le début, la troisième récemment ; en voici l'énumération :

Var. Pottsianum. Les pétales et les sépales portent un léger pointillé rouge ; le labelle présente à sa partie antérieure un triangle couvert également de points rouges assez espacés. L'ensemble est d'une extrême élégance.

Var. aureum. La fleur entière est d'un beau jaune d'or, avec une zône un peu plus foncée au creux du labelle.

Var. Randi. Autre variété jaune, mais d'un jaune plus pâle et plus mat, avec l'ouverture de l'éperon couleur abricot. Dédiée à M. Éd. Rand, de Parà.

C. Christyanum. — Sépales et pétales d'un brun chocolat foncé, labelle et colonne vert vif. Fleurit en automne.

C. ûmbriatum. — Sépales et pétales verts tachetés de pourpre sombre ; labelle large, vert nuancé de rouge à la base, avec les bords très denticulés et frangés.

C. Gnomus. — Espèce curieuse et très agréable : les fleurs ont les pétales d'un brun sombre, étalés comme des ailes, les sépales dressés parallèlement à la colonne, verts avec des barres et des macules transversales brun foncé ; la colonne est verte. Le labelle, en forme de casque, a le centre blanc jaunâtre couvert de points rouges, et les bords extérieurs blanc pur, denticulés.

C. Imschootianum. — Sépales et pétales vert clair, connivents et un peu roulés sur eux-mêmes ; labelle en forme de cornet émoussé, jaune pâle nuancé d'orangé.

C. macrocarpum. — Sépales et pétales d'un vert jaunâtre clair, tachetés de brun pourpré ; labelle orangé sombre, tacheté de brun. Fleurit en été.

C. saccatum. — Espèce d'assez grande taille, produisant un effet singulier par le coloris brun sombre de ses segments, dressés comme des ailes. Le labelle, en forme de sac, a l'apparence d'une coquille de crustacé ; les lobes latéraux verts et bruns, finement frangés, sont repliés sur les bords. Fleurit en été.

C. Scurra. — Fleurs jaune paille veiné de vert, répandant une odeur très agréable.

Culture. — La culture des Catasetum en général n'est pas difficile ; ce sont des plantes robustes, végétant bien et donnant des tiges florales de forte dimension ; parmi les Orchidées de serre chaude, ils peuvent être considérés comme des plantes « de fond, » en quelque sorte, moins brillantes, mais moins exigeantes aussi que beaucoup d'autres. La seule différence qui existe entre eux et la plupart des Orchidées de serre chaude, le point essentiel dans leur traitement, c'est qu'ils exigent un repos très prononcé. Si le compost reste humide pendant l'hiver, une fois la saison de végétation terminée, les pseudobulbes ne murissent pas bien, les racines se couvrent d'une couche de moisissure qui s'étend bientôt et gagne la base des bulbes eux-mêmes. La pousse suivante apparaît chétive et sans force, et la plante ne tarde pas à périr.

Pour éviter ces accidents, et pour éviter au jardinier toute chance d'erreur, voici quel est le procédé le plus simple et le meilleur : dès que le bulbe est terminé, vers le milieu d'octobre, enlevez les plantes de leur serre et suspendez-les près du vitrage dans une galerie ou une serre vide, où le chauffage sera très modéré et les arrosages complètement supprimés, puis ne vous occupez plus de vos plantes jusqu'au commencement ou au milieu de mars. A ce moment, reprenez-les, arrosez-les, et placées dans une serre chaude et humide, elles donneront une végétation vigoureuse et une belle floraison.

Les Catasetum affectent souvent des coloris sombres, ce qui écarte d'eux la vogue (quoiqu'il existe d'ailleurs des exceptions très remarquables), mais ils ne méritent pas d'être dédaignés, et la bizarrerie de leurs formes constitue bien souvent un contraste très opportun avec des fleurs plus claires et plus harmonieuses.

Les Catasetum offrent un intérêt particulier au point de vue scientifique, parce qu'ils produisent des fleurs de deux sexes ; cette anomalie, qui avait d'abord causé dans la nomenclature du genre des erreurs considérables, est curieuse à étudier au point de vue de la fécondation, et donne lieu à deux remarques intéressantes.

D'une part, il semble que la nature ait voulu, dans ce genre comme dans les autres à peu près sans exception, favoriser les croisements et empêcher la fécondation légitime d'une espèce par elle-même, ainsi que DARWIN l'avait d'ailleurs parfaitement pressenti; en effet M. RAND écrit que, d'après les observations qu'il avait faites pendant de longues années, les fleurs mâles et les fleurs femelles, lorsqu'elles ne sont pas sur la même grappe (ce qui arrive assez souvent), ne s'épanouissent jamais en même temps. D'autre part, cette fécondation, qui ne peut presque pas être autre chose qu'un métissage, est tout particulièrement facilitée par la construction des organes spéciaux. Dans le genre Catasetum, en effet, les loges des anthères sont reliées à une antenne, qui joue le rôle d'un ressort, d'une grande délicatesse; qu'une mouche, un insecte quelconque, vienne se poser sur la fleur et se promener soit sur le labelle, soit sur la colonne, il ne tardera pas, inévitablement, à rencontrer la pointe de l'antenne-ressort, et à ce contact, les loges de l'anthère seront projetées en avant sur l'insecte.

Or les pollinies, généralement plates et de forme assez massive, sont enfermées dans une sorte d'étui d'où dépasse seulement le pédicelle qui les réunit, et qui est muni à sa base d'une masse d'ordinaire blanchâtre, visqueuse et collante comme de la glu (rétinacle). Cette petite masse reste collée au dos de l'insecte, et avec elle les pollinies; si cet insecte, dans son vol vagabond, va se poser ensuite sur une fleur femelle, en passant contre le stigmate il mettra sans s'en douter les pollinies en contact avec celui-ci, et elles y resteront collées, opérant la fécondation.

Au point de vue de la vie en serres dans nos climats, on pourra remarquer que les Catasetum y produisent rarement des fleurs femelles, et il semble que dans les pays d'origine cette différence existe également, car M. RAND écrit que « dans les Catasetum de tous les groupes, la proportion des fleurs mâles aux fleurs femelles est de plus de mille à un. » Les Cycnoches, au contraire, qui se signalent par la même anomalie qu'eux, donnent plus souvent des fleurs femelles que des mâles. Mais qui expliquera ces bizarreries de la nature?

Les fleurs femelles sont généralement très différentes de forme des mâles, peu nombreuses sur chaque grappe, de taille petite en comparaison des autres, mais d'un coloris plus clair et plus agréable. M. Rand mentionne notamment une espèce qui a les fleurs mâles noires, jaunes et vertes, avec le labelle très frangé, et présentant un aspect vraiment fantastique, tandis que les fleurs femelles sont colorées de vert et d'un beau jaune, très belles, et pourraient être prises au premier abord pour un Cypripedium.

Il est difficile d'imaginer l'espèce dont il s'agit ; c'est peut-être le *C. Christyanum* ou quelque autre voisine, car le groupe des espèces à fleurs sombres et à forme fantastique est fort nombreux (*C. Gnomus*, *C. saccatum*, *C. barbatum*, etc.). Quant aux fleurs femelles, peu de personnes en Europe ont eu l'occasion d'en étudier dans plusieurs espèces.

LES CATTLEYA

Diagnose :

Sépales membraneux ou charnus, étalés, égaux ; pétales généralement plus grands. Labelle articulé avec le gynostème, cucullé, entier ou trilobé enveloppant le gynostème. Gynostème en forme de massue, allongé, semi-cylindrique, marginé. Anthère à quatre loges, charnue, à bords membraneux. Quatre pollinies munies d'autant de caudicules. — Herbes épiphytes à pseudobulbes, originaires de l'Amérique tropicale, à feuilles coriaces solitaires ou géminées ; fleurs terminales grandes et belles, sortant souvent d'une spathe de grande dimension.

Parmi les genres dont la classification réclame le plus impérieusement la révision qu'il est question de faire subir à la nomenclature orchidéenne, il faut mettre au premier rang le genre Cattleya, dont une bonne moitié au moins n'a pas reçu jusqu'ici d'attribution définitive.

Si la théorie du professeur Reichenbach devait prévaloir, le genre tout entier disparaîtrait pour se fondre dans les Epidendrum ; d'après Bentham et beaucoup d'autres orchidographes, au contraire, il resterait distinct et absorberait même le genre Laelia, que Reichenbach classe avec les Bletia.

Les Laelia, en effet, ne diffèrent des Cattleya que par un point de peu d'importance, l'arrangement des masses polliniques, que l'on ne peut vérifier qu'en détruisant une partie de la fleur.

Mais il existe encore une autre grave difficulté. Doit-on considérer comme des espèces distinctes, ou seulement comme des variétés du *C. labiata*, ces formes splendides, si populaires et si répandues et dont le nombre s'accroît tous les ans d'une moisson nouvelle, les *C. Trianae, Mendeli, Mossiae* (voir fig. 76), *gigas, Gaskelliana, Eldorado* (voir fig. 67), *Percivaliana*, etc.? Les avis sont partagés, et le problème, posé bien souvent, n'est pas résolu encore; mais plus les connaissances des orchidophiles s'étendent, plus ils recueillent d'éléments d'appréciation, et plus il devient probable que la question pourra être prochainement tranchée.

Deux tendances sont en présence qui se contrarient fréquemment : les botanistes, d'une part, se déterminent par des motifs scientifiques et des caractères anatomiques intimes; d'autre part les horticulteurs se préoccupent davantage des analogies apparentes et des caractères extérieurs communs.

Laquelle de ces deux tendances l'emportera? Dût-on m'accuser de prêcher pour mon saint, j'incline fort à penser que ce sera la seconde. Tout au moins a-t-elle l'avantage du nombre; tous les amateurs d'Orchidées qui ne sont pas des savants — et c'est de beaucoup la majorité — se contenteront aisément d'adopter les groupements basés sur des différences bien nettes et facilement reconnaissables. Or il est certain que ce criterium amènerait à conserver comme espèces distinctes les *C. Mossiae, Mendeli, Gaskelliana, Trianae, gigas*, etc.

En tous cas, la revision du genre Cattleya s'impose, et il faudra bien qu'un jour ou l'autre un botaniste clairvoyant s'en occupe.

Il est clair qu'il existe dans le genre, comme dans les Odontoglossum, les Oncidium et plusieurs autres genres, des sections assez larges, des séries confluentes dans lesquelles on peut classer un certain nombre d'espèces; on aurait ainsi les *Cattleya guttata*, les *C. Walkeriana*, les *C. Aclandiae*, le *C. citrina* (voir fig. 4), formant un type à part, et il y aurait aussi, si l'on veut, la section des *C. labiata*, mais il n'en reste pas moins, sous ces noms généraux, des espèces très nombreuses parfaitement distinctes au point de vue horticole, et qu'il semble impossible de supprimer sans aboutir à une véritable confusion.

Ce qui établit bien, d'ailleurs, l'importance d'espèces telles que le *C. Trianae* et le *C. Mossiae*, c'est le nombre considérable de variétés qu'elles comprennent et que les amateurs d'Orchidées ont dû distinguer entre elles par des noms spéciaux — variétés très étendues, parfois très tranchées, et qui cependant rentrent nettement dans leur classe spécifique, et ne peuvent jamais être confondues avec une des espèces voisines.

Les espèces les plus populaires et les plus remarquables du genre Cattleya sont les suivantes :

C. Aclandiae (voir fig. 93). — Plante de petite taille, produisant de grandes fleurs ayant les pétales et les sépales à peu près semblables, larges, d'un vert olive, abondamment tacheté de fortes macules pourpre foncé; labelle trilobé avec le lobe antérieur très étalé, d'un rouge magenta; colonne rouge pourpre vif. Fleurit en juin-juillet.

Deux variétés remarquables de cette espèce ont été introduites récemment par L'Horticulture Internationale, la variété *salmonea*, dont les pétales et sépales ont le fond jaune saumon, et la variété *tigrina*, qui a les fleurs d'une grandeur exceptionnelle, portant des macules très larges d'un coloris particulièrement sombre sur fond jaunâtre clair.

C. Alexandrae (voir fig. 26). — Espèce récemment introduite du Brésil. Ses fleurs ont les segments assez étroits, allongés, très ondulés sur les bords, brun vif brillant, ou d'un rose brunâtre, avec une bordure tirant sur le rouge. Le labelle a les lobes latéraux rose vif, appliqués sur la colonne, et le lobe antérieur étalé en éventail. Les fleurs apparaissent au mois de novembre ou décembre. Elles sont produites en bouquets au sommet de très longues tiges dressées. Sans être au nombre des plus belles du genre, elles sont très intéressantes et rendront probablement de grands services pour la fleur coupée.

C. amethystina. — Nom donné à une forme de *C. intermedia*, ayant les segments blanc lavé de rose lilacé pâle, et le lobe antérieur du labelle rouge améthyste pourpré.

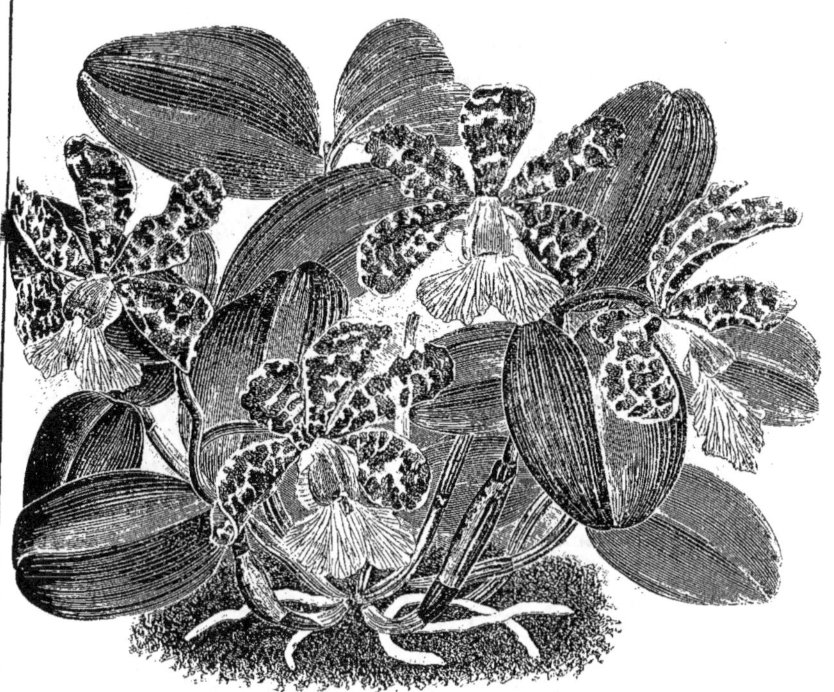

Fig. 93. — CATTLEYA ACLANDIAE.

C. amethystoglossa. — Magnifique espèce produisant des bouquets touffus de fleurs d'un ravissant coloris. Les segments sont nuancés de rose, et abondamment tachetés vers leurs extrémités de rose pourpré vif; le labelle, également rosé, a les coins relevés des lobes latéraux d'un beau rose pourpré vif, ainsi que le lobe antérieur, étalé en éventail et hérissé de granulations.

Le *C. amethystoglossa* forme de fortes touffes qui offrent au moment de la floraison un coup d'œil splendide. Il n'est pas difficile à cultiver, et réclame le même traitement que le *C. granulosa* et les plantes de la section *guttata*. Il fleurit au mois de mars.

C. aurea. — Splendide espèce ayant les pétales et sépales d'un jaune clair, et le labelle énorme, frangé et frisé sur les bords, d'un beau rouge pourpre velouté, strié de jaune d'or. Il produit des grappes de trois à quatre fleurs, qui sont au nombre des plus grandes du genre.

La variété *Lindeni* est d'une beauté hors ligne. Le labelle, très ample, porte à sa partie antérieure une très large bordure transversale ondulée et frisée, d'un rouge pourpré velouté.

Fleurit en août-septembre.

C. Bowringiana. — Fleurs disposées par bouquets au nombre de cinq à dix, de petite taille, mais d'un coloris très vif. Les pétales ovales, assez larges, et les sépales oblongs aigus, sont d'un rose pourpré; le labelle a le même coloris, avec le lobe antérieur pourpre foncé, et le disque blanc bordé en avant d'une large bande marron pourpré sombre. Floraison en octobre-novembre.

C. chocoensis. — Forme très voisine du *C. Trianae*, dont elle n'est peut-être qu'une variété, mais cependant très distincte d'allure. Ses fleurs très parfumées, à segments très larges, ne s'ouvrent pas complètement, les pétales restant un peu repliés près du labelle; leur coloris est un rose lilacé pâle; le labelle a le disque orangé vif, avec une petite macule pourpre en avant du lobe antérieur.

C. bicolor. — Espèce à tiges cylindriques minces, diphylles. Sépales et pétales vert pâle nuancé de brun cuivré, labelle d'un beau rose pourpre dépourvu de lobes latéraux, avec la colonne apparente colorée de rouge vif. Très florifère, fleurit en septembre.

C. citrina (voir fig. 32). — Cette espèce, parfois désignée sous le surnom de *tulipe du Mexique*, est entièrement distincte des autres types du genre. Elle produit, à l'extrémité de petits bulbes glauques ovales, des fleurs tombantes d'assez grande taille, d'un beau jaune vif légèrement orangé, d'un parfum agréable et rappelant celui du citron. Fleurit de mai à juillet.

Il est à remarquer que le *C. citrina* se cultive dans la serre mexicaine, à une température plus basse que les autres espèces; il ne réussit bien que quand ses bulbes se trouvent dans une position inclinée, avec ses feuilles pendant verticalement; aussi réussit-il particulièrement bien sur une planchette faite de bois dur ou de tronc de Fougère. Les amateurs, parfois, se donnent beaucoup de mal pour le cultiver en pot; ils n'obtiennent de cette façon que des résultats peu satisfaisants.

Une gravure publiée plus haut (p. 220) représente le port de cette curieuse Orchidée, qui, suspendue au vitrage, orne les serres d'une façon très pittoresque.

C. crispa (voir *Laelia crispa*).

C. dolosa (voir *C. Walkeriana*).

C. Dormaniana (voir *Laelia Dormaniana*).

C. Dowiana. — Espèce très voisine du *C. aurea*, et dont celle-ci est parfois considérée comme une variété. C'est également une plante d'une très grande beauté, dans laquelle le jaune domine sur le labelle, tandis que c'est le pourpre dans le *C. aurea*. Fleurit en septembre.

La variété *Statteriana* est particulièrement belle. Elle a les fleurs d'une forme superbe, entièrement jaune d'or, sauf une large bande de stries rouge pourpre s'étendant au milieu du labelle, de la base au bord antérieur, où elles s'épanouissent en éventail.

C. Eldorado (voir fig. 67, p. 423). — Sépales et pétales d'un coloris rouge pâle ou chair; labelle de même, portant à la gorge une macule jaune plus ou moins grande variant beaucoup, du jaune paille clair à l'orangé le plus foncé, et sur le lobe antérieur une macule transversale rouge pourpre vif, plus ou moins large. Les fleurs varient également beaucoup comme grandeur, comme largeur des pétales et des sépales, et comme substance. Cette belle espèce fleurit en août-septembre.

Les variétés *Wallisi* et *virginalis*, à pétales et sépales blancs, avec le labelle maculé seulement de jaune orangé sur le disque; *Oweni*, à pétales et sépales blancs, labelle rouge vif; *Treyeranae*, à fleurs très grandes d'un rose pâle, *Lindeni*, à segments rose vif, avec une tache pourpre à la pointe des pétales et une large macule transversale rouge pourpré foncé en avant du labelle, sont à citer parmi les plus remarquables.

C. Forbesi. — Fleurs produites en grappes dressées au nombre de 2 à 5, et mesurant environ 9 à 10 centimètres de diamètre. Sépales et pétales jaune verdâtre; labelle à lobes latéraux jaune pâle extérieurement, jaune vif strié de brun à l'intérieur; lobe antérieur petit, arrondi, jaune pâle avec une bande centrale jaune vif, et tacheté ou rayé de rouge pourpre à la base. Fleurit au mois d'août.

C. Gaskelliana. — Belle espèce de coloris très variable, ayant les sépales d'un rose plus ou moins vif, le labelle d'un rouge pourpre avec une macule jaune plus ou moins foncé. Fleurit en août-septembre.

C. gigas. — Magnifique espèce à fleurs de très grande taille, ayant les sépales et les pétales rose pâle, le labelle très ample, d'une forme très élégante, d'un beau rouge vif parfois un peu violacé, avec deux larges macules blanches en forme d'yeux des deux côtés de la gorge. Fleurit en août.

C. granulosa. — C'est une belle espèce, type d'une section très importante et précieuse pour sa robusticité et l'abondance de sa floraison. Elle a les bulbes grêles, cylindriques, diphylles, les fleurs de grande taille, à segments d'un vert olive, pointillé de brun vif plus ou moins pourpré, avec le labelle blanc ou rosé tacheté de cramoisi et recouvert, sur toute la surface du lobe antérieur, de fines granulations.

La variété *Buyssoniana*, introduite en 1890, est d'une beauté supérieure; ses fleurs sont de très grande taille et ont les segments d'un jaune paille, non tachetés.

Cette espèce fleurit aux mois d'août et de septembre, et ses fleurs se conservent très longtemps.

C. guttata. — Espèce également très robuste et très florifère, type d'une section assez étendue. Elle produit un racème de neuf à dix fleurs élégantes, à segments jaune verdâtre, abondamment tachetés de rouge cramoisi, à labelle blanc lavé de pourpre. Fleurit en octobre-novembre.

La principale variété de cette espèce et la plus connue est le C. g. *Leopoldi*, qui a les sépales et les pétales d'un vert brunâtre ou bronzé couvert de macules foncées très nombreuses, et le labelle d'un beau coloris pourpré.

Le C. *amethystoglossa*, que j'ai mentionné plus haut, a été rangé par quelques auteurs sous le nom de C. *guttata Prinzi*, comme variété de la même espèce; mais la différence du port des deux plantes, et le coloris distinct et splendide du C. *amethystoglossa*, me paraissent devoir le faire considérer comme une espèce tranchée.

C. Harrisoniae. — Belle forme à fleurs moyennes, mais d'un coloris charmant. Les segments sont d'un rose tendre, avec une légère teinte jaune pâle sur le labelle. Il n'est pas d'une culture aussi facile que la plupart des autres Cattleya, mais mérite bien par sa beauté de prendre place dans toutes les collections. Fleurit d'août à octobre.

C. Holfordi. — Synonyme du C. *luteola*.

C. intermedia. — Charmante espèce de taille moyenne, très florifère et très robuste. Les fleurs, produites en grappe, sont d'un beau rose pâle; le labelle étroit a le lobe antérieur rose pourpre vif. Fleurit de mai à juin et se conserve longtemps.

C. labiata ou **C. Warocqueana** (voir fig. 20). — L'une des plus anciennes, et la plus célèbre espèce du genre, bien connue d'ailleurs de tous les amateurs d'Orchidées; tout le monde sait qu'après avoir été introduite en un très petit nombre d'exemplaires, dont les divisions se vendaient à des prix considérables, elle avait été absolument perdue. Tous les efforts opérés pendant 50 ans pour retrouver son habitat avaient été inutiles, lorsque nous avons eu la bonne fortune d'opérer cette réintroduction en 1890. C'est non seulement un des plus beaux Cattleya connus, et un Cattleya fleurissant en hiver, mais une des Orchidées les plus robustes, les plus faciles à cultiver et à faire fleurir, de la serre tempérée. Les fleurs sont très amples et bien étoffées, d'un beau rose vif avec le lobe antérieur du labelle pourpre sombre et la gorge marquée de deux macules blanches ou souvent jaune orangé des deux côtés.

De superbes variétés se rattachent à cette espèce; parmi elles on peut citer surtout les suivantes : *amethystina*, d'un coloris très foncé; *flammea*, remarquable par deux grandes macules jaune orangé des deux côtés de la gorge; *Victoriae*, *majestica*, *amoena*, *Imschootiana*.

C. Lawrenceana. — Fleurs mesurant de 10 à 12 centimètres de diamètre, d'un coloris rose plus ou moins vif; le labelle porte sur le disque deux macules blanches, séparées par une bande pourpre qui se relie à la macule pourpre foncé du lobe antérieur.

Espèce découverte dans la Guyane anglaise par Sir Robert Schomburgk vers 1842. Elle fleurit en mars-avril.

C. Loddigesi. — Belle espèce à tiges cylindriques, d'une grande floribondité. Les fleurs ont les pétales et les sépales rose pâle plus ou moins lilacé, et le labelle rose clair marqué de jaune. Fleurit en août et septembre.

Le *C. Harrisoniae* est souvent considéré aujourd'hui comme une variété du précédent.

C. Lüddemanniana (*C. speciosissima*). — Magnifique espèce, de forme et de coloris exquis, et qui n'a qu'un défaut, celui de ne pas fleurir aussi régulièrement ni aussi abondamment que la plupart des autres Cattleya. Les sépales et les pétales sont d'un rose pâle très doux, à peu près couleur de chair; le labelle, assez arrondi a le lobe antérieur cramoisi vif avec des marques blanches et jaunes irrégulières vers le centre, et quelques stries améthyste vif.

Fleurit aux mois de septembre et octobre, et se conserve en plein éclat pendant environ trois semaines.

C. luteola. — Espèce très florifère, à fleurs de petite taille, mesurant environ cinq centimètres de diamètre, d'un coloris jaune pâle, avec le bord antérieur du labelle bordé de blanc, et les lobes latéraux striés de pourpre brunâtre à l'intérieur. La floraison se produit en novembre et décembre.

C. maxima. — Magnifique espèce fleurissant aux mois de novembre et décembre, mais qui n'est malheureusement pas aussi florifère ni aussi vigoureuse que le *C. labiata*. Elle produit une grappe de cinq à dix fleurs de grande taille, d'une forme allongée, un peu étroite, très caractéristique. Les sépales et les pétales sont d'un rose vif, le labelle est de la même nuance, mais richement panaché avec des veines plus foncées au centre.

De nombreuses variétés ont fait leur apparition, dans ces dernières années, parmi lesquelles celle nommée *Malouana*, et figurée dans la *Lindenia*, est une des plus remarquables.

C. Mendeli. — Espèce d'une très grande beauté, fleurissant aux mois de mai-juin. Il produit des grappes de trois à cinq fleurs d'une extrême élégance, qui se distinguent surtout par la largeur remarquable des pétales, et par le superbe contraste entre le coloris pâle des segments, souvent presque blancs, et le rouge pourpré vif du lobe antérieur du labelle; ce dernier organe a le disque d'un beau jaune d'or, les lobes latéraux rose pâle comme les pétales et les sépales, et le lobe antérieur très ample, étalé, et abondamment ondulé et fimbrié sur les bords.

Introduite en 1870, cette espèce est devenue l'une des plus populaires du genre. Elle comprend beaucoup de belles variétés.

C. Mossiae (voir fig. 76, p. 497). — C'est le digne rival du précédent; un peu moins ample d'ordinaire, mais d'un coloris plus vif, il a une beauté à peu près égale.

Le *C. Mossiae* fleurit à la même époque que le *C. Mendeli;* il produit en abondance des fleurs groupées par trois, quatre ou cinq sur une tige. Ces fleurs sont d'un coloris rose lilacé plus ou moins foncé, avec le labelle très large, bifide à la partie antérieure et marqué d'une large macule jaune vif au disque se prolongeant plus ou moins jusqu'à la base, tandis que le lobe antérieur est d'un beau rouge pourpre velouté, marbré et strié de lilas, et bordé d'une large bande lilas.

Nombreuses variétés, notamment les suivantes : *Reineckeana*, à segments blanc, avec le disque du labelle jaune, et le lobe antérieur strié de pourpre foncé; *Wageneri*, entièrement blanche, sauf le disque jaune qui est d'ailleurs peu étendu ; *M. Raoul Warocqué*, à segments entièrement marbrés de rose pâle sur fond rouge vif, etc.

Le *C. Mossiae*, introduit dès 1836, est l'une des plus anciennes espèces connues du genre.

C. nobilior. — Belle espèce créée par REICHENBACH, et très voisine du *C. Walkerianna*. Elle a les fleurs notablement plus grandes, et le labelle d'une forme différente, les lobes latéraux recouvrant complètement la colonne.

C. Percivaliana. — Espèce assez analogue au *C. Mossiae*, mais notablement plus petite dans toutes ses parties, et fleurissant avant cette espèce, vers la fin de l'hiver. Ses fleurs ont un coloris d'une richesse exceptionnelle, et si elles avaient l'ampleur merveilleuse des précédentes, elle se placeraient dans les premiers rangs du genre. Les pétales et les sépales sont roses, lavés de pourpre, et les premiers généralement plus foncés que les seconds. Les lobes latéraux du labelle ont le même coloris, mais mélangé de jaune ; le lobe antérieur est d'un riche cramoisi pourpré nuancé de marron et de jaune d'or, avec les bords pâles ondulés ; le disque est d'un jaune fauve tournant à l'orangé, et strié de pourpre.

C. porphyroglossa. — Sépales et pétales rouges nuancés de jaune ; labelle ayant les lobes latéraux de la même couleur, enveloppant la colonne, et le lobe antérieur recouvert de lamelles et de granulations. Espèce assez rare aujourdhui.

C. quadricolor. — Voir *C. Trianae*.

C. Rex (voir fig. 12). — L'une des plus récentes introductions que nous avons eu la bonne fortune d'opérer dans le genre, et sans aucun doute la plus belle de toutes. Cette merveilleuse espèce, qui justifie admirablement son nom de *Cattleya Roi*, est un des bijoux les plus précieux du règne végétal. Elle produit un grand nombre de fleurs, d'une forme exquise, ayant les pétales et les sépales d'un blanc légèrement teinté de jaune crême, et le labelle largement étalé d'un beau rouge cramoisi pourpré, avec une macule jaune d'or vif à la gorge, prolongée par des stries qui forment sur toute la surface du lobe antérieur des réticulations et une marbrure d'un éclat incomparable. Fleurit aux mois de juin-juillet.

C. Sanderiana. — Une forme du *C. gigas.*

C. Schilleriana. — Espèce analogue au *C. Aclandiae*, mais ayant le feuillage plus sombre; on la considère parfois comme un hybride naturel entre cette espèce et le *C. guttata*, et il est en effet sensiblement intermédiaire entre eux. Il est originaire du Brésil, probablement de la province de Bahia.

Le *C. Schilleriana* a les fleurs d'un rose bronzé plus ou moins foncé, parfois tacheté de brun foncé; le coloris est d'ailleurs des plus variables dans cette espèce. Le labelle est rouge pourpre rayé de blanc et bordé de rouge vif. La floraison se produit en avril-mai et dure trois ou quatre semaines.

Synonyme : *C. Regnelli.*

C. Schofieldiana. — Espèce du groupe *granulosa*, d'une grande beauté de forme et de coloris. Les pétales et les sépales sont d'un jaune fauve, nuancé de vert pâle et de pourpre, et abondamment tacheté de rouge pourpre foncé. Le labelle est magenta pourpré, couvert de granulations, avec des lobes latéraux blancs teintés de rose. Fleurit en août.

C. Skinneri. — D'une grande floribondité et d'un coloris très attrayant, le *C. Skinneri* est une espèce charmante qui a sa place marquée dans toutes les collections. Il est de taille moyenne comme végétation et comme fleur, et forme de fortes touffes qui présentent à l'époque de la floraison, c'est-à-dire aux mois d'avril et mai, l'aspect de buissons de fleurs.

Ses fleurs ont les pétales et les sépales d'un rose pourpré vif, le labelle de la même nuance ou un peu plus foncé, avec le disque blanc formant un ravissant contraste.

C'est une des plus anciennes espèces connues; il fut découvert dès 1836 par M. Ure-Skinner au Guatemala. Sa variété *alba*, d'un blanc pur sauf une petite macule jaune pâle au labelle, est très belle et fort recherchée.

C. superba. — Espèce de taille moyenne, originaire du Brésil, qui produit une assez grande abondance de fleurs. Ces fleurs sont entièrement nuancées de rose vif; le labelle est plus foncé.

La floraison a lieu aux mois de mai et juin et dure de trois semaines à un mois; les grappes portent de trois à cinq ou six fleurs.

Le *C. superba* est originaire du Brésil, où il fut découvert dès les premières années du siècle par le célèbre voyageur A. DE HUMBOLDT, puis par MARTIUS, dans la région de l'Orénoque.

La variété *splendens* est la plus belle forme de cette espèce, très appréciée dans les collections et qui n'a que le défaut d'être un peu moins facile à cultiver que le reste du genre. En la cultivant en serre chaude, on obtient néanmoins de bons résultats.

C. Trianae. — L'une des plus célèbres et des plus belles espèces du genre, d'autant plus précieuse qu'elle fleurit en hiver, un peu après la fin de la floraison du *C. labiata*. C'est aussi l'une des plus riches en variétés de coloris divers, et dont l'énumération prendrait une place considérable. Le port de la plante et de la fleur fait reconnaître immédiatement le *C. Trianae;* quant au coloris, on peut dire d'une façon générale que les pétales et sépales sont d'un rose plus ou moins vif, le labelle moins étalé que dans les *C. Mossiae, C. Mendeli*, etc., ayant à la partie antérieure une macule nettement délimitée, d'un rouge cramoisi pourpré éclatant, tandis que le disque est jaune plus ou moins orangé, parfois strié de pourpre.

Le *C. Trianae* fut découvert et introduit vers 1860 par les collecteurs de M. LINDEN dans la Nouvelle-Grenade. Il est au nombre des Cattleya les plus faciles à cultiver et les plus réguliers comme floraison.

C. velutina. — Fleurs de taille moyenne, de forme très gracieuse. Les pétales et les sépales sont larges, ondulés et légèrement récurvés à leur extrémité, d'un jaune orangé vif abondamment maculé de marron pourpré; les lobes latéraux du labelle sont striés d epourpre sur fond blanc crême; le lobe antérieur a la base orangée avec un grand nombre de stries pourpres rayonnant vers le sommet, et le bord antérieur jaune nuancé de rose.

La variété *superba* est bien supérieure au type par la vivacité de son coloris.

On a parfois considéré le *C. velutina* comme un hybride naturel issu du *C. guttata* et du *C. bicolor*; la forme et le coloris du labelle me semblent devoir faire écarter cette opinion. L'influence du *C. guttata* est très probable, mais l'autre parent semblerait être plutôt le *Laelia grandis*.

C. Walkeriana. — Espèce de petite taille, mais à fleurs assez grandes et de forme curieuse et très attrayante. Il présente cette particularité de produire ses fleurs sur une sorte de petite pousse écailleuse qui sort du rhizôme à la base du pseudobulbe. Après la floraison, un autre œil apparaît, lequel donne naissance à une pousse ordinaire. Les pétales et les sépales larges et amples, les premiers surtout remarquablement dressés, sont d'un coloris rose lilacé plus ou moins vif; le labelle a les lobes latéraux érigés, recouvrant seulement en partie la colonne très large, et le lobe antérieur étalé, semi-circulaire, largement bordé de pourpre en avant, tandis que le disque est blanc ou jaune pâle avec quelques fines stries pourpres rayonnant sur la bordure foncée.

Le *C. Walkeriana* est originaire du Brésil, d'où il fut introduit en 1839. Il fleurit vers le mois de février.

La variété *dolosa* est très connue; elle se distingue par cette particularité que les tiges florales sont issues du sommet des bulbes, entre les feuilles, tandis que dans le type elles prennent naissance du rhizôme.

C. Warneri. — Magnifique espèce très analogue au *C. labiata*, et qui ne s'en distingue guère que par l'époque de sa floraison et par une moins grande variabilité. Elle fleurit aux mois de juin et juillet.

Le *C. Warneri* a été introduit du Brésil vers 1860.

Les pétales et les sépales sont d'un rose clair teinté de rouge lilacé pourpré, souvent bordé de rose et le disque jaune d'or ou orangé strié de blanc ou de rose.

C. Warscewiczi. — Nom donné par certains auteurs au *C. gigas*.

HYBRIDES

Cattleya × Hardyana. — Magnifique hybride naturel, issu visiblement du croisement *C. aurea × C. gigas*, et importé à plusieurs
reprises avec des plantes de ces espèces. Les fleurs sont très
amples, d'un rose pourpré vif; les lobes latéraux du labelle ont
la même couleur; le lobe antérieur est d'un beau rouge pourpre,
plus ou moins veiné de jaune d'or, avec deux larges macules
jaune d'or des deux côtés de la gorge.

Plusieurs formes plus ou moins foncées ont fait leur apparition.
L'une des plus belles est assurément la variété *Statteriana*, dédiée
à son possesseur M. Th. Statter, l'un des principaux amateurs
d'Angleterre, et figurée ci-contre (fig. 94).

C. × Arthuriana. — Nouvel hybride issu du *C. (Laelia) Dormaniana* et du *C. luteola*. Il a été obtenu dans la collection de
C. Dorman, Esq., de Sydenham. Par son port, il est intermédiaire
entre les deux parents; au point de vue du coloris, il se rapproche
davantage du *C. luteola*, qui est le porte-pollen. Les pseudobulbes
ont deux feuilles. La fleur mesure près de 6 $^1/_2$ centimètres; les
sépales ligulés mesurent 1 $^1/_4$ centimètre de largeur et sont d'un
jaune clair teinté de vert; les pétales lancéolés, légèrement plus
étroits que les sépales, ont le même coloris. Le labelle est trilobé;
les lobes latéraux, qui enveloppent la colonne, sont presque aussi
longs que le lobe antérieur et ont les pointes légèrement réfléchies;
le lobe antérieur est d'un rouge améthyste, de même que les
pointes des lobes latéraux.

C. × Brabantiae (*C. Loddigesi × C. Aclandiae*). — Fleurs mesurant
7 $^1/_2$ centimètres de diamètre; sépales et pétales rose nuancé de
vert olive et maculé de pourpre foncé; lobes latéraux du labelle
blanchâtres veinés de rose vif; lobe antérieur blanc veiné de rose
vif, avec une macule jaune vif à la gorge.

C. Chloris (*C. Bowringiana × C. maxima*). — Les fleurs ne sont pas
très grandes, comme on pouvait s'y attendre étant donné l'origine
du semis, mais elles sont fort belles. Elles ont une forme ample

rappelant assez bien celles du groupe des *labiata*, les pétales et sépales d'un rose pourpré brillant comme dans le *C. Bowringiana,*

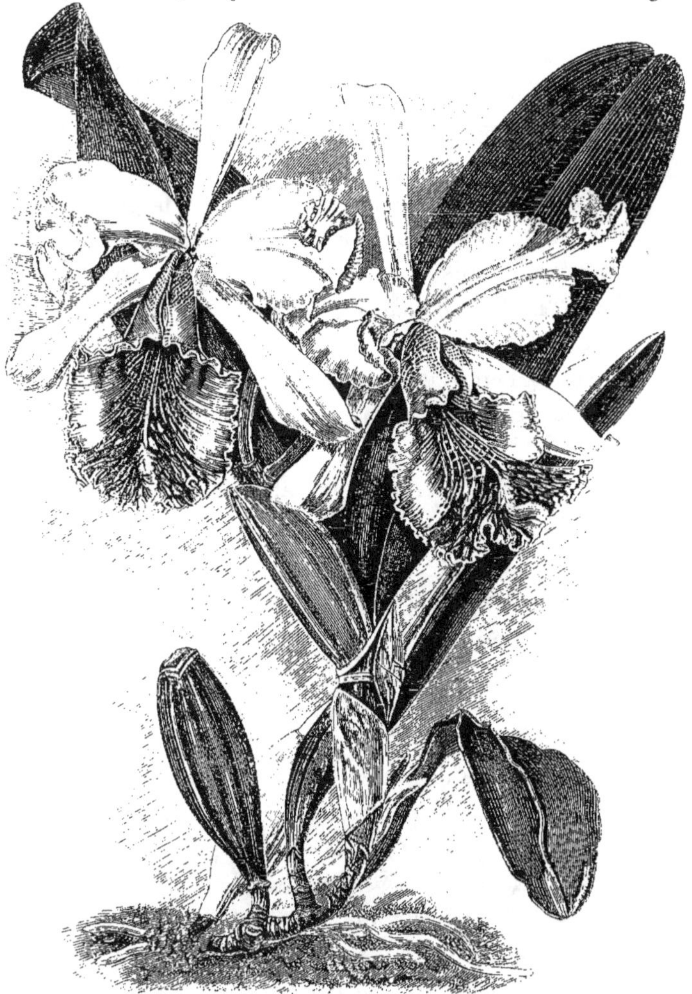

Fig. 94. — Cattleya × Hardyana var. Statteriana.

le labelle d'un violet pourpré brillant, veiné à la gorge de lignes plus foncées encore sur fond jaune.

C. × calummata (*C. intermedia* × *C. Aclandiae*). — Sépales et pétales à peu près comme dans le *C. Aclandiae*, jaunâtres avec une nuance rose pâle, et tachetés de pourpre ; lobes latéraux du labelle blanc nuancé de rose, lobe antérieur pourpre foncé.

C. × Chamberlainiana (*C. guttata Leopoldi* × *C. aurea*). — Sépales rouge pourpré nuancé de jaune brunâtre ; pétales très amples plus foncés ; lobes latéraux du labelle pourpres striés de jaune d'or ; lobe antérieur améthyste pourpré foncé.

C. × citrino-intermedia. — Segments moins larges que dans le *C. citrina*, blanc crême ; lobes latéraux du labelle couleur de chair ; lobe antérieur à bords ondulés et frisés, rose pourpré clair.

C. × Dominyana (*C. maxima* × *C. intermedia*). — Sépales et pétales rose lilacé ; lobes latéraux du labelle blanc rosé ; lobe antérieur à bords frisés, améthyste pourpré relevé de veines plus foncées, disque jaune citron traversé par une ligne pourpre.

C. × fausta (*C. Loddigesi* × *C. exoniensis*). — Sépales et pétales rose lilacé ; lobes latéraux du labelle de la même nuance ; lobe antérieur rose pourpré, disque portant une large macule orangée.

C. × fimbriata (*C. intermedia* × *C. Aclandiae*). — Sépales et pétales blanc rosé ; labelle très ondulé, lilas clair strié de lilas foncé.

C. × Manglesi (*C. Lüddemanniana* × *C. Loddigesi*). — Fleurs de grande taille ; sépales et pétales rose pourpré ; lobe antérieur du labelle blanc maculé de rouge pourpré foncé ; disque jaune pâle traversé d'une bande jaune foncé, avec une macule pourpre de chaque côté ; lobes latéraux roses, avec la pointe blanche ondulée.

C. × Marstersoniae (*C. Loddigesi* × *C. labiata*). — Sépales et pétales rose pâle ; lobes latéraux du labelle blancs avec les pointes pourpres ; lobe antérieur magenta pourpré foncé, avec deux macules jaune serin des deux côtés de la gorge.

C. × Mitchelli (*C. guttata Leopoldi* × *C. Trianae*). — Sépales et pétales rose pourpré ; lobes latéraux du labelle rose plus pâle ; lobe antérieur pourpre foncé, avec la gorge jaune orangé.

C. × Parthenia (*C. fimbriata* × *C. Mossiae*). — Pétales et sépales blancs, les premiers légèrement nuancés de rose vers les bords.

Labelle blanc, avec la gorge jaune clair et le lobe antérieur rose violacé strié de carmin.

Fig. 95. — Une grande serre à Cattleya à L'HORTICULTURE INTERNATIONALE. Vue de côté (d'après une photographie).

Plusieurs variétés très intéressantes, et qui présentent la curieuse particularité de fleurir à des époques distinctes.

C. × porphyrophlebia (*C. intermedia* × *C. superba*). — Fleurs de grande taille, d'un rose lilacé pâle, avec le lobe antérieur du labelle pourpre foncé strié de pourpre clair, et deux macules jaune soufre des deux côtés de la gorge. Le *C.* × *Alberti*, obtenu en France, a la même origine.

C. × quinquecolor (*C. Aclandiae* × *C. Forbesi*). — Sépales et pétales olive pâle, marqué de brun foncé. Labelle blanc avec une macule jaune veinée de rose.

C. × suavior (*C. intermedia* × *C. Mendeli*). — Sépales et pétales rose lilacé pâle ; lobes latéraux du labelle blancs teintés de rose vers les bords ; lobe antérieur frisé, améthyste pourpré ; disque blanc crême.

Je termine cette description en soumettant au lecteur un modèle de serre à Cattleya pris parmi les grandes serres tempérées de L'HORTICULTURE INTERNATIONALE. Une gravure publiée plus haut (page 129) représentait l'entrée de la serre dont la figure ci-dessus montre l'un des côtés.

Le genre Cattleya est au nombre des deux ou trois plus riches de la famille des Orchidées ; il comprend un grand nombre d'espèces splendides, à fleurs très grandes et brillamment colorées, qui ne sont pas surpassées dans aucune famille végétale.

La serre tempérée type, celle qui renferme ces bijoux de l'Amérique centrale et méridionale, est en toute saison l'une des plus attrayantes, car il est peu d'Orchidées à fleurs aussi grandes, aussi élégantes, aussi variées et splendides comme coloris, que les Cattleya. D'ailleurs les diverses espèces de ce genre fleurissent d'un bout à l'autre de l'année, se succédant sans interruption, et il n'est pas de saison où cette serre soit privée de fleurs.

CULTURE. — La serre des Cattleya doit être maintenue à une température de 12° à 16° cent. Cette température est d'ordinaire dépassée l'été, pendant l'époque de végétation. En hiver et au printemps, alors que le chauffage artificiel est nécessaire, il faut s'en tenir au strict minimum, c'est-à-dire aux chiffres indiqués ci-dessus.

On rempote à la fin de l'hiver les plantes dont les pots sont devenus trop petits ou dont le compost est décomposé et mauvais pour la culture. Le moment le plus propice est celui qui suit la période de repos.

Il est bon, avant de rempoter les plantes, de les laver avec une solution diluée de nicotine; on passe en revue les replis des feuilles et les endroits couverts, où pourraient se dissimuler des insectes; ceux-ci seront sûrement chassés par un lavage soigneux.

Les arrosages doivent être supprimés quelques jours avant le rempotage. Il arrive fréquemment que les racines se collent aux parois des pots ou des paniers; on les détachera plus facilement quand elles auront séché pendant quelques jours.

Pour les Cattleya, le meilleur compost consiste en un mélange de bonne terre fibreuse pour les deux tiers, et, pour un tiers, de sphagnum frais, qu'il sera bon de laver au préalable, s'il contient quelques impuretés. Les deux matières seront hachées (pas trop fin cependant), puis mélangées ensemble, et elles seront alors prêtes à être employées.

Lorsque l'on n'a qu'un espace restreint et que les matériaux sont exposés à une température basse, il faut les placer, quelque temps avant de les employer, dans l'endroit où se trouvent les plantes elles-mêmes, afin de les amener à la même température qu'elles. C'est un point important; car il arrive fréquemment que l'emploi de matériaux trop froids fait dépérir des plantes parfaitement saines et vigoureuses au moment du rempotage.

Quand le sphagnum n'a pas été soigneusement nettoyé avant le rempotage, il arrive parfois qu'au bout de quelques semaines le compost se recouvre de petits vers blanchâtres qui le bouleversent et attaquent les racines. En pareil cas, le mieux est de renouveler complètement les matériaux; si quelque raison importante s'y oppose, il suffira même de cesser les arrosages pendant une huitaine de jours. Quand le compost sera tout à fait sec, les insectes périront.

La terre fibreuse renferme moins d'insectes, mais elle contient d'ordinaire beaucoup de racines de fougères, qui pourrissent si on les laisse dans le compost, et font bientôt apparaître une quantité de champignons. Dans ces conditions, les racines sont étouffées et meurent, et les jeunes pousses elles-mêmes sont souvent envahies et gravement endommagées. En pareil cas, la sécheresse arrête encore le mal dans ses progrès; puis il est nécessaire de renouveler complètement le compost, et de laver avec soin l'intérieur et même l'extérieur des pots, où les mauvais germes restent facilement attachés. Les champignons, surtout une certaine espèce à longue tige grêle comme un fil, d'une couleur grisâtre, se forment principalement à l'extérieur, où ils recherchent sans doute l'atmosphère humide, et reparaissent sitôt après avoir été enlevés, tant qu'on ne les supprime pas radicalement.

La culture en pots est la plus recommandable pour les Cattleya, excepté les *C. Aclandiae, citrina (cultivés les feuilles en bas), superba, Walkeriana* et quelques autres espèces à petits bulbes.

Le point capital pour réussir consiste dans un drainage puissant; faute de ce soin, il serait impossible de maintenir les racines en bon état; et la maladie des racines met en danger la vie même de la plante. Beaucoup de plantes meurent prématurément, à cause de la négligence apportée à l'observation de cette règle si simple.

Un second point d'une importance également considérable, c'est d'entretenir la plus grande propreté. Il faut laver soigneusement les pots et les corbeilles qui ont déjà servi; quant à ceux qui sont neufs, il faut veiller à ce qu'ils ne soient pas trop secs, parce que leurs pores absorberaient rapidement toute l'humidité et dessècheraient ainsi la plante. Aussi sera-t-il bon de les plonger dans l'eau pendant quelques instants avant de les employer.

On remplira les pots aux deux tiers (voir fig. 33 et 34) avec des tessons bien propres que l'on recouvrira d'une couche de sphagnum, pour empêcher l'engorgement du drainage par de petits morceaux de terre fibreuse.

Il n'est pas bon d'employer des pots trop vastes; il vaut mieux rempoter les plantes tous les deux ou trois ans. Beaucoup de personnes croient donner plus de vigueur à leurs plantes en les plaçant dans un récipient très grand; c'est souvent le contraire qui se produit.

On exhausse la plante dans le pot plus ou moins, selon sa

grosseur, et l'on a soin de ne pas couvrir de compost la base des pseudobulbes. Si la plante est trop forte ou trop faible pour tenir solidement fixée dans le compost, on la consolide au moyen de tuteurs, que l'on dispose avec grand soin. Ils rendront les plus grands services en facilitant notablement la croissance de la plante.

On place délicatement les racines dans le pot ou la corbeille, et l'on empote la plante assez solidement, selon sa grosseur et sa vigueur. Puis on arrose légèrement la surface du compost, et on l'arrondit en la pressant avec les doigts. Les vases acquièrent ainsi à peu de frais un aspect plus élégant et plus propre.

Les plantes cultivées sur bloc doivent être déplacées le moins souvent possible. Ce n'est guère qu'en cas de nécessité absolue, quand le bloc est pourri, qu'il faut le renouveler, non sans prendre le plus grand soin des racines. On couvrira d'abord le bloc d'un peu de terre fibreuse et l'on fixera dessus la plante dans la position convenable au moyen de fil de laiton ou de cuivre.

La plante une fois rempotée, il convient de prendre de grandes précautions pour l'arrosage; un excès d'eau peut avoir promptement des conséquences funestes. D'ailleurs, sur ce point encore, la pratique et une observation sagace apprendront bientôt au cultivateur à discerner les besoins de ses plantes.

Des lavages à l'eau de nicotine doivent être effectués plusieurs fois par an, et particulièrement au début du printemps, pour enlever et détruire les insectes, thrips ou mouches microscopiques, dont les œufs restent souvent déposés dans les plis des feuilles.

Les seringages légers sont favorables à la santé des Cattleya, mais ils ne doivent être effectués que dans la matinée, et seulement quand le temps est assez chaud et assez clair pour assurer une prompte évaporation des gouttes d'eau.

Dans la saison chaude, quand le temps est chaud, le cultivateur peut donner de l'air dans ses serres au milieu de la journée, pendant deux ou trois heures environ. Mais il faut, avant d'ouvrir les ventilateurs, vérifier avec soin la direction du vent. L'air froid ou très sec serait dangereux pour les plantes, et quand le vent vient du nord ou de l'est, il convient de fermer toutes les ouvertures.

Les Cattleya doivent être abrités contre les rayons du soleil aux heures les plus chaudes de la journée; on discerne aisément le moment où l'abri devient nécessaire, en prenant une feuille dans la main; si on la sent chaude au toucher, il est temps de placer les lattis; mais il ne faut pas tomber dans l'excès; en abritant trop longtemps, on risquerait de priver les plantes, car le soleil est nécessaire à la végétation. Les Cattleya cultivés dans une serre insuffisamment éclairée ne produisent que des pseudobulbes étiolés et maigres, et peu ou point de fleurs.

Lorsque les pseudobulbes des Cattleya achèvent de se mûrir, leur enveloppe extérieure se dessèche, perd sa substance et finit par ne plus former qu'une mince pellicule couleur gris blanc, ayant la consistance d'une feuille morte.

Les amateurs, et même les jardiniers, arrachent quelquefois ces pellicules une fois séchées, soit parce qu'ils trouvent l'aspect des plantes plus gracieux lorsqu'elles en sont débarrassées, soit parce qu'ils se figurent que cet enlèvement est favorable à leur bien-être. Il n'en est rien, et je conseille vivement aux cultivateurs de laisser intacte l'enveloppe séchée des bulbes.

Au point de vue plastique, je ne vois pas que la beauté des plantes gagne à leur enlèvement. La véritable manière d'envisager une plante dans sa plus grande beauté, c'est de la voir dans sa beauté naturelle, non enjolivée, non *fardée* ni *travestie*. D'ailleurs tout, dans la nature, a une cause et une utilité; si ces pellicules subsistent si longtemps en place, il est à peu près certain qu'elles ont une utilité.

Mais en tous cas, il y a un grand danger à les arracher, et c'est sur ce danger que je me propose d'appeler l'attention. En effet, si ces espèces de bractées se décollent très facilement sur une certaine étendue, elles sont fixées assez solidement au nœud inférieur qui marque le point de leur insertion; quand on arrive à cet endroit, si l'on tire un peu violemment, comme le font trop souvent les jardiniers, on risque d'arracher une partie de l'épiderme du pseudobulbe et de le blesser, ou encore de casser le pseudobulbe s'il se trouve retenu par quelque partie.

Beaucoup de plantes étant vendues à l'état d'importation, il n'est pas inutile de rappeler le traitement qui convient pour les remettre en végétation.

Les plantes importées doivent être mises en pots le plus tôt possible, placées dans une serre abritée assez sombre et arrosées abondamment. On les rempote dans un mélange de sphagnum et de terre fibreuse bien hachés et mélangés, on les arrose et on les seringue presque tous les jours, et on répand de l'eau sur les tuyaux de chauffage et dans les sentiers afin de provoquer la formation des racines. Bientôt celles-ci apparaissent, et les yeux commencent à se gonfler ; on réduit alors les arrosages et on donne plus de lumière. Peu à peu les pousses se développent, et lorsqu'elles sont bien parties, on place les plantes sous le même traitement que celles qui sont établies.

Lorsque les plantes ont été collectées un peu trop tôt, il arrive parfois que les jeunes bulbes non encore mûris noircissent et se flétrissent dans les cultures. Il n'y a pas lieu de s'inquiéter de ces petits accidents, dont la santé des plantes ne souffre pas sensible- ment. On coupe les bulbes endommagés à quelques centimètres au-dessus des yeux, et ceux-ci ne tardent pas à se développer comme d'ordinaire.

CHONDRORHYNCHA

Diagnose :

Sépales à peu près égaux, oblongs étroits, le postérieur conné à la base de la colonne, concave caréné, les latéraux obliques à la base, très brièvement soudés à la colonne. Pétales beaucoup plus larges que les sépales, obovales-oblongs. Labelle articulé au pied de la colonne, sessile, large, érigé, concave, indivis, muni à la base d'un callus tridenté. Colonne semi-cylindrique, élargie au sommet des deux côtés, allongée à la base en pied très court ; clinandre fortement oblique, entier. Anthère terminale, en forme d'opercule, incombante, à une loge; 4 pollinies cireuses, étroites, acuminées, superposées entre elles par paires, plus petites postérieurement, inappendiculées, reliées à un stipe épais; glande molle. — Herbes épiphytes, à tiges très courtes plurifoliées non renflées en pseudobulbes. Feuilles oblongues, plissées-veinées, contractées en pétiole. Scape issu du rhizôme, simple, revêtu de gaînes peu nombreuses; fleur solitaire assez grande. Originaires de Colombie.

Le genre Chondrorhyncha fut fondé par LINDLEY dans les *Orchidaceae Lindenianae*. Les plantes qu'il renferme ont beaucoup d'analogie avec les Warscewiczella.

C. Chestertoni. — Espèce connue depuis 1879, mais qui n'existe dans les cultures que depuis 1893, époque où elle fut introduite par L'HORTICULTURE INTERNATIONALE. Ses fleurs sont tout entières d'un jaune clair tirant légèrement sur l'orangé. Les sépales sont oblongs, à bords entiers, les latéraux terminés en longues pointes; les pétales sont minces, transparents, très finement frangés sur les bords. Le labelle, à base charnue, a le disque pointillé de rouge, et porte en avant du limbe élargi et transparent un long appendice formé de franges entremêlées comme une dentelle. L'ensemble est très gracieux; la fleur mesure environ 7 centimètres de diamètre du sépale dorsal au labelle, et 6 dans l'autre sens.

C. fimbriata. — Espèce assez voisine du *C. Chestertoni*, mais ayant les fleurs plus petites, les sépales plus larges, le labelle plus large et bien moins allongé.

Le *C. fimbriata* est connu dans l'horticulture sous le nom de Stenia, quoique les différences qui séparent le genre Stenia du genre Chondrorhyncha soient très importantes et faciles à reconnaître. En effet, le premier a des pseudobulbes, le second n'en a pas; le premier a les feuilles coriaces non plissées, le second les a assez minces, plissées-veinées; dans le premier, les sépales sont libres et le labelle continue le pied de la colonne, sans articulation; dans le second, le sépale dorsal est soudé inférieurement avec le pied de la colonne et le labelle est articulé avec ce pied, etc., etc.

Bentham, dans le *Genera Plantarum*, cite la planche du *Chondrorhyncha fimbriata*, publiée dans le *Refugium botanicum*, et il la mentionne à la fois au genre Stenia et au genre Chondrorhyncha. Néanmoins les différences mentionnées ci-dessus sont assez nettes pour ne pas laisser place au doute. Le genre Chondrorhyncha appartient à la tribu des Cyrtopodiées, et le genre Stenia à la tribu des Maxillariées.

Culture. — Les Chondrorhyncha se cultivent en serre tempérée de la même façon que les Warscewiczella, dont ils se rapprochent beaucoup au point de vue du mode de végétation. Compost de sphagnum et de terre fibreuse par moitiés, avec un bon drainage.

Les Chondrorhyncha réclament beaucoup d'eau pendant la saison de végétation, et ne doivent jamais être laissés complètement secs pendant le repos. Eviter les rayons directs du soleil.

LES CHYSIS

Diagnose :

Sépales de la même longueur, libres entre eux, étalés, les latéraux plus larges à base oblique connée avec le pied de la colonne. Pétales semblables au sépale postérieur. Labelle d'abord brièvement appliqué contre le pied de la colonne, puis dressé; lobes latéraux amples, dressés, le médian étalé ou réfléchi, entier ou bilobé; la base du disque lamellée ou veinée et souvent calleuse. Colonne dressée, incurvée, épaisse, assez largement bi-ailée, prolongée en pied à sa base; dents latérales du clinandre courtes, obtuses, la postérieure plus longue. Anthère contiguë à la dent postérieure, en forme d'opercule, incombante, à 2 loges imparfaitement subdivisées en 2 ou 4; 8 pollinies, 4 dans chaque loge, obovoïdes ou oblongues, cireuses, réunies par un appendice granuleux large, parfois presque étalé en forme de lame; celles de la paire supérieure parfois soudées à l'appendice (ou à peine distinctes de lui?). — Herbes épiphytes; tiges assez charnues, munies de gaînes à la base, abondamment feuillées au sommet, puis épaissies en pseudobulbes longs ou fusiformes. Feuilles assez longues, à veines peu saillantes. Racème latéral, souvent issu de l'aisselle de la feuille inférieure; fleurs assez nombreuses, remarquables. Bractées parfois foliacées, un peu plus petites que la fleur.

C. aurea. — Très belle espèce, à feuillage assez touffu. Ses fleurs, disposées par 5-7 en grappes assez longues, mesurent 5 à 6 centimètres de diamètre. Les sépales et pétales ovales sont d'un jaune

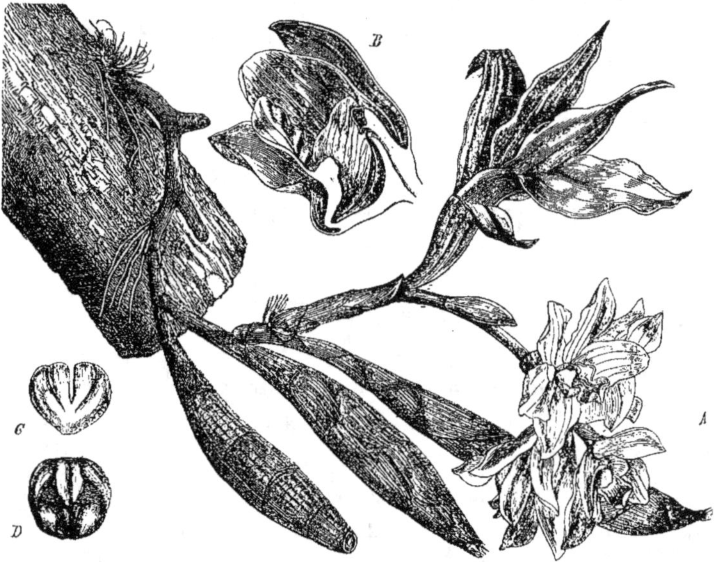

Fig. 96. — Chysis bractescens.

A, port de la plante.
B, coupe longitudinale d'une fleur.
C, pollinies, vues par le dessous.
D, pollinies, vues en dessus.

rougeâtre; le labelle trilobé, à lobes latéraux incurvés, est jaune pâle; le lobe antérieur arrondi, crispé sur les bords, est tacheté de rouge et de jaune.

Le *C. aurea* fleurit aux mois d'avril, mai et juin.

Il a un défaut, c'est que ses fleurs passent généralement vite. Il serait cependant facile de les conserver beaucoup plus longtemps, moyennant une précaution fort simple.

Ce qui fait passer ces fleurs si promptement, c'est qu'elles sont fécondées, et, chose rare dans la famille des Orchidées, fécondées par leur propre pollen. La fécondation directe se fait très facilement dans ce genre, et même il arrive assez souvent qu'elle s'opère avant l'épanouissement de la fleur; par suite, la colonne ne tarde pas à gonfler et les segments s'affaissent; la fleur n'est plus alors bonne qu'à couper.

Le nom générique rappelle même cette particularité; c'est un mot grec qui signifie *fusion*. Il fut donné par Lindley qui fonda le genre sur l'espèce *C. aurea*, et qui avait été frappé du boursouflement de la colonne et de l'apparence malformée de l'anthère, circonstances dont il n'avait peut-être pas discerné la véritable cause.

Il est presque toujours facile d'éviter la fécondation, en enlevant les pollinies dès que les fleurs viennent de s'ouvrir; de cette façon on conservera ces fleurs beaucoup plus longtemps.

C. bractescens. — Port à peu près le même que dans l'espèce précédente; fleurs un peu plus grandes, à sépales et pétales blanc pur, tandis que le labelle est jaune serin intérieurement, strié de rouge brunâtre sur le lobe antérieur et à la base des lobes latéraux. Fleurit aux mois de février et mars. Ses fleurs, s'élevant peu, forment un très beau contraste avec le feuillage.

C. laevis. — Sépales et pétales d'un jaune brunâtre lavé de brun à la base; les pétales sont un peu plus clairs. Labelle trilobé, à lobes latéraux jaune pâle, enroulés autour de la colonne; lobe antérieur suborbiculaire, jaune vif avec cinq côtes blanches sur le disque, et crispé sur les bords. Fleurit au mois de juillet.

C. Limminghei. — Port et inflorescences très analogues à ceux du *C. aurea*, mais la présente espèce est un peu plus petite et a un coloris beaucoup plus beau. Sépales et pétales blancs maculés de pourpre aux pointes. Lobes latéraux jaune pâle repliés au-dessus de la colonne; lobe antérieur pourpre strié de blanc.

HYBRIDES

C. × Chelsoni. — Issu du croisement *C. bractescens* × *C. laevis.*
C. × Sedeni. — Issu du croisement *C. Limminghei* × *C. bractescens.*

Culture. — Les Chysis se cultivent en serre chaude, en pots, avec un bon drainage. Ils craignent un peu le soleil et doivent être placés du côté de la serre qui n'y est pas directement exposé. Compost formé de moitié de terre fibreuse et moitié de sphagnum. Arrosages très abondants pendant la saison de végétation.

LES CIRRHOPETALUM

Diagnose :

Sépale dorsal libre, court, les latéraux beaucoup plus longs, étroits ou acuminés, parfois terminés en longues queues, faiblement dilatés à la base, connés au pied de la colonne, étalés parallèlement ou pendants, parfois soudés sur une grande longueur. Pétales beaucoup plus courts que les sépales latéraux, généralement à peu près semblables au dorsal, ovales ou lancéolés, entiers ou élégamment ciliés et serrés. Labelle atténué à la base, articulé avec le pied de la colonne ou mobile, appliqué contre le pied, récurvé au sommet, entier ou muni de deux oreillettes à la base du limbe. Colonne dressée, courte, prolongée en pied à la base, bi-ailée au sommet, à ailes allongées des deux côtés en dents dressées. Anthère terminale, en forme d'opercule, incombante, hémisphérique-déprimée, inappendiculée, décidue ; pollinies cireuses, 4 en général, réparties par paires dans les loges, mais souvent celles d'une même paire sont plus ou moins soudées. — Herbes à tige ou rhizôme traçant, ayant le port des Bulbophyllum ; scapes florifères aphylles issus de la base des pseudobulbes ; fleurs souvent remarquables, en racème resserré en ombelle, pendantes autour du sommet du scape, ou plus rarement presque capitulées ou en racèmes lâches.

Les Cirrhopetalum constituent un genre très curieux, très attrayant, et d'un aspect pittoresque tout particulier. Faciles à cultiver, tenant peu de place, et produisant un effet ornemental

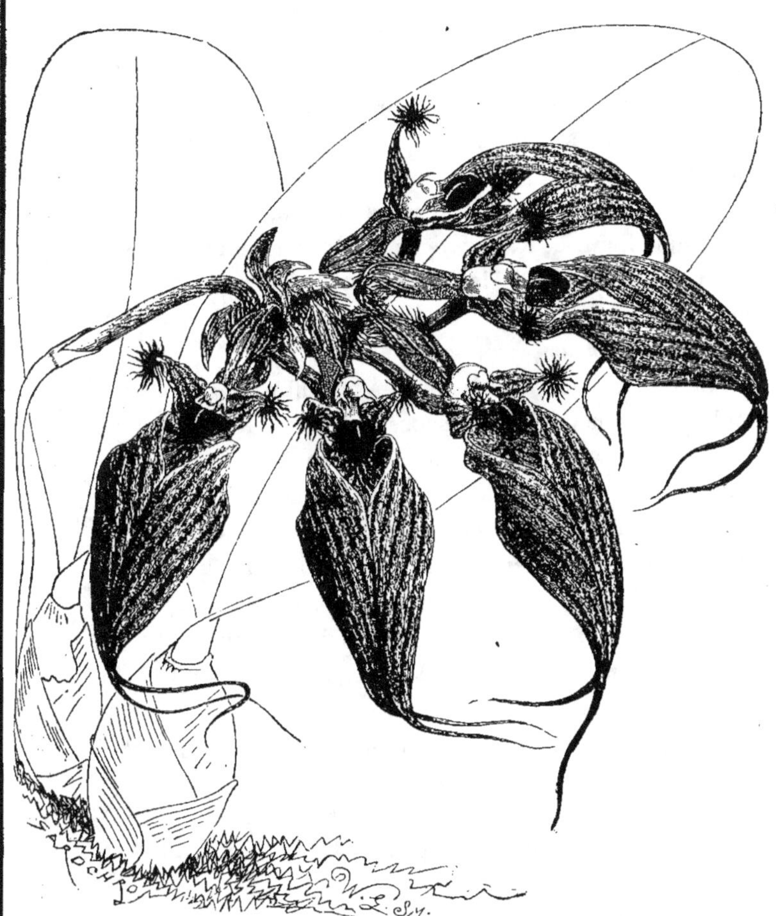

Fig. 97. — Cirrhopetalum ornatissimum.

appréciable avec leurs tiges florales élancées, d'une légèreté extrême et d'un coloris charmant, ils méritent d'être cultivés dans toutes les collections, où ils donneront au jardinier un bien faible surcroît de besogne. Ce sont des plantes de suspension par excellence. Les amateurs de fleurs à grand effet, les personnes qui s'occupent de la fleur coupée, négligeront ces petits bibelots d'étagère et porteront plutôt leurs regards sur les objets plus substantiels ornant les tablettes ; mais les amateurs qui ne recherchent que le plaisir des yeux et s'attachent à l'effet artistique apprécieront à coup sûr la note délicate et pittoresque de ces plantes naines et de leurs inflorescences flexibles et mobiles.

Les Cirrhopetalum sont assez voisins, par leur structure, des Bulbophyllum, et REICHENBACH les a fait rentrer dans ce dernier genre en 1861 ; mais le même auteur les a de nouveau séparés ultérieurement en 1881, et c'est aussi ce que font les auteurs du *Genera Plantarum*, BENTHAM et HOOKER.

L'inflorescence des Cirrhopetalum offre un caractère très particulier. Les fleurs sont disposées en ombelles, rayonnant autour d'un centre commun de façon à former une portion de cercle ; elles ont les sépales latéraux parallèles, très allongés relativement aux autres organes, et rappelant très souvent les ailes de quelque insecte richement coloré. Enfin le labelle, très petit, muni d'une articulation à charnière très souple, et se balançant au moindre mouvement, comme dans beaucoup de Bulbophyllum, attire l'attention par ce balancement et souvent aussi par son coloris très tranché.

Le genre Cirrhopetalum comprend environ quarante espèces originaires de l'Inde Orientale, de l'archipel Malais, et deux ou trois de Chine, de l'île Maurice et d'Australie. Une quinzaine d'espèces seulement sont répandues dans les cultures. Les principales sont les suivantes :

C. Amesianum. — Espèce introduite il y a deux ans par L'HORTICULTURE INTERNATIONALE. Elle se distingue par un coloris très gracieux et rare dans le genre ; les sépales latéraux sont d'un blanc légèrement brunâtre, lavés de rouge vif depuis la base jusque près du sommet. Les fleurs sont assez grandes.

Cette espèce fleurit, comme la plupart de ses congénères, à

diverses époques et plus d'une fois dans l'année, notamment au mois de novembre.

C. Brieuianum. — Fleurs de taille assez petite, ayant les sépales latéraux jaune clair, les pétales et le sépale dorsal rouge pourpre. — Introduite en 1891 par L'Horticulture Internationale.

C. chinense. — Curieuse espèce, à inflorescence multiflore, ayant les sépales jaune brun clair, le dorsal seul lavé de pourpre au sommet. Le labelle charnu, en forme de langue, est pourpre foncé.

C'est à propos de cette espèce que le Dr Lindley écrivait l'observation suivante, qui s'appliquerait aussi bien à presque toutes ses congénères : « Les esprits curieux n'ont plus besoin de chercher où les Chinois ont pu inventer leurs étranges dessins de bonshommes ayant le menton en mouvement perpétuel; en voici l'explication. Nous avons sous les yeux une plante de Chine, dont l'un des segments est exactement semblable à une langue et à un menton, si instable qu'il est continuellement agité. Les fleurs sont disposées en cercle, et toutes tournées en dehors, de sorte que, de quelque côté qu'on les examine, elles présentent toujours la même file de figures grimaçantes et de mentons branlants. »

C. Colletti. — Cette espèce est décrite par M. Rolfe comme la plus belle du genre, très voisine du *C. ornatissimum*, mais plus grande. Elle a les fleurs rayées de pourpre rougeâtre sur fond plus clair. Elle a fleuri pour la première fois en 1891, aux Jardins Royaux de Kew.

C. cornutum. — Fleurs mouchetées de blanc et de pourpre. Les sépales latéraux ont plus de cinq centimètres de longueur. Le sépale dorsal a les bords ciliés, ainsi que les pétales.

Cette espèce fut introduite à Kew en 1852.

C. Cumingi. — Les fleurs de cette espèce sont entièrement colorées de pourpre, et sont au nombre des plus gracieuses du genre. L'espèce a été introduite des Philippines en 1840, par le collecteur auquel elle est dédiée.

C. Macraei. — Sépales jaunes striés de rouge; pétales brun pourpré. Espèce découverte à Ceylan par M. Macrae. C'est une des plus ternes de celles qui se rencontrent dans les cultures.

C. Mastersianum. — Fleurs d'un jaune orangé avec des lignes brunes, sauf sur la moitié supérieure des sépales latéraux. Sépale dorsal abondamment cilié de pourpre brun. Labelle brun pourpré.

Cette espèce a été introduite par L'HORTICULTURE INTERNATIONALE en 1890.

C. Medusae. — Espèce très curieuse et d'aspect fantastique, quoique certainement moins effrayant que son nom ne voudrait le faire croire. Les fleurs forment une sorte de boule hérissée des longues queues des sépales, qui pendent comme une chevelure. Tous les organes sont d'un blanc grisâtre pointillé de jaune et de rose. La tige florale, plus forte que dans la plupart des autres espèces, est érigée. Fleurit aux mois de novembre-décembre.

C. ornatissimum (voir fig. 97). — La plus belle peut-être des espèces cultivées. Les fleurs ont un vif coloris jaune pâle nuancé et strié de pourpre. Les sépales latéraux sont prolongés en queues grêles. Le labelle oblong, réfléchi, est pourpre noirâtre foncé.

C. picturatum. — Sépales vert grisâtre, le dorsal tacheté de rouge, et terminé en une longue queue pourpre; labelle en forme de langue, rouge sombre.

Espèce introduite en 1840 du Moulmein.

C. pulchrum. — Très belle espèce à fleurs assez grandes, ayant les sépales latéraux mouchetés de rouge sur fond crême, et le sépale dorsal et les pétales rouge vif. Introduite par L'HORTICULTURE INTERNATIONALE en 1886.

C. Thouarsi. — Inflorescences nombreuses, composées de dix à quinze fleurs. Sépales jaune brunâtre, comme dans la grande majorité des espèces du genre, tachetés de points rouge brun, lavés de rouge brun extérieurement. Labelle charnu réfléchi.

Cette espèce, découverte par DU PETIT-THOUARS, à qui elle est dédiée, habite les îles de Madagascar, Java, les Philippines et quelques autres îles d'Océanie.

CULTURE. — Le traitement qui convient à ces gracieuses petites plantes est à peu près le même que celui des Bulbophyllum. On les rempote dans un compost formé de sphagnum et de terre fibreuse en parties égales, avec un bon drainage. Les paniers

employés doivent être assez grands relativement au volume des
plantes, parce que les Cirrhopetalum produisent généralement
leurs bulbes assez espacés sur un rhizôme traçant; néanmoins
quelques espèces, notamment les *C. Amesianum* et *C. Mastersianum*, ne présentent pas ce petit inconvénient.

Les Cirrhopetalum se cultivent tous en serre chaude, et demandent les mêmes soins que la plupart des Orchidées du même
groupe. Ils doivent recevoir des arrosages abondants pendant la
belle saison, et avoir un repos assez marqué.

LES CLEISOSTOMA

Diagnose :

Sépales à peu près étalés, égaux, libres ou les latéraux soudés
par la base au pied court de la colonne. Pétales semblables aux
sépales. Labelle soudé à la base de la colonne ou au pied, allongé
à la base en éperon ou en sac indivis intérieurement, mais en
partie fermé à l'orifice par une écaille ou un appendice postérieur
entier ou bifide; lobes latéraux en forme de faulx ou étroits sur les
côtés de l'éperon, le médian court, généralement large. Anthère
terminale en forme d'opercule, incombante, biloculaire; quatre
pollinies, disposées par paires, cireuses, inappendiculées, reliées
à un pédicelle étroit ou spatulé, parfois filiforme; glande en forme
d'écaille. — Herbes épiphytes, à tiges feuillées non épaissies en
pseudobulbes; feuilles distiques, étalées, charnues ou coriaces,
planes ou plus rarement cylindriques, à gaines persistantes recouvrant la tige. Pédoncules latéraux, simples ou ramifiés. Fleurs
généralement nombreuses, sessiles le long du pédoncule ou
brièvement pédicellées. Bractées petites.

C. crassifolium. — Fleurs de petite taille, mais disposées en panicules multiflores assez gracieuses. Les segments sont vert d'eau,
le labelle rose.

C. Dawsonianum. — Feuilles d'un vert clair, assez longues. Fleurs
disposées en racèmes ramifiés au nombre de quinze ou vingt. Les

segments sont d'un jaune clair, barré de brun, le labelle jaune plus foncé, strié et maculé de brun.

Ces fleurs sont de substance assez épaisse et rigide ; leur coloris clair contraste d'une façon très gaie avec le vert des feuilles, et elles produisent par leur nombre un effet très agréable.

Culture des Vanda, Aerides et Saccolabium.

LES COCHLIODA

DIAGNOSE :

Sépales égaux, étalés, libres ou les latéraux connés à la base ou jusqu'au milieu, formant un menton court ou obscur. Pétales à peu près semblables aux sépales. Onglet du labelle érigé, embrassant la colonne et plus ou moins conné avec elle ; limbe étalé, les lobes latéraux arrondis, souvent réfléchis, l'antérieur étroit entier ou émarginé, ne dépassant pas les sépales ; disque relié souvent à la base par une membrane ou un callus. Colonne érigée, souvent légèrement incurvée, grêle ou épaissie, semi-cylindrique, plus ou moins connée avec le labelle, non ailée, la base terminée en pied très court ou sans pied ; clinandre tronqué ou oblique ou souvent membraneux trilobé, parfois denticulé. Anthère terminale en opercule, imcombante, imparfaitement bilo-culaire ; 2 pollinies cireuses, ovoïdes ou subglobuleuses, sillonnées, inappendiculées, reliées par un pédicelle plan court et large ou oblong à une glande assez grande. — Herbes épiphytes, à tiges très courtes terminées en pseudobulbes à une ou deux feuilles. Feuilles oblongues ou étroites, coriaces, rétrécies en pétiole. Scapes naissant sous les pseudobulbes au nombre de 1 ou 2, munis à la base d'une feuille ou de gaînes foliacées, simples ou peu ramifiés. Fleurs généralement d'un beau rouge, pédicellées, disposées en racèmes assez élégants.

Le genre Cochlioda se compose de plusieurs espèces très intéressantes dont aucune, par une fortune singulière, n'est connue des Orchidophiles sous ce nom ; peut-être faut-il attribuer ce fait à la difficulté de retenir et de prononcer le mot Cochlioda ; quoi qu'il en soit, ces diverses espèces sont désignées le plus fréquemment comme Mesospinidium ou comme Odontoglossum.

Il faut bien dire aussi que le genre n'avait pas, jusqu'à ces dernières années, une bien grande réputation. Les espèces qui le composaient, avant l'apparition du fameux *C. Nötzliana*, sont d'une élégance et d'une gaité de coloris très appréciables, mais elles manquent un peu de taille et d'éclat.

L'introduction du *Cochlioda Nötzliana* est venue jeter un nouveau lustre sur ce genre méconnu, en même temps qu'elle dotait l'horticulture et la floriculture d'une acquisition nouvelle des plus précieuses. Cette espèce, en effet, se cultive en serre froide et sa culture est des plus aisées ; comme grandeur et comme abondance de fleurs, elle peut rivaliser avec plusieurs espèces du genre Odontoglossum, et elle possède un coloris écarlate carminé qui manquait jusqu'ici.

Les autres espèces cultivées sont :

Le *C. sanguinea* (*Mesospinidium sanguineum*), charmante espèce produisant des grappes de petites fleurs d'un rose vif rappelé par le nom spécifique ; ces fleurs se produisent à diverses époques de l'année, depuis avril jusqu'à l'automne ; la plante, qui a le port d'un Odontoglossum de proportions très réduites, forme souvent de fortes touffes très décoratives.

Le *C. vulcanica* (*Mesospinidium vulcanicum*), espèce remarquable, qui, à la différence de la précédente, a les tiges florales érigées, et non retombantes, et les fleurs bien ouvertes et étalées. Ces fleurs ont une forme analogue à celle de l'*Odontoglossum mirandum*, mais elles sont d'un coloris rose vif éclatant.

Une variété d'introduction récente, le *C. vulcanica grandiflora*, a révélé cette espèce sous un jour nouveau et superbe. Cette variété a les fleurs très grandes, d'un ravissant coloris rose vif.

Le *C. densiflora* et le *C. rosea* (*Odontoglossum roseum*) sont moins beaux que les précédents et leurs fleurs sont de plus petite taille.

Culture. — On place dans les pots un bon drainage remplissant à peu près la moitié de la hauteur ; on dispose au-dessus une couche de sphagnum pur d'un centimètre environ d'épaisseur, puis un compost formé de sphagnum et de terre fibreuse hachés et mélangés par parties égales, et enfin une couche de sphagnum pur à la surface.

Le *Cochlioda Nötzliana* peut également se cultiver en panier, ce qui le différencie de l'*Odontoglossum crispum*. Néanmoins je recommanderais de préférence la culture en pots, parce que dans ·les paniers le compost se sèche trop rapidement.

Le *C. Nötzliana* réclame pendant la végétation une grande quantité d'eau. Il faut l'arroser très fréquemment, et au début du printemps, à peu près tous les deux jours. En même temps, il faut donner beaucoup d'air, et ouvrir les ventilateurs du matin au soir, pourvu que la température extérieure ne s'abaisse pas au-dessous de 8° ou 10° centigrades.

D'autre part, pour éviter le desséchement de l'atmosphère, et y maintenir constamment l'humidité nécessaire, il est indispensable de verser fréquemment de l'eau sur les tablettes et dans les sentiers ; au besoin, si le personnel fait défaut ou si l'installation insuffisante ne permet pas d'arroser convenablement dans les sentiers, il est bon de placer entre les pots des bacs de zinc contenant de l'eau pour entretenir une évaporation continue autour des plantes.

Pendant la belle saison, le *C. Nötzliana* doit être abrité contre les rayons trop chauds du soleil. Dès le printemps, les claies ou lattis doivent être mis en place vers dix heures du matin, et laissés jusque vers trois heures. En été, les abris ne seront déplacés que le soir à cinq ou six heures, et tous les soins du cultivateur devront tendre à abaisser la température dans les serres.

Une particularité qui mérite d'être signalée dans la croissance du *C. Nötzliana*, c'est que ses bulbes ne doivent pas être enfoncés dans le compost autant que ceux des Odontoglossum en général. Il est utile d'appeler sur ce point l'attention des cultivateurs, dont beaucoup enfouissent les plantes trop profondément ; les racines sont, dans ce cas, un peu privées d'air, et risquent de se trouver étouffées ou endommagées par un excès d'humidité.

C'est en suivant les règles mentionnées ci-dessus que l'on obtient les meilleurs résultats dans la culture du *C. Nötzliana*. Les plantes bien établies produisent une abondance de fleurs groupées en tiges ramifiées d'une courbe harmonieuse, ainsi qu'on pourra s'en rendre compte sur la gravure publiée plus haut (voir p. 158). Toutefois, il est bon de faire remarquer que cette gravure a dû être réduite et que les fleurs du *C. Nötzliana* n'y sont pas représentées à la grandeur naturelle ; elles atteignent en réalité une largeur de 3 ½ centimètres environ, parfois davantage.

Ces fleurs se conservent longtemps, et peuvent être sans inconvénient transportées dans les appartements ; aussi le *C. Nötzliana* est-il une des Orchidées qui rendront de grands services pour la fleur coupée. Son éclatant coloris vermillon, relevé de jaune d'or au labelle, tranche d'une façon exquise avec les blancs et les jaunes clairs des autres Orchidées de serre froide, et produit un effet particulièrement splendide à la lumière. Ces qualités le font vivement apprécier des fleuristes et des grands amateurs.

Les autres espèces du même genre réclament à peu près la même culture, et sont d'ailleurs assez anciennement connues pour qu'il ne soit pas nécessaire d'insister beaucoup sur ce point.

LES COELIA

DIAGNOSE :

Sépales à peu près égaux, érigés à la base, étalés au sommet, le dorsal libre concave, les latéraux plus larges, soudés à la base avec le pied de la colonne en un menton court ou allongé. Pétales à peu près semblables au sépale dorsal. Labelle articulé au sommet du pied de la colonne, étroit, incombant à la base, étalé au sommet, ne dépassant pas les sépales, indivis, tantôt atténué en un onglet flexueux, tantôt lancéolé à partir de la base. Colonne courte, assez large, à bords aigus ou à peine ailée, allongée à la base en pied très court ou allongé ; clinandre tronqué ou faiblement dilaté-sinueux sur les bords. Anthère terminale en forme d'opercule, incombante, semi-globuleuse, parfaitement biloculaire ; 8 pollinies cireuses, 4 dans chaque loge, ovoïdes, réunies au sommet par une matière visqueuse peu abondante. — Herbes épiphytes, à tiges plurifoliées bientôt épaissies à la base en pseudobulbe charnu. Feuilles allongées, étroites, plissées-veinées. Scapes issus de la base des pseudobulbes, généralement courts, simples, revêtus à la base de gaînes imbriquées. Fleurs médiocres en racèmes denses, brièvement pédicellées, rarement peu nombreuses et assez grandes. Bractées membraneuses, étroites, dépassant souvent les fleurs.

Le genre Coelia a été fondé en 1831 par Lindley. Il comprend quatre ou cinq espèces, parmi lesquelles les plus répandues sont les suivantes :

C. Baueri. — Fleurs à segments concaves, blancs ; pétales plus larges que les sépales ; labelle plus court que les autres segments, avec un large onglet jaune, et le lobe antérieur triangulaire.

Ces fleurs émettent une agréable odeur d'aubépine.

C. bella. — L'espèce la plus belle et la plus connue du genre. Ses fleurs ont les pétales et les sépales égaux, oblongs-obtus, blancs, avec une macule rose au sommet des sépales ; le labelle a les lobes latéraux peu développés, érigés, jaune serin ; le lobe antérieur est réfléchi. Ces fleurs sont également parfumées ; elles se produisent en mai-juin.

C. macrostachya. — Fleurs incomplètement ouvertes, d'un rose clair, plus foncé à la base du labelle et sur l'éperon. Labelle réfléchi, oblong.

Culture. — Les Coelia, originaires des Antilles et de l'Amérique centrale, demandent le même traitement que les Lycaste et Miltonia. Ils se cultivent en serre tempérée-froide, avec une humidité abondante pendant la saison de végétation, abrités contre les rayons directs du soleil.

Ces plantes doivent recevoir pendant l'hiver un bon repos, comme toutes les Orchidées à pseudobulbes charnus. La floraison est alors plus abondante et plus belle.

LES COELOGYNE

Diagnose :

Sépales connivents ou étalés, libres, égaux ; pétales semblables ou linéaires. Labelle cucullé, souvent trilobé, portant sur le disque des lignes formant saillie ou crête. Colonne érigée, libre, ailée, dilatée ou cucullée au sommet ; stigmate à deux lèvres. Anthère inférieure, biloculaire, à cloison non divisée. Quatre pollinies incombantes. — Herbes originaires de l'Inde ; rhizôme tantôt épaissi et écailleux, tantôt presque rudimentaire ; feuilles dilatées à leur base en pseudobulbes, coriaces, souvent veinées, à veines régulières ou quelques-unes plus fortes, munies de côtes ou plissées ; racèmes terminaux ou radicaux, issus d'écailles cornées ; fleurs belles et souvent parfumées.

L'espèce la plus populaire et la plus répandue du genre est le *C. cristata* (voir fig. 80), dont les fleurs, d'un blanc de lait relevé par des lignes jaune orangé au centre du labelle, sont du plus gracieux effet et ornent les bouquets d'une façon exquise du mois de février au mois d'avril. Cette belle espèce, découverte dès 1824, est l'une des plus anciennes Orchidées connues. Elle provient des régions méridionales de l'Himalaya, de Sikkhim au Népaul, d'où elle fut introduite en Europe en 1837 ; elle est aujourd'hui l'une des plus populaires peut-être de toute la famille à laquelle elle appartient.

La variété *lemoniana* a le disque et les lamelles de la gorge du labelle jaune citron.

La variété *hololeuca* a le labelle entièrement blanc comme les autres parties de la fleur.

C. asperata (synonyme *C. Lowi*). — Cette belle espèce est originaire de Bornéo, où elle est très abondante et très aimée des populations indigènes (voir p. 165). Ses fleurs mesurent environ 7 centimètres de diamètre ; elles ont les sépales et pétales d'un blanc crême, les premiers un peu plus larges que les seconds ; le labelle a les lobes latéraux blancs striés de brun rougeâtre à l'intérieur, et le lobe antérieur à peu près arrondi, crispé sur les bords. Le disque porte deux ou trois côtes granuleuses orangées; le bord antérieur est jaune paille strié de rouge brunâtre. Fleurit en été.

C. barbata. — Pétales étroits, linéaires, sépales largement oblongs aigus, tous ces segments blanc de lait. Lobes latéraux du labelle relevés des deux côtés de la colonne, blancs extérieurement, bruns à l'intérieur, fimbriés sur les bords; lobe antérieur triangulaire allongé, réfléchi, longuement fimbrié, d'un brun noirâtre. Floraison en janvier-février.

C. corymbosa. — Fleurs au nombre de 3 à 5 par grappe, mesurant de 5 à 7 centimètres de diamètre. Sépales et pétales blanc crême, ces derniers linéaires. Lobes latéraux du labelle dentés au sommet, blancs nervés et maculés de brun rougeâtre, avec une macule orangée au bord antérieur; lobe médian ovale aigu, blanc avec une barre jaune près de la base. Fleurit en été.

C. Cumingi. — Fleurs blanches avec une macule jaune citron sur le disque du labelle, mesurant environ 5 centimètres de diamètre. Espèce rare.

C. Dayana. — Sépales et pétales assez étroits, d'un jaune clair, à peu près égaux. Labelle formant un tube autour de la colonne, lobes latéraux ouverts étalés en avant, arrondis, brun strié de blanc à l'intérieur; lobe antérieur triangulaire, brun, avec six lamelles blanches dressées au disque. Fleurit en juin-juillet.

C. elata. — Fleurs en grappe dressée, au nombre de 7 à 9, d'un blanc crême. Les pétales sont, comme dans la plupart des espèces, beaucoup plus étroits que les sépales, et presque linéaires; le labelle obscurément trilobé est blanc avec une macule orangée; crête ondulée et crispée tachetée de rouge.

Cette espèce fleurit en février-mars.

C. flaccida. — Fleurs en grappes pendantes, blanc crême, les pétales linéaires-oblongs; labelle trilobé, à lobes latéraux blancs striés de brun intérieurement; lobe médian aigu, réfléchi, avec une macule jaune vif au disque et trois lamelles flexueuses.

Les fleurs se produisent en avril; elles ont une odeur faible, un peu désagréable.

C. fuliginosa. — Sépales et pétales d'un gris brunâtre clair, légèrement rosé ; pétales linéaires, réfléchis. Lobes latéraux du labelle dressés, de la même nuance ; lobe antérieur orbiculaire, brun rougeâtre foncé, frisé sur les bords, et portant deux lignes brunes proéminentes crispées.

C. fuscescens. — Fleurs d'un orangé rougeâtre, transparentes ; pétales linéaires. Labelle oblong, à bords incurvés bordés de rouge intérieurement, réfléchi à la partie antérieure, portant sur le disque trois lamelles rouges. Les fleurs ne s'ouvrent pas bien.

La variété *brunnea* a le labelle légèrement trilobé, les lobes latéraux bordés et maculés de brun intérieurement, le lobe antérieur brun clair.

C. Gardneriana. — Fleurs en grappes assez nombreuses, blanches avec le labelle lavé de jaune citron. Sépales oblongs ; pétales assez étroits, linéaires ; labelle oblong étroit, trilobé, à lobe antérieur réfléchi, bidenté au sommet. Les fleurs ne s'ouvrent pas bien. Floraison en décembre-janvier.

C. graminifolia. — Fleurs mesurant 5 centimètres de diamètre environ ; segments blanc de lait ou crême, avec les lobes latéraux du labelle striés de brun intérieurement. Floraison en février-mars.

C. lentiginosa. — Espèce à fleurs d'assez grande taille, mais incomplètement ouvertes. Il existe deux formes, dont l'une a les segments d'un jaune tirant sur l'orangé, l'autre les a vert clair. Les pétales sont étroits, presque filiformes. Le labelle trilobé a les lobes latéraux dressés, rayés de brun à l'intérieur, et le lobe antérieur acuminé. Floraison en été.

C. Massangeana. — Cette espèce produit de longues grappes pendantes, portant de 20 à 25 fleurs. Les pétales et les sépales sont d'un jaune rosé clair, le labelle marron, veiné de jaune vif sur les lobes latéraux, le lobe terminal bordé de blanc crême avec le disque brun.

Le *C. Massangeana*, dédié à un amateur belge bien connu, M. Massange de Louvrex, demande une température un peu plus élevée que la plupart de ses congénères. On le cultive en serre tempérée-chaude, ou dans la partie la plus aérée de la serre chaude, en panier suspendu au vitrage.

C. Mossiae. — Sépales ovales, pétales plus larges et de forme elliptique, tous ces segments blancs. Labelle également blanc, avec une zône orangée à la base du lobe antérieur. La colonne a la face antérieure orangée. Cette espèce produit ses fleurs au nombre de 6 à 8 en grappe horizontale; elle a fait son apparition tout récemment chez un amateur anglais, M. Moss. Elle paraît devoir être recherchée.

C. ocellata. — Charmante espèce à fleurs blanches, avec le labelle relevé, sur les lobes latéraux, de deux macules jaunes en forme d'yeux (d'où le nom spécifique), et bordé d'orangé. Le disque porte également de petites taches jaune. La gorge est striée de brun vif. Fleurit en mars-avril.

La variété *maxima* est beaucoup plus forte que le type, et ses fleurs sont plus grandes et plus belles.

C. ochracea. — Espèce ancienne, mais moins répandue que les précédentes. Les fleurs sont blanches, avec le labelle marqué sur le disque de deux macules en forme de fer à cheval, jaune ocre, bordées d'orangé; elles sont réunies par six ou huit en grappes dressées.

Cette espèce possède un parfum exquis. Elle se cultive bien en pot, et demande beaucoup d'ombre et d'humidité. Elle fleurit en mai-juin.

C. pandurata. — Très belle espèce à grandes fleurs bien ouvertes, ayant les sépales et les pétales vert pâle, et le labelle panduré, d'un vert jaunâtre, couvert de granulations au centre et veiné de noir, avec une macule noire près du sommet. Floraison en juillet-août.

C. Parishi. — Fleurs rappelant, en petit, celles de l'espèce précédente.

C. plantaginea. — Fleurs en grappe pendante; sépales et pétales vert jaunâtre; labelle blanc strié de brun.

C. speciosa. — Espèce très florifère. Ses fleurs mesurent près de dix centimètres. Les sépales et les pétales sont d'un jaune olivâtre; le labelle, oblong, très ample, est jaune veiné de rouge foncé et de brun, et blanc à la pointe, qui est ondulée et frisée. Il porte au milieu une double crête longitudinale ciliée.

C. viscosa. — Espèce assez rare, voisine du *C. flaccida*. Pétales et sépales blancs. Lobes latéraux du labelle fortement striés de brun vif.

Parmi les plantes qui composaient l'ancien genre Pleione, et qui sont actuellement rattachées aux Coelogyne, les plus remarquables sont les suivantes. Leurs fleurs étalées, ayant un peu l'aspect de celles des Cattleya, sont de grande taille par rapport aux pseudobulbes petits, très courts, d'une forme singulière avec leur surface granuleuse, pointillée de blanc sur fond vert noirâtre. Elles ont les lobes latéraux du labelle relevés et enveloppant la colonne.

C. Hookeriana. — Fleurs mesurant environ 6 ¹/₂ à 7 centimètres de diamètre, à segments rose vif; le labelle a la gorge jaune et porte à son bord antérieur, ondulé et frisé, un certain nombre de macules brunes. Fleurit en mai.

C. humilis. — Sépales et pétales blanc lilacé; labelle de la même couleur, denticulé en avant, traversé par six veines ondulées alternant avec des stries rouge pourpré vif. Fleurit en décembre-janvier.

La variété *tricolor* a les pétales et les sépales rose pâle, le labelle jaune pâle strié de brun jaunâtre au centre, avec les bords externes maculés de brun.

C. lagenaria. — Belle espèce assez analogue au *C. Hookeriana*; les sépales, largement lancéolés, et les pétales aussi longs, mais moins larges presque de moitié, sont rose lilacé; le labelle est blanc, avec le lobe antérieur ondulé et frisé sur les bords, qui sont ornés d'une série de larges macules rouge pourpre. La gorge est jaune, légèrement striée de rouge vif. Le disque porte six lamelles proéminentes très denticulées. Fleurit en janvier-février.

C. maculata. — Fleurs un peu plus petites. Segments étroits, blancs, le labelle strié de lignes pourpres obliques, avec le disque jaune ligné de pourpre, et les bords ondulés chargés de grosses macules rouge pourpre. Fleurit en octobre-novembre.

C. praecox. — Très belle espèce à fleurs rose vif; labelle lilas très pâle, ayant le lobe antérieur très ondulé et dentelé ; disque jaune traversé par cinq crêtes dentées, et portant de petites taches roses. Fleurit en octobre-novembre.

La variété *Wallichiana*, très connue sous le nom de *Coelogyne* ou *Pleione Wallichi*, a un coloris plus foncé, et est fort belle. Ses fleurs mesurent près de 10 centimètres de diamètre.

C. Schilleriana. — Segments jaune brunâtre clair, les pétales très étroits, linéaires ; labelle blanchâtre ayant les lobes latéraux bordés de rouge orangé, et le lobe antérieur denticulé sur les bords, d'un jaune brunâtre maculé et tacheté d'orangé.

Culture. — Quoique la culture du *C. cristata* soit assez facile, j'ai vu assez fréquemment des cultivateurs y échouer faute de quelques notions indispensables sur les besoins spéciaux de cette plante.

Il est toujours utile, quand on n'obtient pas de bons résultats de la culture d'une Orchidée, de recourir à l'examen des conditions dans lesquelles elle croît naturellement. En ce qui concerne le *Coelogyne cristata*, quoique originaire des régions tropicales de l'Asie, il ne demande pas une température élevée ; il se rencontre d'ordinaire dans les parties basses et boisées, où l'humidité abondante maintient constamment une certaine fraîcheur, sur les branches inférieures des arbres, dans les fourrés les plus voisins des cours d'eau, ou dans les petits ravins creusés par les pluies et fréquemment encore parcourus par elles, s'accommodant un peu de toutes les positions, mais se multipliant de préférence dans le sol même.

De ces indications, on peut conclure que la plante en question devra être cultivée en pot, recevoir des arrosages abondants, et par conséquent être empotée avec un fort drainage ; en outre, qu'elle devra être placée, non pas en serre chaude avec les Cypripedium, Aerides, etc., qui croissent dans les parties les plus ensoleillées des mêmes localités, mais en serre tempérée ou tempérée-froide. J'ai toujours obtenu, en effet, d'excellents résultats en suivant un traitement de ce genre.

Il est à remarquer que le *C. cristata* est une plante traçante, dont les bulbes ont une tendance marquée à chevaucher les uns sur les autres ; lorsqu'ils sont ainsi superposés, ceux qui se trouvent élevés au dessus du compost n'arrivent plus en contact avec celui-ci ; ils se resserrent de plus en plus et dépérissent. On évitera cet inconvénient, en ayant soin de donner à la plante plus d'espace quand ce sera nécessaire, et en s'efforçant de recourber le rhizôme de ces pseudobulbes aériens de façon à les amener au contact du compost, en écartant les pseudobulbes situés en dessous ; comme sa croissance est rapide, il sera bon de la rempoter au moins tous les deux ans.

Les pousses du *C. cristata* se produisent après la floraison sur la tige florale même, qui devient ainsi un véritable rhizôme. Il faut donc avoir soin de ne pas couper les tiges florales ; lorsque les fleurs sont passées, on les détache une à une. En sectionnant la tige même, on arrêterait la végétation.

Le *C. cristata* réclame peu de lumière ; on peut le cultiver dans la partie la moins éclairée de la serre, et réserver pour les autres genres les endroits les plus rapprochés du vitrage.

Le compost doit être formé de deux tiers de terre fibreuse et un tiers de sphagnum.

Les Coelogyne en général se cultivent en serre tempérée, et plusieurs espèces en serre chaude ; le *C. cristata*, ainsi que les *C. barbata*, *C. elata*, *C. Gardneriana*, occupent une place à part à ce point de vue.

Voici quelques observations adressées au *Gardeners' Chronicle* par une personne fixée à Madras, relativement au mode de croissance d'une espèce rare aujourd'hui, le *C. corrugata*. Ces notes s'appliquent bien aux autres espèces qui croissent dans les mêmes conditions à l'état naturel, *C. asperata*, *C. Cumingi*, *C. Massangeana*, *C. pandurata*, etc.

« Le *Coelogyne corrugata* ne doit pas avoir d'ombre, ou seulement un très léger abri au fort de l'été. Il pousse ici sur les rochers les plus exposés, fixant ses racines dans les crevasses et les touffes de gazon au bord des précipices, soumis à une sécheresse de trois mois; en janvier, février et mars, les rochers sont si chauds que l'on peut à peine y poser la main. Puis viennent les pluies, les averses et le soleil alternant jusqu'au novembre, et ensuite des bises froides et des séries de gelées jusqu'au retour de la chaleur en mars et avril, époque à laquelle ils produisent leurs fleurs en abondance. Je crois que ces conditions devraient être beaucoup modifiées pour être appliquées en Europe; mais je suis sûr qu'en tirant le parti convenable de ces remarques on obtiendrait une floraison abondante du *Coelogyne corrugata*. »

Quant aux plantes de la section des *Pleione*, elles réussissent parfaitement en serre tempérée.

LES COLAX

Le genre Colax actuel comprend cinq espèces, probablement toutes originaires du Brésil, et dont la plus connue est le *C. jugosus*. Il diffère des Lycaste par ses inflorescences, composées ordinairement de plusieurs fleurs et naissant au-dessus de la nouvelle pousse, et non au-dessous. Les sépales et les pétales sont à peu près égaux, et rapprochés de manière à former une fleur demi-globuleuse. Enfin, à la différence des Lycaste et des Paphinia, le labelle ne porte aucun appendice.

C'est LINDLEY qui, en 1843, établit le genre Colax tel qu'il est actuellement; auparavant il avait donné le même nom au *Maxillaria Harrisoniae*, espèce qui est maintenant comprise dans le genre Bifrenaria.

Dans son *Genera and Species* (1832), il donnait encore ce nom de Colax à un groupe très confus du genre Maxillaria qui comprenait alors dix-neuf espèces.

En 1881, BENTHAM crut devoir réunir en un seul genre, sous le nom de Lycaste, les genres Lycaste, Paphinia et Colax. Mais cette réunion n'a jamais été admise au point de vue horticole, les plantes de ces trois groupes ayant des ports très différents, et aujourd'hui plusieurs botanistes dont le nom fait autorité se rangent du même avis que les horticulteurs en conservant ces trois genres comme distincts.

Enfin, d'autres auteurs veulent le faire définitivement sombrer dans le genre Zygopetalum, auquel le rattachent plusieurs carac-

Fig. 98. — Colax jugosus.

tères saillants, entre autres la forme du labelle, l'adhérence des pétales et des sépales avec la base de la colonne, et le port des pseudobulbes et des feuilles.

Un argument en faveur du rapprochement proposé entre les

Colax et les Zygopetalum est fourni d'ailleurs par la fécondation artificielle. On a pu croiser le *Colax jugosus* et le *Zygopetalum crinitum* plus facilement qu'on ne croise entre eux certains Zygopetalum considérés comme authentiques.

Le genre ou la section Colax ne comprend actuellement que deux espèces dans les cultures; deux ou trois autres ont été introduites autrefois, puis ont disparu; mais les traces qu'elles ont laissées dans les herbiers et les iconographies permettent de penser que la perte n'est pas très grande, au point de vue horticole tout au moins. Les espèces répandues dans les cultures sont de taille un peu plus petite que les Zygopetalum et les Lycaste en général, tant comme bulbes que comme fleurs. Elles se distinguent à première vue des Lycaste par la position presque étalée des pétales, tandis que dans les Lycaste, comme on sait, l'inclinaison de ceux-ci en avant forme autour de la colonne une sorte de conque. Elles rappellent plutôt les Pescatorea, moins la crête du labelle. Mais d'ailleurs les Pescatorea sont considérés aussi comme des Zygopetalum.

Le *Colax jugosus* (fig. 98) est le plus célèbre et le plus remarquable. C'est une délicieuse espèce de forme très gracieuse et de charmant coloris. Ses tiges florales portent deux fleurs, quelquefois trois; chacune a environ cinq centimètres de diamètre. Les sépales sont d'un blanc crème; les pétales, à peu près de même forme, sont plutôt blancs, et portent sur presque toute leur surface une série de petites barres transversales d'un brun pourpré, souvent violet foncé, la base et la pointe seules restant immaculées.

Le coloris de ces barres transversales est assez variable : Lindley les décrit comme cramoisies, et le *Botanical Magazine* comme pourpre noir.

Le labelle est trilobé et n'a pas la crête transversale en bourrelet qui caractérise les Zygopetalum et les Pescatorea. C'est un point par lequel nous nous rapprochons plutôt du genre Lycaste. Il est blanc, abondamment pointillé de bleu indigo ainsi que la colonne, et orné à son bord antérieur de larges macules de la même couleur.

Le *Colax Puydti*, dédié à l'écrivain belge regretté, P. E. DE PUYDT, fut introduit par M. LINDEN en 1879. Il a le port et les feuilles du précédent, dont il n'est guère possible de le distinguer quand il n'est pas en fleurs ; mais ses fleurs ont un coloris très différent. Les sépales sont d'un vert clair, avec quelques macules brun pourpré au centre ; les pétales vert clair sont couverts de fines macules pourpre foncé.

On confond souvent le *Colax Puydti* avec le *C. viridis;* ce n'est cependant pas absolument la même plante, et le *C. viridis* doit être considéré comme une variété inférieure.

CULTURE. — Les Colax ne sont pas de culture difficile. Le traitement qui leur convient est celui des Lycaste en général, mais avec un peu plus de chaleur. Tandis que les *Zygopetalum* et Lycaste prospèrent parfaitement dans la serre tempérée ou tempérée-froide, dite serre mexicaine, les Pescatorea et Colax vont mieux dans la partie la plus chaude de la serre des Cattleya. Leur compost sera formé de terre fibreuse et de sphagnum mélangés, avec un bon drainage. Les plantes doivent être arrosées abondamment pendant la végétation, et recevoir beaucoup d'air et de lumière, sans jamais être exposées aux rayons directs du soleil, auxquels elles sont assez sensibles. La floraison se produit à la fin de la pousse, alors que le bulbe est à peu près formé ; une fois les fleurs passées, il reste à faire bien mûrir les pseudo-bulbes à force d'air et de jour, et l'on réduit progressivement les arrosages. Puis on laisse les plantes prendre un bon repos, de deux mois environ ; au printemps la végétation reparaît, et les arrosages doivent recommencer libéralement. La pousse se forme de bonne heure, et lorsque les plantes ont été convenablement traitées, qu'elles ont joui d'un bon repos, il n'est pas rare de les voir former deux tiges florales sur un même bulbe, une de chaque côté, à l'aisselle des feuilles de la base.

LES COMPARETTIA

Diagnose :

Sépales de même longueur, dressés-étalés, le dorsal libre, les latéraux soudés entre eux et prolongés à la base en un éperon long et grêle. Pétales libres, de la longueur du sépale dorsal mais plus larges. Labelle continu avec la base du gynostème, trilobé, prolongé inférieurement en deux longs éperons linéaires enfermés dans l'éperon des sépales; lobes latéraux courts et larges, dressés, le médian étalé, très large, émarginé, beaucoup plus long que les sépales. Gynostème dressé, assez épais, demi-cylindrique, sans ailes ni pied; clinandre court et oblique. Anthère terminale, en forme d'opercule, très convexe, uniloculaire; deux pollinies cireuses, largement ovoïdes, sillonnées, fixées à un pédicelle en forme de coin allongé, qui est terminé par un rétinacle ovale. Capsule ovoïde ou oblongue, à angles aigus, prolongée en bas au sommet. — Herbes épiphytes, à tiges très courtes, portant deux ou trois gaînes, puis épaissies en un petit pseudobulbe charnu, surmonté d'une seule feuille coriace. Hampes dressées, simples, allongées, naissant à la base des pseudobulbes. Fleurs assez grandes, en grappe lâche, distinctement pédicellées.

Les Comparettia sont de charmantes petites Orchidées, tenant très peu de place, à fleurs gracieuses et d'un coloris brillant. Les espèces les plus répandues sont les suivantes :

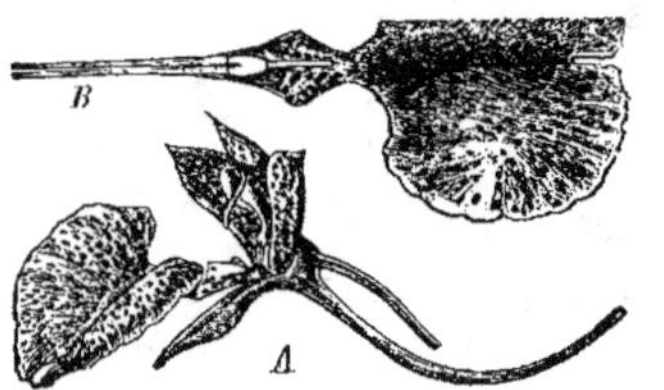

Fig. 99. — COMPARETTIA MACROPLECTRON.

A, fleur. — B, labelle.

C. falcata. — Fleurs au nombre de 4 ou 5 sur chaque pédoncule pendant; les pétales et les sépales sont lancéolés, de petite taille, mais le labelle, bien étalé, largement obcordé, est assez grand. L'ensemble de la fleur est d'un cramoisi vif. Fleurit en juillet-août.

C. macroplectron (fig. 99). — Espèce assez analogue à la précédente. Les sépales et pétales sont roses, tachetés de rouge vif; le labelle a le lobe antérieur bifide, bien étalé et très ample par rapport aux autres segments, et est de la même nuance.

CULTURE. — Les Comparettia ont les pseudobulbes de très petite taille et se cultivent en paniers ou dans de petits pots suspendus au vitrage, dans la serre tempérée. Compost ordinaire des Cattleya. Ces plantes demandent beaucoup d'humidité pendant la saison de croissance, et ne doivent pas sécher même pendant le reste de l'année.

LES CORYANTHES

DIAGNOSE :

Sépales libres, très étalés, grands, irrégulièrement ondulés, repliés, le postérieur plus court et plus large que les latéraux. Pétales beaucoup plus petits que les sépales, dressés, tordus. Labelle charnu, à onglet allongé étalé continu avec la base de la colonne; lobes latéraux soudés au milieu de l'onglet en appendice ayant la forme d'une coupe ; lobe médian grand, en forme de seau. Colonne assez longue, cylindrique, à sommet infléchi, en forme de massue ou brièvement bi-ailée, sans pied, munie à sa base de deux oreillettes ou de deux cornes; clinandre peu saillant. Anthère terminale, en forme d'opercule, incombante, convexe, charnue, biloculaire. Deux pollinies cireuses, étroitement oblongues, sillonnées, fixées à un stipe linéaire; glande petite. — Herbes épiphytes, à tiges courtes bientôt épaissies en pseudobulbes charnus. Feuilles amples, nervées, légèrement plissées. Scapes réfléchis sur les côtés des pseudobulbes, simples. Racèmes lâchement pauciflores, à fleurs très grandes brièvement pédicellées.

C'est un genre peu connu, mais extrêmement intéressant; la structure extraordinaire des fleurs lui donne un attrait tout particulier non seulement pour les amateurs, qui en font une des curiosités de leurs serres, mais pour les botanistes, qui trouvent un sujet d'étude précieux dans la singulière transformation du labelle et dans l'organisation de cette fleur en vue de la fécondation.

Peu d'espèces sont répandues dans les cultures jusqu'ici; mais plusieurs formes nouvelles d'une très grande valeur ont fait leur apparition, depuis trois ans, à l'établissement de L'Horticulture Internationale, et il y a lieu de penser qu'elles ne tarderont pas à entrer dans toutes les collections.

Je citerai seulement le *C. Bungerothi*, dont les fleurs sont d'une taille géante et d'un coloris incomparable, dont le capuchon est jaune orangé éclatant, et le seau jaune clair maculé de rouge vif, et le *C. leucocorys*, plus récent encore. Celui-ci, presque aussi grand que le précédent, possède également un coloris des plus attrayants; le seau du labelle est d'un rouge légèrement teinté de brun; l'hypochile est arrondi en capuchon, et recourbé jusqu'au contact du seau; il est d'un blanc d'ivoire immaculé, avec une ligne de cils soyeux à peine indiquée à droite et à gauche. Les sépales sont d'un vert d'eau pâle, avec une faible teinte rouge par places.

Il existe quelques autres espèces très intéressantes, la plupart assez anciennement connues. Les principales sont: *C. macrantha.* Belles fleurs, d'un jaune éclatant tacheté de rouge, avec le seau du labelle jaune teinté de brun. — *C. maculata* (voir fig. 66, p. 417). Fleurs jaune clair, tacheté de rouge vif; le seau jaune est tacheté intérieurement de cramoisi vif. — *C. speciosa.* Grandes fleurs jaune pâle, au seau légèrement rougeâtre ou teinté de brun. — *C. elegantissima.* Grandes fleurs jaunes, avec le seau rouge pourpre. — *C. macrocorys* (introduit en 1892). Fleurs grisâtres lavées de rouge brun. Capuchon de forme allongée, presque cylindrique.

J'ai parlé plus haut de la structure des fleurs de Coryanthes; elle est tout à fait insolite dans la famille orchidéenne, et extrêmement étrange. Le labelle, qui atteint un développement considérable, est formé de trois parties distinctes: l'*hypochile*, ou partie basale, forme une vaste expansion charnue, soit étalée en plateau, comme dans le *Coryanthes speciosissima*, soit repliée et recourbée en forme de capuchon, comme dans les *C. Bungerothi* et *C. leucocorys*. Il est généralement teinté de jaune. Le *mésochile* est une simple tige charnue reliant les deux autres parties ; il porte, dans les deux espèces ci-dessus, plusieurs replis formant des espèces de dents ; l'*épichile* présente la forme d'un seau, aux bords légèrement évasés, ouvert à la base d'un côté seulement, et se terminant de ce côté par deux proéminences ayant l'aspect et la consistance de cornes, au-dessus desquelles vient se placer l'extrémité du gynostème. Tout cet arrangement semble véritablement conçu en vue de la fécondation de la fleur par les insectes, ainsi que je l'ai l'expliqué au chapitre de l'hybridation. Enfin la colonne porte à sa base, contre la naissance de l'épichile, deux petites excroissances qui surplombent l'intérieur du seau et y laissent tomber continuellement des gouttelettes d'un liquide légèrement visqueux, et plus ou moins parfumé.

Les sépales, très amples, de texture très légère et presque transparente, sont étalés en arrière du seau, comme des ailes ; toutefois, au bout de quelques heures que la fleur est ouverte, ils se replient progressivement, se froissent et se roulent. Les pétales, courts et étroits, sont appliqués contre l'ouverture du seau des deux côtés du sommet de la colonne.

Les fleurs de Coryanthes se développent avec une extrême rapidité ; les boutons, une fois formés, augmentent en quelque sorte à vue d'œil jusqu'à atteindre en quinze jours environ des dimensions énormes (à peu près un ellipsoïde ayant comme axes sept et huit centimètres dans le *C. leucocorys*). Mais les fleurs passent, malheureusement, avec la même rapidité ; elle se fanent au bout de trois à quatre jours. C'est leur grand défaut, sans lequel elles seraient évidemment très recherchées par tous les amateurs.

Même en en tenant compte, d'ailleurs, ce genre mérite d'être représenté dans toutes les collections, auxquelles il contribuera à donner un intérêt et un éclat remarquable. L'aspect d'une serre contenant des Coryanthes, avec leurs grappes pendantes terminées par deux ou trois de ces fleurs géantes si curieuses, est très pittoresque.

Culture. — La culture de ces espèces est facile; on les cultive en serre chaude, en pot ou en panier; ce dernier procédé est peut-être préférable.

Au-dessus d'un bon drainage, on dispose une légère couche de sphagnum entier, puis le compost, formé de sphagnum et de terre fibreuse mélangés par moitiés, ou avec un peu plus de terre fibreuse.

Les arrosages doivent être abondants pendant la période de végétation. Le bulbe achevé, la floraison apparaît. J'ai dit que les fleurs de Coryanthes ne durent généralement pas plus de trois jours; néanmoins, comme il y a d'ordinaire trois fleurs sur chaque grappe et que ces fleurs ne s'ouvrent que l'une après l'autre, comme en outre les Coryanthes produisent souvent plusieurs grappes successivement (j'ai vu un Coryanthes fleurir cinq fois dans un an), l'amateur a le plaisir de jouir assez longtemps de la vue de ces fleurs curieuses.

La floraison terminée, on donne aux plantes un repos relatif de six semaines environ. Puis on recommence à arroser, et la pousse nouvelle apparaît. Vers le début de novembre, on diminue les arrosages pour mettre les plantes en repos jusqu'au mois de janvier, le repos est alors très prononcé; les bulbes ne tardent pas à perdre leurs feuilles, et les plantes peuvent être laissées à peu près totalement sans arrosage pendant deux mois; le mieux est de les transporter pendant cette période dans une serre tempérée.

Avant le retour de la végétation, on procède aux rempotages qui peuvent être nécessaires.

La forme des bulbes des Coryanthes est très aisément reconnaissable. Ils ont l'aspect de petites poires ou plutôt de petites figues vertes, mais avec un grand nombre de plis longitudinaux profondément creusés, et ils se terminent en une partie très effilée. Ils sont d'un vert plus ou moins sombre, mais toujours luisants.

Les Coryanthes sont originaires des régions chaudes du Brésil, où ils croissent en général sur des arbres de taille moyenne, dans des endroits humides, mais suffisamment éclairés.

LES CRYPTOPHORANTHUS

Le genre Cryptophoranthus a été fondé en 1881 par M. J. Barbosa Rodrigues, le botaniste brésilien bien connu, pour un certain nombre d'espèces rattachées antérieurement aux genres Masdevallia et Pleurothallis. Ces espèces se distinguent par le caractère commun que les segments ne s'épanouissent pas ; les sépales sont soudés entre eux par la base et par le sommet ; il se produit seulement deux ouvertures latérales entre le sépale dorsal et les sépales latéraux.

Parmi les huit ou dix espèces qui constituent ce genre, la plus célèbre est le *C. atropurpureus*, autrefois connu sous le nom de *Masdevallia fenestrata*, nom qui faisait allusion à la forme de la fleur, percée de deux fenêtres latérales. Darwin, dans son célèbre ouvrage sur la fécondation des Orchidées, a étudié l'économie de la fécondation dans cette espèce, et est arrivé à cette conclusion que « toute la structure de la fleur semble avoir été soigneusement combinée en vue d'empêcher que les pollinies ne soient emportées, puis déposées dans la chambre stigmatique. »

Le *C. atropurpureus* a les fleurs longues de deux centimètres et demi environ, d'un brun pourpré ; ce n'est guère qu'une curiosité.

Le *C. Dayanus* se rencontre plus fréquemment dans les cultures. Ses fleurs, en forme de tête d'oiseau, larges et aplaties à la moitié inférieure, puis allongée en pointe recourbée, sont d'un jaune brunâtre pâle, maculés de taches brun pourpré disposées à peu près en ligne, et plus grandes vers la pointe. Elles sont trois fois plus grosses que celles de l'espèce précédente.

Culture. — Même traitement que pour les Masdevallia.

LES CYCNOCHES

Diagnose :

Sépales à peu près égaux, libres, étalés ; pétales semblables aux sépales ou un peu plus larges, resserrés à la base ou assez larges. Labelle charnu, continu avec la base du labelle, étalé, resserré en onglet à la base, lancéolé ou orbiculaire au delà, entier ou diversement lobé, fimbrié ou muni d'une aigrette. Colonne allongée, grêle, fortement courbée, non ailée, sans pied, élargie en massue recourbée à son sommet ; clinandre élevé postérieurement, acuminé ou bifide (plus rarement tronqué obliquement). Anthère terminale, en forme d'opercule, incombante, uniloculaire ou imparfaitement biloculaire ; 2 pollinies cireuses, ovoïdes, sillonnées, inappendiculées, fixées à un stipe linéaire assez rigide ; glande grande et épaisse. — Herbes épiphytes, à tiges plurifoliées, ensuite longuement épaissies et charnues ou formant des pseudobulbes oblongs à plusieurs gaînes. Feuilles amples, plissées-veinées. Scapes issus de la base des pseudobulbes, dressés ou penchés, simples. Fleurs remarquables, plus ou moins nombreuses en racème. Bractées petites.

Les Cycnoches ne sont pas connus et cultivés comme ils mériteraient de l'être. On les considère un peu comme des Orchidées botaniques. Ils sont cependant remarquables par leur port et par la grandeur et la bizarrerie de leurs fleurs, et ils ont au moins à un haut degré le charme de l'étrange, comme les Coryanthes. La gravure publiée plus haut (fig. 41) montre qu'ils peuvent produire, quand ils sont bien cultivés, un effet très élégant.

On sait que les Cycnoches produisent des fleurs mâles et des fleurs femelles, très distinctes entre elles. Les premières sont de beaucoup les plus fréquentes, et ce sont elles que je décrirai.

C. aureum. — *L'Orchidée Cygne d'or* des Anglais. Les fleurs sont d'un coloris jaune, et ont les sépales lancéolés, les pétales enroulés à la pointe.

C. barbatum. — Fleurs jaune orangé pointillées de pourpre foncé ;

le labelle est blanc lavé de jaune et tacheté de rouge sang. D'après Reichenbach, les fleurs seraient au nombre de 50 à 80 sur un seul racème.

C. chlorochilon. — Fleurs d'un jaune verdâtre clair, avec une très large macule jaune sur le labelle.

C. Loddigesi. — Sépales et pétales d'un vert brunâtre, les premiers maculés de brun foncé; labelle blanchâtre, tacheté de rouge sang. Fleurs très agréablement parfumées.

C. pentadactylon. — On a vu plus haut (fig. 63 et 64), la forme des fleurs des deux sexes de cette curieuse espèce. Le coloris est un jaune verdâtre, maculé de brun : « Ces fleurs, écrit M. Ed. Rand, ont un aspect général ressemblant à celui de l'*Angraecum superbum*, sans sa queue, mais elles ont bien plus de substance, et semblent taillées dans de l'ivoire poli massif. Elles répandent un parfum pénétrant. Au moment où nous écrivons (12 janvier), l'air est chargé, tout autour de la maison, du délicieux parfum de ces plantes, dont plusieurs sont actuellement en fleurs sur la véranda.

La plante est connue à Pará sous le nom de *Baunilha* (vanilla), à cause de sa forte odeur de vanille. »

C. peruvianum. — Espèce introduite en 1890 à Bruxelles. Les fleurs femelles ne sont pas encore connues; les fleurs mâles sont de taille moyenne, d'un vert clair tacheté de brun foncé, et le labelle porte un appendice formé de plusieurs petits filaments blancs réunis en houppette.

C. ventricosum. — Fleurs grandes et agréablement parfumées; sépales et pétales jaune verdâtre; labelle blanc avec un callus noirâtre à la base. Les fleurs femelles sont énormes et ont le labelle renflé en bosse proéminente hémisphérique, ce qui a évidemment valu à cette plante son nom spécifique.

Culture. — Même traitement que pour les Catasetum.

LE DIMORPHISME DES CYCNOCHES

M. Rolfe a étudié les formes sexuelles de ce genre curieux dans un intéressant article dont je crois utile de reproduire l'extrait suivant :

« Il existe probablement peu d'orchidistes qui ne connaissent pas les fleurs gracieuses et parfumées du *Cycnoches chlorochilon*, espèce répandue depuis longtemps dans les cultures, et assez commune aujourd'hui. Toutefois, l'existence de fleurs des deux sexes dans cette espèce n'a pas été signalée jusqu'ici (ou du moins je n'ai pu en trouver mention nulle part); j'ai donc grand plaisir à appeler l'attention sur un fait qui permet de combler une lacune de nos connaissances relatives à ce genre dimorphe si singulier.

M. Houzeau de Lehaie, membre de la Chambre des Représentants de Belgique, a envoyé à Kew une fleur de chaque sexe; toutes deux s'étaient formées dans sa collection sur des plantes différentes qu'il avait reçues de Caracas, où cette espèce a son habitat.

La fleur mâle est la forme connue depuis longtemps dans les cultures, ayant la colonne grêle et les pollinies développées normalement; la fleur femelle, ouverte depuis six semaines quand elle a été envoyée, et qui était encore en excellent état, présente les caractères suivants : elle est sensiblement plus grande et plus charnue que la fleur mâle, et a les segments plus larges; le labelle, un peu plus grand, a la crête plus large et beaucoup plus obtuse; l'ovaire est plus de deux fois aussi épais et plus profondément sillonné; la colonne, à peine à moité aussi longue, a une épaisseur au moins quadruple. Il n'existe pas de pollinies, mais un stigmate bien développé, avec une paire de larges ailes charnues recourbées des deux côtés. Le coloris est le même dans les fleurs de deux sexes.

Pour quiconque connaît la différence considérable des deux sexes dans le *C. ventricosum* (dont la forme mâle a été décrite sous le nom de *C. Egertonianum*), les *C. Warscewiczi*, *C. penta-*

dactylon, *C. Rossianum*, l'étroite ressemblance qu'ils présentent dans l'espèce actuelle paraîtra très remarquable, sinon inexplicable. Elle me semble d'autant plus intéressante, qu'elle élucide une question que j'avais longtemps jugée insoluble.

Le *C. ventricosum* est bien connu comme une forme femelle, mais le *C. chlorochilon*, répandu dans les cultures depuis si longtemps, et qui ressemble tant au précédent, avait les pollinies seules bien constituées, et semblait être mâle. S'il avait présenté les caractères d'une fleur femelle, on aurait pu supposer l'existence d'un mâle assez analogue au *C. Egertonianum;* mais il n'en était pas ainsi, et j'étais complètement dérouté. Peut-être un hermaphrodite? J'essayai de le féconder avec le pollen d'une autre fleur, mais tout fut inutile.

Enfin nous avons aujourd'hui la clef du problème. Il est évident que le genre Cycnoches forme deux groupes bien distincts; dans l'un, les deux sexes présentent des différences considérables dans le périanthe, et spécialement dans le labelle; dans l'autre, ces différences sont comparativement légères. Le premier de ces deux groupes comprend les *C. ventricosum, C. Warscewiczi, C. pentadactylon, C. Rossianum*, dont les deux sexes nous sont connus, les *C. aureum, C. maculatum*, et quelques autres imparfaitement renseignés, dont les fleurs mâles seules ont paru jusqu'ici. Le second se compose des *C. chlorochilon* et *C. Loddigesi* dont nous connaissons les deux sexes, et des *C. Haagei* et *C. versicolor*, dont les formes femelles n'ont pas encore été signalées dans les cultures.

Nous n'avons encore qu'une connaissance imparfaite du genre, mais les matériaux augmentent chaque jour, grâce aux personnes qui veulent bien les adresser à Kew et parmi lesquelles il convient de citer spécialement MM. Gotto, de Hampstead; Ross, de Florence; Rand, de Pará (Brésil), et Houzeau de Lehaie, qui ont envoyé chacun les deux fleurs d'une espèce. D'autres ont également fourni des renseignements utiles.

Plusieurs des espèces mentionnées plus haut n'existent plus, je crois, dans les cultures, mais il est permis d'espérer qu'elles feront leur réapparition.

En ce qui concerne le *Loddigesi*, rappelons une note très intéressante de LINDLEY (*Bot. Reg.*, 1851) :

« En août 1836, M. WILMER, de Oldfield, près Birmingham, m'envoya un échantillon d'un Cycnoches ayant les pétales larges, la colonne courte, dilatée au sommet en forme de capuchon, le labelle large, arrondi, gibbeux à la base, avec l'onglet beaucoup plus court que la colonne. Il était dépourvu de parfum, tandis que le *C. Loddigesi* exhale, comme on le sait, une délicieuse odeur de vanille.

« Je ne doutai pas que ce ne fût une espèce nouvelle, et je le nommai *C. cucullatum*. Mais à l'automne de la même année, dans les serres de la Société d'Horticulture, un Cycnoches produisit, sur les côtés opposés d'un même bulbe, deux racèmes portant, l'un, les fleurs parfumées du *C. Loddigesi*, l'autre, celles du nouveau *C. cucullatum*, dénuées de tout parfum. »

Ajoutons que le *C. cucullatum* ne semble pas avoir été décrit; il est probable que le second échantillon apparut à temps pour que LINDLEY pût supprimer l'espèce.

C'est là un cas tout à fait analogue à celui qui nous occupe aujourd'hui. Les fleurs sont un peu plus distinctes que dans le *C. chlorochilon*, mais, là aussi, la forme du labelle est la même dans les fleurs des deux sexes, tandis que dans l'autre groupe elles sont totalement différentes. »

LES CYMBIDIUM

DIAGNOSE :

Sépales à peu près égaux, libres, étalés. Pétales semblables aux sépales ou un peu plus petits. Labelle dressé, sessile à la base du gynostème, à base concave, à lobes latéraux larges, redressés et embrassant lâchement le gynostème, à lobe terminal recourbé, à disque ordinairement muni de deux lamelles longitudinales. Gynostème allongé, semi-cylindrique, arqué, sans pied; clinandre oblique. Anthère terminale, operculiforme, à une seule loge ou à deux loges imparfaites; deux pollinies cireuses, presque globuleuses, munies d'un sillon profond attachées directement sur un rétinacle en forme d'écaille très mince et fort élargie transversalement. Capsule oblongue, souvent assez grosse. — Herbes épiphytes, à tiges feuillées, raccourcies et plus ou moins renflées en pseudobulbes avec les bases des feuilles. Celles-ci sont ordinairement très allongées, étroites, coriaces et munies de nervures longitudinales saillantes. Pédoncules allongés, simples ou rarement rameux, munis inférieurement de gaînes lâches, naissant entre les feuilles ou à la base des tiges. Fleurs ordinairement grandes, brièvement pédicellées, disposées en grappes lâches souvent allongées et pendantes.

Ces caractères ne conviennent pas tous aux *C. elegans* et *C. Mastersii*, ni à une troisième espèce non encore introduite (*C. cochleare*), qui constituent le genre Cyperorchis. Ce dernier genre, admis par la plupart des botanistes modernes, diffère des vrais Cymbidium par les caractères suivants : « Divisions du « périanthe dressées et conniventes inférieurement; labelle « presque droit, étroit, à lobe terminal très court; pollinies en « forme de poire, sur un rétinacle presque quadrangulaire. Tiges « à peine renflées en pseudo-bulbes; fleurs en grappes denses. »

Le genre Cymbidium est originaire des régions tropicales de l'Asie, où il est largement distribué dans l'île de Ceylan, l'Assam, et l'Indo-Chine jusqu'aux déclivités de la chaîne de l'Himalaya. La plupart des espèces qui le composent (sauf une ou deux qui proviennent du Japon, c'est-à-dire d'un climat plus froid) réclament donc la culture en serre chaude ou tout au moins tempérée-chaude, car elles croissent à une certaine élévation.

Un assez grand nombre d'espèces méritent l'attention et même l'admiration de tous les amateurs. Les plus remarquables sont les suivantes :

C. Devonianum. — Espèce rare, qui a été exposée en Angleterre en 1889, et rappelle dans son ensemble le port du *C. pendulum;* il a les pétales et les sépales verts tachetés de rouge. Le labelle, portant des deux côtés deux larges taches noires, est très beau et très frappant. C'est une espèce ancienne, qui a été jadis figurée dans le *Paxton's Magazine*, mais qu'on ne voit que très rarement.

C. eburneum. — C'est le plus connu, et sans doute le plus beau du genre. Ses fleurs de grande taille, d'un blanc d'ivoire, parfois finement pointillé et strié de rose, exhalent un parfum exquis; elles se produisent du milieu de février à la fin de mars.

Le *C. eburneum* fut découvert par Griffith sur les montagnes de Khasia, et fleurit pour la première fois en Europe en 1847, époque à laquelle il fut figuré dans le *Botanical Magazine*.

Le *C. Dayanum*, qui paraît être une simple forme du précédent, a le labelle tacheté et strié de rouge.

C. grandiflorum. — Sépales et pétales entièrement d'un vert un peu jaunâtre; labelle orné d'assez grosses macules d'un pourpre foncé. Les fleurs sont très grandes et très élégantes.

Dans la variété *punctatum*, les macules du labelle sont beaucoup plus petites et plus abondantes, ce sont plutôt de gros points; les sépales et les pétales portent également les mêmes points pourprés dans toute la partie inférieure de leur face interne.

Le *C. Hookerianum*, découvert par le Dr Hooker dans le Sikkim sur la chaîne de l'Himalaya, est évidemment un proche allié du précédent, dont il ne constitue guère qu'une variété.

C. Huttoni. — Espèce assez rare d'une grande beauté. Les fleurs, très serrées sur la tige florale, ont les sépales d'un vert jaunâtre marquées de petites barres transversales brunes, très nombreuses, les pétales couleur chocolat, et le labelle verdâtre bordé d'une bande brun chocolat, et marqué comme les sépales.

C. Lowianum. — Se distingue nettement des espèces qui précèdent, et appartient à un autre groupe. Il est d'une complexion très vigoureuse, et d'une croissance très rapide. Ses fleurs, d'un gai coloris, ont les sépales et pétales vert jaunâtre, et le labelle orné à la partie antérieure d'une large macule rouge brun; elles ont beaucoup d'éclat dans certaines variétés. Elles ont en outre la qualité de se conserver très longtemps; en prenant certaines précautions, on peut les faire durer jusqu'à trois mois et plus.

Elles apparaissent entre le mois de mars et le mois de juin.

Le *C. Lowianum* avait d'abord été nommé par Reichenbach *C. giganteum Lowianum*, en raison de son étroite parenté avec le *C. giganteum*; toutefois il a été jugé assez distinct pour constituer une espèce séparée. Il est à remarquer d'ailleurs que l'époque de floraison diffère beaucoup, le second fleurissant en automne et au début de l'hiver.

Le *C. giganteum* est, comme je viens de le dire, très analogue au précédent, mais il est d'une beauté supérieure; il forme des tiges florales moins longues et moins fournies. Il fut découvert par Wallich au Népaul.

C. (Cyperorchis) Mastersi. — Appartient également au même groupe; c'est un des plus gracieux du genre, avec le *C. affine* qui est d'ailleurs assez voisin. Il produit des fleurs d'un blanc pur, avec le labelle légèrement tacheté de rose pourpre; certaines variétés sont entièrement blanches. Ces fleurs exhalent un délicat parfum d'amande; elles sont disposées en grappes d'une grande élégance. Elles apparaissent au mois de janvier.

Le *C. Mastersi* était signalé en fleurs en Europe dès l'année 1844.

Le *C. affine*, qui fleurit également l'hiver, pourrait bien n'être qu'une variété du précédent. C'est d'ailleurs une forme très rare. Il a les fleurs d'un blanc pur, avec le labelle tacheté de magenta. Reichenbach, qui semblait avoir des doutes sur son identité, l'a rapporté au *C. micromeron* Lindl., puis au *C. densiflorum* Griffith.

C. Parishi. — Espèce très ancienne, car il fut découvert en 1859 par le Révérend Parish, au Moulmein; mais il ne fleurit qu'en 1878 pour la première fois. C'est une magnifique espèce, assez analogue au *C. eburneum* dont il se distingue par ses feuilles plus larges, par le coloris de ses fleurs et par la taille plus petite de celles-ci; il a les pétales et les sépales blancs, maculés d'orangé foncé à leur base, et tachetés de pourpre, surtout sur le labelle. Il réclame la même culture que le *C. eburneum*. Il fleurit au mois de juillet. Il est malheureusement assez rare jusqu'ici.

C. pendulum. — Plante très ornementale et très curieuse d'allure, avec ses grappes de fleurs pendantes. Il fut découvert par ROXBURGH au Sylhet, et plus tard par WALLICH dans le Népaul, en 1836; ses fleurs sont d'un brun jaunâtre, avec le labelle rouge nuancé de blanc. La variété *atropurpureum*, originaire de Java, est bien supérieure en beauté au type; elle fut figurée dans le *Botanical Magazine*. Elle a les pétales et les sépales marron pourpré, le labelle rose pâle tacheté de brun pourpré.

C. tigrinum. — Espèce peut-être moins remarquable. Il fut recueilli par le Révérend PARISH en 1863, sur les montagnes du Tenasserim, à 2000 mètres d'altitude. Il a les pétales et les sépales vert jaunâtre, le labelle très grand, blanc marqué de barres transversales rouge pourpre.

La dernière acquisition du genre est le *Cymbidium Tracyanum.* Cette superbe espèce, à laquelle on ne peut comparer que le *C. grandiflorum*, dont elle a un peu d'allure, a fait son apparition en 1890 dans un lot de *C. Lowianum* importés par M. TRACY; la plante unique fait aujourd'hui partie de la collection de M. le Baron SCHRÖDER. Les pétales et sépales sont jaune pâle, striés et pointillés de cramoisi; le labelle est jaune crême, maculé de cramoisi sur le lobe antérieur réfléchi, avec des lignes cramoisies sur les lobes latéraux.

HYBRIDE

Cymbidium × Armainvilliense. — Ce superbe hybride est issu du *Cymbidium eburneum* fécondé par le *C. Lowianum;* ses hampes florales pluriflores et retombantes ont tout à fait le port de celles du *C. Lowianum*, mais les fleurs ressemblent à celles d'une bonne variété de *C. eburneum*, avec un labelle bien développé et magnifiquement maculé de pourpre à l'extrémité.

Ce nouveau gain a commencé à fleurir dès la quatrième année après la germination des graines.

Il a été obtenu par M. BENOIT JACOB, chef des cultures de la collection de M. le baron DE ROTHSCHILD à Armainvilliers.

Culture. — Les Cymbidium sont ce qu'on appelle des épiphytes; toutefois leur manière de végéter, c'est-à-dire les situations dans lesquelles ils se rencontrent ordinairement à l'état naturel, les font classer à coup sûr comme proches alliés des genres terrestres. Il arrive certainement aux explorateurs des jungles himalayennes de découvrir, au milieu des branches d'arbres morts, ou dans les cavités des vieux troncs béants, quelques espèces de Cymbidium dressant leurs feuilles épaisses et dures comme du cuir; le *C. aloefolium*, le *C. pendulum* ou même le *C. sinense*, notamment, prospèrent suffisamment dans ces conditions; le *C. eburneum* également se rencontre parfois croissant en épiphyte sur les branches des grands arbres; mais ces espèces n'offrent jamais dans ces conditions l'aspect vigoureux et prospère qu'elles présentent dans les endroits où leurs racines peuvent se procurer une nourriture plus abondante et plus substantielle.

Les *C. grandiflorum*, *giganteum*, *Devonianum* apparaissent sur les flancs des montagnes, à des altitudes de près de 2000 mètres, dans des situations analogues aux précédents, et plus d'une fois les collecteurs ont pu les recueillir dans les creux d'arbres, comme dans des espèces de poches où les graines restent fixées et germent aisément à l'abri du vent et des bourrasques; mais ces arbres, baignés d'humidité, sont d'ordinaire recouverts d'une épaisse couche de mousse qui, le plus souvent, cache de profonds débris de feuilles mortes et de mousses en décomposition. C'est dans ce compost propice que les racines des Cymbidium vont rechercher leur alimentation; il est rare qu'elles en sortent pour s'attacher au flanc des arbres.

On conçoit que ces différences dans l'habitat entraînent dans la culture et dans le mode de végétation des plantes des différences considérables. Les espèces qui croissent près du sol sont soumises à une température vraiment tropicale, abondamment exposées aux rayons du soleil, et vivent presque constamment dans une atmosphère très sèche; les pluies sont faibles et peu fréquentes.

Dans les régions élevées, au contraire, les forêts sont beaucoup plus épaisses, et les Cymbidium reçoivent beaucoup plus d'ombre ; en même temps l'évaporation de l'eau est moins rapide ; la saison des pluies dure presque sans interruption de juin à octobre ; et cette saison une fois passée, les hauteurs montagneuses sont presque constamment enveloppées d'épais nuages, qui maintiennent autour des plantes une atmosphère saturée d'humidité.

La culture des Cymbidium n'est pas particulièrement difficile ; néanmoins beaucoup d'amateurs éprouvent des échecs provenant presque toujours de ce qu'ils les soumettent à une température trop élevée, et leur donnent un compost qui n'est pas bien approprié à ces espèces ; elles réclament des matériaux assez substantiels, et peuvent même recevoir de temps en temps, une ou deux fois par an, de l'engrais de vache convenablement dilué.

La plupart des Cymbidium réussissent parfaitement dans la serre des Cattleya ; ils y forment assez rapidement de forts spécimens, qui offrent un coup-d'œil très décoratif, surtout à l'époque où les tiges florales apparaissent, et se recourbent, gracieusement arquées, au-dessus du feuillage. Ces belles touffes doivent être rempotées, en raison de la rapidité de la croissance, à peu près tous les deux ans.

LES CYPRIPEDIUM

Je me conformerai à l'usage horticole en désignant sous ce nom les espèces comprises par les botanistes dans les deux genres Cypripedium et Selenipedium. Les différences qui existent entre ces deux genres, très importantes au point de vue botanique, sont peu visibles pour quiconque ne dissèque pas les fleurs ; celles que connaît l'amateur superficiel consistent principalement en ceci, que les Cypripedium proprement dits sont originaires de l'ancien monde, et spécialement de l'Asie et de l'Océanie, et que les Selenipedium se rencontrent en Amérique ; il y a bien aussi des différences de feuillage, mais ce sont des caractères peu frappants, et quoique les essais d'hybridation effectués aient fait ressortir d'une façon frappante cette démarcation entre les deux genres (voir page 402), l'usage s'est perpétué dans l'horticulture de désigner par le nom général de Cypripedium les espèces des deux genres en question.

Voici la diagnose du genre Cypripedium :

Sépales étalés, le supérieur libre, les latéraux le plus souvent soudés jusqu'au sommet pour n'en former qu'un seul, qui est placé sous le labelle et qui, quoique double, est souvent plus petit que le supérieur. Pétales étalés, libres, souvent plus étroits que les sépales. Labelle sessile, grand, dilaté en une poche volumineuse qui a la forme d'un sabot. Gynostème court, arrondi. Anthères fertiles au nombre de deux, latérales, souvent sessiles, presque globuleuses, à deux loges parallèles; pollen granuleux, revêtu d'un enduit visqueux; une troisième anthère est transformée en un grand staminode, placé obliquement au sommet du gynostème. Stigmate en avant du staminode, à contour souvent arrondi, trilobé, glabre ou velu. Ovaire uniloculaire, à placentation pariétale. Capsule uniloculaire, allongée ou oblongue. — Herbes terrestres ou très rarement épiphytes, à rhizôme court ou rampant. Tige dressée, simple, plus ou moins feuillée. Pédoncule terminal, simple, portant une fleur ou rarement deux, très rarement plusieurs. Fleurs grandes, souvent munies d'une bractée.

Voici la diagnose du genre Selenipedium :

Caractères de la fleur comme dans les Cypripedium, sauf que le double pétale inférieur est plus large que le supérieur; les pétales, barbus à la base, s'allongent souvent pour former de longues queues pendantes. Ovaire triloculaire, à placentation axile. Capsule triloculaire, allongée. — Herbes terrestres, à rhizôme souvent court. Tige dressée, à feuilles allongées. Pédoncule terminal, allongé, simple ou rameux, portant plusieurs fleurs grandes ou médiocres, munies de grandes bractées.

On connaît dix à douze espèces de ce genre. L'une d'elles, le *S. villatum* (*Binoti*), a été trouvée dans les montagnes des Orgues, près de Rio de Janeiro; les *S. Klotzschianum*, *S. Lindleyanum* et

S. palmifolium croissent dans la Guyane anglaise ; les autres sont disséminées dans les Cordillères de l'Amérique méridionale, depuis la Bolivie jusque dans l'État de Costa-Rica et se rencontrent à une altitude variant entre mille et deux mille mètres.

On rencontre les Cypripedium répandus surtout dans la partie intertropicale de l'Asie orientale, y compris les Philippines et la Malaisie, jusqu'au Burmah et au Népaul d'un côté, et jusqu'à Hong-Kong de l'autre. Presque toutes les espèces qui viennent de cette région réclament une température élevée et beaucoup d'humidité. Elles n'ont pas de saison de repos, parce qu'elles n'ont pas de pseudobulbes et n'ont pas besoin par conséquent d'une certaine période pour les mûrir.

Il existe deux espèces de l'ancien monde, toutes deux fort belles, qui n'ont été découvertes qu'une seule fois à l'état sauvage ; tous les exemplaires qui les représentent dans les collections proviennent de la première importation. Ce sont le *C. Fairieanum*, introduit par M. J. Linden, et le *C. superbiens* (*C. Veitchi*), introduits tous deux il y a trente ans environ, recherchés depuis lors sans succès, et qui doivent avoir à peu près disparu à l'état sauvage. Le premier, un peu délicat, est beaucoup plus rare dans les cultures que le second.

Un autre groupe originaire de l'Asie, et qui comprend plusieurs espèces très intéressantes, est celui qui va du *C. concolor* au *C. niveum*, en passant par une gradation dont les *C. Godefroyae* et *C. bellatulum* marquent les étapes. Chose curieuse, leur disposition climatérique marque également cette gradation ; le *C. concolor* vient du nord, et le *C. niveum* du sud de la péninsule malaise, tandis que le *C. Godefroyae*, et probablement aussi le *C. bellatulum*, occupent la région intermédaire.

Entre le jaune *concolor* et le blanc *niveum*, de nombreuses espèces ont été introduites qui présentent aux yeux d'une façon saisissante la transition d'une espèce à l'autre.

Dans la plupart des Cypripedium, les pétales dépassent les sépales d'une longueur de cinq centimètres au plus ; ils présentent néanmoins un allongement considérable dans le *C. Parishi*, le

C. philippinense, le *C. Sanderianum*, le *C. Stonei*. Ces espèces se rapprochent sensiblement du genre Selenipedium, très éloigné géographiquement. Elles forment la base d'une transition entre l'ancien et le nouveau monde.

Parmi les Selenipedium, le plus connu est le *S. caudatum*, qui a des pétales longs et étroits, atteignant jusqu'à soixante-quinze centimètres, et qui, après l'épanouissement de la fleur, grandissent parfois à raison de quatre ou cinq centimètres par jour jusqu'à leur complet développement. Le *S. caricinum* et le curieux *Urope-dium Lindeni* présentent des particularités analogues. Ce dernier, qui avait d'abord été considéré comme un genre distinct, est aujourd'hui classé comme une variété de *S. caudatum*, dans laquelle le labelle au lieu de présenter la forme de poche, est étroit et allongé comme les pétales de ce dernier. En outre, il possède trois anthères sur la colonne.

Au point de vue de l'habitat, les Cypripedium présentent des variations nombreuses ; on en rencontre sur les arbres, sur les rochers calcaires, et même dans les marais ou sur leurs bords. Aucune espèce ne paraît appropriée à la culture sur bloc adoptée pour les Orchidées épiphytes ; la terre fibreuse et le sphagnum, et pour quelques-unes un peu de pierre calcaire, sont les milieux qui leur conviennent le mieux. Les espèces terrestres préfèrent un léger compost de terreau de feuilles et de terre glaise, avec un peu de pierre calcaire.

Beaucoup de Cypripedium ont les feuilles très intéressantes et très belles. Les *C. Lawrenceanum* et *Hookerae* ont d'exquises diaprures de vert clair et de vert foncé ; chez d'autres, du type *concolor*, les feuilles sont épaisses comme du cuir, et présentent de gracieux dessins recouverts d'une sorte de vernis transparent et cristallin.

L'une des particularités les plus précieuses que présentent les Cypripedium est la remarquable durée de leurs fleurs. Elles se conservent en général deux ou trois mois, et souvent plus, et quand on les coupe quelques jours après leur épanouissement, elles gardent toute leur fraîcheur pendant trois semaines à un mois, la tige plongeant dans l'eau.

44

Il n'est pas inutile, étant donné le nombre considérable d'espèces connues dans les genres Cypripedium et Selenipedium, d'indiquer ici sommairement quelles sont les plus belles et les plus précieuses. Voici le résultat d'un referendum organisé en 1890 par le *Journal des Orchidées* parmi ses abonnés pour déterminer les 50 préférées.

NOM.	ORIGINE.
1. *Stonei*, dans ses belles variétés et spécialement *platytoenium*.	Bornéo.
2. *Leeanum superbum*.	hybr. insigne Maulei × Spicerianum.
3. *Morganiae*	hybr. superbiens × Stonei.
4. *Argus Moensi*	Philippines.
5. *oenanthum superbum*	hybr. Harrisianum × insigne Maulei.
6. *caudatum* (principalement les variétés *Wallisi* et *giganteum*).	Pérou, Équateur.
7. *insigne Chantini*	Indes Orientales (Sylhet).
8. *vexillarium*	hybr. barbatum × Fairieanum.
9. *Lawrenceanum*	Nord de Bornéo.
10. *Schröderae*	hybr. caudatum × Sedeni.
11. *microchilum*	hybr. niveum × Druryi.
12. *Harrisianum superbum*	hybr. villosum × barbatum.
13. *Elliottianum*.	Philippines.
14. *Spicerianum*.	Assam.
15. *grande*	hybr. longifolium Roezli × caudatum.
16. *tessellatum porphyreum*	hybr. concolor × barbatum.
17. *bellatulum*	Indo-Chine.
18. *Arthurianum*	hybr. insigne × Fairieanum.
19. *orphanum*.	hybr. barbatum × Druryi.
20. *Curtisi*	Sumatra.
21. *praestans*	Malaisie.
22. *Sallieri Hyeanum*	hybr. villosum × insigne.
23. *nitens superbum*.	hybr. villosum × insigne Maulei.
24. *selligerum majus*	hybr. barbatum × philippinense.
25. *Ashburtoniae expansum*	hybr. barbatum × insigne.
26. *Fairieanum*.	Bhoutan.
27. *Sedeni candidulum*.	hybr. longifolium × Schlimi albiflorum.
28. *superbiens*.	Java, Assam.
29. *hirsutissimum*	Assam.
30. *Sanderianum*	Malaisie.
31. *ciliolare* (*Miteauanum*)	Philippines.
32. *villosum*	Moulmein.
33. *callosum*	Siam.

NOM.	ORIGINE.
34. *barbatum var. Warneri*	Archipel Malais.
35. *Boxalli*	id.
36. *Crossianum*	hybr. insigne × venustum.
37. *Charles Canham*	hybr. villosum × superbiens.
38. *Euryandrum*	hybr. barbatum × Stonei.
39. *Io Eldorado*	hybr. Argus × Lawrenceanum.
40. *albo-purpureum*	hybr. Schlimi × Dominyanum.
41. *marmorophyllum*	hybr. Hookerae × barbatum.
42. *Tautzianum*	hybr. niveum × barbatum.
43. *Germinyanum*	hybr. villosum × hirsutissimum.
44. *niveum*	Moulmein.
45. *Rothschildianum*	Nouvelle-Guinée.
46. *politum*	hybride d'origine mal connue.
47. *cardinale*	hybr. Sedeni × Schlimi albiflorum.
48. *calurum*	hybr. longifolia × Sedeni.
49. *philippinense*	Philippines.
50. *Lowi*	Bornéo.

Le referendum portait également sur les 12 espèces convenant le mieux pour la fleur coupée. Voici le classement obtenu :

1. *C. insigne.*
2. *C. barbatum.*
3. *C. Lawrenceanum.*
4. *C. Lecanum.*
5. *C. villosum.*
6. *C. Spicerianum.*
7. *C. nitens.*
8. *C. Harrisianum.*
9. *C. callosum.*
10. *C. Sedeni.*
11. *C. Dauthieri.*
12. *C. Boxalli.*

Il n'est que juste d'ajouter que depuis l'établissement de ces listes, les introductions et les hybridations ont fait surgir plus d'une nouveauté qui mériterait d'y prendre place en bon rang ; je citerai notamment le *C. exul* et probablement le *C. Charlesworthi*, et parmi les hybrides, les *C. Aylingi, Lawrebel, Lucienianum, memoria Moensi*, etc., etc.

C. Argus. — Espèce d'un coloris très distinct, fleurissant surtout en mars et avril, et très recherchée pour la fleur coupée. La fleur est grande et a le sépale dorsal assez court et large, blanchâtre veiné de stries vertes à la base ; les pétales linéaires-oblongs, striés de vert à la base, et d'un rose brunâtre au sommet, sont chargés d'un grand nombre de macules noires rondes ressemblant à des verrues. Le labelle est d'un brun pourpré. Feuillage vert foncé marqué de jaune verdâtre clair en damier.

La variété *Moensi* se distingue par l'ampleur plus grande de ses segments floraux, et par l'abondance des macules verruqueuses qui ornent les pétales.

C. barbatum. — Feuillage coriace richement marbré. Sépale dorsal très large, d'un blanc pur au sommet, mais couvert à la base de nombreuses stries longitudinales pourpres et vertes; pétales linéaires-oblongs, un peu défléchis, lavés de rouge brun sombre, et portant sur le bord supérieur plusieurs verrues noires ciliées.

La variété *nigrum* a les fleurs plus grandes et d'un coloris plus foncé, presque noirâtre. La variété *superbum* représente le type dans sa plus grande beauté, comme ampleur et comme coloris. La variété *Crossi* est de taille plus petite et a les fleurs d'un coloris plus vif; la zône blanche du sommet du pavillon est limitée par une bande rouge vineux en forme d'accent circonflexe. La variété *Warneri* d'Angleterre se confond avec la précédente. Il y a aussi des variétés nommées *majus*, *grandiflorum*, *maximum*, etc. correspondant à des différences peu importantes.

C. bellatulum (voir fig. 101). — Feuillage vert foncé, légèrement marbré de vert pâle au-dessus. Fleurs mesurant de 5 à 8 centimètres de diamètre; tous les segments sont de forme ovale arrondie, très harmonieuse. Les sépales et pétales sont blancs, plus ou moins maculés de taches rondes brun rougeâtre, plus nombreuses vers la base. Le labelle, de forme étroite, sensiblement cylindrique, est blanc pointillé de rouge-brun. La tige florale est très courte et la fleur recouvre le feuillage. C'est une des plus belles espèces du genre.

C. Boxalli. — Voir *C. villosum var. Boxalli*.

C. callosum. — Feuilles d'un vert vif marqué de vert noirâtre en damier. Fleurs très grandes, à pavillon largement cordé, mesurant 7 centimètres ou plus de largeur, légèrement plié le long de la veine médiane, blanc avec un grand nombre de stries longitudinales vertes à la base, rouge vineux foncé vers le milieu. Pétales étalés légèrement défléchis, verts, nuancés de rose vineux aux extrémités, ciliés sur le bord supérieur et ornés de verrues noires. Labelle brun pourpré. — Espèce introduite en 1885 par M. Regnier, de Paris.

C. caricinum (Selen.) ou *C. Pearcei.* — Espèce à feuillage herbacé, très distincte à ce point de vue. Fleurs assez petites, d'un vert pâle; les pointes des segments sont seules blanches. Le labelle vert porte une série de points noirs sur le fond blanchâtre des

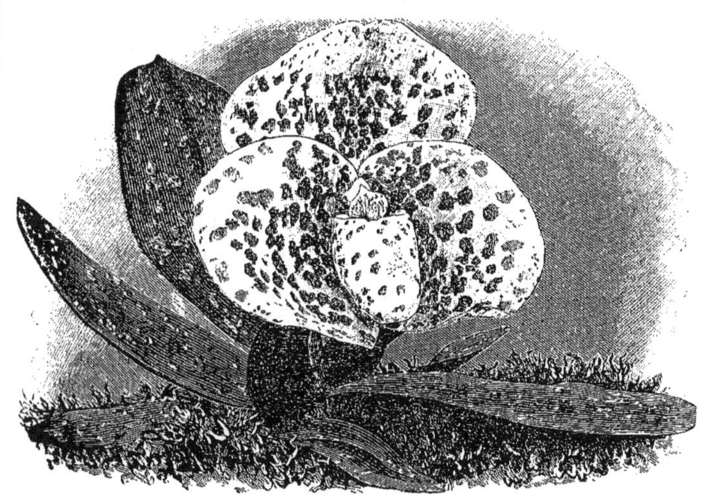

Fig. 101. — Cypripedium bellatulum.

lobes latéraux repliés. Le staminode est bordé de cils noirs touffus sur les deux côtés.

C. caudatum (Selen.) (voir fig. 8, p. 27). — Beau feuillage distique linéaire d'un vert clair brillant. Les fleurs de grande taille sont remarquables par la forme des pétales, développés en longs filaments pendants qui atteignent une longueur de 70 centimètres. Le sépale dorsal est jaune brunâtre réticulé et veiné de brun rougeâtre; le labelle brun rougeâtre a les lobes latéraux repliés, d'un coloris blanc ou jaune crème délicat, pointillé de rouge d'une façon exquise.

La variété *roseum* se distingue par un coloris de fond rose. Elle est fort belle. La variété *Warscewiczi* est une forme pâle dans laquelle le brun manque à peu près totalement, et la fleur est nuancée de jaune et de rose.

La remarquable plante nommée par Lindley *Uropedium Lindeni* est à peu près identique au *C. caudatum*, sauf sur ce point que le labelle est déformé et semblable aux pétales, et que le staminode est remplacé par une anthère, ce qui porte à trois le nombre de ces organes. Quoique cette plante soit à l'état naturel plus abondante que le *C. caudatum*, Bentham la considère comme une monstruosité de cette espèce, analogue au cas de l'Aclinis pour le genre Dendrobium, et du Paxtonia pour le *Spathoglottis plicata*.

C. Chamberlainianum. — Espèce produisant plusieurs fleurs en racème dressé; toutefois ces fleurs sont peu attrayantes. Le pavillon, court et large, est strié et lavé de rouge grenat sur fond blanc; le labelle, étroit à l'orifice, élargi vers le bas, est beaucoup plus grand que le pavillon. Les pétales légèrement enroulés, horizontaux, sont verts, lavés et striés de brun.

C. Charlesworthi. — Nouvelle espèce introduite en 1893, et qui, paraît-il, est très belle. Sa fleur a à peu près la forme de celle du *C. Spicerianum*, et le sépale dorsal, très ample, est d'un rouge pourpré.

C. ciliolare. — Feuilles marquées de vert pâle et foncé. Fleurs mesurant environ 10 centimètres de diamètre vertical; pavillon largement ovale acuminé, cilié sur les bords, pourpre vineux à la base, vert au sommet. Pétales ligulés défléchis, récurvés, bordé de longs cils noirs, verts à la base, et portant de nombreuses macules noirâtres, pourpres à l'extrémité. Labelle brun pourpré foncé, avec les lobes latéraux jaune verdâtre pointillés de pourpre.

Belle espèce voisine du *C. superbiens*. Fleurit généralement au printemps. La variété *Miteauanum* est remarquable par sa grandeur et son riche coloris.

C. concolor. — Espèce de taille moyenne, mais de forme très belle. La tige florale est courte, le sépale dorsal et les pétales sont ovales-elliptiques, le premier très large, et sont tachetés de points rouge pourpre sur fond blanc crême. Le labelle, de petite taille, est également pointillé de pourpre.

C. Curtisi. — Espèce de coloris sombre, très analogue au *C. ciliolare*. Les fleurs sont grandes, et ont le sépale dorsal court, très large à la base, acuminé, verdâtre, couvert de nombreuses veines pourprées, avec une étroite partie blanche au sommet; les pétales linéaires-oblongs, défléchis, récurvés aux extrémités, sont d'un blanc verdâtre lavé de pourpre sombre, et portent un grand nombre de taches pourpre très foncé; leurs bords sont fortement ciliés. Le labelle, très allongé, élargi à la base, est d'un coloris grenat pourpré foncé, veiné de pourpre noirâtre.

Cette espèce fleurit ordinairement en juin et juillet.

C. Dayanum. — Espèce assez analogue au *C. superbiens*, dont Reichenbach l'avait tout d'abord classée comme une variété. Le pavillon est obcordé allongé, blanc rayé de nombreuses lignes longitudinales vertes; les pétales ligulés aigus, ciliés sur les bords, sont d'un brun pourpré nuancé de vert, le labelle est pourpre terne.

Le feuillage est très beau, et richement marbré.

C. Druryi. — Charmante espèce à fleurs de taille modeste, mais très gracieuses et d'un coloris très distinct. Le pavillon est sensiblement circulaire, incurvé au sommet, jaune et porte une bande médiane brun-noirâtre. Les pétales sont larges, ligulés, jaunes, également avec une bande longitudinale médiane brun pourpré, et portent un petit nombre de points noirâtres à la base. Le labelle est jaune, avec un assez grand nombre de macules brun foncé à la base. Fleurit en avril, mai et juin.

C. Elliottianum. — Cette espèce, moins répandue que le *C. Rothschildianum*, est à peu près identique avec lui; la seule différence est que le coloris de fond des segments est blanc d'ivoire dans le *C. Elliottianum*, et jaune pâle dans le *C. Rothschildianum*. Les fleurs de ce dernier atteignent assez souvent des proportions gigantesques, que le *C. Elliottianum* ne paraît pas encore avoir révélées.

C. exul. — Espèce fort élégante, assez analogue au *C. insigne*, mais originaire de Siam, c'est-à-dire d'une localité fort éloignée, et présentant d'ailleurs des différences assez importantes. Les fleurs sont un peu plus petites que dans le *C. insigne*. Le pavillon est blanc avec une aire jaune à la base, sur laquelle se détachent quelques gros points noirs, ou brun pourpré. Les pétales et le labelle sont plus jaunes que dans le *C. insigne*.

C. Fairieanum. — Ravissante espèce, devenue malheureusement très rare. Le sépale dorsal est large à la base, un peu ondulé sur les bords, et se rétrécit vers le sommet; son coloris est blanc, veiné longitudinalement de pourpre foncé; les pétales oblongs défléchis sont blancs, striés de vert et bordés de pourpre; le labelle est vert-brunâtre.

C. Godefroyae. — Espèce du groupe *concolor* et *niveum*, mais moins répandue que celles-ci. Ses feuilles sont d'un rouge pourpré en dessous, et au-dessus d'un vert clair marqué de vert foncé. La fleur a le sépale dorsal largement obcordé, les pétales très larges et courts, défléchis, émarginés, légèrement creusés le long de la ligne médiane; ces organes sont tachetés de points ou de macules brun pourpré sur fond blanc jaunâtre. Le labelle, en forme de tasse arrondie, est de la même couleur, et pointillé de brun pourpré. Floraison au printemps.

C. Haynaldianum. — Espèce très voisine du *C. Lowi*, mais moins fréquente dans les cultures. Elle s'en distingue par ses pétales plus larges, portant à la base, sur un fond jaune verdâtre, un certain nombre de macules brunes, et par ses feuilles plus grandes et plus coriaces. On peut hésiter à admettre une distinction spécifique fondée sur des caractères aussi peu importants, et j'estime que la présente forme constitue plutôt une variété géographique.

C. hirsutissimum. — Tiges florales couvertes de poils hérissés noirs. Fleurs grandes, ciliées sur toutes leurs parties. Sépale dorsal cordé, ondulé sur les bords, vert, avec une large trace noirâtre couvrant la base et s'étendant jusque vers le centre. Pétales horizontaux, ondulés sur les bords, puis légèrement enroulés vers l'extrémité, verts, abondamment tachetés et pointillés de pourpre noirâtre sur la première moitié de leur longueur; le dernier tiers est élargi, et d'un rose violacé vif. Labelle vert foncé lavé de pourpre et pointillé de noir. Floraison au printemps.

C. Hookerae. — Fleurs de moyenne grandeur. Sépale dorsal rétréci à la base, élargi vers le milieu de sa hauteur, aigu, d'un jaune pâle avec la base et le centre lavés de vert; pétales un peu défléchis, raides, bordés de cils assez longs, ayant la base verte maculée de gros points pourpre noirâtre et bordée de rouge violacé, et les extrémités pourpre violacé. Labelle gonflé, brun pourpré nuancé de vert, lobes latéraux brun jaunâtre tacheté de pourpre.

C. insigne (voir fig. 6, p. 24). — Peu d'Orchidées sont plus populaires que le *C. insigne*, et cette faveur est parfaitement méritée, car c'est une plante de culture facile, assez abondante pour se vendre à un prix très abordable, fleurissant pendant l'hiver et donnant une abondance de fleurs qui se conservent très longtemps. La forme de la fleur est très gracieuse; le pavillon, bien étalé, est d'un charmant coloris, vert pomme à la base et jusque vers le centre, et surchargé de macules brunes plus ou moins grandes et plus ou moins nombreuses; il est entouré d'une bordure blanche, parfois très large au sommet de l'organe, et sur laquelle les macules, de brunes qu'elles étaient à la base, apparaissent violettes. Les autres parties de la fleur sont jaune verdâtre clair lavé et strié de brun clair.

L'espèce est extrêmement variable, et depuis quelques années surtout, elle a produit un grand nombre de formes nouvelles des plus intéressantes.

Parmi les anciennes variétés, deux surtout ont eu une grande réputation, le *C. insigne Maulei* (ou *C. insigne albo-marginatum*) et le *C. insigne Chantini* (ou *C. insigne punctatum violaceum*).

Le *C. insigne Maulei* fit son apparition en 1855 dans une petite importation effectuée par MM. Henderson. Sa floraison fut très remarquée, et la plante unique ayant été divisée, un certain nombre de morceaux furent vendus en 1869 au prix de 130 francs pièce. Il a le pavillon assez large, mais un peu replié en arrière à la base, avec une large bordure blanche au sommet, les macules nombreuses et s'élevant assez haut, le labelle assez large et long, d'un vert olive clair.

En le regardant de profil, on peut aisément le distinguer du *C. insigne Chantini*, parce qu'il a le pavillon très incurvé en avant, tandis que dans l'autre variété cet organe est presque dressé.

Le *C. insigne Chantini* a le pavillon plus étalé, et paraissant plus large, par suite, que celui du précédent; cet organe est sensiblement arrondi, vert à la base, avec une large bande blanche au sommet descendant sur les côtés presque jusqu'à la base, et maculé abondamment de brun pourpré; les macules sont souvent réparties en quatre lignes longitudinales; elles deviennent violet pourpré clair en pénétrant sur la région blanche du sommet.

En dehors de ces deux variétés distinctes, d'une beauté supérieure au type et toujours très appréciées, le *C. insigne* était considéré comme assez constant jusqu'à ces dernières années; mais les importations plus récentes ont fait découvrir un type nouveau auquel on a donné le nom de *C. insigne montanum*, et qui s'est révélé extrêmement riche en variations de forme et de coloris.

C. Javanicum. — Sépale dorsal cordé-acuminé, vert pâle veiné de vert foncé; pétales largement ligulés, vert pâle avec de nombreuses petites verrues noirâtres sur les deux tiers de leur longueur, l'extrémité pourpre pâle. Labelle vert brunâtre, avec les lobes latéraux se rejoignant presque, vert pâle pointillé de pourpre. Espèce assez peu attrayante en somme.

C. Klotzschianum (Selen.). — Espèce très analogue au *C. Lindleyanum*, mais ayant plutôt le port du *C. caricinum*. Le pavillon est lancéolé, aigu, brun, les pétales linéaires acuminés, bruns, assez allongés (environ 7 ¹/₂ centimètres), le labelle cylindrique, vert sombre lavé de rouge, est presque fermé par le rapprochement des lobes latéraux repliés en dedans.

Le feuillage coriace, distique, linéaire, est aigu légèrement bifide au sommet, vert foncé, non bordé de jaune comme dans le *C. Lindleyanum*.

Synonyme : *C. Schomburgkianum*.

C. Lawrenceanum. — Espèce remarquable dédiée à l'éminent amateur anglais Sir Trevor Lawrence. Son feuillage, marqué en damier de vert blanchâtre et de vert foncé, est très élégant. Les fleurs, produites sur une longue tige, sont grandes et d'un beau coloris foncé; le sépale dorsal, très ample, étalé, est blanc, avec la base couverte de stries longitudinales brun pourpré; les pétales horizontaux, linéaires, assez larges, sont verts nuancés de rouge violacé aux extrémités, et portent sur le bord supérieur plusieurs grosses verrues noires ciliées; le labelle presque cylindrique est brun rougeâtre sombre.

Dans la fameuse variété *Hyeanum*, qui fit son apparition en 1886 dans les serres de l'établissement Linden, le brun manque totalement, et les fleurs sont vert clair et blanches.

C. Lindleyanum (Selen.). — Feuilles vert clair bordé de jaune clair. Tige florale très élevée. Fleur mesurant environ 5 centimètres de diamètre vertical. Sépale dorsal étroit, oblong aigu, vert clair veiné de brun rouge; pétales défléchis, linéaires oblongs, de la même couleur; labelle vert veiné de brun.

La variété *Kaieteurum* a les fleurs un peu plus grandes, et la villosité plus courte.

C. longifolium (Selen.). — Plante vigoureuse, de croissance assez rapide, formant de fortes touffes, et presque constamment en fleurs. Le sépale dorsal est lancéolé, d'un vert jaunâtre pâle nuancé de rouge; les pétales, allongés en pointe, sont verts avec une bande rouge le long des bords; le labelle oblong est vert nuancé de brun pourpré; le staminode porte des deux côtés une bande de cils noirs. L'ensemble de la fleur est raide et manque un peu d'élégance.

La variété *Roezli* a les fleurs un peu plus grandes et plus colorées.

C. Lowi. — Fleurs mesurant de 8 à 10 centimètres de diamètre, et produites au nombre de trois ou quatre en grappes dressées. Sépale dorsal ovale aigu, le sommet un peu incliné en avant, vert nuancé de jaune vers le sommet, parfois lavé de brun à l'extrême base. Pétales longs, spatulés, tordus, jaune clair à la base et portant quelques gros points noirs, rouge violacé à l'extrémité. Labelle brun verdâtre. Staminode cordé, portant une petite dent pointue à son centre. — Tous les segments sont ciliés.

C. Mastersianum. — Fleurs assez grandes, d'une allure très distincte. Sépale dorsal elliptique, d'un vert assez foncé, bordé de jaune vers le sommet, et légèrement veiné de vert plus sombre. Pétales horizontaux, légèrement ciliés, rouge brunâtre, avec la base chargée de nombreuses petites macules pourpre sombre. Labelle gonflé, brun-rougeâtre clair, avec les lobes latéraux verdâtres pointillés de pourpre.

Les fleurs sont produites en grappes très longues au nombre de deux ou trois.

C. niveum. — Charmante espèce de petite taille, à feuillage rouge brunâtre à peine marqué de vert à la face inférieure, vert foncé en dessus. Les tiges florales ont environ 15 centimètres de hauteur. Les fleurs assez petites sont d'un blanc brillant, avec un petit nombre de points noirs ou pourpres sur les pétales ; tous les segments sont courts, obtus, elliptiques. Le labelle a une forme ovoïde, avec l'orifice assez étroit, et est blanc.

C. Parishi. — Fleurs produites en grappe horizontale, au nombre de quatre à sept. Le pavillon ovale-lancéolé est vert jaunâtre clair ; les pétales enroulés en spirale, longs de 10 à 13 centimètres, sont verts, avec des verrues noires sur les bords près de la base, et les extrémités pourpre foncé. Le labelle est vert lavé de pourpre.

C. Pearcei. — Voir *C. caricinum.*

C. Petri. — Nom donné par erreur en 1880 par Reichenbach à la plante qu'il avait précédemment décrite sous le nom de *C. Dayanum.* Ce n'est donc qu'un synonyme de cette espèce.

C. philippinense. — Très belle espèce dont les fleurs ne sont pas de très grande taille, mais d'une élégance et d'un éclat de coloris comparable à celles des *C. praestans* et *C. Sanderianum.* Ses feuilles, comme dans toutes les espèces de ce groupe des Philippines et de la Nouvelle-Guinée, sont d'un vert clair lisse et comme vernissé. Les fleurs se produisent au nombre de trois ou quatre sur chaque tige. Elles ont le sépale dorsal largement ovale, cilié sur les bords, rayé régulièrement de brun pourpré foncé sur fond blanc d'ivoire.

Les pétales très allongés, étroits, enroulés, sont jaune clair rayé de brun à la base, avec les bords ciliés et maculés de noir, et rouge noirâtre à l'extrémité. Le labelle est d'un jaune légèrement verdâtre.

Synonymes : *C. laevigatum* et *C. Roebelini*.

C. praestans (voir fig. 100). — Superbe espèce de grande taille, analogue à la précédente en plus grand ; toutefois ses pétales sont un peu plus larges et moins longs, rayés régulièrement de brun rougeâtre sur fond jaune clair et bordés de verrues pourpre noirâtre, et le labelle a la forme anguleuse d'une pantoufle, réticulée de brun rosé sur fond jaune ; enfin le staminode carré a les deux côtés revêtus d'une pubescence brunâtre.

La variété *Kimballianum* est une forme supérieure comme grandeur et comme coloris.

C. purpuratum. — Cette belle espèce a les fleurs de taille moyenne, entièrement nuancées de rouge vineux. Le sépale dorsal acuminé est strié de pourpre sur fond blanc ; les pétales largement oblongs aigus sont rouge brunâtre tacheté de pourpre plus foncé à la base ; le labelle est brun pourpré.

C. Roebelini. — Voir *C. philippinense*.

C. Rothschildianum. — Magnifique espèce originaire de la Nouvelle-Guinée, et présentant le cachet particulier des Cypripedium de cette région ; feuillage vert clair, assez épais, brillant. Tiges florales rouge pourpre, assez élevées, portant trois ou quatre fleurs de grande dimension. Le sépale dorsal oblong aigu est jaune pâle, traversé par de larges raies longitudinales rapprochées, brun pourpré, presque noires ; les pétales linéaires, raides, défléchis, sont jaune pâle ligné de brun noirâtre, et maculé de même à la base. Le labelle, de la même forme à peu près que dans le *C. Stonei*, est d'un rose jaunâtre réticulé de nuance un peu plus foncée. Le staminode est un simple rameau, large à la base, rétréci au sommet, recourbé en forme de bec et velu sur les côtés.

Dans certaines formes supérieures de cette espèce, exposées à des meetings de L'ORCHIDÉENNE par MM. DALLEMAGNE et WAROCQUÉ, les dimensions des fleurs étaient les suivantes : largeur du pavillon, 59 mm. ; longueur des pétales, 149 mm.

C. Sanderianum. — Belle espèce, assez analogue au *C. philippinense*, mais à fleurs plus grandes, mesurant environ dix centimètres de diamètre du sépale dorsal au labelle. Le pavillon lancéolé aigu, concave, est rayé de grosses lignes brun foncé sur fond jaune verdâtre clair, et pubescent sur sa face postérieure. Les pétales ondulés à la base, puis pendants, linéaires étroits, longs de 40 à 50 centimètres, sont jaune clair bordé de macules brun pourpré à la base, puis pourpre brunâtre sur le reste de leur longueur. Le labelle est brun pourpré, avec les lobes latéraux jaune brunâtre.

C. Schlimi (Selen.). — Charmante petite espèce, produisant des fleurs nombreuses, qui mesurent cinq centimètres environ de diamètre. Les pétales et le sépale dorsal sont oblongs obtus, striés et maculés de rouge sur fond blanc ; le labelle est blanc, et porte une large macule rouge. Le staminode est jaune vif, lavé de brun à la partie antérieure.

Cette espèce est célèbre pour avoir donné naissance à une série d'hybrides de grande valeur (*C. Sedeni*, etc.) qui sont devenus très populaires et l'ont fait un peu oublier.

La variété *albiflorum* a les fleurs blanches, sauf une trace de rose pâle à la base des pétales, et de rose vif sur les lobes latéraux repliés du labelle. Staminode jaune vif.

C. Spicerianum. — Espèce charmante, d'un caractère très distinct et très ornemental, et qui a été utilisée pour produire une nombreuse série de superbes hybrides. Son port est analogue à celui du *C. insigne*. Ses fleurs mesurent environ six à sept centimètres de diamètre. Le sépale dorsal, largement orbiculaire, a les bords légèrement repliés en arrière à la base; il est blanc, avec une bande pourpre brunâtre le long de la ligne médiane, et une aire verte peu étendue à la base. Les pétales horizontaux, assez courts, sont verts, striés et maculés de pourpre, et très ondulés sur les bords. Le labelle est brun pourpré nuancé de vert. Le staminode est violet vif. Cette espèce fleurit principalement à l'automne.

C. Stonei. — L'une des espèces les plus remarquables du genre, et qui, dans ses plus belles variétés, n'a pas été dépassée. C'est à l'une de ces variétés, le *C. Stonei platytoenium*, qu'appartient encore aujourd'hui le *record* du plus haut prix réalisé en vente publique.

Cette magnifique variété, qui est extrêmement rare, se révéla en 1867, dans la collection de M. DAY, parmi des *C. Stonei* ordinaires importés de Sarawak (Bornéo), en 1863, par MM. HUGH LOW et Cⁱᵉ. Peu à peu, au bout de quelques années, un petit nombre de plantes obtenues par division se répandirent dans d'autres collections. Quelques exemplaires, mis en vente en 1880 en même temps que la collection entière de M. DAY, furent achetés à des prix très élevés par Sir TREVOR LAWRENCE et M. le Baron SCHRŒDER; ce dernier enrichit encore sa collection ultérieurement de quelques autres plantes, et neuf exemplaires sont actuellement sa propriété. Lors de la vente de la collection de M. LEE, à Leatherhead, en 1887, un exemplaire fut payé par M. le Baron SCHRŒDER la somme respectable de 8,137 francs.

Toutes les plantes existantes de cette variété hors ligne sont issues du pied original qui avait fleuri chez M. DAY.

Le *Cypripedium Stonei* fleurit au commencement de l'été, du mois de mai environ jusqu'en juillet. Il a le sépale dorsal largement obcordé, acuminé, blanc d'ivoire avec 2 ou 4 stries longitudinales pourpre noirâtre plus marquées vers le sommet, le sépale inférieur semblable et presque aussi grand; les pétales linéaires, d'une longueur de 12 à 15 centimètres, sont d'abord étalés horizontalement, puis s'infléchissent d'une façon très élégante; ils sont d'un jaune pâle, avec des taches rouge brunâtre plus nombreuses en allant vers l'extrémité, et ont le dernier quart de leur longueur brun rougeâtre. Le labelle, volumineux et ayant tout à fait la forme d'une pantoufle, est rose brunâtre avec d'abondantes réticulations rouge vif. Le staminode est jaune clair, et est bordé tout autour, sauf à la pointe antérieure, d'une bande de poils noirs très serrés.

La variété *platytoenium* se distingue par la largeur beaucoup plus grande des pétales, qui atteignent 2 ¹/₂ centimètres vers leur milieu, et par le coloris plus vif de toute la fleur.

Par une curieuse particularité, une des plantes appartenant à cette collection a produit en 1887 une fleur qui avait un pétale normal, et l'autre étroit comme dans l'espèce type.

La variété *Cannartae* (dédiée à Mme DE CANNART D'HAMALE) est également très belle comme grandeur et comme vivacité de coloris, mais elle n'a pas la superbe ampleur des pétales de la précédente.

C. superbiens. — Belle espèce à feuillage marbré. Les fleurs, de grande dimension, ont le sépale dorsal ovale aigu, d'un blanc grisâtre, rayé longitudinalement de stries brunes à la base, devenant vertes vers le sommet. Les pétales ligulés-oblongs sont d'un gris nuancé de vert à la base, et de pourpre à l'extrémité, relevé de nombreuses macules pourpres, notamment le long des bords, qui sont ciliés. Le labelle est brun pourpré clair. Fleurit surtout pendant l'été.

Cette espèce est assez souvent désignée sous le nom de *C. Veitchi.*

C. tonsum. — Espèce à fleurs très amples et assez majestueuses, d'un coloris un peu pâle. Elles mesurent 10 centimètres de diamètre vertical. Le pavillon est largement cordé aigu, blanc veiné de vert, parfois avec quelques veines pourpres dans le nombre. Pétales étalés, larges, vert pâle, veinés de vert plus foncé, et légèrement lavés de pourpre à la base, avec quelques petites macules noires sur la moitié supérieure; labelle volumineux, vert sombre nuancé de brun. Le feuillage est vert pâle marbré de vert foncé, et tacheté de pourpre en dessous. Floraison vers la fin de l'été.

C. venustum. — Feuillage très élégant, vert abondamment nuancé de pourpre à la face inférieure, et marbré de vert foncé à la face supérieure. Fleurs de taille moyenne et d'allure très distincte; sépale dorsal large et court, blanc verdâtre strié de pourpre; sépales ligulés, un peu défléchis, ornés de verrues pourpres sur fond vert, nuancés de pourpre aux extrémités. Labelle jaunâtre veiné de vert, avec une teinte pourpre sur la face antérieure.

Cette espèce réussit bien en serre tempérée ou tempérée-froide. Ses tiges florales sont courtes; elle se prête admirablement à l'ornementation des serres-fenêtres. La variété *pardinum* a les fleurs plus grandes et plus jaunes.

C. villosum. — L'une des espèces les plus populaires du genre. Elle a le feuillage vert clair luisant; les fleurs de grande taille, supportées par une tige assez longue densément velue, ont le pavillon allongé, un peu replié en arrière vers la base, de plus en plus clair vers le sommet; les pétales très larges, surtout à leur extrémité, sont séparés en deux moitiés par une ligne longitudinale brun noirâtre; la moitié inférieure est jaune clair, la moitié supérieure brun jaunâtre ou rougeâtre, très brillant; le labelle est d'un jaune brunâtre plus ou moins foncé.

Cette espèce, de culture facile, réussit bien en serre tempérée-froide. Elle a produit un grand nombre d'hybrides de haute valeur.

La variété *Boxalli* (*C. Boxalli*) se distingue par une teinte noirâtre recouvrant la base du pavillon sur une étendue plus ou moins grande; les pétales sont également marbrés de taches gris foncé. Dans la sous-variété *atratum*, le pavillon est presque entièrement noir foncé.

La variété *aureum* a au contraire une teinte générale jaune.

C. vittatum (Selen.). — Espèce très voisine du *C. Lindleyanum*, dont elle se distingue par les fleurs moins nombreuses, les feuilles moins coriaces et plus aiguës, le sépale dorsal plus aigu, et le staminode plus grand, rhomboïde et non carré.

Synonyme : *C. Binoti*.

C. Volonteanum. — Espèce à fleurs de petite taille, produites sur des tiges très longues. Elles ressemblent à une réduction du *C. Lowi*. Le sépale dorsal est ovale-lancéolé, vert; les pétales horizontaux sont verts avec une large partie rouge violacé aux extrémités et quelques gros points sur le tiers inférieur. La floraison se produit principalement aux mois de février, mars et avril, et dure très longtemps.

Cette espèce, originaire de Bornéo, présente cette particularité que beaucoup de ses fleurs possèdent trois anthères normales, l'une remplaçant le staminode.

C. Wallisi (Selen.). — Variété du *C. caudatum*. Pavillon ovale

45

allongé, vert pâle veiné et réticulé de vert foncé; pétales assez larges à la base, puis atténués en queue très étroite, blancs réticulés de vert, et teintés de rouge brunâtre vers la pointe. Labelle très ample, blanc tacheté et veiné de rouge, et bordé de jaune à l'orifice, lobes latéraux blancs.

HYBRIDES

La description de tous les hybrides publiés jusqu'ici comporterait des développements excessifs pour le cadre de cette ouvrage. Il convient d'ailleurs de prévoir que le goût du public opèrera peu à peu une sélection parmi ce grand nombre de semis, et en écartera beaucoup de médiocres. Je me bornerai donc à décrire les formes les plus répandues et les plus remarquables parmi celles qui me sont connues, et à mentionner les parentés des autres.

C. × **Adrastus** (*C. Leeanum* × *C. Boxalli*).

C. × **Ainsworthi** (*C. Roezli* × *C. Sedeni*).

C. × **albanense** (*C. Schlimi* × *C. Sedeni*).

C. × **albo-purpureum** (*C. Schlimi* × *C. Dominyi*).

C. × **Alcides** (*C. insigne* × *C. hirsutissimum*).

C. × **Alfred** (*C. philippinense* × *C. venustum*).

C. × **Alice** (*C. Stonei* × *Spicerianum*).

C. × **almum** (*C. barbatum* × *C. Lawrenceanum*).

C. × **amabile** (*C. javanico-superbiens* × *C. Hookerae*).

C. × **amandum** (*C. insigne* × *C. venustum*).

C. × **Amesianum** (*C. villosum* × *C. venustum*).

C. × **amethystinum** (*C. Hookerae* × *C. barbato-Veitchianum*).

C. × **Antigone** (*C. Lawrenceanum* × *C. niveum*).

C. × **Aphrodite** (*C. niveum* × *C. Lawrenceanum*).

C. × **apiculatum** (*C. barbatum* × *C. Boxalli*).

C. × **Apollo** (*C. vexillarium* × *C. Stonei*).

C. × **Arnoldianum** (*C. superbiens* × *C. concolor*).

C. × **Arthurianum** (*C. insigne* × *C. Fairieanum*). — Bel hybride ayant la grandeur et beaucoup du coloris du *C. insigne*, avec la grâce délicate du *C. Fairieanum*. Pavillon très ample, vert jaunâtre pâle, veiné, réticulé et maculé de brun pourpre, ondulé sur les bords et largement bordé de blanc au sommet. Pétales défléchis, légèrement récurvés, ondulés et ciliés sur les bords, d'un jaune verdâtre pâle veiné et réticulé de brun pourpré, surtout près du bord supérieur; labelle jaune verdâtre clair, marbré et veiné de brun. Staminode à peu près comme dans le *C. insigne*, réticulé de vert vif au centre.

C. × **Ashburtoniae** (*C. barbatum* × *C. insigne*). — Sépale dorsal vert couvert de nombreuses veines brun rouge, avec une bande blanche au sommet. Pétales ciliés sur les bords, rouge-brun veiné de brun foncé, un peu plus pâles à la base, avec quelques macules noirâtres. Labelle brun-rouge.

C. × **Astraea** (*C. philippinense* × *C. Spicerianum*).

C. × **Atys** (*C. Hookerae* × *C. venustum*).

C. × **auroreum** (*C. Lawrenceanum* × *C. venustum*).

C. × **Aylingi** (*C. niveum* × *C. ciliolare*). — Très bel hybride ayant à peu près le port du *C. niveum*, mais la forme des segments modifiée dans le sens du *C. ciliolare*. Le labelle est blanc pur ; les pétales et les sépales sont blancs couverts d'une foule de taches pourpre clair disposées sensiblement en lignes longitudinales.

C. × **Ballantine** (*C. purpureum* × *C. Fairieanum*).

C. × **barbato-Veitchianum** (*C. barbatum nigrum* × *C. superbiens*). — Bel hybride ayant à peu près la forme du *C. superbiens*, mais à fleurs un peu plus petites, et richement colorées de brun foncé sur les pétales et le labelle. Les pétales ciliés sont également ornés de verrues noires sur les bords.

C. × **Barteti** (*C. barbatum* × *C. insigne Chantini*).

C. × **Beatrice** (*C. Boxalli* × *C. Lowi*).

C. × **Berenice** (*C. Röbelini* × *C. Lowi*).

C. × **Berggrenianum** (*C. Dauthieri* × *C. insigne*).

C. × **Bonnyanum** (*C. villosum* × *C...*).

C. × **Bragaianum** (*C. hirsutissimum coerulescens* × *C. Boxalli atratum*).

C. × **Browni** (*C. magnificum* × *C. leucorhodum*).

C. × **Buchanianum** (*C. Druryi* × *C. Spicerianum*).

C. × **Burfordiense** (*C. Argus* × *C. philippinense*).

C. × **calanthum** (*C. barbatum Warneri* × *C. Lowi*).

C. × **caligare** (*C. venustum* × *C. Dayanum*).

C. × **calophyllum** (*C. barbatum* × *C. venustum*).

C. × **calurum** (*C. longifolium* × *C. Sedeni*). — Très voisin du *C.* × *Ainsworthi*. Sépale dorsal longuement ovale aigu, blanc lavé de rose et veiné de rose et de vert; pétales très allongés, enroulés, larges à la base et terminés en queues aiguës, blancs veinés de jaune verdâtre et nuancés de rose vif sur les bords et à la pointe. Labelle rose carminé foncé; lobes latéraux blanc d'ivoire tachetés de rose pourpré.

C. × **Calypso** (*C. Spicerianum* × *C. Boxalli*).

C. × **Cambridgeanum** (*C. Harrisianum* × *C. insigne violaceum*).

C. × **Canhami** (*C. villosum* × *C. superbiens*).

C. × **cardinale** (*C. Sedeni* × *C. Schlimi albiflorum*). — Fleurs de petite taille. Sépale dorsal ovale, blanc d'ivoire légèrement nuancé de rose; pétales horizontaux, largement ovales acuminés, blancs, nuancés de rose à la base et le long des bords. Labelle rose carminé vif; lobes latéraux repliés, blancs avec des bandes de stries roses.

C. × **Carnusianum** (*C. Haynaldianum* × *C. Spicerianum*).

C. × **Carrieri** (*C. superbiens* × *C. venustum*).

C. × **Cassiope** (*C. Hookerae* × *C. venustum*).

C. × **Celia** (*C. Spicerianum* × *C. tonsum?*).

C. × **Ceres** (*C. Spicerianum* × *C. hirsutissimum*). — Fleurs très grandes. Pavillon ample, à bords repliés en arrière à la base; la partie inférieure est verte, le reste blanc, et toute la surface couverte d'un pointillé très serré, noirâtre à la base, rouge vif sur le fond blanc. Les pétales défléchis, très ondulés sur les bords comme dans le *C. hirsutissimum*, ont la base verte, puis sont nuancés de brun, et couverts également de points extrêmement serrés, brun noirâtre; les extrémités, légèrement tournées en haut, sont rouge violacé. Sabot volumineux, vert lavé de brun.

C. × **chelseense** (*C. Lowi* × *C. barbatum*).

C. × **chloroneurum** (parenté inconnue).

C. × **chlorops** (*C. Hartwegi* × *C. caricinum*).

C. × **claptonense** (*C. Harrisianum* × *C. villosum*).

C. × **Claudii** (*C. Spicerianum* × *C. vernixium*).

C. × **Clément Loury** (*C. Harrisianum* × *C. insigne Chantini*).

C. × **Cleola** (*C. Boissierianum* × *C. Schlimi albiflorum*).

C. × **concinnum** (*C. Harrisianum* × *C. purpureum*).

C. × **conchiferum** (*C. caricinum* × *C. Roezli*).

C. × **concolawre** (*C. concolor* × *C. Lawrenceanum*). — Ce charmant hybride, obtenu dans la fameuse collection de Sir Trevor Lawrence, est de taille assez petite, comme l'explique aisément son origine. Il a le sépale dorsal ovale, à peu près semblable en petit à celui du *C.* × *Lawrebel*, mais avec les veines moins foncées et la teinte plus uniforme. Les pétales courts, larges, ont la base vert pâle et le reste légèrement rosé, strié longitudinalement de quelques lignes roses plus foncées surtout sur les bords; ils portent jusqu'aux deux tiers de leur longueur un grand nombre de très petits points noirâtres. Le sabot, de forme allongée, a la base rouge brunâtre foncé, et la pointe jaune grisâtre clair. Le sépale inférieur est vert pâle avec quelques lignes longitudinales rouges.

C. × **Constance** (*C. Curtisi* × *C. Stonei*).

C. × **Coppinianum** (*C. Sedeni* × *C. conchiferum*).

C. × **Creon** (*C. oenanthum superbum* × *C. Harrisianum superbum*).

C. × **Crossianum** (*C. insigne* × *C. venustum pardinum*). — Bel hybride à fleurs presque aussi grandes que celles du *C. insigne*, et ayant à peu près la forme de celles de cette espèce. Le pavillon est largement ovale, blanc jaunâtre sillonné de lignes vertes, avec de nombreux points noirâtres à la base; les pétales sont d'un brun cuivré, également pointillés de noir à la base; le labelle est jaune brunâtre veiné de vert.

C. × **Cythera** (*C. Spicerianum* × *C. purpuratum*).

C. × **Dauthieri** (*C. villosum* × *C. barbatum*). — Variété du *C. Harrisianum*, mais à fleurs un peu plus petites et moins noirâtres.

C. × de Cockianum (*C...? × C...?*).

C. × delicatulum (*C. barbatum Warneri × C. Dayanum*).

C. × Desboisianum (*C. venustum × C. Boxalli atratum*).

C. × discolor (parenté inconnue).

C. × doliare (*C... × C...*).

C. × Dominyi (*C. caricinum × C. caudatum*).

C. × Doris (*C. venustum × C. Stonei*).

C. × Drewettianum (*C...? × C...?*).

C. × Eismannianum (*C. Boxalli × C. Harrisianum*).

C. × Electra (*C. insigne × C. Harrisianum*).

C. × elegans (*C. villosum × C. barbatum*).

C. × Elinor (*C. selligerum majus × C. superbiens*).

C. × Engelhardtae (*C. insigne Maulei × C. Spicerianum*).

C. × Euryale (*C. Lawrenceanum × C. superbiens*).

C. × euryandrum (*C. Stonei × C. barbatum.*

C. × Eyermanianum (*C. barbatum × C. Spicerianum*).

C. × Fairieano-Lawrenceanum (origine indiquée par le nom).

C. × Félix Jolibois (*C. Harrisianum × C. insigne Chantini*).

C. × Figaro (*C. Spicerianum × C. oenanthum superbum*).

C. × Finetianum (*C. Röbelini × C. barbatum nigrum*).

C. × Fitchianum (*C. Hookerae × C. barbatum*).

C. × Fraseri (*C. hirsutissimum × C. barbatum*).

C. × Frederico nobile (*C. Boxalli × C. Morganiae*).

C. × Galatea (*C. insigne × C. vernixium*).

C. × Gaskellianum (*C. Spicerianum × C. vexillarium*).

C. × gemmiferum (*C. Hookerae × C. purpuratum*).

C. × Georg Kittel (*C. Dayanum superbum × C. superbiens*).

C. × Germinyanum (*C. villosum × C. hirsutissimum.*

C. × grande (*C. Roezli × C. caudatum*). — Bel hybride très robuste et florifère, à grandes fleurs remarquables. Le pavillon ovale allongé en pointe, incurvé, est d'un blanc jaunâtre, veiné et réticulé de vert jaunâtre.

Les pétales en forme de rubans, longs de 30 centimètres environ, ont la base assez large, blanc jaunâtre, bordée de rouge, puis deviennent entièrement rouge brunâtre ; le labelle, très grand et ventru, est d'un jaune verdâtre, avec les lobes latéraux blanc crème pointillés de cramoisi.

C. **Harrisianum** (*C. villosum* × *C. barbatum*). — Plante et fleur sensiblement intermédiaires entre les parents. Le sépale dorsal est largement ovale, d'un brun pourpré plus ou moins foncé et traversé de lignes longitudinales noirâtres, et ayant la pointe blanche. Pétales ligulés étalés, brun pourpré. Labelle rouge pourpré tirant sur le grenat, et lavé de vert.

La variété *superbum* a le pavillon d'une très grande ampleur, et toute la fleur d'un coloris très foncé remarquable.

C. × **Haywoodianum** (*C. Druryi* × *C. superbiens*).

C. × **Helenae** (*C. caudatum Wallisi* × *C. leucorrhodum*).

C. × **Hephaestus** (*C. barbatum* × *C. Lawrenceanum*).

C. × **Hera** (*C. Spicerianum* × *C. villosum*).

C. × **Hookero-Veitchi** (*C. Hookerae* × *C. superbiens*).

C. × **Hornianum** (*C. superbiens* × *C. Spicerianum*).

C. × **hybridum** (*C. Stonei* × *C. barbatum*).

C. × **hybridum** (*C. barbatum* × *C. villosum*).

C. × **hybridum** (*C. Haynaldianum* × *C. Spicerianum*).

C. × **imperiale** (*C...?* × *C...?*).

C. × **intermedium** (*C...?* × *C...?*).

C. × **Io** (*C. Argus* × *C. Lawrenceanum*).

C. × **Iris** (*C. javanico-superbiens* × *C. ciliolare*).

C. × **javanico-superbiens** (*C. javanicum* × *C. superbiens*).

C. × **Joséphine Jolibois** (*C. Harrisianum* × *C. insigne Chantini*).

C. × **Juno** (*C. callosum* × *C. Fairieanum*).

C. × **Kirchoffianum** (*C. Dauthieri* × *C. Spicerianum*).

C. × **Kramerianum** (*C. oenanthum* × *C. villosum*).

C. × **Laforcadei** (*C. barbatum* × *C. insigne Chantini*).

C. × **Lathamianum** (*C. Spicerianum* × *C. villosum*). — Fleur très grande ayant beaucoup d'analogie avec celle du *C. villosum*, mais plus élégante. Le sépale dorsal est à peu près semblable à celui du *C. Spicerianum*, mais d'un modèle beaucoup plus grand, et porte souvent des lignes et des veines rouges jusque vers le sommet. Les pétales et le labelle sont à peu près comme dans le *C. villosum*, mais d'un coloris plus vif et de dimensions plus grandes.

La variété *inversum*, obtenue par le croisement inverse, a les fleurs un peu plus petites et d'un coloris plus vif.

La variété *Lindeni* a les fleurs très grandes et richement colorées.

C. × Lawrebel (*C. Lawrenceanum* × *C. bellatulum*). — Hybride assez bien intermédiaire entre ses deux parents. Il a le sépale dorsal orbiculaire légèrement acuminé, vert clair à la base et blanc à la pointe, et entièrement recouvert d'un réseau de veines rouge vif. Les pétales assez courts, mais très larges, sont vert vif sur les deux tiers, et rose brunâtre vers l'extrémité, et portent sur toute leur longueur un grand nombre de points pourpre noirâtre assez gros, surtout vers le milieu. Le sabot allongé, renflé vers le centre, est brun pourpré. Le sépale inférieur est petit, vert vif avec quelques stries rougeâtres ; l'une des deux fleurs de l'inflorescence que j'ai reçue avait deux sépales latéraux très divergents. La tige florale est d'une grosseur et d'une solidité remarquables.

Cet hybride a été obtenu dans la collection de Sir Trevor Lawrence, président de la Société Royale d'horticulture de Londres.

C. × Leeanum (*C. insigne* × *C. Spicerianum*). — L'un des hybrides les plus populaires et les plus gracieux du genre. Fleurs aussi grandes que dans le *C. insigne*. Pavillon large, plus étalé que dans le *C. Spicerianum*, blanc avec une aire verte à la base, et strié de lignes de points mauve pourpré montant plus ou moins haut. Labelle de grandeur moyenne, brun verdâtre avec des veines plus foncées. Pétales jaune brunâtre lavés de vert et veinés de pourpre brun.

La variété *superbum*, issue du *C. insigne Maulei*, est plus grande et d'un coloris plus brillant que le type ; c'est une superbe Orchidée.

Le *C. Leeanum* a été obtenu dans les serres de Sir Trevor Lawrence, le grand amateur anglais.

C. × **Lemonierianum** (*C. calurum* × *C. Seueni porphyreum*).

C. × **Leonae** (*C. insigne Chantini* × *C. callosum*).

C. × **leucorhodum** (*C. Roezli* × *C. Schlimi albiflorum*).

C. × **lineolare** (*C… × C…*).

C. × **lucidum** (*C. villosum* × *C. Lowi*).

C. × **Lucienianum** (*C. villosum* × *C. bellatulum?*). — Superbe hybride, remarquable par le grand développement et le riche coloris du pavillon, orbiculaire, ondulé sur les bords, avec une légère teinte verte à la base et une foule de gros points pourpre noirâtre couvrant presque toute la surface; ces points deviennent plus petits vers le sommet. En outre, quelques stries irrégulières rouge clair apparaissent parmi ces macules, ainsi que sur la face postérieure. Les pétales sont analogues à ceux du *C. villosum*, mais notablement plus larges et plus rouges. Le sabot est de la même forme que celui du *C. villosum*, mais plus rouge.

La variété *superbum* a les fleurs plus grandes et plus brillantes encore.

C. × **macropterum** (*C. Lowi* × *C. superbiens*).

C. × **Madame Cappe** (*C. Spicerianum* × *C. Dauthieri*).

C. × **Madame Charles Gondouin** (*C. insigne Chantini* × *C. Harrisianum*).

C. × **Madame Emilie Gayot** (*C. Harrisianum* × *C. insigne Chantini*).

C. × **Madame Harry Veitch** (*C. niveum* × *C. Lawrenceanum*).

C. × **magniflorum** (*C…? × C…?*).

C. × **marmorophyllum** (*C. Hookerae* × *C. barbatum*). — Pavillon de longueur moyenne, très large à la base, ayant les côtés un peu réfléchis vers le sommet, vert à la base, blanc au-dessus, avec un certain nombre de veines longitudinales vertes, les dernières sur les côtés nuancées de rouge à leur sommet. Pétales verts striés de brun; la partie extrême, un peu repliée et étalée horizontalement, est rouge violacé. Labelle très grand relativement, vert clair lavé de brun pourpré. L'ensemble de la fleur a bien le cachet trapu du *C. Hookerae*.

C. × **Marshallianum** (*C. venustum pardinum* × *C. concolor*).

C. × **Mawoodi** (*C. niveum* × *C. Harrisianum*).

C. × **Maynardi** (*C. purpuratum* × *C. Spicerianum*).

C. × **Measuresianum** (*C. villosum* × *C. venustum*).

C. × **meirax** (parenté inconnue).

C. × **melanophthalmum** (parenté inconnue).

C. × **memoria Moensi.** — On ne peut mieux définir ce superbe hybride que comme un *C.* × *Leeanum* rouge. Tout le pavillon est rouge pourpré, plus clair vers le sommet, avec une large bande médiane pourpre foncé, et une bordure blanche étroite à la partie supérieure. Les pétales rappellent ceux du *C. insigne*, mais sont beaucoup plus rouges. Le sabot, volumineux et de forme presque carrée, est brun clair brillant, lavé de rouge et de vert. Le staminode rappelle beaucoup celui du *C. Spicerianum*.

C. × **microchilum** (*C. niveum* × *C. Druryi*).

C. × **Minerva** (*C. venustum* × *C. Harrisianum elegans*).

C. × **Morganiae** (*C. Veitchi* × *C. Stonei*). — Magnifique hybride rappelant beaucoup le *C. Stonei platytoenium*. On pourra d'ailleurs se rendre compte de sa beauté en se reportant à la gravure insérée plus haut (fig. 11). C'est une des plus belles Orchidées qui existent, et la variété *Burford Lodge*, obtenue dans la collection de sir TREVOR LAWRENCE, en est l'apogée.

C. × **Mrs Canham** (*C. superbiens* × *C. villosum*).

C. × **Muriel Hollington** (*C. niveum* × *C. insigne*).

C. × **Murillo** (*C. Argus* × *C. Boxalli atratum*).

C. × **Niobe** (*C. Spicerianum* × *C. Fairieanum*).

C. × **nitens** (*C. villosum* × *C. insigne Maulei*).

C. × **nitidissimum** (*C. Warscewiczi* × *C. conchiferum*).

C. × **nobile** (*C...?* × *C...?*).

C. × **Northumbrian** (*C. calophyllum* × *C. insigne Maulei*).

C. × **Numa** (*C. Lawrenceanum* × *C. Stonei*).

C. × **obscurum** (*C. villosum* × *C. venustum*).

C. × **oenanthum** (*C. Harrisianum* × *C. insigne Maulei*). — Sépale dorsal vert blanchâtre, portant de nombreuses lignes longitudinales pourpres; pétales brun-rouge pourpré, la base jaunâtre maculée de pourpre. Labelle également rouge brunâtre pourpré.

La variété *superbum* est particulièrement belle et grande ; les fleurs ont un aspect très luisant, et ont une coloration rougeâtre rappelant celle du vin, comme l'indique le nom de l'hybride.

C. × OEnone (*C. Hookerae* × *C. superbiens*).

C. × orbum (*C... × C...?*).

C. × Orestes (*C. Harrisianum* × *C. insigne Maulei*).

C. × orphanum (*C. Druryi* × *C. Argus*).

C. × Orpheus (*C. venustum* × *C. callosum*).

C. × Osbornei (*C. Harrisianum superbum* × *C. Spicerianum*).

C. × Othello (*C. hirsutissimum* × *C. Boxalli*).

C. × Pageanum (*C. superbiens* × *C. Hookerae*).

C. × Pallas (*C. calophyllum* × *C. callosum*).

C. × Pandora (*C. Argus* × *C. Dayanum*).

C. × patens (*C. Hookerae* × *C. barbatum*).

C. × pavoninum (*C. venustum* × *C. Boxalli*).

C. × Peetersianum (*C. philippinense* × *C. barbatum*).

C. × picturatum (*C. Spicerianum* × *C. superbiens*).

C. × Pitcherianum (*C. Harrisianum superbum* × *C. Spicerianum*).

C. × pleistochlorum (*C. virens* × *C. barbatum superbum*).

C. × plunerum (*C. venustum* × *C. villosum*).

C. × politum (parenté inconnue).

C. × Polletianum (*C. calophyllum* × *C. oenanthum superbum*).

C. × polystigmaticum (*C. venustum* × *C. Spicerianum*).

C. × porphyreum (variété du *C. × Sedeni*).

C. × porphyrochlamys (*C. barbatum Warneri* × *C. hirsutissimum*).

C. × porphyrospilum (*C. Lowi* × *C. Hookerae*).

C. × pycnopterum (*C. Lowi* × *C. venustum pardinum*).

C. × radiosum (*C. Lawrenceanum* × *C. Spicerianum*).

C. × regale (*C. insigne Maulei* × *C. purpuratum*).

C. × Rowallianum (*C. villosum aureum* × *C. venustum*).

C. × Sallieri (*C. villosum* × *C. insigne*). — Hybride naturel importé à l'origine parmi des *C. insigne*, et qui a été ensuite reproduit artificiellement dans les cultures. Très élégant. Le pavillon a la même forme que dans les beaux types du *C. insigne*, et porte de gros points brun violet sur fond jaune verdâtre clair ; il est entouré d'une large bande blanche. Les pétales sont jaune à peine nuancé de brunâtre, surtout vers l'extrémité. Le labelle est vert tendre légèrement lavé de violet brunâtre.

C. × Saundersianum (*C. caudatum* × *C. Schlimi*).

C. × Savageanum (*C. Harrisianum* × *C. Spicerianum*).

C. × Schlesingerianum (*C. Boxalli* × *C. insigne*).

C. × Schröderae (*C. caudatum* × *C. Sedeni*). — Fleurs intermédiaires entre celles du *C. grande* et celles du *C. Sedeni*. Sépales et pétales blancs lavés de rose, surtout vers les pointes ; labelle rose, lobes latéraux repliés blanc pur.

C. × Sedeni (*C. Schlimi* × *C. longifolium*). — Célèbre hybride, très vigoureux et très florifère, qui est devenu l'auteur d'une nombreuse et très intéressante descendance. Ses fleurs, de petite taille, sont très gentilles. Le sépale dorsal ovale est blanc, lavé de rose sur les bords et à la base. Les pétales, enroulés vers leur extrémité sont blancs, également lavés de rose. Le labelle largement arrondi est rose vif ; les lobes latéraux sont blanc d'ivoire pointillé de rose ; l'intérieur du sabot est maculé de rouge.

Var. candidulum (*C. Schlimi album* × *C. longifolium*). — Sépales et pétales blanc d'ivoire, pavillon veiné de jaune verdâtre, pétales lavés de rose clair aux pointes. Labelle rose pâle.

Var. porphyreum (*C. longifolium Roezli* × *C. Schlimi*). — Variété à fleurs un peu plus grandes et de coloris un peu plus foncé que le type.

C. × Seegerianum (*C. Spicerianum* × *C. Harrisianum*).

C. × selligerum (*C. barbatum* × *C. philippinense*). — Très bel hybride. Ses fleurs ne sont pas au nombre des plus grandes du genre, mais elles sont d'un beau coloris. Le pavillon est blanc, lavé de vert à la base, et ligné de veines pourpre foncé ; les pétales, longs de 9 à 10 centimètres, légèrement défléchis, sont verts à la base, avec un certain nombre de verrues noires le long des bords, puis rouge pourpré, plus pâle aux pointes. Le labelle est brun pourpré veiné de pourpre noirâtre.

La variété *majus* a les fleurs plus grandes et plus richement colorées.

C. × **Sibyrolense** (*C. Boxalli* × *C. insigne*). — A fait son apparition dans la collection de M. Cahuzac, au château de Sibyrol, dont il porte le nom.

C. × **Siebertianum** (*C. Dayanum* × *C. insigne*).

C. × **Siemoni** (*C. superbiens* × *C. Lawrenceanum*).

C. × **Simoni** (*C. Leeanum* × *C. insigne*).

C. × **Spicero-Lowianum** (*C. Spicerianum* × *C. Lowi*).

C. × **Spicero-villosum** (*C. Spicerianum* × *C. villosum*).

C. × **stenophyllum** (*C. Schlimi* × *C. caricinum*).

C. × **superciliare** (*C. barbatum* × *C. superbiens*). — Même origine que le *C. barbato-Veitchianum*; toutefois le *C.* × *superciliare* est moins brillant et moins beau.

C. × **Swanianum** (*C. Dayanum* × *C. barbatum*).

C. × **Tautzianum** (*C. niveum* × *C. barbatum*).

C. × **tessellatum** (*C. concolor* × *C. barbatum*). — Bel hybride à fleurs jaune brunâtre abondamment réticulées, et comme marbrées, de rose pourpré. Le pavillon est veiné de rouge brunâtre pourpré; les pétales portent vers la base de nombreuses macules pourpre noirâtre.

La variété *porphyreum* est d'un coloris particulièrement curieux et brillant.

C. × **Thibautianum** (*C. Harrisianum* × *C. insigne Maulei*).

C. × **turpe** (*C. barbatum* × *C. Argus*).

C. × **Van Houtteanum** (parenté inconnue).

C. × **Van Molianum** (*C. callosum* × *C. concolor*).

C. × **vernixium** (*C. Argus* × *C. villosum*).

C. × **Vervaetianum** (*C. Lawrenceanum* × *C. superbiens*).

C. × **vexillarium** (*C. barbatum* × *C. Fairieanum*).

C. × **Vipani** (*C. philippinense* × *C. niveum*).

C. × **Weathersianum** (*C. Leeanum superbum* × *C. hirsutissimum*). — Hybride très élégant obtenu à L'Horticulture Internationale, où il a fleuri en 1893 pour la première fois; dédié à son représentant en Angleterre, M. P. Weathers. Il est bien intermédiaire entre les deux parents.

C. × **Williamsianum** (*C. villosum* × *C. Harrisianum*).

C. × **Winifred Hollington** (*C. niveum* × *C. callosum*). — Feuillage comme dans un très grand *C. niveum*. Sépale dorsal blanc, lavé de rose pourpré et portant de nombreuses lignes de points pourpres. Pétales larges, ayant le même coloris. Le labelle est également lavé de rose pourpré en avant.

C. × **de Witt Smith** (*C. Spicerianum* × *C. Lowi*).

C. × **Winnianum** (*C. villosum* × *C. Druryi*).

C. × **Yougianum** (*C. superbiens* × *C. philippinense*).

Culture. — Tous les Cypripedium doivent être cultivés en serre tempérée; le *C. insigne* s'accommode même d'une température un peu plus basse. Ils demandent beaucoup d'humidité, et doivent être arrosés fréquemment. En outre, les sentiers doivent être abondamment aspergés d'eau, surtout pendant l'été. De décembre à la fin de février, les arrosages seront beaucoup réduits; en février on procède aux rempotages ou surfaçages nécessaires, et l'on remet les plantes en végétation.

Les Cypripedium en général craignent les rayons directs du soleil, et il est nécessaire de les abriter au milieu de la journée quand le soleil est ardent, afin que les feuilles ne se dessèchent pas, ce qui gâterait complètement l'aspect des plantes et compromettrait leur existence.

Les Cypripedium en général sont assez robustes, et spécialement les hybrides, qui sont presque toujours de croissance plus rapide et de floraison plus abondante que les espèces dont ils sont issus.

Un amateur bruxellois bien connu, et membre de L'ORCHI-DÉENNE, m'a raconté un jour que, par suite d'un accident, au cours d'un hiver rigoureux, ses Cypripedium se sont trouvés exposés pendant quelques heures à un froid assez vif. Or, les espèces du groupe Eucypripedium y ont parfaitement résisté, tandis que les Selenipedium, qui cependant proviennent de pays plus froids et ont les feuilles moins succulentes, sont morts en assez grand nombre.

Il est à noter également que les espèces à feuilles charnues du groupe *Rothschildianum*, *philippinense*, etc., sont sujettes à se pourrir lorsque des gouttes d'eau tombent au cœur de la pousse ; il se forme alors une tache huileuse qui s'étend de proche en proche et fait bientôt périr la plante. Il est donc nécessaire de prendre quelques précautions en arrosant ces espèces, et si, malgré tout, de l'eau était tombée entre les feuilles, de l'enlever au moyen d'un morceau de papier buvard ou d'une petite éponge.

Enfin, il est bon d'aérer les serres à Cypripedium en été toutes les fois que le temps est assez chaud.

Les *C. Lowi*, *Stonei*, *Parishi*, *praestans*, *Elliottianum*, *philippinense* et *Haynaldianum* sont des espèces vigoureuses, donnant des tiges de trois à sept fleurs. On pourra les cultiver dans la serre chaude aérée ; mais les *C. villosum*, *Boxalli*, *caudatum* et *hirsutissimum*, ainsi que les variétés de *C. barbatum*, *Dayanum*, *superbiens*, *Sedeni*, *Schroederae*, *grande*, *Roezli*, *Dominyanum*, etc., réclament une serre un peu plus tempérée. Les *C. insigne*, *Sallieri*, *Arthurianum*, prospèrent dans la serre froide, et fleuriront abondamment si l'on peut les mettre à la fin de l'été dans un endroit où ils aient beaucoup de soleil.

Rempotage. — Les Cypripedium ne doivent être rempotés, en principe, et comme toutes les Orchidées, que quand les pots où ils sont cultivés se trouvent trop petits pour contenir les plantes qui ont augmenté de volume, ou dans des cas exceptionnels si les racines sont malades, ou le compost gâté par quelque accident.

Pour les Cypripedium en général, l'époque de la floraison et celle qui suit immédiatement, sont les seuls moments où la croissance semble s'interrompre, où le repos paraît complet ; c'est celle qui convient le mieux pour le rempotage.

Le compost doit être formé de terre fibreuse et de sphagnum, à peu près en quantités égales.

Après avoir préparé les matériaux en quantité suffisante, dans des paniers qu'on place près de soi, on commence le rempotage. Le pot doit avoir en général un centimètre et demi de diamètre de plus que le précédent ; il serait mauvais de le choisir trop vaste, quoique les inconvénients de ce procédé soient, à vrai dire, moins sensibles pour les Cypripedium que pour les autres genres.

Le drainage prend place dans le récipient jusqu'à la moitié de sa hauteur à peu près, parfois moins; cela dépend de la quantité de racines que possède la plante traitée.

Il ne serait pas bon, évidemment, de trop comprimer les racines, et l'on devra tenir compte du plus ou moins grand développement qu'elles atteignent dans telle espèce ou dans tel individu.

Une autre raison, en outre, doit conduire à donner un drainage plus abondant aux plantes qui ont peu de racines; c'est qu'elles sont plus délicates et qu'on doit prendre des précautions plus grandes pour que l'humidité stagnante ne fasse pas périr les quelques racines qui leur sont si nécessaires.

Les Cypripedium, qui demandent beaucoup d'humidité, peuvent être enfoncés dans leur pot un peu plus que les autres Orchidées. Il suffit que le collet se trouve à la hauteur des bords, ou les dépasse très légèrement; on est certain de cette façon que les racines supérieures profiteront bien de l'eau des arrosages.

Bibliographie. — On écrirait bien des pages si l'on voulait faire le relevé de tous les articles que les journaux horticoles, et particulièrement ceux qui traitent uniquement des Orchidées, ont publiés sur les Cypripedium. Ces mêmes revues en ont aussi figuré un nombre considérable : la *Lindenia* seule, dans ses huit premiers volumes, leur a consacré *quarante-cinq* planches. Plusieurs ouvrages spéciaux s'occupent même exclusivement de ce groupe : notre compatriote M. F. Desbois a publié à Gand, en 1888, une *Monographie des Cypripedium, Selenipedium et Uropedium*, intéressant petit volume écrit surtout au point de vue pratique; MM. Veitch, de Londres, ont consacré aux Cypripedium la quatrième partie, publiée en 1889, de leur savant *Manual of Orchidaceous Plants*; MM. Godefroy-Lebeuf et N.-E. Brown ont publié, aussi en 1889, la première livraison d'un splendide recueil illustré intitulé *Les Cypripédiées;* enfin M. A. Pucci, de Florence, a publié en 1892 *Les Cypripedium et genres affines*.

LES CYRTOPODIUM

Diagnose :

Sépales libres, étalés, presque égaux, les latéraux à base brièvement prolongée sur le pied du gynostème. Pétales semblables au sépale dorsal, ou un peu plus larges et plus courts. Labelle inséré sur le pied du gynostème, avec lequel il forme un menton plus ou moins proéminent, trilobé ; lobes latéraux assez larges, dressés ou à la fin étalés, le médian arrondi, étalé, entier bilobé ou crispé-denté. Gynostème dressé, prolongé à la base en pied très court, demi-cylindrique, à angles antérieurs aigus, clinandre oblique, entier. Anthère terminale, en forme d'opercule, imparfaitement biloculaire ; deux pollinies, ou quatre plus ou moins soudées par paires, largement ovoïdes ou globuleuses, cireuses, attachées directement au rétinacle large presque membraneux, ou reliées à celui-ci par un pédicelle large et court. Capsule oblongue ou allongée, réfléchie, non terminée en bec, à côtes souvent aiguës et proéminentes. — Herbes terrestres, à tiges renflées en pseudobulbes fusiformes et terminées par peu de feuilles. Feuilles longues, plissées-veinées, rétrécies inférieurement en pétiole. Scapes naissant du rhizôme, dressés, élevés, non feuillés, portant plusieurs gaînes, terminées par une grappe simple ou rameuse. Fleurs grandes ou médiocres, brièvement pédicellées.

Le genre Cyrtopodium fut créé en 1813 par le grand botaniste anglais Robert Brown.

Les Cyrtopodium sont surtout voisins des Govenia. Ces deux genres se distinguent immédiatement de tous les autres du groupe en ce qu'ils ne comprennent que des espèces *terrestres*, tandis que celles des autres genres sont *épiphytes*.

Le genre Cyrtopera de Lindley a été rattaché par Bentham aux Cyrtopodium ; mais il est reconnu aujourd'hui que les Cyrtopera doivent être plutôt rattachés aux Eulophia.

Trois ou quatre espèces seulement, sur une vingtaine, sont répandues dans les cultures.

46

C. Aliciae. — Espèce introduite il y a deux ans par L'Horticulture Internationale. Fleurs disposées en longue tige très ramifiée, ayant les sépales et les pétales oblongs-spatulés, fortement
maculés de rouge vif sur fond blanc, avec les extrémités lavées
de vert clair. Labelle à lobes latéraux dressés, blancs pointillés de
rouge; lobe antérieur blanc avec une large macule rouge vif en
avant; disque jaune pointillé de rouge. Bractées vertes fortement
maculées de rouge.

C. Andersoni. — Belle espèce moins répandue que le *C. punctatum*,
mais également très estimée à juste titre. Fleurs très nombreuses
en panicule très ramifiée.

C. cardiochilum. — Fleurs en grappes plus serrées, mais moins
ramifiées que dans les autres espèces. Segments ovales-arrondis,
jaune vif lavé de vert, surtout sur les sépales. Labelle entièrement
jaune vif, à lobes latéraux dressés, arrondis. Fleurit au printemps.

C. punctatum. — Espèce d'un beau port, à fleurs nombreuses en
panicules d'une hauteur de 60 centimètres à 1 mètre; bractées
jaunes barrées et maculées de rouge brunâtre. Pétales jaunes
faiblement tachetés de rouge brunâtre, tandis que les sépales
portent de larges barres transversales. Labelle à lobes latéraux
dressés, arrondis, rouge brunâtre; lobe antérieur jaune bordé de
rouge. Fleurit l'été.

Cette espèce fut décrite en 1762 par Linnée; c'est donc l'une
des plus anciennes Orchidées connues.

Synonyme : *C. Saintlegerianum.*

Culture. — Les Cyrtopodium sont des plantes majestueuses,
à pseudo-bulbes fusiformes très longs (généralement creux), à
feuillage élégant; ils exigent assez d'espace, et c'est pourquoi on
ne les voit pas figurer dans toutes les collections, comme ils
le mériteraient. Ils se cultivent en serre chaude, avec un compost assez substantiel composé pour la plus grande partie de
terre fibreuse, et engraissé de temps en temps pendant la période
de végétation. On doit leur donner des pots assez grands, car
ils produisent beaucoup de racines. La pousse une fois achevée,
et bien mûrie par le soleil, on donne aux plantes un bon repos,

en laissant le compost à peu près sec. Lorsque la végétation reparaît, la tige florale se forme en même temps que la nouvelle pousse, et les arrosages doivent alors être abondants.

LES DENDROBIUM

DIAGNOSE :

Sépales presque égaux, le postérieur libre, les latéraux à base oblique attachée au pied du gynostème et formant un *menton* tantôt court et en forme de gibbosité, tantôt allongé en éperon. Pétales égalant ordinairement le sépale postérieur, souvent plus étroits, mais parfois plus larges. Labelle inséré au sommet du pied du gynostème, rétréci à la base, replié vers le pied et parfois adhérent avec lui, muni au-dessus de la base de lobes larges embrassant plus ou moins le gynostème, à disque souvent garni de deux ou trois lamelles longitudinales. Gynostème assez court ou très court, à sommet plus ou moins biailé, prolongé à la base en pied souvent assez allongé; clinandre prolongé en avant en deux angles ou deux dents courtes. Anthère terminale, operculiforme, convexe, biloculaire; quatre pollinies cireuses, ovoïdes ou oblongues, comprimées latéralement, libres et inappendiculées, collatérales, une paire dans chaque loge ou plus ou moins cohérentes. Capsule ovoïde ou oblongue, rarement allongée. — Herbes épiphytes. Tiges ou rameaux florifères rapprochés en touffes ou naissant souvent le long d'un rhizôme ou d'une tige rampante, le plus souvent simples, parfois très courts ou renflés en pseudobulbes courts, parfois allongés, grêles ou renflés-charnus soit à la base, soit au sommet. Feuilles variées, ordinairement ovales-oblongues, non plissées, souvent coriaces ou charnues, tantôt distiques et caduques, tantôt rassemblées au sommet des tiges et persistant plusieurs années. Fleurs plus souvent grandes et belles que petites, brièvement pédicellées, en grappes simples, allongées et lâches ou courtes et denses, parfois à très peu de fleurs ou même réduites à une seule fleur, naissant vers le sommet de la tige ou latéralement aux nœuds.

Le genre *Dendrobium* a été établi par le botaniste suédois SWARTZ, qui le décrivit dans un travail célèbre où il jeta les premières bases de la classification scientifique des Orchidées, travail qui fait partie du volume de 1799 des Mémoires de l'Académie des sciences de Stockholm.

SWARTZ composa le nom *Dendrobium* à l'aide des deux mots grecs *dendron* et *bios*, qui signifient *arbre* et *vie*, parce que les espèces de ce genre sont *épiphytes*, c'est-à-dire vivent sur d'autres plantes et spécialement sur les arbres; ce nom a le même sens que *Epidendrum*, genre qui tient le premier rang parmi les épiphytes de l'Amérique, et correspond ainsi aux Dendrobium de l'ancien monde.

D. aemulum. — Gracieuse petite espèce à fleurs blanches parfumées; les segments sont nuancés de jaune à leur sommet; le labelle a les lobes latéraux tachetés de rose vif, et le lobe antérieur réfléchi, portant sur le disque trois lamelles verdâtres.

D. aggregatum. — Petite espèce à feuilles persistantes, produisant ses fleurs en racème pendant. Les fleurs, assez grandes, sont d'un jaune foncé éclatant, lavé d'orangé à la base du labelle. Elles apparaissent généralement vers le mois d'avril. Chaque racème porte une dizaine de fleurs.

Les petites plantes réussissent bien sur bloc.

D. albo-sanguineum. — Fleurs blanc crême, avec une macule rouge vif de chaque côté de la base du labelle. Le contraste de ces deux nuances produit un effet très attrayant.

Cette espèce, ainsi que la précédente, est facile à cultiver en panier ou sur bloc.

D. amethystoglossum. — Fleurs de petite taille, assez nombreuses en racème, d'un blanc d'ivoire, avec le lobe médian du labelle améthyste pourpré. Fleurit en janvier et février.

D. amoenum. — Espèce originaire du nord de l'Inde, où elle croît à 1600 mètres environ d'altitude. Ses fleurs sont produites aux nœuds des bulbes, solitaires ou groupées par deux ou trois sur de minces pédoncules. Elles sont de taille moyenne; les sépales et les pétales sont d'un blanc pur, avec une large macule violet pourpré aux pointes ; le labelle est blanc avec une macule au sommet, comme les autres segments. La gorge est orangée, avec quelques stries rouge pourpre. Les bulbes sont longs et grêles.

Le *D. amoenum* fleurit en juillet-août-septembre. Ses fleurs exhalent un délicieux parfum de violette.

Cette espèce fut découverte en 1826 ou 1827 par le Dr WALLICH dans le Népaul ; elle ne paraît pas avoir été introduite à l'état vivant avant 1874, époque à laquelle M. le Général BERKELEY la recueillit dans l'Himalaya et l'expédia en Europe.

D. Aphrodite. — Fleurs produites isolément aux nœuds des pseudobulbes ; sépales et pétales étalés, oblongs, blanc pur ; labelle orangé foncé avec les bords et le sommet blancs, ainsi que le disque, et les lobes latéraux maculés de rouge sombre à la base.

D. aqueum. — Fleurs blanc crème ou verdâtres, avec le disque du labelle jaune. Sépale dorsal elliptique aigu ; sépales latéraux en forme de faulx. Pétales étalés, largement ovales. Labelle à lobes latéraux érigés, peu développés, à lobe antérieur défléchi.

D. atroviolaceum. — Cette espèce appartient au même groupe que le *D. macrophyllum*, mais elle est beaucoup plus élégante. Elle a les pétales et les sépales oblongs, acuminés, assez amples, d'un coloris crême, tachetés de gros points pourpres. Le labelle a les lobes latéraux relevés en éventail, et le lobe antérieur d'abord étroit, puis élargi en forme de cœur. Cet organe est presque entièrement d'un violet foncé, avec un peu de vert clair à la base et sur les lobes latéraux.

Cette espèce remarquable a été introduite par MM. VEITCH en 1890, de la Nouvelle-Guinée. Elle a les bulbes en forme de massue, renflés à la base et surmontés de deux ou trois feuilles qui persistent l'hiver. Par suite, elle ne supporterait pas un repos aussi prolongé que les *D. bigibbum*, etc.

D. aureum. — Très gracieuse espèce, d'un parfum exquis. Ses fleurs, produites par grappes de deux ou trois, ont les pétales et les sépales jaune pâle ; le labelle est jaune d'or, strié et veiné de cramoisi, velouté sur le disque et récurvé à la pointe. Fleurit en janvier et février.

Synonymes : *D. heterocarpum, D. rhombeum.*

D. barbatulum. — Belle espèce, dont les fleurs, groupées en racèmes touffus d'une longueur de 15 centimètres environ, sont blanches plus ou moins nuancées de rose vif.

La plante est de taille moyenne; ses pseudobulbes atteignent environ 30 centimètres de hauteur. Elle réussit bien sur bloc, et ne craint pas les rayons du soleil. Elle fleurit en mars.

D. Bensoniae. — Très belle espèce produisant ses fleurs par petits bouquets de deux ou trois, aux nœuds des pseudobulbes. Les fleurs, de grande taille, ont les segments oblongs-lancéolés, les pétales presque arrondis, d'un blanc crême; le labelle, largement arrondi, est orangé, avec deux fortes macules pourpre noirâtre à la base.

D. bigibbum. — Charmante espèce australienne, à fleurs disposées en assez grand nombre à diverses hauteurs sur les pseudobulbes.

Ces fleurs ont les sépales largement ovales, les pétales elliptiques, et le labelle arrondi en avant, avec les lobes latéraux recouvrant la colonne. Toute la fleur est d'un rose très vif; le disque du labelle porte une tache blanche; le tube formé par les lobes latéraux est rouge pourpre foncé.

D. Boxalli. — Très belle espèce à sépales et pétales blancs maculés de rouge pourpré aux pointes; le labelle est coloré de la même façon, et a en outre une macule orangée sur le disque.

Cette espèce se rapproche beaucoup du *D. crassinode*, dont elle se distingue facilement par ses pseudobulbes plus longs et plus grêles, et par le coloris plus pâle de ses fleurs. Elle fleurit en février et mars.

D. Brymerianum. — Espèce d'une forme tout à fait distincte et superbe. Les sépales et les pétales oblongs-lancéolés sont jaune d'or; le labelle a la même couleur, et porte à sa partie antérieure un long appendice formé de franges entrecroisées en longue dentelle pendante. Les lobes latéraux sont également très frangés sur les bords. Fleurit au commencement du printemps. Réussit bien en serre tempérée-chaude, avec le *D. nobile.*

D. Calceolaria. — Voir *D. moschatum*.

D. Cambridgeanum. — Voir *D. ochreatum*.

D. chlorops. — Fleurs de petite taille blanc crême avec les lobes latéraux du labelle jaune verdâtre ; disque pubescent. Floraison en janvier-février.

D. chrysanthum. — Fleurs en racèmes au nombre de quatre à six, formées sur les pousses de l'année. Pétales et sépales ovales-oblongs, jaune orangé vif, les premiers très larges ; labelle de la même couleur, avec deux macules marron, enroulé à la base au dessus de la colonne, puis largement étalé, orbiculaire, frangé sur les bords. Les fleurs ont une consistance assez solide. La floraison se produit en septembre.

D. chrysotoxum. — Fleurs assez grandes, à segments jaune d'or, avec une large macule orangée sur le disque du labelle, traversée par quelques stries rouge brunâtre. Les pétales sont beaucoup plus larges que les sépales. Le labelle orbiculaire, légèrement enroulé à la base autour de la colonne, a les bords frangés et la surface pubescente. Floraison en mars.

Le *D. suavissimum* des cultures n'est qu'une variété de cette espèce, plus petite et plus robuste, et dans laquelle le labelle porte une forte macule marron. M. DAY, cité par REICHENBACH, le compare à un *D. Griffithianum* qui porterait de longues grappes de fleurs du *D. ochreatum*. C'est montrer combien, dans certains groupes de ce vaste genre, certaines espèces se tiennent de près.

D. ciliatum. — Fleurs de taille moyenne, jaune pâle, avec le labelle plus foncé, strié de brun rouge des deux côtés du disque. Le lobe antérieur frangé porte sur les bords des cils jaunes auxquels fait allusion le nom spécifique.

D. clavatum. — Belle espèce à pseudobulbes longs, pendants, portant à leur sommet des racèmes latéraux de quatre ou cinq fleurs, d'un jaune orangé vif, avec deux larges macules brun rouge au centre du labelle. Elle est voisine du *D. fimbriatum oculatum*, mais a les fleurs plus charnues, un peu plus petites, et le labelle denté, non frangé.

D. crassinode. — Pseudobulbes légèrement inclinés du sommet, très renflés aux nœuds; feuilles linéaires-lancéolées, caduques. Les fleurs mesurent de cinq à six centimètres de diamètre, et sont disposées par petits bouquets de deux ou trois aux nœuds supérieurs. Les sépales et les pétales sont oblongs-aigus, blancs ou blanc crème avec une grande macule rose mauve pourpré aux pointes. Le labelle oblong arrondi, légèrement cilié sur les bords, est coloré comme les autres segments et a le disque jaune vif. La floraison se produit de janvier à mars.

La variété *albiflorum* n'a pas les macules rouges aux pointes des segments. La variété *Barberianum* a un coloris plus vif et les macules plus grandes. C'est une des plus ravissantes fleurs du genre.

Le nom exact de cette belle espèce est *D. pendulum*, et le nom de *D. crassinode*, qui lui a été donné postérieurement à l'autre, doit être considéré comme un synonyme ; néanmoins, l'usage a conservé ce dernier dans l'horticulture.

D. crepidatum. — Fleurs mesurant environ quatre centimètres de diamètre, de consistance assez ferme, d'un coloris blanc nuancé de lilas, avec le disque du labelle jaune foncé. Les fleurs sont groupées par petits bouquets de trois ou quatre à diverses hauteurs sur les nœuds des pseudobulbes. La floraison se produit en février et mars.

La variété de *Tring Park*, qui a fait son apparition dans la riche collection de Lord Rothschild, est particulièrement belle. Ses fleurs sont d'une taille relativement très grande, de consistance cireuse et d'un aspect brillant. Les sépales sont nuancés de pourpre, et les pétales lavés de pourpre pâle à la base. Le labelle orangé porte en avant une zône blanche étroite, et est bordé de pourpre.

D. cretaceum. — Fleurs solitaires produites aux nœuds des pseudobulbes, d'un coloris blanc de craie rappelé par le nom spécifique. Les pétales et les sépales sont lancéolés; le labelle arrondi, pubescent, fimbrié sur les bords, a le centre jaune pâle avec quelques lignes rouges. Floraison en juin-juillet.

D. cruentum. — Le nom donné à cette espèce fait allusion à la coloration rouge vif des lobes latéraux du labelle, dont le lobe antérieur est vert pâle bordé de rouge, et a la crête granuleuse rouge, avec cinq fines lamelles rouges au centre. Les pétales et les sépales, ovales acuminés, sont vert pâle lignés de vert plus foncé. Les fleurs mesurent de 3 $\frac{1}{2}$ à 4 $\frac{1}{2}$ centimètres de diamètre.

D. crystallinum. — Fleurs assez grandes, ayant les pétales et les sépales blancs maculés de rose violacé pourpré aux pointes, les pétales beaucoup plus larges que les sépales; labelle suborbiculaire, jaune ocre foncé bordé de blanc, et maculé de rose violacé pourpré à la pointe comme les autres segments.

Cette espèce se distingue par les papilles cristallines qui recouvrent l'opercule de l'anthère, et qui ont motivé le nom spécifique.

D. D'Albertisi. — Curieuse espèce, de port assez bas. Les sépales sont ovales aigus, avec les pointes récurvées, et d'un coloris blanc pur. Les pétales linéaires, très allongés et légèrement enroulés, sont verts; le labelle est strié de rouge pourpré.

D. Dalhousieanum. — Superbe espèce à feuillage persistant, fleurissant en avril-mai. Ses fleurs sont au nombre des plus grandes du genre, et se distinguent par un coloris rose jaunâtre clair transparent. Les sépales sont ovales, les pétales beaucoup plus larges. Le labelle largement elliptique, concave au centre, porte deux grandes macules rouge pourpré des deux côtés de la base, et a le bord antérieur couvert d'une villosité blanchâtre.

D. Dearei. — Pétales oblongs, très larges, blanc pur; sépales étroits, lancéolés, acuminés, blancs également. Labelle oblong, obtus, obscurément trilobé, vert jaunâtre au centre. Éperon allongé.

Belle espèce qui fleurit en juillet-août.

D. densiflorum (voir fig. 40, p. 266). — Fleurs groupées en thyrses pendants, au nombre de trente à trente-cinq environ, d'une très grande élégance. Les sépales et les pétales sont de substance légèrement transparente, d'un jaune vif; le labelle suborbiculaire, en forme de cornet largement épanoui, légèrement denticulé sur les bords, est d'un riche coloris orangé. La saison de floraison normale s'étend de mars à mai.

La variété *album* a les pétales et les sépales blanc crême.

D. devonianum. — Charmante petite espèce d'un coloris très gai. Ses pseudobulbes cylindriques, grêles, dépourvus de feuilles au moment de la floraison, sont presque entièrement cachés par les fleurs. Les sépales lancéolés, aigus, sont blancs lavés de rouge améthyste pâle; les pétales beaucoup plus larges, aigus, sont blancs avec une macule améthyste vif à la pointe. Le labelle largement cordé, très frangé sur les bords, est blanc, avec une macule pourpre au sommet, et deux autres jaune vif sur le disque. Floraison en mai-juin.

D. Draconis. — Pseudobulbes érigés, assez longs. Fleurs disposées en petits bouquets de deux ou trois aux nœuds supérieurs, mesurant environ 4 ¹/₂ centimètres de diamètre; sépales et pétales blanc d'ivoire, les seconds larges, réfléchis à la pointe; labelle à bord antérieur crispé et denticulé, blanc légèrement strié de rouge orangé à la base. Floraison en mai.

D. Falconeri. — Fleurs solitaires, mesurant de 5 à 7 ¹/₂ centimètres de diamètre; pétales et sépales ovales-oblongs, blancs avec la pointe améthyste pourpré, les seconds moins larges que les premiers et souvent lavés de rose pâle; labelle ovale-oblong, à lobes latéraux légèrement relevés autour de la partie inférieure de la colonne; lobe antérieur blanc avec le disque marron pourpré portant deux macules orangées des deux côtés, et la pointe améthyste pourpré. Floraison en mai-juin.

D. Farmeri. — Fleurs de taille moyenne, disposées en racèmes pendants touffus. Pétales suborbiculaires, jaune paille nuancé de rose; sépales oblongs, de la même couleur. Labelle arrondi, à lobes latéraux petits, dressés; disque jaune ocre, pubescent. Floraison de mars à mai.

D. fimbriatum. — Fleurs mesurant de 5 à 7 centimètres de diamètre, disposées en grappes pendantes de 7 à 12. Sépales et pétales oblongs, les nœuds sensiblement plus larges. Labelle orbiculaire, assez longuement frangé sur les bords. La fleur tout entière est jaune orangé vif; le labelle est jaune d'or avec le disque orangé.

La variété *oculatum* a les fleurs un peu plus petites, et porte à la base du labelle une large macule marron pourpré. Elle est souvent désignée dans les cultures sous le nom de *D. Paxtoni*.

D. Findlayanum. — Fleurs disposées généralement par paires aux nœuds des pseudobulbes, d'un blanc lavé de lilas pâle; labelle jaune très clair. Pétales elliptiques-oblongs, beaucoup plus larges que les sépales.

D. formosum. — L'une des espèces les plus remarquables du genre. Ses fleurs, produites en bouquets de quatre ou cinq au sommet des pseudobulbes, sont très grandes, et entièrement blanches, sauf une bande jaune vif au centre du labelle. Les pétales sont d'une ampleur remarquable.

La variété *giganteum* est d'une beauté et d'une grandeur exceptionnelle.

D. Fytchianum. — Fleurs de taille modeste, mais assez gracieuses, et attirant l'attention par leur gai coloris; elles sont groupées par petits racèmes de huit à dix. Les sépales sont lancéolés, les pétales beaucoup plus larges, elliptiques; le labelle a le lobe antérieur obcordé apiculé, presque aussi ample que les pétales. Toutes ces parties sont blanches; seuls, les lobes latéraux du labelle sont roses.

D. Gibsoni. — Belle espèce voisine du *D. fimbriatum oculatum*, mais ayant les pseudobulbes plus courts et plus grêles, les fleurs un peu plus petites, les pétales non ciliés, le labelle plus large, et portant deux macules marron à la base au lieu d'une seule.

D. Goldiei. — Synonyme du *D. superbiens*.

D. gratiosissimum (*D. Bullerianum*). — Pseudobulbes grêles, légèrement renflés vers la partie supérieure et gonflés aux nœuds, assez longs. Fleurs en petits bouquets de deux ou trois, mesurant de cinq à six centimètres de diamètre. Sépales et pétales blancs avec les pointes rouge vif; labelle largement ovale-aigu, coloré comme les autres segments, avec une grande macule jaune striée d'orangé sur le disque.

D. Griffithianum. — Espèce rare, à fleurs disposées en racèmes pendants, et mesurant près de cinq centimètres de diamètre.

Sépales et pétales d'un jaune vif, les seconds arrondis; labelle jaune orangé éclatant, orbiculaire, frangé sur les bords.

Le *D. Griffithianum* rappelle le *D. densiflorum*, mais il a les fleurs un peu plus grandes, à segments plus larges, et les grappes bien moins touffues.

D. Hasselti. — Gentille petite espèce originaire des Indes néerlandaises. Ses fleurs ne sont pas de grande taille, mais elles sont très abondantes; elles ont un coloris uniforme rose pourpré. Les sépales et les pétales sont de même grandeur, oblongs aigus. Le labelle est étroit et pointu, avec une macule orangé foncé au disque.

D. Hilli. — Fréquemment considéré comme une variété du *D. speciosum*, mais s'en distingue cependant suffisamment pour avoir quelque droit au rang d'espèce. Qu'il soit en fleurs ou non, il ne peut pas se confondre avec le *D. speciosum*. Les feuilles, il est vrai, ont à peu près la même substance que dans ce dernier, mais ses pseudobulbes ont une longueur à peu près double, et sont beaucoup plus minces. Les feuilles sont également plus étroites et plus longues. Ses grappes de fleurs sont plus longues et plus pendantes, et portent les fleurs plus serrées. Enfin les fleurs ont les sépales plus étroits et plus longs, et le labelle strié transversalement ou maculé de pourpre.

Le *D. Hilli* est, comme le *D. speciosum*, originaire de l'Australie; il est dédié à M. Walter Hill, ancien directeur du Jardin botanique de Brisbane. Il fut introduit assez longtemps après le *D. speciosum*, et fleurit en Europe pour la première fois, je crois, en 1861. Il est peut-être plus florifère que son compatriote; en tous cas, ses inflorescences longues et denses, rappelant en quelque sorte celles de certains Saccolabium, sont au nombre des plus belles que l'on puisse trouver dans le genre auquel il appartient.

D. Hookerianum (*D. chrysotis*). — Très belle espèce très voisine du *D. fimbriatum oculatum*, mais qui s'en distingue par les caractères suivants : ses fleurs sont plus grandes, les franges du labelle sont plus longues; la base de cet organe porte deux macules marron au lieu d'une seule ; enfin le limbe a une forme rhomboïde, et non circulaire.

D. Huttoni. — Pseudobulbes grêles, long de 50 à 75 centimètres. Fleurs disposées solitairement ou par deux ou trois le long des nœuds, blanches, avec les segments bordés de pourpre.

D. infundibulum (*D. Jamesianum*). — C'est une superbe espèce, remarquable par l'élégance de ses organes végétatifs en même temps que par la grandeur et la beauté de ses fleurs.

Celles-ci, qui mesurent près de dix centimètres de diamètre, ont les pétales et les sépales blanc pur, et le labelle de la même couleur, avec une macule jaune vif ou orangée dans le tube formé par les lobes latéraux. Les pseudobulbes cylindriques sont hérissés de poils courts noirâtres. Cette espèce se distingue également de ses congénères en ceci, qu'elle exige une température beaucoup moins élevée. Dans la fameuse collection de Sir Trevor Lawrence, elle est, m'a-t-on dit, cultivée avec les Orchidées mexicaines ; plusieurs amateurs la placent même parmi les Odontoglossum et autres espèces de serre froide. Fleurit en février-mars.

Le *D. Christyanum*, décrit par Reichenbach comme espèce nouvelle, mais dont la trace a disparu, n'était très probablement autre que le *D. infundibulum*, oupeut-être une variété de celui-ci. Toute la description concorde bien avec cette espèce, et la seule différence serait peut-être que les fleurs du *D. Christyanum* sont plus petites ; mais cette circonstance peut s'expliquer naturellement par une première floraison consécutive à l'importation.

D. japonicum. — Espèce à fleurs de petite taille, solitaires ou disposées par paires, blanches, avec la base du labelle tachetée de pourpre.

Les fleurs, qui apparaissent au printemps, sont très parfumées. Cette espèce réussit en serre froide ou tempérée-froide.

D. Jenkinsi. — Espèce naine à pseudobulbes tétragones ; les fleurs, de taille relativement grande, sont jaune foncé ; le labelle étalé, très ample, réniforme, est légèrement cilié et pubescent. La culture sur bloc convient particulièrement bien à cette espèce.

D. Kingianum. — Fleurs de petite taille; sépales et pétales jaune pâle, striés et bordés de rouge pâle; labelle blanc tacheté et strié de rouge.

Espèce de petite taille, dont les pseudobulbes ne mesurent que 5 à 7 centimètres. Se cultive généralement sur bloc.

D. leucolophotum. — Espèce curieuse, à pseudobulbes aplatis, larges, portant de petits bouquets de fleurs nombreuses, à segments blanc crême, tandis que le labelle porte une macule orangé clair. Réussit bien en panier.

D. Linawianum. — Très belle espèce à feuillage persistant, à pseudobulbes élargis vers le sommet, à nœuds prononcés. Les fleurs mesurent environ 6 $^1/_2$ centimètres de diamètre, et ont les sépales et les pétales blancs, maculés de rose vif vers le sommet; le labelle ovale, réfléchi, denticulé, a la pointe rouge vif, et deux macules rouges des deux côtés du disque.

Synonyme : *D. moniliforme.*

D. lituiflorum. — Pseudobulbes cylindriques inclinés au sommet; fleurs d'assez grande taille, disposées aux nœuds des bulbes par petits bouquets de deux à quatre. Sépales et pétales pourpre foncé; labelle blanc fortement strié de pourpre à la base; disque violet foncé, entouré d'une bande jaune veloutée, bordé de pourpre.

Fleurit en mars-avril.

La variété *Freemani* (*D. Freemani*) est particulièrement belle, et a le labelle velu.

D. Loddigesi. — Plante de petite taille, à pseudobulbes grêles. Fleurs solitaires mesurant environ 4 centimètres de diamètre; sépales et pétales rose lilacé pâle; labelle orbiculaire frangé, jaune orangé bordé de rose lilacé pâle.

D. Lowi. — Belle espèce à pseudobulbes grêles, hauts de 30 à 35 centimètres. Fleurs de taille moyenne, en petits bouquets de trois à cinq. Sépales et pétales jaune brunâtre, les seconds ondulés; labelle trilobé; lobes latéraux dressés, lavés de rouge aux pointes; lobe antérieur oblong, réfléchi, rouge vif à la base, portant six lignes longitudinales de longs cils rouges.

D. luteolum. — Pseudobulbes très grêles, produisant les fleurs en petits racèmes latéraux ; les fleurs, de grandeur moyenne, ont les segments ovales-oblongs, d'un jaune légèrement verdâtre pâle ; le labelle, formant d'abord une sorte de cornet, puis oblong aigu, est de la même couleur, avec quelques petites stries rouge-brun à la base, et une bande ciliée sur le disque, prolongée en pointe jusqu'au bord antérieur. Floraison en mai-juin.

D. Maccarthiae. — Pseudobulbes longs, légèrement retombants, d'un blanc grisâtre. Fleurs incomplètement ouvertes, d'assez grande taille, à segments ovales, aigus, blancs, lavés de rose lilacé sur les bords et à la pointe. Labelle rose-mauve pâle, strié de rouge lilacé, et portant deux macules pourpre foncé, l'une au disque, l'autre à la pointe.

Cette superbe espèce fleurit d'ordinaire en juillet.

D. Macfarlanei. — Belle espèce australienne, assez rare, et probablement difficile à établir. Les fleurs, produites en grappes de 9 à 12, sont très grandes. Les sépales et les pétales sont blancs, les premiers lancéolés légèrement réfléchis, les seconds largement oblongs-acuminés ; le labelle presque aussi long, trilobé, a les lobes latéraux relevés au-dessus de la colonne, blancs, maculés de pourpre sur le bord antérieur, et le lobe antérieur oblong aigu, blanc avec des macules pourpres à la base et une trainée pourpre sur le disque.

D. macrophyllum. — Espèce curieuse, d'un aspect robuste et très distinct. Ses fleurs, de taille moyenne, ont les segments vert jaunâtre clair, velus extérieurement ; le labelle trilobé est strié et maculé de pourpre, sur fond de la même couleur que les autres segments.

Le *D. Bleichröderianum*, introduit par L'Horticulture Internationale, est très voisin de cette espèce, dont il peut être considéré comme une variété géante. C'est une belle forme qui mériterait d'être cultivée dans toutes les collections, s'il ne s'attachait pas un peu de défaveur au coloris vert. Fleurit en août.

D. moschatum. — Fleurs disposées en racèmes assez nombreux, et mesurant de 8 à 10 centimètres de diamètre. Sépales ovales-oblongs, jaune pâle, veinés et réticulés, nuancés de rose pâle vers le sommet; pétales de la même couleur, mais beaucoup plus larges. Labelle calcéolé, très velu à la partie antérieure, jaune pâle avec le disque orangé, portant deux fortes macules marron pourpré.

Une variété très répandue dans les cultures, le *D. moschatum Calceolaria*, a les fleurs d'un coloris orangé, beaucoup plus foncé

Fig. 102. — DENDROBIUM NOBILE.

que dans le type. Elle est aussi connue sous les noms de *D. Calceolaria*, *D. moschatum cupreum*, et *D. calceolus*.

Cette espèce fleurit en août et septembre.

D. nobile. — Espèce très belle et très célèbre, recommandable pour la fleur coupée (voir p. 522). Ses fleurs, produites par petits bouquets de deux ou trois à diverses hauteurs aux nœuds des pseudobulbes, mesurent de 6 $\frac{1}{2}$ à 7 $\frac{1}{2}$ centimètres de diamètre.

Les sépales oblongs obtus et les pétales beaucoup plus larges sont blancs avec une tache rouge améthyste vif occupant une aire plus ou moins étendue à la pointe. Le labelle, enveloppant la colonne à sa base, est largement ovale-oblong, presque arrondi, blanc avec une macule améthyste pourpré à la pointe, et le disque marron pourpré.

La variété *Cooksonianum* est d'une beauté exceptionnelle; elle a les pétales légèrement concaves, ornés d'une large macule rouge pourpré foncé à la base.

La variété *nobilius* a les fleurs plus grandes que dans le type, et les macules rouge pourpre des segments beaucoup plus vives et plus étendues.

La variété *Schröderianum* a les fleurs grandes et bien étoffées, les pétales et les sépales blancs ou faiblement nuancés de rouge au sommet, et le disque du labelle marron pourpré très foncé, bordé de jaune pâle.

Beaucoup d'autres variétés ont reçu des noms distincts.

Le *D. nobile* et ses variétés fleurissent du milieu de février à la fin d'avril.

D. ochreatum. — Cette espèce, plus connue sous le nom de *D. Cambridgeanum*, a les fleurs assez grandes, d'un beau jaune d'or, avec une macule marron pourpré sur le disque du labelle. Les pseudobulbes assez forts, cylindriques avec les nœuds renflés, mesurent de 15 à 22 centimètres, et sont légèrement retombants.

Floraison en mars et avril sur les jeunes pousses.

D. palpebrae. — Espèce voisine du *D. densiflorum*, dont elle se distingue par ses fleurs plus petites, groupées en racèmes plus lâches, et se produisant un peu plus tard dans l'année.

D. Phalaenopsis. — Très belle espèce australienne, à fleurs de grande taille et de coloris assez variable. Les pétales sont largement ovales, acuminés; les sépales sont lancéolés aigus; ces segments sont blancs lavés de rose mauve plus ou moins vif. Le labelle trilobé a les lobes latéraux arrondis, relevés au-dessus de la colonne, d'un rouge pourpré tirant sur le marron; le lobe antérieur est oblong apiculé, pourpre pâle veiné de coloris plus foncé. Floraison en mars-avril.

La variété *Schröderianum*, d'un coloris très clair, presque blanc, est très belle.

D. Pierardi. — Fleurs mesurant de 2 ¹/₂ à 4 ¹/₂ centimètres de diamètre. Sépales et pétales rose pâle, transparents ; labelle obscurément trilobé, concave, suborbiculaire, d'un jaune primevère pâle, strié de rouge vif à la base. Fleurit en février-mars.

D. polyphlebium. — Paraît être un hybride naturel entre *D. Pierardi* et *D. rhodopterygium*. Port du premier ; pétales oblongs acuminés, assez larges ; sépales plus étroits, le dorsal infléchi ; labelle replié au-dessus de la colonne, puis ouvert en cercle, d'un pourpre violacé avec des stries plus foncées, et une bordure blanche tout autour ; les bords sont légèrement frisés et denticulés.

Pseudobulbes retombants, fleurs produites par une ou deux à diverses hauteurs.

D. primulinum. — Gracieuse espèce à fleurs d'un coloris délicat. Les pétales et les sépales sont étroits, oblongs, obtus, d'un mauve lilacé pâle ; le labelle suborbiculaire, enroulé à la base autour de la colonne, puis largement étalé, est jaune primevère, avec quelques faibles stries rouges à la base. La fleur mesure environ 7 centimètres de diamètre, parfois un peu plus. Les pseudobulbes, longs de 30 à 45 centimètres, sont très grêles.

Floraison en avril-mai.

D. rhodopterygium. — Fleur mesurant environ 6 ¹/₂ centimètres de diamètre. Sépales et pétales rose pourpré, marbrés de blanc ; labelle suborbiculaire, à bords denticulés, pourpre foncé strié et bordé de blanc, avec une bande centrale pâle.

Floraison en avril-mai.

D. scabrilingue. — Fleurs de petite taille, à pétales et sépales blancs ; labelle trilobé ; lobes latéraux dressés, jaune verdâtre ; lobe antérieur réfléchi, jaune, avec des stries profondes jaune orangé sur le disque. Les fleurs répandent un parfum agréable.

Synonyme : *D. hedyosmum*.

Floraison en avril.

D. senile. — Fleurs jaune clair, avec le labelle ovale-oblong, d'un coloris plus foncé et plus éclatant.

Le nom spécifique fait allusion aux longs poils blancs qui recouvrent les pseudobulbes, hauts de 6 à 8 centimètres seulement. Floraison en mars.

D. speciosum. — Cette superbe espèce est l'une des plus ornementales, comme port, de tout le genre. Ses pseudobulbes sont très forts à la base, puis vont en s'allongeant, et sont surmontés de deux ou trois feuilles largement oblongues, d'un beau vert foncé. Ses tiges florales, d'une longueur de 30 à 40 centimètres, sont bien fournies, et quoique les fleurs ne soient pas de très grande dimension, elles offrent un coup-d'œil ravissant; les fleurs sont d'un blanc crême, relevé de points rouges; elles répandent un parfum très agréable, et se conservent longtemps en pleine fraîcheur.

Le *D. speciosum* est connu depuis fort longtemps, car il fut introduit dès 1823; quoique la culture des Orchidées fût à cette époque entravée par des préjugés et des erreurs inconcevables, et ne donnât guère de bons résultats, le *D. speciosum* survécut, ce qui était assurément l'indice d'un excellent tempérament. Il n'a jamais disparu des collections, mais il n'a jamais non plus été très abondant.

Il est originaire de l'Australie, où il se rencontre principalement sur la côte orientale, et où il est désigné par les indigènes sous le nom de Lis des rochers. Il forme, quand il est bien cultivé, de fortes masses d'un superbe effet. Il fleurit avec abondance en mars-avril.

D. stratiotes (voir fig. 14). — Espèce très intéressante et d'une forme particulièrement curieuse. Les fleurs, produites en racèmes au nombre de 5 à 9, mesurent environ 7 ¹/₂ centimètres de diamètre ; les pétales et les sépales sont blanc jaunâtre, les premiers étroitement lancéolés, les seconds linéaires enroulés; le sépale dorsal est également très enroulé. Le labelle trilobé est blanc strié de pourpre. Floraison en septembre-octobre.

D. strebloceras. — Pseudobulbes longs, très minces, effilés au sommet. Fleurs en racèmes assez longs portant de 8 à 12 ou 15 fleurs. Sépales ligulés étroits, enroulés, bruns avec les bords verdâtres ; pétales linéaires enroulés, de la même couleur que les sépales. Labelle jaune pâle strié de pourpre.

La variété *Rossianum* a les fleurs presque blanches.

D. superbiens. — Belle espèce autralienne, à fleurs de longue durée, colorées d'un rose légèrement lilacé très vif. Les sépales sont oblongs, réfléchis, ondulés ; les pétales sont un peu plus larges. Le labelle trilobé a les lobes latéraux arrondis, incurvés, et le lobe antérieur oblong réfléchi. Le disque porte trois lamelles blanches. Floraison d'octobre à janvier.

D. superbum. — Très belle espèce à grandes fleurs d'un coloris rare et élégant. Les sépales sont oblongs-lancéolés, les pétales beaucoup plus larges. Ces segments sont d'un beau rouge violacé. Le labelle largement cordé, acuminé, pubescent intérieurement, est de la même nuance, avec le disque très foncé.

Ces fleurs répandent un fort parfum de rhubarbe. La variété *anosmum*, à fleurs plus larges, est presque sans odeur. Floraison de juin à septembre.

Cette espèce a été nommée par LINDLEY *D. macrophyllum* ; toutefois ce nom, faisant double emploi avec une autre espèce décrite antérieurement par ACHILLE RICHARD, a dû être modifié.

D. tetragonum. — Espèce australienne, à bulbes tétragones. Ses fleurs, qui mesurent environ dix centimètres de diamètre, sont d'un vert pâle strié de rouge ; le labelle est blanc strié transversalement de rouge. Les fleurs sont groupées en petit nombre sur un racème issu du sommet des pseudobulbes. Elles se produisent vers le mois de mai.

D. thyrsiflorum. — Magnifique espèce produisant ses fleurs en thyrses touffus comme le *D. densiflorum*. Elle se distingue de celui-ci par le coloris de ses fleurs, qui ont les sépales et les pétales blancs ; quant au labelle, il est jaune orangé, comme dans le *D. densiflorum*.

La forme des pseudobulbes constitue également un criterium ;

ces organes sont cylindriques dans le *D. thyrsiflorum*, tandis qu'ils sont anguleux et à peu près tétragones dans le *D. densiflorum*. L'époque de floraison est la même.

La variété *Galliceanum* a les fleurs d'une ampleur très remarquable.

D. tortile. — Fleurs d'assez grande taille, mesurant 7 à 8 centimètres de diamètre. Sépales et pétales étroitement oblongs, enroulés, rose lilacé pâle ; labelle suborbiculaire, enroulé à la base, jaune verdâtre pâle, avec une macule pourpre et quelques stries de la même couleur à la base. Floraison en mai et juin.

D. transparens. — Fleurs de taille moyenne, très gentilles et d'un coloris délicat, rappelant le *D. nobile*. Les sépales et les pétales sont blancs, légèrement lavés de rose violacé pâle à la pointe. Le labelle ovale-oblong, légèrement relevé à la base autour de la colonne, est blanc avec une macule rouge violacé pourpré à la pointe et deux autres pourpre sombre à la base. Floraison en mai.

D. Waltonianum. — Considéré comme un hybride naturel entre *D. Wardianum* et *D. crassinode*. Il a le port du premier. Ses fleurs, grandes et de belle forme, sont blanches, avec une forte macule magenta pourpré à la pointe de chaque segment. Le labelle très large, presque entièrement jaune orangé, porte deux très petites macules chocolat pourpré des deux côtés du disque.

D. Wardianum. — Magnifique espèce à fleurs de grande taille, mesurant de 8 à 10 centimètres de diamètre, d'une forme très élégante. Les sépales oblongs et les pétales ovales, très larges, sont blancs avec une forte macule rouge améthyste pourpré à la pointe ; le labelle suborbiculaire, relevé à la base autour de la colonne et légèrement réfléchi au sommet, est blanc, avec le disque jaune vif portant deux riches macules marron pourpré des deux côtés de la gorge, et une tache rouge améthyste pourpré à la pointe.

La variété *Lindeniae* a les fleurs entièrement blanches, sauf la macule jaune du disque. Elle est extrêmement rare.

Le *D. Wardianum* fleurit en même temps que le *D. nobile*.

HYBRIDES

D. × Ainsworthi (*D. aureum × nobile*). — Bel hybride très florifère, ayant à peu près le même port que le *D. nobile*. Pétales oblongs, étroits; sépales trois fois plus larges; labelle un peu plus étalé que dans le *D. nobile*. Tous les segments sont blanc pur; le labelle porte à la gorge une large macule rose amaranthe pourpré.

D. × Cassiope (*D. japonicum × D. nobile albiflorum*).

D. × chlorostele (*D. Linawianum × D. Wardianum*).

D. × chrysodiscus (*D. Findlayanum × D. Ainsworthi*).

D. × crassinode-Wardianum. — Hybride naturel entre ces deux espèces. Fleurs très belles, intermédiaires entre les deux parents, ainsi que les organes végétatifs.

D. × Cybele (*D. Findlayanum × D. nobile*).

D. × Dominyanum (*D. nobile × D. Linawianum*).

D. × Endocharis (*D. japonicum × D. aureum*).

D. × euosmum (*D. nobile × D. Endocharis*). — Semis de SEDEN, qui fleurit pour la première fois en 1885. Ses fleurs ne sont pas aussi grandes que celles du *D. nobile*, mais elles sont plus nombreuses et plus serrées sur les pseudobulbes. Les pétales et les sépales sont blancs avec les pointes rose pourpré pâle; le labelle a le même coloris, et porte en outre sur le disque une macule marron pourpré.

La variété *roseum* a les fleurs tout entières lavées de rose pourpré, beaucoup plus foncé aux pointes.

La variété *leucopterum* est particulièrement belle; elle est d'un blanc de neige, avec une macule lilas pourpré pâle sur le disque.

Cet hybride est très parfumé, ainsi que l'indique son nom.

D. × Hebe (*D. Findlayanum × D. Ainsworthi*). — Sépales oblongs, blancs, légèrement lavés de pourpre pâle et veinés de la même couleur. Les pétales plus larges, sont d'un blanc crème avec la pointe pourpre pâle, et jaune à la base. La colonne porte aussi des taches pourpres à son sommet et sur les côtés.

D. × Leechianum. — Même origine que le *D. × Ainsworthi*.

D. × **micans** (*D. Wardianum* × *D. lituiflorum*).

D. × **murrhiniacum** (*D. nobile* × *D. Wardianum*).

D. × **Nestor** O'Brien. — Hybride provenant de la fécondation du *D. Parishi* par le *D. superbum anosmum*, et qui a fait son apparition dans l'importante collection de Charles Winn Esq., Selly Hill, Birmingham. Il est à peu près intermédiaire entre les parents, et possède la forte odeur de rhubarbe qui caractérise ce groupe, malgré l'épithète ajoutée au nom de la seconde espèce, et qui n'est probablement pas très justifiée. Les segments sont blancs, lavés de pourpre, et le labelle, notablement pubescent, est blanc strié et maculé de pourpre.

D. × **porphyrogastrum** (*D. Huttoni* × *D. Dalhousieanum*).

D. × **rhodostoma** (*D. Huttoni* × *D. sanguinolentum*).

D. × **Rolfeae.** — Hybride provenant du *D. primulinum* et du *D. nobile*, ce dernier étant le porte-pollen. Il a les pétales blancs, lavés de rose vif au sommet, les sépales d'un rose violacé pâle, blancs à la base, et rouge violacé à la pointe. Le labelle est blanc légèrement nuancé de jaune soufre, rose vif à la pointe, avec une série de stries marron à la gorge, sans macule.

D. × **rubens.** — Hybride obtenu en Angleterre entre *D. nobile nobilius* et le *D.* × *Leechianum*. Il a les sépales et les pétales blancs, avec les pointes nuancées de cramoisi comme dans le *D. nobile*, le labelle moins acuminé que dans le *D.* × *Leechianum*, blanc rosé à la base, avec des lignes pourpres sur les bords, une macule cramoisi-marron bordée d'une large bande blanche, et la pointe rosée comme dans les autres segments.

D. × **Schneiderianum** (*D. Findlayanum* × *D. aureum*). — Les tiges forment des nœuds très apparents comme dans la première espèce, et présentent le même éclat jaune brillant, qui ajoute par contraste à la beauté des fleurs. Celles-ci sont de grande taille; elles ont les sépales oblongs, les pétales lancéolés, tous ces segments blancs avec une large macule pourpre lilacé aux pointes. Le labelle largement étalé est enroulé au-dessus de la colonne à la base seulement; la plus grande partie est jaune orangé, allant jusqu'au marron dans la macule de la base; au-delà du milieu, le labelle est blanc avec la pointe pourpre, comme les autres segments.

D. × Sibyl (*D. Linawianum* × *D. bigibbum*). — Cet hybride, obtenu par M. Norman S. Cookson, de Wylam on Tyne, est remarquablement beau, paraît-il, et d'un riche coloris. La fleur entière est nuancée de rose pourpré vif, plus pâle à la base; le labelle, bien étalé, à la même couleur, avec des macules marron. Si l'on ne connaissait pas sa parenté, on pourrait le prendre pour un hybride du *D. Wardianum* et du *D. nobile*.

D. × splendidissimum. — Hybride issu très probablement du même semis que les *D. × Ainsworthi* et *D. × Leechianum*, mais beaucoup plus beau. Ses fleurs ont près de dix centimètres de diamètre, et sont entièrement nuancées de mauve rosé; le disque porte une très grande macule d'un lilas pourpré éclatant, bordée de jaune pâle.

D. × Vannerianum (*D. japonicum* × *D. Falconeri*).

D. × Venus (*D. Falconeri* × *D. nobile*). — Hybride remarquable, qui a les bulbes longs et minces, presque pendants. Il passe pour être de croissance robuste, mais de floraison difficile. Ses fleurs sont grandes et richement colorées; elles ont beaucoup de l'aspect général du *D. Falconeri*, mais le labelle n'a pas de jaune. Les sépales mesurent environ 6 centimètres de longueur.

D. × virginale (*D. Bensoniae* × *D. japonicum*). — Hybride ayant la forme du premier parent, mais avec les sépales et les pétales plus étroits, blancs avec une nuance extrêmement délicate de rose, et une faible trace de vert pâle sur le labelle. La fleur mesure 6 ¼ centimètres de diamètre. Obtenu par MM. Veitch.

Culture. — Les Dendrobium sont des Orchidées épiphytes, comme l'indique du reste leur nom générique. Ils proviennent des pays asiatiques, et presque tous des régions tropicales; ils sont répandus, en un nombre considérable d'espèces, dans l'Inde, la Birmanie, l'Archipel Malais, l'île de Ceylan et une partie de l'Australie, et sont représentés également en Chine et au Japon. Dans toutes ces régions, ils se rencontrent constamment à des altitudes très basses, et le plus souvent dans les plaines. Ils réclament donc, sauf un très petit nombre d'exceptions, la température élevée de la serre dite Indienne.

Leurs pseudobulbes sont généralement cylindriques allongés, souvent analogues à de minces baguettes (on les a appelés plaisamment les échassiers de la famille orchidéenne), parfois noueux ou en forme de fuseaux.

La plupart des Dendrobium sont de culture facile et fleurissent régulièrement et en abondance. Ils demandent beaucoup d'humidité pendant la végétation, et doivent être arrosés très souvent; de plus, l'atmosphère de la serre doit être saturée de vapeur, ce qu'on obtient en répandant de l'eau sur les tablettes et dans les sentiers tous les jours, en été même plusieurs fois par jour au besoin.

La floraison se produit généralement quelque temps après l'achèvement des pseudobulbes. La plupart des Dendrobium forment leurs fleurs par groupes issus des nœuds à diverses hauteurs, et présentent ainsi l'aspect de véritables touffes fleuries d'un aspect charmant. Pendant que les plantes sont en fleurs, on peut abaisser quelque peu la température des serres, et diminuer en même temps les arrosages. Lorsque la floraison est terminée, on laisse encore pendant quelque temps les plantes dans un état de demi-repos; toutefois, les espèces qui fleurissent à la fin du repos hivernal font naturellement exception à cette règle, et doivent être mises en végétation immédiatement après la floraison, parce qu'un repos trop prolongé les affaiblirait. Les *D. nobile, Wardianum, Brymerianum,* ainsi que les hybrides bien connus *D. × Ainsworthi, D. × Leechianum,* rentrent dans cette dernière catégorie.

Lorsque les nouvelles pousses sont achevées, les plantes n'ont plus besoin d'autant d'eau, et les arrosages doivent être progressivement diminués; vers le milieu de novembre, le repos annuel commence, et jusqu'à la fin de janvier ou au milieu de février environ, on ne donnera aux plantes que la quantité d'eau nécessaire pour empêcher le compost de se dessécher complètement et les bulbes de se vider à l'excès. La température sera abaissée en même temps, et ceci est important à deux points de vue différents : premièrement, les plantes qui ne végètent pas n'ont pas besoin d'autant de chaleur, et il suffit qu'elles ne souffrent pas d'un refroidissement exagéré ; secondement, la chaleur, et surtout la chaleur artificielle, est toujours desséchante, et comme les plantes reçoivent peu d'eau aux racines, l'évaporation s'effectuerait aux dépens des sucs que contiennent leurs pseudobulbes ; dans ces conditions, elles seraient rapidement épuisées.

C'est pourquoi les Dendrobium à feuilles persistantes ne peuvent pas avoir un repos aussi rigoureux que ceux à feuilles caduques, *D. bigibbum*, *D. Maccarthiae*, *D. macrophyllum*, etc. L'évaporation qui se produit par leurs feuilles les vide plus promptement, et s'ils ne recevaient pas un peu plus d'eau que les autres, ils souffriraient beaucoup plus.

Notons que la chûte des feuilles, dans ces espèces, est amenée par le ralentissement qui se produit, vers l'automne, dans la circulation de la sève. Certains amateurs s'efforcent de l'empêcher ; ils y trouvent le charme d'un coup-d'œil peut-être plus gracieux, et aussi la satisfaction d'un tour de force accompli. Malheureusement ce résultat ne peut être obtenu qu'en privant les plantes de repos à peu près totalement, ce qui nuit forcément à la floraison ; beaucoup de personnes estimeront sans doute préférable d'avoir leurs Dendrobium privés de feuilles pendant l'hiver, mais couverts de fleurs à la saison.

Aux Indes, c'est-à-dire dans la patrie de la plupart des espèces cultivées dans nos serres, la saison sèche dure souvent de novembre à mai ; en revanche, le reste de l'année est excessivement humide.

Les *D. densiflorum*, *D. thyrsiflorum*, *D. Brymerianum*, *D. moschatum*, *D. suavissimum*, occupent une place un peu spéciale dans le genre ; les espèces de ce groupe ont les bulbes plus forts et d'une structure plus compacte, leur feuillage est plus large et a plus de substance. Ces espèces réclament un repos plus prolongé que les autres ; elles ont besoin de mûrir leurs bulbes dans de bonnes conditions. Elles sont un peu lentes à se mettre en végétation, mais la pousse une fois commencée se développe vite ; et elles compensent largement les quelques soins supplémentaires qu'elles réclament par une superbe floraison en grappe volumineuse et bien fournie, qui constitue un spectacle exquis, surtout lorsque le repos a été suffisant.

Les Dendrobium se cultivent généralement en pots. La culture en panier leur convient bien également, et peut être adoptée pour de petites plantes, de jeunes divisions, par exemple ; mais on conçoit qu'il serait difficile de suspendre au vitrage des espèces à bulbes longs comme ceux du *D. nobile*, du *D. thyrsiflorum*, du *D. speciosum*, ou de fortes touffes comme en forment rapidement la plupart de ces espèces.

Parmi les espèces de Dendrobium qui réussissent parfaitement sur blocs, et qu'il est commode de cultiver de cette façon grâce à leur petite taille, on peut citer les suivantes : *D. Jenkinsi, D. Kingianum, D. teretifolium, D. aggregatum* (les petites plantes seulement), *D. linguiforme, D. suavissimum, D. capillipes, D. senile, D. ciliolare.*

Le *D. Falconeri*, espèce très belle, qui malheureusement est rare, réussit bien également sur bloc, quand il n'est pas volumineux.

Pour les espèces qui sont cultivées en pot ou en panier, le compost est formé de sphagnum et de terre fibreuse mélangés par parties égales. La meilleure époque pour les rempotages est le mois de février, c'est-à-dire le moment où le repos est terminé et où les plantes vont entrer en végétation.

Comme la plupart des plantes de serre chaude, qui demandent beaucoup d'eau aux racines, les Dendrobium doivent recevoir un bon drainage, s'élevant au tiers ou à la moitié du pot, ou occupant la moitié du panier.

Ils aiment le soleil, et ont leur place marquée du côté le plus clair de la serre, surtout à l'époque de l'achèvement des bulbes ; néanmoins il convient de ne pas oublier les précautions usuelles contre les rayons directs brûlants, notamment au plus fort de l'été. Ayant les bulbes maigres, les feuilles peu nombreuses et généralement étroites et minces, les Dendrobium se dessèche-raient assez promptement. On les protègera contre ce danger en recourant aux abris ordinaires que j'ai décrits ; mais il faudra avoir soin d'enlever ces abris dès que le soleil aura diminué d'in-tensité. La ventilation devra être abondante : on aérera les serres toutes les fois que la température extérieure ne sera pas trop basse.

J'ai dit que les Dendrobium, à part un petit nombre d'excep-tions, se cultivaient en serre chaude. La plus remarquable de ces exceptions est le *D. infundibulum;* cette espèce, souvent appelée *D. Jamesianum*, réussit en serre tempérée ou même en serre froide.

Les Dendrobium ne sont pas particulièrement recherchés par les insectes. S'il en apparaît sur quelques plantes, on les com-battra par les moyens généraux connus : lavages à l'eau de nicotine et surtout renouvellement des côtes de tabac disposées sur les tuyaux de chauffage.

Certains cultivateurs de Dendrobium retranchent les vieux bulbes une fois qu'ils ont fleuri ; ces praticiens estiment que l'on obtient par ce procédé une floraison plus abondante. D'autre part l'enlèvement des bulbes, selon beaucoup de cultivateurs compé-tents, priverait les plantes de leurs réserves.

La question est discutable ; il est bien possible que les anciens pseudobulbes, qui n'ont plus de feuilles et par conséquent n'éla-borent plus de sève, coûtent à la plante au lieu d'acquérir, et qu'ils absorbent de l'humidité pour s'entretenir au lieu de lui en donner. Leur présence empêcherait de donner à la plante un repos aussi complet qu'il faut.

En tous cas, il est acquis que le sectionnement des anciens bulbes n'empêche pas tout au moins, s'il ne favorise pas, la produc-tion de floraisons très riches, et je citerai notamment à l'appui de cette théorie les trois spécimens de *Dendrobium nobile*, exposés en 1892 à Londres, par Mme la vicomtesse PORTMAN. Ces plantes, dont la plus grande mesurait 2^m^30 de diamètre, étaient chargées

de fleurs sur toute leur hauteur, à tel point que les organes végétatifs en étaient presque entièrement cachés. Elles étaient soumises depuis plusieurs années au système de la taille.

Culture des Dendrobium nobile et Wardianum. — Ces deux
espèces comptent à bon droit parmi les plus populaires du genre :
leur port est élégant, leurs fleurs sont d'une beauté remarquable,
et leur floribondité ne laisse rien à désirer. Ce qui ajoute encore
à leur charme, c'est que leurs fleurs apparaissent à un grand
nombre de nœuds à la fois, sur toute la longueur des bulbes en
quelque sorte, et ces bulbes étant eux-mêmes de hauteur variable,
les uns érigés, les autres inclinés, une plante fleurie de l'une de
ces espèces présente l'aspect d'un véritable buisson de fleurs.

L'époque de la floraison doit être également considérée. Les
Dendrobium Wardianum et *nobile*, de même qu'un grand nombre
de leurs congénères, fleurissent en février, mars et avril, alors
que les fleurs des autres familles sont encore rares, et cette circonstance augmente naturellement leur prix.

La culture de ces deux espèces ne peut pas être considérée
comme difficile. On peut résumer ses exigences de la façon
suivante : température de 15° à 18° centigrades (serre chaude),
beaucoup de lumière, surtout au moment de la maturation des
bulbes, repos très prononcé, et pendant la végétation humidité
abondante. Beaucoup de jardiniers les cultivent en serre tempérée,
d'autres en serre tempérée-froide ; ils y réussissent bien, quoique
moins bien qu'en serre chaude.

Lorsque les plantes sont en fleurs, ou sur le point de s'épanouir, on peut diminuer notablement la température de leur serre ;
la floraison se prolonge alors beaucoup plus longtemps. Pendant
cette période les arrosages des racines et des sentiers doivent être
aussi beaucoup réduits dans le même but.

Vers la fin de la floraison, les pousses commencent à se développer vigoureusement ; elles sont terminées vers la fin du mois
d'août, et bientôt après les boutons commencent à paraître des
deux côtés des bulbes. A cette époque, les arrosages doivent être
diminués progressivement, les plantes exposées au soleil le plus

possible, et les serres aérées autant que la température extérieure le permet. Pendant la durée du repos, les Dendrobium ne doivent recevoir que la quantité d'eau indispensable pour empêcher les bulbes de se flétrir.

Vers la fin de décembre, ou les premiers jours de janvier, on peut recommencer à donner un peu plus d'humidité, et remettre insensiblement les plantes en végétation, en élevant aussi la température de la serre.

On peut cultiver les deux espèces dont il s'agit, soit en pots, soit en paniers, et ce dernier mode de traitement leur convient à merveille. Toutefois, il est un peu difficile à employer lorsque les plantes sont de grande taille.

Le compost se forme de sphagnum et de terre fibreuse hachés et mélangés par parties égales, avec un bon drainage.

Les seringages effectués pendant l'été, surtout dans la matinée, sont très profitables à ces espèces; mais ils doivent toujours être suspendus quand le temps est sombre ou humide.

Certains cultivateurs, désirant avoir des fleurs en grand nombre pendant les mois les plus rigoureux de l'hiver, soumettent les *D. nobile* et *Wardianum* à une sorte de forçage qui les amène à fleur prématurément. Pour cela, ils activent la végétation de façon à terminer la maturation des bulbes au début de l'automne; puis ils donnent aux plantes une température très faible, de 8° à 10° environ, et après une ou deux semaines, ils augmentent progressivement le chauffage. Ainsi traitées, les plantes développent rapidement leurs boutons et fleurissent dans les premiers jours de janvier. En opérant sur plusieurs lots, il est facile de les amener à floraison par séries successives, et d'obtenir ainsi des fleurs pendant au moins trois mois sans interruption.

Les fleurs ainsi obtenues ne sont pas aussi colorées et aussi belles que celles qui se produisent dans la saison normale, et d'autre part il est certain que les plantes soumises à ce forçage éprouvent quelque fatigue; leurs bulbes ne sont pas aussi forts ni aussi bien développés que les précédents. Il n'est pas douteux pour moi qu'en répétant cette expérience plusieurs années de suite, on épuiserait les plantes et on les perdrait toutes. Je ne conseillerais à aucun amateur de s'offrir le caprice d'une semblable consommation; aussi bien, grâce aux introductions de ces dernières années, il ne manque pas aujourd'hui de fleurs d'Orchidées d'octobre à janvier, et les serres sont suffisamment embellies à cette époque par les plus splendides Cattleya, qui sont entrés maintenant dans toutes les collections.

Le *Dendrobium nobile*, une fois mis en repos, peut rester inactif pendant des semaines et des mois entiers; le *D. Wardianum*, au contraire, a une tendance marquée à partir en végétation même avant l'achèvement du bulbe antérieur.

Les deux espèces dont il vient d'être question se multiplient très facilement par sectionnement des pseudobulbes.

LES DENDROCHILUM

Le genre Dendrochilum se compose de neuf ou dix espèces à fleurs très petites et peu intéressantes au point de vue horticole. Il en est autrement d'un petit nombre d'espèces dont BLUME avait formé une section de ce genre, et qui ont élevées par BENTHAM au rang de genre distinct, sous le nom de Platyclinis. Les plantes connues dans les cultures sous les noms de *Dendrochilum filiforme* et *D. Cobbianum* rentrent dans cette catégorie. On les trouvera décrites plus loin.

LES DIACRIUM

DIAGNOSE :

Sépales à peu près égaux, libres, étalés, assez épais, pétaloïdes. Pétales à peu près semblables aux sépales. Labelle étalé à partir de la base de la colonne, à peu près aussi long que les sépales; lobes latéraux étalés ou réfléchis, le médian plus long; disque proéminent entre les lobes latéraux, bicornu à la partie supérieure, les cornes étant creusées en dessous. Colonne courte, large, légèrement incurvée, dilatée en deux ailes assez épaisses étroites.

Anthère terminale, en forme d'opercule, incombante, semi-globuleuse, biloculaire, à loges divisées en deux par une cloison longitudinale ; 4 pollinies cireuses, largement ovales, égales, comprimées parallèlement sur les côtés, disposées en une série, reliées dans chaque loge par un appendice linéaire granuleux-visqueux soudé sur les bords à partir de la base. — Herbes épiphytes, à tige charnue épaissie en un pseudobulbe allongé. Feuilles peu nombreuses, groupées vers le sommet, rigides, coriaces, légèrement charnues, articulées à une gaîne courte. Pédoncule terminal, simple, à gaînes paléacées appliquées. Fleurs belles, en racèmes lâches, brièvement pédicellées. Bractées petites.

Le genre Diacrium a été fondé par BENTHAM en 1881 pour trois espèces classées précédemment dans le genre Epidendrum, et dont LINDLEY avait fait une section distincte de ce genre. Il se différencie nettement des Epidendrum en ce que son labelle bicornu, si caractérisque, n'est ni adné, ni parallèle à la colonne.

D. bicornutum. — Très belle espèce, connue surtout dans les cultures sous le nom d'*Epidendrum bicornutum*. Ses fleurs, qui mesurent de 5 ¹/₂ à plus de 6 centimètres de diamètre, ont les segments oblongs-ovales, les pétales aigus, d'un blanc de lait. Le labelle est de la même couleur, mais moucheté de points grenat pourpré ; il est trilobé, et a les lobes latéraux obliques aigus, et le lobe antérieur lancéolé aigu. La crête charnue, bifide, est jaune clair. La colonne blanche est tachetée en dessous de rouge pourpre.

Une autre espèce, le *D. bigibberosum*, se rencontre rarement dans les collections.

CULTURE. — Le *D. bicornutum* se cultive en serre tempérée, quoi-qu'on l'indique assez fréquemment comme étant de serre chaude ; et je crois que la réputation qu'on lui a faite de plante difficile à cultiver ne repose guère que sur cette erreur de traitement. Je l'ai vu réussir particulièrement dans une partie de la serre peu aérée. Il réclame beaucoup d'humidité et un drainage. On peut le cultiver en pot ou en panier, mais je préfère la première méthode. Il doit avoir un bon repos de novembre à février, et fleurit en mars-avril.

Son port est très décoratif ; ses pseudobulbes fusiformes volumineux, fréquemment creux à l'intérieur, sont surmontés de trois ou quatre belles feuilles oblongues lancéolées, coriaces, d'un vert sombre, et produisent à leur sommet d'élégantes tiges florales, d'une légèreté et d'une grâce remarquables. Cultivée en spécimen, cette espèce formera un des plus beaux ornements de la serre.

LES DISA

Diagnose :

Sépales égaux, libres, le dorsal en forme de casque, tantôt prolongé en éperon polymorphe au milieu ou à la base, tantôt en sac ou bouclier ou plan, les latéraux étalés. Pétales tantôt semblables aux sépales latéraux, tantôt plus petits obliques, ou très polymorphes. Labelle étalé à partir de la base du gynostème, sans éperon, généralement plus petit que les sépales et sessile, ou parfois avec un long onglet, à limbe indivis faiblement trilobé ou lacéré-fimbrié. Gynostème court assez robuste ; lobes latéraux du rostellum dressés ou recourbés au sommet au-dessus des glandes, le médian petit ; stigmate situé vers la base du gynostème et éloigné du rostellum, charnu, en forme de coussin ou de cupule, plus ou moins adné à la base du labelle, entier. Anthère à clinandre subérigé récliné ou réfléchi vers le dos du gynostème, à loges élevées parallèles adnées, dressées en arrière ou verticalement à leur extrémité, parfois assez longues, appliquées contre les lobes latéraux du rostellum ; pollinies solitaires dans les loges, à grains lâches, à pédicelles généralement allongés, adhérentes à deux glandes nues éloignées l'une de l'autre. Capsule oblongue, étroite ou presque linéaire, dressée. — Herbes terrestres, ayant le port des Habenaria, à tubercules indivis ; tige tantôt élevée et feuillée, tantôt grêle, portant peu de feuilles, ou celles-ci réduites à des écailles engaînantes. Fleurs très grandes dans une espèce, solitaires ou géminées; dans les autres, tantôt assez grandes ou médiocres, en racèmes ou en épis lâches, tantôt petites en épis longs et denses, parfois disposées presque en corymbe ou réduites à 1 ou 2. Bractées généralement plus courtes que les fleurs.

Parmi les espèces du genre Disa, au nombre de près d'une centaine, la plus célèbre et la plus remarquable au point de vue de

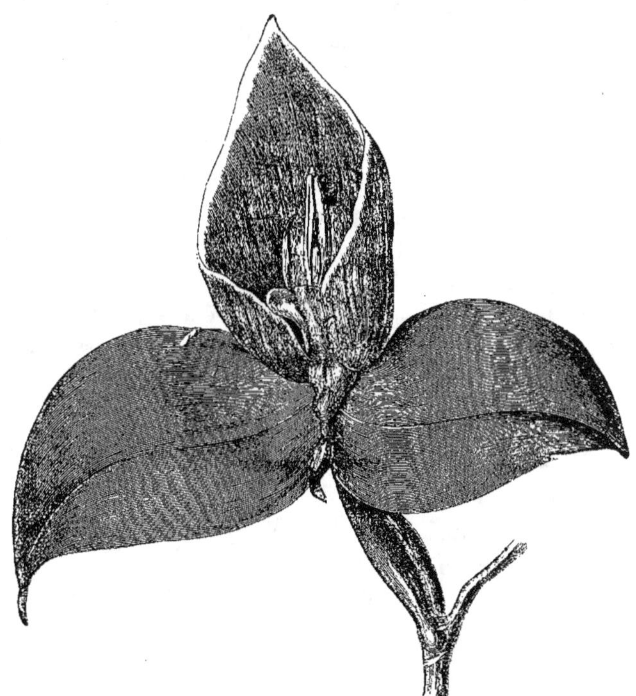

Fig. 103. — DISA GRANDIFLORA.

la grandeur des fleurs, c'est le *Disa grandiflora;* encore cette espèce est-elle assez rare. Elle est cependant très belle et digne d'occuper une place honorable dans la famille orchidéenne; mais elle date de 1825, et les introductions incessamment renouvelées font rapidement tomber dans l'oubli les espèces anciennes. Ses fleurs, de très grande dimension, ont le sépale dorsal rose nuancé de rouge écarlate, et les sépales latéraux rouge écarlate, étalés, très amples.

Le *D. grandiflora* est rarement bien cultivé, quoique son traitement soit des plus faciles ; il se rencontre à l'état naturel dans des terrains tourbeux constamment humides, au bord des lacs et des ruisseaux, où l'atmosphère est souvent chargée d'épais brouillards. Il réclame une abondance d'humidité pendant sa croissance, c'est-à-dire depuis le mois de mars jusqu'à l'époque de sa floraison, qui se produit au mois d'août ; on devra l'arroser deux fois par jour, et, dans les journées les plus chaudes, jusqu'à trois et quatre fois.

Le compost sera le même que pour la plupart des Orchidées, c'est-à-dire un mélange de sphagnum et de terre fibreuse, dans lequel on peut cependant mettre de cette dernière substance un peu plus que de coutume. Les récipients seront disposés sur des tablettes au-dessus d'un réservoir d'eau ; il est bon d'employer des pots percés de plusieurs trous sur les côtés, en raison des arrosages abondants et pour permettre aux jeunes pousses de se produire par les ouvertures.

Le *D. grandiflora* fleurit en juillet ; une fois la floraison terminée, on peut donner moins d'eau aux racines, mais elles ne doivent jamais être laissées sèches, autrement la plante ne tarderait pas à périr. Il réussit parfaitement en serre froide, avec une ventilation abondante. Il se reproduit très aisément par division.

Il y a avantage, lorsqu'on cultive cette belle Orchidée, à placer plusieurs plantes ensemble dans un même pot ; on obtient ainsi des touffes superbes, et, au moment de la floraison, des bouquets d'un effet admirable.

Les deux autres espèces ci-après se rencontrent parfois dans les collections :

D. graminifolia. — Charmante espèce à fleurs plus petites au moins de moitié que celles de la précédente, d'un coloris bleu-ciel ravissant, avec le labelle lavé de rouge pourpré et les pétales bordés de la même couleur, surtout au sommet.

Le nom spécifique fait allusion à l'aspect curieux du feuillage, étroitement linéaire.

D. racemosa. — Belle espèce assez analogue comme forme au *D. grandiflora*, mais beaucoup plus petite. Les fleurs, qui font leur apparition au mois de juillet, sont d'un élégant coloris rose pourpré. Les pétales sont d'une nuance beaucoup plus foncée.

Ces espèces sont de culture assez difficile ; elles réclament le même traitement que le *D. grandiflora*.

HYBRIDE

Un Disa hybride a été exposé à Londres en 1893, sous le nom de *Disa × Premier*.

Cet hybride avait été obtenu aux Jardins Royaux de Kew, par le croisement du *D. Veitchi* avec le *D. tripetaloides*. Il a les fleurs d'une bonne grandeur, et d'un coloris rose brillant.

LES EPIDENDRUM

Diagnose :

Sépales libres, égaux, étalés ou réfléchis, rarement presque dressés. Pétales à peu près semblables aux sépales, ou rarement beaucoup plus étroits. Onglet du labelle dressé, appliqué contre la colonne et plus ou moins soudé en tube avec elle ; lobes latéraux peu prononcés ou rarement élargis, embrassant la colonne ; limbe étalé, indivis ou trifide ; disque à deux callus ou diversement lamellé ou calleux. Colonne généralement étroite, soudée à l'onglet du labelle jusqu'au sommet, parfois libre au sommet, semi-cylindrique ou plus rarement biailée ou munie de deux oreillettes ; clinandre généralement court, à lobes latéraux généralement arrondis, le lobe postérieur peu prononcé, ou parfois plus développé, membraneux, lacéré-fimbrié. Anthère terminale, en forme d'opercule, incombante, convexe ou semi-globuleuse, distinctement biloculaire, à loges divisées en deux par une cloison longitudinale ; 4 pollinies cireuses, ovales ou élargies, égales, comprimées parallèlement sur les côtés, en une série, reliées dans chaque loge par un appendice granuleux-visqueux en forme de lamelle linéaire, adhérent aux bords à partir de la base. — Herbes épiphytes, à tiges feuillées, tantôt charnues ou ultérieurement renflées en pseudobulbes, tantôt assez grêles, parfois même rameuses. Feuilles coriaces ou rarement graminiformes. Pédoncule terminal, simple ou ramifié en panicule. Fleurs médiocres ou belles, rarement petites, disposées en racèmes le long de la tige simple, ou en panicules ramifiées, brièvement pédicellées; bractées petites ou étroites, rarement serrées sur le racème très court.

Le genre Epidendrum a été fondé par LINNÉE, qui y rapporta presque toutes les espèces connues à son époque; il a été ramené par SWARTZ aux limites généralement admises aujourd'hui.

REICHENBACH y faisait rentrer la plus grande partie du genre Cattleya; mais cette manière de voir n'a pas été admise par les auteurs plus récents.

Tel qu'il est délimité actuellement, et en y comprenant notamment les Barkeria et Nanodes, le genre Epidendrum comprend un très grand nombre d'espèces, dont les suivantes sont les plus répandues dans les cultures :

E. alatum. — Fleurs mesurant cinq centimètres de diamètre. Sépales et pétales brun pourpré, nuancés de vert jaunâtre à la base. Labelle jaune clair, avec les lobes latéraux faiblement striés de rouge, et le lobe antérieur bordé d'orangé et portant plusieurs lignes longitudinales pourpres ciliées.

Les fleurs répandent un parfum agréable; elles se produisent au mois de juin.

E. arachnoglossum. — Fleurs groupées en grand nombre vers le sommet d'une assez longue tige, et colorées entièrement de rouge magenta vif. Le labelle trilobé a les trois lobes divergents, étalés, fimbriés sur le bord antérieur, et porte une macule orangée sur le disque. La floraison se produit en été, et se prolonge très longtemps.

E. aromaticum. — Fleurs de petite taille à segments épais; sépales et pétales lancéolés oblongs, jaune verdâtre pâle; labelle trilobé; lobes latéraux dressés contre la colonne; lobe antérieur arrondi, blanc crème strié de rouge.

Fleurs apparaissant au printemps, agréablement parfumées.

E. atropurpureum. — Très belle espèce à fleurs de grande taille, mesurant plus de 6 centimètres de diamètre. Les sépales sont oblongs légèrement lancéolés, incurvés au sommet, brun foncé, avec la base plus claire, verdâtre; les pétales sont un peu plus larges, étalés, de la même couleur. Le labelle a les lobes latéraux ovales aigus, dressés en avant de la colonne, blancs striés de rose vif, et le lobe antérieur largement obcordé, bifide, blanc avec une macule rouge pourpre à la base. Pseudobulbes ovoïdes portant 2 ou 3 feuilles. Floraison à la fin du printemps.

Synonyme : *E. macrochilum.*

E. aurantiacum. — Pseudobulbes longs de 25 à 30 centimètres. Fleurs d'un rouge orangé, mesurant environ 4 centimètres de diamètre. Segments lancéolés aigus; labelle entourant la colonne à la base, et réfléchi en avant.

Ainsi que le fait remarquer BENTHAM, cette espèce ne se distingue guère d'un Cattleya que par la petitesse de ses fleurs.

E. Brassavolae. — Pseudobulbes pyriformes allongés. Fleurs étoilées mesurant près de dix centimètres de diamètre, disposées en racèmes érigés au nombre de 6 à 8. Sépales et pétales linéaires lancéolés aigus, incurvés, jaune clair; labelle largement lancéolé aigu, blanc crème à la base, pourpre sur la seconde moitié de sa longueur, et portant au milieu une ou deux fines lamelles longitudinales.

E. Capartianum. — Belle espèce, à fleurs assez grandes, disposées en longues grappes ramifiées. Elle appartient au même groupe que l'*E. atropurpureum*, mais a les sépales et pétales spatulés, étalés, légèrement concaves, d'un brun clair. Le labelle, plus petit que dans l'*E. atropurpureum*, est blanc, strié de rouge sur le disque. Fleurit à la fin de l'hiver.

E. ciliare (voir fig. 104). — Espèce très gracieuse, et l'une des plus anciennement cultivées en Europe, car elle figurait dans les serres de Kew en 1794. Ses pseudobulbes en forme de massue ont une hauteur de 10 à 15 centimètres. Ses fleurs, produites en grappes de 5 à 6, ont les sépales et les pétales linéaires acuminés, jaune verdâtre clair, longs de 5 centimètres ; le labelle plus court, tripartite, d'un blanc pur, a les lobes latéraux obliques profondément fimbriés, et le lobe antérieur filiforme. Floraison en décembre-janvier.

E. cinnabarinum. — Espèce à belles fleurs disposées en panicule au sommet d'une tige assez longue. Sépales et pétales lancéolés, rouge écarlate ; labelle trilobé, à lobes latéraux profondément laciniés, également vermillon avec une petite tache jaune au disque. Floraison de mai à juillet.

E. cnemidophorum. — Espèce rare, mais très gracieuse. Fleurs de petite taille ; sépales et pétales oblongs obtus, rouges tachetés de jaune clair. Labelle charnu trilobé, coloré de rose. Floraison au début du printemps.

E. cochleatum. — Sépales et pétales linéaires-lancéolés, réfléchis, assez longs, vert clair ; labelle arrondi convexe, en forme de coquille, apiculé, marron pourpré très foncé à la base, blanc jaunâtre à la moitié antérieure, qui est bordée de pourpre rougeâtre foncé. Floraison pendant l'été.

Cette espèce fleurit aux Jardins royaux de Kew dès 1787.

E. Cooperianum. — Fleurs mesurant environ 4 centimètres de diamètre, groupées en racèmes multiflores. Sépales brun jaunâtre ; pétales linéaires, de la même couleur. Labelle trilobé, rose vif. Les lobes latéraux, beaucoup plus grands que le lobe antérieur, sont arrondis. Floraison en mai-juin.

E. dichromum. — Très belle espèce produisant des fleurs d'assez

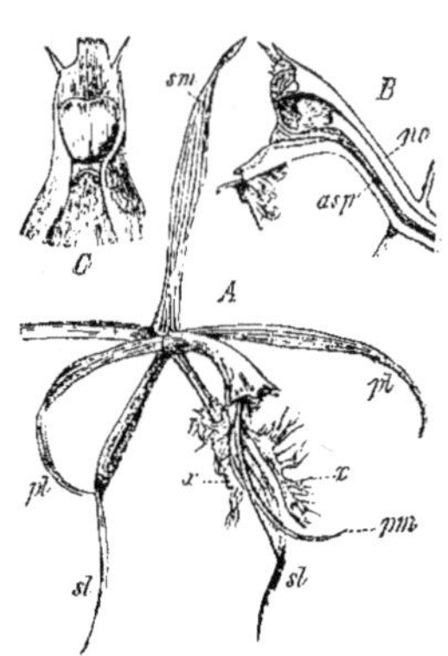

Fig. 104. — EPIDENDRUM CILIARE.

A, fleur.
pl, pétales.
pm, lobe médian du labelle.
x, lobes latéraux du même organe.
sl, *sm*, sépales.
B, coupe du gynostème.
C, sommet du gynostème, vu de dessous.
nc, canal stigmatique.
asp, éperon inclus dans la colonne.

grande taille, nombreuses, disposées en panicule au sommet d'une longue tige. Sépales et pétales spatulés, rose pâle, les premiers lavés de jaune clair. Labelle rouge pourpré, strié de pourpre foncé sur le lobe antérieur.

E. eburneum. — Fleurs mesurant 8 à 10 centimètres de diamètre ; pétales et sépales linéaires lancéolés, jaune verdâtre clair. Labelle blanc d'ivoire avec deux petites taches jaunes à la base. Floraison pendant l'hiver.

E. Endresi. — Espèce curieuse plutôt qu'élégante, à tiges grêles portant sur toute leur hauteur de petites feuilles cordiformes amplexicaules. Tige florale dressée, portant une dizaine de fleurs de petite taille, blanches avec quelques taches violettes sur le labelle.

E. evectum. — Espèce très analogue à l'*E. arachnoglossum* ; ses fleurs sont plus grandes et ont un coloris plus vif. De plus, elle a le lobe antérieur du labelle divisé en deux parties étalées. Floraison en juillet-août.

E. fragrans. — Fleurs de grande taille, très parfumées, d'un blanc crême ou verdâtre, avec de belles stries rouge vif sur le labelle.

Cette espèce, qui a une aire de dispersion très vaste, est assez variable. Certaines de ses formes ont des fleurs mesurant 10 centimètres de diamètre.

E. Friderici Guilielmi. — Espèce très ornementale, à longs bulbes, produisant de longues tiges d'un rouge pourpré. Les fleurs sont d'un beau rouge cramoisi vif ; le labelle porte à sa base deux larges macules blanches formant comme des yeux ; le sommet de la colonne est également blanc. Floraison en été.

E. fucatum. — Fleurs très nombreuses ; sépales et pétales jaune foncé ; labelle blanc strié de pourpre.

Cette espèce est assez rare. Ses fleurs répandent un parfum très agréable.

E. glumaceum. — Sépales et pétales blancs striés de rose pâle ; labelle obovale, convexe, acuminé, rose bordé de blanc, avec le disque strié de rouge. Fleurs parfumées.

E. Hanburyi. — Sépales et pétales spatulés, brun pourpré foncé ; labelle rose pâle avec des veines rouge vif rayonnantes ; lobes latéraux entourant la colonne, blancs à la pointe. Feuilles très coriaces. Floraison en avril-mai.

E. ibaguense. — Belle espèce à pseudobulbes très grêles, portant au sommet de longues tiges florales un corymbe touffu de fleurs orangé vif, avec une macule jaune sur le callus du labelle. Les fleurs isolées mesurent de 3 à 4 centimètres de diamètre. Les trois lobes du labelle sont profondément fimbriés. Floraison au début de l'été.

E. inversum. — Fleurs jaune paille, avec le labelle strié de pourpre à la base ; elles ont à peu près la forme de celles de l'*E. gluma-ceum*, mais en plus petit. Elles exhalent une odeur qui n'est pas très agréable. Floraison à la fin de l'automne.

E. ionosmum. — Fleurs assez grandes, d'un vert rougeâtre, avec le labelle gracieusement strié de lilas foncé. Ces fleurs répandent une délicieuse odeur de violette, à laquelle fait allusion le nom spécifique.

E. lacerum. — Espèce à pseudobulbes grêles, produisant une longue tige florale infléchie terminée par un bouquet de fleurs nombreuses, de grandeur moyenne, d'un charmant coloris rose. Les sépales et les pétales sont lancéolés, à peu près semblables ; le labelle a les lobes latéraux laciniés, et le lobe antérieur entier.

La variété *pallidum* a les fleurs presque blanches.

Cette espèce fleurit au printemps et en été, et ses fleurs ont une longue durée.

E. leucochilum. — Pseudobulbes très grêles, assez longs. Fleurs assez grandes, au nombre de 5 à 8. Sépales et pétales linéaires aigus, jaune verdâtre pâle. Labelle d'un blanc pur, trilobé, avec les lobes antérieurs longuement triangulaires, obliques, et le lobe antérieur linéaire, presque filiforme. Floraison vers l'automne.

E. Mooreanum. — Espèce très gracieuse, alliée à l'*E. stellatum*. Ses fleurs sont très parfumées, et ont les sépales et pétales vert clair, le labelle pourpre foncé bordé de vert clair. Il est indiqué comme originaire de Costa Rica, d'où il a été introduit en 1891. (Bulletin de Kew.)

E. myrianthum. — Pseudobulbes grêles assez élevés. Panicules pluriflores ramifiées. Sépales ovales-oblongs; pétales spatulés étroits. Labelle quadrilobé, à lobes antérieurs denticulés. Toute la fleur a un coloris rose pourpré vif très élégant; le labelle porte à sa base deux courtes lamelles jaune vif.

E. nemorale. — Fleurs de grande taille. Les sépales, longs de cinq centimètres, et les pétales, très légèrement plus courts, sont linéaires lancéolés, rose mauve pâle; le labelle trilobé a les lobes latéraux appliqués contre la colonne, la pointe dressée, rose mauve; le lobe antérieur très grand, en forme de losange, est rose mauve clair, avec une macule rouge vif à la base, prolongée en stries irradiées sur presque toute la surface.

Cette belle espèce fleurit en été.

E. nocturnum. — Fleurs mesurant plus de sept centimètres de diamètre, très parfumées; sépales et pétales linéaires acuminés, d'un jaune pâle ou verdâtre; labelle trilobé, blanc, portant à la base deux callus jaunes. Fleurit au printemps.

E. oncidioides. — Belle espèce à fleurs très parfumées, de grandeur moyenne, brun-rouge bordé et strié de jaune; le labelle est strié de brun sur fond jaune.

E. pallidiflorum. — Fleurs assez petites, jaune pâle; les lobes latéraux du labelle portent parfois quelques stries pourpres.

Cette espèce fleurit en décembre-janvier. Ses fleurs, très abondantes, répandent un parfum agréable.

E. paniculatum. — Fleurs nombreuses en panicules denses et très longues. Sépales oblongs; pétales filiformes, vert clair; labelle quadripartite, les deux lobes latéraux largement ovales, les lobes médians linéaires divergents, avec deux callus jaunes.

Cette espèce possède un parfum très agréable; elle fleurit au printemps.

E. patens. — Fleurs de taille moyenne, d'un blanc légèrement jaunâtre, assez nombreuses, en racèmes infléchis. Ses pseudobulbes cylindriques, noueux, assez longs, sont très grêles et ressemblent un peu à ceux de certains Dendrobium.

E. phoeniceum. — Fleurs de grande taille disposées en longue panicule. Sépales et pétales épais-coriaces, pourpre foncé, légèrement tachetés de vert. Labelle d'une longueur de quatre centimètres, rouge violacé vif, veiné de pourpre foncé sur le lobe antérieur. Floraison pendant l'été.

La variété *vanillosmum* a une agréable odeur de vanille.

E. prismatocarpum. — Fleurs groupées en racème multiflore, et mesurant individuellement 4 centimètres de diamètre. Les sépales et les pétales, oblongs-lancéolés, sont d'un jaune pâle légèrement verdâtre, et portent plusieurs gros points noirs. Le labelle oblong, acuminé, est rose pourpré, et jaune au sommet.

Cette espèce produit un effet très gracieux par le coloris singulièrement contrasté de ses fleurs, qui se produisent au printemps.

E. pseudepidendrum. — Fleurs mesurant de 5 à 7 centimètres, mais d'une forme moins élégante que celles de l'espèce précédente. Les sépales et pétales sont vert foncé, les premiers beaucoup plus larges que les seconds. Le labelle obcordé élargi est rouge orangé. Fleurit en avril-mai.

E. radicans. — Espèce très analogue à l'*E. cinnabarinum*, et ayant le même coloris vermillon. Elle en diffère par la forme des lobes latéraux du labelle, qui sont arrondis et denticulés sur les bords, non lacérés. Elle fleurit en avril-mai.

E. Randianum. — Superbe espèce assez voisine de l'*E. atropurpureum*, mais d'une beauté supérieure, et se distinguant par la vivacité du coloris, le port et la couleur des feuilles, qui sont plus longues et plus étroites. Les lobes latéraux du labelle sont plus larges, plus étalés et plus arrondis.

E. sceptrum. — Fleurs très nombreuses en racème. Pétales et sépales d'un jaune d'or très brillant, tacheté de pourpre. Labelle pourpre vif, avec le disque blanc. Le coloris est un peu variable. Floraison au début de l'automne.

E. Schomburgkianum. — Espèce très analogue à l'*E. cinnabarinum*, et ayant à peu près le même coloris, ou seulement un peu moins vif. Elle s'en distingue par la forme des lobes latéraux du labelle, qui sont denticulés, et non lacérés, et par celle du lobe antérieur, qui va s'élargissant vers la pointe, et est finement denticulé, et non tronqué au sommet.

E. selligerum. — Belle espèce analogue à l'*E. Capartianum.* Les pétales et sépales largement spatulés, concaves, sont d'un brun bronzé à reflets verts. Le labelle est blanc, lavé et un peu strié de rose pourpré.

Floraison au printemps.

E. Stamfordianum. — Fleurs groupées en racèmes denses et assez longs. Les sépales et les pétales, oblongs-lancéolés, les premiers plus larges que les seconds, sont jaunes tachetés de rouge. Le labelle a les lobes latéraux ovales-oblongs, étalés, blancs ou blanc crême, et le lobe antérieur semi-circulaire, denticulé sur les bords, jaune avec la crête violet pourpré.

Floraison au printemps.

E. stenopetalum. — Charmante espèce à fleurs rose vif, mesurant environ quatre centimètres de diamètre. Le labelle largement ovale, aigu, conné à la colonne sur la moitié de sa longueur, a une macule blanche très nette sur le disque.

Fleurit en octobre-novembre. Ses fleurs se succèdent pendant très longtemps.

E. syringothyrsus. — Espèce à pseudobulbes grêles très longs, à fleurs de taille modeste, mais très gracieuses. Les sépales et pétales largement lancéolés sont rouge pourpre, les premiers plus larges que les seconds. Le labelle trilobé a le même coloris, sauf une macule blanche et trois callus jaunes sur le disque du labelle. Le lobe antérieur est apiculé. Floraison en mai.

E. tigrinum. — Pétales et sépales jaune orangé tachetés de rouge. Labelle blanc lavé de pourpre. Les fleurs ont de 4 $^{1}/_{2}$ à 5 centimètres de diamètre, et ont les segments assez charnus.

E. variegatum. — Espèce très voisine de la précédente, mais ayant les fleurs trois ou quatre fois plus petites. Floraison au printemps.

E. vitellinum. — Espèce très populaire, à fleurs charmantes et d'un beau coloris. Les pseudobulbes sont ovoïdes allongés, de petite taille. Les fleurs mesurent environ 4 centimètres de diamètre ; elles ont les sépales et les pétales largement oblongs-lancéolés, les seconds plus larges. Le labelle, court et étroit, est linéaire-oblong. Toute la fleur est d'un vermillon éclatant, sauf le labelle et la colonne, qui sont jaunes.

La variété *majus* a les fleurs plus grandes et plus belles.

Cette charmante espèce fleurit au commencement du printemps. Elle se cultive en serre tempérée, en panier.

E. Wallisi. — Belle espèce à pseudobulbes grêles assez longs, tachetés de pourpre. Les fleurs se produisent en petits racèmes à diverses hauteurs le long des pseudobulbes et à leur sommet. Elles mesurent près de 5 centimètres de diamètre. Les pétales et sépales oblongs, de substance assez épaisse, sont jaune serin avec un petit nombre de gros points pourpre noirâtre. Le labelle, largement étalé en éventail, avec le bord antérieur sinueux, est blanc avec des stries et des points rouge pourpre foncé à la base.

Floraison en avril-mai-juin.

E. xanthinum. — Pseudobulbes très grêles, très allongés, inclinés. Tige florale terminale assez longue, se terminant par un corymbe touffu de fleurs jaune vif ou orangées. Le labelle trilobé a les trois lobes étalés et profondément lacérés.

HYBRIDES

E. × Brienianum (*E. evectum* × *E. radicans*). — Fleurit pour la première fois en 1888. Ses fleurs sont plus grandes que celles des deux parents, d'un coloris carmin vif, avec les callus du disque jaune vif; elles mesurent environ 3 ¾ centimètres de diamètre. La plante est, paraît-il, très florifère.

E. × dellense (*E. xanthinum* × *E. radicans*). — Ressemble beaucoup au premier, sauf par le coloris, qui est un orangé tirant sur le vermillon; d'autre part les fleurs sont plus grandes, écrit M. Rolfe, et une légère courbure de la colonne rappelle l'influence du second parent.

Culture. — Les Epidendrum se cultivent pour la plupart en serre tempérée ou tempérée-froide, avec les Maxillaria, les *Laelia anceps* et *L. autumnalis.* Toutefois quelques espèces, telles que les *E. arachnoglossum, E. cochleatum, E. lacerum, E. vitellinum, E. Cooperianum, E. Friderici Guilielmi,* réussissent mieux en serre tempérée, et même un petit nombre d'autres, *E. Schomburgkianum, E. cinnabarinum, E. variegatum,* en serre chaude. La culture de ces diverses espèces sera instituée sur le même modèle que celle des Cattleya ou des Laelia mexicains, les dernières avec un peu plus de chaleur et moins d'air.

EPIPHRONITIS

Genre hybride créé pour les produits de croisements artificiels entre Epidendrum et Sophronitis.

E. × Veitchi (*Sophronitis grandiflora × Epidendrum radicans*). — Le produit du croisement ressemble beaucoup en plus petit à l'Epidendrum, mais il n'a que 23 centimètres de hauteur. Les fleurs sont d'un coloris plus foncé, et disposées par quatre ou cinq sur une hampe terminale.

LES ERIOPSIS

Diagnose :

Sépales égaux, étalés, libres ou les latéraux très brièvement connés avec le pied du gynostème. Pétales presque semblables aux sépales. Labelle fixé au pied du gynostème, d'abord replié vers celui-ci, puis dressé, trilobé ; lobes latéraux larges, dressés, enveloppant lâchement le gynostème, le médian petit, étalé, entier ou bilobé ; disque muni de lamelles longitudinales. Gynostème assez allongé, demi-cylindrique, courbé en avant ; non ailé, à sommet un peu renflé en massue, à base brièvement prolongée en pied. Anthère en forme d'opercule, très convexe, uniloculaire; deux pollinies largement ovoïdes, cireuses, semi-globuleuses, profondément bifides, attachées directement à un rétinacle quadrangulaire. — Herbes épiphytes, à tiges feuillées très courtes, renflées en pseudobulbes. Feuilles souvent au nombre de deux, amples, plissées-veinées. Scape naissant du rhizome, allongé, dressé, sans feuilles, terminé par une grappe simple. Fleurs grandes, nombreuses, pédicellées.

Ce genre est voisin des *Zygopetalum*; mais ceux-ci ont un labelle *entièrement étalé*, et non avec les *lobes latéraux dressés*, et le disque de ce labelle est muni d'*une seule crête transversale charnue*, au lieu de *plusieurs crêtes longitudinales*. Il se rapproche aussi beaucoup des Acacallis. Il fut créé par LINDLEY en 1847 dans le *Botanical Register* pour l'espèce suivante :

E. biloba. — Fleurs mesurant environ 2 ¹/₂ centimètres de diamètre, et groupées en assez grand nombre sur une longue tige dressée, issue de la base des pseudobulbes. Sépales et pétales courts, oblongs-obtus, jaune vif avec les bords orangés ; labelle jaune pointillé de brun.

Outre l'espèce qui vient d'être nommée, on cultive encore l'*E. rutidobulbon*, brillante plante des montagnes de la Nouvelle-Grenade, où elle fut découverte en 1841 par J. LINDEN.

E. rutidobulbon. — Fleurs à peu près le double de celles de l'espèce précédente, disposées en grappe infléchie. Sépales et pétales oblongs-obtus, orangé foncé bordé de rouge ; labelle concave, orangé, pointillé de pourpre foncé, avec le lobe antérieur arrondi, blanc tacheté de pourpre foncé. Floraison en avril-mai ou parfois à l'automne.

CULTURE. — Les Eriopsis se cultivent dans la serre tempérée-froide, de la même façon que la plupart des Maxillaria. Ils réussissent particulièrement bien du côté le plus exposé au soleil.

LES EULOPHIA

DIAGNOSE :

Sépales à peu près égaux, libres entre eux, les latéraux étalés, parfois soudés à la base de la colonne. Pétales semblables au sépale dorsal ou à peine plus larges, étalés avec lui ou dressés-connivents. Labelle dressé à la base de la colonne, très brièvement atténué au-delà de la base, allongé en bosse, en sac ou en éperon entre les sépales latéraux ; lobes latéraux dressés, embrassant la colonne, ou rarement avortés ; lobe médian étalé ou récurvé, généralement large, entier ou bilobé ; disque diversement cristé ou lamellé au milieu. Colonne courte, épaisse, sans pied, généralement biailée ; clinandre fortement oblique, dressé, entier. Anthère terminale en forme d'opercule, incombante, semi-globuleuse, obtusément conique ou acuminée, munie de deux appendices ou de deux cornes, imparfaitement biloculaire ; quatre pollinies ovoïdes, cireuses, le plus souvent réunies par paires, la postérieure plus petite, inappendiculées, reliées par un pédicelle court ou rarement allongé à la glande du rostellum en forme de disque. — Herbes terrestres, à tiges feuillées renflées en pseudo-bulbes généralement oblongs-étroits ou allongés. Feuilles distiques, généralement étroites, allongées, plissées-veinées. Scapes ou pédoncules aphylles, munis de gaînes plus ou moins nombreuses, latéraux à la base de la tige dans les espèces types, ou terminaux dans la section *Desciscentes*. Racème simple ou lâchement paniculé-ramifié. Fleurs médiocres ou petites, pédicellées, serrées ou espacées. Bractées membraneuses, assez longues ou petites.

Le genre Eulophia, fondé par Robert Brown, comprend plus de quatre-vingts espèces, dont la plupart sont peu remarquables. Les suivantes seules se rencontrent dans les cultures :

E. guineensis. — Pseudobulbes courts, pyriformes. Tige florale issue de la base des pseudobulbes, dressée, et portant huit à dix fleurs d'assez grande taille. Les sépales et les pétales semblables, linéaires, acuminés, sont d'un rouge brunâtre, bordés de rose pâle, et dressés en arrière. Le labelle largement ovale, aigu, est blanc, avec des stries rouges à la base ; les lobes latéraux petits, arrondis, sont dressés-incurvés des deux côtés de la colonne, d'un blanc à peine rosé. La colonne est rouge vif.

La variété *purpurata* a le labelle rose vif, veiné de rouge pourpré, et d'un très grand éclat.

Floraison en septembre-octobre.

E. pulchra. — Fleurs un peu plus petites que dans l'espèce précédente, et mesurant de 3 à 4 centimètres de diamètre. Le coloris, mélangé de brun, de blanc et de violet, est assez attrayant. Floraison en mai-juin.

Culture. — Les Eulophia sont des Orchidées terrestres qui réclament à peu près le même traitement que les Ansellia ; culture en serre chaude, en pot, dans un compost formé de terre fibreuse additionnée d'un peu de sphagnum et de terre de bruyère. Repos assez prolongé après l'achèvement des pseudobulbes, mais modéré ; le compost ne doit jamais devenir complètement sec.

EULOPHIELLA

Diagnose :

Sépales étalés, égaux, un peu charnus, les latéraux soudés au pied de la colonne. Pétales presque membraneux, un peu plus petits, semblables aux sépales quant au reste. Labelle articulé au pied de la colonne, mobile, formant un éperon, suborbiculaire, trilobé ; lobes latéraux érigés, le médian étalé ; disque portant près de la base une crête charnue entière réniforme, puis formant deux lamelles prolongées jusqu'au milieu. Colonne dressée, courte, légèrement en forme de massue, élargie, prolongée à la base en un pied court ; clinandre tronqué, peu proéminent. Anthère terminale en forme d'opercule, munie d'une crête, incombante, uniloculaire ; quatre pollinies cireuses, obovales, appliquées étroitement par paires l'une contre l'autre, inappendiculées, reliées par un pédicelle court, plan, à une glande petite, oblongue. — Herbe terrestre, à tiges courtes paucifoliées, renflées en pseudobulbes charnus. Feuilles étroites, allongées, plissées-veinées. Scape latéral subérigé, recourbé, simple, multiflore. Fleurs en racème, à pédicelles longiuscules. Bractées beaucoup plus courtes que les pédicelles.

Le genre Eulophiella a été fondé par M. Rolfe en 1892 pour une plante nouvelle introduite de Madagascar par L'Horticulture Internationale, et qui constitue au point de vue horticole une très précieuse acquisition. Il ne se compose encore que de cette espèce unique, qui est voisine des Eulophia et des Govenia.

E. Elisabethae (dédié à S. M. la Reine de Roumanie). — Pseudo-bulbes oblongs assez gros, rappelant un peu ceux des Catasetum,

Fig. 105. — EULOPHIELLA ELISABETHAE.

mais espacés sur un rhizôme traçant, gros comme le petit doigt. De la base des pseudobulbes de l'année précédente sort une longue tige horizontale, chargée de vingt à vingt-cinq fleurs de la plus grande beauté ; les pétales et les sépales, de substance charnue, de forme sensiblement arrondie, sont d'un blanc légèrement rosé et rappellent certaines pâtes tendres de biscuit ; le labelle large, trilobé, est de la même nuance, et porte à sa base un callus orangé vif ; la face postérieure des segments est colorée d'un rouge-brun vif superbe, ainsi que la tige florale elle-même.

La gravure ci-dessus donne une idée très exacte de cette splendide nouveauté ; j'ajouterai seulement que les fleurs ont les dimensions de celles de l'*Odontoglossum Pescatorei* ou d'un grand *O. citrosmum*, espèce dont elles rappellent un peu la forme arrondie, d'une exquise élégance. Elles exhalent un parfum délicieux. La floraison se produit en avril.

Culture. — Même traitement que pour les Phajus, mais avec un peu plus de chaleur.

LES GALEANDRA

Diagnose :

Sépales égaux, libres, étalés. Pétales semblables aux sépales ou un peu plus larges. Labelle inséré à la base du gynostème, qu'il embrasse lâchement, arrondi et bilobé au sommet, muni dans la partie médiane de crètes ou de lamelles variées, prolongé inférieurement en un grand éperon descendant plus ou moins en forme d'entonnoir. Gynostème assez court, sans pied, muni supérieurement de deux ailes assez étroites ; clinandre très oblique en avant, prolongé en pointe postérieurement. Anthère terminale, en forme d'opercule, à deux loges imparfaites, prolongée postérieurement en crète ou en corne ; deux pollinies cireuses, largement ovoïdes, comprimées, profondément sillonnées, inappendiculées, reliées par un pédicelle presque nul à un rétinacle très court, mais plus ou moins élargi. — Herbes terrestres ou épiphytes, à tiges dressées et feuillées, renflées à la base en pseudobulbes courts ou plus ou moins allongés. Feuilles distiques, engaînantes à la base, étroites, plissées-veinées. Fleurs grandes ou médiocres, brièvement pédicellées, disposées en grappes terminales.

Les Galeandra sont proches alliés des Eulophia, mais présentent au point de vue horticole beaucoup plus d'attrait qu'eux. Ils s'en distinguent par deux points principaux : les pollinies sont presque sessiles, et le labelle a la forme d'un large entonnoir, prolongé en arrière par un éperon allongé.

Les fleurs des Galeandra ont un aspect très caractéristique à cause de cette forme du labelle, et de la position des pétales et des sépales érigés en éventail. Elles ont un aspect gracieux, et présentent un agréable contraste de nuances.

Les espèces les plus remarquables sont :

G. Batemani. — Sépales et pétales jaune-brun, ou nuancés de verdâtre; labelle ample, suborbiculaire, jaune pâle, avec une large macule rose pourpre à sa moitié antérieure, laissant une bordure blanche en avant.

G. Baueri. — Fleurs mesurant un peu moins de 5 centimètres de diamètre, à segments jaunes ou nuancés de brun; labelle jaune foncé, avec le lobe antérieur plus pâle ligné de rouge pourpre.

Cette espèce, qui se rencontre très rarement dans les cultures, est souvent confondue avec le *G. Batemani*, qui est beaucoup plus répandu.

G. Claesii. — Espèce tout récemment introduite par L'Horticulture Internationale. Elle se distingue au premier abord par le coloris du labelle, qui est d'un rose pourpré très attrayant. Les pétales et les sépales, dressés en arrière, sont d'un brun vif; l'éperon horizontal qui prolonge le labelle est jaune verdâtre.

Cette nouvelle espèce, découverte par M. Fl. Claes, paraît très florifère, car la première floraison, qui s'est produite au mois de juillet 1893, a produit des grappes de six à sept fleurs.

G. d'Escragnolleana. — Espèce à fleurs plus petites de moitié à peu près que la suivante, mais de forme et de coloris très analogue. Fleurit à peu près en même temps.

G. devoniana. — Espèce à fleurs très grandes pour le genre, et mesurant 7 $^1/_2$ à 10 centimètres de diamètre. Les pétales et les sépales sont bruns, striés de vert; le labelle très grand, enroulé, forme un tube blanc avec quelques stries rouge brunâtre espacées à la partie antérieure; l'éperon est vert brunâtre.

Découvert par SCHOMBURGK en 1837 sur l'Amazone, et plus tard dans la Guyane anglaise.

Fleurit vers le mois d'avril.

G. nivalis. — Charmante espèce, dont l'apparition date de 1882. Ses fleurs ont les pétales et les sépales olivâtres; le labelle assez ample est blanc, avec une macule pourpre violacé à la partie antérieure, entre les deux lobes divergents que forme le sommet de cet organe; l'éperon est jaune. Floraison en avril.

CULTURE. — Les Galeandra sont originaires de l'Amérique tropicale et de l'Amérique centrale. Ils se cultivent en serre chaude ou, comme les Chysis et les Cymbidium, à une température intermédiaire entre la serre chaude et la serre tempérée. Le compost qui leur convient est un mélange par parties égales de sphagnum et de terre fibreuse. Ces plantes doivent être arrosées assez abondamment pendant la végétation, et ne pas avoir un repos trop rigoureux; elles craignent un peu les rayons directs du soleil, et doivent être abritées avec soin au milieu de la journée pendant l'été. La ventilation sera entretenue tant que le temps le permettra.

Fig. 106. — GALEANDRA DEVONIANA.

A, sommet de la tige et inflorescence.
B, appareil pollinique.
C, fleur du *Polystachya bracteosa.*
sm, st, sépales.
pm, labelle.
pl, pétales.

LES GOMEZA

Le genre Gomeza fut fondé en 1815 par le grand botaniste anglais Robert Brown. En 1833, Lindley le réunit aux Rodriguezia ; mais, malgré les affinités qui le rapprochent beaucoup de ce dernier genre, on l'en sépare généralement aujourd'hui.

Les Gomeza se distinguent notamment en ce que les sépales latéraux sont, tantôt entièrement libres, tantôt plus ou moins soudés, et surtout en ce que le labelle est privé d'éperon. En outre, les fleurs des Gomeza, petites et nombreuses, sont accompagnées de longues bractées aiguës et étalées, qui donnent un aspect spécial aux tiges florales. Toutefois, il est bon de remarquer que certaines espèces semblent établir une transition entre les deux genres : l'éperon du *R. secunda* est très court ; celui du *R. maculata* n'est guère distinct, et constitue plutôt une bosse qu'un véritable éperon.

Les Gomeza comprennent sept ou huit espèces, toutes spéciales au Brésil, et dont deux ou trois seulement sont cultivées. Elles ont toutes des fleurs de petite taille, à segments très ondulés.

G. Barkeri. — Grappes multiflores peu ramifiées. Fleurs d'un jaune verdâtre clair, légèrement tachetées de rouge sur le labelle.

G. foliosa. — Fleurs très agréablement parfumées, d'un jaune brunâtre clair, avec deux lignes blanches sur le labelle.

G. planifolia. — Fleurs très parfumées, jaune verdâtre pâle.

G. recurva. — Fleurs mesurant près de deux centimètres de diamètre vertical, incomplètement ouvertes, d'un jaune pâle.

Culture. — Même traitement que pour les Miltonia brésiliens, *M. spectabilis* (*Moreliana*), et *M. flavescens*.

LES GONGORA

Diagnose :

Sépale postérieur dressé-étalé, soudé inférieurement avec le dos du gynostème ; les latéraux plus larges, étalés ou réfléchis, soudés à la base avec le pied du gynostème. Pétales rapprochés du sépale postérieur mais souvent plus courts, dressés ou étalés, soudés avec la base du gynostème. Labelle continu avec le pied du gynostème, étalé ou ascendant, étroit, charnu ; lobes latéraux épais, dressés, munis de cornes ou d'arêtes variées ; lobe médian en sac étroit ou comprimé en lame verticale. Gynostème dressé ou arqué, prolongé en pied à la base, demi-cylindrique supérieurement, privé d'ailes, renflé en massue au sommet, nu ou muni de deux cornes en avant. Anthère terminale, en forme d'opercule, convexe, uniloculaire ou imparfaitement biloculaire ; deux pollinies cireuses, ovoïdes ou étroitement oblongues, reliées à un rétinacle souvent très petit par un pédicelle en forme de coin étroit. Capsule oblongue ou fusiforme, parfois allongée, sans bec ou très brièvement rétrécie au sommet. — Herbes épiphytes, à pseudobulbes charnus ordinairement surmontés de deux feuilles. Celles-ci sont amples, plissées-veinées, rétrécies à la base. Scapes naissant à la base des pseudobulbes, souvent réfléchis, simples, terminés par une longue grappe lâche. Fleurs assez grandes, longuement pédicellées.

Le genre Gongora fut fondé en 1794 par Ruiz et Pavon. On y rapporte généralement le genre Acropera de Lindley, qui n'en diffère que par des caractères de peu de valeur : sépales plus larges, pétales souvent terminés par deux pointes divergentes. Le genre Gongora est très nettement caractérisé et ses espèces ne sont guère exposées à être confondues avec celles des genres voisins. Son labelle surtout est très curieux et bien caractéristique ; c'est, jusqu'à un certain point, comme un tout petit diminutif de celui de beaucoup de Stanhopea. Mais le caractère qui le distingue

le plus nettement de tous les autres genres du groupe des Cyrtopodiées, c'est qu'il a le sépale dorsal, ainsi que les pétales, distinctement et souvent assez longuement soudés dans leur partie
inférieure avec la base du gynostème.

Les principales espèces cultivées sont les suivantes :

G. armeniaca. — Fleurs assez grandes, d'un jaune orangé abricot,
produites en grand nombre pendant l'été.

Cette espèce est souvent désignée sous le nom d'*Acropera
armeniaca*.

G. atropurpurea. — Fleurs assez nombreuses en grappes pendantes,
ayant les pétales et les sépales roulés, les premiers petits et incurvés, les seconds beaucoup plus amples, lancéolés, déployés comme
des ailes, tous bruns pointillés de rouge pourpré foncé. Le labelle,
qui porte quatre petites cornes à l'hypo-
chile, forme à son sommet une lamelle
comprimée et acuminée.

G. bufonia. — Fleurs lavées et maculées
de pourpre vineux sur fond jaune sale;
l'hypochile du labelle ne porte pas de
cornes.

G. galeata. — Fleurs nombreuses en
grappes pendantes, d'un jaune grisâtre
pâle ; labelle brun-rouge.

Floraison en mai-juin.

Synonymes : *Acropera Loddigesi*, *G. fla-
vida*.

G. odoratissima. — Ravissante espèce à
fleurs de grandeur moyenne ; les sépales
sont jaune clair, marbrés et maculés de
rouge brunâtre vif, ou parfois entièrement
rouge sombre velouté. Les pétales ont le même coloris, mais sont
beaucoup plus petits et moins brillants. La colonne et le labelle
sont jaune pâle, tachetés de rouge-brun.

G. portentosa. — Sépales jaunes tachetés de pourpre ; pétales
blancs pointillés de pourpre ; labelle jaune foncé.

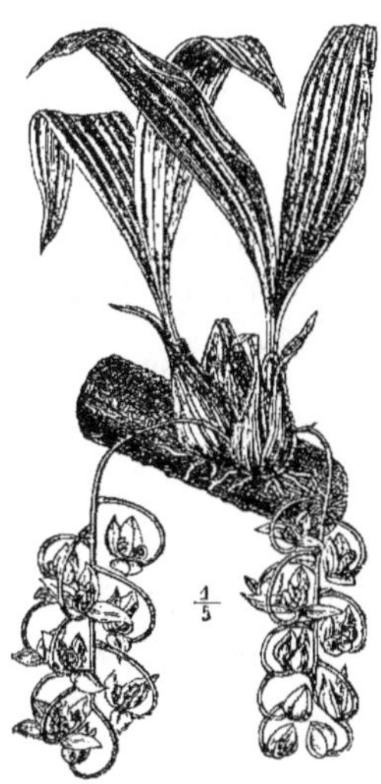

Fig. 107 — GONGORA
GALEATA.

G. quinquenervis. — Fleurs assez élégantes, d'un jaune clair rayé et tacheté de rouge-brun vif. Floraison en mai.

Synonyme : *G. maculata*.

G. tricolor. — Espèce charmante à fleurs de grandeur moyenne ; les sépales assez larges à la base, triangulaires, sont maculés de brun rougeâtre sur fond jaune vif ; les pétales sont barrés de brun sur fond jaune ; le labelle est blanc, avec le sommet et les côtés lavés de jaune brunâtre.

G. truncata. — Gracieuse espèce à fleurs très nombreuses, blanc crème ou jaune paille, maculées de rouge brunâtre clair ; labelle jaune brillant, ou blanc dans la variété *leucochila*.

Les Gongora en général produisent dans les serres un effet charmant et très pittoresque, avec leurs longues grappes pendantes ; malheureusement ces fleurs ne durent que cinq ou six jours.

Culture. — Même traitement que pour les Stanhopea. Les Gongora doivent tous être mis en paniers, et suspendus près du vitrage, mais non exposés aux rayons directs du soleil. Bon repos pendant l'hiver. Culture en serre chaude ou tempérée-chaude.

GOVENIA

Les Govenia sont très voisins des Cyrtopodium, et la plupart des caractères assignés au second genre conviennent pour le premier ; voici les principales différences qui permettent de les distinguer sans difficulté :

Cyrtopodium. — Sépales *étalés*. Labelle trilobé, un peu soudé à la base avec le pied du gynostème. Gynostème *dépourvu* d'ailes. Anthère imparfaitement biloculaire ; rétinacle large, presque membraneux. Grappes de fleurs simples ou rameuses, *terminant un scape privé de feuilles* qui naît directement du rhizôme.

Govenia. — Sépales relevés l'un vers l'autre et *connivents*. Labelle entier, articulé avec le pied du gynostème. Gynostème *ailé*, au moins dans sa partie supérieure. Anthère uniloculaire; rétinacle souvent petit. Grappes de fleurs toujours simples, *terminant une tige feuillée.*

Le genre Govenia, dû à Lindley, fut décrit vers 1830 sous la planche 1709 du *Botanical Cabinet*, de Loddiges. On connaît de ce genre une quinzaine d'espèces, dont la plupart croissent au Mexique ou dans les parties voisines de l'Amérique centrale; quelques-unes se rencontrent cependant aussi, soit dans les Antilles, soit dans les parties chaudes de l'Amérique méridionale jusqu'au Brésil; et une espèce, le *G. sulphurea*, a été introduite de Paraguay.

La seule qui se rencontre actuellement (assez rarement d'ailleurs) dans les cultures est la suivante :

G. deliciosa. — Port analogue à celui des Bletia. Tige florale dressée, de 30 à 40 centimètres de hauteur, portant à son sommet une grappe de six à huit fleurs de taille moyenne. Les pétales et le sépale dorsal sont oblongs, aigus, incurvés; les sépales latéraux, d'abord divergents, sont ensuite recourbés en croissants à pointes convergentes. Ces segments sont d'un blanc de lait. Le labelle largement oblong, aigu, récurvé, blanc, a le disque jaune vif, et est tacheté en avant de points brun pourpré.

Culture. — A peu près le même traitement que pour les Cyrtopodium; compost assez compact; température de la serre aux Cattleya.

LES GRAMMANGIS ET LES GRAMMATOPHYLLUM

Voici la diagnose du genre Grammatophyllum :

Sépales presque égaux, libres, étalés. Pétales semblables aux sépales. Labelle attaché au-dessus de la base du gynostème, dressé, concave, trilobé; lobes latéraux assez larges, dressés, embrassant la colonne, le médian court, plus ou moins recourbé. Gynostème dressé, un peu plus court que le labelle, demi-cylindrique, sans ailes ni pied; clinandre oblique. Anthère terminale, en forme d'opercule, large, très convexe, biloculaire ; deux pollinies cireuses, presque globuleuses, profondément fendues, attachées aux cornes d'un rétinacle en forme de lune ou de fer à cheval. Capsule oblongue-fusiforme, sans bec. — Herbes épiphytes, robustes, à tige soit allongée et garnie de nombreuses feuilles, soit courte, renflée en pseudobulbe et portant peu de feuilles. Feuilles sur deux rangs, très longues, coriaces et veinées. Fleurs souvent grandes et charnues, nombreuses, longuement pédicellées, disposées en grappe lâche.

Ce genre fut décrit en 1825 par le botaniste hollandais BLUME. On en connaît quatre ou cinq espèces.

L'espèce généralement cultivée sous le nom de *G. Ellisi* a été retirée des Grammatophyllum en 1860, par REICHENBACH, qui en a formé un genre distinct sous le nom de *Grammangis*. Celui-ci diffère surtout du premier par les caractères suivants : les sépales latéraux sont très brièvement soudés à la base et dilatés pour former une gibbosité qui simule un rudiment d'éperon ; les pétales sont beaucoup plus courts et plus minces que les sépales ; le labelle est attaché à la base du gynostème, et son disque est muni de plusieurs crêtes longitudinales ; le gynostème est muni de deux ailes latérales ; les pollinies sont plus larges, simplement sillonnées, appliquées l'une contre l'autre et attachées à un rétinacle en forme de large écaille.

Les Grammatophyllum sont au nombre des Orchidées les plus belles et les plus décoratives qui existent.

Le plus connu d'entre eux, le *G. Ellisi*, a été classé dans le genre *Grammangis*. Toutefois il est resté plus connu des amateurs sous le nom de Grammatophyllum.

Il a les pseudobulbes volumineux, et le feuillage largement linéaire, vert foncé, très élégant. La grappe florale, issue de la base des bulbes peu de temps après le commencement de la pousse, est gracieusement infléchie et porte une trentaine de fleurs. Celles-ci ont les sépales récurvés, jaunes barrés transversalement de brun rougeâtre, les pétales colorés de même, et le labelle blanc strié de rouge pourpré. La floraison se produit en mai-juin.

Le *G. Ellisi* est originaire de Madagascar, l'une des régions les plus riches en merveilles, et qui ne renferme presque rien qui ne soit remarquable. C'est un des bijoux du genre, car si ses fleurs sont de moyenne taille, leur abondance et leur élégante disposition, sur de longues grappes touffues harmonieusement recourbées, les font valoir admirablement. Cette superbe inflorescence, comparable à celle d'un Saccolabium augmentée trois fois de volume, n'a peut-être rien qui l'égale dans la famille des Orchidées. Ses dimensions sont en moyenne de 33 à 35 centimètres de longueur sur 20 de largeur.

Il a été découvert en 1854 par le Révérend William Ellis, dont les explorations dans l'île de Madagascar ont apporté à la science botanique tant de découvertes et de renseignements intéressants. Il fleurit pour la première fois en 1859 dans la collection de ce voyageur.

Quoiqu'il ait toujours été hautement apprécié et très recherché des amateurs, le *G. Ellisi* est resté assez rare dans les cultures, et cela tient sans doute aux difficultés que présente son introduction ; les espèces de la zône tropicale africaine souffrent généralement beaucoup de la longueur du voyage, pendant lequel elles ont d'ailleurs rarement la température qui leur est nécessaire.

Le *G. Ellisi* se cultive en serre chaude, en pot ou en panier. La culture en panier a certains avantages parce que cette espèce produit un abondant chevelu de racines qui seraient trop comprimées dans un pot ; mais d'autre part il n'est pas toujours commode de placer dans un panier suspendu au vitrage une plante qui possède de longues feuilles semi-rigides, des bulbes volumineux, et qui tient en somme une place assez grande. L'amateur a donc le choix entre les deux procédés ; toutefois, cultivés en pots, les *G. Ellisi* doivent être rempotés tous les deux ans ou même tous les ans.

Le compost doit être formé de terre fibreuse en proportion dominante, avec un peu de sphagnum, et avec un drainage abondant. Le *G. Ellisi* réclame des arrosages abondants pendant la végétation, et l'on doit assurer l'évaporation régulière de l'excès d'eau et la circulation d'air dans le compost, pour éviter que la moisissure n'attaque les racines.

C'est d'ailleurs une espèce d'une végétation très robuste et très vigoureuse. Ses pseudobulbes, en forme de fuseaux tétraédriques, ont une longueur de 20 centimètres en moyenne, et un diamètre de 8 à 9 centimètres. Ils sont surmontées de feuilles linéaires assez larges, d'un beau vert foncé, qui s'inclinent élégamment à droite et à gauche; ces feuilles tombent au bout d'un an.

Comme la plupart des Orchidées à gros pseudobulbes, le G. *Ellisi* supporte et réclame un repos assez rigoureux. Ce repos doit commencer vers le mois de novembre, alors que les pseudobulbes sont complètement formés; ils s'aoûtent alors en bonne lumière, leurs arêtes se marquent davantage et la base des feuilles s'amincit en pellicule. Vers la fin du mois de janvier, les yeux situés à leur base entrent en activité, et font apparaître des pousses vigoureuses; dès lors les arrosages doivent recommencer progressivement. Sous l'influence d'une humidité abondante les feuilles croissent nombreuses, et lorsque la pousse est presque achevée, vers le mois de juin, la tige florale apparaît à son tour. Elle met longtemps à se développer; enfin chaque bouton se développe hors de la spathe qui revêt la base de son pédicelle; les fleurs de l'extrémité s'ouvrent les premières, et peu à peu la grappe entière, formée de 35 à 40 fleurs, s'épanouit. En diminuant alors l'humidité de l'atmosphère, toujours préjudiciable à la conservation des fleurs, on peut prolonger cette superbe floraison pendant trois semaines à un mois.

Parmi les Grammatophyllum proprement dits, on cultive fréquemment les espèces suivantes :

G. **Fenzlianum.** — Fleurs de grande taille, mesurant environ 6 $\frac{1}{2}$ centimètres de diamètre. Pétales et sépales ovales-lancéolés, les premiers plus étroits, un peu réfléchis, jaune verdâtre pâle avec de grosses macules brunes; labelle court, trilobé; lobes latéraux dressés des deux côtés de la colonne, jaune clair striés de brun ; lobe antérieur oblong-obtus, réfléchi, un peu maculé de brun antérieurement et pubescent sur le disque.

Cette espèce n'est pas très répandue, et je ne crois pas qu'on ait mentionné sa floraison en dehors de l'établissement LINDEN et de la collection de la regrettée Mme GIBEZ, de Sens, qui m'en a un jour adressé une tige florale magnifique.

G. speciosum. — Très belle espèce qui a un peu le port des Cyrtopodium, ses pseudobulbes étant allongés et presque cylindriques. Ses fleurs mesurent environ 15 centimètres de diamètre ; elles ont les pétales et les sépales largement ovales-oblongs, obtus, jaune foncé, couverts de taches brun rougeâtre, et le labelle beaucoup plus petit, trilobé, strié de rouge-brun sur fond jaune. Floraison en hiver.

Cette espèce est très abondante en Malaisie, où elle croît sur les arbres modérément touffus, où elle peut recevoir beaucoup de clarté. Elle est assez rare dans les cultures, à cause de son grand développement. Il en existe au Jardin botanique de Penang une plante qui mesure plus de 12 mètres de circonférence et a produit en 1893 vingt-quatre grappes de fleurs, mesurant chacune plus de deux mètres.

Elle se cultive de la même façon que le *G. Ellisi*.

LES HABENARIA

Diagnose :

Sépales à peu près égaux, libres ou soudés à l'extrême base, dressés-connivents, ou le plus souvent les latéraux ou tous les trois étalés. Pétales généralement plus petits que les sépales, mais polymorphes, parfois profondément bilobés. Labelle continu, et souvent très brièvement soudé avec la base de la colonne, étalé ou pendant, formant à l'extrême base un éperon court ou long ; limbe étalé ou pendant, étroit ou large, indivis ou divisé en 3-5 lacinies ; lobes latéraux parfois ciliés ou fimbriés. Colonne très courte, sans pied, à rostellum formant généralement entre les loges de l'anthère une dent ou un lobe érigé, court ; stigmate bilobé, ou le plus souvent deux stigmates soudés ou allongés en appendices courts ou très courts, parfois assez allongés, lisses ou papilleux; clinandre dressé, ne dépassant pas les loges de l'anthère, parfois plus court qu'elles. Connectif de l'anthère non distinct du clinandre, à loges élevées, parfois larges, soudées, parallèles ou divergentes; pollinies grossièrement ou finement granuleuses, reliées par des pédicelles courts ou très allongés à des glandes nues. — Herbes terrestres, ayant le port des Orchis, à tubercules indivis ou rarement divisés en lobes comme des doigts, ou à fibres radicales charnues peu renflées. Fleurs petites ou grandes, sessiles sur une tige, ou disposées en racème et brièvement pédicellées.

Les Habenaria en général sont peu répandus dans les cultures. Une seule espèce est connue de tous les Orchidophiles, et a sa place marquée dans toutes les collections; c'est l'*H. militaris*, charmante espèce à fleurs assez grandes, dont le labelle très ample possède un coloris vermillon écarlate des plus brillants, et dont le feuillage même est très ornemental.

La culture de l'*H. militaris* ne présente pas de grandes difficultés, quoique l'opinion contraire soit, je crois, assez répandue. Voici quelques indications qui suffiront sans doute à guider le praticien dans cette culture.

Prenons les plantes à la période de leur végétation qui suit la floraison. On enlève la surface de sphagnum qui recouvre le compost et on diminue notablement les arrosages, de telle façon que la tige se dessèche et se décompose peu à peu; mais il est préférable de ne pas couper cette tige. Le rhizôme se durcit en même temps; lorsque la tige est complètement desséchée, il n'est plus nécessaire d'arroser, et l'on laisse le rhizôme se sécher à son tour et perdre ses racines. On dépose alors tous ces rhizômes dans un récipient contenant du sable très sec, à une température modérée, où ils subissent un repos absolu.

Au bout d'une période de quatre à cinq mois environ, on voit se développer de petits bourgeons sur les rhizômes. Le moment est alors venu de les mettre en végétation.

Voici comment doit être formé le compost : une moitié de bon terreau de feuilles, un quart de sable blanc, et un quart de terre fibreuse hachée très fin. On prend des pots de dimension moyenne, pas plus de 8 à 10 centimètres, et on les remplit jusqu'à la moitié de tessons de drainage bien lavés, puis le reste de compost préparé comme ci-dessus, et qui ne doit pas être tassé. On y place le rhizôme à un centimètre de la surface, puis on arrose fortement. Enfin on prend du sphagnum bien vivant, bien vert, avec lequel on surface. Le sphagnum a cet avantage de révéler immédiatement, par sa couleur, si la plante a besoin d'être arrosée.

L'*H. militaris* réclame beaucoup d'eau pendant la période de végétation; au moment de la floraison seulement il convient de réduire un peu les arrosages, comme pour toutes les Orchidées.

Les plantes doivent être placées dans le coin le plus renfermé de la serre chaude; elles craignent beaucoup les courants d'air. Elles demandent beaucoup de lumière, et réussiront surtout placées aussi près du vitrage que possible. Enfin il faut veiller avec soin à les préserver de la pourriture.

Signalons encore une récente acquisition, qui fera probablement son chemin :

H. carnea. — Cette espèce, signalée pour la première fois en 1891, est décrite par M. N. E. BROWN comme l'une des plus superbes espèces d'Habenaria connues. Son coloris est un *rose d'œillet* doux qui, ainsi que le fait remarquer M. BROWN, est une nuance extrêmement rare dans la famille des Orchidées, où elle n'apparaît guère que dans quelques Satyrium. C'est d'ailleurs à cette particularité que fait allusion le nom spécifique (*couleur de chair*).

Les pétales ont environ 8 millimètres de longueur et 6 de largeur, et forment avec le sépale dorsal un petit capuchon au-dessus de la colonne. Le labelle est relativement grand; sa longueur est de 2 ½ centimètres et sa largeur égale; son coloris est le même que celui des autres segments; l'éperon grêle a une longueur d'environ 5 ¾ centimètres.

LES HARPOPHYLLUM

Diagnose :

Sépales de la même longueur, libres entre eux, étalés, les latéraux un peu plus larges que le dorsal, à base concave, soudés au pied de la colonne. Pétales à peu près semblables au sépale dorsal. Labelle appliqué contre le pied de la colonne, concave et formant presque un sac à l'extrême base, atténué et incombant au-dessus du sac, puis dressé ; lobes latéraux arrondis au sommet, parfois peu distincts du lobe antérieur arrondi étalé, crénelés sur les bords. Colonne dressée, légèrement courbée, non ailée, allongée à la base en pied court ; clinandre peu élargi, formant 3 dents courtes, plus court que le rostellum. Anthère en forme d'opercule, incombante, à peu près globuleuse, biloculaire ; 8 pollinies, 4 dans chaque loge, obovoïdes, aiguës ou brièvement acuminées, groupées en 2 phalanges. — Herbes terrestres (ou épiphytes ?), à tiges dressées au-dessus du rhizôme traçant, portant une feuille au sommet, et revêtues au-dessous de la feuille de gaînes amples. Feuille coriace ou charnue, parfois très longue, condupliquée à la base, mais non renfermée dans la gaîne. Pédoncule terminal, portant 1 ou 2 gaînes au-dessus de la feuille ; tige florale longue, dense, cylindrique ; fleurs nombreuses, médiocres, sessiles, d'un beau coloris. Bractées très petites.

Le genre Harpophyllum (non *Arpophyllum*, comme on l'écrit le plus souvent), a été fondé par La Llave et Lexarza. Il comprend environ 6 espèces, dont les suivantes sont les plus connues :

H. cardinale. — Les fleurs sont d'un rose clair le labelle beaucoup plus foncé. La plante dans son ensemble est beaucoup plus forte que l'*H. spicatum* ; elle atteint un mètre environ de hauteur. Elle fleurit vers les mois d'août et septembre.

H. giganteum. — Le port de cette espèce est très analogue à celui de l'*H. spicatum*, mais les tiges sont épaissies à la base et analogues à des pseudobulbes. Les fleurs, très serrées et très nombreuses, sont petites et en forme d'écaille, d'un rose pâle, avec le labelle rose pourpré foncé. Fleurit en avril-mai.

H. spicatum. — Les feuilles ont environ 30 centimètres de hauteur, et la tige florale s'élève à peu près à leur niveau. Les fleurs, très serrées sur la tige, sont d'un rose pourpré un peu plus foncé à la base des segments. Elles s'épanouissent aux mois d'avril et mai.

Ces plantes se recommandent par l'élégance de leurs feuilles longues et étroites, au milieu desquelles le coloris des fleurs forme un contraste très vif.

CULTURE. — On peut traiter ces espèces à peu près de la même façon que les Laelia mexicains, avec beaucoup de clarté et une température assez modérée. On les cultive en pots, et comme elles font des racines nombreuses et charnues, il convient de leur donner des pots assez grands. Elles demandent d'ailleurs beaucoup d'humidité.

La croissance une fois ralentie, les plantes peuvent être transportées dans la serre aux Odontoglossum pour la saison du repos, et recevoir des arrosements beaucoup plus espacés, sans que le compost arrive à sécher complètement.

Le compost sera formé de deux tiers de terre fibreuse et un tiers de sphagnum; le drainage doit être assez abondant.

LES HOULLETIA

DIAGNOSE :

Sépales presque libres; pétales un peu plus petits, onguiculés. Labelle prolongeant la base du gynostème, étalé; hypochile étroit, avec une excavation à la base formant presque deux labelles, à sommet allongé en deux lacinies, avec un lobe nain entre les deux; pas de mésochile; épichile anguleux, élargi, articulé avec l'hypochile. Gynostème dressé, arqué, en massue, semi-cylindrique, un peu plus court que le labelle. Anthère comprimée à deux loges. Deux pollinies, présentant une fente à l'arrière; caudicule linéaire-lancéolée allongée en glande aiguë. — Herbes épiphytes à pseudobulbes, originaires de l'Amérique tropicale, à feuilles solitaires plissées. Hampes radicales dressées, terminées en racème à leur sommet. Fleurs belles, à bractées petites ne formant pas spathe.

Les Houlletia, assez voisins, comme on le voit, des Stanhopea, sont des plantes très décoratives, à grandes fleurs bien colorées, d'une forme charmante et d'un parfum parfois très agréable.

Deux espèces surtout sont très répandues dans les cultures, le *H. Brocklehurstiana* et le *H. odoratissima*.

Le *H. Brocklehurstiana*, originaire de Rio de Janeiro, fleurit pour la première fois en Europe en 1841. Il a les fleurs très grandes, les pétales et les sépales d'un jaune roux, tachetés et striés de pourpre, les sépales inférieurs plus foncés, lavés au sommet et maculés à la base de marron pourpré. Le labelle assez étroit, allongé, est abondamment maculé de violet sur fond blanc.

Le *H. odoratissima* est une superbe espèce à longues hampes surmontées

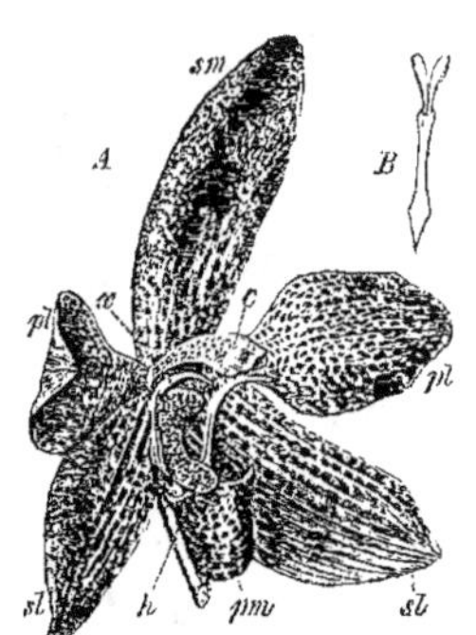

Fig. 108. — HOULLETIA BROCKLEHURSTIANA.

A, fleur.
sl, sm, sépales.
pl, pétales.
pm, labelle.
x, cornes de l'épichile.
h, hypochile.
c, colonne.
B, appareil pollinique.

d'une grappe de fleurs de sept à huit centimètres de diamètre. Les fleurs sont d'un rouge pourpré foncé, avec le labelle blanc lavé de jaune et muni de deux cornes rouge grenat foncé. Cette espèce est délicieusement parfumée. Elle est originaire de la Colombie.

Il convient de citer encore :

Le *H. picta*, dont les fleurs sont brun foncé, avec la base des segments marquée de dessins jaunes, et le labelle jaune tacheté de cramoisi.

Le *H. Wallisi*, à fleurs plus petites, d'un jaune d'or abondamment tacheté intérieurement de brun pourpré, avec le labelle d'un beau jaune vif marbré de cramoisi.

Synonyme : *H. chrysantha*.

Le *H. tigrina*, à fleurs jaune paille marbrées de rose vif, avec les pétales plus foncés, et le labelle blanc pointillé de cramoisi.

CULTURE. — Les Houlletia sont de culture facile. Ils réussissent bien en serre tempérée ou tempérée-chaude, dans un endroit bien aéré et bien éclairé. Ce sont des espèces semi-terrestres, auxquelles convient un compost assez substantiel de sphagnum et de terre fibreuse mélangés d'un peu de terre franche, avec un fort drainage et des pots pas trop grands. Ils demandent pendant la végétation des arrosages très abondants, et ne craignent pas la chaleur pourvu que l'air ne leur fasse pas défaut ; pendant la période de repos, qui n'est pas longue, il suffit d'entretenir le compost un peu frais.

LES IONOPSIS

DIAGNOSE :

Sépales presque égaux, dressés ou un peu étalés au sommet, le postérieur libre, les latéraux un peu soudés à la base, pour former un sac court sous le labelle. Pétales semblables au sépale postérieur, mais un peu plus larges. Labelle attaché à la base du gynostème, à onglet presque aussi long que les sépales, trilobé ; lobes latéraux étroits, lobe médian très grand et étalé, deux ou trois fois plus long que les sépales, largement bilobé au sommet, à disque muni à la base de deux callosités. Gynostème court, dressé, épais, concave antérieurement, sans ailes ni pied. Anthère terminale, en forme d'opercule, semi-globuleuse, uniloculaire ; deux pollinies cireuses, presque globuleuses, reliées à un rétinacle en forme de petite écaille, par un pédicelle long et étroit. Capsule ovoïde ou oblongue, sans bec. — Herbes épiphytes, petites, à tiges feuillées très courtes, sans pseudobulbes. Feuilles peu nombreuses, étroites et coriaces. Hampes latérales ou presque terminales, allongées, grêles et rigides. Fleurs médiocres, en grappe simple ou rameuse.

Je ne puis faire mieux que de citer quelques passages d'un article que M. RAND, de Pará, m'avait adressé il y a deux ans pour le *Journal des Orchidées*, et où il décrivait de la façon la plus compétente les mérites et la façon de croître des Ionopsis.

« Ce genre comprend un petit nombre d'espèces, de croissance naine, et qui ne plairaient pas sans doute aux amateurs de grandes Orchidées à effet ; mais ceux qui recherchent dans les fleurs la véritable beauté, et savent l'apprécier dans ses plus humbles formes, ceux-là trouveront un très grand charme à ces espèces. Parmi les Orchidées à petites fleurs, je n'en connais aucune qui soit aussi exquise que l'*Ionopsis paniculata*, et lorsqu'il s'en rencontre de forts exemplaires, ce qui est rare, c'est un spectacle magnifique que celui de ces plantes couvertes de fleurs.

Toutes les espèces du genre sont acaules, et portent de petits pseudobulbes, des feuilles généralement lancéolées, et des racines filiformes. Les tiges florales sont érigées ou noueuses, très grêles, et terminées par un racème ou une panicule de nombreuses fleurs de petite taille. Les sépales et les pétales sont petits, mais le labelle bilobé, en forme d'éventail, est relativement très ample.

Ces plantes ravissantes ne sont malheureusement pas de culture très facile. Elles prospèrent bien pendant quelque temps, puis au bout de quelques années elles manifestent une tendance maladive, dépérissent et meurent. L'une des causes de cet affaiblissement est que ces plantes, comme plusieurs autres Orchidées, s'épuisent par leur floraison, ou plutôt par la longue durée de leurs fleurs, qui se conservent fort longtemps et absorbent les forces de la plante. Toutes les espèces, comme je l'ai dit, ont les pseudobulbes petits et les feuilles peu nombreuses ; mais le nombre des fleurs qu'elles produisent est énorme en comparaison du volume des plantes, et comme ces fleurs restent fraîches pendant plusieurs semaines (non pas plusieurs mois, comme on l'a souvent prétendu), les plantes s'épuisent à leur fournir la sève et meurent. Le remède à cet inconvénient est très simple ; il consiste à couper les fleurs au bout d'un certain temps.

Cette cause de dépérissement mise à part, ces espèces ne sont pas encore très faciles à cultiver, même dans la patrie de l'*I. paniculata*, au Brésil, où nous les laissons en plein air. Elles languissent, pendant quelques années, à moins qu'on ne les cultive sur des arbres vivants. Plantées sur des arbres-calebasses (*Crescentia cujete*), dont l'écorce est particulièrement favorable à la végétation des Orchidées, elles s'établissent rapidement, croissent bien et donnent chaque été une abondance de fleurs.

Nous les cultivons aussi dans de petits paniers de bois ou des pots, avec du sphagnum, du charbon et un bon drainage, suspendues sous les arbres, en plein air, avec un ombrage partiel ; en somme, un traitement semblable à celui que l'on donne aux autres Orchidées de petite taille. En serre, elles réussissent parfaitement sur bloc, avec un peu de sphagnum ; on les cultive dans la serre tempérée, en pleine lumière, près du vitrage. Il convient de ne jamais les laisser se dessécher, mais d'éviter également l'excès d'humidité stagnante.

Une dizaine d'espèces sont mentionnées dans les livres, mais il n'en existe problablement pas autant, car de simples variétés géographiques ont reçu des noms spécifiques distincts. Une seule, en somme, mérite d'attirer l'attention de tous les amateurs (je mets à part ceux qui prennent intérêt aux petites espèces plus humbles et souvent si charmantes). L'*I. paniculata*, originaire de la région brésilienne de l'Amazone, et dont l'habitat s'étend du Nord au Sud, et assez loin dans l'intérieur du pays, est la plus grande et la plus remarquable espèce du genre. Pour donner une idée de sa splendeur à l'état naturel, je citerai un extrait de mon *Journal*, en date de mai 1878 :

« *Ionopsis paniculata*. Recueilli cette plante sur l'Amazone près
« de Juruty, où elle est très abondante dans les « varzea lands. »
« Aucune expression ne suffirait à décrire la magnificence de ces
« immenses grappes de fleurs et l'infinie variété de leur coloris,
« qui va du blanc pur au rose pourpré foncé. La tache pourpre du
« labelle varie également beaucoup d'intensité. L'abondance des
« fleurs relativement au volume de la plante est prodigieuse.

« Une plante de treize centimètres de hauteur, et n'ayant que
« dix feuilles, portait deux grappes de soixante-cinq centimètres
« de longueur, sur lesquelles j'ai compté cinq cent et vingt fleurs.

« Les plantes ne forment jamais de grandes masses, mais le même
« arbre en porte un certain nombre, de sorte que quand on lève
« les yeux, on croit contempler l'intérieur d'un nuage rose. »

Et plus loin :

« Dans une de nos excursions, nous avons encore trouvé une
« grande quantité de ces plantes, et nous en avons amplement
« chargé notre canot. Arrivés à notre petite cabane de tourbe,
« à toiture de feuillage de palmiers, nous les avons suspendues
« aux murailles grossières de la chambre, et pendant plusieurs
« semaines nous avons vécu au milieu d'un des plus splendides
« massifs de fleurs que l'on puisse imaginer. »

On peut obtenir par sélection de magnifiques variétés; depuis le
pourpre très foncé jusqu'au blanc pur, en passant par mille nuances
intermédiaires; mais je n'en ai *jamais* vu une jaune, ni d'une
couleur approchant du jaune, quoi qu'en dise le « *Manual* » de
M. WILLIAMS. De même je n'ai jamais vu — et cependant j'ai eu
l'occasion de faire des observations fort étendues — je n'ai jamais
vu les fleurs se conserver depuis septembre ou octobre jusqu'en
mai, comme le dit DESCOURTILZ. Elles restent en pleine fraîcheur
un mois environ, et se succèdent pendant trois mois de l'année;
d'autre part, il peut arriver que l'on trouve des plantes fleurissant
en dehors de la saison régulière.

Les fleurs sont de dimension très variable, mais elles n'ont de
parfum dans aucune espèce. Dans ces dernières années, une forme
géante a été collectée dans la région de la rivière Purus. Les
plantes sont trapues et les fleurs très grandes; mais je n'en ai vu
que quatre plantes. La variété *maxima* figurée dans la *Lindenia*,
vol. III, pl. 114, ressemble beaucoup à celle-ci, mais elle a les
fleurs blanches et provient du Venezuela.

Les autres espèces ont peu de prix pour les cultures en comparaison de la précédente. L'*I. tenera* semble être une forme de
l'*I. paniculata;* il en est de même de l'*I. rosea* et de l'*I. pulchella.*
L'*I. utricularioides*, probablement synonyme de l'*I. Gardneri*,
est une petite espèce que j'ai reçue des Indes occidentales; elle a
les fleurs blanches ou roses, et de petite taille. L'*I. Burchelli* est

une admirable petite plante, originaire du delta de l'Amazone. Ses feuilles sont presque cylindriques, sa tige florale grêle produit de trois à six fleurs délicates, colorées de rose, qui ne ressemblent pas, comme forme, à un Ionopsis. La plante tout entière ne dépasse pas quelques centimètres de hauteur.

L'*Ionopsis paniculata* donne dans les cultures des résultats qui semblent peu brillants pour quiconque a vu cette espèce dans sa splendeur et sa luxuriante végétation naturelle; mais il est si beau, qu'il mérite encore d'être cultivé, dût-on même ne réussir que partiellement, et si l'on peut se procurer les variétés les plus grandes et les plus fortes, on constatera aisément qu'elles se cultivent plus facilement et sont plus vigoureuses que les variétés plus délicates que l'on a possédées jusqu'ici. »

IPSEA

Le genre Ipsea, créé par LINDLEY en 1832, ne comportait qu'une seule espèce, *I. speciosa*, qui est rattachée par BENTHAM au genre Pachystoma.

I. speciosa. — Pseudobulbes tuberculeux, à peu près globuleux. Tige florale dressée, assez haute, portant 1, 2 ou 3 fleurs. Ces fleurs mesurent de 5 à 7 $\frac{1}{2}$ centimètres de diamètre; elles ont les sépales et les pétales largement oblongs, obtus, étoilés, jaune serin; le labelle trilobé, à lobes latéraux triangulaires dressés, à lobe antérieur obcordé allongé, est de la même couleur que les autres segments, avec quelques stries rouges sur le disque. Floraison au mois de mars.

CULTURE. — Même traitement que pour les Coelogyne de serre chaude ou tempérée-chaude.

ISOCHILUS

Sépales de la même longueur, dressés, libres, carénés-concaves, parfois formant presque un sac à la base. Pétales égaux aux sépales, plans. Labelle égal aux pétales et appliqué avec eux contre la base de la colonne, mais atténué au-dessous de la moitié et légèrement sigmoïde-flexueux, élargi vers le milieu en lobes latéraux très courts, entier sur le reste de sa surface. Colonne dressée, assez longue, semi-cylindrique, non ailée, allongée au sommet sur les côtés du stigmate en deux pointes dressées, sans pied; clinandre peu proéminent, à dent postérieure courte. Anthère terminale en forme d'opercule, incombante, convexe, distinctement biloculaire; loges subdivisées en deux par une cloison longitudinale imparfaite; 4 pollinies cireuses, 2 dans chaque loge, égales, ovoïdes-oblongues, comprimées parallèlement, dressées, à appendice granuleux-visqueux lamelliforme. — Tiges issues du rhizôme traçant et couvert par des gaînes, dressées, couvertes par les gaînes des feuilles, sans pseudobulbes. Feuilles distiques étalées, linéaires ou lancéolées, herbacées, rigides, souvent obtuses ou rétuses. Fleurs médiocres, roses ou rouges, disposées en racème terminal rigide dense unilatéral, brièvement pédicellées ou sessiles. Bractées herbacées concaves, beaucoup plus courtes que les fleurs.

La seule espèce cultivée assez fréquemment dans les collections européennes est l'*I. linearis*, plante d'un port assez gracieux et tout à fait distinct, qui se couvre pendant l'été de fleurs petites, mais d'un rose vif très gracieux.

Culture. — Dans la serre des Cattleya, et avec le même traitement pendant la saison de végétation, mais sans repos bien marqué.

D'après des renseignements fournis par un fonctionnaire du

Jardin botanique de la Jamaïque, M. W. HARRIS, l'*Isochilus linearis* croît ordinairement à des altitudes variant entre 750 et 1500 mètres au-dessus du niveau de la mer ; la température, pendant l'été, y dépasse rarement 22° C., et la nuit, pendant les mois froids de l'hiver, elle descend souvent jusqu'à 7° $^1/_2$, de sorte qu'une moyenne de 14 $^1/_2$ à 15° $^1/_2$ conviendra admirablement à cette plante. Dans les régions où elle se rencontre, il se produit de fréquentes averses, mais comme elle croît presque toujours sur de grands rochers ou sur le tronc des arbres, elle a un drainage excellent, et c'est un point auquel on doit faire grande attention dans les cultures.

La plante pousse en fortes touffes, couvrant souvent de grands espaces complètement exposés au soleil, mais généralement près d'un cours d'eau, de sorte que l'atmosphère est toujours plus ou moins humide. Dans cette position, les feuilles qui tombent de la plante elle-même et d'autres plantes sont arrêtées, et forment bientôt une couche de matière végétale en décomposition, à travers laquelle les racines s'enfoncent, en formant une masse compacte.

Dans les cultures, à la Jamaïque, la plante réussit bien en paniers remplis de morceaux de terre fibreuse et de charbon, avec des arrosages abondants toute l'année.

LES LAELIA

DIAGNOSE :

Segments étalés, les sépales lancéolés, égaux ; les pétales plus grands, de forme un peu différente, charnus. Labelle postérieur trilobé, lamellé, enroulé autour du gynostème. Gynostème charnu non ailé, canaliculé en avant. Huit pollinies ; quatre caudicules élastiques. — Herbes épiphytes américaines, à rhizômes portant des pseudobulbes, à feuilles charnues, à scapes terminaux pauciflores ou multiflores ; fleurs belles et généralement odorantes.

Les principales espèces du genre sont les suivantes :

L. albida. — Espèces à fleurs assez petites, mais très attrayantes, produites par grappes de cinq à huit, et d'un charmant coloris. Les pétales et les sépales sont blancs; le labelle, très allongé, est rose vif plus ou moins foncé, avec la crête jaune.

Le *L. albida*, introduit depuis 1832, est originaire du Mexique. Il fleurit en décembre et janvier; il est malheureusement assez difficile à bien cultiver.

Nombreuses variétés, notamment : *rosea*, à fleurs rose pâle; *salmonea*, dont le nom indique le coloris; *Marianae*, *sulphurea*, *bella*.

L. amanda. — Ce Laelia est généralement considéré comme un hybride naturel, dont les parents pourraient être le *L. crispa* ou le *L. lobata*, et le *Cattleya intermedia*. Il est d'un coloris fort gracieux ; au point de vue de la forme, ainsi que par les veines réticulées du labelle, il rappelle un peu le *C. maxima*. Les pétales et les sépales sont rose chair, le labelle un peu plus foncé et veiné de pourpre. Il fleurit au mois d'octobre.

L. anceps. — Superbe espèce, l'une des plus précieuses pour la fleur coupée. Il fleurit abondamment, à une époque de l'année qui augmente beaucoup son prix, et ses fleurs, d'une forme très élégante, ont aussi beaucoup d'éclat. Les pétales et les sépales sont rose lilacé vif; le labelle allongé a en avant une macule d'un beau rouge pourpre, et est orné à l'intérieur et à la gorge de stries rouge foncé assez espacées sur fond jaune d'or. Les fleurs apparaissent en décembre-janvier, et se forment sur une assez longue tige semi-érigée, par grappes de trois à cinq.

Pays d'origine : Mexique. Culture en serre tempérée-froide (serre mexicaine).

Il existe un très grand nombre de variétés du *L. anceps*, et notamment un certain nombre d'admirables formes presque blanches.

Il convient de signaler, parmi les formes pâles les plus remarquables, les quelques suivantes :

Var. Dawsoni. Labelle pourpre foncé avec une marge blanche vers la partie inférieure du sommet, lobes latéraux rayés de pourpre avec petites taches pourpres aux extrémités. Tout le reste de la fleur blanc pur.

Var. vestalis. Sépales et pétales blancs, labelle avec lobe de côté à rayures pourprées. Gorge jaune avec rayure mauve au centre, tachée également plus bas de mauve sur fond blanc pur.

Var. Ballantiniana. Fleur d'un blanc virginal, labelle marqué de riche magenta.

Var. Williamsi. Sépales et pétales d'un blanc pur, le labelle n'a pas de pourpre sur le centre. Gorge jaune avec ligne pourpre et raies comme le *vestalis.*

Var. virginalis. Variété ayant des raies plus claires et des marques pourpres de chaque côté de la gorge qui est jaune, pétales plus larges et plus ronds que le *Williamsi,* ressemblant au *Dawsoni* sous ce rapport.

Var. Hilli. Macule rose sur le lobe médian du labelle, lobes latéraux jaunes délicatement rayés de pourpre.

Var. Veitchi. Sépales et pétales blancs légèrement teintés de lilas, le labelle blanc avec les parties extérieures des lobes pourpre violet, gorge jaune avec lignes pourpres.

Var. Sanderiana. Sépales et pétales blancs, labelle maculé de pourpre foncé sur le lobe du centre; gorge jaune avec lignes centrales pourpres, lobes latéraux jaunâtres avec lignes pourprées.

Var. Hyeana. Sépales et pétales blanc pur, très larges; gorge jaune avec lignes d'un pourpre vineux.

Var. alba. Blanc pur sauf la gorge qui est légèrement jaune.

La variété *Bousiesiana*, dédiée à M. le Comte A. DE BOUSIES, l'éminent amateur belge, se distingue au contraire par un coloris très vif. Elle a les pointes des pétales et des sépales d'un rose foncé, et le labelle maculé de rouge pourpré velouté sur tout le lobe antérieur et sur la bordure des lobes latéraux. C'est une forme splendide qui a fait son apparition en 1892 dans la riche collection d'HARVENGT.

L. autumnalis. — Espèce qui peut rivaliser avec le *L. anceps,* et dont on pourrait parler à beaucoup de points de vue dans les mêmes termes. Le *L. autumnalis* fleurit à la même époque, se cultive de la même façon, provient du même pays, et les fleurs des deux ne sont pas très dissemblables. Les pétales et les sépales sont un peu plus allongés et plus étalés dans celui-ci ; la forme du labelle surtout est distincte ; dans le *L. autumnalis*, cet organe est plus étalé et moins long ; les lobes latéraux ne recouvrent pas la colonne, et sont blancs ; le lobe antérieur est rouge vif, avec la gorge blanche.

L. cinnabarina. — Espèce à petites fleurs très attrayantes, d'un coloris fort rare, et qui se produisent successivement pendant une durée de six semaines et plus. Les pétales et les sépales sont étroitement lancéolés, aigus, le labelle plus court, aigu également ; tous les segments sont d'un rouge orangé vermillon éclatant ; le labelle est strié de rouge intérieurement. La floraison se produit en mars et avril.

L. crispa. — Très belle espèce, à grandes fleurs d'allure très élégante et de coloris fort attrayant. Il a les pétales larges, légèrement repliés autour de la nervure médiane, et les sépales plus étroits ; ces segments sont blancs ou parfois nuancés de rose pâle ou de jaune soufre, et rappelant beaucoup ceux du *L. purpurata*. Le labelle, très étalé en avant et acuminé, a le disque jaune strié de pourpre, et le lobe antérieur améthyste pourpré, réticulé et veiné de nuance plus sombre.

Le *L. crispa* fleurit en juillet et août. Il a été introduit dès 1826, et c'est par conséquent l'une des plus anciennes espèces connues.

L. Digbyana. — L'une des espèces rangées autrefois dans le genre Brassavola. Elle a les sépales et les pétales jaune verdâtre pâle, parfois un peu bordés de rose, le labelle cordé, blanc crême. Ses fleurs sont très parfumées.

L. Dormanniana. — Sépales et pétales vert-brun olivâtre veiné de pourpre, labelle rose pâle veiné de pourpre, avec le lobe antérieur peu prononcé, coloré de rouge pourpre violacé vif.

Reichenbach, qui a nommé la plante *Laelia Dormanniana*, l'a également nommée *Cattleya Dormanniana* ; il est vrai que la seconde fois, il n'affirmait pas absolument que ce fût la même que la première.

La cause de tout cet embarras était la structure des pollinies. Celles-ci, en effet, sont ordinairement au nombre de huit dans cette espèce, mais sur les huit, il s'en trouve quatre bien développées, et quatre beaucoup plus petites, presque rudimentaires.

Voici ce qu'écrivait REICHENBACH en décrivant le *Cattleya Dormanniana* :

« Les premières fleurs que je reçus de M. R. BULLEN étaient des Laelia au même titre que celles du *L. elegans*. Il y avait quelquefois huit pollinies indépendantes, avec quatre beaucoup plus petites que les autres, d'autres fois quatre cohérentes des deux côtés avec les caudicules. Aujourd'hui M. D. MASSANGE DE LOUVREX m'envoie une fleur qui est un véritable Cattleya, avec quatre pollinies seulement. Le périanthe lui-même offre un caractère bien distinctif par son coloris... »

Les auteurs sont aujourd'hui généralement d'accord pour considérer comme des hybrides naturels ces plantes à huit pollinies de grosseur inégale, à peu près intermédiaires par ce fait entre Cattleya et Laelia. Il en est de même du *Laelia elegans* (ou *Laeliocattleya × elegans*) : et cependant le *L. elegans*, comme le *L. Dormanniana*, existent en si grand nombre à l'état naturel que l'on a peine à concevoir que ce soient des hybrides.

L. elegans. — Superbe espèce, l'une des plus populaires et des plus répandues ; elle est de coloris assez variable, et a produit un grand nombre de variétés, dont plusieurs très remarquables. Elle est fréquemment considérée comme un hybride naturel entre *Laelia purpurata* et *Cattleya intermedia*.

Le *L. elegans* type a les pétales et les sépales semblables, oblongs-lancéolés, d'un rose pourpré lavé de blanc, et plus ou moins foncé ; le labelle a les lobes latéraux recouvrant la colonne, de la même nuance, ou parfois plus pâles, avec une macule pourpre aux pointes repliées, et le lobe antérieur étalé, cramoisi pourpré, un peu plus pâle au bord.

Var. alba. Pétales et sépales blancs, labelle blanc avec ou sans la macule pourpre.

Var. Broomeana. Fleurs entièrement rouge magenta pourpré, d'un éclat splendide.

Var. Luciani. Sépales d'un rouge bronzé, pétales rose vif veinés de pourpre, lobes latéraux du labelle blanc de lait, lobe antérieur pourpre foncé éclatant.

Var. Schilleriana. Sépales et pétales blancs, labelle rouge pourpré vif avec une macule jaune pâle.

Var. Stelzneriana. Se distingue de la précédente par la largeur supérieure des pétales, des sépales et du labelle.

Var. Turneri. Sépales et pétales améthyste pourpré clair, nuancés de rose ; lobe antérieur cramoisi pourpré, teinté de marron.

Var. Wolstenholmiae. Sépales et pétales améthyste pourpré, veinés et pointillés de pourpre foncé sur les bords ; lobes latéraux du labelle de même ; lobe antérieur améthyste pourpré avec le disque marron.

Beaucoup d'autres variétés sont connues dans les cultures.

Le *L. elegans* fleurit de juin à septembre.

L. flava. — Espèce produisant des grappes de huit à dix fleurs jaune clair, avec le labelle veiné de rouge sur les lobes latéraux, et portant en avant quatre veines prononcées. Rappelle assez bien le *L. cinnabarina*, sauf la différence de coloris.

L. furfuracea. — Espèce introduite dès 1838. Les plantes sont de petite taille ; les fleurs ont de huit à dix centimètres de diamètre ; elles ont les pétales et les sépales d'un rose pourpré pâle, les seconds près de deux fois aussi larges que les premiers ; le labelle est d'un coloris un peu plus clair encore, et porte une macule pourpre vif sur le lobe antérieur.

Cette espèce rappelle assez le *L. autumnalis*, mais elle s'en distingue avec une netteté suffisante au point de vue de l'horticulture. Elle a les pseudobulbes plus courts, les fleurs un peu plus petites, les pétales beaucoup plus larges que les sépales, enfin ces segments à peu près arrondis et non acuminés. Ses pseudobulbes ressemblent beaucoup à ceux du *L. majalis*. Ses fleurs sont produites par six à dix en bouquet au sommet d'une tige florale longue de 50 à 60 centimètres.

L. glauca. — Plus connu peut-être sous le nom de *Brassavola glauca*. Les fleurs, d'un vert olive pâle, sont très parfumées et d'assez grande taille; elles ont le labelle blanc, parfois maculé de pourpre au disque.

Fleurit de février à avril.

L. grandis. — Belle espèce, que sa variété *tenebrosa*, d'introduction récente, a surtout contribué à mettre en grande lumière. Le type a les sépales et les pétales jaune nankin, et le labelle blanc à l'extérieur, avec le lobe antérieur arrondi, blanc veiné de rose pourpré.

La variété *tenebrosa* semble être obtenue en ajoutant au type une couche générale de brun. C'est une fleur magnifique, notablement plus grande que le *L. grandis*, et qui est classée aujourd'hui par certains auteurs comme une espèce distincte, sous le nom de *Laelia tenebrosa*.

L. harpophylla. — Introduit dès 1867, est resté rare jusque dans ces dernières années. Sa fleur, de taille moyenne, a les segments étroits ou allongés; les sépales et les pétales sont d'un rouge vermillon vif; le labelle, récurvé en forme de croissant, a les lobes latéraux repliés autour de la colonne, également rouge-vermillon, et le lobe antérieur récurvé, d'un coloris plus clair, très frisé sur les bords et terminé en pointe.

L. Jongheana. — Espèce assez rare, à fleurs ayant de 10 à 12 ou 13 centimètres de diamètre. Les pétales et les sépales sont d'un rose opaque très doux; le labelle a le même coloris, avec le disque jaune, une macule blanche en avant, et les bords très ondulés.

Fleurit au mois de mars (ou juillet?).

Le *L. Jongheana*, introduit pour la première fois en 1854, avait été nommé en l'honneur de M. De Jonghe, de Bruxelles. Il ne fut plus réimporté jusque vers 1873.

L. Lindleyana. — Introduit par M. Linden en 1857, mais rarement importé depuis lors, ce Laelia est très rare dans les cultures. Il produit ses fleurs en grappes au nombre de deux ou plus. Les pétales et les sépales sont blancs teintés de rose pâle, le labelle de même avec le lobe antérieur blanc, nuancé de pourpre et tacheté au centre de pourpre foncé.

L. lobata (connu également sous le nom de *L. Boothiana*).

Gracieuse espèce très analogue au *L. grandis*, dont il se distingue surtout par la forme différente de ses pseudobulbes, par le coloris de ses fleurs et par l'époque de sa floraison (avril-mai). Il a les pétales et les sépales rose pâle avec des veines et des réticulations rose pourpré vif; le labelle, très frangé sur les bords, très allongé en avant et acuminé, est d'un rouge pourpré vif avec des stries et des réticulations plus pâles.

L. majalis. — Signalé dès le XVII° siècle, et découvert par HUMBOLDT, puis par LA LLAVE et par d'autres voyageurs; c'est l'une des premières Orchidées américaines connues. Il est désigné par les indigènes Mexicains sous le nom de *Fleur de mai;* ajoutons que dans nos climats il fleurit, non pas en mai, mais au mois de juillet ou d'août.

Les fleurs sont de grande taille, et ont les pétales et les sépales d'un rose pâle légèrement lilacé; le labelle a le lobe antérieur très développé, couvert de fines stries rose pourpré vif sur fond blanc, avec une large bordure rose mauve, et traversé dans sa longueur par une ligne médiane jaune pâle. Ces fleurs se conservent très longtemps.

L. monophylla. — Espèce de petite taille, très distincte et très curieuse, qui n'a pas de pseudobulbes, mais des tiges érigées rappelant un peu les Masdevallia. Les fleurs solitaires ont environ cinq centimètres de diamètre, et sont d'un coloris écarlate vif. Le labelle, très petit, a les lobes latéraux roulés autour de la colonne et le lobe antérieur jaune extrêmement réduit.

BENTHAM a rangé cette espèce dans le genre Octadesmia.

L. Perrini. — Très belle espèce, appartenant à la section des Laelia de petite taille. Ses bulbes atteignent une hauteur de 15 à 25 centimètres. Les fleurs ont 12 à 15 centimètres de diamètre, et sont d'un coloris rose pourpré plus ou moins vif, avec la gorge blanche ou d'un jaune très pâle, et le lobe antérieur du labelle porte une bordure assez étroite d'un beau rouge pourpré foncé qui se prolonge sur les bords des lobes latéraux. Fleurit en octobre-novembre.

La variété *nivea*, très rare et très belle, a les pétales, les sépales et les lobes latéraux du labelle blanc pur, le lobe antérieur rose pâle.

L. praestans. — Variété du suivant.

L. pumila (*Cattleya pumila, Cattleya marginata, Laelia* ou *Cattleya Pineli*). — Autre charmante espèce de petite taille, à fleurs d'un coloris très vif et très attrayant. Les pétales et les sépales sont d'un rose pourpré éclatant, le labelle a les lobes latéraux de la même couleur, enroulés autour de la colonne; le lobe antérieur est d'un beau pourpre marron, qui s'étend sur les bords des lobes latéraux; il porte quelquefois en avant une partie plus pâle formant un petit triangle. Fleurit en septembre-octobre.

La variété *praestans* se distingue par l'ouverture plus large du labelle, et le coloris jaune orangé du disque.

La variété *Dayana*, fleurit un peu plus tôt que le type. Elle se différencie également par un coloris plus foncé.

L. purpurata (voir fig. 13, 27 et 78). — Magnifique espèce, la plus belle du genre et l'une des plus populaires de toute la famille. Ses fleurs ont un diamètre de douze à vingt centimètres; les pétales larges, bien étalés latéralement, et les sépales plus étroits, sont blancs ou d'un rose pâle, parfois aussi veinés de rose pâle; le labelle a les lobes latéraux de la même couleur, striés intérieurement de lignes rouge pourpre, qui transparaissent légèrement au dehors; le lobe antérieur, largement étalé et prolongé en avant, est d'un splendide rouge pourpré, souvent avec une aire plus pâle ou presque blanche au bord antérieur; le disque porte fréquemment une macule jaune pâle, traversée par les stries rouge foncé.

Fleurit en mai-juin.

Var. Aliciae. Pétales et sépales blancs, très larges; labelle ample, bien arrondi, carmin foncé, avec la pointe blanche.

Var. Brysiana. Sépales et pétales lavés de rose pâle, lobe antérieur du labelle pourpre foncé.

Var. fascinator. Très distincte. Pétales et sépales roses, les pétales surtout d'un coloris très vif. Labelle allongé, d'un rouge groseille avec le disque jaune vif débordant en pointe sur le lobe antérieur.

Var. fastuosa. Variété hors ligne. Les pétales et les sépales sont d'un rose vif, les premiers beaucoup plus foncés dans la seconde moitié de leur longueur, et striés de nervures rouge vif qui sont aussi particulièrement foncées à l'endroit où les pétales ont leur plus grande largeur. Le labelle, très grand et très allongé, est d'un rouge pourpré sombre, avec un petit triangle plus clair à la partie antérieure.

Var. Lindeni. Variété assez analogue à la précédente, mais ayant un coloris uniformément rose vif sur les pétales et les sépales.

Var. majestica (fig. 27). Pétales et sépales blanc crême. Labelle très grand, allongé, rouge violacé sombre bordé de blanc, avec une grande aire blanche striée de pourpre à la partie antérieure.

Var. Nelisi. A peu près semblable à la précédente, avec les pétales et les sépales veinés et réticulés de rouge sur fond rose pâle.

Var. Russelliana. Sépales et pétales blancs teintés de lilas, avec des veines plus foncées; labelle rose lilacé pâle avec des veines plus foncées. Variété d'un coloris tendre exquis, qui est souvent désignée comme espèce distincte.

Var. Schröderi. Segments blancs, tube du labelle jaune pâle strié de pourpre foncé, lobe antérieur mauve pourpré bordé de blanc.

Var. triumphans. Pétales et sépales roses veinés de rose plus vif; labelle très grand, pourpre sombre très foncé, avec la pointe rose striée de pourpre.

Beaucoup d'autres variétés plus ou moins distinctes ont reçu des noms particuliers.

L. rubescens (synonymes : *L. acuminata, L. peduncularis*). — Fleurs ayant 6 à 7 centimètres de diamètre, blanches ou d'un rose lilacé, avec une large macule marron à la base du labelle. Fleurit en novembre-décembre.

L. superbiens. — Magnifique espèce, produisant ses fleurs en grappes très touffues, jusqu'au nombre de quinze ou vingt sur chaque bouquet. Les pétales et les sépales sont rose mauve; le labelle a les lobes latéraux repliés au-dessus de la colonne, nuancés de jaune à l'intérieur et striés de pourpre ; le lobe antérieur est d'un rose pourpré vif, relevé de veines plus foncées, avec le disque jaune. Fleurit en janvier-février.

L. Turneri. — Variété du *L. elegans*.

L. xanthina. — Espèce assez rare. Les pétales et les sépales sont jaunes, plus ou moins lavés de vert olive ; le labelle a le lobe antérieur blanc strié de rouge pourpre. Fleurit de mai à juin. Les fleurs sont de petite taille, mais très nombreuses.

Cette espèce rappelle un peu le *L. grandis*, auquel elle est d'ailleurs inférieure comme grandeur et comme coloris.

HYBRIDES NATURELS

(Voir plus haut *L. amanda et L. Dormaniana*)

L. Crawshayana. — Fleurs paraissant intermédiaires entre celles du *L. anceps* ou *autumnalis* et celles du *L. albida*, rose pourpré avec le lobe antérieur du labelle pourpre foncé et le disque traversé par une ligne jaune.

L. × Finckeniana. — Hybride naturel présumé entre le *L. albida* et le *L. anceps*. Ses fleurs ont les sépales et les pétales blancs, assez courts, larges, dressés, le labelle blanc avec le lobe antérieur cramoisi rosé, et les lobes latéraux relevés de stries chocolat.

L. Leeana. — Plante naine analogue au *L. pumila*, mais à bulbes un peu plus longs. Sépales et pétales rose vif; lobes latéraux du labelle rose pâle, maculés de pourpre à la pointe; lobe antérieur magenta pourpré.

L. Oweniae (voir fig. 109). — Cette belle forme, qui fait partie de la riche collection de M. G. D. OWEN, de Rotherham (Angleterre), peut être considérée comme un hybride naturel entre le *L. elegans* et le *L. Perrini*.

Les fleurs ont la forme du *L. Perrini*, sauf de très faibles différences, notamment dans les lobes latéraux du labelle et dans les pétales, qui sont plus larges. Les pétales et les sépales sont d'un splendide coloris rouge carmin avec des reflets changeants, et tirant sur le magenta ; le labelle a le tube blanc, portant à l'intérieur, et depuis la base, une bande rouge carminé éclatant, qui

Fig. 109. — LAELIA OWENIAE.

s'élargit à la partie antérieure et recouvre tout le lobe antérieur ainsi que les bords des lobes latéraux ; la colonne blanche porte quelques traces de rouge à son sommet. Les bulbes ont environ quarante à cinquante centimètres de hauteur; ils sont à peu près cylindriques, un peu plus gros vers le sommet, et portent deux feuilles larges et assez courtes.

L. porphyritis. — Sépales et pétales pourpre verdâtre, les pétales un peu plus rosés; lobe antérieur du labelle pourpre vif, avec le disque jaunâtre. Paraît tenir du *L. pumila* et du *L. Dormanniana*.

L. Wyattiana. — Fleurs ayant à peu près la dimension de celles du *L. crispa*. Les pétales et les sépales sont blancs; le labelle, qui a sensiblement la forme de celui du *L. crispa*, est jaune extérieurement, et a le lobe antérieur pourpre clair veiné d'une nuance plus foncée. Fleurit en septembre-octobre.

Parenté présumée : *L. crispa* × *L. lobata*.

HYBRIDES ARTIFICIELS

L. × exoniensis. — Hybride ayant fleuri pour la première fois en 1866, et dont l'origine n'est pas exactement connue. On admet que l'un des parents est le *L. purpurata*, l'autre étant le *L. crispa* ou le *Cattleya Mossiae*. Les fleurs sont grandes, blanches ou d'un rose très pâle, avec le lobe antérieur du labelle pourpre vif bordé de blanc ou de rose pâle, et très ondulé sur les bords, et le disque jaune strié de pourpre.

L. × flammea (*L. cinnabarina* × *L. Pilcheri*). — Sépales et pétales jaune orangé vif; lobes latéraux du labelle jaunes striés de rouge; lobe antérieur rouge pourpré, plus pâle sur les bords; disque jaune. Floraison au printemps.

L. × juvenilis (*L. pumila* × *L. Perrini*). — Fleurs sensiblement intermédiaires entre les parents. Segments blanc rosé, labelle de la même couleur avec une macule rouge pourpré en avant du lobe antérieur et une soufrée sur le disque.

L. × Pilcheri (*L. crispa* × *L. Perrini*). — Sépales et pétales blancs ou à peine lavés de rose pâle. Lobe antérieur du labelle pourpre veiné de marron pourpré; disque jaune strié de pourpre.

CULTURE. — Les Laelia se cultivent de la même façon que les Cattleya (voir plus haut, p. 638).

Il n'y a d'exception que pour les *Laelia anceps, autumnalis, majalis, albida* et autres espèces mexicaines, qui réussissent en serre tempérée-froide, avec les Miltonia, et traitées de la même façon qu'eux.

LAELIOCATTLEYA

Genre hybride créé pour les produits de croisements entre Laelia et Cattleya. Il renferme un certain nombre de plantes extrêmement remarquables.

L. × **Amesiana** (*L. crispa* × *Cattleya maxima*).

L. × **amoena** (*C. Loddigesi* × *Laelia Perrini*).

L. × **Arnoldiana** (*C. labiata* × *Laelia purpurata*). — Superbe hybride obtenu à l'École Royale d'horticulture et de pomologie de Florence. Ses fleurs, de grande taille, ont les segments amples et bien étoffés, d'un rose vif; le labelle, largement épanoui, à peu près arrondi antérieurement, a le lobe médian d'un rouge cramoisi pourpré très riche.

L. × **bella** (*L. purpurata* × *Cattleya labiata*).

L. × **callistoglossa** (*L. purpurata* × *Cattleya gigas*). — Très beau.

L. × **Canhamiana** (*L. purpurata* × *Cattleya Mossiae*).

L. × **Cassandra** (*C. Loddigesi* × *Laelia elegans*).

L. × **Digbyana-Mossiae** (*C. Mossiae* × *L. Digbyana*). — Très bel hybride ayant les pétales et les sépales rose tendre comme dans le *C. Mossiae*, et le labelle deux fois aussi grand, paraît-il, que dans cette espèce, richement frisé sur les bords, mais non coloré de rouge foncé comme celui du *C. Mossiae*.

L. × **elegans**. — Voir *Laelia elegans*.

L. × **eximia** (*C. Warneri* × *Laelia purpurata*).

L. × **fausta** (*C. Loddigesi* × *Laelia exoniensis*).

L. × **felix** (*L. crispa* × *Cattleya Schilleriana*).

L. × **Hippolyta** (*L. purpurata* × *Cattleya Mossiae*).

L. × **Philbrickiana** (*C. Aclandiae* × *Laelia elegans*).

L. × Phoebe. — Hybride provenant du *Cattleya Mossiae* fécondé par le *Laelia purpurata*, et obtenu dans la collection de M. Norman C. Cookson, d'où sont déjà sorties tant de belles nouveautés dûes à la fécondation artificielle. Comme port, la fleur rappelle à peu près le *Laelia purpurata*, sauf le labelle qui a le lobe antérieur très allongé et moins large que dans les deux parents, et les lobes latéraux relevés aux coins. Comme coloris, il est tout à fait distinct ; les pétales et les sépales sont d'un riche jaune indien, et le lobe antérieur du labelle est rouge cramoisi pourpré.

Une particularité digne de remarque, c'est que cet hybride est le résultat d'un croisement dont l'inverse avait déjà été effectué et avait donné un produit bien différent, le *Laeliocattleya × Hippolyta*. Le *L. × Phoebe* est d'une beauté supérieure au précédent et au *L. × Canhamiana*.

L. × Pittiana (*C. guttata Prinzi × Laelia grandis*). — Hybride naturel.

L. × Proserpine (*L. pumila Dayana × Cattleya velutina*).

L. × Schilleriana. — Voir *Laelia elegans var. Schilleriana*.

L. × Sedeni (*C. superba × Laelia elegans*).

L. × Sidneana (*L. crispa × Cattleya granulosa*).

L. × Stchegoleffiana. — Superbe forme qui a fleuri récemment à L'Horticulture Internationale, et est dédiée à un amateur niçois, possesseur d'une très belle collection, M. Alexandre Stchegoleff.

Elle porte en elle d'une façon frappante la marque de ses deux parents, que tout connaisseur nommera au premier coup d'œil : le *Cattleya labiata* et le *Laelia grandis* ou *tenebrosa*, car entre ces deux derniers il est difficile de tracer une distinction assez nette pour se répercuter dans la descendance. La plante se trouvait d'ailleurs dans un lot d'importations qui ont produit des *Laelia grandis* et des *L. tenebrosa*.

Les fleurs sont de taille un peu inférieure à celles du *Cattleya labiata ;* mais comme la plante n'est pas encore établie, on ne saurait prévoir quelle sera leur grandeur définitive. Elles ont les pétales et les sépales roses, les premiers larges et ondulés sur les bords, les seconds plus étroits. Le labelle, d'un rose très vif, a le lobe antérieur très ondulé sur les bords et entièrement recouvert d'une riche macule rouge pourpre foncé. La forme de cet organe est très analogue à celle du labelle du *L. tenebrosa*.

L. × **Timorra** (*L. pumila* × *Cattleya labiata*).

L. × **triophthalma** (*C. superba* × *Laelia exoniensis*).

L. × **Veitchiana** (*C. labiata* × *Laelia crispa*).

L. × **Zenobia** (*C. Loddigesi* × *Laelia elegans Turneri*).

LAELIOPSIS

Diagnose :

Sépales à peu près égaux, libres, dressés ou à peine étalés. Pétales plus amples que les sépales. Labelle soudé à la base de la colonne en formant une petite coupe, puis dressé ; lobes latéraux larges, embrassant la colonne ; lobe médian large, arrondi, souvent denticulé sur les bords. Colonne longiuscule, semi-cylindrique, munie au-dessus de la base de deux oreillettes ou de deux dents ; dents latérales du clinandre faiblement proéminentes. Anthère terminale, en forme d'opercule, incombante, convexe, distinctement biloculaire, à loges subdivisées en deux par une cloison longitudinale imparfaite ; 8 pollinies cireuses, 4 dans chaque loge, superposées par paires, faiblement comprimées sur le côté et disposées en deux séries collatérales, celles des paires supérieures beaucoup plus petites que celles des paires inférieures. — Herbes épiphytes, à pseudobulbes oblongs parfois assez longs, à gaînes peu nombreuses, munis d'une feuille au sommet. Feuille oblongue ou étroite, épaisse, coriace, presque charnue. Pédoncule terminal, généralement allongé. Racème simple, à fleurs médiocres ou assez grandes, brièvement pédicellées. Bractées petites en forme d'écailles.

Le genre Laeliopsis a été fondé par Lindley dans le *Flower Garden* de Paxton pour le *L. Domingensis*, la seule espèce actuellement représentée dans les cultures et que le même auteur avait d'abord rangée dans les Broughtonia ; il comprend également deux autres espèces, originaires de l'île de Cuba.

Les Laeliopsis se rapprochent beaucoup par le port et par la forme des fleurs, de certains Laelia, et spécialement du *L. rubescens*. La conformation de l'appareil pollinique rappelle plutôt les Tetramicra.

L. Domingensis. — Plante naine, à petits pseudobulbes oblongs, produisant à leur sommet un pédoncule d'une trentaine de centimètres de hauteur, terminé par un racème de six à huit fleurs d'un rose lilacé ; le labelle porte sur la gorge une série de veines ciliées pourpres, avec une veine médiane jaune brunâtre.

Culture. — Cette gracieuse petite Orchidée se cultive sur bloc dans la serre tempérée, suspendue près du vitrage. Elle réclame beaucoup d'humidité pendant la saison de végétation, et un repos très prononcé après l'achèvement du pseudobulbe de l'année.

LES LISSOCHILUS

Diagnose :

Sépales libres, égaux, étalés, souvent réfléchis après l'anthèse. Pétales plus larges ou plus grands que les sépales et plus colorés, dressés-étalés. Labelle placé à la base de la colonne, libre, allongé au-dessus de la base en sac ou en éperon conique ; lobes latéraux presque étalés, parfois peu proéminents, le médian large, étalé. Colonne dressée, courte, semi-cylindrique, sans pied, à angles souvent aigus non ailés ; clinandre oblique, généralement entier. Anthère terminale en forme d'opercule, incombante, convexe et souvent conique ou formant deux bosses à sa partie dorsale, biloculaire ; 4 pollinies, distinctes ou plus ou moins réunies par paires, cireuses, ovoïdes, inappendiculées, reliées à la glande du rostellum assez large ou allongée en pédicelle. — Herbes terrestres, à tiges brièvement feuillées, renflées en pseudobulbes ovoïdes. Feuilles longues, généralement étroites, traversées de veines saillantes ou plissées. Scapes issus des côtés des pseudobulbes ou du rhizôme, aphylles, à plusieurs gaînes ; racème simple ; fleurs souvent belles, pédicellées. Bractées oblongues-lancéolées ou linéaires, persistantes.

Le genre Lissochilus a été fondé par ROBERT BROWN dans les *Collectanea Botanica* de LINDLEY. Sur les 50 espèces qui le composent, les deux suivantes seulement sont assez fréquemment représentées dans les cultures.

L. giganteus (voir fig. 29). — « Cette magnifique espèce, que l'on prendrait au premier abord pour un Glaïeul colossal, écrit M. OTTO BALLIF dans le *Journal des Orchidées*, croît aux embouchures du fleuve Quillo et de la rivière Zaïre ou Congo, dans des marécages qui sont submergés d'eau salée pendant les hautes marées.

Ses feuilles ont une longueur de 1^{m}20 à 2 mètres, sur 10 à 12 centimètres de largeur, et ses tiges florales atteignent parfois jusqu'à 2^{m}50 de hauteur ; elles supportent une trentaine de magnifiques fleurs, dont la forme rappelle assez celle d'un papillon aux ailes étalées ; leurs sépales et pétales sont d'un beau rose vif, et leur labelle est rouge rayé de pourpre. Cette Orchidée est une des merveilles du règne végétal. Sa culture est malheureusement assez coûteuse et ne peut guère être entreprise que par les grands amateurs, qui disposent d'un aquarium chaud, où l'on cultive par exemple la *Victoria regia*, cette reine des eaux.

CULTURE. — Cette remarquable espèce doit être cultivée en pot, dans un compost formé de vase, de gros sable, de tourbe et de sphagnum que l'on mélange avec des tessons et du charbon de bois, afin de le maintenir plus perméable ; il est préférable d'ajouter à ce mélange une faible proportion de sel marin, qui, paraît-il, influe beaucoup sur son développement. Pendant la végétation, les pots sont submergés dans l'aquarium et placés dans un endroit exposé en plein soleil ; les soins que réclame alors ce Lissochilus consistent simplement à maintenir une température élevée dans la serre et à ne jamais laisser l'eau s'abaisser au-dessous de 18° à 20° C. Ce n'est qu'en le cultivant dans ces conditions, que l'on peut espérer d'avoir la satisfaction de pouvoir admirer les dimensions colossales et la floraison majestueuse de cette superbe Orchidée.

Grâce au dévouement d'un collecteur belge, M. Auguste Linden, un certain nombre d'exemplaires de cette Orchidée ont été introduits en Europe, mais jusqu'à présent sa floraison n'a guère été signalée que chez deux amateurs, Sir Trevor Lawrence, en Angleterre, en 1888, et M. le Duc de Massa, en France, en 1892. »

L. Krebsi. — Espèce d'une culture plus facile que la plupart de ses congénères. Ses fleurs en grappe dressée sont très belles, quoique moins grandes que celles du précédent; les sépales sont d'un vert olive, marbré ou lavé de pourpre; les pétales largement ovales sont d'un jaune tendre à l'extérieur, et blanc crême à l'intérieur; le labelle a les lobes latéraux striés de pourpre intérieurement, jaunes en dehors; le lobe antérieur est jaune vif, et porte à la base quelques stries pourpres. La base des sépales et l'éperon sont rouge pourpre.

Cette espèce fleurit en avril-mai.

LÜDDEMANNIA

Diagnose :

Port des Acineta. Pédoncule pendant, portant une centaine de fleurs. Sépales oblongs, aigus, très concaves. Pétales cunéiformes-oblongs, aigus. Labelle concave, élargi à partir de la base en forme de coin, trilobé au sommet ; lobes latéraux arrondis, dressés ; lobe médian triangulaire, étroit ; disque velouté ; dent dressée appliquée à la base contre le gynostème, prolongée en carène double au milieu du labelle. Gynostème grêle, élargi en forme de massue au sommet. Le bord du clinandre peu proéminent se prolonge des deux côtés en une aile courte obtuse.

Le genre Lüddemannia a été fondé par J. Linden et Reichenbach pour une espèce unique, découverte par J. Linden et décrite à l'origine par LINDLEY sous le nom de *Cycnoches Pescatorei*, mais qui se distingue assez nettement des Cycnoches par la forme des pollinies hémisphériques-déprimées et reliées à une caudicule très petite, presque nulle.

Le *L. Pescatorei* est une belle espèce d'une floribondité extraordinaire : lors de sa première floraison, en 1849, dans la collection de M. PESCATORE, il produisit une grappe de 96 fleurs. Ses fleurs mesurent de 2 à 3 centimètres de diamètre, et ont les sépales oblongs, aigus, jaune brunâtre strié et pointillé de rouge pourpre, les pétales et le labelle jaunes. La forme du labelle est curieuse : il est très étroit à la base, puis fortement élargi, et forme trois dents pointues à son sommet. Les grappes pendantes sortent du compost à une certaine profondeur au-dessous des pseudobulbes.

CULTURE. — Le *L. Pescatorei* se cultive à peu près comme les Acineta et Stanhopea, en serre chaude, avec un bon repos pendant lequel il ne doit pas être soumis à un abaissement sensible de température. Étant donné la façon dont la plante produit son inflorescence, on comprend qu'elle devra être placée en panier.

LYCASTE

DIAGNOSE :

Sépales presque égaux, dressés-étalés, les lobes latéraux un peu plus larges, brièvement prolongés en avant à la base et formant presque un sac avec le pied du gynostème. Pétales notablement plus courts et relativement plus larges que les sépales. Labelle inséré à l'extrémité du pied du gynostème, sessile ou brièvement onguiculé, plus court que les sépales, trilobé, les lobes latéraux dressés, le lobe terminal plus ou moins réfléchi ; disque muni dans son milieu d'un appendice charnu transversal. Gynostème assez allongé, arqué, demi-cylindrique, non-ailé ou muni seulement au sommet de deux ailes très étroites, prolongé à la base en un pied court. Anthère terminale, en forme d'opercule, très convexe, uniloculaire ; quatre pollinies cireuses, oblongues ou ovoïdes, appliquées l'une sur l'autre par paires, reliées à un tout rétinacle par un pédicelle allongé et linéaire. Capsule oblongue ou fusiforme, dressée. — Herbes épiphytes, à tiges très courtes renflées en pseudobulbes souvent ovoïdes, surmontés de une à trois feuilles. Celles-ci sont amples, oblongues-lancéolées, acuminées, plissées-veinées. Scapes dressés, uniflores, naissant en dessous des nouvelles pousses feuillées. Fleur grande, penchée.

Les Lycaste sont des Orchidées éminemment recommandables pour les débutants ; ils sont de culture facile, ne réclament qu'une température peu élevée, et peuvent même être cultivés dans une serre ordinaire de plantes d'appartement ; ils ne perdent pas leurs feuilles l'hiver, et par suite offrent un aspect moins disgracieux, à l'époque du repos, que les Calanthe, Anguloa et autres genres voisins. Enfin ils sont extrêmement décoratifs pour la plupart, et ornent splendidement les serres depuis la fin de mars jusqu'à la fin de mai. Leurs fleurs solitaires se produisent en grand nombre dans la plupart des espèces, et se succèdent parfois pendant plusieurs mois.

Au premier rang des Lycaste, il faut placer le *L. Skinneri*, l'une des plus ravissantes Orchidées qui existent. Comme forme, il est moins énorme et plus séduisant que ses congénères ; comme coloris, il possède une élégance exquise. Les pétales ovales, recourbés au-dessus de la colonne, avec les extrémités supérieures seulement redressées, forment une sorte de gorge avec le labelle proéminent, tandis que les sépales très amples, également ovales, mais avec les pointes recourbées en arrière, s'étalent en donnant à la fleur une apparence étoilée et quelque peu géométrique, sauf l'arrondissement harmonieux des lignes. Les segments sont d'un rose plus ou moins vif, et le labelle rose pâle ou blanc tacheté de rose vif. L'ensemble est d'une très grande beauté.

La floraison se produit de la fin de janvier à la fin de mars.

Il existe également une variété blanche [1] de cette espèce, variété encore rare et très recherchée des collectionneurs.

Cette variété, découverte par J. LINDEN, en 1840, avait été nommée par lui *Maxillaria virginalis*; elle fut introduite en Angleterre quelques années après, débaptisée, selon la coutume trop fréquente dans ce pays, et reçut le nouveau nom de *Maxillaria Skinneri*; plus tard, LINDLEY rattacha l'espèce au genre Lycaste refondu et réorganisé par lui.

La variété *purpurea*, qui a fait son apparition en Belgique en 1893, simultanément chez M. DU TRIEU DE TERDONCK et chez M. POURBAIX, a les sépales rose pâle, les pétales rose pourpré foncé, et le labelle blanc crême légèrement tacheté de rouge pourpré sur les bords des lobes latéraux.

La variété *armeniaca* rappelle beaucoup les meilleurs formes du *L. S. alba*, mais avec le labelle nuancé d'une couleur abricot orangé; les pétales portent également une très faible teinte saumonée, tandis que les sépales sont d'un blanc pur.

L. aromatica. — Fleurs d'un jaune clair ou orangé à l'intérieur, nuancées de vert extérieurement, avec le labelle tacheté d'orangé, et portant au centre un appendice charnu concave. Fleurs agréablement parfumées.

L. cinnabarina. — Espèce très belle et très intéressante, récemment introduite par L'HORTICULTURE INTERNATIONALE. Elle avait été découverte par WARSCEWICZ, qui l'avait nommée *Maxillaria cinnabarina*, mais elle n'avait jamais encore été introduite dans les cultures.

Les fleurs de cette espèce sont grandes et appartiennent au même groupe que les *L. gigantea* et *costata*; elles ont les pétales et les sépales d'un blanc verdâtre, et le labelle d'un rouge brique brillant, et comme vernissé. Ce dernier organe produit, par son coloris, un contraste très frappant.

L. costata. — Fleurs de grande taille, à sépales et pétales large-

---

[1] Il est assez curieux de noter que c'est précisément par cette variété très rare que l'espèce a été connue à l'origine.

ment linéaires-oblongs, les premiers un peu infléchis; labelle trilobé concave, avec un appendice charnu muni de cinq côtes au centre et le lobe antérieur frangé. Toute la fleur est d'un vert pâle, et le labelle blanc jaunâtre. Les sépales mesurent plus de 6 centimètres de longueur.

L. cruenta. — Fleurs mesurant environ 10 centimètres de diamètre; sépales ovales; pétales un peu plus petits; labelle trilobé, à lobe antérieur ondulé antérieurement, pubescent, muni au centre d'un simple tubercule. Les pétales sont jaune vif, les sépales de la même couleur intérieurement, mais nuancés de vert à l'extérieur, et le labelle maculé et pointillé de rouge foncé. Floraison au printemps.

L. Deppei. — Fleurs de grandeur moyenne. Sépales et pétales oblongs obtus, les premiers verts, pointillés de brun pourpré en lignes transversales, les seconds blancs; labelle jaune pointillé de rouge, à lobe antérieur réfléchi.

Fleurit à la fin de l'hiver, et jusqu'en avril.

L. fulvescens. — Fleurs assez grandes, d'un jaune brunâtre, avec le labelle orangé foncé. Les segments, oblongs-lancéolés, mesurent environ 5 centimètres de longueur. Le labelle oblong, trilobé, a le lobe antérieur obtus, frangé sur les bords.

L. gigantea. — Fleurs mesurant 15 centimètres de diamètre. Sépales et pétales jaune brunâtre; labelle panduriforme, denticulé sur les bords, marron pourpré bordé d'orangé, et d'aspect velouté. Floraison en hiver.

L. lanipes. — Fleurs de grande dimension, d'un vert pâle. Le labelle de la même couleur, oblong-obtus, a les bords denticulés vers la base. Floraison en octobre.

Cette espèce se rapproche beaucoup du *L. costata*, qui a les fleurs plus petites, et du *L. gigantea*, qui a le lobe antérieur du labelle acuminé, non obtus-arrondi. Le *L. barbifrons*, espèce rare, qui est également très voisine du *L. lanipes*, a les fleurs deux fois plus grandes.

L. lasioglossa. — Sépales oblongs, aigus, récurvés, d'un jaune-brun vif; pétales formant tube, avec les pointes récurvées, jaune clair; labelle de la même couleur que les pétales, et densément velu sur le lobe antérieur.

L. Luciani. — Belle espèce d'introduction récente, qui a fleuri pour la première fois chez M. A. Van Imschoot, à Gand. Elle a une forme analogue à celle du *L. lasioglossa* et le lobe terminal densément couvert de longs poils crépus, comme dans cette espèce, mais elle s'en distingue par diverses particularités de structure et par son coloris. Les sépales sont d'un blanc verdâtre, fortement lavés et ponctués de pourpre à la face interne, les pétales blancs, lavés et maculés de pourpre inférieurement; le labelle est blanc jaunâtre avec de nombreuses petites macules pourpres, et le sommet presque entièrement d'un pourpre foncé.

L. macrophylla. — Fleurs assez grandes, appartenant au même groupe que les *L. Skinneri* et *L. lasioglossa*. Sépales oblongs, étalés, ondulés, récurvés au sommet, verdâtres; pétales oblongs, dressés, récurvés au sommet, jaune pâle; labelle oblong, concave, trilobé au sommet, arrondi, velu, jaune pâle légèrement tacheté de pourpre sur les bords. Appendice concave en forme de langue.

L. plana. — Belle espèce à fleurs mesurant près de 9 centimètres de diamètre. Les sépales oblongs-allongés, obtus, sont d'un jaune rosé; les pétales plus petits sont blancs avec une macule rose vif vers la pointe; le labelle blanc est pointillé de rouge terne, et a le lobe antérieur denticulé.

La variété *Measuresiana*, dédiée au célèbre amateur anglais, a le labelle blanc pur.

Le *L. plana* fleurit aux mois de février-mars. Il est considéré par Reichenbach comme une variété du précédent.

L. tetragona. — Le nom spécifique de cette plante fait allusion à la forme tétragonale de ses pseudobulbes. Son inflorescence est composée de trois ou quatre fleurs, ce qui constitue une exception unique dans le genre, toutes les autres espèces produisant des fleurs solitaires.

Sépales oblongs, obtus, étalés; pétales un peu plus petits; labelle trilobé, ventru et charnu. Les segments sont jaune verdâtre, le labelle est violet foncé intérieurement, et d'un blanc grisâtre extérieurement.

HYBRIDES NATURELS

L. Smeeana. — Décrit par REICHENBACH comme un hybride naturel entre *L. Skinneri* et *L. Deppei*. Fleurs blanches, avec le labelle tacheté et bordé de pourpre clair.

L. sulphurea. — Considéré comme un hybride naturel entre *L. Deppei* et *L. cruenta*.

HYBRIDES ARTIFICIELS

L. × hybrida (*L. Deppei* × *L. Skinneri*).

L. × Imschootiana (voir fig. 110). — Forme très remarquable. M. A. VAN IMSCHOOT, de Gand, dans la collection de qui elle a fait son apparition, fait connaître qu'il l'a obtenue d'un croisement entre *Lycaste Skinneri* et *Maxillaria nigrescens*; les graînes furent semées en 1889 et la première floraison se produisit en novembre 1893.

L'hybride présente tous les caractères d'un Lycaste; les sépales ovales sont d'un jaune très pâle, et criblés de gros points d'un pourpre foncé; le supérieur est obtus, à peine apiculé, les latéraux aigus et un peu acuminés. Les pétales, presque aussi longs que les sépales, ovales-elliptiques, aigus, sont jaune pâle avec de gros points pourpre foncé, très nombreux dans la partie inférieure. Le labelle pourpre très foncé, avec de petites macules jaunes à la partie supérieure, a le lobe terminal jaune citron, ovale, à sommet arrondi, avec les bords un peu ondulés-crépus.

L. × Schœnbrunnensis (*L. Skinneri* × *L. Schilleriana?*)

CULTURE. — Les *Lycaste* sont des Orchidées faciles à cultiver; pourvu qu'ils soient bien empotés, qu'ils aient beaucoup d'humidité et beaucoup de fraîcheur, ils réussiront parfaitement ; une serre froide, dans les mêmes conditions que les serres de plantes

Fig. 110. — LYCASTE × IMSCHOOTIANA.

d'appartement, leur convient bien ; on la maintiendra aussi fraîche que possible l'été et l'automne, et il suffira de la chauffer légère-ment en hiver ainsi qu'au printemps, à l'époque où la végétation reparaît. Donner beaucoup de lumière, mais préserver les plantes des rayons directs du soleil.

Les Lycaste sont des Orchidées semi-terrestres. Le compost qui leur convient est un peu plus substantiel que celui des autres espèces de serre froide en général; la terre fibreuse doit y dominer, plutôt que le sphagnum; on peut même y mélanger un peu de terre de bruyère. En outre, on peut leur donner de l'engrais une ou deux fois par an, à l'époque de la croissance; je recommanderais surtout l'emploi de la bouse de vache, en petits fragments que l'on mélange au compost, près de la surface, et que les arrosages dissolvent, en entraînant dans toute la masse des matériaux les gaz nourrissants qu'ils contiennent.

Une fois que la pousse est achevée, on diminue la quantité d'humidité donnée aux plantes, sans cependant laisser jamais le compost se sécher complètement.

Quand les fleurs apparaissent, il faut avoir soin de cesser les seringages, qui pourraient les tacher et les faire périr; moins l'atmosphère sera chargée d'humidité, plus les fleurs se conserveront longtemps fraîches. Il va sans dire, cependant, qu'il ne faut pas que la plante soit privée ni que les bulbes se rident à l'excès.

LES MASDEVALLIA

Diagnose :

Sépales plus ou moins soudés à la base, de manière à former inférieurement un tube presque cylindrique ou parfois largement campanulé, la partie libre de chacun d'eux se prolongeant presque toujours en une queue longue et grêle. Pétales beaucoup plus petits que les sépales, parallèles avec le gynostème, et généralement étroits. Labelle également petit, de forme très variable, articulé avec le pied du gynostème. Gynostème dressé, marginé ou ailé à la partie supérieure, souvent prolongé en pied court à la base. Anthère terminale, operculiforme, convexe, uniloculaire; deux pollinies cireuses, ovoïdes, libres, dépourvues d'appendices. Capsule cylindrique ou en forme de fuseau, à six côtes. — Herbes épiphytes, naissant souvent en touffes, sans pseudobulbes. Tige portant une seule feuille, dressée, couverte de gaînes membraneuses, la partie en-dessous de la feuille étant très courte ou presque nulle. Feuilles coriaces, lancéolées ou elliptiques, à base rétrécie en pétiole. Pédoncule naissant de la base du pétiole et enfermé avec lui dans une gaîne membraneuse; il porte généralement une seule fleur, ou plus rarement, il est terminé par une grappe pauciflore. Les fleurs sont médiocres ou grandes, souvent vivement colorées, de teinte uniforme ou à macules variées.

Si le port des Masdevallia en général est moins élégant que celui de beaucoup d'autres genres, si leurs fleurs sont de taille ordinaire, ils peuvent rivaliser pour le coloris avec les Orchidées les plus remarquables. Aucun genre peut-être ne possède autant d'éclat; aucun ne produit des fleurs d'une teinte uniforme aussi vigoureuse, ne donne cette impression de tache intense, attirant et captivant le regard du visiteur.

Les rouges notamment sont splendides. Les célèbres *Masdevallia Lindeni* et *Harryana*, avec leurs mille variations, offrent toute la gamme des nuances intermédiaires entre le rouge-sang clair, presque vermillon, et le pourpre sombre, y compris les combinaisons du bleu, formant les violet clair, lie de vin, améthyste, etc. Certaines variétés, spécialement celles qui ont les sépales latéraux amples et bien étalés, les *Calhenderi*, *Kegeljani*, *Denisoniana*, etc., pour la nuance cramoisi, les *Chelsoni* et *coerulescens* pour la seconde catégorie, sont incomparables.

D'autres possèdent des teintes plus claires, et non moins agréables à la vue. Les orangés sont magnifiquement représentés par le *M. Veitchiana*, l'un des plus grands du genre, agréablement nuancé et comme recouvert de bleu cendré sur la moitié de la largeur des pétales, et le *M. ignea*, charmante espèce des plus répandues, qui se reconnaît aisément à son sépale dorsal recourbé sur les deux autres, et au coloris éclatant de ces derniers, relevé par des lignes longitudinales cramoisies. Elle a l'avantage de fleurir très souvent en hiver. Le *M. militaris*, voisin du précédent, lui est peut-être supérieur comme dimension et comme éclat. Enfin il faut réserver une place à part au *M. Davisi*, aux fleurs d'un splendide jaune d'or.

Dans un autre groupe, de coloris moins gais et moins brillants, sont comprises des espèces extrêmement remarquables à d'autres points de vue, les *M. Chimaera*, *Backhouseana*, *Wallisi*, *bella*, *spectrum*, etc., généralement sombres et couverts d'une pubescence hérissée, qui contribue à leur donner un aspect étrange et fantastique. Leurs fleurs sont généralement de grande taille ; leur contraste avec les espèces énumérées précédemment ou avec les autres hôtes fastueux de la serre froide, Odontoglossum, Oncidium, etc., produit un effet des plus attrayants et des plus pittoresques.

Une espèce qui mérite une mention particulière, c'est le *Masdevallia macrura*, espèce très grande et vraiment décorative, d'une grande perfection de formes, d'un coloris agréable, et dont le feuillage vert clair, assez ample, ne manque pas d'élégance. Ce Masdevallia, introduit en 1871 par LINDEN, est un des plus intéressants que comprenne le genre entier.

Les formes bizarres abondent d'ailleurs parmi les Masdevallia, et on en citerait aisément une foule qui, tous, méritent d'exciter l'intérêt des amateurs : le *M. trochilus* (*M. Ephippium*, *M. acrochordonia*) ou *Orchidée colibri*, aux sépales latéraux presque rejoints et formant une sorte de coupe, avec de longues pointes effilées, raides, formant un crochet à leur extrémité, le *M. leontoglossa*, dont le nom signifie « *langue de lion*, » curieusement tacheté de pourpre foncé sur fond jaune pâle ; le *M. elephanticeps* ou « *tête d'éléphant* » le *M. muscosa*, ou Orchidée-sensitive, les *M. Houtteana*, *M. radiosa*, *M. tridactylites*, à sépales connés formant presque un cercle, avec leurs longues queues étoilées, etc. Il faudrait citer encore le *M. tovarensis*, remarquable par son coloris entièrement blanc, et qui fleurit au cœur de l'hiver ; le *M. Shuttleworthii*, aux fleurs bicolores, fait presque unique dans le genre Masdevallia ; le sépale dorsal est jaune grisâtre et les sépales latéraux sont violets pourprés ; beaucoup d'autres mériteraient une mention.

Aux qualités dont je viens de parler, il faut ajouter celle de la floribondité : la plupart des Masdevallia fleurissent à diverses époques de l'année, et la serre qui leur est réservée n'est jamais dépourvue de fleurs ; elles se produisent dans certaines espèces en grande abondance, et lorsque ces espèces sont cultivées en forts exemplaires, c'est un spectacle magnifique que celui de ces masses touffues surmontées de nombreuses tiges florales, formant sur le vert des feuilles des taches d'un éclatant coloris. Ces spécimens sont malheureusement encore rares sur le continent ; en Angleterre il existe quelques collections spéciales où les Masdevallia sont admirablement cultivés ; elles ne sont inférieures à aucune autre, et n'exigent que peu de soins de ceux qui les dirigent.

Les espèces les plus célèbres sont les suivantes :

M. amabilis. — Charmante petite espèce, très florifère, produisant un grand nombre de fleurs d'un beau rose carminé, de taille moyenne, mais très attrayantes.

M. bella. — L'une des plus belles et des plus impressionnantes espèces connues. Elle appartient au groupe Chimaera. Ses fleurs, à peu près triangulaires, sont abondamment tachetées de brun pourpré sur fond jaunâtre clair. Le labelle réniforme, plus volumineux que dans la plupart des Masdevallia, est entièrement blanc. L'ensemble de la fleur est extrêmement étrange et curieux.

M. Chimaera. — Fleur d'aspect bizarre et saisissant. Ainsi que dans la précédente, les sépales sont à peine soudés à la base, et forment à peu près un triangle, d'un coloris jaune pâle, avec une foule de petites taches violet pourpré sombre, et les pointes de la même nuance. Toute la surface de la fleur est couverte d'une pubescence très dense, hérissée. Plusieurs Masdevallia rentrant dans le même groupe, *M. spectrum*, *M. Backhouseana*, *M. Wallisi*, ont une physionomie analogue et également curieuse.

M. Davisi. — Espèce à fleurs de taille moyenne, entièrement colorées de jaune vif. Fleurit en avril-mai.

M. elephanticeps. — Fleurs de très grande dimension, analogues à celles du *M. coriacea*, mais beaucoup plus volumineuses, de substance coriace. Le tube des sépales est très large, jaune clair lavé de pourpre sombre ; les extrémités, ainsi que les queues de ces organes, sont d'un coloris grenat pourpré sombre. C'est l'espèce la plus grande du genre.

M. Gargantua (voir fig. 111). — Espèce à fleurs de grande dimension, de forme massive. Le tube des sépales est volumineux et assez long, d'un coloris vert grisâtre lavé de brun ; les queues ne sont pas très longues, et sont colorées, ainsi que le sommet des sépales, de pourpre violacé sombre.

M. Harryana (voir fig. 24). — Considéré souvent comme une variété du *M. Lindeni*, ayant la gorge et l'intérieur du tube jaunes au lieu d'être blancs. Le sépale dorsal est cramoisi, les deux autres d'un beau rouge, qui varie, selon les variétés, du rouge-sang au magenta clair. Certaines formes très amples, très étalées, sont particulièrement remarquables ; entre autres les *Dennisoni*, *Calhenderi*, *atroviolacea*, *coerulescens*, etc.

M. ignea. — Belle espèce très distincte, ayant les fleurs d'un beau rouge ocre légèrement teinté et nervé de cramoisi. Plusieurs variétés différant entre elles au point de vue du coloris et de la grandeur des fleurs, notamment *M. i. grandiflora*, *aurantiaca* et *Massangeana*.

M. Lindeni. — Espèce très belle, et d'un très vif éclat. Très florifère, elle produit des fleurs solitaires d'un beau magenta pourpré, avec la gorge et l'intérieur du tube blancs.

M. Schröderae. — Charmante espèce, à fleurs de dimension moyenne, d'un coloris jaune verdâtre clair, avec une large macule rouge pourpré vif occupant la partie supérieure des sépales latéraux et les pointes des trois sépales. Floraison en mars-avril.

M. tovarensis. — Espèce unique, en raison du coloris de ses fleurs, qui sont d'un blanc immaculé. Elles se produisent généralement par deux sur chaque tige, et elles sont parfumées, deux qualités fort rares dans le genre Masdevallia et qui les rendent particulièrement précieuses. Le *M. tovarensis*, pendant longtemps assez rare, peut être obtenu aujourd'hui à un prix très modéré.

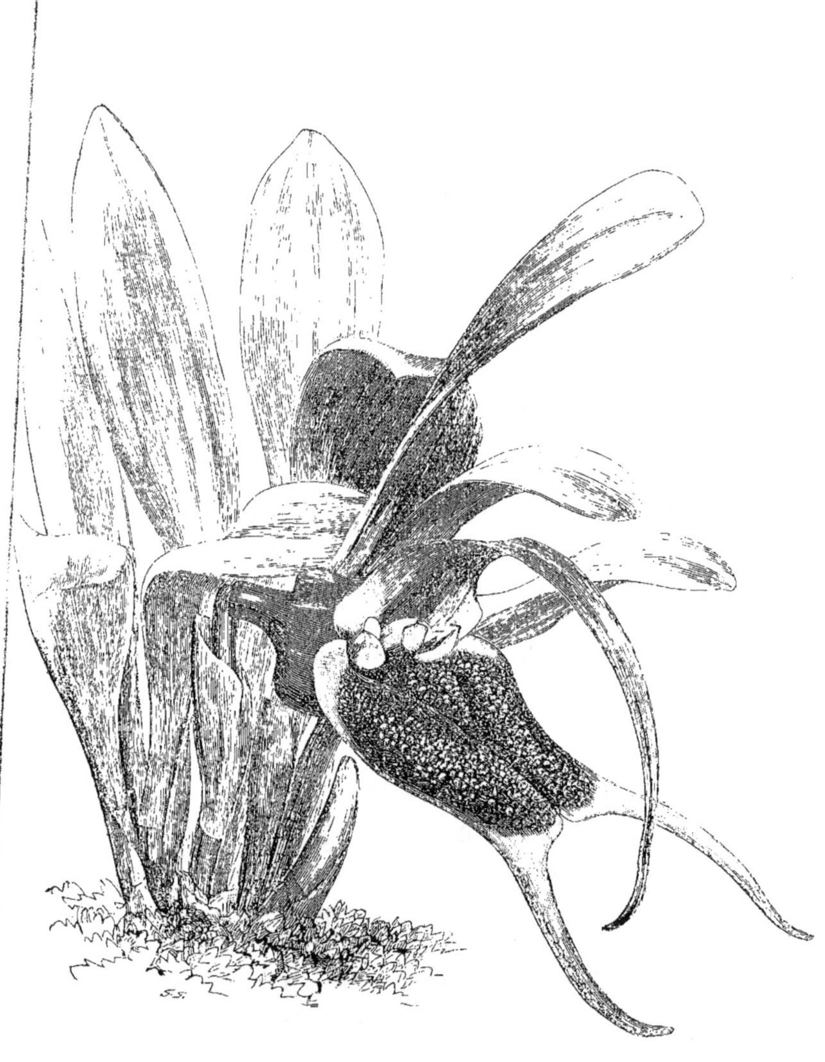

Fig. III. — MASDEVALLIA GARGANTUA

J'ai mentionné les principales espèces et les plus populaires. Je pourrais en citer encore un assez grand nombre, car les Masdevallia, de coloris très beaux, de prix modique et d'une rusticité remarquable, méritent presque tous de prendre place dans les serres des amateurs d'Orchidées.

Le *M. ochthodes* présente plusieurs particularités remarquables : la fleur est placée en sens inverse de sa position habituelle, le sépale impair étant en bas, et les sépales pairs avec le labelle se trouvant tournés vers le haut ; de plus, les sépales pairs, devenus supérieurs, sont soudés presque jusqu'à leur sommet, pour former une sorte de nacelle fort concave, recouvrant un labelle extrêmement petit ; leurs sommets libres sont arrondis et se prolongent en deux pointes très fines et très divergentes. Cette dernière espèce, avec les *M. Swertiaefolia*, *M. verrucosa* et quelques autres, qui croissent surtout en Colombie, ont été séparées des Masdevallia en 1888 par M. Pfitzer, qui en a formé le genre *Scaphosepalum* (in Engler und Prantl, *Die natürlichen Pflanzenfamilien*, livr. 23, p. 139). Ce nouveau genre paraît suffisamment distinct des Masdevallia par les caractères indiqués ci-dessus.

En 1882, M. Barbosa Rodrigues, botaniste brésilien, a aussi fondé le nouveau genre *Cryptophoranthus* (*Genera et Species Orchidearum novarum*, II, p. 79), dans lequel doivent rentrer les *M. Dayana*, *M. fenestrata* et quelques autres espèces non cultivées, qui parfois ont été aussi rapportées au genre *Pleurothallis*.

HYBRIDES

M. × Cassiope. — Hybride très intéressant, obtenu dans la collection de M. le capitaine Hincks, de Thirsk, qui fait une étude spéciale de la fécondation artificielle des Masdevallia. Cet hybride provient du *M. triangularis* fécondé par le *M. Harryana;* il a la forme du premier, agrandie et embellie, avec le sépale dorsal réfléchi du second. La surface des fleurs est entièrement recouverte d'un fin pointillé rouge pourpre très dense sur fond pâle, presque jaunâtre, produisant un effet d'ensemble très curieux.

M. × caudata-Estradae. — Origine indiquée par le nom. Forme de la fleur comme dans le *M. caudata*. Le sépale supérieur est rose pourpré. Les sépales latéraux sont rose pourpre à la base et passent au pourpre lilacé brillant vers le sommet, avec les queues jaune sombre. Pétales blancs. Cet hybride paraît très florifère.

M. × Chelsoni (*M. amabilis* × *M. Veitchiana*).

M. × Courtauldiana (*M. rosea* × *M. Shuttleworthi*).

M. × Ellisiana (*M. Harryana* × *M. ignea*).

M. × falcata (*M. Lindeni* × *M. Veitchiana*).

M. × Fraseri (*M. ignea* × *M. coccinea*).

M. × Gairiana (*M. Davisi* × *M. Veitchiana*). — Sépale dorsal ayant la forme de celui du *M. Veitchiana*, rouge orangé couvert de verrues mauves ; sépales latéraux courts et acuminés comme dans le *M. Davisi*.

M. × Geleniana (*M. xanthina* × *M. Shuttleworthi*).

M. × glaphyrantha (*M. infracta* × *M. Barlaeana*).

M. × Henrietta (*M. Shuttleworthi* × *M. ignea*).

M. × Hincksiana (*M. ignea* × *M. tovarensis*).

M. × Mary Ames (*M. ignea* × *M. Gairiana*).

M. × Parlatoreana (*M. Veitchiana* × *M. Barlaeana*). — Cette plante avait d'abord été introduite directement par MM. Veitch, qui l'ont depuis reproduite par le croisement artificiel ci-dessus. C'est donc un hybride naturel.

M. × Pourbaixi Hort. (*M. Veitchiana* × *M. Shuttleworthi*). — Ce croisement fut opéré dans le courant de l'été de 1888, le semis en mars 1889, et l'hybride a fleuri pour la première fois le 19 mars 1893.

La plante a le port du *M. Shuttleworthi*; la fleur est absolument intermédiaire entre les deux parents comme grandeur, comme forme et comme coloris. Elle est d'un jaune orangé assez sombre, entièrement pointillée de petites taches rouge brunâtre, et lignée par places de nuance plus foncée.

Ce bel hybride est dédié à son obtenteur, M. Eug. Pourbaix, de Mons.

M. × Rebecca (*M. ignea erubescens* × *M. amabilis*).

M. × Stella (*M. Estradae* × *M. Harryana*).

Culture. — Les Masdevallia sont des plantes alpines; ils se cultivent en serre froide, avec les Odontoglossum et les Oncidium.

Dans leurs contrées d'origine, au Pérou, au Brésil et dans la région septentrionale de l'Amérique du Sud, ils croissent dans des endroits très variés, dans les crevasses des montagnes, sur les arbres, sur les toits des constructions, partout sans grande quantité de matière végétale. Il faut par conséquent les traiter en épiphytes et leur donner un excellent drainage, s'élevant à la moitié ou aux deux tiers du pot. Il convient de laver très soigneusement les tessons ou d'en employer de neufs, afin d'éviter la présence de poussières, ou de toute autre matière étrangère qui pourrait nuire aux racines. En outre, il est bon de disposer une couche de sphagnum au-dessus du drainage, pour empêcher le compost de l'obstruer et d'arrêter l'écoulement de l'eau.

Le compost sera d'un tiers de sphagnum, et de deux tiers de terre fibreuse, soigneusement nettoyée et débarrassée des rhizômes de Fougères.

Quelques cultivateurs croient utile d'employer pour ces plantes des pots de grande dimension; j'estime ce système dangereux en raison de la stagnation de l'eau, qui risque de faire pourrir les racines.

On procède au rempotage, soit en hiver, de janvier à février, soit en automne dans le courant d'octobre.

Il est à remarquer d'ailleurs que les Masdevallia, dans leur patrie d'origine, n'ont pas de saison de repos. De cette particularité découlent des conséquences importantes au point de vue de l'arrosage, qui ne devra jamais être complètement interrompu. Il suffira de le diminuer légèrement d'octobre en avril, pendant la période où cesse la végétation. Je conseillerais d'arroser, en été, tous les deux jours ou tous les jours, et en hiver, tous les quatre ou cinq jours.

En outre, l'on devra humecter abondamment, et plusieurs fois par jour, les sentiers ainsi que les tablettes sur lesquelles sont disposés les pots. Par ce procédé, et au moyen d'une ventilation abondante, l'on arrivera à établir en été dans la serre une température un peu inférieure à celle de l'extérieur.

En hiver, la température doit être maintenue entre 8° et 12° C.; on peut aérer dès qu'elle s'élève au-dessus de 12° à l'intérieur ou de 6° à l'extérieur.

Il convient également d'abriter les serres dès que les rayons du soleil commencent à chauffer, c'est-à-dire du mois de mars jusqu'à la fin d'octobre. Toutefois, la plupart des Masdevallia recherchent la lumière. Il sera bon de rapprocher du vitrage toutes les plantes de faible dimension, qui peuvent être déplacées aisément.

La culture en panier convient parfaitement; pour les *M. bella*, *Wallisi*, *Chimaera*, *sceptrum*, *Houtteana*, *Backhouseana*, *Benedicti*, *Schröderae*.

Une des grandes difficultés de la culture des Masdevallia est la destruction des thrips et des autres insectes qui s'attaquent à ces plantes avec un acharnement particulier. Quelques cultivateurs s'en débarrassent au moyen de lavages au savon noir. La méthode d'intoxication de l'air des serres par le tabac permettra de préserver les plantes de toute atteinte.

Signalons en terminant la disposition spéciale de l'inflorescence dans la section des *Chimaera*, etc., qui produisent leur tige florale à la partie inférieure, comme les Stanhopea. Il convient d'employer pour ces plantes des paniers dont les lattes soient assez espacées pour pouvoir livrer passage à la fleur.

Ces dernières espèces se trouvent en général à des régions un peu moins élevées, et partant un peu plus chaudes que les autres du genre. On pourra, au besoin, leur réserver pendant l'hiver une place plus tempérée dans la serre, ou même les mettre dans la partie la plus fraîche de la serre des Cattleya, en ayant soin toutefois de leur fournir toujours beaucoup de lumière et d'air.

Bien cultivés, les Masdevallia donnent des fleurs en abondance, et fleurissent même deux fois par an.

Les feuilles des Masdevallia sont assez sujettes à se tacher; ces taches peuvent être attribuées d'une façon générale à deux ordres de causes :

1° Lorsque les serres ne sont pas assez aérées, que l'humidité y est renfermée, il se forme sur les feuilles (généralement à la face inférieure) des taches grisâtres qui, au bout de quelques jours, deviennent noires et s'accroissent en rongeant la substance de la feuille.

2° Certains petits insectes s'établissent sur les feuilles et y forment des points *blancs*. Ces insectes, au bout d'un certain temps, attaquent aussi la feuille et la rongent.

Dans un cas comme dans l'autre, le remède consiste à laver souvent les feuilles, à les essuyer avec une éponge, et de temps en temps, à les passer à l'eau de nicotine. Quand ces lavages sont répétés fréquemment, les feuilles restent indemnes ou à peu près.

J'ai vu aussi assez souvent apparaître des taches sur les Masdevallia, chez beaucoup d'amateurs, au commencement du printemps, et ces taches doivent être causées, très probablement, par des changements brusques de température, comme il s'en produit dans certaines journées chaudes suivant des nuits très froides.

En somme, il est difficile d'éviter complètement les taches sur les feuilles des Masdevallia; on peut au moins empêcher le mal de s'étendre, et si les feuilles tachées déparent trop l'aspect des plantes, il n'y a pas d'inconvénient à en couper quelques-unes de place en place.

LES MAXILLARIA

Diagnose :

Sépales presque égaux, libres entre eux, les latéraux étalés ou rarement redressés, insérés sur le pied du gynostème, avec lequel ils forment un *menton* plus ou moins proéminent. Pétales égaux

aux sépales, ou un peu plus petits. Labelle attaché à l'extrémité du pied du gynostème, avec lequel il est comme articulé, concave, d'abord replié vers l'intérieur, puis dressé. Gynostème dressé, épais, souvent un peu arqué et dépourvu d'ailes, semi-cylindrique, un peu canaliculé antérieurement ; clinandre concave, à bords souvent entiers. Anthère terminale, operculiforme, inclinée en avant, conique ou semi-globuleuse, à une seule loge ou à deux loges imparfaites, souvent pubescente ; quatre pollinies cireuses, ovales, comprimées, rapprochées par paires, les supérieures recouvrant obliquement les inférieures, reliées par un pédicelle très court à un gros rétinacle en forme d'écaille échancrée en croissant. Capsule ovoïde ou un peu allongée, dressée. — Herbes épiphytes, munies de pseudobulbes ; tantôt ceux-ci naissent sur des rhizômes très courts et portent seuls chacun une ou deux feuilles, tantôt ils se trouvent sur des rhizômes allongés et chargés de feuilles disposées sur deux rangs. Feuilles coriaces, minces ou charnues, non plissées, à nervures très fines. Pédoncules toujours uniflores et solitaires, portant plusieurs bractées écailleuses engaînantes naissant, soit de la base des pseudobulbes, soit de l'aisselle des feuilles. Fleurs grandes ou médiocres.

Le genre Maxillaria fut créé, en 1794, par Ruiz et Pavon, qui le décrivirent dans l'ouvrage *Florae Peruviae et Chilensis Prodromus*, et qui tirèrent son nom du mot latin *maxilla*, signifiant *mâchoire* : allusion à l'aspect que présente le *menton* de beaucoup de ses espèces.

Tel qu'il est délimité par les auteurs récents, il comprend plus de cent espèces, parmi lesquelles les plus répandues et les plus remarquables sont les suivantes :

M. callichroma. — Espèce découverte vers 1853 par Wagener, mais qui avait disparu depuis longtemps et qui vient d'être réintroduite par L'Horticulture Internationale. Ses fleurs, de taille assez grande, ont une certaine analogie avec celles du *M. luteo-alba*, mais elles ont une forme plus tourmentée et un coloris différent. Les sépales sont blancs à la base et jaunes au sommet ; les pétales ont le même coloris, mais sont lavés de marron à la base. Le labelle a les lobes latéraux marron foncé, le lobe antérieur blanc avec le disque jaune. Les sépales latéraux sont incurvés en forme de faulx à leur sommet. Les pétales, d'abord récurvés vers leur milieu, sont incurvés près de leur

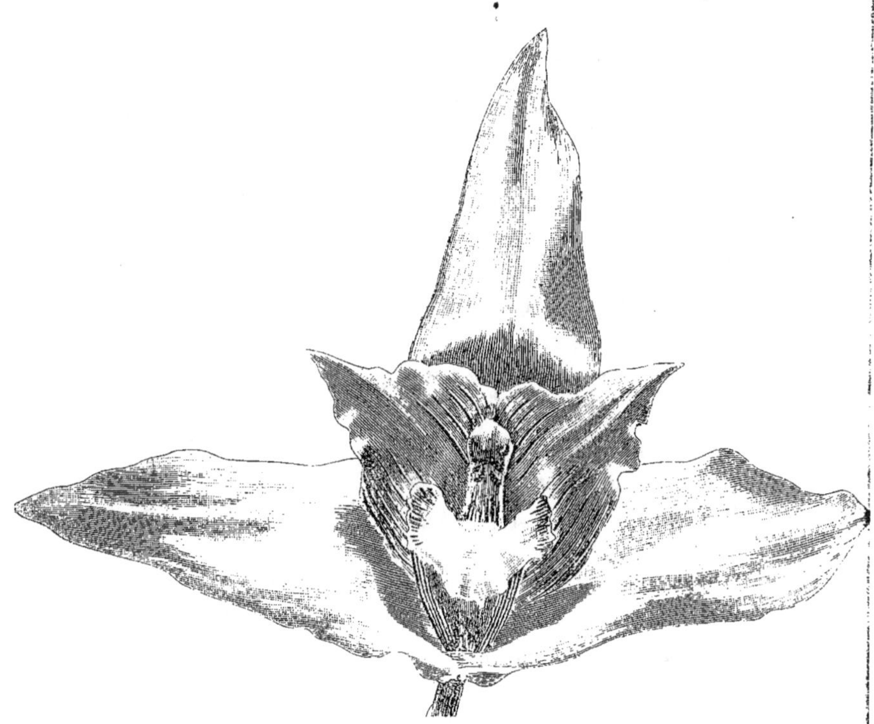

Fig. 112. — Maxillaria Lindeniae.

sommet. La fleur dans son ensemble est curieuse et belle, et le coloris en est très attrayant.

M. candida. — Fleurs à peu près semblables à celles de l'espèce précédente, mais plus petites, et munies d'une longue bractée qui embrasse la base du sépale dorsal. Fleurit en février.

M. grandiflora. — Espèce à floraison automnale ; douée d'un parfum très agréable. Ses fleurs ont les sépales et les pétales d'un blanc pur, le labelle pourpre foncé avec le lobe antérieur jaune, nuancé de blanc vers sa base.

M. lepidota. — Port d'un Masdevallia; fleurs assez analogues à celles d'un Masdevallia. Segments très allongés, étroits, jaunâtres avec la base pourpre brunâtre; reste en fleur deux ou trois mois.

M. Lindeniae (voir fig. 112). — Splendide espèce à très grandes fleurs, à sépales un peu charnus, d'un beau blanc laiteux, acuminés, longs de 7 centimètres; le supérieur lancéolé et dressé, les latéraux étroitement triangulaires et étalés. Les pétales, de même couleur sauf qu'ils ont deux ou trois lignes d'un rose pâle, sont aussi étalés, triangulaires-lancéolés, longuement acuminés et longs de 5 ½ à 6 centimètres. Le labelle, long de près de 3 centimètres, est charnu, obovale dans son pourtour, fortement concave, à sommet arrondi légèrement replié en dessous et un peu crépu sur ses bords; il est d'un jaune très pâle, avec cinq ou six bandes rougeâtres sur les lobes latéraux, et toute la partie médiane d'un beau jaune citron; cette dernière teinte est due à une épaisse couche d'une sorte de tomentum pulvérulent, abondant surtout dans la moitié inférieure, sur une bande épaissie qui se termine, un peu au-dessus du milieu, par une languette charnue largement arrondie.

Ce beau Maxillaria, dédié à Mme Linden, a été introduit l'année dernière par L'Horticulture Internationale; il a fleuri pour la première fois dans les serres de la Société bruxelloise, au mois de janvier 1894.

M. longipes. — Fleurs assez grandes, mais à segments étroits, aigus, d'un rouge acajou. Cette espèce rappelle un peu le *M. nigrescens*, mais elle a les fleurs mieux ouvertes.

M. longisepala. — Espèce introduite en 1891 par L'Horticulture Internationale. Pétales et sépales longuement linéaires-oblongs, acuminés, retombants, d'un coloris brun clair.

M. luteo-alba. — Espèce à fleurs délicieusement parfumées qui embaument les serres vers mars-avril, de grande taille, à segments blanc pur à la base et jaune safran vers le sommet, les pétales portant en outre une aire brun clair vers le centre, le labelle jaune avec les lobes latéraux striés de pourpre. Très florifère.

M. mirabilis (voir fig. 113). — Brillante espèce, introduite en 1893 par L'Horticulture Internationale.

Fig. 113. — Maxillaria mirabilis.

Elle a des rapports avec le *M. fucata* Rchb. f., mais son coloris est tout différent et beaucoup plus riche. Ses sépales sont assez charnus et aigus, d'un pourpre foncé au milieu et à la partie inférieure, mais plus pâle à la base, et d'un beau jaune au sommet, avec de nombreuses lignes d'un pourpre brun, qui vont de la base jusque près du sommet, et de gros points brun foncé sur toute la moitié supérieure ; le supérieur est ovale-oblong, long de 3 ¹/₂ centimètres ; les latéraux, un peu dressés à la base puis régulièrement arqués en dehors, sont triangulaires, longs de 3 centimètres et larges de 2 à la base. Les pétales, un peu plus courts et notablement plus étroits que les sépales, sont ovales-oblongs, très aigus, d'un beau jaune orangé dans la moitié supérieure, passant au jaune très pâle inférieurement, avec les mêmes stries que les sépales dans les deux tiers inférieurs, et les mêmes macules, surtout sur le bord du limbe dans la moitié supérieure. Le labelle, très charnu et rigide, est ovale dans son ensemble, très concave, à sommet atténué, réfléchi et assez contourné, à bords supérieurs assez fortement crépus ; une large lame médiane, qui s'étend de la base jusque un peu au-dessus du milieu, est très tomenteuse et se termine supérieurement par un renflement tronqué ; il est entièrement d'un beau jaune orangé, avec des points d'un pourpre vif, très fins sur la partie inférieure des lobes latéraux, plus gros à leur sommet et sur les bords du lobe terminal. La colonne, d'un blanc crème, est très charnue, à dos obscurément anguleux ; elle a à peine un centimètre de longueur, mais son pied a une longueur presque double.

M. nigrescens. — Espèce curieuse par son coloris brun rougeâtre sombre, et qui fleurit vers la même époque que le *M. luteo-alba*.

M. ochroleuca. — Pétales et sépale dorsal assez étroits, allongés, linéaires et sensiblement égaux ; sépales latéraux beaucoup plus longs, un peu élargis à la base ; tous ces organes sont d'un blanc de lait. Le labelle a les lobes latéraux dressés, d'un brun clair, et le lobe antérieur d'un beau rouge orangé vif. Fleurit en mars.

M. picta. — Toutes les divisions du périanthe, qui est d'un jaune pâle maculé extérieurement de rose pourpre, sont redressées et assez rapprochées ; le labelle, qui est jaunâtre avec des stries pourpres, a deux lobes latéraux bien visibles, et porte dans son milieu une sorte d'écaille formée par un fort repli de sa surface.

M. Sanderiana. — Fleurs très belles, de grande dimension, à segments très larges et courts, charnus, d'un blanc crème, portant à la base de larges macules d'un brun pourpré foncé. Fleurit en avril-mai.

M. splendens. — Très belle espèce, assez analogue comme port au *M. venusta;* fleurs solitaires, à pétales et sépales blanc pur, labelle orange bordé de rose.

M. striata (voir fig. 64). — Nouvelle espèce des plus remarquables, introduite récemment par L'Horticulture Internationale, de Bruxelles. Ses fleurs mesurent environ 14 centim. de diamètre. Elles ont les pétales et les sépales abondamment lignés de rouge pourpre sur fond jaune vif, et le labelle, d'une forme très gracieuse, orné de stries rayonnantes rouge violacé sur fond blanc. La fleur, bien ouverte, dressée au sommet d'une tige longue de 30 centim. environ, est d'une grande élégance.

M. Turneri. — Fleurs très parfumées, d'un coloris brun jaunâtre et rouge très agréable. Floraison au mois de mai.

M. venusta. — Fleurs blanches avec le lobe antérieur du labelle jaune, les lobes latéraux bordés de rouge vif, et portant deux taches cramoisies sur le disque. Floraison à des époques de l'année variables, le plus souvent au mois de février. Espèce très belle.

Culture. — Les Maxillaria ne sont pas représentés dans les cultures comme ils devraient l'être ; une vingtaine d'espèces au plus y sont connues ; encore figurent-elles dans peu de collections. Ce dédain est injuste, car toutes ces espèces sont faciles à cultiver, de port très gracieux, et de floraison très attrayante, parfois même très belle.

Elles sont originaires pour la plupart, des régions tempérées de l'Amérique centrale ou méridionale, et réclament le traitement des Orchidées dites mexicaines, c'est-à-dire la serre tempérée-froide. La température doit être maintenue entre 9 et 12° C. Les arrosages, assez abondants pendant la saison de végétation active, sont diminués après l'achèvement du pseudobulbe, et les plantes sont mises progressivement en repos vers la fin de l'automne jusqu'au milieu de février environ. La culture des Maxillaria est sensiblement la même que celle des Odontoglossum de serre tempérée-froide.

Les Maxillaria en général peuvent être cultivés indifféremment en pot ou en panier; toutefois le *M. Sanderiana* fait exception et doit être cultivé en panier, ses tiges florales se produisant quelquefois assez bas au-dessous des pseudobulbes.

LES MESOSPINIDIUM

Voir *Les Cochlioda*.

LES MILTONIA

Diagnose :

Sépales presque égaux, étalés, libres, ou les latéraux légèrement soudés à la base. Pétales semblables aux sépales ou un peu plus larges. Labelle ample, attaché à la base du gynostème, étalé dès la base, tout à fait sessile ou parfois rétréci inférieurement en onglet large et très court, indivis ou simplement échancré au sommet, à disque nu ou muni de lamelles peu développées. Gynostème court, sans pied, épais, muni au sommet ou en avant de deux oreillettes ou de deux ailes. Anthère terminale, en forme d'opercule, très convexe, uniloculaire ou imparfaitement biloculaire; deux pollinies cireuses, ovoïdes, entières ou sillonnées, inappendiculées, reliées à un rétinacle en forme de petite écaille par un pédicelle plan, souvent étroit et assez allongé. Capsule non prolongée en bec au sommet. — Herbes épiphytes, à tiges très courtes, terminées chacune par un pseudobulbe ovoïde allongé, comprimé et lisse, surmonté d'une ou deux feuilles. Celles-ci sont coriaces, oblongues ou allongées, planes et aiguës, un peu rétrécies à la base. Hampes radicales, simples, robustes, portant une ou plusieurs grandes fleurs pédicellées et munies de bractées.

L'établissement du genre Miltonia est dû à Lindley, qui le décrivit dans le volume de 1837 du *Botanical Register*. Il le dédia, non pas, comme on pourrait le croire, à son célèbre compatriote auteur du *Paradis perdu*, mais bien au comte F. W. Milton, orchidophile anglais.

La même année, 1837, les auteurs anglais Knowles et Westcott décrivirent le même genre dans leur recueil *Floral Cabinet*, sous le nom de *Macrochilus;* mais ce dernier nom n'a pas été adopté.

M. anceps. — Pseudobulbes oblongs, comprimés. Fleurs mesurant de 5 à 6 ¹/₂ centim. de diamètre. Sépales et pétales oblongs-lancéolés, récurvés au sommet, jaune verdâtre. Labelle blanc strié de pourpre sur le disque, et portant en avant quelques petites macules pourpres.

M. Blunti. — Très belle espèce, qui a été parfois considérée comme un hybride naturel entre le *M. spectabilis* et le *M. Clowesi.* Ses fleurs sont aussi grandes que celles du *M. spectabilis;* elles ont les pétales et les sépales lancéolés-oblongs, aigus, jaune clair, barrés de fortes macules rouge-brun; le labelle est largement obcordé, rétréci au milieu de sa longueur, blanc, avec la base rouge pourpre.

La variété *Lubbersiana* a les fleurs plus grandes et d'un coloris plus brillant.

M. candida. — Fleurs mesurant 7 centimètres ou un peu plus de diamètre; sépales oblongs apiculés, brun clair; pétales ayant à peu près la même forme, mais ondulés sur les bords, presque couverts de grosses macules brun clair sur fond jaune clair. Labelle enroulé en tube, puis étalé, blanc, avec deux macules violet clair des deux côtés du disque, traversé par plusieurs lamelles proéminentes. Floraison en avril, parfois aussi à l'automne.

M. Clowesi. — Fleurs de la même forme à peu près que le *M. anceps.* Sépales et pétales brun clair, barrés et bordés de jaune. Labelle blanc, avec la base violet pourpré. Le disque porte plusieurs lamelles blanches ou jaunâtres. Floraison de longue durée à l'automne.

M. cuneata. — Fleurs ayant à peu près la même forme que celles de l'espèce précédente. Les pétales et les sépales, ondulés sur les bords et récurvés au sommet, sont brun clair avec une bordure jaune au sommet; le labelle est blanc, rétréci à la base, et parfois tacheté de rose sur le disque, qui porte deux crêtes assez allongées. Floraison au printemps.

M. festiva. — Cette plante a été décrite par REICHENBACH dans le *Xenia* comme un hybride naturel entre le *M. spectabilis* et le *M. flavescens*, ayant les segments jaune clair, le labelle blanc ligné de rouge, la crête rouge, et la colonne verte surmontée de l'anthère jaune pâle. Elle ne paraît pas s'être répandue dans les cultures.

M. flavescens. — Fleurs d'un jaune soufre, le labelle étant très pâle, presque blanc; toutes les parties de la fleur sont relativement plus étroites que dans les espèces précédentes : les sépales et les pétales sont assez longuement acuminés, et le labelle est aigu au sommet, au lieu d'être échancré.

M. Phalaenopsis. — Fleurs très gracieuses; sépales oblongs-ovales, aigus; pétales sensiblement plus larges, elliptiques, obtus, tous ces segments blanc pur. Labelle quadrilobé, avec deux lobes latéraux courts, arrondis, blancs striés de rose pourpré, et les lobes antérieurs très amples, étalés, blancs couverts sur plus de la moitié de leur longueur par une macule rouge pourpré.

Cette ravissante espèce fut introduite par M. LINDEN en 1850. Ses fleurs mesurent de 5 à 6 ¹/₂ centimètres de diamètre. Elle appartient à la même section que le *M. vexillaria* et le *M. Roezli*, fréquemment désignés dans les cultures sous le nom d'Odontoglossum.

M. Regnelli. — Fleurs d'un blanc crème, avec le labelle rose pâle strié de rose vif à la base et jusqu'au centre. Les pétales sont elliptiques-oblongs, aigus; les sépales plus étroits sont lancéolés, apiculés. Le labelle est largement obcordé, obscurément trilobé. Les fleurs mesurent de 6 à 7 ¹/₂ centimètres de diamètre dans le sens vertical. Floraison vers la fin de l'été.

M. Roezli. — Très belle espèce à fleurs complètement plates, mesurant de 9 à 10 centimètres de diamètre. Les sépales et les pétales sont obovales aigus, très larges près du sommet, blanc pur, les seconds largement maculés de rouge pourpre à la base. Le labelle, largement obcordé, a les lobes latéraux réduits à deux petites cornes dressées des deux côtés de la colonne, et le lobe antérieur légèrement bilobé au sommet, blanc avec le disque maculé de jaune orangé.

La variété *alba* a les fleurs entièrement blanches, à part une trace jaune à la base du labelle.

M. Schröderiana. — Fleurs mesurant environ 6 $\frac{1}{2}$ centimètres de diamètre vertical. Sépales linéaires-oblongs, aigus, brun clair tacheté de jaune clair, avec le sommet de la même couleur. Pétales dressés et courbés vers le sépale dorsal, de la même forme et de la même couleur. Labelle panduré, d'abord étalé-oblong, puis formant un angle brusque et s'épanouissant en un limbe à peu près carré, ondulé sur les bords, et apiculé. La moitié la plus rapprochée de la base est d'un rose pourpré, la partie antérieure est blanche.

Cette espèce est rare.

M. spectabilis. — Cette superbe et célèbre espèce comprend plusieurs formes d'une très grande beauté, à grandes fleurs, d'un coloris superbe; dans ce nombre rentre le *Miltonia Moreliana*, qui n'est qu'une variété du *spectabilis*.

Le *M. spectabilis* type a les fleurs d'un blanc crème très pâle, le labelle maculé de violet pourpre à la base, nuance qui va en se dégradant jusqu'au rose très pâle au sommet. La colonne blanche est munie d'ailes violettes.

Le *M. s. radians* a les segments blancs comme dans le type, mais le labelle blanc avec un groupe de six lignes magenta pourpré rayonnant à la base et ne s'étendant pas au-delà du milieu de la longueur de cet organe. Ses fleurs ont un diamètre de plus de 10 centimètres.

Le *M. s. rosea* a les segments rose pâle, et le labelle blanc strié de rose foncé avec quelques macules isolées.

Dans le *M. s. Moreliana*, les sépales et les pétales sont d'un magnifique pourpre violacé ; le labelle a le même coloris, mais il est veiné de rose. Il existe même une sous-variété nommée *M. s. Moreliana atrorubens*, plus foncée et plus grande. Le type et les variétés fleurissent du milieu d'août à octobre.

M. vexillaria (fig. 114). — Cette espèce a été pendant longtemps et généralement considérée comme un *Odontoglossum*. C'est Bentham qui, dans le *Genera Plantarum* (1883), a montré qu'elle a les caractères des Miltonia plutôt que ceux des Odontoglossum. C'est l'une des espèces les plus belles et les plus connues du genre, remarquable par ses très grandes fleurs d'un blanc plus ou moins lavé de rose. Le labelle, d'une ampleur extraordinaire, profondément bilobé au sommet, est sagitté à la base, c'est-à-dire qu'on y remarque deux petits lobes, dont le sommet est tourné vers l'axe de la fleur ; sa surface ne porte ni crête, ni tubercule ou autre appendice quelconque. Il est nettement bilobé à sa partie antérieure ; les pétales et les sépales sont obtus. A part ces différences et celles du coloris, le *M. vexillaria* ressemble beaucoup au *M. Roezli*. Il est de grandeur variable ; certaines variétés ont des fleurs d'une ampleur énorme ; le rose qui recouvre tous les segments est aussi plus ou moins vif. Au total, c'est une magnifique Orchidée. Sa floraison se produit de mai à juin.

M. Warscewiczi. — Espèce très gracieuse et très florifère. Ses fleurs mesurent 5 centimètres environ de diamètre ; elles ont les pétales et les sépales oblongs légèrement spatulés, récurvés au sommet et ondulés sur les bords, d'un rose brunâtre plus ou moins vif, et souvent bordés de blanc à l'extrémité. Le labelle largement oblong, presque carré, a la base fortement convexe, puis s'élargit immédiatement sans former d'onglet distinct ; au centre, il présente une large macule brune transversale luisante, comme vernie, sur fond rose, et le sommet est partagé par une assez profonde échancrure en deux lobes d'un beau blanc. Le gynostème, très épais et charnu, pourpre, presque demi-cylindrique, avec deux côtes dorsales et deux ailes courtes antérieures, est très court. Floraison au printemps.

Synonymes : *Oncidium fuscatum, Odontoglossum Weltoni.*

Fig. 114. — MILTONIA VEXILLARIA.

HYBRIDE NATUREL

M. × Joiceyana. — Cette plante est, selon toute apparence, un hybride naturel entre le *M. Clowesi* et le *M. candida*. Les fleurs ont les sépales et les pétales larges, acuminés, d'un jaune vif, chargés de fortes macules et de barres transversales brunes ; le labelle a les lobes latéraux arrondis, et le lobe antérieur étalé en éventail ; il est d'un rouge lilacé dégradé jusqu'au blanc sur les bords.

HYBRIDE ARTIFICIEL

M. × Bleuana (*M. vexillaria* × *M. Roezli*). — Fleurs grandes comme celles d'un bon modèle de *M. vexillaria*, à pétales et sépales amples, d'un blanc légèrement rosé, avec une macule groseille vif occupant le tiers inférieur de chaque segment. Labelle blanc avec une large macule jaune à la base, traversée par de très légères stries brun-havane disposées en éventail.

La variété *splendens* a la base du labelle brun-havane foncé.

Ce très bel hybride a été obtenu par M. ALFRED BLEU, le semeur parisien à qui l'on doit tant de riches acquisitions. Il a fleuri pour la première fois en 1889. Il a été parfois désigné sous le nom de *Miltoniopsis Bleui*.

CULTURE. — Les Miltonia réussissent parfaitement dans la serre dite tempérée-froide, c'est-à-dire à une température de 10 à 12° C., sauf le *M. Roezli* qui demande plus de chaleur. Le compost sera de moitié de sphagnum et moitié de terre fibreuse. Les plantes doivent être placées près du vitrage et très éclairées, sans être exposées aux rayons les plus chauds du soleil, qui font rougir les feuilles en peu de temps. Les feuilles seront lavées assez fréquemment avec de l'eau de nicotine très diluée, mais en ayant soin de ne pas frotter trop fort, afin de ne pas endommager ces organes assez délicats. Les arrosages doivent être très abondants pendant la saison de végétation, et très diminués après la floraison et pendant l'hiver.

LES MORMODES

DIAGNOSE :

Sépales libres, à peu près égaux, étalés ou réfléchis, rarement connivents, généralement étroits. Pétales semblables aux sépales ou un peu plus larges. Labelle légèrement articulé à la base de la colonne, incurvé-ascendant à partir de la base étalée, plus ou moins rétréci en onglet presque toujours convexe, plus large en dessus, condupliqué ou rarement concave ; lobes latéraux presque toujours réfléchis, rarement plans-étalés, le médian généralement aigu, entier ou rarement cilié-denticulé. Colonne légèrement épaisse, dressée, souvent oblique, concave antérieurement, sans cirres ni ailes et sans pied ; clinandre longuement acuminé postérieurement. Anthère terminale, en forme d'opercule, incombante, convexe, acuminée à sa partie dorsale, uniloculaire ou imparfaitement biloculaire ; 4 pollinies, superposées par paires, ou 2, sillonnées, cireuses, oblongues, inappendiculées, reliées par un pédicelle en forme de ruban à une glande de grande dimension. — Herbes épiphytes, à tiges courtes plurifoliées épaissies en pseudobulbes oblongs ou fusiformes, charnus, à gaînes nombreuses. Feuilles allongées, plissées-veinées. Scapes issus de la base des pseudobulbes, simples, racèmes généralement pendants. Fleurs remarquables.

Le genre Mormodes a été fondé par LINDLEY. Il comprend une vingtaine d'espèces, dont les plus connues dans les cultures sont les suivantes :

M. buccinator. — Fleurs en grappe serrée, d'un élégant effet. Le coloris de cette espèce est extrêmement variable. LINDLEY la décrivait comme ayant les fleurs vert pâle et le labelle blanc d'ivoire ; d'autres formes sont jaune pâle tacheté de rouge vif, avec le labelle jaune verdâtre, également tacheté ou non tacheté. La variété *citrinum* a les fleurs entièrement jaune serin, le labelle d'un ton un peu plus mat. La variété *aurantiacum* a les pétales et les sépales jaune orangé vif, et le labelle jaune d'or.

La floraison de cette espèce se produit à l'automne.

M. Cartoni. — Sépales et pétales couleur chair ; labelle un peu plus rose.

M. Colossus. — Fleurs de grande taille, mesurant de 12 à 15 centimètres de diamètre, à segments étroitement lancéolés, rouge pâle veiné de rouge vif, avec la pointe jaune ; labelle jaune vif pointillé de rouge à la base.

M. igneum. — Sépales et pétales lancéolés aigus, brun chocolat ; labelle d'un brun orangé clair très attrayant.

La variété *maculatum* a les pétales et les sépales fortement maculés de brun foncé sur fond gris brunâtre.

M. luxatum (voir fig. 58). — Fleurs de forme curieuse, ayant tous les segments tordus. Sépales et pétales jaune citron ; labelle de la même couleur, avec une bande brun foncé au milieu.

Bentham classe cette espèce dans le genre Catasetum.

La variété *eburneum* a les segments blancs.

M. pardinum. — Belle espèce qui se reconnaît aisément à la forme de son labelle terminé au sommet par trois dents pointues. Les pétales et les sépales sont lancéolés-ovales. Toute la fleur est jaune, pointillée de rouge-brunâtre, ou non pointillée dans la variété *unicolor*.

M. punctatum. — Sépales et pétales d'un brun jaunâtre clair, abondamment tachetés de brun très foncé. Labelle jaune avec de nombreuses petites taches brunes.

M. Rolfeanum (voir fig. 115). — Fleurs de grande dimension ; sépales et pétales assez larges, lancéolés aigus, brun clair, striés longitudinalement de brun foncé. Labelle très ample, épais, coriace, d'un rouge sang, particulièrement foncé au centre.

La variété *nigrum* se distingue par un coloris très sombre, d'un bel effet.

Cette espèce, introduite en 1891, est dédiée à M. Rolfe, botaniste attaché aux Jardins royaux de Kew.

M. Uncia. — Fleurs en grappe pendante, de grandeur moyenne, ayant à peu près la forme de celles du *M. luxatum* ; les sépales et les pétales sont ovales, aigus, jaune pâle, tachetés de rouge sombre à l'intérieur, et blancs extérieurement ; le labelle est jaune tacheté de rouge et maculé de pourpre foncé à la base.

Synonyme : *M. Greeni.*

Tous les Mormodes méritent d'attirer l'attention par la forme

Fig. 115. — Mormodes Rolfeanum.

singulière de leurs fleurs, dont les sépales et les pétales sont généralement un peu incurvés, et dont le labelle, plus ou moins replié
sur les bords des deux côtés de la ligne médiane, est courbé et

tordu sur le côté, de façon à venir presque toucher de son sommet l'extrémité de la colonne, qui présente également une assez forte torsion.

Les fleurs de la plupart des Mormodes exhalent un parfum assez pénétrant, qui n'est pas désagréable.

CULTURE. — Même traitement que pour les Catasetum, dont les Mormodes se rapprochent beaucoup par leur port.

LES NANODES

CLASSIFICATION :

Le genre Nanodes, fondé par LINDLEY en 1832, est rapporté par BENTHAM au genre Epidendrum. Toutefois, il a été conservé dans les usages de l'horticulture, les plantes qui le composent se distinguant facilement par leur port particulier.

L'espèce la plus connue de ce groupe est le

N. Medusae. — Plante d'un aspect très étrange, à tiges pendantes, densément recouvertes par les gaînes imbriquées des feuilles distiques, courtes, d'un vert glauque. Fleurs coriaces, mesurant environ 6-6 ¹/₂ centimètres de dia-mètre, presque sessiles à l'aisselle des feuilles supérieures. Sépales linéaires-oblongs, jaune verdâtre nuancé de brun, le dorsal dressé-étalé, les laté-raux défléchis ; pétales de la même forme, mais un peu plus petits que les sépales, défléchis, colorés de même. Labelle très large, cordé, très frangé sur les bords, rouge-marron pourpré, avec le disque vert vif. Colonne très grosse, en forme de massue, verte.

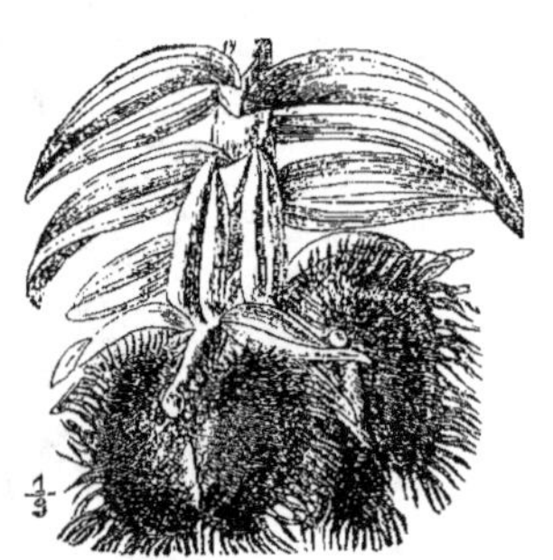

Fig. 116. — NANODES MEDUSAE.

Une nouvelle espèce a été introduite en 1892 par L'HORTICUL-TURE INTERNATIONALE, le *N. Mantini*. Ses fleurs, d'assez grande taille, ont les segments coriaces, oblongs, aigus, vert grisâtre, striés et nuancés de rouge-brun. Le labelle porte en avant du disque une assez large macule brun noirâtre.

CULTURE. — Les Nanodes se cultivent en panier, suspendus près du vitrage, dans la serre tempérée-froide, de la même façon que la plupart des Epidendrum.

LES ODONTOGLOSSUM

DIAGNOSE :

Sépales presque égaux, étalés, libres ou rarement les latéraux très brièvement soudés à la base, souvent lancéolés ou oblongs. Pétales semblables aux sépales ou rarement plus larges. Labelle continuant la base du gynostème, avec lequel il adhère parfois très faiblement, sa partie inférieure étant redressée parallèlement au gynostème; lobes latéraux courts et dressés, le médian étalé ou un peu réfléchi, entier ou émarginé, tantôt étroit, tantôt très large; le disque est rarement nu, généralement il porte deux gibbosités ou des crêtes longitudinales. Gynostème plus ou moins allongé, à partie médiane souvent plus étroite, à partie supérieure ne portant d'habitude des dents ou des ailes qu'autour du clinandre. Anthère terminale, en forme d'opercule, uniloculaire ou imparfaitement biloculaire; deux pollinies cireuses, ovoïdes, entières ou présentant un sillon latéral, inappendiculées, reliées par un pédicelle distinct à un rétinacle visqueux, ovale ou étroit. Capsule ovoïde ou oblongue, souvent prolongée en bec court au sommet. — Herbes épiphytes, à tiges raccourcies et renflées en pseudobulbes terminés par une ou deux feuilles. Feuilles peu nombreuses sous les pseudobulbes, distiques, coriaces ou charnues, souvent linéaires-lancéolées ou lancéolées, compliquées à la base et terminées en pointe plus ou moins aiguë; leur face supérieure est souvent d'un vert intense et leur face inférieure est plus pâle. Scape naissant sous les pseudobulbes, tantôt court et portant une seule fleur ou peu de fleurs, tantôt allongé et terminé par une ample panicule rameuse composée de fleurs plus ou moins nombreuses; celles-ci sont pédicellées et le plus souvent grandes et belles. Bractées ovales ou lancéolées, plus courtes que les pédicelles.

Le genre Odontoglossum est l'un des plus vastes et les plus remarquables de la famille des Orchidées, et l'un des plus précieux à cause de la facilité de sa culture et de sa floribondité. Presque toutes les espèces de ce genre jouent un rôle important dans l'horticulture. Les deux principales sont l'*O. crispum* et l'*O. Pescatorei*, dont j'ai déjà eu l'occasion de m'occuper dans le chapitre de la culture pour la fleur coupée.

0. astranthum. — Introduit par M. LINDEN en 1868. Les fleurs étoilées rappellent celles de l'*O. odoratum;* les sépales et les pétales sont jaune pâle striés et maculés de brun-rouge ; le labelle a le fond plus pâle, ou même blanc, avec des macules roses et la crête jaune orangé.

0. bictonense. — Le premier Odontoglossum importé en Europe, où il arriva en 1835, chez M. BATEMAN, à Knypersley (Angleterre). Ses fleurs, produites en long racème, ont les pétales et les sépales d'un jaune verdâtre, maculés de brun clair, étroitement lancéolés et légèrement recourbés vers l'intérieur; le labelle large, étalé, est d'un rose pâle, ou blanc dans la variété *album*. Plusieurs autres variétés se distinguent par le coloris des segments.

L'espèce fleurit généralement aux mois d'août et de septembre et jusqu'au cœur de l'hiver.

0. blandum. — Espèce à bulbes très petits; ses fleurs, produites en petits racèmes, sont fort attrayantes. Les sépales et les pétales lancéolés, allongés en pointe aiguë, sont blancs et tachetés de pourpre rougeâtre; le labelle, épanoui largement en avant et apiculé, est blanc tacheté également de pourpre, avec le callus jaune vif.

L'*O. blandum* est malheureusement trop rare dans les cultures.

0. Boddaertianum. — Cette espèce très attrayante, très florifère, et d'un parfum agréable, est l'une de celles qui contribuent le plus à l'embellissement de la serre froide par la durée, l'abondance et l'éclat de leur floraison. Dédiée à feu M. le Dr BODDAERT, l'amateur belge bien connu, chez qui elle fleurit vers 1882, elle est très voisine de l'*O. constrictum*, dont elle peut être considérée comme une variété, mais une variété bien supérieure au type. Elle a les pétales et les sépales d'un coloris plus vif et de dimensions supérieures, le labelle surtout notablement plus ample et plus long, d'un jaune très pâle, avec une macule rose-pourpre en avant du callus.

L'*O. Boddaertianum* fleurit généralement pendant l'hiver.

O. cariniferum. — Espèce découverte en 1848 et qui provient de l'Amérique centrale et du Vénézuela. Elle a les segments lancéolés, aigus, d'un brun olivâtre, avec les bords et les pointes jaunes; le labelle, d'abord étroit et allongé, puis brusquement élargi en un limbe apiculé, est blanc, avec deux taches rose violacé à la gorge. Il fleurit surtout au commencement de l'hiver.

O. Cervantesi. — Charmante petite espèce qui présente d'assez grandes analogies avec l'*O. Rossi*, mais qui en diffère par la forme des segments, ainsi que par le port. Les pétales et les sépales sont brièvement cordés et très larges, surtout les premiers. Ils portent à leur base une série de petites lignes concentriques d'un rouge brun vif, formant par leur ensemble une sorte de cercle très gracieux en opposition avec le reste de la fleur qui est blanc pur. Le labelle, très analogue à celui de l'*O. Rossi*, est blanc, et porte quelquefois une fine barre transversale rouge près de sa base.

L'*O. Cervantesi* fut découvert dès le commencement du siècle par les deux voyageurs botanistes bien connus, LA LLAVE et LEXARZA. Il fut introduit d'Oaxaca (Mexique) par MM. LODDIGES en 1847.

C'est une espèce de serre froide. Il fleurit à diverses époques, mais surtout au commencement du printemps.

L'HORTICULTURE INTERNATIONALE en a introduit deux charmantes variétés, l'*O. Cervantesi lilacinum*, qui a les fleurs rose lilacé vif au lieu de blanches; et l'*O. Cervantesi decorum*, qui se distingue par la grandeur supérieure et la vivacité du coloris de ses fleurs.

O. **cirrhosum** (voir fig. 117 et 118). — Espèce qui a sa place marquée naturellement à côté de l'*O. blandum*, ou mieux de l'*O. naevium*, avec lesquels il présente une assez grande analogie, au point de vue de la floraison tout au moins. Il est plus grand dans toutes ses parties; mais il a, comme eux, les segments floraux très acuminés, larges à la base, puis se rétrécissant en longue pointe, d'un blanc de lait tacheté de rouge-marron. Le labelle est très

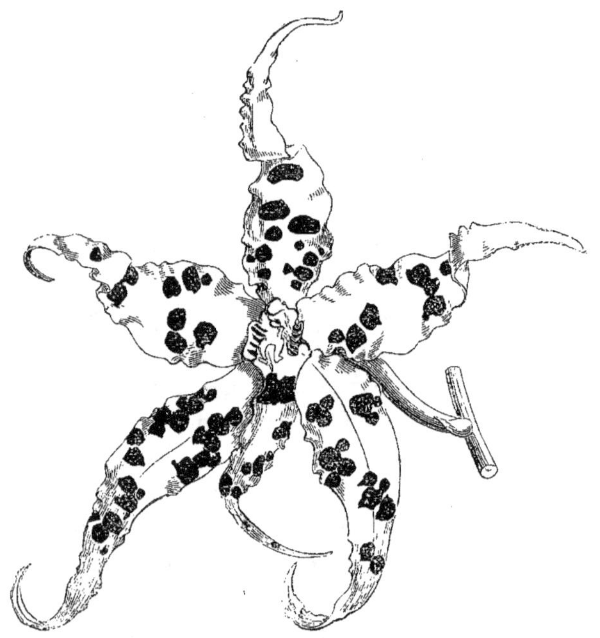

Fig. 117. — ODONTOGLOSSUM CIRRHOSUM.

différent de celui de l'*O. blandum;* il est trilobé, et a le lobe antérieur très étroit et allongé, et recourbé ou plutôt plié, en arrière vers la moitié de sa longueur. Cet organe est également blanc, tacheté de rouge-brun sombre.

L'*O. cirrhosum* a été introduit vers 1875 par les frères KLABOCH chez M. W. BULL, à Londres, je crois. Il fleurit surtout vers les mois d'avril et mai.

Fig. 118. — Odontoglossum cirrhosum.

O. citrosmum. — Cette magnifique espèce est introduite dans les cultures depuis plus de cinquante ans. Elle avait même été décrite dans les premières années du siècle par LA LLAVE et LEXARZA, qui l'avaient nommée *Cuitlauzina pendula;* LINDLEY la classa, en 1842, dans le genre Odontoglossum, sous l'appellation d'*O. citrosmum.* BATEMAN la figura dans sa monographie du même genre sous le nom d'*O. pendulum,* respectant en cela le nom spécifique qui avait la priorité; mais le nom de LINDLEY a prévalu et c'est le seul aujourd'hui qui soit universellement conservé.

L'*O. citrosmum,* au point de vue botanique et au point de vue culture, se distingue de ses congénères. En effet, il produit ses tiges florales en même temps que les nouvelles pousses, et ces grappes sont pendantes comme celles des *Gongora;* puis le labelle non denté à la crête, la colonne munie de trois ailes, deux latérales et une dorsale, constituent des différences assez sensibles. Quant à la culture, il rentre dans la catégorie des espèces de serre tempérée dont nous avons parlé; originaire du Mexique, il se rencontre dans des régions moins élevées que les Odontoglossum de Colombie, de Venezuela, etc., et le traitement qui lui convient est celui des *O. Londesboroughianum, O. (Miltonia) vexillarium* et des Oncidium mexicains.

La fleur est extrêmement belle et gracieuse ; d'une forme sensiblement arrondie, avec les segments larges et légèrement creusés à la partie centrale, elle est blanche ou légèrement rosée, tandis que le labelle est rose lilacé, quelquefois rose vif. Elle répand un parfum exquis, l'un des plus agréables que présente la famille des Orchidées, et qu'on peut comparer à celui de la rose, un peu acidulé.

O. compactum. — Espèce décrite en 1875 par le professeur REICHENBACH, mais qui ne paraît pas exister, au moins actuellement, dans les cultures. Il produit, d'après la description de cet auteur, des panicules touffues de fleurs d'assez grande taille, d'un coloris jaune vif, avec le labelle tacheté de pourpre (toutefois ces indications laissent place à quelque doute, étant données d'après des échantillons secs). Il est originaire du Pérou.

O. constrictum. — Élégante espèce qui, sans avoir l'ampleur et l'éclat de plusieurs de ses congénères, possède des mérites très appréciables, la floribondité, le gai coloris, et un parfum analogue à celui de l'aubépine, qui remplit toute une serre sans fatiguer ; c'est d'ailleurs une des qualités des Orchidées en général de charmer l'odorat sans exposer les visiteurs aux maux de tête que provoquent trop souvent les tubéreuses, les lilas, voire même les roses.

Les fleurs de l'*O. constrictum* ont environ 5 centimètres de diamètre. Elles sont groupées en abondance sur de longues grappes très ramifiées, et ont les pétales et les sépales à peu près identiques, étroits, aigus, jaunes, chargés de macules d'un brun rouge ; le labelle, légèrement panduriforme, mais de peu de largeur, est blanc et porte vers son milieu une macule rose.

L'*O. constrictum* fut introduit vers 1843 par M. Linden, des montagnes de Caracas. Il fleurit vers les mois de décembre et janvier, et quelquefois à des époques assez variables de l'année.

O. cordatum. — Espèce de forme curieuse et très distincte, et d'un coloris élégant très particulier. Les sépales sont d'un brun clair, tachés de jaune au sommet et légèrement striés de jaune. Les pétales offrent le mélange des mêmes couleurs, mais le brun y forme des macules rondes sur le fond jaune, macules qui sont très espacées à la base et vont en se pressant vers l'extrémité, qui est entièrement brune. La colonne, ainsi que le point d'insertion de tous les segments, est lavée de vert clair. Le labelle a les lobes latéraux amples, blanc pur ; le lobe terminal est maculé de brun clair, ainsi que le disque et souvent la ligne médiane. Tous ces organes ont une forme légèrement obcordée à la base, et très allongée en pointe au sommet.

L'*O. cordatum* est originaire du Mexique et des plateaux de l'Amérique centrale. Il fut découvert par M. G. Barker dès 1838, mais, comme beaucoup d'autres Orchidées de serre froide à cette époque, les plantes importées succombèrent dans les locaux surchauffés où on voulait les faire vivre, et ce n'est que grâce à M. Linden, qui en opéra la réintroduction en 1854, qu'il put s'acclimater et prendre place dans les cultures.

O. coronarium. — Superbe espèce, une des plus remarquables du genre, qui n'est malheureusement pas très connue des amateurs parce qu'elle fleurit difficilement dans les cultures, tout en donnant une végétation très prospère. Elle fut découverte près de La Baja, en 1843 par M. LINDEN, et ensuite près d'Ocana par MM. FUNCK et SCHLIM, qui l'importèrent pour le compte de M. LINDEN.

L'*O. coronarium* a les bulbes comprimés oblongs, assez forts, verts au début de leur formation et bientôt après d'un rouge sang. Ses fleurs ont de 5 à 6 ¹/₂ centimètres de diamètre. Les pétales et les sépales sont oblongs, presque circulaires, d'un rouge cuivré brillant, comme verni, avec une bordure jaune frisée. Le labelle a la base étroite, puis s'étale en une partie oblongue assez large, d'un jaune vif.

Deux variétés de cette espèce sont surtout connues, la variété *chiriquense*, qui a les fleurs plus grandes et nuancées de jaune sur les pétales, et la variété *miniatum* qui a la base des feuilles pointillée, les fleurs un peu plus petites et d'un coloris plus vif que dans le type.

O. crinitum. — Décrit par REICHENBACH comme une forme très distincte dans le genre de l'*O. odoratum*, mais à inflorescence en racème, ayant les fleurs rayées et maculées de brun sur fond jaune, et le labelle de même couleur, muni à la crête d'appendices en forme de filaments qui le font paraître en quelque sorte barbu, particularité qui est rappelée dans le nom donné à cette plante. Ses pseudobulbes sont à peu près ronds.

L'*O. crinitum* a fleuri en 1882 chez M. Jos. BROOME, à Manchester. Il avait été découvert quelque temps auparavant par ROEZL dans la Nouvelle-Grenade. WALLIS l'a également collecté.

O. crispum (synonymes : *O. Alexandrae, O. Blunti*): — Je n'ai plus à faire connaître à mes lecteurs cette admirable espèce, la reine du genre, grâce non seulement à sa beauté splendide, mais à la facilité de sa culture et à l'abondance avec laquelle elle produit ses longues grappes de fleurs. C'est, par excellence, l'Orchidée convenant pour la grande culture.

Les fleurs du meilleur type ont les segments larges, ovales, et se recouvrant l'un l'autre sur une longueur de près de la moitié de leurs côtés. Les pétales et les sépales sont blancs, parfois légèrement teintés de rose lilacé pâle, surtout le long de la ligne médiane dorsale, et fréquemment marqués de macules rondes plus ou moins grandes, de couleur brun clair ou rouge vif. Le labelle, très frangé et denté sur les bords, est également blanc, maculé, comme les segments, de brun clair ou de rouge cramoisi plus ou moins vif, ou parfois de jaune et a la base jaune.

Var. apiatum. Magnifique variété, achetée par M. le baron SCHRÖDER en vente publique, en 1888, pour le prix de 4800 francs. Les fleurs, très grandes, ont sur les pétales, les sépales et le labelle d'énormes taches brun-chocolat. Les sépales sont lavés de rose lilacé vers le sommet.

Var. candidissimum. Fleurs grandes et d'une très belle forme, blanc pur avec une macule jaune clair sur le centre du labelle.

Var. excelsius. Belle et grande forme, rappelant un peu l'*O.* × *Wilckeanum*, et portant des macules très larges sur les sépales, plus petites et plus nombreuses sur les pétales (collection de M. le baron SCHRÖDER).

Var. fastuosum. C'est une très belle forme bien colorée. Les sépales sont un peu étroits, mais les pétales sont d'une bonne ampleur. Les premiers sont roses et portent un grand nombre de taches rouge violacé vif formant à peu près deux ou trois lignes transversales. Les seconds ont des taches plus petites et moins nombreuses, disposées en une seule ligne transversale vers le milieu de la longueur de ces organes.

Var. Ferrierense (voir fig. 57). Magnifique variété qui a fleuri récemment dans les serres de Ferrières, propriété de M. le baron ALPHONSE DE ROTHSCHILD, si magistralement dirigées par M. BERGMAN. Les sépales et les pétales, d'une forme parfaite, d'un coloris rose lilacé très gracieux, portent de larges macules brunes d'une extrême beauté.

Var. guttatum. Fleurs blanches, avec quatre à six taches brunes au centre de chaque segment.

Var. leopardinum. Forme extrêmement gracieuse, portant un grand nombre de taches brun-orangé, très élégamment disposées, sur fond blanc.

Var. Pollettianum. Sépales et pétales nuancés de rose mauve vers les pointes, et très maculés de brun chocolat vers leur centre. Labelle blanc, avec une forte macule chocolat en avant de la crête.

Var. Rex. Fleurs grandes, d'une forme irréprochable, blanches avec de très fortes macules rouge-brun (collection de M. le baron Schröder).

Var. Thompsoniae. Très belle variété. Ses fleurs sont d'un modèle parfait, les pétales très larges, donnant à l'ensemble de la fleur un aspect arrondi. Les segments sont richement maculés de rouge vif, et les sépales lavés sur les bords de rose lilacé. Cette variété de choix est dédiée à Mme J. Thompson, de Walton Grange, Stone (Angleterre).

Var. Waltonense L. Lind. Magnifique variété qui appartient à la collection de M. W. Thompson, de Walton Grange, Stone, collection célèbre pour ses superbes Odontoglossum. Elle a les fleurs d'une grandeur exceptionnelle et d'une substance très épaisse, ce qui leur donne un caractère tout particulier. Ces fleurs sont d'un rose lilacé très élégant, maculé de très larges taches brun vif sur les sépales; quant aux pétales, un seul porte une macule moins grande vers son milieu; le labelle porte vers la partie antérieure une très grande macule brun vif, et sur les côtés près de la base quelques petites macules de la même nuance.

Var. Wolstenholmiae. Très belle variété, appartenant à la collection de M. le baron Schröder. Ses fleurs sont richement maculées et lavées de pourpre.

Var. xanthotes. Fleurs blanches, portant sur les sépales et le labelle un petit nombre de gros points ronds, jaune d'or brillant. On peut citer encore les variétés *aureum, Cooksoni, Mariae, Trianae, Stevensi*, etc.

O. cristatum. — Espèce découverte par Hartweg en 1849, dans les Andes de l'Equateur, mais introduite en 1867 seulement par

M. Linden. Les fleurs, très élégantes, ont les pétales et les sépales ovales lancéolés aigus, d'un brun marron avec une marque jaune à la base et à la pointe, le labelle jaune pâle ou blanc avec une macule marron à la pointe et quelques-unes plus petites sur les bords.

Cette espèce se cultive en serre froide, et fleurit au mois d'avril et de mai. Elle a une variété nommée *cristatellum*, de forme et de coloris assez différents. Le type et la variété sont encore assez rares dans les cultures.

O. Edwardi. — Espèce qui appartient à un groupe tout à fait distinct. Elle produit ses fleurs en longue panicule très ramifiée, chargée de fleurs de petite taille, à peu près comme un grand nombre d'Oncidium ; mais ce qui lui donne un prix tout particulier, en outre de l'abondance de ses fleurs, c'est leur splendide coloris violet-mauve éclatant, à reflets soyeux. Tout l'ensemble de la fleur est de la même nuance, sauf le disque du labelle, qui forme au milieu un point jaune vif.

L'*O. Edwardi* est originaire des Andes de l'Équateur. Il réussit en serre froide ou mieux tempérée-froide. Il ne fleurit pas toujours régulièrement chaque année, mais l'abondance et la splendeur de sa floraison compense amplement ce petit défaut.

O. grande. — La gravure que l'on a vue plus haut (fig. 59), montre bien le port robuste et l'élégance de cette belle espèce, l'une de celles qui conviennent le mieux pour la grande culture. Elle a l'avantage de fleurir beaucoup et de donner des fleurs très solides qui durent longtemps. Ces fleurs sont remarquables par leur grande taille et par leur gai coloris ; elles ont de 13 à 15 centimètres de diamètre. Les sépales et les pétales sont d'un jaune vif, les premiers barrés entièrement, les autres maculés sur toute leur moitié basale, d'un rouge clair à travers lequel le jaune transparaît légèrement en produisant une teinte un peu brunâtre. Le labelle est presque orbiculaire, jaune très pâle avec deux ou trois fragments de cercles concentriques près de la base, et quelques points rouges parsemés vers le bord.

Fleurit généralement d'octobre à janvier ou février.

L'*O. grande* fut découvert par M. G. Ure-Skinner en 1839 près de Guatemala.

Cette espèce appartient au groupe des Odontoglossum de serre tempérée-froide, qui doivent recevoir moins d'humidité pendant l'hiver et être soumis toute l'année à une température plus haute de quelques degrés que celle des espèces dites Alpines.

O. Halli (voir fig. 68). — Magnifique espèce, l'une des plus imposantes du genre, qui provient de la région Andine de l'Équateur. Elle y fut découverte vers 1837 par le Colonel Hall, dont elle porte le nom, aux environs de Quito, à une altitude d'à peu près 2,700 mètres ; toutefois elle ne fut répandue dans les cultures que longtemps après, en 1864, grâce aux importations de M. Linden, puis ensuite de plusieurs maisons anglaises.

L'*O. Halli* produit des grappes très longues et chargées de nombreuses fleurs. Ces fleurs ont de 8 à 10 centimètres de largeur. Elles ont les sépales et les pétales elliptiques-lancéolés à peu près semblables, avec les pointes repliées, d'un jaune vif plus ou moins barré et maculé de brun, mais avec la base et les pointes jaunes, le labelle oblong acuminé, très dentelé sur les bords, blanc, plus ou moins maculé de rouge brunâtre. La crête est jaune.

On mentionne souvent dans les cultures une forme de cette espèce sous le nom d'*O. Halli leucoglossum* (à labelle blanc), et une autre sous le nom de *xanthoglossum* (à labelle jaune). Le premier nom de variété devrait être supprimé, car la forme à labelle blanc n'est pas autre chose que le type lui-même. La variété à labelle jaune doit seule être distinguée par une dénomination spéciale.

Les macules marron de l'*O. Halli* affectent souvent une nuance foncée et tirant sur le noir, qui est d'une grande beauté.

O. Harryanum (fig. 119). — Cette espèce, dont l'introduction est encore récente, a été rapidement populaire et figure aujourd'hui dans toutes les collections. Elle pourrait être considérée comme l'une des plus belles et des plus précieuses du genre, si elle n'avait deux défauts. Le premier, c'est de ne produire que des grappes de fleurs assez courtes et pauciflores ; le second, c'est de ne pas bien épanouir ses fleurs. Celles-ci ont les sépales bien dressés, mais les pétales incurvés, parfois se rejoignant presque à leurs extrémités.

Ces défauts sont d'autant plus regrettables que la fleur est

Fig. 119. — ODONTOGLOSSUM HARRYANUM.

d'ailleurs fort belle ; elle est, comme on le verra dans la gravure ci-dessus, de grande taille et d'une remarquable élégance ; son coloris est particulièrement riche. Les sépales sont d'un brun éclatant, barré de jaune d'or, les pétales sont bruns striés longitudinalement de lignes violet pourpré ; le labelle est blanc au sommet, et à la base, blanc couvert de stries violettes.

L'O. *Harryanum* réussit parfaitement dans la serre mexicaine, avec les *O. grande*, etc.

O. hastilabium. — Espèce d'une grande beauté, et dont le coloris est un des plus gais qui se rencontrent dans ce genre. Elle se rencontre, à une altitude de 2000 à 2500 mètres, fixée aux troncs de grands arbres et de lianes qui surplombent les torrents.

Les fleurs de l'*O. hastilabium* sont assez espacées sur de longues grappes qui restent généralement à peu près verticales, et elles se conservent fort longtemps; la floraison, qui se produit d'ordinaire vers la fin de juin, dure jusqu'en septembre, et c'est l'un des enchantements de la serre tempérée-froide.

Les pétales et les sépales sont lancéolés, aigus, assez larges à la partie centrale, et d'un bonne longueur; la fleur mesure de sept à huit centimètres de diamètre. Sépales et pétales sont également d'un jaune verdâtre pâle, recouverts sur presque toute leur surface de barres transversales pourpres irrégulières, plus serrées à la base, où elles se réunissent presque, et allant en diminuant de largeur pour s'arrêter non loin des extrémités des segments. Le labelle, qui a valu à la plante son nom spécifique (*à labelle en forme de hache*), a la base pourpre foncé; il se rétrécit brusquement et devient très étroit dans le milieu de sa longueur, puis s'épanouit en un large limbe blanc pur. L'ensemble de cette fleur, avec ses vifs contrastes de couleur, est extrêmement gracieux.

O. Insleayi (voir fig. 121). — Belle espèce qui rappelle quelque peu l'*O. grande;* toutefois ses fleurs sont plus petites et plus brillamment colorées que celles de cette espèce. Les pétales et les sépales, largement oblongs, sont d'un jaune clair relevé de fortes macules transversales brun-rouge vif. Le labelle ample, semi-circulaire à sa partie inférieure, est d'un jaune éclatant et porte sur les bords une bande de macules rouge vif en forme de gros points.

L'O. *Insleayi* fut introduite en 1838 par M. BARKER, de Birmingham. Il est originaire des environs d'Oaxaca, au Mexique. Il fleurit à diverses époques de l'année, mais spécialement aux mois d'août et de septembre ; ses fleurs se conservent près d'un mois.

Il se cultive en serre tempérée-froide, comme la plupart des Odontoglossum et Oncidium mexicains.

Il existe quatre variétés principales de cette espèce :

La variété *Imschootianum* a les segments jaune pur, sans macules brunes, et le labelle jaune avec quelques faibles marques grisâtres le long du bord.

La variété *leopardinum* a les sépales et pétales plus maculés que dans le type, de sorte que le fond est brun, tacheté et bordé de jaune. Ce coloris est très attrayant.

La variété *pantherinum* a les sépales et pétales presque entièrement bruns, et le labelle entièrement recouvert de dessins rouges sur fond jaune.

La variété *splendens* a les fleurs plus grandes et d'un coloris plus vif que dans le type.

O. Krameri. — Cette espèce, originaire de Costa Rica, est d'introduction beaucoup moins ancienne que les précédentes ; c'est en 1868 qu'elle fit son apparition en Europe. Elle est assez rare, et le deviendra probablement davantage encore, car il paraît que les forêts, dans le district restreint qu'elle habitait à l'état naturel, ont été détruites pour faire place aux cultures agricoles.

L'*O. Krameri* est une plante de petite taille, produisant ses fleurs en grappes pendantes, comme l'*O. citrosmum*, dont il se rapproche beaucoup tout en étant bien inférieur en beauté à cette espèce. Ses fleurs ont les pétales et les sépales oblongs, obtus, et le labelle à peu près réniforme, avec un onglet court. La fleur tout entière est d'un agréable coloris violet pâle, presque blanc sur les bords des segments, et le labelle, maculé de violet pourpré sur fond blanc, porte en outre deux barres brun foncé près de sa base et deux macules jaune vif au callus.

Cette espèce, comme la plupart de celles originaires des latitudes supérieures du Mexique et de l'Amérique centrale, réclame la température de la serre tempérée ou tempérée-froide.

O. laeve. — Espèce de forme curieuse et très distincte, de croissance vigoureuse quoiqu'elle ne soit pas des plus florifères, et qui est assurément moins attrayante que la plupart de ses congénères à cause de son coloris sombre et de sa forme compacte. Elle possède cependant une qualité qui mérite de la faire admettre dans les cultures, c'est son parfum délicat, analogue à celui de la fleur d'oranger. On sait que les Odontoglossum odorants sont assez rares, et qu'à part l'*O. citrosmum*, la plupart ne possèdent qu'un parfum si faible qu'il n'est appréciable que par la masse.

Les fleurs de l'*O. laeve* ont les pétales et les sépales oblongs linéaires, érigés et placés de façon que les pétales sont à peu près parallèles au sépale dorsal, et les sépales latéraux à peu près situés sur le prolongement de ceux-là. Ces segments sont d'un brun foncé, barrés de jaune verdâtre; le labelle est court, à peu près dépourvu d'onglet, et ressemble beaucoup à celui du Miltonia; la forme de cet organe lui assigne une place à part dans le genre, et a causé aux anciens botanistes quelque hésitation (LINDLEY lui-même rangea l'espèce, d'abord dans le genre Cyrtochilum, et plus tard dans le genre Miltonia). La couleur du labelle est un rose lilacé variant parfois jusqu'au blanc.

L'*O. laeve* fut découvert en 1841 par URE-SKINNER et HARTWEG. Il est originaire du Guatemala et du Mexique méridional, et habite dans ces contrées des altitudes de 2500 à 2700 mètres. Aussi peut-il être cultivé dans la serre froide avec les espèces colombiennes.

L'*O. Reichenheimi* est souvent confondu avec cette espèce; le *Manual* de MM. VEITCH, notamment, indique qu'il ne s'en distingue qu'au point de vue horticole, par la petitesse et le brillant coloris de ses fleurs; les deux fleurs sont cependant distinctes par la forme des ailes de la colonne, plus détachées dans l'*O. laeve*, et par la forme du labelle, sensiblement plus large dans l'*O. Reichenheimi*.

O. Lindeni. — Espèce très rare, découverte en 1842 par M. LINDEN dans la Nouvelle Grenade.

Ses fleurs, disposées en grappes de dix à quatorze, sont d'un jaune citron clair; les pétales et les sépales sont lancéolés et ondulés sur les bords. Le labelle, un peu plus court que les autres segments, a les lobes latéraux dressés, parallèles.

Il fleurit pendant l'été.

O. Lindleyanum. — Pétales et sépales linéaires-lancéolés, étroits, jaune clair avec une macule brun clair au centre et quelques autres plus petites dispersées sur la surface, le labelle de la même couleur que les autres segments avec une large macule brune à la base, et les lobes latéraux blancs avec quelques points pourpres.

L'*O. Lindleyanum* a un cachet particulier aisément reconnaissable et dû surtout à la forme anguleuse de ses segments. Cette

Fig. 120. — Odontoglossum Coradinei.

caractéristique est encore plus marquée dans sa variété *mirandum*, que l'on désigne souvent du nom d'*O. mirandum*, et qui est en effet assez nettement tranchée. Cette variété a les macules brunes des segments plus foncées et plus grandes, ne laissant souvent qu'une mince bordure jaune pâle sur les côtés; ses fleurs ont aussi une apparence plus courte et plus compacte, de même que les organes végétatifs.

L'*O. ligulare*, décrit par Reichenbach, doit être aussi considéré

Fig. 121. — ODONTOGLOSSUM INSLEAYI VAR. SPLENDENS.

comme une variété du précédent. Il s'en distingue surtout par le coloris terne, légèrement soufré, de ses segments et la largeur plus grande du labelle.

L'*O. Coradinei*, est parfois classé également comme une variété de l'*O. Lindleyanum*, mais à tort. C'est une belle espèce (ou probablement un hybride naturel) à fleurs de belle taille, d'un jaune plus ou moins foncé, avec de nombreuses et larges macules brunes sur tous les segments.

O. Londesboroughianum. — Cet Odontoglossum porte le nom de Lord LONDESBOROUGH, amateur anglais, chez qui il fleurit pour la première fois en 1876. Il est originaire du Mexique, et se cultive en serre tempérée. Il fleurit en hiver, mais sa floraison est quelquefois rebelle aux soins du cultivateur, et c'est une des rares espèces qui laissent à désirer sous ce rapport.

Il a les bulbes d'un vert glauque, assez volumineux et sillonnés, rappelant assez bien ceux d'un Oncidium. Ses fleurs, produites en longue grappe, ont les sépales et les pétales concaves, d'un jaune vif barré et maculé de brun rougeâtre, les macules étant disposées concentriquement à la base. Le labelle a un onglet jaune assez long et étroit, avec deux oreillettes jaune vif des deux côtés, et forme à sa partie antérieure un limbe étalé réniforme jaune vif, d'un bel effet. L'ensemble de la fleur fait beaucoup penser à une fleur d'Oncidium.

O. Lucianianum. — Espèce très gracieuse et très florifère introduite en 1887 par L'HORTICULTURE INTERNATIONALE, et dédiée à son directeur par le professeur REICHENBACH. Elle a les fleurs d'assez grande dimension, à pétales et sépales lancéolés, aigus, blancs tachetés de points rouge brunâtre nombreux, et le labelle triangulaire très allongé, portant un peu en avant de la crête une large macule transversale unique, rose violacé vif. Floraison à la fin de l'hiver et pendant tout le printemps.

O. luteo-purpureum. — Cette espèce si populaire est l'une des plus belles et des plus vastes du genre. Elle présente une série très étendue de variations, tellement graduées qu'il est difficile même de nommer beaucoup de variétés distinctes. En outre, elle se rattache au groupe dit des hybrides naturels par beaucoup de formes intermédiaires dont on aurait peine à déterminer le classement exact. C'est le type de l'un des groupes le plus importants du genre, et le plus riche en dessins et en coloris superbes.

Les deux gravures insérées plus haut (fig. 28 et 82) représentent deux formes différentes choisies dans le nombre. La première est ce qu'on a appelé l'*Odontoglossum Mulus*, la seconde est l'*O. radiatum*; toutes deux rentrent d'ailleurs dans l'espèce.

L'*O. radiatum* a les segments entiers, les pétales et les sépales jaune clair portant des macules marron qui les recouvrent presque entièrement, le labelle jaune clair avec une macule pâle en avant de la crête, et le lobe antérieur largement étalé et arrondi, avec les bords finement denticulés.

L'*O. Mulus* est beaucoup plus élégant. Il a les macules brunes moins étendues que le précédent, les segments très larges, ondulés sur les bords, et le labelle très frisé et denticulé.

Plusieurs variétés ont reçu des noms distinctifs; je citerai spécialement les suivantes :

Var. amplissimum (Reichenbach). Segments plus larges qu'à l'ordinaire, et labelle plus petit.

Var. cuspidatum (*O. cuspidatum* Rchb. f.). Segments plus étroits, acuminés, macules généralement plus foncées que dans le type.

Var. facetum (*O. facetum* Rchb. f.). Sépales et pétales assez larges, avec quelques taches cramoisies à la base des pétales.

Var. Hinnus (*O. Hinnus* Rchb. f.). Sépales et pétales étroits, ondulés; callus très denticulé.

Var. hystrix (*O. hystrix* Bat.). Segments (surtout les pétales) très denticulés sur les bords, ce qui donne à la fleur un aspect un peu hérissé, rappelé par le nom (hystrix signifie porc-épic).

Var. Vuylstekeanum (*O. Vuylstekeanum* Rchb. f.). Fleurs un peu petites, très ondulées; les macules brunes du type sont remplacées par des macules jaune grisâtre sur fond jaune pâle.

L'*O. sceptrum* est souvent classé aussi comme une variété de l'*O. luteo-purpureum*; mais on peut le considérer comme une espèce distincte; il a les segments plus larges et plus courts, très finement denticulés sur les bords, maculés à peu près de même que dans l'*O. luteo-purpureum*, mais d'un brun marron clair. La fleur dans son ensemble est d'une forme régulière très harmonieuse, et d'une grande élégance.

L'*O. sceptrum* fut introduit en 1868, par M. J. LINDEN.

L'*O. luteo-purpureum* fut également découvert par M. LINDEN en 1842 dans les forêts de Quindiu, dans la Nouvelle-Grenade, et fut décrit par LINDLEY dans ses *Orchidaceae Lindenianae*. Il est

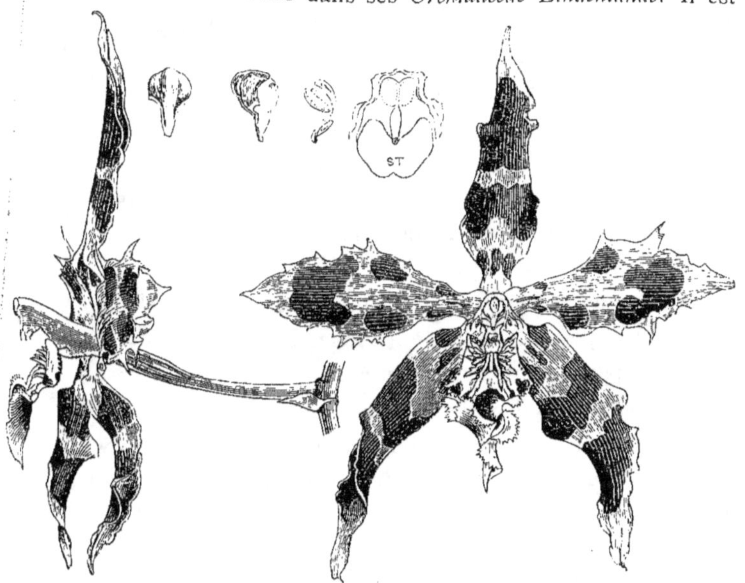

Fig. 122. — ODONTOGLOSSUM LYROGLOSSUM.

répandu sur une aire très vaste sur la Cordillère orientale et la Cordillère centrale entre Bogota et Ocana, d'une part, entre Quindiu et Medellin de l'autre.

Le nom de l'espèce, *luteo-purpureum*, signifie jaune et pourpre, et n'est pas très heureusement choisi; *luteo-brunneum* aurait été plus approprié.

La variété *Vuylstekeanum*, qui fit sont apparition en 1884, est une plante unique, et c'est une sorte d'albinos dans lequel les couleurs sont pâlies et presque effacées. Une déviation analogue s'est produite dans l'espèce *sceptrum*, et elle a reçu le nom de *Masereelianum;* plus récemment, une variété d'*O. Insleayi* a présenté la même particularité; elle a été décrite dans la *Lindenia* sous le nom d'*O. Insleayi var. Imschootianum.*

O. lyroglossum. — Ce bel Odontoglossum peut être considéré comme une autre variété de l'*O. luteo-purpureum*, ou comme un hybride naturel du groupe *Wilckeanum*. Il a les sépales gracieusement ondulés sur les bords, les pétales plus larges, denticulés d'une façon très élégante, tous ces segments d'un beau jaune vif relevé de larges macules brun clair. Le labelle, très frisé et denticulé, est jaune avec une seule grande macule brune à son centre.

La gravure ci-dessus montre cette belle fleur de face et de profil; on y voit également des dessins analytiques représentant les organes sexuels de la fleur et les pollinies, vus à la loupe. Il est à remarquer que les deux côtés de la colonne, prolongés en dessous en appendices denticulés, forment avec l'anthère une sorte de trappe dans laquelle les insectes se prennent, et d'où ils ne s'échappent qu'avec effort en emportant les pollinies.

O. maculatum. — Espèce connue depuis le commencement du siècle, époque à laquelle elle fut découverte au Mexique par La Llave et Lexarza. Introduite par M. Barker, de Birmingham, elle disparut des cultures au bout de peu de temps, et fut réintroduite ultérieurement par M. Linden.

Ses fleurs ont les sépales oblongs-lancéolés, brun vif, quelquefois tachetés de jaune à la base et au sommet, les pétales ovales aigus, jaune clair avec quelques macules brunes près de la base, le labelle largement triangulaire, apiculé, jaune avec quelques taches brunes formant à peu près deux cercles concentriques autour du disque et sur les bords.

L'*O. maculatum*, très analogue à l'*O. cordatum*, est originaire du Mexique. Il fleurit aux mois de mars et avril.

Il réclame une température un peu plus élevée que les autres espèces.

O. maxillare. — Charmante espèce, d'un caractère très distinct et très gracieux. Ses fleurs, très parfumées, sont disposées en grappes infléchies; les segments sont lancéolés, acuminés; les pétales, plus larges que les sépales, sont blancs avec une large macule pourpre rougeâtre foncé près de la base; les sépales sont à peu près semblables, mais avec une macule beaucoup plus petite. Le labelle plus court est blanc avec le disque orange.

L'*O. maxillare* fut introduit vers 1846; il est originaire du Mexique, des environs de Tolima. REICHENBACH a donné le nom d'*O. madrense* à une plante qui est identique avec cette espèce, et le nom de *madrense* doit être par conséquent considéré comme un synonyme. Il fleurit surtout pendant l'été. Il se cultive en serre tempérée-froide (serre mexicaine).

O. nebulosum. — Espèce mexicaine à fleurs de très grande taille, et très remarquables par leur beauté. Il fut découvert en 1833 par le baron KARWINSKI, mais c'est à M. LINDEN qu'est due son introduction dans les cultures, en 1856.

Son allié le plus proche est l'*O. Rossi*, mais il s'en distingue facilement. Il a les sépales et les pétales blancs, recouverts, sur une certaine largeur à partir de la base, de nombreuses macules d'un brun-rouge ou parfois jaunâtre, formant à peu près un cercle au centre de la fleur; le labelle sub-orbiculaire est blanc, et porte

Fig. 123. — ODONTOGLOSSUM NEBULOSUM VAR. CANDIDULUM.

à la base plusieurs macules semblables à celles des autres segments, sur fond jaune pâle.

Il existe plusieurs variétés, notamment la variété *candidissimum*, qui n'a pas de macules, et la variété *candidulum*, qui a les macules très pâles. C'est cette variété qui est figurée ci-dessus; on a vu plus haut (fig. 71) la reproduction du type.

Il fleurit surtout aux mois d'avril et mai.

Sa culture est analogue à celle des *Odontoglossum grande, vexillarium*, etc. La serre qui lui conviendra le mieux est celle dite mexicaine, ou tempérée-froide.

On peut rapprocher de l'*O. nebulosum* une forme très curieuse et très belle, l'*O. Duvivierianum*, qui doit son origine, presque à coup sûr, à un croisement opéré à l'état naturel entre cette espèce et l'*O. maculatum*.

L'*O. Duvivierianum* a les pétales blancs bordés de jaune, les sépales blanc jaunâtre également bordés de jaune, et tous ces segments maculés, sur la moitié de leur longueur à partir de la base, de gros points brun vif de forme irrégulière. Le labelle blanc porte à sa base, ainsi que sur la gorge, une large tache brune, et quelques autres macules plus petites sur le bord antérieur; il est également bordé de jaune.

O. nevadense. — Espèce assez rare, introduite par M. J. LINDEN en 1868. Elle est originaire de la Sierra Nevada de Merida, au Venezuela.

Ces fleurs mesurent environ 8 à 8 $^1/_2$ centimètres de diamètre. Les pétales et les sépales sont lancéolés, aigus, brun vif avec une ou deux barres transversales jaunes, et quelques lignes longitudinales jaunes à la base. Le labelle a les lobes latéraux érigés en forme de dents, blancs avec des dessins bruns et le lobe antérieur à peu près triangulaire, acuminé, très frisé et denticulé sur les bords, blanc ou jaune très pâle.

O. odoratum. — Cette espèce est la compagne inséparable de l'*O. crispum*, avec lequel toutefois elle ne peut pas lutter au point de vue de la beauté. Elle a les mêmes pseudobulbes et les mêmes feuilles, et ne peut guère en être distinguée quand elle n'est pas en fleurs. Elle croît dans la même région, où elle fut découverte M. LINDEN en 1842, à peu près à la même époque que la perle du genre ; c'est dans le Vénézuela occidental, sur la Sierra Nevada de Mérida, que fut opérée cette découverte.

L'*O. odoratum* est une espèce élégante, très florifère et qui mérite d'être cultivée dans toutes les collections ; son voisinage seul lui fait du tort. Quand un importateur, ayant reçu des plantes de cette région, et comptant sur de belles formes de *crispum*, voit apparaître dans le nombre, à la floraison, quelques *O. odoratum*, il éprouve naturellement une déception relative, car ces plantes valent moins qu'il n'avait espéré. On s'est un peu habitué ainsi à considérer cette espèce avec un certain dédain, qui ne se justifie pas absolument.

Ses fleurs, produites en longues grappes très ramifiées, sont très gracieuses. Elles possèdent une charmante odeur d'aubépine ; elles ont les segments allongés et acuminés, généralement jaunes ou blanc crème, pointillés et légèrement striés de rouge vif souvent nuancé de brun. Le labelle a une forme analogue à celle des pétales et des sépales, mais il est plus court, et porte vers son centre une macule assez grande, avec une ou deux petites près de la base. Le callus porte deux dents en saillie, et est blanc ou parfois teinté de jaune pâle.

L'*O. gloriosum*, décrit par REICHENBACH, est très analogue au précédent, dont il se distingue par un coloris blanc comme fond, et par de petits détails dans le callus et la colonne.

L'*O. baphicanthum* peut également être considéré comme une variété de l'*O. odoratum*, ainsi que l'*O. hebraïcum*. Le premier a les segments assez larges, d'un jaune vif, avec des macules assez fortes. Le second a les fleurs de coloris très pâle, avec les pétales couverts d'un pointillé abondant et disposé de façon à rappeler en quelque sorte des caractères hébreux, d'où provient son nom.

L'*O. odoratum var. striatum*, décrit par REICHENBACH et figuré dans la *Lindenia*, se distingue par la grandeur de ses segments, d'un blanc mat pur, et par la disposition des macules des pétales et des sépales en stries parallèles longitudinales.

O. OErstedi. — Espèce de petite taille, à fleurs relativement petites, mais charmantes. Toute la fleur est blanche, sauf la gorge et la base du labelle, qui sont nuancées de jaune et d'orangé. Les pétales et les sépales sont oblongs, bien dressés; le labelle, de largeur moyenne, est bien étalé et assez long.

Espèce découverte à Costa Rica par Warscewicz et plus tard par le D^r OErsted, dont elle porte le nom. Elle fleurit pour la première fois vers 1872.

C'est une espèce de serre tempérée-froide; en raison de sa petite taille, elle est facile à cultiver en panier, suspendue près du vitrage.

O. pardinum. — Espèce décrite par Lindley dès 1838, mais qui ne fut introduite que longtemps après. Les fleurs sont jaune clair, ornées de macules brunes peu nombreuses sur les pétales et le labelle.

O. Pescatorei. — Cette célèbre espèce, la rivale de l'*O. crispum*, fut également découverte et introduite par M. Linden, en 1847. Elle est originaire de la Cordillère orientale de la Nouvelle-Grenade. Elle fleurit en Europe pour la première fois en 1851.

L'*O. Pescatorei* ressemble beaucoup à l'*O. crispum*. Il s'en distingue par la forme plus courte et plus arrondie des pétales et des sépales, et surtout par celle du labelle, qui est panduriforme, et a les lobes latéraux arrondis à droite et à gauche de la colonne.

Un certain nombre de variétés ont reçu des noms particuliers; toutefois elles ne se différencient toutes du type que par la présence de taches rouge vif ou rose violacé, plus ou moins nombreuses et plus ou moins étendues, sur le labelle et sur les autres segments.

Le type a les pétales et les sépales blanc pur, et le labelle relevé seulement de fines stries marginales rouge-violet sur les lobes latéraux et quelquefois sur le lobe antérieur.

La variété *Lindeni*, figurée plus haut (voir fig. 2), est extrêmement remarquable. Elle a les segments et le labelle richement maculés d'un rouge carmin sombre. Il est difficile de trouver une plante offrant un coup-d'œil plus exquis que celui de cette variété portant une longue inflorescence d'une quinzaine de fleurs, sur lesquelles le blanc et le rouge vif présentent un contraste merveilleux. Sa première floraison, en 1892, a produit une grande impression sur les amateurs qui ont pu l'admirer dans les serres de L'Horticulture Internationale.

L'*O. Pescatorei* a une saison de floraison peut-être plus fixe que l'*O. crispum*. Il fleurit au printemps, du mois de février au mois de juin.

O. platycheilum. — Nouvelle espèce qui a fait son apparition,

Fig. 124. — Odontoglossum polyxanthum.

en 1892, dans la collection de M. R. I. Measures, de Cambridge Lodge, Camberwell.

Les pétales et sépales sont oblongs-lancéolés, d'un blanc crême, maculé de brun clair à la base; le labelle, largement étalé et assez analogue comme forme à celui de l'*O. Rossi*, est d'un rose très pâle, parsemé de petites macules cramoisi foncé.

O. polyxanthum (fig. 124 et 37). — Espèce découverte vers 1877 dans l'Équateur et introduite en 1880; elle paraît être peu abondante à l'état naturel, et est encore rare dans les cultures.

Son nom signifie « très jaune, » et fait allusion au coloris jaune des segments, maculé plus ou moins largement de brun clair. Les taches des pétales sont moins nombreuses et moins étendues que celles des sépales; le labelle est entièrement brun clair avec une mince bordure jaune finement dentée.

L'*O. polyxanthum* est une espèce de croissance robuste, qui réussit à merveille en serre froide, à côté de l'*O. Alexandrae*; il habite d'ailleurs, dans sa patrie, des régions d'une altitude de 2600 mètres et plus.

O. praestans. — Espèce assez voisine de l'*O. odoratum*, mais à fleurs beaucoup plus grandes, mesurant près de 8 centimètres de diamètre. Ces fleurs sont très parfumées. Elles apparaissent au printemps ou au début de l'été.

L'*O. praestans*, originaire du Pérou, fut découvert en premier lieu par Warscewicz; Reichenbach écrivait en 1875 qu'il avait fleuri très longtemps auparavant chez M. Rollisson, de Tooting; mais il disparut bientôt, et depuis nombre d'années il était inconnu dans les cultures, lorsqu'il fleurit en janvier 1892 parmi des importations de L'Horticulture Internationale, à Bruxelles.

O. pulchellum. — Espèce à fleurs de petite taille, mais très gracieuses, produites par petites grappes de cinq à dix. Les sépales et les pétales sont ovales, aigus, et entièrement blanc de lait. Le labelle est blanc avec le disque jaune.

Ces fleurs répandent un parfum délicat très agréable. Elles se montrent généralement au commencement du printemps.

L'*O. pulchellum* fut découvert au Guatemala en 1840 par Ure-Skinner. Il est assez rare dans les cultures.

L'*O. Egertoni* est une forme plus petite de cette espèce, dont il ne se distingue par aucun caractère en dehors de la taille.

O. ramosissimum. — Quoique les fleurs de cette espèce, prises en particulier, ne soient pas des plus remarquables, elle est cependant au nombre des plus décoratives du genre, à cause de l'abondance de ses fleurs, disposées en longue tige très ramifiée, et de leur forme très pittoresque. Les segments lancéolés, étroits, sont très ondulés sur les bords, très allongés, et ont les pointes récurvées ; le labelle allongé, acuminé, est également réfléchi à son sommet. Tous les segments sont blancs et tachetés de mauve pourpré.

L'O. *ramosissimum* a été découvert en 1843 par M. LINDEN aux environs de Merida, à une altitude de plus de 2100 mètres ; il fut introduit par lui en 1871 seulement. C'est une espèce rare, appartenant au même groupe que l'*O. Edwardi*.

Il fleurit surtout au printemps.

L'HORTICULTURE INTERNATIONALE a introduit deux formes de cette espèce, qui sont toutes deux intéressantes au point de vue du coloris. L'une, la variété *coeleste*, a les macules mauves très étendues et plus foncées qu'à l'ordinaire, de sorte que les segments sont presque entièrement violets, avec les pointes seules blanches ; l'autre, la variété *candidulum*, a les fleurs presque entièrement blanches, et c'est à peine si l'on aperçoit sur les segments de faibles traces de points violets excessivement pâles.

Il existe, paraît-il, dans la collection de sir TREVOR LAWRENCE une autre variété de cette espèce, ayant les segments jaunes au lieu de blancs, et nommée par ce motif var. *xanthinum*.

0. retusum. — Fleurs produites en grappe dressée ramifiée ; chacune est de taille assez petite, mais l'ensemble produit un effet charmant par le coloris orangé vermillon éclatant ; le labelle est d'une nuance un peu plus vive. L'espèce est originaire de l'Équateur.

0. rigidum. — Espèce collectée par HARTWEG en 1842, et qui n'a été introduite que récemment dans les cultures. Ses fleurs sont d'un jaune vif, le labelle plus foncé.

0. roseum. — On rencontre fréquemment désigné sous ce nom dans les cultures le *Mesospinidium roseum* ou mieux *Cochlioda rosea*.

0. Rossi. — Superbe espèce, l'une des plus attrayantes du genre par la grandeur, l'élégance de forme et l'éclatant coloris de ses fleurs. Les pétales sont larges et délicatement ondulés sur les bords, d'un blanc pur avec deux ou trois macules d'un rose pourpré plus ou moins vif à la base ; les sépales sont plus étroits, lancéolés, et entièrement recouverts de macules semblables. Le labelle est largement obcordé, frangé et ondulé sur les bords, et d'un blanc immaculé.

La variété *majus* est reconnaissable à sa taille plus grande que dans les formes ordinaires.

La variété *aspersum* a les fleurs tout entières teintées d'un jaune verdâtre ; les macules, par suite, ont une couleur brunâtre.

La variété *Ehrenbergi* a les segments nuancés de vert clair et tachetés de brun clair.

La variété *Mommi*, qui a été figurée dans la *Lindenia*, avait les pétales maculés jusqu'à leur pointe suivant une ligne médiane. C'est une magnifique variété, mais probablement une plante unique.

La variété *rubescens* a les segments rosés et les macules d'un rouge vif ; elle a beaucoup d'éclat et constitue l'une des plus belles formes connues de cette espèce.

L'*O. Humeanum* doit être considéré comme une variété de l'*O. Rossi*. C'est une plante charmante également, qui a les sépales d'un jaune crême, barrés de brun jaunâtre à la base, les pétales blancs maculés de brun, le labelle blanc largement obcordé.

L'*O. Rossi* fut découvert en 1837 par le collecteur Ross, dans la province d'Oaxaca (Mexique) ; il est également répandu dans l'Amérique centrale jusqu'au Nicaragua. C'est une espèce de serre froide. Il se cultive principalement en paniers, en raison de sa petite taille ; il est très florifère et fleurit à diverses époques de l'année, mais surtout de janvier à avril, et c'est un charmant spectacle que celui de ces charmantes petites plantes suspendues près du vitrage, et couvertes de fleurs dont chacune est plus volumineuse que les bulbes au milieu desquels elle s'élève.

O. Schillerianum. — Espèce à fleurs petites, mais d'un coloris très gracieux. Les sépales et les pétales sont d'un jaune clair, densément tacheté de brun rougeâtre ; le labelle est d'un brun rougeâtre, avec la pointe et la base jaune clair.

Nommé par REICHENBACH en 1854, et dédié au Consul SCHILLER, de Hambourg.

O. Schlieperianum. — Espèce ayant à peu près le port et les bulbes vert-glauque de l'*O. grande*. Ses fleurs, sensiblement plus petites, ont les sépales et les pétales jaune clair barrés de brun rougeâtre, surtout les premiers, et le labelle jaune soufre, portant également trois ou quatre barres brunes à la base.

L'*O. Schlieperianum* est originaire de Costa Rica, et en général de l'Amérique centrale. Il fleurit aux mois d'août et de septembre, et égaie beaucoup les serres par les contrastes de son coloris.

La variété *xanthinum* est remarquable par l'absence des macules sur les pétales et les sépales, et a les fleurs complètement jaunes. Elle a fait son apparition dans la riche collection de M. le comte DE GERMINY, à Gouville (France).

O. stellatum. — Espèce décrite par LINDLEY en 1841, et largement répandue dans l'Amérique centrale. Elle offre peu d'intérêt au point de vue horticole. Ses fleurs généralement solitaires mesurent 3 ½ à 4 centimètres de diamètre, et sont d'un vert olivâtre légèrement strié de brun, avec le labelle blanc.

O. Thompsonianum. — Superbe forme, rentrant dans le groupe *hystrix*, et faisant partie de la riche collection de M. W. THOMPSON. La fleur, d'une forme parfaite, est bien étalée et a les segments très larges. Les sépales sont d'un brun vif, avec la pointe et la base marquées de jaune pâle. Les pétales, très larges au milieu, acuminés, ayant presque la forme d'un losange, sont élégamment dentelés sur les bords; ils ont le fond jaune pâle avec trois ou quatre macules brunes dans leur première moitié vers la base, et une autre macule beaucoup plus large près de la pointe. Le labelle porte au milieu une large macule brune, et sur les côtés à la base quelques autres plus petites de la même nuance.

O. tripudians. — L'une des espèces les plus populaires et les plus robustes du genre. Ses fleurs ont les sépales larges, elliptiques, acuminés, d'un brun marron avec une bordure jaune vif à la base et à la pointe, les pétales de la même forme, jaunes avec plusieurs macules brunes transversales; le labelle large, denticulé sur les bords, est blanc ou parfois jaune pâle, avec des macules roses ou cramoisies.

O. triumphans (voir fig. 125). — Très belle espèce à grandes fleurs richement colorées.

Les sépales et les pétales sont larges, d'un jaune d'or maculé de brun rougeâtre sur toute leur étendue. Le labelle ample est blanc ou jaune pâle, avec une très grande macule brun-rouge près de son sommet, et a les bords très dentelés.

Les fleurs sont produites au nombre de douze à seize, parfois même davantage, sur de longues grappes infléchies, et se

Fig. 125. — ODONTOGLOSSUM TRIUMPHANS.

conservent longtemps. Elles apparaissent généralement du mois de mars au mois de mai.

L'*O. triumphans* est originaire de la Nouvelle-Grenade, où il fut découvert et collecté par M. LINDEN en 1842. Il est répandu sur une grande étendue, où il se rencontre avec l'*O. Pescatorei* dans certains endroits.

O. Uro-Skinneri. — Voisin de l'*O. bictonense*, mais supérieur à lui par la grandeur et le coloris de ses fleurs, l'*O. Uro-Skinneri* porte le nom du collecteur URE-SKINNER, qui le découvrit en 1854. Il a les sépales et les pétales assez larges, acuminés, brun sombre maculés et marbrés de vert, le labelle largement cordé, à peu près comme celui de l'*O. Rossi*, rose pâle marbré et pointillé de blanc.

Il fleurit aux mois de juillet et d'août, et produit ses fleurs en longue hampe érigée. C'est une espèce robuste, et sa floraison dure longtemps.

O. Wallisi. — Espèce à fleurs de taille moyenne, et de beauté inférieure à la plupart de celles que je viens d'énumérer, quoique son coloris clair jette une note gaie et fraîche au milieu des blancs et des bruns des espèces plus célèbres. Les fleurs ont environ 5 centimètres de diamètre; elles ont les pétales et les sépales oblongs-lancéolés, formant étoile, jaune vif marqués de brun, le brun dominant sur les sépales et n'occupant que peu de place sur les pétales. Le labelle, ondulé et denticulé sur les bords, avec le lobe antérieur terminé en pointe, est rose pourpré bordé de blanc; la crête et les lobes latéraux sont blancs. Cet organe se détache d'une façon très agréable sur le reste de la fleur.

L'*O. Wallisi* fut découvert par WALLIS, à qui il est dédié, pour le compte de M. LINDEN, chez qui il fleurit pour la première fois en 1869. Il a le feuillage graminiforme, ce qui le rend facilement reconnaissable. Il fleurit surtout vers le mois de juin-juillet.

Synonyme : *O. purum* RCHB. F.

GROUPE DES HYBRIDES NATURELS

O. Andersonianum. — Cette belle forme est parfois considérée comme une variété de l'*Odontoglossum crispum*, mais à mon avis, elle constitue bien un hybride naturel, intermédiaire entre cette espèce et l'*O. odoratum* ou une espèce analogue, l'*O. gloriosum* par exemple.

L'*O. Andersonianum* a les sépales et les pétales plus étroits et plus pointus que l'*O. crispum*. Il est d'un blanc crême, et porte sur les segments de petites taches rondes, et parfois des stries, d'un brun vif. Le labelle a la crête jaune légèrement striée de brun, et ordinairement une seule macule brune.

L'*O. Andersonianum* fut le premier hybride naturel connu et décrit comme tel ; ce fut Reichenbach qui le nomma en 1868. Depuis lors, un grand nombre de formes plus ou moins analogues,

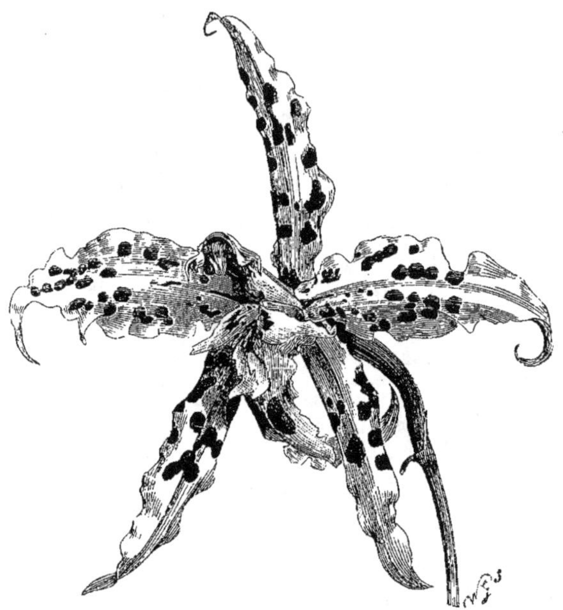

Fig. 126. — Odontoglossum Rückeri.

et paraissant être issues du même croisement, sont venues constituer autour de lui un groupe étendu et d'une extrême complexité. Telles sont celles que je vais énumérer rapidement.

L'*O. Rückeri* (fig. 126), qui a fait son apparition en 1873, a les segments généralement un peu plus courts et plus larges que le précédent, et nuancés de rose près du bord, surtout les sépales. Les macules sont d'un brun rougeâtre.

L'*O. deltoglossum* a un coloris analogue, mais il se distingue par la forme particulière du labelle (en forme de *delta*). Cet organe porte une large macule brun rougeâtre à son centre.

L'*O. Jenningsianum* a les fleurs d'un blanc crème, maculées de brun rougeâtre, surtout sur les pétales.

L'*O. limbatum* a les pétales et le labelle blancs, le labelle maculé de rouge violacé sur les bords, et les sépales roses. Une variété plus foncée a reçu le nom de *violaceum*.

L'*O. Lecanum* a un coloris jaune foncé, très maculé de brun rougeâtre, avec une grande macule brun rougeâtre, au centre du labelle.

L'*O. hebraicum* et l'*O. baphicanthum* sont classés par M. ROLFE dans ce groupe. Toutefois, comme je l'ai déjà dit, je les considère plutôt comme des variétés de l'*O. odoratum*, spécialement le second.

On peut également ranger parmi les hybrides naturels de cette section un certain nombre de formes que je ne décrirai pas ici, parce que ce sont des plantes uniques, mais dont quelques-unes sont d'une beauté remarquable : *O. Pollettianum, O. Measuresianum, O. Warocqueanum, O. Bleichröderianum, O. Schlesingerianum, O. Claesianum*, ces quatre dernières figurées dans la *Lindenia*.

O. Bergmani. — Superbe forme dédiée à M. F. BERGMAN, l'habile directeur des cultures du domaine de Ferrières-en-Brie, par qui elle fut exposée pour la première fois à Bruxelles en 1891. Elle tient beaucoup de l'*O. luteo-purpureum*, et l'on pourrait peut-être la considérer comme une variété de cette espèce, à segments très larges maculés de brun chocolat sur fond blanc; mais il est beaucoup plus probable que c'est un hybride naturel entre l'*O. crispum* et l'*O. luteo-purpureum*.

O. brachypterum. — Introduit de la Nouvelle Grenade vers 1881, cet Odontoglossum peut être considéré comme un hybride naturel dont les parents seraient, selon toute probabilité, l'*O. Pescatorei* et l'*O. luteo-purpureum*. Il a les pétales et les sépales larges et assez courts, jaune clair avec quelques macules brunes. Le labelle est également jaune clair relevé d'une large macule brune en avant de la crête.

0. Cookeanum. — Plante d'abord classée sous le nom d'*O. blandum*, mais qui doit être considérée comme un hybride naturel entre cette espèce et l'*O. triumphans* ou une espèce voisine. Les pétales et les sépales sont jaune foncé avec de petites macules brun sombre, le labelle blanc avec une large macule brun sombre en avant de la crête et quelques autres plus petites vers les bords. Fleurs étoilées.

Cette plante a fait son apparition en 1892 dans la collection de M. S. Cooke, de Kingston Hill (Angleterre).

0. Dormannianum. — Reichenbach, qui a décrit cet Odontoglossum en 1884, le considère comme formant l'un des anneaux de la chaîne qui relie l'*O. crocidipterum*, l'*O. blandum* et l'*O. naevium*; il aurait à peu près le port de l'*O. blandum*, mais les bulbes très distincts, elliptiques, ancipités, presque aussi larges au sommet qu'à la base.

Les sépales et les pétales sont étroits, lancéolés, d'un jaune très pâle ou blancs, abondamment tachetés de pourpre violacé; le labelle jaune à la base porte parfois quelques stries rouges peu nombreuses.

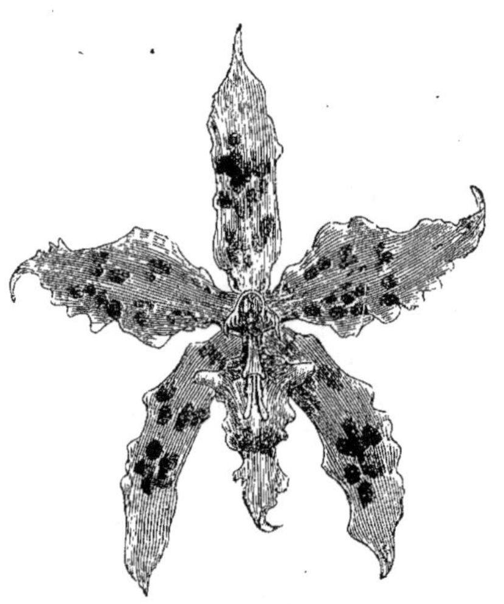

Fig. 127. — Odontoglossum elegans.

Introduit de la Nouvelle-Grenade en 1882 et dédié à M. Charles Dormann, chez qui il fleurit pour la première fois.

0. elegans. — Cette plante est encore rare dans les cultures, et l'on cite les quelques beaux modèles qui en existent dans quelques collections du continent et d'Angleterre. Elle est originaire des Andes de l'Équateur, où l'*O. cristatum*, l'*O. Halli* et l'*O. cirrhosum* sont assez voisins, et elle est généralement considérée comme un hybride entre deux de ces espèces; les raisons tirées de son.

aspect extérieur feraient admettre comme parents l'*O. cristatum* et l'*O. cirrhosum*; des raisons géographiques suggèrent plutôt l'*O. Halli* et l'*O. cirrhosum*, l'*O. cristatum* étant assez éloigné de la localité désignée.

Les fleurs de l'*O. elegans* sont fort belles. Elles mesurent environ 7 ¹/₂ centimètres de diamètre; la forme des pétales et des sépales (voir fig. 127) rappelle l'*O. cirrhosum*; les pétales sont d'un jaune crème, maculés de brun vif, largement étalés vers la base et acuminés; les sépales sont presque entièrement recouverts par deux ou trois larges macules brunes; ils sont moins larges que les pétales, et plus longs. Le labelle est étroit, allongé en pointe, et élargi à la base. Il porte vers le milieu deux macules brunes, et a l'extrémité blanche. La crête porte plusieurs lamelles rayonnantes, et deux dents proéminentes au milieu; elle est d'un beau jaune ou orangé vif avec quelques stries rouges.

L'*O. elegans* fleurit au mois de mai. Il réussit en serre froide, à côté des espèces dont il se rapproche le plus et qui sont mentionnées plus haut.

O. Galeottianum. — Reichenbach considère cet Odontoglossum comme un hybride naturel entre l'*O. Cervantesi* et l'*O. nebulosum*. C'est une plante mexicaine très rare, qui a fait son apparition en 1870 dans une importation d'*O. Cervantesi*. Ses fleurs sont blanches, avec quelques barres transversales brun rouge à la base des pétales et des sépales, et quelques stries jaunes à la crête du labelle.

Décrit en 1845 par Achille Richard.

O. gracile. — Ce singulier Odontoglossum, qui figure dans la collection de sir Trevor Lawrence, a été décrit par Lindley en 1852. Il a les bulbes noirâtres ainsi que les feuilles. Ses fleurs, qui mesurent environ 2 ¹/₂ centimètres de diamètre, sont d'un brun rougeâtre; le labelle porte deux lamelles blanches sur le disque.

O. Horsmani. — Hybride naturel entre l'*O. Pescatorei* et l'*O. luteo-purpureum*, selon toute probabilité. Les fleurs, dit Reichenbach, ont la grandeur et à peu près la forme de celle de l'*O. Pescatorei*. Elles sont plus allongées que celles de l'*O. Coradinei*, qui est considéré comme provenant du même croisement. Leur coloris est un jaune soufre pâle (ou blanc?) avec un petit nombre de macules brunes. Le labelle a la crête jaune orangé.

L'*O. Horsmani* fut introduit en 1879 de la Nouvelle-Grenade, aux environs d'Ocaña, par M. F. HORSMAN.

O. Impératrice de Russie. — Intermédiaire entre l'*O. Halli* et l'*O. polyxanthum*. Ses fleurs, de grande dimension, sont très belles, et ont un coloris jaune sombre, fortement maculé de brun sur les sépales et beaucoup moins sur les pétales. A fait son apparition dans la belle collection de M. DALLEMAGNE, à Rambouillet.

O. Imschootianum. — Intermédiaire entre l'*O. Lindleyanum* et l'*O. tripudians.* Il a fait son apparition chez M. ALFRED VAN IMSCHOOT, de Gand, à qui il est dédié.

O. ioplocon. — Décrit par REICHENBACH en 1884. Espèce voisine de l'*O. Edwardi*, mais ayant les pétales et les sépales plus longs, plus étroits et plus ondulés, le labelle plus petit, et certains détails différents dans la colonne.

O. marginellum. — Petite espèce à inflorescence très ramifiée, portant des fleurs d'un vert pâle barré de brun, avec le labelle brun rougeâtre bordé de jaune. Ces fleurs mesurent de 4 à 5 centimètres de diamètre.

O. Marriottianum. — Forme voisine de l'*O. cirrhosum*, dont elle est très probablement dérivée. Les fleurs sont grandes et ont les segments étroits, réfléchis à leur sommet comme dans l'*O. cirrhosum,* d'un coloris blanc tacheté de pourpre clair.

O. Murrellianum. — Décrit par REICHENBACH en 1875. C'est probablement un hybride entre l'*O. naevium* et l'*O. Pescatorei.*

Les sépales et les pétales sont d'un rose violacé pâle maculé de nuance plus foncée. Le labelle a à peu près la forme de celui de l'*O. Pescatorei.*

Une variété distincte a fleuri quelques années après le type, et diffère surtout par la disposition du violet en bandes marginales sur les sépales et les pétales. Elle a reçu le nom d'*O. Murrellianum cinctum.*

O. Schröderianum. — Considéré comme un hybride naturel entre l'*O. tripudians* et l'*O. Pescatorei*. Il fleurit pour la première fois dans la riche collection de M. R. H. MEASURES, à Streatham. Il a les pétales et les sépales blancs ou blanc jaunâtre, portant de nombreuses macules chocolat ou pourpre violacé. Le labelle, blanc à la partie antérieure, est d'un pourpre violacé à la base. L'ensemble de la fleur rappelle un peu l'*O. Reichenheimi*, avec le labelle de forme analogue à celui du *Miltonia Warscewiczi*.

Il répand une agréable odeur de vanille. Sa floraison se produit généralement au mois d'août ou septembre.

L'*O. Schröderianum* est originaire de Colombie.

O. stellimicans. — Forme introduite dans des importations d'*O. Pescatorei*, et provenant probablement du croisement de cette espèce avec l'*O. triumphans* ou *tripudians*. Sépales et pétales étoilés, jaune clair, les premiers largement maculés de brun, les seconds portant une ligne brune à la base. Labelle jaune tacheté de brun à la base.

O. tentaculatum. — Forme voisine de l'*O. Lindleyanum*, et issue sans doute du croisement de cette espèce avec l'*O. crispum*. Elle a les sépales brun vif bordés de jaune, et quelque peu marqués de jaune au centre; les pétales sont jaunes, tachetés de brun. Le labelle porte une large macule brune en avant de la crête, et a la pointe jaune vif.

O. velleum. — Fleurs mesurant environ 5 centimètres de diamètre, à sépales et pétales étoilés, aigus, jaunes avec quatre à cinq macules brunes. Labelle très petit, brun avec la pointe jaune.

O. vexativum. — Forme qui a fait son apparition en 1876, et qui est probablement issue du croisement naturel de l'*O. maculatum* et de l'*O. nebulosum*, entre lesquels elle est intermédiaire. Ses fleurs ont la taille de celles de l'*O. nebulosum*, les sépales larges, bruns bordés de blanc, les pétales également larges, blancs avec quelques macules brunes vers la base. Le labelle est blanc avec quelques macules brunes à la base.

HYBRIDES ARTIFICIELS

0. × excellens. — Ce superbe Odontoglossum fut introduit directement vers 1879, et fut d'abord considéré comme une variété jaune de l'*O. Pescatorei*, mais REICHENBACH exprima l'hypothèse qu'il pourrait être un hybride naturel entre cette espèce et l'*O. tripudians;* peu de temps après, d'autres auteurs suggérèrent l'*O. triumphans* comme le second parent. Il n'y a plus lieu, d'ailleurs, à controverse sur son origine hybride ni sur l'identité de ses auteurs, la plante ayant été produite artificiellement à l'établissement VEITCH, par le croisement de l'*O. Pescatorei* avec l'*O. triumphans.*

L'*O. excellens*, ainsi que beaucoup d'autres hybrides, est extrêmement variable sous le rapport de la forme et du coloris, les caractères de l'un des parents l'emportant quelquefois sur ceux de l'autre ; aussi plusieurs variétés ont-elles reçu des noms distincts.

Le type a les fleurs grandes comme celle de l'*O. triumphans;* les sépales sont jaune vif, avec le centre plus pâle, et des macules brunes assez nombreuses au premier et au dernier tiers de la longueur; les pétales sont jaune vif avec des taches plus petites au centre et une bande blanche centrale à la base. Le labelle est blanc, avec plusieurs taches rouges assez larges, et la crête orangée.

La variété *dellense*, nommée d'abord *O. dellense*, a fait son apparition dans la célèbre collection de M. le baron SCHRÖDER, « The Dell, » près Windsor, dont elle porte le nom. Elle est remarquable par son vif coloris, et par l'ampleur des taches brunes qui recouvrent les segments. Le labelle est jaune pâle avec une forte macule brune au centre.

L'*O. excellens* a fleuri pour la première fois en 1881 chez un autre amateur anglais célèbre, sir TREVOR LAWRENCE.

0. × Harvengtense. — Magnifique forme nouvelle qui appartient à la riche collection de M. le comte DE BOUSIES, le grand amateur montois. Ses fleurs rappellent beaucoup celles de l'*O.* × *excellens var. dellense*, de M. le baron SCHRÖDER; toutefois elles ont un coloris beaucoup plus clair. Les pétales et les sépales sont très larges, d'un jaune clair avec une bande presque blanche à la base des pétales, et de larges points rougeâtres disposés au centre, et plus nombreux sur les sépales. Le labelle est blanc et porte également plusieurs assez grandes macules rougeâtres vers son centre.

O. × **Wilckeanum** (fig. 128). — Cet hybride est particulièrement remarquable, à cause de sa beauté d'abord, et aussi par le fait qu'il a été reproduit artificiellement dans les cultures assez longtemps après son introduction directe. Il est issu du croisement de l'*O. crispum* et de l'*O. luteo-purpureum*; or, M. ISIDORE LEROY, jardinier en chef au château d'Armainvilliers, est arrivé à élever dans ses serres des semis issus du même croisement, et qui ont fleuri pour la première fois en 1890, vérifiant ainsi l'origine de la forme connue depuis 1880 sous le nom d'*O. Wilckeanum*.

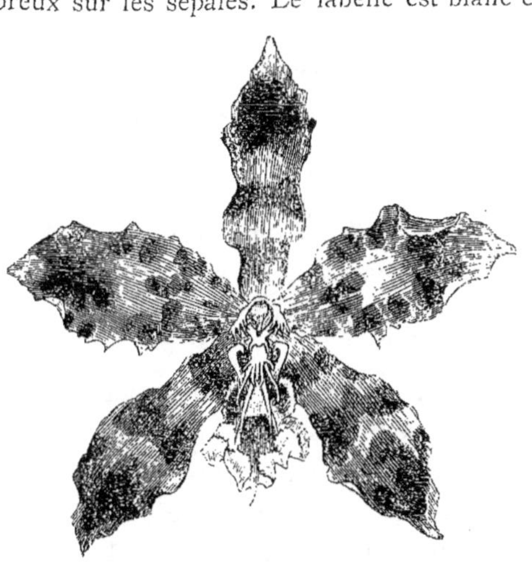

Fig. 128. — ODONTOGLOSSUM × WILCKEANUM.

Le nouveau semis d'Armainvilliers avait été décrit sous le nom d'*O.* × *Leroyanum*; quoique cette dédicace soit éminemment justifiée, cette appellation doit céder le pas à celle qui a l'antériorité. Elle n'est pas nécessaire d'ailleurs pour consacrer le mérite de M. LEROY, qui, le premier en Europe, est parvenu à faire fleurir des hybrides artificiels d'Odontoglossum.

L'*O.* × *Wilckeanum* fleurit pour la première fois en 1880.

Depuis cette époque, il a fleuri dans diverses collections, et il est aujourd'hui représenté par un certain nombre de formes, dont quelques-unes très remarquables.

Ses fleurs mesurent de 7 $^1/_2$ à près de 9 centimètres de diamètre; elles sont d'une forme très élégante. Les sépales oblongs, ondulés sur les bords, ont le fond jaune pâle et portent deux ou trois très fortes macules brun rougeâtre; les pétales plus larges, denticulés sur les bords, portent des macules semblables, mais moins fortes; le labelle, assez analogue à celui de l'*O. crispum*, est jaune pâle et porte aux deux tiers de sa longueur une assez grande macule brun rougeâtre.

La variété *albens*, qui a été figurée dans la *Lindenia*, est d'une très grande beauté. Elle a le fond blanc tirant sur le maïs, et les macules se rapprochant plus du rouge que dans la forme ordinaire.

CULTURE. — D'une façon générale, on peut dire que tous les Odontoglossum sont des plantes de serre froide.

L'étude des climats fournit à ce point de vue des indications concluantes. On les rencontre dans les régions montagneuses de l'Amérique tropicale, du Pérou au Mexique, à des hauteurs variant entre 1500 et 3600 mètres; l'atmosphère, sur ces hauteurs, est toujours saturée d'humidité, grâce à l'évaporation considérable produite par l'Océan Atlantique; cette humidité, se condensant sur les Cordillères, produit des pluies fréquentes; les rosées sont très abondantes également. Dans ces conditions, il n'existe pas à proprement parler de période de repos; la végétation est ininterrompue d'un bout à l'autre de l'année. Enfin le plus grand nombre de ces plantes se trouvent au bord des baies et des torrents, en pleine lumière et exposées à des courants d'air très vifs.

Les Odontoglossum en général réclameront donc une température assez basse, avec beaucoup d'humidité, un air pur et vif, et beaucoup de lumière. Il faudra éviter cependant l'action directe de l'air, ainsi que les rayons brûlants du soleil pendant l'été, qui brûlent les feuilles et donnent aux plantes un mauvais aspect.

J'ai dit que la plupart des Odontoglossum doivent être cultivés dans la serre froide, sensiblement la même que celle des plantes d'ornement ; *la température ne doit pas dépasser un maximum de 12° cent., et il suffit qu'elle ne reste pas d'une façon un peu prolongée au-dessous de 5°.* C'est entre 6° et 10° que les Odontoglossum se plaisent le mieux. Mais ils peuvent supporter des chûtes accidentelles du thermomètre assez fortes.

Il m'est arrivé plus d'une fois de voir des Odontoglossum, placés contre le vitrage, dont les pots avaient légèrement gelé pendant certaines nuits d'hivers rigoureux. Les plantes résistent parfaitement à cela. Il est clair qu'il ne faudrait pas les laisser régulièrement geler toutes les nuits, mais une fois par hasard, cela n'a pas grande importance.

Un point important est l'ombrage des serres. Les Odontoglossum doivent être abrités contre les rayons brûlants du soleil depuis le printemps jusqu'à l'automne. On peint fréquemment les vitrage avec un mélange de farine et d'eau ou de lait, assez transparent pour laisser passer la lumière du soleil. Je préfère un lattis disposé sur la toiture, à quelques centimètres du vitrage, qui peut être aisément déplacé selon les besoins, et qui donne un jour plus vif et plus gai.

La ventilation devra être soigneusement entretenue, mais opérée de préférence pendant les temps frais ou couverts, car il faut éviter de dessécher l'air ; pour la même raison, il convient de ne pas ouvrir le haut des serres lorsque le soleil les frappe de ses rayons. Pendant l'été, l'on devra s'efforcer d'abaisser la température autant que possible.

Les arrosages devront être fréquents ; toutefois on peut de temps en temps laisser le compost devenir presque sec pendant une couple de jours ; cette diète paraît être très favorable aux plantes.

Moyennant l'observation de ces règles très simples, les Odontoglossum sont d'une culture facile, et produisent tous les ans des hampes de belles fleurs d'une exquise élégance. Cette floraison se produit à des époques de l'année très variées ; les uns fleurissent lorsque leurs pseudobulbes sont parfaitement mûris, comme l'*O. grande;* d'autres, comme l'*O. Schlieperianum,* pendant leur croissance; les uns au printemps, d'autres en été ou en hiver; les plus beaux, les *O. crispum* et *Pescatorei,* pendant tout le cours de l'année; quelques espèces seulement paraissent un peu réfractaires. L'*O. coronarium,* surtout, qui, cultivé en corbeille, nous a toujours donné une végétation très prospère, ne fleurit que difficilement, une fois tous les deux ans; l'*O. blandum,* l'*O. pardinum,* sont également difficiles.

Le compost sera formé de terre fibreuse et de sphagnum hachés, avec un fort drainage; la plante, élevée à 3 centimètres environ des bords, sera empotée assez solidement pour ne pas pouvoir être ébranlée par les déplacements du pot. Pour les plantes établies, on emploiera des matériaux un peu plus gros.

Rempotage. — Le mois de septembre est l'époque la plus favorable pour rempoter les Odontoglossum dont la végétation est terminée et qui réclament plus d'espace dans leurs pots.

Les Odontoglossum doivent être empotés dans un mélange de terre fibreuse et de sphagnum, par parties égales.

On ne doit rempoter les Odontoglossum que quand les pousses nouvelles ont occupé tout l'espace resté libre, et que le pot est ainsi devenu trop petit. Voici comment on procédera :

Le mélange de sphagnum et de terre fibreuse étant bien préparé, on place dans les pots des débris de tessons jusqu'à la moitié de la hauteur environ, puis on les recouvre d'une couche de sphagnum afin d'arrêter les poussières du compost qui pourraient être entraînées par l'eau d'arrosage, et qui obstrueraient les interstices ou les pores du drainage.

On retire ensuite la plante, avec précaution, du pot qu'elle occupait, on enlève le compost ancien, en ayant soin de ne pas blesser les racines, puis on met la plante en place, en appuyant contre la paroi l'une de ses extrémités, celle qui ne produit pas de jeunes pousses, et en l'élevant au niveau des bords.

Avant de rempoter les Odontoglossum, il est bon d'examiner l'état des racines, et de les rafraîchir en coupant toutes celles qui sont mortes. On peut ainsi mettre les plantes dans des récipients relativement plus petits, ce qui est toujours préférable.

Le rempotage terminé, les plantes seront placées dans une serre bien aérée, aussi près du vitrage que possible.

Quant à celles qui sont en fleurs ou en végétation, il sera préférable de ne pas les déranger.

Le surfaçage devra être renouvelé de temps en temps, deux fois par an à peu près. Les meilleures époques pour cette opération sont le commencement du printemps et l'automne.

Avant de placer les Odontoglossum définitivement dans leur serre, il sera bon de les laver soigneusement avec un mélange d'eau de pluie et de nicotine, pour être assuré que tous les insectes qui pourraient les infester ont disparu. Le meilleur moyen d'en éviter le retour, dans la suite, c'est de placer des pédoncules et des côtes de feuilles de tabac sur les tuyaux de chauffage. Si ce système est très bien appliqué, les plantes seront préservées des atteintes de tous les animalcules, et un grand travail sera ainsi évité [1].

Odontoglossum de serre tempérée. — Ce sont notamment les suivants : *O. hastilabium, O. citrosmum, O. Harryanum, O. Londesboroughianum, O. pulchellum, O. Krameri,* auxquels on peut ajouter quatre espèces rangées plus exactement dans le genre Miltonia, mais qui sont encore fort connues sous le nom d'Odontoglossum, *O. Phalaenopsis, O. vexillarium, O. Roezli* et *O. Weltoni (Miltonia Warscewiczi).* La plupart de ces espèces proviennent de l'Amérique centrale ou du Mexique ; les autres habitent, dans les régions plus méridionales d'où elles sont originaires, les parties basses plus chaudes que l'habitat de l'*O. crispum ;* toutes réclament dans nos climats une culture différente, et réussissent surtout dans la serre tempérée ou tempérée-froide, à côté des Oncidium mexicains.

Dans ce compartiment, ainsi que j'ai eu déjà l'occasion de l'indiquer, la température moyenne doit être environ de 9 à 12° centi-

---

[1] Voir également, au chapitre de la fleur coupée, la culture en grand des *Odontoglossum crispum.*

grade. La différence est faible, et il n'est pas douteux que l'amateur qui ne possède que deux ou trois serres, et ne peut réserver un compartiment spécial pour ces espèces, arrivera facilement à les cultiver à côté des *O. crispum* et autres Odontoglossum froids, à la condition seulement de leur choisir la partie la plus chaude de cette serre, celle où le soleil chauffe le plus longtemps. On peut encore les suspendre près du vitrage au sommet de la serre, tout en les laissant en pots, bien entendu.

Les espèces énumérées ci-dessus doivent recevoir pendant la végétation des arrosages abondants.

Lorsque le bulbe est formé, on réduit progressivement les arrosages; en même temps on surface toutes les plantes avec du sphagnum pur, de préférence avec des têtes bien vertes.

Les Odontoglossum de serre tempérée sont assez sujets à se tacher; ils ont les feuilles plus sensibles que les autres espèces. Il faut donc s'abstenir en général de les arroser sur les feuilles; celles-ci doivent trouver dans l'atmosphère l'humidité dont elles ont besoin.

Non seulement les gouttes d'eau qui séjournent entre les feuilles les font pourrir, mais les fragments qui restent des anciennes tiges florales causent parfois les mêmes dégâts; ces tronçons se décomposent, et la couleur jaune noirâtre dont ils se recouvrent envahit peu à peu la base du bulbe, dont la santé est ainsi compromise. Il faut donc avoir soin de couper les tiges florales à la base des bulbes, ce qui est facile après le repos de six à sept semaines que reçoivent les plantes quand la floraison est terminée.

La culture des espèces dont je viens de parler ne se distingue pas, quant au reste, de celle des Odontoglossum de serre froide.

LES ONCIDIUM

Diagnose :

Sépales souvent presque égaux, étalés ou réfléchis, libres ou les latéraux plus ou moins soudés inférieurement. Pétales semblables au sépale dorsal ou rarement plus grands. Labelle attaché à la base du gynostème, dont il s'écarte à angle très ouvert, rétréci inférieurement en onglet court, trilobé; lobes latéraux souvent courts, étalés ou réfléchis, le médian étalé, souvent très large et échancré au sommet, rarement étroit et entier; disque presque toujours muni, au sommet de l'onglet, de crêtes ou de gros tubercules. Gynostème court, épais, sans pied, muni en avant et au moins à la hauteur du stigmate, de deux larges ailes pétaloïdes. Anthère terminale, en forme d'opercule, très convexe, généralement uniloculaire; deux pollinies cireuses, obovoïdes, inappendiculées, reliées au rétinacle par un pédicelle plan, souvent étroit et allongé, mais parfois très court et large. Capsule généralement ovoïde, oblongue ou fusiforme, plus ou moins prolongée en bec au sommet. — Herbes épiphytes, à tiges feuillées souvent très courtes et terminées par un pseudobulbe portant une ou deux feuilles, très rarement portant des feuilles plus nombreuses et dépourvues de pseudobulbes. Feuilles le plus souvent planes et coriaces. Pédoncules latéraux ou naissant de la base des pseudobulbes, souvent allongés, très rameux et flexueux, parfois courts et pauciflores, très rarement uniflores. Fleurs souvent assez grandes et jaunes en grappes lâches, munies de petites bractées.

En comparant la diagnose du genre Oncidium avec celle du genre Odontoglossum, on trouve les faibles différences qui les séparent, différences que l'on peut résumer comme suit :

ODONTOGLOSSUM : *Labelle à partie inférieure redressée parallèlement au gynostème, à lobes latéraux dressés; gynostème plus ou moins allongé, à partie supérieure ne portant d'habitude des dents ou des ailes qu'autour du clinandre.*

ONCIDIUM : *Labelle s'écartant du gynostème à angle très ouvert, à lobes latéraux étalés ou réfléchis; gynostème court, muni antérieurement de deux larges ailes pétaloïdes.*

Les affinités des Oncidium avec les Miltonia sont plus étroites encore.

Les espèces les plus remarquables du genre sont les suivantes :

O. ampliatum. — Très florifère, fleurit au mois de mai ou juin.

Les fleurs, qui se conservent près de deux mois, sont d'un éclatant coloris jaune, et blanches à la face extérieure. C'est une des espèces les plus précieuses à toutes les points de vue.

O. anthocrene. — Fleurs mesurant environ 6 centimètres de diamètre ; sépales et pétales oblongs-lancéolés, très ondulés, bruns barrés et bordés de jaune ; labelle trilobé, jaune clair, tacheté de brun sur les lobes latéraux, et portant sur le lobe antérieur une bande brune en avant de la crête. Espèce rare et belle.

O. aurosum (*O. excavatum*). — Produit de longues grappes de grandes fleurs d'un coloris très vif. Les pétales et les sépales sont jaunes et parsemés de larges macules brun rouge dans leur moitié inférieure ; le labelle très étalé est d'un beau jaune d'or, maculé près de la crête.

O. Batemanianum. — Fleurs de taille moyenne, à sépales et pétales très ondulés, jaune clair, barrés et maculés de brun vif, avec le labelle jaune vif.

Belle espèce brésilienne qui était très rare dans les cultures, et qui a été réimportée récemment à L'Horticulture Internationale.

O. bicallosum. — Espèce très voisine de l'*O. Cavendishianum*, mais à fleurs un peu plus grandes et d'un coloris un peu différent ; les sépales et les pétales sont jaunes lavés de vert brunâtre, le labelle jaune vif avec la crête blanche et rouge.

O. candidum. — Cette espèce, plus connue sous le nom de *Palumbina candida* que lui avait donné Reichenbach, a un aspect curieux et très distinct. Ses fleurs, entièrement blanches, ont les segments oblongs, obtus, étoilés, les sépales latéraux cachés par le labelle ; ce dernier organe est triangulaire, obtus, et porte une macule jaune à la crête.

O. Carthaginense. — Espèce très gracieuse, à petites fleurs ondulées et crispées, blanches maculées de rose, plus abondant dans ses deux belles variétés, *O. C. roseum* et *O. C. sanguineum*.

O. Cavendishianum. — Espèce à floraison hivernale, et l'une des plus belles du genre. Les fleurs, très abondantes, sont de bonne dimension et ont les sépales et les pétales d'un jaune verdâtre tacheté de brun vif; le labelle est d'un beau jaune vif.

O. Cebolleta. — Fleurs mesurant de 3 à près de 4 centimètres de diamètre, à segments ondulés, jaune foncé tacheté de rouge-brun; labelle jaune vif.

Cette espèce n'a pas de pseudobulbes; ses feuilles sont à peu près cylindriques, allongées, pointues.

O. cheirophorum. — Fleurs de petite taille, mais très agréables et d'un parfum délicat; le coloris d'ensemble est un beau jaune d'or.

O. concolor. — Cet Oncidium produit de longues grappes touffues de fleurs jaune vif, sans mélange d'autre couleur, et d'assez grande dimension. Il fleurit en avril, et ses fleurs se montrent jusqu'en mai et juin.

O. crispum. — Belles fleurs rondes, de grande taille, qui se produisent en longues grappes du plus élégant effet. Les sépales et les pétales sont d'un brun éclatant, très ondulés sur les bords; le labelle, de la même nuance, est tacheté ou barré de rouge et de jaune à sa base.

L'*O. crispum* est le type d'un groupe des plus appréciés; ses variétés *O. c. grandiflorum*, *O. c. flabellulatum*, qui constituent de notables améliorations, tiennent un excellent rang dans ce genre si riche en formes élégantes et en beaux coloris.

O. cristatum. — Nouvelle espèce d'un grand intérêt introduite du Brésil en 1892 par L'Horticulture Internationale. Les sépales et les pétales sont d'un beau jaune vif; le labelle et les ailes de la colonne sont plus foncés, et la crête porte des granulations tachetées de rouge-brun d'un très gracieux effet. Les fleurs ont la grandeur de celles de l'*Onc. crispum*.

O. cucullatum. — Espèce à petites fleurs, mais très gracieuse et très florifère. Les sépales et les pétales sont d'un brun rougeâtre, et le labelle d'un rose pourpre tacheté de pourpre foncé. La variété *flavidum*, dans laquelle le labelle est tout entier d'une belle nuance pourpre foncé, légèrement violacé, est particulièrement remarquable.

O. dasystyle. — Sépales et pétales jaune pâle, maculés de rouge-brun. Labelle jaune pâle, très ample, réniforme, avec la crête bilobée rouge noirâtre. Fleurit en hiver.

O. divaricatum. — Fleurs petites, mais très abondantes, brunes avec les pointes jaunes et tachetées de rouge sur le labelle.

O. flexuosum. — Fleurs de taille moyenne, d'un type assez fréquent dans les Oncidium, et d'un coloris très agréable. Les pétales et les sépales, de petite dimension, sont jaunes tachetés ou barrés de brun, le labelle arrondi, très large, est jaune avec un léger pointillé de rouge.

O. Forbesi (fig. 129). — Superbe espèce à grandes fleurs bien étalées, à pétales et labelle largement ovales-arrondis, brun vif, bordés d'une large bande jaune vif tachetée de brun. Le sépale dorsal ovale, plus étroit que les pétales, est brun, avec une fine bordure jaune et quelques lignes transversales jaunes près de la base. Les sépales latéraux sont très petits. La crête tuberculeuse est jaune vif, tachetée de brun. Chaque fleur mesure de 6 à 7 centimètres de diamètre.

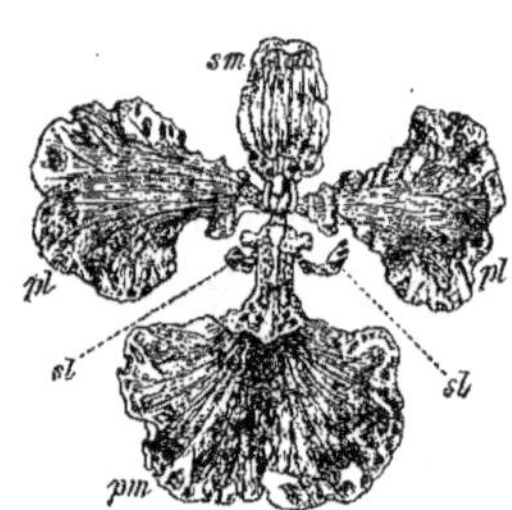

Fig. 129. — Oncidium Forbesi.

pl, pétales.
pm, labelle.
sl, *sm*, sépales.

O. Gardneri. — Belle espèce assez analogue à l'*O. crispum*, mais à fleurs un peu plus petites et d'un coloris différent. Les sépales sont jaunes maculés de taches transversales brunes; les pétales sont bruns bordés de jaune. Le labelle, largement elliptique, est jaune vif avec une bordure de macules brun-rouge, et porte autour de la crête quelques petites macules de la même couleur. Il est muni à la base de deux petites oreillettes horizontales.

O. haematochilum. — Espèce sans pseudobulbes, à longues feuilles coriaces, oblongues-aiguës, vert foncé, pointillées de brun. Fleurs très gracieuses, analogues à celles de l'*O. Lanceanum*, mais ayant la partie antérieure du labelle rouge sang, avec le bord jaune tacheté de rouge, et la crête chargée de nombreux tubercules, qui n'existent pas dans l'*O. Lanceanum*.

O. Harrisonianum. — Fleurs de petite taille, très nombreuses, jaune vif tacheté de rouge. Lobe antérieur du labelle entièrement jaune. Crête curieuse, formée de cinq dents dont la médiane est étroite et proéminente.

O. hastatum. — Très belle espèce, d'un coloris très attrayant. Les sépales et les pétales sont lancéolés, aigus, étoilés, brun chocolat, barrés et bordés de jaune verdâtre clair; le labelle trilobé a les lobes latéraux blancs ou jaune clair, le lobe médian rouge pelure d'oignon, avec le sommet jaune verdâtre clair.

La variété *Roezli* a un coloris plus vif, les lobes latéraux du labelle jaunes, et le lobe médian rouge.

O. holochrysum. — Charmante espèce, connue depuis longtemps des botanistes, mais d'introduction récente dans les cultures. La plante a les bulbes de petite taille, arrondis, avec quelques sillons latéraux, et tachetés abondamment de petits points brun-pourpré d'un gracieux effet. Les fleurs sont entièrement d'un jaune d'or vif, ainsi que l'indique le nom spécifique, avec le labelle largement étalé; elles sont produites en grappe longue et touffue, d'un élégant effet.

O. incurvum. — Charmante espèce, à fleurs de petite taille groupées en nombre considérable sur de longues tiges gracieusement infléchies, qui atteignent plusieurs mètres de longueur; ces fleurs, colorées de blanc et de rose, ont un parfum très agréable. La variété *album*, à fleurs blanches, est vivement appréciée.

O. insculptum. — Tiges florales très longues, ramifiées, portant un assez grand nombre de fleurs d'un brun sépia, bordées de jaune. Les fleurs mesurent environ 4 centimètres de diamètre. Les pseudobulbes, très volumineux, sont assez espacés sur un rhizôme traçant assez gros.

O. Jonesianum. — Ravissante petite espèce sans pseudobulbes, à feuilles allongées, presque cylindriques. Les fleurs, produites au nombre de 10 à 15 sur chaque grappe, mesurent de 6 à 7 ½ centimètres de diamètre, et ont les segments ondulés, tachetés de gros points bruns sur fond blanc jaunâtre; le labelle blanc est maculé de rouge près de la crête et a les lobes latéraux jaune vif. Cette espèce réussit bien en panier.

O. Kramerianum (voir fig. 39, page 244). — Superbe espèce à grandes fleurs d'un éclatant coloris, ressemblant à de grands papillons. Le sépale dorsal et les sépales sont dressés parallèlement, linéaires, allongés, légèrement réfléchis au sommet, rouge orangé, marbrés de jaune vif. Les sépales latéraux, ovales-oblongs, ondulés sur les bords, défléchis, sont colorés de même. Le labelle panduriforme a les lobes latéraux jaunes tachetés de rouge brunâtre, et le lobe antérieur largement oblong-réniforme, jaune vif bordé de rouge.

Cette espèce produit ses fleurs au sommet de longues tiges dressées, d'un charmant effet. Lorsqu'une fleur est fanée, un autre bouton ne tarde pas à se former au-dessous, et la floraison se prolonge ainsi très longtemps.

Les pseudobulbes sont orbiculaires, aplatis, serrés les uns contre les autres; aussi l'espèce convient-elle surtout pour la culture sur bloc.

O. lamelligerum. — Fleurs de grande taille, mesurant 7 $\frac{1}{2}$ centimètres de diamètre. Sépales arrondis, bruns, le dorsal bordé de jaune. Pétales bruns à la première moitié, légèrement striés de jaune, et jaunes à la partie extrême. Labelle linéaire-oblong, aigu, jaune lavé de pourpre. Crête blanche.

Cette belle espèce fleurit vers la fin de l'été.

O. Lanceanum. — Espèce d'une très grande beauté, dépourvue de pseudobulbes, et facilement reconnaissable à ses feuilles longues et larges, vert clair, pointillées de pourpre. Les fleurs sont d'un jaune verdâtre, tachetées de cramoisi; le labelle, large et plat, est d'un beau jaune violet, plus foncé à la base. La variété *Louvrexianum* est particulièrement belle.

O. Leopoldianum (voir fig. 130). — Fleurs d'assez grande taille, nombreuses, disposées en longues grappes. Elles ont les segments blancs, avec une large macule pourpre à la base et jusqu'au centre, et le labelle violet pourpré. Espèce superbe, très rare.

O. leucochilum. — Fleurs nombreuses, de grandeur moyenne. Pétales et sépales elliptiques-oblongs, brun verdâtre, barrés de

Fig. 130. — ONCIDIUM LEOPOLDIANUM.

jaune verdâtre. Labelle blanc, formant un contraste saisissant avec les autres organes.

Cette espèce, originaire de l'Amérique centrale, est assez rare.

O. Limminghei. — Pédoncule assez court, portant 4 à 5 fleurs successives de grandeur moyenne. Pétales et sépales jaune brunâtre, les sépales latéraux barrés de brun rougeâtre sur fond jaune clair. Labelle jaune vif tacheté de rouge vers le bord antérieur, avec les lobes latéraux de petite taille, jaunes, tachetés de rouge.

Cette belle espèce, malheureusement assez rare, rappelle un peu l'*O. Kramerianum* et l'*O. Papilio*, et produit ses fleurs de la même façon.

O. linguiforme. — Cette curieuse espèce a été introduite en 1840; elle se rencontre rarement dans les cultures, et il est probable qu'elle n'a plus été importée depuis longtemps. Ses fleurs rappellent assez des papillons, et sont d'un brun-jaunâtre, avec les sépales latéraux tachés de brun aux pointes. Elles sont très attrayantes, et cette espèce est en somme une de celles qui devraient figurer dans toutes les collections. Fleurit en février-mars.

O. loxense. — Fleurs de grande taille, mesurant 7 $\frac{1}{2}$ centimètres de diamètre. Pétales et sépales largement ovales-oblongs, brun vif, barrés de lignes jaune clair sur les sépales. Labelle coriace, court, assez large, jaune vif. Espèce rare, qui fleurit au printemps.

O. luridum. — L'une des plus anciennes espèces connues dans le genre. C'est une plante d'un port analogue à celui de l'*O. Lanceanum*, sans pseudobulbes, à feuilles très grandes, ovales-oblongues, d'un vert mat pointillé de brun, et ayant la consistance du cuir.

Ses fleurs sont jaune brunâtre, avec le labelle jaune tacheté de rouge, muni de deux tubercules roses, et les lobes latéraux blancs. Les ailes de la colonne sont blanches ou roses. Ces nuances de coloris sont très attrayantes, et l'ensemble de l'inflorescence, produite en longues grappes ramifiées, est ravissant.

L'espèce avait été décrite d'abord par Linnée sous le nom d'*Epidendrum guttatum*; c'est Lindley qui, en 1823, la classa dans le genre Oncidium et lui donna le nom qu'elle porte actuellement.

O. macranthum (voir fig. 43). — L'une des plus splendides espèces du genre comme forme et comme coloris. De croissance vigoureuse, il produit des pseudobulbes épais et robustes, de grande taille, à longues feuilles acuminées d'un vert sombre. Ce qui le distingue surtout, c'est l'extrême ampleur de ces tiges florales;

celles-ci atteignent une longueur de plusieurs mètres, et portent de nombreuses ramifications couvertes de fleurs. Rien n'égale la beauté et l'élégance de ces grappes flexibles enroulées autour d'un léger appui, grimpant jusqu'au sommet de la serre et retombant en arceau diapré ; c'est un des plus exquis ornements des serres au printemps, et comme les fleurs de l'*O. macranthum* se conservent très longtemps, il est peu d'espèces qui puissent contribuer autant à l'embellissement des serres ou des appartements.

Les fleurs de cette magnifique Orchidée sont de grande taille, et mesurent jusqu'à dix centimètres de diamètre ; elles ont les pétales d'un beau jaune vif, orbiculaires-oblongs, légèrement ondulés et frangés sur les bords, les sépales orbiculaires, le sépale dorsal d'un beau brun olive à reflet doré, les deux autres plus grands et plus allongés, d'un jaune orangé foncé. Le labelle, beaucoup plus petit que les autres segments, triangulaire, est blanc, avec les lobes latéraux brun pourpré sombre.

L'*O. macranthum*, originaire de la Nouvelle-Grenade, se cultive en serre froide, dans une exposition bien claire et bien ensoleillée. On peut le mettre en pot ou en panier, mais je préfère la culture en panier.

O. Marshallianum. — Fleurs abondantes produites en longues grappes très ramifiées. Les sépales sont jaunes barrés de brun pourpré, les pétales beaucoup plus amples, d'un beau jaune d'or, avec une série de taches brun clair disposées sur une ligne médiane. Le labelle très développé est jaune d'or, tacheté à la base de rouge orangé. C'est un des beaux modèles du genre Oncidium.

O. obryzatum. — Fleurs de petite taille, à segments spatulés, jaunes, barrés de brun rougeâtre à la base. Labelle profondément bilobé, jaune plus clair que les autres segments.

O. ornithorhynchum. — Espèce d'une floribondité extrêmement remarquable. Ses fleurs de petite taille, à segments ondulés, sont d'un rose lilacé, le labelle généralement plus vif, avec une petite tache jaune sur le disque.

Une plante de cette espèce, de taille ordinaire, produit souvent 500 fleurs et plus. Ces fleurs se conservent longtemps.

0. Papilio. — Espèce très analogue à l'*O. Kramerianum*, mais un peu moins belle. Les pétales et le sépale dorsal sont plus allongés et plus étroits, le labelle moins large et d'un coloris moins vif. Néanmoins, c'est également une espèce des plus attrayantes, qui produit un effet remarquable.

0. Phalaenopsis. — Ravissante espèce, qui est parfois considérée comme une variété de l'*O. cucullatum*, mais qui s'en distingue par un coloris très différent, alors que l'*O. cucullatum* ne varie pas à ce point de vue, et que les formes intermédiaires font défaut. Ses fleurs ont les sépales et les pétales plus grands et plus détachés que dans l'*O. cucullatum*. Le labelle a les lobes latéraux plus arrondis, et obliques dirigés vers le sommet, non vers la base; la partie rétrécie est plus longue; enfin le lobe antérieur, plus ample, est transversalement oblong, ondulé sur les bords. Cet organe est blanc, avec un certain nombre de petites macules pourpres autour et en avant de la crête; les pétales et les sépales sont barrés de pourpre sur fond blanc, sauf à la pointe, qui est blanc pur. La fleur est extrêmement gracieuse dans son ensemble.

0. phymatochilum. — Fleurs grandes, d'une forme très distincte, à segments linéaires, acuminés, réfléchis aux pointes, sauf le labelle, qui est trilobé, et a les lobes latéraux oblongs, obtus, dressés obliquement, et le lobe antérieur oblong-arrondi, acuminé, avec la pointe réfléchie. Tous les segments sont jaune pâle, barrés et maculés de brun; le lobe antérieur du labelle est blanc, les lobes latéraux blancs maculés de rouge.

0. praetextum. — Fleurs de grandeur moyenne, parfumées; sépales et pétales brun clair, barrés de jaune; pétales beaucoup plus larges, bruns. Labelle jaune bordé de brun; les lobes latéraux sont réduits à deux petites oreillettes jaunes.

0. pulchellum. — Espèce de petite taille, très florifère, aux fleurs très gracieuses, blanches, avec une légère teinte rose. Réussit bien sur bloc.

0. reflexum. — Fleurs de grandeur moyenne, d'un vert jaunâtre pâle barré de rouge-brun; labelle trilobé, jaune vif tacheté de rouge sur la crête.

O. sarcodes. — Sépales jaunes barrés de larges taches brun vif; pétales bruns avec une aire jaune à l'extrémité et quelques lignes transversales jaunes; labelle étalé, d'un brun jaune clair avec quelques taches rougeâtres à la crête. Cette magnifique plante, d'une floribondité remarquable, est d'un effet splendide lorsqu'elle est couverte de ses fleurs, de grande taille et d'un éclatant coloris.

O. serratum. — Fleurs de grande dimension; sépales bruns bordés de jaune, pétales crispés sur les bords, bruns avec le sommet jaune; labelle linéaire-spatulé, réfléchi, brun pourpré avec la crête blanche, et les lobes latéraux très petits.

O. sphacelatum. — Fleurs de taille moyenne, mais très abondantes, et très gracieusement disposées en longues grappes, d'un jaune d'or éclatant avec des taches brun vif sur les pétales et les sépales, ainsi qu'à la base du labelle. La variété *majus* est d'une taille un peu supérieure. Plante de culture particulièrement facile. Serre tempérée.

O. sphegiferum. — Sépales et pétales oblongs, orangés, avec la base lavée de rouge. Labelle trilobé, orangé clair; les lobes latéraux sont finement denticulés sur les bords, la crête assez volumineuse est couverte de petites papilles. Espèce rare.

O. superbiens. — Fleurs de grande dimension, rentrant dans le même groupe que l'*O. macranthum*. Les tiges florales très longues portent des fleurs assez espacées, comme dans cette espèce. Les sépales largement oblongs, très rétrécis à la base, sont brun vif; les pétales un peu plus petits, ondulés, réfléchis au sommet, sont jaune clair, barrés de brun près de la base. Le labelle triangulaire allongé, étroit, réfléchi, muni de deux petites oreillettes à la base, est brun violacé pourpré.

O. tigrinum. — Espèce très belle et très florifère, qui réclame une température un peu plus élevée que celle de la serre froide. Les fleurs sont agréablement parfumées; elles ont les sépales et les pétales d'un vert jaune, portant de larges bandes transversales brun rouge; le labelle, très large, est d'un jaune clair éclatant. L'*O. tigrinum* fleurit à la fin de l'automne; ses fleurs se conservent six semaines en pleine fraîcheur.

La variété *splendidum* (*O. splendidum*) a la tige florale plus courte, les fleurs moins nombreuses, les sépales et les pétales un peu plus réfléchis, le labelle plus ample, et le coloris général plus vif que dans le type.

O. trulliferum. — Fleurs de petite taille, d'un jaune vif barré de brun rougeâtre; labelle jaune vif, denticulé sur les bords et portant à la base deux oreillettes arrondies. Crête jaune tachetée de brun rougeâtre sur les côtés.

O. varicosum. — Espèce à grandes fleurs, dans lesquelles les sépales et les pétales nains, vert sombre barré de brun, font vivement ressortir le labelle très ample, étalé, et d'un jaune vif, avec quelques lignes brunes rayonnant au centre dans la variété *Rogersi*. C'est un des plus brillants Oncidium cultivés.

O. Warscewiczi. — Fleurs entièrement jaunes, mesurant environ 3 centimètres de diamètre; sépales latéraux soudés sur presque toute leur longueur. Les lobes latéraux du labelle sont réduits à deux petites oreillettes.

O. zebrinum. — Pseudobulbes assez espacés sur le rhizôme traçant. Pédoncule très long, ramifié, mais portant un nombre restreint de fleurs. Les fleurs mesurent environ 3 $^3/_4$ centimètres de diamètre et ont les segments ondulés, réfléchis au sommet, blancs avec des macules transversales brun rougeâtre; labelle de petite taille, oblong-triangulaire, réfléchi, blanc tacheté de rouge-brun. Crête jaune vif tachetée de brun.

Enfin il convient de signaler un certain nombre de charmantes espèces produisant de longues grappes chargées de fleurs de petite dimension, mais de forme gracieuse, et produisant, par leur vif coloris jaune mélangé de brun ou de vieil or, par leur masse et leur légèreté, un effet des plus décoratifs. Soit dans la serre, soit en bouquets, ces grappes flexibles rompent de la façon la plus heureuse les lignes plus massives des Cattleya, Odontoglossum, Lycaste, etc., en même temps que leur coloris contraste vivement avec les rouges et les blancs; il me semble qu'une serre ne saurait être complète sans quelques-unes de ces espèces, parmi lesquelles je citerai les *O. auriferum*, *O. chrysopyramis*, *O. trichodes*,

O. micropogon, *O. longipes*, *O. bifolium*, *O. pulvinatum*, et d'autres à fleurs ramassées en bouquets, *O. pubes*, *O. pumilum*, etc.

Culture. — Les Oncidium se rencontrent principalement sur les chaînes de montagnes qui bordent l'Océan Pacifique et traversent l'isthme de Panama pour se diviser et s'épanouir dans les plateaux mexicains. Ils apparaissent en général à des hauteurs de 1000 à 2000 mètres, où ils reçoivent un air pur et vif, presque toujours chargé d'humidité La plupart réussissent donc parfaitement en serre tempérée; un certain nombre d'espèces, qui croissent à des altitudes de 2400 à 4000 mètres, devront être cultivées en serre froide; quelques autres, qui vivent dans les parties basses, au-dessous de 800 mètres, trouveront place dans la serre chaude.

Les Oncidium de serre froide doivent être traités de tout point comme les Odontoglossum; on leur donnera beaucoup d'air, beaucoup d'ombrage en été, et beaucoup d'humidité. Plusieurs espèces réclameront un peu plus de sécheresse pendant la saison du repos, notamment, les *O. superbiens*, *O. aurosum* (ou *excavatum*), *O. Cavendishianum*, *O. cucullatum*. Cette dernière espèce fut trouvée par M. J. Linden, il y a quarante-sept ans, dans un endroit élevé de plus de 4000 mètres, à peu de distance de la limite des neiges éternelles, et où le thermomètre descend fréquemment au-dessous de zéro. L'*O. incurvum*, l'*O. macranthum*, demandent le même traitement; il faudra avoir soin de préserver ces deux derniers des attaques des insectes, et notamment des pucerons, qui en sont particulièrement friands.

L'*O. ornithorhynchum*, l'*O. tigrinum*, seront également cultivés en serre froide, ainsi que l'*O. zebrinum*, espèce très curieuse qui atteint parfois une hauteur considérable.

Oncidium de serre tempérée. — Dans la serre des Cattleya on peut placer l'*O. altissimum*, qui produit une petite fleur jaune à grandes grappes, l'*O. ampliatum* et sa variété *ampliatum majus*, l'un des plus beaux Oncidium existants; l'*O. Batemanianum*, l'*O. cornigerum*, très florifère, l'*O. crispum*, très belle espèce brésilienne, qui prospère bien sur bloc et demande beaucoup d'humidité, l'*O. concolor*, l'*O. Forbesi*, l'*O. divaricatum*, d'une grande floribondité, l'*O. Jonesianum*, belle espèce qui provient du Paraguay et réussit bien en corbeille, suspendue près du vitrage, ou sur bloc, avec une très faible quantité de terre fibreuse; elle demandera beaucoup d'eau pendant la végétation, de mars à octobre, et très peu pendant la période de repos ; l'*O. Limminghei*, espèce très petite qui réclame la même culture que la précédente; l'*O. pubes*, l'*O. sphacelatum*, très florifère; l'*O. varicosum*, espèce remarquable qui fleurit pendant l'hiver.

Oncidium de serre chaude. — Ceux-ci sont beaucoup moins nombreux que les précédents; ils devront être cultivés à la même température que les Vanda, en paniers ou sur bloc.

Je citerai notamment l'*O. Lanceanum*, belle espèce qui n'a pas de pseudobulbes; elle est souvent considérée comme étant d'une culture difficile, mais je l'ai toujours vue prospérer admirablement en panier, suspendue près du vitrage comme les Phalaenopsis, ou sur bloc, et notamment sur des morceaux de Fougère. Cette espèce, bien que d'introduction ancienne, est encore aujourd'hui très recherchée.

On cultive encore en serre chaude l'*O. Kramerianum* et l'*O. Papilio*, espèces bien connues, très curieuses par leur coloris éclatant et leur forme, qui rappelle celle d'un papillon. Elles fleurissent tout l'été en donnant des fleurs qui ne durent qu'une quinzaine de jours chacune, mais qui se succèdent sans interruption jusqu'à l'automne: Elles seront cultivées sur bloc ou en corbeille.

LES ORNITHIDIUM

Ce genre a peu d'importance au point de vue ornemental. Il fut nommé par le botaniste anglais SALISBURY, dans le vol. I, page 295, des *Transactions* de la Société d'Horticulture de Londres (1812); mais la description en fut seulement donnée l'année suivante par ROBERT BROWN, dans le vol. V de l'*Hortus Kewensis*.

Parmi les espèces qui se rencontrent parfois dans les cultures, on peut mentionner l'*O. coccineum*, la plus ancienne espèce du genre, qui a les fleurs roses et est assez répandu dans les Antilles; l'*O. densum*, à fleurs d'un jaune verdâtre, du Mexique et du Guatemala; et l'*O. Sophronitis*, petite plante rampante à fleurs d'un pourpre vif, du Brésil.

Pour distinguer le genre Ornithidium des Maxillaria et autres genres voisins, il suffira de dire que ses pédoncules, uniflores, sont réunis *en fascicules* à l'aisselle des feuilles, au lieu d'être *solitaires* comme dans ces derniers.

Culture. — Même traitement que pour les Maxillaria.

LES ORNITHOCEPHALUS

Le genre Ornithocephalus fut créé par W. Hooker en 1825. Son nom signifie littéralement *tête d'oiseau*, et traduit l'aspect particulier donné au gynostème par le rostellum, très long, grêle, et prolongé horizontalement.

Ce genre comprend de vingt à vingt-cinq espèces, dispersées dans l'Amérique tropicale, depuis le Brésil jusqu'à la Trinité et au sud du Mexique.

Il se rapproche du genre *Ionopsis* en ce qu'il est, comme celui-ci, privé de pseudobulbes; mais il en diffère par ses sépales tous libres et étalés, son labelle presque sessile, à lobes latéraux épais et assez larges, son rostellum très long et horizontal, et ses pollinies au nombre de quatre.

La seule espèce qui se rencontre parfois dans les cultures est la suivante :

O. grandiflorus. — Fleurs assez nombreuses en grappe infléchie, munies d'un pédicelle assez long, et mesurant un peu moins de deux centimètres de diamètre. Sépales et pétales blancs, tachés de vert à la base, fortement concaves; labelle suborbiculaire, formant en-dessous un sac et une côte prononcée, étalé au-dessus en éventail, blanc avec le disque vert. Floraison en mai-juin.

Culture. — Même traitement que pour les Cattleya et Laelia de serre tempérée.

LES PACHYSTOMA

Diagnose :

Sépales presque égaux, connivents, les latéraux tantôt à peu près semblables au dorsal et soudés au pied très court de la colonne, tantôt plus larges à la base et formant avec le pied de la colonne plus développé un menton proéminent. Pétales semblables au sépale dorsal, mais un peu plus petits. Labelle placé au pied de la colonne et soudé avec lui à la base, tantôt formant à peu près un sac avec le pied très court, tantôt appliqué contre le pied plus allongé, puis dressé; lobes latéraux oblongs, dressés, le médian court, large, rétus ou bifide; disque pourvu à son milieu de lamelles légèrement charnues. Colonne dressée, longiuscule, arquée, presque cylindrique, prolongée à la base en pied très court ou assez développé, en forme de massue au sommet; clinandre creux, membraneux, entier ou formant trois lobes sinueux. Anthère terminale, en forme d'opercule, incombante, distinctement biloculaire, à loges plus ou moins parfaitement subdivisées en 4 locelles; 8 pollinies cireuses, 4 dans chaque loge, ovoïdes, très brièvement acuminées ou à peine acuminées au sommet, libres ou légèrement cohérentes. — Herbes terrestres, dressées au-dessus du rhizôme noueux, aphylles au-dessous de l'inflorescence ou entièrement aphylles, à tige simple, munie de gaînes membraneuses à la base, renflée en pseudobulbe parfois muni d'une ou deux feuilles. Racème simple; fleurs médiocres ou assez grandes, pendantes. Bractées étroites, membraneuses.

Le genre Pachystoma a été fondé en 1825 par Blume, qui le divisa plus tard en deux sections très distinctes sous les noms de *Apaturia* et *Ipsea*. Ainsi qu'on l'a vu plus haut, la seconde de ces sections est élevée par les auteurs récents au rang générique. Les espèces qui la composent se distinguent notamment par la dimension plus grande de leurs fleurs, à menton plus proéminent, et à pollinies plus longuement acuminées. Quant à celles qui forment le genre Pachystoma proprement dit, elles ont des fleurs généralement de petite taille, et ne sont point, je crois, représentées dans les cultures, en dehors de la charmante espèce ci-après :

P. **Thompsonianum**. — Fleurs remarquables, groupées par trois ou quatre en grappe dressée, et mesurant environ 7 ½ centimètres de diamètre. Les sépales et les pétales sont lancéolés, aigus, blanc pur; le labelle trilobé a les lobes latéraux à peu près rectangulaires, dressés obliquement, vert vif, striés et pointillés de rouge pourpre intérieurement, avec une bordure antérieure violet vif; le lobe médian, triangulaire très allongé, récurvé, est mauve strié longitudinalement de violet pourpré. La colonne est verte striée de pourpre brunâtre.

Floraison en octobre-novembre.

CULTURE. — Le *P. Thompsonianum* est une plante de culture un peu délicate. Il doit être placé dans la serre chaude, à un endroit bien éclairé, mais abrité contre les rayons les plus ardents du soleil. Il réussit bien en pot, dans un compost analogue à celui des Cattleya, avec un bon drainage; il réclame assez d'humidité pendant la période de végétation, mais sans excès, et un bon repos pendant six à huit semaines après l'achèvement de la floraison.

LES PAPHINIA

Le genre Paphinia a été fondé en 1843 par LINDLEY pour diverses espèces retirées du genre Maxillaria. Il est réuni par BENTHAM au genre Lycaste; mais cette réunion n'est pas admise par plusieurs botanistes, et n'est pas entrée dans les usages horticoles.

On a vu plus haut la diagnose des Lycaste. Pour montrer les différences qui en séparent les Paphinia, voici la comparaison qu'établit M. A. Cogniaux entre les deux genres :

Lycaste : Inflorescence uniflore (sauf l'exception du *L. tetragona*), dressée ; pétales différant notablement des sépales ; labelle muni dans sa partie centrale d'un appendice charnu transversal.

Paphinia : Inflorescence portant deux fleurs ou parfois plus, penchée ; pétales à peu près semblables aux sépales ; labelle muni à son sommet de glandes filiformes.

Les espèces cultivées sont les suivantes :

P. cristata. — Fleurs groupées par 2 ou 3 en grappe pendante, et mesurant de 8 à 10 centimètres de diamètre. Pétales et sépales largement lancéolés, bruns avec la moitié inférieure jaune pâle striée de brun chocolat. Labelle plus court, charnu, brun pourpré foncé, avec l'épichile muni vers son sommet d'une touffe de poils blancs.

La variété *Modiglianiana*, introduite en 1888 par L'Horticulture Internationale, a les fleurs blanches ; elle est fort belle, mais extrêmement rare.

P. grandis. — Fleurs beaucoup plus grandes que dans l'espèce précédente (voir fig. 134). Sépale dorsal d'un brun pourpré foncé traversé par des bandes jaune pâle, les autres segments tachetés de jaune pâle sur fond chocolat pourpré. Labelle pourpre noirâtre, avec l'épichile charnu muni à la base de deux dents noirâtres en forme de cornes, et au sommet d'une touffe de longs poils touffus blancs.

Cette remarquable espèce a été nommée par Reichenbach en 1883, lors de sa première floraison en Europe. Elle avait été décrite antérieurement (1877) par M. Barbosa Rodrigues, sous le nom de *P. grandiflora*, qui par conséquent devrait être seul retenu, mais qui ne s'est pas répandu dans les cultures.

P. rugosa. — Plante de petite taille, à fleurs d'une forme curieuse, d'une consistance cireuse, barrées et maculées de pourpre vineux foncé sur fond jaune crème.

LES PERISTERIA

Diagnose :

Sépales à peu près égaux, larges, légèrement épais, connivents, de forme globuleuse, les latéraux plus larges que le dorsal et brièvement soudés à la base. Pétales plus petits que les sépales, pour le reste à peu près semblables à eux. Labelle charnu, continu avec la base de la colonne, étalé à la base ; lobes latéraux larges, dressés, le médian continu (ou articulé ?), infléchi ou incombant, concave, indivis ou tripartite ; disque souvent calleux. Colonne dressée, légèrement courbée, épaisse, sans pied, non ailée, munie de deux oreillettes à sa partie antérieure ou nue ; clinandre oblique, saillant postérieurement. Anthère terminale, en forme d'opercule, incombante, imparfaitement biloculaire ; 2 pollinies cireuses, étroitement oblongues, généralement sillonnées ou presque divisées, inappendiculées, reliées à un pédicelle (ou à une glande ?) oblong en forme de coin ou large. — Herbes épiphytes, robustes, à tiges très courtes munies de gaînes et renflées en pseudobulbes charnus portant à leur sommet une feuille unique ou un petit nombre de feuilles. Feuilles amples, parfois très longues, plissées-veinées, rétrécies en pétiole. Scapes latéraux, dressés infléchis ou retombants à partir de la base, simples. Fleurs remarquables, en racème court ou allongé, brièvement pédicellées. Bractées petites ou membraneuses, plus courtes que l'ovaire.

Le genre Peristeria a été fondé par Hooker dans le *Botanical Magazine* en 1832.

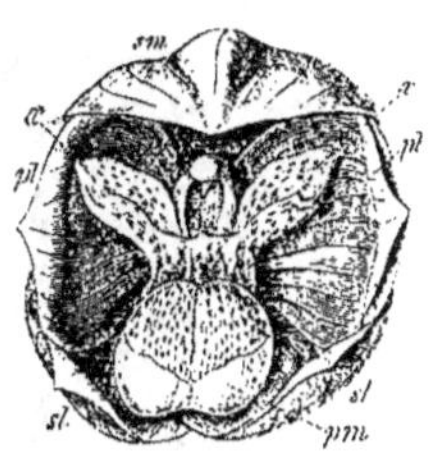

Fig. 131. — PERISTERIA ELATA.

sl, sm, sépales.
pl, pétales.
pm, labelle (épichile).
x, mésochile.

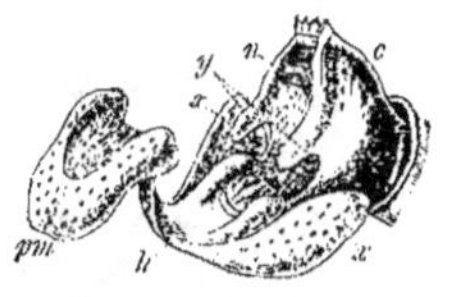

Fig. 132. — Gynostème et labelle du PERISTERIA PENDULA.

c, gynostème.
n, stigmate.
pm, épichile.
h, mésochile.

P. aspersa. — Espèce introduite en 1891 par L'HORTICULTURE INTERNATIONALE. Ses fleurs sont globuleuses, comme dans toutes les espèces de ce genre, et sont abondamment pointillées de rouge-brun sur fond brun jaunâtre clair. Floraison en été.

P. elata (voir fig. 131). — « L'Orchidée-Colombe » des Anglais.

Fig. 133. — PERISTERIA LINDENI.

Ses fleurs, au nombre de 20 à 25 par grappe, sont d'un blanc de cire ; les lobes latéraux du labelle sont dressés et mouchetés de rouge vif. Floraison en juillet-août.

P. Lindeni (voir fig. 133). — Espèce introduite en 1892 par

Fig. 134. — PAPHINIA GRANDIS.

L'Horticulture Internationale. Elle se distingue par un coloris nouveau et très attrayant. Les fleurs, assez volumineuses, sont abondamment maculées et lavées de pourpre sombre sur fond jaune verdâtre clair. Elles sont au nombre de cinq à sept sur une tige érigée qui s'élève peu au-dessus des bulbes.

Culture. — Les Peristeria se cultivent en serre chaude ou tempérée-chaude, dans un compost de moitié de terre fibreuse et de sphagnum. Ils doivent recevoir des arrosages assez abondants pendant la saison de végétation, et avoir un bon repos après l'achèvement du pseudobulbe, jusque vers le milieu de février. Le traitement qui leur convient est à peu près le même que pour les *Dendrobium Maccarthiae*, *D. aggregatum*, etc.

PHAIOCALANTHE

Genre hybride créé pour les produits de croisements artificiels entre Phaius et Calanthe.

P. × **irrorata** (*P. grandifolius* × *C. vestita nivalis*).

P. × **Sedeniana** (*P. grandifolius* × *C. Veitchi*).

LES PHAIUS

Diagnose :

Sépales libres, à peu près égaux, étalés ou lègèrement dressés. Pétales semblables aux sépales, mais plus étroits. Labelle dressé, concave ou cucullé, allongé à la base en bosse creuse ou en éperon droit ou légèrement courbe continu avec la base de la colonne; lobes latéraux amples, dressés, embrassant la base de la colonne, parfois ondulés au sommet et confluents avec le lobe antérieur; lobe médian développé, généralement court et large, étalé ou récurvé, souvent ondulé sur les bords. Colonne longiuscule, à peu près cylindrique, à deux angles ou à deux ailes, en forme de massue au sommet, sans pied; clinandre court, oblique, à bords sinueux. Anthère placée vers les bords du clinandre, en forme d'opercule, incombante, convexe, distinctement biloculaire, à loges imparfaitement subdivisées en quatre; huit pollinies, quatre dans chaque loge, obovales ou oblongues, comprimées parallèlement sur les côtés, appliquées par paires face à face, celles de la paire inférieure de chaque loge généralement plus longues que celles de la paire supérieure, plus atténuées au sommet; toutes parfaites, cireuses, reliées au sommet par un appendice granuleux remplissant presque les loges. — Herbes assez élevées, terrestres ou épiphytes, à tiges serrées sur le rhizôme, souvent renflées à la base en pseudobulbes courts. Feuilles amples ou allongées, plissées, rétrécies à la base ou atténuées en long pétiole, à gaines généralement striées. Scapes ou pédoncules tantôt issus du rhizôme, tantôt latéraux ou terminaux. Fleurs en racèmes pluriflores ou pauciflores, remarquables, pédicellées, jaunes, violacées ou blanches. Bractées tantôt petites et linéaires, tantôt assez grandes, membraneuses ou herbacées.

Le genre Phaius a été créé par LOUREIRO en 1790. Il a été ultérieurement divisé par BLUME (1858) en quatre sections, dont une est le genre Thunia de REICHENBACH, conservé distinct dans les usages de l'horticulture, et une autre l'ancien genre Limatodes de BLUME lui-même, réparti entre les genre Calanthe et Phaius.

Les principales espèces cultivées sont les suivantes :

P. Blumei. — Belle espèce de port élégant, à fleurs de grande dimension. Les sépales sont lancéolés, acuminés; le labelle a les lobes latéraux enroulés autour de la colonne, et le lobe antérieur arrondi, ondulé sur les bords.

Au point de vue du coloris, cette espèce est assez variable, et l'on peut relever les quatre formes ci-après :

1° Fleurs jaunâtres, labelle jaune clair bordé de blanc.

2° Labelle jaune très foncé ou orangé bordé de pourpre; pétales bruns avec des lignes médianes jaunes; sépales bruns intérieurement.

3° Forme remarquable, à fleurs jaune pâle, à labelle mauve à la base sur les côtés, avec des stries pourpres, et une bordure pourpre clair striée de pourpre foncé, le reste du labelle d'un beau jaune.

4° Sépales et pétales bruns intérieurement. Labelle jaune, avec une macule pourpre au milieu de chacun des lobes latéraux.

La floraison se produit en juin-juillet.

P. grandifolius (voir fig. 16). — Fleurs mesurant de 8 à 10 centimètres de diamètre; sépales et pétales lancéolés, aigus, jaune brunâtre ou cuivré antérieurement, blancs à l'extérieur; labelle enroulé en tube, blanc, nuancé à l'intérieur de jaune brunâtre pâle, la partie antérieure étalée, arrondie, rose pourpré bordé de blanc. Disque jaune strié de pourpre.

Synonyme : *Limodorum Tankervilleae.*

Il est intéressant de signaler que cette espèce, originaire de la Chine, a été acclimatée à la Jamaïque.

P. Humbloti. — Sépales et pétales largement ovales-elliptiques, légèrement concaves, rose pourpré pâle nuancé de blanc. Labelle nettement trilobé, les lobes latéraux dressés des deux côtés de la colonne, sinueusement découpés sur les bords, brun rougeâtre bordé de rouge vif; lobe antérieur transversalement oblong, obtus, blanc avec les bords rose pourpré. Le disque porte deux dents proéminentes jaune vif. Floraison en mai-juin.

P. maculatus. — Espèce moins attrayante que ses congénères, à cause de son coloris un peu terne. Les pétales et les sépales sont ovales-oblongs, d'un jaune clair, légèrement grisâtre; le labelle roulé en tube est de la même nuance, et a le bord antérieur étalé, très crispé, nuancé de brun chocolat clair.

Floraison au printemps.

P. tuberculosus. — Très belle espèce à pseudobulbes ovales de petite taille, revêtus de plusieurs gaines paléacées, et assez espacés sur un rhizôme traçant. Fleurs au nombre de cinq à huit en grappe dressée, assez analogues à celles du *P. Humbloti,* mais beaucoup plus belles; sépales et pétales assez courts, largement oblongs, acuminés, blanc pur; labelle obscurément trilobé, très frangé et ondulé sur les bords; lobes latéraux amples, arrondis, relevés des deux côtés de la colonne, rouge pourpré légèrement strié de jaune ; lobe antérieur étalé-défléchi, blanc lavé et tacheté de rouge sur les bords latéraux. Le disque porte une touffe de poils jaunes dressés, et plusieurs lamelles jaune vif prolongées jusque sur le lobe antérieur, où elles s'élargissent en éventail.

Décrit dès 1822 par Du Petit-Thouars sous le nom de *Limodorum tuberculosum*, le *P. tuberculosus* ne fut importé à l'état vivant qu'en 1880 par M. Léon Humblot, et fleurit pour la première fois en Europe en 1881, dans la collection de Sir Trevor Lawrence. Sa floraison se produit de janvier à avril. On le cultive généralement sur bloc.

P. Wallichi. — Fleurs grandes et belles ; sépales et pétales linéaires-lancéolés, longs de plus de 6 centimètres, jaune brunâtre intérieurement, blancs en dehors. Labelle enroulé autour de la colonne, puis largement ovale, avec le sommet réfléchi ; la partie antérieure est blanche, la base jaune orangé lavée de pourpre pâle sur les côtés ; disque jaune traversé par quatre ou cinq lignes rouges.

Synonyme : *P. Manni.*

La variété *bicolor* (*Phaius bicolor*) a les fleurs un peu plus petites et le labelle blanc bordé de rose, avec le tube jaune brunâtre.

Culture. — Les Phaius sont des Orchidées semi-terrestres ; ils réclament un compost assez substantiel, composé de terre fibreuse mélangée de sphagnum et additionnée d'un peu de terre de bruyère. En outre, il n'est pas mauvais de leur donner un ou deux arrosages d'engrais faible vers le milieu de la période de végétation, pour réparer les pertes du compost. Les pots employés doivent être assez grands.

On cultive les Phaius en serre tempérée ; toutefois le *P. maculatus* réussit mieux en serre tempérée-froide, avec les Maxillaria ; et d'autre part les *P. Blumei*, *P. Wallichi* et *P. tuberculosus* demandent plus de chaleur, et doivent être placés en serre chaude assez aérée. Cette dernière espèce prospère admirablement sur bloc, ou plutôt sur une sorte de corbeille dressée verticalement, et permettant de placer sous le rhizôme traçant de la plante une petite couche de sphagnum, mélangé d'un peu de terre fibreuse.

Les Phaius réclament des arrosages abondants pendant la saison de végétation et modérés pendant le repos. Ils se multiplient bien par sectionnement du rhizôme, après la floraison.

HYBRIDES ARTIFICIELS

P. × amabilis. — Hybride obtenu par MM. Veitch, et qui provient du croisement *P. tuberculosus × P. grandifolius*. Il a les pétales et les sépales blanc teinté de rose, le labelle couleur pelure d'oignon, avec des lignes pourpres plus foncées à la base; ce dernier organe, recouvrant légèrement la colonne, puis s'étalant en forme de conque, avec les bords très ondulés, a une forme distincte et gracieuse.

P. × Cooksoni (*P. Wallichi × P. tuberculosus*). — Fleurs de grande taille, à sépales et pétales d'un rose délicat à la base, et couleur saumon à la partie antérieure. Le labelle, rouge-marron, porte à la base des traces de jaune et de brun cramoisi. Fleurit en mars.

P. × maculato-grandifolius. — Fleurs ayant à peu près la grandeur de celles du *P. grandifolius*. Pétales et sépales jaunes avec une légère teinte cuivrée; labelle jaune à la base, avec quelques lignes longitudinales rouge marron, et le lobe antérieur enroulé, rouge marron.

LES PHALAENOPSIS

Diagnose :

Sépales à peu près égaux, libres, très étalés. Pétales semblables aux sépales ou beaucoup plus larges, rétrécis à la base, ou rarement assez étroits. Labelle continu avec le pied de la colonne, étalé à partir de la base ou très brièvement dressé à l'extrême base et formant un petit angle, sans éperon; lobes latéraux étalés ou incombants-dressés, entiers ou à lobes anguleux; le médian étalé, oblong ou large, plan ou rarement concave, entier au sommet ou étroitement bilobé; disque diversement appendiculé. Colonne semi-cylindrique, légèrement épaisse ou plus étroite au milieu, dressée ou légèrement courbée, allongée en pied court à la base, parfois munie de deux oreillettes, à angles non ailés ; clinandre ovale postérieurement, dressé, concave. Anthère presque terminale, en forme d'opercule, incombante, peu convexe, allongée antérieurement en aiguillon obtus, biloculaire ; 2 pollinies subglobuleuses (ou oblongues ?), cireuses, sillonnées, inappendiculées, reliées par un pédicelle linéaire ou spatulé à une glande en forme d'écaille. — Herbes épiphytes, à tiges feuillées courtes non renflées en pseudobulbes. Feuilles distiques, coriaces ou charnues, oblongues, à gaines persistantes recouvrant la tige. Pédoncules latéraux, simples ou ramifiés. Fleurs remarquables, en racèmes lâches, brièvement pédicellées. Bractées petites.

Le genre Phalaenopsis a été fondé par BLUME en 1825.

Les espèces les plus fréquemment cultivées sont les suivantes :

P. amabilis. — Fleurs mesurant de 8 à 10 centimètres de diamètre dans le sens horizontal. Sépales et pétales blanc de lait, les premiers ovales-oblongs, les seconds très largement elliptiques-oblongs, obtus, légèrement obliques, défléchis. Labelle trilobé ; lobes latéraux à peu près carrés, arrondis au sommet, un peu incurvés au-dessus de la colonne, jaunes, tachetés de rouge intérieurement autour de la crête ; lobe antérieur triangulaire allongé, formant à sa base deux oreillettes aiguës, et prolongé en avant en deux longues cirrhes, repliées vers l'intérieur. Feuillage très largement ovale, vert clair brillant.

Cette belle espèce fleurit à l'automne et pendant l'hiver.

Sa découverte remonte à l'année 1750 ; d'abord désignée par RUMPHIUS sous le nom d'*Angraecum album*, puis par LINNÉE en 1753 sous celui d'*Epidendrum amabile*, elle fut rangée par BLUME, en 1825, dans son nouveau genre Phalaenopsis, sous le nom qu'elle a conservé.

Elle est souvent confondue dans les cultures avec le *P. Aphrodite*, et souvent aussi désignée sous le nom de *P. grandiflora*, qui n'est qu'un synonyme.

Voici d'intéressants renseignements donnés par un fonctionnaire du Jardin botanique de Java, M. W. T. Lefebvre, relativement au mode de croissance de cette espèce à l'état naturel :

« Le *P. grandiflora* se rencontre rarement dans les forêts épaisses et humides où l'on trouve généralement les Orchidées, mais toujours dans les clairières, souvent au milieu d'arbres isolés à tête peu fournie, laissant passer beaucoup de jour, ou dans les anciennes plantations de caféiers (beaucoup poussaient sur les caféiers eux-mêmes). La plante elle-même n'est pas très facile à distinguer, car elle ne consiste qu'en deux ou trois larges feuilles assez épaisses, d'un vert vif, glabres, et très fragiles, de sorte qu'on risque beaucoup de les endommager. Elles sont chevauchantes à leur base, sessiles sur une masse compacte de racines blanchâtres épaisses et tortueuses, dont une partie sont toujours brisées, parce qu'elles s'enlacent solidement autour de l'écorce des arbres. Du milieu de ces feuilles, une nouvelle se développe, laquelle, une fois achevée, est suivie d'une tige florale. Il semble que cette Orchidée a terminé sa tâche une fois qu'elle a formé ses superbes tiges florales. En réalité, il n'en est pas ainsi; elle réclame seulement un repos et une réparation de forces, période qui, dans la partie orientale de ce pays, dure quelques mois pendant la saison sèche de la mousson.

Les tiges florales mesurent généralement de 25 à 38 centimètres de longueur, mais très souvent elles dépassent 50 centimètres (j'en ai vu une de 75 centimètres); chaque tige porte de 4 à 6 boutons, qui s'épanouissent l'un après l'autre à partir de la base jusqu'au sommet. Toutefois, la tige continue souvent à s'allonger pendant tout le temps que la plante est en fleurs, et continue à former des boutons qui produisent des fleurs moins grandes que les premières; de sorte que la tige, ordinairement dressée, s'incline sous le poids de fleurs si nombreuses.

Le *P. grandiflora* ne présente pas une grande variété de coloris, comme tant d'autres Orchidées. Ainsi que je l'ai déjà dit, ses fleurs blanc pur mesurent 7 ½ centimètres, et n'ont pour tout ornement que les appendices jaunes enroulés du labelle....

On pourrait peut-être décrire de la façon suivante la culture de cette espèce : Dans les endroits où le Phalaenopsis pousse en abondance, la température ne dépasse jamais 24° C. pendant le jour; elle tombe au-dessous de 13° pendant la nuit (août). La plupart des plantes fleurissent d'octobre à mai, et certaines ne cessent pas d'être en fleurs pendant toute la saison sèche (dans l'ouest de Java, le temps est le plus souvent humide). Les troncs d'arbres auxquels s'attachent les racines sont abondamment garnis de mousse, l'atmosphère étant humide; une poignée de cette masse hétérogène de feuilles pourries, de débris d'écorce, etc. semble suffire à toute une masse de plantes. Elles sont en partie abritées pendant quelques heures par jour (le matin); elles supportent très bien les rayons du soleil. Un petit insecte nuisible, sorte d'abeille qui mesure 5 millimètres, se loge parmi les feuilles; nous nous en débarrassons au moyen de différents insecticides.

J'ose dire qu'en Europe une serre à Cattleya ne convient pas aux Phalaenopsis, et qu'une serre à Odontoglossum, par exemple, vaudrait mieux, et que l'on aurait de meilleurs résultats en cultivant ces plantes à une température plus basse. »

P. Aphrodite. — Très belle espèce, analogue au *P. amabilis*, mais ayant les sépales et les pétales plus larges, plus amples, et se rejoignant mieux; les lobes latéraux du labelle sont plus aigus antérieurement et plus tachetés. Son feuillage a généralement un coloris un peu plus foncé que celui du *P. amabilis*.

P. Boxalli. — Fleurs mesurant de 4 à près de 5 centimètres de diamètre. Sépales et pétales lancéolés, aigus, jaunes, maculés et barrés de brun rougeâtre, les seconds notablement plus étroits. Labelle en forme d'ancre, jaune pâle, avec une tache pourpre près de la base.

P. cornu-cervi. — Cette curieuse espèce mérite une place à part dans le genre, non seulement à cause de la forme curieuse de sa tige florale, qui lui a valu son nom spécifique (Phalaenopsis corne de cerf) mais à cause de sa floraison abondante et d'une très longue durée. Ses fleurs apparaissent successivement, du mois de septembre au mois de novembre, au nombre de six à douze environ. Elles ont les sépales et les pétales barrés de brun rougeâtre sur fond jaune verdâtre et le labelle blanc tripartite. Elles sont à peu près de la même grandeur que celles de l'espèce précédente.

P. Esmeralda. — Charmante petite espèce produisant ses fleurs en racème dressé. Les fleurs sont d'un rose plus ou moins vif, nuancé d'améthyste pourpré, avec le labelle généralement plus foncé que les autres segments, parfois tirant sur l'orangé.

La variété *candidula*, d'introduction assez récente, est d'un blanc à peine rosé.

P. Lowi. — Espèce bien connue et répandue dans les cultures, et qui a été également désignée sous le nom de *P. proboscidioides*, parce que sa colonne est terminée par un long bec réfléchi au sommet, rappelant quelque peu la trompe d'un éléphant.

Les pétales sont très larges, à peu près elliptiques; les sépales sont elliptiques-oblongs, acuminés. Tous ces organes sont d'un blanc légèrement rosé, avec une teinte améthyste pourpré à la base. Le labelle, trilobé, a les lobes latéraux dressés et recourbés en arrière en forme de cornes; le lobe antérieur étroit, denticulé, porte au milieu une côte prononcée, et particulièrement élevée vers le sommet; il est d'un rouge pourpre foncé.

M. le général BERKELEY, qui a fait d'intéressantes explorations dans l'Asie méridionale, a vu le *P. Lowi* dans son pays d'origine; voici ce qu'il écrivait dans le *Gardeners' Chronicle* à propos de cette belle espèce :

« Cette plante perd toutes ses feuilles, dans son pays d'origine, immédiatement après sa floraison. Elle croît sur des rochers calcaires, et sur les branches de petits arbustes qui poussent dans les crevasses des rochers. Le pays environnant est sous l'eau pendant la plus grande partie de l'année, et les pluies sont extrêmement abondantes; à la fin de novembre le sol se sèche, et en janvier les tiges florales et les feuilles sont desséchées, il ne reste rien en dehors des racines; celles-ci cessent de s'allonger, mais elles sont maintenues gonflées par les abondantes rosées de la nuit; la saison de repos est courte, car les averses recommencent en mars, et les plantes commencent aussitôt à pousser de nouvelles feuilles.

Cette espèce croît sur le versant nord-est des collines calcaires, et, par suite, se trouve protégée contre les effets de la chaleur d'un soleil tropical pendant l'après-midi. Pendant les pluies, les rochers calcaires sont couverts d'une foule de belles Balsamines annuelles et de Begonias tubéreux; ceci donnera aux jardiniers une idée de la chaleur humide qui est nécessaire pour cultiver les *P. Lowi* d'une façon parfaite. »

P. Lüddemanniana. — Espèce très élégante. Ses fleurs mesurent 5 centimètres de diamètre, et ont les segments elliptiques-oblongs, acuminés, d'un jaune pâle fortement maculé de barres transversales d'un rouge brunâtre, plus vif à la base; le labelle, court et étroit, a les lobes latéraux dressés, blancs lavés de jaune, et le lobe antérieur charnu, oblong, améthyste pourpré vif. Floraison de mai à juillet.

P. Manni. — Fleurs de la même grandeur que celles de l'espèce précédente. Sépales et pétales linéaires-oblongs, aigus, jaune vif, maculés et barrés de brun clair; labelle trilobé, avec les lobes latéraux dressés, jaune clair, et le lobe antérieur jaune clair avec une dent pourprée à la base.

P. Mariae. — Cette espèce rappelle le *P. sumatrana*, et REICHENBACH avait l'habitude de la désigner sous le nom de *P. sumatrana var. Mariae;* toutefois elle s'en distingue par ses feuilles plus étroites et défléchies, et surtout par une vigueur bien supérieure; en effet le *P. sumatrana* est une plante assez délicate, difficile à importer et difficile à faire fleurir régulièrement dans les cultures, tandis que le *P. Mariae* croît à merveille et fleurit tous les ans.

Cette espèce fut découverte en 1878 par M. F. W. BURBIDGE, actuellement directeur du Jardin Botanique de Trinity College, Dublin, sur une montagne de 600 mètres d'élévation, dans un groupe de petites îles situées entre Bornéo et les Philippines, et l'honorable botaniste a fait remarquer à ce propos que le *P. sumatrana* se rencontre à Sumatra dans les régions basses, à peu près au niveau de la mer.

Le *P. Mariae* a les fleurs d'un blanc jaunâtre, avec des bandes transversales brun clair sur les pétales et les sépales, tandis que la base de ces organes est lavée de pourpre violacé; le labelle est trilobé, et a les lobes latéraux recourbés à l'intérieur, blancs avec une nuance de violet au milieu, le lobe antérieur violet pourpré éclatant, très charnu.

P. Parishi. — Fleurs de petite taille. Sépales et pétales blancs; labelle mobile, à peu près triangulaire, rose pourpré vif, avec les lobes latéraux très petits en forme de cornes, jaunes, pointillés de pourpre.

P. rosea. — Fleurs mesurant environ 4 ¹/₂ centimètres de diamètre, blanches avec une traînée rose pourpré au milieu; le labelle est rose pourpré, maculé de brun sur le disque, et strié de pourpre foncé à l'intérieur des lobes latéraux incurvés.

La variété *leucaspis*, qui fit son apparition dans la fameuse collection de M. Pescatore, a les sépales rose pourpré marbrés de blanc, les pétales et le labelle plus foncés.

P. Sanderiana. — Fleurs ayant à peu près la même forme que celles du *P. Aphrodite*, et presque aussi grandes; sépales et pétales roses; labelle blanc tacheté et strié de pourpre, avec la crête jaune pointillée de pourpre.

P. Schilleriana (voir fig. 18). — Splendide espèce, assurément une des merveilles de la serre chaude. Égale en grandeur au *P. Aphrodite*, elle contraste avec lui par le coloris rose tendre de ses fleurs, relevé çà et là par un fin pointillé rouge vif, et par le jaune clair du callus du disque. Ses feuilles elles-mêmes, d'un vert sombre marbré d'une façon irrégulière de blanc argenté, sont d'une grande élégance.

Le *P. Schilleriana* produit des tiges florales d'une longueur remarquable, très ramifiées et portant un nombre considérable de fleurs, qui se conservent fort longtemps. Il fut introduit de Manille en 1858 par le consul Schiller, de Hambourg, chez qui il fleurit pour la première fois au printemps de 1860, et à qui il fut dédié à juste titre par le professeur Reichenbach. Il avait cependant été découvert quelque temps auparavant et expédié chez M. J. Linden, mais un accident avait empêché qu'il ne fût connu dès cette époque.

Le *P. Schilleriana* atteint quelquefois des dimensions considérables; parmi les spécimens les plus remarquables, M. Rolfe (*Lindenia*, 1889, p. 74) cite celui que M. Warner envoya en 1869 à l'exposition de St Pétersbourg, et qui, avec ses 120 fleurs épanouies, produisit une grande impression; puis celui qui fleurit dans les serres de Lady Ashburton, et qui fut figuré dans le *Gardeners' Chronicle* en 1875. Cet exemplaire portait trois panicules, ayant respectivement 96, 108 et 174 fleurs, soit ensemble 378 fleurs. Cette plante fut vendue à la salle Stevens, le 28 juillet 1875; l'acquéreur, Sir Trevor Lawrence, la paya 32 guinées (840 francs).

Le *P. Schilleriana* a produit d'assez nombreuses variations, dont quelques-unes ont reçu des noms distincts, notamment la variété *delicata*, dans laquelle les segments sont lavés de rose très pâle; la variété *splendens*, grande et d'un riche coloris; la variété *vestalis*, blanche avec très peu de taches jaunes; enfin la variété *immaculata*, entièrement blanche, avec le disque jaune et les lobes latéraux du labelle bordés de violet, sans aucune macule.

P. speciosa. — Charmante espèce, d'un coloris très attrayant. Les sépales et les pétales améthyste pourpré sont oblongs-ovales, les seconds sensiblement plus étroits. Le labelle étroit et court, charnu, a les lobes latéraux dressés, jaune orangé avec le sommet blanc, et le lobe antérieur d'un violet améthyste pourpré foncé, muni à la partie supérieure d'une côte aiguë pubescente. Chaque fleur mesure environ 5 centimètres de diamètre.

Cette espèce a été découverte par M. le général Berkeley. Elle fleurit pendant l'été.

P. Stuartiana. — Superbe espèce, d'une extrême délicatesse de coloris. Elle appartient au même groupe que le *P. amabilis*, mais a les fleurs plus petites. Les segments sont blancs, avec quelques petits points pourpres vers la base. Les sépales latéraux sont divisés longitudinalement en deux moitiés, dont l'inférieure est mouchetée de rouge pourpre sur fond jaune clair. Le labelle est moucheté de la même façon ; les macules des lobes latéraux sont très fines et plus rares vers les bords. Le feuillage de cette espèce est à peu près semblable à celui du *P. Schilleriana*. Sa floraison se produit à la fin de l'hiver.

P. sumatrana. — Fleurs mesurant 5 centimètres de diamètre, à segments ovales-oblongs, aigus, blanc crème, barrés de brun rougeâtre ; labelle trilobé, à lobes latéraux allongés, dressés, blancs légèrement tachetés d'orangé intérieurement, à lobe antérieur charnu, oblong, avec une côte proéminente et une touffe de cils hérissés au sommet, blanc faiblement strié de pourpre. Floraison en mai et juin.

P. tetraspis. — Fleur mesurant près de 5 centimètres de diamètre, d'un blanc d'ivoire ; le labelle charnu a les lobes latéraux jaunâtres extérieurement, et le lobe antérieur, à peu près en forme de losange, muni d'une touffe de cils à son sommet.

Autre espèce découverte par M. le général BERKELEY.

P. violacea. — Belle espèce d'un coloris assez variable. Ses fleurs mesurent 5 à 7 centimètres de diamètre, et ont les segments ovales-oblongs d'un blanc crème légèrement verdâtre ; les sépales latéraux, recourbés en forme de faulx, sont partagés longitudinalement en deux moitiés dont l'inférieure est nuancée de violet pourpré de la base jusque vers le milieu. Le labelle a les lobes latéraux dressés, longs et étroits, tronqués au sommet, jaune vif, et le lobe antérieur de petite taille, ovale-oblong, améthyste pourpré foncé, sillonné. La colonne est pourpre foncé.

Cette espèce fleurit à l'automne.

HYBRIDES

P. × Amphitrite (*P. Stuartiana* × *P. Sanderiana*). — Ses fleurs sont intermédiaires entre celles des deux parents. Les pétales sont analogues à ceux du dernier, avec une teinte rose pourpre à la base ; les sépales sont mauve pâle ou jaune nankin foncé, bordés de blanc et lavés également de pourpre à la base ; les sépales latéraux sont tachetés de fines macules pourpres à la base. Le labelle rappelle beaucoup, comme forme et comme coloris, celui du *P. Sanderiana.*

P. × castra (*P. Aphrodite* × *P. Schilleriana*). Hybride naturel.

P. × F.-L. Ames (*P. amabilis* × *P. intermedia*).

P. × Harriettae (*P. amabilis* × *P. violacea*).

P. × intermedia (*P. rosea* × *P. Aphrodite*). — Cet hybride fut d'abord introduit directement parmi des plantes de *P. Aphrodite.* Il a été ensuite reproduit artificiellement par SEDEN, et les semis fleurirent pour la première fois en 1886.

P. × John Seden (*P. amabilis* × *P. Lüddemanniana*). — Superbe hybride.

P. × leucorhoda (même parenté que le *P. casta*). — Hybride naturel très remarquable.

P. × Rothschildiana (même parenté que le *P. leucorhoda*).

P. × Veitchiana (*P. rosea* × *P. Schilleriana ?*). — Hybride naturel.

Le genre Phalaenopsis est un des plus splendides de toute la famille des Orchidées; la beauté majestueuse des formes, la grâce exquise de certains détails du labelle, le coloris merveilleux de la plupart des espèces leur donnent un prix inestimable, qui s'accroît encore en raison de l'époque où se produit leur floraison, en plein hiver. Les Phalaenopsis auraient donc tous les titres possibles à être à peu près les préférés des amateurs d'Orchidées, si leur culture était mieux connue. Elle donne encore lieu, chez beaucoup, à des tâtonnements et à des méprises regrettables, qu'il serait facile d'éviter.

CULTURE. — On peut employer la culture en pots ou en paniers; mais ce dernier procédé me paraît bien préférable.

Le compost doit être formé de terre fibreuse, que l'on choisira en longs fragments et que l'on lavera soigneusement, et d'une quantité égale de sphagnum légèrement haché, que l'on disposera de préférence à la partie supérieure.

Le choix de la serre a une grande importance; il convient de choisir une serre adossée, ou une petite serre basse, étroite, où la culture se fera à l'étouffée, dans une température de 18° à 20°centigrades, très près du vitrage, avec le moins d'air et le plus de lumière qu'il sera possible d'avoir, et une atmosphère assez humide.

J'ai vu cependant des Phalaenopsis réussir très bien dans une serre ordinaire assez large, grâce à une disposition particulière très pratique, et que je recommanderai aux amateurs qui n'ont qu'une ou deux serres. Sur les tablettes, au-dessous des paniers, on place un bassin de zinc étroit plein d'eau, dont l'évaporation entretient constamment l'humidité atmosphérique nécessaire. Il n'est pas besoin de donner à ce bassin une grande profondeur : 5 centimètres suffiront, et il sera ainsi plus facile à déplacer.

Une autre recommandation, qui a une grande importance : surveiller attentivement la vermine qui envahit fréquemment le compost, et lui faire une chasse acharnée. Le mieux est de déposer sur les tuyaux de chauffage une couche de côtes de tabac, et de les arroser trois ou quatre fois par jour ; dans ces conditions les insectes ne tardent pas à disparaître, et il n'en survient pas de nouveaux du dehors.

Lorsque la tige florale apparaît, dressée verticalement, on peut descendre légèrement le panier pour lui permettre de se développer. Dès ce moment, on donnera un peu moins d'eau jusqu'à la fin de la floraison ; celle-ci terminée, la plante devra être tenue aussi sèche que possible. Le repos durera six semaines à deux mois ; pendant toute cette période, les arrosages doivent être réduits au strict minimum, et l'humidité nécessaire pour empêcher le sphagnum de mourir et les feuilles de se rider à l'excès sera plutôt fournie par l'atmosphère ou par de légers seringages sur le bois des paniers que par des arrosages directs.

Lorsque les feuilles semblent se rider et se faner d'une manière assez prononcée, il est bon de donner à la plante un peu plus d'eau.

Tous les arrosages seront fait de préférence avec de l'eau de pluie, comme pour toutes les Orchidées.

Le *P. Lowi* mérite une mention spéciale, à cause d'une particularité qui a causé bien des inquiétudes aux cultivateurs : il perd ses feuilles tous les ans après sa floraison, et beaucoup de jardiniers, croyant les plantes mortes, les jetaient en constatant cet état lamentable; c'était une erreur, qu'il est utile de signaler.

C'est à la fin du repos, avant le retour de la végétation, que se présentent les circonstances les plus favorables pour procéder aux rempotages.

Le rempotage se fait, en principe, lorsque la plante a rempli son panier et manque d'espace; on prendra donc un panier plus grand que le précédent, mais non pas trop grand. Il vaut mieux s'en tenir au strict nécessaire, car les racines manqueraient d'air dans un panier trop vaste. On choisira des morceaux de fibre très longs, et on les disposera d'abord dans le panier, sans drainage. Il est avantageux de les rouler en petites boules, l'air circule mieux de cette façon et le drainage se fait dans de meilleures conditions.

La plante peut alors être mise en végétation. On commence par donner de l'eau modérément les premiers jours, et on augmente progressivement les arrosages jusqu'à atteindre, au bout de quinze à vingt jours, la quantité normale.

Lorsque le sphagnum croît vigoureusement, il produit souvent de longues pousses qui atteignent un développement considérable et forment au-dessus des bords du panier une sorte de dôme assez élevé. Je conseille de couper la plus grande partie de cette végétation, qui nuirait aux racines; les Phalaenopsis sont les plantes qui réclament le plus d'air aux racines, et celles-ci s'étendent toujours en dehors du compost; lorsqu'elles sont recouvertes par le sphagnum, elles ne tardent pas à être envahies par des dépôts verdâtres qui forment une couche épaisse sur toute leur surface et empêchent la transpiration et l'osmose de s'accomplir comme elles le devraient. Il est donc très utile de supprimer de temps en temps, avec des ciseaux, les têtes de sphagnum qui s'élèvent au-dessus des bords des paniers. Cette opération peut se faire trois ou quatre fois par an.

Pour la culture des Phalaenopsis en pot, on emploiera le même compost. Les conditions de culture sont à peu près les mêmes, mais j'ai constaté plus d'une fois que, si l'on obtient en pots de grandes et fortes feuilles, on n'a que peu de floraison. Les mêmes plantes de *P. Schilleriana* qui donnaient à peine une courte tige, cultivées en pot, en ont fourni trois et jusqu'à quatre en panier.

Et surtout, je recommande une atmosphère très saine, très pure et suffisamment humide. Une bonne atmosphère assure une belle végétation.

Les fleurs de Phalaenopsis se conservent plus longtemps que celles de beaucoup d'autres genres. J'en ai vu fréquemment rester de deux à trois mois en pleine fraîcheur.

Il convient de signaler ici une tentative très intéressante faite tout récemment par un habile cultivateur français, M. MEUNIER, jardinier chez Mme PERRENOUD. M. MEUNIER ayant coupé des tiges défleuries de *Phalaenopsis amabilis* et de *P. Schilleriana* et les ayant placées dans des bouteilles remplies d'eau, ces tiges ont produit des racines et des pousses.

L'expérience est trop récente pour qu'on puisse encore juger les résultats pratiques auxquels elle conduira, mais il serait très intéressant que l'on pût arriver à bouturer aisément les Phalaenopsis, et peut-être aussi d'autres genres, Oncidium notamment, au moyen des organes de la floraison.

LES PHOLIDOTA

DIAGNOSE :

Sépales à peu près égaux, assez larges, libres, carénés, concaves, dressés ou étalés. Pétales souvent plus petits que les sépales, assez grêles, plans. Labelle sessile à la base de la colonne, fortement concave et formant à peu près un sac à la base, à lobes latéraux dressés, courts, à lobe médian beaucoup plus large, étalé, plus court que les sépales, entier ou bifide. Colonne courte ou très courte, large, sans pied, à ailes généralement larges continues avec le clinandre large, pétaloïde. Anthère placée au-dessous du sommet, incombante, en forme d'opercule, à loges un peu globuleuses, distinctement subdivisées en deux ; 4 pollinies cireuses, largement ovoïdes, faiblement aiguës ou acuminées, réparties par paires dans les loges, reliées au sommet par un appendice visqueux-granuleux, ou complètement distinctes. — Tige ou rhizôme traçant, rameux, à pseudobulbes munis d'une ou deux feuilles, distincts comme dans les Coelogyne ou continus comme dans les Otochilus. Racèmes terminaux, souvent flexibles. Fleurs petites, brièvement pédicellées. Bractées tantôt ovales, imbriquées, distiques avant l'anthèse, persistantes, enfermant à peu près les fleurs, tantôt plus étroites et caduques.

Le genre Pholidota a été fondé par Lindley en 1825. Il comprend une vingtaine d'espèces.

Les Pholidota sont peu répandus en général dans les cultures. On y rencontre cependant les deux espèces suivantes :

P. convallarioides. — Tige florale dressée distique, issue du centre de la pousse au milieu de son développement. Fleurs au nombre d'une trentaine, d'un blanc crême légèrement verdâtre ; labelle blanc, ample, bilobé en avant, caréné au centre. Colonne largement ailée. Floraison en octobre et novembre.

P. imbricata. — Tiges florales grêles, pendantes, souples comme une mince ficelle, brunes, portant une grappe serrée de fleurs alternes globuleuses d'un blanc de cire. Les fleurs sont accompagnées de bractées écailleuses qui sont imbriquées pendant toute la période de croissance des boutons, et jusqu'au moment où ceux-ci s'épanouissent, et présentent un aspect curieux. Floraison en octobre.

Culture. — Même traitement que pour les Coelogyne de serre chaude.

LES PLATYCLINIS (Dendrochilum)

Diagnose :

Sépales libres, étalés, à peu près égaux, étroits. Pétales à peu près semblables aux sépales ou plus petits, étalés. Labelle sessile à la base de la colonne ou très brièvement onguiculé, ovale, concave, à peu près de la même longueur que les sépales, muni à la base de 2 petits lobes ou parfois de 2 tubercules. Colonne dressée, semi-cylindrique, faiblement ailée, sans pied, prolongée des deux côtés du sommet par une pointe ou une ramification dressée ; clinandre proéminent postérieurement, largement membraneux, concave ou presque cucullé, à bord denticulé, plus ou moins continu antérieurement avec les ramifications de la colonne. Anthère en forme d'opercule, incombante, biloculaire ; 4 pollinies cireuses, ovoïdes, réparties par paires, celles de chaque paire superposées, acuminées ou presque prolongées en queues et soudées par paires au sommet. — Herbes épiphytes, à tiges simples munies d'une feuille près de la base, à peine renflées à la base ou épaissies en pseudobulbes étroits, revêtues de plusieurs gaînes scarieuses. Feuille étroite, rétrécie en pétiole. Fleurs petites, nombreuses, groupées en racème terminal, brièvement pédicellées. Bractées linéaires ou lancéolées, légèrement scarieuses, petites ou presque égales à la fleur.

Les trois espèces connues dans les cultures sous le nom de Dendrochilum appartiennent au groupe des Platyclinis, groupe établi par BLUME (1825) comme une section du genre Dendrochilum, et ultérieurement élevé par BENTHAM (1881) au rang de genre distinct.

Ces espèces sont originaires en général des îles Philippines et de Java, où elles croissent dans une situation extrêmement chaude et humide. M. PORTE, qui a voyagé dans ces régions, a fait l'observation suivante :

« Les Dendrochilum, très nombreux à une altitude de 500 à 1000 mètres, ne se rencontrent jamais dans les Philippines à une altitude moindre, attachés aux troncs des arbres de deux à quatre mètres au-dessus du sol. Les forêts dans lesquelles on les trouve sont si humides que, pendant neuf mois de l'année, les sangsues y vivent comme si elles étaient terrestres. »

Les Platyclinis sont de petites plantes à pseudobulbes pyriformes, d'un vert bleuâtre pâle. Leur inflorescence a un caractère tout particulier ; elle est disposée en racèmes pendants, distiques et alternes, sur lesquels les fleurs, de petite taille, sont très serrées. Quoique ces fleurs, considérées individuellement, soient peu remarquables, l'ensemble est très gracieux, et lorsque les Platy-clinis sont bien cultivés en forts spécimens, l'aspect de ces belles touffes, entièrement entourées de grappes qui s'élèvent à la hauteur du sommet des feuilles, puis retombent harmonieusement, est certainement décoratif. Les fleurs sont d'ailleurs très agréablement parfumées.

Les trois espèces répandues dans les cultures, et qui ont leur place marquée dans toutes les collections, sont les suivantes :

P. Cobbiana. — Espèce introduite en 1880 par Boxall, et dédiée à M. W. Cobb, chez qui elle fleurit pour la première fois. Elle ressemble au *P. glumacea*, dont elle se distingue cependant par la forme plus anguleuse de ses pseudobulbes, par la forme brisée de ses tiges florales et par la saison de sa floraison, car ses fleurs apparaissent en octobre-novembre.

P. filiformis. — Découvert par Cuming, vers 1839. Ses fleurs sont plus petites que celles du *P. glumacea*, et ont un coloris jaune plus vif.

Il fleurit aux mois de juin et juillet. Ses fleurs ne sont pas parfumées.

P. glumacea. — Espèce découverte par Cuming à peu près en même temps que la précédente. Ses fleurs relativement grandes, à segments très allongés, sont d'un blanc tirant sur le jaune paille. Le labelle a le disque jaune plus foncé.

Fleurit au commencement du printemps, vers les mois de mars et avril.

Il existe une variété nommée *P. glumacea valida*, qui est un peu plus forte que le type et a les fleurs un peu plus grandes.

Culture. — Les conditions climatériques dans lesquelles croissent les Platyclinis à l'état naturel indiquent suffisamment qu'ils doivent être cultivés en serre chaude. Le compost qui leur convient est à peu près le même que celui des Cypripedium, mais avec une plus forte proportion de sphagnum.

Les espèces dont je viens de parler se cultivent toutes en pots, et comme elles demandent beaucoup d'humidité, de même que les Cypripedium, on peut leur donner des pots assez grands. Les rempotages, par suite, ne sont pas souvent nécessaires; quand le besoin s'en fait sentir, la meilleure époque pour y procéder est celle qui suit la floraison.

Les Platyclinis doivent être arrosés souvent et beaucoup. L'atmosphère de la serre doit être maintenue également très humide au moyen d'aspersions d'eau sur les sentiers et les tablettes, et la ventilation ne doit être pratiquée que par les temps chauds, et avec beaucoup de prudence. Pendant le repos, les arrosages sont réduits au minimum indispensable pour empêcher le compost de se dessécher.

LES POLYSTACHYA

Diagnose :

Sépales connivents ou un peu étalés, le postérieur libre, les latéraux plus larges, attachés au pied de la colonne. Pétales semblables au sépale postérieur ou plus étroits. Labelle tourné vers le haut de la fleur, articulé avec le pied de la colonne, contracté à la base et replié vers le gynostème puis dressé, légèrement trilobé, à lobe terminal court, étalé, entier; disque pubescent, souvent muni de crêtes. Gynostème court, large, sans ailes, prolongé en pied à la base; clinandre tronqué. Anthère terminale, operculiforme, très convexe, à une loge ou imparfaitement biloculaire; quatre pollinies cireuses, largement ovales, étroitement superposées par paires ou presque soudées en deux, la postérieure souvent plus petite, reliées au rétinacle par un pédicelle très court. Capsule oblongue ou fusiforme, parfois allongée. — Herbes épiphytes, à tiges feuillées courtes, renflées à la base en pseudobulbes charnus souvent petits. Feuilles peu nombreuses, sur deux rangs, oblongues ou presque linéaires, non plissées, contractées et engaînantes à la base. Pédoncule rétréci terminant la tige feuillée. Fleurs très rarement grandes et solitaires, le plus souvent petites et disposées en grappes étroites ou en épis, simples ou rameux.

Le genre Polystachya présente le caractère exceptionnel d'avoir le gynostème prolongé en pied, particularité qu'il partage, dans le sous-tribu des Cymbidium, avec les *Ansellia*. Mais ceux-ci ont les sépales *semblables, libres et étalés, ne formant pas menton;* tandis que les Polystachya ont les sépales plus ou moins *redressés, les latéraux plus larges, attachés sur toute la longueur du pied* du gynostème, avec lequel ils forment *un menton bien distinct.* Les *Polystachya* sont encore remarquables en ce qu'ils ont le labelle tourné vers le haut de l'inflorescence, au lieu d'être tourné vers le bas dans la position habituelle.

Ce genre fut créé en 1825 par le célèbre botaniste anglais W. Hooker. Il est fondé sur l'espèce que Swartz avait nommée précédemment *Dendrobium polystachyon*, c'est-à-dire Dendrobium *à plusieurs épis*, parce que dans cette espèce l'épi est ordinairement rameux; et c'est de ce nom spécifique que W. Hooker a tiré le nom de son nouveau genre, nom qui est loin de convenir à toutes les espèces connues.

On a décrit plus de 70 espèces de Polystachya, dont la grande majorité habitent l'Afrique tropicale et australe : MM. Th. Durand et H. Schinz, dans le cinquième volume de leur *Conspectus Florae Africae*, n'en énumèrent pas moins de 58 espèces pour cette partie du monde; 3 autres croissent dans l'Inde anglaise; enfin 10 à 12 espèces sont indiquées dans l'Amérique tropicale.

Les seules espèces qui se rencontrent assez souvent dans les cultures sont les deux suivantes :

P. Ottoniana. — Fleurs aussi grandes que celles d'un Aganisia, et assez agréablement parfumées. Sépales et pétales blancs, les premiers striés de pourpre, le sépale dorsal lavé de pourpre. Labelle blanc avec le disque jaune d'or.

P. pubescens. — Grappe florale terminale, légèrement infléchie, terminée par un certain nombre de fleurs parfumées, d'un jaune vif, striées de rouge. Le nom spécifique fait allusion à la pubescence qui recouvre le pédoncule floral, ainsi que l'ovaire.

CULTURE. — Même traitement que pour les Maxillaria, en serre tempérée-froide.

LES RENANTHERA

DIAGNOSE :

Sépales très étalés, libres, pétaloïdes, les latéraux un peu plus larges et souvent plus longs que le dorsal, pendant longtemps parallèles et contigus, parfois même cohérents par leur milieu. Pétales semblables au sépale postérieur. Labelle court, sessile à la base du gynostème, avec lequel il est articulé, à partie inférieure prolongée en-dessous en sac ou en éperon conique ; lobes latéraux larges, dressés, le médian petit, étalé, plan ou plus ou moins épaissi et charnu. Gynostème court, épais, demi-cylindrique, sans ailes, à base non prolongée en pied ; clinandre peu proéminent, entier. Anthère terminale, operculiforme, convexe, à deux loges ; deux pollinies cireuses, ovoïdes ou oblongues, fendues ou sillonnées extérieurement, réunies par un pédicelle étroit à un rétinacle arrondi ou dilaté transversalement. Capsule anguleuse, non prolongée en bec au sommet. — Herbes épiphytes, sans pseudobulbes, à tiges feuillées plus ou moins rameuses. Feuilles distiques (disposées sur deux rangs), étalées, charnues ou rigides, à sommet souvent oblique et bilobé. Fleurs grandes ou médiocres, disposées en panicules allongées, lâches et rameuses, qui naissent latéralement sur la tige.

Les deux espèces les plus remarquables de Renanthera sont le *R. coccinea* et le *R. matutina*.

R. coccinea. — Cette remarquable et rare espèce, connue depuis 1790, a fleuri pour la première fois en Europe en 1827 ; elle se rencontre rarement, et n'est pas bien cultivée partout.

Ses fleurs sont extrêmement gracieuses. Elles mesurent près de 9 centimètres de diamètre du sépale dorsal aux latéraux. Les pétales sont assez étroits, linéaires, arrondis au sommet; le sépale dorsal, plus large est à peu près semblable; ces organes sont d'un rouge vif tacheté de jaune. Les deux sépales latéraux, très larges, oblongs, sont plus du double de l'autre, et d'un rouge vermillon foncé. Floraison pendant l'hiver.

R. matutina. — Fleurs nombreuses, mesurant 5 centimètres de diamètre. Sépales et pétales linéaires, aigus, d'un rouge vif nuancé de jaune parfois orangé. Labelle beaucoup plus petit, de forme quelque peu cylindrique, avec un petit lobe antérieur en forme de langue. La plante a la tige très grêle, haute généralement de 50 à 60 centimètres. Elle est de culture plus facile que l'espèce précédente.

Culture. — Même traitement que pour les Vanda.

LES RESTREPIA

Diagnose :

Sépale postérieur libre, les latéraux soudés en un seul, qui est bidenté ou bifide. Pétales libres, filiformes ou allongés en soie dilatée au sommet, plus rarement courts et assez larges. Labelle oblong ou ovale, ordinairement rétréci à la base et articulé avec la base du gynostème, plan ou plus ou moins concave. Gynostème allongé, étroit, sans pied; clinandre ordinairement tronqué. Anthère terminale, operculiforme; quatre pollinies cireuses, globuleuses ou pyriformes, libres, dépourvues d'appendices. — Herbes de petite taille, dépourvues de pseudobulbes. Tiges naissant souvent en touffes, ordinairement simples et peu allongées, portant de une à trois gaînes membraneuses et terminées par une seule feuille coriace. Pédoncules grêles, toujours uniflores, naissant de la base des feuilles, où ils sont solitaires ou rarement réunis par deux ou trois. Fleurs souvent assez grandes relativement à la taille de la plante.

Le genre Restrepia se compose d'une vingtaine d'espèces. Sur ce nombre, une dizaine ont été introduites, et cinq seulement sont répandues dans les cultures; mais aucune collection ne devrait, à mon avis, rester sans représentants de ce genre exquis. Il est difficile de donner, avec des mots, une idée quelque peu exacte de ces fleurs délicates, ailées, d'un coloris si brillant; on ne saurait les comparer qu'à des mouches merveilleuses paraissant ornées de bijoux, et des mouches mesurant 3 ¾ centimètres et plus de longueur.

Trois espèces surtout sont connues dans les cultures, ce sont les suivantes :

R. antennifera. — Le plus populaire de tous. Les pétales, ainsi que le sépale dorsal, sont filiformes, avec un léger renflement pyriforme à leur sommet, transparents et nuancés de jaune et de pourpre noirâtre. Les sépales latéraux connés sont d'un beau jaune gomme-gutte pointillé et strié de cramoisi pourpré. Ces segments sont transparents, et analogues comme substance à des ailes de diptère. Cette espèce fleurit généralement de décembre à mars.

R. elegans. — Fleurs plus petites que celles du *R. antennifera*. Sépale dorsal blanc strié de pourpre; sépales latéraux jaunes abondamment pointillés de pourpre; labelle panduriforme, jaune tacheté et bordé de rouge.

R. pandurata. — Forme très analogue au *R. antennifera*, avec le labelle panduré, ayant la lame antérieure très large, oblongue, couverte de verrues et de poils, d'un coloris blanchâtre, couvert de petites macules lies de vin. La colonne porte à sa base deux macules orangées.

Le *R. Lansbergei* et le *R. vittata*, espèces beaucoup plus rares, se rencontrent également dans quelques collections. Ce dernier offre un aspect très particulier; il a les pétales et le sépale dorsal enroulés, et non dressés comme des antennes. Il est rangé par Lindley dans le genre Pleurothallis.

CULTURE. — Les Restrepia sont des Orchidées de serre froide; proches voisins des Pleurothallis et des Masdevallia, ils réclament le même traitement à peu près que ces derniers. Comme eux, ils sont épiphytes sans pseudobulbes, et produisent des tiges grêles surmontées d'une feuille. Les plantes forment ainsi de petites touffes, d'une hauteur de dix à quinze centimètres environ, tenant peu de place, faciles à suspendre près du vitrage; lorsqu'elles sont en fleurs, elles offrent un coup-d'œil vraiment charmant. Les fleurs, presque aussi grandes que les feuilles, s'élèvent légèrement au-dessus de celles-ci, au sommet de tiges flexibles balancées au moindre mouvement; on croit voir plutôt des insectes cherchant des fleurs, que les fleurs elles-mêmes.

Les Restrepia sont originaires des montagnes de l'Amérique tropicale, depuis le Brésil jusqu'au Mexique; ils y croissent à des altitudes considérables [1], sur les rochers et les branches d'arbres, au milieu de petites touffes de mousse et toujours dans des endroits humides. Leur végétation n'est pas interrompue pendant tout le cours de l'année; ils devront être traités de même dans les serres, c'est-à-dire qu'ils ne recevront jamais de véritable repos. Le compost et l'atmosphère de la serre doivent être maintenus constamment humides sans excès; pendant l'hiver, où l'évaporation est moindre, il suffit d'arroser tous les trois ou quatre jours, et même encore moins si le temps est très froid.

Les feuilles des Restrepia, comme celles des Masdevallia, sont sujettes à se couvrir de taches noires quand on arrose trop abondamment les plantes; d'autre part, elles se dessèchent et tombent quand on laisse le compost se sécher.

Quand le temps devient plus chaud, on peut augmenter les arrosages, et en été il est bon d'humecter le compost à peu près tous les jours. Les aspersions sur les sentiers et les tablettes suivent des variations parallèles à celles des arrosages directs, avec cette différence qu'elles doivent être, en toute saison, deux ou trois fois plus fréquentes.

En rempotant les Restrepia, on leur donnera un bon drainage, comme à toutes les plantes qui reçoivent beaucoup d'eau aux racines. Au-dessus de ce drainage, on place un mélange par moitiés de sphagnum et de terre fibreuse bien hachés.

---

(1) Le R. *antennifera* a été découvert à 4000 mètres d'élévation.

Le récipient peut être un pot ou un panier, les deux conviennent également bien ; cependant je préférerais peut-être le panier, parce que les Restrepia produisent beaucoup de racines. Aussi doit-on avoir soin de leur laisser suffisamment d'espace.

Pour l'époque des rempotages, on a coutume de se baser sur le repos, c'est-à-dire la période où les racines sont inactives ; or ce cas ne se présente pas pour les Restrepia. L'époque la plus favorable pour ceux-ci paraît être de février à mars ou d'octobre à novembre.

Comme toutes les Orchidées alpines, Odontoglossum, Masdevallia, etc., les Restrepia aiment beaucoup l'air et la lumière. Il convient de ventiler leur serre le plus souvent possible, sauf pendant les grands froids de l'hiver ; quant à la lumière, on ne saurait trop leur en donner ; c'est pourquoi la culture en paniers suspendus près du vitrage réussit admirablement à ces espèces, généralement de petite taille. Il est nécessaire de les abriter, à partir du 15 mars environ jusqu'en octobre, quand le soleil darde ses rayons directs, mais on doit employer comme abris des claies laissant passer beaucoup de jour.

LES RHYNCHOSTYLIS

Le genre Rhynchostylis est très voisin du genre Saccolabium, dont il se distingue par ce fait que la colonne possède un pied court, et que l'éperon est déprimé latéralement.

Les deux espèces dont il se compose sont d'ailleurs connues généralement dans les cultures pour le nom de Saccolabium.

R. coelestis. — Superbe espèce, remarquable par son coloris bleu, si rare dans la famille des Orchidées. Ses fleurs, groupées en racème dressé très dense, mesurent environ 2 centimètres de diamètre. Elles ont les segments ovales-oblongs, obtus, blancs avec le sommet maculé de bleu vif, et le labelle couvert à sa moitié antérieure par une large macule bleu indigo.

Sa floraison se produit pendant l'été, en juin et juillet.

Synonyme : *Saccolabium coeleste.*

R. retusa. — Fleurs en racème incliné, très dense. Fleurs blanches tachetées de rouge améthyste vif; labelle obovale-oblong, réfléchi au sommet, entièrement améthyste pourpré. Floraison pendant l'été.

Cette gracieuse Orchidée est généralement désignée dans les cultures sous le nom de *Saccolabium Blumei*, qui lui fut donné par LINDLEY en 1841, c'est-à-dire dix-sept ans après que BLUME l'avait décrite sous le nom ci-dessus.

Le *S. guttatum* de LINDLEY et le *S. praemorsum*, du même auteur, doivent être considérés comme des variétés de la même espèce. Le premier a les fleurs un peu plus serrées sur la tige, et plus abondamment tachetées; le second les a au contraire moins maculées et généralement un peu plus pâles.

CULTURE. — Même traitement que pour les Saccolabium.

LES RODRIGUEZIA

DIAGNOSE :

Sépales presque égaux, le supérieur libre, les latéraux étroits et soudés entre eux soit jusqu'au sommet soit jusque très près du sommet; tantôt ils sont tous dressés et rapprochés, tantôt les latéraux sont étalés sous le labelle ou réfléchis vers le pédoncule. Pétales semblables au sépale supérieur. Labelle dressé, prolongé à la base en éperon ordinairement solide et caché dans les sépales latéraux, rétréci inférieurement en onglet parallèle au gynostème, puis étalé en un limbe dépassant souvent les sépales, obovale ou en cœur renversé, généralement muni de crêtes dans sa partie médiane. Gynostème dressé, allongé, grêle, sans pied, épaissi au sommet où il est muni de deux ailes ou oreillettes antérieures; clinandre oblique en arrière. Anthère terminale, operculiforme, très convexe ou en forme de casque, à une seule loge; deux pollinies cireuses, ovoïdes ou presque globuleuses, reliées à un assez petit rétinacle ovale ou oblong par un pédicelle souvent très grêle et allongé. — Herbes épiphytes, à tiges courtes naissant le long d'un rhizôme parfois allongé et terminées en un pseudo-bulbe qui porte une ou deux feuilles. Feuilles oblongues ou allongées, coriaces. Scapes souvent dressés, naissant sous les pseudobulbes et terminés en une grappe simple portant des fleurs en abondance.

Le genre Rodriguezia fut fondé en 1794 par Ruiz et Pavon. Reichenbach y rattacha en 1852 le genre Burlingtonia, fondé par Lindley dans le volume de 1837 du *Botanical Register*.

Il se compose d'environ 25 espèces, dont les plus fréquemment cultivées sont les suivantes :

R. Bungerothi. — Espèce à petites fleurs rose vif, très analogue au *R. secunda;* elle s'en distingue par la colonne entièrement nue et non poilue, l'ovaire verruqueux, et la grandeur supérieure de tous les segments.

R. decora. — Charmante espèce à fleurs assez grandes, d'un blanc légèrement rosé maculé de rouge cramoisi. Ces fleurs, produites en grappe lâche assez longue, sont d'un très gracieux effet. La plante de petite taille, à rhizôme traçant, est cultivée ordinairement sur bloc.

R. fragrans. — Fleurs plus petites et moins nombreuses que dans le *R. Lindeni*, et d'une forme moins élégante ; elles sont entière-ment blanches, et agréablement parfumées.

R. granadensis. — Fleurs très analogues à celles du *R. refracta*, mais entièrement blanches. Les sépales et les pétales sont très minces et à peu près translucides ; le labelle, long de deux centi-mètres, est tordu à sa base et rejeté à gauche.

Cette espèce est de petite taille et réussit fort bien en panier suspendu. Elle fleurit à la fin du printemps.

R. Lindeni. — Très belle espèce extrêmement florifère (voir fig. 42, page 269). Ses fleurs, d'assez grande taille, sont blanc de lait, avec deux crêtes jaune orangé sur le labelle, entourées d'une tache jaune pâle. Le limbe de cet organe, largement arrondi, mesure 14 à 15 millimètres de largeur. Cette espèce est extrêmement décorative, et précieuse par sa floribondité.

R. pubescens. — Espèce analogue au *R. Lindeni;* toutefois, elle s'en distingue par ses fleurs plus petites, à segments plus étroits, surtout les pétales et le labelle, et par la pubescence du gynostème et de l'éperon, pubescence qui manque complètement ou presque complètement dans l'autre espèce.

R. refracta. — Fleurs assez grandes, incomplètement ouvertes, à segments oblongs aigus, étroits, récurvés au sommet. Labelle largement étalé, ondulé sur les bords ; éperon long et récurvé. Les fleurs sont d'un coloris blanc rosé, parsemées d'une abondance de petits points rose pourpré, avec le disque d'un rose plus vif traversé par deux lamelles jaunes. Floraison au printemps et pendant l'été.

R. secunda. — Espèce produisant de longues grappes formées de nombreuses fleurs rouges de petite taille, tournées toutes du même côté. L'éperon du labelle est d'un rouge pourpré foncé. Les sépales latéraux sont soudés en une seule pièce très concave, redressée près du labelle.

Culture. — Même traitement que pour les Chysis.

LES SACCOLABIUM

Diagnose :

Sépales presque égaux, libres, étalés ou dressés-étalés, plans ou concaves, les latéraux parfois un peu plus larges à la base. Pétales presque semblables aux sépales, parfois un peu plus larges, rarement plus étroits. Labelle sessile à la base du gynostème, trilobé, prolongé en-dessous à la base en sac ou en éperon ; celui-ci est pendant, droit ou rarement courbé, nu intérieurement ; lobes latéraux dressés sur les deux bords de l'éperon, souvent très petits, parfois assez larges et peu proéminents ; lobe médian étalé ou dressé, de forme variable, tantôt petit et en forme de dent, tantôt oblong, en forme de langue ou dilaté transversalement, rarement plus long que l'éperon. Gynostème court ou même parfois très court, large, sans pied, non ailé ou à angles à peine proéminents, tronqué. Anthère terminale, operculiforme, convexe, uniloculaire ou imparfaitement biloculaire ; deux pollinies cireuses, subglobuleuses, entières, creusées d'un sillon ou plus ou moins fendues, réunies à un petit rétinacle par un pédicelle grêle et allongé. Capsule souvent oblongue, rarement allongée, parfois globuleuse ou ovoïde, non prolongée en bec au sommet. — Herbes épiphytes, à tiges feuillées non renflées en pseudobulbes. Feuilles distiques, étalées, coriacès ou charnues, rarement minces, planes ou très rarement cylindriques, recouvertes à la base par les gaînes des feuilles anciennes. Pédoncules latéraux, simples ou rameux. Fleurs souvent petites, parfois assez grandes, mais toujours moins amples que celles des Vanda, généralement groupées en grappes très denses.

Ce que j'ai dit des Aerides, je pourrais également le dire des Saccolabium. Le port des plantes des deux genres est à peu près le même, leur beauté est à peu près égale, leur culture est identique ; les fleurs, produites en longue grappe serrée, comme dans le genre Aerides, ont des coloris analogues et ne se différencient guère que par quelques détails dans la forme du labelle et la façon dont il se relie à la colonne. Ces deux genres voisins sont également précieux au point de vue décoratif et peuvent être placés parmi les plus beaux de la famille des Orchidées pour la grâce et le coloris exquis de leurs fleurs.

Parmi les principales espèces, je citerai les suivantes :

S. ampullaceum (nommé parfois par erreur *S. rubrum*). — Fleurs en racèmes dressés denses, d'un rose carminé vif, avec la colonne blanche. Chaque fleur mesure environ 2 centimètres de diamètre.

S. bellinum. — Fleurs en grappes de cinq à six, mesurant environ 3 centimètres de diamètre. Sépales et pétales oblongs, jaunes maculés fortement de brun pourpré foncé ; labelle en forme de sac arrondi à la base, puis étalé en demi-lune, la partie antérieure blanche, pubescente, denticulée, avec une macule orange et deux gros points pourpres sur le disque.

S. Blumei. — Voir *Rhynchostylis retusa*.

S. coeleste. — Voir *Rhynchostylis coelestis*.

S. curvifolium. — Fleurs nombreuses en racèmes dressés, d'un rouge vermillon carminé. Labelle linéaire-oblong, portant une côte orangée. Espèce analogue au *S. miniatum*, de petite taille comme lui, et fleurissant comme lui pendant l'été.

S. giganteum (voir figure). — Superbe espèce, originaire de Birmanie. Elle a les feuilles plus larges et plus recourbées que le *S. Blumei*. Elle fleurit pendant l'hiver, ce qui en augmente encore le prix. Les fleurs sont d'un blanc pur tacheté de bleu violet, le labelle est d'un beau violet-mauve.

Cette espèce avait reçu de Lindley, à l'origine, le nom de *Vanda densiflora* à cause de l'abondance de ses fleurs qui forment une grappe moins longue, mais plus touffue que la plupart des Saccolabium.

La variété *illustre* est également très remarquable. Elle est souvent désignée dans les cultures sous les noms de *S. illustre* et *S. Cambodgeanum*.

S. guttatum. — Voir *Rhynchostylis retusa*.

S. Hendersoni. — Espèce de petite taille, produisant de charmantes fleurs rose vif en grappe érigée, ayant le labelle rose pâle, presque blanc. Fleurit au mois d'août.

S. miniatum. — Fleurs produites par dix à quinze en racèmes dressés, d'un rouge vermillon, mesurant environ 2 centimètres de diamètre. Les sépales et les pétales sont ovales-oblongs, plus aigus que dans le *S. curvifolium*.

S. praemorsum. — Voir *Rhynchostylis retusa*.

S. violaceum. — Fleurs très parfumées, ayant les segments blancs tachetés de rose violacé pourpré, et le labelle mauve foncé tacheté de violet pourpré, et disposées en longues grappes pendantes. Il en existe également une variété blanche.

Cette espèce est analogue au *S. giganteum* dont elle a le port. Elle fleurit vers la fin de l'hiver.

Culture. — Même traitement que pour les Aerides et Vanda.

LES SARCOCHILUS

Diagnose :

Sépales étalés, libres, à peu près égaux, ou les latéraux plus larges que le dorsal, plus ou moins soudés au pied de la colonne. Pétales à peu près semblables au sépale dorsal. Labelle fixé au pied de la colonne, incombant ou brièvement soudé par sa base, formant généralement un petit menton, puis étalé-récurvé ; lobes latéraux dressés, pétaloïdes, ou petits et en forme de dents, le médian plus ou moins charnu, généralement prolongé en arrière en bosse petite ou conique, parfois en forme d'éperon charnu ou spongieux, rarement creux à l'intérieur, généralement brièvement charnu-appendiculé à la base du lobe. Colonne dressée, semi-cylindrique, non ailée, prolongée en pied à la base ; clinandre oblique, entier ou bidenté antérieurement ; rostellum court ou allongé. Anthère terminale, en forme d'opercule, incombante, convexe, obtuse ou acuminée antérieurement, biloculaire ; 2 pol-linies globuleuses, ou 4 plus ou moins soudées par paires, cireuses, inappendiculées, reliées par un pédicelle linéaire ou oblong à une glande en forme d'écaille. — Herbes épiphytes, à tiges feuillées courtes ou rarement allongées, non renflées en pseudobulbes. Feuilles coriaces ou charnues, oblongues ou linéaires, distiques ou parfois peu nombreuses ou manquantes. Pédoncules latéraux simples ou rarement ramifiés. Fleurs médiocres ou petites, rare-ment remarquables.

Le genre Sarcochilus se compose d'espèces dont la plupart sont peu répandues dans les cultures, et peu attrayantes. Les plus connues sont les suivantes :

S. Berkeleyi. — Cette espèce, généralement désignée sous le nom de *Thrixspermum Berkeleyi*, est dédiée à son inventeur, M. le général E. S. Berkeley, l'amateur et explorateur bien connu, à qui l'on doit plusieurs précieuses découvertes, spécialement dans le genre Phalaenopsis. Elle produit des fleurs nombreuses en racème dense, pendant. Ces fleurs, qui mesurent près de 4 centimètres de diamètre, ont les sépales et les pétales ovales, obtus, le sépale dorsal très concave, d'un blanc crème; le labelle, en forme de tube renflé au sommet, a les lobes latéraux dressés, linéaires; il est également blanc crème, lavé de pourpre au centre.

S. calceolus. — Port des Renanthera. Fleurs au nombre de deux ou trois, très belles, d'une consistance épaisse, blanc pur; labelle maculé de jaune d'or.

On cite également le *S. Fitzgeraldi* et le *S. luniferus* (*Thrixspermum luniferum*), espèces attrayantes, mais très rares et que je ne décrirai pas par ce motif.

Enfin, l'ancien *Camarotis purpurea* de LINDLEY, autrefois très répandu, maintenant assez rare dans les collections, doit être également rattaché au genre Sarcochilus. Cette gracieuse petite espèce a les fleurs rose pourpré, mesurant environ 2 ¹/₂ centimètres de diamètre; le labelle, en forme de tube, est d'un coloris un peu plus foncé.

CULTURE. — Même traitement que pour les Vanda.

LES SCHLIMIA (1)

DIAGNOSE :

Sépale dorsal libre, étroit, concave-caréné; les latéraux très larges, soudés entre eux pour former avec le pied du gynostème un menton ample en forme de sac. Pétales plus étroits que le sépale postérieur, à sommet étalé. Labelle étroit, plus ou moins lobé, inclus dans les sépales. Gynostème dressé, plus ou moins ailé latéralement au sommet, longuement prolongé en pied à la base. Anthère terminale, en forme d'opercule, à deux loges; deux pollinies cireuses, oblongues, reliées par un pédicelle allongé à un petit rétinacle en forme de lune. — Herbes épiphytes, à pseudobulbes oblongs, presque fusiformes, portant chacun une

---

(1) BENTHAM a écrit *Schlimmia,* mais on peut voir par l'étymologie que ce nom ne doit pas s'écrire avec deux *m*.

seule feuille coriace, contractée en pétiole. Pédoncules dressés ou recourbés, simples, pauciflores, naissant entre les pseudobulbes. Fleurs assez grandes, charnues, brièvement pédicellées, en grappe lâche.

Le genre *Schlimia* se distingue immédiatement de tous les genres voisins par ses pédoncules *pluriflores* et non *uniflores*, et surtout par ses sépales latéraux soudés entre eux et dilatés pour former une sorte de sac très ample.

Il a été fondé par PLANCHON et LINDEN, dans le *Catalogue* de M. J. LINDEN pour 1852, et relevé la même année par LINDLEY, dans le troisième volume du *Flower Garden* de PAXTON. Il est dédié au botaniste-voyageur LOUIS SCHLIM, qui explora particulièrement la Colombie et le Vénézuéla, il y a environ un demi-siècle, tantôt comme compagnon de M. J. LINDEN, tantôt avec NICOLAS FUNCK.

On connaît aujourd'hui trois espèces de *Schlimia*, spéciales aux Andes de la Colombie, où elles croissent entre 2000 et 3000 mètres d'altitude, et qui figurent rarement dans les collections. La plus connue est le *S. trifida*, charmante petite espèce, qui porte des grappes lâches de quatre ou cinq fleurs assez grandes, très odorantes, entièrement blanches, sauf quelques macules pourpres sur le sépale dorsal.

CULTURE. — Même traitement que pour les Maxillaria.

LES SCHOMBURGKIA

DIAGNOSE :

Sépales à peu près égaux, libres, étalés, plus ou moins ondulés. Pétales semblables et égaux aux sépales, ou plus ondulés. Labelle très brièvement soudé à la base avec la colonne, dressé; lobes latéraux étalés ou embrassant d'abord lâchement la colonne, le médian arrondi ou largement bilobé et plan, ou plus étroit et ondulé. Colonne droite ou courbée, penchée sur le labelle, généralement plus courte que ses lobes latéraux, munie de deux ailes étroites ou assez larges au sommet; lobes ou dents latérales du clinandre courts, le postérieur plus long, ou rarement tous égaux. Anthère incombante ou presque pendante, fortement convexe, conique ou bicornue, à deux loges peu prononcées parfaitement subdivisées en deux par une cloison longitudinale, à subdivisions partagées elles-mêmes par une cloison transversale imparfaite; 8 pollinies cireuses, 4 dans chaque loge, superposées par paires, largement ovales, comprimées parallèlement sur les côtés, les inférieures généralement plus grandes, reliées aux supérieures par un appendice granuleux, parfois en forme de lamelle. — Herbes épiphytes, à pseudobulbes ou tiges charnues, oblongues fusiformes ou allongées, munies de plusieurs gaines, et portant 1-3 feuilles au sommet. Feuilles ovales-oblongues ou allongées, épaisses-coriaces ou raides et charnues. Racème simple sur un pédoncule terminal; fleurs remarquables, pédicellées. Bractées persistantes, rigides, membraneuses ou coriaces.

Le genre Schomburgkia a été fondé en 1838 par Lindley dans le *Sertum Orchidearum*. Il comprend une douzaine d'espèces, dont les plus répandues sont les suivantes :

S. crispa. — Fleurs nombreuses et pressées, étalées, à segments ondulés, d'un beau jaune d'or. Labelle petit, rouge lilacé, jaune clair en-dessous.

S. marginata. — Fleurs de grande taille, étalées, à segments ondulés, jaune d'or lavés de rouge sang. Labelle blanc, faiblement nuancé de rose.

S. tibicinis. — Tiges florales dressées, très longues, retombantes au sommet. Fleurs très nombreuses, larges; pétales d'un rouge sang lavés de blanc; labelle replié, ondulé, lavé de rouge sombre sur fond blanc, et jaune d'or extérieurement. Espèce très ornementale. La variété *grandiflora* a les fleurs plus grandes, roses extérieurement.

S. undulata. — Tiges florales vigoureuses, très hautes, retombantes au sommet. Fleurs assez nombreuses, étalées; pétales ondulés, assez étroits et allongés, d'un rouge vif, ainsi que les sépales. Labelle d'un beau rouge vif, avec une place blanche au centre.

LES SCUTICARIA

Diagnose :

Sépales presque de même longueur, dressés-étalés, les latéraux à base élargie et soudée avec le pied du gynostème pour former un menton proéminent. Pétales semblables au sépale dorsal mais plus petits. Labelle articulé et sessile au sommet du pied du gynostème, large, concave, trilobé; lobes latéraux très grands, dressés; le médian plus petit et étalé. Gynostème dressé, assez épais, demi-cylindrique, sans ailes, à base prolongée en pied. Anthère terminale, en forme d'opercule, très convexe, uniloculaire; quatre pollinies cireuses, ovales, étroitement superposées par paires, reliées par un pédicelle très court ou presque nul à un rétinacle en forme d'écaille transversale. — Herbes épiphytes, à rhizôme très court et rameux. Tiges très courtes, à peine renflées-charnues, terminées chacune par une seule feuille; celle-ci très longue, charnue, presque cylindrique, présentant d'un côté un profond sillon, continue avec la tige. Pédoncules courts, uniflores.

Ce genre fut décrit par Lindley, dans le volume de 1843 du célèbre recueil qu'il dirigeait alors, le *Botanical Register*. Son nom dérive du latin *scutica*, qui signifie *fouet de cuir* ou *chambrière*, allusion aux feuilles, qui sont très longues, étroites, presque cylindriques et pendent de la plante comme des lanières de cuir : dans l'espèce type du genre, le *S. Steelei* (que Lindley écrivait *Steelii*), ces feuilles atteignent jusque 1^m20 de longueur.

Le *S. Steelei* (voir fig. 22), qui avait été primitivement décrit par W. Hooker comme un Maxillaria, habite la Guyane anglaise. La grappe florale porte deux ou trois fleurs assez grandes, parfumées, d'un jaune clair maculé de brun rougeâtre, avec le labelle trilobé, coloré de la même façon que les autres segments.

Le *S. Hadweni*, autre espèce que Lindley avait d'abord placée dans le genre Bifrenaria, est orginaire du Brésil. Il a les fleurs maculées de brun foncé sur fond jaune pâle, et le labelle ample, tacheté de rose chair sur fond blanc. Ces fleurs ressemblent assez à celles du *S. Steelei*, mais elles ont les segments plus acuminés, la tige florale plus longue et plus dressée.

Culture. — Sur bloc ou en panier dans la serre tempérée, avec des arrosages très fréquents pendant la saison de végétation, et modérés pendant l'hiver.

LES SOBRALIA

Diagnose :

Sépales à peu près égaux, dressés, connés à la base. Pétales à peu près semblables aux sépales ou plus larges et plus colorés. Labelle dressé à partir de la base de la colonne ; lobes latéraux embrassant étroitement la colonne ou enroulés autour d'elle, et parfois adnés à sa base ; limbe étalé, concave, ondulé ou fimbrié, indivis ou bilobé. Colonne allongée, légèrement recourbée, semi-cylindrique, à angles assez aigus ou étroitement ailés, sans pied ; stigmate large, rostellum peu prononcé ; clinandre plus ou moins brièvement bilobé. Anthère incombante, légèrement biloculaire ; pollinies généralement par quatre dans chaque loge, pulvérulentes-granuleuses. Capsule oblongue ou allongée, rigide ou charnue, non terminée en bec. — Herbes terrestres, feuillées, non tubé-reuses. Feuilles coriaces, plissées-veinées, sessiles dans des gaines. Fleurs grandes, en racèmes terminaux axillaires pauci-flores, parfois réduits à une seule fleur. Bractées appliquées, parfois imbriquées à plusieurs.

Le genre Sobralia se compose d'une trentaine d'espèces, origi-naires des Andes de l'Amérique tropicale, du Mexique, de l'Amé-rique centrale, du Pérou, du Brésil septentrional et de la Guyane. Ce sont des Orchidées splendides, d'un port très décoratif et pro-duisant des fleurs très remarquables comme grandeur et comme coloris, et n'ayant qu'un seul défaut, c'est que leurs fleurs se conservent moins longtemps que celles des autres Orchidées en général ; elles ne gardent toute leur fraîcheur que pendant une semaine environ ; mais n'est-ce pas un délai déjà très convenable, et égal à la durée de la plupart des fleurs des autres familles?

Les Sobralia sont un peu encombrants pour les amateurs qui n'ont que de petites serres ; pour les autres, il ne me semble pas que ce volume présente des inconvénients. On peut hésiter à consacrer une place assez grande à une seule plante, lorsque cette plante ne fleurit pas beaucoup ; mais quand il s'agit de plantes comme les Sobralia, produisant un grand nombre de fleurs, et des fleurs énormes, il n'en est plus de même ; qu'importe qu'elles forment une masse assez forte, si à la masse de verdure correspond une masse de fleurs?

Une collection d'Orchidées ne saurait être un peu complète sans renfermer plusieurs exemplaires de chacune des espèces de Sobralia les plus belles et les plus brillantes.

Voici une brève description de ces espèces :

S. chlorantha. — Plante de petite taille. Fleurs solitaires, d'un jaune d'or clair. Labelle jaune soufre, ondulé sur les bords.

S. decora. — Belle espèce assez rare, rose tendre. Labelle pourpre à gorge jaune.

S. dichotoma. — Fleurs au nombre de quinze à vingt, d'un rose foncé. Labelle blanc et rouge pourpre.

S. leucoxantha. — Fleurs entièrement blanches, avec la gorge et le disque du labelle jaune d'or lavé d'orangé.

S. Liliastrum. — Fleurs au nombre de trois ou quatre, pendantes, mesurant environ 14 centimètres de diamètre. Sépales oblongs, aigus, étalés, blanc pur ; pétales et labelle richement lavés de rouge feu ; le lobe antérieur du labelle est ondulé, ample, d'un beau rouge sombre, et le tube rouge clair avec une nervure rose.

Il existe aussi une variété très remarquable à fleurs entièrement blanches, nuancées seulement de jaune sur le lobe antérieur du labelle.

S. macrantha (voir figure). — La plus belle espèce du genre, et la plus grande ainsi que l'indique son nom ; voici en effet les dimensions que j'ai notées sur une plante en fleurs : longueur de la fleur entière, 23 centimètres ; longueur du labelle, 13,5 centimètres ; longueur du lobe antérieur du labelle, 8 centimètres ; largeur du lobe antérieur, 9,5 centimètres.

Le *S. macrantha* fut introduit en 1839 par M. Linden, et envoyé par lui au Jardin Botanique de Gand.

Ses fleurs, analogues à de grands Cattleya, comme celles de toutes ses congénères, sont d'un beau rouge clair, avec le labelle de la même couleur ayant le disque jaune pâle ou blanc. Elles se produisent aux mois de juin et juillet, et se succèdent pendant une longue période.

S. Rückeri. — Très belle espèce peu répandue, à fleurs de grande taille, d'un superbe coloris pourpre clair. Labelle jaune, strié d'orangé.

S. sessilis. — Port du *S. macrantha*. Fleurs solitaires, grandes, assez belles, d'un jaune clair ; le labelle a la gorge jaune d'or et le lobe antérieur rouge vineux.

S. violacea. — Superbe espèce qui fleurit au début du printemps. Les fleurs ont les sépales violet foncé, les pétales d'un violet pâle avec le centre blanc, le labelle violet clair avec le disque jaune orangé foncé, et une aire jaune clair s'étendant sur presque toute la surface du lobe antérieur.

Le *S. violacea* fut décrit en premier lieu par Lindley en 1846, dans les *Orchidaceae Lindenianae*, d'après une plante collectée par J. Linden. Il y était indiqué comme très répandu dans les hautes régions de la province de Mérida, à une élévation de 2000 à 2700 mètres. Il existe dans l'herbier de Lindley deux exemplaires, l'un à fleurs violet pâle, l'autre à fleurs blanches avec crête jaune ; le célèbre botaniste faisait la remarque que les deux échantillons, de l'avis de M. Linden lui-même, devaient être deux variétés de la même espèce. Il est certain, comme l'écrivait également Purdie, qui plus tard la collecta à Maracaybo, que « cette superbe Orchidée présente de nombreuses variations de coloris d'une plante à l'autre, depuis le blanc pur jusqu'au cramoisi et même au pourpre. » Elle est très rare dans les cultures.

S. xantholeuca. — Très belle espèce à fleurs jaune pâle ou jaune soufre ; le labelle est d'un jaune plus foncé et très ondulé sur les bords.

CULTURE. — Les Sobralia se cultivent dans la serre tempérée, ou même dans la serre chaude. Toutefois, quand arrive la floraison, on a soin généralement de les transporter dans un compartiment plus froid afin de prolonger la durée des fleurs ; c'est ainsi que les amateurs verront presque toujours les Sobralia en fleurs dans la serre des Odontoglossum ; une fois la floraison terminée, on remet les plantes dans leur local ordinaire ; elles ne souffrent nullement de ce court déplacement.

Les Sobralia demandent des arrosages très abondants pendant la saison de végétation ; comme ils produisent des racines très nombreuses, formant un réseau extrêmement compact, l'eau a quelquefois de la peine à pénétrer le compost, et il ne serait pas mauvais de plonger le pot tout entier dans l'eau si la plante n'était pas trop volumineuse.

A cause de cette masse de racines, on doit employer des pots assez grands, et on y placera un drainage occupant un bon tiers ou même la moitié de la hauteur, pour faciliter la rapide évaporation de l'eau des arrosages.

Le choix du compost est important ; les cultivateurs anglais emploient pour les Sobralia beaucoup de *peat* et de la terre franche. Peut-être ces matériaux conviennent-ils pour un climat différent du nôtre, mais en tous cas les résultats qu'on obtient sur le continent avec des éléments analogues sont peu brillants.

Nous employons à L'HORTICULTURE INTERNATIONALE un mélange composé de la façon suivante : beaucoup de sphagnum bien haché, une faible proportion de terre fibreuse et de terre de bruyère, et une assez grande quantité de sable de rivière très fin. Les Sobralia réussissent admirablement dans ce compost.

Les Sobralia doivent recevoir un léger repos après la floraison, et pendant l'hiver un repos de huit à dix semaines. Comme ils n'ont pas de pseudobulbes, on ne doit pas laisser le compost se sécher d'un façon excessive, mais seulement réduire les arrosages au strict nécessaire.

LES SOPHROCATTLEYA

Genre hybride créé pour les produits de croisements artificiels entre Sophronitis et Cattleya.

S. × Batemaniana (*S. grandiflora* × *Cattleya intermedia*). — Pseudobulbes de petite taille, diphylles. Fleurs mesurant environ 7 ¹/₂ centimètres de diamètre, produites par 3-5 en grappe dressée. Sépales et pétales ovales-lancéolés, les seconds plus larges, d'un rose vif avec des reflets écarlates. Labelle distinctement trilobé, plus élargi et ayant le lobe médian plus long que dans le *C. intermedia.* Lobes latéraux rose lilacé pâle extérieurement, blanc crème à l'intérieur, bordés de rouge pourpré vif ; lobe antérieur rouge pourpré.

Cet hybride est le même qui a été désigné dans une publication spéciale sous le nom inattendu de *Laelia Batemaniana.*

S. × Calypso (*S. grandiflora* × *Cattleya Loddigesi var. Harrisoniae*).

LES SOPHRONITIS

Diagnose :

Sépales libres, égaux, plans, étalés. Pétales semblables aux sépales ou plus larges qu'eux. Labelle sessile à la base de la colonne et brièvement soudé avec elle, dressé ; lobes latéraux larges, connivents, recouvrant complètement la colonne, le médian linguiforme, légèrement récurvé, très entier, aigu ; disque nu, où muni d'une crête transversale près de la base. Colonne courte, légèrement épaisse, élargie au sommet sur les côtés du stigmate ; clinandre muni de deux dents très petites. Anthère terminale, en forme d'opercule, incombante, convexe, à 2 loges, parfaitement subdivisées en deux par une cloison longitudinale ;

8 pollinies, 4 dans chaque loge, cireuses, en 2 séries, comprimées parallèlement, reliées par un appendice presque lamelliforme. — Herbes épiphytes, de petite taille. Pseudobulbes serrés sur le rhizôme, à 1 ou 2 feuilles. Feuilles coriaces ou charnues, conduppliquées, puis étalées. Pédoncule terminal, court, à bractées très petites. Fleurs belles, rouges ou violacées.

Les trois espèces suivantes figurent dans presque toutes les collections, la seconde surtout.

S. cernua. — Charmante petite plante, qui atteint une hauteur de 7 à 8 centimètres. Fleurs en racème court, de taille moyenne, d'un rouge rosé vif, avec la base du labelle jaune et la colonne blanche. Floraison en hiver.

S. grandiflora (voir fig. 3 et 45). — Fleurs de grande taille relativement aux autres parties, ayant à peu près la forme d'un petit Cattleya, et d'un beau coloris écarlate carminé, avec le labelle jaune strié de rouge vif. La floraison se produit en novembre, décembre et janvier.

S. violacea. — Fleurs de petite taille, d'un coloris rouge clair, tirant sur le violet. Floraison en hiver.

CULTURE. — Sur bloc ou en panier, en serre froide, dans les mêmes conditions que les Odontoglossum et Masdevallia.

LES SPATHOGLOTTIS

DIAGNOSE :

Sépales libres, à peu près égaux, ou les latéraux un peu plus larges, étalés. Pétales semblables aux sépales, mais un peu plus larges et parfois plus longs. Labelle sessile à la base de la colonne, dressé, parfois en forme de sac à la base ; lobes latéraux dressés près de la base, petits ou assez grands, le médian onguiculé, ligulé ou ovale, à onglet souvent muni au-dessus des lobes latéraux de deux dents ou de deux oreillettes ; disque tuberculeux ou en forme de crête à la base du lobe médian. Colonne allongée, semi-cylindrique, arquée, un peu en forme de massue au sommet et munie de deux ailes décurrentes, clinandre court, incurvé. Anthère en forme d'opercule, incombante, convexe, parfaitement ou imparfaitement biloculaire, généralement prolongée au-delà des loges; loges à peine subdivisées; 8 pollinies, 4 dans chaque loge, cireuses, acuminées ou prolongées en caudicule, légèrement soudées au sommet en deux faisceaux. — Herbes terrestres. Feuilles solitaires ou géminées, allongées, plissées ou à nervures proéminentes, à pétioles allongés revêtus de gaines plus ou moins nombreuses à la base, et plus ou moins renflés en pseudobulbe ou en tubercule. Scapes florifères issus de la base des pseudobulbes, revêtus de gaines plus ou moins nombreuses, aphylles, simples, tantôt allongés et pluriflores, tantôt plus grêles et pauciflores, à racème lâche. Bractées tantôt très petites et dressées, tantôt plus grandes, lancéolées, défléchies.

Le genre Spathoglottis a été fondé par Blume. Il se compose d'une douzaine d'espèces, comprenant notamment le *Paxtonia* de Lindley, considéré par Bentham comme une forme anormale du *S. plicata;* les plus répandues de ces espèces sont les suivantes :

S. Augustorum. — Fleurs grandes comme un bon modèle d'*Odontoglossum Pescatorei*. Sépales et pétales lilas pâle, plus foncés à la base. Labelle trilobé; lobes latéraux dressés-incurvés, rouge orangé vif; lobe médian longuement onguiculé, oblong, bilobé au sommet, rouge clair, avec le callus jaune vif pointillé de rouge.

Cette espèce fut introduite par MM. Auguste Linden et Aug. De Ronne à l'établissement Linden en 1885.

S. aurea. — Espèce d'un coloris très riche; les sépales et les pétales, à peu près égaux, sont d'un beau jaune tendre, les premiers striés de rouge à la base; le labelle a les lobes latéraux dressés et est jaune serin maculé de brun. Fleurit en mars.

S. Fortunei. — Fleurs jaunes, avec les lobes latéraux du labelle striés et maculés de rouge.

S. Kimballiana. — Synonyme du *S. aurea*.

S. Lobbi. — Fleurs mesurant environ 4 à 5 centimètres de diamètre, d'un jaune vif, avec des lignes de petits points rouges sur les sépales latéraux et à la base du labelle.

S. Petri. — Fleurs un peu plus petites que celles des espèces précédentes, rose lilacé, avec les lobes latéraux du labelle pourpres et le disque jaune pointillé de rouge.

S. plicata. — Fleurs de taille plus petite que les précédentes, produites sur de hautes tiges, d'un beau coloris pourpré.

La variété *alba* a les fleurs blanches nuancées de jaune à l'intérieur des lobes latéraux du labelle.

S. Wrayi. — Belle espèce analogue au *S. aurea*, mais ayant les fleurs plus grandes. Sépales brun clair extérieurement, jaune d'or à la face intérieure; pétales jaune d'or; labelle de la même couleur, avec les lobes latéraux du labelle pointillés de rouge à la base.

Culture. — Traitement en serre chaude, en pot, avec un bon compost formé de terre fibreuse et de terre argileuse, mélangées d'un peu de sphagnum, et un fort drainage. Arrosages très abondants pendant la période d'activité, et réduits au strict minimum pendant le repos.

LES STANHOPEA

Diagnose :

Sépales étalés, assez larges, un peu charnus, sans adhérence avec le gynostème, mais les latéraux souvent cohérents entre eux par leur base. Pétales semblables aux sépales ou plus étroits, souvent ondulés. Labelle inséré à la base du gynostème, étalé, épais et charnu, souvent ondulé ou presque tordu; lobes latéraux réunis à l'onglet pour former un *hypochile* souvent volumineux, parfois muni de deux cornes vers sa base; lobe médian parfois très court, entier et peu distinct de l'hypochile, plus souvent très développé en *épichile* distinct, entier ou trilobé, articulé avec l'hypochile ou rattaché à celui-ci par l'intermédiaire d'un *mésochile* muni de deux cornes. Gynostème dressé ou arqué en avant, allongé, sans pied, à bords antérieurs plus ou moins ailés supérieurement; clinandre souvent prolongé en avant en deux pointes ou deux cornes. Anthère terminale, operculiforme, convexe, à une seule loge; deux pollinies cireuses, allongées, étroitement oblongues, reliées au rétinacle en forme d'écaille par un pédicelle aplati. Capsule longuement fusiforme. — Herbes épiphytes, à tiges extrêmement courtes, munies de plusieurs gaines, immédiatement renflées en pseudobulbes et terminées par une feuille. Feuille ample, plissée-veinée, rétrécie en pétiole. Scapes simples, naissant entre les pseudobulbes et pendants. Fleurs très grandes, exhalant souvent une odeur très pénétrante, pédicellées, peu nombreuses en grappe lâche, munies de grandes bractées membraneuses.

Le genre Stanhopea est moins apprécié des amateurs qu'il ne devrait l'être, et je crois qu'il n'est pas assez connu, car il en est peu qui soient plus intéressants et plus attrayants dans leur bizarrerie.

Comme nombre, il est assez considérable, et comprend plus de 40 espèces, dont une quinzaine au moins méritent de figurer dans toutes les collections. Elles étaient d'ailleurs fort populaires il y a une trentaine d'années; et si cette faveur a diminué depuis lors, ce n'est qu'à cause des brillantes découvertes que chaque jour amenait.

Les Stanhopea sont en général de coloris élégant et de formes très décoratives. On ne peut leur faire qu'un reproche : c'est que leurs fleurs, comme celles des Gongora, de certains Mormodes et des Coryanthes, n'ont qu'une durée relativement courte. Encore est-elle supérieure à celle de la plupart des fleurs de nos climats. Quelques personnes leur reprochent aussi d'exhaler un parfum trop pénétrant, mais sur ce point les avis diffèrent beaucoup.

La structure des fleurs de Stanhopea est très curieuse, notamment par le développement remarquable du labelle, qui établit en quelque sorte la transition entre le genre Catasetum et le genre Coryanthes. Cet organe, de substance épaisse et charnue, est divisé en trois parties bien distinctes : l'épichile, ou partie antérieure, l'hypochile, ou partie la plus rapprochée de la base, généralement en forme de sac, et reliée à l'épichile par le mésochile, qui porte, comme dans les Coryanthes, une paire de cornes plus ou moins prononcées, situées en face de la colonne, et dont la présence a évidemment une utilité dans la fécondation des fleurs par les insectes.

Les principales espèces et les plus connues sont les suivantes :

S. Amesiana. — Espèce d'introduction toute récente; ses fleurs sont entièrement blanches, et tiennent le milieu, comme forme, entre celles du *S. eburnea* et celles du *S. Wardi*.

S. Bucephalus. — La fleur est d'un jaune éclatant, avec quelques taches couleur sang, assez espacées entre elles.

S. devoniensis. — Segments d'un jaune crème, couverts d'une foule de taches rouge pourpré foncé; labelle blanc crème, tacheté de pourpre. Il se rapproche quelque peu du *S. tigrina*.

S. eburnea. — Fleurs de grande dimension, d'un blanc d'ivoire, comme l'indique le nom, avec le labelle tacheté de rouge sur les bords à la base.

S. gibbosa. — Fleurs très grandes, dans le genre du *S. Wardi*, d'un beau jaune, barrées et maculées de pourpre.

S. grandiflora. — Très belle espèce à grandes fleurs jaune clair, légèrement tachetées de cramoisi, surtout à la base et au milieu du labelle. Introduit en 1827 de l'île de la Trinité, il fut tout d'abord décrit sous le nom de *Ceratochilus grandiflorus*, de même que le *S. oculata* fut publié dans le *Botanical Cabinet* sous le nom de *Ceratochilus oculatus* (Ceratochilus signifiant *labelle cornu*, ce nom était beaucoup plus caractéristique que celui qui a été conservé, et qui est dérivé de celui du comte Stanhope).

S. insignis. — Quoique découverte deux ans seulement après la précédente, cette espèce a servi à Sir William Hooker à fonder le genre, en 1829. Elle est fort belle, à fleurs d'un blanc crème ou jaune pâle, tachetée de pourpre, avec le labelle coloré de même, sauf l'hypochile qui est teinté de pourpre foncé. Fleurit en automne. Originaire du Brésil.

S. Lowi. — Nouvelle espèce qui a fleuri pour la première fois en Angleterre en novembre 1893; elle a les pétales et les sépales d'un gris jaunâtre pâle, les premiers portant au centre de minuscules taches rouges peu apparentes. Le labelle est d'un blanc d'ivoire, l'hypochile présente à l'intérieur un petit nombre de barres pourprées. Le mésochile n'est pas muni de cornes.

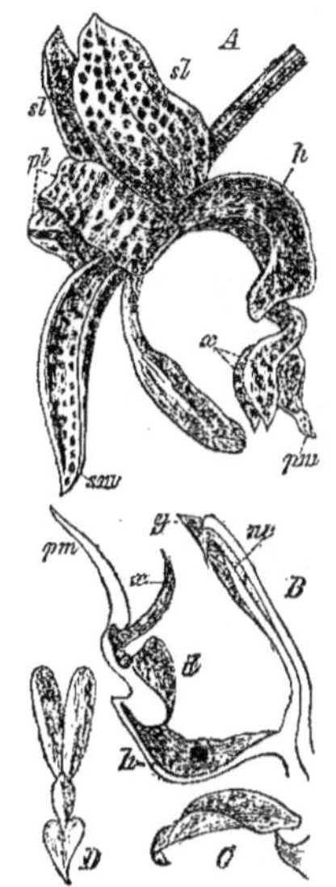

Fig. 135. — STANHOPEA PLATYCERAS.

A, *Stanhopea platyceras.*
sl, sm, sépales.
pl, pétales.
h, hypochile.
x, mésochile.
pm, épichile.
B, coupe longitudinale du labelle et du gynostème du *S. oculata.*
y, anthère.
nc, stigmate.
h, hypochile.
d, mésochile, avec une corne en *x.*
pm, épichile.
C, épichile du *S. oculata.*
D, appareil pollinique du même.

Cette espèce est originaire de la Nouvelle-Grenade, d'où elle a été introduite par MM. HUGH LOW et Cⁱᵉ.

S. Martiana. — L'une des plus splendides espèces du genre. Sépales jaune paille, tachetés de rouge brun; pétales plus petits, blancs, maculés de la même nuance, avec une large tache cramoisie à la base; labelle blanc; colonne pubescente pointillée de rouge. Provient du Mexique.

S. Moliana. — Espèce très remarquable introduite récemment par L'HORTICULTURE INTERNATIONALE. Elle tient à peu près le milieu entre le *S. Wardi* et le *S. Rückeri.* Les pétales et les sépales sont d'un blanc crème, tachetés de rouge pourpre clair; ces taches ont presque toutes une forme annulaire; elles sont plus grandes et plus foncées sur les pétales. Le labelle est blanc, et a le dessous, ainsi que la cavité de l'hypochile et la partie antérieure de l'épichile, tachetés d'un abondant pointillé rouge pourpre. La colonne est pointillée de même.

S. oculata (voir fig. 30). — Espèce mexicaine, très florifère et très gracieuse. Les sépales sont d'un jaune pâle, tachetés de cramoisi plus ou moins vif, très amples; les pétales, de la même couleur, sont étroits et longs. Le labelle blanc porte des deux côtés de la base deux taches pourpre noirâtre analogues à deux yeux (ce qui explique l'origine du nom spécifique) sur un fond jaune vif, tandis que l'épichile est blanc tacheté de rouge.

S. platyceras (fig. 135). — Espèce très élégante à segments maculés de rouge sur fond jaune pâle ou blanc crème. La colonne, longue et aplatie, est pourpre brunâtre foncé.

S. tigrina. — La plus célèbre et la plus splendide espèce du genre. Elle est, ainsi que la plupart des autres, assez variable comme coloris et comme grandeur. Les sépales sont en général d'un jaune crème avec des macules d'un rouge vif larges de 5 centimètres environ; les pétales, plus étroits, sont tigrés de la même façon. La colonne, ainsi que le labelle, est jaune crème tacheté de rouge. Les fleurs apparaissent en automne. Provient du Mexique, ainsi que le précédent.

S. Wardi. — Gracieuse espèce qui donne une longue grappe de fleurs d'un beau jaune d'or tacheté de pourpre, avec le labelle plus pâle portant deux larges macules pourpres près de la base; les cornes sont également tachetées de rouge. Il provient du Vénézuéla.

La variété *venusta* n'a pas les deux macules pourpres du labelle.

HYBRIDE

S. × Spindleriana (*S. oculata* × *S. tigrina*).

CULTURE. — Toutes ces espèces produisent leurs fleurs sur une tige pendante qui descend verticalement au-dessous de la plante; aussi est-il nécessaire de les cultiver dans des paniers de bois, et de laisser entre les baguettes du fond assez d'espace pour livrer passage à la tige florale.

Au point de vue de la culture, les Stanhopea ne se différencient pas de la plupart des Orchidées épiphytes. Ils réussissent bien dans la serre tempérée, avec beaucoup d'humidité atmosphérique; peut-être deux ou trois espèces, *S. grandiflora*, *S. eburnea*, réclament-elles une température un peu plus haute; la partie la plus chaude, la moins aérée de la même serre leur conviendra parfaitement. Leur compost est à peu près le même que celui des Cattleya, Laelia, etc.; peu de sphagnum, et de la terre fibreuse principalement, avec un bon drainage. Les Stanhopea devront être cultivés en paniers.

Ces Orchidées sont fréquemment envahies par les thrips et autres insectes, qu'il faudra combattre activement au moyen des côtes de tabac.

LES STAUROPSIS

Le genre Stauropsis se compose de sept ou huit espèces, dont la plupart ont été décrites à l'origine sous le nom de Vanda. Il se distingue du genre Vanda par l'absence d'éperon au labelle, et par la forme des sépales et des pétales, qui ne sont pas fortement rétrécis à la base.

Les espèces les plus répandues dans les cultures sont les suivantes :

S. gigantea. — Fleurs coriaces, disposées par six à huit en racème pendant, et mesurant environ 8 centimètres de diamètre. Pétales et sépales ovales-oblongs, obtus, jaunes, tachetés de gros points brun clair, plus nombreux sur les sépales; labelle beaucoup plus petit, charnu, linéaire-oblong, incurvé, jaune, avec des macules brun pâle et trois côtes longitudinales blanches.

Synonyme : *Vanda gigantea.*

S. lissochiloides. — Espèce plus connue dans les cultures sous le nom de *Vanda Batemani.* Sa tige, assez grosse, atteint une hauteur de 1 à 2 mètres. Ses fleurs charnues, mesurant près de 8 centimètres de diamètre, ont les sépales et les pétales ovales-oblongs, jaune terne, couverts de gros points rouge pourpre, et rouge vif à l'extérieur; le labelle trilobé a les lobes latéraux dressés, arrondis, jaune grisâtre, et le lobe antérieur muni de trois côtes peu proéminentes. Les fleurs se produisent généralement en été, et durent très longtemps.

Fig. 136. — STAUROPSIS LISSOCHILOIDES.

A, fleur.
B, appareil pollinique.

La fleur et les feuilles exhalent une faible odeur comparable à celle du cuir de Russie.

S. Warocqueana. — Espèce introduite en 1892 par L'HORTICULTURE INTERNATIONALE, et dédiée à M. GEORGES WAROCQUÉ, l'amateur belge bien connu. Elle a les fleurs de grandeur moyenne, assez nombreuses sur un racème horizontal, charnues, d'un jaune légèrement brunâtre clair, tacheté de clair.

CULTURE. — Même traitement que pour les Vanda et Aerides.

STENIA

DIAGNOSE :

Sépales presque égaux, libres entre eux, étalés, les latéraux un peu plus larges, insérés sur le pied du gynostème. Pétales semblables au sépale postérieur. Labelle continu avec le pied du gynostème, vers lequel il est relevé, charnu, large, très concave, trilobé à lobes latéraux petits, à disque muni d'une crête transversale. Gynostème assez épais, dressé, semi-cylindrique, prolongé à la base en pied court; clinandre très oblique, à bords entiers. Anthère terminale, en forme d'opercule, biloculaire; quatre pollinies cireuses, oblongues-linéaires, superposées par paires, les postérieures plus petites, reliées à un rétinacle très petit par un pédicelle fort court et élargi. — Herbes épiphytes, à tiges courtes, à pseudobulbes serrés et terminés par une ou deux feuilles. Feuilles oblongues ou étroites, coriaces, à côtes proéminentes. Pédoncules naissant entre les pseudobulbes, courts, recourbés, terminés par une fleur unique assez grande.

Ce genre est dû à LINDLEY qui en donna la description dans le volume XXIII (1837) du *Botanical Register*. L'auteur tira son nom du mot grec *stenos*, qui signifie *étroit*, parce que, dans ce genre, les masses polliniques sont allongées et fort étroites.

Les Stenia ont assez de rapports avec les Maxillaria; mais on les distingue facilement de ces derniers en ce que les fleurs n'ont *pas de menton* distinct; le labelle est *continu* avec le pied du gynostème, et son disque est *muni d'une crête transversale*, au lieu d'être *nu ou garni de tubercules;* en outre, les pollinies sont *très étroites,* au lieu d'être *ovoïdes.*

D'autre part, on a vu plus haut les différences qui les séparent du genre Chondrorhyncha, auquel doivent être rapportées les plantes primitivement décrites sous les noms de *S. fimbriata* et *S. Chestertoni.*

La seule espèce authentique de Stenia répandue dans les cultures est le *S. pallida.* Elle a les fleurs solitaires, analogues à celles d'un Promenaea ou du *Maxillaria Rollisoni,* mais plus grandes, d'un jaune clair, avec le labelle en forme de sac, jaune d'or pointillé de rouge à la base.

CULTURE. — Même traitement que pour les Chondrorhyncha.

TETRAMICRA

DIAGNOSE :

Sépales presque égaux, libres, étalés. Pétales semblables aux sépales. Labelle étalé dès la base, fixé à la base du gynostème, à lobes latéraux atténués en onglet court; le médian large, entier. Gynostème dressé, à partie supérieure ou à base bi-ailée. 8 pollinies, dont 4 parfaites, disposées par paires, accompagnées dans chaque loge de 2 autres petites, imparfaites. — Herbes terrestres ou épiphytes à rhizôme rampant, sans pseudobulbes. Feuilles au nombre de une à trois, linéaires ou semi-cylindriques, charnues, naissant entre les gaines imbriquées à la base du scape. Hampe terminale, allongée, grêle. Grappe simple.

Le genre Tetramicra a été fondé par LINDLEY en 1831. Il se compose d'une dizaine d'espèces auxquelles est rattaché le genre Leptotes du même auteur.

La seule espèce cultivée est le

T. bicolor. — Cette Orchidée est très connue et très répandue dans les cultures sous le nom de *Leptotes bicolor*. Elle a les tiges cylindriques, longues de 2 ¹/₂ à près de 4 centimètres de diamètre, les feuilles charnues, à peu près cylindriques, sillonnées assez profondément sur un côté. Les fleurs ont les pétales et les sépales linéaires-oblongs, blancs, et le labelle plus court, ovale-oblong, rouge pourpré.

CULTURE. — Le *T. bicolor* se cultive ordinairement sur bloc, suspendu près du vitrage dans la serre des Cattleya et Laelia. Il doit recevoir des seringages fréquents pendant la végétation, et moins abondants pendant quelque temps après la floraison, ainsi qu'à l'époque du repos.

LES THUNIA

Les Thunia sont très voisins des Phajus, auxquels ils sont rattachés par BENTHAM. Toutefois, on peut dire qu'au point de vue horticole ils se distinguent nettement par les caractères extérieurs, et l'usage s'est maintenu dans les cultures de conserver à ces plantes un nom générique spécial, justifié d'ailleurs par les remarques suivantes de REICHENBACH :

« Les Thunia ont une inflorescence terminale issue des tiges feuillées, tandis que les Phajus ont leur inflorescence et leurs faisceaux de feuilles séparés ; les Thunia ont les feuilles charnues membraneuses, les Phajus les ont minces, les Thunia ont les bractées persistantes, les Phajus les ont caduques ; les Thunia ont quatre pollinies, les Phajus en ont huit. »

Les trois espèces connues et cultivées sont les

T. alba. — Tiges hautes de 0ᵐ75 à 1 mètre. Fleurs disposées au nombre de 5 à 10 en racèmes inclinés, et mesurant 8 à 10 centimètres de diamètre. Sépales et pétales oblongs-lancéolés aigus, blanc pur. Labelle ovale, frisé sur le bord antérieur, blanc, avec cinq lamelles frangées, jaune citron ou pourpres sur le disque.

T. Bensoniae. — Port analogue à celui de l'espèce précédente.

Fleurs de la même grandeur et de la même forme; sépales et pétales améthyste pourpré, plus pâles à la pointe. Labelle blanchâtre à la base, améthyste pourpré vers le sommet, avec le disque jaune comme dans le *T. alba;* la seule différence de forme est que le lobe médian est un peu plus allongé.

T. Marshalliana (voir fig. 21). — Espèce très voisine des deux autres; fleurs blanches avec le disque et le sommet du labelle jaune d'or.

HYBRIDE

T. × Veitchiana (*T. Bensoniae* × *T. Marshalliana*). — Fleurs de la grandeur de celles du second parent, à pétales et sépales blancs à peine nuancés de rose lilacé pâle sur les bords. Labelle blanc portant de nombreuses stries violet foncé à l'intérieur du tube et sur le limbe, et lavé de mauve lilacé clair sur toute la partie épanouie, avec une mince bordure blanche. Disque jaune traversé par cinq ou six lamelles frangées à cils pourpres. Floraison en mai-juin.

Culture. — Les Thunia se cultivent en serre tempérée-chaude, ou dans la partie la plus ensoleillée de la serre des Cattleya, avec le compost de la majorité des Orchidées de cette serre. Ils ont, non pas des pseudobulbes, mais des tiges cylindriques minces feuillées, qui donnent naissance aux fleurs la première année, puis durent encore un an et meurent. Ils demandent beaucoup d'eau, avec un bon drainage, pendant la saison de végétation, et passent leur période de repos dans une serre un peu plus froide et sèche.

Les Thunia se multiplient assez facilement par boutures au moyen de morceaux coupés des jeunes pseudobulbes une fois que ceux-ci sont bien mûris, et déposés sur une couche de sphagnum humide, où ils forment des racines et des bourgeons, exactement comme beaucoup de plantes d'appartement, les Dracaena par exemple.

Pour stimuler la reprise de ces multiplications, il est bon de les mettre sous châssis, dans une atmosphère chaude et humide, et en restreignant l'éclairage, ce qui est toujours favorable à la production des racines.

LES TRICHOCENTRUM

Diagnose :

Sépales presque égaux, libres, étalés. Pétales semblables aux sépales. Labelle à partie inférieure soudée par les bords avec le gynostème, à base prolongée en éperon descendant, à partie supérieure dressée, biauriculée ou nue ; lobes latéraux un peu dilatés, redressés ; le lobe médian étalé, largement bilobé, beaucoup plus long que les sépales. Gynostème court, épais, sans pied, soudé au labelle, presque jusqu'au sommet. Anthère terminale, en forme d'opercule, semi-globuleuse, imparfaitement biloculaire ; 2 pollinies cireuses, ovoïdes, un peu comprimées, reliées à un petit rétinacle ovale par un pédicelle aplati et en forme de coin. — Herbes épiphytes, à tiges très courtes, renflées en pseudobulbe petit, terminé par une seule feuille coriace. Hampes courtes, naissant entre les pseudobulbes, terminées par une ou deux fleurs assez grandes ou médiocres.

Ce genre est dû aux botanistes Pöppig et Endlicher, qui le décrivirent dans le second volume de leur ouvrage *Nova Genera et Species plantarum*, publié de 1836 à 1838. Il est très voisin des Rodriguezia.

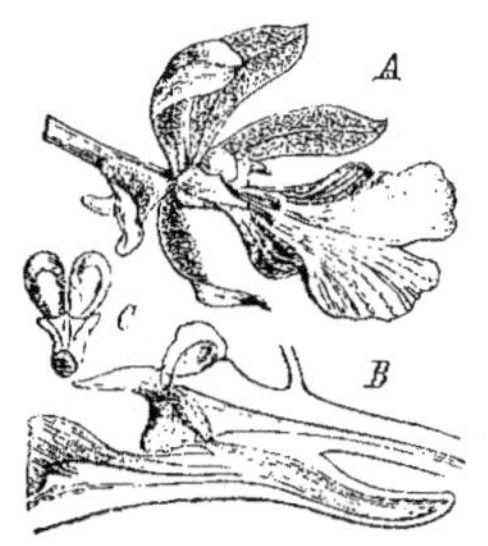

Fig. 137. — Trichocentrum albo-purpureum.

A, fleur.
B, coupe du gynostème et de la base du labelle.
C, appareil pollinique.

Les principales espèces représentées dans les cultures sont les suivantes :

T. albo-purpureum. — Espèce extrêmement florifère, qui produit des fleurs en abondance pendant six ou sept mois de l'année ; celles qui se forment pendant la végétation sont généralement de petite taille ; il est bon de les couper pour ne pas épuiser la plante et lui laisser plus de vigueur pour une époque ultérieure.

Les fleurs sont assez grandes relativement au volume de la plante ; les sépales et les pétales sont d'un brun jaune clair ; le labelle, panduriforme, très étalé et très ample, est blanc avec deux larges macules pourpres des deux côtés de la base, et le disque veiné de rose-pourpre et de jaune.

Cette ravissante Orchidée a été introduite du Brésil en 1864 par M. LINDEN et décrite pour la première fois par REICHENBACH en 1866. Une superbe variété en a été figurée dans la *Lindenia* sous le nom de *T. albo-purpureum striatum ;* elle se distingue surtout par le coloris du labelle, dont la partie antérieure blanche est striée de carmin.

T. cornu-copiae. — Espèce de taille moyenne, assez florifère. Les fleurs, qui ont à peu près la même forme que celles du *T. albo-purpureum* (en plus petit) sont d'un blanc jaunâtre, avec quelques stries rouge brun sur le disque du labelle.

Le nom spécifique signifie « corne d'abondance, » et fait allusion à la forme du labelle.

T. Hoegei. — Fleurs assez petites. Sépales et pétales oblongs aigus assez larges, jaune clair avec une large bande transversale rouge vif au milieu. Labelle largement étalé, blanc, strié de rouge au milieu du disque.

T. orthoplectron. — Belle espèce assez rare, à grandes fleurs brun clair, tachées de jaune au sommet des segments ; labelle ample, de forme presque carrée, blanc avec deux macules cramoisies à la base, et la crête jaune. Floraison en octobre.

T. Pfavii. — Découvert en 1881. Sépales et pétales spatulés, oblongs obtus, blancs avec une macule transversale brune au tiers à partir de la base. Labelle étalé, très large, ondulé sur les bords, blanc avec une macule rouge au milieu de l'onglet, des deux côtés duquel se dressent deux dents. La colonne porte deux ailes arrondies bordées de petites taches brunes. Floraison en janvier.

T. Porphyrio. — Fleurs de grande taille, brunes, avec les segments tachetés de jaune au sommet; labelle panduriforme, rouge pourpre, avec une bordure blanche à la pointe et le disque jaune.

T. tigrinum. — Superbe espèce à fleurs de grande taille et d'un coloris ravissant. Sépales et pétales ligulés-lancéolés, d'un jaune clair barré et pointillé de brun pourpré; labelle très grand, largement cunéiforme, profondément bilobé en avant, d'un blanc pur, avec la crête jaune et deux macules pourpres des deux côtés de la base.

Cette belle espèce, introduite par M. LINDEN, est assez rare. Elle fleurit au commencement du printemps.

T. triquetrum. — Espèce d'introduction récente. Ses fleurs, de taille assez grande, ont le labelle enroulé en forme de large conque, très volumineux par rapport aux autres segments. Toute la fleur est d'un jaune paille, et le labelle porte à l'intérieur un certain nombre de macules orangées.

Le feuillage de cette espèce est curieux; les feuilles verticales aiguës chevauchent l'une sur l'autre, comme dans les Iris. L'ovaire est triquètre, particularité qui est rappelée par le nom spécifique.

CULTURE. — L'espèce la plus attrayante et la plus populaire du genre est le *T. albo-purpureum*, charmante Orchidée, qui mérite de figurer dans toutes les collections d'amateurs. Ses fleurs abondantes, d'un très gracieux et très gai coloris, donnent beaucoup d'éclat aux serres; son feuillage est assez élégant, et la plante tient peu de place, car elle est de végétation presque naine, et se cultive en paniers suspendus près du vitrage.

Sa culture n'est pas réputée très facile; cependant, en suivant les indications ci-après, on obtiendra les meilleurs résultats.

Le *T. albo-purpureum* croît, dans son pays d'origine, dans les parties boisées les plus exposées au soleil. Il demande une température élevée, celle de la serre des Vanda ou des Phalaenopsis, et beaucoup de lumière; aussi le suspend-on généralement près du vitrage, et il n'est nécessaire de l'abriter qu'en été pendant les heures les plus chaudes de la journée.

Il réclame beaucoup d'eau pendant la végétation; pendant la

floraison, ainsi que beaucoup d'autres Orchidées, il pourra être tenu plus sec.

Le compost doit être formé de sphagnum et de terre fibreuse, mélangés par quantités égales. On dispose au fond du panier une couche de deux centimètres d'épaisseur, de sphagnum bien long, et à la surface une autre couche formée de morceaux courts et touffus.

Les racines de cette intéressante espèce ont une constitution particulière dont le cultivateur devra tenir grand compte; elles sont très fines, assez longues et extrêmement tendres; lorsqu'elles ont un excès d'humidité, ou qu'elles se trouvent en contact avec un corps mouillé, tessons de drainage, ou baguettes du panier, elles pourrissent rapidement. C'est pourquoi il est peut-être préférable de ne pas employer de drainage.

Le mode de production des racines est également très particulier; elles ne descendent guère dans le compost, et ont une tendance à se dresser au-dessus ou au milieu des feuilles. Il en résulte qu'elles plongent constamment dans l'atmosphère humide, et que la plante, par suite, n'a jamais de véritable repos dans nos serres. Et d'autre part, la plante ne profite jamais complètement de l'eau des arrosages, et ne végète pas très activement si l'on n'a pas soin de les renouveler souvent.

Pour ce motif, je conseillerais de détourner les racines au-dessous des feuilles et de les recouvrir de sphagnum; elles croissent alors à l'intérieur du compost et forment en dessous une longue chevelure. Elles seraient trop renfermées dans un pot; aussi a-t-on adopté pour cette espèce la culture en panier.

On cultive aussi, en Angleterre, le *T. albo-purpureum* sur bloc, mais ce système est de beaucoup inférieur à celui indiqué ci-dessus; il est d'ailleurs évident à priori qu'il ne peut réussir parfaitement à une espèce qui réclame beaucoup d'humidité.

Le meilleur mode d'arrosage consiste à tremper les paniers dans un bassin à eau de pluie, opération qui doit s'effectuer tous les deux ou trois jours. De cette façon, le compost entier et les racines intérieures elles-mêmes sont baignés par l'eau et suffisamment humectés.

Il est bon également d'arroser les plantes de temps en temps avec de l'eau dans laquelle on aura délayé de l'engrais en proportion très faible. On peut effectuer cette opération toutes les trois semaines à peu près pendant la végétation. Il faut avoir soin de ne pas verser l'engrais sur les feuilles, mais sur le compost, contre les bords du panier.

Ce traitement donne à la végétation une vigueur remarquable, et permet d'obtenir des feuilles larges et fortes, comparables à celles d'un *Phalaenopsis Esmeralda*.

LES TRICHOPILIA

Diagnose :

Sépales à peu près égaux, semblables aux pétales, libres, ou les latéraux un peu soudés à la base. Labelle plus ou moins enroulé autour du gynostème, avec la partie inférieure duquel il est soudé par sa base, à face supérieure nue ou munie de lamelles. Gynostème dressé, allongé, sans pied; clinandre profond, entouré d'une aile membraneuse très large, frangée ou ciliée-dentée. Anthère terminale, operculiforme, convexe, à une seule loge ; deux pollinies cireuses, obovoïdes, reliées à un petit rétinacle par un pédicelle grêle plus ou moins allongé. — Herbes épiphytes, à pseudobulbes portant chacun une seule feuille. Feuille charnue ou coriace, dressée, plane ou seulement un peu pliée longitudinalement à la base. Scapes naissant du rhizome, courts, portant quelques gaines mais pas de feuilles, terminés par une à cinq fleurs. Celles-ci sont grandes, pédicellées, munies de petites bractées, à sépales souvent tordus.

Le genre Trichopilia a été fondé par Lindley en 1836, dans le *Botanical Register*.

Dans le volume de 1844 de ce recueil, le même auteur décrivit encore le genre *Pilumna*, que Reichenbach réunit plus tard au précédent; cette réunion a été généralement admise.

L'année suivante, et toujours dans le même recueil, Lindley

décrivit encore un genre nommé *Helcia*, que Reichenbach réunit aussi aux Trichopilia. Quoique Bentham ne se prononce pas au sujet de cette réunion, et que M. Pfitzer la repousse, elle est adoptée dans les cultures.

Les espèces les plus répandues du genre Trichopilia sont les suivantes :

T. brevis. — Belle espèce introduite en 1892 par L'Horticulture Internationale. Fleurs mesurant environ 5 centimètres de diamètre, produites par deux ou trois en grappe pendante. Sépales et pétales oblongs, étoilés, jaune clair, barrés de brun clair. Labelle ample, enroulé à la base et formant une large conque, blanc pur.

T. coccinea. — Fleurs mesurant 13 centimètres environ de diamètre. Pétales et sépales linéaires-lancéolés, aigus, un peu enroulés, d'un vert brunâtre ; labelle très ample enroulé à la base autour de la colonne et formant tube, rouge carmin foncé, avec les bords antérieurs plus pâles.

T. crispa. — Espèce analogue à la précédente, et qui doit peut-être être considérée comme une variété de celle-ci. Sépales et pétales nuancés de rouge carmin brunâtre ; labelle crispé sur les bords.

T. fragrans. — Fleurs très parfumées, produites au nombre de deux à quatre sur une tige dressée ou légèrement courbée ; sépales et pétales linéaires-lancéolés, ondulés, retombants, blanc pur ou légèrement verdâtre ; labelle formant un onglet étroit relevé autour de la colonne, puis étalé en un large limbe oblong, blanc pur, avec une tache jaune sur le disque.

La variété *nobilis* a les fleurs plus grandes et d'un coloris blanc plus pur.

Synonymes : *T. candida, Pilumna nobilis.*

T. Galeottiana. — Sépales et pétales étroits, lancéolés, jaune pâle ; labelle à peu près orbiculaire, relevé autour de la colonne, jaune clair avec le disque jaune vif, quelquefois tacheté de rouge.

T. hymenantha. — Gracieuse petite espèce, à fleurs disposées en grappe pendante, par six à sept. Pétales et sépales enroulés, blancs; labelle largement étalé, allongé en pointe, denticulé sur les bords, blancs avec quelques points rouges à la base.

T. laxa. — Fleurs en grappe de cinq à neuf, mesurant environ 7 $\frac{1}{2}$ centimètres de diamètre. Sépales et pétales linéaires-lancéolés, retombants, blanc verdâtre nuancé de rose pâle; labelle obcordé blanc.

T. marginata (voir fig. 138). — Belle espèce, à fleurs de la même grandeur que celles du *T. coccinea* et assez analogues à elles; sépales et pétales rouge brunâtre, bordés de blanc grisâtre. Labelle rose carminé brunâtre, plus foncé à la base et blanc extérieurement.

Le *T. lepida* doit être considéré comme une variété de la précédente espèce, se distinguant par ses fleurs plus grandes, et les bords du labelle plus ondulés.

T. sanguinolenta. — Espèce de petite taille, appartenant à la section *Helcia*. Elle produit un certain nombre de fleurs solitaires pendantes, mesurant plus de 6 centimètres de diamètre. Les sépales et les pétales sont maculés ou barrés de rouge

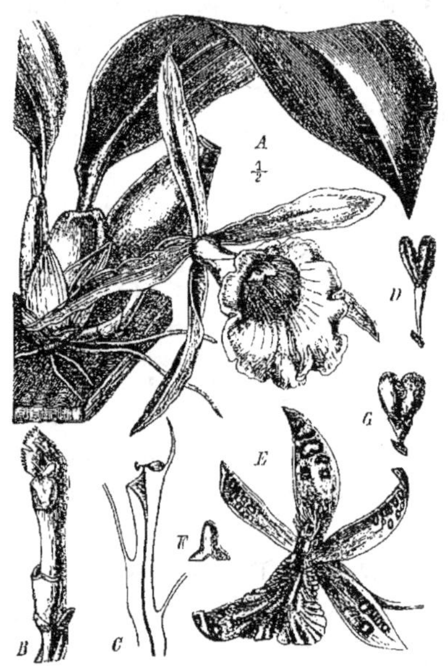

Fig. 138. — TRICHOPILIA MARGINATA.

A, *Trichopilia marginata*, port de la plante.
B, Colonne du même.
C, *T. tortilis*, coupe longitudinale de la colonne.
D, Pollinies du même.
E, *T. (Helcia) sanguinolenta*, fleur.
F, Anthère du même.
G, Pollinies du même.

brunâtre sur fond jaune olivâtre; le labelle, largement ovale récurvé, est blanc veiné et barré à la base de rouge vif.

T. suavis. — Charmante Orchidée qui fleurit du milieu de février au milieu ou à la fin de mars. Il est extrêmement florifère, et ses fleurs, de grande taille et d'un ravissant coloris, densément groupées sur chaque tige, forment un bouquet touffu tout autour de la base de la plante. Elles mesurent environ 10 centimètres de diamètre dans un sens, et 8 ¹/₂ à 9 dans l'autre; les pétales et les sépales sont d'un blanc pur, oblongs, acuminés; le labelle, d'abord relevé autour de la colonne qu'il recouvre, s'épanouit en un limbe étalé, frisé, sur les bords, et entièrement recouvert de gros points d'un rose pâle; toutefois, ces points sont d'un rose vif dans une variété rare. Le tube est blanc, avec une bande jaune vif dans la gorge. La fleur est délicieusement parfumée.

Le port de la plante est très élégant; les feuilles, très larges et assez courtes, sont d'un vert sombre à reflets grisâtres, d'un effet décoratif.

Le *T. Kienastiana* décrit par REICHENBACH, et dont il n'existe qu'un seul exemplaire appartenant à l'amateur distingué dont il porte le nom, M. KIENAST-ZÖLLY, est une forme très voisine du *T. suavis*, et qui exhale comme celui-ci un parfum délicieux. Les pétales et les sépales sont .d'un blanc pur, longs, étroits et acuminés; le labelle, très ample et étalé en avant, est blanc avec un abondant pointillé jaune d'or dans la gorge; le lobe frontal porte également quelques stries jaune d'or, et, sur toute la partie antérieure et sur les bords latéraux, un fin pointillé rose vif.

T. tortilis. — Belle et curieuse espèce. Ses fleurs, d'assez grande taille, ont les sépales et les pétales linéaires-oblongs, tordus en spirale, d'un rose grisâtre, bordés de jaune verdâtre; labelle blanc, maculé et pointillé de rouge-brun clair.

CULTURE. — Même traitement que pour les Chysis. Toutefois les *T. hymenantha*, *T. laxa* et *T. brevis* réussissent en serre tempérée-froide.

TRICHOSMA

DIAGNOSE :

Sépales à peu près égaux, étalés, le dorsal libre, les latéraux plus larges, soudés par la base au pied de la colonne, formant un menton court. Pétales semblables au sépale dorsal, ou plus étroits.

Labelle articulé au pied de la colonne, à onglet d'abord brièvement défléchi, puis dressé, à limbe largement trilobé; disque muni de lamelles longitudinales. Colonne courte, semi-cylindrique, non ailée, prolongée en pied à la base; clinandre proéminent, oblique, irrégulièrement denté sur les bords. Anthère en forme d'opercule, incombante, fortement convexe, prolongée antérieurement en appendice arrondi, faiblement biloculaire; 8 pollinies cireuses, 4 dans chaque loge, largement ovales, fortement comprimées, disposées en deux séries collatérales par paires, les supérieures (et antérieures) souvent plus petites, reliées par un large appendice granuleux légèrement visqueux. — Herbes épiphytes, à tiges graminiformes non renflées en pseudobulbes, revêtues à la base de gaines peu nombreuses, et munies au sommet de deux feuilles. Feuilles légèrement charnues, veinées et légèrement plissées, rétrécies à la base en pétiole engainant. Racème terminal, lâchement pluriflore; pédoncule revêtu à la base de 2-3 écailles engainantes. Fleurs assez grandes, blanches. Bractées un peu plus courtes que le pédicelle.

Le genre Trichosma se compose d'une seule espèce, décrite d'abord par Lindley sous le nom de Coelogyne, et classée plus tard par le même auteur dans un genre distinct dans le volume de 1842 du *Botanical Register*.

T. suavis. — Fleurs en grappe dressée, d'une texture assez épaisse et presque charnue, très parfumées. Les sépales et les pétales lancéolés sont d'un blanc crème; le labelle trilobé a les lobes latéraux blancs, striés de rouge-brun, et le lobe médian ondulé, récurvé, blanc avec une large macule médiane jaune et les bords cramoisis.

Floraison pendant l'hiver, et parfois au commencement du printemps.

La variété *Meulenaereana* a les lobes latéraux et médian du labelle striés de pourpre violacé, et n'a pas la macule jaune médiane du type. Elle est dédiée à M. Armand De Meulenaere, de Gand, chez qui elle a fait son apparition.

Culture. — Même traitement que pour les Coelogyne de serre chaude, dont cette plante est assez voisine par son habitat et par son port.

UROPEDIUM

U. Lindeni. — Voir *Cypripedium caudatum var. Lindeni.*

LES VANDA

Diagnose :

Sépales presque égaux, libres, étalés, plus ou moins rétrécis en onglet à la base. Pétales semblables aux sépales. Labelle inséré a la base du gynostème, trilobé, prolongé inférieurement en sac ou en éperon obtus à la base ; lobes latéraux naissant sur les bords de l'éperon et redressés ; lobe médian plus ou moins étalé, élargi ou oblong. Gynostème court et très épais, sans ailes ni pied ; clinandre peu proéminent. Anthère terminale, operculiforme, convexe ou semi-globuleuse, à deux loges ; deux pollinies cireuses, largement ovoïdes et comprimées, plus ou moins divisées en deux lobes par un sillon latéral, sans caudicule, réunies par un pédicelle aplati à un large rétinacle. Capsule oblongue ou allongée, dressée ou étalée, munie de côtes longitudinales proéminentes. — Herbes épiphytes, dépourvues de pseudobulbes. Tige feuillée, souvent dressée et allongée. Feuilles distiques, étalées, coriaces ou un peu charnues, souvent échancrées au sommet, planes ou rarement cylindriques. Fleurs souvent grandes, richement colorées, disposées en grappes simples et lâches, qui naissent latéralement sur la tige.

Beaucoup d'Orchidées cultivées sous le nom de Vanda ne répondent pas à ces caractères, et par conséquent ont dû être placées dans d'autres genres. Tels sont les *V. Batemani*, *V. gigantea*, *V. undulata*, *V. Cathcarti*, *V. Lowi*, *V. multiflora* (voir Stauropsis, Arachnanthe et Renanthera).

Le genre Vanda est l'un des plus beaux, et l'un des plus populaires parmi les Orchidées. C'est aussi l'un des plus vastes et des plus caractérisés; aussi a-t-il donné son nom dans la classification de LINDLEY à une tribu, la plus importante et la plus nombreuse de toutes, celle qui comprend à la fois les Odontoglossum, les Oncidium, les Aerides, les Saccolabium, les Maxillaria, les Catasetum, etc.

Les Vanda sont des plantes épiphytes, dépourvues de pseudobulbes, produisant une tige érigée à feuilles distiques, qui atteint parfois une grande hauteur, et qui produit des racines aériennes sur toute sa longueur. Les feuilles, généralement longues et étroites, ayant l'apparence du cuir, parfois cylindriques, sont persistantes; les pédoncules sont formés à l'axe des feuilles, et portent des grappes de fleurs ayant les sépales et les pétales égaux et de même forme, et le labelle plus petit que les sépales, vésiculeux ou en éperon à la base.

Les principales espèces cultivées sont les suivantes :

V. Amesiana. — Charmante espèce d'introduction récente. Sa tige n'atteint pas une grande hauteur. Ses fleurs, qui mesurent environ 4 centimètres de diamètre, ont les pétales et les sépales ovales-oblongs, obtus, blancs, légèrement nuancés de rose; le labelle est d'un beau coloris améthyste pourpré, avec les lobes latéraux blancs nuancés de rose. La floraison se produit en hiver.

Cette espèce réussit bien en serre tempérée-froide, ou même en serre froide.

V. Bensoni. — Fleurs mesurant 5 centimètres de diamètre. Pétales et sépales largement ovales, obtus, rétrécis en onglet à la base, jaune pâle ou verdâtres, avec de nombreuses réticulations brun clair; labelle muni d'un onglet assez large, jaunâtre, puis oblongcordé, charnu, convexe, rose pourpré.

V. Boxalli. — Voir *V. lamellata var. Boxalli.*

V. coerulea. — Espèce magnifique, à fleurs d'un superbe coloris. Ces fleurs mesurent de 8 à 10 centimètres de diamètre; elles ont les pétales et les sépales largement oblongs, obtus, les premiers tordus à la base, d'un bleu pâle marqué en damier de bleu azuré vif. Le labelle très court, linéaire-oblong, parallèle à la colonne, est bleu foncé. La colonne est blanche.

La floraison se produit en novembre, et dure longtemps, pourvu que l'on ait soin de diminuer un peu l'humidité atmosphérique.

Le *V. coerulea* réclame moins de chaleur que la plupart de ses congénères. Il réussit bien en serre tempérée.

V. coerulescens. — Espèce très analogue à la précédente, mais produisant des fleurs beaucoup plus petites (2 $^1/_2$ à 4 centimètres de diamètre), et d'un coloris moins vif, dans lesquelles la colonne est bleue. Sa floraison se produit en juin et juillet.

La variété *Boxalli* a les fleurs d'un coloris plus pâle que le type.

V. cristata. — Charmante petite espèce à fleurs d'un blanc jaunâtre, striées de rouge pourpré sur le lobe antérieur du labelle. Cet organe porte cinq ou six lamelles longitudinales au centre.

V. Denisoniana. — Fleurs mesurant environ 6 centimètres de diamètre; pétales et sépales oblongs-spatulés, blanc pur; labelle trilobé, à lobes latéraux dressés, arrondis, blancs, à lobe antérieur oblong, rétréci vers son milieu et sinué au sommet, blanc verdâtre.

Floraison en avril.

V. Hookeriana. — Magnifique espèce originaire de Bornéo, où elle croît dans des marais, au sommet d'épaisses broussailles, exposée sans aucun abri aux rayons du soleil. Elle produit une abondance de fleurs dont les indigènes font, paraît-il, une grande consommation pour l'ornement des habitations.

Malheureusement, il s'en faut de beaucoup que cette superbe floribondité se manifeste dans les cultures. Le *V. Hookeriana* est difficile à introduire en Europe, où la plus grande partie des plantes expédiées par les collecteurs arrivent mortes; mais les plantes qui survivent au voyage et réussissent dans les collections n'y fleurissent que rarement.

Cette délicatesse de tempérament est bien regrettable, car la fleur du *V. Hookeriana* est extrêmement belle. Elle a les pétales largement ovales, d'un blanc lavé de pourpre clair et relevé de points mauve pourpré plus vif, les sépales plus petits et surtout plus courts, les latéraux blanc pur, le dorsal légèrement teinté de mauve à la base; le labelle forme à la base une paire de larges oreillettes triangulaires relevées des deux côtés de la colonne, d'un coloris pourpre foncé, marbré de nuance plus claire; la partie antérieure forme une sorte de grand triangle équilatéral, découpé et frangé sur les bords et obscurément trilobé, blanc abondamment tacheté et maculé de pourpre violet.

La tige du *V. Hookeriana* est cylindrique, à peu près comme celle du *V. teres*, mais plus grêle ; les pédicelles blancs ne portent généralement que deux fleurs, du moins dans les cultures; car on a pu constater sur les plantes d'importation les traces de cinq fleurs sur une seule grappe.

V. insignis. — Cette charmante espèce, découverte par BLUME en 1848, dans l'île Timor, est restée assez rare jusqu'ici; c'est une espèce bien distincte et très gracieuse, qu'il ne faut pas confondre, comme on le fait parfois, avec le *V. tricolor var. insignis.* Les pétales et les sépales sont spatulés, largement arrondis à leur extrémité, d'un jaune fauve vif, abondamment tacheté de rouge-brun, surtout au sommet. Le labelle porte à sa base deux larges oreillettes blanches relevées à droite et à gauche de la colonne ; sa partie antérieure, d'un rose vif, est concave et forme une sorte de coupe. L'éperon est blanc, rectiligne.

Les fleurs sont un peu plus petites que celles du *V. tricolor.*

V. Kimballiana. — Espèce introduite récemment, très voisine du *V. Amesiana.* Les fleurs ont environ 5 centimètres de diamètre, avec l'éperon long, à peu près droit. Les sépales et les pétales lancéolés, tordus à la base, sont blancs, nuancés de rose pourpré à la pointe. Le labelle, ample et étalé en éventail, a les lobes latéraux jaune clair pointillés de brun clair, et le lobe médian rouge vif. Les feuilles sont subulées, presque cylindriques, acuminées.

Cette espèce doit être cultivée en serre froide ou tempérée-froide.

V. lamellata. — Fleurs nombreuses en racèmes, mesurant de 3 à 5 centimètres de diamètre; pétales et sépales oblongs, obtus, jaune clair, maculés de brun clair. Labelle trilobé, à lobes latéraux dressés, arrondis, blancs, à lobe antérieur court, oblong, convexe, rose pourpré.

La plante connue dans les cultures sous le nom de *V. Boxalli* est une variété de cette espèce, qui se distingue par le coloris plus vif de ses fleurs. Les sépales et les pétales sont jaune crême, les sépales latéraux divisés longitudinalement en deux moitiés, dont l'inférieure est tachetée de brun-rougeâtre sur fond blanc.

V. Parishi. — Cette charmante espèce fut découverte en 1862 dans le Moulmein par le Rév. PARISH, dont elle porte le nom, et qui fut l'un des premiers et des plus ardents chercheurs d'Orchidées dans la Birmanie et le nord de l'Inde.

Le *V. Parishi* est encore assez rare dans les collections; il mériterait d'avoir sa place marquée dans toutes. Il appartient à un type très différent de tous les autres Vanda connus. De petite taille, trapu et robuste, il a les feuilles courtes et larges, de consistance charnue, d'un beau vert clair. Il est d'ailleurs de croissance lente, et quand il n'est pas en fleurs il ne charme pas les yeux autant que les *V. suavis, tricolor, gigantea,* et autres, de port si élégant et si noble; mais sa floraison a beaucoup d'attraits. Les tiges florales robustes, subérigées, portent une dizaine de fleurs d'un caractère également très distinct. Les pétales et les sépales sont à peu près semblables, ovales-oblongs, charnus, d'un jaune verdâtre abondamment tacheté de rouge-brun avec la base blanche; le labelle forme en arrière un court éperon renflé, et a le lobe antérieur étalé, d'un rouge magenta plus ou moins vif bordé d'une ligne blanche étroite, et présentant une ligne médiane proéminente.

Cette fleur exhale un parfum assez puissant, qui n'est ni très agréable, ni mauvais.

La variété *Marriottiana,* est plus recherchée que le type et lui est sensiblement supérieure. Elle lui est d'ailleurs identique au point de vue botanique, et ne s'en distingue que par le coloris, qui est totalement différent. Les sépales et les pétales, au lieu d'être tachetés, sont entièrement d'un rouge bronzé nuancé de brun, et blancs à la base; le labelle est un peu plus grand que dans l'espèce type, et a le lobe antérieur magenta pourpré, dépourvu de bordure blanche.

En outre les fleurs sont un peu moins nombreuses, et dépourvues de parfum. Peut-être aussi les feuilles sont-elles un peu plus serrées sur la tige.

Cette superbe variété est dédiée à Sir W. H. MARRIOTT, chez qui elle fleurit pour la première fois vers 1880.

V. Roxburghi. — C'est sur cette espèce que fut fondé le genre, et c'est la première qui fleurit en Europe, à l'automne de 1819 ou 1820. Elle fut figurée dans le *Botanical Magazine* en 1821, et dédiée au Dr W. ROXBURGH, directeur du Jardin Botanique de Calcutta.

Le *V. Roxburghi* est une espèce de petite taille, originaire du Bengale, et qui croît en abondance sur les arbres. Il a la tige érigée, à feuilles distiques, de contexture charnue, d'un vert foncé. La tige florale est érigée, et porte un grand nombre de fleurs, ordinairement de six à douze. Ces fleurs ont environ 5 centimètres de diamètre; elles ont les pétales et les sépales blancs extérieurement, d'un vert jaunâtre à l'intérieur, avec des marques brunes en damier, le labelle trilobé formant en-dessous un court éperon rose vif, les lobes latéraux petits, érigés, blancs, et le lobe antérieur d'un beau violet pourpré foncé. Elles apparaissent à des époques variables, mais surtout vers le mois de mai, et quand les plantes sont bien cultivées, elles fleurissent assez fréquemment deux fois dans l'année.

Var. unicolor. Variété qui se distingue par un coloris uniforme, marron brillant. (Synonyme : *V. concolor.*)

V. Sanderiana. — Très belle espèce découverte par M. ROEBELEN; ses fleurs, qui mesurent 10 à 11 centimètres, ont les pétales et les sépales plats, largement ovales, d'un blanc rosé, sauf les sépales latéraux qui sont d'un jaune brunâtre clair couvert de réticulations rouge vif; le labelle, plus petit, a la base concave, jaune clair striée de rouge, et la partie antérieure oblongue arrondie, récurvée en avant, d'un brun rougeâtre, traversée par quatre côtes proéminentes. Floraison en été.

V. suavis (voir fig. 139). — Espèce très belle, et très populaire dans les cultures. Ses fleurs, qui mesurent de 6 $\frac{1}{2}$ à 7 $\frac{1}{2}$ centimètres de diamètre, ont les sépales et les pétales largement spatulés, coriaces, tachetés de brun rougeâtre vif sur fond blanc pur; les pétales sont un peu tordus à la base, et présentent plus ou moins leur face postérieure en avant. Le labelle, à lobes latéraux arrondis, dressés, à lobe antérieur court, linéaire-oblong, est entièrement d'un rouge améthyste pourpré. La floraison de cette espèce se produit à des époques de l'année variables, et dure très longtemps. Le port de la plante est très beau.

V. teres. — Superbe espèce très distincte d'allure et d'un port particulièrement curieux. Elle a les tiges et les feuilles cylindriques et très minces, semblables à de fines baguettes vert clair. Elle se ramifie abondamment et s'élève aussi en hauteur d'une façon remarquable; malheureusement cette vigueur de croissance n'égale pas, on peut le croire, celle dont le *V. teres* fait preuve à

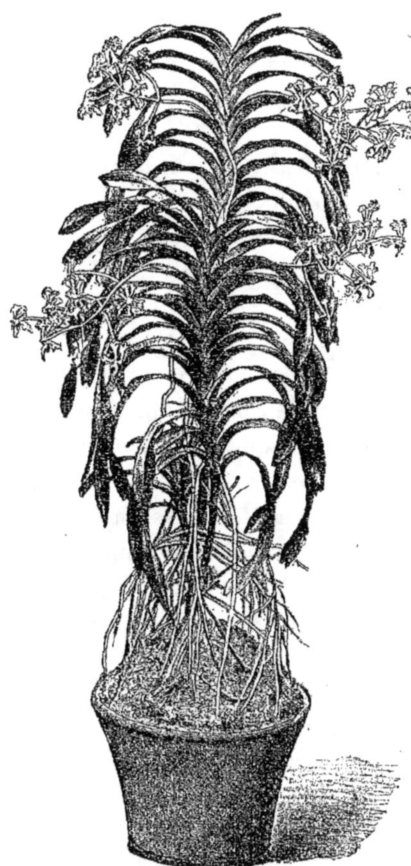

Fig. 139. — VANDA SUAVIS.

l'état naturel. Sir JOSEPH HOOKER rapporte en effet, dans le *Botanical Magazine*, qu'il a entendu parler, par des témoins dignes de foi, de plantes tellement volumineuses, qu'elles constituaient une charge suffisante pour un éléphant.

Le *V. teres* fleurit vers le mois de juin et jusqu'en août; il a les pétales et les sépales oblongs, obtus, d'un blanc crême légèrement lavé de rose, marqué surtout sur les pétales. Le labelle large, cucullé, bifide, est d'un rouge magenta plus ou moins vif, avec des veines très nettes de nuance plus pâle et à la gorge jaune fauve transversée de lignes de points rouges. Cet organe a les lobes latéraux repliés au-dessus de la colonne, et formant un éperon déprimé latéralement.

Il existe du *V. teres* de nombreuses variétés dont deux surtout, d'un coloris beaucoup plus pâle que le type.

Cette espèce, introduite dès 1829, et recherchée depuis cette époque, devrait être répandue dans les cultures et figurer dans toutes les collections de choix, d'autant plus qu'elle est abondante à l'état naturel, et répandue sur une aire très vaste, en Assam, en Birmanie et au nord de l'Inde. Elle est cependant assez rare jusqu'ici en raison des difficultés que présente son importation : les plantes, ayant des tiges très minces, promptes à se dessécher, arrivent généralement en Europe dans le plus mauvais état.

V. tricolor. — Espèce très voisine du *V. suavis*, mais s'en distinguant par le coloris de fond jaune, maculé de brun, et par la forme des pétales, qui sont étalés et non tordus en arrière.

Le *V. tricolor*, de même que le *V. suavis*, possède beaucoup de variétés de coloris plus ou moins vif. La plus célèbre est le *V. tricolor planilabris*, qui a le lobe antérieur du labelle entièrement plan, et non légèrement convexe, et les macules des segments très brillantes.

Le *V. tricolor* fleurit à diverses époques de l'année, et souvent deux fois par an.

HYBRIDE

V. × Miss Joaquim (*V. teres* × *V. Hookeriana*). — Il a le port du premier, mais un peu plus grêle. Ses fleurs ont plus de 5 centimètres de diamètre ; elles ont les segments rose violacé, ondulés sur les bords comme dans le *V. Hookeriana;* les sépales latéraux sont d'un coloris un peu plus pâle. Le labelle, grand et large, rappelle celui du *V. Hookeriana;* il a le disque jaune, le limbe orangé vif à la base, passant au violet rosé et pointillé abondamment de rouge; les lobes latéraux sont orangé vif et bordés de violet rosé. C'est, en résumé, à peu près la forme du *V. Hookeriana* avec le coloris du *V. teres.*

Cet hybride a été obtenu à Singapore par Miss Joaquim, à qui il est dédié.

Culture. — Les Vanda se rencontrent en général dans l'Asie tropicale et l'Archipel malais, où ils croissent sur les arbres et surtout à la partie supérieure, où ils se trouvent exposés directement aux rayons du soleil.

Il en résulte qu'ils devront être cultivés dans la serre chaude, et très peu abrités. Placés à la partie supérieure des tablettes, ou suspendus s'ils sont dans des paniers, on les rapproche autant que possible du vitrage. Moins ils auront d'ombre, mieux ils prospèreront et produiront en abondance leurs élégantes fleurs.

Il convient de donner à la serre des Vanda beaucoup d'humidité atmosphérique; on devra arroser les sentiers, ainsi que les parois des serres, plusieurs fois par jour, mais les feuilles étant assez délicates, il faudra faire peu ou pas de seringages; par le même motif il faudra s'abstenir des fumigations.

Les Vanda peuvent se diviser, soit en séparant les rejetons qui se produisent près de la tige à sa partie inférieure, soit en coupant la tige elle-même en plusieurs morceaux, aux endroits où se sont formées des racines.

Voici un passage d'un intéressant article publié par M. G. Warocqué, propriétaire d'une des plus belles collections d'Orchidées existantes, au sujet de la culture des Vanda.

« Nous employons d'ordinaire un bon drainage de tessons larges et plats. Ajoutons que pour les Vanda nous nous servons exclusivement de sphagnum pur....

Nous maintenons toujours, pendant l'hiver, dans les serres des Vanda une température de 15 à 20° C. Nous ne faisons d'exception que pour les *Vanda coerulea, teres, Cathcarti, Jenkinsi, undulata*, et les nouveaux *Amesiana* et *Kimballiana*, auxquels suffit une chaleur tempérée, de 12 à 14°.

Il est bon d'arroser les Vanda très fréquemment. L'air doit être également saturé d'humidité; le mieux sera de le laisser se renouveler le moins possible. Nous conseillerons la culture à l'étouffée.

Pendant la période de végétation, il faudra mouiller les plantes chaque matin, et deux ou trois fois par semaine seulement pendant le repos. Nous déconseillons les seringages. Malgré toutes les précautions prises l'eau s'introduit dans le cœur des plantes, et les jeunes pousses, étant excessivement tendres, risqueraient beaucoup de pourrir.

Nous les lavons d'ordinaire quatre fois par an avec de la nicotine très diluée; en employant ce procédé, nous sommes parvenus à produire des *Vanda* (Arachnanthe) *Lowi* qui atteignaient jusqu'à trois mètres de hauteur sur une seule tige, sans avoir perdu une feuille. Nous en possédons une vingtaine de spécimens ayant de un à deux mètres de hauteur.

Les *V. teres*, *Jenkinsi*, *undulata* (Stauropsis), *Amesiana et Kim-balliana* n'ont besoin d'être arrosés que deux fois par semaine pendant leur période de végétation et moins encore pendant celle du repos.

En ce qui concerne ces espèces, ajoutons encore une observation. Nous avons eu fréquemment l'occasion de constater que l'éloignement plus ou moins grand de la lumière influait sensiblement sur le coloris de leurs fleurs; aussi engageons-nous les cultivateurs à les rapprocher autant que possible du vitrage, afin d'obtenir de meilleurs résultats, et même à les laisser en plein soleil aussi longtemps que ses rayons ne seront pas trop brûlants. »

Les Vanda doivent être solidement tuteurés. On enfonce un tuteur, ayant bel aspect, contre la tige jusqu'au fond du pot et on y attache ensuite celle-ci à deux ou trois endroits différents suivant son élévation. Un système de fixage à recommander est d'employer pour cet usage du raphia, d'entourer le tuteur de cette ligature, puis la tige, et d'avoir soin en faisant le nœud de ne pas trop le serrer, de façon que la sève de la plante ne soit pas arrêtée dans sa circulation.

On remplacera la surface du sphagnum quand celui-ci aura perdu sa belle couleur verte et sera plus ou moins roux. Un surfaçage bien entretenu donne à toutes les Orchidées, et surtout aux Vanda, un aspect riant.

LES VANILLA

Diagnose :

Sépales presque égaux, libres, étalés. Pétales presque semblables aux sépales. Labelle à onglet soudé avec le gynostème, à limbe large, concave, à base enveloppant le gynostème. Gynostème allongé, sans ailes ni pied. Deux pollinies granuleuses. Fruit charnu en forme de silique. — Plantes grimpantes à tige rameuse, feuillée, ou rarement sans feuilles, munies de racines adventives. Feuilles coriaces ou charnues, sessiles ou à pétiole court. Fleurs en grappes ou épis axillaires généralement courts.

Les Vanilles sont des plantes très élégantes, à feuillage d'un vert clair luisant, qui ornent gracieusement les serres. Cependant on les voit rarement figurer dans les collections. Les principales espèces connues sont les suivantes :

V. albida. — Fleurs nombreuses et belles, vert d'eau avec les sommets des segments blancs. Labelle enroulé, très ondulé, d'un blanc de neige.

V. Phalaenopsis. — Fleurs au nombre de deux ou trois, très grandes et belles, d'un vert d'eau; le labelle est d'un coloris lilas clair.

V. planifolia. — Fleurs grandes et belles, en grappes pressées, d'un vert jaunâtre clair, presque olivâtre.

Culture. — Les Vanilla se cultivent en serre chaude, à peu près de la même façon que les Vanda. J'ai parlé plus haut (voir p. 541), de l'utilisation industrielle de leur fruit, qui donne lieu à un commerce si important.

LES WARREA

Le genre Warrea est voisin des Eriopsis, dont les caractères ont été donnés précédemment. Ses caractères spéciaux sont principalement : sépales à demi étalés, concaves. Labelle à peine trilobé, les lobes latéraux étant peu proéminents, tandis que le lobe médian est élargi ; disque muni de lignes longitudinales charnues. Herbes terrestres.

Ce genre a été distrait des Maxillaria en 1843 par LINDLEY. Son nom rappelle Warre, un correspondant de LODDIGES, qui introduisit la première espèce du genre.

On a décrit un certain nombre de Warrea ; mais plusieurs espèces rapportées à ce genre sont en réalité des Zygopetalum. On n'en conserve aujourd'hui que deux ou trois, qui sont originaires de la Colombie et du Pérou, la plus connue est le

W. tricolor. — Cette belle espèce a les fleurs globuleuses assez grandes, groupées au nombre de huit à dix en grappes pendantes. Les pétales et les sépales sont d'un blanc jaunâtre ; le labelle ovale, cucullé à la base, porte des dessins violet pourpré et jaunes, avec les bords blancs. Les fleurs se produisent aux mois de juin et juillet.

CULTURE. — La mode de culture qui convient à ces espèces est le même que pour les Phajus.

LES XYLOBIUM

DIAGNOSE :

Sépales ayant presque la même longueur, dressés, puis à peu près étalés, les latéraux plus larges que le dorsal, soudés par la base au pied de la colonne, formant un menton. Pétales semblables au sépale dorsal mais plus petits. Labelle légèrement articulé au pied de la colonne, sessile ou rétréci à la base et incombant, puis dressé ; lobes latéraux dressés, embrassant la colonne, le médian court, large, étalé, à limbe uni lamellé ou calleux à la base. Colonne dressée, semi-cylindrique, concave ou étroitement biailée antérieurement, prolongée en pied à la base; clinandre tronqué obliquement. Anthère terminale, en forme d'opercule, incombante, fortement convexe, uniloculaire; 4 pollinies ovoïdes, étroitement serrées l'une contre l'autre par paires, ou plus ou moins soudées, l'une des deux plus petite, inappendiculées, fixées par un pédicelle parfois longiuscule à une glande transversale en forme d'écaille. — Herbes épiphytes, à tiges courtes revêtues de plusieurs gaines, puis renflées en pseudobulbes charnus portant 1-2 feuilles. Feuilles amples ou allongées, plissées-veinées, rétrécies en pétiole. Scapes dressés issus de la base des pseudobulbes, simples. Fleurs en racème, médiocres ou un peu grandes, très brièvement pédicellées. Bractées linéaires, généralement longiuscules.

Le genre Xylobium a été fondé par Lindley dans le *Botanical Register* en 1825; il est assez voisin du genre Maxillaria, dont il se distingue par le pédicelle des pollinies assez long, et par son port et son inflorescence, qui rappellent plutôt les Bifrenaria.

Il comprend une vingtaine d'espèces, dont les suivantes seules se rencontrent occasionnellement dans les cultures :

X. Colleyi. — Fleurs d'un brun rouge, disposées en racèmes assez longs. Cette espèce, décrite en 1838 par Lindley sous le nom de *Maxillaria Colleyi*, avait disparu des cultures; elle a fait sa réapparition en 1890.

X. squalens. — Pseudobulbes ovales, d'un vert bleuâtre foncé. Tiges florales courtes, assez grosses. Fleurs nombreuses, de petite taille, d'un blanc sale, pointillées ou lavées de brun rougeâtre et de jaune.

Le *Xylobium squalens* est nommé à Rio de Janeiro *Maxillaria hyacinthiflora*. M. Rand m'a dit en avoir reçu de la partie haute du cours du Rio Tapajoz, région à peu près inexplorée. Cette plante a donc une dispersion très étendue.

Culture. — Même traitement que pour les Maxillaria.

ZYGOCOLAX

Genre hybride créé pour les produits de croisements artificiels entre *Zygopetalum* et Colax.

Z. × **Veitchi** (*Z. crinitum* × *Colax jugosus*).

LES ZYGOPETALUM

Diagnose :

Sépales presque égaux, étalés, libres, les latéraux insérés sur le pied du gynostème. Pétales à peu près semblables aux sépales. Labelle inséré à l'extrémité du pied du gynostème et replié d'abord vers celui-ci pour former un menton assez court ; il s'étale ensuite en un limbe généralement assez large ; à la base du limbe, il se trouve une crète transversale charnue, souvent très proéminente, entière ou dentée. Gynostème très épais, arqué en avant, semi-cylindrique, tantôt privé d'ailes, tantôt en portant deux au sommet, prolongé à la base en un pied généralement assez court ; clinandre oblique, entier ou bordé d'une membrane denticulée. Anthère terminale, operculiforme, inclinée en avant, à deux loges ; quatre pollinies cireuses, ovoïdes, comprimées, superposées par paires et chaque paire logée dans une des cavités de l'anthère, attachées directement à un gros rétinacle ou reliées à celui-ci par un pédicelle élargi. Capsule ovoïde ou oblongue, sans bec. — Herbes épiphytes, à tiges feuillées courtes épaissies en pseudobulbes. Feuilles distiques, membraneuses ou un peu rigides, allongées, un peu plissées et à nervures saillantes. Scapes florifères dépourvus de feuilles, couverts de plusieurs gaînes, terminés par une seule fleur assez grande ou par une grappe lâche.

Le genre *Zygopetalum* comprend un assez grand nombre d'espèces, de vingt à vingt-cinq environ, sans compter quelques formes voisines qui étaient autrefois rattachées à d'autres genres. En effet, dans ses *Notes on Orchideae* (1881) et dans le *Genera*

Plantarum (1883), BENTHAM rapporte comme synonymes des Zygopetalum, tous les genres suivants, créés successivement :

1° En 1837, *Huntleya*, par BATEMAN (*Botanical Register*, tab. 1991);

2° En 1843, *Promenaea*, par LINDLEY (*Botanical Register*, XXIX, Misc. p. 13);

3° En 1845, *Galeottia*, par ACHILLE RICHARD (*Annales des Sciences naturelles*, ser. 3, III, p. 25);

4° En 1852, *Bollea, Chaubardia, Kefersteinia, Pescatorea* et *Warscewiczella*, par REICHENBACH (*Botanische Zeitung*, p. 667, 671, 633, 667 et 635);

5° En 1857, *Zygosepalum*, par REICHENBACH (in DE VRIESE, *Kruidkundig Archief*).

Les Zygopetalum en général sont des Orchidées robustes, de floraison abondante et très agréable; leurs fleurs, qui se produisent pendant l'hiver ou au commencement du printemps, présentent presque toutes un coloris bleu ou violet plus ou moins prononcé, qui leur donne un prix particulier.

Une espèce cependant fait exception à ce point de vue, c'est le *Zygopetalum Lindeniae*, récemment introduit par L'HORTICULTURE INTERNATIONALE.

Le *Z. Lindeniae* a les bulbes de taille moyenne, produits sur un rhizôme traçant. Ses fleurs, de grande dimension, ont les pétales et les sépales d'un rose vif, érigés et formant étoile à la partie supérieure, tandis que le labelle, large, à peu près cordiforme et allongé en pointe vers le bas, est blanc strié de fines lignes parallèles serrées d'un beau rose vif ou rouge pourpre. La colonne, longue et dressée, est blanche avec de fines stries roses à la partie inférieure; la large crête charnue du labelle est également ment teintée de la même couleur.

Cette magnifique espèce est originaire du Vénézuela.

Z. Burkei. — Cette espèce, originaire de la Guyane, produit une tige florale très longue, chargée de fleurs de moyenne grandeur. Les sépales et pétales sont verts, curieusement tachetés et rayés de brun foncé. Le labelle est blanc, avec la crête rouge.

Le *Z. Murrayanum*, proche allié de celui-ci, est originaire du Roraima.

Z. Gautieri. — Fleurs un peu plus petites que celles des autres espèces du genre, mais très attrayantes. Les sépales et les pétales sont larges, vert clair maculé de brun ; le labelle est d'un beau bleu indigo, avec la crête d'une teinte plus sombre. Il provient du Brésil.

Z. Mackayi. — L'une des plus anciennes espèces du genre, introduite vers 1830. Il est de croissance très vigoureuse et ses bulbes de grande taille, à larges feuilles retombantes, forment souvent des massifs superbes. La tige florale assez longue porte une grappe de fleurs de grande dimension aux sépales et pétales jaune verdâtre tachetés de brun pourpré très sombre, au labelle blanc couvert de lignes serrées d'un bleu vif avec la crête de la même nuance. Originaire du Brésil.

Le *Z. intermedium*, le *Z. crinitum* et le *Z. brachypetalum* sont très analogues au précédent, et il serait assez malaisé de mentionner des caractères botaniques permettant de les en distinguer. Ils proviennent également du Brésil.

Z. maxillare. — Autre belle espèce du même groupe ; il se reconnaît facilement au développement exceptionnel de la crête du labelle ; en outre celui-ci est entièrement teinté de bleu pourpré.

Z. rostratum. — Espèce assez analogue au *Z. Lindeniae ;* elle se distingue de ses congénères par son coloris. Les pétales et les sépales sont blancs, teintés de vert à leur extrémité, et légèrement rayés de brun pâle. Le labelle est blanc, avec une teinte lilacée à la crête, et quelquefois quatre ou cinq courtes lignes de la même nuance, rayonnant à partir de cet organe.

Trois nouveautés, qui ont fait leur apparition récemment, présentent un intérêt tout particulier ; ce sont le *Z. caulescens*, dont le port caulescent est une nouveauté sans précédent dans ce genre ; le *Z. Forisianum*, qui a le labelle blanc avec les lobes latéraux jaune vif et la gorge d'un brun-rouge vif ; enfin le *Z. Lindeniae* mentionné plus haut.

HYBRIDES

Z. × Clayi (*Z. crinitum* × *Z. maxillare*).
Z. × pentachromum (*Z. Mackayi* × *Z. maxillare*).
Z. × Sedeni (*Z. maxillare* × *Z. Mackayi*).

Culture. — La culture des Zygopetalum n'offre pas de difficultés spéciales ; la température qui leur convient est celle de la serre tempérée, sauf le *Z. Burkei* et le *Z. rostratum* qui exigent un peu plus de chaleur. On peut sans inconvénient, à l'époque où ils sont en pleine floraison, les transporter dans un appartement et y se laisser pendant trois à quatre semaines. Ils demandent beaucoup d'humidité, et devront, par suite, recevoir un bon drainage.

Le compost à leur donner est à peu près le même que celui des Lycaste ; un mélange de sphagnum et de terre fibreuse, avec un peu de terre franche.

Les Zygopetalum se prêtent bien à un mode de culture extrêmement décoratif : comme leurs rhizômes sont traçants et portent des bulbes assez espacés, on peut les disposer sur des morceaux de troncs de Fougères, et obtenir ainsi des groupes qui donnent aux serres un aspect très attrayant. Je ne saurais trop recommander aux amateurs de s'attacher à en varier ainsi constamment les dispositions et le coup-d'œil ; un peu d'ingéniosité suffit, avec très peu de peine, à augmenter considérablement les plaisirs du collectionneur. Il serait facile d'obtenir dans cette voie des effets tout à fait nouveaux et splendides, et la culture même en bénéficierait probablement, au moins en ce qui concerne certains genres.

ANCIEN GENRE BOLLEA

Pas de pseudobulbes ; fleur solitaire ; colonne large et recourbée.

Z. coeleste. — Fleurs mesurant de 8 à 10 centimètres de diamètre ; sépales et pétales ovales-oblongs, les seconds plus larges et étalés, les premiers un peu incurvés ; labelle plus court, large, muni d'une crête semi-circulaire, et récurvé sur les bords et au sommet. Tous les segments sont d'un bleu indigo, plus pâle sur les bords et à la base, et brunâtre au sommet.

Cette espèce paraît être maintenant assez rare.

Synonyme : *Bollea pulvinaris.*

Z. Lalindei. — Fleurs mesurant environ 6 à 7 centimètres de diamètre ; sépales largement ovales, récurvés au sommet, roses avec la pointe jaune pâle ; pétales oblongs, obtus, roses, bordés de blanc. Labelle ovale, récurvé sur les bords et au sommet, jaune vif.

Synonyme : *Bollea Patini.*

ANCIEN GENRE GALEOTTIA

MÊMES CARACTÈRES QUE LES HUNTLEYA

Z. grandiflorum. — Cette espèce, plus connue sous le nom de *Galeottia grandiflora*, est ancienne, mais très rare dans les cultures. Elle fut découverte vers 1853 dans la Nouvelle-Grenade par un des collecteurs de M. J. LINDEN, mais celui-ci ne put en découvrir qu'un seul exemplaire. Elle a été réintroduite en 1893 à L'HORTI-CULTURE INTERNATIONALE.

La fleur, dans sa conformation générale, a une certaine analogie avec le *Z. Lindeniae.* Le labelle, largement ovale, acuminé, a notamment beaucoup de ressemblance avec celui de cette espèce ; toutefois il a un coloris différent, et est rayé longitudinalement de violet au lieu de cramoisi, avec la crête jaune orangé, bordée de rouge. Les pétales et les sépales sont d'un vert pâle recouvert de cinq à sept bandes brunes dans le sens de la longueur ; la fleur dans son ensemble mesure près de huit centimètres de diamètre.

ANCIEN GENRE HUNTLEYA

Pas de pseudobulbes. Fleurs solitaires; labelle onguiculé, à crête fimbriée; colonne crénelée au sommet; anthère sans bec.

Z. candidum. — Fleurs mesurant 5 centimètres de diamètre, d'un blanc pur, sauf une macule violette sur le disque du labelle, et quelques stries violet clair en avant de cet organe.

Synonyme : *Warscewiczella* ou *Huntleya candida*.

Z. cochleare. — Fleurs mesurant près de 6 $^1/_2$ centimètres de diamètre, de consistance assez épaisse, blanches, avec une série de lignes longitudinales violet pourpré sur le labelle, concave vers la base, et légèrement réfléchi au sommet.

Les fleurs de cette gracieuse espèce sont très parfumées.

Synonyme : *Warscewiczella* ou *Huntleya imbricata*.

Ces deux espèces sont généralement connues dans les cultures sous le nom de Huntleya, mais leurs caractères botaniques les font rentrer plutôt dans la section Warscewiczella.

Z. Meleagris. — Belle espèce assez rare, à fleurs charnues mesurant de 7 à 8 centimètres de diamètre. Sépales et pétales étalés, ovales-lancéolés, blancs à la base, jaunes au centre, puis passant au brun rougeâtre et pointillés de jaune. Labelle obcordé, apiculé, blanc avec le sommet brun jaunâtre.

Le *Z. Burti*, décrit par Reichenbach sous le nom de *Batemania Burti*, rentre également dans cette section. Le *Z. Meleagris* avait été aussi décrit sous le nom de *Batemania* par le même auteur.

ANCIEN GENRE PESCATOREA

Mêmes caractères à peu près que pour la section *Warscewiczella*.

Z. cerinum. — Belle espèce à grandes fleurs étalées, d'un blanc jaunâtre, mesurant plus de 7 centimètres de diamètre. Sépales et pétales obovales, obtus, légèrement concaves. Labelle jaune clair, ovale-oblong, convexe, avec une large crête semi-circulaire traversée de sillons réguliers longitudinaux d'un rouge brunâtre.

Z. Dayanum. — Fleurs aussi grandes que dans l'espèce précédente. Sépales et pétales charnus, blanc crème ; les premiers concaves et plus grands. Labelle blanc lavé de rouge vif ; crête semi-circulaire rouge foncé.

Z. Klabochorum (voir fig. 140). — Belle espèce à fleurs étoilées, à segments égaux ovales-oblongs, aigus, incurvés au sommet ; le labelle, court, ovale-oblong, incurvé sur les bords, porte une crête semi-circulaire proéminente, blanche, creusée de sillons parallèles réguliers rouge vif. Les pétales et les sépales sont blancs, avec le sommet brun pourpré ; le labelle est blanc, couvert de papilles pourpres serrées.

Z. Lehmanni. — Sépales et pétales larges, ovales, aigus, d'un violet foncé à l'intérieur, veloutés, traversés par de nombreuses lignes transversales longitudinales blanches. Labelle plus court que les autres segments et plus pâle, à onglet plat étroit et à limbe trilobé, les deux lobes latéraux dressés des deux côtés de la colonne, le lobe antérieur oblong-lancéolé, concave en dessus, revêtu de soies denses.

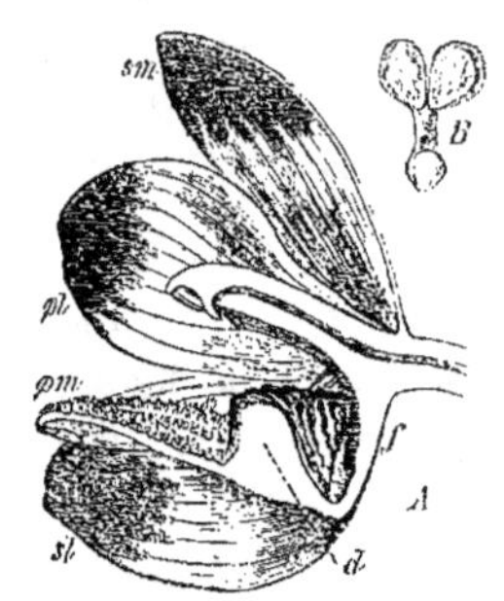

Fig. 140. Zygopetalum (Pesca-torea) Klabochorum.

A, coupe longitudinale de la fleur.
f, pied de la colonne.
d, callus du labelle.
pl, pétale.
pm, labelle.
sm, sépale dorsal.
sl, sépale latéral.
B, appareil pollinique.

ANCIEN GENRE PROMENAEA

La section Promenaea, très voisine des Warscewiczella, se distingue surtout par la forme du gynostème, qui porte en avant, sous le stigmate, une sorte de carène ou ligne longitudinale saillante.

Le *P. stapelioides* est l'espèce la plus répandue de cette section. Découvert vers 1825 par Link, directeur du Jardin botanique de Berlin, pendant une mission qu'il entreprit au Brésil, le *P. stapelioides* fut introduit par GARDNER. Il fut d'abord figuré par LINK et OTTO sous le nom de *Cymbidium stapelioides* (1828), ensuite nommé par LINDLEY *Maxillaria stapelioides* (1832), puis plus tard classé par le même auteur dans le nouveau genre Promenaea en 1843, et enfin renvoyé par REICHENBACH au genre Zygopetalum.

C'est une plante à très petits bulbes, produisant des hampes horizontales ou pendantes à une ou deux fleurs. Ses fleurs ont les pétales et les sépales dressés, ovales-oblongs, aigus, à peu près comme ceux du *Nanodes Mantini*; les sépales sont d'un gris verdâtre plus ou moins striés et tachetés de pourpre brunâtre, les pétales un peu plus larges, barrés et maculés de la même couleur; le labelle trilobé, à lobe antérieur orbiculaire concave, est d'un pourpre brunâtre velouté très foncé, presque noir.

Les autres espèces du même groupe sont les suivantes :

Z. micropterum. — Probablement une simple variété du précédent. Ses fleurs sont d'un blanc crème, avec le labelle blanc barré de pourpre à la base.

Z. xanthinum. — Charmante espèce, d'un coloris plus gai et plus élégant que la précédente, mais assez rare aujourd'hui. Les fleurs mesurent 5 centimètres de diamètre, et sont d'un jaune citron vif, légèrement tacheté de rouge sur le labelle; la forme de la fleur est très gracieuse : les segments sont ovales aigus, un peu concaves; le labelle a les lobes latéraux dressés, et le lobe frontal oblong, allongé, assez large.

Cette espèce fleurit vers la fin de l'été; elle est assez florifère, quoique chaque tige ne porte qu'une ou deux fleurs, et ces fleurs se conservent longtemps. Elle est plus connue dans les cultures sous le nom de *P. citrina*.

Les Promenaea, grâce à leur petite taille, se cultivent bien en paniers suspendus au vitrage; la température qu'ils demandent est celle de la serre tempérée. Le compost qui leur convient le mieux est un mélange de sphagnum et de terre fibreuse en parties égales.

Fig. 141. — Zygopetalum (Warscewiczella) Lindeni.

ANCIEN GENRE WARSCEWICZELLA

Scape uniflore ; sépales, pétales et gynostème comme dans les Euzygopetalum ; labelle très large ; pédicelle des pollinies très développé, fort large et brusquement rétréci au sommet.

Z. discolor. — Espèce assez répandue, d'un coloris contrasté agréable. Ses fleurs mesurent 5 centimètres de diamètre, et sont blanches, avec la pointe des segments légèrement lavée de violet clair, et le labelle violet-indigo, plus pâle sur les bords, trilobé, les lobes latéraux relevés en dedans, le lobe antérieur étalé, un peu concave.

Z. Lindeni (voir fig. 141). — Très belle espèce récemment introduite par L'HORTICULTURE INTERNATIONALE. Fleurs de grande taille, mesurant 8 centimètres environ de diamètre, entièrement blanches, sauf le disque du labelle qui porte quelques lignes mauves. Le labelle, très ample, suborbiculaire, avec les bords ondulés et crénelés, est superbe. Les fleurs durent assez longtemps et se succèdent pendant plusieurs mois.

Z. marginatum. — Fleurs d'un blanc jaunâtre, striées de violet pourpré sur le disque et largement bordées de rose mauve plus ou moins vif en avant du labelle. Les fleurs mesurent de 5 à 6 centimètres de diamètre ; elles sont assez parfumées. Elles ressemblent beaucoup à celles du *Z. discolor*, mais sont un peu plus grandes et ont les pétales un peu plus étroits.

Z. Wailesianum. — Fleurs un peu plus petites que celles de l'espèce précédente, mais assez analogues à elles ; les pétales et les sépales sont blancs, et le labelle blanc avec une macule bleu indigo ou violette sur le disque ; crête munie de cinq côtes ou dents.

Z. Wendlandi. — Fleurs mesurant près de 6 $^1/_2$ centimètres de diamètre, d'un blanc jaune verdâtre pâle, avec le labelle blanc maculé de violet-indigo clair au centre, crispé et denticulé sur les bords ; crête bleu-violet.

TABLE ALPHABÉTIQUE DES GRAVURES

TABLE ALPHABÉTIQUE

DES GENRES ET ESPÈCES DÉCRITS DANS CE VOLUME

Nota. *Les noms écrits en italique sont ceux des synonymes*